"十三五"国家重点出版物出版规划项目

大气科学中的统计方法

（第三版）

Daniel S. Wilks　著
朱玉祥　等　译著

图书在版编目(CIP)数据

大气科学中的统计方法 ：第三版 / (美) 丹尼尔·威尔克斯 (Daniel S. Wilks) 著；朱玉祥等译著. —北京：气象出版社，2017.10

书名原文：Statistical Methods in the Atmospheric Sciences(Third Edition)

ISBN 978-7-5029-6401-6

Ⅰ. ①大…　Ⅱ. ①丹…　②朱…　Ⅲ. ①大气科学—统计方法　Ⅳ. ①P4

中国版本图书馆 CIP 数据核字(2017)第 048397 号

北京市版权局著作权合同登记:图字 01-2014-0715 号

大气科学中的统计方法(第三版)

Daqi Kexue zhong de Tongji Fangfa(Di San Ban)

出版发行：气象出版社

地　　址：北京市海淀区中关村南大街 46 号　　**邮政编码**：100081

电　　话：010-68407112(总编室)　010-68408042(发行部)

网　　址：http：// www. qxcbs. com　　**E-mail**：qxcbs@cma. gov. cn

责任编辑：张　媛　崔晓军　　**终　　审**：吴晓鹏

责任校对：王丽梅　　**责任技编**：赵相宁

封面设计：博雅思企划

印　　刷：北京中科印刷有限公司

开　　本：787 mm×1092 mm　1/16　　**印　　张**：36

字　　数：922 千字

版　　次：2017 年 10 月第 3 版　　**印　　次**：2017 年 10 月第 1 次印刷

印　　数：1～2000

定　　价：180.00 元

本书如存在文字不清、漏印以及缺页、倒页、脱页等，请与本社发行部联系调换

Statistical Methods in the Atmospheric Sciences, Third Edition
Daniel S. Wilks
ISBN: 978-0-12-385022-5

Authorized Chinese translation published by China Meteorological Press.

《大气科学中的统计方法》(第三版)(朱玉祥 等译)
ISBN: 978-7-5029-6401-6

Statistical Methods in the Atmospheric Sciences, Third Edition
Daniel S. Wilks

ISBN: 978-0-12-385022-5

Authorized Chinese translation published by China Meteorological Press.

[illegible]

ISBN: 978-7-5029-6401-6

序　一

朱玉祥是我的博士研究生，他当时跟我做博士论文的时候，主要是做区域气候模拟。当时，我就告诉他，虽然你的主要工作是用气候模式做数值模拟，但一定要重视统计方法的学习和应用。2007年毕业后，他到中国气象局气象干部培训学院工作，一直从事气象统计方法的教学培训工作。

5年前，当他给我说打算翻译《Statistical Methods in the Atmospheric Sciences》的时候，我感到很高兴，因为我知道这是一本国际上通用的大气科学统计分析方法的优秀教材。但我很清楚，翻译这本书难度是很大的：一方面是工作量很大，接近100万字；另一方面是难，书中的很多专业术语在以前的中文文献中很少出现，要想给出准确的中文翻译并不是一件容易的事。但我深知统计方法在气象科研和业务中的重要价值，因此我给了他热情的鼓励，希望他能把这件事做好，为我国增加一本国际通用的中文气象统计教材。

数理统计是气象科研和业务中的重要工具。大气科学中的变量都是随机变量，而概率统计是研究随机现象的数学语言，因此，统计方法长期以来在大气科学中具有广泛应用。随着数值预报模式水平的进步，数值模式早已不仅仅是求解描述大气运动和热力过程的方程组，其中也大量使用了统计方法。统计方法在数值模式的资料同化、集合预报、次网格尺度物理过程参数化方案、数值产品统计释用、模式检验等方面都有广泛应用。因而，统计方法也日益成为数值模式的重要组成部分，在重视数值模式发展的同时，必须重视相应的统计方法，两者是相辅相成的。要想继续提高数值预报的水平，需要深入研究气象统计理论与方法。更进一步说，动力和统计都是研究气象问题的工具，这是由气象问题既包含确定性也包含不确定性的特点所决定的。工具本身并没有优劣之分，只有是否适合之说。正是大气变量的特点，决定了气象科研和业务中既需要动力也离不开统计，并且二者结合，充分发挥各自的优势，是未来发展的方向。

大气无国界，气象科研和业务需要广泛的国际交流与合作。气象科研和业务的高水平科研成果，很多都是在英文期刊上发表的。国内的气象科研和业务人员需要阅读这些英文文章，并且也有在这些英文期刊上发表科研论文的需求。而缺乏一本与国际接轨的、国际通用的中文气象统计教科书，给这些人员读懂和发表英文文章带来了很大困难。Wilks教授的《Statistical Methods in the Atmospheric Sciences》，在美国康奈尔大学大气科学及相关专业的本科生和研究生中使用多年，并不断补充修订，渐趋完善，被很多国家大气科学及相关专业作为本科生和研究生的教材。同时，该书在很多国家也是气象、气候和地球物理相关学科科研和业务人员的参考书。对于国内的不少读者来说，直接阅读英文原著，特别是包括很多复杂数学公式和大气科学专业知识的英文书，是一件很耗时的事情。而朱玉祥等翻译完成的《大气科学中的统计方法》可以避免直接阅读英文原著的困难。当然，读者也可以读完中文版后再读英文原著，或者把中英文版本对照着读，这样收获会更大。相信本书对于阅读和发表英文文章都有帮助。

阅读统计书需要有概率论的知识和相关的数学基础，并且复杂的公式较多，一般初学的读者不可能一次就完全读懂。可以把这本书作为工具书时常翻阅，这样才能不断加深理解。长期坚持，定能受益。我希望广大气象同行将来能出版更多的优秀气象统计书，为我们国家气象科研和业务水平的提升做出贡献！

丁一汇

于北京 中国气象局

2016 年 6 月

序　二

在这本书中，作者以气象资料作为例子，对大气科学中的统计分析处理方法进行了详细讲述，从方法原理到求解步骤，说理清楚，层次分明，逻辑严密。

推断是基于数据分析得出的结论或做出的决策。统计推断是基于现实世界观察到的特征而得到的有关世界的不可观察属性的结论，是数据处理的重要方法之一。贝叶斯推断是近年来统计推断的新发展，它可以被认为是一个动态处理过程，从先验信息开始，收集以样本信息为形式的证据，并以后验分布作为结束。该书在推断方法上，新增加了关于贝叶斯推断的一章。另外，书中也有关于趋势检验和多重检验的新章节，以及自助法的进一步讨论，涵盖了目前最新的统计推断方法。

动力统计预报是大气科学中近年来发展迅速的预报技术之一。该书介绍了目前这方面新发展的广义线性模型，并且增加了集合 MOS 预报发展的新章节，是数据处理方法在大气科学中应用的新进展。

该书是从事气象统计教学的教师和学生的一本很好的参考书，该书在方法介绍中，除了有详尽的气象例子外，每章后面还有供学生练习的习题，可以进行练习，以便加深对所学理论的理解。

当代社会正处在大数据时代，大气科学领域也正在出现越来越多的资料数据，对于研究此学科的专家学者，如何利用最新的数据处理方法，解决大气科学中的各种问题，该书非常值得推荐。当然，在自然科学的其他学科以及社会科学中，也都存在大量的资料数据，对于从事这些领域研究的专家学者来说，它同样也是一本值得参考的好书。

黄嘉佑
于北京大学
2016 年 6 月

译 者 序

《大气科学中的统计方法》终于要出版了，我竟难以抑制自己内心的激动，虽然我一直是一个冷静的人。怀胎 10 月就已十分漫长，而翻译这本书，居然花了我 5 年的时间，我怎能不激动呢？

我本科是数学专业，毕业后在山东老家的一家银行做会计，不甘在一个小地方待下去的想法，促使我报考了研究生。但很遗憾，第一志愿没有被录取。当时上网很不方便，我到一个网吧上网时，偶然看到南京气象学院*的调剂信息，于是发了一封 E-mail。很幸运，这个偶然的机会使我走上了气象之路。在南京气象学院，我学到了很多气象知识，尤其是我的硕士导师苗春生教授和闵锦忠教授给了我很多指导和帮助。但我最大的遗憾，就是当时没有去听丁裕国教授、施能教授、吴洪宝教授、江志红教授的气象统计课。以致后来，我只能读着这些老师的书自学，自学当然是很花时间的，理解的深度往往也不够，甚至可能理解错误。记得刚入校的时候，有个老师说，现在都是数值预报了，统计方法不中用了。这个观点误导了我好几年。后来跟丁一汇院士读博士，我对天气气候知识的理解有了进一步提高，但当时我还是更看重模式，心里对统计依然是很轻视的，虽然丁老师告诉过我需要重视统计方法的学习和应用。

博士毕业后，我到中国气象局气象干部培训学院工作，被安排从事气象统计方法的教学培训工作。初为人师，备课是一个很大的任务。特别是统计课有很多数学公式，也需要很多实际例子，对当时的我来说十分困难。这时，黄嘉佑老师、魏凤英老师给了我无私的指导和帮助。为了教学方便，我把黄老师的统计学书敲进电脑里，变成了 word 版，魏老师的统计学书也有几章做过类似工作。随着讲课次数的增多，我的课件逐渐充实起来，也自己编写了教材和讲义。很多听课的学员都给我提出了很好的意见和建议，这对于我改进教学很有帮助。在教学过程中，我对统计方法在气象工作中的重要价值有了更深入的认识，也逐渐具有了系统全面的气象统计知识，这时再来看我所从事的气象科研和业务工作，思路豁然开朗了。这也使我在授课过程中，可以对气象科研和业务工作的方法论进行讲解。现在回想当年硕士论文做雷达资料同化、博士论文做青藏高原积雪数值模拟的工作，其实模拟的效果还是不错的，但由于对统计方法知之甚少，缺乏思路，致使当时的分析太粗糙了。

这几年我从事气象统计教学培训的体会是，气象统计要想取得好的教学效果，必须要有一本好教材，但我对自己编写的教材和讲义并不十分满意，所以，我一直关注国外气象统计方面的最新进展。2011 年，美国康奈尔大学 Wilks 教授的《Statistical Methods in the Atmospheric Sciences》的第三版刚一出来，有个师兄就告诉了我这个消息。由于以前已经阅读过第二版，当看到几乎全新的第三版时，我就第一时间向部门的主管领导俞小鼎教授做了汇报，并且说想把这本书翻译成中文。俞教授说，可以翻译，但你要有心理准备，这个工作很耗时间，并且可能出力不讨好，现在很多人都不愿意做这种工作。我也向丁老师做了汇报，丁老师给了我热情的鼓励，希望我把这件事做好，翻译成精品。

于是，我开始了翻译工作。首先是读懂原书，这是一本大部头的厚书，读懂并不容易。同

---

* 今南京信息工程大学，下同

时,还要阅读大量中文气象统计书,熟悉和理解有关名词术语。为了尽快完成翻译,我不得不在节假日加班,很多时候晚上也需要加班。多少次深夜从办公室回家时,路上空无一人,只有稀疏的星星与我相伴。我记得2012年12月的一个晚上,当我走出办公楼的时候已经快凌晨1点了,那是一个月光如水的冬夜,办公楼前的广场上被月光映照的一片明亮,下台阶快到地面的时候,我踏空了至少两层台阶,结果重重地摔在了地上。我在地上坐了很久,忍着剧痛一瘸一拐地回到了家。几个月以后,我还能感到右脚踝隐隐作痛。但如今看到译著终于要出版的时候,内心十分欣慰,所有的付出都是值得的。本书共有15章,第11章和第14章由吕行和朱玉祥翻译,第15章由李宏毅和朱玉祥翻译,其他章节由朱玉祥翻译,全书由朱玉祥统稿。黄嘉佑教授对全书进行了审校。

我国清末启蒙思想家严复在《天演论》中的"译例言"中讲道:"译事三难:信、达、雅。求其信已大难矣,顾信矣不达,虽译犹不译也,则达尚焉。""信"指意义不悖原文,即译文要准确,不偏离,不遗漏,也不要随意增减意思;"达"指不拘泥于原文形式,译文通顺明白;"雅"则指译文时选用的词语要得体,追求文章本身的简明优雅。我们虽力求达到严复先生"信、达、雅"的要求,但由于水平有限,难免有些地方未能达到,甚至可能有一些错译之处。因此,特别欢迎广大读者批评指正,无论将来本书是否再版,这对我们来说都是非常有益的。

当然,翻译只是完成了"引进"国外先进教材的过程,只是第一步。下一步,需要深入"消化和吸收"。我们最终的目的是"创新",也就是自己撰写出高水平的气象统计教材。统计方法在气象科研与业务中虽然应用广泛,但目前为止尚未形成一门完整的气象统计学,这严重制约了统计方法在气象科研和业务中的深入应用和发展。而到底什么是气象统计(或气象统计学)呢?我们尝试给出一个定义:气象统计学是一门研究如何利用数理统计方法,有效地收集、整理和诊断分析带有随机性的气象观测数据和模式数据,以及对所考查的气象问题做出推断或预报预测,直至为采取一定的决策和行动提供依据和建议的气象分支学科。从这个定义可以看出:气象统计的分析对象是观测数据和模式数据,这些数据是随机数据,因此需要用概率统计方法进行分析和研究;气象统计可以对气象问题做诊断分析,也可以做预报预测;气象统计可以用于气象决策服务产品的制作。根据我们的理解,气象统计学的一个基本框架可能需要包括:(1)气象科研和业务的特点和范围,主要分析气象数据的随机特性和不确定性、气象数据的表示;(2)概率统计的基础知识,包括概率的要素、含意、性质,需要简要介绍概率公理、大数定律、中心极限定理;(3)单变量统计,包括气象资料的经验分布(气象统计量:位置、振幅、分布、相关统计量;图形显示方法:茎叶图、箱线图、柱状图、累积频率分布等)、参数概率分布、频率统计推断、贝叶斯统计推断、统计预报、预报检验、时间序列分析;(4)多变量统计,包括矩阵代数和随机矩阵、多元正态分布、EOF分析、典型相关分析和SVD分析、判别分析和聚类分析;(5)气象预报的价值分析。

本书能够完成翻译并出版,我要感谢的人很多。上面提到名字的各位老师,我都需要表示诚挚的感谢。干部学院的领导给予了大力支持和帮助,在此表示深深的感谢。翻译过程中,多次和Wilks教授沟通交流,对原书中的错误进行订正,得到了他的热情指导和帮助,深表感谢,当然,对所有给予过我帮助的老师、同事、同学、同门、朋友和学生,我都需要表示最真诚的谢意!

朱玉祥

zhuyx@cma.gov.cn

2016年6月

第3版前言

当准备《大气科学中的统计方法》第3版的时候，我再次尽力满足教师和学生作为教材的需求，同时也适合需要较为全面但并不繁杂的参考书的科研和业务人员。

本书所有的章节已经根据第2版进行了更新。这个新版本包括大约200篇新参考文献，这些文献的差不多三分之二是2005年及以后的。本书最突出的是新增加了关于贝叶斯推断的一章。还包括：关于趋势检验和多重检验的新章节，也有关于自助法的进一步讨论；广义线性模型和集合MOS预报发展的新章节；在预报检验一章中新增加了6节，反映了在过去5年中有关这个重要主题获得的大量新的研究成果。

我要继续感谢很多同事和读者，他们提供了很多建议和意见，并且指出了第2版中存在的一些错误，这推动了这个新版本的改进。勘误表将在 http://atmos.eas.cornell.edu/～dsw5/3rdEdErrata.pdf 上收集和维护。

第3版前言

[illegible]

[illegible]

[illegible]

第2版前言

自从大约10年前，本书的第1版出版以来，得到了很多正面的反映，这使我深感欣慰。尽管最初的想法主要是作为教材，但其作为参考书的广泛应用超过了我最初的预期。就第2版来说，整本书已经得到了更新，但是很多新材料是针对作为参考书来使用的。最明显的是，关于多元统计的1章已经扩充到了目前版本的6章。该书仍然很适合作为教材，但是授课教师可能希望对讲授哪些章节有更多的选择。在我自己的教学中，作为本科生天气和气候资料统计的基础课程，我使用第1到第7章的大部分章节；第9到第14章在研究生水平上的多元统计课程中讲授。

我没有加入包括适用于特殊的统计，或其他数学软件的很大的数字资料集，并且我尽量避免参考特定的URLs（网址）。虽然加入更大的资料集能够测试更真实的例子，特别是对多元统计方法来说。但是无法避免的软件改变可能最终使这些内容在某种程度上变得陈旧过时。而且，尽管本书中补充材料的大量附加信息，可以通过简单的搜索在互联网上找到但网址可能被关闭。另外，用手工计算的小例子，即使它们是人为的，但对直接学习程序原理也是有好处的，使得使用软件做真实资料的分析时，不再仅仅是一个黑箱练习。

很多读者指出了以前版本的错误，并且给出了包括其他主题的建议，这些都对这个版本的修订做出了重要贡献。我需要特别感谢 Matt Briggs，Tom Hamill，Ian Jolliffe，Rick Katz，Bob Livezey 和 Jery Stedinger，因为他们提供了对第1版的详细评论，并且评审了第2版的初期草稿。正是有了所有的这些贡献，本书才有了重大的改进。

第 1 版前言

本书的目的是作为统计方法应用于大气资料的入门教材。本书的结构基于我在康奈尔大学讲授的课程。这个课程主要针对的是高年级的本科生和研究生新生，讲述的水平针对的对象是这些读者。就关于统计方法在大气资料中使用的很多主题来说，本书只是一个绪论，因为几乎所有主题都可以更长篇和更详细地论述。本教材将提供一些基本统计工具的应用知识，它能够使在其他地方需要用到的更完整和更高级的资料处理变得更容易理解。

本书是假定你已经学完了统计学的初级课程，但是阅读本书之前，最好还是复习好基本的统计学概念。对于那些对大气或其他地球物理资料感兴趣的读者，本书可以作为统计学的中级课程。对于大部分内容来说，超出初级微积分数学背景的内容不做要求。大气科学的背景也不是必需的。很多步骤和方法也可以应用到地球物理的其他学科。

除了作为教材之外，我希望本书对研究人员和面向业务的工作人员也是一本有用的参考书。自从 Hans A. Panofsky 和 Glenn W. Brier 编著的经典教材《统计学在气象上的一些应用》于 1958 年出版以来，统计学在气象上的应用已经发生了很多变化，但一直没有真正适合的可以替代它的好教材。对读者来说，我对大气研究中常用的统计工具的解释，将增加文献的易读性，并且将提高读者对资料集含义的理解。

最后，我要感谢 Rick Katz, Allan Murphy, Art DeGaetano, Richard Cember, Martin Ehrendorfer, Tom Hamill, Matt Briggs 和 Pao-Shin Chu 给予的帮助。他们对初稿富有见地的评论，充分增加了本书表述的明晰性和完整性。

第1版前言

目　　录

第Ⅰ部分　预备知识

第Ⅱ部分　单变量统计

第Ⅲ部分 多变量统计

第Ⅰ部分

预 备 知 识

第 1 章　统计学的内容

1.1　统计学是什么

“统计学是研究关于变率、不确定性及面对不确定性时如何决策的学科”(Lindsay *et al*.，2004，p. 388)。本书包含统计方法在大气科学中的应用,特别是在气象学和气候学中的各种专门应用。

学生(以及其他人)经常抵制统计学,很多人认为这门学科除了描述之外并无用处。价格低廉的和普适的计算机出现以前,这个负面观点有相当的根据,至少涉及资料分析的统计学的应用是这样。进行手工计算,即使有科学的便携式计算器的帮助,也的确是单调乏味、令人头脑麻木并且耗费时间的。今天台式机的普通个人电脑的能力已经远远超过了几十年前的最快的大型计算机,但是很多人好像还没有意识到统计学上计算苦差事的时代已经过去很久了。事实上,在获得快速计算机之前,甚至一些重要的和强大的统计技术也并不实用。即使当从手工计算中解放出来以后,统计学有时仍然被某些没有认识到它与科学问题关系的人认为是毫无趣味的。非常希望本书有助于提高读者对统计学重要性的认识,至少在大气科学领域内是如此。

根本上,统计学关注的是不确定性。评估和量化不确定性,也包括针对不确定性做推断和预报,都是统计学的组成部分。既然大气科学研究的是大气行为的不确定性,那么统计学在大气科学中有很多重要的作用,这应该不令人感到惊讶。例如,很多人对一直让人感兴趣的天气预报非常着迷,其原因是因为不确定性是天气预报所固有的属性。如果将来某一天能够做完美或接近完美的预报(即如果存在很少不确定性或没有不确定性),气象业务可能是非常无趣的,在很多方面类似于潮汐表的计算。

1.2　描述性和推断性统计

把统计学分为两个主要的领域:描述性统计和推断性统计,尽管有些武断,但是很方便。这两个领域都和大气科学有关。

统计学的描述方面属于资料的组织和总结。大气科学充满了资料。为了支持天气预报活动,全世界数千个站点每天都在进行地面和探空观测,并以飞机、雷达、廓线仪和卫星资料作为补充。为了研究的目的,特定的大气观测站点的分布范围更小,经常包括时间和空间上加密的取样。另外,大气的动力学模式对描述大气气流物理规律的方程进行数值积分,更是产生了用于业务和研究的更多的数值输出产品。

作为这些行为的结果,我们经常要面对极其庞大的资料,我们希望这些资料包含我们感兴趣的自然现象的信息。初步分析这些资料就是一项不平凡的工作。通常需要组织原始资料,并且选择和实施合适的总结性显示。当个别的资料值太多以致不能被很好领会的时候,描绘大量数据变化方面的总结——统计模型——在理解这些资料值的时候可能是极具价值的。值得强调的是，用数值表示不是描述性资料分析的主要目的。然而，之所以进行这些分析，是因为这些数值包含令人怀疑的或者感兴趣的自然现象的信息，可以通过统计分析进行揭露或者做出更好的理解。

推断性统计，传统上理解为由用来得到关于生成资料过程的结论的方法和过程组成。Thiébaux 和 Pedder(1987, p. v)富有诗意地表达了这一观点，他们把统计学描述为“使这个世界产生关于其自身信息的艺术”。这里存在一个核心的真理：我们对大气现象的物理理解，部分地是来自对资料的统计处理和分析。在大气科学中，更广泛地使用推断统计来解释天气预报和气候预测可能是明智的。到目前为止，这个重要的领域有悠久的传统，并且在全世界的气象中心都是业务预报中的重要组成部分。

1.3 关于大气的不确定性

本质上描述性和推断性统计都是对不确定性的认识。如果大气过程是不变的，或者具有严格的周期性，那么数学上描述它们是容易的，天气预报也是容易的，那么气象学则是单调乏味的。当然，大气表现出不规则的变化和振荡的不确定性。这个不确定性是前面一节中提到的庞大资料集的收集和分析背后的驱动力。这也意味着天气预报必然存在有不确定性。天气预报员预报的第二天的温度，如果与实际的观测值差 1 ℃或 2 ℃，他们对此一点也不感到奇怪(甚至可能是高兴的)。对于定量的处理数据的不确定性，必须采用概率工具，概率论是处理不确定性的数学语言。

回顾概率论的基础知识之前，大气为什么存在不确定性是值得分析的。毕竟，我们有描述大气物理规律的庞大而复杂的计算机模式，这些模式被用来预报每天大气未来的演化。这些模式传统上是公式化的，是确定性的方式，没有反映不确定性的能力。一旦提供特定的初始大气状态(包括跨越大气层和行星周围的风、温度、湿度等)和边界强迫(特别是太阳辐射、海面和陆面条件)，每一个模式将产生一个特定的结果。用相同的输入值重新运行这个模式将不改变结果。

原则上，大气动力模式没有提供不确定性的预报有两个原因：第一，即使模式很好，能够给出对大气行为的很好的近似描述，但它们不可能包含全部物理规律的完整和真实描述。这个问题的一个重要的并且本质上不可避免的原因是，一些相关的物理过程的运动尺度太小，而不能由这些模式表现出来，对更大尺度的描述，只能使用大尺度信息以某种方式做近似的处理。

即使所有的相关物理规律都能以某种方式嵌入到大气模式中，然而，我们仍然还是无法避免其不确定性，因为动力系统存在著名的混沌特性。这个现象是由大气科学家 Lorenz(1963)发现的，他对这个现象给出的介绍很值得一读。Smith(2007)对动力系统的混沌特性给出了另一种非常容易理解的介绍。简而言之，非线性确定性动力系统(例如，大气运动方程，并且假定为大气本身)的演化过程，非常敏感地依赖于系统的初始条件。如果这样的非线性系统的两个现实，从只有极其微小差别的两个初始条件开始，在随时间演化过程中，最终也会明显地分叉。想象这两个现实中的一个是真实大气，而另一个是控制大气的物理规律的完美数学模式。因为大气观测总是不完整的，以与真实系统完全相同的状态开始运行数学模式，是根本不可能的。所以，即使模式是完美的，计算大气未来长时间不确定性的行为仍然是不可能的。

既然将来的大气行为总是不确定的，为了充分地描述这些行为，概率方法总是需要的。在这个领域中的一些专家，至少在实践上可实现的动力天气预报开始之前，已经意识到了这个问题。例如，Eady(1951, p.464)说："在最广泛的意义上，预报一定是统计物理学的一个分支，我们的问题和答案必须用概率来表达。" Lewis(2005)很好地回顾了大气动力预报中的概率思想的历史，在大气中，混沌动力学的出现已经终结了完美(没有不确定性)天气预报的梦想，该完美天气预报，曾经构成了20世纪很多气象学的哲学基础(其历史和科学文化的说明可参考Friedman(1989))。总而言之，大气的混沌动力学和在数学表示上无法避免的误差，意味着"所有的气象预报问题，无论是天气预报还是气候变化预估，本质上都是概率的"(Palmer, 2001, p.301)。不管大气本质上是不是随机系统，对大部分实际使用来说它都可能是随机系统(如Smith,2007)。

最后，值得指出的是，正如有时认为的那样，随机性并不是完全不可预报或"没有信息"的状态。实际上，随机过程不是全部地和精确地可预报或可确定的，但可能有一部分是可预报或可确定的。例如，你所居住地区明天将发生的降雨量是一个随机量，今天你不知道。然而，对你所在位置的气候降水记录做简单的统计分析，可以产生出该地明天降水量的相对频率，就能提供比我坐着写这本书时，所具有的关于你所在位置明天降水量更多的信息。对你来说，明天降水量有更少不确定性的判断，可能是以天气预报的形式提供给你。减少气象随机事件的不确定性，是天气预报的宗旨。而且，统计方法能够估计出预报的精度，这本身就是极具价值的信息。

第2章 概率论回顾

2.1 背景

本章给出了概率论基本概念的简要回顾。概率论基础知识更完整的讲解可以在任何高质量的初等统计学教材中找到,例如 Dixon 和 Massey's(1983)的《统计分析导论》或 Winkler's(1972b)的《贝叶斯推断和决策导论》,以及其他的很多文献。

关于大气的不确定性,或者关于任何其他系统的不确定性,在不同的例子中程度不同。例如,你不能完全确定你的家乡明天是否下雨,或者下个月的平均温度是大于还是小于这个月的平均温度。但是你可能对这两个问题中的一个或另一个更有把握。

只说一个事件是不确定的是不够的,或者不是特别有用。更确切地说,我们面临的是表达或描述不确定程度的问题。一个可能的方法是使用定性描述,比如"很可能""不太可能""可能"或"偶尔"。然而,通过这些用语表达不确定性是含糊的,会给出多种解释(Beyth-Marom,1982;Murphy and Brown, 1983)。例如,"很可能下雨"和"可能下雨"两个表达中哪一个表示了关于降雨可能性的更多或更少的不确定性是不清晰的。

通常通过使用概率的数字来定量地表达不确定性是更好的。狭义上,概率论只是一个抽象的数学系统,这个系统从称为概率公理的三个假设中,通过逻辑推理发展而来。除了得到的抽象概念是关于包括不确定性的真实世界的问题之外,很多人对这个系统不感兴趣,或许也包括你自己。介绍概率公理及其几个更重要的推论之前,必须定义一些术语。

2.2 概率的要素

2.2.1 事件

事件是可能的不确定性结果的一个集合或类或组。事件可分为两类:复合事件和简单事件。复合事件可以分解为两个或更多的(子)事件,而简单事件不能分解。作为一个简单的例子,考虑掷一个普通六面体的骰子。事件"点子出现偶数"是一个复合事件,因为如果出现 2,4 或 6 点时,就发生复合事件。而事件"出现 6 点"则是一个简单事件。

像掷骰子的情况,哪个事件是简单的,哪个事件是复合的,通常是明显的。但更一般地,事件被恰当地定义为简单事件或复合事件,常常依赖于具体的情形以及进行分析的目的。例如,事件"明天出现降水",可能是一个区别于简单事件"明天不出现降水"的简单事件。但是如果进一步区分降水的形式,"出现降水"可以看作为一个复合事件,可能由三个简单事件组成:"液态降水""固态降水"与"液态和固态混合降水"。如果我们进一步对出现多少降水感兴趣,这三个事件都可以看作为复合事件,每一个至少由两个简单事件组成。在本例中,例如,如果简单事件"固态降水包含至少0.01 in* 的水当量"或"固态降水包含小于0.01 in的水当量"发生，那么"固态降水"的就是一个复合事件。

2.2.2 样本空间

样本空间或事件空间是所有可能的简单事件的集合。这样的样本空间是指所有可能的结果或事件的总体，它也是可能的最大的复合事件。

一个样本空间中，事件之间的关系可以用所谓的韦恩图(Venn Diagram)，即用几何图形来表示。样本空间经常画为一个矩形，其中的事件画为圆形，正如图2.1a所示。这里样本空间是标注为S的矩形，包含明天降水所有可能结果的集合。四个简单事件在三个圆的内部做了描述。"无降水"圆环和其他的圆环不重叠，因为如果无降水(即没有降水)发生，那么液态或固态降水都不可能出现。"液态降水"和"固态降水"的共同区(阴影线区域)表示为"液态和固态混合降水"事件。图2.1a中没有被圆圈围绕的S的部分区域，解释为不可能发生的"零(空)"事件。

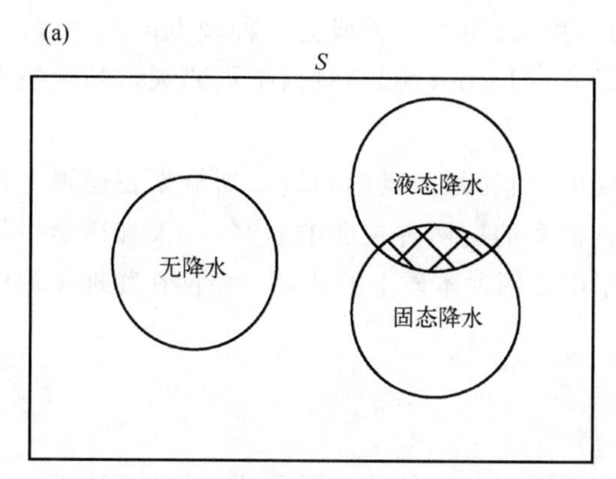

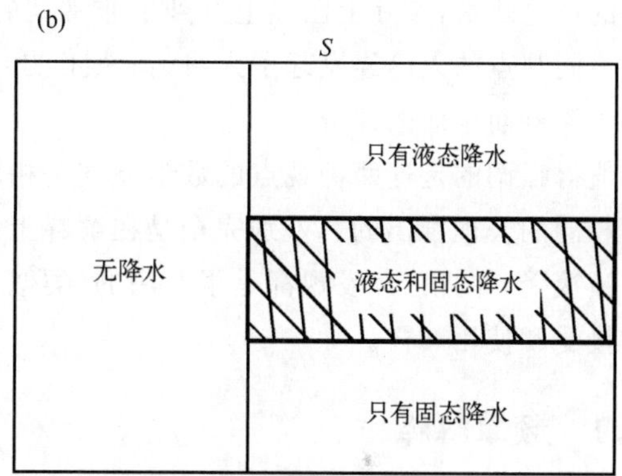

图2.1 降水事件关系的韦恩图

(a)在样本空间中的事件用圆圈表示；(b)相同的事件用填充空间的矩形表示。阴影线区表示"液态和固态混合降水"事件

在韦恩图中表示事件的时候，不是必须要使用圆环来表示。图2.1b是用矩形填充整个样本空间S的等价韦恩图。用这种方式绘制，很清楚地显示S正好由表示可能出现结果的四个简单事件组成。这样的所有可能的基本(按照当前使用的任何一种定义)事件称为互不相容性和完全穷尽性(mutually exclusive and collectively exhaustive，MECE)。互不相容性，意味着至多有一个事件发生。完全穷尽性意味着至少有一个事件发生。MECE事件的集合完全充满样本空间。

注意通过在矩形右手边的某处增加一条垂直线，图2.1b可以修改为用来区分降水量。如果在这条线一侧的新矩形表示大于或等于0.01 in的降水，那么另一侧的降水将表示小于0.01 in的降水。那么这个修改后的韦恩图将描述7个MECE事件。

2.2.3 概率公理

现在已经精心定义了样本空间及其组成事件，下一步是把每个事件与概率相关联。逻辑上，所有这一切的事件运算规则均来自三个概率公理。这些公理存在正式的数学定义，但是它

* 1 in=0.0254 m，下同——译者

们可以定性地表述为：

公理 1　任何事件的概率都是非负的。

公理 2　复合事件 S 的概率为 1。

公理 3　两个互不相容事件的一个或另一个发生的概率是这两个单独事件的概率之和。

2.3　概率的意义

对概率的数学推导来说，公理是基本的逻辑运算基础。更确切地说，概率的数学性质全部都可以从公理中推导出来。许多性质将在本章的后面列出。

然而，关于概率实际上意味着什么，公理提供的信息并不是非常充分。关于概率的意义存在两种主要观点：频率观点和贝叶斯观点。当然也存在其他观点(de Elia and Laprise, 2005; Gillies, 2000)。令人惊讶的是，关于哪个观点是正确的，存在的并不是小范围的争论。对这个问题的讨论热情，实际上已经上升到了非常高的程度，以至于一种或另一种观点的追随者，对支持不同观点的人已经发起了人身(口头上的)攻击。Little(2006)对两个主要观点的优缺点给出了深刻而全面的评价。

值得强调的是这两种观点的数学原理是相同的，因为频率概率和贝叶斯概率在逻辑上都是从相同的公理推出的。差别完全是在解释上。概率的这两种主要的解释，在大气科学中都已经被接受，并且已经发现都是很有用的，类似于电磁辐射本质上的波粒二象性在物理领域中的被接受和使用一样。

2.3.1　频率解释

频率解释是概率的主流观点。在 18 世纪，彩票游戏和赌博的相关需求，推动了该观点的发展。在这种观点中，一个事件的概率就是其长期的相对频率。这个定义来自大数定律，大数定律指出事件$\{E\}$的发生次数和事件发生机会总次数的比值随着事件发生机会总次数的增加而收敛到$\{E\}$的概率，表示为 $\Pr\{E\}$。这个思想可以正式地写为

$$\Pr\left\{\left|\frac{a}{n}-\Pr\{E\}\right| \geqslant \varepsilon\right\} \rightarrow 0, \quad \text{当 } n \rightarrow \infty \tag{2.1}$$

式中：a 为事件发生次数；n 为事件发生机会的总次数(这样 a/n 就是相对频率)；ε 为任意小的实数。式(2.1)表明，对事件$\{E\}$来说，当事件发生机会总次数 n 很大时，相对频率 a/n 很可能接近于概率 $\Pr\{E\}$。另外，随着 n 越来越大，相对频率和概率接近的可能性更大。

频率的概率解释，在直觉上和经验上都是合理的。比如在通过计算历史相对频率来估计气候概率的应用中，它是很有用的。例如，在过去的 50 年中，8 月份有 31×50＝1550(天)，如果在某个地点 8 月份出现下雨的总天数是 487 天，那么该地点 8 月份的某一天下雨的气候概率，很自然地估计为 487/1550＝0.314。

2.3.2　贝叶斯(主观的)解释

严格来说，采用概率的频率观点，要求同样试验的一个很长的序列。对于从历史天气中估计气候概率，这个要求本来是没有问题的。然而，考虑类似于{你们大学或母校的足球队，下一个赛季将至少赢得总比赛场次的一半}这一事件的概率，在相对频率的框架内，进行事件概率

的估计确实存在相当大的困难。尽管我们可以抽象地想象出足球赛季的一个假设序列，这个序列与将要来临的赛季相同，但是这个假设的足球赛季序列，在估计事件的概率中实际上并没有什么帮助。

主观解释的概率，是表示特定的个人对不确定性事件发生的信心程度或定量的判断。例如，如果有日常天气预报的一个长期的历史（并且很有技巧），那么可以用来估计在不远的将来的日子降水事件出现的概率。如果你的大学或母校是一个足够大的学校，职业赌徒对它的足球比赛结果很感兴趣，那么关于那些结果的概率也有主观的评估。

两个人对同一个事件可能有不同的主观概率，而哪一个可能都不一定错，在判断上，这样的差别经常是由于信息和/或经验上的差异引起的。然而，不同的个人对相同的事件可以有不同的主观概率，并不意味着个人可以自由地选择任何数字，并且称它们为概率。为了得到合理的主观概率，定量的判断必须是一致性的判断。这个一致性意味着，在其他事件中间，主观概率必须和概率公理一致，通过公理暗含了概率的数学性质。

2.4 概率的性质

使用韦恩图的一个原因，是它可以把概率用可视化的几何图形的面积表示出来。物理世界中的几何关系，可以用来更好地领会抽象的概率世界。根据第2个公理，可以推断出图2.1b中矩形的面积为1。第1个公理指出面积不能是负的。第3个公理表明不重叠部分的总面积是各个部分面积的和。

本节列出了从公理推导出来的很多概率性质。由韦恩图给出的概率的几何图形可以用来提高概率的形象化。

2.4.1 域、子集、补集和并集

第1个和第2个公理合起来意味着任何事件的概率都在0和1之间，

$$0 \leqslant \Pr\{E\} \leqslant 1 \tag{2.2}$$

如果 $\Pr\{E\}=0$，事件将不会发生；如果 $\Pr\{E\}=1$，事件肯定要发生。

如果只要事件$\{E_1\}$发生，事件$\{E_2\}$也必定要发生，那么$\{E_1\}$称为$\{E_2\}$的子集。例如，$\{E_1\}$和$\{E_2\}$分别指固态降水发生和任何形式的降水发生。在本例中，第3个公理意味着

$$\Pr\{E_1\} \leqslant \Pr\{E_2\} \tag{2.3}$$

事件$\{E\}$的补集是$\{E\}$不发生的（通常是复合）事件。例如图2.1b中，事件“液态和固态降水混合”的补集是复合事件“或者没有降水，或者只有液态降水，或者只有固态降水”。第2个和第3个公理意味着

$$\Pr\{E^C\} = 1 - \Pr\{E\} \tag{2.4}$$

式中：$\{E^C\}$指$\{E\}$的补集。（很多作者在事件符号上面画横线表示补集。在上面画横线的用法与最常用的算术统计平均的意义完全不同。）

两个事件的并集是事件的一个或另一个或两个都发生的复合事件。集合符号中，并集由符号∪表示。作为第3个公理的结果，并集的概率可以用下式计算：

$$\begin{aligned}\Pr\{E_1 \cup E_2\} &= \Pr\{E_1,\text{或 } E_2,\text{或 } E_1 \text{ 和 } E_2\} \\ &= \Pr\{E_1\} + \Pr\{E_2\} - \Pr\{E_1 \cap E_2\}\end{aligned} \tag{2.5}$$

符号$\cap$称为交集运算，

$$\Pr\{E_1 \cap E_2\} = \Pr\{E_1, E_2\} = \Pr\{E_1 \text{ 和 } E_2\} \tag{2.6}$$

是$\{E_1\}$和$\{E_2\}$同时都发生的事件概率。符号$\{E_1, E_2\}$相当于$\{E_1 \cap E_2\}$。$\Pr\{E_1, E_2\}$的另一个名字是$\{E_1\}$和$\{E_2\}$的联合概率。式(2.5)有时称为*概率的加法定理*。它含有$\{E_1\}$和$\{E_2\}$是否相互排斥的信息。然而，如果两个事件是相互排斥的，因为互斥事件不能同时发生，所以其交集的概率是0。

为了补偿事件$\{E_1\}$和$\{E_2\}$的概率相加时$\Pr\{E_1, E_2\}$被计算了两次，式(2.5)中减掉了联合事件的概率$\Pr\{E_1, E_2\}$。通过在图2.1a中找到由两个重叠的圆环包围的总面积，这很容易看出来。图2.1a中的阴影线区表示交集事件{液态降水和固态降水}，它包含在标有“液态降水”和“固态降水”的两个环内。

通过把$\{E_1\}$或$\{E_2\}$考虑为复合事件(即其他事件的并集)，式(2.5)中的加法定律可以扩展到三个或更多事件的并集，递归地应用式(2.5)。例如，如果$\{E_2\} = \{E_3 \cup E_4\}$，代入式(2.5)中，重新整理后得

$$\begin{aligned}\Pr\{E_1 \cup E_3 \cup E_4\} = {} & \Pr\{E_1\} + \Pr\{E_3\} + \Pr\{E_4\} \\ & - \Pr\{E_1 \cap E_3\} - \Pr\{E_1 \cap E_4\} \\ & - \Pr\{E_3 \cap E_4\} \\ & + \Pr\{E_1 \cap E_3 \cap E_4\}\end{aligned} \tag{2.7}$$

这个结果在代数上很难理解，但在几何上相当容易。图2.2说明了这种情况。三个单个圆环的面积加在一起(式(2.7)中的第一行)，结果是两个重合阴影区计算了2次，包含所有环形的中央区域计算了3次。式(2.7)的第二行订正了两次计算，但是减去了中央区域的3倍。式(2.7)的第三行最后加回了这个面积。

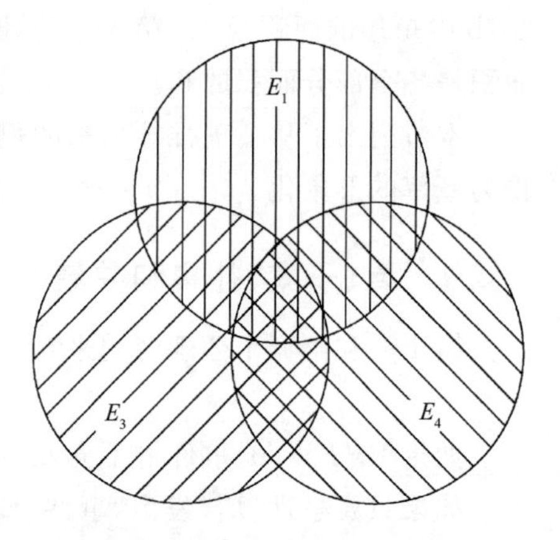

图2.2 说明式(2.7)中三个交集事件并集概率计算的韦恩图。两次重叠的阴影线区计算了2次，为了抵消这种重复计算，其面积必须被减掉。三次重叠的阴影线区计算了3次，然后当订正两次重叠时又被减掉了3次，所以其面积必须重新加回来。

2.4.2 德·摩根律(DeMorgan's Laws)

处理包括并集或交集的补集的运算，或者包括并集或补集的交集的运算，根据著名的德·摩根律很容易得到

$$\Pr\{(A \cup B)^C\} = \Pr\{A^C \cap B^C\} \tag{2.8a}$$

和

$$\Pr\{(A \cap B)^C\} = \Pr\{A^C \cup B^C\} \tag{2.8b}$$

第一个定律式(2.8a)表达了两个事件的并集的补集是两个事件的补集的交集的算式。在韦恩图的几何术语中，$\{A\}$和$\{B\}$并集外面的事件的概率(公式左端)等于在$\{A\}$和$\{B\}$的外面事件的概率(公式右端)。德·摩根律的第二个定律式(2.8b)，指出两个事件的交集的补集的事件的概率是两个单独事件补集的并集事件的概率。这里，按几何术语，不在$\{A\}$和$\{B\}$重叠区的事件(公式左端)或者在$\{A\}$的外面，或者在$\{B\}$的外面，或者在$\{A\}$和$\{B\}$二者重叠区的外面(公式右端)。

2.4.3 条件概率

经常出现这种情况，我们关注的是已知其他事件已经发生或将要发生时的事件的概率。例如，已知降水出现，固态降水的概率可能是我们关注的重点；或者我们需要知道，已知一个飓风将在附近登陆时某个阈值之上的海岸风速。这些是条件概率的例子。"已知的"事件称为条件事件。条件概率的传统符号是一条垂直线，$\{E_1\}$表示关注的事件，$\{E_2\}$表示条件事件，条件概率表示为

$$\Pr\{E_1 | E_2\} = \Pr\{\text{已知 } E_2 \text{ 已经发生或将要发生时 } E_1 \text{ 发生}\} \tag{2.9}$$

如果事件$\{E_2\}$已经发生或将要发生，$\{E_1\}$的概率是条件概率 $\Pr\{E_1 | E_2\}$。如果条件事件没有发生或者将来也不会发生，那么条件概率本身没有给出关于$\{E_1\}$的概率信息。

更正式地，可以使用关注事件和条件事件的交集按照下式定义条件概率，假设条件事件的概率不为 0：

$$\Pr\{E_1 | E_2\} = \frac{\Pr\{E_1 \cap E_2\}}{\Pr\{E_2\}} \tag{2.10}$$

直观上，条件概率与正在讨论的两个事件的联合概率$\Pr\{E_1 \cap E_2\}$是有关联的。此外，通过类比韦恩图中的面积是非常容易理解的，正如图 2.3 中所显示的。$\{E_1\}$的无条件概率通过标有 E_1 的矩形在样本空间(S)中所占的比例来表示。关于$\{E_2\}$的条件作用，意味着我们只对包含$\{E_2\}$的结果感兴趣。实际上，我们正在丢掉不包含在$\{E_2\}$中的 S 的其他部分。这等于考虑一个与$\{E_2\}$一致的新样本空间 S'。因此条件概率 $\Pr\{E_1 | E_2\}$几何上的表示是$\{E_1\}$和$\{E_2\}$二者同时占有的新样本空间的面积。如果条件事件和关注事件是互斥的，条件概率显然必然为 0，因为其联合概率为 0。

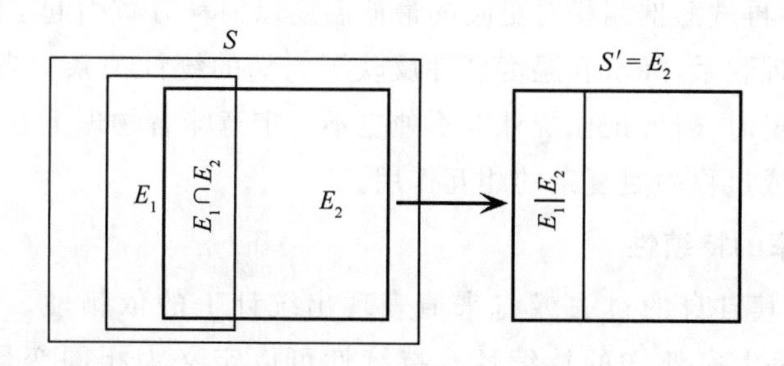

图 2.3 条件概率定义的图示。图的左边$\{E_1\}$的无条件概率是$\{E_1\}$占有 S 面积的比例。关于$\{E_2\}$的条件作用相当于考虑一个新样本空间，即只由$\{E_2\}$组成的 S'，因为我们只关注$\{E_2\}$发生时的情况。因此条件概率 $\Pr\{E_1 | E_2\}$由$\{E_1\}$和$\{E_2\}$同时所占的面积在新样本空间 S'中占有的比例给出。这个比例用式(2.10)计算。

2.4.4 独立性

重新整理条件概率的定义，式(2.10)产生了被称为乘法定理的公式

$$\Pr\{E_1 \cap E_2\} = \Pr\{E_1 | E_2\}\Pr\{E_2\} = \Pr\{E_2 | E_1\}\Pr\{E_1\} \tag{2.11}$$

如果一个事件的发生或不发生不影响另一个事件的概率，那么就说这两个事件是独立的。例如，如果我们掷一个红骰子和一个白骰子，红骰子上任何结果的概率不依赖于白骰子上的结果，反之亦然。$\{E_1\}$和$\{E_2\}$之间的独立性意味着 $Pr\{E_1 | E_2\} = Pr\{E_1\}$ 和 $Pr\{E_2 | E_1\} = Pr\{E_2\}$。事

件的独立性使得联合概率的计算特别容易，那么因此乘法定理简化为

$\{E_1\}$ 和 $\{E_2\}$ 独立时 $$\Pr\{E_1 \cap E_2\} = \Pr\{E_1\}\Pr\{E_2\} \tag{2.12}$$

通过简单地乘以独立无条件事件的全部概率，式(2.12)很容易扩展到两个以上独立事件的联合概率的计算。

例 2.1 条件相对频率

考虑用附录 A 中表 A.1 给出的资料来估计气候（即长期或相对频率的）概率。可以计算以其他事件为条件的气候概率。这样的概率有时称为条件气候概率或条件气候分布。

假设关注的是估计伊萨卡(Ithaca)1 月至少 0.01 in 当量的液态降水，已知最低温度至少为 0 ℉。从物理机理上，认为这两个事件是有关系的，因为很冷的温度一般发生在晴朗的夜间，降水的发生要求有云。这个物理上的关系导致我们预计这两个事件是统计上相关的（即不独立），已知不同的最低温度条件下降水的条件概率与非条件概率互不相同。特别是，基于我们对物理过程的理解，我们预计已知最低温度为 0 ℉或更高时的降水概率，将大于已知最低温度低于 0 ℉的补集事件的条件概率。

为了使用条件相对频率估计这个概率，我们只关注伊萨卡(Ithaca)最低温度至少为 0 ℉的那些资料。表 A.1 中符合该条件的有 24 天。这 24 天中，14 天显示了可测量的降水(ppt)，产生了估计 $\Pr\{ppt \geqslant 0.01\ in | T_{min} \geqslant 0\ ℉\} = 14/24 \approx 0.58$。最低温度低于 0 ℉的 7 天的降水资料被忽略。既然可测量的降水只是在这 7 天中的 1 天被记录到，已知以最低温度低于 0 ℉的事件为条件的补集，那么我们可以估计降水的条件概率为 $\Pr\{ppt \geqslant 0.01\ in | T_{min} < 0\ ℉\} = 1/7 \approx 0.14$。降水的非条件概率的相应估计为 $\Pr\{ppt \geqslant 0.01\ in\} = 15/31 \approx 0.48$。

例 2.1 中计算的条件概率估计的差异反映了统计依赖性。因为潜在的物理过程已经理解得很好了，所以我们不再试图推测相对更暖的最低温度以何种方式引起了降水。相反，因为它们和云的（不同的）物理联系，降水和温度事件反映了它们的统计关系。当处理物理关系未知的统计上不独立的变量时，需要记住统计上不独立不一定意味着物理上有因果关系，但是可能反映了物理上资料生成过程中更复杂的相互作用。

例 2.2 条件概率的持续性

大气变量经常与其自身的过去或将来值表现出统计上的依赖性。在大气科学的术语中，时间上的依赖性是大家熟知的持续性。持续性可以定义为相同变量的连续值之间（正的）统计相关的存在。正的依赖性意味着变量的大值倾向于跟随着相对大的值，变量的小值倾向于跟随着相对小的值。持续性常存在于度量区间短于（至少一个）潜在物理过程的时间尺度中。

通常的情况是气象变量在时间上的统计依赖性是正的。例如，如果今天的温度高于平均值，那么明天的温度高于平均值的概率更大。这样，持续性的另一个名字是序列的正依赖性。在第 5 章中看到的当存在这个经常出现的特征时，对从大气资料中得出的统计推断有重要的意义。

考虑描述伊萨卡(Ithaca)的{降水发生}事件的持续性，再次使用附录 A 中表 A.1 日值的小资料集。物理上，可以预计到这些资料中序列的依赖性，因为与这个地点冬季大部分降水有关的中纬度天气波的典型时间尺度是几天，这长于每天的观测间隔。统计结果是，报告有降水的那些天倾向于继续有降水发生，无降水的那些天倾向于还是没有降水。

为了评估降水事件的序列依赖性，必须估计 Pr{今天的 ppt|昨天的 ppt}的条件概率。因为资料集表 A.1 不包含 1986 年 12 月 31 日和 1987 年 2 月 1 日的资料，只能计算 30 个昨天/今天资料对。为了估计 Pr{今天的 ppt|昨天的 ppt}，我们只需要计算随后一天降水（作为感兴趣的事件，或“今天”事件）的降水天数（作为条件事件，或“昨天”事件）。当估计这个条件概率时，我们对无降水的日子随后发生什么不感兴趣。排除 1 月 31 日，有降水的有 14 天。这 14 天中，10 天是随后一天有降水，4 天是随后一天无降水。因此条件相对频率估计为 Pr{今天有 ppt|昨天有 ppt}＝10/14≈0.71。类似地，关于补集事件（无降水的“昨天”）产生了 Pr{今天有 ppt|昨天没有 ppt}＝5/16≈0.31。这两个条件概率之间的差别反映了这些资料中时间序列的依赖性，量化了湿日和干日发生的趋势。这两个条件概率也就组成了一个“条件气候”。

2.4.5 全概率定理

因为所得信息的局限性，有时必须间接地计算概率。在这样的情形中，有用的联系可能是全概率定理。考虑在感兴趣的一个样本空间中，MECE 事件的一个集合 $\{E_i\}$，$i=1,\cdots,I$。图 2.4 用插图说明了 $I=5$ 个事件的情况。如果有一个事件 $\{A\}$ 也定义在这个样本空间中，那么其概率可以通过联合概率的加法计算

$$\Pr\{A\} = \sum_{i=1}^{I} \Pr\{A \cap E_i\} \tag{2.13}$$

式(2.13)右端显示了由 $\sum$ 右边的数学符号定义的加和项，包括 1 和 I 之间的下标角 i 的所有整数值的事件。代入概率乘法定理得到

$$\Pr\{A\} = \sum_{i=1}^{I} \Pr\{A \mid E_i\}\Pr\{E_i\} \tag{2.14}$$

如果已经知道每个 MECE 事件，非条件概率 $\Pr\{E_i\}$ 和 $\{A\}$ 的条件概率是已知的，那么可以计算 $\{A\}$ 的非条件概率。重要的是要注意只有当 MECE 分割样本空间时式(2.14)才是正确的。

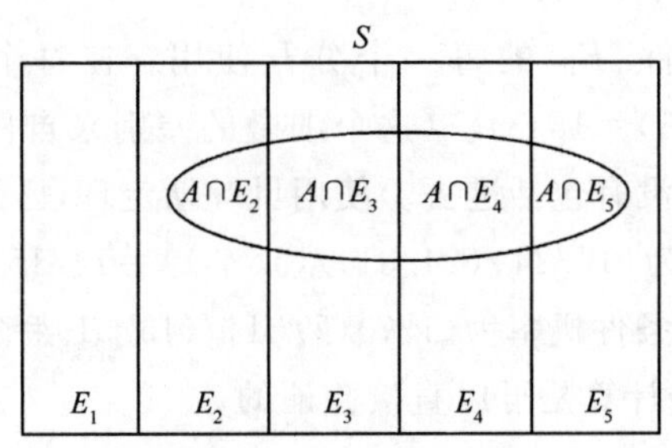

图 2.4 全概率定理示意图。

样本空间 S 包含事件 $\{A\}$，由椭圆和 5 个 MECE 事件 $\{E_i\}$ 表示

例 2.3 使用全概率定理组合条件概率

也可以用全概率定理来审视例 2.2。考虑只存在 $I=2$ 个 MECE 事件分割的样本空间：$\{E_1\}$ 表示昨天有降水，$\{E_2\}=\{E_1{}^C\}$ 表示昨天没有降水。假设事件 $\{A\}$ 是今天发生降水。如果资料得不到，那么我们可以通过全概率定理用条件概率计算 $\Pr\{A\}$。即

$$\Pr\{A\}=\Pr\{A|E_1\}\Pr\{E_1\}+\Pr\{A|E_2\}\Pr\{E_2\}=(10/14)(14/30)+(5/16)(16/30)=0.50$$

因为可以得到附录 A 中的资料，所以该结果的正确性可以通过简单的计算验证。

2.4.6 贝叶斯定理

贝叶斯定理是乘法定理和全概率定理的组合。在相对频率的背景中，贝叶斯定理被用来“颠倒”条件概率。即如果已知 $\Pr\{E_1|E_2\}$，贝叶斯定理可以用来计算 $\Pr\{E_2|E_1\}$。在第 6 章发展的贝叶斯理论框架中，它被用来订正或更新与新信息一致的主观先验概率。

再次考虑图 2.4 中显示的情形，图中有一批确定的 MECE 事件$\{E_i\}$和另外的事件$\{A\}$定义的集合。乘法定理(式(2.11))可以用来得到事件$\{A\}$和事件$\{E_i\}$中任何一个的联合概率公式：

$$\begin{aligned}\Pr\{A,E_i\} &= \Pr\{A \mid E_i\}\Pr\{E_i\} \\ &= \Pr\{E_i \mid A\}\Pr\{A\}\end{aligned} \tag{2.15}$$

组合等式右端的两项，重新整理得到

$$\Pr\{E_i \mid A\} = \frac{\Pr\{A \mid E_i\}\Pr\{E_i\}}{\Pr\{A\}} = \frac{\Pr\{A \mid E_i\}\Pr\{E_i\}}{\sum_{j=1}^{J}\Pr\{A \mid E_j\}\Pr\{E_j\}} \tag{2.16}$$

式(2.16)已经用全概率定理重写了分母。式(2.16)是贝叶斯定理的表达式。对每个 MECE 事件它可以单独使用。然而需要注意，对每个 E_i 分母是相同的，因为每次都是在分母中根据下标 j 的编号对全部事件相加得到 $\Pr\{A\}$。

例 2.4　来自相对频率观点的贝叶斯定理

例 2.1 中估计了已知最低温度大于或等于 0 ℉和小于 0 ℉的降水发生的条件概率。贝叶斯定理可以用来计算已知降水发生或没有发生时，温度事件的逆条件概率。令$\{E_1\}$表示最低温度大于或等于 0 ℉的事件，$\{E_2\}=\{E_1^C\}$是其补集事件，为最低温度低于 0 ℉的事件。很明显，这两个事件是样本空间的 MECE 分区。回顾在 31 天中有 24 天报告最低温度为至少 0 ℉的事件发生概率，所以温度事件概率的非条件气候概率的估计是，$\Pr\{E_1\}=24/31$，$\Pr\{E_2\}=7/31$。得到 $\Pr\{A|E_1\}=14/24$，$\Pr\{A|E_2\}=1/7$。

式(2.16)可以对两个事件$\{E_i\}$的每一个分开使用。在每个例子中，分母是 $\Pr\{A\}=(14/24)(24/31)+(1/7)(7/31)=15/31$。(这个细微的差别来自例 2.2 中得到的降水概率估计，是因为 12 月 31 日的资料没有包括进去。)使用贝叶斯定理，已知降水发生条件下最低温度至少是 0 ℉事件的条件概率为(14/24)(24/31)/(15/31)＝14/15。类似地，已知有降水条件下，最低温度低于 0 ℉事件的条件概率为(1/7)(7/31)/(15/31)＝1/15。因为所有的资料都可以从附录 A 中得到，所以这些计算是可以直接验证的。

例 2.5　来自主观概率观点的贝叶斯定理

对例 2.4 也可以做主观的(贝叶斯的)概率解释。假定天气预报需要明确最低温度至少为 0 ℉事件的概率。如果不能得到更完善的信息，对事件使用无条件气候概率是很自然的，即用 $\Pr\{E_1\}=24/31$ 表示预报员的不确定性，或对结果的信心程度。在贝叶斯框架中，信息的基本状态称为先验概率。然而，假定预报员可以知道某天是否出现下雨，该信息可能影响预报员对温度结果的确信程度。预报员的确信性，需要依赖温度和降水之间关系的强度，它通过已知两个最低温度结果条件下降水出现事件的条件概率来明确。这个条件概率，在这个例子中，是使用 $\Pr\{A|E_i\}$来表示，被称为可能性(似然性)。如果降水出现，预报员则更确信最低温度至少是 0℉，由式(2.16)给出的修订的条件概率为(14/24)(24/31)/(15/31)＝14/15。关于很冷的

最低温度不发生的概率,这个修订的或更新的(根据有关降水出现的附加信息)判断,称为后验概率。这里,后验概率比先验概率 24/31 更大。类似地,如果降水不发生,预报员更确信最低温度将不会大于或等于 0 ℉。请注意,这个例子与例 2.4 的差别只是在解释上,而计算和数值结果是相同的。

2.5　习题

2.1　在某地 60 个冬季的气候记录中,有 9 个冬季,单个风暴降雪大于 35 cm(定义这样的降雪为事件“A”),有 36 个冬季,最冷温度在 −25 ℃以下(定义这个为事件“B”)。有 3 个冬季事件“A”和“B”同时发生。

a. 画出符合这个资料的韦恩图。

b. 用集合符号写出大于 35 cm 降雪和 −25 ℃以下温度单独发生,或两者同时发生的表达式。估计这个复合事件的气候概率。

c. 用集合的符号写出冬季有大于 35 cm 降雪,温度没降到 −25 ℃以下的表达式。估计这个复合事件的气候概率。

d. 用集合的符号写出冬季既没有 −25 ℃以下温度,也没有大于 35 cm 降雪发生的表达式。并估计气候概率。

2.2　使用表 A.1 中 1987 年 1 月的资料集,定义事件“A”为伊萨卡(Ithaca)$T_{max}>32$ ℉,事件“B”为卡南戴挂(Canandaigua)$T_{max}>32$ ℉。

a. 解释 $\Pr(A)$,$\Pr(B)$,$\Pr(A,B)$,$\Pr(A\cup B)$,$\Pr(A|B)$和 $\Pr(B|A)$的意义。

b. 用资料中的相对频率估计 $\Pr(A)$,$\Pr(B)$和 $\Pr(A,B)$。

c. 用(b)中的结果计算 $\Pr(A|B)$。

d. 事件“A”和“B”是独立的吗?你是怎么判断的?

2.3　再次使用表 A.1 中的资料,估计伊萨卡(Ithaca)最高温度小于或等于结冰点温度(32 ℉)的概率,已知前一天的最高温度小于或等于结冰点温度。

a. 说明温度资料的持续性。

b.(不正确的)假定日温度序列是独立的。

2.4　三部雷达装置,独立运行,正在搜索“钩型”回波(一种和龙卷有关系的雷达信号)。假定当龙卷出现时,每部雷达不能监测到信号的概率是 0.05。

a. 画出适合这个问题的韦恩图。

b. 龙卷不能被三部雷达的任何一部监测到的概率是多少?

c. 龙卷可以被三部雷达的每一部都监测到的概率是多少?

2.5　通过对相等数量的候选风暴进行随机播撒或不播撒,播撒是使用云中播撒,对冰雹抑制进行的影响研究。假定来自播撒的冰雹破坏性的概率是 0.10,来自未播撒的冰雹破坏性的概率是 0.40。如果在目标风暴中的一个产生了冰雹破坏,问播撒使冰雹破坏的概率有多大?

第Ⅱ部分

单变量统计

第3章　经验分布与探索性资料分析

3.1　背景

统计思想在气象和气候领域中一个非常重要的应用，是提取一个新资料集中有价值的信息。正如第1章中提到的，支撑业务和科研的气象观测系统和计算机模型，产生了海量的数据。对一批新数据资料进行探索，并且分析它们的意义，是一个重要任务。目的是认识数据生成的本质过程。

一般来说，这种行为被称为探索性资料分析(Exploratory Data Analysis)，或EDA。Tukey(1977)写的书 *Exploratory Data Analysis*，是这方面的一个开创性工作，该书非常值得一读。后来，探索性资料分析的系统化应用就大大增加了。EDA方法使用各种图形方法，改进了分析者对大批量数据的理解。图形是压缩和概括资料的很有效的方式，它能够在有限的空间中描绘很多信息，并且揭示资料集的异常特征。它可以发现由记录或抄写中的错误产生异常的资料点，在分析中尽可能早地了解这些错误是大有裨益的。它也可以诊断出异常的资料可能是正确的，并且它们可能是资料集中最有意义和最能提供信息的部分。

很多EDA方法最初设计为使用铅笔和纸的手工应用，并且只能用于很小(可能最多到200个点)的资料集。近年来，出现了面向计算机的绘图软件包，这允许在台式机上快速容易地使用这些方法(如：Velleman，1988)。采用适当的编程，这些方法也能在更大的计算机上执行。

3.1.1　鲁棒性和抗干扰性

很多经典的统计技术，当关于资料本质的严格假定被满足时，使用效果最好。例如，经常假定资料遵从常见的高斯分布的钟形曲线。如果资料的假定不满足，经典的程序表现则很差(即产生了很易误解的结果)。

经典统计学的假定，不是因为愚昧无知，而是出于必需。正像在其他领域，在统计学中对假定进行简化的努力，通过解析结果的导出已经出现了经过改进的相对简单但功能强大的数学公式。正如在很多定量发现领域中的情形一样，可以使用要求更少的严格假定备选方法，随着廉价计算能力的出现，致使资料分析者在解释资料时，不再唯一依赖于需要更不严格假定的备选方法。但这并不意味着经典方法不再有用。然而，在使用经典程序以前，需要检查已知的资料集是否满足特定的假定，在不适合经典方法的地方，好的备选方法在计算中也需要考虑。

EDA方法的两个重要性质是鲁棒性和抗干扰性。鲁棒性和抗干扰性是减少对资料集敏感性的两个方面。在任何特定的情况下，鲁棒性的方法不一定是最优的，但在大部分情况下有相当好的效果。例如，如果已知资料服从高斯分布，那么样本平均值是资料集合中心最好的表征。然而，如果那些资料明显是非高斯分布时(例如，如果它们是极端降水事件的记录)，样本平均值将产生对资料集合中心的错误描述。相反，鲁棒性的方法，一般对资料总体性质的特定假设不敏感。

一种抗干扰性的方法，不会过度受少量的离群资料或“野资料”的影响。正如前面显示的，有些点经常出现在某一种或另一种有误差的资料中。如果资料数值的一小部分改变，甚至剧烈地变化，抗干扰性方法的结果变化很小。除了不满足鲁棒性之外，样本平均值不是也不可能是资料中心的唯一的抗干扰性的特征。考虑较小的资料集{11,12,13,14,15,16,17,18,19}，其平均值是15。然而，如果变为由于记录错误产生的集合{11,12,13,14,15,16,17,18,91}，使用样本平均值描述的资料(错误)，特征化中心为23。一批资料中心的抗干扰性的度量，比如后面给的那些，可能变化很小或根本不变化，虽然在这个简单的例子中，“91”取代了“19”。

3.1.2 分位数

很多通常的总结度量依赖于所选择样本*分位数*的使用(也称为*分位点*)。分位数和分位点，本质上等价于更熟悉的术语——*百分点*。样本百分位数 q_p，是与资料有相同单位的一个数字，$0<p<1$。等价地，样本百分位数 q_p 可以看作为资料集的第 $p\times100$ 的百分位数。

样本分位数的确定，要求一组资料按顺序排列。数量较小的资料集使用手工排序是可以的。如果是数量大的资料集，最好用计算机排序。历史上，对大资料集的鲁棒性和抗干扰性的应用中，排序步骤是一个主要的“瓶颈”。今天排序使用电子数据表，或台式机上的资料分析程序，或通用计算机程序集合中很多分类算法中的某一个(如：Press *et al.*，1986)。

来自一个特定样本的排序或排列资料值，称为这个样本的次序统计。已知资料集$\{x_1,x_2,x_3,x_4,x_5,\cdots,x_n\}$，对这个样本来说，顺序统计量是按升序排列的相同的数字。这些已经排序的值通常用附加的下标，即通过集合$\{x_{(1)},x_{(2)},x_{(3)},x_{(4)},x_{(5)},\cdots,x_{(n)}\}$表示。这里 n 个资料值中第 i 个顺序值表示为 $x_{(i)}$。

样本的某些百分位数，在资料的探索性总结中用得特别频繁。最常用的是*中位数*，或 $q_{0.5}$，或第50百分位数，即在资料等比例地落在其上面和下面的意义上，它是处在资料集中间的值。如果手头的资料集包含奇数个值，中位数只是中间的顺序统计值。然而，如果包含偶数个值，则资料集有两个中间值。在这种情形中，中位数传统上取为中间两个值的平均值。为

$$q_{0.5}=\begin{cases}x_{[(n+1)/2]}, & n\text{ 为奇数}\\ \dfrac{x_{(n/2)}+x_{(n/2+1)}}{2}, & n\text{ 为偶数}\end{cases} \tag{3.1}$$

几乎和中位数一样常用的是四分位数 $q_{0.25}$ 和 $q_{0.75}$。通常分别称为下(LQ)和上(UQ)四分位数。它们位于中位数 $q_{0.5}$ 和极值 $x_{(1)}$ 和 $x_{(n)}$ 的中间。Tukey(1977)用有趣的术语称 $q_{0.25}$ 和 $q_{0.75}$ 为“*折页*”，显然可以想象资料集首先在中位数对折，然后在四分位数再次对折。这样四分位数是 $q_{0.5}$ 和极值之间的一半资料集的两个中位数。如果 n 是奇数，这两个一半的资料集的每一个由$(n+1)/2$个点组成，都包括中位数。如果 n 是偶数，这两个一半的资料集的每一个由 $n/2$ 个不重叠的点组成。上和下*三分位数* $q_{0.333}$ 和 $q_{0.667}$ 把资料集分为三份，尽管有时术语三分位数也用来指这样定义的资料集中的三个相等的部分的任何一个。其他经常使用的分位数有四个*五分位数* $q_{0.2}$，$q_{0.4}$，$q_{0.6}$ 和 $q_{0.8}$；*八分位数* $q_{0.125}$，$q_{0.375}$，$q_{0.625}$ 和 $q_{0.875}$(还包括四分位数和中位数)；和*十分位数* $q_{0.1}$，$q_{0.2}$，$\cdots$，$q_{0.9}$。

例 3.1 普通分位数的计算

如果一批资料中有 $n=9$ 个资料值，中位数是 $q_{0.5}=x_{(5)}$，或者9个中第5个最大。下四分

分位数是 $q_{0.25}=x_{(3)}$，上四分位数是 $q_{0.75}=x_{(7)}$。

如果 $n=10$，中位数是两个中间值的平均值，四分位数是资料的上和下一半的资料中的中间值。即 $q_{0.25}$，$q_{0.5}$ 和 $q_{0.75}$ 分别是 $x_{(3)}$，$(x_{(5)}+x_{(6)})/2$ 和 $x_{(8)}$。

如果 $n=11$，那么存在唯一的中间值，但是四分位数通过资料的上和下半部分的两个中间值得到。即 $q_{0.25}$，$q_{0.5}$ 和 $q_{0.75}$ 分别是 $(x_{(3)}+x_{(4)})/2$，$x_{(6)}$ 和 $(x_{(8)}+x_{(9)})/2$。

对 $n=12$，四分位数和中位数都由中间的一对值的平均得到，即 $q_{0.25}$，$q_{0.5}$ 和 $q_{0.75}$ 分别是 $(x_{(3)}+x_{(4)})/2$，$(x_{(6)}+x_{(7)})/2$ 和 $(x_{(9)}+x_{(10)})/2$。

3.2 数字归纳度量

当缺少手工绘图或计算机绘图能力时，可以使用一些简单的具有鲁棒性和抗干扰性的度量值。这些是从新的和不熟悉的资料集中最先计算的量。本节中列出的数字归纳度量，可以分为位置、离散度和对称性。位置指中心趋势，或资料值的大致量级。离散度指相对于资料中心变化或离散的程度。非对称性的资料趋向于更散布在高值端（有一个长的右尾），或者低值端（有一个长的左尾）。这三种类型的数字归纳度量，相应于资料样本的前三个统计矩，但是这些矩的经典度量（即分别为样本平均、样本方差和样本偏度系数）既不具有鲁棒性也不具有抗干扰性。

3.2.1 位置

中心趋势最常用的具有鲁棒性和抗干扰性的度量是中位数 $q_{0.5}$。再次考虑资料集{11,12,13,14,15,16,17,18,19}。其中位数和平均值都是15。正如前面注意到的，如果错误地用“91”替换了“19”，则平均值

$$\bar{x}=\frac{1}{n}\sum_{i=1}^{n}x_i \tag{3.2}$$

（=23）受到强烈地影响，说明其缺乏对异常资料的抗干扰性，产生较大的误差，然而中位数却没有改变。

考虑关于资料集的更多信息的一种稍微复杂的位置度量，是截尾均值（trimean）。截尾均值是中位数和四分位数的权重平均，给中位数的权重是每个四分位数的两倍：

$$\text{trimean}=\frac{q_{0.25}+2q_{0.5}+q_{0.75}}{4} \tag{3.3}$$

截尾均值，是位置的另一种具有抗干扰性的度量。如果在每个端点省略掉的观测值的比例是 α，那么 α 截尾均值是

$$\bar{x}_\alpha=\frac{1}{n-2k}\sum_{i=k+1}^{n-k}x_{(i)} \tag{3.4}$$

式中：k 为乘积 αn 取整的整数，是从每个尾部“截掉”的资料值的数目。对 $\alpha=0$，截尾均值退化为普通平均值（式(3.2)）。计算位置特征的其他方法，可以在 Andrews 等(1972)、Goodall(1983)、Rosenberger 和 Gasko(1983)及 Tukey(1977)的文献中找到。

3.2.2 离散度

最通常和最简单的具有鲁棒性和抗干扰性的离散度（spread）度量，被称为离差（dispersion）或尺度（scale），是四分位数之间的范围（interquartile range，IQR），简单地定义为上和下

四分位数之间的差：

$$IQR = q_{0.75} - q_{0.25} \tag{3.5}$$

IQR 是资料集中央部分中的一个很好的离散度指标，因为它简单地指定了资料中间 50% 的范围。它忽略了资料的上部和下部的 25%，使它对离群值具有很好的抗干扰性。这个量有时也被称为第四离散度(fourth-spread)。

把 IQR 与资料集尺度的传统度量进行比较，是值得做的。样本标准差(sample standard deviation) s 为

$$s = \sqrt{\frac{1}{n-1}\sum_{i=1}^{n}(x_i - \overline{x})^2} \tag{3.6}$$

样本标准差的平方 s^2，称为样本方差(sample variance)。标准差既没有鲁棒性也没有抗干扰性。它只是资料点值与其样本平均值之间差值的平方的平均值的平方根(除以 $n-1$ 而不是 n 是为了弥补平均起来与真正的总体平均值相比，x_i 更靠近样本平均值这个事实：除以 $n-1$ 正好抵消了平均起来样本标准差太小的发生倾向)。因为式(3.6)中的平方根，使得标准差和基本资料有相同的物理量纲。即使只有一个很大的资料值，也可以对标准差的计算产生非常强烈的影响，因为它离平均值特别远，通过平方过程，差值能够被放大。再次考虑集合{11,12,13,14,15,16,17,18,19}。样本标准差是 2.74，但是如果“91”错误地替换了“19”，样本标准差被极度夸大到 25.6。但是，在这两种情况中，容易看到 $IQR=4$。

IQR 是很容易计算的，它的缺点是资料的大部分都没有充分使用。一种更完整，但相当简单的替换方法，可以使用中位数绝对偏差(median absolute deviation，MAD)。通过想象变换 $y_i = |x_i - q_{0.5}|$，MAD 很容易理解。每个变换值 y_i 是相应的原始资料值和中位数之差的绝对值。MAD 正好是变换值(y_i)的中位数：

$$MAD = \text{median}\ |x_i - q_{0.5}| \tag{3.7}$$

尽管这个过程初看好像有点复杂，但稍微思考，就能明白它类似于标准差的计算，但是使用了不强调离群资料的运算。中位数(不是平均值)从每个资料中减去，任何负号通过绝对值(不是平方)运算去掉，这些差的绝对值的中心由其中位数(而不是其平均值)定位。

离散度的另一种更复杂的度量是截断方差。与截尾均值(式(3.4))一样，其思想是省略掉一定比例的最大和最小值，计算样本方差的类似量(式(3.6)的平方)

$$s_\alpha^2 = \frac{1}{n-2k}\sum_{i=k+1}^{n-k}(x_{(i)} - \overline{x}_\alpha)^2 \tag{3.8}$$

式中：k 为到 αn 最近的整数。截断方差有时乘以一个调整因子，以使它和普通样本方差 s^2 更一致(Graedel and Kleiner，1985)。

离散度的其他度量方法，可以在 Hosking(1990)和 Iglewicz(1983)的文献中找到。

3.2.3　对称性

在一组资料中，传统的基于矩的对称性测量方法，是样本偏度系数，

$$\gamma = \frac{\frac{1}{n-1}\sum_{i=1}^{n}(x_i - \overline{x})^3}{s^3} \tag{3.9}$$

这个统计量，既不具有鲁棒性也不具有抗干扰性。除了是对资料值减去平均值的立方差求平均之外，分子类似于样本方差。这样定义的样本偏度系数，对离群值甚至比标准差更敏

感。为了标准化和无量纲化偏度系数分子中的立方差，除以样本标准差的立方，以便在不同资料集中进行偏度的比较时更有意义。

注意资料值与其平均值之间差值的立方，保留了这些差值的符号。因为差值被求立方，所以离平均值最远的资料值支配了式(3.9)的分子中的加和。如果存在几个很大的资料值，样本偏度系数将倾向于是正的。因此有长的右尾的资料被称为右偏或正偏。物理上被限制到一个最小值之上的资料(比如降水或风速，都必须是非负的)经常是正偏的。相反，如果存在几个很小(或很大的负)的资料值，这些值将落在远离平均值的下面。那么式(3.9)分子的加和，将由几个小的负值项控制，所以样本偏度系数将趋向于负值。有长的左尾的资料被称为左偏或负偏。对于对称的资料，偏度系数在 0 附近。

具有鲁棒性和抗干扰性的样本偏度的另一种方法是 Yule-Kendall 指数：

$$\gamma_{YK} = \frac{(q_{0.75} - q_{0.5}) - (q_{0.5} - q_{0.25})}{IQR} = \frac{q_{0.25} - 2q_{0.5} + q_{0.75}}{IQR} \tag{3.10}$$

这个指数，通过比较中位数与两个四分位数每一个之间的距离进行计算。如果资料是右偏的，至少中间的 50%的资料中，从上四分位数到中位数的距离将大于下四分位数到中位数的距离。在这种情况下，Yule-Kendall 指数将大于 0，与通常右偏为正的惯例一致。相反，对左偏资料，将通过一个负的 Yule-Kendall 指数来表征。类似于式(3.9)，除以四分位的间距，得到无量纲化 γ_{YK}(即，用物理量纲比如米(m)或百帕约分的方式对其进行尺度化)，这样可以提高资料集之间的可比较性。

偏度的其他度量方法，可以在 Brooks and Carruthers(1953)和 Hosking(1990)的文献中找到。

3.3　图形归纳方法

数字归纳度量对计算和显示来说，迅速且容易。但是，它们只能表达少量的细节。而且，其视觉效果是有局限的。对探索性资料分析来说，已经设计出了大量的图形显示方法，这些方法只要稍微多付出一点努力就能掌握。

3.3.1　茎叶显示图

对新资料集，要产生一个总体的概览，茎叶显示图，是一种简单但高效的工具。同时，它把单个资料值的原始模样提供给分析者。以其最简单的形式，茎叶显示图根据非低位的数字对资料进行分组。把资料值以升序或降序写到竖线的左边，构成“茎”。然后对每个资料值来说，低位的数字被写到竖线右边的相同行上。这些低位的数字值构成了“叶”。

图 3.1a 展示了表 A.1 中 1987 年 1 月伊萨卡(Ithaca)最高温度的茎叶显示图。资料值为从 9 ℉到 53 ℉的整个范围。例如，1 月 1 日的温度是 33 ℉，所以被绘制的第一个叶是在 30 s 中的温度茎上前面的“3”。1 月 2 日的温度是 32 ℉，所以“2”被写到刚绘制的 1 月 1 日的“3”的右边。

对这个资料集来说，初始的茎叶显示图有点拥挤，因为大部分值在 20 s 和 30 s 中。对这个例子，通过构建类似于图 3.1b，该图中的每个茎划分为只包含值 0～4 或5～9。有时，会出现相反的情况，初始的图显示太稀疏。这种情况(如果至少存在有三个有效数字)中，可以忽略掉两个最低有效数字，用茎标志重新画图。也可以使用更不严格的分组。不管是否需要划分和合并茎，可以用分类的叶值进行重写，正如图 3.1b 所示。

(a)

5	3
4	5
3	3 2 0 0 7 7 0 6 2 3 4 2 0 4
2	9 5 9 5 8 7 6 8 4 6 2 6 7
1	7
0	9

(b)

5•	3
4*	5
4•	
3*	6 7 7
3•	0 0 0 0 2 2 2 3 3 4 4
2*	5 5 6 6 6 7 7 8 8 9 9
2•	2 4
1*	7
1•	
0*	9

图 3.1　表 A.1 中 1987 年 1 月伊萨卡(Ithaca)最高温度的茎叶显示图。(a)来自资料的第一位，用 10 s 作为"茎"(stem)值。子图(b)中通过对从 0 到 4(•)和从 5 到 9(*)的最低有效数字生成分开的茎，得到更高的分辨率。

茎叶显示图与快速绘制的侧放的资料直方图相似。例如图 3.1 中，文档资料是相当对称的，大部分值落在 20 s 之上和 30 s 之下。对叶值进行分类，也方便分位数的提取。在这个例子中，从极值向内，容易找到中位数是 30，两个四分位数分别是 26 和 33。

可能发生一个或更多个离群资料点，没有从资料集的主体中去掉的情况。避免画很多空的茎，通常是如图 3.2 中一样，只在显示图的上或下端点列出个别极值。这个显示图引自 Graedel 和 Kleiner(1985)，风速变化从几千米每小时到 0.1 km/h。在图 3.2 的上部和下部列出了两个极端大值和静风值，这样，图的长度减少了一多半。很明显资料分布强烈地偏斜到右边，正如风资料经常发生的那样。

图 3.2 中的茎叶显示图也揭示了日资料的表格清单中可能遗漏的内容。每个茎上的所有

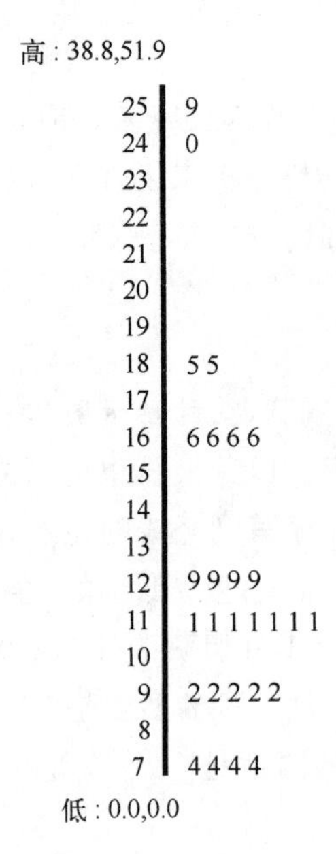

图 3.2　1974 年 12 月新泽西州纽瓦克机场凌晨 1:00 风速(km/h)的茎叶显示图。为了避免有很多空的茎，很高和很低的值被写在图形之外。值得注意的是，重复叶值的分组，表明原始观测值已经应用了舍入过程。引自 Graedel 和 Kleiner(1985)。

叶值是相同的。显然资料中应用舍入过程，了解这一点对接下来的分析可能是重要的。在这个例子中，舍入过程包括原始资料的单位 kn* 到 km/h 的变换。例如，四个 16.6 km/h 的观测值产生于最初的 9 kn 观测值。17 km/h 之上的值是不可能出现的，因为 10 kn 的观测值已经变换到 18.5 km/h 了。

3.3.2 箱线图(boxplots)

箱线图(又称盒须图)(boxplot, or box-and-whisker plot)，是由 Tukey(1977)提出的一种被非常广泛使用的图形工具。它是一种有五个样本分位数的简单图形：最小值 $x_{(1)}$，下四分位数 $q_{0.25}$，中位数 $q_{0.5}$，上四分位数 $q_{0.75}$，以及最大值 $x_{(n)}$。用这五个数字，箱线图本质上给出了资料分布的大致描述。

图 3.3 展示了表 A.1 中 1987 年 1 月伊萨卡(Ithaca)最高温度资料的箱线图。图中间的箱子由上和下四分位数界定，这样定位了资料的中间 50%的资料。箱线盒子内部的横线(bar)定位了中位数。箱线延伸到两个极端值。

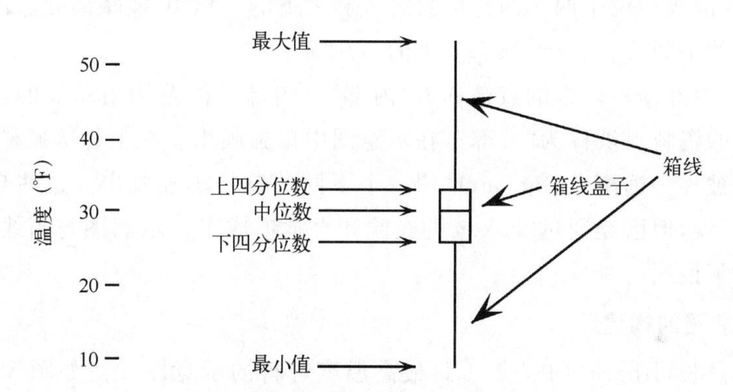

图 3.3　伊萨卡(Ithaca)1987 年 1 月最高温度资料的箱线图。箱线盒子的上和下端画在了四分位数处，穿过箱线盒子的横线(bar)画在了中位数处。箱线从四分位数延伸到最大和最小资料值。

箱线图能够表达大量信息。例如，从图 3.3 所占的小范围可以清楚地看到，资料值集中在 30 ℉附近。箱线图的中位数和分位数对可能存在的任何离群资料是非常稳定的。一眼也能看出资料的变化范围。最后，我们可以容易地看出这些资料几乎是对称的，因为中位数在箱线盒子的中央附近，两条箱线的长度差不多。

3.3.3 示意图

箱线图的缺点是有关资料尾部的信息是模糊的。箱线伸展到最大和最小值，但是没有关于资料上和下四分位数之内资料点的分布信息。例如，尽管图 3.3 显示了最高温度是 53 ℉，但是它没有给出这是一个孤立点(比方说，剩下的最高温度值比 40 ℉冷)，或者是否更暖的温度几乎均匀地分布在上四分位数和最大值之间的信息。

知道极值异常的程度常常是很有用的。示意图，也来自于 Tukey(1977)，它给出尾部的更多细节，它是对箱线图的改进。除了被认为十分异常的极值点被单独画出来之外，示意图和箱

* 1 小时航行 1 海里的速度为 1 kn——译者注

线图一样。多大的极端值才充分反映异常，依赖于样本中央部分资料的变化，就像 IQR 反映的那样。如果两个四分位数离得很远(即如果 IQR 很大)，已知的极端值可以看作为不是很异常；如果两个四分位数离得很近(即如果 IQR 很小)，已知的极端值可以看作为更不寻常的值。

在 Tukey(1977)的特殊术语中，更少或更多异常的点之间的分割线称为栅栏(fences)。他定义了四种栅栏：资料的上面和下面的内部和外部栅栏(upper outer fence，上外部栅栏；upper inner fence 上内部栅栏；lower inner fence 下内部栅栏；lower outer fence 下外部栅栏)描述为下面的公式

$$\left.\begin{aligned} \text{Upper outer fence} &= q_{0.75} + 3IQR \\ \text{Upper inner fence} &= q_{0.75} + \frac{3IQR}{2} \\ \text{Lower inner fence} &= q_{0.25} - \frac{3IQR}{2} \\ \text{Lower outer fence} &= q_{0.25} - 3IQR \end{aligned}\right\} \tag{3.11}$$

这样，两个外部栅栏位于两个四分位数之上和之下的三倍 IQR 距离处。内部栅栏在外部栅栏和四分位数的中间，离四分位数 1.5 倍的 IQR 距离处。

在示意图中，内部栅栏以内的点被称为“内部”。内部点的范围由箱线的范围显示。内部和外部栅栏之间的资料点被称为“外部”，在示意图中单独画出。在上外部栅栏之上，或在下外部栅栏之下的点被称为远离点(far out)，用一个不同的符号单独画出。这些自动生成的栅栏边界，虽然有些主观，但已经通过 Tukey 的经验和直觉形成了。示意图与箱线图结果的差别，在图 3.4 中进行了说明。

例 3.2 示意图的构建

图 3.4 是伊萨长(Ithaca)1987 年 1 月最高温度资料的示意图。正如图 3.1 确定的，这些资料的四分位数是 33 ℉和 26 ℉，$IQR=33-26=7$(℉)。用这个信息容易计算内部栅栏的位置，在 33+(3/2)(7)=43.5(℉)和 26−(3/2)(7)=15.5(℉)处。类似地，外部栅栏的位置在 33+(3)(7)=54(℉)和 26−(3)(7)=5(℉)处。定位栅栏的虚线没有正式地包括进示意图

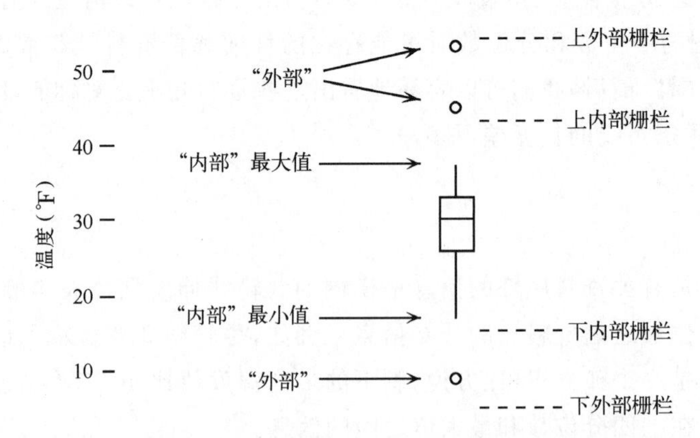

图 3.4 伊萨卡(Ithaca)1987 年 1 月最高温度资料的示意图。图的中央箱线盒子部分相当于图 3.3 中相同资料的箱线图。内部栅栏外面的三个值被分别画出。没有一个值超出外部栅栏或“far out”的范围。注意箱线伸展到最极端的“内部”资料值，没有到达栅栏。为了清晰，这里显示了定位栅栏的虚线，但没有正式地包括进示意图中。

中,但为了清晰,显示在图3.4中了。

两个最暖的温度53 ℉和45 ℉,是比上内部栅栏更大的值,由圆环单独显示。最冷的温度9 ℉,小于内部栅栏,也单独画出。箱线画到内部栅栏的最极端温度37 ℉和17 ℉。如果最暖温度是55 ℉而不是53 ℉,它将落在外部栅栏的外面(far out),可以用不同的符号单独画出。

箱线图或示意图的一个重要使用,是对几批资料同时做图形比较。示意图的这种用法在图3.5中做了演示,图3.5展示了表A.1中所有的四批温度资料的并排示意图。当然,预先知道最高温度比最低温度更暖,比较其示意图,可以很强烈地显示这个差别。显然,在1987年1月卡南戴挂(Canandaigua)比伊萨卡(Ithaca)相对更暖,最低温度更是这样。伊萨卡(Ithaca)的最低温度比卡南戴挂(Canandaigua)的最低温度明显地有更大变率。对这两个地方来说,最低温度比最高温度有更大的变率,特别是由箱线盒子表示的资料分布的中部。最低温度示意图中在箱线盒子上端的中位数表明了向负值偏斜的趋势,正如伊萨卡(Ithaca)最低温度资料的箱线长度不相等所表示的。两个位置的最高温度示意图显得相当对称。注意没有最低温度资料在内部栅栏外面,所以最低温度的示意图与箱线图相同。

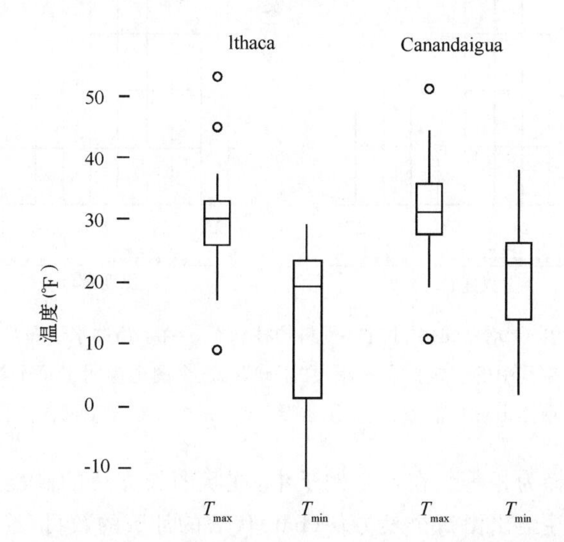

图3.5 表A.1中1987年1月温度的并排示意图。两个地方的最低温度资料都在"内部",所以其示意图相当于普通的箱线图。

3.3.4 箱线图的其他变异图

有时也使用McGill等(1978)提出的箱线图或示意图的两种变异图,特别是当并排的图做比较时。第一种是与$\sqrt{n}$成比例地绘制每个箱线盒子的宽度。这个简单的变形允许样本容量更大的资料的图形凸显出来,给出更强烈的视觉效果。

第二种是有凹口的箱线图或示意图。在这些图形中的箱线盒子类似于水漏,在中位数的位置表示收缩成腰部。箱线盒子的凹口部分的长度随不同的图而不同,反映了中位数的预先选择置信区间(第5章)的估计。Velleman和Hoaglin(1981)的文献给出了构建这些区间的细节。组合这两种技术,即构建凹口的可变宽度的图,是很简单的。然而如果凹口延伸到超过四分位数,那么图的总体外观可能开始看起来有点奇怪(Graedel和Kleiner(1985)的文献中可以看到这样的一个例子)。对凹口的一种好的替换方法,是在箱线盒子张开的区间中增加阴影或点，而不是用凹口使其轮廓变形（如：Velleman，1988）。

3.3.5 柱状图（直方图）

对单一的一批资料来说，柱状图是一种很常用的图形显示方法。资料的范围被分成类别区间或箱体（bins），计算落入每个区间的值的数量。那么柱状图由一系列的矩形组成，矩形的宽度由箱体宽度隐含的类别区间定义，矩形的高度依赖于每个箱体内值的数目。图 3.6 显示了柱状图的例子。柱状图显示了资料分布的位置、离散度和对称性等属性。如果资料是多模态的（即资料的分布中多于一个“峰丘”），那么这也能很容易看出来。

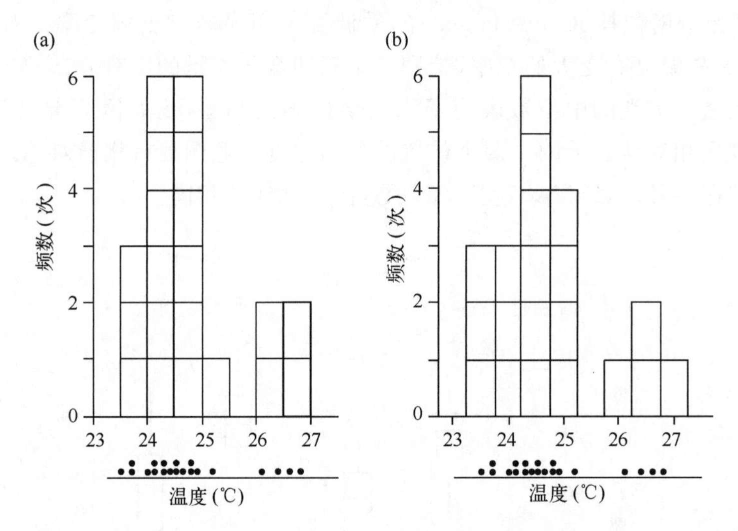

图 3.6　表 A.3 中瓜亚基尔（Guayaquil）6 月温度资料的柱状图。由于箱体水平布局的主观移动，图示可能出现差别。这两幅图不存在其中的一幅比另一幅更“正确”。这个图也说明了每个柱状图的长方块可以看作为由许多在数量上等于箱体中资料值数目的“积木”组成。每个柱状图下面的点图由原始资料确定。

通常箱体的宽度选择为相等。在这个例子中，柱状图长方块的高度只是与计数的数目成比例。垂直轴可以用标注给出由每个长方块（bar）代表的计数的数目（绝对频率），或者由每个长方块代表整个样本的比例（相对频率），更严格来说，是柱状图的长方块的面积（而不是其高度）与概率成比例。如果柱状图的箱体选择为不相等的宽度，或者当参数概率分布（第 4 章）叠加在柱状图上的时候，这一点变得重要起来。

当构建柱状图的时候，面临的主要问题是箱体宽度的选择。间隔太宽，将导致资料的重要细节被隐藏（柱状图太平滑）。间隔太窄，又将导致图形不规则并且图形难以解释（柱状图太粗糙）。一般而言，当有更大的资料样本的时候，才使用更窄的柱状图箱体，但是资料的种类也影响箱体宽度的选择。选择箱体宽度 h 的一个好方法是根据下面的公式计算

$$h \approx \frac{cIQR}{n^{1/3}} \tag{3.12}$$

式中：c 取 2.0～2.6 之间的常数。Scott（1992）的文献中，给出的结果显示，对高斯（钟形）资料 $c=2.6$ 是最优的，对偏斜的和/或多模态资料，取较小的值更适合。

使用式（3.12）计算，或者根据任何其他规则得到的初始箱体宽度，应该只能看作为一个指导方针或经验法则。关于箱体宽度的选择也可以有其他的考虑，比如分类边界落在值上的实际要求，对手头资料来说是很自然的（绘制柱状图的计算机程序必须使用像式（3.12）这样的规

则。对已经写的软件关心的一个指标是得到柱状图是否有自然的或主观的箱体边界)。例如,伊萨卡(Ithaca)1987 年 1 月的最高温度资料有 $IQR=7$ ℉和 $n=31$。根据式(3.12),开始建议用 5.7 ℉的箱体宽度,因为这些资料的示意图(图 3.5),看起来至少近似为高斯分布,所以使用 $c=2.6$。这个例子中的自然选择是选择宽 5 ℉的 10 个箱体,看起来很像图 3.1b 中的茎叶显示图的柱状图。

3.3.6 核密度平滑

柱状图的一种释用,是作为所用资料潜在概率分布的非参数估计。"非参数"意味着没有假定第 4 章中给出的那种固定的数学形式。然而,柱状图箱体在实轴上的排列是主观选择的,柱状图的构建原则上要求每个资料值四舍五入到其落入的箱体的中央。例如,图 3.6a 中箱体已经进行了排列,所以它们的中心在整数温度值±0.25 ℃内,而图 3.6b 中,同样正确的柱状图移动了 0.25 ℃。图 3.6 中的两个柱状图呈现出的资料有不同的印象,两个图都显示了可以回溯(通过表 A.3 中的星号)到 El Niño 发生的资料表现出的双模态。柱状图的另一个困难是,柱状图的长方形的矩形给出了粗糙的外形,似乎意味着给定的一个箱体内的任何值可能相等。

柱状图的另一种方法,是不要求资料四舍五入到箱体中央,并且给出平滑结果,这就是*核密度平滑*。核平滑在资料的经验频率分布中的应用,产生了*核密度估计*,是参数概率密度函数拟合(第 4 章)的非参数替换方法。可以把核密度平滑理解为柱状图的扩展。正如图 3.6 中所展示的,每个资料值四舍五入到其箱体中央后,柱状图可以看作为通过在每个箱体中央上面堆积矩形积木来构建。图 3.6 中资料的分布以点图的形式显示在每个柱状图的下面,用点定位了每一个资料值,用点的堆积来显示重复资料的情况。

图 3.6 中每一个矩形积木有等于箱体宽度(0.5 ℉)的面积,因为垂直轴正好是每个箱体中计数的原始数量。如果垂直轴更换,使得每个积木的面积为 $1/n$(对这些资料来说$=1/20$),所得到的柱状图是潜在概率分布的定量估计,因为每个例子中总柱状图的总体面积是 1,所有的概率必须加和为 1。

核密度平滑,使用通常比矩形更平滑的称为*核*的特征形状,以类似的方式进行平滑。表 3.1 列出了四种常用的核,图 3.7 展示其图形形状。这些都是面积为单位 1 的非负函数,即每个例子中 $\int K(t)\mathrm{d}t=1$,每一个都是合适的概率密度函数(更多的细节在第 4 章中讨论)。另外,把变量处理为中心化。对三角的、二次的和四次的核,支集($K(t)>0$ 的参数 t 的值)是 $-1<t<1$,对高斯核来说的包括的整个实轴。表 3.1 列出的核适用于连续资料(在实轴的全部或部分取值)。Rajagopalan 等(1997)的文献中给出了一些适合离散资料(只能取有限数量的值)的核。

表 3.1　一些常用的平滑核函数

名称	$K(t)$	支集(满足 $K(t)>0$ 的 t)	$1/\sigma_k$
二次的核	$(15/16)(1-t^2)^2$	$-1<t<1$	$\sqrt{7}$
三角的核	$1-\lvert t\rvert$	$-1<t<1$	$\sqrt{6}$
四次的核	$(3/4)(1-t^2)$	$-1<t<1$	$\sqrt{5}$
高斯的核	$(2\pi)^{-1/2}\exp(-t^2/2)$	$-\infty<t<\infty$	1

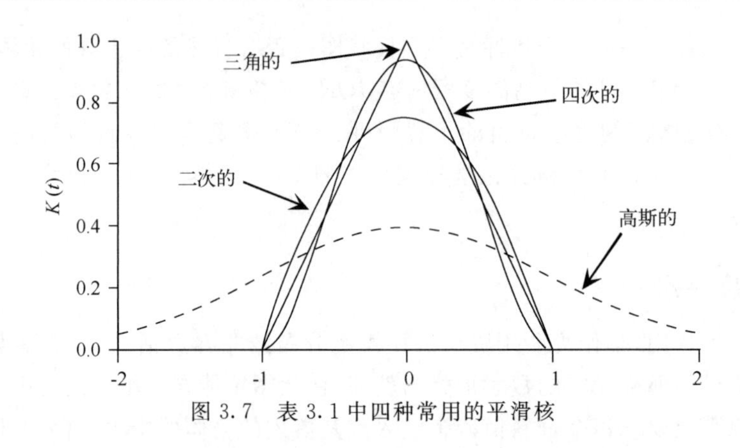

图 3.7 表 3.1 中四种常用的平滑核

以箱体中点为中心(考虑柱状图构筑的一种方式)堆积矩形核,核密度平滑通过堆积核形状得到,在资料值的数目上有相同的数量,每一个堆积的元素在其所代表的资料值的中央。当然一般而言,核形状一起拟合不像垒积木,但是核密度平滑通过数学上相同意义的堆积得到,通过增加核函数的高度,全部的核函数贡献到给定值 x_0 的平滑估计

$$\hat{f}(x_0)=\frac{1}{nh}\sum_{i=1}^{n}K\left(\frac{x_0-x_i}{h}\right) \tag{3.13}$$

核函数内部的自变量是平滑中采用的每个核(相应于足够靠近核高度非零的点 x_0 的资料值 x_i)的中心;并且通过平滑参数 h 尺度化到相对于如图 3.7 中所绘制的形状的宽度。例如,用 $t=(x_0-x_i)/h$ 处理表 3.1 中的三角形核函数。对 $x_i-h<x_0<x_i+h$,函数 $K[(x_0-x_i)/h]=1-|(x_0-x_i)/h|$ 是一个(即非零高度)等腰三角形;这个三角形内部的面积是 h,因为$1-|t|$内的面积是 1,其变量已经通过因子 h 扩大(或缩小)了。因此,对应于任意 x_i 的值,式(3.13)中堆叠在值 x_0 处的核高度将在比 h 更靠近 x_0 的距离处。为了使式(3.13)中整个函数下面的面积积分为 1,对估计概率密度函数来说这是必须的,添加的 n 个核中的每一个面积应该为 $1/n$。通过划分每个 $K[(x_0-x_i)/h]$,或通过对乘积 nh 等效的划分,使得它们的加和得到 1。

核类型的选择,通常不如平滑参数的选择重要。高斯核直观上是受欢迎的,但是由于指数函数的调用,以及无穷大的变化导致所有的资料值在任何 x_0 的平滑估计中(式(3.13)中的 n 项没有一项是永远等于零的),使得它在计算上更慢。另一方面,得到的函数的所有导数都将存在,并且在实轴上处处都可以估计为非零概率,尽管这些不是用表 3.1 中列出的其他核函数估计的概率密度函数的主要特征。

例 3.3 瓜亚基尔(Guayaquil)温度资料的核密度估计

图 3.8 展示了相应于图 3.6 中柱状图的表 A.3 中瓜亚基尔(Guayaquil)6 月份温度资料的核密度估计。这四个概率密度估计使用四次核和四个平滑参数 h 来构建,h 从子图 3.8a 到图 3.8d 逐渐增加。平滑参数的作用类似于柱状图箱体宽度,也称为 h,h 值越大,抑制更多的细节,图形更平滑。h 值越小可以揭示更多细节的、更不规则的图形。因为 $h=0.6$ 以及四次核的支撑是 $-1<t<1$(见表 3.1),所以图 3.8b 中每个单一核的宽度是 1.2。这五个资料值 23.7,24.1,24.3,24.5 和 24.8(比较图 3.6 底部的点图)通过五个更高的核表示,每个面积是 $2/n$。剩余的 10 个资料值是唯一的,其每个核均有 $1/n$ 面积。

图 3.8 中子图的比较,是强调一个好的平滑参数的选择是很关键的。Silverman(1986)建议对于使用高斯核来说,合理的初始选择为

$$h = \frac{\min\left\{0.9s, \frac{2}{3}IQR\right\}}{n^{1/5}} \tag{3.14}$$

式中：s 为资料的标准差。式(3.14)显示对越大的样本容量 n，越不平滑（h 更小），尽管 h 不应该像柱状图箱体宽度那样（式(3.12)）随样本大小迅速下降。因为高斯核比表 3.1 中列出的其他核函数更宽（参见图 3.7），对这些核函数用更小的平滑参数是合适的，与在表 3.1 中最后一列中列出的核标准偏差的倒数成比例（Scott，1992）。对瓜亚基尔（Guayaquil）的温度资料，用高斯核平滑这些资料，$s=0.98$，$IQR=0.95$，所以 $2/3IQR$ 小于 $0.9s$，从式(3.14)得到 $h=(2/3)(0.95)/20^{1/5}=0.35$。但是图 3.8 是使用标准偏差为 $1/\sqrt{7}$ 的更简洁的四次核做出的，平滑参数的最初选择是 $h=(\sqrt{7})(0.35)=0.92$。

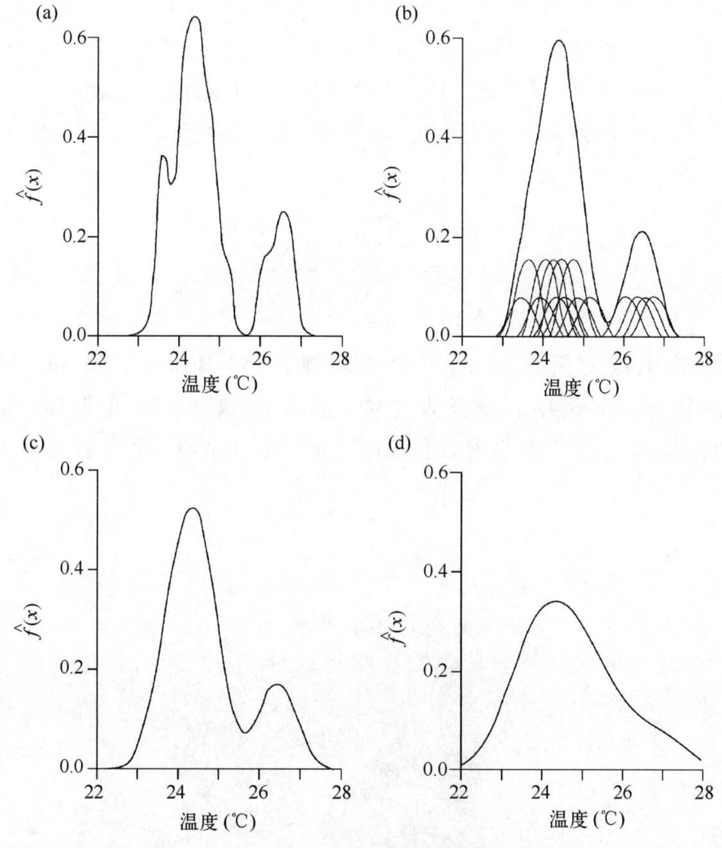

图 3.8　表 A.3 中瓜亚基尔（Guayaquil）6 月温度资料的核密度估计，使用四次核函数构建。(a)$h=0.3$；(b)$h=0.6$；(c)$h=0.92$；(d)$h=2.0$。子图(b)中也展示了为构建估计被加到一起的单个核。这些相同的资料在图 3.6 中作为柱状图进行了展示。

当核平滑用来做探索性的资料分析，或构建令人满意的资料显示的时候，用这种方式计算的一种被推荐的平滑参数，经常是通过反复试验进行探索得到的主观选择的开始点。这个过程可以提高探索性的资料分析工作。在核密度估计被用作随后的定量分析的例子中，使用类似于第 7 章中给出的交叉验证方法（Scott，1992；Sharma *et al.*，1998；Silverman，1986），可能是平滑参数客观估计的更好方法。采用探索性方法，$h=0.92$（见图 3.8c）和 $h=0.6$（见图 3.8b）似乎在主要资料特征（这里是与 El Niño 有关的双模态）的显示中，与不规则取样变化的抑制之间产生了合理的平衡。$h=0.3$ 的图 3.8a 对大部分用途来说是太粗糙了,因为它保留了归因于取样变化的不规则性,并且(几乎确定是虚假地)在 25.5 ℃附近显示了零概率。另一方面,图 3.8d 显然过于平滑了,因为它完全抑制了资料中的双模态。

使用乘积核估计,核平滑可以扩展到双变量和更高维的资料

$$\hat{f}(\boldsymbol{x}_0)=\frac{1}{nh_1h_2\cdots h_k}\sum_{i=1}^{n}\left[\prod_{j=1}^{k}K\left(\frac{x_{0,j}-x_{i,j}}{h_j}\right)\right] \tag{3.15}$$

这里有 k 个资料维,$x_{0,j}$ 指第 j 个维中产生的平滑估计处的点,大写的Ⅱ符号是指因子的乘积,类似于由大写的∑符号表示的项的加和。相同的(单变量)核 $K(\cdot)$ 在每个维度都使用,尽管不必有相同的平滑参数 h_j。通常,多变量平滑参数 h_j,需要比相同资料的单独平滑(即对向量 x 中的相应的第 j 个变量的单变量平滑)时更大,并且应该与 $n^{-1/(k+4)}$ 成比例地随样本容量下降。对于核的(Scott, 1992;Sharma *et al.*, 1998;Silverman, 1986)多变量概率密度(例如第 11 章中描述的多元正态分布),式(3.15)也可以扩展到包括 k 维中的非独立核。

最后,注意除了概率分布函数的估计外,核平滑还可以应用到其他情况。当估计一般的平滑函数的时候,没有限制积分为 1,在任意点 x_0 处的函数 $y=f(x)$ 的平滑值,可以使用下面的 Nadaraya-Watson 核权重平均进行计算,

$$f(x_0)=\frac{\sum_{i=1}^{n}K\left(\frac{x_0-x_i}{h}\right)y_i}{\sum_{i=1}^{n}K\left(\frac{x_0-x_i}{h}\right)} \tag{3.16}$$

式中:y_i 为被平滑的响应变量在 x_i 的原始值。例如,对 Brooks 等(2003)的图 3.9,基于 80 km×80 km 的正方形网格中日龙卷发生数,显示 1980—1999 年期间,每年龙卷风的平均日数。这个图使用高斯核三维平滑,时间上用 $h=15$ d 平滑,纬度和经度上用 $h=120$ km

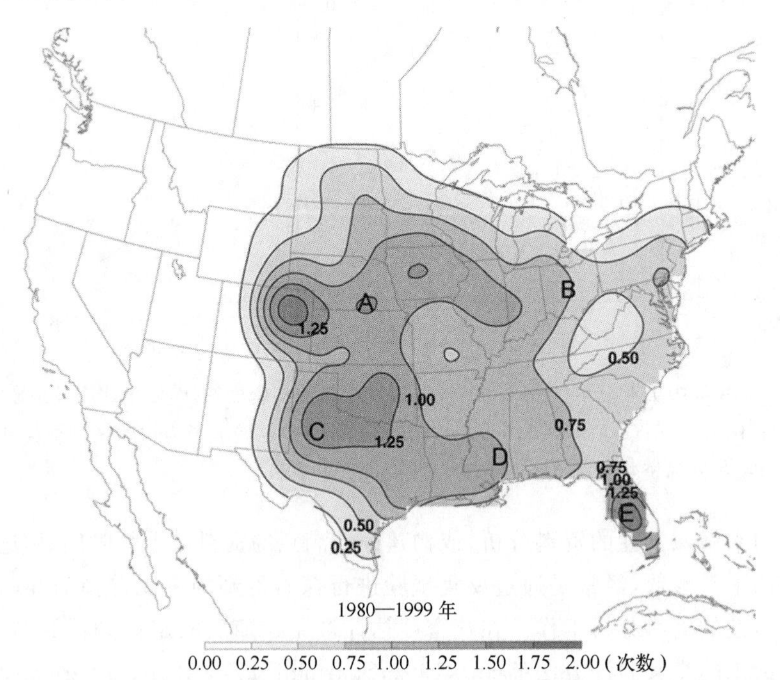

图 3.9 美国每年龙卷风的平均数,使用每天 80 km×80 km 网格点龙卷风发生次数的三维(时间、纬度、经度)核平滑的估计。引自 Brooks 等(2003)。

平滑。这个图形能够对潜在的资料进行平滑的解释，而在原始资料的形式上，在空间和时间上都是非常没有规律的。

有关核平滑的更多方法可以在 Hastie 等(2009)文献的第 6 章中找到。

3.3.7　累积频率分布

累积频率分布是一种关于柱状图的显示。它也以经验累积分布函数为大家所熟知。累积频率分布是二维图，其中垂直轴显示水平轴上的资料值，是累积概率的估计。即，该种图代表了任意的或将来随机发生的资料将不超过水平轴上相应值的概率的相对频率估计。这样，累积频率分布以柱状图用任意窄箱体宽度代表积分。图 3.10 展示了两个经验累积分布函数，说明它们是在资料值处有概率跳跃发生的阶梯函数。正像柱状图可以使用核密度估计量进行平滑一样，经验累积分布的平滑，可以通过核平滑的积分得到。

图 3.10 中的垂直轴显示了经验累积分布函数 $p(x)$，它可以表达为

$$p(x) \approx \Pr\{X \leqslant x\} \tag{3.17}$$

式(3.17)右边的符号可能有些令人迷惑，但在统计学文献中是标准用法。大写字母 X 代表一类随机变量，或者前面段落中提到的"任意的或将来随机发生的"值。式(3.17)两边小写的 x，代表了随机量的一个特定值。在累积频率分布中，这些特定的值标在水平轴上。

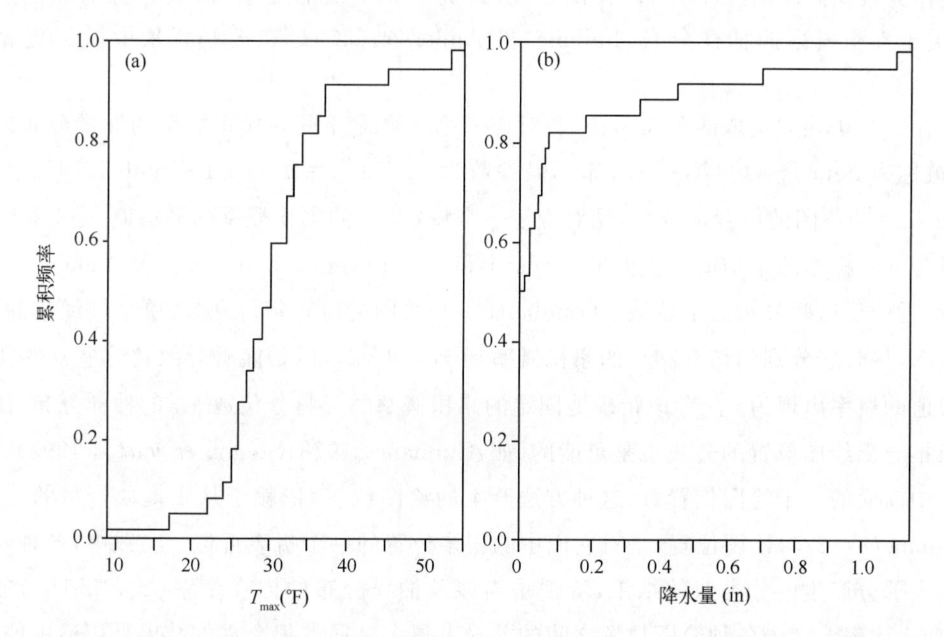

图 3.10　伊萨卡(Ithaca)1987 年 1 月份最高温度(a)和降水资料(b)的经验累积频率分布函数。温度资料显示的 S 形是相当对称的资料特征，降水资料显示的向下凹的特征是右偏分布的资料特征。

为了构建一个累积频率分布，必须使用次序统计量 $x_{(i)}$ 的秩(rank)i 来估计 $p(x)$。在水文学文献中，这些估计被称为绘图位置(如：Harter，1984)，反映了其在用图形做经验分布中，与可能使用代表它们的候选参数函数(第 4 章)的比较中进行资料的应用。有专门用来计算绘图位置，以及从资料集中来估计累积概率的丰富文献。它们大部分是下面公式的特例

$$p(x_{(i)}) = \frac{i-a}{n+1-2a}, 0 \leqslant a \leqslant 1 \tag{3.18}$$

式中常量 a 的不同值，是导致不同的绘图位置的估计量，它们显示在表 3.2 中。在这个表中，各种估计量与作者有关，但特定概率分布不是用相同的作者命名的。

表 3.2　列出式(3.18)中第 i 阶统计量 $x_{(i)}$ 和相应于参数 a 的值的累积概率的一些常用绘图位置的估计

名称	公式	a	解释
威布尔(Weibull)	$i/(n+1)$	0	抽样分布的平均值
Benard 和 Bos-Levenbach	$(i-0.3)/(n+0.4)$	0.3	抽样分布近似的中位数
Tukey	$(i-1/3)/(n+1/3)$	1/3	抽样分布近似的中位数
耿贝尔(Gumbel)	$(i-1)/(n-1)$	1	抽样分布的模态
Hazen	$(i-1/2)/n$	1/2	[0,1]上 n 个相等区间的中点
Cunnane	$(i-2/5)/(n+1/5)$	2/5	主观选择，常用在水文学中

表 3.2 中前四个绘图位置，是根据与次序统计量有关的累积概率的取样分布的特征来确定的。在第 5 章中给出考虑取样分布想法的更多细节，但是，暂时考虑的是从一些未知的分布中假定取得样本大小为 n 的大量资料样本。来自这些样本中的第 i 个统计量相互之间稍微不同，每一个都将对应到从资料中得到的分布中的一些累积概率。在对大量假设样本的聚集中，将存在一个分布——相应于第 i 阶统计量的累积概率的抽样分布。想象这个抽样分布的一种方式是作为累积概率的一个柱状图，比方说，每批中 n 个值的最小者(或任意的其他阶统计量)。关于累积概率的抽样分布，Folland 和 Anderson(2002)在气候背景中做了更完整的扩展。

不管 x 从中独立提取的分布是什么，对应于第 i 阶统计量的累积概率的抽样分布的数学形式，被称为 Beta 分布(见第 4.4.4 节)，其参数为 $\alpha=i$ 和 $\beta=n-i+1$(Gumbel，1958)。这样 Weibull($a=0$)绘图的位置估计量，是对应于一个特定 $x_{(i)}$ 的累积概率的平均值，是对很多假设的容量为 n 的样本的平均值。类似地，Benard 和 Bos-Levenbach($a=0.3$)及 Tukey($a=1/3$)估计量，近似于这些分布的中位数。Gumbel($a=1$)绘图的位置定位众数(单个最经常的数)的累积概率，尽管它分别归结 0 和 1 的累积概率到 $x_{(1)}$ 和 $x_{(n)}$，但是能够导致比这些观测资料有更多极值的概率出现为 0。考虑精确地固定的累积概率的资料分位数 $x_{(i)}$ 的抽样分布，用相反的观点推导出绘图位置的公式也是可能的(如：Cunnane，1978；Stedinger *et al.*，1993)。不像表 3.2 中前面的 4 个绘图位置，由这种方法产生的绘图位置，依赖于从中提取资料的分布，尽管 Cunnane($a=2/5$)绘图位置，是对它们中的很多位置的一个折衷近似。实践中，各种绘图位置公式大部分产生十分类似的结果，特别是当涉及抽样分布的内在变率(式(4.51b))的判断时，该变率比表 3.2 中各种绘图位置之间的差异大得多。通常很合理的结果是用适中的(根据参数 a)绘图位置，比如 Tukey 或 Cunnane 所得到的。

图 3.10a 显示了 1987 年 1 月伊萨卡(Ithaca)最高温度资料的累积频率分布，用 Tukey ($a=1/3$)绘图位置估计累积概率。图 3.10b 展示了以相同方式显示的伊萨卡(Ithaca)降水资料的累积频率分布。例如，图 3.10a 中的 31 个温度最冷的是 $x_{(1)}=9$ ℉，而 $p(x_{(1)})$ 被画在 $(1-0.333)/(31+0.333)=0.0213$ 处。图中心的陡度反映了分布中央资料值的集中性，而在高和低温度处比较平坦，是因为那里有更少的资料。这个累积分布的 S 形特征，是相当好的对称分布的指示，表明在离中值的给定距离处的任何一侧有相对等数量的观测。降水资料的累

积分布函数(图 3.10b)在左边迅速增加,是因为资料值高度集中在那里,然后在图的中间和右边增加缓慢得多,是因为有相对少的观测。这个累积分布函数向下凹的特征,反映资料的正偏分布。一批负偏分布资料的累积概率的图,正好显示相反的特征:图的左边和中部为非常浅的倾斜,右边为陡峭的上升,产生了向上凸的函数图形。

3.4 重新表示(reexpression)

原始的度量尺度,很可能使一批资料集中的重要特征显示不明显。假如是这样,如果先对资料进行一个数学变换,那么分析能够推动或可能产生更多有启迪作用的结果。对帮助资料服从回归分析的假设(见第 7.2 节),或资料假定为高斯分布的多元统计方法的应用(见第 11 章)来说,这样的变换也是非常有用的。在探索性资料分析的术语中,这样的资料变换被称为资料的*重新表示*。

3.4.1 幂变换

为了使资料值的分布更接近对称,经常需要进行资料变换,而得到的对称性,可以被允许使用更熟悉和更传统的统计技术。有时,产生对称的变换,可以作为探索性资料进行分析,比如本章中描述的那些,会更有启迪作用。这些变换也有助于比较不同批次的资料,例如,矫正两个变量之间的关系。变换的另一种重要用途,是使一个变量的变率或离差(即差幅)更少地依赖于另一个变量的值,该情形中的变换,被称为*方差稳定化*。

无疑最经常使用的产生对称的变换(尽管不是唯一可能的变换——例如,见式(11.9)),是通过下面两个密切相关的函数定义的*幂变换*

$$T_1(x) = \begin{cases} x^{\lambda}, & \lambda > 0 \\ \ln(x), & \lambda = 0 \\ -(x^{\lambda}), & \lambda < 0 \end{cases} \tag{3.19a}$$

和

$$T_2(x) = \begin{cases} \dfrac{x^{\lambda}-1}{\lambda}, & \lambda \neq 0 \\ \ln(x), & \lambda = 0 \end{cases} \tag{3.19b}$$

当处理严格正值的单峰分布时,这些变换是有用的。这两个函数的每一个都定义了由单个参数 λ 表示的一批变换。名字“幂变换”来自如下事实,这些变换的重要工作——改变资料分布的形状——通过求幂或通过乘方 λ 提升资料值来实现。这样式(3.19a)和式(3.19b)中的变换集,实际上是完全类似的,并且一个特定的 λ 值在任何一种情形中,都对资料的总体形状产生相同的影响。式(3.19a)中的变换是一种稍微更简单的形式,所以经常被采用。式(3.19b)中的变换,被称为 Box-Cox *变换*,是式(3.19a)的简单改变和尺度化,当在不同的变换中比较时,有时更有用。式(3.19b)在数学上也是“更好的”,因为上部的等式随着 $\lambda \to 0$,实际上为函数 $\ln(x)$。

式(3.19a)和式(3.19b)中,调整参数 λ 的值,产生本质上连续变化的平滑变换集。这些变换有时被称为幂阶梯(ladder of powers)。这些变换函数中的几个变换,绘制在图 3.11 中。在这幅图中的曲线,是由式(3.19b)描述的函数,尽管来自式(3.19a)的对应曲线有相同的形状。图 3.11 清楚地显示,使用 $\lambda=0$ 的对数变换,很好地适合幂变换系列。该图也显示了幂变换的另一个性质,即它们都是原变量 x 的增函数。幂变换的这个严格递增的性质,意味着它们是保持顺序的,所以原始资料集中的最小值,将对应到变换资料集中的最小值,最大值也是这样。事实上,原始资料和变换后资料分布的所有统计量之间都是一一对应的。这样,原始资料的中位数、四分位数等都将被变换到对应资料集的相应分位数。

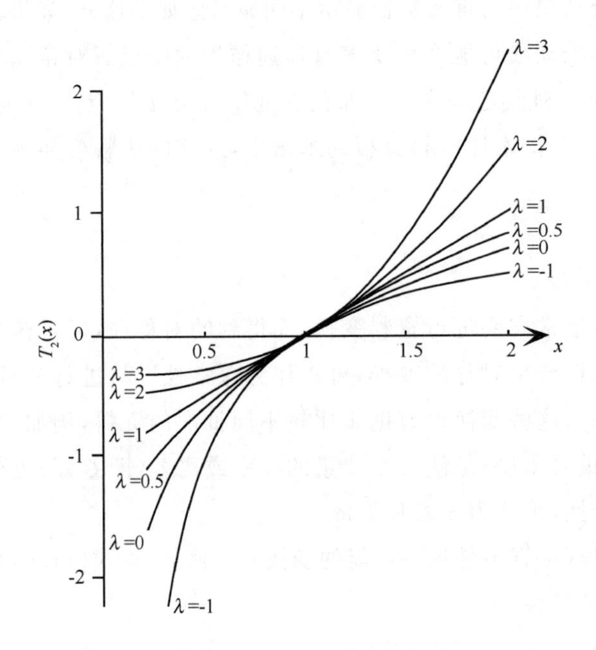

图 3.11　式(3.19b)中挑选的变换参数 λ 值的幂变换图。对 $\lambda=1$ 来说,变化是线性的,资料在形状上没有变化。对 $\lambda<1$ 来说,变换使得所有资料值都减少,值越大影响越强;对 $\lambda>1$ 来说,产生与 $\lambda<1$ 相反的影响。

显然对 $\lambda=1$ 来说,资料分布的形状保持不变。对 $\lambda>1$ 来说资料值是增加的(如果使用式(3.19b),除了减去 $1/\lambda$ 和除以 λ 之外),大值比小值增加得更多。因此,当 $\lambda>1$ 的幂变换被应用到负偏的资料时,有助于产生对称分布。对 $\lambda<1$ 来说,有相反的结论,大的资料值比小的资料值下降得更多。因此为了产生更接近对称的分布,$\lambda<1$ 的幂变换被应用于原始为正偏的资料。图 3.12 对原始为正偏的分布(粗曲线)示意了这个过程的原理。应用 $\lambda<1$ 的幂变换,减小了全部资料值,但是对越大的值影响越强。一个适当选择的 λ,通过变换过程,经常产生至少近似的对称(细曲线)。对 λ 选择一个非常小的值,或负值可能产生过度校正,导致变换后的分布为负偏。

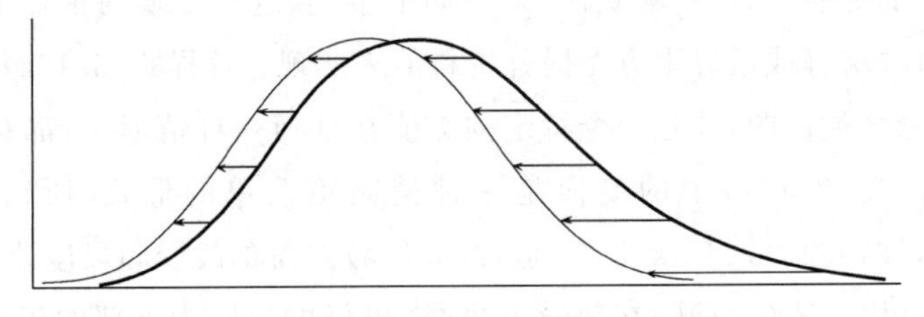

图 3.12　$\lambda<1$ 的幂变换对资料正偏分布(粗曲线)的影响。箭头表示变换向左移动全部点,但越大的值移动得越多。得到的分布(细曲线)是相当对称的。

像这种示意的探索性图，从简单目测，可以很快显示一批资料中偏斜的方向和大约的量级。这样用 $\lambda>1$ 还是 $\lambda<1$ 的幂变换，是否符合要求，通常是清楚的。但是，指数的具体值还不是那么清楚。选择合适变换参数的很多方法已经被提出了。这些方法中最简单的是 d_λ 统计量(Hinkley，1977)，

$$d_\lambda = \frac{|\,\text{mean}(\lambda) - \text{median}(\lambda)\,|}{\text{spread}(\lambda)} \tag{3.20}$$

式中：mean(λ)为 λ 的平均值；median(λ)为 λ 的中位数；spread(λ)为 λ 的离散度。这里，离散度是离差的某种稳定度量，比如 IQR 或 MAD。一个特定的资料集中，λ 的每个值将产生不同的平均值、中位数和离散度，并且这些函数对 λ 的依赖表示在公式中。通过计算 λ 的大量不同选择的每一个的 d_λ 值，通过反复试验 Hinkley 的 d_λ，来决定在幂变换中的变换。通常 λ 的这些试验值，以 1/2 或 1/4 为间隔取值。那么产生最小 d_λ 的那个 λ，被用来作为变换资料。做这个计算的一种非常容易的方式，是在台式计算机上用电子数据表程序。

对于对称分布的资料来说，d_λ 统计量的要素，平均值和中位数将非常接近。因此，作为逐步变强的幂变换(λ 从 1 增大的值)，使资料向对称移动，式(3.20)中的分子将移向 0。因为变换太强，相对于离散度量，分子将开始增加，导致 d_λ 再次增加。

式(3.20)是在变换的资料中，找到产生对称或接近对称的幂变换的一种简单和直接方法。在最初的 Box 和 Cox(1964)的文章中提出了一种更复杂的方法，当变换的资料应该有尽可能接近钟形的高斯分布时——例如，当多重变换的结果通过多元高斯分布或多元正态分布(见第 11 章)同时被总结时，此方法是特别合适的。特别是，Box 和 Cox 提出了选择最大化高斯分布的似然函数(见第 4.6 节)的幂变换指数

$$L(\lambda) = -\frac{n}{2}\ln[s^2(\lambda)] + (\lambda - 1)\sum_{i=1}^{n}\ln[x_i] \tag{3.21}$$

式中：n 为样本容量；$s^2(\lambda)$为用指数 λ 变换后资料的样本方差(用 n 而不是 $n-1$ 作为除数计算，见式(4.73b))。式(3.21)等号右端的第二项中对数的和，是对未变换的资料进行的计算。与使用 Hinkley 统计量(式(3.20))的例子一样，不同的 λ 值可以被试验，以产生最大 $L(\lambda)$值作为被选择的最合适的值。对 λ 的不同选择有两个标准，因为式(3.20)只专注于变换后资料的对称性，而式(3.21)能够满足高斯分布的所有方面，且不局限于其对称性。然而，值得注意的是，如果原始资料不是很好地适合式(3.19)中的变换，通过最大化式(3.21)，不一定能够产生接近高斯分布的变换资料。

只有当变量 x 的 0 值或负值不能被变换时，式(3.19)和式(3.21)才是正确的。对包括某些 0 值或负值的变换，由 Box 和 Cox(1964)最早推荐的方法，是对每个资料值加上一个正常数，这个正常数的量级，足以使所有资料被转移到实轴的正半部分。这种容易的方法经常是足够的，但是它是武断的，并且如果 x 的一个未来值小于这个常数，就完全失败了。Yeo 和 Johnson(2000)已经提出了适应实轴上任何资料的 Box-Cox 变换的统一推广：

$$T_3(x) = \begin{cases} [(x+1)^\lambda - 1]/\lambda, & x \geqslant 0 \text{ 并且 } \lambda \neq 0 \\ \ln(x+1), & x \geqslant 0 \text{ 并且 } \lambda = 0 \\ -[(-x+1)^{2-\lambda} - 1]/(2-\lambda), & x < 0 \text{ 并且 } \lambda \neq 2 \\ -\ln(-x+1), & x < 0 \text{ 并且 } \lambda = 2 \end{cases} \tag{3.22}$$

对 $x>0$，式(3.22)达到和式(3.19b)同样的效果，尽管曲线向左移动了一个单位。除了它

们通过原点外，$T_3(x)$的图完全类似于图 3.11。对式(3.22)来说，选择变换参数 λ 的最简单方法，仍然是 Hinkley 统计量(式(3.20))，尽管 Yeo 和 Johnson(2000)也给出了一个最大似然估计程序。

例 3.4　选择一个合适的幂变换

表 3.3 显示了来自附录 A 中表 A.2 的 1933—1982 年伊萨卡(Ithaca)1 月的降水资料，以升序排列并且进行了式(3.19b)中幂变换的 $T_2(x)$($\lambda=1$,$\lambda=0.5$,$\lambda=0$ 和 $\lambda=-0.5$)分类变换。对 $\lambda=1$ 来说，这个变换只是从每个资料值中减去 1。注意即使对负指数 $\lambda=-0.5$，在全部变换中，原始资料的排序也被保持，所以确定原始的和变换后资料的中位数和分位数是很容易的。

表 3.3　来自表 A.2 的 1933—1982 年伊萨卡(Ithaca)1 月的降水资料($\lambda=1$)。资料已经用式(3.19b)中对 $\lambda=1$,$\lambda=0.5$,$\lambda=0$ 和 $\lambda=-0.5$,应用幂变换的 $T_2(x)$进行了分类变换。对 $\lambda=1$ 来说，变换从每个资料值中减去 1。这些资料的示意图显示在图 3.13 中。

年份	λ=1	λ=0.5	λ=0	λ=−0.5	年份	λ=1	λ=0.5	λ=0	λ=−0.5
1933	−0.56	−0.67	−0.82	−1.02	1948	0.72	0.62	0.54	0.48
1980	−0.48	−0.56	−0.65	−0.77	1960	0.75	0.65	0.56	0.49
1944	−0.46	−0.53	−0.62	−0.72	1964	0.76	0.65	0.57	0.49
1940	−0.28	−0.30	−0.33	−0.36	1974	0.84	0.71	0.61	0.53
1981	−0.13	−0.13	−0.14	−0.14	1962	0.88	0.74	0.63	0.54
1970	0.03	0.03	0.03	0.03	1951	0.98	0.81	0.68	0.58
1971	0.11	0.11	0.10	0.10	1954	1.00	0.83	0.69	0.59
1955	0.12	0.12	0.11	0.11	1936	1.08	0.88	0.73	0.61
1946	0.13	0.13	0.12	0.12	1956	1.13	0.92	0.76	0.63
1967	0.16	0.15	0.15	0.14	1965	1.17	0.95	0.77	0.64
1934	0.18	0.17	0.17	0.16	1949	1.27	1.01	0.82	0.67
1942	0.30	0.28	0.26	0.25	1966	1.38	1.09	0.87	0.70
1963	0.31	0.29	0.27	0.25	1952	1.44	1.12	0.89	0.72
1943	0.35	0.32	0.30	0.28	1947	1.50	1.16	0.92	0.74
1972	0.35	0.32	0.30	0.28	1953	1.53	1.18	0.93	0.74
1957	0.36	0.33	0.31	0.29	1935	1.69	1.28	0.99	0.78
1969	0.36	0.33	0.31	0.29	1945	1.74	1.31	1.01	0.79
1977	0.36	0.33	0.31	0.29	1939	1.82	1.36	1.04	0.81
1968	0.39	0.36	0.33	0.30	1950	1.82	1.36	1.04	0.81
1973	0.44	0.40	0.36	0.33	1959	1.94	1.43	1.08	0.83
1941	0.46	0.42	0.38	0.34	1976	2.00	1.46	1.10	0.85
1982	0.51	0.46	0.41	0.37	1937	2.66	1.83	1.30	0.95
1961	0.69	0.60	0.52	0.46	1979	3.55	2.27	1.52	1.06
1975	0.69	0.60	0.52	0.46	1958	3.90	2.43	1.59	1.10
1938	0.72	0.62	0.54	0.48	1978	5.37	3.05	1.85	1.21

图 3.13 显示了表 3.3 中资料的示意图。未变换的资料(最左边的图)显然是正偏的，对降水量分布来说这是常见的。栅栏(fences)之外的全部三个点都是很大的值，并且最大值离得很远。其他的 3 个示意图，显示了用 $\lambda<1$ 逐渐加强的幂变换。对数变换($\lambda=0$)，使作为离散

度的 IQR 的 Hinkley 的 d_λ 统计量(式(3.20))最小,并且使高斯对数似然(式(3.21))最大。由对数变换的资料示意图,显示的接近对称性,支持了根据这两个准则考虑的可能变换中对数变换最好的结论。更极端的反平方根变换($\lambda=-0.5$),显然已经对正偏订正过度了,因为 3 个最小的数还位于下栅栏之外。

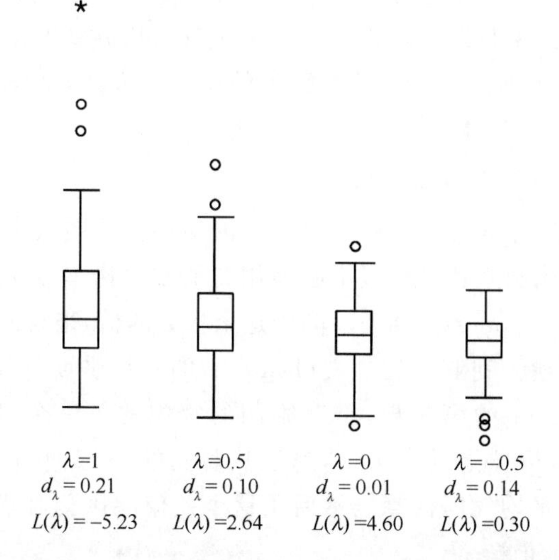

图 3.13 根据式(3.19b)对 1933—1982 年伊萨卡(Ithaca)1 月总降水量资料(表 A.2)进行的幂变换 $T_2(x)$。原始资料($\lambda=1$)是右偏的。平方根变换($\lambda=0.5$),稍微改进了对称性。对数变换($\lambda=0$),则产生了一个相当对称的分布。当进行更极端的反平方根变换($\lambda=-0.5$)时,资料开始显示负偏。根据 Hinkley 的 d_λ 统计量(式(3.20))和高斯对数似然 $L(\lambda)$(式(3.21)),对数变换是最好的,因此被选择。

3.4.2 标准化距平

当我们感兴趣的是用有关联但不是严格可比较的成批资料同时进行计算时,变换也可能是有用的。这种情况的一个例子出现在资料存在季节变率时。例如,进行原始的月温度的直接比较时,除了季节循环的主要影响外,通常几乎不再显示其他信息:1 月的温暖记录还是比 7 月的凉爽记录冷得多。在这种情况下,根据标准化距平重新表示资料,可能是非常有用的。

标准化距平 z,只是通过原始资料 x 减去其样本平均值,并且除以相应的样本标准差进行计算:

$$z=\frac{x-\overline{x}}{s_x}=\frac{x'}{s_x} \tag{3.23}$$

在大气科学的术语中,距平 x' 被理解为从资料值中减去有关的平均值,与式(3.23)的分子中一样。术语"距平"不意味着反常,或甚至必须是不寻常的资料值或事件。式(3.23)中标准化距平,是通过用分子中的距平除以相应的标准差产生。这个变换有时被称为标准化。用稳定的位置或离散度量构建标准化距平也是可以的,例如,减去中位数除以 IQR,但是很少这么做。标准化距平的使用可以通过与钟形高斯分布有关的思想来推动,高斯分布在第 4.4.2 节中有解释。然而,为了按照标准化距平重新表示它们,不必假定一批资料服从任何特定的分布,并且根据式(3.23)的变换非高斯分布的资料,不会使其分布形态变得更服从高斯分布。

标准化距平背后的思想,是设法从资料样本中去除位置和离散度的影响。原始资料的物理单位抵消掉了,所以标准化距平总是无量纲量。减去平均值产生了一个位于 0 附近的距平

序列 x'。除以标准差使得来自不同批次资料平均值的偏差能够在相等的基点上进行比较。共同地，被转换到标准化距平的集合的资料样本，将表现为平均值为 0 和标准差为 1。

举例说明，夏季温度比冬季温度变化更小是常见的情形。我们可以发现，某一地点 1 月平均温度的标准差大约为 3 ℃，但是相同的这个地点 7 月平均温度的标准差接近 1 ℃。对 7 月来说，比长期平均值冷 3 ℃的一个 7 月的平均温度是十分罕见的，相应于一个标准化距平－3。在同一地点，比长期平均的 1 月温度高 3 ℃的一个 1 月平均温度的出现，是相当平常的，对应于一个只有＋1 的标准化距平。看待标准化距平的另一种方式，是作为资料值与其平均值之间以标准偏差为单位的距离度量。

例 3.5 以标准化距平表示气候资料

以图 3.14 来举例说明业务背景中标准化距平的使用。该图绘出的点是南方涛动指数的值，南方涛动指数是由美国国家环境预报中心使用的厄尔尼诺-南方涛动（ENSO）现象的一个指数（引自 Ropelewski and Jones，1987）。图中这个指数的值，来自两个热带地点——中太平洋的塔希提（Tahiti）和北澳大利亚的达尔文（Darwin）的月海平面气压的标准化距平的差值。按照式（3.23），生成图 3.14 的第一步，是对绘制的年中的每一个月计算差值 $\Delta z = z_{\text{Tahiti}} - z_{\text{Darwin}}$。例如，1960 年 1 月标准化距平 z_{Tahiti}，通过从观测的 1960 年 1 月的月气压中减去塔希提（Tahiti）站全部 1 月的平均气压计算。然后用这个差值除以刻画塔希提（Tahiti）站 1 月大气压的年际变化特征的标准差。

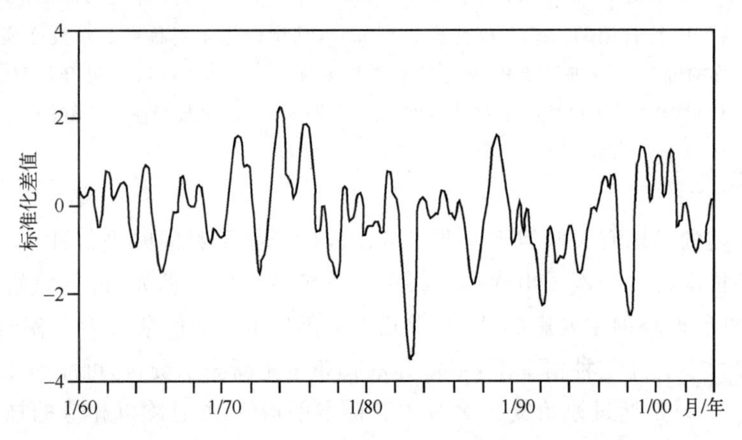

图 3.14 1960—2002 年塔希提（Tahiti）站和达尔文（Darwin）站标准化的月海平面气压距平标准化的差值（南方涛动指数）。单个月的值已经在时间上被平滑了。

实际上，图 3.14 中的曲线，是基于标准化距平的这个差值 Δz 自身的标准化月值，所以式（3.23）已经被两次应用到原始资料。这两个标准化的第一个作用，是使月平均气压中的季节变化和月气压的年际变率的影响最小；第二个标准化，计算差值 Δz 的标准化距平，能够确保得到的指数有单位标准差。在第 4.4.2 节的高斯分布的讨论中将使这一点更清楚，这个性质有助于定性地判断一个特定指数值的异常。

物理上，厄尔尼诺事件期间，热带太平洋降水活动的中心从西太平洋（达尔文附近）向中太平洋（塔希提附近）移动。这个移动与达尔文高于平均地面气压和塔希提低于平均地面气压有关，这二者共同产生了图 3.14 中绘制的指数的负值。1982—1983 年异常强的厄尔尼诺事件，在这幅图中表现得特别突出。

3.5　成对资料的探索技术

本章中目前为止介绍的技术主要属于处理和研究单批资料。已经做了一些比较，比如图3.5中并排的示意图。图中来自附录A资料的几个分布被绘制，但是那个资料结构潜在的重要方面还没有被展示。特别是，当来自每批的资料在构建示意图之前被分开排列时，特定的一天观测的变量之间的关系被掩盖了。然而，对一批资料中的每个观测来说，在其他的任何一个观测中存在来自相同日期的一个对应观测。在这个意义上，这些资料是成对的。阐明资料对集合之间的关系，经常能够产生很重要的认识。

3.5.1　散点图(Scatterplots)

对用图形显示成对的资料来说，几乎通用的形式是常见的散点图，或 x-y 图。几何上，散点图只是平面中点的集合，这个平面的两个笛卡尔坐标，是资料对的每个成员的值。在散点图中，很容易地诊断资料中的下列趋势，比如关系中的曲率，一个或两个变量的聚类，作为另一个变量函数的一个变量散度的变化，以及异常点或离群值。

图3.15是1987年1月期间伊萨卡(Ithaca)最高和最低温度的散点图。很冷的最高温度和很冷的最低温度有关，并且存在更暖的最高温度与更暖的最低温度有关的趋势，它们的关系立即变得明显起来。在这个散点图中，也显示最高温度的中心范围与最低温度不存在强的相关，因为30 ℉附近的最高温度出现在最低温度为−5～20 ℉或更暖范围的地方。

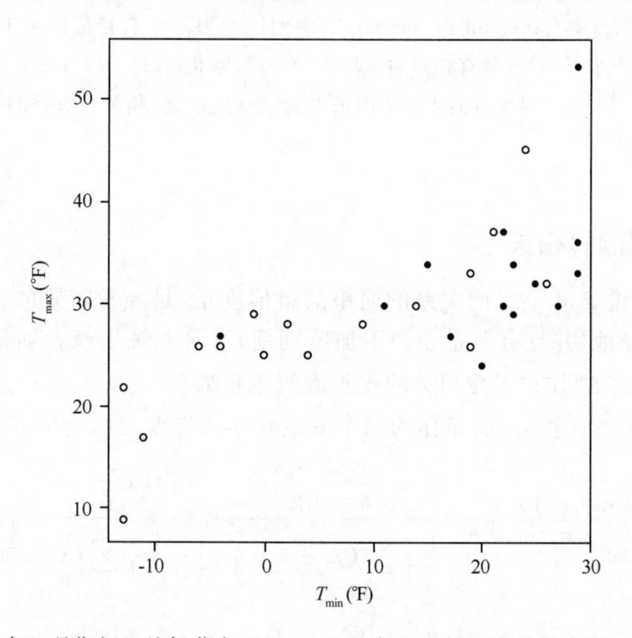

图 3.15　1987年1月期间纽约伊萨卡(Ithaca)日最高和最低温度的散点图。实心圆表示有至少0.01 in(水当量)降水日。

图3.15中，也举例说明了散点图中一个有用的画法修饰，即使用了多于一种的绘图符号。这里表示降水被记录至少为0.01 in(水当量)日的点，用实心圆绘制。与关于条件概率的例2.1的解释相同，降水倾向于与更暖的最低温度有关。散点图中显示最高温度也倾向于更暖，

但是效果不显著。

图 3.16 中的散点图被称为安斯库姆四重奏(Anscombe, 1973),说明图形 EDA 比简单的数字总结更有效。每个子图中,x-y 对的 4 个集合已经被设计为有相同的平均值和标准差,也有相同的普通(皮尔逊)相关系数(第 3.5.2 节)和相同的线性回归关系(第 7.2.1 节)。然而,从图形展示上显然可以看出,每个例子中变量对之间的关系是不同的。

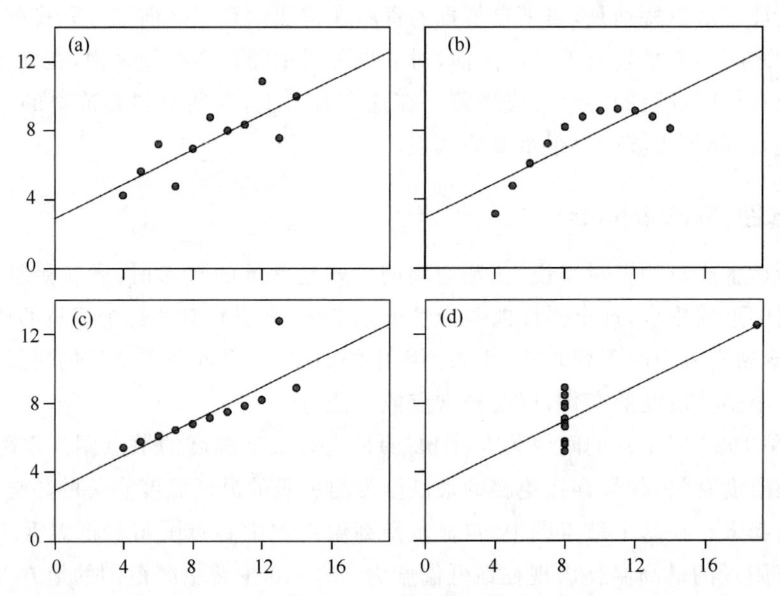

图 3.16 “安斯库姆四重奏(Anscombe's quartet)”,举例说明识别资料特征图形 EDA 的能力,比几个数字总结更有效。每个水平(x)变量有相同的平均值(9.0)和标准差(11.0),与每个垂直(y)变量(平均值为 7.5,标准差为 4.12)一样。对所有的 4 个子图来说,普通(皮尔逊)相关系数($r_{xy}=0.816$)和回归关系($y=3+x/2$)是相同的。

3.5.2 皮尔逊(普通)相关

两个变量,比方说 x 和 y 之间关系的简单的单值度量,是经常需要的。在这样的情形中,资料分析者几乎机械地(并且有时是相当不加鉴别地)计算相关系数。通常,术语“相关系数”是指两个变量 x 和 y 之间的“线性相关的皮尔逊积矩系数”。

看待皮尔逊相关的一种方式,是作为两个变量样本协方差与两个标准差乘积的比,

$$r_{xy}=\frac{\operatorname{Cov}(x,y)}{s_x s_y}=\frac{\dfrac{1}{n-1}\sum_{i=1}^{n}\left[(x_i-\overline{x})(y_i-\overline{y})\right]}{\left[\dfrac{1}{n-1}\sum_{i=1}^{n}(x_i-\overline{x})^2\right]^{1/2}\left[\dfrac{1}{n-1}\sum_{i=1}^{n}(y_i-\overline{y})^2\right]^{1/2}}$$
$$=\frac{\sum_{i=1}^{n}(x_i'y_i')}{\left[\sum_{i=1}^{n}(x_i')^2\right]^{1/2}\left[\sum_{i=1}^{n}(y_i')^2\right]^{1/2}} \tag{3.24}$$

式中右上角的(′)和前面一样,是表示距平,或减去平均值。注意,样本方差是协方差(式(3.24)中的分子)$x=y$ 的一个特例。协方差的一个应用,是在数学中用来描述湍流,其中平均积,例如,水平速度距平 u' 和 v' 被称为涡旋协方差,在雷诺平均的框架中常常使用(如:Stull, 1988)。

皮尔逊积矩相关系数,既不具有鲁棒性也不具有稳定性。它不具有鲁棒性,因为当两个变量 x 和 y 之间有很强但非线性的关系时,是不可以识别的。它不具有稳定性,因为它可能对一个或几个离群点对极为敏感。然而,它还是经常被使用,因为它的形式非常适合数学运算,并且还因为它与回归分析(见第 7.2 节)和双变量(式(4.33))以及多变量(见第 11 章)高斯分布有密切关系。

皮尔逊相关系数有两个重要的性质。第一,它由 -1 和 1 界定,即 $-1 \leqslant r_{xy} \leqslant 1$。如果 $r_{xy}=-1$,那么 x 和 y 之间存在一个完全的负线性相关。即 y 对 x 的散点图全部落在一条线上,并且这条线有负斜率。同样,如果 $r_{xy}=1$,那么 x 和 y 之间存在一个完全的正线性相关(但是注意 $|r_{xy}|=1$,除了表示相关不为 0 外,不表示 x 和 y 之间有完美线性关系)。第二,皮尔逊相关系数的平方 r_{xy}^2 表征 x 或 y 中的一个由另一个线性说明或描述变率的比例。有时说,r_{xy}^2 是一个变量被另一个变量“解释”的方差的比例,但是这个解释不是最精确的,并且有时容易被误解。相关系数根本不能给出变量 x 和 y 之间关系的解释,至少不能在物理上或因果的意义上给出解释。可能是 x 物理上引起了 y 的变化,或反之亦然,但经常是两个结果,物理上都来自其他的某个或很多量或过程的影响。

皮尔逊相关系数的核心,是式(3.24)的分子中 x 和 y 之间的协方差。分母在效果上只是一个尺度常数,并且总是为正值。这样,皮尔逊相关本质上是一个无量纲的协方差。考虑图 3.17 中假设的 (x,y) 资料的点云,立即可以看出显示了正相关。通过两个样本平均值的两条垂直正交线,定义了 4 个象限,通常用罗马数字标注。对第Ⅰ象限中的点来说,x 和 y 的值都大于其各自的平均值($x'>0$ 和 $y'>0$),所以这两个因子乘起来为正。因此第Ⅰ象限中的点,对于式(3.24)的分子中的加和贡献正的项。同样,对第Ⅲ象限中的点来说,x 和 y 都小于其各自的平均值($x'<0$ 和 $y'<0$),其距平的乘积也为正。这样第Ⅲ象限中的点也将对分子中的加和贡献正的项。对第Ⅱ和第Ⅳ象限中的点来说,两个变量 x 和 y 中的一个在其平均值之上,另一个在平均值之下。因此对第Ⅱ和第Ⅳ象限中的点来说,式(3.24)的分子中的乘积为负,这些点将对加和贡献负的项。

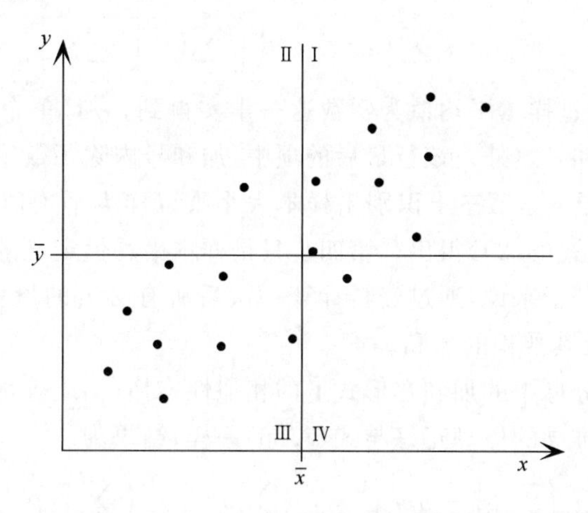

图 3.17　两维平面中一个假设的点云,举例说明皮尔逊相关系数的机理(式(3.24))。两个样本平均值把平面分为 4 个象限,编号为Ⅰ～Ⅳ。

图 3.17 中,大部分点落在第Ⅰ和第Ⅲ象限中,因此式(3.24)的分子中的大部分的项为正。第Ⅱ和第Ⅳ象限中只有两个点,贡献为负项,而这两项的绝对值很小,因为 x 和 y 的值相对靠

近其各自的平均值。结果是分子中的加和为正,因此协方差为正。式(3.24)的分母中的两个标准差,肯定总是为正,对图3.17中的点,总的说来,产生了一个正相关系数。如果大部分点在第Ⅱ和第Ⅳ象限中,那么,点云可能向下倾斜而不是向上倾斜,相关系数可能为负。如果点云在4个象限中差不多均匀分布,相关系数可能接近为0,因为式(3.24)分子的加和中正项和负项可能倾向于抵消。

看待皮尔逊相关系数的另一种方式,是通过移动分母中的尺度常数(标准差)到分子的加和中产生。这个运算得到

$$r_{xy} = \frac{1}{n-1}\sum_{i=1}^{n}\left[\frac{(x_i-\overline{x})}{s_x}\frac{(y_i-\overline{y})}{s_y}\right] = \frac{1}{n-1}\sum_{i=1}^{n} z_{x_i} z_{y_i} \tag{3.25}$$

显示皮尔逊相关(几乎)是变量转化为标准化距平后乘积的平均。

从节省计算的观点,目前为止给出的皮尔逊相关的公式是笨拙的。计算无论是用手工还是用计算机程序都是这样。特别是,得到结果之前它们都要求对一个资料集进行两步计算:第一步是计算样本平均值,而第二步是累计包括来自其样本平均值的资料值的偏差(距平)项。经由一个资料集进行两次计算需要费事两次,并且当使用手工计算器时,敲错键盘的概率加倍,如果用很大的资料集计算,计算时间会大量增加。因此,知道皮尔逊相关的计算形式常常是有用的,这种形式允许只经由一个资料集计算一次。

这种计算形式,是通过相关系数中加和的一种容易的代数计算产生的。考虑式(3.24)中的分子。执行乘法得到

$$\begin{aligned}\sum_{i=1}^{n}[(x_i-\overline{x})(y_i-\overline{y})] &= \sum_{i=1}^{n}[x_iy_i - x_i\overline{y} - y_i\overline{x} - \overline{x}\,\overline{y})] \\ &= \sum_{i=1}^{n}(x_iy_i) - \overline{y}\sum_{i=1}^{n}x_i - \overline{x}\sum_{i=1}^{n}y_i + \overline{x}\,\overline{y}\sum_{i=1}^{n}(1) \\ &= \sum_{i=1}^{n}(x_iy_i) - n\overline{x}\,\overline{y} - n\overline{x}\,\overline{y} + n\overline{x}\,\overline{y} \\ &= \sum_{i=1}^{n}(x_iy_i) - \frac{1}{n}\Big[\sum_{i=1}^{n}x_i\Big]\Big[\sum_{i=1}^{n}y_i\Big]\end{aligned} \tag{3.26}$$

式(3.26)中的第二行,通过样本平均值为常数这一事实得到,一旦单个资料值被确定,就可以被移(被分解因子)到加和号之外。该行最后的项中,加和号内除了数字1之外什么也没有了,而这些1的n个加和只是n。第三步识别出样本大小乘以样本平均值得到资料值的加和,直接从样本平均值的定义(式(3.2))得出。第四步只是样本平均值定义的再次替换,强调了对于计算皮尔逊相关系数的分子来说,通过资料计算一次后所有必需的量就可以得到。这些量是x的加和,y的加和,以及其乘积的加和。

从皮尔逊相关系数分母中的加和在形式上的相似性,对它们或等价地对样本标准差,显然可以得到类似的公式。推导的原理正好与式(3.26)一样,结果为

$$s_x = \left(\frac{\sum x_i^2 - n\overline{x}^2}{n-1}\right)^{1/2} = \left[\frac{\sum x_i^2 - \frac{1}{n}\left(\sum x_i\right)^2}{n-1}\right]^{1/2} \tag{3.27}$$

当然,对y也可以得到类似的结果。数学上,式(3.27)正好等价于式(3.6)中样本标准差的公式。这样式(3.26)和式(3.27)可以被代入式(3.24)或式(3.25)给出的皮尔逊相关的公式中,得到相关系数的计算公式为

$$r_{xy}=\frac{\sum_{i=1}^{n}x_iy_i-\frac{1}{n}\left(\sum_{i=1}^{n}x_i\right)\left(\sum_{i=1}^{n}y_i\right)}{\left[\sum_{i=1}^{n}x_i^2-\frac{1}{n}\left(\sum_{i=1}^{n}x_i\right)^2\right]^{1/2}\left[\sum_{i=1}^{n}y_i^2-\frac{1}{n}\left(\sum_{i=1}^{n}y_i\right)^2\right]^{1/2}} \tag{3.28}$$

类似地，样本偏度系数（式(3.9)）的计算公式为

$$\gamma=\frac{\frac{1}{n-1}\left[\sum x_i^3-\frac{3}{n}\left(\sum x_i\right)\left(\sum x_i^2\right)+\frac{2}{n^2}\left(\sum x_i\right)^3\right]}{s^3} \tag{3.29}$$

刚才导出的计算公式的使用中，存在一个潜在的问题，这来源于它们对舍入误差非常敏感。公式中包括量级相当的两个数字的差值。例如，假定式(3.26)最后一行两项的每一项有5位有效数字，如果这些数字的前3个相同，那么其差值将只有2位有效数字，而不是5位。对这个潜在问题的矫正是，在每次计算中保留尽可能多(全部保留更好)的有效数字，例如，当在计算机上编写浮点计算程序时用双精度来表示数据。

例 3.6　线性相关的一些局限性

考虑表3.4中两个人造的资料集，其中资料很少并且数值很小，可以使用皮尔逊相关系数的计算形式，而不舍弃任何有效数字。对数据集Ⅰ来说，皮尔逊相关系数是 $r_{xy}=+0.88$，而对数据集Ⅱ来说，皮尔逊相关系数是 $r_{xy}=+0.61$。这样，对这两个成对的资料集来说，似乎表示它们有中等强度的线性关系。

表 3.4　人造的用于相关系数例子的数据集

数据集Ⅰ		数据集Ⅱ	
x	y	x	y
0	0	2	8
1	3	3	4
2	6	4	9
3	8	5	2
5	11	6	5
7	13	7	6
9	14	8	3
12	15	9	1
16	16	10	7
20	16	20	17

皮尔逊相关系数，既不具有鲁棒性也不具有稳定性，已经构建的这两个数据集可以用来说明这些缺陷。图3.18为这两个资料集的散点图，图3.18a为数据集Ⅰ，图3.18b为数据集Ⅱ。对数据集Ⅰ来说，x 和 y 之间的关系，实际上比0.88的线性相关系数表示的更强。资料点全都非常接近地落在一条平滑曲线上，但是因为那条曲线不是一条直线，所以皮尔逊系数低估了它们关系的强度。因此，对偏离线性的关系，它不具有鲁棒性。

图3.18b说明皮尔逊相关系数对离群点不具有抗干扰性。除了一个离群点外，数据集Ⅱ中的数据展示了很少的结构性。如果不考虑这个点，剩余的这9个点是弱的负相关。然而，$x=20$ 和 $y=17$ 的值离其各自的样本平均值是如此远，以至于式(3.24)或式(3.25)的分子中

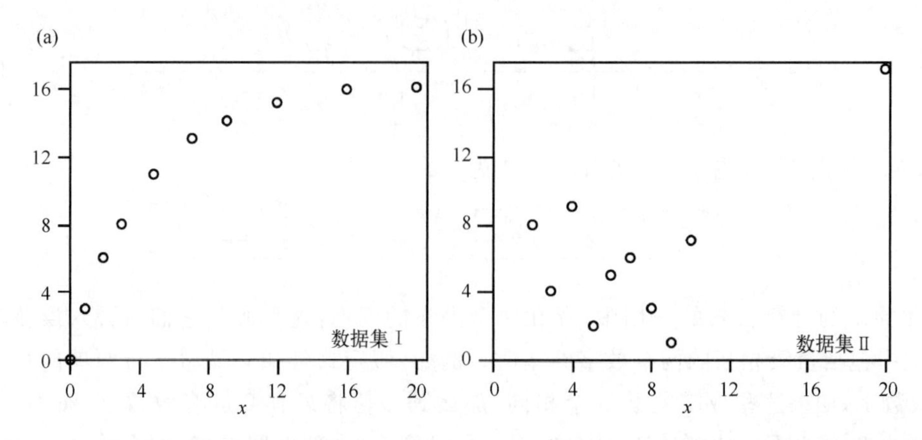

图 3.18 表 3.4 中两个人造的成对数据集的散点图。子图(a)(表 3.4 中的数据集Ⅰ)中数据，皮尔逊相关系数为 0.88，过低地表示了其关系的强度，说明相关系数的这种度量对非线性关系不具有鲁棒性。子图(b)(表 3.4 中的数据集Ⅱ)中数据，皮尔逊相关系数是 0.61，反映出单个离群点压倒性的影响，说明它缺乏抗干扰性。

得到的两个大的正差值的乘积支配了整个加和，不正确地显示了 10 个数据对中总体上为一个中等强度的正相关。

3.5.3 Spearman 秩相关和 Kendall 的 τ 相关

具有鲁棒性和抗干扰性，可以替代皮尔逊矩相关系数的方法是存在的。这些方法中的第一种，被称为 Spearman 秩相关系数。Spearman 相关，只是用资料的秩计算的皮尔逊相关系数。理论上，式(3.24)或式(3.25)也被应用，但使用的是资料的秩，而不是资料值本身。例如，考虑表 3.4 的数据集Ⅱ中第一个数据对(2,8)。这里 $x=2$ 是 x 的 10 个值中最小的，因此秩为 1。作为 10 个值中第 8 个最小的，$y=8$ 的秩为 8。这样计算相关之前，其第一个数据对可以被转换为(1,8)。同样地，离群点对(20,17)的 x 和 y 值，都是其各自 10 批数据中最大的，被转换为(10,10)。

实践中必须使用式(3.24)、式(3.25)或式(3.28)计算 Spearman 秩相关系数。当然，这个计算是简单的，因为我们预先知道变换值是什么。因为数据是秩，所以它们是由从 1 到样本容量 n 的所有整数组成。例如，表 3.4 中的 4 批资料中，任何一批的秩平均为(1+2+3+4+5+6+7+8+9+10)/10=5.5。同样地，这前 10 个正整数的标准差(式(3.27))大约为 3.028。通常，从 1 到 n 的整数的平均值为 $(n+1)/2$，而其方差为 $n(n^2-1)/[12(n-1)]$。利用这个信息，Spearman 秩相关的计算可以简化为

$$r_{\text{rank}} = 1 - \frac{6\sum_{i=1}^{n} D_i^2}{n(n^2-1)} \tag{3.30}$$

式中：D_i 为第 i 对数据之间秩的差值。在特定的数据值出现多于一次的情况中，计算 D_i 之前，这些相等的值全部被分配为它们的平均秩。

Kendall 的 τ，是具有鲁棒性和抗干扰性的，是皮尔逊矩相关系数的第二种替代方法。Kendall 的 τ 是通过考虑数据对 (x_i, y_i) 的全部可能匹配(在容量为 n 的样本中存在 $n(n-1)/2$ 种匹配)之间的关系进行计算。例如数据对(3,8)和(7,83)是一致的，因为后面数据对中的两

个数字都大于前面数据对中对应的数字。Kendall 的 τ 通过从一致数据对的数目 N_C 中减去不一致数据对的数目 N_D，并且除以 n 个观测中可能相互配对的数目进行计算，

$$\tau = \frac{N_C - N_D}{n(n-1)/2} \tag{3.31}$$

完全相同的数据对贡献到 N_C 和 N_D 都是 1/2。

例 3.7　用表 3.4 中的数据对 Spearman 和 Kendall 相关系数的比较

在表 3.4 的数据集Ⅰ中，x 和 y 之间存在一个单调关系，所以两批数据中的每一批已经以升序排列了。因此 n 对的每一对的两个成员，在其自己的批中有相同的秩，而差值 D_i 全都为 0。实际上，两个最大的 y 值是相等的，每一个被分配为秩 9.5。除了这个结(tie)之外，式(3.30)中第二项的分子中的和为 0，Spearman 秩相关必然为 1。这个结果比皮尔逊相关 0.88 更好地反映了 x 和 y 之间关系的强度。这样，皮尔逊相关系数反映了线性关系的强度，而 Spearman 秩相关反映了两个变量单调关系的强度。

因为数据集Ⅰ中的数据展示了本质上完美的正单调关系，在数据对中，全部10(10－1)/2＝45 个组合产生了一致的关系。对有完美负单调关系(一个变量作为另一个变量的函数严格下降)的数据集来说，数据对之间的所有比较产生了不一致的关系。除了一个相等之外，数据集Ⅰ中的所有比较都具有一致的关系 $N_C=45$，所以从式(3.31)得到 $\tau=(45-0)/45=1$。

对数据集Ⅱ中的数据来说，x 值以升序给出，但是与其配对的 y 值是无序的。第一个记录的秩的差异是 $D_1=1-8=-7$。数据集Ⅱ中，秩相等的只有 3 个数据对(第 5、第 6 和第 10 对的离群点)。剩余的 7 对将贡献到式(3.30)中加和的非零项，对数据集Ⅱ来说，得到 $r_{\text{rank}}=0.018$。这个结果比皮尔逊相关 0.61 更好地反映了数据集Ⅱ中 x 和 y 之间非常弱的总体关系。

对于数据集Ⅱ，通过 x 变量的升序排列，Kendall 的 τ 相关的计算可以变得更容易。已知这个排列对表中的第 1 到第(n－1)行，计算下面所有行中 y 变量大于该行 y 值的数目，可以确定一致组合的数目。很明显，在(2,8)下面的 9 个值中存在 2 个 y 变量大于(2,8)中的 8，在(3,4)下面的 8 个值中存在 5 个 y 变量大于(3,4)中的 4，在(4,9)下面的 7 个值中存在 1 个 y 变量大于(4,9)中的 9，……，在(10,7)下面的 1 个值中存在 1 个 y 变量大于(10,7)中的 7。总共存在 2＋5＋1＋5＋3＋2＋2＋2＋1＝23 个一致的组合以及 45－23＝22 个不一致的组合，得到 $\tau=(23-22)/45=0.022$。

3.5.4　序列相关

按照两个离散事件“有降水”和“无降水”，举例说明第 2 章中气象变量的持续性或连续时间段中天气倾向的相似性。对连续变量(例如温度)来说，持续性通常是用序列相关或时间自相关描述。自相关中前缀“auto”表示一个变量与其自己的相关。有时这样的相关被称为滞后相关。自相关几乎总是用皮尔逊相关系数计算，尽管也没有理由为什么其他形式的滞后相关不能用来计算自相关。

计算自相关的过程，可以通过想象写出资料值的一个序列的两个部分，其中一个序列移动一个时间单位，实现可视化。这个移动在图 3.19 中用来自表 A.1 中伊萨卡(Ithaca)1987 年 1 月最高温度资料作为例子进行说明。这个资料序列已经被重写在第一行，通过省略号表示月的中间部分。相同的记录被复制到第二行，但是向右移动了 1 天。这个过程得到方框中的 30 个资料对，它们可以用来计算相关系数。

33	32 30 29 25 30 53 · · · 17 26 27 30 34	
	33 32 30 29 25 30 53 · · · 17 26 27 30	34

图 3.19 伊萨卡(Ithaca)1987 年 1 月最高温度资料一个移位的时间序列的构建。移动 1 天的资料剩下 30 个数值对(方框中包围的),这用来计算滞后 1 的自相关系数。

自相关通过把滞后数值对代入到皮尔逊相关系数公式(式(3.24))中进行计算。对滞后 1 的自相关来说,存在 $n-1$ 个这样的对。唯一不同的是,两个序列的平均值通常是稍微不同的。例如图 3.19 中,上面序列方框中 30 个数的平均值是 29.77 ℉,而下面序列方框中 30 个数的平均值是 29.73 ℉。出现这个差异,是因为上面的序列不包括 1 月 1 日的温度,而下面的序列不包括 1 月 31 日的温度。用下标“$-$”表示前 $n-1$ 个值的样本平均,下标“$+$”表示后 $n-1$ 个值的样本平均,滞后 1 的自相关为

$$r_1 = \frac{\sum_{i=1}^{n-1}[(x_i - \overline{x}_-)(x_{i+1} - \overline{x}_+)]}{\left[\sum_{i=1}^{n-1}(x_i - \overline{x}_-)^2\right]^{1/2}\left[\sum_{i=2}^{n}(x_i - \overline{x}_+)^2\right]^{1/2}} \tag{3.32}$$

例如,伊萨卡(Ithaca)1987 年 1 月最高温度资料的 $r_1 = 0.52$。

滞后 1 的自相关最常用来计算持续性的度量,但有时也对计算更长滞后的自相关感兴趣。理论上,这与滞后 1 的自相关计算过程没有更多的差异,而计算上唯一的差异是两个序列的移动多于一个时间单位。当然,随着时间序列相对于其自身增加移动,存在越来越少的重叠资料可以用于计算。式(3.32)可以用下式推广到滞后 k 的自相关系数

$$r_k = \frac{\sum_{i=1}^{n-k}[(x_i - \overline{x}_-)(x_{i+k} - \overline{x}_+)]}{\left[\sum_{i=1}^{n-k}(x_i - \overline{x}_-)^2\right]^{1/2}\left[\sum_{i=k+1}^{n}(x_i - \overline{x}_+)^2\right]^{1/2}} \tag{3.33}$$

这里下标“$-$”和“$+$”分别表示前面的和后面的 $n-k$ 个资料值。对 $0 \leqslant k \leqslant n-1$ 来说式(3.33)是正确的,尽管关注的通常只是 k 的几个最小值。大的滞后丢失很多的资料,所以很少计算 $k > n/2$ 或 $k > n/3$ 的滞后相关。

在使用长资料记录的情况中,使用式(3.33)的近似有时是可以接受的,这简化了计算并且允许使用计算公式。特别是,如果资料序列足够长,总的样本平均值与前面和后面 $n-k$ 个值的平均值非常接近。总的样本标准差也将接近于前面和后面 $n-k$ 个值的两个子集的标准差。借助这些假设得到常用的近似

$$r_k \approx \frac{\sum_{i=1}^{n-k}[(x_i - \overline{x})(x_{i+k} - \overline{x})]}{\sum_{i=1}^{n}(x_i - \overline{x})^2} = \frac{\sum_{i=1}^{n-k}(x_i x_{i+k}) - \frac{n-k}{n^2}\left(\sum_{i=1}^{n} x_i\right)^2}{\sum_{i=1}^{n} x_i^2 - \frac{1}{n}\left(\sum_{i=1}^{n} x_i\right)^2} \tag{3.34}$$

3.5.5 自相关函数

各种滞后计算的自相关函数的集合被称为自相关函数。自相关函数经常用图形显示,自相关作为滞后时间的函数被绘制。图 3.20 显示了伊萨卡(Ithaca)1987 年 1 月最高温度样本自相关函数的前 7 个值。自相关函数总是以 $r_0 = 1$ 开始,因为任何未移动的资料序列与其自

身将显示完美相关。通常，随着滞后 k 的增加，自相关函数显示或多或少地向 0 衰减，反映了在时间上更远移动的资料点相互之间通常有更弱的统计关系。把这种观测现象联系到天气预报的背景是有益的。如果几天以后自相关函数不向 0 衰减，那么在那个范围做相当精确的预报是非常容易的，即简单地用今天的观测值（持续性预报）或今天观测的稍微修正值做预测，就可能得到好的结果。

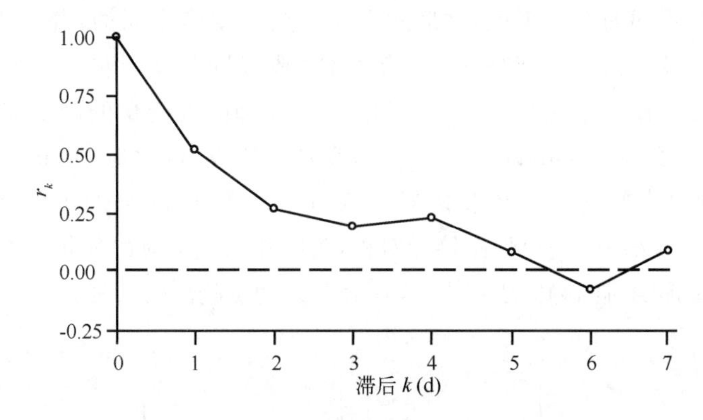

图 3.20　伊萨卡(Ithaca)1987 年 1 月最高温度资料的样本自相关函数。对 $k=0$ 来说相关为 1，因为与自身的无滞后资料是完美相关。对 $k\geqslant 5$ 来说，自相关函数本质上衰减到 0。

有时，通过对全部自相关乘以资料的方差重新尺度化自相关函数是有用的。这个结果与式(3.33)和式(3.34)的分子成比例，被称为自协方差函数，

$$\gamma_k = \sigma^2 r_k, k = 0,1,2,\cdots \tag{3.35}$$

气象和气候时间序列中自相关的存在，对于一些标准统计方法在大气资料中的应用有重要意义。特别是，当应用到强持续性序列时，经典方法往往要求样本中资料是独立的，不加甄别地使用这些方法可能会给出非常错误的结果。在一些例子中，通过使用样本自相关来解决时间的不独立性，成功地进行修正在技术上是可行的。这个主题将在第 5 章中讨论。

3.6　高维资料的探索性方法

当需要探索分析或比较由多于两个变量组成的资料时，目前为止给出的方法只能应用到成对的变量子集。由于几何的和感知上的问题，同时显示 3 个或更多个变量是非常困难的。几何上的问题，是大部分可用的显示媒体（例如，纸或计算机屏幕）都是二维的，所以直接绘制更高维的资料，需要在平面上做几何投影，在这个过程中，信息不可避免地会丢失。感知上的问题，来自我们的大脑已经进化为处理三维世界中的活动，而同时，可视化四维或更高维是困难的或不可能的。然而，对多变量（同时 3 个或更多个变量）的 EDA 的更巧妙的图形工具已经设计出来了。除了本节中给出的思想之外，专门针对集合预报设计的一些多变量图形化的 EDA 方法，将在第 7.6.6 节中显示，基于主分量分析的高维 EDA 方法将在第 12.7.3 节中叙述。

3.6.1　星形图

如果变量的数目 K 不是太大，n 个 K 维观测的集合中的每一个，可以作为*星形图*用图形

显示。星形图,基于共用相同原点的 K 个坐标轴,在平面上以间隔360°/K 隔开。对 n 个观测的每一个来说,K 个变量的第 k 个的值(可能减去某个最小值)与到相应轴上的径向绘图距离成比例。“星形”由连接这些点到其邻近径向轴上对应点的线段组成。

例如,图 3.21 显示了表 A.1 中 1987 年 1 月(n=31 的)资料的最后 5 天的星形图。因为有 K=6 个变量,6 个轴由 360°/6=60°隔开,每个轴用一个变量标识,如同 1 月 27 日的图中显示的那样。通常,对不同的变量来说,星形图上比例的刻度是不同的,并且被设计为使最小值(或接近但小于它的某个值)对应到原点,而最大值(或接近但大于它的某个值)对应到轴的全长。图 3.21 中的变量按类型匹配,为了更好地比较,3 种类型变量的刻度完全相同。例如,伊萨卡(Ithaca)和卡南戴挂(Canandaigua)最高温度轴的原点,都对应到 10 ℉,而这些轴的末端对应到 40 ℉。降水轴在原点为 0,在末端为 0.15 in,1 月 27 日和 28 日的两个三角形,表明这两天在这两个地方降水量都为 0。星形图接近对称,表明相同变量对的强相关性(因为它们的轴被 180°分开绘制),而星形随时间趋向于更大,表明在月末为更暖湿的天气。

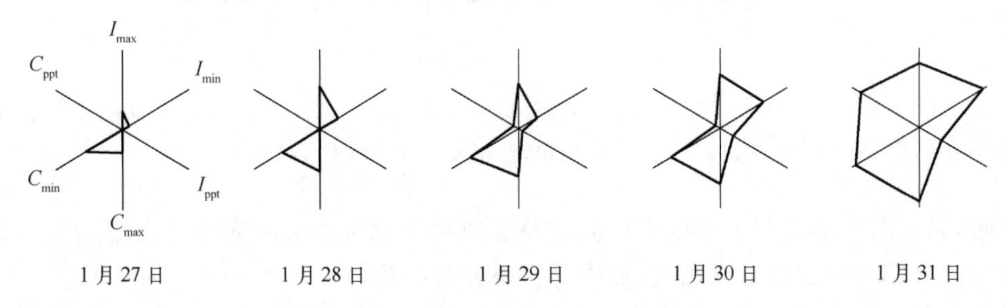

图 3.21 表 A.1 中 1987 年 1 月资料中最后 5 天的星形图,只标注了 1 月 27 日星的轴。这些图中近似的径向对称,反映了这两个位置相同变量之间的相关,而星形随时间的发展表明在月末为更暖湿的天气(max 为最高温度,min 为最低温度,ptt 为降水量)。

3.6.2 符号(glyph)散点图

符号散点图,是普通散点图的扩展,由两个变量定义的位于二维平面上的简单点,以及由“符号(glyphs)”,或包含了符号的大小、形状和/或颜色的额外信息组成。图 3.15 是一个简单的符号散点图,空的/填满的圆形符号,表示二元的有降水/无降水变量。

图 3.22 是一个简单的符号散点图,显示了与冬季最高温度预报的一个小集合的评估有关的 3 个变量。两个散点图的轴,是预报和观测的温度,被四舍五入到 5 ℉的区间,而圆形符号绘制为使其面积与已知的 5 ℉×5 ℉的正方形区域内的预报-观测对的数目成比例。选择面积与第三个变量(这里是每个区间中的数目)成比例,要比选择与半径或直径成比例更好,因为符号的面积使得数目大小与视觉印象对应得更好。

图 3.23 是温度资料的这个二元集合的一个二维柱状图,它比单变量的传统二维柱状图直接推广到三维更有效。图 3.23 显示相同资料的以透视图呈现的二元柱状图,不过这通常是低效率的,因为三维到二维平面上的投影导致了个别点位置的模糊。即:使图 3.23 中的每个点在可视图的基础上通过垂线的尾端连接到其在预报-观测平面上的位置,而正好落在对角线上的点由空心圆表示。图 3.22 比图 3.23 说明得更清楚,例如,直接显示存在预报偏差(平均而言,预报温度比相应的观测温度总体上更暖),特别是对更冷的温度。对显示二元频率分布来说,图 3.22 中符号散点图的另一种可选方法是这些资料的二元核密度估计(见第 3.3.6 节)的等值线图。

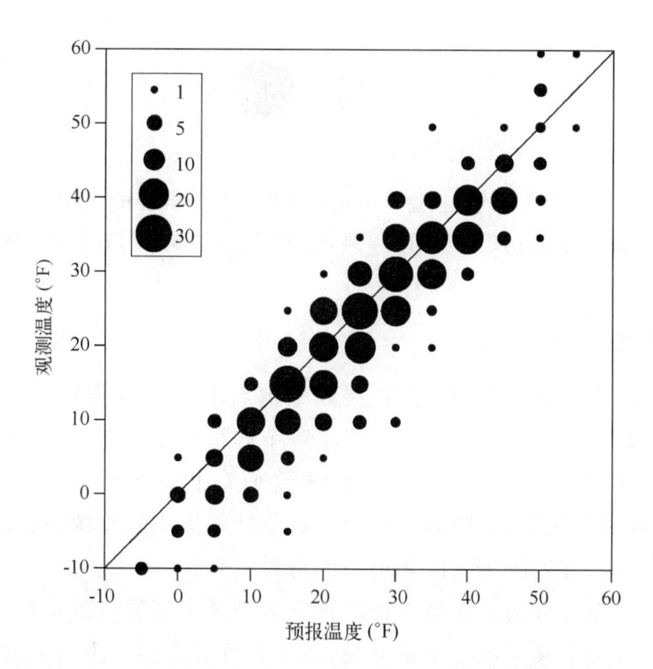

图 3.22　明尼阿波利斯 1980—1981 年到 1985—1986 年冬季预报和观测的日最高温度。温度已经被四舍五入到 5 ℉区间，圆形符号已经被尺度化到面积与数目（插入的小图）成比例。

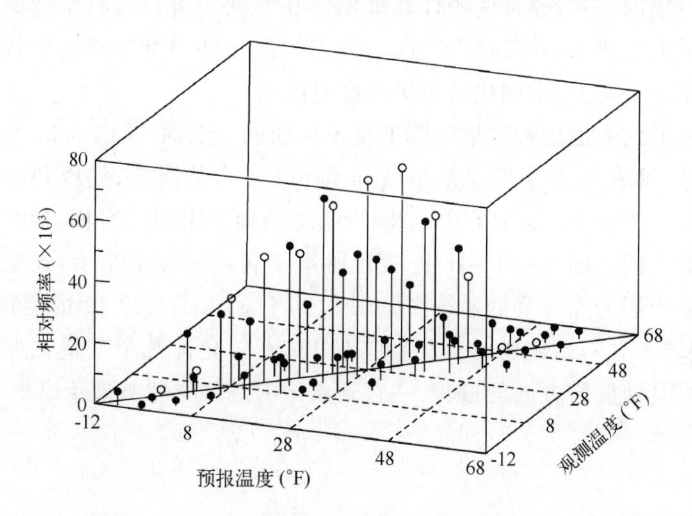

图 3.23　用与绘制图 3.22 中符号散点图相同的资料，以透视图呈现的二元柱状图。即：使资料点通过1∶1的对角线上垂直线的尾部和其他点，定位预报-观测平面上的资料点，通过空心圆点做进一步的区分，从三维到二维的投影还是使该图形很难解释。引自 Murphy 等(1989)。

比图 3.22 中的圆环更精细的图形，可以用来同时显示多于 3 个变量的资料。例如，第 3.6.1 节中描述的那种星形图形，可以使用散点图中的绘图符号。事实上，可以由资料或科学背景暗示的任何形状，都可以用图形表示。例如，图 3.24 为同时显示 7 个气象量——风向、风速、云覆盖、温度、露点温度、气压和当前天气条件的图形。当这些图形作为由经度（水平轴）和纬度（垂直轴）定义的散点图进行绘制时，表现是原始的天气图，实际上，这是描写一个特定时间天气空间分布的 9 维资料集的一个图形 EDA 描述。

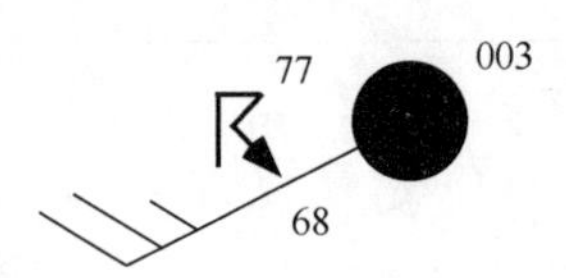

图 3.24 作为一个气象站模型同时描述 7 个量的精细图形。当绘在一幅图上时，两个位置变量(纬度和经度)也被加上，描述的维度增加到 9 维，这些维度综合到天气资料的一幅图形散点图中。

3.6.3 旋转散点图

图 3.23 的例子说明通过透视图试图扩展两维散点图到三维通常是不能令人满意的。出现这个问题是因为散点图的三维对应图，由位于一个体积中而不是一个平面上的点云组成，而几何上，主体图形在任何一个平面上投影，都会导致了关于垂直于那个平面的距离是模糊的。对这个问题的一种解决方法是，用距离模仿物理对象外观大小变化的方式，对更靠近和更远离投影方向前面的那些量，分别画更大的和更小的符号。

然而，更有效的是在被称为*旋转散点图*的计算机动画中观看三维资料。在任何瞬间，旋转散点图是三维的点云，加上参考的三个坐标轴，在计算机屏幕的二维面上的一个投影。但是资料被投影到平面上，在计算机显示器“内”，产生我们正在观看的点和它们的轴，表现为绕三维坐标原点旋转的幻影的方式，通常使用计算机鼠标在时间上可以进行平滑的改变。这个视觉运动可以被相当平滑地演示，并且这个时间上的连续性允许三维中资料形状的主观感觉随着我们的观看而变化。事实上，动画代替了第三维时间。

以书页的静态形式表达这种效果实际上是不可能的。然而，从图 3.25 中可以了解它是如何运转的，该图显示了表 A.3 中瓜亚基尔(Guayaquil)6 月的温度、气压和降水资料的一个旋转的散点图序列的 4 个快照。最初(图 3.25a)，温度轴伸出书页的平面，似乎是降水与气压的一个简单的二维散点图。图 3.25b～d 中，温度轴被旋转进书页的平面，逐渐改变相对于互相的和相对于坐标轴投影的点排列的透视图。图 3.25 只显示了大约 90°的旋转。这些资料的旋转图，一般通过旋转一个初始旋转方向(这里是向左下)，允许几个变量在那个方向做全程旋转，然后，可以重复其他旋转方向的过程，一直到点云的三维形状被展示出来。

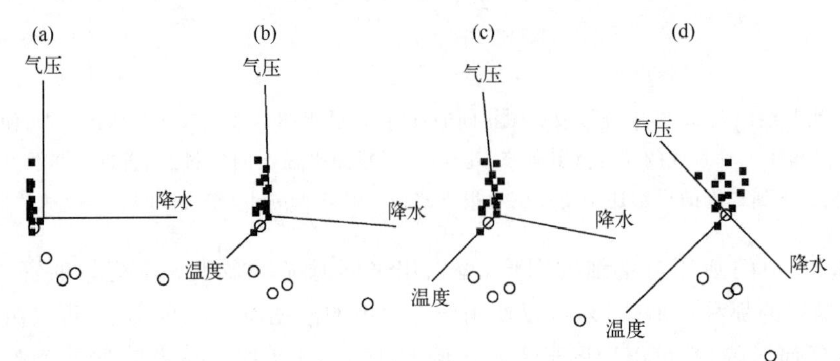

图 3.25 表 A.3 中瓜亚基尔(Guayaquil)6 月资料三维旋转图演化的 4 张快照，其中 5 个厄尔尼诺年作为圆环被显示。温度轴垂直于并且伸出子图(a)中的页面，而随后的 3 张子图显示，随着温度轴以向左下方旋转，进入书页的平面中，显示正在变化的透视图。

3.6.4　相关矩阵

对同时显示多于两批匹配的资料之间的相关来说，相关矩阵是一个非常有用的方法。例如，表 A.1 中的资料集包含 6 个变量的匹配资料。相关系数可以对这 6 个变量的 15 个不同对的每一对进行计算。通常，对 K 个变量来说，存在 $K(K-1)/2$ 个不同的对，而它们之间的相关系数可以对称地排列在一个方阵列中。阵列中的每一个记录 $r_{i,j}$ 通过下标 i 和 j 进行索引。例如，$r_{2,3}$ 表示序列中第 2 和第 3 个变量之间的相关。相关矩阵中的行和列被相应地进行编号，所以单个相关就像图 3.26 中显示的那样进行排列。

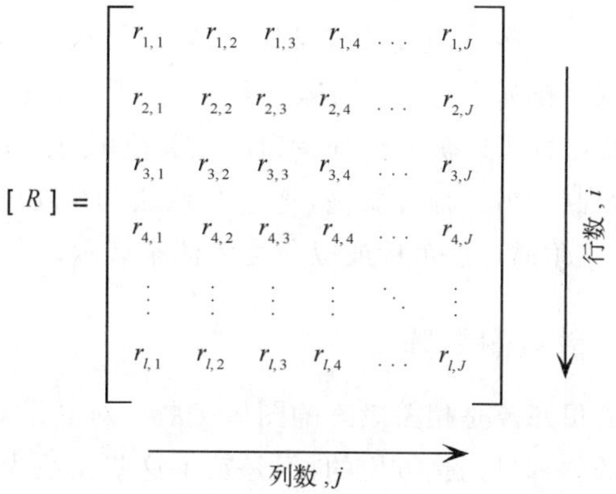

$$[R]=\begin{bmatrix} r_{1,1} & r_{1,2} & r_{1,3} & r_{1,4} & \cdots & r_{1,J} \\ r_{2,1} & r_{2,2} & r_{2,3} & r_{2,4} & \cdots & r_{2,J} \\ r_{3,1} & r_{3,2} & r_{3,3} & r_{3,4} & \cdots & r_{3,J} \\ r_{4,1} & r_{4,2} & r_{4,3} & r_{4,4} & \cdots & r_{4,J} \\ \vdots & \vdots & \vdots & \vdots & \ddots & \vdots \\ r_{I,1} & r_{I,2} & r_{I,3} & r_{I,4} & \cdots & r_{I,J} \end{bmatrix}$$

行数，i

列数，j

图 3.26　相关矩阵[R]的排列。所有可能的变量对之间的相关 $r_{i,j}$ 都做了排列，第一个下标 i 表示行号，第二个下标 j 表示列号。

相关矩阵，不是被设计为用作探索性资料分析的，而是作为线性代数框架中（见第 10 章）在数学上处理相关系数的速记符号。作为组织相关系数的探索性排列的一种形式，相关矩阵的某些部分是多余的，是简单不包含信息的。首先考虑矩阵从左上角到右下角的对角元素，即，$r_{1,1}, r_{2,2}, r_{3,3}, \cdots, r_{K,K}$，这些是每个变量与其自身的相关，总是等于 1。也需要认识到相关矩阵是对称的。即，变量 i 和 j 之间的相关系数 $r_{i,j}$，正好与相同变量对之间的相关系数 $r_{j,i}$ 是相同的数值，所以对角线 1 的上部和下部的相关值互为映像。因此，正如前面提到的，相关矩阵中 K^2 个条目中只有 $K(K-1)/2$ 个给出了不同的信息。

表 3.5 显示了表 A.1 中资料的相关矩阵。左边的矩阵包含皮尔逊积矩相关系数，而右边的矩阵包含 Spearman 秩相关系数。当为了显示而不是为了计算目的使用相关矩阵时，与通常的惯例一致，只显示每个矩阵的上和下三角中的一个。省略掉的是不提供信息的对角线元素和冗余的上三角的元素。该表中只给出了$(6\times5)/2=15$ 个不同的相关值。

表 3.5　表 A.1 中资料的相关矩阵。只显示了矩阵的下三角，省略了冗余信息和没有信息的对角线值。左边的矩阵包含皮尔逊积矩相关，而右边的矩阵为 Spearman 秩相关

	Ith. Ppt	Ith. Max	Ith. Min	Can. Ppt	Can. Max	Ith. Ppt	Ith. Max	Ith. Min	Can. Ppt	Can. Max
Ith. Max	−0.024					0.319				
Ith. Min	0.287	0.718				0.597	0.761			
Can. Ppt	0.965	0.018	0.267			0.750	0.281	0.546		
Can. Max	−0.039	0.957	0.762	−0.015		0.267	0.944	0.749	0.187	
Can. Min	0.218	0.761	0.924	0.188	0.810	0.514	0.790	0.916	0.352	0.776

注：Ith. 为伊萨卡；Can. 为卡南戴挂；Max 为最高温度；Min 为最低温度；Ppt 为降水量。

通过研究和比较两个相关矩阵,可以识别出资料中的潜在重要特征。首先,只包括温度变量的 6 个相关系数在两个矩阵中有大小相当的值。最强的 Spearman 相关也是两个相同位置温度变量之间的。在相同位置最高和最低温度之间的相关是中等大的,但是更弱。包括降水变量的一个或两个的相关,在两个相关矩阵之间有很大的不同。对两个位置的每一个来说,只存在几个很大的降水量,而这些大值是由于皮尔逊相关系数的计算差异,正如前面解释的。在相关矩阵之间比较的基础上,即使不知道资料类型,或已经看到了个别数字,我们因此也可能猜想出降水资料包含一些离群点。秩相关可能更好地反映了包括降水变量的一个或两个资料对的相关程度。对降水资料进行一个减少偏度的合适的单调变换,在 Spearman 秩相关矩阵中可能不产生变化,但预计可以改进皮尔逊和 Spearman 相关之间的一致性。

当变量很多时,通过计算相关系数进行成对的比较,工作量很大,这种情况中,作为 EDA 方法的数字排列不是特别有效。然而,为了更直接地获得相关模态的一个视觉认识,不同的颜色或阴影级别可以被分配到特定的相关范围,然后在它们基于的数字相关的同样的二维排列中进行绘制。另一种可能是,把这个想法与传统的相关矩阵结合,显示对角线下的数字相关值,而上三角通过加色标或以灰度浓淡来表示。

3.6.5 散点图矩阵

散点图矩阵是相关矩阵的图形扩展。对变量对之间关系的快速比较来说,相关矩阵中相关系数的物理排列是方便的,但是精炼这些关系为一个数字,比如相关系数,不可避免地隐藏了重要细节。散点图矩阵,是根据控制相关矩阵中单个相关系数排列的相同逻辑,所做的单个散点图排列。

图 3.27 是表 A.1 中 1987 年 1 月资料的散点图矩阵,散点图以与表 3.5 中相关矩阵相同的式样排列。最初,散点图矩阵的复杂性可能是令人困惑的,但是关于资料联合行为的大量信息被非常简洁地显示。例如,从图 3.27 中,降水行和列的扫描很快一目了然,得到的是如下事实:在这两个地方的每一个地方只存在几个大降水。沿着伊萨卡(Ithaca)降水的列垂直看,或沿着卡南戴挂(Canandaigua)降水的行水平看,眼睛被吸引到看来好像排列起来的最大的几个资料值。大部分降水点对应到小量,因此靠近另一个轴。关注卡南戴挂(Canandaigua)对伊萨卡(Ithaca)降水量的图,显然这两个地方在该月同时遭受了大降水。与同一个地方最高温度和最低温度的关系类似,这两个地方最高温度和最高温度或最低温度和最低温度之间更密切的关系也能被清晰地看到。

图 3.27 中已经绘制了散点图矩阵,没有画对应于在相关矩阵中变量与它自身的相关为 1 的位置处对角线上的元素。任何变量与其自身的散点图同样都是无价值的,只显示 45°角的直线点集。然而,可以用散点图矩阵中的对角线位置描绘对应于那个矩阵位置变量有用的单变量信息。一种简单方法是,在对角线位置绘每一个变量的示意图。另一种潜在有用的方式为,每个 *Q-Q* 图(第 4.5.2 节),在该种图上,把资料显示为一个参考分布,例如,与钟形高斯分布做比较。有时,对角线位置仅仅用来包含各自变量的标签。

如果使用在相关图中,允许资料点使用刷光(brushing)构建,散点图矩阵甚至可以变得更有启示作用。当 brushing 时,分析者可以挑选一个点或一幅图中的点集,然后相同资料中相应的点被同样显示,或者另外在所有的其他图中被可视地区分。例如,当准备图 3.15 时,发生在有可观测降水日的伊萨卡(Ithaca)温度的区别,通过 brushing 包括伊萨卡(Ithaca)降水值的

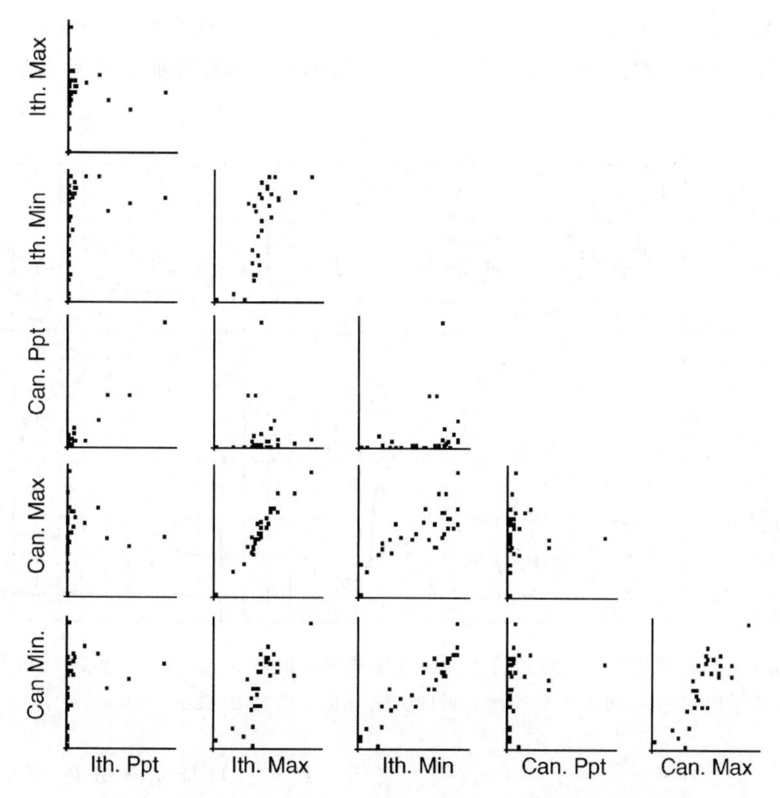

图 3.27　附录 A 的表 A.1 中 1987 年 1 月资料的散点图矩阵

Ith. 为伊萨卡；Can. 为卡南戴挂；Max 为最高温度；Min 为最低温度；Ppt 为降水量

另一幅图(图 3.15 中那幅图没有被复制)得到。这样，图 3.15 中的实心圆组成了以非零降水为条件的温度散点图。在运动中保持鼠标的 brushing 动作，brushing 有时也能揭示出资料中令人惊讶的关系。在其他同时可视的图中，brushed 点可以得到"电影(movie)"，这个附加的维度被用来区分资料中的关系。

3.6.6　相关图

只要表示的变量数目(在表 3.5 的例子中为 6 个)保持适当地小，表 3.5 中显示的那样的相关矩阵是可理解的并且是能够提供信息的。当变量的数目变得很大时，搞清单个值的意义，或者在一个页面上放置它们的相关矩阵，都是很困难的。高效地显示相关或散点图矩阵中非常多的大气资料的一个常见想法，是来自大量位置的资料必须同时显示。在这种情况下，位置的地理排列可以用来组织图形中的相关信息。

例如，要考虑总结全球大约 200 个测站地面气压之间的相关性。对于大气科学来说，这只是中等大的资料集。然而，这么多批次的气压资料，可以得到(200×199)/2=19900 个不同的站点对和同样多的相关系数。在这种情形下，已经被成功使用的一种技术是一连串的单点相关图。

图 3.28 取自 Bjerknes(1969)文献，是年地面气压资料的单点相关图。在这张图上，显示的是大约 200 个台站气压资料与印度尼西亚雅加达气压资料之间皮尔逊相关的等值线。雅加达是这个单点相关图中的"基点"。本质上，绘制等值线的量包含在全部大约 19 900 个相关值中，在这个非常大的相关矩阵中对应于雅加达的行(或列)中的值。按照单点相关图那个巨大

的相关矩阵的完整表示，可能需要和台站数目一样多的图，在这个例子中大约为 200 个。然而，并不是所有的图都与图 3.28 一样有意义，尽管附近台站（例如澳大利亚达尔文站）的图可能看起来非常相似。

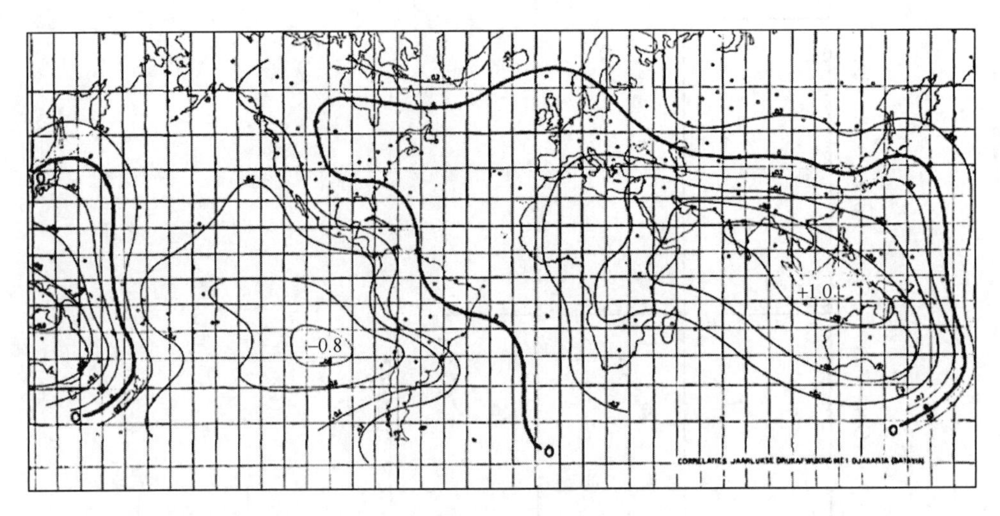

图 3.28　印度尼西亚的雅加达与全球台站年地面气压的单点相关图。在复活节岛（Easter Island）－0.8 的强负相关反映了厄尔尼诺-南方涛动线性关系的大气分量。引自 Bjerknes(1969)。

显然，雅加达位于图上＋1.0 的下面，因为气压资料与其自身完全相关，雅加达附近位置的气压相关很高，稍微远的位置逐渐下降到 0，这并不令人感到惊讶。这个模态，是图 3.20 中显示的（时间）自相关函数的空间模态。图 3.28 中令人惊讶的特征为，中心在复活节岛上的热带东太平洋中的区域，因为这个区域与雅加达的气压存在强的负相关。这个负相关意味着，当雅加达（包括附近位置，比如达尔文）的平均气压高时，东太平洋的气压则低，并且反之亦然。这个相关模态，是例 3.5 中勾画的厄尔尼诺-南方涛动（ENSO）现象在地面气压中的一种表现，是被称为遥相关模态的一个例子。在 ENSO 暖位相中，热带东太平洋对流的中心向东移动，在复活节岛附近产生了比平均气压低的气压，而在雅加达产生了比平均气压高的气压。当冷位相期间降水向西移动时，雅加达的气压低，而复活节岛的气压高。

不是所有的地理分布的相关资料，能够表现为像图 3.28 中显示的那样的遥相关模态。然而，很多大尺度场，特别是气压（或位势高度）场，都会显示一个或多个遥相关模态。被用来同时显示巨大的潜在相关矩阵的方法是遥相关图。为了构建一个遥相关图，相关矩阵中每个站或网格点的行（或列）寻找最大负值。位置 i 处的遥相关值 T_i 是那个最大负相关的绝对值，

$$T_i = \left| \min_j (r_{i,j}) \right| \tag{3.36}$$

这里 j（$[R]$的列指数）的最小值意味着$[R]$的第 i 行中的全部相关系数 $r_{i,j}$ 被寻找到的最小（最大的负）值。例如，图 3.28 中与雅加达的气压有最大负相关的是复活节岛，为－0.80。雅加达地面气压的遥相关因此为 0.80，这个值被绘制在雅加达位置的遥相关图上。为了构建地面气压的全部遥相关图，相关矩阵的其他大约 199 行，每一个对应于不同的站，被诊断出最大的负相关（或者，如果没有负值，就找最小的正值），其绝对值被绘制在图上那个站的位置处。

引自 Wallace 和 Blackmon(1983) 文献的图 3.29 显示了北半球 500 hPa 高度的遥相关

图。阴影的密度表示单个网格点遥相关值的量级。遥相关局地最大值的位置通过相关系数×100 的数字表示。图 3.29 中的箭头从遥相关中心（即 T_i 中的局地最大值），指向每个最大的负相关显示的位置。没有阴影的区域，表示遥相关相对低的网格点。这些无阴影区域中位置的单点相关图，可能倾向于显示随距离的增加逐渐下降为 0，类似于图 3.20 中的时间相关，但是没有进一步下降到负值。

人们已经认识到，大气中存在相当多的这些遥相关模态，图 3.29 中的很多双头箭头表示这些相关组的模态。印象特别深刻的是，从中太平洋到每个东南部成弧形的 4 个中心的模态，被称为太平洋-北美型，或 PNA 模态。然而，请注意，这里出现的这些模态，是来自大量大气资料统计的探索性分析。这类工作，实际上来源于 20 世纪早期（参见 Brown and Katz，1991），是大气科学中在非常巨大的资料集中找到的令人关注的模态，是探索性资料分析的一个很好的例子。

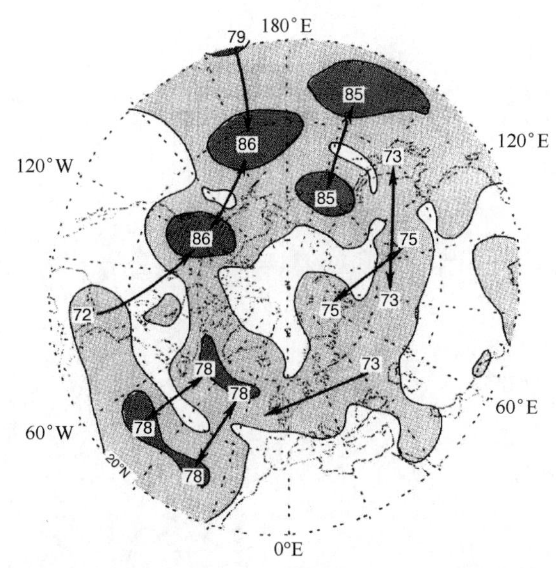

图 3.29　在基网格点绘制的来自冬季 500 hPa 高度的很多单点相关图的每一个的最强负相关的遥相关值或绝对值。引自 Wallace 和 Blackmon(1983)。

3.7　习题

3.1　比较表 A.3 中降水资料的中位数（median）、剔除极端数据的样本均值（trimean）和平均值（mean）。

3.2　计算表 A.3 中气压资料的 MAD、IQR 和标准差。

3.3　画出表 A.3 中温度资料的茎叶显示图。

3.4　用表 A.3 中的温度资料计算 Yule-Kendall 指数和偏度系数。

3.5　画出表 A.3 中气压资料的经验累积频率分布，并把它与相同资料的柱状图进行比较。

3.6　比较表 A.3 中降水资料的箱线图（boxplot）和示意图（schematic plot）。

3.7　使用 Hinkley 的 d_λ，得到适合表 A.2 中降水资料的幂变换，使用式（3.19a）而不使用式（3.19b），就像例 3.4 中所做的那样。式（3.20）的分母中使用 IQR。

3.8　并排地构建习题 3.7 中得到的候选和最终变换分布的示意图。把这个结果与图 3.13 做比较。

3.9　把表 A.3 中 1951 年 6 月的温度表示为标准化距平。

3.10　对表 A.1 中伊萨卡(Ithaca)的最低温度绘制自相关函数,一直到滞后 3。

3.11　构建表 A.3 中温度和气压资料的散点图。

3.12　使用下面的相关构建表 A.3 中资料的相关矩阵:

a. 皮尔逊(Pearson)相关;

b. Spearman 秩相关。

3.13　画出并比较表 A.3 中 1965—1969 年每一年资料的星形图。

第 4 章　参数概率分布

4.1　背景

4.1.1　参数与经验分布

在第 3 章中，给出了探索和显示资料集中资料变化的诊断方法。这些方法的核心，是如何经验地表达具体的资料集在其取值范围内的分布。本章给出一种称为参数分布的资料归纳方法，该方法包括采用带参数的数学公式，来表示资料中的变率。这些数学形式是真实资料的理想化模型，所以是在理论上构建模型。

需要花一些时间理解我们为什么要把真实资料拟合到一个抽象模型。因为参数分布是抽象概念，所以这个问题很值得考虑。它们只能近似地表示真实资料，尽管在很多例子中近似是非常好的。采用参数概率分布主要有三方面的原因。

(1)简洁性。特别是当处理很大的资料集时，重复地处理原始资料可能是令人厌烦的，或者是受限制的。一个完美拟合的参数分布，可以把描述资料性质必需的特征量的数目，从全部 n 阶统计量($x_{(1)}, x_{(2)}, x_{(3)}, \cdots, x_{(n)}$)减少到几个分布参数。

(2)平滑和插值。真实资料存在抽样变化，这导致其经验分布中存在中断或粗糙点。例如，在图 3.1 和 3.10a 中 10 ℉和 16 ℉之间不存在最高温度观测值，尽管毫无疑问，伊萨卡(Ithaca)1 月期间这个范围内的最高温度可能发生并且确实发生了。建立在这些资料上的参数分布，可以表示这些温度发生的可能性，也能够估计其发生的概率。

(3)外推。估计特定资料集范围以外事件的概率，需要假定目前尚未观测到的行为。再次查阅与最冷温度有关的经验累积概率图 3.10a，用 Tukey 定位法，9 ℉估计为 0.0213。与这个同样冷或更冷的最高温度概率可以估计为 0.0213，但是由于没有建立像参数分布这样的概率模型，关于 1 月最高温度比 5 ℉或 0 ℉更冷的概率，无法定量地得到。

经验的和参数的资料分布，在表示上是有区别的，但是应该强调的是参数概率分布的使用不独立于经验分布。特别是，开始用参数函数表示资料前，我们必须在候选的分布形式之间做出选择，拟合所选择的分布形式的参数，并且检验得到的函数，能够确实给出一个合理的拟合。所有这三步都要求使用真实资料。

4.1.2　什么是参数分布

参数分布是一种抽象的数学形式或特征化的形态。作为某种资料生成过程的结果，这些数学形式的出现是很自然的，并且对简洁地表示资料集中的变量来说，可以应用的这些分布形式是特别正确的选择。即使在做具体参数分布的选择时，理由并不很充分的时候，也可能在经验上发现，这个分布能够很好地表示资料集。

参数分布的特有性质由分布参数的特定值确定。例如，高斯(或“正态”)分布，作为其特征形状，有人们熟悉的对称钟形。然而，只断言特定的一批资料，比方说，9 月的平均温度，这个资料的性质由高斯分布可以表示得很好，但没有指定用哪个高斯分布表示这个资料最好，因此这不是很有价值的。相应于两个分布参数 μ 和 σ 的所有可能值，存在高斯分布的无穷多个特定的例子。但是需要知道，例如，由 $\mu=60$℉和 $\sigma=2.5$℉的高斯分布，可以很好地表示 9 月份的月温度，这就表达了 9 月份温度的变率类型和变化量级的大量信息。

4.1.3 参数与统计量

分布参数和样本统计量之间，有存在混淆的可能。分布参数是特定参数分布的抽象特征，它简洁地代表了潜在总体的性质。相比之下，统计量是由资料样本计算的量。通常，样本统计量的符号，使用罗马(Roman)(即普通的)字母，而参数通常用希腊(Greek)字母写出。

参数和统计量之间容易出现混淆，是因为对一些普通的参数分布来说，某些样本统计量是分布参数很好的估计。例如，样本标准差 s(式(3.6))是一个统计量，可能与高斯分布的参数 σ 混淆。因为，当寻找最优地匹配资料样本的一个特定高斯分布时，这两个量经常是相等的。使用样本统计量，可以找到(拟合)分布参数。然而，拟合过程不总是像对高斯分布的拟合一样简单，对高斯分布来说，样本平均值等于参数 μ，样本标准差等于参数 σ。

4.1.4 离散与连续分布

存在两种截然不同类型的参数分布，对应于不同类型的资料或随机变量。离散分布描述只能取特定值的随机量(即感兴趣的资料)。也就是说，容许值(allowable values)是有限的，或者至少是可数无限。例如，一个离散随机变量只能取 0 或 1 值；或任意的非负整数值；或红、黄、蓝颜色的一种。一个连续随机变量，一般可以取特定实数范围内的任意值。例如，一个连续随机变量可以在 0 和 1 之间，或非负实数上，或者对某些分布来说在整个实轴上进行定义。

严格来说，使用连续分布来表示观测资料，意味着潜在的观测已经知道是任意大量的有效数字。在概念上连续但离散观测的那些变量，表示为连续变量是方便的，并且基本精确。温度和降水，是包括在实数轴某部分的两个明显例子，但是在美国，这两个量通常被报告记录到 1℉和 0.01 in 的离散的倍数。当把这些离散观测资料处理为来自连续分布的样本时，丢失的信息很少。

4.2 离散分布

大量的参数分布适用于离散随机变量。在 Johnson 等(1992)的百科全书似的书中，列出了其中的很多分布，一起列出的还有关于其性质的描述。这里只给出这些分布中的 4 种：二项分布、几何分布、负二项分布、泊松分布。

4.2.1 二项分布

二项分布，是一种最简单的参数分布，因此在教科书中经常被用来举例说明更通用的参数分布的用途和性质。这个分布适合于某些情形，这些情形出现在两个 MECE 事件的一个或另一个将发生的场合(有时被称为“试验(trials)”)。传统上这两个事件被称为“成功(success)”

和“失败(failure)”,但这种称呼是主观的。更普遍的,事件中的一个(比方说成功的)被赋值数字 1,另一个(失败的)被赋值数字 0。

关注的随机变量 X,是在某些试验中事件发生的次数(由 1 和 0 的和给出)。试验的数量 N 可以是任意正整数,变量 X 可以取从 0(如果关注的事件在 N 次试验中根本不发生)到 N(如果在每个场合事件都发生)的任意非负整数值。如果满足下面的两个条件:(1)事件发生的概率不随试验改变(即发生概率是平稳的);(2)N 个试验的每个结果是相互独立的。那么二项分布可以用来计算 X 的 $N+1$ 个可能值中的每一个的概率,这些条件很少能严格地满足,但真实情况非常接近二项分布可以提供精确表示的这个理想条件。

第一个条件的一个含义,为稳定发生概率,是其概率显示了规则循环的事件,必须谨慎处理。例如,关注的事件为在某个地方雷暴或危险闪电的发生,在这个地方事件的概率存在日或年变化。像这些例子中,近似为常数发生概率的子周期(例如小时或月)通常被分离开进行分析。

二项分布应用的第二个必要条件,涉及事件的独立性,对大气资料来说常常是更棘手的问题。例如,二项分布不可能直接应用到日降水的发生或不发生。正如例 2.2 展示的那样,这样的事件之间经常存在日之间的关联性。对于与这个类似的情形,二项分布可以被推广到第 9.2 节中讨论的马尔科夫链的理论随机过程。另外,大气中的年际间的统计依赖性通常非常弱,以至于在连续的年周期中,事件的发生或不发生可以认为实际上是独立的(如果它们不独立的话,12 个月的气候预报可能容易得多!)。后面将给出一个这种类型的例子。

通常二项分布开始的举例说明都涉及掷硬币。如果硬币是均匀的,正面或反面的概率都是 0.5,并且不随掷硬币场合(或硬币)的变化而改变。如果 $N>1$ 个硬币同时或顺次抛掷,一个硬币的结果不影响其他结果。这样掷硬币的情况满足二项分布条件的所有要求:有不变概率的二分类独立事件。

考虑一个游戏,同时投掷 $N=3$ 个均匀的硬币,我们感兴趣的是结果为正面的数量 X。X 的可能值是 0,1,2,3。对 X 来说,这四个值是样本空间的 MECE 分类,因此其概率的和必定为 1。在这个简单的例子中,根据二项分布可以得到这四个事件的概率分别为 1/8,3/8,3/8,1/8。

在一般的例子中,对 X 的 $N+1$ 个值的每个的概率由下面的二项分布的概率分布函数给出,

$$\Pr\{X = x\} = \binom{N}{x} p^x (1-p)^{N-x}, \quad x = 0,1,\cdots,N \tag{4.1}$$

与式(3.17)中的用法一致,式中:大写字母 X 表示随机变量,其精确值是未知的,或还有待观测的;小写字母 x 表示随机变量可以取的明确的特定值;二项分布有两个参数——N 和 p,参数 p 是 N 个独立试验中任意一个感兴趣的(成功)事件发生的概率。对给定的一对参数 N 和 p,式(4.1)是与每个离散值 $x=0,1,2,\cdots,N$ 相关联的概率的函数,比如 $\sum_x \Pr\{X=x\}=1$。也就是说,概率分布函数表示出在样本空间上所有事件分配的概率。注意二项分布的两个参数传统上由罗马字母表示,这是与众不同的。

式(4.1)的右端由两部分组成:组合部分和概率部分。组合部分指定了从 N 个试验集合中实现 x 个成功结果的不同方式的数量。它读为“N 选 x”,用下式计算

$$\binom{N}{x} = \frac{N!}{x!(N-x)!} \tag{4.2}$$

按照约定，0！＝1。例如，当抛 $N=3$ 个硬币，$x=3$ 个正面只存在一种方式。所有的三个硬币必须全都出现正面。用式(4.2)，“三选三”由 3！/(3！0！)＝(1×2×3)/(1×2×3×1)＝1 给出。在 $x=1$ 中可以有三种方式：第一个或第二个或第三个硬币出现正面，剩余的两个硬币出现反面；或者使用式(4.2)我们得到 3！/(1！2！)＝(1×2×3)/(1×1×2)＝3。

式(4.1)的概率部分对独立事件服从乘法定律(式(2.12))。一个特定序列，正好有 x 个独立事件发生，$N-x$ 个不发生的概率，简单地为 p 乘以它自己 x 次，$1-p$(不发生的概率)乘以 $N-x$ 次。对每个 x，这些特定序列正好有 x 个事件发生，$N-x$ 个事件不发生的数量由组合部分给出，所以由式(4.1)中组合和概率部分的乘积，得到了 x 个事件发生的概率，而不管其在 N 个试验序列中的位置。

例 4.1　二项分布与 Cayuga 湖的冻结 Ⅰ

考虑表 4.1 中的资料，其中列出了纽约州中部的 Cayuga 湖观测到冻结的年份。Cayuga 湖是相当深的，只有在长期异常冷和多云的天气条件下才冻结。在任意给定的冬季，湖面或者冻结，或者不冻结。在一个给定的冬季，湖是否一定冻结的事件是独立的，而不依赖于在最近的年份中是否冻结。在过去的 200 年中，除非在这个地区存在可以感知的气候变化，在表 4.1 中的资料时期，已知的一年湖冻结的概率实际上是常数。随着地球越来越暖，这个假定越来越值得怀疑，但是，如果我们能假定每年的冻结概率 p 是接近平稳的，我们预计二项分布能够很好地给出这个湖冻结现象的统计描述。

为了使用二项分布表示湖冻结资料的统计性质，我们需要用二项分布拟合这个资料。在这个例子中，拟合分布只是意味着找到分布参数 p 和 N 的特定值，使得式(4.1)描述的过程非常类似于表 4.1 中的资料。某种程度上，二项分布是唯一的，因为参数 N 依赖于我们想要研究的问题，而不是资料本身。如果我们想计算下一年冬季或者将来任意一年的冬季湖冻结的概率，则 $N=1$。如果我们想计算在将来的某个 10 年中最终湖冻结的概率，则 $N=10$。

在这个应用中，二项分布参数 p，是在任意给定年中湖冻结的概率。用资料中冻结事件的相对频率来估计这个概率是很自然的。在这里，除了不能精确地知道气候记录是从什么时间开始这个小的不利因素之外，这是一个简单的工作。记录显然不晚于 1796 年开始，但很可能在 1796 年之前的某些年就已经开始了。假定表 4.1 中的资料代表了 230 年的记录。那么由 10 个观测的冻结事件导出二项分布的相对频率的估计为 10/230＝0.0435。

表 4.1　Cayuga 湖冻结的年份，就像 2010 年那样。

1796	1904
1816	1912
1856	1934
1875	1961
1884	1979

我们现在可以使用式(4.1)来估计与这个湖的冻结有关的多种事件的概率。最简单类型事件的工作，是处理在一个指定的年数 N 中，湖正好冻结的特定次数 x。例如，在 10 年中这个湖正好冻结 1 次的概率是

$$\Pr\{X=1\} = \binom{10}{1}(0.0435)^1(1-0.0435)^{10-1}$$

$$= \frac{10!}{1!9!}(0.0435)(0.9565)^9 = 0.292 \quad (4.3)$$

例 4.2　二项分布与 Cayuga 湖的冻结Ⅱ

处理一类稍微更难的事件，是由计算 10 年中湖至少冻结一次的概率问题作为例子。根据式(4.3)，显然这个概率不小于 0.292，因为复合事件的概率由概率的加和 $\Pr\{X=1\}+\Pr\{X=2\}+\cdots+\Pr\{X=10\}$ 给出。这个结果从式(2.5)，与这些事件是互斥事件的事实(在同一个 10 年湖不能既冻结一次又冻结两次)得到。

这个问题的麻烦之处，是计算加和中全部的 10 个概率，然后把它们加起来。其中使用的方法是相当冗长乏味的。然而，通过对这个问题进行更多的思考，可以节省相当多的计算量。这里考虑 11 个 MECE 事件组成的样本空间：在 10 年中湖正好冻结 0,1,2,…,或 10 次。因为这 11 个事件的概率加和必须为 1，用下式处理是更容易的：

$$\Pr\{X \geqslant 1\} = 1 - \Pr\{X=0\} = 1 - \frac{10!}{0!10!}(0.0435)^0(0.9565)^{10} = 0.359 \quad (4.4)$$

值得注意的是，通过对事件进行适当的重新定义，二项分布可以被应用到本质上不是二元的情况。例如，温度本质上不是二元的，甚至不是离散的。然而，对某些应用来说，考虑霜冻的概率，即 $\Pr\{T \leqslant 32\ ^\circ\mathrm{F}\}$ 是重要的，与其互补事件 $\Pr\{T > 32\ ^\circ\mathrm{F}\}$ 的概率一起，变成了一个二分类事件，因此可以使用二项分布表示。

4.2.2　几何分布

几何分布与二项分布有关，描述了相同资料生成情形的不同方面。两个分布都适合于独立试验的集合，在这些试验中，一对二分类事件的一个或另一个发生。在“成功”发生的概率 p，不依赖于前面试验结果的意义上，试验是独立的，而 p 在序列的过程中不改变(例如年循环的结果)的意义上，序列是平稳的。对几何分布来说，在一个序列中试验的集合必须要发生。

二项分布，适合计算在成功的特定数目下，将在一个固定的试验数目中实现的概率。几何分布详细说明了必须观测到下一次成功的试验数目的概率。对几何分布来说，这个试验数目是随机变量 X，相应于其可能值的概率由几何分布的概率分布函数给出，

$$\Pr\{X=x\} = p(1-p)^{x-1}, \quad x = 1,2,\cdots \quad (4.5)$$

式中：X 取任意正整数值，为了观测到一次成功至少需要一次试验，可能(尽管可能性等于零)的情况是，为了这个结果我们将必须遥遥无期地等待。式(4.5)可以看作独立事件概率乘法定律的应用，因为它由观测的 $x-1$ 次连续失败的概率乘以成功的概率得到。图 4.1a 中标注为 $k=1$ 的函数展示了 Cayuga 湖冻结出现的概率使用几何概率分布来计算的一个例子，其中 $p=0.0435$。

通常，几何分布被应用到随时间连续发生的试验，所以有时被称为等待分布。这个分布已经被用来描述天气出现或持续期的长度。几何分布的一个应用是描述干旱时间周期(期间我们正在等待一个湿事件)和湿周期(期间我们正在等待一个干事件)的序列，这时事件的时间依赖性遵循一阶马尔科夫过程(Waymire and Gupta，1981；Wilks，1999a)，将在第 9.2 节中讲述。

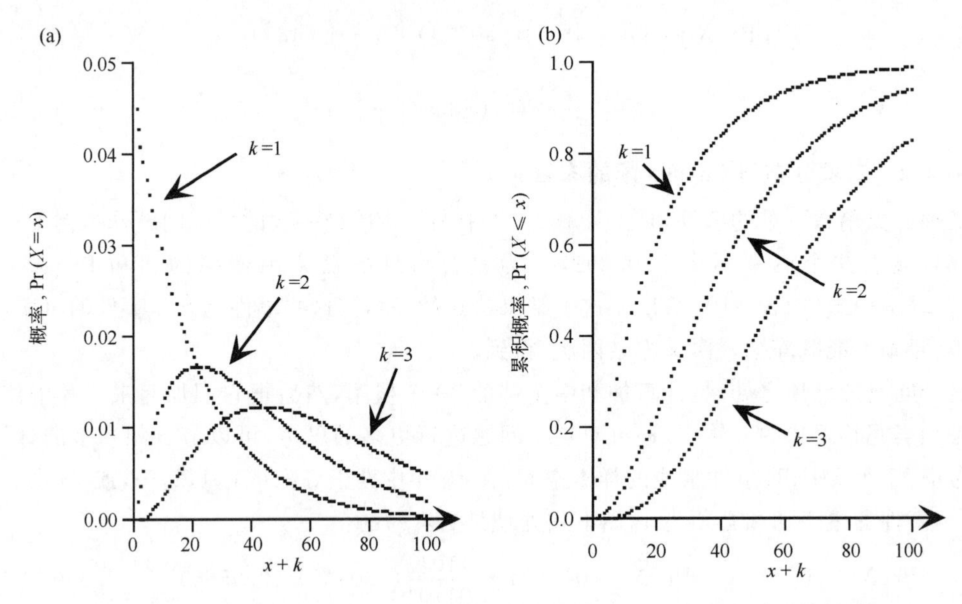

图 4.1 使用负二项分布式(4.6),Cayuga 湖冻结 k 次等待 $x+k$ 年的概率分布函数(a)和累积概率分布函数(b)。

4.2.3 负二项分布

负二项分布与几何分布密切相关,尽管这个相关没有通过其名字表现出来,负二项分布的名字来自于与二项分布类似的推导。对随机变量 x 的非负整数值来说,负二项分布的概率分布函数定义如下:

$$\Pr\{X = x\} = \frac{\Gamma(k+x)}{x!\,\Gamma(k)} p^k (1-p)^x, \quad x = 0,1,2,\cdots \tag{4.6}$$

这个分布有两个参数:$p(0<p<1)$和 $k(k>0)$。对整数值 k,负二项分布被称为帕斯卡分布(Pascal distribution),在概率 p 的独立伯努利试验序列中,它是第一次成功等待时间的几何分布的扩展。在这个例子中,负二项中的 X 属于在第 k 次成功前失败的次数,所以 $x+k$ 是观测到第 k 次成功需要的全部等待时间。

式(4.6)右端的符号 $\Gamma(k)$表示一个标准数学函数,被称为*伽马函数*,由下面的定积分定义

$$\Gamma(k) = \int_0^\infty t^{k-1} \mathrm{e}^{-t} \mathrm{d}t \tag{4.7}$$

通常,伽马函数值必须使用数值积分进行求值(如:Abramowitz and Stegun, 1984;Press *et al.*, 1986),或者使用列成表格的值(比如表 4.2)进行计算。它满足阶乘的递归关系,

$$\Gamma(k+1) = k\Gamma(k) \tag{4.8}$$

表 4.2 可以无限地扩展。例如,$\Gamma(3.50)=(2.50)\Gamma(2.50)=(2.50)(1.50)\Gamma(1.50)=(2.50)(1.50)(0.8862)=3.323$。同样,$\Gamma(4.50)=(3.50)\Gamma(3.50)=(3.50)(3.323)=11.631$。伽马函数也被称为*阶乘函数*(factorial function),当其自变量为整数(例如式(4.6)中当 k 是整数时)时,是特别清楚的,即 $\Gamma(k+1)=k!$。

根据伽马函数的这个理解,在成功概率为 p 的独立伯努利试验序列中,关于作为 k 次成功等待的分布中整数 k 的负二项分布,与作为首次成功等待分布的几何分布之间的联系是明显

的。因为式(4.6)中的 X 是观测到第 k 次成功前失败的次数,得到 k 次成功试验的总数将是 $x+k$,所以对 $k=1$,式(4.5)和式(4.6)适合相同的情形。式(4.6)右端第一个因子中,分子是 $\Gamma(x+1)=x!$,约分掉分母中的 $x!$。得到 $\Gamma(1)=1$(见表 4.2),除了式(4.6)适合 $k=1$ 的其他试验外,式(4.6)退化为式(4.5),因为它也包括第 $k=1$ 次成功。

表 4.2 伽马函数的值,$1.00 \leqslant k \leqslant 1.99$ 的 $\Gamma(k)$(式(4.7))。

k	0.00	0.01	0.02	0.03	0.04	0.05	0.06	0.07	0.08	0.09
1.0	1.0000	0.9943	0.9888	0.9835	0.9784	0.9735	0.9687	0.9642	0.9597	0.9555
1.1	0.9514	0.9474	0.9436	0.9399	0.9362	0.9330	0.9298	0.9267	0.9237	0.9209
1.2	0.9182	0.9156	0.9131	0.9108	0.9085	0.9064	0.9044	0.9025	0.9007	0.8990
1.3	0.8975	0.8960	0.8946	0.8934	0.8922	0.8912	0.8902	0.8893	0.8885	0.8879
1.4	0.8873	0.8868	0.8864	0.8860	0.8858	0.8857	0.8856	0.8856	0.8857	0.8859
1.5	0.8862	0.8866	0.8870	0.8876	0.8882	0.8889	0.8896	0.8905	0.8914	0.8924
1.6	0.8935	0.8947	0.8959	0.8972	0.8986	0.9001	0.9017	0.9033	0.9050	0.9068
1.7	0.9086	0.9106	0.9126	0.9147	0.9168	0.9191	0.9214	0.9238	0.9262	0.9288
1.8	0.9314	0.9341	0.9368	0.9397	0.9426	0.9456	0.9487	0.9518	0.9551	0.9584
1.9	0.9618	0.9652	0.9688	0.9724	0.9761	0.9799	0.9837	0.9877	0.9917	0.9958

例 4.3 负二项分布与 Cayuga 湖的冻结Ⅲ

再次假定 Cayuga 湖的冻结,可以由 $p=0.0435$ 的年伯努利序列在统计上很好地表示,这样可以得出观测到湖冻结的 k 个冬季的年数的概率分布吗?正如前面谈到的,这些概率将是属于式(4.6)中 X 的计算。

图 4.1a 展示了这些负二项分布中 $k=1$,2 和 3 的三个概率分布,为了显示等待次数 $x+k$ 的分布往右移动 k 年,即图 4.1a 的三个函数中最左边的点都对应于式(4.6)中的 $X=0$。对 $k=1$ 来说,概率分布函数与几何分布(式(4.5))相同,而在图 4.1a 中,显示下一年中冻结的概率,只是 $p=0.0435$ 的伯努利试验。第 $x+1$ 年的下一次冻结事件概率,以一个足够快的速率平稳地减少,以至于一个世纪以前,第一次冻结的概率是相当小的。对湖冻结来说,下一年以前冻结 $k=2$ 次是不可能的,所以图 4.1a 中对 $k=2$ 绘制的第一次发生的概率,在 $x+k=2$ 年,这个概率是 $p^2=0.0435^2=0.0019$。在再次下降之前,这些概率上升到最可能两次冻结的等待时间 $x+2=23$ 年,尽管仍然存在一个不可忽略的概率,即该湖在一个世纪内,将不会冻结两次。当等待 $k=3$ 次冻结的时候,等待时间的概率分布变得更平坦,并且进一步平稳地移动到将来。

观察等待时间的这些分布,一种可选的方式是通过其累积概率分布函数,

$$\Pr\{X \leqslant x\} = \sum_{t=0}^{x} \Pr\{X = t\} \tag{4.9}$$

它绘制在了图 4.1b 中。这里关注的等待次数 t 小于或等于次数 x 的全部概率的加和,类似于经验分布累积分布函数的式(3.17)。对 $k=1$ 来说,累积分布函数最初快速上升,表明在下面的几个十年里,第一次冻结发生的概率是相当高的,下一个世纪中湖将冻结几乎是确定的(假定每年的冻结概率 p 是平稳的,例如作为气候变化的结果,它不随时间下降)。对等待时间

$k=2$ 次和 $k=3$ 次冻结来说，这些函数上升得更加缓慢。表明在下一个世纪里，湖将至少冻结两次的概率大约为 0.93，湖将冻结至少三次的概率接近 0.82，计算过程中再次假定气候是平稳的。

负二项分布的使用，不局限于参数 k 取整数值，当 k 允许取任意正值的时候，对灵活地描述资料计数来说，这个分布是适合的。例如，负二项分布已经用来(以稍微修改的形式)表示连续湿日和干日的分布(Wilks，1999a)，用一种比式(4.5)更灵活的方式表示登陆大西洋的飓风数目(Hall and Jewson，2008)。因为不等于 1 的 k 值产生了不同的分布形状，如图 4.1a 中那样。通常，合适的参数值必须由分布将要拟合的资料确定。即，参数 p 和 k 的特定值必须确定为允许式(4.6)尽可能地代表的资料的经验分布。

找到拟合分布的合适参数值，最简单的方法是矩法。为了使用矩法(method of moments)，数学上，我们把样本矩看作为等于分布(或总体)矩。因为存在两个参数，所以必须使用两个分布矩定义它们。第一个矩是平均值，第二个矩是方差。根据分布参数，负二项分布的平均值是 $\mu=k(1-p)/p$，方差是 $\sigma^2=k(1-p)/p^2$。用矩法估计 p 和 k，包括简单地设置这些表示式等于相应的样本矩，以及对这两个参数同时解这两个方程。即，每个资料值 x 是一个整数，这些 x 的平均值和方差被计算并且代入下面的公式：

$$\hat{p}=\frac{\bar{x}}{s^2} \tag{4.10a}$$

和

$$\hat{k}=\frac{\bar{x}^2}{s^2-\bar{x}} \tag{4.10b}$$

4.2.4 泊松分布

泊松分布描述了一个数列或序列中离散事件发生的次数，所以适合于只能取非负整数值的资料。通常这个序列在时间上应用，例如，在一年中一个特定地方发生的风暴。可以应用泊松分布到在一个或更多的空间维度中事件发生的次数，比如沿特定的一段公路加油站的数量，或在一个小区域上冰雹发生的分布。

泊松事件是随机发生的，但以不变的平均速率发生。即，发生泊松事件的平均速率是平稳的，其发生不依赖于序列的非重叠部分，与别处其他事件是否发生无关，单个事件必须是独立的。已知事件发生的平均速率，在一个给定区间内，特定数量事件出现的概率只依赖于计数事件区间的大小。这样的事件发生序列，有时被说成由泊松过程生成。与二项分布的情况一样，在大气资料中严格地坚持这个条件常常难以使用，但是，如果不独立的程度不是太强，泊松分布还是能产生有用的拟合。理想地，泊松事件应该是十分罕见的，以至于同时发生多于一次的概率非常小。数学上，推导泊松分布的一种形式，是作为二项分布的极限情况，即随 p 趋于 0 并且 N 趋于无穷大的情况。

泊松分布有一个参数 μ，它指定了平均发生速率。泊松参数，有时被称为强度，并且含有每单位时间发生的物理维度。泊松分布的概率分布函数是：

$$\Pr\{X=x\}=\frac{\mu^x e^{-\mu}}{x!}, \quad x=0,1,2,\cdots \tag{4.11}$$

式(4.11)把从 0 到无穷多的所有可能的发生数 X 与概率联系了起来。这里 $e \approx 2.718$ 是自然对数的基底。因此,泊松事件的样本空间包含(可数的)无穷多的元素。显然对从 0 到无穷大的 x,式(4.11)的加和必须收敛并且等于 1。与很大的事件发生数目有关的概率是非常小的,因为式(4.11)中分母是 $x!$。

使用泊松分布,它必须被拟合到资料样本。再者,拟合分布意味着得到一个参数 μ 的特定值,使式(4.11)的描述与手头的资料尽可能一致。对泊松分布来说,估计参数 μ 的一种好方法是使用矩法。这样拟合泊松分布特别容易,因为其参数是每单位时间内发生的平均数,可以直接估计为每单位时间内发生的样本平均数。

例 4.4　泊松分布和每年的 U.S. 飓风登陆

对表示飓风统计量来说,泊松分布是一种自然的和经常使用的统计模型(如:Parisi and Lund, 2008)。考虑 1899—1998 年从 Texas 到 Maine 的美国海岸线上,每年登陆飓风数量有关的泊松分布,如同图 4.2 中的虚线柱状图。在这些资料覆盖的 100 年里,170 个飓风在美国海岸线登陆(Neumann *et al.*, 1999)。数量范围从 100 年中 16 个飓风登陆,到 2 年中(1916 和 1985 年)6 个飓风登陆。美国飓风登陆发生的平均速率为 170/100＝1.7 个/年,所以对这些资料来说,这个平均值是矩法估计。如果已经通过其参数值的估计拟合了分布,那么泊松分布可以用来计算每年在每个海岸线登陆的飓风出现数量的概率。前 8 个概率(对应于每年 0～7 个飓风登陆)以实线柱状图的形式画在图 4.2 中。

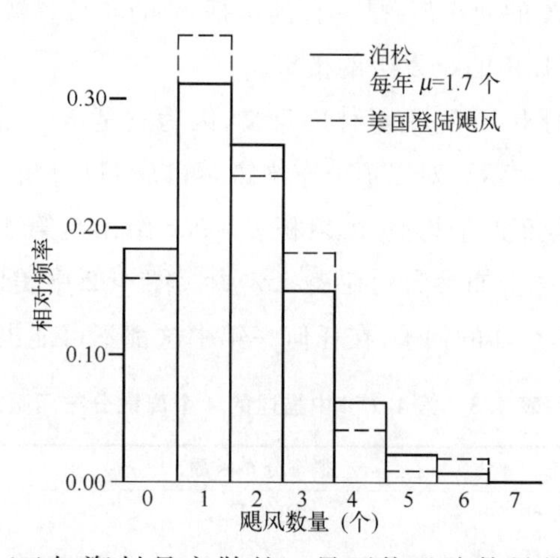

图 4.2　1899—1998 年美国登陆飓风数量的柱状图(虚线)和用 $\mu=1.7$ 个/年飓风的泊松分布拟合(实线)的柱状图。

泊松分布在可能的结果中平稳地分配概率(已知资料是离散的),最可能登陆数量的每年平均数在 1.7 个附近。由虚线柱状图表示的资料分布,类似于拟合的泊松分布,但是更不规则,特别是对更活跃的年份,至少部分地是由于抽样变化。例如,为什么每年 5 个飓风的可能性比 6 个的小,无法在物理上解释。拟合一个分布到这些资料中,平滑这些变化是一种合理方式,如果资料柱状图中的不规则变化不具有物理意义,这可能是合适的。类似地,使用泊松分布归纳资料允许对一年中登陆的数量进行概率的定量估计。即使在这 100 年的记录中没有任何一年有多于 6 个飓风登陆,甚至更活跃的年份在物理上也是可能的,而拟合的泊松分布允许对这样的事件估计出现的概率。例如,根据这个泊松模型,在一个给定的年份中 7 个飓风登陆发生的概率可以估计为 $\Pr\{X=7\}=1.7^{7}e^{-1.7}/7!\ =0.00149$。

4.3　统计期望

4.3.1　随机变量的期望值

随机变量或随机变量函数的期望值，简单地为该变量或函数的权重平均。这个权重平均被称为期望值，尽管事件“期望的”非正式意义上的，但我们并不期望这个结果必然发生。甚至出现的统计期望值是一个不可能发生的结果。统计期望紧密联系到概率分布，因为概率分布将对权重平均提供权数或权重函数。统计期望容易计算是选择使用参数分布而不是经验分布函数的一个强烈动机。

在离散概率背景下，比如二项分布的把期望值看作概率权重平均是最容易的。按照惯例，期望运算表示为 $E[\ ]$，所以离散随机变量的期望值是

$$E[X] = \sum_{x} x \Pr\{X = x\} \tag{4.12}$$

对期望运算来说，有时使用等价符号 $\langle X \rangle = E[X]$。式(4.12)中的加和，取 X 的所有允许值。例如，当 X 服从二项分布时其期望值为

$$E[X] = \sum_{x=0}^{N} x \binom{N}{x} p^{x} (1-p)^{N-x} \tag{4.13}$$

式中 X 的允许值，是一直到包括 N 的非负整数值，加和中的每一项由变量的特定值 x 乘以来自式(4.1)的 x 发生的概率。

期望 $E[X]$ 有具体的意义，因为它是 X 分布的平均值。分布(或总体)的平均值，一般使用符号 μ 表示。对二项分布来说，可以通过分析简化式(4.13)，结果是 $E[X]=Np$。这样任意二项分布的平均值，由乘积 $\mu=Np$ 给出。第 4.2 节中描述的全部四个离散概率分布的期望值，根据分布参数列在表 4.3 中。图 4.2 中美国飓风登陆资料给出了一个期望值为 $E[X]=1.7$ 个登陆的例子，在任何一年中这都不可能出现。

表 4.3　第 4.2 节中描述的 4 个离散分布函数的期望值(平均值)和方差，用其分布参数表示。

分布	概率分布函数	$\mu=E[X]$	$\sigma^2=\mathrm{Var}[X]$
二项分布	式(4.1)	Np	$Np(1-p)$
几何分布	式(4.5)	$1/p$	$(1-p)/p^2$
负二项分布	式(4.6)	$k(1-p)/p$	$k(1-p)/p^2$
泊松分布	式(4.11)	μ	μ

4.3.2　随机变量函数的期望值

计算随机变量函数的期望值，或概率权重平均值，表示为 $E[g(x)]$。因为求期望值是一个线性运算，随机变量函数的期望值有如下性质：

$$E[c] = c \tag{4.14a}$$

$$E[cg_1(x)] = cE[g_1(x)] \tag{4.14b}$$

$$E\left[\sum_{j=1}^{J} g_j(x)\right] = \sum_{j=1}^{J} E[g_j(x)] \tag{4.14c}$$

式中：c 为任意常数；$g_j(x)$ 为 x 的任意函数。因为常数 c 不依赖于 x，所以 $E[c] = \sum_X c\Pr\{X = x\} = c\sum_X \Pr\{X = x\} = c \times 1 = c$。式(4.14a)和式(4.14b)反映了计算期望值时常数可以从加和中提出来。式(4.14c)表示和的期望值等于各个期望值的和。

式(4.14)中性质的用法，可以用函数 $g(x)=(x-\mu)^2$ 的期望进行示例说明。这个函数的期望值被称为方差，通常用 σ^2 表示。应用式(4.14)中的性质，这个期望值为

$$\begin{aligned}
\mathrm{Var}[X] &= E[(X-\mu)^2] = \sum_x (x-\mu)^2 \Pr\{X = x\} \\
&= \sum_x (x^2 - 2\mu x + \mu^2)\Pr\{X = x\} \\
&= \sum_x x^2 \Pr\{X = x\} - 2\mu \sum_x x\Pr\{X = x\} + \mu^2 \sum_x \Pr\{X = x\} \\
&= E[X^2] - 2\mu E[X] + \mu^2 \times 1 \\
&= E[X^2] - \mu^2
\end{aligned} \tag{4.15}$$

注意式(4.15)中第一行右端类似于式(3.6)的平方给出的样本方差。同样地，式(4.15)中最后一行的等式，类似于由式(3.27)的平方，给出了样本方差的计算形式。也注意到，由式(4.15)的第一行与式(4.14)性质的结合得到

$$\mathrm{Var}[cg(x)] = c^2\mathrm{Var}[g(x)] \tag{4.16}$$

第 4.2 节中描述的 4 个离散分布的方差列在了表 4.3 中。

例 4.5　二项分布函数变量的函数的期望

表 4.4 举例说明了 $N=3$ 和 $p=0.5$ 的二项分布统计期望的计算。这些参数对应于同时抛掷三个硬币的情况，计算 $X=$正面的数量。第一列显示了 X 的可能结果，第二列显示了根据式(4.1)计算的每个结果的概率。

表 4.4　$N=3$ 和 $p=0.5$ 的二项分布的概率和作为概率权重平均的期望 $E[X]$和 $E[X^2]$。

X	$\Pr(X=x)$	$x \cdot \Pr(X=x)$	$x^2 \cdot \Pr(X=x)$
0	0.125	0.000	0.000
1	0.375	0.375	0.375
2	0.375	0.750	1.500
3	0.125	0.375	1.125
		$E[X]=1.500$	$E[X^2]=3.000$

表 4.4 中的第三列，显示了概率权重平均 $E[X] = \sum_X [x\Pr(X = x)]$ 中的每一项。把这 4 个值加起来，得到 $E[X]=1.5$，正如表 4.3 中由两个分布参数的乘积 $\mu=Np$ 得到的结果。

表 4.4 中的第四列，类似于显示期望值 $E[X^2]=3.0$ 的情况。我们可以在一场假设游戏的背景中想象这个期望值，其中参加者得到 X^2 美元，即如果 0 个正面出现得到 0 美元，如果 1 个正面出现得到 1 美元，如果 2 个正面出现得到 4 美元，如果 3 个正面出现得到 9 美元。这个游戏的很多轮过程结束后，长期平均的支出，可能是 $E[X^2]=3.0$ 美元。愿意支付多于 3 美元

参加这个游戏的人，或者是愚蠢的，或者愿意承担风险。

注意式(4.15)中最后的等式，可以用表 4.4 的这个特定的二项分布进行验证。其中 $E[X^2]-\mu^2=3.0-(1.5)^2=0.75$，与 $\text{Var}[X]=Np(1-p)=3(0.5)(1-0.5)=0.75$ 一致。

4.4 连续分布

大部分大气变量可以取任意的连续值，例如，温度、降水量、位势高度、风速及其他量，至少在概念上不局限于用于其度量的物理单位的整数值。即使度量和报告系统的类型都是被四舍五入到离散值来度量，只要报告值的集合足够大，这些变量的大部分仍然可以看作为连续量。

存在很多连续参数分布，在大气科学中，最经常使用的连续分布将在下面的几节中讨论。关于这些分布，以及其他很多连续分布，其更全面的信息可以在 Johnson 等(1994，1995)的文献中找到。

4.4.1 分布函数与期望值

对连续变量来说，概率的数学计算与离散随机变量尽管类似但稍微不同。离散分布的概率计算，包括对不连续的概率分布函数的加和(例如式(4.1))。连续随机变量概率的计算，包括对*概率密度函数*(PDFs)的连续函数的积分。PDF 有时被更简单地称为*密度*。

通常，随机变量 X 的概率密度函数表示为 $f(x)$。对随机量的所有可能值上的离散概率分布的加和，必须等于 1，在 x 的所有可能值之上的任何 PDF 的积分，也必须等于 1：

$$\int_x f(x)\mathrm{d}x = 1 \tag{4.17}$$

只有满足上述条件的函数，才能称为 PDF。此外，对任意的 x 值 PDF $f(x)$必须是非负的。式(4.17)中不包括特别的积分限制，因为不同的概率密度定义在随机变量的不同范围上(即有不同的定义域)。

概率密度函数是熟悉的柱状图(见第 3.3.5 节)和非参数核密度估计(见第 3.3.6 节)的连续参数的图。然而，PDF 的意义，最初经常是让人产生混淆的，恰恰是因为它与柱状图的形式。特别是，密度函数 $f(x)$的高度，当它在随机变量的一个特定值外估计得到时，其本身在定义概率方面是没有意义的。出现混淆是因为常常没有意识到，在 PDF 和柱状图中概率都是与面积而不是高度成比例。

图 4.3 展示了对非负的随机变量 X 定义的一个理想的 PDF。对随机变量的特定值，比方说 $x=1$，可以求概率密度函数的值，但是 $f(1)$本身在 X 的概率方面是没有意义的。事实上，因为 X 在实数的某个部分上连续变化，精确地，$X=1$ 的概率是无穷小的。然而，考虑并且计算在 $X=1$ 周围有限范围内随机变量值的概率，是有意义的。作为 0.5 和 1.5 之间 PDF 的积分，图 4.3 显示了 X 在这个界限之间的概率。

与 PDF 有关的一个概念，是*累积分布函数*(CDF)。CDF 是随机变量 X 的一个函数，由到特定的 x 值的积分给出。这样，CDF 指定了随机量 X 不超过特定值的概率。因此，它是经验 CDF(式(3.17))和离散 CDF(例如式(4.9))的连续变量的对应式。通常，CDFs 表示为 $F(x)$：

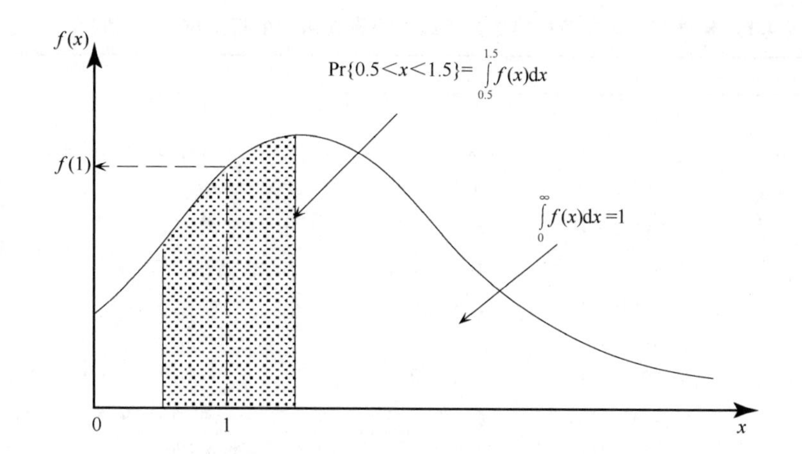

图 4.3　假设的非负随机变量的 X 概率密度函数 $f(x)$。对特定的 X 值 $f(x)$ 值的本身在概率方面是没有意义的。概率通过对 $f(x)$ 的某些部分进行积分得到。

$$F(x) = \Pr\{X \leqslant x\} = \int_{X \leqslant x} f(x)\mathrm{d}x \tag{4.18}$$

此外，为了表示积分是从 X 的最小允许值到作为函数自变量的特定的 x 值之间进行，在式(4.18)中省略了特定的积分范围。因为 $F(x)$ 的值是概率，所以 $0 \leqslant F(x) \leqslant 1$。

式(4.18)把随机变量的一个特定值变换到一个累积概率值。对应于一个特定累积概率的随机变量的值，由累积分布函数的逆函数给出：

$$F^{-1}(p) = x(F), \tag{4.19}$$

式中：p 为累积概率。即，式(4.19)指定了式(4.18)中积分的上限，这个上限将产生特定的累积概率 $p=F(x)$。因为 CDF 的这个逆函数指定了资料对应于一个特定概率的分位数，式(4.19)也被称为**分位数函数**。

连续随机变量统计期望的定义，也类似于离散随机变量的定义。正如离散随机变量的情况，变量或函数的期望值是那个变量或函数的概率权重平均值。因为连续随机变量的概率，通过积分其密度函数进行计算，随机变量的函数的期望值，由下面的积分给出：

$$E[g(x)] = \int_x g(x) f(x)\mathrm{d}x \tag{4.20}$$

连续随机变量的期望值，也显示了式(4.14)和式(4.16)中的性质。对 $g(x)=x, E(X)=\mu$ 是 PDF 为 $f(x)$ 的分布的平均值。同样地，连续变量的方差，由函数 $g(x)=(x-E[X])^2$ 的期望给出：

$$\begin{aligned}\mathrm{Var}[X] &= E[(x-E[X])^2] = \int_x (x-E[x])^2 f(x)\mathrm{d}x \\ &= \int_x x^2 f(x)\mathrm{d}x - (E[X])^2 = E[X^2] - \mu^2\end{aligned} \tag{4.21}$$

注意：依赖于 $f(x)$ 的特定函数形式，式(4.18)、式(4.20)和式(4.21)中的某些或全部积分，可能不是可解析计算的，而对某些分布来说，积分甚至可能不存在。

表 4.5 根据分布参数列出了这一节中描述的分布的平均值和方差。

表 4.5 根据其参数本节中描述的连续概率密度函数的期望值(平均值)和方差。

分布	PDF	$E[X]$	$\mathrm{Var}[X]$
高斯分布	式(4.23)	μ	σ^2
对数正态分布	式(4.30)	$\exp[\mu+\sigma^2/2]$	$(\exp[\sigma^2]-1)\exp[2\mu+\sigma^2]$
伽玛分布	式(4.38)	$\alpha\beta$	$\alpha\beta^2$
指数分布	式(4.45)	β	β^2
卡方分布	式(4.47)	α	$2v$
皮尔逊Ⅲ分布	式(4.48)	$\zeta+\alpha\beta$	$\alpha\beta^2$
高斯分布	式(4.23)	μ	σ^2
贝塔分布	式(4.49)	$\alpha/(\alpha+\beta)$	$(\alpha\beta)/[(\alpha+\beta)^2)(\alpha+\beta+1)]$
广义极值分布	式(4.54)	$\zeta-\beta[1-\Gamma(1-\kappa)]/\kappa$	$\beta^2(\Gamma[1-2\kappa]-\Gamma^2[1-\kappa])/\kappa^2$
耿贝尔分布	式(4.57)	$\zeta+\gamma\beta$	$\beta\pi/\sqrt{6}$
威布尔分布	式(4.60)	$\beta\Gamma[1+1/\alpha]$	$\beta^2(\Gamma[1+2/\alpha]-\Gamma^2[1+1/\alpha])$
混合指数分布	式(4.66)	$w\beta_1+(1-w)\beta_2$	$w\beta_1^2+(1-w)\beta_2^2+w(1-w)(\beta_1-\beta_2)^2$

注:1. 对于对数正态分布,μ 和 σ^2 为变量对数变换 $y=\ln(x)$ 的平均值和方差。

2. 对于广义极值分布(GEV)来说,只有当 $\kappa<1$ 时,平均值存在,而只有当 $\kappa<\frac{1}{2}$ 时,方差存在。

3. $\gamma=0.57721\cdots$ 为欧拉常数。

4.4.2 高斯分布

高斯分布,在经典统计学中扮演了中心角色,在大气科学中也有很多应用。它有时也被称为正态分布。其 PDFs 是钟形曲线,甚至对不研究统计学的人也是熟悉的。

高斯分布应用的广泛性,部分地来自于一个被称为中心极限定理的非常强大的理论结果。简单说来,中心极限定理表明,随着样本容量变大,独立观测集合的加和(或等价的算数平均值,因为二者是成比例的),将有高斯抽样分布。即,如果 n 足够大,大量不同批次(每个容量为 n)的同类资料的加和,或样本平均值的柱状图,将看起来像钟形曲线。不管原始资料的分布如何,这都是正确的。资料甚至不必来自相同的分布。实际上,对得到的分布是高斯的某一种形状来说,观测的独立性也并不是真正必需的(见第 5.2.4 节),对大气资料来说,这大大拓宽了中心极限定理的应用。

对具体的资料集来说,样本容量必须为多大才能应用中心极限定理是不清楚的。实际上,这个样本大小依赖于进行加和的分布。如果被加和的资料本身取自高斯分布,那么它们的任何数量的加和(当然包括 $n=1$),也将是高斯分布。对不太像高斯(单峰并且基本对称)的潜在分布来说,中等数量的观测的加和,将是接近高斯分布。为了得到月平均温度,加和日温度是这种情形的一个好例子。日温度值,可能显示为明显的非对称分布(例如图 3.5),不过,通常比日降水值对称得多。按照惯例,日平均温度近似为每天最高和最低温度的平均值,所以对 30 天的月来说,月平均温度计算为

$$\overline{T}=\frac{1}{30}\sum_{i=1}^{30}\frac{T_{\max}(i)+T_{\min}(i)}{2} \tag{4.22}$$

这里月平均温度,用来自两个稍微对称分布的 60 个数字的加和进行计算。并不令人惊讶,根据中心极限定理,月温度值经常非常成功地由高斯分布表示。

一种相对的情况是月总降水量,比方说构建 30 个日降水值的加和。比式(4.22)中对月平

均温度的情况，有更少的数字进入这个加和，但更重要的差别是必须处理潜在日降水量的分布。通常，大部分日降水值为 0，并且大部分非 0 结果是小值。即，日降水量的分布通常是非常强烈的右偏(例如图 3.10b)。通常，30 个这样的值加和的分布也向右偏，尽管不是如此极端。图 3.13 中 $\lambda=1$ 的示意图，展示了伊萨卡(Ithaca)1 月总降水量的这个非对称性。注意，图 3.13 中伊萨卡(Ithaca)1 月总降水量的分布，比图 3.10b 中潜在日降水量对应的分布更加对称。对月总降水量来说，即使 30 个日值的加和没有产生高斯分布，月降水分布的形状也比日降水量更接近高斯分布。在潮湿气候中，季节(即 90 天)降水总量的分布，开始接近高斯分布，但在干旱地区即使年降水总量，也可能显示强的正偏。

$$f(x)=\frac{1}{\sigma\sqrt{2\pi}}\exp\left[-\frac{(x-\mu)^2}{2\sigma^2}\right],\quad -\infty<x<\infty \tag{4.23}$$

式中：高斯分布的 PDF 的两个分布参数是平均值 μ 和标准偏差 σ；π 是数学常数 3.14159…。高斯随机变量，定义在整个实轴上，所以式(4.23)对 $-\infty<x<\infty$ 有效。用图表示式(4.23)，结果是图 4.4 中显示的熟悉的钟形曲线。这张图显示，平均值位于这个对称分布的中间，标准差控制了分布展开的程度。几乎所有的概率都在平均值的 $\pm3\sigma$ 以内。

为了使用高斯分布表示一个资料集，必须拟合两个分布参数。使用矩法容易得到这个分布的参数估计。矩法是使样本矩等于分布或总体矩。一阶矩是平均值 μ，二阶矩是方差 σ^2。因此，我们只是估计 μ 为样本平均值(式(3.2))，σ 为样本标准差(式(3.6))。

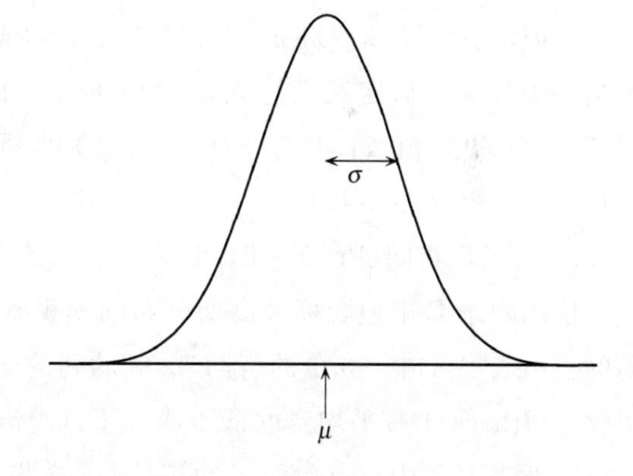

图 4.4　式(4.23)高斯分布的概率密度函数。平均值 μ 位于这个对称分布的中间，标准差 σ 控制了这个分布展开的程度。几乎所有的概率都在平均值的 $\pm3\sigma$ 以内。

如果一个资料样本近似服从高斯分布，那么，这些参数估计将使式(4.23)的表现类似于资料。因而，原则上，关注的事件的概率可以通过积分式(4.23)得到。然而，事实上，对式(4.23)进行解析积分是不可能的，所以高斯分布的 CDF($F(x)$)的公式不存在解析解。相反，高斯概率以两种方式中的一种得到。如果概率一定要求作为计算机程序的一部分，式(4.23)的积分可以通过数值积分足够精确地近似(如：Abramowitz and Stegun，1984)或计算(如：Press *et al.*，1986)。如果只需要几个概率，使用制成表格的值，比如附录 B 中表 B.1 中的那些值，用手工对它们进行计算。

这两种情况中无论哪一种，资料变换几乎总是需要的。这是因为高斯概率表和算法，只适合标准高斯分布，即 $\mu=0$ 和 $\sigma=1$ 的高斯分布。通常，由标准高斯分布描述的随机变量表示为 z。其概率密度函数简化为

$$\phi(z)=\frac{1}{\sqrt{2\pi}}\exp\left[-\frac{z^2}{2}\right] \tag{4.24}$$

式中：符号 $\phi(z)$ 而不是 $f(z)$ 经常被用作标准高斯分布的 PDF。类似地，$\Phi(z)$ 是标准高斯分布的 CDF 常用的符号。任一高斯随机变量 x，通过减去其平均值并且除以其标准差，可以转换为标准形式 z

$$z=\frac{x-\mu}{\sigma} \tag{4.25}$$

实际应用中，平均值和标准差通常需要使用相应的样本统计量估计，所以我们使用

$$z=\frac{x-\bar{x}}{s} \tag{4.26}$$

注意，在这个变换中，无论描述 x 的物理量是什么单位都将被抵消，所以标准化变量 z 总是无量纲的。

式(4.26)正好与式(3.23)的标准化距平相同。任何的一批资料都能通过减去其平均值并且除以其标准差进行转换，这个转换将产生样本平均值为 0、样本标准差为 1 的变换值。然而，变换后的资料，不一定服从高斯分布，除非转换前的资料服从高斯分布。为了得到高斯概率，可以使用高斯概率式(4.25)或式(4.26)中标准化变量的变换，其使用在下面的例子中进行举例说明。

例 4.6　求高斯概率的值

考虑由 $\mu=22.2$ ℉和 $\sigma=4.4$ ℉描述的高斯分布。这些参数被拟合到伊萨卡(Ithaca)1 月平均的温度集。假定我们感兴趣的是评估一个任意挑选的或未来的 1 月平均温度小于等于 1987 年中观测值 21.4 ℉(见表 A.1)的概率。用式(4.25)变换这个温度，得到 $z=(21.4\ ℉-22.2\ ℉)/4.4\ ℉=-0.18$。这样，温度小于等于 21.4 ℉的概率与 z 的值小于等于 -0.18 的概率相同：$\Pr\{X\leqslant 21.4\ ℉\}=\Pr\{Z\leqslant -0.18\}$。

使用附录 B 中包含标准高斯分布的累积概率 $\Phi(z)$ 的表 B.1，求 $\Pr\{Z\leqslant -0.18\}$ 的值是容易的。由表 B.1 中 -0.1 的行与 0.08 的列的交叉点，可以得到需要的概率 0.4286。很显然，伊萨卡(Ithaca)1 月平均温度低于或等于这个温度的概率相当大。

注意表 B.1 中没有包含 z 的正值行，这些是不必要的，因为高斯分布是对称的。这意味着，例如，$\Pr\{Z\geqslant +0.18\}=\Pr\{Z\leqslant -0.18\}$，因为在图 4.4 中 $z=-0.18$ 的左边和 $z=+0.18$ 的右边有相等的面积。因此，通过应用下面的关系，表 B.1 可以被更广泛地应用到计算 $z>0$ 的概率

$$\Pr\{Z\leqslant z\}=1-\Pr\{Z\leqslant -z\} \tag{4.27}$$

这是从概率密度函数曲线下的面积为 1(式(4.17))的事实得出的。

用式(4.27)可以直接计算 $\Pr\{Z\leqslant +0.18\}=1-0.4286=0.5714$。$z=+0.18$ 对应的伊萨卡(Ithaca)1 月平均温度，通过式(4.25)的变换得到

$$x=\sigma z+\mu \tag{4.28}$$

伊萨卡(Ithaca)1 月平均温度不大于(4.4 ℉)(0.18)+22.2 ℉=23.0 ℉的概率是 0.5714。

计算两个特定值之间的概率稍微复杂些，比方说伊萨卡(Ithaca)1 月20 ℉和25 ℉之间的温

度的概率。因为事件 $\{X \leqslant 20\ ^{\circ}\mathrm{F}\}$ 是事件 $\{X \leqslant 25\ ^{\circ}\mathrm{F}\}$ 的一个子集；要求的概率 $\Pr\{20\ ^{\circ}\mathrm{F} < T \leqslant 25\ ^{\circ}\mathrm{F}\}$ 可以通过 $\Phi(z_{25}) - \Phi(z_{20})$ 得到。这里 $z_{25} = (25.0\ ^{\circ}\mathrm{F} - 22.2\ ^{\circ}\mathrm{F})/4.4\ ^{\circ}\mathrm{F} = 0.64$，$z_{20} = (20.0\ ^{\circ}\mathrm{F} - 22.2\ ^{\circ}\mathrm{F})/4.4\ ^{\circ}\mathrm{F} = -0.5$。因此（根据表 B.1），$\Pr\{20\ ^{\circ}\mathrm{F} < T \leqslant 25\ ^{\circ}\mathrm{F}\} = \Phi(z_{25}) - \Phi(z_{20}) = 0.739 - 0.309 = 0.430$。

有时也需要计算标准高斯 CDF 的逆，即标准高斯分位数函数 $\Phi^{-1}(p)$。这个函数，指定了对应于特定的累积概率 p 的标准高斯变量 z 的值。再次重申，这个函数无法写出显示公式，但 Φ^{-1} 可以反过来用表 B.1 求解。例如，为了找到伊萨卡（Ithaca）1 月平均温度定义的最低的十分位数（即 1 月最冷的 10%），表 B.1 的主体，可能只是搜寻对 $\Phi(z) = 0.10$。这个累积概率正好对应于 $z = -1.28$。使用式（4.28），$z = -1.28$，对应于 1 月温度为 $(4.4\ ^{\circ}\mathrm{F}) \times (-1.28) + 22.2\ ^{\circ}\mathrm{F} = 16.6\ ^{\circ}\mathrm{F}$。

当精度要求不高的时候，可以使用下式作为标准高斯分布的一个"相当好的"近似，

$$\Phi(z) \approx \frac{1}{2}\left[1 \pm \sqrt{1 - \exp\left(\frac{-2z^2}{\pi}\right)}\right] \tag{4.29}$$

$z > 0$ 取正号，$z < 0$ 取负号。由式（4.29）产生的最大误差，在量级上大约是 0.003（概率单位），这出现在 $z = \pm 1.65$ 处。由式（4.29）可以求逆得到高斯分位数函数的近似，但是这个近似对最关注的尾部（即对极值）概率效果很差。

正如第 3.4.1 节中标注的，处理偏态资料的一种方法，是对它们进行幂变换，产生一个近似的高斯分布。当幂变换是对数（即式（3.19）中 $\lambda = 0$）时，最初的未变换的资料，被说成服从对数分布，PDF 为

$$f(x) = \frac{1}{x\,\sigma_y\sqrt{2\pi}}\exp\left[-\frac{(\ln x - \mu_y)^2}{2\sigma_y^2}\right],\ x > 0 \tag{4.30}$$

式中，μ_y 和 σ_y 分别为变换变量 $y = \ln(x)$ 的平均值和标准差。实际上，对数分布是令人混淆的命名，因为随机变量 x 是服从高斯分布的变量 y 的逆对数。

对数分布的参数拟合，是简单和直接的：对数变换资料值 y 的平均值和标准差，即 μ_y 和 σ_y 分别由其样本的相应量进行估计。式（4.30）中，这些参数与原始变量 X 的平均值和方差之间的关系为

$$\mu_x = \exp\left(\mu_y + \frac{\sigma_y^2}{2}\right) \tag{4.31a}$$

和

$$\sigma_x^2 = (\exp[\sigma_y^2] - 1)\exp[2\mu_y + \sigma_y^2] \tag{4.31b}$$

对数概率通过与变换变量 $y = \ln(x)$ 一起计算，并且使用高斯分布的计算子程序或概率表可以简单地进行求解。在这个例子中，标准高斯变量

$$z = \frac{\ln(x) - \mu_y}{\sigma_y} \tag{4.32}$$

服从 $\mu_z = 0$ 和 $\sigma_z = 1$ 的高斯分布。

对正偏的资料来说，对数分布有时是很武断的假定。特别是，没有检查是否不同的幂变换可能产生更接近高斯分布的行为。而太频繁地使用对数分布是有问题的。通常，对一个特定

的资料集假定为对数分布之前，建议研究一下其他的候选幂变换，可参阅第 3.4.1 节。

除了中心极限定理之外，高斯分布被如此频繁使用的另一个原因，是其容易推广到高维。即，通过所谓的*多变量高斯分布*或*多变量正态分布*，表示多个高斯变量的联合变化通常是简单的。在第 11 章中，这个分布将被更全面地讨论，因为通常多变量高斯分布的数学推导需要使用矩阵代数。

然而，描述两个高斯变量联合变化的多变量高斯分布的最简单例子，可以不使用向量符号给出。这个二变量分布，被称为*双变量高斯分布*或*双变量正态分布*。如果是非高斯分布的变量，先进行式(3.19)或式(3.22)的变换，有时可以使用高斯分布描述两个非高斯分布变量的行为。事实上，对使用这些变换来说，使用双变量正态分布可能是一个主要动机。

考虑两个变量 x 和 y，双变量正态分布由下面的联合 PDF 定义：

$$f(x,y)=\frac{1}{2\pi\sigma_x\sigma_y\sqrt{1-\rho^2}}\exp\left\{-\frac{1}{2(1-\rho^2)}\left[\left(\frac{x-\mu_x}{\sigma_x}\right)^2+\left(\frac{y-\mu_y}{\sigma_y}\right)^2-2\rho\left(\frac{x-\mu_x}{\sigma_x}\right)\left(\frac{y-\mu_y}{\sigma_y}\right)\right]\right\} \tag{4.33}$$

作为式(4.23)从一维到两维的推广，这个函数定义了 x-y 平面上的一个曲面，而不是 x 轴上的一条曲线。对连续双变量分布(包括双变量正态分布)来说，几何上概率对应于由 PDF 定义的表面下的体积，所以，类似于式(4.17)，任意双变量的 PDF 必须满足下面的条件：

$$\iint_{x,y} f(x,y)\,\mathrm{d}y\mathrm{d}x=1 \text{ 并且 } f(x,y)\geqslant 0 \tag{4.34}$$

双变量正态分布有 5 个参数：变量 x 和 y 的两个平均值和标准差及其之间的相关系数 ρ。变量 x 和 y 的两个边缘分布(即单变量的概率密度函数 $f(x)$ 和 $f(y)$)，必然都是高斯分布，参数分别为 μ_x，σ_x 和 μ_y，σ_y。任意两个高斯变量的联合分布通常都是双变量正态分布。拟合双变量正态分布是很容易的。对 x 和 y 变量来说，平均值和标准差分别用其样本的对应统计量进行估计，参数 ρ 用式(3.24)的 x 和 y 之间的皮尔逊积矩相关系数估计。

图 4.5 的例子说明了双变量正态分布的一般形状。在三维空间中它是土堆形，其性质依赖于 5 个参数。在点(μ_x，μ_y)上函数取得其最大高度。σ_x 增加，在 x 方向伸展其密度；σ_y 增加，在 y 方向伸展其密度。对 $\rho=0$ 来说，密度在点(μ_x，μ_y)周围关于 x 和 y 轴都是对称的。如果 $\rho=0$ 并且 $\sigma_x=\sigma_y$，那么常数高度的曲线(即平行于 x-y 的平面与 $f(x,y)$ 曲面的交线)是同心圆，否则为椭圆。随着 ρ 的绝对值的增加，密度函数被对角地拉长，常数高度的曲线越来越变成了拉伸的椭圆。对负的 ρ 来说，这些椭圆的方向正如图 4.5 中所描绘的：越大的 x 值更可能同时出现更小的 y 值，越小的 x 值更可能同时出现更大的 y 值。对正的 ρ 值来说，椭圆有相反的方向(正的斜率)。

x 和 y 联合产生的事件概率，由式(4.33)在平面中相关区域的二重积分给出，例如

$$\Pr\{(y_1<Y\leqslant y_2)\cap(x_1<X\leqslant x_2)\}=\int_{x_1}^{x_2}\int_{y_1}^{y_2}f(x,y)\,\mathrm{d}y\mathrm{d}x \tag{4.35}$$

图 4.5　$\sigma_x=\sigma_y$ 和 $\rho=-0.75$ 的双变量正态分布的透视图。单根线描述了双变量的峰有(单变量)高斯分布的形状,示意说明了已知一个特定的 y 值,x 的条件分布本身是高斯分布。

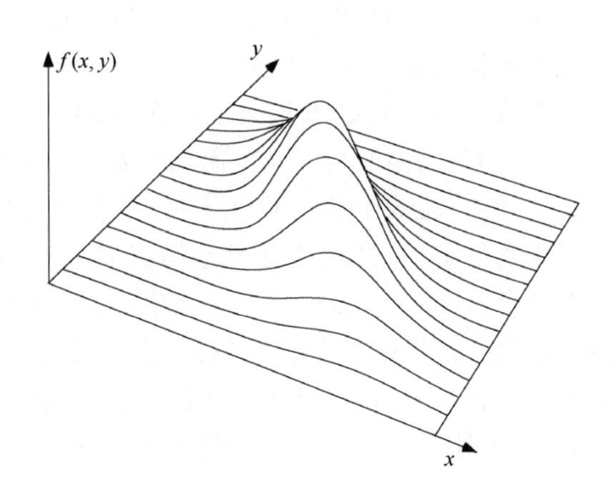

这个积分不能解析地进行求值,实践中通常使用数值方法。存在双变量正态分布的概率表(National Bureau of Standards,1959),但它们是冗长且不方便的。例 11.1 中计算概率的方法,被称为概率椭圆的中心在(μ_x,μ_y)的椭圆形区域概率计算。当计算其他区域概率的时候,用标准化形式的双变量正态分布计算,可能是更方便的。这是标准化单变量高斯分布(式(4.24))的扩展,通过把变量 x 和 y 代入式(4.25)或式(4.26)中,经过变换得到。这样 $\mu_{zx}=\mu_{zy}=0$ 和 $\sigma_{zx}=\sigma_{zy}=1$,得到双变量的密度为

$$\phi(z_x,z_y)=\frac{1}{2\pi\sqrt{1-\rho^2}}\exp\left[-\frac{z_x^2-2\rho z_x z_y+z_y^2}{2(1-\rho^2)}\right] \tag{4.36}$$

双变量正态分布的一个很有用的性质是,已知一个变量的任意特定值,另一个变量的条件分布是高斯分布。这个性质在图 4.5 中做了举例说明,其中定义了三维空间中分布形状的单根曲线,均有高斯形态。每一个显示对已知 y 的特定值与 x 的条件分布成比例的一个函数。这些条件高斯分布的参数,可以通过双变量正态分布的 5 个参数进行计算。已知 y 的特定值,对 x 的条件分布来说,条件高斯密度函数 $f(x|Y=y)$ 有参数

$$\mu_{x|y}=\mu_x+\rho\frac{\sigma_x}{\sigma_y}(y-\mu_y) \tag{4.37a}$$

和

$$\sigma_{x|y}=\sigma_x\sqrt{1-\rho^2} \tag{4.37b}$$

式(4.37a)把 x 的平均值与 y 到其平均值的距离联系起来,根据相关系数和标准差比值的乘积,进行尺度化。如果 y 大于其平均值,并且 ρ 是正的,或者如果 y 小于其平均值,并且 ρ 是负的,那么该式表明,条件平均值 $\mu_{x|y}$ 比非条件平均值更大。如果 x 和 y 是不相关的,知道 y 的值并没有给出关于 x 的另外信息,因为 $\rho=0$,所以 $\mu_{x|y}=\mu_x$。式(4.37b)表明,除非这两个变量是不相关的,否则 $\sigma_{x|y}<\sigma_x$,而不管 ρ 的符号。这里知道 y 给出了关于 x 的一些信息,减少的有关 x 的不确定性,可以通过更小的标准差来反映。在这个意义上,ρ^2 经常被解释为 x 中的方差能被 y 所解释的比例。

例 4.7　双变量正态分布和条件概率

考虑表 A.1 中伊萨卡(Ithaca)和卡南戴挂(Canandaigua)1987 年 1 月的最高温度资料。图 3.5 显示这些资料是很对称的,所以用双变量正态分布模拟其联合行为是合理的。这两个变量的散点图,显示在图 3.27 的一个子图中。伊萨卡(Ithaca)和卡南戴挂(Canandaigua)平均

最高温度分别为 29.87 和 31.77 ℉,相应的样本标准差分别为 7.71 和 7.86 ℉。表 3.5 显示其皮尔逊相关系数为 0.957。

有这么高的相关,知道一个位置的温度,应该可以给出另一个位置的信息。假定已知伊萨卡(Ithaca)最高温度是 25 ℉,而现在需要关于卡南戴挂(Canandaigua)最高温度的概率信息。用式(4.37a),已知伊萨卡(Ithaca)最高温度是 25 ℉,卡南戴挂(Canandaigua)最高温度分布的条件平均值是 27 ℉,比非条件平均值 31.77 ℉低很多。用式(4.37b),条件标准差是 2.28 ℉。不管伊萨卡(Ithaca)温度选择什么值,这都是条件标准差,因为式(4.37b)不依赖于条件变量的值。这个条件标准差比非条件标准差低这么多,是因为这两个位置之间最高温度之间存在高相关。正如图 4.6 中举例说明的,这个减少的不确定性,意味着已知伊萨卡(Ithaca)的温度,卡南戴挂(Canandaigua)温度的任意条件分布将比非条件分布曲线尖锐得多。

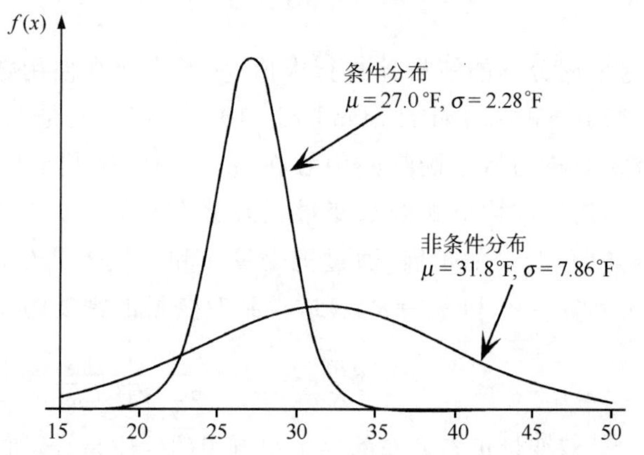

图 4.6 表示卡南戴挂(Canandaigua)1 月日最高温度的非条件分布和已知伊萨卡(Ithaca)最高温度为25 ℉的条件高斯分布。这两个位置之间最高温度的高相关,导致条件分布尖锐得多,反映了不确定性的大量减少。

使用卡南戴挂(Canandaigua)最高温度条件分布的这些参数,可以计算已知伊萨卡(Ithaca)最高温度为25 ℉,卡南戴挂(Canandaigua)最高温度等于或低于冰冻点的概率。需要的标准化变量是 $z=(32-27)/2.28=2.19$,这对应于 0.986 的概率。通过比较,对应的气候概率(没有已知伊萨卡(Ithaca)最高温度的帮助)被计算为 $z=(32-31.8)/7.86=0.025$,相应的概率为 0.510,比 0.986 低得多。

4.4.3 伽马分布

很多大气变量的统计分布明显不对称并且右偏。当左边存在资料范围的物理限制时,这种偏态经常发生。常见的例子是降水量或风速,物理上被限制取非负值。在这种情况中,尽管在数学上拟合到高斯分布是可能的,但得到的结果通常是没有用的。例如,表 A.2 中的 1933—1982 年 1 月降水资料,可以由样本平均值 1.96 in 和样本标准差 1.12 in 进行刻画。对拟合高斯分布到这些资料来说,这两个统计量足够了,这个分布在图 4.15 中显示为虚线 PDF,但是应用这个拟合分布只能得到毫无意义的结果。特别是,使用表 B.1,我们可以计算负降水的概率为 $\Pr\{Z\leqslant(0.00-1.96)/1.12\}=\Pr\{Z\leqslant-1.75\}=0.040$。这个计算的概率不是特别大,但也不是可以忽略的小概率。而真实的概率为 0,因为观测负降水是不可能的。

存在左边限定为 0 和右偏的多种连续分布。一个通常的选择,特别是经常用来表示降水资料的,是伽马分布(Gamma distribution)。伽马分布由下面的 PDF 定义

$$f(x)=\frac{(x/\beta)^{\alpha-1}\exp(-x/\beta)}{\beta\,\Gamma(\alpha)},\quad x,\alpha,\beta>0 \tag{4.38}$$

式中:两个参数是形状参数 α 和尺度参数 β。$\Gamma(\alpha)$是式(4.7)中定义的伽马函数在 α 处求出

的值。

依赖于形状参数 α 的值,伽马分布的 PDF 呈现出很广泛的形状。正如图 4.7 所显示的,对 $\alpha<1$,分布非常强地右偏,随 $x\to 0, f(x)\to\infty$。对 $\alpha=1, x=0$ 时,函数交垂直轴在 $1/\beta$ 处(伽马函数的这个特例被称为指数分布,本节的后面进行更详细的讲述)。对 $\alpha>1$,伽马函数在原点开始 $f(0)=0$。α 的值越大,导致更少偏斜,并且概率密度右移。对很大的 α 值(可能大于 50 到 100),伽马分布在形式上接近高斯分布。参数 α 总是无量纲的。

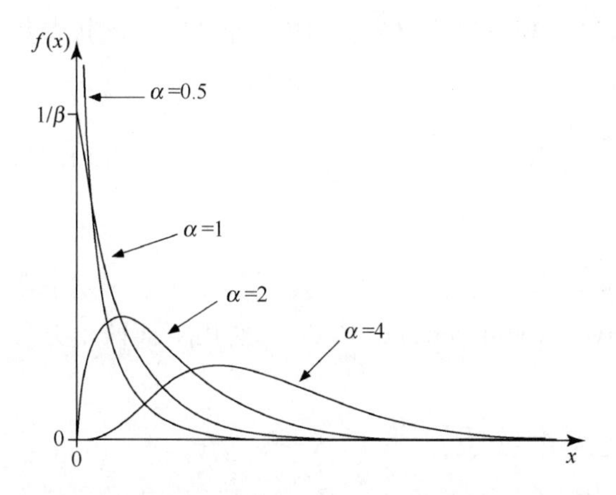

图 4.7　四个形状参数 α 值的伽马分布密度函数。

尺度参数 β 的作用,是向右或向左有效地伸长或压扁(即尺度化)伽马密度函数,它依赖于资料值的总体量级。注意式(4.38)中的随机量 x 在两个地方除以 β。尺度参数 β 和 x 有相同的物理量纲。随着 β 值变大,分布向右伸展,为了满足式(4.17)其高度必须下降,反之随着密度被向左压扁,其高度必须上升。高度上的这个调整通过式(4.38)分子中的 β 完成。

伽马分布形状的多样性,使它成为表示降水资料的一种很有吸引力的候选分布,因为这个优点,它经常被使用。但是,它比高斯分布使用起来更困难,因为从特定批次的资料,得到好的参数估计并不是容易的事情。拟合伽马分布最简洁的(当然尽管不是最好的)方法是使用矩法。然而,即使在这里也存在一个复杂情况,因为伽马分布的两个参数,不像高斯分布正好对应于分布的矩。伽马分布的平均值由乘积 $\alpha\beta$ 给出,方差是 $\alpha\beta^2$。使这两个表达式与对应的样本量相等得到相应的方程组,该方程组由两个未知数和两个方程组成,解这个方程组得到

$$\hat{\alpha} = \bar{x}^2/s^2 \tag{4.39a}$$

和

$$\hat{\beta} = s^2/\bar{x} \tag{4.39b}$$

对很多形状参数值,比如 $\alpha>10$,伽马分布的矩估计通常是相当精确的,但是对很小的 α 值则可能产生很差的结果(Thom,1958;Wilks, 1990)。在没有最大化使用资料集中信息的技术意义上,这个例子中的矩估计,被认为是低效率的。这个低效率的实际结果,是用式(4.39)计算的特定参数值对不同的资料样本是不稳定的,或者有多余的变化。

对伽马分布来说,参数拟合的一个更好的方法,是使用最大似然法。对包括伽马分布的很多分布来说,最大似然拟合需要一个迭代程序,该程序只有使用计算机的时候才可以使用。第 4.6 节给出了拟合参数分布的最大似然法,例 4.13 中包括伽马分布。

对伽马分布来说,最大似然估计存在两种简单的可以用手工计算的近似方法。两种方法

都使用样本统计量

$$D = \ln(\bar{x}) - \frac{1}{n}\sum_{i=1}^{n}\ln(x_i) \tag{4.40}$$

它是样本平均值的自然对数和资料对数的平均值之间的差值。等价地，样本统计量 D 是算术平均值和几何平均值的对数之间的差值。注意，为了计算统计量 D，只知道样本平均值和标准差是不够的，因为计算式(4.40)中的第二项必须使用每个资料。

伽马分布的两种最大似然近似方法，其中，第一种方法由 Thom(1958)提出，对形状参数来说，Thom 估计为

$$\hat{\alpha} = \frac{1 + \sqrt{1 + 4D/3}}{4D} \tag{4.41}$$

然后得到尺度参数

$$\hat{\beta} = \bar{x}/\hat{\alpha} \tag{4.42}$$

第二种方法是对形状参数的多项式近似(Greenwood and Durand，1960)。使用下面两个方程中的一个，

$$\hat{\alpha} = \frac{0.5000876 + 0.1648852D - 0.0544274D^2}{D}, \quad 0 \leqslant D \leqslant 0.5772 \tag{4.43a}$$

或

$$\hat{\alpha} = \frac{8.898919 + 9.059950D + 0.9775373D^2}{17.79728D + 11.968477D^2 + D^3}, \quad 0.5772 \leqslant D \leqslant 17 \tag{4.43b}$$

上面两式依赖于 D 的值。随后再用式(4.42)估计尺度参数。

如同高斯分布的情况一样，伽马密度函数不是解析可积的。因此伽马分布的概率，必须通过对 CDF 的近似计算(即式(4.38)的积分)或概率表得到。这个计算公式和计算机程序可以分别在 Abramowitz 和 Stegun(1984)及 Press 等(1986)的文献中找到。伽马分布概率表，作为附录 B 中的表 B.2 收入在本书中。

在这些个例的任何一个中，对 $\beta=1$ 的标准伽马分布来说，伽马分布概率是可以利用的。因此，需要通过重新尺度化，把关注的变量 X(通过有任意尺度参数 β 的伽马分布刻画)变换为标准化变量

$$\xi = x/\beta \tag{4.44}$$

这个标准化变量，服从 $\beta=1$ 的伽马分布。标准伽马分布变量 ξ 是无量纲的，而对 x 和 ξ 来说，形状参数 α 都是相同的。这个过程类似于式(4.25)和式(4.26)中变换为标准高斯变量 z。

对标准伽马分布来说，累积概率通过被称为不完全伽马函数的数学函数 $P(\alpha,\xi)=\Pr\{\Xi\leqslant\xi\}=F(\xi)$ 给出。它是用来计算表 B.2 中概率的函数。表 B.2 中，标准伽马分布的累积概率，以与表 B.1 中的高斯概率相反的方式排列。就是说，分布的分位数(变换的资料值 ξ)在表体中给出，累积概率作为表头列出。对不同的形状参数 α 来说，得到不同的概率，显示在第一列中。

例 4.8　计算伽马分布的概率

再次考虑表 A.2 中伊萨卡(Ithaca)1933—1982 年的 50 年期间 1 月的降水。这个时期 1 月平均降水量是 1.96 in，月降水总量的对数平均值是 0.5346，所以由式(4.40)得到 $D=$

0.139。Thom 方法(式(4.41))及 Greenwood 和 Durand 公式(式(4.43a))都得到 $\alpha=3.76$ 和 $\beta=0.52$ in。相比之下,矩估计(式(4.39))得到 $\alpha=3.09$ 和 $\beta=0.64$ in。

采用近似的最大似然估计,伊萨卡 1987 年 1 月降水总量的异常特征可以在表 B.2 的帮助下计算得到。也就是说,通过用 $\alpha=3.76$ 和 $\beta=0.52$ in(这两个参数代表了伊萨卡 1 月降水的气候变率)的拟合伽马分布可以计算相应于 3.15 in(表 A.1 中伊萨卡(Ithaca)降水日值的加和)的累积概率。

首先,应用式(4.44),标准伽马变量 $\xi=3.15$ in/0.52 in=6.06。作为最接近拟合得到的 $\alpha=3.76$ 的列表值,采用 $\alpha=3.75$,可以看到 $\xi=6.06$ 位于 $F(5.214)=0.80$ 和 $F(6.354)=0.90$ 的列表值之间。插值得到 $F(6.06)=0.874$,表明在伊萨卡(Ithaca)1 月份大约有八分之一的可能性有这样的潮湿或更潮湿事件发生。通过对 $\alpha=3.75$ 和 $\alpha=3.80$ 的行之间进行插值,可以得到较为精确的概率估计,$F(6.06)=0.873$,尽管这个额外的计算很可能不值得努力。

表 B.2 也能用来转化伽马 CDF,来求相应于特定累积概率的降水值 $\xi=F^{-1}(p)$,即求分位数函数的值。然后通过式(4.44)中的逆变换,恢复为有量纲的降水值。考虑估计伊萨卡(Ithaca)1 月降水的中位数,这将对应于满足 $F(\xi)=0.50$ 的 ξ 值,在表 B.2 中 $\alpha=3.75$ 的行中是 3.425。相应的有量纲降水量由乘积 $\xi\beta=(3.425)(0.52\text{ in})=1.78$ in 给出。通过比较,表 A.2 中降水资料的样本中位数是 1.72 in。中位数比平均值 1.96 in 小,这并不令人惊讶,因为分布是正偏的。这个比较的(可能令人惊讶,但经常没有认识到的)意义是,作为降水分布正偏的一个结果,低于"正常"(即低于平均值)的降水,比高于"正常"的降水典型地更可能发生。

例 4.9 气候业务中的伽马分布 Ⅰ. 报告的季节结果

以允许与局地应用的气候分布相比较的方式,伽马分布可以用来报告月和季的降水量。图 4.8 为美国 1989 年 1 月降水显示了这种形式的一个例子。这个月的降水量,没有显示为累积深度,而是对应于局地气候伽马分布的分位数。五个种类被绘出:小于第 10 个百分位数 $q_{0.1}$;第 10 和第 30 个百分位数之间 $q_{0.3}$;第 30 和第 70 个百分位数之间 $q_{0.7}$;第 70 和第 90 个百分位数之间 $q_{0.9}$;以及比第 90 个百分位数更湿。

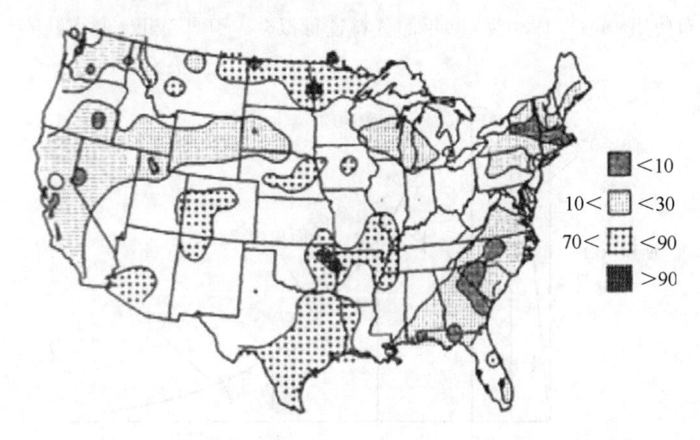

图 4.8 美国本土 1989 年 1 月降水总量,表示为局地伽马分布的百分位值。与通常相比,东部和西部的部分地区是更干的,中部的部分地区是更湿的。引自 Arkin(1989)。

与基本的气候分布相比，1989 年 1 月哪个地区的降水充分地少，稍微少，大约相同，稍微多，或充分地多，立即很清楚了。这些分布的形状参数变化很大，正如图 4.9 中所看到的。把这张图与图 4.7 进行比较，很明显，美国西南部的大部分地区 1 月降水分布是强烈偏斜的，在东部和太平洋西北部的大部分地区，相应的分布更加对称（对应的尺度参数可以从平均的月降水中得到，形状参数使用 $\beta=\mu/\alpha$）。气候的伽马分布表示月降水量的一个好处是，降水气候形状中这些很强的差异不会使不同地点之间的比较产生混淆。还有一个好处是，通过对美国的每个位置，而不是整个原始降水气候值，只使用两个伽马分布参数归纳每个地点的降水气候，用参数分布表示气候变化，既平滑了气候资料又简化了图形产品。

图 4.10 用 $\alpha=2$ 的伽马概率密度函数，举例说明了百分位数的定义。这个分布被划分为分别对应于包含 10%，20%，40%，20%和 10%概率的 5 类阴影级别的 5 个种类。正如可以在图 4.9 中看到的，对美国中西部和南部平原的很多地方来说，图 4.10 中的分布形状是 1 月降水的特征。图 4.8 中，东北方的 Oklahoma 州的观测值报告的 1989 年 1 月降水量，显示在第 90 个百分位数之上，对应的降水量将比局地定义的 $q_{0.9}$ 更大。

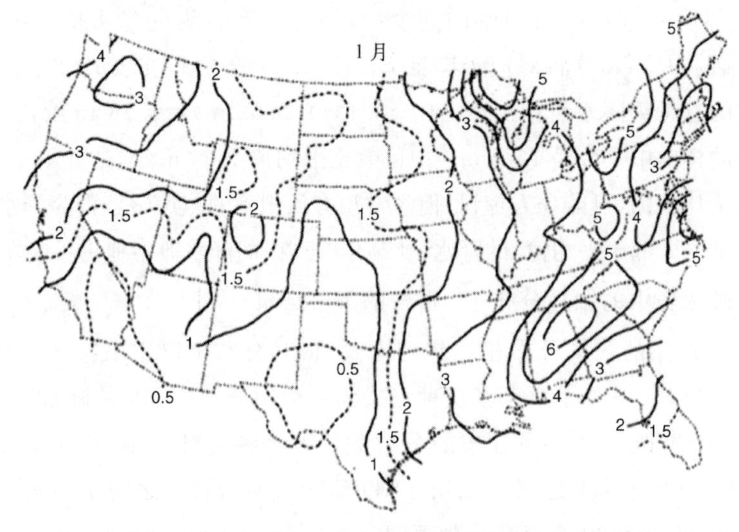

图 4.9 美国本土 1 月降水量伽马分布的形状参数。在西南部分布是强烈偏斜的，而对东部的大部分地区来说更加对称。分布使用 1951—1980 年 30 年的资料进行拟合。引自 Wilks 和 Eggleston(1992)。

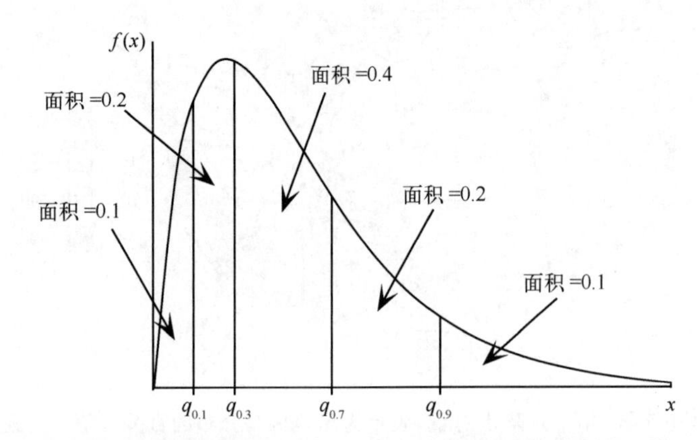

图 4.10 根据 $\alpha=2$ 的伽马分布密度函数，图 4.8 中降水分类的示例说明。比第 10 个百分位数更干的结果，位于 $q_{0.1}$ 的左边。图 4.8 中降水在第 30 和第 70 个百分位数之间（$q_{0.3}$ 和 $q_{0.7}$ 之间）的区域未画阴影。气候分布最湿的 10%的降水，位于 $q_{0.9}$ 的右边。

例 4.10　气候业务中的伽马分布Ⅱ. 标准化的降水指数

根据相应的气候分布，来表示月或更长时期的降水，标准化的降水指数(SPI)是描述干或湿转换条件的一种很受欢迎的方法。为了这个目的，McKee 等(1993)最先提出使用伽马分布，Guttman(1999)建议使用 Pearson Ⅲ分布(式(4.49))，这是伽马分布的推广。

通过正态分位数变换，完成 SPI 的计算：

$$z = \Phi^{-1}[F(x)] \tag{4.45}$$

SPI 等于式(4.45)中的 z，所以降水值 x 根据产生相同累积概率的标准高斯变量 z 进行标准化。这样 SPI 以一种标准化的方式，表示降水少($SPI<0$)或多($SPI>0$)，说明由于地理上或时间尺度上的差异，导致的气候降水的差异。由 $|SPI|>1.0$，$|SPI|>1.5$ 和 $|SPI|>2.0$ 描述的累积降水是定量化的，并且有些主观地描述为干或湿，中等干或中等湿，以及极端干或极端湿(Guttman，1999)。

对伊萨卡(Ithaca)1987 年 1 月的 3.15 in 累积降水，考虑计算 SPI。例 4.8 显示，对描述伊萨卡(Ithaca)1933—1982 年 1 月降水的伽马分布来说，近似的最大似然估计为 $\alpha=3.76$ 和 $\beta=0.52$ in，在这个分布的背景下，相应于 $x=3.15$ in 的累积概率是 $F(3.15\text{ in})=0.873$。伊萨卡(Ithaca)1987 年 1 月的 SPI 是降水量的正态分位数变换(式(4.45))，$SPI=\Phi^{-1}[F(3.15\text{ in})]=\Phi^{-1}[0.873]=+1.14$。即，在其自身的气候分布内，与 1987 年 1 月降水有相同累积概率的标准高斯变量是 $z=+1.14$。

日常业务上，计算 SPI 的时间尺度范围，从 1 个月(正如刚计算的 1987 年 1 月)到 2 年。对任意时间尺度，根据拟合到相同时间尺度和年循环的相同时段的分布内的相应累积概率，来描述累积概率。例如，在一个关注的地点 1—2 月两个月的 SPI，包括拟合伽马(或其他适当的)分布到那个地点 1 月加 2 月的历史记录。每年的 SPI 值，被用于年总降水量的概率分布的计算。

存在伽马分布的几个重要特例，通过对参数 α 和 β 的特殊限制而产生。对 $\alpha=1$，伽马分布变为指数分布，PDF 为

$$f(x) = \frac{1}{\beta}\exp\left(-\frac{x}{\beta}\right), \quad x \geqslant 0 \tag{4.46}$$

这个密度的形状简单地称为指数式衰减，正如图 4.7 中 $\alpha=1$ 所显示的。式(4.46)是解析可积的，所以，对指数分布 CDF 存在完全函数形式

$$F(x) = 1 - \exp\left(-\frac{x}{\beta}\right) \tag{4.47}$$

通过对 x 解式(4.47)，容易推导出分位数函数(式(4.83))。因为，通过限制 $\alpha=1$ 指数分布的形状是固定的，它通常不适合表示降水这样的量的变化，尽管两个指数分布的混合(见第 4.4.6 节)，能够很好地表示非零的日降水值。

在大气科学中，指数分布的一个重要用途，是刻画雨滴分布大小的特征，称为雨滴直径分布(如：Sauvageot，1994)。当为了这个目的使用指数分布时，它被称为 Marshall-Palmer 分布，通常表示为 $N(D)$，它表示了雨滴的数量作为其直径的函数的分布。雨滴大小的分布，在雷达应用中是特别重要的，例如，反射率作为被称为后向散射截面的一个量进行期望值计算，其分布是指数的雨滴大小分布。

伽马分布的第二个特例是 Erlang 分布，其中形状参数 α 被限制为整数值。Erlang 分布的一种应用，是作为直到第 α 次泊松事件的等待次数的分布，泊松比率 $\mu=1/\beta$。

伽马分布的另一个重要特例，是卡方(χ^2)分布。卡方分布是尺度参数 $\beta=2$ 的伽马分布。卡方分布，通常根据表示为 v 的整数值参数(称为自由度)写出。伽马分布更常用的关联，是自由度为伽马分布形状参数的两倍，或 $\alpha=v/2$，得到卡方分布的 PDF 为

$$f(x)=\frac{x^{(v/2-1)}\exp(-x/2)}{2^{v/2}\Gamma(v/2)}, \quad x>0 \tag{4.48}$$

因为是固定在 $\beta=2$ 的伽马尺度参数定义了卡方分布，所以式(4.48)与完全的伽马分布有相同变化的形状。因为图 4.7 中没有明晰的水平尺度，所以它可以被解释为显示自由度 $v=1,2,4$ 和 8 的卡方密度。卡方分布，作为 v 个独立标准高斯变量的平方和的分布出现，在统计推断的背景中，以几种方式使用(见第 5 和第 11 章)。表 B.3 列出了卡方分布的右尾分位数。

根据移动参数 ζ 向左或右移动 PDF，伽马分布有时也被推广到三参数分布。这个三参数伽马分布，也被称为 Pearson Ⅲ型分布，或简称为 Pearson Ⅲ型分布，PDF 为

$$f(x)=\frac{\left(\frac{x-\zeta}{\beta}\right)^{\alpha-1}\exp\left(-\frac{x-\zeta}{\beta}\right)}{|\beta\Gamma(\alpha)|}, \quad x>\zeta\text{ 当 }\beta>0\text{，或 }x<\zeta\text{ 当 }\beta<0 \tag{4.49}$$

通常尺度参数 β 是正的，如果 $\zeta>0$ 是向右移动的伽马分布，得到 Pearson Ⅲ型分布，定义域为 $x>\zeta$。然而，式(4.49)也允许 $\beta<0$，这个例子中，PDF 被反射(所以有一个长的左尾和负偏)，定义域是 $x<\zeta$。有时，类似于对数正态分布，式(4.49)中的随机变量 x 已经进行了对数变换，这个例子中，原始变量的分布[$=\exp(x)$]，被称为服从对数 Pearson Ⅲ分布。这里也可以使用其他的变换，比如对数变换，但不像对数正态变换的例子中那样可以任意变换。与高斯分布固定的钟形相比，以类似于调整式(3.19)中变换指数 λ 的方式，通过形状参数 α 的不同取值，由式(4.49)可以给出完全不同的分布形状。

4.4.4 贝塔分布

一些变量被限制到两端界定的实轴线段上。这些变量经常被限制到区间 $0\leqslant x\leqslant 1$。遭受这个限制的物理上重要的变量，其例子是云量(观测为天空的比例)和相对湿度。这种类型变量的一种重要且更抽象的变量是概率，其中在归纳预报中参数分布使用频率是有用的，例如，日降水的概率。通常被选择来表示这些类型资料变化的参数分布是贝塔分布(Beta distribution)。

贝塔分布的 PDF 是

$$f(x)=\left[\frac{\Gamma(\alpha+\beta)}{\Gamma(\alpha)\Gamma(\beta)}\right]x^{\alpha-1}(1-x)^{\beta-1}, \quad 0\leqslant x\leqslant 1;\alpha,\beta>0 \tag{4.50}$$

这是一个非常灵活的函数，依赖于其两个参数 α 和 β，可以呈现出很多不同的形状。图 4.11 举例说明了其中的 5 种形状。通常，对 $\alpha\leqslant 1$，概率集中在 0 附近(例如，图 4.11 中的 $\alpha=0.25$ 和 $\beta=2$，或 $\alpha=1$ 和 $\beta=2$)；对 $\beta\leqslant 1$，概率集中在 1 附近。如果两个参数都小于 1，分布是 U 形的。对 $\alpha>1$ 和 $\beta>1$，分布在 0 和 1 之间有一个单一模态(峰)(例如，图 4.11 中的 $\alpha=2$ 和 $\beta=4$，或 $\alpha=10$ 和 $\beta=2$)，当 $\alpha>\beta$ 时，有更多的概率分布移到右边。当 $\alpha=\beta$ 时，贝塔分布是对称的。交换式(4.50)中的 α 和 β 值，得到原密度函数的镜像密度函数(水平翻转)。

贝塔分布的参数通常用矩法拟合。对分布的前两阶矩，使用下面的表达式很容易得到

$$\mu=\alpha/(\alpha+\beta) \tag{4.51a}$$

和

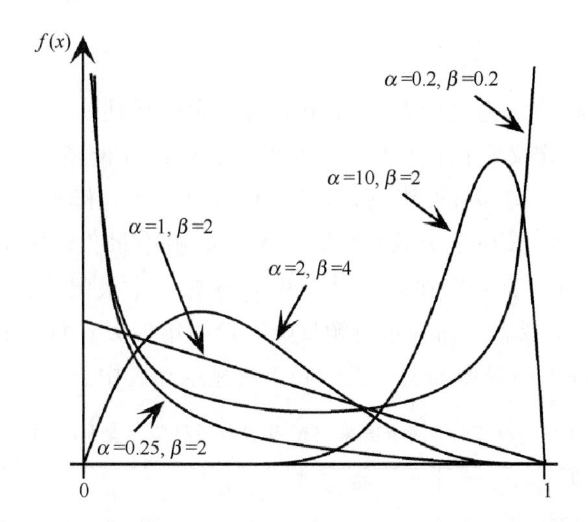

图 4.11　贝塔分布概率密度函数的 5 个例子。通过交换 α 和 β 值可以得到这些分布的镜像图。

$$\sigma^2 = \frac{\alpha\beta}{(\alpha+\beta)^2(\alpha+\beta+1)}, \tag{4.51b}$$

其矩估计

$$\hat{\alpha} = \frac{\bar{x}^2(1-\bar{x})}{s^2} - \bar{x} \tag{4.52a}$$

和

$$\hat{\beta} = \frac{\hat{\alpha}(1-\bar{x})}{\bar{x}} \tag{4.52b}$$

很容易获得。

贝塔分布的一个重要特例是 $\alpha=\beta=1$ 和 PDF $f(x)=1$ 的均匀分布或矩形分布。均匀分布在随机数的计算机生成中起了核心作用(见第 4.7.1 节)。

贝塔分布的使用,不仅局限于在单位区间[0,1]上有定义的变量。一个变量,比方说被限定在任意区间$[a,b]$上的 y,进行下面的变换后可以由贝塔分布表示

$$x = \frac{y-a}{b-a} \tag{4.53}$$

在这个例子中参数拟合用下式完成

$$\bar{x} = \frac{\bar{y}-a}{b-a} \tag{4.54a}$$

和

$$s_x^2 = \frac{s_y^2}{(b-a)^2} \tag{4.54b}$$

然后把这两个式子代入式(4.52)中。

除了几个特例,例如均匀分布之外,贝塔概率分布的积分不存在解析形式。概率可以通过数值方法得到(Abramowitz and Stegun, 1984;Press *et al*.,1986),其中贝塔分布的 CDF 称为不完备的贝塔函数,$I_x(\alpha,\beta)=\Pr\{0\leqslant X\leqslant x\}=F(x)$。Epstein(1985)和 Winkler(1972b)的文献中给出了贝塔概率分布表。

4.4.5 极值分布

极值统计量,通常被理解为对最大的 m 个值的行为的描述。在罕见的大这个意义上,这些资料是极值,并且根据定义它们也是稀少发生的。极值统计量经常很受关注,因为生成极值事件的物理过程,以及其产生的社会影响,是巨大和不寻常的。极值资料的一个典型例子,是日降水资料的每年最大值,或组最大值(在有 m 个值的组中最大)的集合。在 n 年的每一年中,在每一年中的 $m=365$ 天中,存在最湿的一天,而这些 n 个最湿的天的集合,是一个极值资料集。表 4.6 展示了南卡罗来纳州查尔斯顿日降水量的年最大资料集的一个例子。对 $n=20$ 年的每一年,其 $m=365$ 天中最湿的那一天的降水量显示在表中。

表 4.6 1951—1970 年南卡罗来纳州查尔斯顿日降水量(in)的年最大值。

1951	2.01	1956	3.86	1961	3.48	1966	4.58
1952	3.52	1957	3.31	1962	4.60	1967	6.23
1953	2.61	1958	4.20	1963	5.20	1968	2.67
1954	3.89	1959	4.48	1964	4.93	1969	5.24
1955	1.82	1960	4.51	1965	3.50	1970	3.00

来自极值统计学的一个基本结果(例如, Coles, 2001;Leadbetter *et al.*,1983)是,取自一个固定分布的 m 个独立观测值,其最大值随 m 的增加越来越接近服从一个已知的分布,而不管观测值来自的(单个的,固定的)分布。这个结果,称为极值类型理论(Extremal Types Theorem),在极值统计学内,这与和的分布收敛到高斯分布类似。通过分析变量 X,这个理论和方法可以等价地应用到极端最小值(最小的 m 个观测值)的分布。

最大的 m 个值的抽样分布收敛到的分布,称为广义极值(generalized extreme value, GEV)分布,PDF 为

$$f(x)=\frac{1}{\beta}\left[1+\frac{\kappa(x-\zeta)}{\beta}\right]^{1-\frac{1}{\kappa}}\exp\left\{-\left[1+\frac{\kappa(x-\zeta)}{\beta}\right]^{-\frac{1}{\kappa}}\right\},\quad 1+\frac{\kappa(x-\zeta)}{\beta}>0 \tag{4.55}$$

式中有三个参数:位置(或位移)参数 ζ、尺度参数 β 和形状参数 κ。式(4.55)可以解析地进行积分,得到 CDF

$$F(x)=\exp\left\{-\left[1+\frac{\kappa(x-\zeta)}{\beta}\right]^{-\frac{1}{\kappa}}\right\} \tag{4.56}$$

这个 CDF 可以被反推,得到分位数函数的一个显示公式,

$$F^{-1}(p)=\zeta+\frac{\beta}{\kappa}\{[-\ln(p)]^{-\kappa}-1\} \tag{4.57}$$

特别是在水文学的文献中,式(4.55)到式(4.57)经常用相反的(reserved)形状参数 κ 的符号写出。

因为 GEV 的矩(见表 4.5)包括伽马函数,所以用矩法估计 GEV 的参数不比产生更精确结果的其他方法更方便。这个分布通常使用最大似然法(见第 4.6 节),或在水文学中经常使用的著名的 L-矩法(Hosking, 1990;Stedinger *et al.*,1993)。对小资料样本来说,L-矩拟合是首选(Hosking, 1990)。最大似然法,能够容易地适应到包括协变量的影响或附加的影响。

例如，由于气候变化，一个或更多的分布参数可能存在一个趋势（Katz *et al.*，2002；Kharin and Zwiers，2005；Smith，1989；Zhang *et al.*，2004）。对中等的和很大的样本容量来说，这两个参数估计方法，其结果通常是类似的。使用表 4.6 中的资料，对 GEV 参数的最大似然估计是 $\zeta=3.50$，$\beta=1.11$，$\kappa=-0.29$。

依赖于形状参数 κ 的值的 GEV 的三个特例被普遍应用。随着 κ 接近于 0，式(4.55)取极限得到 PDF：

$$f(x)=\frac{1}{\beta}\exp\left\{-\exp\left[-\frac{(x-\zeta)}{\beta}\right]-\frac{(x-\zeta)}{\beta}\right\} \tag{4.58}$$

这就是著名的耿贝尔分布（Gumbel distribution）或 Fisher-Tippett Type I 分布。对独立地取自形态规范的（即指数的，比如高斯分布和伽马分布）尾部的极值资料来说，耿贝尔分布是 GEV 的极限形式。然而，对这个分布来说，经常发现耿贝尔分布的右尾可能太瘦，不适合表示日降水极值的概率（例如，Brooks and Carruthers，1953）。耿贝尔分布如此频繁地被用来表示极值统计量的分布，以至于有时被错误地称为极值分布。耿贝尔分布的 PDF 偏到右边，其最大值在 $x=\zeta$ 处。耿贝尔分布的概率，可以从下面的累积分布函数得到

$$F(x)=\exp\left\{-\exp\left[-\frac{(x-\zeta)}{\beta}\right]\right\} \tag{4.59}$$

耿贝尔分布的参数，可以通过最大似然法或 L-矩法进行估计，正如前面描述的更普遍的 GEV 的例子，但是拟合这个分布的最简单方法是使用矩法。两个耿贝尔分布参数的矩估计，用样本平均值和标准偏差进行计算。估计公式是

$$\hat{\beta}=\frac{s\sqrt{6}}{\pi} \tag{4.60a}$$

和

$$\hat{\zeta}=\bar{x}-\gamma\hat{\beta} \tag{4.60b}$$

式中：$\gamma=0.57721\cdots$是欧拉常数。

对 $\kappa>0$，式(4.55)被称为 Frechet 分布 或 Fisher-Tippett Type Ⅱ 分布。这些分布表现，被称为“粗”尾特征，意指对很大的 x 值来说，PDF 下降得相当缓慢。粗尾的一个结果，是 Frechet 分布的有些矩不是有限的。例如，对 $\kappa>1/2$，定义的方差（式(4.21)）的积分不是有限值，对 $\kappa>1$，甚至平均值（即 $g(x)=x$ 的式(4.20)）也是无限的。粗尾的另一个结果，是与大的累积概率有关的分位数（即 $p\approx1$ 时的式(4.57)）将相当大。

对 $\kappa<0$，出现 GEV 分布的第三个特例，这就是著名的 Weibull 分布或 Fisher-Tippett Type Ⅲ 分布。通常当位移参数 $\zeta=0$ 时，进行参数变换，可以写出 Weibull 分布的 PDF 为

$$f(x)=\left(\frac{\alpha}{\beta}\right)\left(\frac{x}{\beta}\right)^{\alpha-1}\exp\left[-\left(\frac{x}{\beta}\right)^{\alpha}\right],\quad x,\alpha,\beta>0 \tag{4.61}$$

正如伽马分布的情形，两个参数 α 和 β 分别被称为形状参数和尺度参数。Weibull 分布的形式，也通过这两个参数类似地控制着。分布形状对不同 α 值的反应，显示在了图 4.12 中。与伽马分布相同，$\alpha\leqslant1$ 产生了反的“J”形和强的正偏，对 $\alpha=1$，Weibull 分布也变为指数分布的一个特例（式(4.46)）。也与伽马分布相同，对一个给定的 α 值，尺度参数同样表现为沿着 x 轴伸长或压缩基本形状。对 $\alpha\approx3.6$，Weibull 分布非常类似于高斯分布。然而，对于比这个更大的形状参数值，Weibull 密度显示为负偏，这在图 4.12 中的 $\alpha=4$ 可以看到。

Weibull 分布的 PDF 是解析可积分的，CDF 的结果是

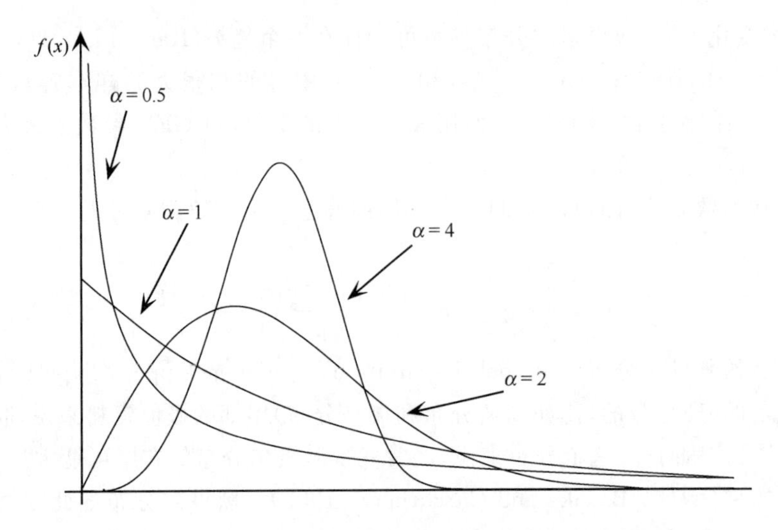

图 4.12 四个形状参数 α 值的 Weibull 分布概率密度函数

$$F(x) = 1 - \exp\left[-\left(\frac{x}{\beta} \right)^{\alpha} \right] \tag{4.62}$$

这个方程可以容易对 x 求解，得到分位数函数。正如对更普遍的 GEV 的例子，Weibull 分布的矩中包括伽马函数(见表 4.5)，所以用矩法做参数拟合不存在计算上的优势。通常 Weibull 分布使用最大似然法(见第 4.6 节)或 L-矩法(Stedinger *et al.*，1993)进行拟合。

研究和模拟极值统计量的一个重要动机，是估计稀有事件和破坏性事件，比如可能引起洪水的极端大的日降水量，或者可能导致对建筑物破坏的极端大的风速。在类似的这些应用中，经典极值理论的假定，即，对收敛到 GEV 来说，事件是独立的，并且来自相同的分布，以及单个(通常是日)值的数量 m 足够大，但是这些条件可能并不满足。极值理论应用的最大问题，是所用的资料经常不是取自相同的分布，例如，因为 m(通常=365)个值的统计量含有年循环，并且/或者因为 m 个值中的最大值由不同组(年)的不同过程生成。例如，某些最大的日降水值，是因为飓风登陆而发生，某些是因为大并且缓慢移动的雷暴复合体产生，而其他的一些可能是在准静止锋边界产生。不同物理过程的统计量(即相应的潜在 PDFs)，可能是不同的(如：Walshaw，2000)。

这些考虑，并不否定 GEV(式(4.55))是描述极值统计量的候选分布，凭经验，这个分布经常被发现是一个极好的选择，即使极值理论的假定不满足时。然而，在很多不满足经典假定的实际环境中，不能确保 GEV 是表示极值资料集最合适的分布。对特定的资料集来说，GEV 的适当性，应当与其他候选分布一起进行评估(Madsen *et al.*，1997；Wilks，1993)，可以使用第 4.6 节或第 5.2.6 节中给出的方法。

当用极值统计量进行工作的时候，另一个实际问题，是用来拟合分布的极值资料的选择。正如已经注意到的，一种常见的选择，是在 n 年的每一年中挑选最大的一个日值，这是典型的年最大值(annual maximum，AM)序列。这种方法的潜在缺点，是大部分资料(包括在其发生年中不是最大，但比其他年中的最大值更大的资料)没有用到。收集极值资料集合的一种可选方法，是不管发生的年份而挑选最大的 n 个值。在水文学中，这个结果被称为局部持续(partial-duration)资料。这个方法更通常地被称为超过阈值的峰值(peaks-over-threshold，POT)，因为大于最小阈值的任何值都被选入，不局限于选择与气候记录的年份相同数目的极值。因为潜在的资料可能具有大量的序列相关，因此需要谨慎选择，以确保选择的局部持续资料能够代表不同的事件。特别是，通常选定的阈值之上的相邻值只有一个最大的，可以被吸收进极值资料集。

当对资料用 POT 抽样进行极值分析的时候，使用广义 Pareto 分布刻画具有理论支持，PDF 为

$$f(x)=\frac{1}{\sigma^*}\left[1+\frac{\kappa(x-u)}{\sigma^*}\right]^{-\frac{1}{\kappa}-1} \tag{4.63}$$

而 CDF 为

$$F(x)=1-\left[1+\frac{\kappa(x-u)}{\sigma^*}\right]^{-\frac{1}{k}} \tag{4.64}$$

这个分布，作为 POT 资料对 GEV 分布的近似出现，在一个给定的时间段里，这些最大值的数目服从泊松分布（Coles，2001；Hosking and Wallis，1987；Katz *et al.*，2002）。这里 u 是 POT 抽样的阈值，它应该是相对地较高，而 κ 是形状参数，与相关的 GEV 分布有相同的值。从尺度参数 σ^* 与抽样阈值 u，到有关的 GEV 分布与其泊松分布平均比率的关系，在 Katz 等(2002)及 Coles 和 Pericchi(2003)等的文献中都能找到。

在特定的应用中，年最大值和局部持续资料，哪个更有用呢？关注点通常集中在极值分布的极端右尾，不管它们是否选择为 AM 还是 POT，都对应到相同的资料。这是因为，局部持续资料的最大值，在那些出现的年份也将是最大的单一值。每年最大值和局部持续资料之间的选择，最好根据经验来做，根据哪一个可以更好地拟合极值分布，来估计极值的尾部概率（Madsen *et al.*，1997；Wilks，1993）。

极值分析的结果，经常只是相应于很大累积概率的分位数的应用，例如每年概率超过 0.01 的事件。除非 n 相当大，否则这些极值分位数的直接经验估计，将是不可能的（比较式(3.18)），一个很好拟合的极值分布，能够外推大于 $1-1/n$ 的概率。这些极值概率，经常表达为下面的平均重现期(average return periods)：

$$R(x)=\frac{1}{\omega[1-F(x)]} \tag{4.65}$$

与分位数 x 有关的重现期 $R(x)$，解释为该量级或更大量级的事件发生之间的平均时间。重现期，是在 x 处求得的 CDF 值，是平均抽样频率 ω 的函数。对年最大资料来说，$\omega=1a^{-1}$，在这个例子中，相应于累积概率 $F(x)=0.99$ 的事件 x，在任意给定年有超过 $1-F(x)$ 的概率。x 的这个值，和 100 年的重现期有关，被称为百年一遇的事件。特别是对局部持续资料来说，ω 不必是 $1a^{-1}$，有些作者建议使用 $\omega=1.65a^{-1}$（Madsen *et al.*，1997；Stedinger *et al.*，1993）。作为例子，如果不管其发生的年份，选择 n 年中最大的 $2n$ 个日值，那么 $\omega=2a^{-1}$。这种情况，百年一遇的事件对应于 $F(x)=0.995$。

例 4.11　重现期和累积概率

正如早就注意到的，GEV 分布到表 4.6 中年最大降水量的拟合，得到参数估计 $\zeta=3.50$，$\beta=1.11$，$\kappa=-0.29$。累积概率 $p=0.5$ 时，用式(4.57)得到中位数为 3.89 in，这是在给定的一年中有 50% 的可能性超过的降水量。因此，在一个假设的长气候记录中，这个数量平均半年被超过一次，所以这个量级或更大的量级上日降水事件出现的平均间隔时间是 2 年（式(4.65)）。

对这些资料来说，因为 $n=20$ 年，中位数可以直接用样本中位数进行很好地估计。考虑从

这些资料中估计日降水事件百年一遇的量值，根据式(4.65)，对应于累积概率 $F(x)=0.99$，而使用 Tukey 绘图位置(见表 3.2)，对应于表 4.6 中的最极端降水量的经验累积概率，可以估计为 $p\approx0.967$。然而，和式(4.65)一起使用 GEV 分位数函数(式(4.57))，对百年一遇的数量的估计，是 6.32 in(从 L-矩参数估计的 $\zeta=3.49$，$\beta=1.18$，$\kappa=-0.32$ 导出的对应于 2 年一遇和 100 年一遇的降水量分别为 3.90 和 6.33 in)。

需要强调的是，T 年一遇的事件在一个特定的 T 年期间里无法确保一定发生。实际上，一个极端事件，直到下一次发生的等待时间的概率分布，是很宽广的(如：Wigley, 2009)。在任意给定的一年中，T 年一遇的事件发生的概率是 $1/T$，例如对 $T=100$ 年一遇的事件，$1/T=0.01$。在任意特定的年中，T 年一遇的事件的发生，是一次伯努利试验，$p=1/T$。因此，几何分布(式(4.5))，可以用来计算事件等待年数的概率。重现期的另一种解释，是等待时间的几何分布的平均值。在任意挑选的一个世纪中 100 年一遇的事件发生的概率，可以用式(4.5)计算，为 $\Pr\{X\leqslant100\}=0.634$。也就是说，在任何特定的 100 年中有超过 1/3 的机会百年一遇的事件不发生。类似的，在 200 年中，百年一遇事件不发生的概率大约为 0.134。

极值分析的大部分气候应用，都假定资料生成过程是平稳的，意指气候统计量不随时间变化。在一个变化的气候中，显然这个假定是不正确的，气候平均值的变化(气候概率分布的形状没有变化)也可能导致极值概率的很大变化(如：Mearns *et al.*，1984；Wigley, 2009)。然而，气候资料生成过程中的非平稳性，可以用一个广义线性模型(见第 7.3.1 节)方法表示，在这种方法中，极值分布参数的一个或多个的趋势，被明确地表示出来(如：Cooley, 2009；Katz *et al.*，2002)。超过的概率 $1-F(x)$ 的事件可以被估计，它是将来时间的函数。

4.4.6 混合分布

对来自超过一个生成过程或物理机理的资料来说，本章目前为止给出的参数分布是不适当的。一个例子是表 A.3 中 Guayaquil 的温度资料，其柱状图显示在图 3.6 中。这些资料显然是双峰的，分布中较小较暖的峰，与 El Niño 年有关较大较冷的峰，主要由非 El Niño 年组成。尽管中心极限定理表明，对月平均温度，高斯分布应该是一个比较好的拟合模型，但 Guayaquil 6 月的温度与 El Niño 有关的差异，使得对全面地表示这些资料来说，高斯分布不是一个好的选择。然而，对这些资料来说，El Niño 年和非 El Niño 年分开的高斯分布，可能提供了一个好的拟合概率模型。

像这种情况的例子中，用两个或更多个 PDFs 的混合分布，或权重平均来表示是很自然的选择。任意数量的 PDFs，都可以被组合起来，形成混合分布(Everitt and Hand, 1981；McLachlan and Peel, 2000；Titterington *et al.*，1985)，但是到目前为止，最常使用的混合分布，还是两个分量 PDFs 的权重平均，

$$f(x)=wf_1(x)+(1-w)f_2(x) \tag{4.66}$$

分量 PDFs $f_1(x)$ 和 $f_2(x)$ 可以是任何分布，尽管通常它们有相同的参数形式。权重参数 w $(0<w<1)$，确定了每个分量密度对混合 PDF 的贡献，可以解释为随机变量 X 的一个现实是来自 $f_1(x)$ 的概率分布。

当然，混合分布的性质，依赖于各分量分布的性质和权重参数，其平均值是两个分量平均值的权重平均，

$$\mu=w\mu_1+(1-w)\mu_2 \tag{4.67}$$

另一方面，方差

$$\sigma^2 = [w\sigma_1^2 + (1-w)\sigma_2^2] + [w(\mu_1-\mu)^2 + (1-w)(\mu_2-\mu)^2] \tag{4.68}$$
$$= w\sigma_1^2 + (1-w)\sigma_2^2 + w(1-w)(\mu_1-\mu_2)^2$$

从两个分布的权重方差（在第一行的第一个方括号里的项），加上从与两个平均值的差值导出的另外的离散度（第二个方括号里的项），混合分布能够清楚地表示双峰（或当混合由三个或更多的分量分布组成的时候，即多峰）。但是，如果分量平均值之间的差值，相对于分量标准差或方差足够小，混合分布也可能是单峰的。

通常混合分布采用EM算法（见第4.6.3节），用最大似然法进行拟合。图4.13显示了2个高斯分布最大似然拟合到表A.3中Guayaquil 6月温度资料的PDF，参数 $\mu_1=24.34$ ℃，$\sigma_1=0.46$ ℃，$\mu_2=26.48$ ℃，$\sigma_2=0.26$ ℃，$w=0.80$（见例4.14）。这里，μ_1 和 σ_1 是第一个（更冷和更多可能的）高斯分布 $f_1(x)$ 的参数，而 μ_2 和 σ_2 是第二个（更暖和更少可能的）高斯分布 $f_2(x)$ 的参数。图4.13中的混合PDF的结果，是两个分量高斯分布的简单（权重）加和，其构建方式类似于图3.8中作为其自身概率密度函数尺度化的一个加和对相同资料的核密度的估计。实际上，图4.13中的高斯混合，类似于图3.8b中从相同的资料导出的核密度估计。相对于由两个标准差描述的离散度，两个分量高斯分布的平均值被很好地分离开，结果导致混合分布有很强的双峰。

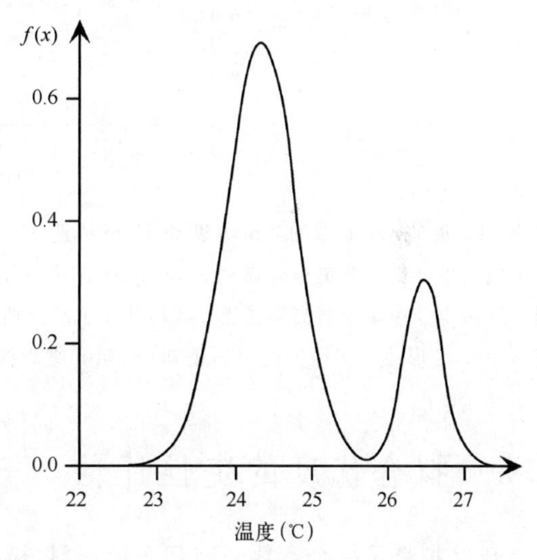

图4.13　两个高斯分布拟合到Guayaquil 6月温度资料（表A.3）的混合概率密度函数。这个结果很类似于从相同的资料导出的核密度估计（图3.8b）。

对混合分布分量来说，高斯分布是最常用的选择，但是指数分布（式(4.46)）的混合也是重要的和经常使用的。特别是，由两个指数分布组成的混合分布，被称为混合指数分布（Smith and Schreiber，1974），其PDF为

$$f(x) = \frac{w}{\beta_1}\exp\left(-\frac{x}{\beta_1}\right) + \frac{1-w}{\beta_2}\exp\left(-\frac{x}{\beta_2}\right) \tag{4.69}$$

已经发现，混合指数分布很好地适合于表示非零的日降水资料（Foufoula-Georgiou and Lettenmaier，1987；Wilks，1999；Woolhiser and Roldan，1982），对模拟（见第4.7节）与空间相关的日降水量来说，是特别有用的（Wilks，1998）。

混合分布，不局限于单变量连续PDFs的组合。式(4.66)可以很容易地用来形成离散概率分布函数的混合分布，或多变量联合分布的混合分布。例如，图4.14显示拟合51个集合成

员预报(见 7.6 节)的温度和风速,得到两个双变量高斯分布(式(4.33))的混合分布。这个分布,使用 Smyth 等(1999)及 Hannachi 和 O'Neill(2001)的文献中给出的针对多变量高斯混合的最大似然算法。尽管多变量混合分布,在适应异常的资料方面是相当灵活的,但这种灵活性,是以估计很多参数的代价实现的,所以这类分布的相对精细的概率模型的使用,可能受限于可利用的样本容量。为了描述图 4.14 中的混合分布,需要 11 个参数:两个平均值、两个方差、两个双变量分量分布变量的相关系数,再加上权重参数 w。

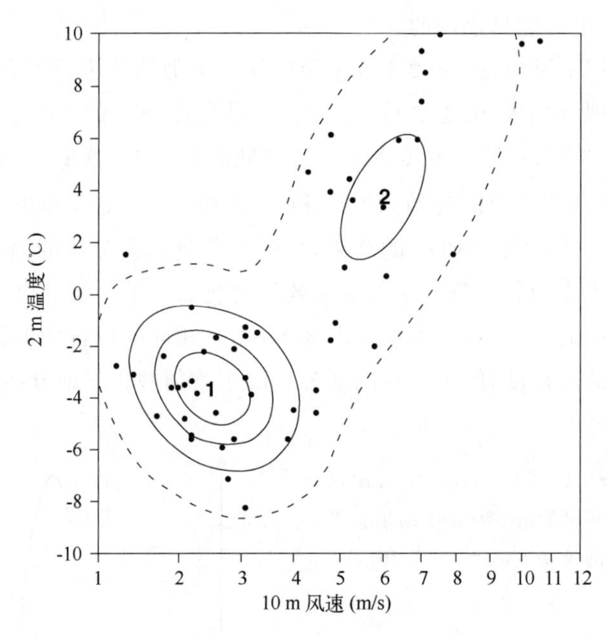

图 4.14 提前 180 h 做的 2 m 温度和 10 m 风速的 51 个预报集合拟合的双变量高斯混合分布的等值线图。为了使其单变量分布更符合高斯分布,风速先进行了平方根变换。点显示了由 51 个集合成员做的单个预报。这两个分量单变量高斯密度 $f_1(x)$和 $f_2(x)$分别集中在"1"和"2",平滑线表示其混合 $f(x)$的水平曲线,用 $w=0.57$ 形成。实等值线间隔是 0.05,粗和细虚线分别是 0.01 和 0.001。引自 Wilks(2002b)。

4.5 拟合优度的定性评估

已经拟合了一个参数分布到一批资料,检验理论概率模型是否给出了该资料的充分描述,不仅仅是出于兴趣。因为拟合一个不适当的分布,可能导致得到错误的结论。评估拟合的分布与所用资料接近程度的定量方法,依赖于来自形式假设检验的思想,第 5.2.5 节中将给出这些方法中的几种。本节描述主观辨识拟合优度,给出有用的一些定性和图形方法。对于形式拟合优度检验,这些方法也是有益的。形式检验可以显示一个不合适的拟合,但是,它不可能告知分析者关于问题的具体本质。资料和拟合分布的图形比较,允许来诊断参数分布在哪里以及怎么不合适的情况。

4.5.1 拟合的参数分布与资料柱状图的叠加

对拟合的参数分布与资料进行比较,最简单和最直观的方式,是拟合的分布和柱状图的叠加。用这种方式,容易看出参数模型与资料的总体偏差。如果资料充分多,由于抽样变化引起的柱状图中的不规则性,将不会太混乱。

对离散资料来说,概率分布函数已经非常像柱状图了。柱状图和概率分布函数,都以概率分配到一组,得到离散的结果。对这二者进行比较,只要求画出资料值,有相同离散资料值或范围,而柱状图和分布函数可以进行尺度化。通过根据垂直轴上的相对而不是绝对频率画柱状图,使第二个条件得到满足。图 4.2 是泊松概率分布函数和观测的美国每年飓风登陆数量的柱状图叠加的一个例子。

连续 PDF 在柱状图上的叠加步骤是完全类似的。基本的限制是任何概率密度函数在随机变量的整个范围上的积分必须等于 1。即,对所有的概率密度函数式(4.17)都要满足。匹配柱状图和密度函数的一种方法,是重新尺度化密度函数。通过计算柱状图的所有矩形框(bars)占有的面积,得到正确的尺度化因子。这个面积表示为 A,容易看到 A 乘以拟合的密度函数 $f(x)$,得到了一条面积也为 A 的曲线,因为作为常数,A 可以从积分中提出来:$\int_x A \cdot f(x)\mathrm{d}x = A \cdot \int_x f(x)\mathrm{d}x = A \times 1 = A$。注意,需要重新尺度化柱状图的高度,以使矩形框(bars)中包含的面积为 1。在统计学中,后面的这种方法是更常用的,因为柱状图被看作为密度函数的估计。

例 4.12　PDFs 在柱状图上的重叠

图 4.15 用来自表 A.2 的 1933—1982 年伊萨卡(Ithaca)1 月降水总量举例说明了拟合分布和柱状图叠加的过程。这里,资料的年数为 $n=50$,柱状图矩形的宽度(与式(3.12)一致)是 0.5 in,所以柱状图的矩形所占有的面积是 $A=50\times0.5=25$。叠加在柱状图上的曲线,是用式(4.41)或式(4.43a)拟合的伽马分布(实曲线),与通过匹配样本和分布矩拟合的高斯分布(虚曲线)的 PDFs。在这两个例子中,PDFs(分别为式(4.38)和式(4.23))已经乘以了 25,以使其面积等于柱状图的面积。对表示这些正偏的降水资料来说,对称的高斯分布显然不是一个好

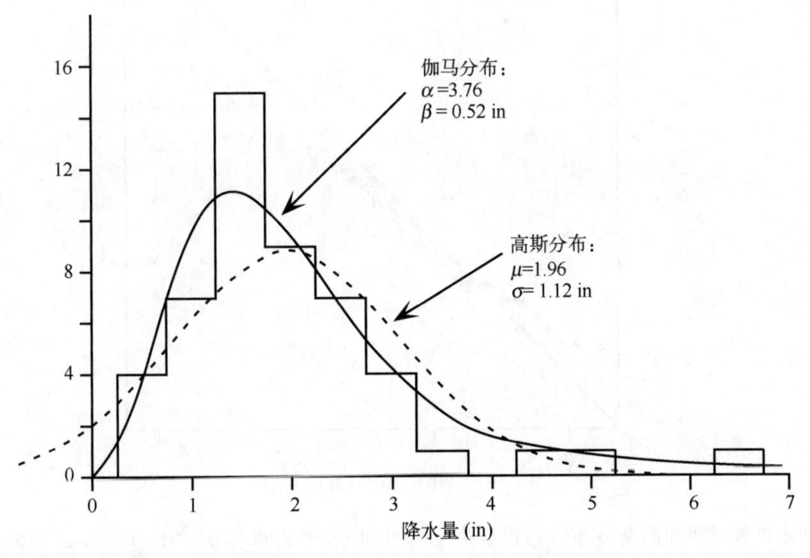

图 4.15　来自表 A.2 的 1933—1982 年伊萨卡(Ithaca)1 月降水资料的柱状图,与拟合的伽马分布(实曲线)和高斯分布(虚曲线)的 PDFs。两个密度函数的每一个都乘以 $A=25$,因为矩形的宽度是 0.5 in,并且有 50 个观测。显然,伽马分布给出了资料的一个合理表示。高斯分布对右尾的表示过低,并且还对负降水包含了非零概率。

的选择,因为最大降水量的概率太小,而不可能出现的负降水量的概率却是不可忽略的。而伽马分布更加接近这些资料的柱状图,并且对资料中的年际变率给出了相当正确的归纳。看起来,对矩形框中的 0.75,−1.25 in,和 1.25,−1.75 in 拟合最差,这是由抽样变率导致的。为了对这两个分布的拟合进行正式检验,在第 5.2.5 节中也将使用与这个相同的资料。

4.5.2 分位数-分位数(Q-Q)图

分位数-分位数(Q-Q)图,是对有量纲的变量值(经验分位数)比较其经验(资料)的和拟合的 CDFs。通过分位数函数或 CDF(式(4.19))的逆,在累积概率的估计水平处估计随机变量的观测 x 与拟合分布之间的关系。

Q-Q 图是一个散点图。定义点的位置的每一个坐标对,由一个资料值和从拟合分布的分位数函数导出的对那个资料值的相应估计组成。采用 Tukey 绘图位置公式(见表 3.2)作为经验累积概率的估计(尽管其他的也可以合理地使用),Q-Q 图中的每个点,有笛卡尔坐标($F^{-1}[(i-1/3)/(n+1/3)], x_{(i)}$)。这样,Q-Q 图上的第 i 个点,是由第 i 个最小的资料值 $x_{(i)}$ 和拟合分布中相应于样本累积概率 $p=(i-1/3)/(n+1/3)$ 的随机变量的值定义的值点构成的。完美地表示资料拟合分布的 Q-Q 图的所有点,都将落在 1∶1 的对角线上。

图 4.16 显示对表 A.2 中 1933—1982 年伊萨卡(Ithaca)1 月降水,用伽马分布和高斯分布拟合进行比较的 Q-Q 图(参数估计显示在图 4.15 中)。图 4.16 表现资料的大部分范围,拟合的伽马分布与观测资料对应得很好,因为在估计的经验累积概率处,估计的分位数函数值很接近观测的资料值,产生的点很靠近 1∶1 线。拟合分布好像低估了最大的几个点,表明拟合的伽马分布的尾部可能太细了。

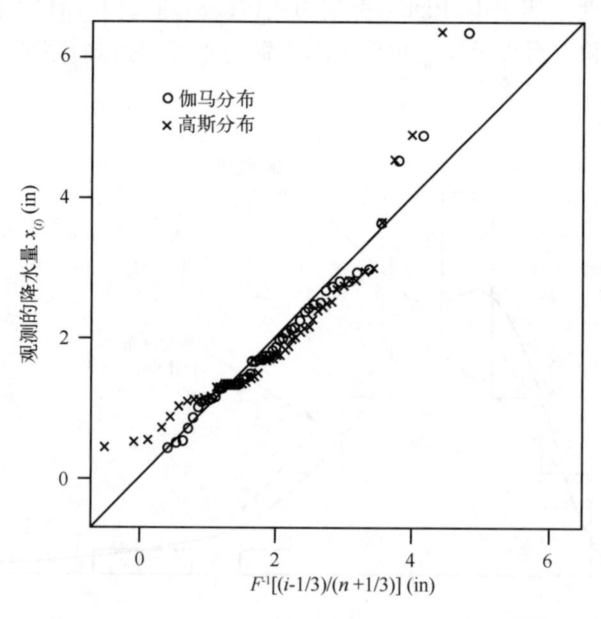

图 4.16 用伽马分布(○)和高斯分布(×)拟合表 A.2 中 1933—1982 年伊萨卡(Ithaca)1 月降水的Q-Q 图。观测的降水量在垂直轴上,用 Tukey 绘图位置推断的降水量在水平轴上。对角线显示 1∶1 的对应位置。

另一方面,图 4.16 表明,对这些资料来说,显然高斯分布拟合效果不好。最显著的是,拟合的高斯分布的左尾太粗了,所以最小的理论分位数太小了,事实上,最小的两个竟然是负值。

通过分布可以看出，高斯分位数比伽马分位数离 1∶1 线更远，表明高斯分布是更不精确的拟合，在右尾，高斯分布比伽马分布更加低估最大的分位数。

通过反过来推理 Q-Q 图，作为拟合的 CDF 的 $F(x)$的函数，在相应的资料值处求值，产生经验累积概率的散点图(用表 3.2 的绘图位置估计)，对拟合的和经验的分布进行比较也是可能的。这种图被称为概率-概率图，或 P-P 图。P-P 图比 Q-Q 图好像使用得更少，可能因为比较有量纲的资料值比比较累积概率更直观。P-P 图对分布的尾部极值的差异更不敏感，而极值常常是最受关注的。Q-Q 图和 P-P 图都属于被称为概率图的范围更广的一类图。

4.6　使用最大似然拟合参数

4.6.1　似然函数

对很多分布来说，用简单的矩法拟合参数产生了较差的结果，可能导致错误的推论和推断。最大似然法，是一种通用的和重要的可选方法。正如其名字所表明的，这个方法试图找到使似然函数最大化的分布参数的值。似然是资料支持特定参数值的程度的度量，最大似然法的过程，根据似然的概念得到(如：Lindgren，1976)。正如第 6 章中更完整的解释，该过程的贝叶斯解释(除了小样本容量外)为，最大似然估计是已知观测资料的条件下参数最可能的值。

符号上，对单个观测 x 的似然函数，看起来与概率密度(或对离散变量的概率分布)函数相同，这二者之间的差异起初是容易混淆的。区别为，PDF 是对固定的参数值的函数，而似然函数是对固定的(已观测)资料值的未知参数的函数。正如 n 个独立变量的联合 PDF 是 n 个单一 PDFs 的乘积一样，已知 n 个独立资料值样本分布参数的似然函数正好是 n 个单一似然函数的乘积。例如，已知 n 个观测值 $x_i, i=1,\cdots,n$ 的一个样本，高斯参数 μ 和 σ 的似然函数为

$$\Lambda(\mu,\sigma) = \sigma^{-n}(\sqrt{2\pi})^{-n}\prod_{i=1}^{n}\exp\left[-\frac{(x_i-\mu)^2}{2\sigma^2}\right] \tag{4.70}$$

这里大写字母 Π 表示上式右端构成项的乘积。实际上，似然函数可以是与式(4.70)成比例的任意函数，所以包括 2π 的平方根的常数因子可以省略，因为其不依赖于高斯分布的两个参数。这个式子已经强调了式(4.70)和式(4.23)之间的关系。式(4.70)的右端项，看起来正好相同于 n 个独立高斯变量的联合 PDF，除了参数 μ 和 σ 是变量外，x_i 为固定的常数。几何上，式(4.70)描述了 μ-σ 平面上在特定的一对参数值上，取最大值的一个曲面，这个曲面依赖于通过 x_i 值给出的特定资料集。

通常用被称为对数似然的似然函数的对数计算，是更方便的。因为对数是严格的增函数，相同的参数值将使似然函数和对数似然函数都取最大值。对应于式(4.70)，高斯参数的对数似然函数是

$$L(\mu,\sigma) = \ln[\Lambda(\mu,\sigma)] = -n\ln(\sigma) - n\ln(\sqrt{2\pi}) - \frac{1}{2\sigma^2}\sum_{i=1}^{n}(x_i-\bar{x})^2 \tag{4.71}$$

再一次，式中包括 2π 的项对找到函数的最大值来说，也不是严格必需的，因为它不依赖于参数 μ 或 σ。

至少在概念上，最大化对数似然，在微积分中是简单的。对高斯分布来说，其实是很简单的，因为最大化可以解析地求解。关于参数 μ 和 σ 对式(4.71)求导数得到：

$$\frac{\partial L(\mu,\sigma)}{\partial \mu} = \frac{1}{\sigma^2}\left[\sum_{i=1}^{n} x_i - n\mu\right] \tag{4.72a}$$

和

$$\frac{\partial L(\mu,\sigma)}{\partial \sigma} = -\frac{n}{\sigma} + \frac{1}{\sigma^3}\sum_{i=1}^{n}(x_i - \mu)^2 \tag{4.72b}$$

令每个导数都等于0,分别解得

$$\hat{\mu} = \frac{1}{n}\sum_{i=1}^{n} x_i \tag{4.73a}$$

和

$$\hat{\sigma} = \sqrt{\frac{1}{n}\sum_{i=1}^{n}(x_i - \hat{\mu})^2} \tag{4.73b}$$

这二者是高斯分布的最大似然估计(MLEs),因为非常类似于矩估计,所以是容易辨认的。唯一的差别,是式(4.73b)中除数是 n 而不是 $n-1$。当计算样本标准差的时候,除数经常采用 $n-1$,因为这样得到的是总体值的无偏估计。这个差别指出了如下事实,即对特定分布来说,最大似然估计可能不是无偏的。在这个例子中,估计的标准差(式(4.73b))平均起来倾向于偏小,因为相比于真实的平均值,x_i 平均起来更接近式(4.73a)中用它们计算的平均值,尽管对很大的 n 来说,其差别很小。

4.6.2 牛顿-拉夫逊(Newton-Raphson)方法

对高斯分布来说,MLEs是相当难得的,因为它们可以被解析地计算。对MLEs迭代地计算近似值是更常用的。一种通常的方法,是把对数似然函数的最大化,转变为使用多维广义牛顿-拉夫逊方法,解非线性求根问题(如:Press *et al.*,1986)。这种方法来自对数似然函数导数的泰勒展开的截断

$$L'(\boldsymbol{\theta}^*) \approx L'(\boldsymbol{\theta}) + (\boldsymbol{\theta}^* - \boldsymbol{\theta})L''(\boldsymbol{\theta}) \tag{4.74}$$

式中:$\boldsymbol{\theta}$ 为分布参数的一个普通向量;$\boldsymbol{\theta}^*$ 为真实值的近似。因为上式是对数似然函数的导数 $L'(\boldsymbol{\theta}^*)$,为了得到其根,式(4.74)要求计算对数似然函数的二阶导数 $L''(\boldsymbol{\theta})$。令式(4.74)等于0(找到对数似然 L 的最大值),重新整理得到描述迭代过程算法的表达式:

$$\boldsymbol{\theta}^* = \boldsymbol{\theta} - \frac{L'(\boldsymbol{\theta})}{L''(\boldsymbol{\theta})} \tag{4.75}$$

从初猜值 $\boldsymbol{\theta}$ 开始,通过减去一阶导数对二阶导数的比值,一批校正的估计 $\boldsymbol{\theta}^*$ 被计算,并把其依次作为下次迭代的猜测值。

例 4.13 伽马分布参数的最大似然估计算法

实践中,通常需要同时估计多于一个参数,式(4.75)的使用是相当复杂的,所以 $L'(\boldsymbol{\theta})$ 是一阶导数的向量,$L''(\boldsymbol{\theta})$ 是二阶导数的向量。为了举例说明,考虑伽马分布(式(4.38))。对这个分布,式(4.75)成为

$$\begin{bmatrix}\alpha^*\\ \beta^*\end{bmatrix} = \begin{bmatrix}\alpha\\ \beta\end{bmatrix} - \begin{bmatrix}\partial^2 L/\partial\alpha^2 & \partial^2 L/\partial x\partial\beta\\ \partial^2 L/\partial\beta\partial x & \partial^2 L/\partial\beta^2\end{bmatrix}^{-1}\begin{bmatrix}\partial L/\partial\alpha\\ \partial L/\partial\beta\end{bmatrix} \tag{4.76}$$

$$= \begin{bmatrix}\alpha\\ \beta\end{bmatrix} - \begin{bmatrix}-n\Gamma''(\alpha) & -n/\beta\\ n/\beta & \dfrac{n\alpha}{\beta^2} - \dfrac{2\sum x}{\beta^3}\end{bmatrix}^{-1}\begin{bmatrix}\sum \ln(x) - n\ln(\beta) - n\Gamma'(\alpha)\\ \sum x/\beta^2 - n\alpha/\beta\end{bmatrix}$$

式中：$\Gamma'(\alpha)$和$\Gamma''(\alpha)$是伽马函数(式(4.7))的一阶和二阶导数，其必须被估计或进行数值近似(如：Abramowitz and Stegun，1984)。这个式子中矩阵代数的符号，将在第 10 章中解释。通过以参数α和β的初猜值开始，可以使用矩估计(式(4.39))，式(4.76)将被执行。更新值α^*和β^*，可能来自式(4.76)的第一次应用。然后更新值可以代入式(4.76)的右端，重复这个过程，直到算法收敛。收敛可以通过迭代之间的参数估计变化充分小(或许百分之一的一小部分)来诊断。注意，在实践中，关于一个特定的迭代，牛顿-拉弗森算法可能夸大了似然函数的最大值，这可能导致对数似然函数在当前的近似计算中，从一次迭代到下一次迭代估计值下降。牛顿-拉弗森算法经常以检查这些似然的减少量和尝试估计参数中更小变化的方式进行编程(尽管在这个例子中，在由式(4.76)确定的相同方向中)。

4.6.3　EM 算法

用牛顿-拉弗森方法的最大似然计算，在需要估计的参数相对较少的应用中，通常是快速和高效的。然而，对可能包括多于三个参数的问题，需要的计算量急剧增加。甚至更麻烦的是，迭代可能是非常不稳定的(有时产生远离要寻找的最大似然值的“怪异的”新的参数θ^*)，除非初猜值如此接近正确值，否则估计过程本身几乎是不可用的。

可以找到替代牛顿-拉弗森法的方法，而且不存在这些问题的方法是 EM(Expection Maximum)，或称*最大期望算法*(McLachlan and Krishnan，1997)。在不存在一般需要明确的步骤规范的意义上(像对牛顿-拉弗森方法的式(4.75))，称 EM 方法为一种算法实际上有些不准确。更确切地说，它更像是针对特定问题的一种概念上的方法。

EM 算法，在已知“不完全”资料估计参数的背景中进行表述。因此，从某种层面来说，它特别适合有些资料缺失，或在已知的阈值之上或之下未观测到(经过检查的资料或被删减的资料)，或者由于间距太大有不精确记录的情况。如果资料是“完全的”，这时估计问题是容易的(例如，变为式(4.73)的解析解)，用 EM 算法对这些情况是容易处理的。更一般地，如果存在一些额外的未知(可能是假定的或无法知道的)资料，可能允许一个简单的(例如解析的)最大似然估计程序的公式来表示，对一个普通的(即不是固有的“不完整的”)估计问题，可以用 EM 算法处理。与牛顿-拉弗森法一样，EM 算法也需要迭代计算，因此需要估计参数的初猜值。当 EM 算法可以用公式表示为最大似然估计问题的时候，牛顿-拉弗森法遇到的问题不再出现。特别是，不管多少个参数同时被估计，新的对数似然函数值，将不随迭代的进行而减少。例如，图 4.14 中显示的双变量分布，要求同时估计 11 个参数，就是用 EM 算法拟合的。而牛顿-拉弗森法对这些问题可能无法求解，除非开始已经知道非常接近正确答案的初始值。

刚才是允许 EM 算法平稳使用的“完整”资料类所组成的步骤，对不同的问题步骤是不一样的，可能需要一些创造力来进行定义。因此，作为独立使用的说明书，以足够的通用性描述出这种方法是不切实际的，尽管下面的例子说明了这个过程的本质。大气科学文献中使用这种方法的更多例子参见 Hannachi 和 O'Neill(2001)、Katz 和 Zheng(1999)、Sansom 和 Thomson(1992)及 Smyth 等(1999)。原始论文是 Dempster 等(1977)，权威的教材论述是 McLachlan 和 Krishnan(1997)。

例 4.14　用 EM 算法拟合两个高斯分布的混合分布

图 4.13 显示了对表 A.3 中瓜亚基尔温度资料的 PDF 拟合，假定其为式(4.66)形式的混合分布，其中两个分量 PDFs $f_1(x)$和$f_2(x)$，已经假定为是高斯分布(式(4.23))。正如与图

4.13 注释的，拟合方法使用 EM 算法的最大似然。

式(4.66)的一种解释是，每个资料 x 来自 $f_1(x)$或 $f_2(x)$，分别有全部的相对频率 ω 和 $1-\omega$。不知道哪个 x 可能来自哪个 PDF，但是如果以某种方式可以得到这个更完整的信息，那么拟合式(4.66)中表示的两个高斯分布的混合，可能是简单的：定义 PDF$f_1(x)$的参数 μ_1 和 σ_1，可以只在 $f_1(x)$资料的基础上用式(4.73)估计，定义 PDF$f_2(x)$的参数 μ_2 和 σ_2，可以只在 $f_2(x)$资料的基础上用式(4.73)估计，混合参数 w 可以作为 $f_1(x)$资料的样本比例被估计。

即使无法识别出特定的 x 来自 $f_1(x)$或 $f_2(x)$中的哪一个(所以资料集是"不完全的")，在每个迭代步骤中，使用这些假设的标识符的期望值，参数估计也可以继续下去。如果假设的标识符变量是二元的(对 $f_1(x)$等于 1，对 $f_2(x)$等于 0)，已知每个资料值 x_i，那么其期望值对应于 x_i 来自 $f_1(x)$的概率。混合参数 w 可能等于这 n 个假设的二元变量的平均值。

根据两个 PDFs$f_1(x)$和 $f_2(x)$与混合参数 w，式(4.32)指定了假设的指标变量的期望值(即 n 个条件概率)：

$$P(f_1 \mid x_i) = \frac{wf_1(x_i)}{wf_1(x_i) + (1-w)f_2(x_i)}, i = 1,\cdots,n \tag{4.77}$$

式(4.77)定义了执行 EM 算法的 E-(或期望-)部分，其中对未知的(和假定的)二元组成员，已经根据资料计算了统计期望值。在计算了这 n 个后验概率后，混合参数新的最大似然估计为：

$$w = \frac{1}{n}\sum_{i=1}^{n} P(f_1 \mid x_i) \tag{4.78}$$

EM 算法剩余的-M(或-最大化)部分，由普通的最大似然估计(对高斯分布拟合为式(4.73))，用式(4.77)的期望值代替其未知的"完整资料"的对应量：

$$\hat{\mu}_1 = \frac{1}{nw}\sum_{i=1}^{n} P(f_1 \mid x_i)x_i \tag{4.79a}$$

$$\hat{\mu}_2 = \frac{1}{n(1-w)}\sum_{i=1}^{n} [1 - P(f_1 \mid x_i)]x_i \tag{4.79b}$$

$$\hat{\sigma}_1 = \left[\frac{1}{nw}\sum_{i=1}^{n} P(f_1 \mid x_i)(x_i - \hat{\mu}_1)^2\right]^{1/2} \tag{4.79c}$$

和

$$\hat{\sigma}_2 = \left[\frac{1}{n(1-w)}\sum_{i=1}^{n} [1 - P(f_1 \mid x_i)](x_i - \hat{\mu}_2)^2\right]^{1/2} \tag{4.79d}$$

即，式(4.79)用假设的指标变量的期望值，而不是把 x 分为两个分离的组，对两个高斯分布 $f_1(x)$和$f_2(x)$的每一个实现式(4.73)的计算。如果这些假设的标识已知，那么，这样一个分类，可能对应到等于相应的二元指标的 $P(f_1 | x_i)$值，所以式(4.78)可能是 $f_1(x)$观测的相对频率；每个 x_i 只应用到式(4.79a)和式(4.79c)，或式(4.79b)和式(4.79d)。

对估计式(4.66)中的两个高斯分布混合 PDF 的参数来说，EM 算法的执行是从 5 个分布参数 $\mu_1,\sigma_1,\mu_2,\sigma_2$ 和 w 的初猜值开始。为了得到后验概率 $P(f_1 | x_i)$的初始估计，这些初猜值在式(4.77)和式(4.78)中被使用。然后对混合参数 w 和两个平均值，以及两个标准差的更新值，可以用式(4.78)和式(4.79)得到，并且重复这个过程直到收敛。对包括这个问题的有关其他问题来说，初猜值不必是特别好的那些。例如，表 4.7 概括了 EM 算法，在拟合图 4.13 中绘制混合分布的过程，就是用相当差的初猜值 $\mu_1=22$ ℃，$\mu_2=28$ ℃，$\sigma_1=\sigma_2=1$ ℃，$w=0.5$ 开始。注意两个平均值的初猜值，甚至不在资料的范围内。然而，表 4.7 显示只是迭代一次后新

的平均值，就相当接近最终的值，而 7 次迭代以后，这个算法就已经收敛。表 4.7 的最后一列显示对数似然随每次迭代单调增加。

表 4.7　EM 算法，拟合图 4.13 中显示的高斯 PDFs 混合分布需要的 7 次迭代过程。

迭代次数	w	μ_1	μ_2	σ_1	σ_2	对数似然
0	0.50	22.00	28.00	1.00	1.00	−79.73
1	0.71	24.26	25.99	0.42	0.76	−22.95
2	0.73	24.28	26.09	0.43	0.72	−22.72
3	0.75	24.30	26.19	0.44	0.65	−22.42
4	0.77	24.31	26.30	0.44	0.54	−21.92
5	0.79	24.33	26.40	0.45	0.39	−21.09
6	0.80	24.34	26.47	0.46	0.27	−20.49
7	0.80	24.34	26.48	0.46	0.26	−20.48

4.6.4　最大似然估计的抽样分布

即使最大似然估计，也需要精细的计算，它们依然是所用资料函数的样本统计量。同样地，因为相同的原因，它们以与更普通的统计量同样的方式存在抽样变化和有刻画估计精度的抽样分布。对足够大的样本容量来说，这些抽样分布是近似高斯分布的，而同时，估计参数的联合抽样分布近似为多元高斯分布（例如，式(4.76)中对 α 和 β 估计的抽样分布，可能近似于双变量正态分布）。

让 $\boldsymbol{\theta}=[\theta_1,\theta_2,\cdots,\theta_K]$ 表示估计参数的一个 $\boldsymbol{K}$-维向量。例如，式(4.76)中，$\boldsymbol{K}=2,\theta_1=\alpha$，$\theta_2=\beta$。对多元高斯（$[\Sigma]$，式(11.1)中）抽样分布来说，估计的方差-协方差矩阵，由信息矩阵的逆给出，在估计参数值 $\hat{\theta}$ 处，求得的值为

$$\hat{\mathrm{Var}}(\hat{\boldsymbol{\theta}}) = [\boldsymbol{I}(\hat{\boldsymbol{\theta}})]^{-1} \tag{4.80}$$

（矩阵代数的符号在第 10 章中定义）。信息矩阵，从关于参数向量的对数似然函数的二阶导数依次被计算，在其估计值处，求值为

$$[\boldsymbol{I}(\hat{\boldsymbol{\theta}})] = -\begin{bmatrix} \partial^2 L/\partial\hat{\theta}_1^2 & \partial^2 L/\partial\hat{\theta}_1\partial\hat{\theta}_2 & \cdots & \partial^2 L/\partial\hat{\theta}_1\partial\hat{\theta}_K \\ \partial^2 L/\partial\hat{\theta}_2\partial\hat{\theta}_1 & \partial^2 L/\partial\hat{\theta}_2^2 & \cdots & \partial^2 L/\partial\hat{\theta}_2\partial\hat{\theta}_K \\ \vdots & \vdots & \ddots & \vdots \\ \partial^2 L/\partial\hat{\theta}_K\partial\hat{\theta}_1 & \partial^2 L/\partial\hat{\theta}_K\partial\hat{\theta}_2 & \cdots & \partial^2 L/\partial\hat{\theta}_K^2 \end{bmatrix} \tag{4.81}$$

注意，信息矩阵的逆，作为估计本身的牛顿-拉弗森迭代的一部分出现，例如，式(4.76)中伽马分布的参数估计就是这样。使用这个算法的一个好处是，估计参数抽样分布的估计方差和协方差，在最后迭代时已经被计算了。EM 算法不自动提供根据估计参数计算的这些量，但是它们当然能够提供，或者通过把参数估计代入对数似然函数的二阶导数的解析表达式，或者通过对导数的有限差分进行近似。

4.7　统计模拟

本质上，一个根本主题是物理过程中的不确定性，可以通过适当的概率分布进行描述。当关注的物理现象或其过程的成分不确定时，那个现象或过程，依然可以通过计算机模拟进行研

究,使用的算法是生成可以被看作为来自相关概率分布的随机样本的数字。这些随机数字的生成被称为统计模拟。

本节描述统计模拟中使用的算法。这些算法,由确定的递归函数组成,所以其输出结果实际上根本不是随机的。事实上,如果需要,其输出结果可以被精确地复制出来,这有助于调试代码和重复执行受控数值试验。尽管这些算法有时被称为随机数生成器,但更准确的名称是伪随机数生成器,因为其确定的输出结果只是看来好像是随机的。然而,通过把它们看作为有效随机的,就能够得到相当有用的结果。

本质上,所有的随机数生成,都从 PDF 为 $f(u)=1, 0\leqslant u\leqslant 1$ 的均匀分布的模拟开始,在第 4.7.1 节中将进行描述。来自其他分布的模拟值,包括一个或多个均匀变量的变换。关于这个主题的更多内容,包括很多特定算法的计算机代码和虚拟码,可以在 Boswell 等(1993)、Bratley 等(1987)、Dagpunar(1988)、Press 等(1986)、Tezuka(1995)和百科全书式的 Devroye(1986)等的文献中找到。

本节内容适合标量独立随机变量的生成的讨论。讨论的内容强调了连续变量的生成,但是第 4.7.2 和第 4.7.3 节中描述的两种综合方法,对离散分布也适用。相关序列的统计模拟的扩展,包括在关于时域时间序列模型的第 9.2.4 和第 9.3.7 节中。多元模拟的扩展在第 11.4 节中给出。

4.7.1 均匀随机数生成器

正如前面已经提到的,统计模拟依赖于从均匀的[0,1]分布中生成明显随机和不相关样本的算法的可用性,它可以被转换为模拟其他分布的随机抽样。算术上,均匀随机数生成器,取整数初始值,被称为种子,对其运算产生一个更新的种子值,然后重新尺度化,把该更新的种子值变换到区间[0,1]。初始的种子值,由程序编制者选择,但随后通常调用均匀生成算法,对最近更新的种子进行运算。由这个算法执行的算术运算完全是确定的,所以用以前存储的种子重启生成器,将允许得到的"随机的"数字序列的精确复制。

均匀随机数的生成,最经常用到的是线性同余生成器,由下式定义:

$$S_n = aS_{n-1} + c,\ \mathrm{Mod}M \tag{4.82a}$$

和

$$u_n = S_n/M \tag{4.82b}$$

式中:S_{n-1} 为从前面的迭代中代入将来的种子;S_n 为更新的种子;a,c 和 M 为整数参数,分别被称为乘数、增量和模数。式(4.82b)中的量,是式(4.82a)定义的迭代产生的均匀变量。因为更新的种子 S_n,是当 $aS_{n-1}+c$ 被 M 除时的余数,所以 S_n 必然小于 M,而式(4.82b)中的商将小于 1。对 $a>0$ 和 $c\geqslant 0$,式(4.82b)将大于 0。如果线性同余生成器工作得好,那么式(4.82a)中的参数必须精心选择。序列 S_n 以最大的 M 的周期重复,通常选择模数为与运行这个算法的计算机能表示的最大的整数几乎同样大的质数。很多计算机使用 32 位(即 4 字节)整数,$M=2^{31}-1$ 是一个通常的选择,经常与 $a=16807$ 和 $c=0$ 相结合。

对某些目标,特别是低维应用来说,线性同余生成器是足够的。然而在高维中,其输出结果以没有空间填充性的方式组成图案。特别是来自式(4.82b)的连续的 u 的对,落在了由 $u_n-u_{n+1}-u_{n+2}$ 等轴定义的体积中的一组平行平面上,随着维数 k 的增加,这些平行形状的数量,大致按照 $(k!M)^{1/k}$ 迅速下降。这里是选择模数 M 尽可能大的另一个原因,是因为对

$M=2^{31}-1$和 $k=2$ 来说，$(k!M)^{1/k}$近似为 65 000。

图 4.17 显示了一部分单位正方形的放大图，图上画出了用式(4.82)生成的均匀变量的 1 000个非重叠对。这个小区域包含了这个生成器的连续对的 17 条平行线，其间隔距离为 0.000 059。注意垂直方向上点的最小间隔更近，表明接近垂直的线的点并不是生成器的分辨率。图 4.17 中相对较近的水平间距表明，对一些低维用途来说，简单的线性同余生成器可能不是非常粗糙的(即使是第 4.7.4 节用生成两维高斯变量中的普通算法病态相互作用)。然而，在高维中，在来自线性同余生成器的连续组的值之上超平面的数量，被限制为迅速下降，所以对这类算法来说，不可能生成本来可能的很多组合：对 $k=3,5,10$ 和 20 维，甚至对相对巨大的模数 $M=2^{31}-1$，包含所有假设的随机生成点的超平面的数目，分别小于 2 350，200，40 和 25。注意，情况可能比这个要差很多，如果生成器参数选择得不好，一个声名狼藉但以前被广泛使用的被称为 RANDU 的生成器(用 $a=65539$，$c=0$，$M=2^{31}$ 的式(4.82))，在三维空间中被限制为只有 15 个平面。

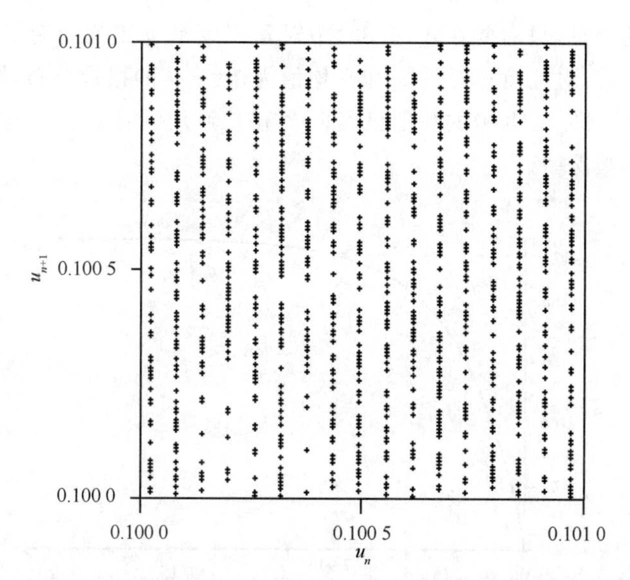

图 4.17　由 $0<u_n<1$ 和 $0<u_{n+1}<1$ 定义的一小部分正方形内，均匀随机变量的 1 000 个不重叠的对；用$a=16807$，$c=0$ 和 $M=2^{31}-1$ 的式(4.82)生成。这个小区域包含了落在整个单位正方形上的连续对的 17 条平行线。

因为在两维或更高维中可以组成图案中的结果，所以不推荐直接使用线性同余均匀生成器。通过组合两个或更多个独立的滑动线性同余生成器，或者通过使用一个这样的生成器，搅乱另一个的输出结果，可以构建更好的算法，Bratley 等(1987)和 Press 等(1986)的文献中，给出了这种例子。另一种明显有很好性质的吸引人的方法被称为*梅森旋转算法*(Mersenne twister)(Matsumoto and Nishimura，1998)，该算法是相对新的算法，这种算法是可以免费使用的，通过网络搜索这个名字很容易找到。

4.7.2　通过逆变换进行的非均匀随机数生成

当分位数函数 $F^{-1}(p)$(式(4.19))以闭型(closed form)存在时，逆变换是生成非均匀变量进行推断和编程最容易的方法。它根据下面的事实：不管分布 CDF$F(x)$的函数形式，由变换

$u=F(x)$定义的变量的分布为[0,1]上的均匀分布。这个关系被称为概率积分变换(probability integral transform,PIT)。如果u的分布在[0,1]上是均匀的,那么逆命题也正确(即相反的PIT),所以变换变量$x(F)=F^{-1}(u)$的CDF是$F(x)$。因此,生成CDF为$F(x)$的变量,其分位数函数$F^{-1}(p)$以闭型存在,我们只需要生成如同第4.7.1节中描述的均匀变量,并且通过把那个值代入分位数函数,就能够使CDF转化。

对没有闭型分位数函数的分布,通过使用数值近似迭代赋值,或查看插值表,也能使用逆变换。然而,与分布有关,这些解决方法可能不够快速或精确,在这样的例子中,其他方法可能是更合适的。

例4.15 用逆变换生成指数变量

指数分布(式(4.46)和式(4.47))是一个简单的连续分布,因为其分位数函数存在闭合形式。特别是,对累积概率p求解式(4.47)得到

$$F^{-1}(p)=-\beta\ln(1-p) \tag{4.83}$$

生成指数分布的变量,只需要在式(4.83)中对累积概率p用均匀变量代入,所以$x(F)=F^{-1}(u)=-\beta\ln(1-u)$。对任意选择的$u$和平均值为$\beta=2.7$的指数分布,图4.18示意了这个过程。注意,为了方便,图4.18中的数值已经四舍五入到几位有效数字,但实际上,在计算中所有的有效数字都将被保留。

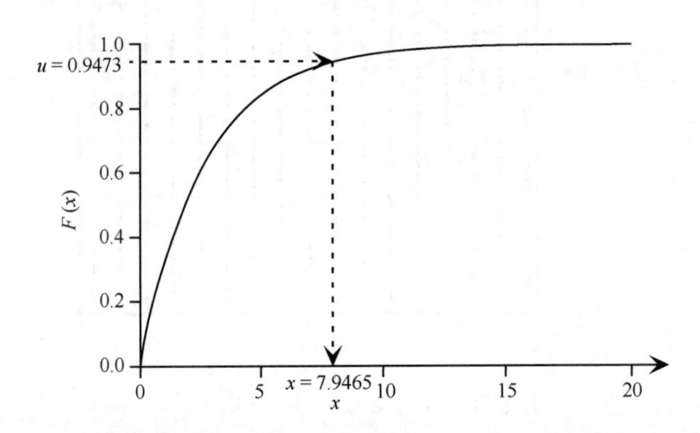

图4.18 通过逆变换生成指数变量的举例说明。平滑曲线是平均值为$\beta=2.7$的CDF(式(4.47))。通过CDF的逆变换,均匀变量$u=0.9473$被变换生成指数变量$x=7.9465$。这张图也示意了逆变换产生基本均匀变量的单调变换。

既然均匀分布在其中值0.5周围对称,那么$1-u$的分布在[0,1]上也是均匀的,所以指数分布正好很容易地使用$x(F)=F^{-1}(1-u)=-\beta\ln(u)$来生成。在计算上,这是稍微更简单的,但为了保持逆变换方法的单调性,使用$-\beta\ln(1-u)$无论如何都是值得的。在这个例子中,潜在的均匀分布的分位数,正好对应于生成变量分布的分位数,所以最小的u对应于最小的x,最大的u对应于最大的x。这个性质有用的一个例子,依赖于不同参数和不同分布模拟的比较。通过这样的一个模拟集合(每一个用相同的随机数种子开始)维持单调性,允许在不同的模拟之间做更精确的比较,因为模拟之间差异的大部分方差,可以归因到模拟过程中的差异,而小部分方差是由于随机数流中的抽样变率产生。在模拟文献中这个技术被称为方差缩减(variance reduction)。

4.7.3 借助于拒绝方法的非均匀随机数生成

当分位数函数可以被简单计算的时候，逆变换方法在数学上和计算上都是方便的，否则它可能是难以使用的。一种更通用的方法，是*拒绝方法*，或称*接受-拒绝方法*，它只要求分布的 PDF 的 $f(x)$ 能被显式地求值。然而，除此之外，包络 PDF$g(x)$ 也必须被找到。包络密度 $g(x)$ 必须与 $f(x)$ 有相同的支集，并且应该容易模拟(例如通过逆变换)。另外，对具有非 0 概率的所有 x，必须找到使 $f(x) \leqslant cg(x)$ 的常数 $c>1$。即，对所有相关的 x，$f(x)$ 必须被函数 $cg(x)$ 控制。设计拒绝算法的困难之处，在于需要找到一个与模拟分布有类似形状的适合的包络 PDF，以便常数 c 能尽可能地接近 1。

一旦包络 PDF 和足以确保控制的常数 c 被找到，根据拒绝方法模拟按两步进行，每一步需要对均匀生成器独立调用。第一步，用第一个均匀变量 u_1，根据 $g(x)$ 生成一个候选变量，可以通过 $x=G^{-1}(u_1)$ 的逆变换。第二步，候选 x 用第二个均匀变量进行随机检验：如果 $u_2 \leqslant f(x)/[cg(x)]$ 则接受候选 x；否则拒绝候选 x，并且用一对新的均匀变量再次重复这个步骤。

图 4.19 举例说明了根据四次密度(见表 3.1)模拟拒绝方法的使用。这个分布的 PDF 是一个四次多项式，通过积分到一个五次多项式，容易得到其 CDF。然而，明确地求解 CDF 的逆(解五次多项式)是很困难的，所以拒绝方法是根据这个分布模拟的一种可行方法。三角形分布(表 3.1 中也给出了)被选择为包络分布 $g(x)$；在 $-1 \leqslant x \leqslant 1$ 上，常数 $c=1.12$ 对 $cg(x)$ 控制 $f(x)$ 是足够的。对包络密度来说，三角形函数是一个合理的选择，因为它用一个相对小的拉伸常数 c 的值控制了 $f(x)$，所以候选 x 被拒绝的概率是相对小的。另外，我们推导出，通过逆变换模拟的分位数函数是足够简单的。特别是，积分三角形 PDF 可以得到 CDF

$$G(x)=\begin{cases}\dfrac{x^2}{2}+x+\dfrac{1}{2}, & -1 \leqslant x \leqslant 0 \\[2ex] -\dfrac{x^2}{2}+x+\dfrac{1}{2}, & 0 \leqslant x \leqslant 1\end{cases} \tag{4.84}$$

对式(4.84)求逆，得到分位数函数

$$x(G)=G^{-1}(p)=\begin{cases}\sqrt{2p}-1, & 0 \leqslant p \leqslant 1/2 \\ 1-\sqrt{2(1-p)}, & 1/2 \leqslant p \leqslant 1\end{cases} \tag{4.85}$$

图 4.19 显示了 25 个候选点，其中 21 个被接受(X)，浅灰线指向水平轴上相应的生成值。这些点的水平坐标是 $G^{-1}(u_1)$，即用均匀变量 u_1 随机地取自三角形密度 $g(x)$。其垂直坐标是 $u_2 cg[G^{-1}(u_1)]$，这是水平轴与 $cg(x)$ 之间均匀分布的距离，在候选 x 处用第二个均匀变量 u_2 求值。本质上，因为两个均匀变量定义了在函数 $cg(x)$ 下均匀分布(二维中)的两个变量，在 PDF$f(x)$ 下的条件概率候选 x 也被接受。这样拒绝算法非常类似于 $f(x)$ 的蒙特卡洛(Monte Carlo)积分。例 4.15 中，给出了通过拒绝方法对这个分布模拟的一个举例说明。

拒绝方法的一个缺点，是当候选 x 被拒绝时，一些均匀变量对被浪费，这就是为什么对常数 c 来说，理想情况是尽可能小。该方法的另一个性质是，对该算法的一次调用来说，需要均匀变量的一个不确定的随机数，所以当用拒绝方法时，很难得到随机数流的同步(当使用逆变换方法变换时是可能的)。

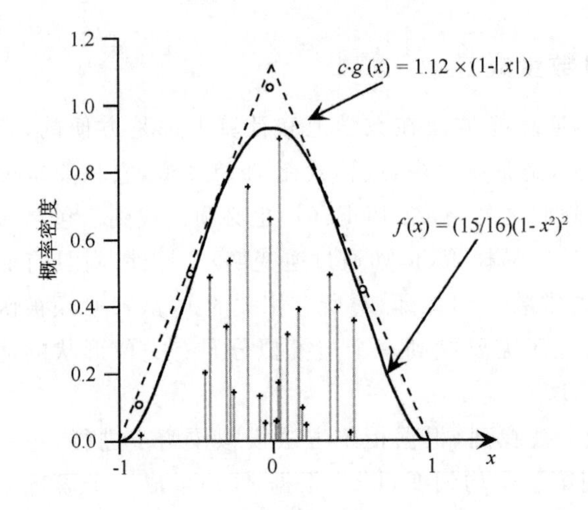

图 4.19　使用 $c=1.12$ 的三角形密度作为包络，根据四次（双权重）密度 $f(x)=(15/16)(1-x^2)^2$（表 3.1）模拟的举例说明。根据三角形密度模拟的 25 个候选 x，其中 21 个已经被接受了（+），因为它们也落在了要模拟的分布 $f(x)$ 下，而落在了外面的 4 个被拒绝（∘）。浅灰线指向了水平轴上模拟的值。

4.7.4　生成高斯随机数的 Box-Muller 方法

模拟中最经常需要的一种分布是高斯分布（式(4.23)）。因为这个分布的 CDF 不存在闭型，也不存在其分位数函数，所以通过逆变换生成高斯变量只能近似地进行。作为选择，通过一种被称为 Box-Muller 方法的算法，使用一对独立均匀变量的一种更巧妙变换，可以生成成对的标准高斯（式(4.24)）变量。然后，相应的有量纲的（非标准化的）高斯变量，可以使用分布的平均值和方差，根据式(4.28)进行重构。

Box-Muller 方法能够生成成对的独立标准双变量正态变量 z_1 和 z_2，即式(4.36)中来自双变量 PDF 的随机样本有相关系数 $\rho=0$，所以 PDF 的水平等值线是圆形。因为水平等值线是圆形，所以离原点的任何方向是同样可能的，意味着在极坐标系中，随机点角度的分布在 $[0,2\pi]$ 上是均匀的。这个区间上的均匀角度，可以很容易地根据第一对独立均匀变量模拟为 $\theta=2\pi u_1$。标准二元高斯变量的 CDF 是

$$F(r)=1-\exp\left[-\frac{r^2}{2}\right],\quad 0\leqslant r\leqslant\infty \tag{4.86}$$

这被称为瑞利(Rayleigh)分布。式(4.86)容易求解得到分位数函数 $r(F)=F^{-1}(u_2)=-2\ln(1-u_2)$。变换回笛卡尔坐标，生成的独立标准高斯变量对为

$$\begin{aligned} z_1 &= \cos(2\pi u_1)\sqrt{-2\ln(u_2)} \\ z_2 &= \sin(2\pi u_1)\sqrt{-2\ln(u_2)} \end{aligned} \tag{4.87}$$

Box-Muller 方法是非常常用和流行的，但是，用来驱动它的均匀生成器必须谨慎选择。特别是，图 4.17 中举例说明了由简单线性同余生成器产生的 u_1-u_2 平面中的线，通过产生 z_1-z_2 平面中螺旋形线的极坐标变换起作用，更多细节由 Bratley 等(1987)进行了讨论。这个图案结构显然是不需要的，而当生成 Box-Muller 高斯变量时，更复杂的均匀生成器是必需的。

4.7.5　根据混合分布与核密度估计进行模拟

来自混合分布（式(4.66)）的模拟，比来自一个分量 PDFs 的模拟只是稍微更复杂。它是一个两步程序，其中根据权重 w 选择分量分布，权重 w 可以看作为分量分布将被选择的概率。如果已经随机选择了一个分量分布，那么来自该分布的变量被生成，并且作为来自混合分布的模拟样本被返回。

例如，考虑根据混合指数分布式(4.69)的模拟，这是两个指数 PDFs 的一个概率混合。为了产生来自这个分布的一个现实，需要两个独立均匀变量：一个均匀变量选择这两个指数分布的一个，而另一个根据那个分布进行模拟。使用第二步的逆变换(式(4.83))，程序简化为

$$x = \begin{cases} -\beta_1 \ln(1-u_2), & u_1 \leqslant w \\ -\beta_2 \ln(1-u_2), & u_1 > w \end{cases} \tag{4.88}$$

这里，平均值为 β_1 的指数分布利用 u_1 关于概率 w 来挑选；而挑选的两个分布的任何一个的逆变换，使用第二个均匀变量 u_2 来执行。

第 3.3.6 节中描述的核密度估计，是令人感兴趣的混合分布的一个例子。这里的混合分布由 n 个等概率的 PDFs 组成，其中的每一个对应于变量 x 的 n 个观测之一。这些 PDFs 常常是表 3.1 中列出的形式中的一个。此外，第一步是在第二步中模拟的核的中心，选择 n 个资料值的一个，这可以根据下式进行：

$$\text{如果}\frac{i-1}{n} \leqslant u \leqslant \frac{i}{n}\text{，则选择 } x_i \tag{4.89a}$$

这时得到

$$i = \text{int}[nu+1] \tag{4.89b}$$

这里 int[·]表示只保留整数部分，或者截断分数。

例 4.15 图 3.8b 中根据核密度估计的模拟

图 3.8b 显示了表 A.3 中瓜亚基尔(Guayaquil)温度资料的核密度估计；取四次核密度(见表 3.1)和平滑参数 $h=0.6$，用式(3.13)构建。使用拒绝方法，根据四次核密度进行模拟，为了从这个分布中模拟一个随机样本，至少需要三个独立的均匀随机变量。假定这三个均匀变量，取 $u_1=0.257990$，$u_2=0.898875$ 和 $u_3=0.465617$ 时被生成。

第一步，是选择表 A.3 中 $n=20$ 个温度值中为了模拟将被用来放在中心的那个。使用式(4.89b)，这将是 x_i，其中 $i=\text{int}[20\times0.257990+1]=\text{int}[6.1598]=6$，因为对应于 1956 年的 $i=6$，所以得到 $T_6=24.3$ ℃。

第二步，是根据四次核密度进行模拟，可以通过拒绝方法进行，正如图 4.19 中举例说明的。首先，用第二个均匀变量 $u_2=0.898875$，通过逆变换(式(4.85))，从支配的三角形分布中生成候选 x。这个计算得到 $x(G)=1-[2(1-0.898875)]^{1/2}=0.550278$。这个值将被接受还是拒绝？通过比较 u_3 和比率 $f(x)/[cg(x)]$来回答这个问题，其中 $f(x)$是四次的 PDF，$g(x)$是三角形的 PDF，而为了使 $cg(x)$支配 $f(x)$，$c=1.12$。我们得到 $u_3=0.465617<0.455700/[1.12\times0.449722]=0.904726$，所以候选 $x=0.550278$ 被接受。

刚才生成的值 x 是取自标准四次核的随机变量，中心在 0 处，平滑参数为 1。使它与式(3.13)中的核函数 K 的自变量相等，得到 $x=0.550278=(T-T_6)/h=(T-24.3\ ℃)/0.6$，把核集中在 T_6，并且适当地对其进行尺度化，所以最后的模拟值是 $T=0.550278\times0.6+24.3=24.63$(℃)。

4.8 习题

4.1 与例 4.1 和例 4.2 中的表示一样，使用二项分布作为长尤加湖(Cayuga lake)冻结的模型，计算康奈尔(Cornell)本科生 4 年在校期间，该湖至少冻结一次的概率。

4.2　计算长尤加湖将冻结的概率

a. 接下来正好 5 年内。

b. 接下来的 25 年或更多年内。

4.3　在发表于期刊 *Science* 上的一篇文章中，Gray(1990)对比了非洲撒哈拉沙漠以南地区，干旱和潮湿年发生的大西洋飓风的各种方面。在 1970—1987 年的 18 年干旱时期，只有 1 次强飓风在美国东海岸(强度为 3 或更高)登陆，但在 1947—1969 年的 23 年湿润时期有 13 次这样的风暴袭击了美国东部。

a. 假定美国东部登陆的飓风数量服从泊松分布，其特征依赖于非洲降水。拟合两个泊松分布到 Gray 资料(一个以西非的干旱年为条件，而另一个以湿润年为条件)。

b. 已知为西非的一个干旱年，计算至少一次强飓风将袭击美国东部的概率。

c. 已知为西非的一个湿润年，计算至少一次强飓风将袭击美国东部的概率。

4.4　假设一次强飓风在美国东部登陆，平均引起 50 亿美元的损失。根据习题 4.3 中两个条件分布的每一个，来自这样的风暴的每年飓风损失的期望值是多少？

4.5　使用表 A.3 中厄瓜多尔的瓜亚基尔(Guayaquil)6 月温度资料：

a. 拟合一个高斯分布。

b. 不转换个体资料值，如果这些资料以 ℉表示，确定可能导致的两个高斯参数。

c. 构建这个温度资料的柱状图，并且在这个柱状图上叠加拟合分布的密度函数。

4.6　使用 $\mu=19$ ℃，$\sigma=1.7$ ℃的高斯分布：

a. 估计佛罗里达迈阿密(Miami，Florida)1 月温度将冷于15 ℃的概率。

b. 在迈阿密 1 月，什么温度将高于除最暖的 1%之外的所有温度？

4.7　对表 4.8 中给出的伊萨卡(Ithaca)降水资料：

a. 使用最大似然估计的 Thom 近似拟合伽马分布。

b. 不转换个体资料值，如果资料用 mm 表示，确定可能导致的两个参数的值。

c. 构建这个降水资料的柱状图，并且叠加拟合的伽马密度函数。

4.8　使用来自习题 4.7 的结果计算：

a. 伊萨卡(Ithaca)7 月降水的第 30 个和第 70 个分位数。

b. 样本平均值和拟合分布中位数之间的差值。

c. 在任一将来的 7 月期间伊萨卡(Ithaca)降水将至少为 7 in 的概率。

4.9　使用对数正态(lognormal)分布表示表 4.8 中的资料，重新计算习题 4.8。

表 4.8　纽约的伊萨卡(Ithaca)1951—1980 年 7 月降水(in)。

1951	4.17	1961	4.24	1971	4.25
1952	5.61	1962	1.18	1972	3.66
1953	3.88	1963	3.17	1973	2.12
1954	1.55	1964	4.72	1974	1.24
1955	2.30	1965	2.17	1975	3.64
1956	5.58	1966	2.17	1976	8.44
1957	5.58	1967	3.94	1977	5.20
1958	5.14	1968	0.95	1978	2.33
1959	4.52	1969	1.48	1979	2.18
1960	1.53	1970	5.68	1980	3.43

4.10　在关注的一个地点，每个冬季平均最大雪深是 80 cm，而标准差(反映了最大雪深中的年际差异)是 45 cm。

a. 使用矩法，拟合耿贝尔分布来表示这个资料。

b. 推导这个耿贝尔分布的分位数函数，并且用它估计将超过平均百年一遇的雪深。

4.11　考虑二元正态分布，作为表 A.1 中卡南戴挂(Canandaigua)最高和最低温度资料的模型。

a. 拟合分布参数。

b. 使用拟合分布，已知最低温度为 0 ℉，计算最高温度将小于等于20 ℉的概率。

4.12　构建表 A.3 中温度资料的 Q-Q 图，假设为高斯分布。

4.13　a. 对指数分布(式(4.46))的参数 β，推导最大似然估计的公式。

b. 假设 n 很大，对 β 推导抽样分布标准差的公式。

4.14　通过逆变换，设计从威布尔分布进行模拟的一个算法。

第 5 章 频率统计推断

5.1 背景

广义上的统计推断，是指从有限的资料样本中，得到关于(可能假设的)“总体”(从中提取资料)特征的结论的过程。换句话说，推断方法意指从关于过程的样本或生成样本的过程中提取信息。

最熟悉的统计推断的例子，是统计假设的形式检验，也称为显著性检验。以其最简单的形式，这些检验产生了关于生成资料的现象可能为真或不真的特定假设的一个二元结果，所以这个过程也称为假设检验。然而，对这些二元结果的有限推断未必是正确的，可能存在误导(如：Nicholls，2001)。考虑并且表达推断过程的原理，以及阐明推断中的置信程度，而不仅仅只是检验本身，通常是更好的。这些过程最常见的是基于频率论或相对频率的概率观点，在统计学的入门课程中，通常都有大量讲述。因此，本章只是回顾这些最熟悉的形式假设检验的基本概念，而接下来的重点，是讲述其在大气科学中具体应用推断方面的知识。基于主观概率观点，根据贝叶斯统计学的背景，提供的描述统计推断信度的不同方法，将在第 6 章中介绍。

5.1.1 参数与非参数推断

频率论的统计推断中，阐明了两种背景；广义上，存在两种类型的检验和推断。参数检验和推断，是在我们预先知道或假定一个特定的参数分布是资料和/或检验统计量的一个合适表示时，所做的检验或推断。非参数检验，是在已知情形中，没有合适的特定参数形式的假定时，所做的检验或推断。

参数检验，经常必须包括关于特定分布参数的推断。第 4 章介绍了已经发现的，对描述大气资料有用的很多参数分布。拟合这样的分布相当于提取包涵在资料样本中的信息，所以分布参数可以看作所用资料生成过程下的(只是一些方面的)本质特征。这种关于所关注的物理过程的参数统计检验，可以归纳为属于分布参数的检验，比如高斯分布的平均值 μ。

非参数(nonparametric 或 distribution-free)检验和推断过程，不必假定哪种参数分布能很好地描述所用的资料。非参数推断方法，沿两种基本路线中的一种进行。一种方法，是构建类似于参数检验的过程，但是，在这种情形中，资料的分布形式是不重要的，所以，来自任何分布的资料都能以同样的方式处理。下文中，采用这种方法的检验过程，称为经典的非参数方法，因为它们是在廉价的和充裕的计算机能力出现之前设计的。第二种方法，通过资料本身重复的计算机处理，直接从资料中推断分布形式。这些非参数方法，广义上被称为重复抽样过程。

5.1.2 抽样分布

对参数和非参数推断方法，抽样分布的概念都是基础。统计量是从一批资料中计算的一些数字量。因为从这批资料中，计算的任何样本统计量(包括假设检验的检验统计量)，受抽样变化的支配，所以样本统计量也受抽样变化的支配。从一批特定的资料计算的统计量的值，通常与使用不同批次的同类资料计算的相同统计量的值不相同。例如，某年在一个特定位置，通过对 1 月整个月期间每日温度求平均得到 1 月平均温度，不同的年份这个统计量是不同的。

样本统计量的随机差异可以用概率分布描述，正如潜在资料的随机变化可以用概率分布描述一样。这样，样本统计量可以看作是从概率分布中提取的，这些统计量的分布被称为抽样分布。抽样分布给出了描述统计量可能值相对频率的概率模型。

5.1.3　假设检验的基本要素

任何假设检验都根据下面的五步进行：

(1)确定适合手头资料和问题的一个*检验统计量*。检验统计量是从资料值中计算的检验主题的量值。在参数检验中，检验统计量常常是与之相关的分布参数的样本估计。在非参数重复抽样检验中，检验统计量的定义几乎是无限自由的。

(2)定义一个*原假设*，通常表示为 H_0。原假设定义一个与要判断的观测资料的检验统计量相反的，可以参考的逻辑框架。原假设常常是我们希望拒绝的“假设论点”。

(3)定义一个*备择假设* H_A。很多时候，备择假设可以简单的说成“H_0 不真”，尽管也可以有更复杂的备择假设。

(4)得到*原分布*，它只是在原假设为真时，检验统计量的抽样分布。原分布可能正好是已知参数的分布，它很好地近似于已知参数分布的一个分布，或者通过资料重新抽样得到的一个经验分布，这依赖于不同的情况。在假设检验的构建中，确定原分布是关键的步骤。

(5)把观测的检验统计量与原分布进行比较。如果检验统计量落入原分布的十分不可能发生的区域，根据已知的观测证据是极其难以置信的，所以拒绝 H_0。如果检验统计量落入由原分布描述的普通值的范围，检验统计量被看作和 H_0 一致，那么不拒绝 H_0。注意不拒绝 H_0，并不意味着原假设一定是真实的，只是没有充分的证据拒绝这个原假设。当不拒绝 H_0 的时候，更精确的说法是原假设与观测资料“不存在不一致”。

5.1.4　检验水平和 p 值

刚才谈到的原分布，在十分不可能出现的区域，通过了检验的*拒绝水平*或简称为*检验水平*。如果观测的检验统计量的概率(根据原假设)小于等于检验水平，并且所有的其他结果都不利于原假设，那么原假设被拒绝。检验水平在计算前选定，但是它依赖于研究者的判断和习惯，所以关于它的具体值通常存在一个主观选择。一般选择 5%的水平，尽管进行 10%或 1%的水平也是常见的。然而，在 TS 评分与特定的检验误差(例如错误地拒绝 H_0)有定量关系的情形中，检验水平可以被优化(参见 Winkler，1972b)。

p 值是检验统计量的观测值与最低程度上不利于原假设检验统计量的其他所有可能值一起发生(根据原假设)的具体概率。这样，如果 p 值小于等于检验水平，那么原假设被拒绝，否则不被拒绝。重要的是，要注意 p 值不是 H_0 为真的概率。报告一个假设检验的 p 值，不只是在一个特定检验水平下，拒绝/不拒绝的决策含有更多的信息，因为 p 值也传递了原假设被拒绝或不被拒绝的信息。

为了使这些 p 值和检验水平有定量的意义，对于已经形成的正在被诊断的假设检验来说，必然看不到将用来评估它们的具体资料。这个分离可能是有问题的，特别是像在新资料累积很慢的气候研究的背景中。说明这一点的稍微有点奇怪的反例，由 von Storch(1995)及 von Storch 和 Zwiers(1999)在第 6 章给出。

5.1.5 错误类型和检验能力

检验水平的另一种解释是，原假设为真而错误地拒绝原假设的概率。这个错误地拒绝称为第一类错误，其概率(检验水平)常用 α 表示。与第一类错误相对的是第二类错误，在 H_0 实际上错误但没有被拒绝时发生。第二类错误的概率通常表示为 β。

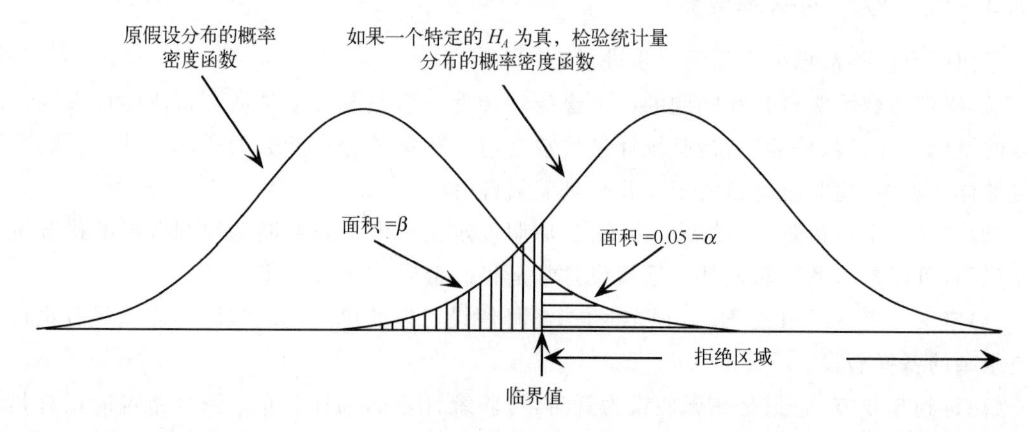

图 5.1 对进行 5%水平的检验，相应于第一类错误概率的拒绝水平 α(水平阴影线)和第二类错误概率 β(垂直阴影线)的关系示意图。水平轴代表检验统计量的可能值。第一类错误概率的下降必定增加第二类错误的概率，反之亦然。

图 5.1 举例说明了进行 5%水平检验的第一类错误与第二类错误的关系。落到临界值右边的检验统计量，相应于原分布中产生尾部概率的分位数，结果是拒绝原假设。因为图 5.1 中临界值右边的原分布概率密度函数下面的面积是 0.05(水平阴影线)，这是第一类错误的概率。相应于拒绝 H_0 的水平轴部分，有时被称为拒绝区，或临界区。在 H_0 下这个范围内的结果不是不会发生，而是发生的可能性为小概率 α。从这个示意图中，可以清楚地看到，尽管我们想同时最小化第一类错误和第二类错误，但这是不可能的。α 和 β 的概率可以通过调整检验水平来改变，这相应于往左或右移动临界值；但是用这种方式减小 α 必定增加 β，反之亦然。

检验水平 α 可以指定，但第二类错误概率 β 通常无法指定。这是因为备择假设比原假设的定义更宽泛，通常由特定备择假设的并集组成。概率 α 依赖于原假设，为了进行检验，原假设必须是已知的，但 β 依赖于可应用的特定备择假设，而这通常是不知道的。图 5.1 举例说明了 α 和 β 之间的关系，β 只是无数个可能的备择假设中的一个。

然而，在 H_A 的可能范围中，诊断 β 的行为有时是有用的。这个研究通常是根据 $1-\beta$ 这个量来做，这被称为相对于一个特定备择假设的检验能力。几何意义上，在图 5.1 中示意的检验能力，是右边分布曲线下面没有垂直阴影线的面积(也就是对特定的 H_A)。检验能力和特定备择假设的闭联集之间的关系，称为能力函数。能力函数作为错到什么程度的函数，表达了拒绝原假设的概率。我们喜欢选择更不严格的检验水平(比方说 $\alpha=0.10$)可能是为了更好地平衡已知的有低检验能力的错误概率。

5.1.6　单侧与双侧检验

统计检验可能是单侧的或双侧的。这两种方法有时也称为单尾或双尾检验。一个检验是单侧还是双侧，依赖于需要检验的假设的性质。

如果存在已知的(比如基于物理的)原因，预计违背原假设将导致检验统计量的值在原假设的特定一侧，那么单侧检验是适合的。图 5.1 中示意了这种情况，这意味着产生检验统计量的更小值的备择假设，基于先验信息已经被排除了。在这种情况下，备择假设用真值大于原假设值表述(例如，$H_A:\mu>\mu_0$)，而不是真实值不等于原假设值的更模糊的备择假设($H_A:\mu\neq\mu_0$)。图 5.1 中，大于原分布 $100\times(1-\alpha)$分位数的任何统计量，在 α 水平结果是拒绝 H_0，而检验统计量很小的值不导致拒绝 H_0。

因为构建检验统计量的方式，当只在原分布的一尾或另一尾上的值，使用反对 H_0 时的单侧检验是恰当的。例如，如果差值小，那么有关平方差的检验统计量，可能接近于 0。但如果差值大，将出现大的正值。这个例子中，原分布左尾的结果，可能非常支持 H_0，感兴趣的只是右尾概率。

当检验统计量很大或很小的值出现时，反对原假设，这时双侧检验是合适的。对这样的检验，通常的备择假设是"H_0 不真"。双侧检验的拒绝区由原分布的左端和右端的极值组成。拒绝区的这两部分，用原分布下的两个概率的和产生了检验水平 α 的方式进行描述。即，如果检验统计量在原分布的右尾比 $100\times(1-\alpha)/2\%$大，或者在原分布的左尾比 $100\times(\alpha/2)\%$小，那么在 α 水平上拒绝原假设。这样，在指定的检验水平中，双侧检验宣称的显著性，与单侧检验相比，检验统计量一定更靠近尾部(即关于 H_0 更不寻常)。在双侧检验中，拒绝原假设的合适的检验统计量一定是更极端的，因为通常当附加(即检验资料之外)信息存在时，才使用单侧检验，这样可以做出更强的推断。

5.1.7　置信区间:转化的假设检验

假设检验的思想，可以被用来在样本统计量周围构建置信区间。置信区间的一个典型应用，是在图形显示中在画出的样本统计量周围构建误差线。

本质上，置信区间从假设检验中导出，观测样本统计量的值起了在假定的原假设下总体参数值的作用。样本统计量周围的置信区间，由假设 H_0 不被拒绝的统计量的其他可能值组成。假设检验在原分布的背景中，计算与观测的检验统计量有关的概率，反过来，通过找到不落入拒绝区的检验统计量的值构建置信区间。从这个意义上讲，置信区间的构建是假设检验的反操作。即，在单样本假设检验和观测统计量周围计算的置信区间之间存在两重性，比如，如果检验在 α 水平是显著的，那么观测统计量周围的 $100\times(1-\alpha)\%$置信区间，将不包含检验的原假设的值；如果检验在 α 水平是不显著的，那么将包含检验的原假设值。用相应的置信区间，表达假设检验的结果，比简单地报告拒绝/不拒绝的决定包含更多信息，因为置信区间的宽度和原假设值到置信区间端点的距离，也传递了样本估计中不确定程度和推断强度的信息。

认为 $100\times(1-\alpha)\%$置信区间有 $1-\alpha$ 概率包含真值是很诱惑人的，但是这个解释是不正确的。原因是，在频率论者的眼里，总体的参数是固定的，即使是未知常数。因此，一旦构建了置信区间，真值或者在区间里面，或者不在里面。正确的解释，是在同类的不同批次的资料基础上，计算(因此每一个相互之间有些不同)的大量假设的类似置信区间的 $100\times(1-\alpha)\%$将包含真值。

例 5.1 包括二项分布的假设检验

假设检验的结构，可用一个简单(尽管是人造)的例子举例说明。假定在美国西南部阳光充足的沙漠里的一个旅游胜地，它的广告说，在冬季平均而言 7 天中有 6 天是无云的。为了检验这个说法，我们需要在冬季的很多天观测天气条件，然后把观测的和宣传的无云的比例 $6/7=0.857$ 进行比较。假定我们可以安排在 25 个独立场合进行观测(这可能不是连续的日子，因为每日的天气值序列存在相关)。如果 25 天中观测到 15 天无云，这个观测结果与广告宣传的一致，还是证明了广告有问题呢？

这个问题适合二项分布的参数设置。给定的一天或者有云或者无云，进行的观测在时间上离得足够远，以至于它们相互独立。通过把观测限制到该年中相对小的时期，我们可以预计，不同观测的无云日的概率 p 近似为常数。

假设检验五个步骤的第一步已经完成了，因为已经由这个问题的形式指定了从 $N=25$ 天中得到的 $X=15$ 天的检验统计量。原假设是旅游胜地的广告中宣称 $p=0.857$ 是正确的。理解了广告的本质，如果宣传是虚假的，那么预期真实概率更低是合理的。这样备择假设是 $p<0.857$。也就是说，检验是单尾的，因为对于拒绝宣传不真实的 $p>0.857$，我们不关心。我们得到的有关广告宣传本质的先验信息，允许比这个例子已经有的信息做更强的推断。

现在该问题的症结是找到原假设。即，如果无云条件的真实概率是 0.857，那么，检验统计量 X 的抽样分布是什么？这个 X 可以被认为是 25 个独立的 0 和 1 的和，在 25 个场合的每一个出现以某个常数概率发生用 1 表示。这些是二项分布的条件。这样，检验原分布是二项分布，其参数 $p=0.857, N=25$。

如果真实概率 p 实际上是 0.857，需要计算在 25 个独立场合观测到的 15 天或更少无云日数的概率。(概率 $\Pr\{X\leqslant 15\}$是检验的 p 值，对这个符号来说，这是不同于二项分布参数 p 的不同用法。)这个计算直接但冗长乏味的方法，是由下式给出的加和计算

$$\Pr\{X\leqslant 15\}=\sum_{x=0}^{15}\binom{25}{x}0.857^{x}(1-0.857)^{25-x} \tag{5.1}$$

这里除了 $\Pr\{X=15\}$之外，必须包括 $X<15$ 的项，因为比方说，观测到 25 天中只有 10 天无云，甚至可能比 $X=15$ 更不利于 H_0。对这个检验来说，用式(5.1)计算的检验的 p 值，只有 0.0015。这样，如果无云日的真实概率是 6/7，$X\leqslant 15$ 是非常不可能的结果，原假设将成功地被拒绝。根据这个检验，观测资料能够提供真实概率小于 6/7 的非常令人信服的证据。

计算 p 值的更容易的方法，是对二项分布使用高斯近似。这个近似是从中心极限定理得出的，作为数字 0 和 1 的和，如果 N 足够大，变量 X 将近似服从高斯分布。这里足够大意味着 $0<p\pm 3\,[p(1-p)/N]^{1/2}<1$，在这个例子中，二项分布的 X 使用具有下面参数的高斯分布，可以得到很好的近似描述

$$\mu\approx Np \tag{5.2a}$$

和

$$\sigma\approx\sqrt{Np(1-p)} \tag{5.2b}$$

当前的例子中，参数是 $\mu\approx 25\times 0.857=21.4$，$\sigma\approx[25\times 0.857\times(1-0.857)]^{1/2}=1.75$。然而，$p+3[p(1-p)/N]^{1/2}=1.07$，这表明该例子中使用高斯近似是有问题的。图 5.2 对精确的二

项原分布与其高斯近似进行了比较。二者的对应值是很接近的，尽管高斯近似对不可能的结果$\{X>25\}$规定为非负概率，而相应非常小的概率被赋值到左尾。然而，这里使用的高斯近似，将在后面进一步举例说明其用法。

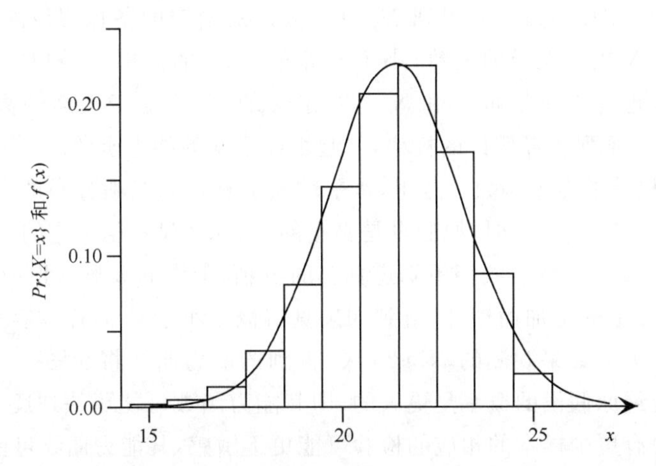

图 5.2 例 5.1 中二项原分布(柱状图线)与其高斯近似(平滑曲线)的关系。观测的 $X=15$ 落在了原分布的很左边的尾部。从式(5.1)得到的准确的 p 值是 $\Pr\{X\leqslant 15.5\}=0.0015$。使用包括连续订正的高斯近似，为 $\Pr\{X\leqslant 15.5\}=\Pr\{Z\leqslant -3.37\}=0.00038$。

这里必须面对一个离散概率，用连续概率密度函数表示的一个小的技术问题。精确的二项分布检验的 p 值，是由式(5.1)中加和产生的 $\Pr\{X\leqslant 15\}$ 给出，但是其高斯近似由实轴相应部分上高斯 PDF 的积分给出。这个积分应该包括大于 15，但比 16 更靠近 15 的值，因为这些也接近离散的 $X=15$。这样相应的高斯概率是 $\Pr\{X\leqslant 15.5\}=\Pr\{Z\leqslant(15.5-21.4)/1.75\}=\Pr\{Z\leqslant -3.37\}=0.00038$，再次导致拒绝，但是有非常大的信度(非常小的一个 p 值)，因为高斯近似在左尾的概率计算是不充分的。离散的 $X=15$ 和连续的 $X=15.5$ 之间额外的 0.5 增量被称为连续订正。

式(5.2)对二项分布的高斯近似，也能用来构建观测的二项分布估计 $\hat{p}=15/25=0.6$ 周围的置信区间(误差线)。为了做到这一点，设想一个检验，其原假设为：对这种情况来说，真实二项分布的概率为 0.6。那么这个检验，以找到与定义拒绝区边界的检验统计量值相反的方式解答。即，在这个新的原假设被拒绝以前，x/N 的多么大或多么小的值可以被容许？

如果需要一个 95%的置信区间，反过来检验是在 5%的水平。因为真实的二项分布的 p，可能小于或大于观测的 x/N，双尾检验(对很大或很小的 x/N 都是拒绝区)是合适的。查阅表 B.1，因为原分布近似为高斯分布，在上尾和下尾的截断概率等于 $0.05/2=0.025$，对应的标准化高斯变量是 $z=\pm 1.96$。(这是很有用的经验规则的基础，95%的置信区间近似地包括平均值±2 标准差。)使用式(5.2a)，无云天数的平均数，应该是 $25\times 0.6=15$，从式(5.2b)中，可以得到对应的标准差是 $[25\times 0.6\times(1-0.6)]^{1/2}=2.45$。通过使用 $z=\pm 1.96$，由式(4.28)得到 $x=10.2$ 和 $x=19.8$，得到 95%置信区间的界限是 $p=x/N=0.408$ 和 0.792。注意，宣传的二项分布的 p 为 $6/7=0.857$，落在了这个区间的外边。从二项分布概率计算的精确的置信区间是[0.40,0.76]，与高斯近似很一致。对用来构建这个置信区间的高斯近似来说，$p\pm 3[p(1-p)/N]^{1/2}$ 的范围从 0.306 到 0.894，在范围[0,1]以内。

最后，这个检验的能力是什么？即，我们想计算拒绝原假设的概率，这个概率是真实的二

项分布参数 p 的函数。正如图 5.1 所示意的，这个问题的答案依赖于检验水平，因为如果 α 相对很大，更可能(有 $1-\beta$ 概率)正确地拒绝错误的原假设。假定检验是在 5% 的水平，为了简化，再假定二项分布用高斯分布近似，相对于原假设的(单侧)临界值，即对应于 $z=-1.645$；或者 $-1.645=(Np-21.4)/1.75$，得到 $Np=18.5$。对给定的备择假设的检验能力，是观测的检验统计量 $X=\{N$ 天中无云的天数$\}$ 小于或等于 18.5 的概率，已知对应于备择假设的真实的二项分布的 p，通过二项分布 p 和 $N=25$ 定义的 X，将等于近似的高斯抽样分布中值 18.5 左边的面积。一系列备择假设的概率，一起组成了检验能力函数。

图 5.3 展示了检验的能力函数。这里，水平轴表示真实的二项分布的 p 与由原假设假定的 $p(=0.857)$ 的差。当 $\Delta p=0$ 时，原假设是真实的，图 5.3 显示拒绝它的可能性是 5%，这和在 5% 的水平上进行检验一致。我们不知道真实的 p 值，但图 5.3 显示拒绝原假设的概率，随真实的 p 与 0.857 差值的增加而增加，直到如果真实概率小于 0.5，样本容量为 $N=25$ 时，我们事实上确定拒绝 H_0。如果观测的 $N>25$ 天，得到的能力曲线将在图 5.3 中显示的曲线的上面，所以错误地拒绝原假设的概率是更大的(即其能力函数可能更快地爬上 1)，显示了更敏感的检验。相反，含有更少样本的相应的检验可能更不敏感，其能力曲线可能位于图 5.3 中显示的曲线的下面。

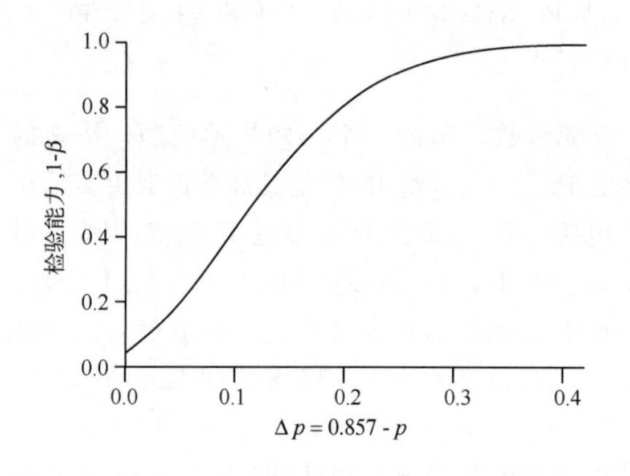

图 5.3 例 5.1 中的检验能力函数。垂直轴表示作为真实的(未知)二项分布的 p 与原假设的二项分布的 $p(=0.857)$ 之间差值的函数，拒绝原假设的概率。

5.2 一些常见的参数检验

5.2.1 单样本 t 检验

目前为止，在经典统计学中最常见的参数检验都与高斯分布有关。基于高斯分布的检验之所以如此普遍，是因为中心极限定理的力量。作为这个定理的结果，很多非高斯问题可以近似地在高斯框架中处理。例 5.1 中二项分布参数 p 的检验，就是一个这样的例子。

最熟悉的统计检验可能是单样本 t 检验，这种检验诊断，取自在前面指定的平均值 μ_0 处中心化的总体的观测样本平均值的原假设。如果组成样本平均值的资料值的数目，对其抽样分布来说足够大，样本平均值本来就是高斯分布(根据中心极限定理)，那么检验统计量

$$t=\frac{\bar{x}-\mu_0}{[\hat{\mathrm{Var}}(\bar{x})]^{1/2}} \tag{5.3}$$

遵从学生 t 分布，或简称为 t 分布。除了样本平均值方差的样本估计(通过“hat”表示)，在分子中被替代外，式(5.3)类似于标准高斯变量 z(式(4.25))。

t 分布,是非常类似于标准高斯分布的对称分布,尽管有更多的概率赋值到了尾部。也就是说,t 分布比高斯分布有更粗的尾部。t 分布由被称为自由度的单参数 v 控制。参数 v 可以取任何正整数值,对小的 v 值来说,它与高斯分布的差别最大。对式(5.3)中的检验统计量来说,$v=n-1$,其中 n 是分子中得到样本平均值的独立观测的数目。

t 分布概率表几乎在任何入门级的统计学教材中都能找到。然而,即使是对中等大的 $n(v)$ 值来说,分母中的方差估计也是足够精确的,这时 t 分布可以很好地近似标准高斯分布。对 $v=30$ 和 100,尾部分位数的偏差大约分别是 4%和 1%。所以对这个量级或更大的样本容量来说,用标准高斯概率求与式(5.3)中检验统计量有关的概率,通常是完全可以接受的。

根据中心极限定理,式(5.3)中的检验统计量,用标准高斯分布 PDF(式(4.24))作为原分布是可以理解的,这意味着如果 n 足够大,分子中的样本平均值的抽样分布将近似为高斯分布。分子中减去平均值 μ_0,将使高斯分布在 0 处中心化(如果关于 μ_0 的原假设是正确的)。如果 n 也足够大,样本平均值(分子)的抽样分布的标准差可以非常精确地估计,那么式(5.3)中,统计量的抽样分布也将很好地近似于单位标准差。0 平均值和单位标准差的高斯分布,是标准高斯分布。

式(5.3)的分母中,n 个独立观测的平均值抽样分布的方差,用下式估计

$$\mathrm{Var}[\bar{x}] = s^2/n \tag{5.4}$$

式中:s^2 为被平均的个别 x 的样本方差(式(3.6)的平方)。对 $n=1$ 的简单情况,很显然式(5.4)是正确的,但是对更大的 n 值,直观上也是合理的。比方说,我们对两个 $x(n=2)$ 求平均值,不同的 x 对将给出很不规则的结果。即,两个数字的平均值的抽样分布,将有更高的方差。另一方面,对 $n=1000$ 个 x,一起进行平均,不同的批次将给出很一致的结果,因为偶尔特别大的 x 将被偶尔特别小的 x 平衡掉:$n=1000$ 的样本,几乎有相等的特别大和特别小的值。这样 1000 个独立数字平均的抽样分布的方差(即,不同批次的变率)是小的。

式(5.3)中对于小的 t 绝对值来说,与差值抽样分布的标准差相比,分子中的差值很小,表明了样本平均值的一个很普通的抽样振动,将不引起 H_0 的拒绝。如果分子中差的绝对值比分母大两倍,相应于在 5%水平上的双侧原假设通常被拒绝(比较表 B.1)。

5.2.2　独立情况下平均值差值的检验

另一个常见的统计检验,是两个独立样本平均值之间的差值检验。这种情况可能的大气例子,是当两个天气系统的一个或另一个盛行时平均的冬季 500 hPa 高度场的差,或气候模式中,大气二氧化碳浓度的加倍与不加倍条件下,某地 7 月平均温度可能的差。

通常,从不同批次资料计算的两个样本平均,即使它们来自相同的总体或产生过程,也是不同的。这种情况中通常的检验统计量,是要比较的两个样本平均值差值的函数,而实际观测的差值几乎总是一些不同于 0 的数字。原假设通常是准确的差值为 0。备择假设,或者是准确的差值非 0(如果没有关于哪个潜在平均值更大的先验信息可用的情形,使用双侧检验),或者是两个潜在平均值中的一个比另一个更大(使用单侧检验)。给定了关于其总体对应量之间差值的原假设,问题是找到两个样本平均值差值的抽样分布。这个背景下,对于异常情况,可以求得观测的平均值的差值。

几乎总是(有时是不加批判地)默认,假定的两个样本平均值差值的抽样分布是高斯分布。如果构成每个样本平均值的资料是高斯分布的,或者如果样本容量足够大,以至于可以使用中

心极限定理，那么这个假定是真实的。如果两个样本平均都是高斯抽样分布，那么其差值也是高斯分布，因为高斯变量任意的线性组合也服从高斯分布。在这些条件下，检验统计量

$$z = \frac{(\bar{x}_1 - \bar{x}_2) - E[\bar{x}_1 - \bar{x}_2]}{(\hat{\mathrm{Var}}[\bar{x}_1 - \bar{x}_2])^{1/2}} \tag{5.5}$$

对大样本来说，服从标准高斯分布(式(4.24))。注意这个公式与式(5.3)和式(4.26)有类似形式。

如果原假设是从该分布中提取的 x_1 和 x_2 的两个总体的平均值相等，那么

$$E[\bar{x}_1 - \bar{x}_2] = E[\bar{x}_1] - E[\bar{x}_2] = \mu_1 - \mu_2 = 0 \tag{5.6}$$

这样，关于两个相等平均值量级的特定假设不被要求。如果一些其他原假设合适，那么潜在平均值的差值可以代入到式(5.5)中的分子中。

两个独立随机变量差值(或加和)的方差是每个随机变量方差的和。因为这两个量的每一个的变率，对差值变率的贡献是不同的，直观上这是有道理的。对于式(5.5)的分母，其方差

$$\hat{\mathrm{Var}}[\bar{x}_1 - \bar{x}_2] = \hat{\mathrm{Var}}[\bar{x}_1] + \hat{\mathrm{Var}}[\bar{x}_2] = \frac{s_1^2}{n_1} + \frac{s_2^2}{n_2} \tag{5.7}$$

其中最后的等号由式(5.4)得到。这样，如果形成这两个平均值的每批资料是独立的，样本足够大，通过把检验统计量重写为下式，式(5.5)可以转换为标准高斯 z 的近似

$$z = \frac{\bar{x}_1 - \bar{x}_2}{[s_1^2/n_1 + s_2^2/n_2]^{1/2}} \tag{5.8}$$

这时，原假设为两个潜在的平均值 μ_1 和 μ_2 相等。当得到 x_1 和 x_2 的两个分布的方差不相等时，检验统计量的这个表达式是合适的。对相对较小的样本容量，其抽样分布是(近似而非精确的) t 分布，有 $v=\min(n_1,n_2)-1$。对中等大小的样本来说，抽样分布接近标准高斯分布，原因与式(5.3)类似。

当假定得到 x_1 和 x_2 的两个分布的方差相等时，这个信息可以用来计算一个"联合(pooled)"方差估计。在总体方差相等的假定下，式(5.5)变为

$$z = \frac{\bar{x}_1 - \bar{x}_2}{\left\{\left(\frac{1}{n_1} + \frac{1}{n_2}\right)\left[\frac{(n_1 - 1)s_1^2 + (n_2 - 1)s_2^2}{n_1 + n_2 - 2}\right]\right\}^{1/2}} \tag{5.9}$$

分母中中括号里的，是资料值总体方差的联合估计，这只是两个样本方差的权重平均，理论上，式(5.7)和式(5.8)中已经替换为 s_1^2 和 s_2^2。式(5.9)的抽样分布，是 $v=n_1+n_2-2$ 的 t 分布。然而，用标准高斯分布，与式(5.9)中的检验统计量有关的概率估计，是完全可以接受的。

式(5.8)或式(5.9)中，对很小的 z(绝对)值，分子中样本平均值的差值，与分母中抽样分布差的标准差相比是很小时，根据原分布，这只是一个很普通的值。和前面一样，如果分子中的差值比分母中绝对值的 2 倍还要大，并且样本容量适中或很大，那么对双侧检验来说，在 5%的水平上拒绝原假设。

与单样本检验的例子一样，对双样本，t 检验的式(5.8)或式(5.9)可以反向计算，产生样本平均值的观测差值 $\bar{x}_1-\bar{x}_2$ 周围的置信区间。在 α 水平下，$H_0:\{\mu_1=\mu_2\}$ 的拒绝相当于这个差值的 $100\times(1-\alpha)\%$ 置信区间不包括 0。然而，违反直觉的是，在那个例子中，$\bar{x}_1$ 和 $\bar{x}_2$ 的单个 $100\times(1-\alpha)\%$ 置信区间，可能有较多的重叠(Schenker and Gentleman, 2001; Lanzante, 2005)。即，根据适合两个样本的 α 水平检验，两个单一样本统计量 $100\times(1-\alpha)\%$ 置信区间的重叠，很容易与显著不同的两个统计量一致。当两个样本方差 s_1^2 和 s_2^2 相等或几乎相等时，

所谓的重叠方法(overlap method),与恰当的双样本检验之间的差异是最大的,并且随着两个样本方差的振幅趋于无穷大而逐渐变小。相反,非重叠的$(1-\alpha)\times100\%$置信区间,至少在α水平下确实意味着有显著的差异。

5.2.3 成对样本平均值差异的检验

当x_1和x_2为独立观测时,式(5.7)是合适的。当形成两个平均值的资料是成对的或同时观测到的,出现了一种非独立的重要形式。在这个例子中,必须是$n_1=n_2$。例如,附录A的表A.1中日温度资料就属于这种类型,因为每天在两个地方都存在每个变量的一次观测。当在双样本t检验中使用这种成对资料的时候,求差值的两个平均值通常是相关的。正如经常见到的情形,当这个相关为正时,式(5.7)或式(5.8)或式(5.9)的分母,将高估分子中差值抽样分布的方差。结果是平均而言检验统计量太小(绝对值),所以计算的p值太大,使得应该被拒绝的原假设没有被拒绝。

如果进入平均值的成对的x的样本有强的相关,我们预计检验统计量分子中差值的抽样分布会受到影响。例如,图3.27中的子图显示伊萨卡(Ithaca)和卡南戴挂(Canandaigua)日最高温度是强烈相关的,所以在一个地点相对暖的月平均最高温度,可能与另一个地点相对暖的平均温度相关。这样,月平均值的一部分变率对二者是共同的,并且这部分抵消了检验统计量分子中的差值。如果检验统计量的抽样分布近似为标准高斯分布,这个抵消也一定在分母中得到验证。

成对资料进行t检验,最容易和最直接的方法是分析成对的$n_1=n_2=n$个相应成员之间的差值,这就将问题转换为了单样本的情况。即,考虑样本统计量

$$\Delta = x_1 - x_2 \tag{5.10a}$$

用样本平均

$$\bar{\Delta} = \frac{1}{n}\sum_{i=1}^{n}\Delta_i = \bar{x}_1 - \bar{x}_2 \tag{5.10b}$$

对应的总体平均值为$\mu_\Delta=\mu_1-\mu_2$,在H_0下其值经常为0。那么与式(5.3)相同形式的检验统计量结果是

$$z = \frac{\bar{\Delta} - \mu_\Delta}{(s_\Delta^2/n)^{1/2}} \tag{5.11}$$

式中:s_Δ^2为式(5.10a)中n个差值的样本方差。在形成差值$\Delta=x_1-x_2$的成对资料中,任何联合变化也自动进入了那些差值的样本方差s_Δ^2中。

在可以进行更敏感检验的意义上,式(5.11)是对正相关有利的一个例子。这里对被检验的平均值差值的抽样分布来说,正相关导致了一个更小的标准差,意味着更小的潜在不确定性。这个更尖(sharper)的分布产生了一个更强有力的检验,并且允许被检测的分子中更小的差值显著地不同于0。

直觉上,样本平均值差值抽样分布的这个影响也是有意义的。再次考虑伊萨卡(Ithaca)和卡南戴挂(Canandaigua)1987年1月的例子,例5.2中将再次提到这个例子。在这两个地点日温度之间的正相关将导致两个月平均值中不同批次(即1月到1月或年际间)的变率一起变化:伊萨卡(Ithaca)更暖的月也倾向于是卡南戴挂(Canandaigua)更暖的月。x_1和x_2的相关越强,说明来自特定一批资料的相应平均值对越不可能是因为抽样变化导致的不同。那么,在

两个样本平均值不相同的意义上，与其相关系数接近 0 的情况相比，反对其潜在平均值不相同的证据更强。

5.2.4 序列不独立情况下平均值差值的检验

前面几节的材料本来是比较样本平均值的简要重述，这是众所周知的，几乎在每本基础统计学教材中都会给出。这些检验背后的关键假定，是检验统计量中构成每个样本平均值的单个观测之间的独立性。即，假定无论资料值是否成对，都要求所有的 x_1 的值是相互独立的，并且 x_2 的值也是相互独立的。这个独立性的假定推出了式(5.4)的表达式，该表达式允许估计原分布的方差。

大气资料经常不满足独立性假定。被检验的平均值经常是时间的平均和持续，或对时间存在依赖性，这是不满足独立性假定的原因。独立性的缺乏使式(5.4)无效。特别是，气象的持续性意味着时间平均值的方差比由式(5.4)得到的方差更大。忽视时间依赖性，因而导致第 5.2.2 和第 5.2.3 节中检验统计量抽样分布方差的低估。这个低估，反过来又导致了检验统计量的夸大，并且，因此导致太小的 p 值，以及关于分子中差值显著性的过度自信。同样地，对分子中给定差值的振幅来说，为了拒绝原假设，要求更大的样本容量来正确地表示资料中持续性的影响。

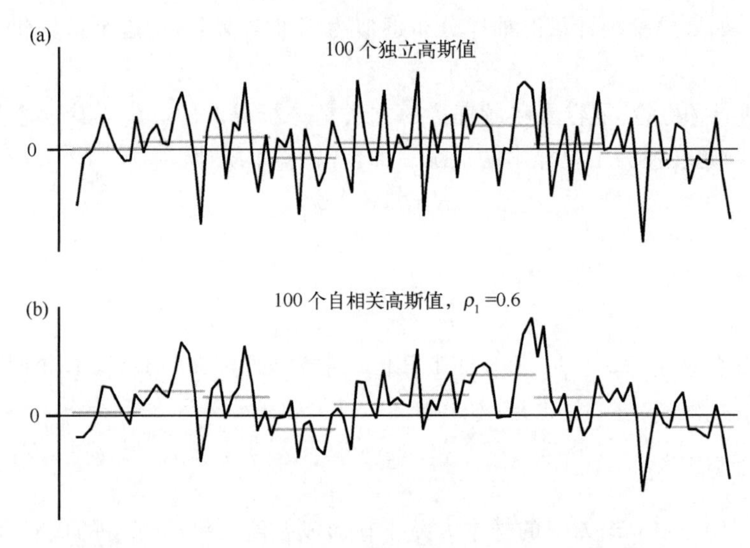

图 5.4 (a)独立高斯变量和(b)$\rho_1=0.6$ 的自相关高斯变量的人造时间序列的比较。两个序列都从 $\mu=0$ 的生成过程中得到，对资料点来说，这两个图都已经被尺度化到相等的单位方差。自相关序列中附近的值倾向于更相似，结果是自相关时间序列 $n=10$ 线段的平均值(水平灰线)比独立序列的平均值离 0 更远。因此根据自相关时间序列计算的平均值的抽样分布，具有更大的方差：子图(a)和(b)中 10 个子样本平均值的样本方差分别是 0.0825 和 0.2183。

图 5.4 举例说明了为什么对时间平均的抽样分布来说，序列的相关导致了更大的方差。图 5.4a 是从 $\mu=0$ 的生成过程中得到的 100 个独立高斯变量的人造时间序列，与第 4.7.4 节中描述的一样。图 5.4b 的序列也由 $\mu=0$ 的高斯变量组成，但除此以外，这个序列还有 $\rho_1=0.6$ 的滞后 1 的自相关(式(3.23))。这里选择这个自相关值，是因为它是日温度显示的典型自相关(如：Madden，1979)。两个子图都已经被尺度化为单位(总体)方差。

图 5.4 中，独立的和自相关的虚拟资料之间的显著差别，是相关序列更平滑，所以邻近的值比独立序列中的倾向于更相似。自相关序列展示了离 0(总体)平均值更远。因而，除了不同符号之外，自相关记录的子集计算的平均值更不可能包含对较大绝对值的补偿点，因此，那些平均值比用独立资料计算的平均值更可能远离 0。即，对不同的批次，这些平均值更不一致。这正好用另一种方式说明了自相关资料平均值的抽样分布，比独立资料有更高的方差。图 5.4 中灰色水平线，是 $n=10$ 个点的连续序列的子样本平均值，直观上，图 5.4b 中这些平均值是更加易变的。图 5.4a 和 5.4b 中 10 个子样本平均值的样本方差分别为 0.0825 和 0.2183。

时间平均值抽样分布方差的估计问题，在气象文献中已经得到了很多关注(如：Jones，1975；Katz，1982；Madden，1979；Zwiers and Thiébaux，1987；Zwiers and von Storch，1995)，这并不令人感到惊讶。处理这个问题的一种便捷实用的方法，是根据*有效样本容量*(effective sample size)，或*等效独立样本数目*(equivalent number of independent samples)n'进行思考。即，想象存在一个假想的独立值的样本容量 $n'<n$，其平均值的抽样分布与 n 个自相关值平均值的抽样分布有相同的方差。那么，n'可以替换式(5.4)中的 n，而前面一节中描述的经典检验，可以与前面类似来做。

如果能假定所用的资料服从一阶自回归过程(式(9.16))，那么有效样本容量的估计很容易得到。对表示日气象值的持续性来说，一阶自回归常常是合理的近似。这个论断通过图 5.4b 可以容易看出来。图 5.4b 由随机数字组成，但是在统计上，类似于地面温度的气象变量，有日复一日的振荡。

一阶自回归中的持续性，完全由单参数 ρ_1 描述，这个参数为滞后 1 的自相关系数，可以使用样本估计的 r_1(式(3.32))从资料序列中得到估计。使用这个相关，平均值抽样方差的有效样本容量可以用下式近似地估计

$$n' \approx n\frac{1-\rho_1}{1+\rho_1} \tag{5.12}$$

当不存在时间相关时，$\rho_1=0$，$n'=n$。随着 ρ_1 增加，有效样本容量越来越小。当需要更复杂的时间序列模型描述持续性的时候，有效样本容量的更复杂的表达式可以被推导出来(参见 Katz，1982，1985；和第 9.3.5 节)。注意式(5.12)只适用于平均值的抽样分布，而对不同的统计量，使用不同的表达式是合适的(Davis，1976；Ebisuzaki，1997；Faes *et al.*，2009；Matalas and Langbein，1962；Thiébaux and Zwiers，1984；Trenberth，1984；Zwiers and von Storch，1995)。

使用式(5.12)，对于适合足够大样本的时间平均的方差来说，与式(5.4)对应的式子为

$$\hat{\mathrm{Var}}[\bar{x}] = \frac{s^2}{n'} \approx \frac{s^2}{n}\left(\frac{1+\rho_1}{1-\rho_1}\right) \tag{5.13}$$

比值$(1+\rho_1)/(1-\rho_1)$起了*方差放大因子*(variance inflation factor)的作用，向上调整时间平均值抽样分布的方差，这反映了序列相关的影响。有时方差放大因子被称为*有效独立样本之间的时间* T_0(如：Leith，1973)。式(5.4)可以看作为 $\rho_1=0$ 时式(5.13)的特例。

例 5.2　自相关资料的双样本 t 检验

考虑检验 1987 年 1 月伊萨卡(Ithaca)与卡南戴挂(Canandaigua)的平均最高温度是否显著不同。这等价于检验两个样本平均的差值是否显著不同于 0，所以式(5.6)将保留为原假

设。前面已经显示(见图 3.5),这两批日资料是基本对称的,所以根据中心极限定理,月平均值应该非常接近高斯分布。这样,刚才描述的参数检验(假定抽样分布为高斯形式)应该是合适的。

1987 年 1 月每个位置的资料是在同样的 31 天进行的观测,所以两批资料是成对的样本。因此式(5.11)是检验统计量合适的选择。此外,我们知道两个时间平均后面的日资料中显示了序列相关(伊萨卡资料的图 3.20),所以可以预计式(5.12)中的有效样本容量的订正,式(5.12)和式(5.13)也是可用的。

表 A.1 也显示了 1987 年 1 月的平均温度,所以,最大平均温度的差值(伊萨卡－卡南戴挂)是 29.87－31.77＝－1.9(℉)。计算 31 对差值之间的标准差,得到 $s_\Delta = 2.285$ ℉。这些差值滞后 1 的自相关是 0.076,得到 $n' = 31(1-0.076)/(1+0.076) = 26.6$。因为原假设是两个总体平均值相等,即 $\mu_\Delta = 0$,根据式(5.11)(使用有效样本大小 n' 而不是实际样本大小 n),得到 $z = -1.9/(2.285^2/26.6)^{1/2} = -4.29$。这是一个非常极端的值,没有包括在表 B.1 中,用式(4.29)估计 $\Phi(-4.29) \approx 0.000002$,所以双侧检验的 p 值是 0.000004,这是非常显著的。这个非常强的结果,在某种程度上是可能的,因为这两个温度序列的许多变率是共享的(它们之间的相关是 0.957),对检验统计量来说,去掉共享方差导致了相当小的分母。

注意,成对的温度差滞后 1 的自相关只有 0.076,这比两个单个序列中的自相关小得多:伊萨卡(Ithaca)是 0.52,卡南戴挂(Canandaigua)是 0.61。这两个时间序列,共同展示了很强的时间依赖性,因此,当计算差值 Δ_i 的时候去掉了时间依赖性。这是使用差值序列进行检验的另一个好处,是对这个很强的结果的另一个主要贡献。差值序列相对低的自相关转化有效样本容量为 26.6,而不只是只有 9.8(伊萨卡)和 7.5(卡南戴挂),这可以产生一个甚至更敏感的检验。

最后,考虑单个平均值 μ_{Ith} 和 μ_{Can} 计算的置信区间,以及与之相比较的平均差值 μ_Δ 的置信区间。观测的平均差值 $\bar{x}_\Delta = -1.9$ ℉附近 95％的置信区间是 -1.9 ℉ $\pm (1.96 \times 2.285)/(\sqrt{26.6})$℉,得到区间[－2.77,－1.03]。与成对比较的检验非常低的 p 值一致,这个区间不包括 0,并且实际上,其最大值在标准误差($\bar{\Delta}$ 的抽样分布的标准差)单位内,与 0 有很好的分离。相反,考虑伊萨卡(Ithaca)和卡南戴挂(Canandaigua)的单个样本平均值附近 95％的置信区间。对伊萨卡(Ithaca),这个区间是29.9 ℉ $\pm (1.96 \times 7.71)/(\sqrt{9.8})$℉,或[25.0,34.7],而对卡南戴挂(Canandaigua),这个区间是31.8 ℉ $\pm (1.96 \times 7.86)/(\sqrt{7.5})$℉,或[26.2,37.4]。这两个区间不仅有相当大的重合,而且其重合长度大于不重合长度的加和。这样,使用所谓的重合方法评估这个差值的显著性,就会导致非常错误的结论。对于重合方法,这几乎提供了一个最差的例子,因为除了这两个方差几乎相等以外,这两个资料样本的成员是强相关的,这也加剧了与正确计算检验的不一致性(Jolliffe, 2007;Schenker and Gentleman, 2001)。

5.2.5 拟合优度检验

当在第 4 章中讨论资料样本的拟合参数分布的时候,给出了评估拟合优度的目视和主观方法。拟合优度正式的定量评估也有方法,这些评估在假设检验的框架内进行。当进行形式检验的时候,图形方法还是有用的,例如,当需要指出拟合误差出现在哪里,以及有多少误差的时候。已经设计了很多种拟合优度检验方法，但这里只给出常用的几种。

评估拟合优度，给出了一个非典型的假设检验设置，因为这些检验通常是为了得到有利于 H_0 的证据计算的，所用的资料取自假设的分布。那么证实证据的解释，是资料与假设分布"不一致"，所以，这些检验的能力是一个重要的考虑。不幸的是，因为在这个背景中，存在原假设可能错误的多种方式，通常不可能形成一种最好的(最强有力的)检验。这个问题很大程度上解释了已经提出的拟合优度检验(D'Agostino and Stephens，1986)，以及对一个特定问题来说哪个检验最合适的模糊性。

卡方(χ^2)检验，是一种简单但常用的拟合优度检验方法。本质上，它是概率分布(对离散变量)或概率密度(对连续变量)函数，与资料的柱状图进行比较。实际上，对离散随机变量来说，χ^2 检验自然更奏效，因为为了执行 χ^2 检验，资料的范围必须分为离散类或箱体(bins)。对连续资料来说，当备择检验可用时，它们通常是更有效力的，推测起来至少某种程度上是因为资料凑整进了箱体，不过这可能严重地丢掉了信息。然而，χ^2 检验是容易实现并且很灵活的，例如对多元资料的实现就很简单。

对连续随机变量来说，为了得到每一类中观测的概率，在某些 MECE 类的每一个中积分概率密度函数。检验统计量，包括落进与计算的理论概率相关的每一类的资料值的数量，根据拟合分布，每一类中资料值期望发生的数量(表示为"#")是在那一类中发生的概率乘以样本大小 n。这个期望发生的数量不必是一个整数值。如果拟合分布非常接近资料分布，那么对每一类来说，期望和观测的数量将很接近，式(5.14)的分子中，差值的平方都是非常小的，得到一个很小的 χ^2。如果拟合得不好，那么至少少数类将展示很大的差异，这将在式(5.14)的分子中被平方，导致很大的 χ^2 值。对于等宽度或等概率的类，它不是必需的，但是应该避免有很小期望数量的类。有时强加一个条件，即每一类最小为5个期望事件。

$$\chi^2 = \sum_{\text{classes}} \frac{(\#\text{Observed} - \#\text{Expected})^2}{\#\text{Expected}}$$
$$= \sum_{\text{classes}} \frac{(\#\text{Observed} - n\Pr\{\text{data in class}\})^2}{n\Pr\{\text{data in class}\}} \tag{5.14}$$

式中：classes 为类别；Observed 为观测的；Expected 为期望的；data in class 为类中的数据。

在原假设下，资料从拟合分布中提取，检验统计量的抽样分布是自由度为参数 v=(类数－拟合的参数数目－1)的 χ^2 分布。这个检验是单侧的，因为检验统计量由式(5.14)的分子中的平方过程被限制为正值，并且检验统计量的小值支持 H_0。χ^2 分布的右尾分位数在表 B.3 中给出。

例 5.3　用 χ^2 检验来比较高斯分布和伽马分布

考虑把高斯分布和伽马分布，作为表示表 A.2 中 1933—1982 年伊萨卡(Ithaca)1月降水资料的候选分布。伽马分布参数近似的最大似然估计(式(4.41)或式(4.43a)和式(4.42)，为 α=3.76 in 和 β=0.52 in。这些资料的样本平均值和标准差(即高斯参数估计)分别为 1.96 和 1.12 in。在图 4.15 中示意了这两个分布与资料的关系。表 5.1 包含对这两个分布执行 χ^2 检验的必要信息。降水量被分为6类或6个箱体，每类的范围显示在表的第一行。第二行显示了1月降水总量在每类之内的年数。为了得到每类中降水的概率，两个分布都被积分。然后

这些概率乘以 $n=50$ 得到期望的数量。

表 5.1 对 1933—1982 年伊萨卡(Ithaca)1 月降水资料应用伽马分布和高斯分布的 χ^2 拟合优度检验。通过各自的概率乘以 $n=50$ 得到每个箱体中期望的发生数。

类别	<1″	1～1.5″	1.5～2″	2～2.5″	2.5～3″	⩾3″
观测的#	5	16	10	7	7	5
伽马分布概率	0.161	0.215	0.210	0.161	0.108	0.145
期望的#	8.05	10.75	10.50	8.05	5.40	7.25
高斯分布概率	0.195	0.146	0.173	0.178	0.132	0.176
期望的#	9.75	7.30	8.65	8.90	6.60	8.80

对伽马分布，应用式(5.14)得到 $\chi^2=5.05$，对高斯分布，得到 $\chi^2=14.96$。正如从图 4.15 中的图形比较也能明显看出的，这些检验统计量表明高斯分布拟合这些降水资料实际上并不好。在各自的原假设下，这两个检验统计量取自由度为 $v=6-2-1=3$ 的 χ^2 分布，因为表 5.1 包含 6 类，并且对每个分布来说，使用两个参数(对伽马分布是 α 和 β；对高斯分布是 μ 和 σ)来拟合。

查阅表 B.3 中 $v=3$ 的行，$\chi^2=5.05$ 小于第 90 个分位数的值 6.251，所以原假设在 10% 的水平不被拒绝，原假设为资料取自拟合的伽马分布。对高斯拟合，$\chi^2=14.96$ 是在表 B.3 中的第 99 分位数 11.345 与第 99.9 分位数 16.266 之间，所以该原假设在 1% 的水平被拒绝，但在 0.1% 的水平不被拒绝。

另一种经常用到的拟合优度检验，是单样本的 Kolmogorov-Smirnov(K-S)检验。χ^2 检验对柱状图和 PDF，或离散分布函数进行比较，而 K-S 检验对经验的和拟合的 CDFs 进行比较。K-S 检验的原假设是观测资料取自正在被检验的分布，而非常大的差异将导致原假设被拒绝。对连续分布来说，K-S 检验通常比 χ^2 检验更有效，所以通常是首选。

在其原始形式中，假设参数没有从资料样本中进行估计，K-S 检验可以应用到任何分布形式(包括但不局限于第 4 章中给出的任何分布)。实际上，这个假设对使用原始的 K-S 检验可能是一个严重的限制，因为拟合分布与用来拟合这个分布的特定一批资料之间经常是对应的。这好像是一个微不足道的问题，但它可能有严重的后果，正如 Crutcher(1975)和 Steinskog 等(2007)所指出的。用与做检验拟合优度的相同批次的资料来估计参数会导致拟合的分布参数被“调制”到资料样本。当错误地使用假定检验资料与估计参数之间独立的 K-S 临界值时，实际上应拒绝原假设(分布拟合得很好)时而没有拒绝。

作为改进，K-S 框架可以应用到分布参数和检验用相同资料的情况。在这种情况下，K-S 检验经常被称为 Lilliefors 检验，这是用在该领域做了很多早期工作的统计学家的名字来命名的(Lilliefors, 1967)。原始的 K-S 检验和 Lilliefors 检验都使用检验统计量：

$$D_n = \max_x | F_n(x) - F(x) | \tag{5.15}$$

式中：$F_n(x)$为经验累积概率，第 i 个最小的资料值估计为 $F_n(x_{(i)})=i/n$；$F(x)$为在 x 处估计的理论累积分布函数(式(4.18))。这样 K-S 检验统计量 D_n，是寻找经验的与拟合的累积分布函数之间最大差值的绝对值。即使原假设是真实的，并且理论分布拟合得很好，任何真实的和有限批次的资料，也会表现出抽样变化，导致出现一个非零的 D_n 值。如果 D_n 足够大，原假设可以被拒绝。当然，多大是足够大？要依赖于检验水平，但也依赖于样本容量，以及分布参数是否用检验资料进行了拟合，如果是，也依赖于被拟合的特定分布。

当被检验的参数分布完全被从形式上指定到资料，而这个资料没有以任何方式用来拟合参数，那么原始的 K-S 检验是合适的。这个检验是与分布无关的，在这种意义上，其临界值可以应用到任何分布。这些临界值用下式可以得到很好的近似(Stephens, 1974)

$$C_{\alpha} = \frac{K_{\alpha}}{\sqrt{n} + 0.12 + 0.11/\sqrt{n}} \tag{5.16}$$

式中对 α=0.10,0.05 和 0.01，分别为 K_{α}=1.224,1.358 和 1.628。当 $D_n \geqslant C_{\alpha}$ 时拒绝原假设。

因为被检验的分布参数已经用检验资料进行了拟合，所以原始的 K-S 检验(式(5.16))通常是不合适的。但即使在这个例子中，作为覆盖实际累积概率 $1-\alpha$ 的限度，真实 CDF 的界限(无论其形式是什么)可以用 $F_n(x) \pm C_{\alpha}$ 计算，并且以图形显示。C_{α} 的值也能以类似的方式计算与特定的理论分布一致的经验分位数上的概率范围(Loucks *et al.*,1981)。因为在整个资料集中，D_n 是最大的，对整个分布来说，这些界限都是一致适用的。

当分布参数使用手头的资料进行了拟合时，式(5.16)并不是严格合适的，因为拟合分布关于被比较的资料"知道的"太多，而这时 Lilliefors 检验是合适的。临界值 D_n 依赖于拟合的分布。引自 Crutcher(1975)的表 5.2 列出了伽马分布 D_n 的四个临界值(在原假设之上被拒绝)。这些临界值依赖于样本容量和估计的形状参数 α。大的样本受不规则抽样变率的影响更小，所以表 5.2 中列出的临界值随 n 的增大而下降。也就是说，对越大的样本容量，离拟合分布(式(5.15))越小的最大偏差越能被容忍。表 5.2 最后一行中的临界值，对于 $\alpha=\infty$ 对应于高斯分布，因为随着伽马分布形状参数变得很大，伽马分布向高斯分布收敛。

表 5.2　当分布参数已经用被检验的资料进行了拟合时，作为估计的形状参数 α 的函数，Lilliefors 检验中，用来评估伽马分布拟合优度的 K-S 统计量的临界值，标注 $\alpha=\infty$ 的行属于高斯分布，其参数来自于资料的估计。

	20%水平			10%水平			5%水平			1%水平		
	n=25	n=30	n	n=25	n=30	n	n=25	n=30	n	n=25	n=30	n
1	0.165	0.152	$0.84/\sqrt{n}$	0.185	0.169	$0.95/\sqrt{n}$	0.204	0.184	$1.05/\sqrt{n}$	0.241	0.214	$1.20/\sqrt{n}$
2	0.159	0.146	$0.81/\sqrt{n}$	0.176	0.161	$0.91/\sqrt{n}$	0.190	0.175	$0.97/\sqrt{n}$	0.222	0.203	$1.16/\sqrt{n}$
3	0.148	0.136	$0.747/\sqrt{n}$	0.166	0.151	$0.86/\sqrt{n}$	0.180	0.165	$0.94/\sqrt{n}$	0.214	0.191	$1.08/\sqrt{n}$
4	0.146	0.134	$0.75/\sqrt{n}$	0.164	0.148	$0.83/\sqrt{n}$	0.178	0.063	$0.91/\sqrt{n}$	0.209	0.191	$1.06/\sqrt{n}$
8	0.143	0.131	$0.74/\sqrt{n}$	0.159	0.146	$0.81/\sqrt{n}$	0.173	0.161	$0.89/\sqrt{n}$	0.203	0.187	$1.04/\sqrt{n}$
∞	0.142	0.131	$0.736/\sqrt{n}$	0.158	0.144	$0.805/\sqrt{n}$	0.173	0.161	$0.886/\sqrt{n}$	0.200	0.187	$1.031/\sqrt{n}$

引自 Crutcher,1975。

引人注意的是，Lilliefors 检验的临界值通常是通过统计模拟推导出的(见第 4.7 节)，是来自于已知分布由大量样本生成，从这些样本的每一个中计算分布参数的估计，对每批人造的资料来说，从已知分布中生成的资料与分布拟合的资料之间的一致性用式(5.15)进行评估。因为在这个构建方案中，原分布是真实的，α 水平的临界值近似为人造 D_n 集合的$(1-\alpha)$分位数 D'_nS。这样，对感兴趣的任何分布来说，Lilliefors 检验的临界值可以用第 4.7 节中描述的方法进行计算。

例 5.4　用 K-S 检验比较高斯拟合和伽马拟合

再次考虑伽马分布和高斯分布对表 A.2 中 1933—1982 年伊萨卡(Ithaca)1 月降水资料的

拟合，正如图 4.15 中显示的。图 5.5 示意了这两个拟合分布的 Lilliefors 检验。在图 5.5 的每个子图中，黑点是经验累积概率估计的 $F_n(x)$，平滑曲线是拟合的理论 CDFs 的 $F(x)$，两幅图都绘制为观测的月降水量的函数。巧合的是，经验累积分布函数与拟合的理论累积分布函数之间的最大差值，在两幅图中都出现在相同（突出显示）的点，对 gamma 分布，$D_n=0.068$（图 5.5a），对高斯分布，$D_n=0.131$（图 5.5b）。

在将要进行的两个检验中，原假设是降水资料来自拟合分布，备择假设是不来自拟合分布。这必须是单侧检验，因为检验统计量 D_n 是参数的，是与经验的累积概率之间最大差值的绝对值。因此，原假设分布，在较远右尾上的检验统计量的值，将表示不利于 H_0 的较大差异，而原分布左尾上的检验统计量的值，将表示 $D_n\approx 0$，或非常支持原假设的近乎完美的拟合。

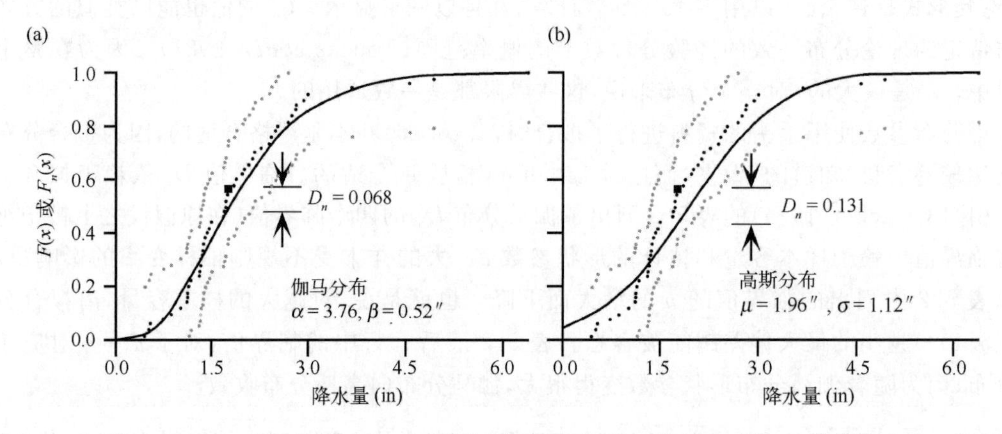

图 5.5 应用 1933—1982 年伊萨卡（Ithaca）1 月降水资料拟合到（a）伽马分布和（b）高斯分布的 Lilliefors 检验中 K-S 的 D_n 统计量的示意图。实曲线显示了累积分布函数，而黑点表示相应的经验估计。为了强调，经验的与理论的 CDFs 之间的最大差值表示为方点，对高斯分布来说更大。灰点展示了从资料被提取的真实 CDF 的 95%置信区间的界限（式(5.16)）。

表 5.2 中的临界值是为了拒绝 H_0 必需的最小 D_n，即相关拒绝或临界区域最左端的界限。使用来自很大 n 的列的临界值评估，检验样本容量 $n=50$ 就足够了。在高斯分布的例子中，表的相关行适合于 $\alpha=\infty$。因为 $0.886/\sqrt{50}=0.125$ 和 $0.031/\sqrt{50}=0.146$ 限制了观测的 $D_n=0.131$，降水资料取自这个高斯分布的原假设在 5%的水平被拒绝，但在 1%的水平不拒绝。对拟合的伽马分布来说，表 5.2 中最接近的行是 $\alpha=4$ 的行，甚至在 20%的水平上，临界值 $0.75/\sqrt{50}=0.106$ 比观测的 $D_n=0.068$ 还要大得多。这样，资料与其来自伽马分布的陈述是很一致的。

不管这些资料来自的分布是什么，用式(5.16)计算这些资料 CDF 上的置信区间都是可能的。使用 $K_\alpha=1.358$，图 5.5 中的灰点显示了 $n=50$ 时 95%的置信区间为 $F_n(x)\pm 0.188$。由这些点定义的区间，覆盖了遍及全体资料范围的 $F_n(x)$ 和 $F(x)$ 之间的最大差值，而不管特定样本中的最大不一致出现在分布中的哪个位置。

一种有关的检验，是双样本的 K-S 检验或 Smirnov 检验。这里的思想是在原假设下相互比较两批资料，原假设为这两批资料取自相同（但未指明的）分布或生成过程。Smirnov 检验统计量为

$$D_S = \max_x |F_n(x_1) - F_m(x_2)| \tag{5.17}$$

寻找 x_1 的 n_1 个观测样本与 x_2 的 n_2 个观测样本的经验累积分布函数之间的最大(按绝对值)差值。不相等的样本大小也可以使用 Smirnov 检验,因为经验的 CDFs 是阶梯函数(例如图 3.10),所以最大值出现在 x_1 或 x_2 的任意值。此外,因为式(5.17)为绝对值,所以检验是单侧的,如果下式成立,那么两个资料样本取自相同分布的原假设在 $\alpha \cdot 100\%$ 的水平上被拒绝

$$D_S > \left[-\frac{1}{2}\left(\frac{1}{n_1}+\frac{1}{n_2}\right)\ln\left(\frac{\alpha}{2}\right) \right]^{1/2} \tag{5.18}$$

对高斯分布经常需要一种好的检验,例如当多元高斯分布(见第 11 章)被用来表示(可能是第 3.4.1 节中的幂变换)多个变量的联合变化时。Lilliefors 检验(表 5.2,$\alpha=\infty$)相对于 χ^2 检验在效果上是一个改进,但是,通常更好的检验(D'Agostino, 1986)可以在经验分位数(即资料)与基于秩的高斯分位数函数之间相关的基础上构建。这个方法由 Shapiro 和 Wilk (1965)提出,原始的检验公式及其后来的变种,都被称为 Shapiro-Wilk 检验。与原始的 Shapiro-Wilk 公式几乎有同样的功效,但计算上更简化的变种由 Filliben(1975)提出。检验统计量只是经验分位数 $x_{(i)}$ 和高斯分位数函数 $\phi^{-1}(p_i)$ 之间的相关系数(式(3.28)),p_i 用近似于第 i 阶统计量的中值累积概率的绘图位置进行估计(例如 Tukey 绘图位置,尽管 Filliben(1975)用 $a=0.3175$ 代入式(3.18))。即,检验统计量只是根据高斯 Q-Q 图上的点计算的相关系数。如果资料取自高斯分布,那么除了抽样变化之外,这些点应该落在一条直线上。

表 5.3 展示了对高斯分布进行 Filliben 检验的临界值。检验是单尾的,因为高相关有利于资料服从高斯分布的原假设,所以如果相关系数比相应的临界值更小,那么原假设被拒绝。因为在 Q-Q 图上的点一定不是下降的,所以表 5.3 中的临界值比适合检验两个独立(根据原假设)变量之间线性相关显著性的临界值更大。注意,因为如果资料先被标准化(式(3.23)),相关系数不变,所以这个检验的精度不以任何方式依赖于分布参数的估计。也就是,检验要解决的是资料是否来自高斯分布的问题,而不是解决分布的参数是什么的问题。

表 5.3　基于 Q-Q 相关图,对高斯分布进行 Filliben(1975)检验的临界值。如果相关系数小于相应的临界值,则拒绝 H_0。

n	0.5%水平	1%水平	5%水平	10%水平
10	0.860	0.876	0.917	0.934
20	0.912	0.925	0.950	0.960
30	0.938	0.947	0.964	0.970
40	0.949	0.958	0.972	0.977
50	0.959	0.965	0.977	0.981
60	0.965	0.970	0.980	0.983
70	0.969	0.974	0.982	0.985
80	0.973	0.976	0.984	0.987
90	0.976	0.978	0.985	0.988
100	0.978 7	0.981 2	0.987 0	0.989 3
200	0.988 8	0.990 2	0.993 0	0.994 2
300	0.992 4	0.993 5	0.995 2	0.996 0
500	0.995 4	0.995 8	0.997 0	0.997 5
1000	0.997 3	0.997 6	0.998 2	0.998 5

例 5.5　对高斯分布的 Filliben Q-Q 相关检验

图 4.16 中的 Q-Q 图，显示了高斯分布拟合表 A.2 中 1933—1982 年伊萨卡(Ithaca)的降水资料不如伽马分布拟合得好。高斯 Q-Q 图被复制在图 5.6 中(×)，水平轴被尺度化到相应的标准高斯分位数 z，而不是有量纲的降水量。使用 Trkey 绘图位置(见表 3.2)，相应于(例如)$n=50$ 的最小和最大降水量的估计累积概率分别是 0.67/50.33=0.013 和 49.67/50.33=0.987。相应于这些累积概率的标准高斯分位数(见表 B.1)z 是±2.22。这些 $n=50$ 个未变换的点的相关系数，是 $r=0.917$，这比表 5.3 中 $n=50$ 行的所有临界值都小。因此，Filliben 检验将在 0.5%的水平上拒绝这些资料取自高斯分布的原假设。水平尺度是无量纲的 z，而不是有量纲的降水(如图 4.16)的事实是不重要的，因为相关系数不受求相关的两个变量的一个或两个的线性变换的影响。

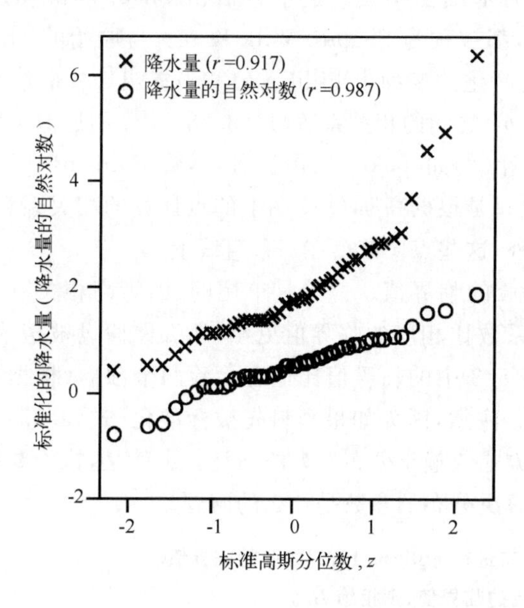

图 5.6　表 A.2 中 1933—1982 年伊萨卡(Ithaca)降水资料(×)与对数变换资料(○)的标准高斯 Q-Q 图。使用表 5.3 对原始资料这些资料来自高斯分布的原假设被拒绝($p<0.005$)，但对数变换资料不被拒绝($p>0.10$)。

例 3.4 中的图 3.13，显示资料的对数变换在产生近似对称中是有效的。这个变换，在产生高斯形状方面是否有效可以用 Filliben 检验来说明。图 5.6 也显示了伊萨卡(Ithaca)1 月降水总量对数变换(○)的标准高斯 Q-Q 图。这个关系比变换前的资料更加线性化，由相关系数 $r=0.987$ 描述。再看表 5.3 中的 $n=50$ 行，这个相关系数大于 10%的临界值，所以高斯分布的原假设不被拒绝。

注意例 5.3 发现这些资料与拟合的伽马分布也不一致。拟合优度检验不能告诉我们这些资料是否取自伽马分布、对数分布或者类似于已经拟合到这些资料的伽马分布和对数分布的一些其他分布。这个不确定性说明了逻辑上更弱的统计推断，能够导致不拒绝原假设的情形。

使用统计模拟(见第 4.7 节)，通过从感兴趣的分布中产生很多批容量为 n 的资料，可以得到其他分布的临界 Q-Q 相关表，对这些批资料的每一批计算 Q-Q 图的相关，定义临界值为描述其 $\alpha \cdot 100\%$ 最小的极端值。耿贝尔分布(Vogel，1986)、均匀分布(Vogel and Kroll，1989)、GEV 分布(Chowdhury *et al.*，1991)与 Pearson Ⅲ分布(Vogel and McMartin，1991)的结果，已经被制成了表格。Heo 等(2008)基于回归给出了高斯分布、耿贝尔分布、伽马分布、GEV 分布和威布尔分布的临界值。

5.2.6 似然比检验

有时我们需要在参数背景中构造检验，但是假设非常复杂，这时，简单而常见的参数检验无法使用。如果满足两个条件，可以使用被称为*似然比检验*的一种很灵活的方法。第一个条件，必须可能以关于自由参数（即拟合的）的某个数字 k_0，以及关于备择假设参数的某个更大的数字 $k_A > k_0$ 的方式提出问题。第二个条件，必须可以把原假设的参数 k_0 看作为参数 k_A 的全部参数集的一个特例。H_0 的第二个条件的例子，可能包括强迫某些参数 k_A 取固定值，或者在它们的两个或更多个之间强制相等。正如名字所暗示的，当参数 k_0 和 k_A 分别用最大似然法拟合时，似然比检验比较的是与 H_0 和 H_A 有关的似然性。

即使原假设是真实的，与 H_A 有关的似然大于等于与 H_0 有关的似然。这是因为越大的参数数字 $k_A > k_0$，越允许前面更大自由度的最大似然函数符合观测资料。只有与备择假设有关的似然足够大，以至于差值不像来自抽样变率，原假设才因此被拒绝。

似然比检验的检验统计量是

$$\Lambda^* = 2\ln\left[\frac{\Lambda(H_A)}{\Lambda(H_0)}\right] = 2[L(H_A) - L(H_0)] \tag{5.19}$$

这个量也被称为*偏差*。这里 $\Lambda(H_0)$ 和 $\Lambda(H_A)$ 分别是与原假设和备择假设有关的似然函数（见第 4.6 节）。第二个等号，包括对数似然函数值 $L(H_0) = \ln[\Lambda(H_0)]$ 与 $L(H_A) = \ln[\Lambda(H_A)]$ 的差值，因为当拟合参数的时候，通常是最大化（这样计算）对数似然函数。

在 H_0 下，给定一个很大的样本容量，式(5.19)中统计量的抽样分布是自由度为 $v = k_A - k_0$ 的卡方分布。即，自由度参数由经验估计参数的数字中的 H_A 与 H_0 之间的差值给出。因为小的 Λ^* 值并非不利于 H_0，所以检验是单侧的，只有当观测的 Λ^* 在右尾落在非常不可能的区域内时，H_0 才被拒绝。

例 5.6 使用似然比检验对气候变化进行检验

假定有理由怀疑表 A.2 中伊萨卡(Ithaca)1 月降水资料的第一个 25 年(1933—1957 年)，与第二个 25 年(1958—1982 年)来自不同的伽马分布。这个问题可以用似然比检验，原假设为全部 50 年的降水都取自相同的伽马分布。为了进行这个检验，必须分别拟合伽马分布到这两半部分资料，并且把这两个分布与用全部资料拟合的单个伽马分布进行比较。

相关的信息在表 5.4 中给出，该表显示了这两个 25 年时期的一些差异。例如，1933—1957 年的 1 月平均降水($=\alpha\beta$)是 1.87 in，而 1958—1982 年相应的平均降水是 2.05 in。后半段 1 月降水的年际变率($=\alpha\beta^2$)也是更大的。1 月降水是否需要用两个（而非一个）伽马分布，可以通过资料来证明，这可以使用式(5.19)中的检验统计量进行评估。对这个特定的问题检验统计量为

$$\Lambda^* = 2\left\{\left[\sum_{i=1933}^{1957} L(\alpha_1, \beta_1; x_i)\right] + \left[\sum_{i=1958}^{1982} L(\alpha_2, \beta_2; x_i)\right] - \left[\sum_{i=1933}^{1982} L(\alpha_0, \beta_0; x_i)\right]\right\} \tag{5.20}$$

式中：参数中的下角标 1，2 和 0 分别指前半段、后半段和整个时期（原假设），而已知单一观测 x_i 伽马分布的对数似然函数为（对比式(4.38)）

$$L(\alpha, \beta; x_i) = (\alpha - 1)\ln(x_i/\beta) - x_i/\beta - \ln(\beta) - \ln[\Gamma(\alpha)] \tag{5.21}$$

式(5.20)中方括号内的三项在表 5.4 的最后一列中给出。

表 5.4 拟合到 1933—1982 年伊萨卡(Ithaca)1 月降水资料的前半段和后半段，以及全部资料集的伽马分布参数(MLEs)和对数似然。

	年份	α	β	$\sum_i L(\alpha,\beta;x)$
H_A:	1933—1957	4.525	0.412 8	−30.279 6
	1958—1982	3.271	0.627 7	−35.896 5
H_0:	1933—1982	3.764	0.520 9	−66.742 6

使用表 5.4 中的信息，$\Lambda^*=2(-30.2796-35.8965+66.7426)=1.130$。因为在 $H_A(\alpha_1,\beta_1,\alpha_2,\beta_2)$下，有 $k_A=4$ 个参数，在 $H_0(\alpha_0,\beta_0)$下，有 $k_0=2$ 个参数，原分布是 $v=2$ 的卡方分布。看表 B.3 中的 $v=2$ 行，我们发现，$\chi^2=1.130$ 小于中位数值，在两个资料记录来自相同的伽马分布的原假设背景中，得到观测的 Λ^* 是十分平常的结论，原假设不被拒绝。更精确地，回想 $v=2$ 的卡方分布本身，是 $\alpha=1$ 和 $\beta=2$ 的伽马分布。式(4.47)中指数分布的 CDF 有闭合形式，这样得到右尾概率(p 值)为 $1-F(1.130)=0.5684$。

5.3 非参数检验

不是所有的正式的假设检验都依赖于包括资料和检验统计量抽样分布及具体参数分布的假定。不要求这类假定的检验，被称为*非参数*或*自由参数检验*。如果下面条件中的一个或两个都满足，那么适合非参数检验：

(1)我们知道或怀疑一个特定检验需要的参数假定不满足，例如，非常不服从高斯分布的资料，使用式(5.5)中平均值差值的 t 检验。

(2)由手头的物理问题暗示或指示的检验统计量，是资料的一个复杂函数，而其抽样分布未知，并且/或者不能导出解析式。

相同的假设检验思想可以应用到参数和非参数检验。特别是，在本章开头给出的假设检验的五个步骤，也适用于非参数检验。参数检验与非参数检验之间的差别在于第四步中得到原分布的方式。

非参数检验存在两个分支。第一个分支，下面称为*经典的非参数检验*，由基于选择的假设检验环境的数学分析的检验组成。这些是更古老的方法，是在廉价的和广泛可用的计算机出现之前设计的。它们采用了取自任何分布的解析数学的结果(公式)。这里只给出几种经典的非参数检验方法，尽管经典的非参数检验方法的范围要广泛得多(如：Conover，1999；Daniel，1990；Sprent and Smeeton，2001)。

非参数检验的第二个分支包括被称为*重新抽样检验*(resampling tests)的所有过程。重新抽样用计算机通过对手头的资料重复操作(重新抽样)，建立了对原分布的离散近似。因为原分布是经验上得到的，所以分析者可以自由地使用有关的任何统计量，而不管它在数学上多么复杂。

5.3.1 对位置的经典非参数检验

对两个资料样本之间位置差异的两种经典的非参数检验，是特别普遍和有用的。这些是对两个独立样本的 Wilcoxon-Mann-Whitney，或*秩和*(rank-sum)检验(类似于式(5.8)中的参数检验),以及对成对样本的 Wilcoxon 符号秩(signed-rank)检验(相应于式(5.11)中的参数检验)。

Wilcoxon-Mann-Whitney 秩和检验,在 20 世纪 40 年代分别由 Wilcoxon 与 Mann 和 Whitney 独立推导出来,尽管以不同的形式。来自这两种检验的符号都是常用的,这可能是引起某些混淆的来源。然而,检验背后的基本思想是不难理解的。对少数的离群资料点,式(5.8)的 t 检验是完全无效的,从这种意义上,秩和检验是具有抗干扰能力的。如果式(5.8)中 t 检验要求的所有假定能够满足,那么秩和检验几乎能够同样好(即几乎有同样的效力),从这种意义上秩和检验具有鲁棒性。然而,不像 t 检验,它不能以产生置信区间计算的方式达到可逆。

给定独立(即都是顺次独立,并且不成对的)资料的两个样本,目的是对位置的可能差异进行检验。这里的位置,是在总量级或平均值的非参数类似量的 EDA 意义上讲的。原假设是两个资料样本取自相同的分布。单侧(如果原假设非真,那么预先估计一个样本的中心比另一个更大或更小)和双侧(没有关于哪个样本更大的先验信息)的备择假设都是可能的。重要的是,Wilcoxon-Mann-Whitney 检验序列相关的影响性质上,类似于 t 检验的效果:检验统计量抽样分布的方差由于资料中存在序列相关被夸大了,如果这个问题被忽视,可能导致无根据地拒绝 H_0(Yue and Wang, 2002)。相同的影响也出现在其他的经典非参数检验中(von Storch, 1995)。

在两个资料样本来自相同分布的原假设下,每个资料值分类为属于一组或另一组完全是主观的。即,如果两个资料样本真实地取自相同的总体,那么根据产生资料的过程,下一次的每一个观测放在一个样本或另一个样本中是同样可能的。那么在原假设下,不是样本 1 中有 n_1 个观测,样本 2 中有 n_2 个观测,而是 $n=n_1+n_2$ 个观测形成了一个经验分布。资料标注的符号是主观的,因为根据众所周知的可交换性原理,在 H_0 下全部资料都取自相同的分布,这也是排列检验的基础,正如第 5.3.4 节中讨论的那样。

秩和检验统计量,不是资料值本身的函数,而是在原假设下汇聚的 n 个观测值之内的秩。它使资料的潜在分布有不相关的特征。定义 R_1 为这个池化(pooled)分布中由样本 1 的成员拥有的秩和,R_2 为由样本 2 的成员拥有的秩和。因为存在由原分布暗含的池化经验分布的 n 个成员,$R_1+R_2=1+2+3+4+\cdots+n=n(n+1)/2$。因此秩的这个池化分布的平均值是 $(n+1)/2$,其方差是 n 个连续整数的方差 $=n(n+1)/12$。如果这两个样本真实地取自相同的分布(即如果 H_0 为真),如果 $n_1=n_2$,那么 R_1 和 R_2 在大小上将接近。不管样本容量是否相等,然而,如果原假设为真,R_1/n_1 和 R_2/n_2 在大小上接近。

R_1 和 R_2 的原分布,以更普遍的非参数检验的方法方式得到。如果原假设为真,那么观测资料划分为容量为 n_1 和 n_2 的两组,只是 n 个值可能被分开和标注的很多等可能的方式之一。很显然,在原假设下存在 $(n!)/[(n_1!)(n_2!)]$ 个这样相类似的资料分区。例如,如果 $n_1=n_2=10$,那么这个可能的明显的样本对的数量是 184756。理论上,想象对资料的这些 184756 个可能的排列计算统计量 R_1 和 R_2。它只是这个 (R_1, R_2) 对的很大的集合,或者更明确地是从组成原假设的这些对中,计算的 184756 个标量统计量的集合。如果刻画 R_1 和 R_2 闭合特征的观测的检验统计量,落在大的经验分布中间的附近,那么 n 个观测的特定部分与 H_0 很一致。然而,如果观测的 R_1 和 R_2 与资料的其他可能分区相比,相互之间存在明显不同,那么 H_0 被拒绝。

不是必须对资料的所有$(n!)/[(n_1!)(n_2!)]$个可能的排列都计算检验统计量。Mann-Whitney 的 U 统计量为

$$U_1 = R_1 - \frac{n_1}{2}(n_1 + 1) \tag{5.22a}$$

或

$$U_2 = R_2 - \frac{n_2}{2}(n_2 + 1) \tag{5.22b}$$

对两个 Wilcoxon 秩和统计量 R_1 或 R_2 的一个或另一个进行计算。U_1 和 U_2 具有相同的信息，因为 $U_1+U_2=n_1n_2$，尽管对秩和检验来说，原分布概率的某些表格只估计了 U_1 和 U_2 中更小者的特殊性。

稍微思考一下，可以看到秩和检验是一种在方式上类似于传统 t 检验的对位置的检验方法。t 检验对资料进行加和，通过除以样本大小来平衡不同样本大小的影响。秩和检验对资料的秩和进行运算，样本容量 n_1 和 n_2 的不同影响用式(5.22)中的 Mann-Whitney 变换进行平衡。

甚至对中等大的 n_1 和 n_2 值(都大于 10)，可以得到评估原分布概率的一种简单方法。在这个例子中，Mann-Whitney U 统计量近似为高斯分布，其中

$$\mu_U = \frac{n_1 n_2}{2} \tag{5.23a}$$

$$\sigma_U = \left[\frac{n_1 n_2 (n_1 + n_2 + 1)}{12}\right]^{1/2} \tag{5.23b}$$

如果所有的 n 个资料值都是不同的，那么式(5.23b)是正确的，而当存在少数几个重复值时它是近似正确的。如果存在很多结(tied)，那么式(5.23b)高估了抽样方差，更精确的估计由下式给出

$$\sigma_U = \left[\frac{n_1 n_2 (n_1 + n_2 + 1)}{12} - \frac{n_1 n_2}{12(n_1 + n_2)(n_1 + n_2 - 1)} \sum_{j=1}^{J} (t_j^3 - t_j)\right]^{1/2} \tag{5.24}$$

式中：J 为相等值的组数；t_j 为组 j 中成员的数量。

对于样本太小，而无法应用高斯近似到 U 的抽样分布的情况下，可以使用临界值表(如：Conover，1999)。

例 5.7 使用 Wilcoxon-Mann-Whitney 检验评估云播撒试验

表 5.5 包含来自研究云播撒对闪电影响的人工影响天气试验的资料(Baughman *et al.*，1976)。预先怀疑对风暴进行播撒可能减少闪电。试验步骤包括随机播撒，或不播撒候选的雷暴，并且记录闪电的大量特征，包括表 5.5 中给出的闪击数量。$n_1=12$ 个播撒风暴，显示平均云-地闪电为 19.25 个；$n_2=11$ 个未播撒风暴，显示平均云-地闪电为 69.45 个。

表 5.5 中资料的检查，显示对未播撒的风暴来说，闪电数量的分布明显是非高斯分布。特别是，这批资料包含一个很大的离群点，即 358 次闪电。因此我们怀疑，不加批判地把 t 检验应用到观测平均闪电数差值的显著性检验，可能会产生误导结果。这是因为 358 次闪电的这个很大的值，导致未播撒风暴的样本标准差为 98.93，它甚至比平均数还大。这个很大的样本标准差，将导致我们把一个非常大的离散度归因于假设为 t 分布的平均值差异的抽样分布，所以检验统计量出现很大的值时，也可能被判断为是完全普通的情况。

表 5.5　实验播撒与未播撒的云-地闪电的数量。

播撒		未播撒	
日期	闪电数量(个)	日期	闪电数量(个)
1965-07-20	49	1965-07-02	61
1965-07-21	4	1965-07-04	33
1965-07-29	18	1965-07-04	62
1965-08-27	26	1965-07-08	45
1966-07-06	29	1965-08-19	0
1966-07-14	9	1965-08-19	30
1966-07-14	16	1966-07-12	82
1966-07-14	12	1966-08-04	10
1966-07-15	2	1966-09-07	20
1966-07-15	22	1966-09-12	358
1966-08-29	10	1967-07-03	63
1966-08-29	34		

引自 Baughman 等，1976。

把秩和检验应用到表 5.5 中资料的技术细节，显示在表 5.6 中。在这个表的左边，23 个资料点被汇集，并且进行了分等级排列，与所有资料来自相同总体的原假设一致，而不管标签是 S 还是 N。10 次闪电有两个观测，按照惯例，每个被赋值为平均秩$(5+6)/2=5.5$。在表 5.6 的右边，资料根据其标签进行了分离，并且计算了两组的秩和。从表 5.6 可以清楚地看到，更小的闪电数倾向于和播撒风暴有关，更大的闪电数倾向于和未播撒风暴有关。这些差别反映在秩和的差值中：播撒风暴的 R_1 是 108.5，而未播撒风暴的 R_2 是 167.5。如果 R_1 与 R_2 之间的差，足够不寻常地反对 H_0 下所有可能的 $23!/(12!\times 11!)=1352078$ 个不同排列的背景，那么播撒不影响闪电数量的原假设可以被拒绝。

表 5.6　使用表 5.5 中云-地闪电资料，来举例说明秩和检验的步骤。在该表的左边，$n_1+n_2=23$ 个闪电，被汇集并且进行了分等级排列。在表的右边，根据其播撒(S)和未播撒(N)的标签分离不同的观测类，并且计算两类的秩和(R_1 和 R_2)。

池化的数据			分离的数据			
闪电数量	播撒	秩	播撒	秩	播撒	秩
0	N	1			N	1
2	S	2	S	2		
4	S	3	S	3		
9	S	4	S	4		
10	N	5.5			N	5.5
10	S	5.5	S	5.5		
12	S	7	S	7		
16	S	8	S	8		
18	S	9	S	9		
20	N	10			N	10

续表

池化的数据			分离的数据			
闪电数量	播撒	秩	播撒	秩	播撒	秩
22	S	11	S	11		
26	S	12	S	12		
29	S	13	S	13		
30	N	14			N	14
33	N	15			N	15
34	S	16	S	16		
45	N	17			N	17
49	S	18	S	18		
61	N	19			N	19
62	N	20			N	20
63	N	21			N	21
82	N	22			N	22
358	N	23			N	23
	秩和：		R_1	108.5	R_2	167.5

相应于播撒资料的秩和，式(5.22)中 Mann-Whitney U 统计量，为 $U_1=108.5-6\times(12+1)=30.5$。对这个资料，原分布 U_1 的所有 1 352 078 个可能值的原分布，很接近于 $\mu_U=12\times11/2=66$，$\sigma_U=[12\times11\times(12+11+1)/12]^{1/2}=16.2$(式(5.23))的高斯分布。在这个高斯分布内，相应于标准高斯 $z=(30.5-66)/16.2=-2.19$，观测的 $U_1=30.5$。表 B.1 显示与这个 z 相关的(单侧)p 值是 0.014，表明在 H_0 下 U_1 的 1 352 078 个可能值的近似为 1.4%，小于观测的 U_1。因此，H_0 通常被拒绝。

也存在一种经典的非参数检验，即 Wilcoxon 符号秩检验，类似于式(5.11)成对的双样本参数检验。正如其参数检验对应的情况，符号秩检验利用了评估位置差异的资料对成员之间的正相关性质。与未成对的秩和检验一样，符号秩和检验基于秩，而不是基于资料的数值。因此这个检验，也不依赖于所用资料的分布，能消除外围点的干扰。

资料对表示为(x_i,y_i)，$i=1,\cdots,n$。符号秩检验基于 n 个资料对之间的 n 个差值 D_i 的集合。如果原假设为真，那么两个资料集代表了来自相同总体的成对的样本，如果这些差值为正的和负的数量大致相等，那么正和负之间差值的总体量级是可比较的。正和负之间差值的可比较性，通过取其绝对值的秩进行评估。即，n 个差值 D_i 被转换为秩序列

$$T_i = rank\mid D_i\mid = rank\mid x_i - y_i\mid \tag{5.25}$$

式中：$rank$ 为秩，对$|D_i|$相等的资料对，取赋值$|D_i|$的结(tied)值的平均秩，而对 $x_i=y_i$ 的对(意味着 $D_i=0$)不包括进随后的计算中。$x_i\neq y_i$ 的对数表示为 n'。

如果原分布为真，那么已知的资料对的标签(x_i,y_i)也可以被颠倒，所以第 i 个资料对可以被同样地表示为(y_i,x_i)。虽然改变了排序使 D_i 反号，但是得到了相同的$|D_i|$。通过相应于 D_i 的正或负值分开求秩 T_i 的和，得到实际被观测的资料对中的独特信息，分别表示为如下的 T 的一个统计量，

$$T^+ = \sum_{D_i>0} T_i \tag{5.26a}$$

或

$$T^{-} = \sum_{D_i<0} T_i \tag{5.26b}$$

原分布概率表有时要求选择式(5.26a)和式(5.26b)中的更小者。然而，对另一个来说，知道一个就足够了，因为 $T^{+}+T^{-}=n'(n'+1)/2$。

通过再次考虑 H_0，理论上得到 T 的原分布，意味着在一对 x_i 或 y_i 中，每个资料中的一个或另一个的标签是任意的。因此，在这个原假设下，对 $2n'$ 个资料存在 $2^{n'}$ 个等可能的排列，而得到的 T 的 $2^{n'}$ 个可能值，组成了有关的原分布。与前面一样，不必计算检验统计量的所有可能值，因为对中等大的 n'(大约大于 20)，原分布近似为下式的带参数的高斯分布

$$\mu_T = \frac{n'(n'+1)}{4} \tag{5.27a}$$

和

$$\sigma_T = \left[\frac{n'(n'+1)(2n'+1)}{24}\right]^{1/2} \tag{5.27b}$$

对更小的样本，对 T^{+} 来说可以使用临界值表(如：Conover，1999)。在原假设下，$T(=T^{+}$ 或 $T^{-})$近似于 μ_T，因为对正和负的差值 D_i 来说，秩 T_i 的数目和量级相当。如果 x 和 y 的位置值之间存在相当大的差异，并且大部分较大的秩对应于负或正的 D_i，那么这意味着 T 将非常大或非常小。

例 5.8　使用符号秩检验来比较雷暴频率

Wilcoxon 符号秩检验的步骤，在表 5.7 中进行了举例说明。这里，成对的资料是美国东北部(x)和五大湖区(y)1885—1905 年期间的 $n=21$ 年中报告的雷暴数量。因为这两个区域地理上相对较近，我们预计有利于一个区域雷暴形成的大尺度气流，通常也有利于另一个区域。这样这两个区域报告的雷暴数量存在相当大的正相关并不令人惊讶。

表 5.7　使用美国东北部(x)和五大湖区(y)1885—1905 年期间报告的雷暴数量资料，Wilcoxon 符号秩检验步骤的举例说明。类似于秩和检验(见表 5.6)，年差值的绝对值 $|D_i|$ 被排列，并且随后根据 D_i 是否为正或负被分离。分离资料的秩和构成了检验统计量。

成对的数据			差值		分离数据的秩	
年份	x	y	D_i	$rank\|D_i\|$	$D_i>0$	$D_i<0$
1885	53	70	−17	20		20
1886	54	66	−12	17.5		17.5
1887	48	82	−34	21		21
1888	46	58	−12	17.5		17.5
1889	67	78	−11	16		16
1890	75	78	−3	4.5		4.5
1891	66	76	−10	14.5		14.5
1892	76	70	+6	9	9	
1893	63	73	−10	14.5		14.5
1894	67	59	+8	11.5	11.5	
1895	75	77	−2	2		2
1896	62	65	−3	4.5		4.5

续表

成对的数据			差值		分离数据的秩	
年份	x	y	D_i	$rank\|D_i\|$	$D_i>0$	$D_i<0$
1897	92	86	+6	9	9	
1898	78	81	−3	4.5		4.5
1899	92	96	−4	7		7
1900	74	73	+1	1	1	
1901	91	97	−6	9		9
1902	88	75	+13	19	19	
1903	100	92	+8	11.5	11.5	
1904	99	96	+3	4.5	4.5	
1905	107	98	+9	13	13	
			秩和：		$T^+=78.5$	$T^-=152.5$

引自 Brooks and Carruthers，1953

对每一年计算报告的雷暴数量中的差值 D_i，并且对这些差值的绝对值求秩。没有 $D_i=0$，所以 $n'=n=21$。差值的绝对值相等的年，被赋值为平均秩（例如，1892，1897 和 1901 年有第 8、第 9 和第 10 个最小的 $|D_i|$，秩都被赋为 9）。在最后两列，分别对有正和负的 D_i 年的秩进行相加，得到 $T^+=78.5$，$T^-=152.5$。

如果这两个地区报告的雷暴频率相等的原假设为真，那么，在某一特定年的雷暴数量标注为发生在美国东北部或五大湖区是任意的，因而每个 D_i 的符号也是任意的。任意地考虑检验统计量 T 为正的差值的秩和，$T^+=78.5$。在 H_0 的背景下，与原假设下来自资料可能的所有排列的 $2^{21}=2097152$ 个 T^+ 值有关的不寻常性被评估。这个原分布，由 $\mu_T=21\times22/4=115.5$ 和 $\sigma_T=[21\times22\times(42+1)/24]^{1/2}=28.77$ 的高斯分布得到很好的近似。那么这个检验的 p 值，通过计算标准高斯分布 $z=(78.5-115.5)/28.77=-1.29$ 得到。如果没有理由预计这两个区域的一个或另一个报告更多的雷暴，那么该检验是双侧的（H_A 只是"非H_0"），所以 p 值是 $\Pr\{z\leqslant-1.29\}+\Pr\{z>+1.29\}=2\Pr\{z\leqslant-1.29\}=0.197$。这个例子中，原假设不被拒绝。注意，如果改为选择检验统计量 $T^-=152.5$，可以得到相同的结果。

5.3.2 Mann-Kendall 趋势检验

在潜在的正在变化的气候背景中，研究一个资料序列的中心趋势随时间的倾向是重要的。对这类问题，通常的参数方法是用一个时间指数作为预报因子做回归分析（第 7.2 节），并且做原假设为回归斜率为 0 的相关检验。回归斜率本身与时间序列变量和时间指数之间的相关系数成比例。

对于存在趋势或中心趋势的非平稳时间序列，Mann-Kendall 趋势检验是一种流行的非参数检验方法。与其他的参数回归方法相似，Mann-Kendall 检验作为 Kendall 的 τ 检验（式(3.31)）的一个特例出现，反映了两个变量之间的一种单调相关趋势。在诊断一个时间序列 x_i，$i=1,\cdots,n$ 的潜在趋势的背景中，时间指数 i（例如，每个资料观测的年）定义为单调递增，这简化了计算。

Mann-Kendall 趋势检验的检验统计量为

$$S = \sum_{i=1}^{n-1} \sum_{j=i+1}^{n} \mathrm{sgn}(x_{i+1} - x_i) = \sum_{i<j} \mathrm{sgn}(x_j - x_i) \tag{5.28a}$$

其中

$$\mathrm{sgn}(\Delta x) = \begin{cases} +1, & \Delta x > 0 \\ 0, & \Delta x = 0 \\ -1, & \Delta x < 0 \end{cases} \tag{5.28b}$$

即，式(5.28a)中的统计量计算所有可能的数据对中，第一个值小于第二个值的数目，并且减去第一个值大于第二个值的数目。如果资料 x_i 序列是独立的，并且来自相同的分布(特别是，如果在时间序列生成过程的自始至终都有相同的平均值)，那么资料对中，$\mathrm{sgn}(\Delta x)$ 为正和负的数量应该接近相等。

对中等的(n 大约为 10)或更大的序列长度，式(5.28)中的检验统计量的抽样分布近似为高斯分布，如果没有趋势的原假设为真，那么这个高斯原分布有 0 平均值。该分布的方差依赖于是否所有的 x_i 是不同的，或者是否有些是重复值。如果不存在重复值，那么 S 的抽样分布的方差为

$$\mathrm{Var}(S) = \frac{n(n-1)(2n+5)}{18} \tag{5.29a}$$

否则方差为

$$\mathrm{Var}(S) = \frac{n(n-1)(2n+5) - \sum_{j=1}^{J} t_j(t_j - 1)(2t_j + 5)}{18} \tag{5.29b}$$

类似于式(5.24)，J 为重复值的组数；t_j 为第 j 组中重复值的数量。检验的 p 值用下面的标准高斯变量求解

$$z = \begin{cases} \dfrac{S-1}{[\mathrm{Var}(S)]^{1/2}}, & S > 0 \\[2ex] \dfrac{S+1}{[\mathrm{Var}(S)]^{1/2}}, & S < 0 \end{cases} \tag{5.30}$$

在原假设下 S 的平均值为 0；然而，式(5.30)分子中的 ± 1 代表一个连续性调整。对小样本容量来说，可以使用的方法是 Hamed(2009)提出的使用 S 的贝塔抽样分布。

如果序列中的全部 n 个资料值都是不同的，那么式(5.28a)与描述 x 和时间指数 i 之间关系的 Kendall 的 τ 的联系是

$$S = \binom{n}{2}\tau = \frac{n(n-1)}{2}\tau \tag{5.31}$$

例 5.9　使用 Mann-Kendall 检验方法对气候变化进行检验

例 5.6 中，使用似然比检验诊断了 1933—1957 年和 1958—1982 年这两个时段之间伊萨卡(Ithaca)1 月降水分布变化的可能趋势。通过与没有趋势的原假设对应诊断表 A.2 中的资料，类似的问题也可以使用 Mann-Kendall 检验来解决。

1225 个不同的单个数据对中，前面的数值小的有 580 个，前面的数值大的有 638 个，得到 $S = -58$。表 A.2 中，重复的降水值有 $J = 5$ 组，其中的 4 组由 2 个数(pairs)组成($t_j = 2$)，其中的 1 组由 3 个数组成($t_j = 3$)。因此式(5.29b)分子中减掉相关项为 138，得到 $\mathrm{Var}(S) = [(50 \times 49 \times 105) - 138]/18 = 14284$。使用式(5.30)中下面的公式，$z = (-58+1)/(14284)^{\frac{1}{2}}$

$=-0.477$，在原假设分布的背景中这是十分普通的，与之相伴有一个相当大的 p 值。忽略掉重复值的影响，相应的 Kendall 的 τ 刻画了表 A.2 中降水数据和年份直接的关系，根据式(5.31)，$\tau=-57/[(50\times49)/2]=-0.465$，这也表明了一个很弱的相关。

这个结果与例 5.6 中的似然比检验完全一致，这也只不过是提供了反对原假设(没有气候变化)的非常弱的证据。然而，重要的是需要记住这些检验没有证明并且也不能证明没有变化正在发生。在假设检验范式的逻辑结构中，人们只能推断在 50 年的资料中，伊萨卡(Ithaca)1 月降水的变化可能发生得太慢，对于降水中相当大的年际变率无法辨别出来。

在这个典型个例中，资料序列中的正序列相关导致了抽样方差的低估，结果是式(5.30)中统计量的绝对值太大，得到的 p 值太小。Lettenmaier(1976)提出，对一阶自回归时间序列使用有效样本容量进行订正，对 t 检验来说，近似等于式(5.12)和式(5.13)中的订正值。特别是，式(5.30)中的 Var[S]可以用 $\mathrm{Var}^*[S]=\mathrm{Var}[S](1+r_1)/(1-r_1)$ 替换。Yue 和 Wang(2004)用这个修正取得了很好的效果。这里 r_1，是资料中除了由趋势引起的正的自相关的贡献之外的滞后 1 的自相关，通常在资料序列去趋势化后被估计，经常通过减去一个线性回归函数去趋势化(见第 7.2.1 节)。Hamed 和 Rao(1998)及 Hamed(2009)给出了自相关对 Mann-Kendall 检验影响的更全面的分析。

5.3.3　对重新抽样检验的介绍

自从廉价且高速的计算机出现以来，非参数检验的另一种方法已经变得很实用了。这种方法，通过与原假设一致的方式对观测重新抽样，构建基于来自真实资料的一个给定集合的人造资料集。有时，这些方法也被称为重新抽样(resampling)检验、随机检验(randomization)、再随机(re-randomization)检验或蒙特卡洛检验(Monte Carlo)。重新抽样方法，高度自适应于不同的检验情形，并且对分析者来说，存在相当大的空间创造性地设计出满足特定需要的新检验。

重新抽样背后的基本思想，是使用和原假设一致的步骤，建立样本容量与手头的实际资料相同的多批人造资料集，然后，对每批人造资料计算感兴趣的检验统计量。结果是检验统计量的人造值，与人造生成的资料批次一样多。合起来，这些参考检验统计量组成了一个估计的原分布，相对于该原分布，来比较从原始资料中计算的检验统计量。

作为一个实际问题，需要编写计算机程序来做这个重新抽样。这个过程的基本原理，是第 4.7.1 节中描述的均匀的[0,1]随机数生成器。这些算法产生了类似于独立地取自概率密度函数 $f(u)=1, 0\leqslant u\leqslant 1$ 的独立值的数字流。人造的均匀变量被用来从被检验的资料中提取随机样本。

通常，重新抽样检验有两个很吸引人的优势。第一，关于资料或者检验统计量抽样分布的潜在参数分布的假定不是必须的，因为该过程完全由对资料本身的运算组成。第二，任何可以通过问题的物理性质，被重要地暗示的统计量都可以形成检验的基础，只要它可以从资料中进行计算即可。例如，当研究一个资料样本的位置(即总量级)时，我们没有被限制到只包括算术平均值或秩和的传统检验，因为可以容易地使用比如中位数、几何平均或更多的非传统统计量，如果这些统计量对手头的问题更有意义的话。正如由每个特定问题的结构所规定的，被检验的资料可以是标量值(每个资料点是一个数字)，或向量值(资料点由两个、三个或更多个数字组成)。当空间相关的影响必须通过检验得到时，包括向量值资料的重新抽样过程可能特别有用，在这个例子中，资料向量中的每个元素对应于一个不同的位置，所以每个资料向量可以看作为一张“地图”。

任何可以计算的统计量(即资料的任何函数)，在重新抽样检验中都可以用作为检验统计量，但不是全都有效。特别是，某些选择可以产生比其他统计量更有效的检验。对候选检验统计量来说，Good(2000)提出了下列所必须要有的属性。

(1)*充分性*。人们关注的包含在资料中的分布性质或物理现象的所有信息，应反映在统计量中。给定一个满足充分性的统计量，关于要研究的问题不需要另外再说明。

(2)*不变性*。检验统计量应该以这样一种方式构建，即检验结果不依赖于资料的任何变化，例如从℉到℃。

(3)*损失性*。由检验统计量表示的有差异的数学惩罚，应该与手头上的问题和检验结果的使用领域一致。在参数检验中经常假定平方差损失，因为数学上容易处理，并且和高斯分布有关，尽管相对于类似绝对误差的其他方法，平方差损失对较大差异的敏感度不成比例。在重新抽样检验中，如果在特定问题的背景中，绝对误差损失或其他损失函数更有意义，那么就没有理由不选择它。

另外，Hall 和 Wilson(1991)指出，当重新抽样的统计量不依赖于未知量，例如未知参数时会得到更好的结果。

5.3.4 置换(permutation)检验

两个(或更多)样本的检验问题，经常使用*置换检验*处理。在大气科学的文献中其使用已经被描述了，例如，Mielke 等(1981)及 Preisendorfer 和 Barnett(1983)的文献。置换检验背后的概念并不新鲜(Pitman, 1937)，但是直到快速并且充裕的计算能力出现后，它们才被实际应用。

置换检验是第 5.3.1 节中描述的 Wilcoxon-Mann-Whitney 检验的自然推广，也依赖于可交换性原理。可交换性意味着在原假设下所有的资料取自相同的分布。因此，辨识特定资料值属于一个或另一个样本的标签是任意的。在 H_0 下，这些资料标签是可交换的。

普遍的置换检验，与作为特例的 Wilcoxon-Mann-Whitney 检验之间的关键差别是，任何有意义的检验统计量都可以被采用，包括但不局限于式(5.22)中给出的特定秩函数。其他的优点之一为检验统计量数学形式限制的减少，可以扩展置换检验应用到向量值资料的范围。例如，Mielke 等(1981)提供了一个简单的示意性的例子，其中使用两批二元资料($\mathbf{x}=[x,y]$)和欧氏距离，诊断这两批资料在$[x,y]$平面内聚类的趋势。Zwiers(1987)还给出了使用高维多变量高斯变量的置换检验的例子。

可交换性原理在理论上是通过计算机用一批资料集中提取的样本来构建原分布。正如 Wilcoxon-Mann-Whitney 检验的例子，如果两批资料的容量 n_1 和 n_2 是差不多的，重新抽样的资料集中汇聚的集合包含 $n=n_1+n_2$ 个点。然而，不是用汇聚资料的所有可能的 $n!/(n_1!\times n_2!)$个分组来计算检验统计量，资料试验只是抽取某个很大的次数(假定 10 000)(当 n 足够小时可能发生例外，因为所有可能的置换排列的*完全列举*是更实用的)。对置换检验来说，样本是*无放回抽取*，所以在一个给定的迭代中，单独的 n 个观测值中每一个仅取一次，并且在人造样本容量 n_1 和 n_2 的一个或另一个中只抽取一次。实际上，对每个重复取样资料，标签是随机排列的。计算这些人造样本的每一个的检验统计量，得到的分布结果(假定 10 000)形成了与被比较的观测检验统计量相对的原分布。

一种有效的置换算法可以用下面的方式实现。为简便，假定 $n_1 \geqslant n_2$。资料值（或向量）首先被置换为大小为 $n=n_1+n_2$ 的单个数组。初始化参考指数 $m=n$。通过执行下面的步骤 n_2 次，按此算法进行下去：

(1) 随机选择 $x_i, i=1,\cdots,m$；用式(4.89)（即从前面的 m 个数组位置中随机提取）。

(2) 交换 x_i 和 x_m（或等效的指数指向）的数组位置（即选择的 x 的每一个将在 n 维数组的末端部分被替换）。

(3) 参考指数减 1（即 $m=m-1$）。

在该过程的结尾，将存在 n 个池化观测的随机选择，前面的 n_1 个位置，可以看作为样本 1，而数组尾部剩余的 n_2 个资料值，可以看作为样本 2。这个被搅乱的数组，可以直接用随后的随机排列处理，而不必首先恢复资料为其最初的顺序。

例 5.10　复杂统计量双样本的置换检验

再次考虑表 5.5 中的闪电资料。假定其离散度通过 L-尺度统计量(Hosking，1990)被最优地（从假设检验外部某个准则的观点）描述为：

$$\lambda_2 = \frac{(n-2)!}{n!} \sum_{i=1}^{n-1} \sum_{j=i+1}^{n} | x_i - x_j | \tag{5.32}$$

在样本容量为 n 的所有可能的点对之间，式(5.32)总计为平均差绝对值的一半。在一个紧密聚集的资料样本中，加和中的每一项是很小的，因此 λ_2 也是很小的。对非常易变的资料样本，式(5.32)中的某些项将很大，因此相应的 λ_2 也将很大。

为了比较表 5.5 中，来自播撒和未播撒风暴的 λ_2 值，我们使用两个样本的 λ_2 比值或差值。假定最相关的检验统计量是比值[λ_2 播撒]/[λ_2 未播撒]。在原假设下，这两个样本有相同的 L-尺度，这个统计量应该接近 1。如果关于闪电数量播撒的风暴是更易变的，那么比值统计量应该大于 1。如果播撒的风暴是更少变的，比值统计量应该小于 1。对这个例子来说，选择 L-尺度的值是主观的，是为了说明资料的任何可计算函数可以用作为置换检验的基础，而不管这个函数可能多么异常或复杂。

通过把 $n=23$ 个资料点的 $23!/(12!\times 11!)=1352078$ 个不同分区或置换的一些（比方 10 000）抽样，为 $n_1=12$ 和 $n_2=11$ 的两批数据建立原分布。对每个分区来说，λ_2 根据针对两个人造样本的每一个按式(5.32)进行计算，而其比值（分子中是 $n_1=12$ 那一批的值）被计算和存储。然后以 L-尺度比值的观测值 0.188，对这个经验生成的原分布求值。

图 5.7 展示了来自原始资料的 10 000 个排列的 L-尺度比值原分布的柱状图。观测值 0.188 比这 10 000 个值中的除 49 个外的所有的都小，这导致原分布被彻底地拒绝。依赖于在先验外部信息的基础上使用单侧还是双侧检验，p 值分别是 0.004 9 或 0.009 8。注意这个原分布有双峰的不寻常特征。这个特征源于表 5.5 中 1966 年 9 月 12 日 358 次闪电这个大的离群点，因为无论它在哪个分区，都会产生一个很大的 L-尺度。被分配到未播撒组的观测在左峰分布范围中，被分配到播撒组的外围点在右峰分布范围中。

对离散度差值的传统检验，包括样本方差的比值，如果所用的两个资料样本都是高斯分布，那么原分布是 F 分布，但是 F 检验对不符合高斯假定的资料不满足鲁棒性。在方差比值(s^2 播撒)/(s^2 未播撒)的基础上，计算置换检验与计算 L-尺度比值检验，也同样容易，甚至更容易；在那个例子中，排列的原分布也是双峰（很可能显示了更大的变化），因为样本方差对离群点不满足抗干扰性。这样的检验结果类似于 L-尺度比值的置换检验。然而，相应的参数检验，可以诊断观测的与 F 分布有关的(s^2 播撒)/(s^2 未播撒)＝0.0189，而不是可能产生误导的对应的重新抽样分布，因为对重新抽样的方差比值来说，F 分布与图 5.7 不相似。

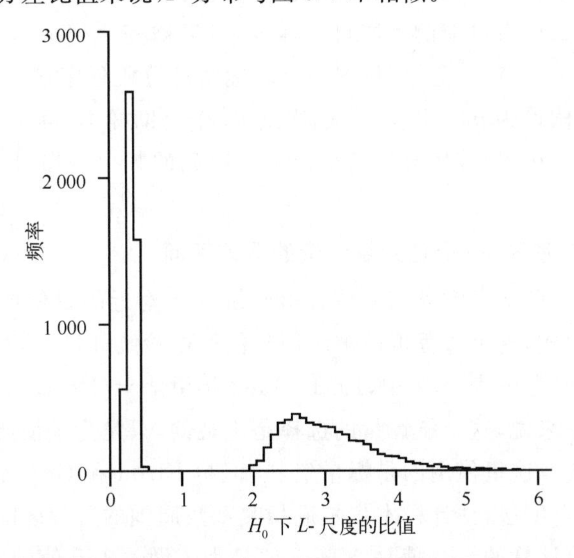

图 5.7　表 5.5 中播撒与未播撒的闪电数 L-尺度比值原分布的柱状图。观测的比值 0.188 小于10 000个排列现实中除 49 个之外的所有比值，这给出了很强的证据，证明了播撒的风暴比未播撒的风暴生成闪电的变率更小。因为存在一个离群点(在 1966 年 9 月 12 日有 353 次闪电)，而无论它被分配到这两个部分的哪一个中，都会产生一个很大的 L-尺度，所以原分布是双峰分布。

5.3.5　自助法(Bootstrap)

在满足可交换原理的多样本环境中，置换方案是很有用的。但在单样本的环境中，置换法是无效的，因为没有什么可以用来置换：只存在一种有放回的方式重新抽样一批资料，并且该方式是通过选择原始的 n 个资料值的每一个，正好可以一次复制最初的样本。当可交换的假定不满足时，排列前汇聚多重抽样的有效性不复存在，因为原假设不再意味着不管其标签所有的资料都取自相同的总体。

在这些情况的任何一种中，可以使用被称为*自助法*的另一种方法，该方法主要依赖于计算机的重新抽样过程。自助法比置换更有新的思想，它首次出现在 Efron(1979)的文献中。自助法背后的思想，是著名的*插入式原理*，根据这个原理，通过使用(插入)相同的函数，我们可以估计潜在(总体)分布的任意函数，使用经验分布，这把概率 $1/n$ 放在 n 个观测资料值的每一个的上面。换句话说，自助法背后的思想，是把手头上有限的样本，看作为等可能地来自于未知的分布。实际上，这个观点导致*有放回*的重新抽样，因为来自潜在分布的特定值的观测，不排除一个相等资料值的并发观测。当排列检验适合的时候，通常自助法比排列法的精度低，但自助法能用在排列法不适合的例子中。比这里更完整的自助法的说明，可以在 Efron 和 Gong (1983)、Efron 和 Tibshirani(1993)及 Leger 等(1992)以及其他人的文献中找到。Downton 和 Katz (1993)及 Mason 和 Mimmack(1992)的文献还给出了自助法在气候中应用的一些例子。

有放回的重新抽样，是自助法与排列法在机理上的主要区别，排列法中重新抽样是无放回的。概念上，重新抽样过程相当于写 n 个资料值中的每一个在单独的纸片上，把全部 n 张纸片放在一个帽子里。为了构建一个自助法的例子，从这个帽子里取 n 张纸片，以及纸片上记录的资料值，但是在取下一张纸片之前，每张纸片都被放回帽子中，并且进行混合（这是“有放回”的含意）。通常某些原始资料值将被提取，并多次进入给定的自助样本中，而有的将根本不被提取。如果 n 足够小，那么所有可能的不同自助样本，可以被完全列举。实际上，我们通常与一个均匀数生成器（第 4.7.1 节）一起，使用式（4.89）编写计算机程序，进行重新抽样。这个过程重复非常巨大的次数，假设为 $n_B=10\ 000$ 次，得到 n_B 个自助样本，每一个样本的容量为 n。对这 n_B 个自助样本的每一个，计算感兴趣的统计量。得到的频率分布，用来近似那个统计量的真实抽样分布。

例 5.11　单样本自助法：一个复杂统计量的置信区间

在单样本环境中，自助法经常被用来估计检验统计量附近的置信区间。因为我们不必知道其抽样分布的解析形式，这个过程可以被应用到任何检验统计量，而不管它在数学上多么复杂。取一个假设的例子，考虑表 A.2 中，1933—1982 年伊萨卡（Ithaca）1 月降水资料对数的标准差 $s_{\ln(x)}$。对这个例子来说，这个统计量的选择是主观的，只是为了说明任何可计算的样本统计量都可以使用自助法。这里使用的是标量资料，但是 Efron 和 Gong（1983）是用向量值（成对的）资料举例说明了自助法，估计样本皮尔逊相关系数周围的置信区间。

从 $n=50$ 个资料值计算的 $s_{\ln(x)}$ 值是 0.537，但是为了做关于真值的推断，我们需要知道或估计其抽样分布。图 5.8 显示了样本标准差的一个柱状图，该标准差根据这个资料集取对数，从容量为 $n=50$ 的 $n_B=10\ 000$ 个自助样本中计算得到。对这些资料来说，这个经验分布接近 $s_{\ln(x)}$ 的抽样分布。

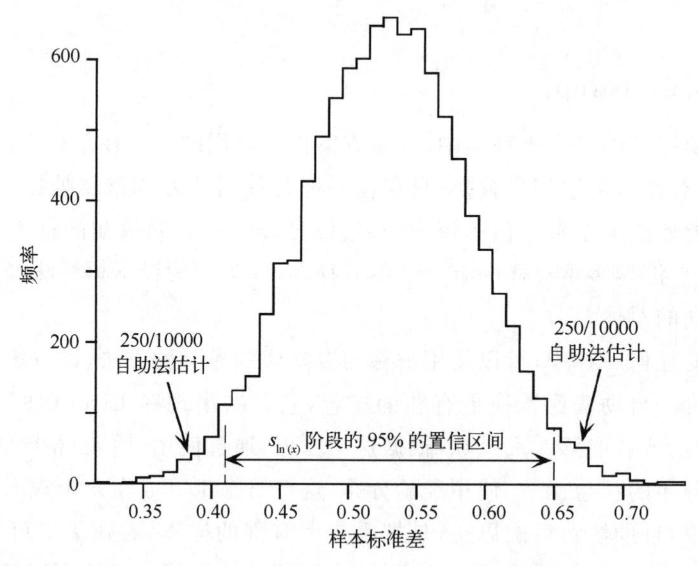

图 5.8　1933—1982 年伊萨卡（Ithaca）1 月降水资料对数的标准差的 $n_B=10\ 000$ 个自助法估计的柱状图。直接从资料计算的样本标准差是 0.537。用百分位法估计的检验统计量 95% 的置信区间，也显示在了图中。

使用简单并且更符合直觉的*百分位法*，最容易得到 $s_{\ln(x)}$ 的置信区间（Efron and Tibshirani，1993；Efron and Gong，1983）。为了用这种方法形成 $(1-\alpha)\times 100\%$ 的置信区间，我们只是找到 n_B 个自助法估计的最大的和最小的 $n_B\cdot\alpha/2$ 定义的参数估计值。这些值也定义了关注的部位估计值的中心 $n_B \cdot (1-\alpha)$。例如，图 5.8 中，对 $s_{\ln(x)}$ 用百分位法估计的 95％置信区间在 0.410 和 0.648 之间。

前面的例子示意了单样本环境中自助法的使用，这种情况下，不能使用排列法。自助法也可以应用到资料标签不可交换的多样本环境中，因为资料的汇集和排列与原分布不一致。使用自助法，这样的资料依然能有放回地重新抽样，只要保持不同的标签有意义的分离。举例说明，考虑用式(5.5)中的检验统计量研究平均值的差值。依赖于潜在的资料的性质和可用的样本容量，我们可能无法用高斯分布来近似这个统计量的抽样分布，这个例子中，一种引人注目的备选方法是通过重新抽样来近似它。如果资料标签是可交换的，自然的方法是计算方差的汇聚估计，并且使用式(5.9)作为检验统计量，因为在原假设下，平均值和方差都是相等的，所以通过排列程序估计其抽样分布。另一方面，如果原假设不包括方差相等，那么式(5.8)可能是正确的检验统计量，但是它可能不适合通过排列估计其抽样分布，因为在这个例子中，即使在 H_0 下资料标签也是有意义的。然而，为了建立近似于式(5.8)抽样分布的一个自助，两个样本可以被有放回地分开重新抽样。为了构建与平均值相等的原假设一致的自助统计量，生成式(5.8)的自助分布时，我们需要小心。特别是，我们不能直接对原始资料进行自助，因为它们有不同的平均值(而根据原假设两个总体的平均值是相等的)。一种选择是在总平均值处中心化每批资料(根据插入原理，这等于共同的汇聚平均值的估计)。一种更简单的方法，是直接估计检验统计量的抽样分布，为了阐明原假设，然后利用假设检验和置信区间之间的二元性。第二种方法在下面的例子中进行举例说明。

例 5.12　对复杂检验统计量的双样本自助检验

再次考虑例 5.10 中的情形，其中我们关注的是表 5.5 中播撒对未播撒的闪电数量 L-尺度的比值(式(5.32))。例 5.10 中的排列检验，是基于在原假设下，对播撒和未播撒的风暴雷击分布的所有方面都有相同的假定。即使 L-尺度不依赖于播撒，但如果我们希望考虑分布的其他方面(例如，闪电数量的中位数)不同的可能性，汇聚和排列可能是不合适的。

限制更少的原假设，可以通过分离地和重复地自助 $n_1=12$ 个播撒的和 $n_2=11$ 个未播撒的闪电数量给出，并且每次的一个自助现实，得到比值的 $n_B=10000$ 个的样本，以及检验统计量 λ_2(播撒)/λ_2(未播撒)的自助现实。显示在图 5.9 中的结果，是这个比值抽样分布的自助估

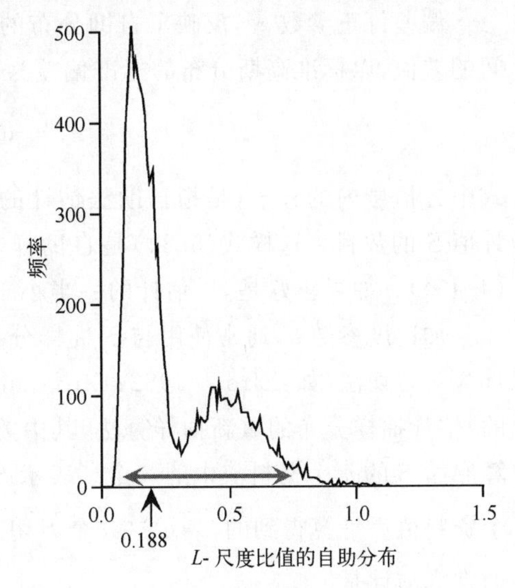

图 5.9　表 5.5 中播撒和未播撒风暴中闪电 L-尺度比值的自助分布。10 000 个自助样本中只有 33 个比值大于 1，表明 L-尺度相等的原假设将被拒绝。也显示了用百分位法计算的比值的 95％置信区间(灰箭头)范围为 0.08～0.75。

计。其中心在观测比值 0.188 附近，这是这个自助分布的 $q_{0.4835}$ 分位数。即使这不是这个自助的原分布（如果 λ_2（播撒）/λ_2（未播撒）=1，那么这可能是抽样分布），通过诊断 λ_2（播撒）/λ_2（未播撒）=1 关于这个抽样分布的异常性，它也能被用来评估原假设。水平灰箭头，显示了 L-尺度比值的 95%置信区间，用百分位法估计的范围是 0.08～0.75。因为这个区间不包括 1，H_0 在 5%的水平上（双侧）被拒绝。n_B=10000 个重新抽样样本中，只有 33 个的自助 L-尺度比值大于 1，所以实际的 p 值被估计为 0.0033（单侧）或 0.0066（双侧），这样，H_0 在 1%的水平也被拒绝。

百分位法是直接和容易使用的，并且在大样本的情形中通常给出较好的结果，其中正被考虑的统计量的抽样分布，是对称的或接近对称的。对更适中的样本容量来说，被称为偏差订正和加速，或 BC_a 区间的自助置信区间构建，它的一种更好和更复杂的方法是可用的（Efron，1987；Efron and Tibshirani，1993）。包括潜在的统计量真实值的 $(1-\alpha)\cdot 100\%$ 置信区间的比例，在更接近 BC_a 区间的 $(1-\alpha)$ 的意义上，BC_a 区间比基于百分位法的自助置信区间更精确。

与百分位法一样，BC_a 置信区间也基于自助分布的量。表示关注的统计量的样本估计为 S，在其周围构建置信区间。例 5.11 中，$S=s_{\ln(x)}$ 是对数变换资料的样本标准差。表示 S 的 n_B 个自助重新抽样样本的第 i 阶统计量为 $S^*_{(i)}$。百分位法估计的 $(1-\alpha)\cdot 100\%$ 置信区间的下界和上界分别为 $S^*_{(L)}$ 和 $S^*_{(U)}$，其中 $L=n_B\cdot\alpha_L=n_B\cdot\alpha/2$，$U=n_B\cdot\alpha_U=n_B\cdot(1-\alpha/2)$。$BC_a$ 置信区间被类似地计算，除了自助分布的不同分位数被选择外，通常得到 $\alpha_L\neq\alpha/2$，$\alpha_U\neq(1-\alpha/2)$。取而代之的是，估计置信区间，即基于

$$\alpha_L = \Phi\left[\hat{z}_0 + \frac{\hat{z}_0 + z(\alpha/2)}{1-\hat{a}(\hat{z}_0 + z(\alpha/2))}\right] \tag{5.33a}$$

和

$$\alpha_U = \Phi\left[\hat{z}_0 + \frac{\hat{z}_0 + z(1-\alpha/2)}{1-\hat{a}(\hat{z}_0 + z(1-\alpha/2))}\right] \tag{5.33b}$$

式中：$\Phi[\cdot]$ 为标准高斯分布的 CDF；$\hat{z}_0$ 为偏差订正参数；$\hat{a}$ 为"加速度"参数。对 $\hat{z}_0=\hat{a}=0$，式(5.33a)和式(5.33b)退化为百分位法，例如 $\Phi[z(\alpha/2)]=\alpha/2$。

偏差订正参数 $\hat{z}_0$，反映了自助分布的中央偏差，或者估计统计量 S 与自助分布中位数之间的差值，以标准高斯分布的标准偏差为单位。它用下式估计

$$\hat{z}_0 = \Phi^{-1}\left[\frac{\#\{S_i^* < S\}}{n_B}\right] \tag{5.34}$$

式中方括号内的分子，是指自助法估计的 S_i^* 小于使用 n 个资料值的每个正好计算一次的估计值 S 的数目。这样式(5.34)是自助样本小于 S 的相对频率的标准化的分位数变换式（式(4.45)）。如果正好是 S^* 估计的一半小于 S，那么中位数偏差为 0，因为 $\hat{z}_0=\Phi^{-1}[1/2]=0$。

加速度参数 $\hat{a}$，通常使用与 S 抽样分布偏度的*刀切法*（jackknife）估计有关的统计量进行计算。刀切法（如：Efron，1982；Efron and Tibshirani，1993）是一种相对较早计算强度更小的，估计抽样分布的重新抽样算法，其中关注的统计量 S 被重复计算 n 次，每次忽略掉用来计算原始 S 的 n 个资料值中的一个。表示 S 统计量的第 i 个刀切，估计为 S_{-i}，这是在去掉第 i 个资料值后计算得到的；表示这 n 个刀切法估计的平均值为 $\bar{S}_{jack}=(1/n)\sum_i S_{-i}$。那么加速度的常规估计是

$$\hat{a} = \frac{-\sum_{i=1}^{n}(S_{-i} - \bar{S}_{jack})^3}{6\left[\sum_{i=1}^{n}(S_{-i} - \bar{S}_{jack})^2\right]^{3/2}} \tag{5.35}$$

$\hat{z}_0$ 和 $\hat{a}$ 的典型量级都是 $n^{-1/2}$(Efron,1987),所以随着样本大小的增加,BC_a 和百分位法得到越来越类似的结果。

例 5.13　BC_a 置信区间:再次研究例 5.11

在例 5.11 中,使用直接的百分位法,利用表 A.2 的伊萨卡(Ithaca)1 月对数变换的降水资料,计算了标准差 95%的置信区间。95%的 BC_a 置信区间预计更精确,虽然它计算更困难。在每个例子中,使用与 $S=s_{\ln(x)}$ 相同的 $n_B=10\ 000$ 个自助样本,但是对 BC_a 置信区间来说,式(5.33)被用来计算 α_L 和 α_U,这将分别不同于 $\alpha/2=0.025$ 和$(1-\alpha/2)=0.975$。

这两个例子计算的特定的 $n_B=10\ 000$ 个成员,其自助分布包含 5 552 个自助样本,有 $S_i^*<S=0.537$。用式(5.34),偏差订正被估计为 $\hat{z}_0=\Phi^{-1}[0.5552]=0.14$。式(5.35)中的加速度,要求计算样本统计量的 $n=50$ 个刀切值 S_{-i}。这些值的前三个(即依次忽略 1933,1934,1935 年资料的 49 个对数变换降水批次的标准偏差)是 $S_{-1}=0.505$,$S_{-2}=0.514$,$S_{-3}=0.516$。50 个刀切值的平均值为 0.537,根据这个平均值,刀切值平方差的和是 0.004 119,立方差的和是 -8.285×10^{-5}。把这些值代入式(5.35),得到 $\hat{a}=(8.285\times10^{-5})/[6\times(0.004119)^{3/2}]=0.052$。式(5.33a)中对 $z(0.025)=-1.96$ 使用这些值,得到 $\alpha_L=\Phi[-1.52]=0.0643$,而类似地,用 $z(0.975)=+1.96$,由式(5.33b)得到 $\alpha_U=\Phi[2.50]=0.9938$。

这样,对 $S=0.537$ 周围 95%置信区间的 BC_a 估计,其下端点对应于 $L=n_B\alpha_L=10000\times0.0643$,或 $S^*_{(643)}=0.437$ 的自助分位数,上端点对应于 $U=n_B\alpha_U=10000\times0.9938$,或 $S^*_{(9938)}=0.681$。相对于例 5.11 中计算的区间[0.410,0.648],这个区间[0.437,0.681]稍微更宽并且向上移动了。

自助法的使用,依赖于有足够多的资料,而对潜在的总体或生成过程来说,这个资料已经是相当好的抽样。小样本显示了太小的变率,对于取自其中的自助样本来说,不足以代表产生资料的生成过程的变化。对于这种相对小的资料集来说,如果对这些资料能够确定一个好的参数模型,对普通非参数自助法的一种改进可以通过*参数自助法*给出。除了 n_B 个自助样本的每一个来自被拟合到 n 个容量的资料样本的参数分布的容量为 n 的合成样本外,参数自助法与普通的非参数自助法,能够以相同的方式起作用。Kysely(2008)在对降水和温度的极值分布模拟中,比较了参数与非参数自助置信区间的性能,报告了当 $n\leqslant40$ 时,参数自助法有更好的结果。

自助法或排列法的直接使用,只能在潜在的重新抽样资料独立时有意义。如果资料是互相关联的(例如显示出时间相关或持续性),那么以自相关影响参数检验的相同方式,并且因为相同的原因,这些方法的结果将容易产生误导(Zwiers,1987,1990)。排列法或自助法中的随机抽样扰乱了原始资料,破坏了产生自相关的排序。

Solow(1985)围绕这个问题提出了一种方法,该方法使用时间序列方法把资料变换到一个不相关序列,例如,通过拟合一个自回归过程(见第 9.3 节)。然后对变换后的序列,进行自助或排列推断,人造样本显示类似于原始资料的相关性质,可以通过应用反变换得到。另一种方法称为*最邻近自助法*(Lall and Sharma,1996),类似于依赖邻近的几个资料点,而不是通过独立假定暗含的不变的 $1/n$，根据概率通过重新抽样提供序列的相关。本质上，最邻近自助法从相对近的类似资料，而不是全部的资料集进行重新抽样。类似资料的接近程度，对标量和向量（多变量）资料都可以定义。

通过著名的滑动块自助的修正，自助法可以更直接地应用于不独立的资料（Efron and Tibshirani，1993；Lahiri，2003；Leger *et al.*，1992；Politis *et al.*，1999；Wilks，1997b）。为了建立一个容量为 n 的人造样本代替单个资料值或资料向量的重新抽样，长度为 L 的连续序列被重新抽样。图 5.10 举例说明了通过有放回地选择长度为 $L=4$ 的 $b=3$ 个连续块，重新抽样长度 $n=12$ 的一个资料序列。除了从 n 个独立值的一个集合中重新抽样之外，这个重新抽样工作与普通的自助法有相同的方式，有放回的重新抽样的对象，是长度为 L 的所有$n-L+1$个连续子序列。

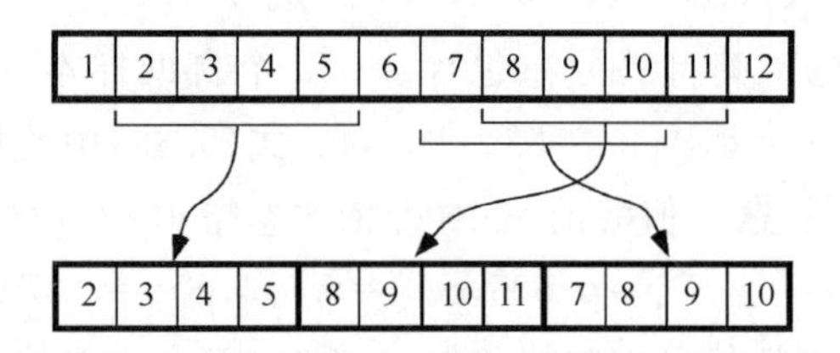

图 5.10 滑动块自助法的示意说明图。开始时间序列长度为 $n=12$（上），长度 $L=4$ 的 $b=3$ 个连续块被有放回地提取。得到的时间序列（下）是 $(n-L+1)^b=729$ 个等可能的自助样本之一。引自 Wilks(1997b)。

滑动块平均背后的思想，是对于由这个时间段或更长的时间段分离开的资料值选择足够大或本质上独立的、更大的块长 L（这样块长度应该随自相关强度的增加而增加），而在原始序列中保持滞后 L 和更短的时间相关。块长也应该随 n 的增加而增加。一种方法是从结果（例如置信区间的宽度）变化很小的一个值域的中间选择块长，这被称为最小波动法（Politis *et al.*，1999）。如果可以假定资料遵从一阶自回归过程（式(9.16)），那么根据如下的隐式方程（Wilks，1997b）选择的块长能取得好的结果：

$$L=(n-L+1)^{(2/3)(1-n'/n)} \tag{5.36}$$

式中 n' 根据式(5.12)进行定义。

5.4 多重性与“场的显著性”

当多个统计检验结果必须被同时评估的时候出现了特殊问题，该问题被称为检验的多重性问题。多重性问题出现在很多场合，但在气象和气候中，必须进行包括大气场的分析时是最经常遇到的。因此，多重性问题的概念，有时是根据评估场的显著性而形成（Livezey and Chen，1983）。在这个背景中，术语“大气场”，经常是指地理位置上可以得到资料的一个二维（水平）数组。例如，它可能是两个大气模式（一个可能反映了大气二氧化碳浓度的增加）在很多个格点的每一个中都生成了地面温度，问题是通过这两个模式描述的平均温度是否存在显著不同。

原则上，对这类问题来说，第 11.5 节中描述的多变量方法是首选，但实际上为了有效地执行它们，资料就算有也经常不够充足。因此，这类资料的统计推断，经常要做如下处理，首先在每个格点上执行单个检验，然后计算双样本 t 检验（式(5.8)）的一个可能集合。如果适当，对潜在资料序列相关进行订正，比如式(5.13)使用在这些局地检验的每一个中。然而，即使已经进行了局地检验，仍然需要共同地评估场或场的显著性之间差异的总体显著性。这个总体显著性的评估，有时被称为确定整体或模态的显著性。与这个步骤有关，主要存在两个困难。这两个困难是来自检验的多重性以及潜在资料的空间相关性。

5.4.1 独立检验的多重性问题

首先考虑评估 N 个假设检验的集体显著性问题。如果其所有的原假设为真，那么错误地拒绝其中任何一个的概率随机选择为 α。但是我们自然倾向于把注意力集中到最小 p 值的检验上，显然，这是这 N 个检验的非随机样本，而分析步骤中需要解决这个心理过程。

这个问题已经由 Taleb(2001)根据所谓的“*无穷猴子理论*”进行了有趣的说明。如果我们能以某种方式，把无穷数量的猴子放在键盘前，并且允许它们随机打字，事实上，肯定有一只猴子最终能打出 Iliad。但是据此推断这个猴子与众不同是不合理的。例如，推断这个猴子接下来比其他的猴子有更高的概率打出 Odyssey。假定无限数量的猴子打字，一只猴子复制出可辨识内容的事实并没有提供反对原假设的充分证据，即这只是一只普通的猴子，其将来的文字输出与其他任何猴子没有什么不同。这种背景现实的和更不异想天开的对应情况中，我们必须小心地提防*存活者偏差*(survivorship bias)，或者把注意力集中在个别存活者若干检验的几个例子，并且把它们看作为典型的或有代表性的。即，当我们从一个检验集合中精心挑选(名义上)最显著的结果时，我们必须坚持它们比适于任何单个检验或者从相同的集合中随机挑选的一个检验有更高的标准(例如，要求更小的 p 值)。

自从 Livezey 和 Chen(1983)的论文发表以来，把多重检验问题构建为一个元检验(meta-test)在大气科学中已经成为传统，其中被检验的资料是 N 个单独或“局部”检验结果，而“全局”的原假设为所有的局部原假设都为真。Livezey-Chen 方法是计算表现出显著性结果的局部检验的数目，有时被称为*计数标准*(Zwiers，1987)，必须在 α_{global} 水平上拒绝全局原假设。通常这个全局检验水平，选择为等于局部检验水平 α。如果存在 $N=20$ 个独立检验，可能天真地认为，既然 20 的 5%是 1，那么找到 20 个检验的任何一个，在 5%的水平上显示显著差异，是宣布两个场有显著差异的依据，通过扩展，20 个中有 3 个通过了显著性检验，将会是一个非常充分的证据。

尽管这个推理表面上是合理的，因为如果存在很多(假定 1000 个)独立检验存活者偏差，只是近似正确(Livezey and Chen，1983；von Storch，1982)。回想断言在 5%水平上的显著差异意味着如果原假设为真，并且事实上不存在显著差异，那么与观测同样强或者更强地反对 H_0 的证据，可能随机出现的概率不大于 0.05。对单个检验来说，情形类似于掷一个 20 面的骰子，并且观测 1 的那一面出现。然而，进行 $N=20$ 次检验，如同掷这个骰子 20 次：在 20 次的投掷中，1 的那一面至少出现一次的机会比 5%高得多。类似于从 $N=20$ 个假设检验中的结果评估是后面的这种情形。

考虑多重检验与 20 面的骰子的多次投掷之间的这种类似性，表明我们可以在二项分布的背景中定量地分析独立检验的多重性问题，并且基于名义上显著的 N 个单独的独立假设检验的数目进行一个全局的假设检验。回想如果关于任何一次试验成功的概率是 p，那么二项分布指定 N 次独立试验中成功 X 次的概率。在检验多重性的背景中，X 是进行的 N 次检验中单个检验显著的数目，而 p 是局部检验水平。

例 5.14　检验多重性问题的 Livezey-Chen 方法的举例说明

在刚才讨论的假设的例子中，有 $N=20$ 个独立检验，而 $\alpha=0.05$ 是这些检验中每一个的水平。假定局部检验在 N 个空间位置上适合关于平均值的推断，20 个检验中的 $x=3$ 个产生了显著差异。这样在 $N=20$ 个格点上这个差异是否（共同地）显著，该问题归结为评估 $\Pr\{X\geqslant3\}$，已知显著性检验数量的原分布是 $N=20$，$p=0.05$ 的二项分布。使用这两个参数的二项概率分布函数（式(4.1)），我们得到 $\Pr\{X=0\}=0.358$，$\Pr\{X=1\}=0.377$，$\Pr\{X=2\}=0.189$。这样，$\Pr\{X\geqslant3\}=1-\Pr\{X<3\}=0.076$，由 $N=20$ 个格点表示的两个平均场相等的原假设，在 $\alpha_{\mathrm{global}}\times100\%=5\%$ 水平不被拒绝。因为 $\Pr\{X=3\}=0.060$，找到 4 个或更多个显著的局部检验，才可能说在全局的 5% 水平上两个平均场的差异是显著的。

即使不存在真实的差异，20 个中找到至少 1 个显著性检验结果的机会几乎是三分之二，因为 $\Pr\{X=0\}=0.358$。直到我们意识到并且习惯了多重性的问题，比如这样的计算结果好像是违反直觉的。Livezey 和 Chen(1983)指出在大气科学文献中的一些例子，由于没有意识到多重性问题，导致得到的结论并不被所使用的资料支持。

5.4.2 场的显著性和错误发现率

解决检验多重性问题的 Livezey-Chen 方法，在其简单性方面是直接并且有吸引力的，但是存在几个缺点。

第一，因为局部检验拒绝的数量只能取整数值，所以名义上的全局检验水平，只是当局部检验独立时可以得到的上界范围。通常，全局检验是不精确的，在这个意义上，拒绝真实全局原假设的实际概率将小于名义上的 α_{global}。这个影响通常减小了 Livezey-Chen 检验可能违反全局原假设的敏感性，尽管这个影响一般不大。

第二，更严重的缺点是局地检验结果的二元观点可以减少全局检验的敏感性。对 p 值只是稍微小于 α 的情况，被强烈拒绝的（局地 p 值比 α 小得多）局地原假设，在全局检验中没有给予比只稍微小于 α 的 p 值的局地检验更大的权重。即，当评估全部局地原假设都为真的全局原假设的真实性时，对于拒绝一个或多个局地原假设来说，拒绝信心没有被确定地给出。结果是 Livezey-Chen 检验显示出很低的能力（即错误地拒绝原假设缺乏敏感性），特别是只要 N 个原假设的一小部分不为真。

第三，Livezey-Chen 检验，对潜在资料不同检验之间正相关的影响很敏感，因此对局地检验结果之间的正相关也很敏感。当局地检验属于一批有相关空间位置上的资料时，常会出现这种情况。空间相关检验的问题，将在第 5.4.3 节中更完整地讲述。

解决检验多重性问题的 Livezey-Chen 方法的这些缺点，通常通过使用依赖于 N 个局地检验的单个 p 值的大小，而不是简单地计算 p 值小于选定的 α，对其局地检验的数量的一个全局检验统计量进行改进。一种吸引人的方法，是以最小化错误发现率或 FDR(Benjamini and Hochberg, 1995; Ventura *et al.*, 2004)的方式，联合分析 N 个多重检验的结果，这是其原假设实际为真的名义显著检验的期望比例。这个术语来自医学统计文献，其中单个原假设的拒绝可能对应于一个医学发现，而多重检验中的存活者偏差通过控制错误地拒绝原假设的最大期望比率进行解释。在场的显著性检验的范例中，关于 FDR 的这个最高限度，数值上等于全局检验水平 α_{global}(Wilks, 2006a)。

对于 N 个检验的 p 值 $p_{(1)}, p_{(2)}, p_{(3)}, \cdots, p_{(N)}$ 来说，评估多重假设检验的 FDR 方法是从次序统计量开始。这些次序统计量中最小的（名义上最显著的）是 $p_{(1)}$，而最大的（最不显著的）是 $p_{(N)}$。单个检验的结果被看作为显著，如果相应的 p 值不大于下式中的 p_{FDR}

$$p_{FDR} = \max_{j=1,\cdots,N}\left\{p_{(j)}:p_{(j)} \leqslant \frac{j}{N}\alpha_{global}\right\} \tag{5.37}$$

即，分级的 p 值是对一种滑动尺度求值，所以如果其最大的 $p_{(N)}$ 不大于 $\alpha_{global}=FDR$，那么全部 N 个检验，在该水平上被看作为统计上显著。如果 $p_{(N)}>\alpha_{global}$，那么对于次级最不显著和有更小 p 值的所有其他检验，检验存活者偏差通过按次序要求 $p_{(N-1)}\leqslant(N-1)\alpha_{global}/N$ 进行适当的补偿，使其原假设被拒绝。与有更小 p 值的所有其他检验的原假设一样，通常满足式(5.37)有最大 p 值的检验的原假设被拒绝。对于把统计显著性断言为逐渐变小的 p 值来说，通过要求一个更严格的标准，存活者偏差得到解决。如果 N 个检验中，没有满足式(5.37)的 p 值，那么在 α_{global} 水平上没有结果被认为是统计上显著的，而实际上，全部 N 个局地检验有真实原假设的全局原假设在 α_{global} 水平上不被拒绝。

例 5.15　FDR 方法用到多重检验的示例

再次考虑例 5.14 的假设情形，其中 $N=20$ 个独立检验已经被计算，其中的 3 个有小于 $\alpha=0.05$ 的 p 值。FDR 方法说明这些 p 值的每一个比 $\alpha=0.05$ 小多少，以及因而给出的更大检验能力。图 5.11 绘制出了 $N=20$ 个假设分级 p 值的大小，其中与例 5.14 中的计算一致，3 个小于 $\alpha=0.05$(水平的点线)。根据例 5.14 中的计算，相应的假设检验没有一个看被作为是显著的，因为 $\Pr\{X\geqslant3\}=0.076>0.05=\alpha_{global}$。

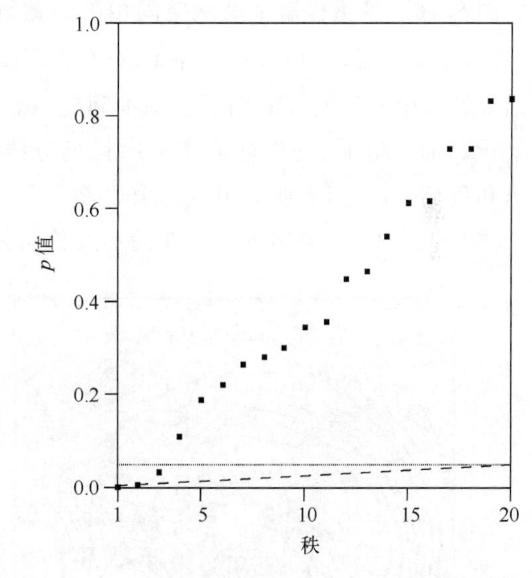

图 5.11　20 个分级 p 值的一个假设集合，其中的 3 个小于 $\alpha=0.05$(水平的点线)。根据 Livezey-Chen 方法，没有一个被考虑为是统计上显著的，细节在例 5.14 中。使用 FDR 方法，倾斜虚线下的最大的 p 值和其他任何更小的 p 值(这个例子中为最小的两个 p 值)对应于显著性检验。

然而，Livezey-Chen 方法没有考虑这些 p 值的每一个相对于 $\alpha=0.05$ 有多么小。正如图 5.11 中绘制的，这些最小的 p 值是 $p_{(1)}=0.001$，$p_{(2)}=0.004$，$p_{(3)}=0.034$。所有剩余的 p 值都大于 $\alpha_{global}=0.05$，没有一个满足式(5.37)。$p_{(3)}=0.034$ 也不满足式(5.37)，因为 $0.034>(3/20)(0.05)=0.0075$。然而，$p_{(2)}=0.004$ 却满足式(5.37)，所以相应于最小的两个 p 值的单个检验，应该看作为显著。即使 $p_{(1)}>\alpha_{global}/N=0.0025$ 的情况，这二者也都被判定为显著。考虑了集中在名义上最显著的 N 个检验中内在的存活者偏差之后，$p_{(1)}$ 和 $p_{(2)}$ 都是充分小的，判断它们不太可能从真实的原假设中是由随机引发。

几何上，对于图 5.11 中倾斜虚线下最大的分级 p 值，FDR 方法拒绝原假设，相应于 $\alpha_{global}(\mathrm{rank}(p_j)/N)$，并且对于有更小 p 值的其他任何检验来说是相同的。

5.4.3　场的显著性与空间相关

当使用来自空间场的资料进行一批多重检验时，资料的正空间相关性在局地检验中产生了统计依赖性。非正式地，我们可以想象，如果第一类错误在另一个位置已经发生了，两个位置之间的正相关可能导致在一个位置犯第一类错误的概率（错误地拒绝 H_0）更大。这是因为检验统计量是一个相似于任何其他资料函数的一个统计量，在所用的资料相关的意义上，从这些资料计算的统计量也是相关的。这样，错误地拒绝原假设，倾向于在空间上聚合，可能导致（如果我们不小心）空间上一致，并且物理上有意义的空间特征存在错误印象。

支撑传统的 Livezey-Chen 方法的二项分布，对 N 个检验结果之间的正相关很敏感，产生了本来为真的原假设的很多虚假拒绝。Livezey 和 Chen(1983)提出的一种方法，是假定和估计有效独立检验的某个数字 $N'<N$，作为式(5.12)的一个空间类似。已经提出了估计这些"空间自由度"的多种方法。这些方法中的一些已经由 van den Dool(2007)进行了综述。

把空间依赖性的影响合并到场的显著性检验的另一种方法，是设计注重并保持空间相关的重新抽样方法。正如前面描述的想法，如果原假设为真，那么以模仿实际资料生成过程的方式，通过资料的重复重新抽样生成检验统计量抽样分布的一个近似值。通常这通过对同时观测资料的空间数组（即"图"）的重新抽样，而不是在相互独立的格点上重新抽样来完成。

例 5.16　多重检验中遵从空间相关的重新抽样

Livezey 和 Chen(1983)使用 Chen(1982b)的资料，给出了使用排列检验来评估假设检验场结果的一个有启发性的例子。基本问题示意在图 5.12a 中，它显示北半球冬季(12,1,2 月)700 hPa 高度场和前一年夏季(6—8 月)南方涛动指数(SOI)值(见图 3.14)之间的相关。较大的正和负相关区域，表明 SOI 可以作为冬季平均天气的长期(提前 6 个月)预报的一个有用因子。图 5.12a 中，相关场不同于 0 的形式检验是合乎程序的。

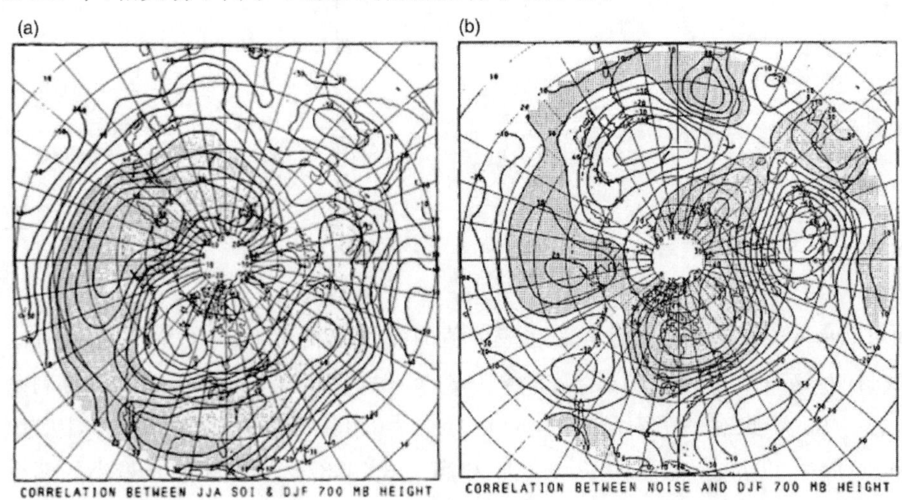

图 5.12　北半球冬季(12,1,2 月)700 hPa 高度场与(a)前一年夏季(6—8 月)南方涛动指数(SOI)和(b)独立高斯随机数的一个现实之间相关的场。阴影区表示正相关，等值线间隔是 0.1。季节平均的 700 hPa 高度场强的空间相关，产生了与人造的随机数序列空间一致的相关，使格点假设检验的解释变得复杂起来。引自 Chen(1982b)。

每个格点相关系数的显著性检验过程从单个检验开始。如果所用的资料(这里是 SOI 值和 700 hPa 高度场)近似服从高斯分布,那么对这批检验一种容易的方法是使用 Fisher Z 变换,

$$Z = \frac{1}{2}\ln\left[\frac{1+r}{1-r}\right] \tag{5.38}$$

式中:r 为皮尔逊相关系数(式(3.24))。在原假设下,相关系数 r 为 0,Z 分布近似于 $\mu=0$ 和 $\sigma=(n-3)^{-1/2}$ 的高斯分布(如果一个不同的原假设是合适的,那么相应高斯分布的平均值将是在那个原假设下相关系数的 Z 变换)。如果可以合理地假定局地检验是相互独立的,那么图 5.12a 中一个充分大的区域显示在这整个区域中 Livezey-Chen 检验相关系数足够大,导致拒绝零相关的全局原假设。

对图 5.12b 中的相关场,需要更复杂的检验,也说明了 700 hPa 高度场空间相关的影响。该图显示了北半球 29 年的 700 hPa 高度场与 29 个独立高斯随机数(即类似于图 5.4a 的随机序列)之间的相关。很明显,格点的 700 hPa 高度场与这个随机数序列之间真实的相关系数为 0,但是 700 hPa 高度之间相当大的空间相关,实际上产生了空间上与欺骗性很高的随机样本相关一致的区域。

对于这个特别的问题,Livezey 和 Chen(1983)采用的方法,是重复生成 29 个独立高斯随机变量的序列,作为替代观测的 SOI 值序列的一个原假设,并且对每个序列计算错误地拒绝 H_0 的局地检验的频率。这是一个合适的设计,因为在 H_0 下,700 hPa 高度与 SOI 之间不存在真实的相关,并且为了模拟真实资料的生成过程,必须保持 700 hPa 高度的空间相关。把每张冬季 700 hPa 图整体保存,自动地保持了这些资料中观测的空间相关,并且反映在了原假设中,这个例子中,给出了名义上有显著局地检验结果的半球比例的统计度量。一种更好的方法,可能是充分使用 29 个观测的 SOI 值,但是以随机顺序或者块自助代替高斯随机数。作为选择,可以使用从模拟 SOI 的时间序列模型中生成相关值序列。

对于例 5.16 描述的问题,Livezey 和 Chen(1983)的方法,依赖于保持每张 700 hPa 图的空间完整性。结果是,其很大的空间相关被反映在对这个问题构建的估计的抽样分布中,并且如果检验是空间独立的,则被用来取代合适的二项分布。在许多独立格点处,重新抽样 700 hPa高度,可能产生非常容易误解的结果,并且特别是,"计数"统计量估计的抽样分布的离散度可能非常小。相反,FDR 方法,对于保持正被诊断的 N 个同时检验的潜在资料集之间的相关性更具鲁棒性。在大气资料中,这些相关,常常反映正的空间依赖性,但 FDR 方法对有相互关系的检验资料的鲁棒性是更普遍的。

图 5.13 用一个人造资料集,来举例说明 FDR 方法,相对于 Livezey-Chen 计数统计量更具鲁棒性,其中(a)100 和(b)1000 个假设检验的结果被同时诊断。每个检验是样本容量为 $n_1=n_2=50$,并且序列是独立资料(通过使用式(5.13)中的方差估计,序列相关的资料容易处理)的双样本 t 检验(式(5.8))。图 5.13 水平轴上,显示资料相关的程度与邻近的指数检验对有关:例如,如果 N 个检验的第 10 和第 11 个资料的("空间")相关是 ρ,那么第 10 和第 12 个,或第 11 和第 13 个资料之间的相关可能是 ρ^2,依次类推。

图 5.13 中的曲线,显示了 N 个检验集合中真实的全局原假设,在名义上 $\alpha_{\text{global}}=0.05$ 和 $\alpha_{\text{global}}=0.01$ 水平被拒绝(实际的检验水平)的比例(重复10^5 次)。对 $\rho=0$,两个检验都近似得到了正确水平,尽管用作计数统计量的二项分布的离散性致使计数方法存在不精确性,正如第

5.2.4 节开头注解的。随着相关程度的增加，计数检验更加频繁地拒绝真实的全局原假设，结果是估计的抽样分布太窄；随着局地检验数目的增加，这个影响更严重。相反，FDR 方法得到的全局检验，近似地显示了正确的检验水平，特别是对更大的检验数来说；对于更高的相关程度对检验水平中错误的影响，FDR 检验更稳健些。

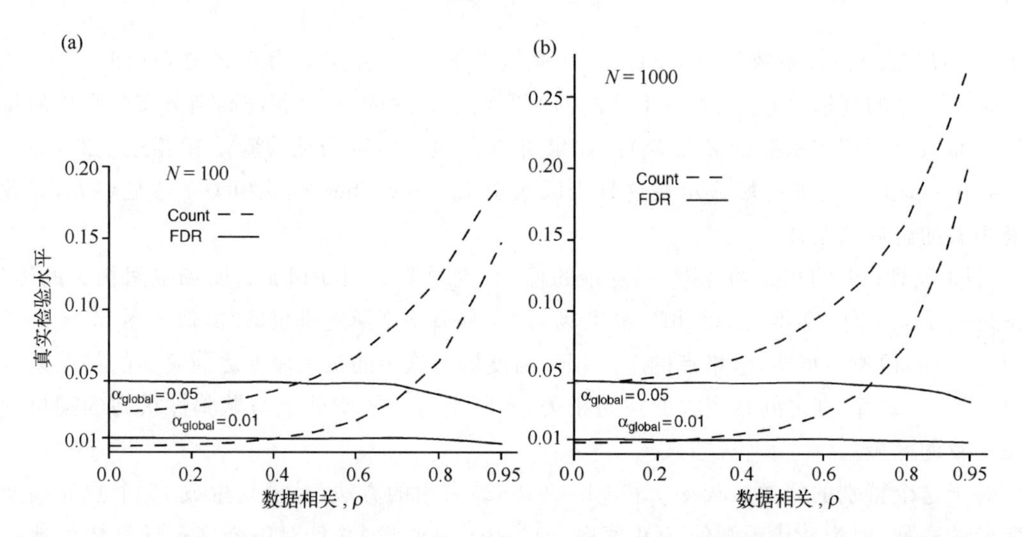

图 5.13 Livezey-Chen“计数标准”检验(Count 虚线)和 FDR 检验(实线)随所用资料相关大小的增加性能的比较，(a)$N=100$ 个同时的检验和(b)$N=1000$ 个同时的检验。基于 FDR 的检验对正相关更具鲁棒性，并且随着相关水平增加到高水平更稳健。引自 Wilks(2006a)。

5.5 习题

5.1 对于表 A.3 中的 6 月温度资料

a. 使用双样本 t 检验，研究在厄尔尼诺年和非厄尔尼诺年的 6 月平均温度是否显著不同？假定方差不相等，并且高斯分布是检验统计量的一个适当的近似。

b. 构建厄尔尼诺年和非厄尔尼诺年之间 6 月平均温度差值的一个 95%置信区间。

5.2 对表 A.1 中最低气温的两个集合，计算独立样本的等价数量 n'。

5.3 使用表 A.1 中的资料集，检验 1987 年 1 月伊萨卡(Ithaca)和卡南戴挂(Canandaigua)平均最低温度相等的原假设。计算 p 值，假设高斯分布是检验统计量原假设的一个适当近似，而

a. H_A＝这两个地方的最低温度不同。

b. H_A＝卡南戴挂(Canandaigua)的最低温度更高。

5.4 已知图 5.12a 中的相关，是使用 29 年的资料计算的，使用 Fisher Z 变换，计算在单个网格点以 5%的水平拒绝原假设(相对的备择假设为 $r\neq 0$)必需的相关系数的大小。

5.5 检验高斯分布对表 4.8 中 7 月降水资料的适合性，使用

a. K-S(即 Lilliefors)检验。

b. 卡方检验。

c. Filliben Q-Q 相关检验。

5.6　使用似然比检验,检验表 4.8 中 1951—1980 年 7 月的降水资料,与表 A.2 中包含的 1951—1980 年 1 月降水是否来自相同的分布,假设为高斯分布。

5.7　使用 Wilcoxon-Mann-Whitney 检验,研究在厄尔尼诺年表 A.3 中的气压资料的量值是否更低。

a. 对 U_1 和 U_2 的小者,在 5%,2.5%,1%和 0.5%检验水平,分别使用精确的单侧临界值 18,14,11 和 8。

b. 使用高斯分布近似 U 的抽样分布。

5.8　通过自助法,讨论使用表 A.3 中的资料,瓜亚基尔(Guayaquil)6 月降水偏度系数(式(3.9))的抽样分布如何被估计。得到的自助分布可以用来估计这个统计量的 95%置信区间吗?如果可以得到适合的计算资源,实现你的算法。

5.9　使用表 A.3 中的资料,讨论如何构建一个重新抽样检验,来研究厄尔尼诺年与非厄尔尼诺年瓜亚基尔(Guayaquil)6 月降水的方差是否不同?

a. 假设在 H_0 下降水分布相同。

b. 在 H_0 下,允许降水分布的其他方面不同。如果可以得到适合的计算资源,实现你的算法。

5.10　考虑来自 $N=10$ 个独立假设检验中的下列分类的 p 值:0.007,0.009,0.052,0.057,0.072,0.089,0.119,0.227,0.229,0.533。

a. 使用 $\alpha=0.05$ 的 Livezey-Chen"计数"检验,或 FDR 方法在 $\alpha_{global}=0.05$ 的水平下,这些结果支持"场显著"的结论(即 10 个局部原假设中至少有 1 个被拒绝)吗?

b. 使用这两种方法的每一种,根据(a)中的计算,如果有的话,哪个 p 值可能导致拒绝各自的局地原假设?

第 6 章 贝叶斯推断

6.1 背景

概率的贝叶斯观点或主观观点，导致了一个新的统计推断框架，这个框架不同于我们更熟悉的第 5 章中的频率论方法。贝叶斯推断是参数的，因为推断的主题是第 4 章中描述的那类概率分布的参数。为了定量地刻画资料生成过程的本质以及正在进行的参数推断的数学关系，需要假定参数的分布。例如，如果手头的资料是来自 N 个独立同分布的伯努利试验，那么采用二项分布(式(4.1))作为资料生成模型是很自然的。那么统计推断的对象是二项分布的参数 p，关于 p 的推断可以用来更全面地刻画资料生成过程的本质。

把概率看作为主观相信程度的定量表达，导致贝叶斯推断和频率推断的结构之间存在两个明显的差别。第一个差别，是关于关注参数的先验信息(即现在的资料已经得到或看到之前可利用的信息)经常反映分析者的主观判断，通过概率分布进行定量化。这个分布可能是也可能不是一种熟悉的参数形式，例如，第 4 章中讨论的分布之一。下面的贝叶斯推断的计算，以一种最优的方式，把这个先验信息与由资料提供的信息组合起来考虑。

这两种形式的推断方式之间的第二个差别，是必须从参数(推断对象)的角度进行处理。在频率论的观点中，资料生成过程的参数是固定的常数(即使未知)。因此，根据这个观点，考虑或者试图刻画参数的变率是没有意义的，因为它们是不变的。关于参数的推断，在(可能假设的)重复抽样的资料统计量分布的基础上进行。相反，贝叶斯方法允许研究的参数可以看作为服从一个概率分布，来定量化它的不确定性，根据选择的资料生成过程，通过组合先验信息和资料，这个不确定性能够被推导出来。

频率推断和贝叶斯推断的优缺点，在统计学专业中存在持续争论。Little(2006)总结了这些讨论的最新情况。

6.2 贝叶斯推断的结构

6.2.1 连续变量的贝叶斯理论

贝叶斯推断的计算方法根据贝叶斯理论给出，式(2.16)中给出了离散变量的形式。然而即使推断所基于的资料是离散的，推断对象的参数通常也是连续的，这样的例子中，刻画其不确定性(分析者的相信程度)的概率分布，可以表示为概率密度函数。类似于式(2.16)，连续概率模型的贝叶斯理论可以表达为

$$f(\theta|x) = \frac{f(x|\theta)f(\theta)}{f(x)} = \frac{f(x|\theta)f(\theta)}{\int_\theta f(x|\theta)f(\theta)\mathrm{d}\theta} \tag{6.1}$$

式中：θ 为将要进行的推断的参数（例如，二项分布的概率 p 或泊松分布的比率 μ）；x 为现有的资料。式(6.1)表达了关于参数 θ 推断的先验信息与现有资料的最优组合。关于 θ 先验的主观信心和/或客观信息，由先验分布 $f(\theta)$ 进行量化，当 θ 为连续参数时，先验分布将是连续的PDF。对一个给定的问题来说，对先验分布做一个好的评估是重要的，而关于评估，不同的分析者可能得到相当不同的结论。先验分布的影响，以及对 θ 的推断不同先验分布得到结果的更多细节将在第6.2.3节中给出。

资料生成过程的总体性质和不同 θ 值的定量影响，由似然 $f(x|\theta)$ 表示。符号上，似然看起来与表示离散资料生成过程的概率分布函数或表示连续资料的PDF相同。然而，区别是对固定的资料值 x 来说，似然是参数 θ 的函数，如同第4.6.1节的个例，而不是固定参数的资料的函数，是作为 θ(具体的)的不同可能值的函数，函数 $f(x|\theta)$ 表达了手头资料的相对可能性（"似然性"）。

如果资料是离散的，那么在符号上，似然看起来与被选择为表示资料生成过程的概率分布函数相似——例如，二项分布的式(4.1)或者泊松分布的式(4.11)。这两个似然都是连续变量的函数，即，对二项分布 $\theta=p$，对泊松分布 $\theta=\mu$。然而，似然 $f(x|\theta)$ 一般不是PDF。即使(对离散的 x) $\sum_x \Pr\{X=x\}=1$，而通常 $\int_\theta f(x\mid\theta)\mathrm{d}\theta\neq 1$。如果资料 x 是连续的，似然符号上看起来类似于资料的PDF，似然通常也是参数 θ 的连续函数，但是其自身通常也不是PDF，因为 $\int_\theta f(x|\theta)\mathrm{d}\theta\neq 1$，即使 $\int_x f(x|\theta)\mathrm{d}x=1$。

先验信息 $f(\theta)$ 在资料生成过程中假设特征的背景中，与由资料提供的信息 $f(x|\theta)$ 的最优组合，通过式(6.1)右边分子中的乘积得到。结果是后验分布 $f(\theta|x)$，这是参数 θ 的PDF，它刻画了关于 θ 不确定性的当前最完备信息。根据资料提供的信息，后验分布通过更新先验分布的过程产生，与通过表示资料生成过程的似然提供的模型看到的完全一样。

对于不能同时得到全部资料的情况，贝叶斯的更新可以顺次计算。在这样的例子的先验分布 $f(\theta)$ 中，分析者估计的参数的不确定性，首先用最初任何可用的资料进行更新，得到后验分布的首次迭代。随着新资料变得可用，首次计算的后验分布可以担任先验分布的角色，通过应用贝叶斯理论，那个后验分布可以被进一步更新。以这种方式迭代的贝叶斯理论的结果，将与对初始先验分布全部资料同时使用一次更新得到的结果相同。

为了使后验分布是一个正确的PDF(即，积分为1)，对现有资料 x 来说，似然和先验的乘积，通过式(6.1)分母中的值 $f(x)=\int_\theta f(x|\theta)f(\theta)\mathrm{d}\theta$ 进行尺度化。因为式(6.1)的重要作用发生在右边的分子中，那个公式有时简单表示为

$$f(\theta|x)\propto f(x|\theta)f(\theta) \tag{6.2}$$

即"后验与似然乘以先验成比例"。

例6.1　贝叶斯理论的迭代使用

考虑简单但有启示意义的情况，其中在 N 个独立的且完全相同的伯努利序列中，"成功"次数 x 被用来估计未来试验成功的概率。参数 p 控制了这种情况中资料生成过程的特征，显然，成功的概率与将来资料的可能现实之间的关系（即资料生成过程），由二项分布给出（式(4.1)）。因此，似然的自然选择是

$$f(x|p) = \binom{N}{x} p^x (1-p)^{N-x} \propto p^x (1-p)^{N-x} \tag{6.3}$$

其中成功的概率 p 是将要推断的参数 θ。因为二项概率分布函数的组合部分不包括 p，式(6.3)的第二部分中显示的比例是适当的，所以对任意选择的先验分布 $f(p)$ 来说，式(6.1)分母中的积分能够被提出因子并且约掉。对二项分布来说，式(6.3)中的符号与式(4.1)的离散概率分布函数相同。然而，不像式(4.1)，对 N 次独立试验过程中固定的成功次数 x 来说，式(6.3)不是 x 的离散函数，而是 p 的连续函数。

描述分析者关于 p 的可能值，最初不确定性的一个合适的先验分布 $f(p)$，将依赖于新资料在被观测到之前关于 p 的信息是否能得到，第 6.2.3 节中将要做更全面的讨论。然而，因为 $0 \leqslant p \leqslant 1$，$f(p)$ 的任何合理选择，在这个区间上将有支集(support)。如果分析者关于 p 的哪个值更多或更少没有最初判断，那么一个合理的先验是均匀分布 $f(p)=1$(第 4.4.4 节)，表达了最初时 p 的值在区间 $0 \leqslant p \leqslant 1$ 上，不比任何其他区间有更多可能的判断。

现在假定可以得到来自所研究过程的 $N=10$ 个独立伯努利试验结果，这些结果中的 $x=2$ 个是成功的。根据这 $N=10$ 个观测结果，为了更新由 $f(p)=1$ 表达的 p 的可能值之间最初的无倾向性，贝叶斯理论给出了更新方法。按照式(6.1)，后验分布是

$$f(p \mid x) = \frac{\binom{10}{2} p^2 (1-p)^8 \times 1}{\binom{10}{2} \int_0^1 p^2 (1-p)^8 \mathrm{d}p} = \frac{\Gamma(12)}{\Gamma(3)\Gamma(9)} p^2 (1-p)^8 \tag{6.4}$$

类似式(6.2)，得到

$$f(p \mid x) \propto p^2 (1-p)^8 \cdot 1 \tag{6.5}$$

这样，得到了相同的结果，因为式(6.4)的分母中的积分产生了 $\Gamma(3)\Gamma(9)/\Gamma(12)$，这正好是后验分布 $f(p|x)$ 在 $0 \leqslant p \leqslant 1$ 上积分到 1 需要的因子，这是一个 PDF。这个例子中，后验分布是贝塔分布(式(4.50))，参数 $\alpha=x+1=3$，$\beta=N-x+1=9$。后验分布不总是我们认识和熟悉的参数形式，但是因为选择的先验分布的种类，及其与式(6.3)中似然的特定数学形式的相互作用，已经产生了贝塔分布，正如式(6.3)中所解释的。

式(6.4)中的后验分布，是根据 $N=10$ 个伯努利试验中观测到 $x=2$ 个成功事件，更新最初的先验分布所得到的结果。这样它定量地表达了观测到这些资料后，关于 p 的可能值的信心程度，对分析者来说，其先验信心已经由 $f(p)=1$ 进行了很好的表达。

现在考虑，如果得到了来自相同伯努利过程的其他资料，这些信心如何变化。贝叶斯理论将被再次重复，根据新资料更新知识或信心的当前状态，贝叶斯理论的下一次迭代，不是初始的先验 $f(p)=1$，而是来自更新的最近的概率的后验分布，即来自式(6.4)的贝塔分布。假设观测的下一次资料是 $N=5$ 的伯努利试验结果，其中有 $x=3$ 次成功。第二次应用式(6.2)能够得到：

$$f(p|x) \propto p^x (1-p)^{N-x} p^2 (1-p)^8 = p^{x+2} (1-p)^{N-x+8} = p^5 (1-p)^{10} \tag{6.6}$$

式(6.3)中似然的组合部分，与新的先验分布(式(6.4))中伽马函数的比值，都不依赖于 p，所以二者在式(6.1)的商中抵消了。更新的后验分布也是贝塔分布，其参数为 $\alpha=6$，$\beta=11$。

通过比较初始先验分布 $f(p)=1$，图 6.1 举例说明了这个概率更新过程：$\alpha=3$，$\beta=9$ 的首次后验分布(贝塔分布，式(6.4))成为下一次的先验分布，以及最终的后验分布($\alpha=6$，$\beta=11$

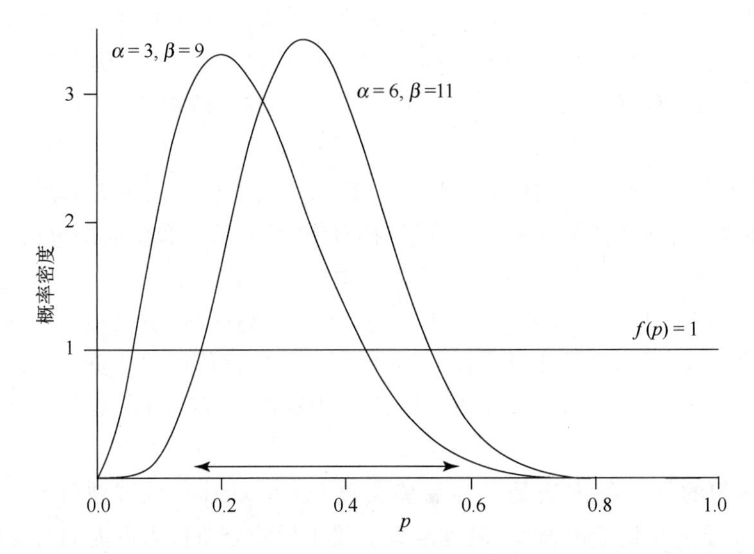

图 6.1　先验分布 $f(p)=1$ 和式(6.1)的一次($\alpha=3,\beta=9$)、两次($\alpha=6,\beta=11$)应用后，得到的两个后验的贝塔分布，反映了这两个资料中包含的信息。双箭头显示按照第二个($\alpha=6,\beta=11$)后验分布 p 的 95%的中心置信区间。

的贝塔分布，式(6.6))。首次应用贝叶斯理论后，对 p 最可能的值显然是接近成功的相对频率，即 $x/N=2/10$，$p>0.7$ 的概率是很小的。第二部分资料被进行运算以后，p 最可能的值是对全部 15 个现实接近成功的相对频率，即 5/15。如果对贝叶斯理论进行一次应用，一次使用所有的这些资料(即，$N=15$ 和 $x=5$)，正好相同的后验分布(式(6.6))从更新最初的均匀先验分布 $f(p)=1$ 产生。类似地，如果式(6.1)被迭代 15 次，每次使用一个伯努利现实，可能得到相同的后验分布，而不管其中给出 $x=5$ 次成功和 $N-x=10$ 次不成功的顺序。

6.2.2　推断和后验分布

后验分布 $f(\theta|x)$，提供了贝叶斯框架中统计推断的基础。通过贝叶斯理论的应用，它是关于 θ 的先验信心和资料 x 中包含的有关 θ 的信息组合的结果。这样，后验概率密度的信息完全表达了分析者关于 θ 的信心。当后验分布是传统的参数形式的时候(例如，式(6.1)中的贝塔分布)，后验分布的参数是表达分析者关于 θ 的信心程度及不确定性的一种简洁和方便的方式。为了更容易地从统计推断中识别出它们，后验分布的参数(也是先验分布的参数)被称为超参数(hyperparameters)。例 6.1 中，关于二项分布参数 p 的推断，根据贝塔后验分布计算和表达，其超参数是 $\alpha=6$ 和 $\beta=11$。

特别是如果后验分布不是熟悉的参数形式，因为某些目的，人们可能想给出推断对象参数 θ 的点估计。对这个描述存在几种可能的选择，由后验分布的中心趋势的各种度量给出。特别是，后验分布的平均值、中位数或众数，都可能被选择来表达 θ 的点估计。式(6.6)中贝塔后验分布的例子中，后验分布的平均值是 $6/17=0.353$(式(4.51a))，中位数(这可以通过数值积分或者 Winkler(1972b)中的表得到)是 0.347，后验分布的众数(最大化后验分布的 p 值)是 0.333。

后验分布的众数因为与 θ 的最大似然估计(第 4.6 节)的关系，是一个特别吸引人的点估计。对于有大量资料可用的问题，先验分布对后验分布的影响是很小的，所以后验分布几乎只是和似然成比例。在那个例子中，后验分布的众数几乎和最大化似然的 θ 值相同。在均匀先验分布的例子中，后验正好与似然成比例（$f(\theta)=1$ 的式(6.2)），所以例 6.1 中后验分布的众数正好是对二项分布概率的最大似然估计：$\hat{p}=5/15=0.333$，即在 $N=15$ 次试验中，观测到 $x=5$ 次成功。

当然，用概率总结后验分布比中心趋势单一数字的表达包含更多的信息。最常用的是用中心置信区间来做，对 θ 这将跨越一个对应于（在概率上）后验分布中间部分的范围。例如，在图 6.1 中，$\alpha=6$ 和 $\beta=11$ 的贝塔后验分布 95%的中心置信区间是[0.152,0.587]，正如双箭头显示的。箭头的端点是后验分布的 $q_{0.025}$ 和 $q_{0.975}$ 分位数。这个区间的解释是 θ 有 0.95 的概率位于其中。对很多人来说，这是比 $(1-\alpha)\cdot 100\%$ 频率论的置信区间的重复抽样概念更自然的推断解释（第 5.1.7 节）。当然，很多人错误地把贝叶斯置信区间的这个意义应用于频率论的置信区间。

计算置信区间的另一种方法是最高后验密度（HPD）区间，该方法计算上通常更困难。HPD 区间也给出了一个定量的概率，但是定义了关于后验分布最大可能的对应值。想象一条水平线相交的后验密度，这样定义了一个区间。相应于一个给定概率的 HPD 区间，由这条水平线和后验密度的两个交点来定义。这样 HPD 区间可以看作为后验分布的众数的扩展。对于对称的后验分布来说，HPD 区间将与简单的中心置信区间一致。对偏斜的后验分布（比如图 6.1）来说，HPD 区间将稍微移动，相对于中心置信区间被压缩。

在某些情形下，关注的是 θ 在某些物理上有意义的水平之上或之下的概率。在这样的例子中，后验分布包含最多信息的归纳，可以简单地计算为 θ 在阈值之上或之下的概率。

6.2.3 先验分布的作用

在新资料可用之前，先验分布 $f(\theta)$ 能够定量地描述关于参数 θ 的可能值的信心程度或不确定性。它是贝叶斯推断存在争议的一个潜在因素，因为不同人的判断可能差别很大，这样可能拥有相互之间相当不同的先验信心。如果可用的资料相对很少，那么不同的先验信息可能导致完全不同的后验分布，这样会得到关于 θ 的完全不同的推断。另一方面，在资料丰富的环境中，先验分布的影响相对并不重要，所以来自最合理的先验信息的推断，其推断结果相互之间非常类似。

精确地量化先验信息是一个困难的任务，它依赖于环境和分析者的经验。对先验分布来说，不是必须知道或熟悉参数的形式，例如，第 4 章中给出的分布之一。为了改进关于离散事件的概率（第 7.8.4 节）或连续概率分布分位数（第 7.8.5 节）的判断，估计主观概率的一种方法是通过使用假设的打赌或“彩票”游戏。在连续事件的例子中，主观得出的分位数可以提供构建表示相对先验信心的连续数学函数的基础。因为式(6.1)和式(6.2)之间的等价性，这样的函数不必一定是正确的概率密度函数，尽管依赖于函数的形式，但式(6.1)分母中标准化的常数可能是难以计算的。

有时对先验分布采用已知的参数形式，在概念上和数学上都是方便的，然后基于选择的分布形式的性质得出其主观参数（即超参数）。例如，如果能形成关于某个先验分布的平均值或中位数的判断，那么这就能给出对先验超参数有用的限制。正如第 6.3 节中讨论的，对先验分布与特定的资料生成模型一致的某个参数形式（即，适合于给定问题的似然），能够极大地简化随后的计算，尽管数学上很方便，但不应该选择离人们的主观判断相差较远的先验。

先验分布的另一个重要方面涉及对某些数学上允许的 θ 值有 0 概率的具体要求。这个非常强的条件通常不能被有效地证明，因为 θ 值的任何变化范围，由先验信息赋值 0 概率后，在后验分布中，都不能得到非零概率，而不管资料给出的证据的强度。通过诊断式(6.1)或式(6.2)都可以认识到这一点：对全部可能的资料 x，$f(\theta)=0$ 的任何值将必然得到 $f(\theta|x)=0$。

在只有非常少先验信息的情况中，用其判断不同 θ 值的相对可能性，以可感知的程度选择一个相比于其他值不支持特定值的先验分布是自然的——即，先验分布表达了尽可能的无知状态。这样的先验分布被称为散布先验、模糊先验、扁平先验或无信息先验分布。例 6.1 中的先验分布 $f(p)=1$ 是散布先验分布的一个例子。

散布先验分布有时更加客观，因此争议更少(相比于表达特定主观判断的先验)。部分地，这个结论来自于散布先验最低程度地影响后验分布的这个事实，在贝叶斯理论中，通过对(资料控制的)似然给最大权重。正如已经谈到的，有散布先验的贝叶斯推断，通常类似于基于最大似然的推断。

当关注的 θ 没有界限(下界、上界或二者都有)时，构建与分析者的主观判断一致的散布先验可能是困难的。例如，如果关注的参数是高斯平均值，其可能值包括整个实轴。这个例子中，一个可能的离散先验是平均值为 0、方差很大但有限的高斯分布。这个先验分布几乎是扁平的，但还是稍微有利于 0 附近的平均值。作为选择，使用一个不适当的先验，比如对于 $-\infty<\theta<\infty$，$f(\theta)=$常数，具有性质 $\int_\theta f(\theta)\mathrm{d}\theta\neq 1$ 的先验可能是有用的。令人惊讶的是，因为式(6.1)与式(6.2)的等价性，不适当的先验并不一定导致无意义的推断。特别是，如果式(6.1)分母中的积分得到一个有限的非零值，那么不适当的先验是允许的，所以得到的后验分布是正确的概率分布，即有 $\int_\theta f(\theta|x)\mathrm{d}\theta=1$。

6.2.4 预测分布

某些推断分析的最终目的，是得到关于未来的认识，尚未观测到的资料值 x^+ 将通过量化关于参数 θ 的不确定性依次形成。即，我们希望做未来资料值的概率预报，这个概率预报能解释 θ 的特定值生成过程中的变率，以及由后验分布给出的不同 θ 值的相对可能性。

预测分布是来自参数的资料生成过程，与 θ 的后验分布组合的未来资料的概率密度函数，

$$f(x^+)=\int_\theta f(x^+\mid\theta)f(\theta\mid x)\mathrm{d}\theta \tag{6.7}$$

式中：x^+ 为目前尚未观测的将来资料；x 为在贝叶斯理论中已经被用来产生当前的后验分布 $f(\theta|x)$ 的资料。因为式(6.7)表达了无条件的 PDF(如果 x 是连续的)，或概率分布函数(如果 x 是离散的)，$f(x|\theta)$ 量化了资料生成过程。对已知一个特定 θ 值的资料来说，它是 PDF(或对离散的 x 来说为概率分布函数)，而不是已知一个固定的资料样本 x 时 θ 的似然，尽管像前面一样，这二者在符号上是相同的。后验 PDF $f(\theta|x)$，根据最近可用的概率进行更新，量化了关于 θ 的不确定性；因此式(6.7)有时被称为后验的预测分布。如果式(6.7)被应用到观测的任何资料之前，那么 $f(\theta|x)$ 将是先验分布，这种情形中，式(6.7)符号上将等价于式(6.1)中的分母。

式(6.7)对将来的资料可以得到一个无条件的 PDF，对 θ 的每个可能值，描述关于 θ 和关于 x 的不确定性。对 θ 的所有可能值，它是 PDFs $f(x^+|\theta)$ 有效的权重平均，其中权重由后验

分布给出。如果 θ 以某种方式确定是已知的，那么 $f(\theta|x)$ 将在那个值上给出概率为 1，式(6.7)只是等于生成资料的 PDF $f(x|\theta)$ 在 θ 处的值。然而，式(6.7)明确说明了关于 θ 不确定性的影响，得到与 θ 的不确定性一致的关于 x 的将来值增加的不确定性。

6.3 共轭分布

6.3.1 共轭分布的定义

描述资料生成过程特征的式(6.1)和式(6.2)中似然的合适的数学形式，经常根据所研究问题的性质被明确地规定。然而，先验分布的形式很少如此好地被定义，它依赖于分析者的判断。在这个普通的例子中，先验分布的形式没有根据似然的形式进行限制，式(6.1)和式(6.7)的计算可能需要数值积分或其他计算上的精深算法。如果概率更新，必须被迭代地计算而不是只进行一次，那么这个困难就增加了。

然而，对特定数学形式的似然，如果选择与可以证明为正确的那个似然一起使用先验的共轭分布，那么贝叶斯理论的计算可以大大地简化。以与先验分布有相同参数形式产生一个后验分布的方式，共轭到特定似然的先验分布，是数学上类似于似然的一个参数分布。通过允许后验 PDF 有闭合形式的表达式，使用与给定的资料生成过程一致的共轭分布，可以大大简化与贝叶斯推断有关的计算。另外，先验与后验分布的超参数之间的简单关系，可以给出先验分布与可用资料的后验分布相对重要性的认识。共轭分布的使用，也推动了贝叶斯理论的迭代更新，因为当另外的资料可用时，前面的后验分布以相同的共轭参数形式成为新的先验分布。

选择用共轭先验进行计算是方便的，但是存在关于分析者的先验信心如何表达的一个强烈限制。当共轭分布的参数形式很灵活时，分析者的实际先验信心存在宽广的变化范围，不能保证该范围被恰当地表示。另一方面，用任何数学上显示的 PDF 表示主观信心几乎总是近似值。

下面的几节对 3 个简单但重要的资料生成过程——二项分布、泊松分布和高斯分布，讲述使用共轭分布的贝叶斯推断。

6.3.2 二项分布的资料生成过程

当由“成功”次数 x 组成的关注的资料取自 N 次独立而同一分布的伯努利试验时，其概率分布是二项分布(式(4.1))。在这个背景中，推断问题是典型的关于在任意独立试验上成功的概率值(式(4.1)中的 p)。那么适合的似然由式(6.3)中的第一个公式给出，在符号上与式(4.1)相同，在 N 次独立现实中，给定固定成功次数 x 时，似然是成功概率 p 的函数。

对二项分布的资料生成过程，共轭先验分布是贝塔分布(式(4.50))。根据式(6.2)，我们可以分别忽略式(4.1)和式(4.50)中的尺度常数 $\binom{N}{x}$ 和 $\Gamma(\alpha+\beta)/[\Gamma(\alpha)\Gamma(\beta)]$，所以对二项分布的资料生成过程，贝塔先验分布的贝叶斯理论变为

$$f(p|x) \propto p^{x}(1-p)^{N-x}p^{\alpha-1}p^{\beta-1} = p^{x+\alpha-1}(1-p)^{N-x+\beta-1} \tag{6.8}$$

式中：p 为关于正被计算的有关推断的伯努利成功概率；α 和 β 为贝塔先验分布的超参数。因为二项分布的似然与贝塔先验分布之间在数学形式上的相似性(除了不包括 p 的项之外)，所以其乘积简化为式(6.8)中最后的式子。这个简化，显示成功概率的后验分布 $f(p|x)$ 也是贝

塔分布，超参数为

$$\alpha' = x + \alpha \tag{6.9a}$$

和

$$\beta' = N - x + \beta \tag{6.9b}$$

采用共轭先验，允许只用这两个简单的关系评估式(6.1)，而不是要求计算困难的积分，或计算上的一些其他需要的程序。包括确保后验分布 PDF 积分为 1 的尺度常数

$$f(p|x) = \frac{\Gamma(\alpha+\beta+N)}{\Gamma(x+\alpha)\Gamma(N-x+\beta)} p^{x+\alpha-1}(1-p)^{N-x+\beta-1} \tag{6.10}$$

以先验贝塔分布的超参数 α 和 β，与后验贝塔分布的超参数之间关系式(6.9)，来举例说明贝叶斯推断一个更通用的性质。随着资料累积的增多，后验分布越来越不依赖于对先验分布所做的任何选择(假定 θ 的可能范围没有被赋值到 0 先验概率)。在目前有共轭先验的二项分布推断的例子中，如果能收集到足够多的资料，那么有 $x \gg \alpha$，$N-x \gg \beta$。因此后验密度接近二项分布的似然(再次不包括尺度常数)，因为在那个例子中 $x \approx x+\alpha-1$，$N-x \approx N-x+\beta-1$。

尽管当时没提，但是例 6.1 用共轭先验分布计算，因为均匀分布 $f(p)=1$ 是超参数 $\alpha=\beta=1$ 的贝塔分布的特例，正好式(6.4)和式(6.6)也是贝塔分布的原因。式(6.10)也清楚地显示了为什么总是得到式(6.6)中的后验分布，不管贝叶斯理论是对如同例 6.1 所做的那样，对两批资料中的每一批单独应用，或者只是在全部总数 $N=15$ 次的现实中，已经观测到 $x=5$ 次成功后只做 1 次。在后面的例子中，后验贝塔分布的超参数，也是 $x+\alpha=5+1=6$ 和 $N-x+\beta=15-5+1=11$。因为 $\alpha=\beta=1$ 产生先验分布的 $f(p)=1$，例 6.1 中后验分布正好与相应的二项似然成比例，这就是为什么后验众数等于相应的 p 的最大似然估计。对 $\alpha>1$ 和 $\beta>1$ 的贝塔分布来说，众数出现在 $(\alpha-1)/(\alpha+\beta-2)$ 处。

关于二项分布的成功概率，对 N^+ 次未来现实中将要成功 x^+ 次的不确定性的影响，通过预测分布进行量化。在二项似然和共轭贝塔先验分布的背景中，把成功概率 p 代入 $f(x^+|\theta)$ 的二项概率分布函数(式(4.1))和来自 $f(\theta|x)$ 的式(6.10)的后验贝塔分布后，式(6.7)能够被求值。结果得到的是离散概率分布函数

$$\Pr\{X^+ = x^+\} = \binom{N^+}{x^+}\left[\frac{\Gamma(N+\alpha+\beta)}{\Gamma(x+\alpha)\Gamma(N-x+\beta)}\right]\frac{\Gamma(x^+ + x+\alpha)\Gamma(N^+ + N - x^+ - x+\beta)}{\Gamma(N^+ + N+\alpha+\beta)} \tag{6.11a}$$

$$= \binom{N^+}{x^+}\left[\frac{\Gamma(\alpha'+\beta')}{\Gamma(\alpha')\Gamma(\beta')}\right]\frac{\Gamma(x^+ + \alpha')\Gamma(N^+ - x^+ + \beta')}{\Gamma(N^+ + \alpha'+\beta')} \tag{6.11b}$$

它被称为贝塔二项分布或 Polya 分布。这个函数在 $0 \leqslant x^+ \leqslant N^+$ 可能的整数值之间分配概率。在式(6.11a)中，α 和 β 是关于 p 的先验贝塔分布的超参数，而 x 表示用来更新式(6.10)中的先验分布到后验分布的 N 次资料现实中成功的次数。对每个现实来说，当成功的概率 p 被随机地提取自超参数为 α' 和 β' 的后验贝塔分布时，式(6.11b)中的贝塔二项分布，可以被考虑为二项变量的概率分布函数。贝塔二项分布的平均值和方差分别是

$$\mu = \frac{N^+(x+\alpha)}{N+\alpha+\beta} \tag{6.12a}$$

$$= \frac{N^+\alpha'}{\alpha'+\beta'} \tag{6.12b}$$

和

$$\sigma^2 = \frac{N^+(x+\alpha)(N-x+\beta)(N^+ + N+\alpha+\beta)}{(N+\alpha+\beta)^2(N+\alpha+\beta+1)} \tag{6.13a}$$

$$= \frac{N^+\alpha'\beta'(N^+ + \alpha' + \beta')}{(\alpha'+\beta')^2(\alpha'+\beta'+1)} \tag{6.13b}$$

例 6.2 例 5.1 的贝叶斯再分析

例 5.1 考虑了一个假设的情况，其中需要检验的是，在 $N=25$ 个独立场合观测到无云的天数 $x=15$ 天后，冬季无云日的气候概率是 6/7。如果分析者关于这个地点冬季无云日的先验不确定性能够用贝塔分布描述，那么在贝叶斯框架中这种情况的分析是比较简单的。因为贝塔分布能够表示单位区间上的多种形状，它们经常能提供对概率真值的个人主观信心程度的一个很好的近似，比如二项分布的成功概率 p。

考虑这个概率对两个可能的先验分布的影响。首先，有很少或没有这个分析背景的人，可能合理地采用散布均匀先验分布，等价于 $\alpha=\beta=1$ 的贝塔分布。对于广告宣称的情况有更多了解的人可以使用这个先验知识形成如下判断：这个二项分布的 p 值大于宣称的 6/7 的机会只有 5%。另外如果 p 值高于或低于 0.5 是等可能的(即，认为其先验分布的中位数是 0.5)，那么这两个条件一起完全确定了一个 $\alpha=\beta=4$ 的贝塔先验分布。

因为这两个先验都是贝塔分布，在 $N=25$ 次独立伯努利试验中，已经观测到 $x=15$ 次成功后，用式(6.10)计算后验分布是比较简单的。因为贝塔分布是二项分布似然的共轭，所以这两个后验分布也都是贝塔分布。按照式(6.10)，均匀先验被更新到 $\alpha'=16$ 和 $\beta'=11$ 的贝塔分布，$\alpha=\beta=4$ 的先验分布根据相同的资料更新到 $\alpha'=19$ 和 $\beta'=14$ 的后验贝塔分布。

这两个后验分布以及其相应的先验分布显示在图 6.2a 和图 6.2b 中。尽管这两个先验分布相互之间是完全不同的，但用来更新它们的资料是足够的，以至于这两个后验分布十分类似。对图 6.2a 中的后验分布来说，因为先验 $f(p)=1$，众数[$=(16-1)/(16+11-2)=15/25=0.600$]，正好是 p 的最大似然估计，所以后验正好与似然成比例。在图 6.2b 中，后验众数是 0.581，虽然不同但还是类似于图 6.2a 中的后验众数。这个差别由相应的 95%的中心置信区间得到反映，在图 6.2a 中为[0.406,0.776]，在图 6.2b 中为[0.406,0.736]。根据这两个后验分析，广告宣称的概率 $p=6/7$ 是十分不可信的，根据图 6.2a 中的后验分布 $\Pr\{p\geq 6/7\}=0.00048$，根据图 6.2b $\Pr\{p\geq 6/7\}=0.000054$，这个结果与例 5.1 中得到的结论大体一致。

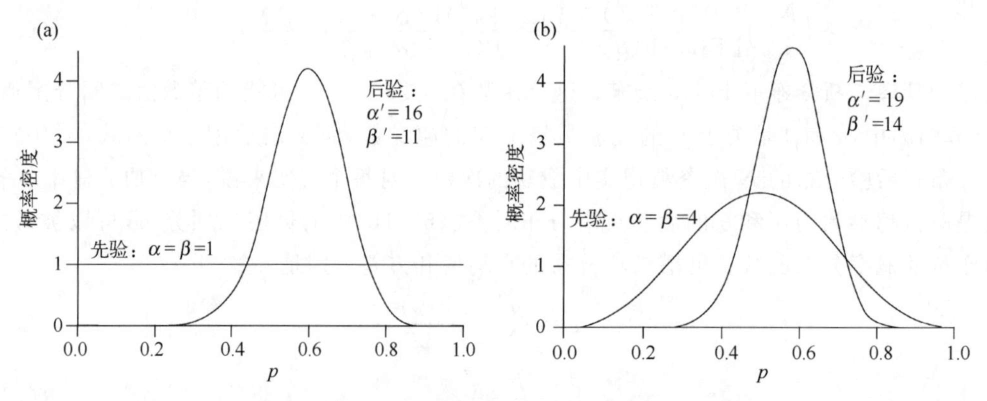

图 6.2 在 $N=25$ 次伯努利试验中已经观测到 $x=15$ 次成功后，当(a)先验贝塔密度是均匀的($\alpha=\beta=1$)和(b)先验贝塔密度有参数 $\alpha=\beta=4$ 时，后验贝塔密度的比较。

除了二项分布资料生成过程参数 p 的推断之外，在很多情况下对将来的资料值做关于概率分布的推断也是重要的，这可以通过对预测分布进行量化。关于用共轭贝塔分布计算的二项分布资料生成过程的推断，预测分布是贝塔二项分布(式(6.11))。

假定我们感兴趣的是可能无云的天数 X^+，在这个沙漠景点天空状况下，接下来 $N^+=5$ 个独立观测中，与图 6.2a 中 $\alpha'=16$ 和 $\beta'=11$ 的后验分布一致。这将是有 $N^++1=6$ 个可能结果的离散分布，正如由图 6.3 中的实线柱状图的线条(bars)所表示的。并不令人惊讶，最可能的结果是 $N^+=5$ 中有 $X^+=3$ 天无云。然而，对其他的 5 个结果，也存在非零概率，它们之间的概率分布反映了从 5 个伯努利试验得到的抽样变率以及关于伯努利成功概率实际值 p 的不确定性，通过后验分布进行量化。不确定性的后者来源的影响，可以通过比较图 6.3 中虚线的柱状图进行认识，这幅图描绘了来自 $p=0.6$ 和 $N=5$ 的二项分布的概率。如果可以确定地知道成功的概率是 0.6，那么这个二项分布将是预测分布，但是关于 p 的不确定性导致关于 X^+ 另外的不确定性。这样，图 6.3 中贝塔二项预测分布，分配更小的概率到 X^+ 的中间值，更多的概率分配到极端值。

几何分布(式(4.5))和负二项分布(式(4.6))都密切地相关到二项分布资料生成过程中，因为这 3 种分布全都属于独立伯努利试验的结果。更仔细地看这两个概率分布函数，可以看到相应的似然函数(再次排除不依赖于成功概率 p 的尺度化常数)在符号上类似于贝塔分布的似然函数(再次排除与伽马函数有关的尺度化常数)。正如这个相似性表明的，贝塔分布也对这些资料生成过程给出了共轭先验，在这些环境中允许进行贝叶斯推断。当贝塔先验分布被使用时，Epstein(1985)对 Pascal(整数参数的负二项分布)资料生成过程给出了预测分布，称为 beta-Pascal 分布。

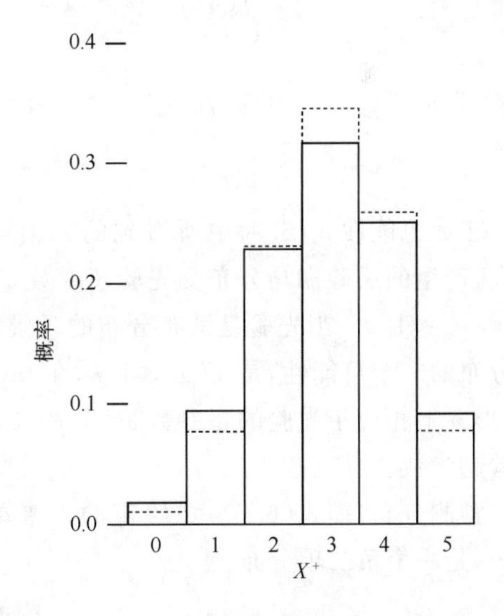

图 6.3　对接下来的 $N^+=5$，$\alpha'=16$ 和 $\beta'=11$ 的贝塔二项预测性分布(实线柱状图)与 $p=0.6$ 得到的二项分布概率(虚线)的比较。

6.3.3　泊松资料生成过程

泊松资料生成过程(第 4.2.4 节)，也应服从使用共轭先验分布的贝叶斯推断的简化。在这个例子中，推断主题的参数是泊松平均值 μ，它指定了每单位区间(通常为一个时间区间)事件发生的平均比值。重写式(4.11)的形式为 μ 的函数，略掉不依赖于 μ 的分母，泊松似然是成比例的

$$f(x|\mu) \propto \mu^x \exp[-\mu] \tag{6.14}$$

这个似然数学上类似于伽马分布的 PDF(式(4.38))，再次排除了依赖 μ 的因子，得到

$$f(\mu) \propto \mu^{\alpha-1} \exp[-\mu/\beta] \tag{6.15}$$

式(6.14)和式(6.15)在式(6.2)中相乘,它们右边的两个因子可以组合在一起,所以伽马分布与泊松似然是共轭的。因此当 μ 的伽马先验分布(有超参数 α 和 β)可以合理假定的时候(即与特定分析者的判断非常好的接近一致的时候),得到的后验分布也将是伽马分布,并且

$$f(\mu|x) \propto f(x|\mu)f(\mu) \propto \mu^{x}\exp[-\mu]\mu^{\alpha-1}\exp[-\mu/\beta] = \mu^{x+\alpha-1}\exp[-(1+1/\beta)\mu] \tag{6.16}$$

在一个单位时间区间中,式(6.14)中的似然是适应观测事件的数量 x。经常可用的资料,将由在多(比方说 n)个独立时间区间上事件计数的总量组成。在这个例子中,n 个时间单位期间事件总数量的似然,将是式(6.14)形式的 n 个似然的乘积。在 n 个时间区间中,事件的总数现在表示为 x,泊松似然的比例式为

$$f(x|\mu) \propto \mu^{x}\exp[-n\mu] \tag{6.17}$$

当对 μ 用伽马先验分布组合(式(6.15))的时候,该式产生后验分布

$$f(\mu|x) \propto f(x|\mu)f(\mu) \propto \mu^{x}\exp[-n\mu]\mu^{\alpha-1}\exp[-\mu/\beta] = \mu^{x+\alpha-1}\exp[-(n+1/\beta)\mu] \tag{6.18}$$

比较式(6.18)中最后的表达式和式(4.38),无疑这个后验分布也是有下面超参数的伽马分布

$$\alpha' = \alpha + x \tag{6.19a}$$

而因为 $1/\beta'=1/\beta+n$,所以

$$\beta' = \frac{\beta}{1+n\beta} \tag{6.19b}$$

因此得到的后验伽马分布的 PDF,可以根据先验的超参数和资料表示为

$$f(\mu|x) = \frac{\left[\left(\frac{1}{\beta}+n\right)\mu\right]^{\alpha+x-1}\exp\left[-\left(\frac{1}{\beta}+n\right)\mu\right]}{\left(\frac{\beta}{1+n\beta}\right)\Gamma(\alpha+x)} \tag{6.20a}$$

或者,根据式(6.19)中的后验超参数表示为

$$= \frac{(\mu/\beta')^{\alpha'-1}\exp(-\mu/\beta')}{\beta'\Gamma(\alpha')} \tag{6.20b}$$

正如也能在式(6.9)中所看到的二项资料生成过程的共轭超参数,式(6.19)表明资料量越大,产生的后验伽马分布受先验超参数 α 和 β 的影响就越小。特别是,随着 x 和 n 的变大,$\alpha'\approx x$,$\beta'\approx 1/n$。当先验是散布分布的时候,对先验分布的依赖性进一步减弱。散布的先验伽马分布的一个可能性,是 $f(\mu)\propto 1/\mu$,在 $\ln(\mu)$ 中这是均匀的。这是一个不正确的先验分布,但是,形式上相应于先验的超参数 $\alpha=1/\beta=0$,所以式(6.19)产生 $\alpha'=x$ 和 $\beta'=1/n$,正好是得到后验超参数。

预测分布(即式(6.7))在给定的未来单位区间内,未来泊松事件(离散)的数量 $x^{+}=0$,$1,\cdots$,是一个负二项分布

$$\Pr\{X^{+}=x^{+}\} = \frac{\Gamma(x^{+}+\alpha')}{\Gamma(\alpha')x^{+}!}\left(\frac{1}{1+\beta'}\right)^{\alpha'}\left(\frac{\beta'}{1+\beta'}\right)^{x+} \tag{6.21}$$

它与式(4.6)有相同的形式,其中式(6.21)中的概率 p 已经被参数化为 $1/(1+\beta')$。预测分布的这个结果给出了负二项分布的另一种解释,即它描述了参数 μ 为随机比值的一个泊松分布,对每个时间区间来说,μ 在参数为 α' 和 β' 的伽马分布中重新选取。即,对比值参数 μ 的一个特定值来说,式(6.21)中的预报分布描述了泊松事件数量中,时间区间之间的变率,并且 μ 的不确定性可以由其伽马后验分布进行量化。

例 6.3　U.S. 登陆飓风的泊松平均值

例 4.4 谈到描述美国每年登陆飓风的数量，泊松分布是一个自然的资料生成过程。然而，泊松比值 μ 的样本估计必须基于每年飓风数的现有资料，因此必须受制于某些不确定性。这些资料向前追溯，从 1851 年是可用的，但是越早的资料通常认为越不可靠，所以泊松比率的估计是复杂的。

处理历史年飓风数量的非均匀可靠的一种方法，是只关注较近的年，而忽略掉较早的值。Elsner 和 Bossak(2001)建议了一种方法，使用较早的资料，而没有假定它和后面的资料有相同的质量。他们的方法使用更早的(1851—1899 年)，但是更不可靠的资料，来估计泊松平均值的先验分布，然后根据剩余(1900—2000 年)年的资料，用贝叶斯理论修正先验分布。

为了指定其先验分布，Elsner 和 Bossak(2001)用自助法(第 5.3.5 节)生成了 1851—1899 年期间每年登陆美国的飓风数量，来估计每年平均数 μ 的抽样分布。这个估计的抽样分布的第 5 个和第 95 个分位数，分别是每年 1.45 和 2.16 个飓风，这个分位数与 $\alpha=69$ 和 $\beta=0.0259$ 的伽马先验分位数一致。这个分布的平均值(表 4.5)，为每年 $\alpha\beta=69\times0.0259=1.79$ 个飓风，这与 1851—1899 年每年 1.76 个飓风的样本平均值一致。

对于 1900—2000 年的 $n=101$ 年，有 $x=165$ 个飓风登陆美国。把这些值代入到式(6.19)，与先验超参数 $\alpha=69$ 和 $\beta=0.0259$ 一起，产生了伽马后验超参数 $\alpha'=234$ 和 $\beta'=0.00716$。作为选择，采用散布先验 $\alpha=1/\beta=0$，导出 $\alpha'=165$ 和 $\beta'=0.00990$ 的伽马后验分布。图 6.4 比较了这些先验对。因为二者都有大的形状参数 α'，每一个都很好地近似于高斯分布。图 6.4b 中 Elsner 和 Bossak(2001)的后验分布，有后验众数 1.668(对 $\alpha>1$，伽马分布的众数是 $\beta(\alpha-1)$)，其 95%的中心置信区间为(1.46，1.89)。与散布先验(图 6.4a)中计算的后验分布相比较，二者是类似的，但是稍微更平滑(less sharp)，其众数为 $0.00990\times(164-1)=1.624$，95%的中心置信区间为(1.38，1.88)。图 6.4b 中非扩散先验分布中的附加信息，导出低方差的后验分布，显示出关于泊松比率更小的不确定性。

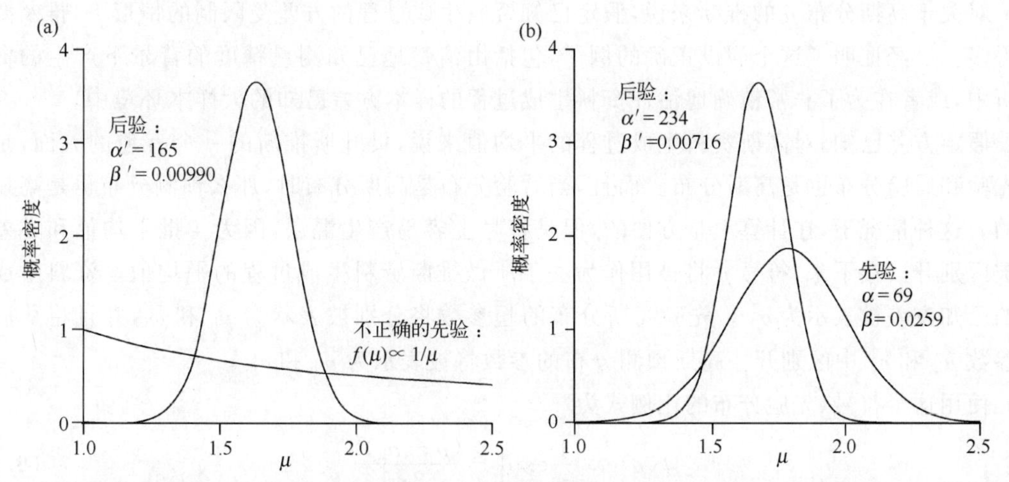

图 6.4　描述每年登陆美国的飓风特征的泊松平均值的后验伽马分布的 PDFs，结果来自更新(a)与 $1/\mu$ 成比例的散布的不正确的先验和(b)1851—1899 年用自助法得到的飓风登陆数目的伽马先验。

可以解释大量现实泊松事件的年际差异和通过伽马后验分布描述的其平均比值的不确定性，未来某年登陆美国飓风数量的概率分布为式(6.21)中的负二项预测性分布。用目前的样本，直接求式(6.21)的值是很困难的，因为伽马函数中的变量值太大，将导致数值的溢出。然而，通过对关注的每个 x^+，先计算概率分布的对数，可以避开这个问题，对伽马函数的对数来说，可以用级数表示(如：Abramowitz and Stegun，1984；Press *et al.*，1986)。

图 6.5 与图 6.4b 中的后验分布计算的负二项预测分布(实线柱状图)，以及用平均值 $\mu=165/101=1.634$(1900—2000 年美国飓风登陆的年平均数)计算的泊松分布(虚线)比较。尽管负二项预测分布($\sigma^2=1.687$；比较表 4.3)比泊松分布($\sigma^2=\mu=1.634$)有稍微更大的方差，反映为有更粗的右尾，但这两个分布十分接近，反映了图 6.4b 中后验分布相当简洁的特征。

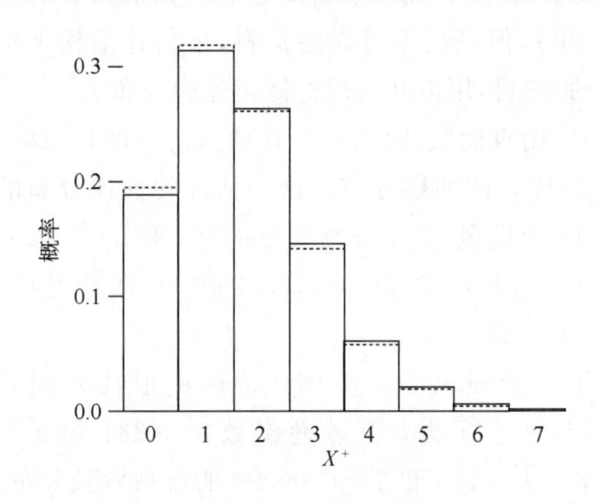

图 6.5　美国登陆飓风数量的负二项预测分布(实线柱状图，$\alpha'=234$ 和 $\beta'=0.00716$)，与用 $\mu=165/101=1.634$ 得到的泊松概率(虚线)分布的比较。

6.3.4　高斯资料生成过程

对高斯分布(式(4.23))的资料生成过程的平均值 μ 的贝叶斯推断，也应服从使用共轭先验和后验分布的解析处理。一般来说，生成过程的平均值 μ 和方差 σ^2 未知的情况，变得十分复杂，因为必须考虑两个参数的联合后验分布，即使单变量的先验分布 $f(\mu)$和 $f(\sigma^2)$可以合理地看作是独立的。例如，可以在 Epstein(1985)和 Lee(1997)的文献中找到这种处理的例子。

对关于高斯分布 μ 的推断来说，假定已知资料生成过程的方差受限制的情形下，推断要简单得多。已经证明了这个假设正确的例子，包括由清楚地已知测量精度的背景下产生的资料分析中，或者在为了非常精确地估计资料生成过程的样本方差已知的大样本环境中。

假定方差已知，对高斯资料生成过程的平均值来说，贝叶斯推断的一个有趣的方面，是共轭先验和后验分布也是高斯分布。而且，当后验分布是高斯分布时，那么预测分布也是高斯分布的。这种情况下，在计算上是方便的，但是符号上容易产生混淆，因为 4 批平均值和方差必须被区别开。接下来，符号 μ 将被用作为关于所做推断资料生成过程的平均值。资料生成过程的已知方差被表示为 σ_*^2。先验高斯分布的超参数将分别被表示为 μ_h 和 σ_h^2，并且将从后验超参数 $\mu_h{}'$和 $\sigma_h^2{}'$中区别开。高斯预测分布的参数将被表示为 μ_+ 和 σ_+^2。

使用这个符号，先验分布的比例式为

$$f(\mu) \propto \frac{1}{\sigma_h}\exp\left[-\frac{(\mu-\mu_h)^2}{2\sigma_h^2}\right] \tag{6.22}$$

而给定来自资料生成过程的 n 个独立值 x_i 的资料样本，似然的比例式为

$$f(x|\mu) \propto \prod_{i=1}^{n}\exp\left[-\frac{(x_i-\mu)^2}{2\sigma_*^2}\right] \tag{6.23a}$$

然而，样本平均值携带了关于 μ 的资料中的全部相关信息(样本平均值被说成对 μ 是充分的)，

所以似然可以更简洁地表示为

$$f(\bar{x}|\mu) \propto \exp\left[-\frac{n(\bar{x}-\mu)^2}{2\sigma_*^2}\right] \tag{6.23b}$$

因为来自参数为 μ 和 σ_*^2 的高斯分布，其 n 个资料值的样本平均值的分布本身是平均值为 μ 和方差为 σ_*^2/n 的高斯分布。用贝叶斯理论，组合式(6.22)和式(6.23b)，得到 μ 的高斯后验分布

$$f(\mu|\bar{x}) = \frac{1}{\sqrt{2\pi}\sigma_{\mathrm{h}}'}\exp\left[-\frac{(\mu-\mu_{\mathrm{h}}')^2}{2\sigma_{\mathrm{h}}^{2'}}\right] \tag{6.24}$$

其中后验超参数为

$$\mu_{\mathrm{h}}' = \frac{\mu_{\mathrm{h}}/\sigma_{\mathrm{h}}^2 + n\bar{x}/\sigma_*^2}{1/\sigma_{\mathrm{h}}^2 + n/\sigma_*^2} \tag{6.25a}$$

和

$$\sigma_{\mathrm{h}}^{2'} = \left(\frac{1}{\sigma_{\mathrm{h}}^2} + \frac{n}{\sigma_*^2}\right)^{-1} \tag{6.25b}$$

即，后验平均值是先验平均和样本平均的权重平均，随着 n 的增加，有越来越大的权重被赋值到样本平均值。后验方差的倒数是先验方差和资料生成方差的倒数的和，所以后验方差必定小于先验方差和资料生成方差，并且随着 n 的增加而减小。式(6.25)中，后验参数只出现样本平均值而没有样本方差，因为假定 σ_*^2 已知，所以额外的资料量并不能增加我们对它的认识。

对适合散布先验分布的分析中，当使用高斯先验分布的时候，最通常的方法是指定一个极端大的先验方差，所以在实轴上先验平均值周围一个很大部分的区域中先验分布几乎是均匀的。在 $\sigma_{\mathrm{h}}^2 \to \infty$ 的极限中，作为结果的散布先验分布在实轴上是均匀的，因此不正确。然而，式(6.25)中，这个选择产生了 $1/\sigma_{\mathrm{h}}^2 = 0$，所以后验分布与 $\mu_{\mathrm{h}}' = \bar{x}$ 和 $\sigma_{\mathrm{h}}^{2'} = \sigma_*^2/n$ 的似然成比例。

关于来自高斯资料生成过程的未来资料值 x^+ 的不确定性，根据来自资料生成过程本身的抽样变率与由后验分布表达的关于 μ 的不确定性的组合产生。这二者的贡献，由预测分布进行量化，它也是高斯分布，其平均值为

$$\mu_+ = \mu_{\mathrm{h}}' \tag{6.26a}$$

方差为

$$\sigma_+^2 = \sigma_*^2 + \sigma_{\mathrm{h}}^{2'} \tag{6.26b}$$

例 6.4　风功率适宜性的贝叶斯推断

发电的风涡轮被购买和安装在某个地点之前，需要谨慎地评估风力发电局地的气候适宜性。在这个评估中，关注的量是 50 m 高度处的平均风功率密度。假定如果每年的平均风功率密度至少达到 400 W/m² 经济上才是可行的。理论上，风速的长期记录，在评估候选位置的适宜性中是很有帮助的，但实际上在做决策之前，一个潜在的风电位置装配风速计，做风测量可能只有一年或两年。这样的测量怎么用来评估风功率的适宜性呢？

风功率密度依赖于风速的立方，其分布通常是正偏的。然而，当在一个长时间段上，比如 1 年平均时，中心极限定理表明，年平均的分布只是近似于高斯分布。假定其他风场以前的经验是年平均的风功率密度的年际变率，能通过 50 W/m² 的标准差来刻画其特征。这些条件暗示了，在某个位置年平均的风功率密度的高斯资料生成过程，其平均值 μ 未知和标准差 $\sigma_* =$ 50 W/m² 已知。

有人打算设计一个新的风电场所，将对 μ 的可能值有一些先验的信心程度。假定对 μ 的

估计先验分布是高斯分布，平均值 $\mu_h=550\ W/m^2$。如果另外这个人的判断是 μ 小于 200 W/m^2 只存在 5%的机会，那么暗含的先验标准差是 $\sigma_h=212\ W/m^2$。

现在假定，决定是否开始建造之前，能收集到 $n=2$ 年的风资料，这两年的平均风功率密度分别为 420 和 480 W/m^2。这些与由资料生成过程的标准差 $\sigma^*=50\ W/m^2$ 暗含的年际变率必定是一致的，得到 $\bar{x}=450\ W/m^2$。

用贝叶斯理论，根据这两个资料值修正先验分布得到式(6.24)中的高斯后验分布，其后验平均值为 $\mu'_h=(550/212^2+2\times450/50^2)/(1/212^2+2/50^2)=453.4(W/m^2)$，后验标准差为 $\sigma'_h=(1/212^2+2/50^2)^{-1/2}=34.9(W/m^2)$。先验和后验的 PDFs 在图 6.6 中进行了比较。已经观测的这两年的风功率密度关于其平均值的不确定性大大下降。即使 $n=2$ 的样本容量很小，知道生成过程的标准偏差是 50 W/m^2，这比先验分布的标准差小得多，已经允许这些资料值强烈地限制后验分布中可能的 μ 值的位置和离散度。根据后验分布，年平均风功率密度小于 400 W/m^2 的概率是 $\Pr\{z<(400-453.4)/34.9\}=\Pr\{z<-1.53\}=0.063$。

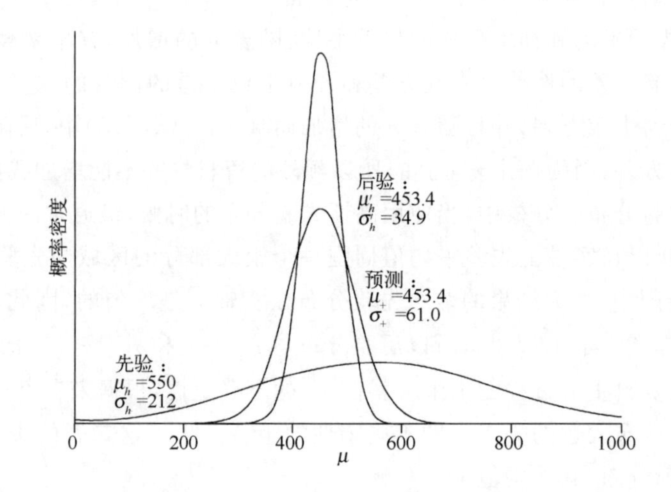

图 6.6　年平均风功率密度(W/m^2)的先验、后验和预测的高斯分布。

如果要建立风电设施，可能关心的是来年的平均风功率密度的概率分布，该分布为用式(6.26)计算的参数($\mu_+=453.4\ W/m^2$，$\sigma_+=61.0\ W/m^2$)的高斯预测分布。这个分布，反映了由 σ_*^2 刻画的由风功率密度内在的年际变率和由后验分布表达的潜在气候平均值 μ 的不确定性。

6.4　困难积分的处理

6.4.1　马尔科夫链的蒙特卡洛(MCMC)方法

不是所有的资料生成过程都能通过有共轭先验和后验分布的似然函数进行描述。共轭先验分布的形式，也不总是都能充分代表分析者关于参数或资料生成过程参数的信心，所以必须使用非共轭的先验分布。在这些例子的任何一个中，式(6.1)分母中标准化的积分可能不存在闭合形式，其显式的数值积分可能是困难的。对后验分布的积分，相同的问题经常出现，在式(6.1)和式(6.2)的左边，其评估必定是对推断量比如它的置信区间的计算。

在这样的情况中，通常的方法，是使用马尔科夫链的蒙特卡洛方法，或称 MCMC 方法。

不是试图对相关的积分计算显式的表达式或数值近似，MCMC 方法是通过统计模拟进行运算，或用第 4.7 节中描述的那种蒙特卡洛方法，从关注的分布中生成（伪一）随机样本。MCMC 算法，是从被称为马尔科夫链的目标分布中生成了模拟值的序列，这意味着这些随机数序列不独立，而是显示了序列相关的特定形式。对离散变量序列的马尔科夫链将在第 9.2 节中讨论。

当使用 MCMC 方法的时候，假定通常满足两个条件，即，马尔科夫链是非周期的（从来不精确地重复）和不可复归的（不能到达一些允许值决不再次被模拟的点），这些模拟值的一个非常大的样本能够接近目标分布。如果来自提取随机值的目标分布是贝叶斯分析的后验分布，那么，使用来自大集合的模拟值对应的样本，这个分布的性质（例如后验矩、置信区间等）能够被很好地近似。

随着 $n \to \infty$，来自 MCMC 算法的随机值的经验分布向实际的潜在分布收敛，即使来自目标分布的这些样本不相互独立。因此，如果我们感兴趣的只是计算选择的目标分布的量或矩，模拟值中的序列相关不会带来问题。然而，如果来自目标分布的（近似）独立的样本被需要，或者如果计算机存储必须被最小化，那么链可以被"变稀"。变稀只是意味着大部分模拟值被丢弃，只有每隔 m 个模拟值被保留。m 的适当值，依赖于模拟值中序列相关的本质和强度，可以用方差放大因子，或者式(5.13)中的"有效独立样本之间的时间"进行估计。因为模拟的 MCMC 序列可以显示出很大的序列相关性，m 的近似值可以是 100 或更大。

需要考虑的另一个实际问题是确保模拟值到目标分布的收敛。依赖于用来最小化马尔科夫链的值，模拟序列的最初部分可能不能代表目标分布。去除被称为"burn-in period"的模拟序列，其最初部分通常是惯用的。有时 burn-in period 的长度是任意选的（例如，去除最初的 1 000 个值），尽管更好的实践是作为其序列中位置数的函数生成模拟值的散点图，寻找点散开变"平稳"并且在一个固定值周围有不变的方差振荡的位置。类似的，通过从不同的开始点初始化多个模拟序列，并且检查作为结果的分布，在 burn-in period 后面是相同的，确保模拟从一个不可复归的马尔科夫链中生成是好的习惯。

两种构建 MCMC 序列的方法是常用的。这两种方法在下面的两节中讲述。

6.4.2　Metropolis-Hastings 算法

对随机数生成来说，Metropolis-Hastings 算法是类似于拒绝方法（第 4.7.3 节）的程序。在两个例子中，都必须只能知道目标分布的 PDF 的数学形式，而不是其累积分布函数（CDF）（所以 PDF 不必是解析可积的）。也与拒绝方法一样，下个模拟值的候选者取自容易抽样的不同的分布，每个候选者可以被接受，也可以不被接受，依赖于取自[0,1]均匀分布的额外的随机数。对贝叶斯推断来说，Metropolis-Hastings 算法是特别有吸引力的，因为只需要知道一个与目标 PDF（式(6.2)）成比例的函数，而不是后验分布（式(6.1)）的完全的 PDF。特别是，式(6.1)的分母中的积分从来不需要计算。

为了模拟后验分布 $f(\theta|x)$，首先必须选择一个容易模拟并且与 $f(\theta|x)$ 有相同支撑的候选生成分布 $g(\theta)$。即，$g(\theta)$ 和 $f(\theta|x)$ 必须在随机变量 θ 的相同范围上被定义。

Metropolis-Hastings 算法，由从 $g(\theta)$ 中提取的使 $f(\theta_0|x)>0$ 的随机初始值 θ_0 开始。然后，对于该算法的每个迭代 i 来说，一个新的候选值 θ_C，取自候选资料生成分布，并且被用来计算比值

$$R = \frac{f(\theta_C|x)/f(\theta_{i-1}|x)}{g(\theta_C)/g(\theta_{i-1})} \tag{6.27}$$

式中：θ_{i-1}为来自前面迭代的模拟值。注意，目标密度 $f(\theta|x)$在式(6.27)中是作为比值出现的，所以式(6.1)的分母中无论标准化的常数是什么，在式(6.27)的分子中都可以抵消。

在马尔科夫链中，候选值 θ_C 是否被接受为下一次的值 θ_i，依赖于式(6.27)中的比值。如果 $R\geqslant1$，它将被接受，即

$$对于\ R\geqslant 1\ 时, \theta_i = \theta_C \tag{6.28a}$$

否则

$$对于\ R<1\ 时, \theta_i = \begin{cases} \theta_C, & 如果\ u_i \leqslant R \\ \theta_{i-1}, & 如果\ u_i > R \end{cases} \tag{6.28b}$$

即，如果 $R\geqslant1$，那么在这个链中 θ_C 自动被接受为下一次的值。如果 $R<1$，若独立的取自均匀的[0,1]分布的 u_i 不大于 R，那么 θ_C 可以被接受。重要的是，不同于第 4.7.3 节中描述的拒绝方法，如果候选值不被接受，那么前面的值 θ_{i-1}被重复计算。

基于式(6.27)中比率的算法，被称为“独立的”Metropolis-Hastings 抽样，但是，作为结果的模拟值序列 $\theta_1,\theta_2,\theta_3,\cdots$，仍然是表现序列相关的马尔科夫链，并且那个序列相关可能相当强。如果候选生成分布 $g(x)$比目标分布有更大的尾部，那么这个程序通常工作得很好，这表明先验分布 $f(\theta)$对候选生成分布来说是一个好的选择，特别是，对来自其中的模拟，可以利用一个直接的算法。

例 6.5 没有共轭先验分布的高斯推断

例 6.4 对假设位置风功率潜势的评估，在风功率密度和共轭先验分布中，用表示年际变率的高斯分布的资料生成函数表示，其平均值为 500 W/m^2，方差为 212 W/m^2。这个公式是方便的，但是高斯先验分布可能无法充分地表示评估者对这个位置风功率潜势的先验信心，特别是，这个先验分布指定了不可能的负风功率密度为一个很小但非零(=0.0048)的概率。

作为选择，分析者可能更喜欢使用只在实轴的正值部分有支撑的先验分布函数形式，比如 Weibull 分布(式(4.61))。如果和以前一样，分析者的主观分布的中位数和第 5 分位数分别是 550 和 200 W/m^2，那么式(4.62)可以用来找到一致的 Weibull 分布，其参数为 $\alpha=2.57$ 和 $\beta=634$ W/m^2。

同前，与高斯资料生成过程一致的似然是式(6.23b)，并且 Weibull 先验分布与下式成比例

$$f(\mu) \propto \left(\frac{\mu}{\beta}\right)^{\alpha-1} \exp\left[-\left(\frac{\mu}{\beta}\right)^{\alpha}\right] \tag{6.29}$$

因为式(4.61)中的因子 α/β 不依赖于 μ。因此，后验密度与式(6.23b)和式(6.29)的乘积成比例，

$$f(\mu \mid \bar{x}) \propto \exp\left[\frac{-n}{2\sigma_*^2}(\bar{x}-\mu)^2\right]\left(\frac{\mu}{\beta}\right)^{\alpha-1} \exp\left[-\left(\frac{\mu}{\beta}\right)^{\alpha}\right] \tag{6.30}$$

和前面一样，$\sigma_*=50$ W/m^2 是高斯资料生成过程的已知的标准差，样本平均值 $\bar{x}=450$ W/m^2，在 $n=2$ 年的探测的风大小的基础上进行计算。

式(6.30)中后验 PDF 不是属性的形式，不清楚其标准化常数(式(6.1)中的分母)是否可

以被解析计算。然而，Metropolis-Hastings 允许使用容易模拟的具有相同支撑（正实数）的一个候选生成分布 $g(\mu)$ 的 PDF 进行模拟。对于这个候选生成分布，一个可以接受的选择是先验的 Weibull 分布 $f(\mu)$，很明显，它有相同的支撑。使用求逆方法（第 4.7.4 节），Weibull 变量可以很容易生成，正如习题 4.14 中所举例说明的。

表 6.1 显示了 Metropolis-Hastings 算法一个现实结果的前 10 次迭代。这个算法，以 $\mu_0=550\text{W/m}^2$ 为初始值开始，该值是先验分布的中位数，在后验分布中对应于非零密度：$f(\mu_0|\bar{x})=0.00732$。在第 1 次迭代中，从候选生成分布提取的是 $\mu_C=529.7$，在式(6.27)中得到 $R=4.310$，所以这个候选值作为第 1 次迭代的模拟值 μ_1 被接受。在第 2 次迭代中，这个值变为 μ_{i-1}，其中新候选值 $\mu_C=533.6$ 被生成。在第 2 次迭代中，候选的这个值产生 $R=0.773<1$，所以它必定生成均匀的[0,1]区间内的随机数 $u_2=0.3013$。因为 $u_2<R$，候选值被接受为 $\mu_2=533.6$。在第 3 次迭代中，候选值 752.0 在后验分布中是一个极端尾部的值，这产生了 $R=0.000$（到第 3 个小数位）。因为 $u_3=0.7009>R$，第 3 次迭代的候选值被拒绝，生成值与第 2 次迭代值相同，$\mu_3=\mu_2=533.6$。

表 6.1　式(6.27)和式(6.28)中量的值，是以初始值 $\mu_0=550\ \text{W/m}^2$ 开始，Metropolis-Hastings 算法一次现实结果的前 10 次迭代。

迭代次数	μ_{i-1}	μ_C	$f(\mu_C\|\bar{x})$	$f(\mu_{i-1}\|\bar{x})$	$g(\mu_C)$	$g(\mu_{i-1})$	R	u_i	μ_i
1	550.0	529.7	0.031 70	0.007 32	0.001 63	0.001 62	4.310	—	529.7
2	529.7	533.6	0.024 49	0.031 70	0.001 63	0.001 63	0.773	0.301 3	533.6
3	533.6	752.0	0.000 00	0.024 49	0.001 12	0.001 63	0.000	0.700 9	533.6
4	533.6	395.7	0.108 89	0.024 49	0.001 44	0.001 63	5.039	—	395.7
5	395.7	64.2	0.000 00	0.108 89	0.000 11	0.001 44	0.000	0.916 4	395.7
6	395.7	655.5	0.000 00	0.108 89	0.001 44	0.001 44	0.000	0.456 1	395.7
7	395.7	471.2	0.328 77	0.108 89	0.001 60	0.001 44	2.717	—	471.2
8	471.2	636.6	0.000 00	0.328 77	0.001 49	0.001 60	0.000	0.087 8	471.2
9	471.2	590.0	0.000 15	0.328 77	0.001 58	0.001 60	0.000	0.498 6	471.2
10	471.2	462.3	0.367 85	0.328 77	0.001 58	0.001 60	1.128	—	462.3

表 6.1 中开始的过程可以无限地继续下去，对这个简单的例子来说，需要的计算是很快的。图 6.7 显示了从后验分布生成的结果值的 10 000 个随机数的柱状图，这是 1 000 000 次迭代中第 $m=100$ 次的结果。因为用来得到韦布尔先验分布的这个后验分布非常类似于图 6.6 中显示的高斯先验分布。图 6.7 中这个柱状图的平均值和标准差分别是 451.0 和 35.4 W/m^2，这分别类似于图 6.6 中后验分布，其平均值和标准差分别为 453.4 和 34.9 W/m^2。根据图 6.7，$\Pr\{\mu<400\ \text{W/m}^2\}=0.076$，相比较而言，图 6.6 中后验分布 $\Pr\{\mu<400\ \text{W/m}^2\}=0.063$。

图 6.7 中的结果必须以无 burn-in 的方式产生，否则会丢弃来自最初的 $m-1=99$ 次迭代的结果。然而，图 6.7 中作为其迭代次数的函数，其 10 000 个值的散点图的位置或离散度，并没有显示明显的趋势。

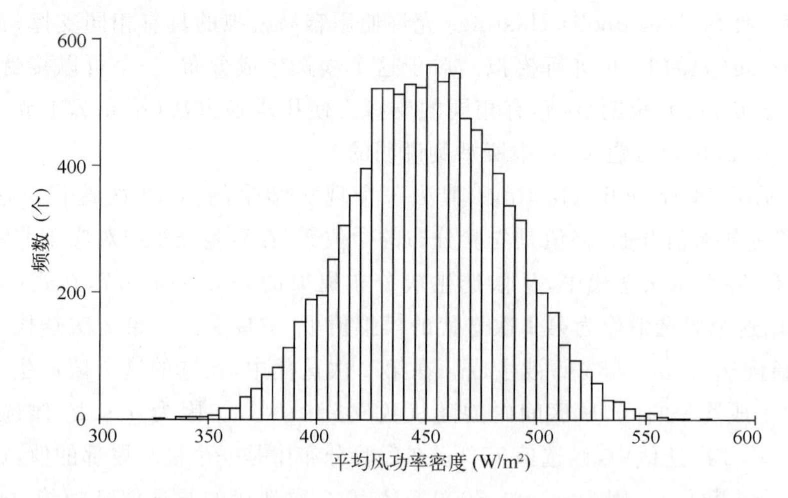

图 6.7　从式(6.30)中的后验分布提取的 10 000 个随机数的柱状图，根据 Metropolis-Hastings 算法生成。这个分布的平均值和标准差分别为 451.0 和 35.4 W/m^2。

6.4.3　Gibbs 取样器(Sampler)

当与资料生成过程形式共轭的先验分布无法得到或者不适合时，Metropolis-Hastings 算法通常是对单参数问题中的 MCMC 贝叶斯推断选择的方法。在高维问题（即，那些包括多个参数同时推断的问题）中，当一个合适的高维候选生成分布可用时，它也可能被实现。然而，当关于两个或多个参数的同时推断被计算时，一种被称为 Gibbs 取样器的方法是更经常使用的。Casella 和 George(1992)对这种算法给出了简单的介绍。

Gibbs 取样器，产生了来自 K 维后验分布的样本，其中 K 是被考虑的参数的数量，对每个参数通过来自 K 个单变量条件分布的模拟，对剩余的 $K-1$ 个参数给出固定值。即，一个给定的 K 维联合后验分布 $f(\theta_1,\theta_2,\theta_3,\cdots,\theta_K\,|\,x)$，可以使用 K 个单变量条件分布 $f(\theta_1\,|\,\theta_2,\theta_3,\cdots,\theta_K,x)$，$f(\theta_2\,|\,\theta_1,\theta_3,\cdots,\theta_K,x)$，…，$f(\theta_K\,|\,\theta_1,\theta_2,\cdots,\theta_{K-1},x)$进行描述。这些个别的模拟，通常比从完全的联合后验分布模拟更容易并且也更快。表示第 i 次迭代中第 k 个参数的模拟值为 $\theta_{i,k}$，Gibbs 取样器的第 i 次迭代由 K 步组成：

(1)从 $f(\theta_1\,|\,\theta_{i-1,2},\theta_{i-1,3},\cdots,\theta_{i-1,K},x)$中生成 $\theta_{i,1}$

(2)从 $f(\theta_2\,|\,\theta_{i,1},\theta_{i-1,3},\cdots,\theta_{i-1,K},x)$中生成 $\theta_{i,2}$

⋮

(k)从 $f(\theta_k\,|\,\theta_{i,1},\theta_{i,2},\theta_{i,k-1},\cdots,\theta_{i-1,k+1},\cdots,\theta_{i-1,K},x)$中生成 $\theta_{i,k}$

⋮

(K)从 $f(\theta_K\,|\,\theta_{i,1},\theta_{i,2},\cdots,\theta_{i,K-1},x)$中生成 $\theta_{i,K}$

在前面的第$(i-1)$次迭代中，已经生成的其他的 $K-1$ 个参数值的条件下，θ_1 的第 i 次现实被模拟。θ_2 的第 i 次现实在刚生成的值 $\theta_{i,1}$的条件下被模拟，剩余的 $K-2$ 个参数来自前面的迭代。通常，对每次迭代内的每个步骤，条件变量的值是最近变得可用的那些值。程序用可能取自先验分布的初始（“第 0 次迭代”）值 $\theta_{0,1},\theta_{0,2},\theta_{0,3},\cdots,\theta_{0,K}$开始。

有时候，联合后验分布 $f(\theta_1,\theta_2,\theta_3,\cdots,\theta_K\,|\,x)$，可以产生将要从其中模拟的 K 个条件分布的显示表达式。Gibbs 抽样用免费的软件，比如 BUGS(Bayesian inference Using Gibbs Sampling)，或 JAGS(Just Another Gibbs Sampler)数值地进行，这些软件可以通过对这些缩略词网络搜索找到。不管是否 K 个条件分布被解析地导出或者用软件估计，得到的结果都是模拟的参数 θ_K 值的序列相关的马尔科夫链。前面的几节中讨论的相同的 burn in 与可能的稀释(thinning)，也可以考虑应用到 Gibbs 取样器。

Gibbs 抽样特别适合分等级模型的贝叶斯推断，其中先验分布的超参数本身用其自己的先验分布赋值，称为超先验(hyperpriors)。当资料生成过程的参数还依赖于本身，而不是似然的显式变量的其他参数时，这种模型自然出现。

例 6.6　飓风事件的层级贝叶斯模型

Elsner 和 Jagger(2004)用层级贝叶斯模型研究美国每年登陆飓风的数量与气候系统的两个著名特征之间的关系。第一个特征是 El Niño-Southern Oscillation(ENSO)现象，他们用"冷舌指数"(CTI)，以 6°N～6°S 和 180°～90°W 范围内赤道太平洋地区平均的海表温度距平表示这个特征。第二个特征是北大西洋涛动(NAO)，通过图 3.29 中反映大西洋上相互遥相关特征，用强度和方向的指数表示。

造成第 i 年飓风数量 x_i 的资料生成过程，假定为是泊松分布，平均值 μ_i 可能有年际差异，依赖于根据 ENSO 和 NAO 指数表示的气候系统的状态，

$$\ln(\mu_i) = \beta_0 + \beta_1 CTI_i + \beta_2 NAO_i + \beta_3 CTI_i NAO_i \tag{6.31}$$

层级模型是贝叶斯回归模型，类似于第 7.3.3 节中用最大似然求解的泊松回归。式(6.31)左边的对数变换，确保了模拟的 μ_i 严格为正，与要求的一样。得到的资料生成过程的似然包括式(6.31)中 μ_i 的隐式表达式，是(比较式(6.14)和式(6.17))：

$$f(x|\beta_0,\beta_1,\beta_2,\beta_3) \propto \prod_{i=1}^{n}\Big\{\left[\exp(\beta_0 + \beta_1 CTI_i + \beta_2 NAO_i + \beta_3 CTI_i NAO_i)\right]^{x_i} \times \exp\left[-\exp(\beta_0 + \beta_1 CTI_i + \beta_2 NAO_i + \beta_3 CTI_i NAO_i)\right]\Big\} \tag{6.32}$$

在这个层级模型中，推断集中在 β 的后验分布，以对它们的(超)先验分布的详述开始。这样多元正态分布(式(11.1))，是模型中一个简单和常见的选择，它把每个 β 最初的不确定性单独地描述为一个独特的高斯分布。Elsner 和 Jagger(2004)基于 19 世纪飓风数量，考虑了一个含糊先验和一个提供信息的先验(如同例 6.3 中)。

式(6.31)是一个复杂的函数，当被乘以先验分布(式(11.1))时，它产生了一个甚至更复杂的对 4 个 β 的后验分布。然而，来自其中的模拟可以用 Gibbs 抽样来做，并且这些模拟用 BUGS 生成。使用美国登陆飓风数量资料，即 1900—2000 年的 CTI 和 NAO，图 6.8 中 Elsner 和 Jagger(2004)模拟了其 4 个 β 的模糊先验的边缘后验分布。这些实际上是用高斯核与平滑参数 0.17 计算的核密度估计(第 3.3.6 节)。

图 6.8 的子图中，后验平均值和标准差是(a)－0.380 和 0.125，(b)－0.191 和 0.078，(c)0.200和 0.102。图 6.8 中的子图(a)和(b)强烈表明，每年登陆美国的飓风平均数很有意义地相关于 CTI(负的 CTI 或 La Niña 条件平均起来有更多的登陆飓风)和 NAO(负的 NAO，或在副热带大西洋相对更低的气压平均起来有更多的飓风登陆美国)，因为在这两个例子中，接近于 0 的值是不太可能的，并且为正的任何区域几乎为 0 概率。图 6.8c 中 β_3 相应的推断不强，但对这个后验分布来说，假定这个后验分布为近似的高斯形状，意味着估计的概率为$\Pr\{\beta_3 \leqslant 0\} \approx \Pr\{z \leqslant -2.00/0.102\} = \Pr\{z \leqslant -1.96\} = 0.025$。

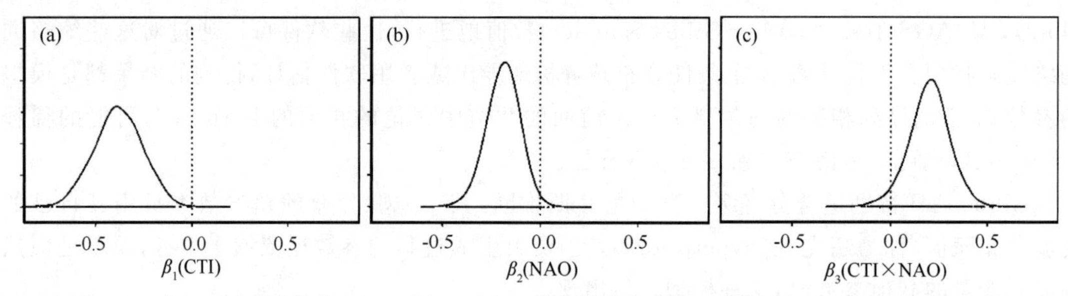

图 6.8 式(6.31)中参数为(a)β_1,(b)β_2,(c)β_3 的边缘后验分布。引自 Elsner 和 Jagger(2004)。

6.5 习题

6.1 假设一个不同的分析者考虑例 6.2 中的资料,断定二项分布 p 的一个合理的先验分布是平均值为 2/3 和标准差为 1/10 的高斯分布。

a. 求出近似这个高斯先验分布的贝塔分布的参数。

b. 使用(a)中的结果,求出 p 的后验分布。

c. 求出接下来的 $N^+=5$ 的独立观测中"成功"次数的预测分布(使用计算机计算伽马分布的对数)。

6.2 假设你已经推断出你所关注参数的先验分布,可以通过耿贝尔分布很好地表示,评估在如下条件下,这个分布的参数:

a. 你的先验分布的四分位值间距的范围是(100,400)。

b. 你的先验分布的平均值和标准偏差分别为 270 和 200。

c. 这两个分布,对于你对百年一遇事件量值的信心意味着什么?

6.3 假定发生在特定的一个县的每年龙卷风的数目,可以通过泊松分布很好地描述。在 10 年中这个县观测到 2 个龙卷风之后,贝叶斯分析产生了 $\alpha'=3.5$ 泊松比率的后验分布,这个后验分布为 $\alpha'=3.5$ 和 $\beta'=0.05$ 的伽马分布。求:

a. 先验分布是什么?

b. 这个县下一年至少有一次龙卷风的概率是多少?

6.4 如果分析者对风电场位置可能的适宜性有更少的不确定性,那么重新计算例 6.4,所以适当的先验分布是平均值为 $\mu_h=550\ \mathrm{W/m^2}$ 和标准差为 $\sigma_h=100\ \mathrm{W/m^2}$ 的高斯分布。

a. 求解后验分布。

b. 求解预测分布。

6.5 考虑如果得到了第三年的风的测量值,其中平均年风功率密度为 $375\mathrm{W/m^2}$,那么例 6.4 中的分析如何变化?

a. 求解最新的后验分布。

b. 求解最新的预测分布。

6.6 如果是下列情况,第 11 次迭代后,对表 6.1 中的 μ_{11} 来说生成什么值?

a. $\mu_C=350$ 和 $u_{11}=0.135$?

b. $\mu_C=400$ 和 $u_{11}=0.135$?

c. $\mu_C=450$ 和 $u_{11}=0.135$?

第 7 章　统 计 预 报

7.1　背景

业务上的很多天气和长期(季节或“气候”)预报都以统计方法为基础。作为非线性的动力系统,大气在确定性的意义上不是完美可报的。因此,统计方法是有用的,并且实际上是必需的。本章给出标量(单个数字)的统计预报介绍。适合向量(同时多个值),例如空间模态的方法,将在第 13.2.3 节和第 14.4 节中给出。

一些统计方法在运算时,没有利用来自流体动力预报模式的信息,而对于提前 1 天到大约 1 周的天气预报来说,动力模式已经成为支柱。纯统计预报方法有时被称为经典统计方法,反映了其在动力预报信息可用以前的重要性。这些方法在很短的提前时间(提前几小时),或很长的提前时间(提前几周或更长时间),仍然是可行的和有用的,因为在这两个时段中,动力预报信息分别因为缺少足够的即时性和精确性,是不可用的。

统计方法在天气预报中的另一个重要应用,是与动力预报信息一起使用。在全球天气预报业务中心的日常业务中,应用统计预报方程进行后处理,改进动力预报的结果是必不可少的辅助天气预报员的指导产品。对提供不能由动力模式表示的定量和定点(例如,特定的城市而不是格点)预报来说,统计和动力方法的结合更是特别重要。

在给定的输入集总是产生相同的特定输出的意义上,目前为止提到的统计预报的类型都是客观的。然而,统计天气预报的另一个重要方面,是预报的主观表达,特别是当预报量是概率或概率集合时。这里作为信心的量化程度的概率的贝叶斯解释是基础。主观概率评估构成了业务上很多重要预报的基础,也是可以用来更显著地提高业务预报信息量的一种重要技术。

7.2　线性回归

很多统计天气预报都基于被称为线性最小二乘回归的方法。本节中,只简单介绍线性回归的基础知识。更完整的论述可以在标准教材,比如在 Draper 和 Smith(1998)及 Neter 等(1996)的文献中找到。

7.2.1　简单线性回归

在描述两个变量,比方说 x 和 y 之间线性关系的例子中,简单线性回归是最容易理解的。通常,符号 x 被用作为自变量或预报因子变量,符号 y 被用作为因变量或预报量。在实际的预报问题中,经常要求预报因子多于一个,但是简单线性回归的思想,很容易推广到更复杂的多元线性回归的例子。因此,有关回归的大部分重要思想,都可以在简单线性回归的背景中进行介绍。

本质上,简单线性回归寻求总结 x 和 y 之间的关系,在散点图中用一条直线表示。回归过程，是选择在给定观测 x 时，产生使 y 的预报误差最小的那条线。最小误差由什么构成并没有确定的解释，但是最通常的误差标准是最小化平方误差的和（或等价的平均值）。平方误差标准的选择，是最小二乘回归或普通最小二乘（OLS）回归的基本原则。其他的误差度量也是可能的，例如，最小化绝对误差的平均值（或等价的加和），它被称为最小绝对偏差（LAD）回归（Gray *et al.*，1992；Mielke *et al.*，1996）。选择平方误差作为标准，并不是因为它一定是最好的，而是因为在数学上它可以容易地进行解析运算。采用平方误差准则，导致直线拟合过程对直线与点之间较小的不一致相当的容忍。然而，为了避免很大的不一致，拟合直线将充分地调整。这样对于离群点来说，拟合线是不稳定的。而 LAD 回归是稳定的，因为误差没有被平方，但对回归函数来说，没有解析的结果，意味着估计必须要进行迭代。

图 7.1 示意了这种情况。给定资料对 (x,y) 的集合，目标是找到特定的直线，

$$\hat{y} = a + bx \tag{7.1}$$

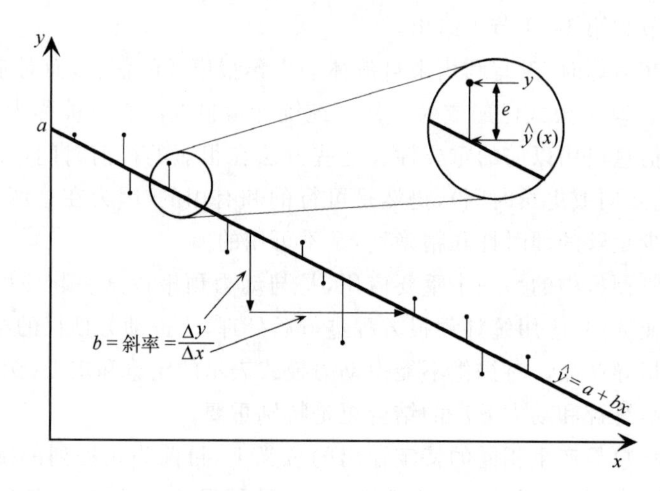

图 7.1　简单线性回归的示意图解。回归线 $\hat{y}=a+bx$ 被选择为最小化点与线之间垂直差值（残差）的某种度量。插入的小图显示了资料点与回归线之间差值的残差 e。

使这条直线与资料点之间垂直距离（细线）的平方最小。$\hat{y}$ 是 y 的预报值。图 7.1 中插入的小图，显示了资料点与回归线之间的垂直距离（也称为误差或残差）定义为

$$e_i = y_i - \hat{y}(x_i) \tag{7.2}$$

对每对资料 (x_i, y_i) 有一个单独的残差 e_i。注意，由式（7.2）暗含的符号约定是线上方的点看作为正误差，线下方的点为负误差。在统计学中这是惯例，但是这与大气科学中经常看到的相反。大气科学中比观测值小的预报（线在点下面）被看作为有负误差，反之为正误差。然而，残差的符号规定是不重要的，因为是对最优拟合线的残差平方和进行最小化。组合式（7.1）和式（7.2）得到回归方程

$$y_i = \hat{y}_i + e_i = a + bx_i + e_i \tag{7.3}$$

表示预报量的真实值是预报值（式（7.1））与残差的和。

在微积分中对最小二乘的截距 a 和斜率 b 得到解析表达式是简单的。为了最小化平方残差和，即

$$\sum_{i=1}^{n}(e_i)^2 = \sum_{i=1}^{n}(y_i - \hat{y}_i)^2 = \sum_{i=1}^{n}[y_i - (a + bx_i)]^2 \tag{7.4}$$

需要设置式(7.4)关于参数 a 和 b 的导数等于 0 并求解。这些导数是

$$\frac{\partial \sum_{i=1}^{n}(e_i)^2}{\partial a} = \frac{\partial \sum_{i=1}^{n}(y_i - a - bx_i)^2}{\partial a} = -2\sum_{i=1}^{n}(y_i - a - bx_i) = 0 \tag{7.5a}$$

和

$$\frac{\partial \sum_{i=1}^{n}(e_i)^2}{\partial b} = \frac{\partial \sum_{i=1}^{n}(y_i - a - bx_i)^2}{\partial b} = -2\sum_{i=1}^{n}x_i(y_i - a - bx_i) = 0 \tag{7.5b}$$

重新整理式(7.5)得到所谓的*标准方程*，

$$\sum_{i=1}^{n} y_i = na + b\sum_{i=1}^{n} x_i \tag{7.6a}$$

和

$$\sum_{i=1}^{n} x_i y_i = a\sum_{i=1}^{n} x_i + b\sum_{i=1}^{n}(x_i)^2 \tag{7.6b}$$

式(7.6a)除以 n，导致拟合的回归线必须通过由 x 和 y 的两个样本平均值定位的点。最后，对回归参数解标准方程得到：

$$b = \frac{\sum_{i=1}^{n}[(x_i - \overline{x})(y_i - \overline{y})]}{\sum_{i=1}^{n}(x_i - \overline{x})^2} = \frac{n\sum_{i=1}^{n}x_i y_i - \left(\sum_{i=1}^{n}x_i\right)\left(\sum_{i=1}^{n}y_i\right)}{n\sum_{i=1}^{n}(x_i)^2 - \left(\sum_{i=1}^{n}x_i\right)^2} \tag{7.7a}$$

和

$$a = \overline{y} - b\overline{x} \tag{7.7b}$$

式(7.7a)的斜率在形式上类似于皮尔逊相关系数。注意，如相关系数一样，式(7.7a)计算形式的随便使用可能会导致舍入误差，因为分子可能是两个大数之间的差值。

7.2.2 残差的分布

迄今，拟合直线根本没有涉及统计思想。已经要求的全部事项是定义最小误差。剩余部分从资料(x,y)对的简单数学处理得出。为了引入统计思想，通常假定量 e_i 是具有 0 平均值和常数方差的独立随机变量。通常要做这些残差服从高斯分布的假设。

假定残差为 0 平均值是根本没有问题的。事实上，最小二乘拟合过程的一个方便的性质是确保

$$\sum_{i=1}^{n} e_i = 0 \tag{7.8}$$

从该式可以清楚地看到残差的样本平均值(这个式子除以 n)也为 0。

把残差设想为可以根据方差进行描述，事实上是统计思想开始进入回归框架的切入点。暗含了残差在某个平均值(式(4.21)或式(3.6))周围随机散布的思想。式(7.8)表示在平均值周围散布的平均值为 0，所以资料点围绕回归线散布。然后我们需要想象以 x 值为条件的一系列残差分布，每个观测的残差被看作为提取自这些条件分布之一。常数方差的假定，实际上意味着残差方差在 x 中是不变的，或者残差的这些条件分布全都有相同的方差。因此，根据假设，一个给定的残差(正或负，大或小)等可能地出现在回归线的任何部分。

图 7.2 是中心在回归线上的一组条件分布的示意图。三个小的灰色分布是相同的，除了其平均值依赖于每个 x 的回归线水平(预测的 y 值)，它的位置被更高或更低地移动。稍微扩展这个思想，很容易看出，回归方程可以看作为给定预报因子的一个特定值，指定预报量的条件平均值。图 7.2 中的大黑色分布，也显示了预报量 y 非条件分布的一个图示。残差分布比 y 的非条件分布展开得更小(有更小的方差)，这表明，如果相应的 x 值已知，那么关于 y 的不确定性更小。

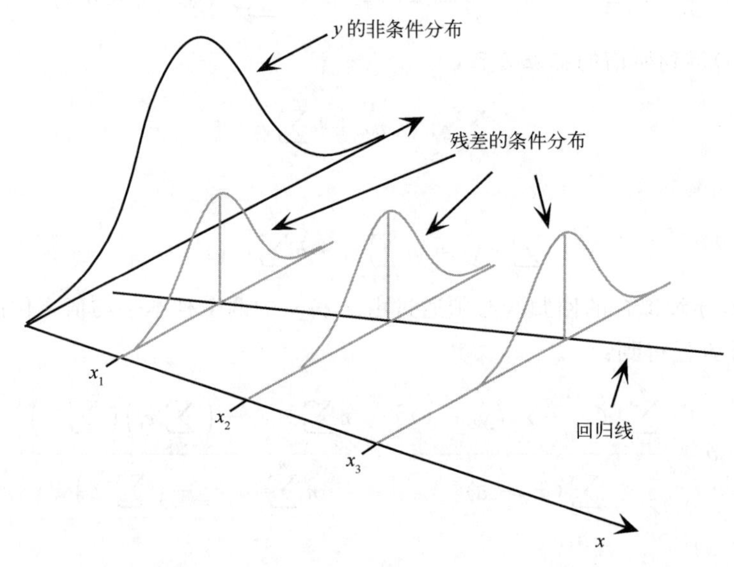

图 7.2　回归线周围残差的分布(灰色)示意图，以预报因子变量 x 的这些值为条件。实际残差看作为取自这些分布。

在回归背景中，做统计推断的核心是从残差样本中估计这个(不变的)残差方差。因为根据式(7.8)，残差的样本平均值肯定为 0，式(3.6)的平方为

$$s_e^2 = \frac{1}{n-2}\sum_{i=1}^{n} e_i^2 \tag{7.9}$$

式中残差平方和被除以 $n-2$，因为两个参数(a 和 b)已经被估计了。代入式(7.2)然后得到

$$s_e^2 = \frac{1}{n-2}\sum_{i=1}^{n}(y_i - \hat{y}(x_i))^2 \tag{7.10}$$

然而，并不用式(7.10)计算估计的残差方差，更常用的是基于下面关系的计算形式：

$$SST = SSR + SSE \tag{7.11}$$

该式在大部分回归教材中都已经进行了证明。式(7.11)中的符号，由只取首字母的缩写词组成，包括描述预报量 y 的变化(SST)，由回归表示的部分(SSR)之间的变化，以及可归于残差变化的未被表示的部分(SSE)。SST 是总平方和(sum of square total)的首字母缩写，它的数学意义为 y 值在其平均值周围偏差的平方和，

$$SST = \sum_{i=1}^{n}(y_i - \overline{y})^2 = \sum_{i=1}^{n} y_i^2 - n\,\overline{y}^2 \tag{7.12}$$

SST 与 y 的样本方差成比例(除以因子 $n-1$)，从而度量了预报量的总体变率。SSR 项代表回归平方和，或者回归预报量与 y 的样本平均值之间平方差的和，

$$SSR = \sum_{i=1}^{n}(\hat{y}(x_i) - \overline{y})^2 \tag{7.13a}$$

上式通过下式与回归方程关联

$$SSR = b^2\sum_{i=1}^{n}(x_i - \overline{x})^2 = b^2\left(\sum_{i=1}^{n}x_i^2 - n\overline{x}^2\right) \tag{7.13b}$$

式(7.13)表明，与 y 的样本平均值几乎没有差值的回归线有一个小倾角，产生一个很小的 SSR，而有大倾角的回归线，将显示离预报量的样本平均值的很大差值，因此产生一个很大的 SSR。

最后，SSE 指误差平方和，或残差与其平均值(为 0)之间差值的平方和，

$$SSE = \sum_{i=1}^{n}e_i^2 \tag{7.14}$$

因为这个式子与式(7.9)的差异只是除以因子 $n-2$，所以重新整理式(7.11)得到如下计算形式：

$$s_e^2 = \frac{1}{n-2}\{SST - SSR\} = \frac{1}{n-2}\left\{\sum_{i=1}^{n}y_i^2 - n\,\overline{y}^2 - b^2\left[\sum_{i=1}^{n}x_i^2 - n\overline{x}^2\right]\right\} \tag{7.15}$$

7.2.3　方差分析表

实际上，回归分析几乎全都用计算机软件来做。来自这些软件包的回归输出量的一个主要部分是*方差分析*或 ANOVA 表中前述信息的总结。通常，不是在 ANOVA 表中的所有信息都需要关注，但是它是回归输出量的一个通用形式，需要理解该表的内容。表 7.1 概括了简单线性回归的一个 ANOVA 表的排列，显示了前面一节中描述的量在哪里被报告。这三行相应于式(7.11)中表示的预报量方差的划分。因此，在 df(自由度)和 SS(平方和)的列中，回归(Regression)和残差(Residual)项加起来等于总(Total)行中对应的项。因此，ANOVA 表包含一些冗余信息，来自一些回归包的输出量将完全省略总(Total)行。

MS(均方)列中的项，由相应的 SS/df 的商给出。可以看到 MSE(均方误差)，是估计的残差样本方差。表 7.1 中第二行第四列的空格，在大部分回归包的输出量中是总均方，可能是 $SST/(n-1)$或者只是预报量的样本方差。

表 7.1　简单线性回归方差的通用分析(ANOVA)。列标题 df，SS 和 MS 分别代表自由度、平方和与均方。回归 $df=1$ 是专门针对简单线性回归(即一个预报因子 x)的。括号中的数字是正文中的公式号。

来源	df	SS	MS	F
总(Total)	$n-1$	SST(7.12)		
回归(Regression)	1	SSR(7.13)	$MSR=SSR/1$	$(F=MSR/MSE)$
残差(Residual)	$n-2$	SSE(7.14)	$MSE=s_e^2$	

7.2.4　拟合优度度量

ANOVA 表中也给出了(或提供了足够的计算信息)回归拟合或回归线与资料散点图之间一致程度有关的三个度量。这些度量的第一个是 MSE。从预报的观点，MSE 可能是三个测量中最基础的，因为它表示观测的 y 值(正被预报的量)，在预报回归线周围的变率或不确定

性。同样，它直接反映了所得预报的平均精度。再次看图 7.2，因为 $MSE=s_e^2$ 这个量表示残差分布在回归线周围紧密丛生（小的 MSE）或广泛散布（大的 MSE）的程度。在 x 与 y 之间存在完美线性关系的极端情况中，回归线正好与所有的点对相符，残差全都为 0，SST 将等于 SSR，SSE 将为 0，残差分布的方差也为 0。在 x 与 y 之间完全没有线性关系的相反的极端情况中，回归斜率为 0，SSR 将为 0，SSE 将等于 SST，MSE 将非常接近等于预报量本身的方差。在这个例子中，图 7.2 中的 3 个条件分布与 y 的非条件分布没有区别。

MSE 和回归拟合能力的关系也被示意在图 7.3 中。子图(a)显示了很好的回归例子，在回归线周围点的散布是相当小的，这里 SSR 和 SST 几乎是相同的。子图(b)显示了一个本质上无用的回归，因为预报量的值跨越的范围与子图(a)中相同。在这个例子中，SSR 几乎为 0，因为有几乎为 0 的斜率，并且本质上 MSE 与 y 值的样本方差相同。

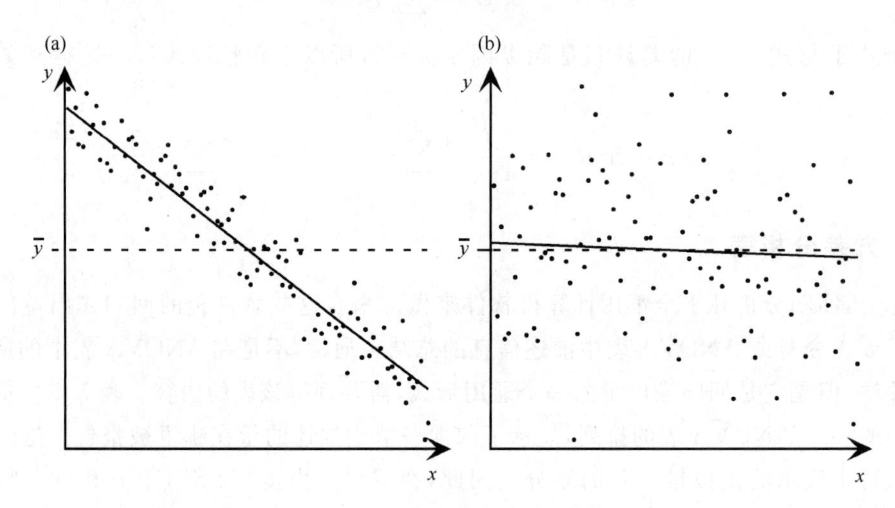

图 7.3 一个很好的回归关系(a)与一个本质上无用的回归关系(b)之间区别的示意图。在子图(a)中，点聚集在回归线(实线)的周围，表示小的 MSE，而回归线强烈地偏离预报量的平均值(虚线)，产生了一个大的 SSR。在子图(b)中，点在回归线周围的散布是大的，回归线与预报量的平均值几乎没有区别。

回归拟合的第二种常用度量是判定系数(coefficient of determination)或 R^2。它可以用下式计算

$$R^2=\frac{SSR}{SST}=1-\frac{SSE}{SST} \tag{7.16}$$

作为标准回归输出量的一部分这也经常被显示。如果每个预报的值接近于其各自的 y，SSR 几乎等于 SST，所以相应的残差接近 0。因此 MSE 和 R^2 以不同但相关的方式表达了 SST 与 SSR 之间的一致性或差异。R^2 可以解释为预报量的方差(与 SST 成比例)，由回归(SSR)描述或解释的方差的比例。有时，我们看到这个概念表述为“解释的”方差比例，尽管这个说法容易产生误解：回归分析可以量化两个变量之间关系的本质和强度，但没有说哪个变量引起了其他变量。这是与第 3 章中相关系数的讨论中相同的警告。对简单线性回归的例子，判定系数的平方根，正好是 x 与 y 之间的皮尔逊相关系数(绝对值)。

对于一个完美的回归，$SSR=SST$，$SSE=0$，所以 $R^2=1$。对于一个完全无用的回归，$SSR=0$，$SSE=SST$，所以 $R^2=0$。图 7.3b 就是接近后面情形的例子。与式(7.13a)相比较，最小二乘回归线几乎不能与预报量的平均值区分开，所以 SSR 是很小的。换句话说，y 中很少的方差

可以归于回归，所以 SSR/SST 几乎为 0。

回归效果的第三种常用度量，是 F 比值，通常在 ANOVA 表的最后一列给出。比值 MSR/MSE，随回归的能力而增加，因为 x 和 y 之间强的关系将产生一个大的 MSR 和小的 MSE。假定残差是独立的，并且遵从相同的高斯分布，在没有真实线性关系的原假设下，F 比值的抽样分布有已知的参数形式。如果恰当的单一预报因子在分析之前已知，这个分布可以应用到简单线性回归例子中作为检验的基础，但是在更常用的多元线性回归（多于一个 x 变量）的例子中，将在后面讨论检验的多样性问题，通常它是无效的。然而，即使 F 比值不能被用于定量化的统计推断，但它还是回归效果的一个有效的定性指标。例如，参见 Draper 和 Smith（1998）或 Neter 等（1996）对回归总体显著性 F 检验的讨论。

7.2.5　回归系数的抽样分布

估计的残差方差的另一个重要应用，是得到回归系数抽样分布的估计。正如根据服从抽样变率的一个有限资料集计算的统计量，计算的回归截距 a 和斜率 b 也表现出抽样变率。即，来自相同资料生成过程容量为 n 的不同批次，将产生不同的回归斜率和截距对，其抽样分布刻画了不同批次变率的特征。这些抽样分布的估计允许构建样本截距 a 和斜率 b 周围真实总体对应量的置信区间，提供了关于相应总体值假设检验的基础。

在前面列出的假设下，截距和斜率的抽样分布都是高斯分布。凭借中心极限定理，当 n 足够大时，对任何回归这个结果至少近似正确，因为估计的回归参数（式（7.7））作为大量随机变量的加和得到。对截距来说，抽样分布有参数

$$\mu_a = a \tag{7.17a}$$

和

$$\sigma_a = s_e \left[\frac{\sum_{i=1}^{n} x_i^2}{n \sum_{i=1}^{n} (x_i - \overline{x})^2} \right]^{1/2} \tag{7.17b}$$

对斜率来说，抽样分布的参数为

$$\mu_b = b \tag{7.18a}$$

和

$$\sigma_b = \frac{s_e}{\left[\sum_{i=1}^{n} (x_i - \overline{x})^2 \right]^{1/2}} \tag{7.18b}$$

式（7.17a）和式（7.18a）表明，最小二乘回归参数估计是无偏的。式（7.17b）和式（7.18b）显示截距和斜率的精度，可以根据直接依赖于估计残差的标准差 s_e 的数据进行估计，它来自 ANOVA 表（见表 7.1）MSE 的平方根。另外，估计的斜率和截距不是相互独立的，即有相关系数：

$$r_{a,b} = \frac{-\overline{x}}{\frac{1}{n}\left(\sum_{i=1}^{n} x_i^2 \right)^{1/2}} \tag{7.19}$$

对 a 和 b 一起取（至少近似的）高斯抽样分布，式（7.17）到式（7.19）定义了其联合双变量正态分布（式（4.33））。式（7.17b）、式（7.18b）和式（7.19）只对简单线性回归正确。对多于一个预

报因子的变量,必须使用类似的(向量)公式(式(10.40))。

从回归程序包输出的量,除参数估计本身之外,几乎总是包括标准误差(式(7.17b)和式(7.18b))。一些表在标注为 t 比值的列中,也包括估计的参数对其标准误差的比值。当出现这样的标准误差的时候,暗含一个单样本的 t 检验(式(5.3)),原假设的参数的潜在(总体)平均值为 0。有时与这个检验有关的 p 值,也自动包括在回归的输出量中。

对回归斜率来说,这个暗含的 t 检验直接与拟合的回归的意义有关。如果估计的斜率足够小,以至于其真值可能(关于其抽样分布)为 0,那么这个回归对预报来说,是没有信息或没有用的。如果斜率实际上为 0,那么由回归方程指定的预报量的值,总是等于其样本平均值(参见式(7.1)和式(7.7b))。如果关于回归残差的假设被满足,估计的斜率(粗略的估计)如果至少与其标准误差的两倍(按绝对值)一样大,那么我们在 5%的水平则拒绝这个原假设。

对回归截距来说,相同的假设检验,也经常由计算的统计包提供。然而,依赖于所研究的问题,对截距的这个检验可能有也可能没有意义。t 比值正好是参数除以其标准误差,隐含的原假设是真实截距为 0。有时候,原假设是有物理意义的,如果这样截距的检验统计量值得考虑。另一方面,经常发生期望截距为 0 而没有物理原因的情况。甚至一个 0 截距在物理上是不可能发生的。在这样的情形中,自动生成的计算机输出量的这部分是没有意义的。

例 7.1 一个简单的线性回归

为了具体举例说明简单的线性回归,考虑附录 A 中来自表 A.1 的伊萨卡(Ithaca)和卡南戴挂(Canandaigua)1987 年 1 月的最低温度。令预报因子变量 x 是伊萨卡(Ithaca)的最低温度,预报量 y 是卡南戴挂(Canandaigua)的最低温度。这个资料的散点图,显示在图 3.27 中散点图矩阵的底端行的中间子图中,并且是图 7.10 的一部分。显示了一个很强的正的比较好的线性关系。

表 7.2 显示了来自一个典型的统计计算包输出结果的例子。资料集足够小,以至于为了检验结果,计算公式可以被计算完成(用一个手摇计算器做少量的计算将可以验证 $\sum x = 403, \sum y = 627, \sum x^2 = 10803, \sum y^2 = 15009, \sum xy = 11475$)。表 7.2 上面的部分,对应于表 7.1 中的温度,用相关的数字填入。特别重要的是 $MSE=11.780$,产生了估计残差样本标准差的平方根 $s_e=3.43$ ℉。这个标准差直接描述了在同时发生的伊萨卡(Ithaca)温度的基础上,预报卡南戴挂(Canandaigua)温度的精度,因为我们期望实际预报量值的大约 95%出现在由回归给定的温度的 $\pm 2s_e = \pm 6.9$ ℉之内。判定系数容易计算为 $R^2=1985.798/2327.419=85.3\%$。皮尔逊相关系数是 $\sqrt{0.853}=0.924$,正如表 3.5 中给出的。F 统计量的值是很高的,在不存在真实关系的原假设下,考虑其分布的第 99 个分位数大约为 7.5。我们也可以计算预报量的样本方差,可以用表中总平均平方计算,为 $2327.419/30=77.58$ ℉²。

表 7.2 下面的部分给出了回归参数 a 和 b,其标准误差,以及这些参数估计与其标准误差的比值。对于这个资料集,相应于式(7.1)的具体回归式为

$$T_{\mathrm{Can}} = \underset{(0.859)}{12.46} + \underset{(0.046)}{0.597} T_{\mathrm{Ith}} \tag{7.20}$$

这样,卡南戴挂(Canandaigua)的温度,可以通过伊萨卡(Ithaca)的温度乘以 0.597,并且加上 12.46 ℉进行估计。截距 $a=12.46$ ℉,除了是当伊萨卡(Ithaca)的温度为 0 ℉时预报的卡

南戴挂(Canandaigua)温度外,没有特别的物理意义。注意两个系数的标准误差,已经写在了系数的下面。尽管这不是通常的惯例,但是对没有表 7.2 中信息帮助的读者来说,式(7.20)具有丰富的信息。特别是,它允许读者得到对斜率(即参数 b)显著性的判断。因为估计的斜率比其标准误差约大 13 倍,它几乎是确定不为 0。这个结论对拟合回归的意义做了直接证明。另一方面,对截距来说,暗含的相应假设检验意义小得多,因为 0 截距可能没有物理意义。

表 7.2　根据表 A.1 中 1987 年 1 月的资料集,使用伊萨卡(Ithaca)最低温度(x)作为预报因子,做卡南戴挂(Canandaigua)最低温度(y)的预报,由计算统计包产生的典型输出的例子。

来源(Source)	df	SS	MS	F
总(Total)	30	2 327.149		
回归(Regression)	1	1 985.798	1 985.798	168.57
残差(Residual)	29	341.622	11.780	
变量	系数	标差误差	t 比值	
截距	12.459 5	0.859 0	14.504	
Ithaca Min	0.597 4	0.046 0	12.987	

7.2.6　诊断残差

只是把资料代入计算机的回归程序,并且不加批判地接受结果是很不够的。如果需要的假设条件不满足,那么一些结果可能容易产生误解。因为这些假设与残差有关,所以诊断残差与其假设条件的一致性是重要的。

关于残差,一个容易和基本的检查可以通过诊断作为预测值 $\hat{y}$ 的函数的残差的散点图来做。很多计算统计包,作为标准回归选项提供了这个能力。图 7.4a 用最小二乘回归线显示了一个假设资料集的散点图,图 7.4b 显示了作为预测值函数结果的残差图。残差图给出了“展开”的图像,或显示了随 $\hat{y}$ 的增加而散布增加。即,残差的方差看来随预报值的增加而增加。残差方差的这个变化情况,被称为*异方差性*。因为拟合回归的计算机程序,已经假定了不变的残差方差,ANOVA 表中给出的 MSE,对较小的 x 和 y 值来说是一个高估(点更近地聚集到回归线),而对较大的 x 和 y 值来说,是残差方差的一个低估(点倾向于更远离回归线)。如果回归被用作预报工具,我们可能对更大的 y 值的预报过于自信,对更小的 y 值的预报信心不足。另外,回归参数的抽样分布,将比由式(7.17)和式(7.18)表示的更易变化。即,参数将无法与导致我们相信的标准回归输出量一样精确地被估计。

经常,残差方差的不稳定性可以通过对预报量 y 变换进行矫正,大多通过使用幂变换(式(3.19)或式(3.22))。图 7.5 显示了回归和残差图,资料为与图 7.4 中相同的资料,预报量进行了对数变换。对数变换使所有的资料值都减小,但对较大的值比较小的值减小得更多。这样,预报量的长右尾,相对于更短的左尾已经被拉短了,如同图 3.12 中的结果,变换后的资料点在回归线周围聚集得更均匀。不是“展开”,图 7.5b 中的残差图给出了一个水平宽带的视觉图像,显示了残差适当的不变方差(*同方差性*)。注意如果图 7.4b 中的展开,是在相反的意义上,对更小的 $\hat{y}$ 值有更大的残差变率,对更大的 $\hat{y}$ 值有更小的残差变率,相对于左尾伸长,右尾的变化(例如 y^2)可能是合适的。

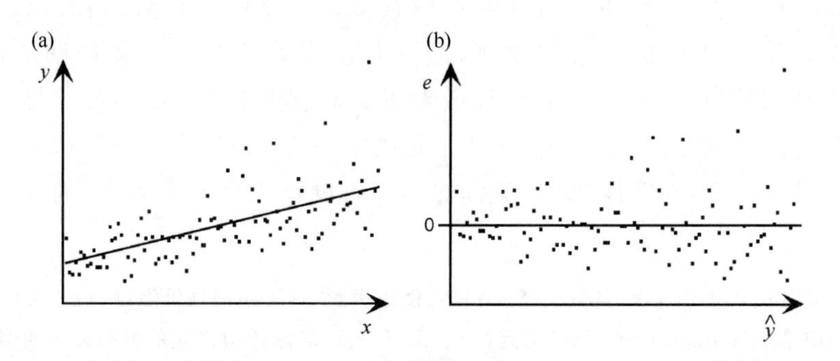

图 7.4　对残差方差不是常数的例子,假设的线性回归(a),与预报值相对得到的残差图(b)。在(a)中对越大的 x 和 y 值来说,回归线周围的点的散布越增加,在残差图中产生了一个视觉上“展开”的图像(b)。预报量的变换也被显示。

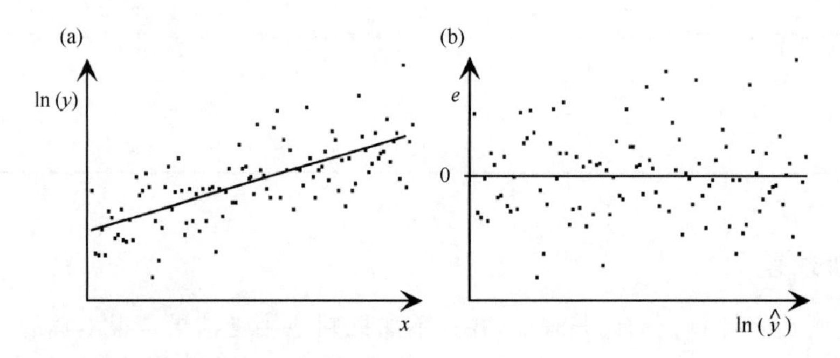

图 7.5　回归(a)和作为结果的残差(b)的散点图,资料与图 7.4 相同,预报量进行了对数变换。残差图中水平带宽的视觉图像支持残差的不变方差假设。

把残差的散点图作为预报因子变量的函数可能也是有益的。图 7.6 示意了这些图可能呈现的一些形式及其诊断解释。图 7.6a 类似于图 7.4b,残差的展开显示了非恒定的方差。图 7.6b 说明了异方差的一个不同形式,通过变量变换矫正该形式可能更具挑战性。图 7.6c 的中残差图的类型,线性依赖于线性回归的预报因子,表明或者遗漏了截距 a,或者计算做错了。故意遗漏一个回归截距,被称为“通过初始值进行强迫”,在某些情况下是有用的,但如果预先设定真实的关系应该通过原点,可能是不合适的。特别是,如果可用的资料只在一个有限的范围内,或者实际关系是非线性的,那么包括一个截距项的线性回归,能产生更好的预报。在后面的例子中,简单线性回归可能是类似于训练资料平均值的一阶泰勒近似。

图 7.6d,显示了当附加的预报因子可能改进回归关系时,残差图可能出现的一种形式。这里方差在 x 中是相当稳定的,但是(条件的)平均残差表现出对 x 的依赖。图 7.6e 的例子,说明了当资料中的单个离群点对回归有不适当的影响时可能出现的行为。为了避免与离群点有关的大的平方误差,这里回归线已经被拉向了离群点,离开了其他残差集中的趋势。如果离群点确定不是一个正确的资料点,那么它应该进行订正,否则抛弃该点。如果它是一个正确的资料点,那么抗干扰的方法,比如 LAD 回归可能是更合适的。图 7.6f 再次示意了类似于图 7.5b 中残差的理想水平宽带的模态。

残差是否遵从高斯分布的图形的图像可以通过 Q-Q 图得到。在统计的计算包中,这样的图经常是一个标准选项。图 7.7a 和图 7.7b 分别显示了图 7.4b 和图 7.5b 中残差的 Q-Q 图。

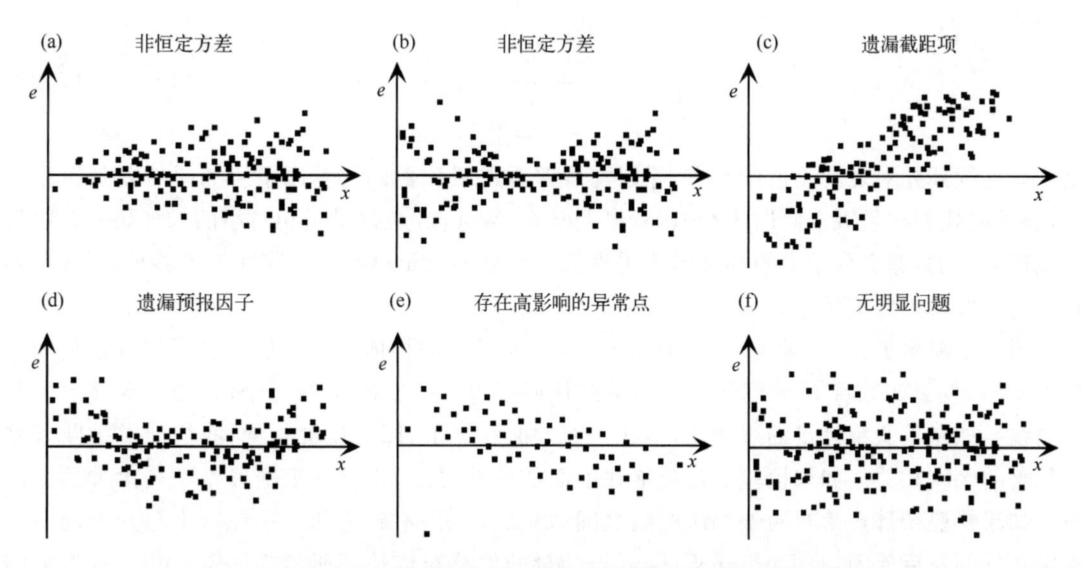

图 7.6　有相应的诊断解释的回归残差与预报因子 x 理想化的散点图。

残差被画在垂直轴上，相应于每个残差的经验累积概率的标准高斯变量被画在水平轴上。图 7.7a 中明显的曲率，显示来自包括未变换预报量的回归的残差相对于(对称的)高斯分布是正偏的。而来自包括预报量的对数变换的回归的残差的 Q-Q 图，是非常接近直线的(图 7.7b)。显然，对数变换除了稳定残差方差以外，产生了接近高斯分布的残差。用拟合优度检验已经得到了类似的结论(见第 5.2.5 节)。

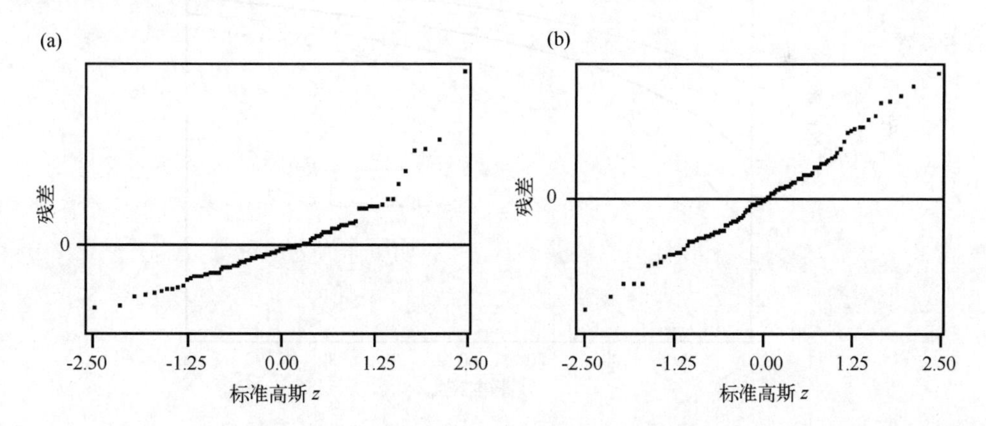

图 7.7　图 7.4a 中未变换的预报量(a)和图 7.5b 中对数变换后的预报量(b)的预报残差图的高斯 Q-Q 图。除了产生必要的不变的残差变率以外，预报量的对数变换使残差的分布成为有效的高斯分布。

研究残差不相关的程度也是值得做的。当所用的资料存在序列相关时(对大气变量来说这是通常的情况)，这个问题特别重要。通过作为时间的函数绘制回归残差可以得到一个简单的图形评估。如果正和负残差的组，倾向于聚在一起(定性的类似于图 5.4b)，而不是更不规则地发生(如图 5.4a)，那么可以猜测它存在时间相关。

很多计算回归包都具有的对回归残差序列相关的流行的形式检验是 Durbin-Watson 检验。这个检验诊断残差是序列独立的原假设，该原假设与残差(即与一阶自回归过程一致(式(9.16)))的备择假设相对应。Durbin-Watson 检验统计量

$$d = \frac{\sum_{i=2}^{n}(e_i - e_{i-1})^2}{\sum_{i=1}^{n} e_i^2} \tag{7.21}$$

是计算连续残差对之间差值的平方，除以与残差方差成比例的尺度因子。如果残差是正相关的，邻近的残差在量级上倾向于类似，所以 Durbin-Watson 统计量是相对小的。如果残差序列是随机分布的，那么分子中的和倾向于更大值。如果 Durbin-Watson 统计量足够小，那么残差独立的原假设因此被拒绝。

图 7.8 显示了在 5%水平上 Durbin-Watson 检验的临界值。这些值依赖于样本容量和预报因子(x)变量的数目 K 的变化。对简单线性回归，$K=1$。对 K 的每个值，图 7.8 显示了两条曲线。如果检验统计量的观测值，落在下面的曲线之下，原假设被拒绝，我们能够推断残差有显著的序列相关。如果检验统计量落在上面的曲线之上，我们不拒绝残差序列无关的原假设。如果检验统计量落在两条相应曲线之间，那么检验是不确定的。存在这个与众不同的不确定条件的背后原因，是 Durbin-Watson 统计量的原分布依赖于所考虑的资料集。在根据图 7.8 检验结果不确定的例子中，为了解决不确定性，可以进行一些额外的计算（Durbin and Watson，1971），即对所用的特定资料找到适当的曲线对之间临界值的特定位置。

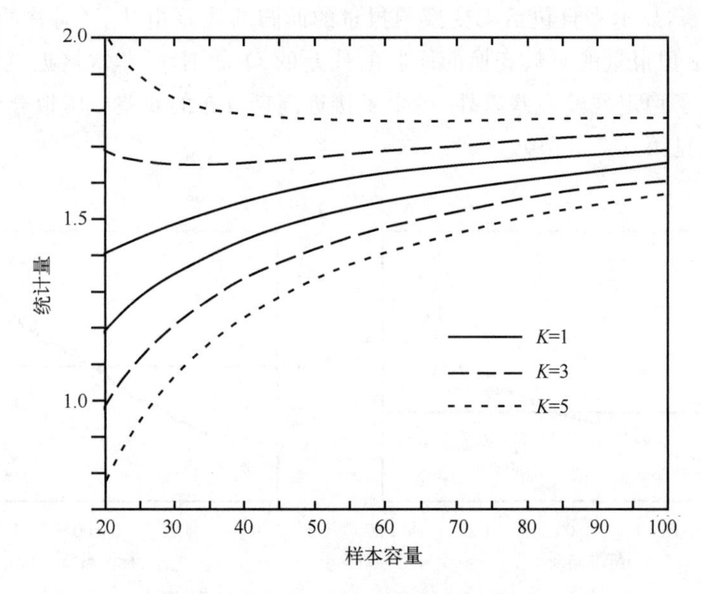

图 7.8　给出对 $K=1,3$ 和 5 个预报因子变量，作为样本容量的函数 Durbin-Watson 统计量 5%水平的临界值。在相应的下面的曲线之下，检验统计量 d 的值导致拒绝 0 序列相关的原假设。如果检验统计量的值在相应的上面的曲线之上，原假设不被拒绝。如果检验统计量在两条曲线之间，那么没有额外的计算时，检验是不确定的。

例 7.2　来自例 7.1 的残差诊断

用自相关变量作为预报量和预报因子构建的回归方程不一定显示很强的自相关残差。再次考虑例 7.1 中 1987 年 1 月伊萨卡(Ithaca)和卡南戴挂(Canandaigua)最低温度之间的回归。对伊萨卡(Ithaca)和卡南戴挂(Canandaigua)最低温度资料滞后 1 的自相关分别是 0.651 和 0.672。这个回归的残差作为时间的函数被绘制在图 7.9 中。这些残差不存在明显的强序列相关，其滞后 1 的自相关用式(3.32)计算只是 0.191。

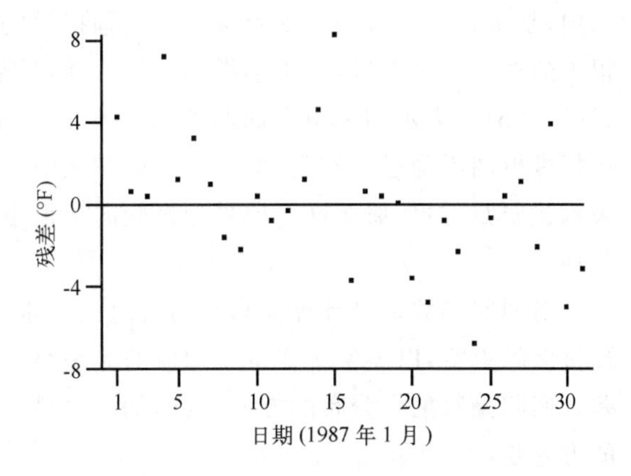

图 7.9　来自式(7.20)回归的残差，作为日期的函数被绘制。强序列相关是不明显的，但是负斜率的倾向表明伊萨卡(Ithaca)与卡南戴挂(Canandaigua)温度之间的关系在这个月里可能正在改变。

已经计算了卡南戴挂(Canandaigua)和伊萨卡(Ithaca)最低温度回归的残差，计算 Durbin-Watson 的 d(式(7.21))是简单的。事实上，分母只是来自 ANOVA 表 7.2 的 SSE，为 341.622。式(7.21)中的分子必须从残差中计算，为 531.36。这样得到 $d=1.55$。查阅图 7.8，在 $n=31$，$d=1.55$ 处的点远在上面的实线之上(对 $K=1$，因为存在一个简单的预报因子变量)，所以残差不相关的原假设在 5%的水平上不被拒绝。

当回归残差不相关时，基于其方差的统计推断以相同的方式是退化的，并且因为相同的原因，其在第 5.2.4 节中被讨论(Bloomfield and Nychka，1992；Matalas and Sankarasubramanian，2003；Santer *et al.*，2000；Zheng *et al.*，1997)。特别是，残差的正序列相关，导致其加和或平均值的抽样分布的方差被夸大，因为来自不同批次的样本容量 n 的这些量很少是一致的。当一阶自回归(式(9.16))是这些相关(由 r_1 描述)的合理的表示时，应用相同的方差放大因子 $(1+r_1)/(1-r_1)$(式(5.13)中括号内的量)和式(7.17b)和式(7.18b)中的方差 s_e^2 是合适的(Matalas and Sankarasubramanian，2003；Santer *et al.*，2000)。净影响是相对于假定独立回归残差计算的方差，得到的抽样分布的方差(适当的)是增加的。

7.2.7　预报区间

很多时候，计算预报量的预报值(即回归函数)周围的预报区间是重要的，这意味着用指定的概率界定预报量的一个未来值。当可以假定残差服从高斯分布时，用残差的无偏属性(式(7.8))，与其估计的方差 $MSE=s_e^2$ 一起处理这个问题是很自然的。使用高斯概率(表 B.1)，我们认为对一个未来的残差或特定的未来预报的 95%的预报区间可以近似的用 $\hat{y}\pm 2s_e$ 界定。

$\pm 2s_e$ 的经验规则，对一个真实的 95%的预报区间的宽度常常是一个很好的近似，特别是当样本容量很大时。然而，因为回归的预报量和斜率的样本平均值都受制于抽样变率，所以对将来资料(即在回归拟合中没用到的资料)，预报的方差比回归的 MSE 稍微大。对于使用预报因子值 x_0 预报 y 来说，这个预报方差由下式给出

$$s_{\hat{y}}^2 = s_e^2\left[1+\frac{1}{n}+\frac{(x_0-\bar{x})^2}{\sum_{i=1}^{n}(x_i-\bar{x})^2}\right] \tag{7.22}$$

即预报方差与回归的 MSE 成比例，但比方括号里的第二和第三项略微大于 0 的程度更大。第二项，是来自估计有限样本容量为 n 的预报量的真实平均值的不确定性（相比式(5.4)），而对很大的样本容量来说，比 1 小得多。第三项，是来自斜率估计中的不确定性（形式上它类似于式(7.18b)），表示用来拟合回归的从资料中心很远移开的预报量，比在样本平均值附近做的预报量更加不确定。然而，即使这个第三项中的分子是相当大的，如果一个大的资料样本被用来构建回归方程，那么这一项自身将倾向于很小，因为分母中存在 n 个在量级上通常相当的非负项。

对回归函数本身计算置信区间有时也是重要的。这些置信区间，将比未来单个资料值的预报区间更窄，以类似于样本平均值的方差小于潜在资料值方差的方式，反映了一个更小的方差。回归函数抽样分布的方差，或已知一个特定的预报因子值 x_0，与预报量条件平均值等价的方差是：

$$s_{\bar{y}|x_0}^2 = s_e^2\left[\frac{1}{n}+\frac{(x_0-\bar{x})^2}{\sum_{i=1}^{n}(x_i-\bar{x})^2}\right] \tag{7.23}$$

这个表达式类似于式(7.22)，但是比 s_e^2 小。即，存在由于预报量平均值的不确定性（或等价的为回归线的垂直位置）对这个方差的贡献（相应于方括号中两项的第一项）。斜率中的不确定性相应于方括号中的第二项。没有反映回归线周围资料离散情况对式(7.23)贡献的项，这是式(7.22)与式(7.23)之间的差别。式(7.23)对多元回归的扩展在式(10.41)中给出。

图 7.10 在例 7.1 的回归背景中，比较了用式(7.22)和式(7.23)计算的预报量和置信区间。这里拟合到 31 个资料点的回归（式(7.20)）由粗实线表示。作为 $\pm 1.96 s_{\hat{y}}$ 计算的回归线周围的 95%的预报区间，用式(7.22)的平方根，由稍微弯曲的实黑线对来显示。正如前面注意到的，这些范围只是比由简单近似 $\hat{y} \pm 1.96 s_e$（虚线）给出的范围稍微更宽，因为式(7.22)的方括号中第二和第三项相对很小，即使对中等的 n。灰白的曲线对，定位了预报量的条件平均值 95%的置信区间。其范围比预报区间更窄。因为它们只说明回归参数中的抽样变率，而没有来自预报量方差 s_e^2 的直接贡献。

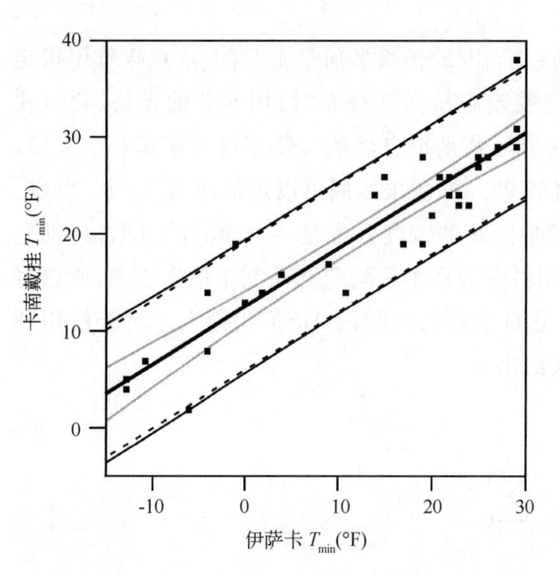

图 7.10　来自例 7.1 的回归周围（粗黑线）的预报值和置信区间。细实线表示对将来资料 95%的预报区间，用式(7.22)计算，相应的虚线只是定位预报量 $\pm 1.96 s_e$。细灰白线对回归函数（式(7.23)）定位 95%的置信区间。回归拟合的资料也被显示。

式(7.17)到式(7.19)对两个回归参数定义了双变量正态分布的参数。想象用第4.7节中简述的方法,根据分布生成截距和斜率对,并且因此生成可能的回归线的现实。图7.10中灰曲线的一种解释是它们包含了那些回归线的95%(或等价为根据其中不同的资料样本计算的回归线的95%,每个样本容量为$n=31$)。灰曲线之间的最小间隔(在平均的伊萨卡(Ithaca)$T_{\min}=13$ ℉处)反映了截距中的不确定性。在更极端的温度处,它们的扩展反映了如下事实:即在预报量的条件期望值中斜率的不确定性(即回归线角度的不确定性),与在极值处相比平均值附近将产生更大的不确定性。因为任何回归线,都必须通过根据两个样本平均值定位的点。

例7.2的结果是这个回归的残差能比较好地看作为是独立的。同样,一些滞后1的自相关为$r_1=0.191$的样本,可以被归因到图7.9中所显示的时间趋势。然而,如果残差是显著相关的,那么相关的性质需要通过一阶自回归进行合理的表示(式(9.16)),在式(7.22)和式(7.23)中,通过乘以方差放大因子$(1+r_1)/(1-r_1)$可以适当地增加残差方差,即s_e^2。

当计算包括变换后的预报量的回归预报值和置信区间的时候,需要特别注意。例如,如果图7.5a中显示的关系(包括一个对数变换的预报量)被用在预报中,为了使预报可以进行解释,需要恢复预报量为有量纲的值。即,预报量$\ln(\hat{y})$需要进行反变换,产生预报$\hat{y}=\exp[\ln(\hat{y})]=\exp[a+bx]$。同样地,预报区间的界限也需要反变换。例如95%的预报区间近似为$\ln(\hat{y})\pm1.96s_e$,因为回归残差与其假定的高斯分布属于变换后的预报量的值。这个区间的下和上界限,当用最初的未变换的预报量的尺度表达的时候,近似为$\exp[a+bx-1.96s_e]$和$\exp[a+bx+1.96s_e]$。这些界限在$\hat{y}$周围可能不对称,对更大的值,可能延伸得更远,与预报量分布的长右尾一致。

对简单线性回归来说,式(7.22)和式(7.23)是正确的。对多元回归来说,对应的公式是类似的,但用矩阵代数符号表示更便利(如:Draper and Smith, 1998;Neter *et al.*,1996)。正如简单线性回归的例子,对中等大的样本来说,预报方差十分接近*MSE*。

7.2.8　多元线性回归

多元线性回归是线性回归更普遍(和更通常)的情况。与简单线性回归的例子一样,仍然存在一个预报量y,但区别在于存在多于1个的预报因子(x)变量。前面对简单线性回归的介绍是相对冗长的,部分原因是因为大部分内容可以很容易推广到多元线性回归的例子。

令K表示预报因子变量的数目,那么简单线性回归是$K=1$的特例。预报方程(相应于式(7.1))变为

$$\hat{y}=b_0+b_1x_1+b_2x_2+\cdots+b_Kx_K \tag{7.24}$$

K个预报因子变量的每一个都有其各自的系数,类似于式(7.1)中的斜率b。为了符号上方便,截距(或回归常数)被表示为b_0而不是像式(7.1)中为a。这$K+1$个回归系数经常被称为*回归参数*。

如果把预报值$\hat{y}$理解为向量预报因子$x_k(k=1,\cdots,K)$的函数,那么残差式(7.2)还是正确的。如果有$K=2$个预报因子变量,残差作为垂直距离,还可以进行可视化。在这种情形,回归函数(式(7.24))是一个面,而不是一条线,几何上,残差相应于沿垂直于(x_1,x_2)面的一条线距离这个面之上或之下的距离。对$K\geqslant3$几何情形是类似的,但是不容易进行可视化。也与简单线性回归一样,平均的残差确保为0,所以残差分布以预报值$\hat{y}_i$为中心。因此,这些预报值可以看作为已知一批K个预报因子的特定值的条件平均值。

与前面一样，式(7.24)中的 $K+1$ 个参数，可以通过最小化平方残差的和得到。这可以通过同时解类似于式(7.5)的 $K+1$ 个方程完成。使用矩阵代数，这个最小化可以很方便地进行，其细节可以在权威的回归教材中找到（如：Draper and Smith，1998；Neter *et al.*，1996）。这个过程在例 10.2 中进行介绍。实践中，计算通常用统计软件来做。它们再次被总结在表 7.3 中显示的 ANOVA 表中。与前面一样，SST 用式(7.12)进行计算，SSR 用式(7.13a)进行计算，SSE 用 $SST-SSR$ 的差值计算。残差的样本方差是 $MSE=SSE/(n-K-1)$。判定系数根据式(7.16)计算，尽管它不再是预报量和某个预报因子变量之间的皮尔逊相关系数。前面给出的诊断残差的程序，也可以应用到多元回归中。

表 7.3 多元线性回归方差表的通用分析(ANOVA)。简单线性回归的表 7.1 可以被看作 K=1 的一个特例。

来源	df	SS	MS	F
总方差	$n-1$	SST		
回归方差	K	SSR	$MSR=SSR/K$	$F=MSR/MSE$
残差方差	$n-K-1$	SSE	$MSE=SSE/(n-K-1)=s_e^2$	

7.2.9 多元回归中导出的预报因子变量

多元回归，打开了本质上无穷多潜在预报因子变量的可能性。通过把这些变量的非线性数学变换，也考虑为潜在的预报因子，原始的潜在预报因子可以扩大很多倍。为了计算（特别是对式(10.39)中显示的矩阵的逆）上可行，导出的预报因子必须是原始预报因子的非线性函数。这样导出的预报因子在产生好的回归方程中可能是很有用的。

在一些例子中，预报因子变换最适合的形式可以根据资料生成过程的物理理解提出。对缺乏物理原理的特殊变换，可以通过经验或者通过主观评估散点图中点云的大致形状，选择变换或变换集。例如，图 7.6d 中残差图的曲率，表明导出因子 $x_2=x_1^2$ 的增加可能改善回归关系。回归中预报因子变量变换的经验选择，可能导致更深的物理理解，在研究中非常需要这样的结果。在预报中，这个结果可能不重要，因为预报强调的是产生好的预报，而不需要明确知道预报为什么好。

比如 $x_2=x_1^2$，$x_2=\sqrt{x_1}$，$x_2=1/x_1$ 变换，或一个可用的预报因子的任何其他幂变换，可以看作为另一个潜在的预报因子。同样，三角函数（正弦、余弦等），指数或对数函数，或这些函数的组合在一些情况下是有用的。另一种常用的变换是二进制变量或虚变量。依赖于被变换的变量在阈值 c 之上还是之下，或在界限上，二进制变量取两个值中的一个（通常为 0 和 1，尽管特定的选择不影响随后回归方程的使用）。即二进制变量可以根据下面的变换从另一个预报因子 x_1 中进行构建

$$x_2=\begin{cases}1, & \text{如果 } x_1>c \\ 0, & \text{如果 } x_1\leqslant c\end{cases} \tag{7.25}$$

通过选择不同的界限值 c，从一个 x_1 可以构建不止一个的二进制变量，对 x_2，x_3，x_4 依此类推。

即使变换的变量可能是其他变量的非线性函数，总体结构还是被称为多元线性回归。一旦已经定义了导出变量，那么它就是另一个变量，而不管这个变换是怎么进行的。更正式地，多元线性回归中的“线性”，是指参数 b_k 为线性的回归方程。

例 7.3　关于导出预报因子变量的多元回归

图 7.11 显示来自夏威夷莫纳罗亚(Mauna Loa)著名的 Keeling 于 1958 年 3 月到 2010 年 5 月期间月平均的二氧化碳(CO_2)浓度资料的散点图。它明显的时间趋势为一条直线,得到的回归结果显示在表 7.4a 中,这条回归线也画(虚线)在图 7.11 中。结果显示了一个很强的线性趋势,计算的斜率的标准误差比估计的斜率小得多。截距只估计在 $t=0$ 或 1958 年 2 月时的浓度,所以对其暗含的与 0 的差值的检验是不重要的。MSE 的一种字面上的解释为,测量的 CO_2浓度在回归线周围 95%的预报区间大约为 $\pm 2\sqrt{MSE}=\pm 6.6$ ppm①,然而,对这个线性回归诊断残差与时间相对的图,揭示了类似于图 7.6d 中的弓形模态,在资料记录的开头和结尾有正残差,在资料记录的中间部分更多的是负残差。注意到在资料记录的头部和尾部大部分点落在虚线的上面,中间的点落在了虚线下面。

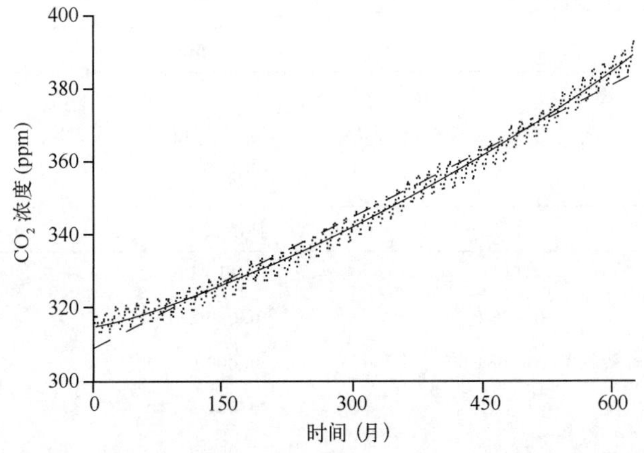

图 7.11　用线性(虚线)和二次方程式(实线)的最小二乘拟合的莫纳罗亚(Mauna Loa)Keeling 的 CO_2浓度资料(1958 年 3 月—2010 年 5 月)。

残差的这个问题,可以通过拟合二次方曲线到这个时间趋势而被缓解(从而改进回归)。为了做到这一点,第二个预报因子被加到回归中,这个预报因子是时间变量的平方。即,$K=2$ 的多元回归用预报因子 $x_1=t$ 和 $x_2=t^2$ 拟合。一旦进行了定义,x_2 就是另一个预报因子变量,取 1^2 和$627^2=393\,129$ 之间的值。作为结果的最小二乘二次回归,由图 7.11 中的实曲线显示,相应的回归统计量被总结在表 7.4b 中。

表 7.4　图 7.11 中显示拟合到 1958—2010 年 CO_2资料的 3 个回归的 ANOVA 表和回归总结。变量 t(时间)是月份的连续编号,1958 年 3 月=1,2010 年 5 月=627。有 $n=620$ 个资料点,7 个月份缺失。

(a)一元线性拟合				
来源	df	SS	MS	F
总	619	297 772		
回归	1	290 985	290 985	26 497
残差	618	6 786.8	10.982	

变量	系数	标准误差	t 比值
常数	308.6	0.268 7	1 148
t	0.120 1	0.000 7	163.0

① 1 ppm=0.001‰,下同。

续表

(b)二次拟合				
来源	df	SS	MS	F
总	619	297 772		
回归	2	294 817	147 409	30 781
残差	617	2 954.8	4.789	

变量	系数	标准误差	t 比值
常数	314.3	0.268 7	1 170
t	0.066 3	0.002 0	33.8
t^2	0.000 085 28	0.000 0	28.3

(c)包括二次趋势和表示年循环的谐波项				
来源	df	SS	MS	F
总	619	297 772		
回归	4	297 260	74 314.9	89 210
残差	615	512.31	0.833 03	

变量	系数	标准误差	t 比值
常数	314.2	0.112 1	2 804
t	0.066 9	0.000 8	81.7
t^2	0.000 084 39	0.000 0	67.1
$\cos(2\pi t/12)$	1.122	0.051 8	21.6
$\sin(2\pi t/12)$	2.573	0.051 8	49.6

当然表 7.4a 和 7.4b 中的 SST 是相同的，因为二者都对应于相同的预报量 CO_2 浓度。对二次回归，系数 $b_1=0.0663$ 和 $b_2=0.00008528$ 都比其各自的标准误差充分地大。再一次，$b_0=314.3$ 只是 $t=0$ 时 CO_2 浓度的估计，从散点图判断这个截距，比来自简单线性回归的真实值的估计更好。在这个时间段的从头到尾，资料点相当均匀地散布在二次趋势线周围，所以残差图表现出所希望得到的水平条带。使用这个分析，可以推断 CO_2 浓度在二次回归线周围 $\pm 2\sqrt{MSE}=\pm 4.4$ ppm 的大约 95%的预报区间中。

对于通过回归表示的 53 年来说，时间的二次函数给出了年平均 CO_2 浓度的一个合理近似，尽管我们能找到点云中心远离曲线的时间段。然而更重要的是，图 7.11 中资料点的一个精确检查揭示出它们在二次时间趋势周围不是随机散布的。而是，它们做了一个规则的，在二次曲线周围显然是一个年循环的具有接近正弦曲线的变化。残差中作为结果的序列相关，用 Durbin-Watson 统计量 $d=0.135$(比较图 7.8)可以容易检测到。作为由北半球陆地植物光合作用的碳吸收和来自分解死掉植物的碳释放，这个年循环的结果导致 CO_2 浓度在夏末是更低的，在冬末是更高的。正如第 9.4.2 节中显示的，这个有规律的 12 个月的变化，可以通过再引入两个预报因子变量 $x_3=\cos(2\pi t/12)$ 和 $x_4=\sin(2\pi t/12)$ 进入方程进行表示。注意这两个导出因子都只是时间变量 t 的函数。

表 7.4c 显示，这两个谐波预报因子与前面包括的线性和二次预报因子一起，产生了对这个资料的一个很好的拟合。得到的预报方程为

$$[CO_2] = \underset{(0.1121)}{314.2} + \underset{(0.0008)}{0.0669t} + \underset{(0.0000)}{0.00008438t^2} + \underset{(0.0518)}{1.122\cos\left(\frac{2\pi t}{12}\right)} + \underset{(0.0518)}{2.573\sin\left(\frac{2\pi t}{12}\right)} \quad (7.26)$$

所有的回归系数,比其各自的标准误差大得多。SST 和 SSR 接近相等显示预报值和观测的 CO_2浓度几乎一致(比较式(7.12)和式(7.13a))。作为结果的判定系数,是 $R^2=297260/297772=99.83\%$,由 $\pm\sqrt{MSE}$ 隐含的大约 95%的预报区间是 ±1.8 ppm。图 7.11 中式(7.26)的图,围绕实曲线上下摆动,相当接近于通过每个资料点。

7.3 非线性回归

7.3.1 广义线性模型

尽管线性最小二乘回归在回归应用中占压倒性的多数,拟合非线性(在回归参数中)的回归函数也是可能的。当非线性关系由所研究的物理问题的本质所支配,并且/或者高斯残差的常数方差的假定不成立时,非线性回归是合适的。在这些例子中,拟合程序通常是迭代和基于最大似然方法(见第 4.6 节)。

本节介绍这样的两种回归结构都是被称为广义线性模型(GLMs)的重要的例子(McCullagh and Nelder, 1989)。通过表示预报量为线性回归函数的一个非线性函数,广义线性模型扩展了多元线性回归的线性统计模型。非线性通过被称为连接函数的一个 1 对 1 的(因此是可逆的)函数 $g(\hat{y})$ 表示。因此,普通多元线性回归(式(7.24))的 GLM 扩展为

$$g(\hat{y}) = b_0 + b_1x_1 + b_2x_2 + \cdots + b_Kx_K \quad (7.27)$$

其中连接函数的具体形式,可以根据预报量资料的性质进行选择。对式(7.27)和式(7.24)进行比较,表明普通的线性回归是用恒等式(即 $g(\hat{y})=\hat{y}$)连接的 GLM 的一个特例。因为,连接函数是可逆的,所以 GLM 方程经常被等价地写为

$$\hat{y} = g^{-1}(b_0 + b_1x_1 + b_2x_2 + \cdots + b_Kx_K) \quad (7.28)$$

7.3.2 Logistic 回归

统计预报比(确定的)动力预报方法的一个重要优势是它具有产生概率预报的能力。概率元素被引进预报方程是有利的,因为它提供了关于将来天气内在不确定性的一种显式表达,并且因为概率预报允许用户做决策时从其中提取更多的价值(如:Katz and Murphy, 1997a, 1997b;Krzysztofowicz, 1983;Murphy, 1977;Thompson, 1962)。在某种意义上,普通的线性回归产生了关于预报量的概率信息,例如,通过由 $\pm2\sqrt{MSE}$ 给出的回归函数周围 95%的预报区间。然而,更严格的概率预报,是把预报量看作一个概率而不是一个物理变量的值所做的预报。

最常见的概率预报,把预报量变换为一个二元(或哑)变量(取值为 0 和 1)产生概率预报系统,在回归背景中开发出来。在某种意义上,0 和 1 可以分别被看作二分类事件不发生或发生的概率。

当预报量是二进制变量时,最简单的方法是使用前面一节中描述的普通多元回归方法。在气象文献中,这被称为事件概率回归估计(REEP)(Glahn,1985)。使用 REEP 的主要理由,是比任何其他线性回归拟合的计算量小,所以当计算资源受限制的时候,它就已经被广泛使用

了。得到的预报值通常在 0 和 1 之间，通过业务经验，已经发现这些预报值可以看作为事件$\{Y=1\}$的概率。然而，对 REEP 来说，一个明显的问题是，一些预报结果可能不在单位区间内，特别是，当预报量接近训练资料范围的界限或外界时。在业务环境中，这个逻辑上的不一致通常不会引起多少困难，因为有多个预报因子的多元回归预报方差，很少产生这样的无意义的概率估计。当这个问题确实出现时，预报概率通常接近 0 或 1，而业务预报可以这样发布。

与强迫一个线性回归到一个二元预报量问题有关的另两个困难，是残差明显是非高斯的，并且其方差为非常数。因为预报量只能取两个值中的一个，给定的回归残差也只能取两个值中的一个，所以残差分布是伯努利分布（即 $N=1$ 的式(4.1)的伯努利分布）。而且，残差方差不是常数，而是按照 $p_i(1-p_i)$ 依赖于第 i 次预报的概率 p_i。使用一种被称为 logistic 回归(logistic regression)的技术，可以同时限制二元预报量的回归估计在区间(0,1)上，并且回归残差适合伯努利分布。大气科学文献中 logistic 回归的一些最近的例子是 Applequist 等(2002)、Buishand 等(2004)、Hilliker 和 Fritsch(1999)、Lehmiller 等(1997)、Mazany 等(2002)、Watson 和 Colucci(2002)及 Wilks(2009)。

使用对数比率或 logit 连接函数 $g(p)=\ln[p/(1-p)]$，logistic 回归被拟合到二元预报量，得到广义线性模型

$$\ln\left(\frac{p_i}{1-p_i}\right)=b_0+b_1x_1+\cdots+b_Kx_K \tag{7.29a}$$

这也可以用式(7.28)的形式表达为

$$p_i=\frac{\exp(b_0+b_1x_1+\cdots+b_Kx_K)}{1+\exp(b_0+b_1x_1+\cdots+b_Kx_K)}$$
$$=\frac{1}{1+\exp(-b_0-b_1x_1-\cdots-b_Kx_K)} \tag{7.29b}$$

这里预报值 p_i，由预报因子$(x_1,x_2,\cdots,x_K)$的 n 个集合的第 i 个集合产生。几何上，对单预报因子的个例($K=1$)，logistic 回归最容易进行可视化，因为式(7.29b)是 x_1 的函数的 S 形曲线。在极限中，$b_0+b_1x\to+\infty$的结果，是式(7.29b)的第一个等式中指数函数变得任意大，以至于预报的值 p_i 接近 1。随着 $b_0+b_1x\to-\infty$，指数函数接近 0，因而预报值也接近 0。依赖于参数 b_0 和 b_1，函数在 x_1 的中间值逐渐上升或突然从 0 到 1(或对 $b_1<0$，从 1 下降到 0)。这样能保证 logistic 回归产生正确的有界概率估计。数学上对数函数计算是方便的，但是它不是这个背景中可以使用的唯一函数。另一种可选的方法，包括对连接函数使用逆高斯 CDF，产生了一个非常类似的形状，得到 $p_i=\Phi(b_0+b_1x_1+\cdots+b_Kx_K)$，这被称为概率(probit)回归。

式(7.29a)表明，根据让步比(odds ratio)$p_i/(1-p_i)$，logistic 回归可以看作是线性的。表面上，好像式(7.29a)可以用普通的线性回归拟合，除了预报量是二元的之外，所以等号左边将是 ln(0)或 ln(∞)。然而，承认残差是伯努利变量，拟合回归参数，可以使用最大似然方法实现。假定对二元结果的概率中平滑的变化式(7.29)作为预报因子的函数是一个合理的模型，那么第 i 次残差的概率分布函数是式(4.1)，其中 $N=1$，p_i 由式(7.29b)指定。除了预报量 y 和预报因子 x 的值是确定的之外，相应的似然有相同的函数形式，而概率 p_i 是变量。如果第 i 个残差对应于一次成功(即事件发生，所以 $y_i=1$)，那么似然为 $\Lambda=p_i$(正如式(7.29b)中指定的)，否则 $\Lambda=1-p_i=1/[1+\exp(b_0+b_1x_1+\cdots+b_Kx_K)]$。如果观测(预报量和预报因子)的 n 个集合是独立的，那么 $K+1$ 个回归参数的联合似然，只是 n 个单独似然的乘积，或

$$\Lambda(b)=\prod_{i=1}^{n}\frac{y_i\exp(b_0+b_1x_1+\cdots+b_Kx_K)+(1-y_i)}{1+\exp(b_0+b_1x_1+\cdots+b_Kx_K)}. \tag{7.30}$$

因为 y 是二元的[0,1]变量，对 $y_i=1$，式(7.30)中的每个因子等于 p_i；对 $y_i=0$，因子等于 $1-p_i$。与通常一样，根据最大化对数似然估计回归参数是更方便的

$$\begin{aligned}L(\mathbf{b})&=\ln[\Lambda(\mathbf{b})]\\&=\sum_{i=1}^{n}\{y_i(b_0+b_1x_1+\cdots+b_Kx_K)-\ln[1+\exp(b_0+b_1x_1+\cdots+b_Kx_K)]\}\end{aligned} \tag{7.31}$$

式(4.1)中的组合因子已经被省略了，因为它不包括未知的回归参数，所以将不影响确定函数最大值的过程。通常用统计软件求解使这个函数最大化的 b 值，使用比如第 4.6.2 节或第 4.6.3 节中的迭代方法。

使用被称为*偏差分析*(analysis of deviance)的表(这类似于线性回归的 ANOVA 表(见表(7.3))，一些软件能够显示与最大似然拟合效能有关的信息。关于偏差分析的更多知识可以从比如 Healy(1988)或 McCullagh 和 Nelder(1989)的文献中学习，尽管偏差分析表的思想是似然比检验(式(5.19))。随着更多的回归因子和更多的回归参数被加到式(7.29)中，对数似然将随着更多自由范围被提供到适应资料而递增。是否这个增加充分大，以至于可以拒绝一个特定的更小的回归方程已经足够的原假设，根据对数似然相对于卡方分布差值的两倍判断，卡方分布的自由度 v 等于原假设的回归与正被考虑的更精细的回归之间参数个数的差值。

当一个单个的候选 logistic 回归与一个零模型比较的时候，似然比检验是合适的。H_0 常常指定除 b_0 以外的所有回归参数为 0，这个例子中被致力解决的问题，是被考虑的预报因子 x 是否可以被证明为赞同 $b_0=\ln\left[\sum y_i/n/(1-\sum y_i/n)\right]$ 的常数(无预报因子)模型。然而，如果多个备择 logistic 回归被考虑，那么对每个备择 logistic 回归来说，计算似然比检验增加了检验的多样性问题(见第 5.4.1 节)。在这样的例子中，对每个候选模型计算贝叶斯信息标准(BIC)统计量(Schwarz，1978)

$$BIC=-2L(\mathbf{b})+(K+1)\ln(n) \tag{7.32}$$

或 Akaike 信息标准(AIC)(Akaike，1974)

$$AIC=-2L(\mathbf{b})+2(K+1) \tag{7.33}$$

是更好的。AIC 和 BIC 统计量，由对数似然负值的两倍加上对拟合参数数目的补偿项组成，首选的回归将是最小化选择标准的那一个。对 n 很大的问题来说，BIC 统计量通常是更好的，因为随着 $n\to\infty$，选择考虑的模型正确的分类成员的概率接近 1；但是对较小的样本容量来说，BIC 经常选择比根据资料证明的模型更简单的模型，这种情况中 AIC 可能是首选。

例 7.4　REEP 与 logistic 回归的比较

图 7.12 比较了来自表 A.1 中 1987 年 1 月资料的 REEP(虚线)与 logistic 回归(实线)的结果。预报量是伊萨卡(Ithaca)的日降水量，用 $c=0$ 的式(7.25)变换到二元变量。即，如果降水为 0，则 $y=0$，否则 $y=1$。预报因子是同一天的伊萨卡(Ithaca)最低温度。REEP(线性回归)方程用普通的最小二乘法拟合，得到 $b_0=0.208$ 和 $b_1=0.0212$。如果温度因子小于 -9.8 ℉，那么这个方程指定降水概率为负，如果最低温度大于 37.4 ℉，那么指定降水概率大于 1。用最大似然拟合，logistic 回归的参数为 $b_0=-1.76$ 和 $b_1=0.117$。在大部分温度范围，logistic 回归曲线产生了类似于 REEP 的概率，但是通过式(7.29)的函数形式，它被限制到位于 0 与 1 之

间，甚至对预报因子的极值也是这样。

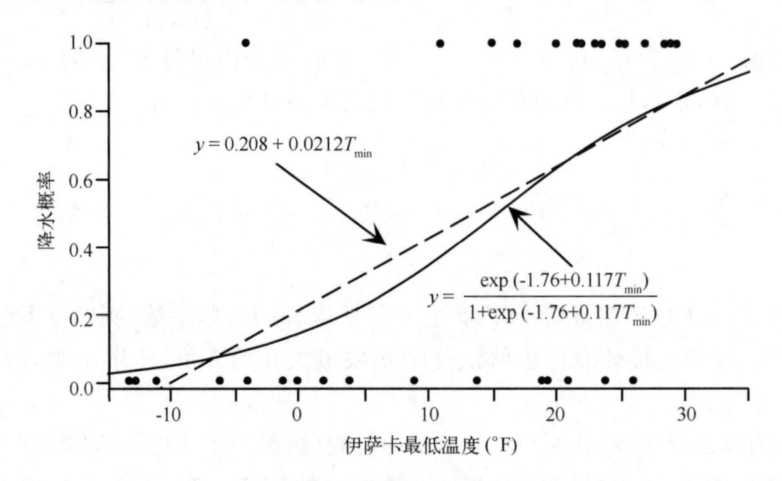

图 7.12　使用表 A.1 中 1987 年 1 月资料集，用 REEP（虚线）和 logistic 回归（实线）回归概率做预报的比较。线性函数用最小二乘法拟合，而对数曲线用最大似然拟合到通过圆点表示的资料。如果伊萨卡（Ithaca）降水大于 0，那么二元预报量 $y=1$，否则 $y=0$。

对于有一个（$K=1$）预报因子的 logistic 回归来说，最大化式（7.31）是足够简单的，牛顿-辛普森方法（见第 4.6.2 节）可以很容易地实现，并且对较差的参数初猜值具有相当好的鲁棒性。对于这个问题式（4.76）的对应式为

$$\begin{bmatrix} b_0^* \\ b_1^* \end{bmatrix} = \begin{bmatrix} b_0 \\ b_1 \end{bmatrix} - \begin{bmatrix} \sum_{i=1}^{n}(p_i^2 - p_i) & \sum_{i=1}^{n}x_i(p_i^2 - p_i) \\ \sum_{i=1}^{n}x_i(p_i^2 - p_i) & \sum_{i=1}^{n}x_i^2(p_i^2 - p_i) \end{bmatrix}^{-1} \begin{bmatrix} \sum_{i=1}^{n}(y_i - p_i) \\ \sum_{i=1}^{n}x_i(y_i - p_i) \end{bmatrix} \tag{7.34}$$

式中：p_i 为回归参数 b_0 和 b_1 的函数，也依赖于预报因子资料 x_i，正如式（7.29b）中显示的。关于 b_0 和 b_1 的对数似然（式（7.31））的一阶导数，隐含在最右边的方括号内的向量中，而二阶导数被包含在逆矩阵中。对参数（b_0，b_1）用一个初猜值开始，校正的参数（b_0^*，b_1^*）被计算，然后对下一次迭代再代入式（7.34）的右边。例如，最初假定伊萨卡（Ithaca）最低温度与二元降水结果无关，所以 $b_0=-0.0645$（对常数 $p=15/31$，观测比值比（odds ratio）的对数），$b_1=0$；对第1次迭代校正的参数是 $b_0^*=-0.0645-(-0.251)(-0.000297)-(0.00936)(118.0)=-1.17$，$b_1^*=0-(0.00936)(-0.000297)-(-0.000720)(118.0)=0.085$。对常数模型来说，这些校正的参数使对数似然从 -21.74（强加 $b_0=-0.0645$ 和 $b_1=0$，用式（7.31）计算）增加到 -16.00。4 次迭代后这个算法已经收敛，最终（最大）对数似然为 -15.67。

伊萨卡（Ithaca）最低温度与降水概率之间的对数关系，在统计上是显著的吗？这个问题可以用似然比检验（式（5.19））阐明。合适的原假设是 $b_1=0$，所以对拟合回归来说，$L(H_0)=-21.47$，$L(H_A)=-15.67$。如果 H_0 为真，那么观测的检验统计量 $\Lambda^*=2[L(H_A)-L(H_0)]=11.6$，是来自 $v=1$ 的卡方分布的一个现实（两个回归之间参数数目的差值），这个检验是单尾的，因为检验统计量的小值有利于 H_0。查阅表 B.3 的第一行，显然这个回归在 0.1% 的水平是显著的。

7.3.3　泊松回归

残差分布不能用高斯分布较好表示的另一种回归背景，是预报量由计数数字组成的例子；即，每个 y 是一个非负整数。特别是如果这些计数趋向于很小，残差分布很可能是非对称的，我们可能希望回归对预报负计数的这些资料不是非零概率。

计数资料的一个自然的概率模型是泊松分布（式(4.11)）。回想一下，回归函数的一种解释，是已知预报因子的特定值，求预报量的条件平均值。如果根据一个回归，预报的结果是泊松分布的计数，但是泊松参数 μ 可能依赖于一个或更多个预报因子变量，那么我们可以用连接函数 $g(\mu)=\ln(\mu)$ 构建一个回归来指定泊松平均值为那些预报因子的一个非线性函数。那么得到的 GLM 可以写为

$$\ln\mu_i = b_0 + b_1 x_1 + \cdots + b_K x_K \tag{7.35a}$$

或

$$\mu_i = \exp(b_0 + b_1 x_1 + \cdots + b_K x_K) \tag{7.35b}$$

式(7.35)不是可以被用到这个目的的唯一函数，但是用这种方式设计问题，随后的数学处理相当容易，对数连接函数确保预报的泊松平均值为非负。泊松回归的一些应用在 Elsner 和 Schmertmann(1993)、Elsner 等(2001)、McDonnell 和 Holbrook(2004)、Paciorek 等(2002)、Parisi 等 Lund(2008)及 Solow 和 Moore(2000)的文献中进行了描述。

对于以相应的预报因子变量 $x_i=\{x_1, x_2, \cdots, x_K\}$ 为条件的 y_i 来说，已经根据泊松分布设计了回归，参数拟合的自然方法是最大化根据回归参数写出的泊松对数似然。再次假定 n 个资料之间独立，对数似然为

$$L(\mathbf{b}) = \sum_{i=1}^{n}\left[y_i(b_0 + b_1 x_1 + \cdots + b_K x_K) - \exp(b_0 + b_1 x_1 + \cdots + b_K x_K)\right] \tag{7.36}$$

其中来自式(4.11)的分母包括 $y!$ 的项已经被省略了，因为它不包括未知的回归参数，所以将不影响此函数求最大值的过程。对式(7.36)用解析方法求最大值通常是不可能的，所以统计软件将采用迭代法来近似求解这个最大值，通常使用第 4.6.2 节或第 4.6.3 节讲述的方法之一。例如，如果存在一个($K=1$)预报因子，牛顿-拉弗森方法（见第 4.6.2 节）根据下式迭代求解

$$\begin{bmatrix} b_0^* \\ b_1^* \end{bmatrix} = \begin{bmatrix} b_0 \\ b_1 \end{bmatrix} - \begin{bmatrix} -\sum\limits_{i=1}^{n}\mu_i & -\sum\limits_{i=1}^{n}x_i\mu_i \\ -\sum\limits_{i=1}^{n}x_i\mu_i & -\sum\limits_{i=1}^{n}x_i^2\mu_i \end{bmatrix}^{-1} \begin{bmatrix} \sum\limits_{i=1}^{n}(y_i-\mu_i) \\ \sum\limits_{i=1}^{n}x_i(y_i-\mu_i) \end{bmatrix} \tag{7.37}$$

式中：μ_i 是与式(7.35b)中定义的回归参数的第 i 个集合的函数一样的条件平均值。式(7.37)是拟合伽马分布的式(4.76)和逻辑斯谛回归的式(7.34)的对应公式。

例 7.5　泊松回归

考虑表 7.5 中纽约州报告的 1959—1988 年每年的龙卷风数量。图 7.13 显示了这些龙卷风数量，作为伊萨卡(Ithaca)相应年 7 月平均温度的函数。实曲线是泊松回归函数，而虚线表示普通的线性最小二乘线性拟合。在训练资料的整个范围内，泊松回归的非线性是相当适合的，虽然不管预报因子变量的量级多大，回归函数都严格地保持为正。

表 7.5 纽约州报告的 1959—1988 年每年龙卷风的数量。

1959	3	1969	7	1979	3
1960	4	1970	4	1980	4
1961	5	1971	5	1981	3
1962	1	1972	6	1982	3
1963	3	1973	6	1983	8
1964	1	1974	6	1984	6
1965	5	1975	3	1985	7
1966	1	1976	7	1986	9
1967	2	1977	5	1987	6
1968	2	1978	8	1988	5

这个关系是弱的但稍微为负。泊松回归的显著性，通常用似然比检验(式(5.19))进行判断。对 $K=1$ 最大对数似然(式(7.36))是 74.26，而只有截距 $b_0=\ln(\sum y/n)=1.526$ 的对数似然是 72.60。$\Lambda^*=2(74.26-72.60)=3.32$ 与表 B.3 中 $v=1$ 的卡方分布的分位数相比(拟合参数数量的差值)，表明在 10%的水平 b_1 可以判断为显著的不同于 0，但在 5%的水平上不显著。对线性回归，斜率参数 b_1 的 t 比率是 −1.86，意味着双尾 p 值为 0.068，本质上这是一个等价的结果。

图 7.13 中泊松与线性回归之间的主要差别是残差分布，以及因此关于具体预报值的概率陈述。例如，考虑当 $T=70$ ℉时的龙卷风数量。对线性回归来说，$\hat{y}=3.92$ 个龙卷风，高斯分布的 $s_e=2.1$。近似到最近的整数值(即使用连续订正)，假定残差为高斯分布的线性回归，意味着负龙卷风数量的概率为 $\Phi[(-0.5-3.92)/2.1]=\Phi[-2.10]=0.018$，而不是真实的 0 值。另一方面，以70 ℉的温度为条件，泊松回归指定龙卷风的数量，将是平均值为 $\mu=3.82$ 的泊松变量的分布。使用这个平均值，式(4.11)得到 $\Pr\{Y<0\}=0$，$\Pr\{Y=0\}=0.022$，$\Pr\{Y=1\}=0.084$，$\Pr\{Y=2\}=0.160$，等等。

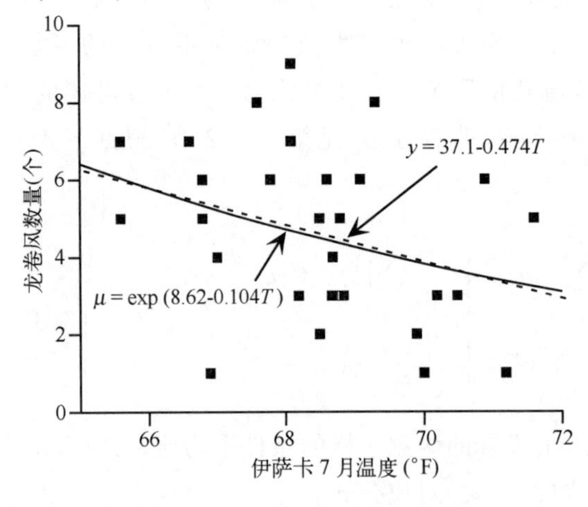

图 7.13 作为同一年中伊萨卡(Ithaca)7 月平均温度的函数，1959—1988 年纽约州每年龙卷风的数量(表 7.5)。实曲线表示用最大似然(式(7.37))的泊松回归拟合，而虚线表示普通的最小二乘线性回归。

7.4 预报因子的选择

7.4.1 为什么精心选择预报因子是重要的

几乎总是存在比统计预报程序中可以使用的更多的潜在预报因子，在特定的例子中，找到这些因子的好的子集，比最初想象的还要困难。这个过程绝对不是像增加潜在预报因子的列表成员，一直到得到一个明显很好的关系那么简单。可能令人惊讶的是，在一个预报方程中，包括过多的预报因子变量反而存在危险。

例 7.6　一个过拟合回归

为了举例说明过多预报因子的危险，表 7.6 显示了从 1980 年开始到 1986 年的 7 个冬季伊萨卡(Ithaca)冬季总降雪量(英寸)和从一个年鉴(Hoffman,1988)中任意选取的 4 个潜在预报因子：美国联邦政府的赤字(以 10 亿美元计)，美国空军人员的数量，美国绵羊的只数(以千计)，以及将要上大学的高中生学术倾向测试(SAT)的平均分数。很明显这些是毫无意义的预报因子，它们与伊萨卡(Ithaca)的降雪量没有真实的关系。

表 7.6　举例说明过拟合危险性的一个小资料集。非气候资料取自 Hoffman(1988)。

冬季开始年份	伊萨卡降雪量(in)	美国联邦政府赤字(deficit)(×10⁹ $)	美国空军人员数量(人)	美国绵羊(Sheep)数量(×10³ 只)	平均 SAT 分数
1980	52.3	59.6	557 969	12 699	992
1981	64.9	57.9	570 302	12 947	994
1982	50.2	110.6	582 845	12 997	989
1983	74.2	196.4	592 044	12 140	963
1984	49.5	175.3	597 125	11 487	965
1985	64.7	211.9	601 515	10 443	977
1986	65.6	220.7	606 500	9 932	1 001

不管它们根本就不存在关系，我们盲目地把这些预报因子提供到一个计算机回归包中，它将产生一个回归方程。为了更加简洁清晰，假定回归只使用 1980 年开始到 1985 年的 6 个冬季。用来产生预报方差的那部分可用资料，被称为发展样本，依赖样本，或训练样本(developmental sample, dependent sample, training sample)。对于 1980—1985 年的发展样本，得到的方程是

$$Snow = 1161771 - 601.7yr - 1.733deficit + 0.0567\ AFpers. - 0.3799\ sheep + 2.882\ SAT$$

与这个方程一起的 ANOVA 表显示 $MSE=0.0000$，$R^2=100.00\%$，$F=\infty$，即这是一个完美拟合。

图 7.14 显示了回归得到的降雪总量(线段)和观测资料(圆圈)的图。对这个资料的发展样本部分，回归确实精确表示了资料，正如 ANOVA 统计量显示的，即使指定关系的预报因子变量没有物理意义。事实是，实际上，对 6 个发展资料点，任意的 5 个预报因子都可以精确地产生相同的完美拟合(尽管有不同的回归系数 b_k)。更一般的，对存在 n 个观测的任意预报量，任意 $K=n-1$ 个预报因子都将产生一个完美的回归拟合。对 $n=2$ 的例子，这个概念最容易明白，其中使用任意的 $K=1$ 个预报因子(简单线性回归)都可以拟合一条直线，因为在平面中通过任意两点的直线都能够找到，为了定义一条直线只有截距和斜率是必需的。然而，这个问题能推广到任意的样本容量。

这个例子演示了过拟合资料的一个极端例子。即，如此多的预报因子被使用，以至于得到了基于非独立资料的一个完美拟合，但是当使用在方程发展中没用到的独立或检验资料时，这个拟合关系则分崩离析。这里 1986 年的资料已经被保留作为一个检验样本。图 7.14 显示在训练样本外面这个方程表现得非常差，产生了 1986—1987 年期间负降雪的无意义预报。注意

过拟合问题不仅局限于在预报方程中使用无意义预报因子的例子，当过多有意义的预报因子被包括的时候也有这个问题。

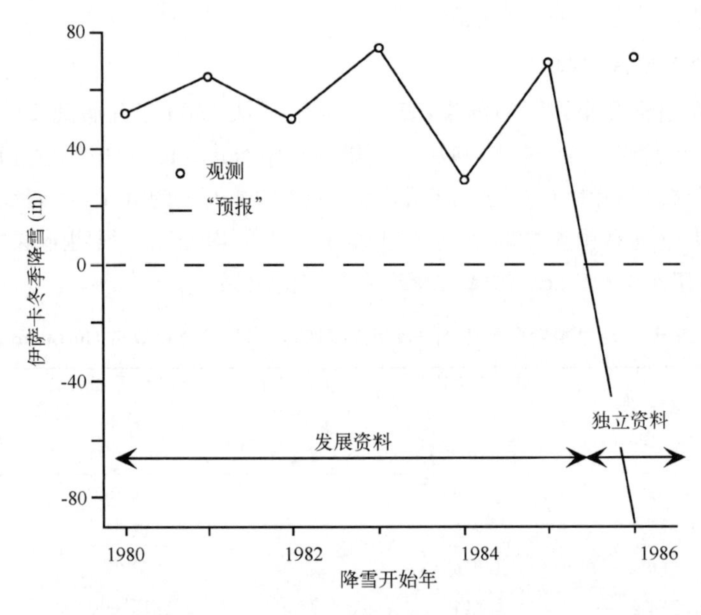

图 7.14　用表 7.6 中的资料预报伊萨卡(Ithaca)冬季降雪量。预报因子的数量比发展资料中预报量的观测数小一个，产生了由回归得到的值和这部分记录预报量资料之间完美的对应。当对使用 1986 年的资料的时候，这个关系完全土崩瓦解，1986 年的资料在方程拟合时没有使用。该回归方程被严重地过拟合了。

这是十分荒唐可笑的，从例 7.6 中可以得到几个重要的教训：

(1)只选择物理上合理，或有意义的潜在预报因子，发展回归方程。例如，如果关注的预报量是地面温度，那么与温度有关的预报因子，比如 1 000～700 hPa 厚度(反映了该层中平均的虚温)，700 hPa 相对湿度(可以作为云的代用资料)，或预报日期的气候平均温度(表示温度的年循环)，可能是有意义的候选预报因子。因为我们的理解是云只在饱和空气中形成，所以也可以预计基于 700 hPa 相对湿度的二元变量，也会对回归方差做出有意义的贡献。这个教训的一个推论是，一个对物理问题有深刻洞察("领域专家")并且了解统计的人，在设计预报方程的时候可能比一个统计学家更加成功。

(2)一个试验性的回归方程，需要在不涉及其发展过程的资料样本中进行检验。处理这个重要步骤的一种简单方式，是保留可用资料的一部分(或许四分之一、三分之一或一半)作为独立检验集合，用剩余的资料作为训练集拟合回归方程。得到的方程的性能，非独立资料比独立资料几乎总是更好，因为(在最小二乘回归的例子中)系数已经被明确选择为在发展资料中最小化残差平方。如果非独立样本与独立样本之间，在性能上存在很大的差别，导致怀疑方程可能已经被过拟合了。

(3)如果得到的方程是稳定的，那么我们需要一个相当大的发展样本。稳定性通常被理解为拟合系数也可以应用到独立(即将来)的资料，所以如果基于同类资料的不同样本，那么系数实际上是不变的。以合理精度估计的系数的数目，随样本容量的增加而增加，尽管在天气预报实践中，人们经常发现在最终的回归方程中，包括多于 12 个预报因子变量几乎没有增益(Glahn，1985)。在那类预报应用中，在发展样本中通常存在预报量的数千个观测。令人遗憾的是，在最终的方程中并不存在一个严格的标准，来确定样本容量（预报量的观测数目）对预报因子变量数目的一个最小比值。相反，关于独立资料集的检验，在实践中确保回归的稳定性。

7.4.2 筛选预报因子

假定有一个特定问题潜在预报因子变量的集合，可以使用全部物理上相关，而排除全部无关因子的方式进行组合。这种理想的情况，如果不是永远无法做到，可能也是很少能做到的。然而，即使能够做到，在最终的方程中包括全部潜在预报因子通常并不是高效的。这是因为预报因子变量几乎总是互相关联的，所以潜在预报因子的完整集合包含冗余信息。例如，表 3.5 显示了表 A.1 中 6 个变量之间存在相当大的相关。引入强相互关联的预报因子，比引入过量因子效果更差，因为这个情况会导致对回归参数很差的估计（高方差的抽样分布）。那么，作为一个实际问题，在潜在的预报因子中我们需要有一种方法来进行选择，并且决定多少个因子或其中的哪些因子足以产生一个好的预报方程。

在统计天气预报的术语中，从一批潜在预报因子中挑选一个好的预报因子集的问题被称为*筛选回归*。因为潜在的预报因子必须服从某种筛选或过滤程序。在很多统计文献中，最通常使用的筛选过程被称为*逐步引入*或*逐步回归*。

假定对最小二乘线性回归来说，存在 M 个候选的潜在预报因子。我们用无信息的预报方程 $\hat{y}=b_0$ 开始逐步引入过程。即，只有截距项"在方程中"，这个截距必然是预报量的样本平均。在逐步引入的第一步，诊断全部 M 个潜在的预报因子与预报量线性关系的强度。实际上，计算可用的预报因子与预报量之间所有可能的 M 个简单线性回归，所有的候选预报因子中，线性回归最好的预报因子选为 x_1。那么，在筛选过程的这个阶段，预报方程是 $\hat{y}=b_0+b_1x_1$。注意一般来说截距 b_0 将不再是 y 值的平均。

在逐步引入的下一阶段，试验回归再次用剩余的所有 $M-1$ 个预报因子构建。然而，所有的这些试验回归也包含前面的一步选择的变量 x_1。即，已知前面的一步选择的特定的 x_1，产生最优回归 $\hat{y}=b_0+b_1x_1+b_2x_2$ 的预报因子变量被选择为 x_2。这个新的 x_2 是经过验证为最优的，因为它产生 $K=2$ 个预报因子的回归方程，该方程也包括前面选择的 x_1，有最高的 R^2、最小的 MSE 和最大的 F 比值。

在逐步引入程序中，接下来的步骤正好服从这个模式：在每一步，潜在预报因子集中还不在回归方程中的成员被挑选出来，与前面步骤中已经选择的 $K-1$ 个预报因子一起，产生最好的回归。通常，当这些回归方程被重新计算的时候，截距与前面选择的预报因子的回归系数将改变。发生这些变化是因为在或大或小程度上，预报因子都存在相关，所以随着更多的预报因子加入到方程中，关于预报量的那些信息散布在不同的预报因子中。

例 7.7　用逐步引入发展方程

预报因子选择的概念，可以用表 A.1 中 1987 年 1 月温度和降水资料举例说明。正如对简单线性回归的例 7.1 中，预报量是卡南戴挂（Canandaigua）的最低温度。潜在预报因子集是伊萨卡（Ithaca）的最高、最低温度，卡南戴挂（Canandaigua）的最高温度，两个地方的降水量的对数加 0.01 in（为了对 0 降水定义对数），以及这个月的日期。图 7.9 中，在明显的趋势残差基础上包括日期预报因子。注意这个例子对统计天气预报来说是相当不真实的，因为在预报量（卡南戴挂（Canandaigua）的最低温度）被观测到之前的时刻，预报因子（除了日期）都是未知的。然而，用这个小资料集演示原理是非常好的。

图 7.15 图解逐步引入挑选预报因子的过程。每个表中的数字总结了在每一步所做的比较。对第一($K=1$)步，方程中还没有预报因子，所有的 6 个潜在预报因子都在考虑中。在这个阶段产生最好的简单线性回归的预报因子被选择，正如 6 个因子中由最小的 MSE 和最大的 R^2 和 F 比值显示的。这个最好的预报因子是伊萨卡(Ithaca)最低温度，所以试探性的回归方程正好是式(7.20)。

在第一阶段，已经选择了伊萨卡(Ithaca)的最低温度，还剩下 5 个潜在预报因子，这些因子被列在了 $K=2$ 的表中。这 5 个因子中产生了最优预报的那个被选择，也包括已经选择的伊萨卡(Ithaca)的最低温度。对这 5 个可能的两个因子回归的总结统计量，也显示在 $K=2$ 的表中。其中，包括伊萨卡(Ithaca)最低温度和日期作为两个预报因子的方程显然是最好的，对非独立资料来说，产生了 $MSE=9.2$ ℉^{2}。

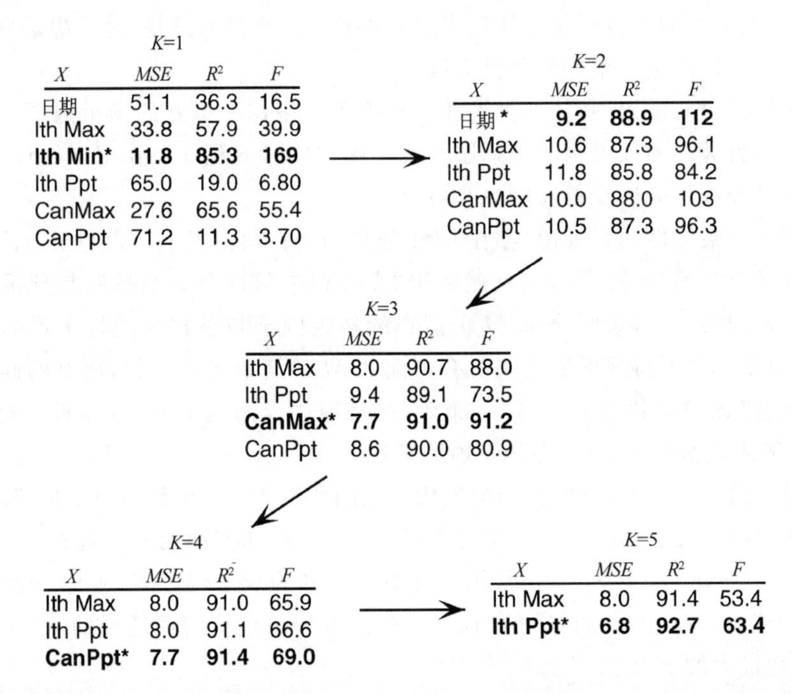

图 7.15 用资料集表 A.1 中除卡南戴挂(Canandaigua)最低温度的剩余变量加日期作为潜在的预报因子，发展卡南戴挂(Canandaigua)最低温度回归方程逐步引入的图解。在每一步中，如果某个变量的加入将产生 MSE 的最大下降，或等价地 R^2 或 F 的最大增加，那么该变量被选择(粗体，带星号)。在最后阶段($K=6$)，只有 Ith. Max 被选择，其引入将产生 $MSE=6.8$°F^2，$R^2=93.0\%$和 $F=52.8$。

现在方程中有这两个预报因子，在 $K=3$ 阶段，只剩下 4 个潜在的预报因子。其中，卡南戴挂(Canandaigua)的最高温度与方程中已有的两个预报因子一起产生了最好的预报，对非独立资料来说，得到 $MSE=7.7$ ℉^{2}。同样，在 $K=4$ 阶段，最好的预报因子是卡南戴挂(Canandaigua)的降水，在 $K=5$ 阶段，较好的预报因子是伊萨卡(Ithaca)的降水。对 $K=6$(所有的因子在方程中)，对非独立资料来说，$MSE=6.8$ ℉^{2}，$R^2=93.0\%$。

筛选回归的另一种方法，被称为逐步剔除。逐步剔除的过程与逐步引入类似，但方向相反。这里最初的阶段是包含所有 M 个潜在预报因子的回归 $\hat{y}=b_0+b_1x_1+b_2x_2+\cdots+b_Mx_M$，所以如果 $M\geqslant n$，那么逐步剔除在计算上是不可行的。在逐步剔除过程的每一步，最不重要的预报因子变量从回归方程中被剔除。剔除的变量是相对于其估计的标准误差，系数的绝度值最小的那个变量。根据以前给出的样本回归输出表，剔除的变量将显示最小的(绝对值)t 比值。与逐步引入一样，如果(正如通常的例子)预报因子是相互关联的，那么对剩余变量的回归系数要求重新计算。

对最终的回归方程来说，逐步引入和逐步剔除无法保证在潜在预报因子集中选择相同的子集。也存在多元回归的其他预报因子选择方法，并且这些方法更有可能选择不同的子集。在这些选择方法中，可能没有选择"正确的"预报因子变量集，起初这可能是令人不安的，但是作为一个实际问题，在产生作为预报工具使用的方程的背景中，这通常不是一个重要问题。预报因子变量中的相关性经常导致预报量的相同信息，实际上，这可以从潜在预报因子的不同子集中提取。因此，如果回归分析的目的只是产生预报量适度精确的预报，那么凭经验，挑选预报因子集合的暗箱方法，实际上完全足够了。然而，在一个研究背景中我们不应该自满，因为回归分析的一个目的是找到与预报量有关的最直接的有明确物理机理的预报因子变量。

7.4.3　停止准则

逐步引入或逐步剔除要求有一个停止标准或停止准则。没有这样的一个准则，逐步引入将持续到所有的 M 个候选预报因子变量被包括进回归方程，逐步剔除将持续到所有的预报因子被剔除。作为通过计算机回归软件得到的回归参数和其名义上的 p 值，找到这个停止点似乎是评估检验统计量的一个简单问题。然而令人遗憾的是，因为预报因子被选择的方式，这些暗含的假设检验不是可以定量应用的。对于进入或剔除，在每一步(引入或者排除)中预报因子变量不是随机选择的，而是在可用的选择中分别挑选最好或最差的。尽管这好像只是一个很小的区别，但是它可能得到完全不一样的结论。

取自 Neumann 等(1977)的研究，用图 7.16 对这个问题进行了举例说明。当存在$n=127$ 个预报量的观测值时，这个图中表示的特定问题为从 M 个潜在预报因子集中，正好选择 $K=12$ 个预报因子变量。忽略非随机预报因子的选择问题，将导致我们宣布任意回归都是显著的，因为 ANOVA 表中 F 比值大于名义上的临界值 2.35。这个值将对应于最小的 F 比值，在 1%的显著性水平下，必然拒绝预报量与 12 个预报因子之间没有真实关系的原假设。标注为经验 F 比值的曲线使用一个再抽样检验得到，在一个逐步引入过程中，相同的气象预报因子被用来预报 100 个人造资料集(每个资料集由 $n=127$ 个独立高斯随机数组成)。这个过程模拟了与原假设一致的情况，即预报因子与预报量没有真实的关系，而自动保留这个特定的预报因子集之间的相关。

图 7.16 表明，名义上的回归诊断只在 $K=M$ 的例子中才能给出正确的答案，因为所有的 $M=12$ 个潜在预报因子必须被用来构建 $K=12$ 个预报方程，所以预报因子的选择是确定的。当逐步引入过程中，有更大数目 $M>K$ 个潜在预报因子变量可以用来选择时，真实的临界 F 比值是更高的，并且有时高出一个相当大的量。即使再抽样过程中潜在的预报因子没有一个与人造的(随机)预报量存在任何的真实关系，逐步引入过程中选择与预报量有最高相关的那些预报因子，而这些关系显然导致了更大的 F 比值统计量。换句话说，通过更多的潜在预报因子被提供到逐步引入过程，其增加的量导致与名义上的临界 $F=2.35$ 有关的 p 值增加太大(更小的显著性)。为了强调这个问题的严重性，图 7.16 的情况中，对非常严格的 0.01%水平检验，名义上的 F 比值大约只有 3.7。如果只依赖名义上的临界 F 比值，实际结果，是有更多的预报因子进入最终方程，这时有过拟合的危险图 7.16 中的 F 比值是便于阐明过拟合影响

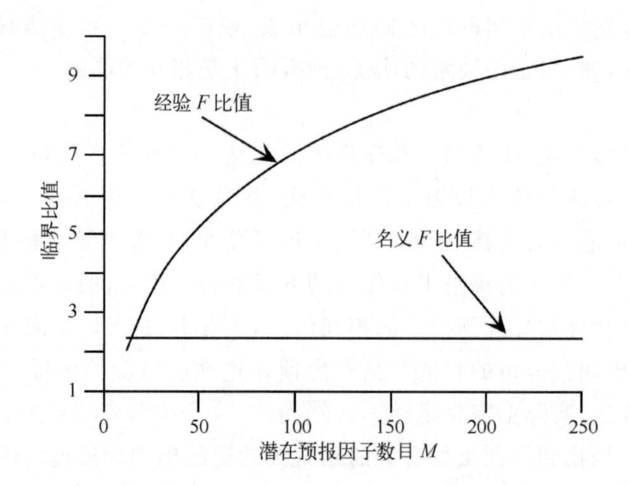

图 7.16 在一个特定的回归问题中，作为潜在预报因子变量数目 M 的函数，对总体显著性来说，名义上与经验上(再抽样)估计的临界($p=0.01$)F 比值的比较。样本容量是 $n=127$，在最终的每个回归方程中最优的 $K=12$ 个预报因子被引入。名义上的 F 比值 2.35 只可应用于 $M=K$ 的情形。当逐步引入过程能从多于 K 个潜在预报因子中选择的时候，F 比值的真实临界值高得多。随着 M 的增加，名义上和真实值之间的距离变宽。引自 Neumann 等(1977)。

的单一数量的回归诊断，但是这些影响也可能反映在 ANOVA 表的其他方面。例如，当 $M \gg K$ 时，优选的单个预报因子，如果不是全部，也是大部分名义上的 t 比值的绝对值都大于 2，这样错误地得到了与(随机的)预报量有意义的关系。

遗憾的是，图 7.16 中的结果只可以应用到其被导出的资料集。为了采用这种方法估计再抽样方法的真实临界 F 比值，对每次回归必须重复拟合，因为潜在的预报因子变量之间的统计关系在不同的资料集中是不同的。实际上，通常采用其他的更不严格的停止标准。例如，在逐步引入中，根据一个指定的量，比如 0.05%，当剩余的预报因子都不能减少 R^2 时，我们可以停止增加因子。

停止标准也可以基于 MSE。直觉上这个选择是吸引人的，因为作为回归函数附近的残差的标准偏差，$\sqrt{MSE}$ 直接反映了一个回归预期的精度。例如，如果一个回归方程被开发用来预报地面温度，如果 MSE 已经是0.01 ℉^{2}，那么增加更多的预报因子可能改进很少，因为这将表示在大约$\pm 2\sqrt{0.01}$ ℉$^2 = \pm 0.2$℉的预报值周围一个$\pm 2s_e$(即大约 95%)的预测区间。只要预报因子 K 的数量充分小于样本容量 n，对发展样本来说，增加更多的预报因子变量(甚至是无意义的因子)将减少 MSE。在图 7.17 中，这个概念被示意性地做了举例说明。理论上，在增加更多的预报因子时 MSE 不再显著下降的点处，可以启动停止标准，图 7.17 中显示的假设例子中，可能在 $K=12$ 个预报因子处。

图 7.17 显示独立资料集得到的 MSE 将比发展资料更大。这个结果应该不会令人感到惊讶，因为对发展资料来说，最小二乘拟合过程通过最小化 MSE 优化参数值起作用。与独立资料得到的 MSE 比较，由发展资料预报方程得到的 MSE 的低估有时被称为人造技巧(artificial skill)(Davis, 1976; Michaelson, 1987)。发展资料集与独立资料集之间 MSE 差值的大小不能只根据使用发展资料的回归结果确定。即，如果只看发展资料的回归拟合，我们无法知道独立资料最小 MSE 的值。我们不知道是否它将出现在一个相似的点(图 7.17 中在 $K=12$ 附

近),也不知道方程是否已经过拟合了,以及独立资料的最小 MSE 是否将出现在一个充分小的 K 处。这个情况是令人遗憾的,因为发展预报方程的目的,是用现在已经出现的预报量的观测值确定将来未知的预报量的值。

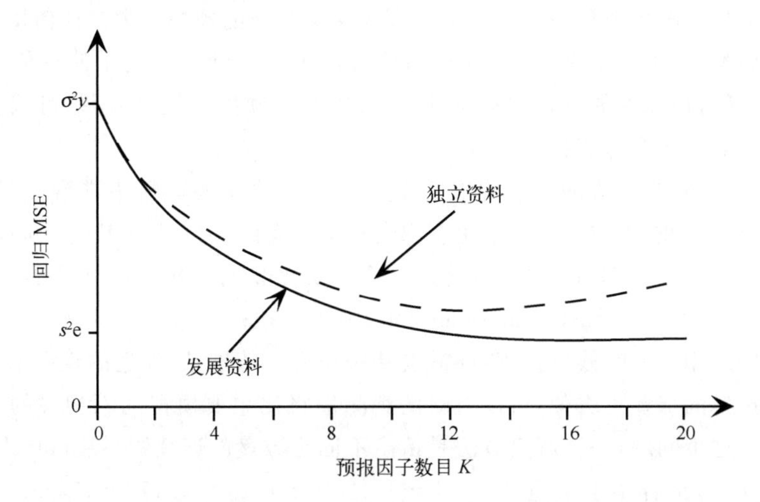

图 7.17　对于发展资料(实线)和对独立检验集合(虚线),回归 MSE 作为方程中预报因子变量数目 K 的函数的示意图。引自 Glahn(1985)。

图 7.17 也显示,对于预报,精确的停止点通常不是必需的,只要它近似正确即可。此外,这是因为在 K 的最优值附近的一个范围内,MSE 倾向于相对变化很小,并且对于预报来说,是最小化 MSE,而不是重要预报因子的身份确认,得到的回归系数的大小可以导致显著的物理认识。这个例子中不是减少预报的 MSE(本身这是被要求的),而是通过分析确定特定变量之间的因果关系。

7.4.4　交叉验证

天气预报中经常用的预报方程,是使用发展方程期间没有使用的独立资料样本进行检验。通过这种方式,一旦数量 K 和预报因子被确定,那么图 7.17 中 MSE 的实线和虚线之间距离的估计,可以直接从保留的资料中进行。如果认为预报精度的恶化(即 MSE 不可避免地增长)可以接受,那么该方程可以在业务上使用。

保留一个独立检验资料集的这个过程,实际上是一种被称为交叉验证(cross validation)技术的一个特例(Efron and Gong, 1983;Efron and Tibshirani, 1993;Elsner and Schmertmann, 1994;Michaelson, 1987)。交叉验证,通过在资料子集上重复整个拟合过程的未知资料,模拟将来的预报,然后诊断每个子集留出的资料所做的预报。最经常使用的程序被称为留一交叉验证,其中拟合过程被重复 n 次,每次有一个容量为 $n-1$ 的样本,因为在拟合过程的每次重复中,一个预报量及其对应的预报因子集被留出。结果是得到 n 个(经常只是稍微)不同的预报方程。

通过每次删除掉一个,然后从剩余的 $n-1$ 个资料值的发展方程进行预报,对这些方程中的每一个计算预报和观测预报量之间的平方差,并且求 n 个平方差的平均值,计算预报的 MSE 的交叉验证估计。这样,留一交叉验证,允许每个观测值作为独立资料,使用预报量的全部 n 个观测值来估计预报的 MSE。

应该强调的是交叉验证训练的每次重复是整个拟合算法的一次重复，而不是使用 $n-1$ 资料值从全部资料集导出的特定统计模型的一个修改。特别是，对不同交叉验证的子集来说，不同的预报变量必须被允许进入。DelSole 和 Shukla(2009)给出了一个警告的分析，表明不遵守这个规则可能导致随机数预报因子展示了真实交叉验证的预报能力。任何资料变换(例如，关于气候值的标准化)也需要被定义(并且因此可能被重新计算)，为了使它们对方程没有影响，变换不涉及任何被保留的资料。然而，被用来做业务预报的最终方程，可以在我们对交叉验证结果满意之后使用全部资料进行拟合。

可以对任意 m 个被保留的资料点和容量为 $n-m$ 的发展资料集进行交叉验证(Zhang，1993)。在这个更全面的例子中，可以采用全部资料集所有的$(n!)/[(m!)(n-m)!]$个可能的分类。特别是当样本容量 n 较小，并且将使用一个相关度量对预报进行评估的时候，一次留出$m>1$个值可能是有利的(Barnston and van den Dool，1993)。

当资料是序列相关的时候，交叉验证需要特别小心。特别是，邻近的观测值的资料记录将倾向于比随机选择的那些更类似，所以省略的观测值将比想要模拟的不相关的未来观测值更容易预报。对于这个问题，一种解决方法是留出不固定数量的连续资料块(block)L，所以拟合过程在容量为 $n-L$ 的样本上被重复 $n-L+1$ 次(Burman *et al.*，1994；Elsner and Schmertmann，1994)。对于在交叉验证拟合中，使用的其中间值与最近资料之间相关很小的情况来说，块长 L 被选择为足够大，而只对中间值做交叉验证预报。对于 $L=1$，这个滑动块交叉验证退化为留一交叉验证。

对可以使用序列相关资料，以及对大样本的不相关资料更好的留一交叉验证的另一种方法是连续留出 L 个不相重叠的资料块中的一个。例如，对于 $L=5$，5 倍交叉验证重复拟合过程 5 次，每次有 20%的资料留作检验。$L=n$ 产生了留一过程。Hastie 等(2009)建议使用 $L=5$ 或 $L=10$。

例 7.8　用交叉验证预防过拟合

例 7.7 中已经使用了全部的现有发展资料来拟合回归方程，这样做能确保预报方程不被过拟合吗？根本上，如何进行回归需要一个判断标准。在目前的例子中，为了实现这个目的，交叉验证是一个特别适合的工具，因为如果一大部分资料必须留作检验样本，小($n=31$)样本可能是不够的。

图 7.18 评估了用逐步引入得到的 6 个回归方程的 *MSEs*。该图与图 7.17 中的理想资料有相同的形式。实线表示在发展样本上得到的 *MSE*，根据图 7.15 按顺序增加预报因子得到。因为对发展资料来说，回归正好选择最小化 *MSE* 的那些系数，当这个方程被应用到独立资料时，这个量预计是更高的。到底多么高的估计由来自交叉验证样本的 *MSEs* 给出(虚线)。因为这些资料是自相关的，简单的留一交叉验证被认为低估了预报的 *MSE*。这里交叉验证已经被省略掉长度为 $L=7$ 的连续天数的块执行。因为预报量滞后 1 的自相关近似为 $r_1=0.6$，自相关函数显示了近似的指数衰减(类似于图 3.20 中的情形)，7 天滑动块和方程拟合使用的最近资料之间的相关是$0.6^4=0.13$，相应的 $R^2=1.7\%$，表明接近独立。

图 7.18 中的每个交叉验证点，表示块中心预报量的观测值与由拟合到除块中资料之外所有资料的回归方程产生的预报值之间的 25 个($=31-7+1$)差值平方的平均值。根据通常的逐步引入算法，预报因子被加到这些方程中的每一个。对全部的资料集来说，预报因子被加进这 25 个回归之一的顺序通常与图 7.15 相同，但是这个顺序并不是一定要应用到交叉验证样本；实际上对某些资料划分来说，顺序可以是不同的。

图 7.18 中虚线和实线之间的差别，指示将来独立资料预期的预报误差（虚线），而从非独立资料的 *MSE* 推断来的那些误差由 ANOVA 表给出（实线）。交叉验证最小的 *MSE* 在 $K=3$ 处，表明对这些资料来说，最好的回归可能有三个预报因子，对独立资料，它应该产生大约 9.1 ℉^{2} 的预报 *MSE*，得到 $\pm 2s_e$ 的置信界限为 ±6.0 ℉。

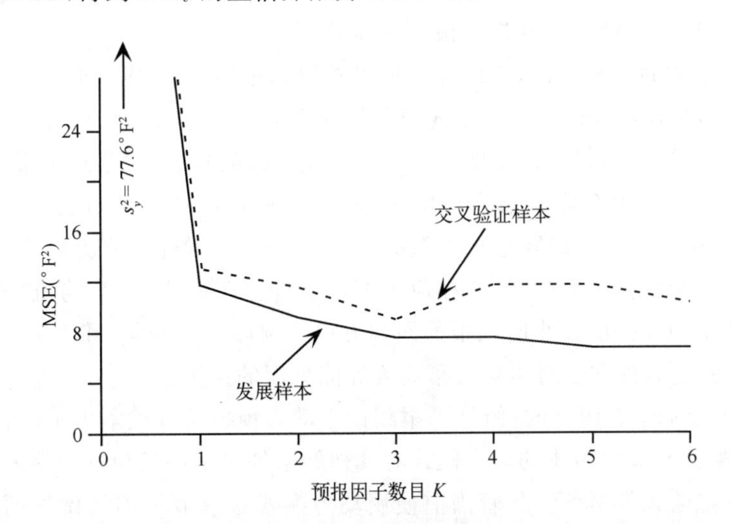

图 7.18　使用附录 A 中 1987 年 1 月资料，作为因子数量函数的残差均方误差图，指定的卡南戴挂（Canandaigua）最低温度为回归预报因子。实线表示发展资料的 *MSE*（图 7.15 中有星号的预报因子）。虚线表示独立资料得到的 *MSE*，其中有相同数目的（可能不同的）预报因子，通过留出连续 7 天的块的交叉验证估计得到。这个图是对应于图 7.17 中理想资料的真实资料的例子。

结束交叉验证的话题之前，值得注意的是这个过程有时被错误地说为*刀切法*（jackknife），刀切法是第 5.3.5 节中介绍的一种相对简单的再抽样过程。这个混淆是可以理解的，因为刀切法计算上类似于留一交叉验证。然而，其目的是估计一个非参数抽样分布的偏差和/或标准差，并且只用一个单一样本中的资料。给定 n 个独立观测中的一个样本，刀切法的思想是重新计算关注的统计量 n 次，每次略掉资料值中不同的一个。那么对这个统计量抽样分布的属性，可以从作为结果的 n 个成员的刀切法分布推断出来（Efron 1982；Efron and Tibshirani 1993）。刀切法和留一交叉验证都具有在减少的容量为 $n-1$ 的样本上重复再计算的原理，但是交叉验证寻求推断将来的预报性能，而刀切法寻求非参数地描述一个样本统计量的抽样分布特征。

7.5　使用传统统计方法的客观预报

7.5.1　经典的统计预报

通过纯统计方法构建天气预报，即不使用流体动力天气预报模式的信息，被称为经典的统计预报。这个名字反映了使用纯统计方法具有悠久的历史，开始于动力预报信息可用之前。目前，动力预报的精度已经很高了，以至于实际应用中纯统计预报只使用于甚短和相当长的超前时间。

经典的统计预报产品经常基于第 7.2 节和第 7.3 节中描述的那些多元回归方程。一旦预报方程被开发出来，对预报量来说，一个特定的输入或预报因子集合总是产生相同的预报，在这种意义上这些统计预报是客观的。然而，很多主观判断必然会进入预报方程的发展中。

从本章前面几节中介绍的思想，直接执行可以得到经典统计预报方法的构建。需要的开发资料由预报量的过去值和在预报时间之前已知的潜在预报因子的匹配集合组成。用这个历史资料集合开发预报程序，然后用这个预报程序在预报因子变量未来观测的基础上预报未来预报量的值。这样经典的统计天气预报的一个特征，是通过预报因子与预报量之间的时间滞后关系，其时间滞后直接被建立并进入预报方程中。

对提前几个小时的时间来说，纯统计预报仍然得到很多的应用。这个提前时间很短的预报被称为临近预报(nowcasting)。由于观测资料的收集，资料同化(对动力模式初始条件的计算)，预报模式实际的运转，以及结果的后处理和分发引起的延迟，对临近预报来说基于动力的预报是不实用的。能产生有竞争能力的临近预报，一种很简单的统计方法是使用条件气候(conditional climatology)，即跟随过去类似的天气情况(基于条件)的历史统计量。这个结果可能是预报量的一个条件频率分布，或相应于那个条件分布期望值(平均值)的单值预报。一种更复杂的方法是构建提前几小时预报的回归方程。例如，Vislocky 和 Fritsch(1997)比较了提前 1,3 和 6 h 时这两种方法对机场云幕高度和能见度的预报。

在提前时间大约超过 10 d 时，统计预报相比于动力预报又有竞争力了。在这些更长的提前时间预报中，第 7.6 节中描述的动力模式对其初始条件中不可避免的小误差的敏感性，使得难以明确预报特定的天气事件。尽管当前使用动力模式对季节平均量做长期预报(如：Barnston *et al.*，2003)，但是统计方法以大大降低的花费可以得到差不多甚至更精确的预报(Anderson *et al.*，1999；Barnston *et al.*，1999；Hastenrath *et al.*，2009；Landsea and Knaff，2000；Moura and Hastenrath，2004；Quan *et al.*，2006；van den Dool，2007；Zheng *et al.*，2008)。这些季节预报中的预报量常常是空间模态，所以包括多元统计方法的预报比第 7.2 节和第 7.3 节中描述的那些方法更适合(如：Barnston，1994；Mason and Mimmack，2002；Ward and Folland，1991；见第 13.2.3 节和第 14.4 节)。然而，对单值预报量来说，回归方法还是适合和有用的。例如，Knaff 和 Landsea(1997)用观测的海表温度作为预报因子，用普通的最小二乘回归做热带海表温度的季节预报；Elsner 和 Schmertmann(1993)用泊松回归做飓风数量的季节预测。

例 7.9　一套经典的统计预报方程

看预报飓风活动的 NHC-67 程序，可以欣赏到经典统计预报方法的特点(Miller *et al.*，1968)。在 1988 年之前，这套相对简单的回归方程，一直被用作美国国家飓风中心业务预报模型组的一部分(Sheets，1990)。因为飓风活动是一个向量，每个预报由两个方程组成：一个针对向北的运动，一个针对向西的运动。然后二维的预报位移被计算为西北方向的向量和。

预报量根据下面的两个地理区域进行分类：27.5°N 以北和以南。即，开发单独的预报方程来预报这个纬度两侧的风暴，基于开发者关于飓风活动对大尺度气流反应的主观经验，并且特别基于在低纬度信风中移动的风暴倾向于有更好的规律性。也对“缓慢的”和“快速的”风暴开发了单独的预报方程。这两个分类的选择，也是基于开发者的主观经验进行的。对每个提前预报时间(0～12 h，12～24 h，24～36 h 和 36～48 h)也需要单独的方程，在 NHC-67 软件包中总共得到 2(位移方向)×2(区域)×2(速度)×4(提前时间)＝32 个回归方程。

可用的发展资料集，是由 236 个北部例子(飓风的初始位置)和 224 个南部例子组成。候选预报因子变量，主要来自跟随风暴的 5°×5°的坐标系中 120 个格点上 1000，700 和 500 hPa 的高度。由来自这些 3×120＝360 个位势高度组成的预报因子，包括每个层上的 24h 变化，地转风、热成风、高度的拉普拉斯算子作为候选预报因子也被包括。另外，两个持续预报因子，提前 12 个小时观测的向北和向西的风暴位移也被包括进来。

使用比观测更多的潜在的预报因子，显然需要一些筛选方法。这里使用逐步引入，停止标准为：(主观确定的)在任何方程中不超过 15 个预报因子，以及只包括至少增加回归 R^2 的 1% 范围的新预报因子。对于只有少数几个预报因子的回归来说，第 2 个标准有时显然是不严格的。

表 7.7 显示了 NHC-67 中对缓慢的南部风暴 0～12 h 向西位移的结果。5 个预报因子与在每一步发展资料上得到的 R^2 值一起，以逐步引入过程选择的顺序显示。系数是最后的 ($K=5$) 方程的。最重要的单个预报因子是持续性变量(P_x)，它反映了飓风相当缓慢地改变速度和方向的倾向。在风暴北部和西部 500 hPa 高度的点(Z_{37})，在物理上相应于对流层中层气流对飓风活动的引导作用。其系数是正的，表明对已知相对较高的高度，向西移动的风暴向西北的一个倾向，以及位于 500 hPa 槽西南部的风暴更慢或向东(负的向西)的位移。最后的两个或三个预报因子，看来只是稍微改进了回归——预报因子 Z_3 的引入使 R^2 的增加，小于 1%——$K=2$ 或 $K=3$ 个预报因子模型已经选定后，这是完全可能的，如果对开发者来说，在计算上已经进行了交叉验证，那么对独立资料来说可能同样精确。Neumann 等(1977)关于类似的 NHC-72 回归拟合的评述涉及图 7.16，也与表 7.7 中给出的方程被过拟合的思想一致。

表 7.7　NHC-67 飓风预报程序对缓慢的南部地区风暴的 0～12 h 向西位移的回归结果，显示了其中预报因子选择的顺序和每一步得到的 R^2。预报因子符号的意义：P_X 为提前 12 h 向西的位移；Z_{37} 为在风暴北边 10°和西边 5°的点处 500 hPa 的高度；P_Y 为提前 12 h 向北的位移；Z_3 为在风暴北边 20°和西边 20°的点处 500 hPa 的高度；P_{51} 为在风暴北边 5°和西边 5°的点处 1000 hPa 的高度。

预报因子	系数	累积 R^2
截距	−2709.5	—
P_x	0.8155	79.8%
Z_{37}	0.5766	83.7%
P_y	−0.2439	84.8%
Z_3	−0.1082	85.6%
P_{51}	−0.3359	86.7%

引自 Miller 等(1968)。

7.5.2　完美预报(PP)和 MOS

对提前时间为几天的时间范围来说，经典的纯统计天气预报通常不再使用，因为在这个时间尺度中，动力模式已经提供了更准确的预报。然而，两类统计天气预报可以用来改进动力预报，主要是通过对其原始输出结果进行后处理。这两种方法都以类似于经典方法的方式使用回归方程。这两种方法与经典统计预报之间的差别在于预报因子变量的范围。除了传统的预报因子(比如当前的气象观测、日期或特定气象元素的气候值)之外，也使用取自动力模式输出结果的预报因子变量。

对实际天气预报来说，为什么动力预报输出结果的统计释用有用，有如下三个原因：

(1)真实世界与其在动力模式中的表示存在重大差别，这些差别对预报工作有重要影响(Gober *et al.*，2008)。图 7.19 示意了这些差别中的一部分。通过把这个世界表示为预报输出适合的格点数组，动力模式必须简化，并且需要均一化地面条件。正如图 7.19 中包含的，对局地天气有重要影响的小尺度(例如,地形或小的水体)可能无法包括在动力模式中。对需要预报的位置和变量也可能无法进行显式的表示。然而,为了缓解这个问题,由动力模式提供的信息与需要的预报量之间的统计关系可以被揭示出来。

(2)动力模式不是大气运动的完整和真实表示,特别是在更小的时间和空间尺度上,并且它们不可避免地以不同于大气的真实初始状态进行初始化。因为这两个原因,其预报存在误差。在这些误差具有系统性的意义上来说,统计后处理可以弥补和订正预报偏差。

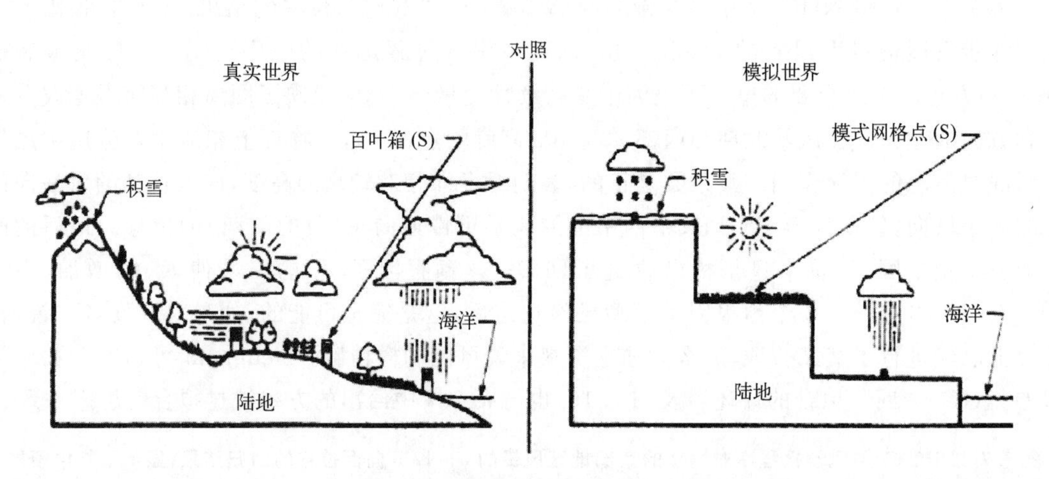

图 7.19　真实世界与由动力天气预报模式表示的世界之间差异的卡通示意图。引自 Karl 等(1989)。

(3)动力模式是确定的。即,即使将来的天气状态本质上是不确定的,已知特定的一批初始模式条件,对任意气象元素来说,一次积分只能产生一个预报。动力预报信息与统计方法的联合使用,能够允许量化和表达与不同的预报条件有关的不确定性。特别是,采用比如 REEP 或逻辑斯谛回归方法,使用取自单个确定性动力积分的预报因子,可以得到概率预报。

为了利用确定的动力预报,开发出的第一种统计方法被称为“完美预报”(perfect prog)(Klein *et al.*,1959),这是对完美预报(perfect prognosis)的简称,下文称为“PP”。正如这个名称所暗示的,PP 技术对动力模式可能的误差或偏差不做订正,而是取将来大气变量预报的表面值——假定它们是完美的。

PP 回归方程的开发,类似于经典回归方程的开发,其中观测的预报因子被用来确定观测的预报量。即,在 PP 预报方程的开发中,只使用历史的气候资料。经典方程与 PP 方程之间的主要差别是时间上的滞后。通过把预报必须发布之前(比方说,今天)可用的预报因子关联到某个滞后时间(比方说,明天)的观测值,预报的时间滞后通过回归方程传递。PP 方程不加入任何时间滞后。而是预报因子和预报量同时的值被用来拟合回归方程。即,确定明天预报量的方程使用明天的预报因子值进行开发。

起初,这个方法好像不是一个有效的预报方法。对明天的温度来说,明天的 1 000～850 hPa 厚度可能是一个极好的预报因子,但是明天的厚度直到明天才知道。然而,在执行 PP 方法中,代入回归方程作为预报因子的值是预报因子的动力预报(例如,今天对明天厚度的预报)。因此,PP 方法中预报的时间滞后被完全包括在动力模式中。当然无法由动力模式预报的量,不能作为潜在预报因子包括进来,除非今天它们是已知的。如果对第二天预报因子的动力预报真正是完美的,PP 回归方程应该能够做出很好的预报。

模式输出统计(Model Output Statistics,MOS)方法(Carter *et al.*,1989;Glahn and Lowry, 1972),是合并动力预报信息进入传统统计天气预报的第二种方法,但通常是首选方法。对MOS方法的偏爱,来自其可以把特定动力模式不同提前时间具体特征的影响,直接包括进入回归方程。

尽管MOS和PP方法都使用了来自动力积分的量作为预报因子变量,但是这两种方法应用了不同的信息。PP方法只是在做预报的时候使用动力预报的预报因子,而MOS方法在预报方程的开发和执行中都使用这些预报因子。再次根据预报必须被做的时间(今天)和预报的时间(明天)进行考虑。MOS回归方程用明天动力预报的值作为预报因子,对明天的预报量进行开发。明天预报因子的真实值还是未知的,但是今天的动力预报已经对它们进行了计算。例如,在MOS方法中,明天温度的一个重要预报因子,可以是通过一个特定的动力模式在今天预报的明天的1000～850 hPa厚度。因此,为了开发MOS预报方程,必须有一个开发资料集,包括预报量的历史记录,以及在预报量被观测的相同时间动力模式预报的存档记录。

与PP方法一样,MOS方法的时间滞后是通过动力预报加入的。不像PP,MOS预报方程与其开发完全一致。即,在开发和执行中,对明天预报量的MOS统计预报使用动力预报对明天的预报因子来做,这些因子在今天是可以得到的。也不像PP方法,对不同的提前预报时间必须开发单独的MOS预报方差。这是因为动力预报的误差特征在不同的提前时间是不一样的,例如,观测温度与将来24 h和48 h预报的厚度的统计关系是不同的。

经典的PP和MOS方法最常用的都是基于多元线性回归,使用预报量和可用的预报因子之间的相关(尽管非线性回归也可能被使用:例如,Lemcke and Kruizinga, 1988;Marzban *et al.*,2007;Vislocky and Fritsch, 1995)。在经典方法中,是今天的预报因子值和明天的预报量形成了预报的基础。对PP方法,今天的预报量和预报因子之间的同时相关,是预报方程的统计基础。在MOS预报的例子中,预报方程基于作为预报因子变量的动力预报值及与明天的预报量发生的观测值之间的相关构建。

这些区别在数学上可以表达如下。在经典方法中,在将来某个时间t预报的预报量根据下式用向量(即,多元)预报因子变量在回归函数f_C中表达

$$\hat{y}_t = f_C(\boldsymbol{X}_0) \tag{7.38}$$

预报因子上的下角标0,表示其有关的观测值在预报时刻或预报时刻之前必须得到,它比预报的时间t更早。这个方程强调预报的时间滞后建立在回归中,它可以应用到经典统计预报方程的开发和执行中。

通过比较,对预报方程的开发和执行,PP方法是不一样的,这个区别可以表达为

在开发时

$$\hat{y}_0 = f_{PP}(\boldsymbol{X}_0) \tag{7.39a}$$

和

在执行时

$$\hat{y}_t = f_{PP}(\boldsymbol{X}_t) \tag{7.39b}$$

PP回归函数f_{PP}在这两个场合中都是相同的,但是它完全用没有时间滞后的有关预报量的观测预报因子资料进行开发。在执行时,它对从动力模式得到的将来时间t的预报因子的预报值进行运算。

最后,MOS方法在开发和执行中使用相同的方程,

$$\hat{y}_t = f_{\mathrm{MOS}}(\boldsymbol{X}_t) \tag{7.40}$$

这个方程用动力预报的预报因子 $\boldsymbol{X}_t$ 得到，预报因子属于将来的时间 t(但是当预报将发布时已知)，并且以同样的方式执行。与 PP 方法一样，时间滞后通过动力预报而不是回归方程完成。

因为 PP 和 MOS 都提取动力信息，下面对其优点和缺点进行比较。对 PP 方程来说几乎总是有大量的开发样本，因为这些方程只用历史气候资料拟合。这是比 MOS 方法的优势，因为拟合 MOS 方程需要来自相同动力模式预报的存档记录，这将最后用来提供对 MOS 方程的输入。通常，开发稳定的 MOS 预报方程集需要动力预报几年的存档(例如，Jacks *et al.*，1990)。这个要求可能是一个相当大的限制，因为动力模式不是固定的。相反，为了改进其性能这些模式经常变化。动力模式误差微小减少的变化，不会使一批 MOS 方程的性能出现大的退化(例如，Erickson *et al.*，1991)。然而，对模式的修改，甚至大量减少系统误差的变化，需要重新开发相关的 MOS 预报方程。因为动力模式的变化将使重新开发一批 MOS 预报方程成为必要，经常出现这种情况，即来自动力模式预报因子的足够长的开发样本不能立即能得到。相比之下，因为 PP 方程只使用气候信息开发，所以动力模式中的变化不需要 PP 回归方程的变化。而且，动力模式的随机或系统误差特征的改进，能够提高根据 PP 方程产生的统计预报准确率。

类似地，相同的 PP 回归方程，原则上可以用于任何的动力模式或由给定的模式提供的对任意提前时间的预报。因为 MOS 方程被调整到它们所基于模式的特定误差特征。类似地，因为动力模式的误差特征随提前时间的增加而变化，对不同提前时间的相同大气变量的预报需要不同的预报方程。然而需要注意，适合于 PP 方程的潜在预报因子必须是由动力模式预报的较好的变量。有时，可以找到一个与关注的预报量相关密切的天气预报因子变量，但是它被所用的模式预报得很差。基于观测值与预报量的关系，这样的变量可能被选择进入 PP 方程，但是如果预报因子的动力模式预报值与预报量关系很小，在 MOS 方程的开发中可能不会使用这样的因子。

实践中，统计预报的 MOS 方法比 PP 方法有两个优点。第一个优点为因子是模式计算的，而不是观测的量，比如垂直速度可以被用作预报因子。然而，MOS 相对 PP 的主要优势，是动力模式的系统性误差在 MOS 方程的开发中可以被弥补。因为 PP 方程的开发没有参考任何特定动力模式的特征，所以它们不能弥补或订正模式的预报误差。当预报被计算的时候，MOS 开发过程允许对这些系统误差进行弥补。系统性误差包括，比如随预报提前时间的增加，动力模式中累积的变冷或变暖偏差，动力模式中模拟的天气特征移动过慢或过快的倾向，甚至随提前时间的增加预报精度不可避免的下降等。

与一个重要的预报因子进行简单的偏差关联，通过 MOS 方程完成的对动力模式中的系统性误差的订正很容易理解。图 7.20 示意了一个假设的例子，其中地面温度用 1000～850 hPa 厚度进行预报。图中的×表示观测的厚度和观测的温度(同时的)之间的关系，而圆圈(◦)表示以前预报的厚度与观测的温度资料之间的关系。假设的动力模式倾向于预报厚度大约偏高15 m。PP 回归线(虚线)周围的散布来自如下事实：存在由 1000～850 hPa 厚度之外的其他因素对地面温度的影响。MOS 回归线(实线)周围的散布是更大的，因为另外它还反映了动力模式中的误差。

图 7.20 中观测的厚度(x)看起来相当好地确定了同时观测的地面温度，产生了一个显然很好的 PP 回归方程(虚线)。由 MOS 方程(实线)表示的预报厚度和观测温度之间的关系(◦)

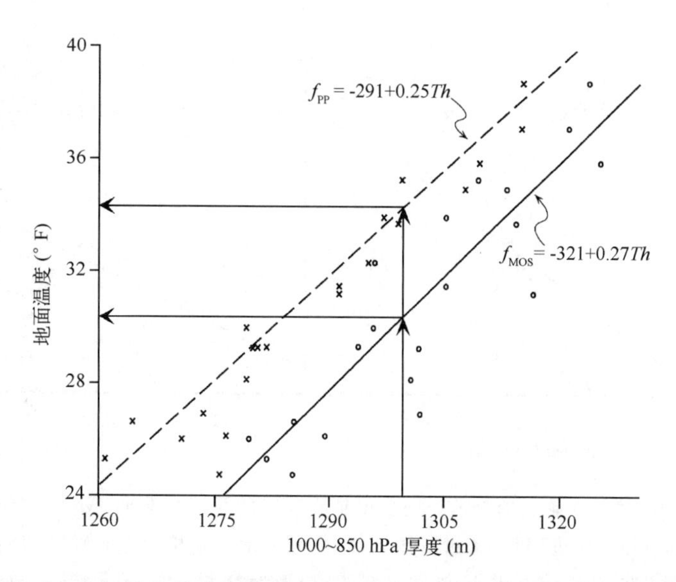

图 7.20 MOS 方程对一个假设的动力模式中系统性偏差订正能力的示意图。x 表示观测，圆圈(◦)表示预报的 1000～850 hPa 厚度与假设的地面温度相关。动力模式中预报的厚度偏差为平均大约偏高 15 m。MOS 方程(实线)对这个偏差进行了校正，当预报厚度是 1300 m 的时候产生了一个合理的温度预报(下面的水平箭头)。PP 方程(虚线)没有结合有关动力模式特征的信息，作为厚度偏差的结果产生的地面温度预报(上面的水平箭头)过暖。

是很不同的，因为它包括了这个动力模式对厚度系统性的过高预报的倾向。如果这个模式产生了 1300 m 的厚度预报(垂直箭头)，MOS 方程对预报厚度中的偏差进行了订正，产生了一个大约30 ℉(下面的水平箭头)的合理的温度预报。不严谨地说，MOS 知道当这个动力模式预报 1300 m 厚度的时候，未来厚度的真实期望更接近 1285 m，在气候资料中这对应于大约30 ℉的温度。另一方面，PP 方程在动力模式完美地预报将来厚度的假设下进行运算。因此，当提供一个过大的厚度预报的时候，它产生了一个过暖的温度预报(上面的水平箭头)。

所有的动力天气预报模式都显示，随着提前时间的增加，预报精度下降。MOS 方法也能够弥补这类系统性误差。图 7.21 中举例说明了这种情况，这是基于图 7.20 中假设的观测的资料。图 7.21 中的子图，模拟了来自无偏差的动力模式，在提前时间为 24 和 48 时预报的厚度与地面温度之间的关系。对提前时间 24h，这些随机误差为 $\sqrt{MSE}=20$ m，提前时为 48h 则随机误差为 $\sqrt{MSE}=30$ m。对模拟的提前 48 h 的点增加的离散度，说明当动力模式更不准确的时候，回归关系更弱。

拟合到图 7.21 中的两个点集的 MOS 方程(实线)，反映了提前时间越长动力模式的预报精度越低。随着点的离散度的增加，MOS 预报方程的斜率变得更加水平，导致温度预报平均起来更像气候平均温度。这个特征是合理的和可取的，因为随着动力模式在更长的提前时间下提供的有关大气未来状态的信息更少，温度预报相当大地不同于气候平均温度的结论越来越被证明是不正确的。提前任意长时间的极限预报中，动力模式实际上不能提供多于预报量平均值的信息，所以相应的 MOS 方程的斜率可能为 0，与这个(缺乏)信息一致的适当的温度预报可能只是气候的平均温度。这样，有时说 MOS“收敛到气候值”。相比之下，PP 方程(虚线，复制于图 7.20)没有考虑动力模式在更长的提前时间下精度的降低而继续产生温度预报，

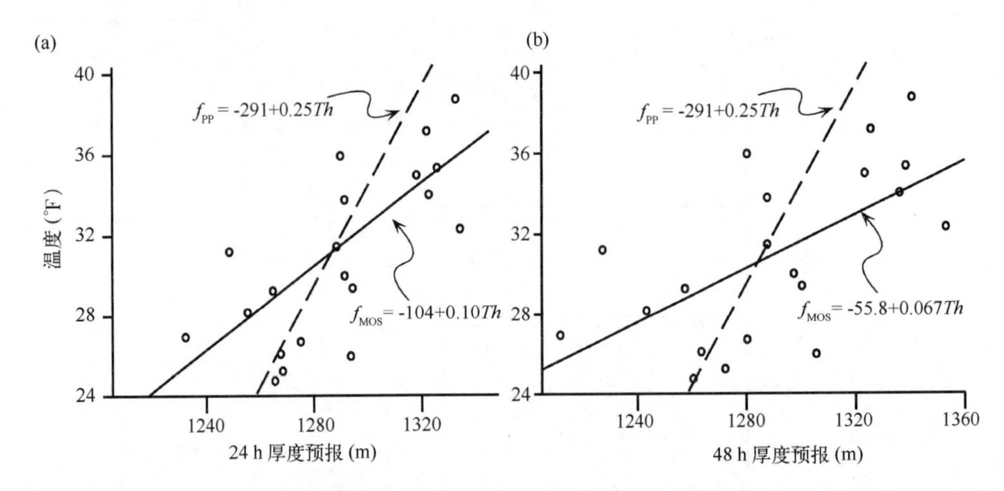

图 7.21 对于动力预报往往在越长的提前时间变得越不准确的系统性倾向，MOS 方程对其订正的能力示意图。这些子图中的点模仿厚度预报，通过从图 7.20 中的×增加随机误差到厚度值构建。随着预报精度在更长的提前时间会下降，PP 方程（虚线，复制于图 7.20）愈加过于自信，太频繁的预报极端温度。在更长的提前时间(b)，MOS 方程越来越给出接近气候平均温度的预报（这个例子中是30.8 ℉）。

好像厚度预报是正确的。图 7.21 所强调的这个结果，是过于自信的温度预报，很暖和很冷的温度预报都太频繁了。

尽管动力预报的 MOS 后处理，大大地优于 PP 和未加工的动力预报本身，但是随着计算能力的提高，动力模式改进的步伐也在持续加速。业务上，得到一个新的 MOS 系统之前，等待新的动力预报累积 2 年或 3 年可能是不现实的。面对这个现实情况，为了维持 MOS 系统，一种选择是使用当前更新的动力模式，对以前的年份追溯回报天气（Hamill *et al.*，2006；Jacks *et al.*，1990）。因为每天的天气资料通常是强烈自相关的，如果回报日之间省略掉几天，那么回报过程可能是更高效的（Hamill *et al.*，2004）。即使回报的计算能力无法得到，完全校准(fully calibrated)MOS 方程的一个显著好处是可以用几个月的训练资料完成（Mao *et al.*，1999；Neilley *et al.*，2002）。可选方法包括与当时流行的动力模式的任意一个版本一起，使用更长的发展资料，并且给较近的预报更大的权重。这也可通过对更老的模式版本所做的预报给予更小的权重（Wilson and Valée, 2002,2003），或者通过对更老的资料逐步降低权重，通常使用被称为卡尔曼滤波(Kalman filter)的方法来完成（Cheng and Steenburgh, 2007；Crochet, 2004；Galanis and Anadranistakis, 2002；Homleid, 1995；Kalnay, 2003; Mylne *et al.*，2002b；Valée *et al.*，1996），尽管其他方法也是可能的（Yuval and Hsieh, 2003）。

7.5.3 业务的 MOS 预报

动力预报用 MOS 系统做解释和扩展，在许多国家的气象中心已经实现了，其中包括荷兰（Lemcke and Kruizinga，1988）、英国（Francis *et al.*，1982）、意大利（Conte *et al.*，1980）、中国（Lu, 1991）、西班牙（Azcarraga and Ballester, 1991）、加拿大（Brunet *et al.*，1988）和美国（Carter *et al.*，1989；Glahn *et al.*，2009a）。大部分 MOS 预报面向普通的天气预报，但是该方法同样可以很好地应用于动力季节预报的后处理领域（例如，Shongwe *et al.*，2006）。

大部分预报产品是十分丰富的，正如通过表 7.8 显示的，该表展示了在 2010 年 6 月 14 日协调世界时(UTC)12:00，对芝加哥的预报循环 MOS 预报的一个集合。这是美国地区几百个这样的预报中的一个,这些预报由美国国家天气局每天发布两次并且张贴在因特网上。多种天气要素的预报一直到提前60 h,间隔3 h提供。前几行显示了日期和时间(UTC)后,以下的各行依次是日最高和最低温度;3 h间隔的温度,露点温度,云覆盖,风速和风向;6和12 h间隔的可测量降水的概率;对降水量的预报;雷暴概率;预报云幕高度,能见度和对能见度的遮挡。基于其他几个动力模式的类似预报也被制作和张贴。

表7.8 2010年6月14日UTC 12:00,由美国国家气象中心产生的对伊利诺伊州芝加哥市MOS预报的例子。多种天气元素被预报,提前时间一直到60 h,间隔3 h。

KORD	NAM		MOS				GUIDANCE								2010年6月14日1200UTC						
DT	/6月14日		/6月15日								/6月16日								/6月17日		
HR	18	21	00	03	06	09	12	15	18	21	00	03	06	09	12	15	18	21	00	06	12
N/X							60				79				64				83		64
TMP	68	67	64	62	62	62	62	68	75	78	75	70	68	66	67	75	81	82	78	68	68
DPT	60	60	58	57	58	59	59	62	61	61	60	61	62	61	61	59	57	56	56	59	60
CLD	OV	OV	OV	OV	OV	OV	OV	OV	OV	OV	SC	BK	OV	BK	BK	SC	SC	FW	CL	CL	SC
WDR	07	05	05	04	02	23	24	27	24	26	26	22	28	26	30	32	32	35	02	20	22
WSP	08	11	12	06	02	05	05	07	10	10	08	04	03	02	04	07	08	09	08	02	02
P06			40		48		7		4		2		24		35		7		4	6	19
P12							62				6				52				10		19
Q06			1		1		0		0		0		0		0		0		0	0	0
Q12							1				0				1				0		0
T06		15/10		11/5		4/2		4/4		16/10		13/7		12/4		4/4		3/10		6/1	
T12				17/10		12/6				24/12				12/4				3/10			
CIG	2	4	5	4	2	1	2	2	4	8	8	8	6	7	7	8	8	8	8	8	8
VIS	5	5	5	5	4	4	4	5	7	7	7	7	7	7	7	7	7	7	7	7	7
OBV	BR	HZ	BR	BR	BR	BR	BR	BR	N	N	N	N	N	N	N	N	N	N	N	N	N

预报的MOS方程,比如表7.8中显示的那些,通常对暖季(4—9月)和冷季(10月至次年3月)用单独的预报方程。这两个季节的分类允许MOS预报在一年的不同时间建立预报因子与预报量之间的不同关系。如果有足够的开发资料可用,那么更精细的分类(季或月的方程)可能是更好的。

预报方程对除温度、露点温度和风之外的所有要素是分区的。即,当导出预报方程的时候,为了增加样本容量,来自附近和气候上相似站的开发资料被合成。然后对每个区域,用相同的方程和相同的回归系数做预报。然而,这不意味着对这个区域中所有站的预报是相同的,因为对不同的预报位置动力输出结果的解释产生了不同的预报因子值。一些MOS方程也包含局地气候值的预报因子,这进一步引入了对不同站预报的差异。对于罕见事件,要想产生好的预报,分区是特别有价值的。

为了提高不同但相关的天气要素预报之间的一致性,一些MOS方程被同时开发。这意味着相同的预报因子变量,尽管有不同的回归系数,但为了提高预报的一致性,被强迫进入相关预报量的预报方程。例如,预报的露点温度高于预报的温度,在物理上是不合理的,并且明显是不合乎要求的。为了有助于确保预报中尽可能少地出现这样的不一致,最高温度、最低温度、3 h 温度和露点温度的 MOS 方程都包含相同的预报因子变量。同样，对风速和风向、6 和 12 h 降水概率、6 和 12 h 雷暴概率及降水类型的概率，为了提高其一致性也同时被开发。

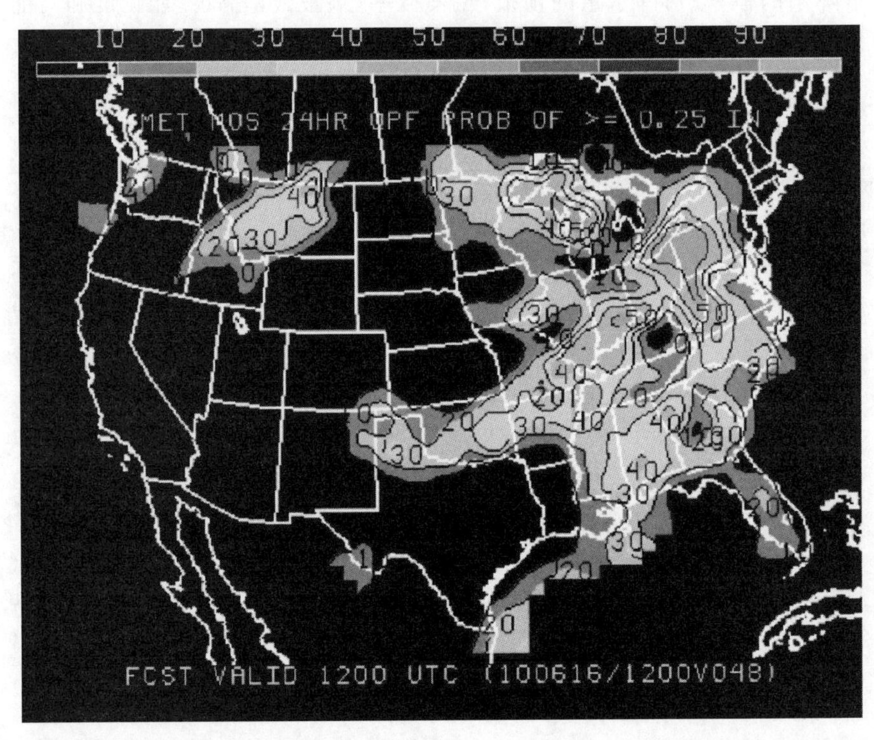

图 7.22　图形形式的 MOS 预报图的例子。预报量是 24 h 期间至少 0.25 in 降水的概率(%)。等值线间隔是 10%。引自 www.nws.noaa.gov/mdl。

因为 MOS 预报对很多地点制作，所以可以用图显示，这种图也被张贴在因特网上。图 7.22 显示了一张 MOS 预报图：在 24 h 期间累积至少 0.25 in 降水的概率。

7.6　集合预报

7.6.1　概率的场预报

第 1.3 节中已经断言由于动力上的混沌性，必然不可能确定地知道大气未来的行为。因为大气从来不可能被完全地观测，所以根据空间覆盖或测量精度，大气行为的流体动力学模式，总是从至少稍微不同于真实大气的状态开始计算预报。这些模式（和其他的非线性动力系统，包括真实大气）表明，从只稍微不同的初始条件开始的解（预报），对将来足够长的提前时间，将产生完全不同的结果。对天气尺度的天气预报来说，“足够长”是日或（最多）周的问题，对中尺度预报来说，这个时间窗甚至更短，所以初始条件的敏感性问题在实践中很重要。

动力预报模式是天气预报的主流，如果其信息被最有效地利用，必须认识到并且量化其结果固有的不确定性。例如，半球 500 hPa 高度场未来两天单一的确定性预报，最多只是可能发生的本质上是无穷集合的 500 hPa 高度场的一个成员。即使 500 hPa 高度场的这个确定性预报是可以构建的最可能的一个预报，如果其成员的概率分布能被估计和显示，那么它的效用和价值也将得到提高。这是概率场预报的问题。

对标量的概率预报，比如单个地点的日最高温度，是相对简单的。产生这种预报的很多方法，本章中已经进行了讨论。这种预报的不确定性可以使用第4章中描述的那种单变量概率分布表达。然而，对一个场，比如500 hPa高度场，产生概率预报是一个更大更困难的问题。单一的大气场，可能由数千个规则的空间位置或格点上的500 hPa高度值表示。构建包括所有的这些高度值，以及它们与其他格点关系（相关）的概率预报，是一个非常大的任务，实践中只得到了对其完全概率描述的近似值。表达和显示概率场预报中的大量信息，引发了进一步的困难。

7.6.2　相空间中的随机动力系统

概率的场预报，很多概念上的基础来自Gleeson（1961，1970），他注意类比量子和统计力学；Epstein（1969c）给出了（简单的）动力天气预报中不确定性问题的理论和实用方法。在这个被Epstein称为*随机动力预报*（stochastic dynamic prediction）的方法中，控制大气运动和演化的物理定律，被看作为确定的。然而，在实际问题中，描述这些定律的方程在不是确定已知的初始值上运行，因此可以通过联合概率分布进行描述。传统的确定性预报，使用动力控制方程，描述被看作为真实初始状态的单一初始状态的未来演化。随机动力预报背后的思想，是允许确定的控制方程在关于描述大气初始状态的不确定性概率分布上运行。原则上，作为预报，这个过程产生了描述有关大气未来状态不确定性的概率分布（但实际上，因为动力模式不是真实大气的完美表示，其不完美性进一步增加了预报的不确定性，正如第7.7节中更完整的讲述）。

可视化或者甚至概念化初始的和预报的概率分布是很困难的，特别是当它们包括关于大量预报变量的联合概率时。用相空间的概念，这个可视化或概念化，最容易进行。相空间是动力系统假设的可能状态的几何表示，其中每个坐标轴定义了关于系统的一个预报变量的几何图形。在相空间里面，动力系统的"状态"，通过对这些预报变量的每一个特定值的详细说明进行定义，因此对应到这个（通常是高维）空间中的一个点。

例如，在有关物理或微分方程的教材中，常遇到的简单动力系统是摇动的钟摆。钟摆的动力状态，可以通过两个变量完全描述：其角度和速度。在钟摆弧的极限值位置，其角度为最大（正或负），其速度为0。在其弧形的底部，摇动的钟摆的角位置是0，其速度（对应到正或负速度）为最大值。当钟摆最后停止的时候，其角位置和速度都为0。因为钟摆的运动通过两个变量可以被完全描述，其位相空间是二维的。即，其位相空间是一个位相平面。钟摆系统的状态随时间的变化，可以通过一个被称为*轨道*或*轨迹*的路径，在这个位相平面上描述。

图7.23显示了一个假设的钟摆在其位相空间中的轨迹。即，这个图是位相空间中钟摆随时间运动和变化的一个曲线图。轨迹从对应于钟摆初始状态的一个点开始：它从初始速度为0的右边（A）开始。随着下落，它加速获得向左的速度，这个速度一直增加到钟摆通过垂直位置（B）。然后钟摆减速，一直减速到在其左边的最大位置处（C）停下来。随着钟摆再次下落，它向右移动，因为摩擦其停止位置（D）达不到初始位置。钟摆继续来回摆动，一直到它最终在垂直位置（E）停止摆动。

大气模式的位相空间，比钟摆系统有更多维数。Epstein（1969c）考虑了一个只有8个变量的高度简化的大气模型。因此其位相空间是8维的，这个维数虽然很小，但还是太大，以至

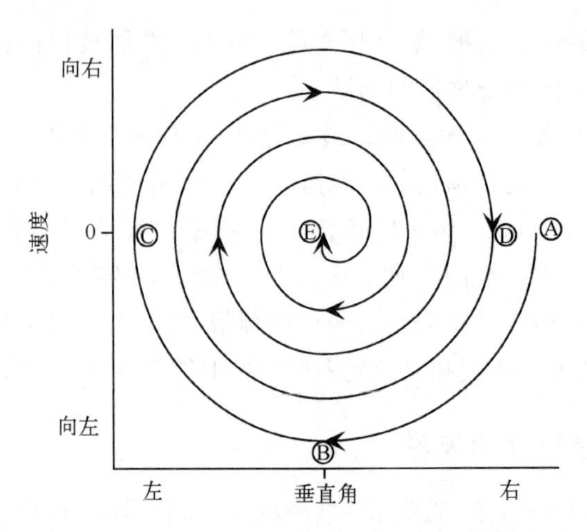

图 7.23　摇动的钟摆在其二维位相空间或位相平面中的轨迹。这个钟摆从右边的位置(A)落下，从这个点开始在逐渐减少角度的弧形中摆动。最后，它减速停止，在垂直位置(E)处速度为 0。

于无法明确地想象出来。业务天气预报模式的位相空间，通常有数百万维，每一维对应于数百万个变量[(水平格点)×(垂直层数)×(预报的变量)]的一个。大气或大气模式的轨迹，在性质上也比钟摆更复杂，因为它不像图 7.23 中钟摆的轨迹被吸引到位相空间中的单个点。同样非常重要的是，钟摆动力学没有显示出被称为混沌行为或混沌(chaos)的对初值条件的敏感性。相对其初始点稍微更向右或向左释放钟摆，或者稍微向上或向下推动，将产生一个非常类似的轨迹，非常接近地经过图 7.23 中的螺旋线，并且几乎在相同的时间到达图形中间的相同位置。大气或其逼真的数学模型的相应行为，可能是完全不同的。然而，模式大气内气流随时间的变化还是可以抽象地想象为通过其多维位相空间的一个轨迹。

大气初始状态(大气根据它进行初始化)的不确定性，可以想象为其位相空间中的一个概率分布。在像图 7.23 中显示的二维位相空间中，我们可以想象一个二元正态分布(第 4.4.2 节)。作为选择，我们可以想象在平均值周围有一个点云，其密度(每个单位面积的点数)随着离平均值的距离的增加而减小。在三维位相空间中，这个分布可以被想象为一个雪茄或小型飞机形状的点云，也有密度随离平均值的距离的增加而减小。高维空间不可能明确地进行形象化，但其中的概率分布可以通过类推进行想象。

概念上，随机动力预报根据模式方程中表示的流体动力学定律，随预报提前时间，通过位相空间移动初始状态的概率分布。然而，动力模式(或真实大气)位相空间中的轨迹，几乎不会与图 7.23 中显示的钟摆的轨迹一样平滑和规则。结果，初始分布的形状随预报的前进被拉伸或扭曲。在更长的预报提前时间，它将趋向于变得更加分散，反映了未来进一步增加的预报的不确定性。而且，这些轨迹，不像图 7.23 的位相空间中的钟摆轨迹那样被吸引到一个点，而是吸引到吸引子或位相空间中的点集，初始过渡期后，可以看到这是一个相当复杂的几何物体。大气模式位相空间中的单个点，对应到唯一的天气情况，组成吸引子的这些可能的点的集合，可以解释为动力模式的气候态。这个允许情形的集合只占位相空间(超)体积的一小部分，因为大气变量的很多组合，在物理上将是不可能的或动力上不一致的。

描述初始条件概率分布演化的方程，可以通过引入概率的连续或守恒方程导出(Ehrendorfer，1994，2006；Gleeson，1970)。然而，对实际预报关注的问题来说，位相空间的维度太大了，以致无法直接解这些方程。Epstein(1969c)提出了一种简化方法，该方法依赖于位相空间中概率分布形状的限制性假设(由分布的矩表示)。然而,即使这种方法也只是对最简单的大气模式有用。

7.6.3 集合预报

对于无法解析求解的十分复杂的动力方程来说,实用的解决方法是用蒙特卡罗方法近似这些方程,正如由 Leith(1974)提出的现在称为集合预报(ensemble forecasting)的方法。就像第 5.3.3 节中介绍的蒙特卡罗再抽样检验,这些蒙特卡罗解与随机动力预报方程具有相同的关系(在数学中很难或不可能解析求解的情况下,再抽样检验是适合和有用的)。Lewis(2005)回顾了天气预报中动力和统计思想汇合的这个历史。集合预报方法,在当前业务中使用的回顾,可以在 Buizza 等(2005)、Cheung(2001)和 Kalnay(2003)的文献中找到。

原则上,集合预报过程通过从描述大气初始状态不确定性的概率分布中提取有效样本开始。想象位相空间中,估计的大气状态的平均值周围点云的几个成员被随机挑选。这些点的全体被称为初始条件的集合,而每个点表示大气的一个可能初始状态(与观测和分析中的不确定性一致)。不是明确地预报整个初始状态的概率分布穿过动力模式位相空间的运动,而是通过抽样的初始点集合的集体轨迹进行近似。因为这个原因,对随机动力预报的蒙特卡罗近似,被称为集合预报。初始集合中的每个点给单独的动力积分提供初始条件。在初始时刻,所有的集合成员相互之间非常类似。预报已经进展到未来的一个时刻以后,这个点的集合在位相空间中的分布接近动力模式中物理定律对整个真实初始概率分布转换的分布。

图 7.24,在一个理想的二维位相空间中示意了集合预报的性质。初始时刻椭圆中带圆环的×,表示一个最好的初始值,传统的确定性的动力积分从该点开始。回想对于一个真实的大气模式来说,这个初始点对正被预报的所有变量定义了一个完整的气象图集。这个单一预报在位相空间中的演化,穿过中间预报时刻,到达最终预报时刻,由粗实线表示。然而,初始时刻位相空间中这个点的位置,只表示与分析误差一致的很多可能的大气初始状态中的一个。在其周围是其他的可能状态,它们是从初始时刻大气状态概率分布中抽取的样本。这个分布由

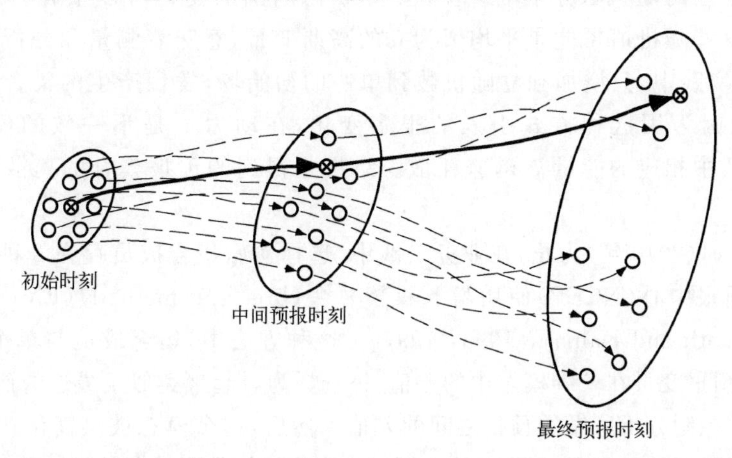

图 7.24 集合预报中一些概念的示意说明,根据一个理想的二维位相空间绘制。粗线表示大气初始状态单个最好分析的演化,对应于更传统的单一确定性预报。虚线表示个别集合成员的演化。它们起始的椭圆,表示初始大气状态的概率分布,互相之间是非常接近的。在中间预报时刻,全部集合成员还是相当类似的。在最终预报时刻,集合成员已经发生了分化,代表了不同性质的气流。任何集合成员,包括实线,都是真实大气演化的合理轨迹,无法提前知道哪条最接近真实大气。

小椭圆表示。这个椭圆中的小圆圈，表示这个分布的其他 8 个成员。这 9 个初始状态集合接近完整分布所表示的变化。

对随机动力预报的蒙特卡罗近似，是通过对每个初始集合成员重复运行动力模式进行的一次构建。每个集合成员在位相空间的最初轨迹仅略有不同，图 7.24 中中间预报时刻，全部 9 个积分产生了类似的预报。因此，在中间预报时刻，描述大气状态不确定性的概率分布，比初始时刻并没有大很多。然而，在中间和最终预报时刻之间轨迹出现明显分叉，在最后时刻有 3 个(包括从初始分布的中心值开始的那一个)产生的预报类似，剩余的 6 个集合成员预报了完全不同的大气状态。在初始时刻相当小的不确定性的分布，已经被充分放大，正如在最终预报时刻通过大椭圆表示的。假定动力模式只包括物理过程的表示中可以忽略的误差，那么在最后时刻集合成员的离散度能够估计分布的性质，可以表示预报的不确定性。如果只做从最优初始条件开始的单一预报，这个信息不可能得到。

7.6.4 选择初始集合成员

理想地，我们希望产生基于随机地取自位相空间中初始条件不确定性 PDF 的大量可能初始大气状态的集合预报。然而，预报集合的每一个成员，通过重新运行动力模式产生，其中每一个都需要大量的计算资源。作为一个实际问题，在业务预报中心，计算机运行时间是一个限制因素，每个业务中心必须做一个主观判断来平衡集合成员的数量，也包括用来在实际上向前积分这些集合成员的模式的空间分辨率。因此，业务预报集合的大小是受限制的，初始集合成员的精心选择是很重要的。由于位相空间中初始条件的 PDF 是未知的这个事实，并且它可能随不同的日期而变化，所以初始集合成员的选择进一步复杂化了，实践中不能从这个分布中得到理想的简单随机样本。

最简单的，历史上最早生成初始集合成员的方法，是从一个最优分析开始，这个最优分析假定是表示大气初始状态不确定性的概率分布的平均值。通过增加潜在分析器测资料中误差或不确定性的随机数字特征，这个平均状态周围的变化可以很容易地生成(Leith, 1974)。例如，这些随机值可能是平均值为 0 的高斯变量，意味着测量和分析误差的一个无偏组合。然而，实践中，只增加独立随机数到单一的初始场，发现产生的集合的成员之间非常类似，很可能因为用这种方式引入的很多变化，在动力上是不一致的(Palmer *et al.*, 1990)，所以模式中相应的能量被迅速耗散。结果是得到的预报集合的离散度低估了预报中的不确定性。

到本书写作时(2010 年)为止，在业务实践中，选择初始集合成员存在 3 种主要方法。在美国国家环境预报中心(NCEP)使用*增长模繁殖法*(breeding method)(Ehrendorfer, 1997; Kalnay, 2003; Toth and Kalnay, 1993, 1997)。这种方法中，集合成员与单个“最优的”(控制)分析之间的预报变量在三维模态中的差值，被选择为看起来类似于最近的预报集合成员与根据前面相应的控制分析所做的预报之间的差值。然后，这个模态被尺度化到适合分析的不确定性的量级。不同的天气这些模态是不同的，强调集合成员正在最迅速发散的有关特征。增长模繁殖法在计算上是相对方便的。

相比之下，欧洲中期天气预报中心(ECMWF)用*奇异向量*(singular vectors)生成初始集合成员(Buizza, 1997; Ehrendorfer, 1997; Kalnay, 2003; Molteni *et al.*, 1996)。这里在完整预报模式的一个线性版本中，来自控制分析差异的最快增长特征模态被计算，而且是对给定一天的特定天气形势。这些模态的线性组合(有效的权重平均)的大小反映了分析不确定性的一个适当水平,然后被加到定义集合成员的控制分析上。Ehrendorfer 和 Tribbia(1997)对于用奇异向量选择初始集合成员给出了理论支持,尽管其使用比增长模繁殖法需要更大的计算量。

加拿大气象局,用一种被称为集合卡尔曼滤波(ensemble Kalman filter EnKF)的方法,产生其初始集合成员(Houtekamer and Mitchell, 2005)。这种方法与高斯先验分布的共轭贝叶斯更新的多变量扩展(第 6.3.4 节)有关。这里来自前面预报的集合成员,定义为高斯先验分布,并且为了从一个高斯后验分布中产生新的初始集合成员,对于假定资料方差(表示测量误差的特性)已知的现有观测资料,使用一个高斯似然函数(即资料生成过程)更新集合成员。作为其(后验)分布由观测限制的结果,初始集合是相对紧凑的,但是随着每个成员通过动力模式在时间上向前积分,集合成员发散,为了下一次更新循环产生了一个更分散的先验分布。对 EnKF 的说明和评述文献由 Evensen(2003)和 Hamill(2006)给出。

缺乏关于初始条件不确定性的 PDF 的直接知识时,如何最优地定义初始集合成员还不是完全清楚的,是正在研究的课题。用简化的理想动力模式对刚才描述的方法的比较,表明 EnKF 有更好的结果(Bowler, 2006a;Descamps and Talagrand, 2007)。然而,到目前为止,这个方法好像还没有在业务上与复杂的完整动力模式进行过比较。

7.6.5 集合平均和集合离散度

为了得到一个单一的预报,集合预报的一个简单应用是对集合成员进行平均,其动机是得到一个比用大气初始状态最优估计的单一预报更精确的预报。Epstein(1969a)指出,依赖于时间的集合平均行为不同于使用初始平均值的预报方程的解,并且断言最优预报不是用初始条件最优估计初始化的单一预报。至少,这些结论的第一个应该并不令人惊讶,因为动力模式实际上是变换一批初始大气形势到一批预报大气形势的高度非线性函数。

通常,自变量特定值的一些集合中,一个非线性函数的平均值不同于那些值被平均后计算的函数值。即,如果函数 $f(x)$ 是非线性的,那么

$$\frac{1}{n}\sum_{i=1}^{n} f(x_i) \neq f\left(\frac{1}{n}\sum_{i=1}^{n} x_i\right) \tag{7.41}$$

为了简单地举例说明,考虑三个值 $x_1=1$,$x_2=2$ 和 $x_3=3$。对非线性函数 $f(x)=x^2+1$,式(7.41)的左边是 17/3,右边是 5。对其他的非线性函数(例如 $f(x)=\log(x)$,或 $f(x)=1/x$),我们也能容易地检验式(7.41)的不等式。相比之下,对线性函数 $f(x)=2x+1$,式(7.41)的两边都等于 5。

扩展这个思想到集合预报,我们想知道未来某时刻,对应于位相空间中集合中心的大气状态。这个集合中心值将接近初始分布通过非线性预报方程变换的未来时刻随机动力概率分布的中心。对这个未来值的蒙特卡罗近似,是集合平均预报。集合平均预报,通过简单的对集合成员一起求平均得到,这相应于式(7.41)的左边。相比之下,式(7.41)的右边,表示从集合成员的平均初始值开始的单一预报。依赖于初始分布和模式动力的种类,这个单一预报可能接近也可能不接近集合平均预报。

在天气预报的背景中,集合平均的好处似乎主要是平均掉集合成员之间不一致的元素,强调预报集合成员共有的特征。特别是对更长的提前时间,集合平均图倾向于比单一成员更平滑,所以看起来好像是非天气的或更类似于平滑的气候平均。Palmer(1993)提出集合平均只在天气系统变化或长波模态变化发生前改进预报,他用简单的 Lorenz(1963)模

型举例说明了这个概念。这个问题在图 7.24 中也进行了示意说明，其中天气系统变化由中间预报时刻与最终预报时刻之间的集合成员轨迹的分叉表示。在中间预报时刻，一些集合成员在这个天气系统变化之前，集合成员的分布中心，通过集合平均得到很好的表示，这比从“最优”的初始条件开始的单一集合成员有更好的中心值。在最终预报时刻，状态的分布已经成为两个截然不同的组。这里集合平均将位于中间的某个位置，但不接近任何一个集合成员。

集合预报一个特别重要的方面是其产生有关预报中不确定性大小和预报信息的能力。原则上，在不同的预报场合，预报的不确定性是不同的，这个概念可以作为依赖状态的可预报性进行思考。对预报用户传达不同场合存在的不同预报置信水平的价值，在 20 世纪被认识到(Cooke, 1906b; Murphy, 1998)。定性地说，如果集合离散度小，我们更相信集合平均更接近大气的最终状态。相反，如果集合成员互相之间都很不相同，大气的将来状态是更不确定的。“预报技巧”(Ehrendorfer, 1997; Kalnay and Dalcher, 1987; Palmer and Tibaldi, 1988)的一种度量方法是预计预报的精确性与集合成员的离散度存在的反相关。业务上，当比较来自不同动力模式的结果或当比较在不同日期初始化的未来特定时刻的连续预报时，预报员需要处理这种信息。

更正式地，在一批预报中，通过对每个场合的集合平均值周围集合成员的集合离散度(比如方差或标准差)的某些度量，与在那个场合的集合平均预报精度的一个度量之间的相关，一批集合预报的*离散度技巧关系*(spread-skill relationship)经常被描述。精度经常使用平均平方误差(式(8.30))或其平方根描述，尽管在一些研究中其他度量也已经被使用了。通常发现这些散布技巧关系是相当小的，很少超过 0.5，这对应于解释精度方差的 25%或更小(如：Atger, 1999; Grimit and Mass, 2002; Hamill *et al.*, 2004; Whittaker and Loughe, 1998)，尽管一些最近报告的值(如：Scherrer *et al.*, 2004; Stensrud and Yussouf, 2003)是更高的。图 7.25 显示了由 ECMWF 集合预报系统的 51 个成员对 1997 年 6 月—2000 年 12 月西欧上空 500 hPa 高度预报的预报精度，正如通过集合成员平均的均方根误差(RMSE)的度量，作为由集合成员所有可能的对之间差值的均方根的平均值度量集合离散度的函数。很明显，越精确的预报(更小的 RMSE)倾向于与更小的集合离散度相关，反之亦然，对更短的 96 h 的提前预报，这个关系表现更强。

描述离散度技巧关系的其他方法持续被研究。Moore 和 Kleeman(1998)计算了以集合离散度为条件的预报技巧的概率分布。根据预报量的气候十分位数之间集合预报的数量，Toth 等(2001)介绍了集合离散度的一个有趣特征。Tang 等(2008)考虑使用预报集合的信息论特征预测预报技巧。集合离散度的一些其他有前途的特征已经由 Ziehmann(2001)提出了。

7.6.6 集合预报信息的图形显示

集合预报系统的一个突出性质是产生了大量的多元信息。正如第 3.6 节中注释的，通过使用精心设计的图形，即使一个新的多元资料集的一个初始粗浅理解也能减少获得信息的难度。在集合预报发展的早期，已经意识到图形显示是把得到的复杂信息传达给预报员的一种重要方式(Epstein and Fleming, 1971; Gleeson, 1967)，而图形显示最有效方式的业务经验还正在积累中。本节根据 3 种通常的图形类型总结当前的实践：原始集合输出结果或原始输出结果选择要素的显示；归纳集合分布统计量的显示；挑选的预报量集合相对频率的显示。基于一个集合的更复杂的统计分析显示也是可能的(如：Stephenson and Doblas-Reyes, 2000)。

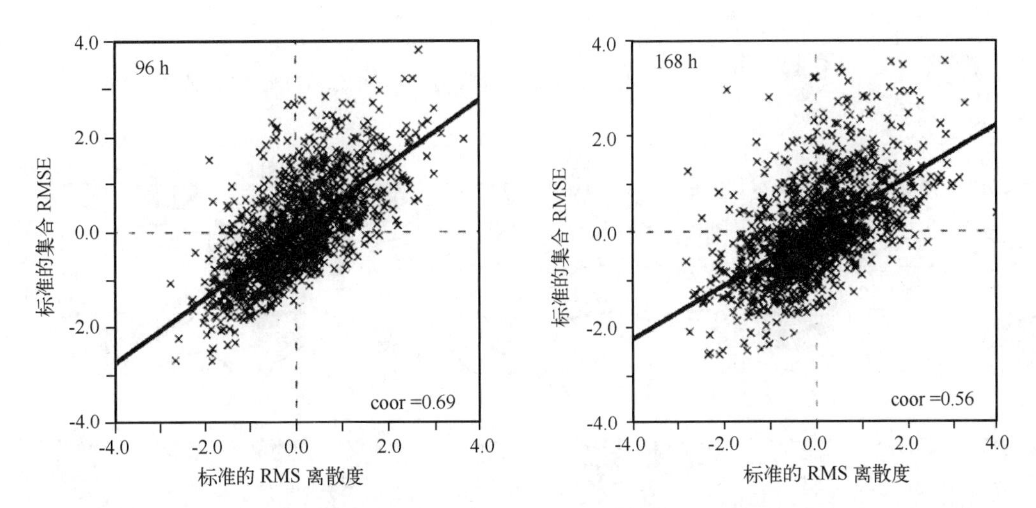

图 7.25　西欧 1997—2000 年提前 96 h 和 168 h ECMWF 500 hPa 高度预报的散点图和预报精度(垂直)与集合离散度(水平)之间的相关。根据 Scherrer 等(2004)改绘。

可视化一个预报集合最直接的方式是同时画出它们。当然,为了使全部集合成员能同时被看到,即使对于相当小的集合,这样的一幅图的每个元素(对应于一个集合成员)必须很小。这样的图被称为邮票图(stamp maps),因为其单独子图的大小近似像一张邮票,只允许看清最显著的特征。例如,图 7.26 显示了来自 ECMWF 集合预报系统对西欧 1999 年 12 月一场巨大破坏性的冬季暴风雪地面气压预报的 51 张邮票图。集合由 50 个成员加上"最优"的初始大气状态开始的控制预报(标为"确定性预报")组成。随后分析的地面气压场(标为"检验"),显示了中心在巴黎附近一个深的强地面低压。像很多集合成员那样,控制预报完全遗漏了这个重要特征。然而,很多集合成员确实描述了一个深的地面低压,表明对这个破坏性的暴风雪提前 42 h 的预报有一个相当大的准确率。虽然细节预报不是不可能,但从一张邮票图中的小图像中,细节预报也是很困难的,在解释这种图的时候,有经验的预报员根据集合成员的这个样本,可以得到可能结果的一个全面判断。有时对邮票图集的进一步处理采用聚类分析(见第 15.2 节)把它们客观地分组为相似的子集。

解释一批邮票图的一个困难是很多单张图难以同时理解。如果不是因为这些图可能被过分聚类而无法使用的问题,邮票图集的叠加可以缓解这个困难。然而,看每张图的每条等值线不一定能够形成气流的一个总图像。当然,只看一条或两条精心挑选的气压或高度等值线,经常足以定义主要特征,因为典型的等值线大致相互平行。来自每张邮票图精心挑选的一条或两条等值线的叠加,经常产生一个可解释的充分未聚类的合成图,这种图被称为面条图(Spaghetti Plot)。图 7.27 显示了初始时刻 1995 年 3 月 14 日世界协调时 00:00 以后,12,36 和 84 h 预报的北美上空 500 hPa 等压的5 520 m等值线的三幅面条图。在图 7.27a 中,对 12 h 的预报,17 个集合成员普遍非常一致地接近,甚至只用 5 520 m 等值线显示的气流的大致特征就很清楚了:东太平洋上空的槽和大西洋上空存在切断低压。

在提前 36 h 的时刻(图 7.27b),除了在加拿大上空一些集合成员产生了一个短波槽之外,集合成员关于气流的预报还是大致接近一致的。除了加拿大上空之外,这个领域上空大部分的 500 hPa 场,将被看作为相当确定的,通常解释为存在来自控制分析(虚线)的单一预报遗漏的一个短波特征,该短波有一个相当大但不占主导地位的出现概率。这个子图中的粗线,显示

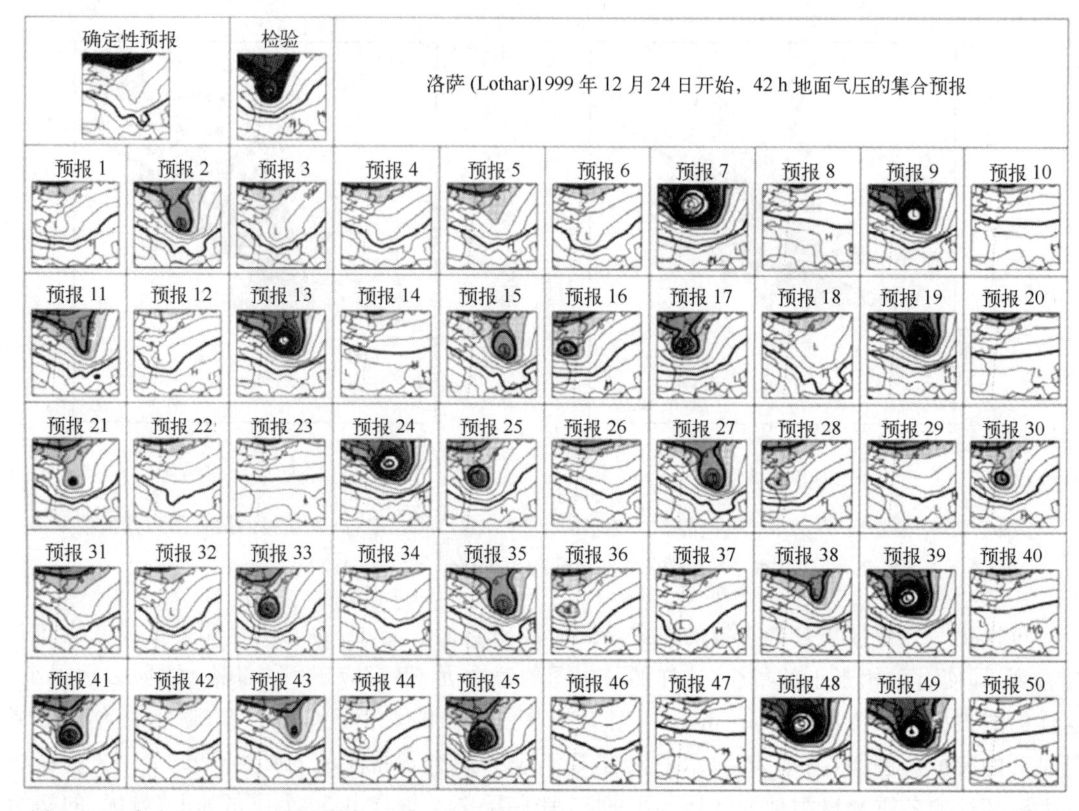

图 7.26　来自 ECMWF 对西欧地面气压集合预报的邮票图。检验显示了冬季暴风雪洛萨(Lathar)期间,42 h 后对应的地面分析。引自 Palmer 等(2001)。

了后来做的对提前 36 h 的分析。在提前 84 h 的时刻(图 7.27c),(而这样可以推测相对高的概率)东太平洋上空的槽仍然存在相当大的一致性,但是对大陆和大西洋的预报已经开始产生了很大的分歧,这种图是根据意大利面条命名的。在可视化预报气流的演化中,面条图与集合的离散度一起同时使用已经证明是相当有效的。当一系列面条图被设计成动画形式时效果甚至是更显著的,在一些业务中心的网站上可以看到这种图。

把来自一个集合预报的大量信息浓缩为几个统计量,并且画出这些统计量的图是很有指示意义的。到目前为止,最常用的这类图是由 Epstein 和 Fleming(1971)最早提出的,它能够同时显示集合平均和标准偏差场。即,在大量格点的每一个上,计算集合成员的平均值,以及集合成员在这个平均值周围的标准偏差。图 7.28 就是一幅这样的图,1999 年 1 月 29 日,世界协调时 00:00 对北美和北太平洋之上海平面气压(hPa)的 12 h 预报。这里实等值线表示集合平均值,而阴影表示集合的标准偏差场。这些标准偏差表明,加拿大东部上空的反气旋,在集合成员中被预报得相当一致(集合的标准偏差普遍小于 1 hPa),而东北太平洋和堪察加半岛东部(这里预报了很大的梯度)的气压是相当不确定的(集合标准偏差大于 3 hPa)。

Gleeson(1967)提出用预报在最终观测值 10 节①内的概率图,来组合预报的 u 和 v 风分

① 节:航速和流速单位,1 节=1 海里/小时

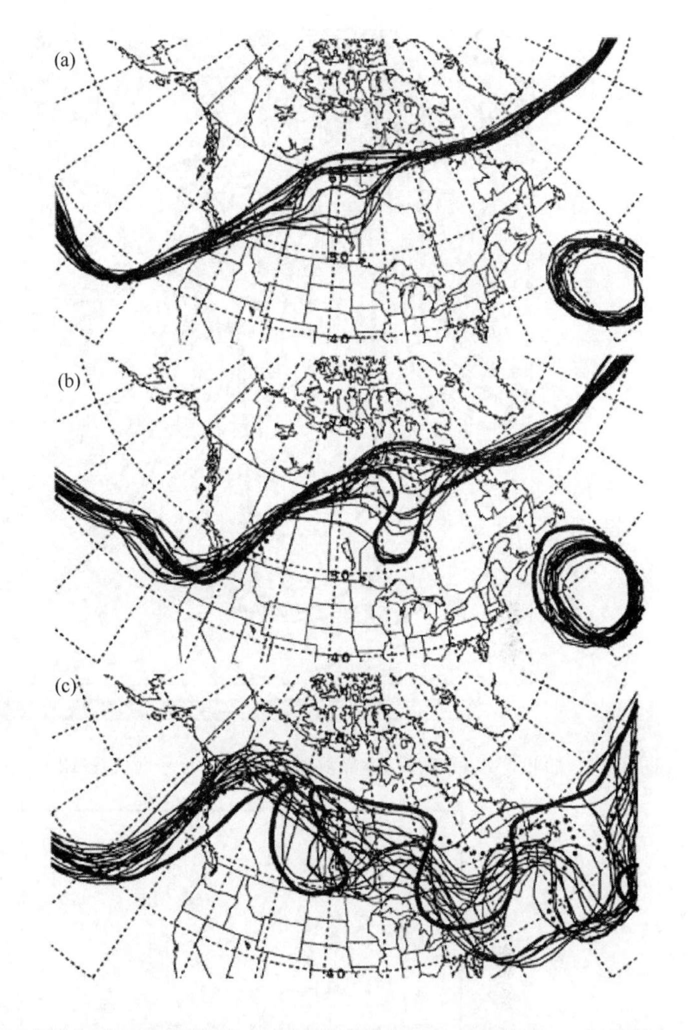

图 7.27　由国家环境预报中心预报的北美上空 500 hPa 高度场的 5 520 m 等值线的面条图，显示了对初始时间为 1995 年 3 月 14 日世界协调时 00:00 之后(a) 12 h、(b)36 h 和(c)84 h 的预报。细线表示 17 个集合成员的每一个产生的等值线，点线表示控制预报，子图(b)和(c)中的粗线表示检验分析。引自 Toth 等(1997)。

量。Epstein 和 Fleming(1971)提出水平风场的概率描述，可以采用图 7.29 的形式。这里线的长度，表示预报的风向量分布的平均值，线的方向表示风的方向为从格点吹向椭圆。真实的风向量在椭圆内结束的概率是 0.50。这个图中，已经假定风向量预报中的不确定性由二元正态分布描述，椭圆如同例 11.1 中那样提取。椭圆的倾向被确定为南北方向显示经向风的不确定性大于纬向风，与更大的椭圆有关的更大速度的倾向，显示这些风的值是更不确定的。

在单个地点，地面天气要素的集合预报可以通过选择的预报量箱线图的时间序列进行简明地总结，这种图被称为集合单站预报图(ensemble meteogram)。这些箱线图的每一个显示在一个特定的预报提前时间上一个预报量的集合离散度，并且所有的箱线图共同显示了在整个预报时段预报的中心趋势和不确定性的时间演化。图 7.30 显示了来自日本气象局的一个例子，其中表示筑波市 4 个天气要素集合离散度的箱线每隔 6 h 被画出。该图表明，云量和降水预报有更大的不确定性，对温度预报来说，随着提前时间的增加，不确定性的增加特别明显。

图 7.31 显示了描述预报量集合分布时间演化的另一种图形。在这个烟羽图(plume graph)中，等值线表示位势高度的集合离差，表示为一个 PDF，是对英格兰东南部上空 500 hPa 高度预报的的一个时间的函数。在预报的初期可以看到集合是十分紧凑的，而在预报时段的末期，则显示了很大程度的不确定性。

最后，对于二分类事件，来自集合预报的信息通常表示为集合相对频率图，它根据一个连

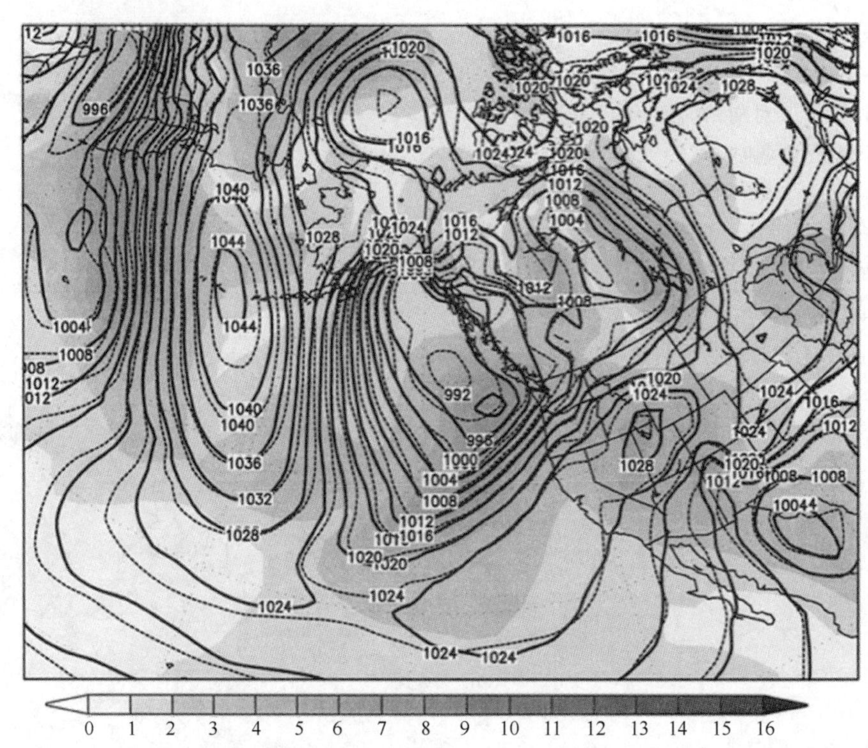

图 7.28 1999 年 1 月 29 日，世界协调时 00:00 海平面气压 12 h 预报的集合平均(实线)和集合标准偏差(阴影)。

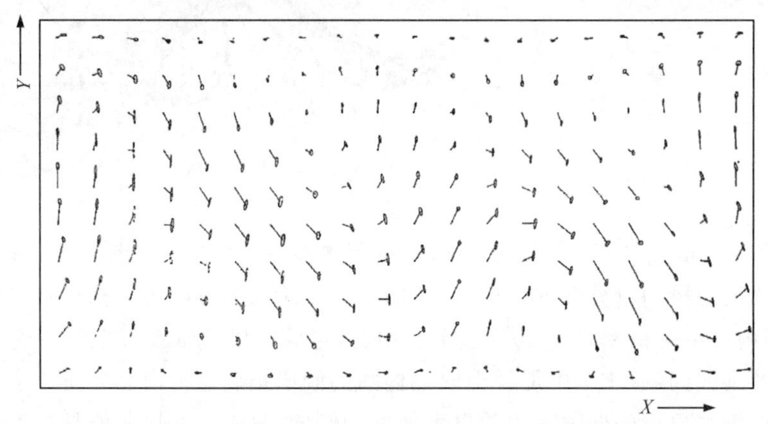

图 7.29 用概率形式表达的来自一个理想化的模拟试验的预报风场。线长表示风的大小线的方向表示预报的平均风向从网格点指向椭圆。椭圆表示有 0.50 的概率包含观测风的范围。引自 Epstein 和 Fleming(1971)。

续变量的阈值进行定义。理论上，集合相对频率可以近似地对应于预报的概率；但是因为初始集合成员的非理想化抽样，加上用来在时间上向前积分的动力模式不可避免地存在缺陷，这个解释不能被严格保证(Allen *et al.*，2006；Hansen，2002；Smith，2001)，通过应用 MOS 方法到集合预报(第 7.7 节)，概率估计可以得到改进。

图 7.32 显示了这种很常用的图的一个例子，对 12 h 内降水大于 2 mm 的集合相对频率，在观测事件(d)之前的时间为(a)7 d、(b)5 d 和(c)3 d。随着提前时间的减少，可评估的预报概率的区域被更加紧凑地定义，并且显示了普遍更大的相对频率，指示了更大的信度。其他种类的概率场图也是可能的，其中的很多可以根据特定预报应用的需要提出。显示北美上空 1 000～500 hPa 厚度小于 5 400 m 的相对频率预报的图 7.33 就是这样的一种图。

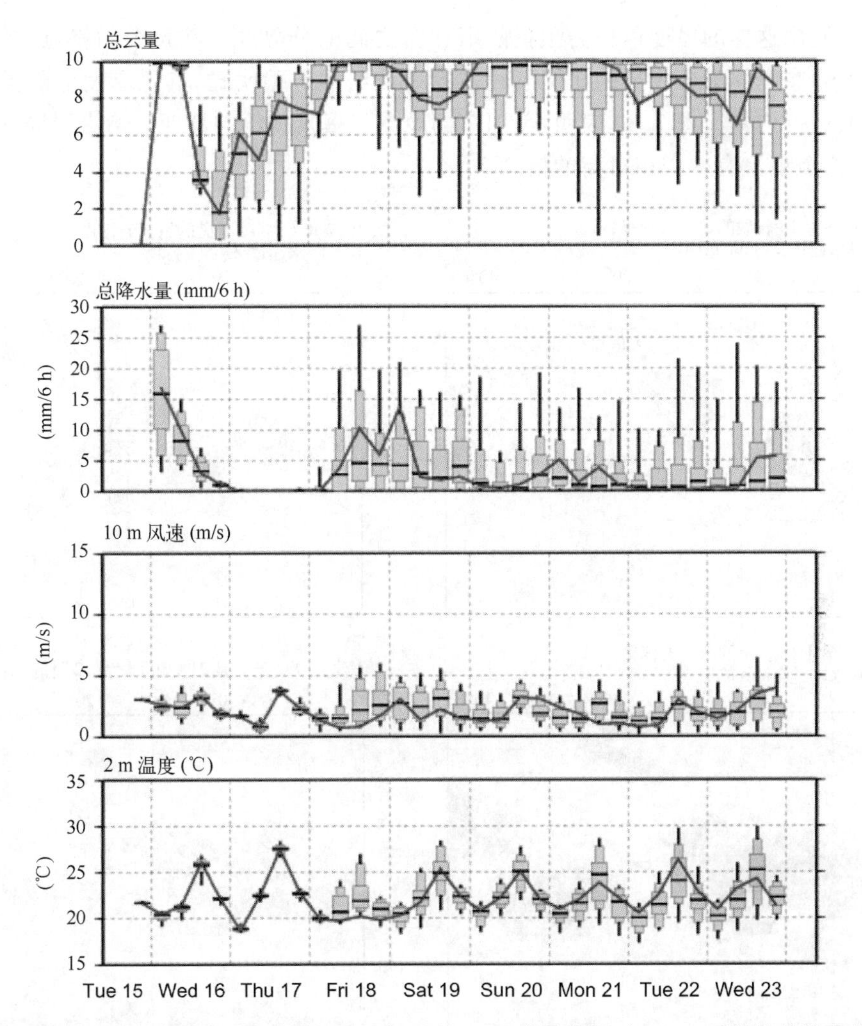

图 7.30　来自日本气象局的预报集合，2010 年 6 月 15 日世界协调时 12:00 开始的筑波市的集合单站预报图。箱线较宽的部分表示四分位数之间的范围，较窄的盒子显示了集合分布的中间 80%，而箱线延伸到最极端的集合成员。实线表示控制预报。引自 gpvjma. ccs. hpcc. jp。

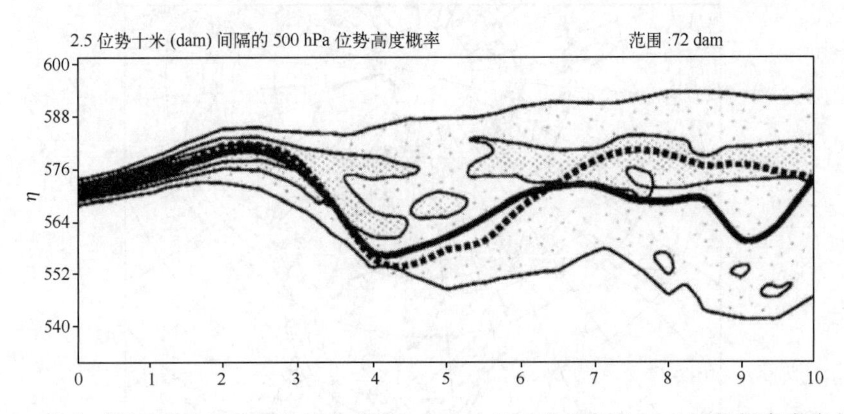

图 7.31　作为时间函数表示的英格兰东南部上空 500 hPa 位势高度 10 d 预报概率密度的烟羽图，初始时间为 1999 年 8 月 26 日世界协调时 12:00。虚线表示高分辨率的控制预报，而实线表示从相同的初始条件开始的低分辨率的集合成员。引自 Young 和 Carroll(2002)。

预报员经常使用这样的厚度值作为预报的雨和雪之间的分界线。在每个网格点，预报小于或等于 5 400 m 厚度的集合成员的比例已经被列表或绘图。很明显，其他厚度值的类似图可以同样容易地进行构建。图 7.33 表明，美国东部冷空气爆发将给与墨西哥湾沿岸同样远的南方带来降雪，这个预报有一个相对高的信度。

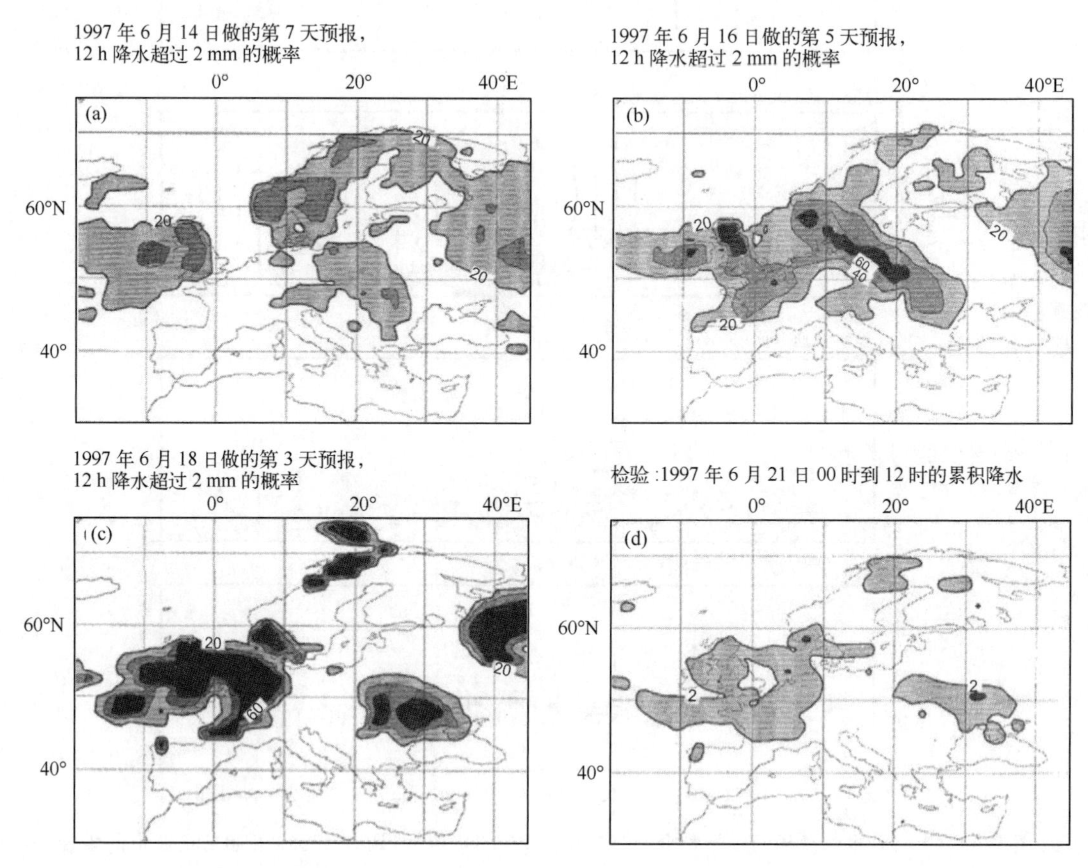

图 7.32　1997 年 6 月 21 日观测事件(d)之前(a)7d，(b)5d 和(c)3d，欧洲 12h 内累积>2 mm 降水的集合预报相对频率。(a)、(b)、(c)中的等值线间隔是 0.2mm。引自 Buizza 等(1999a)。

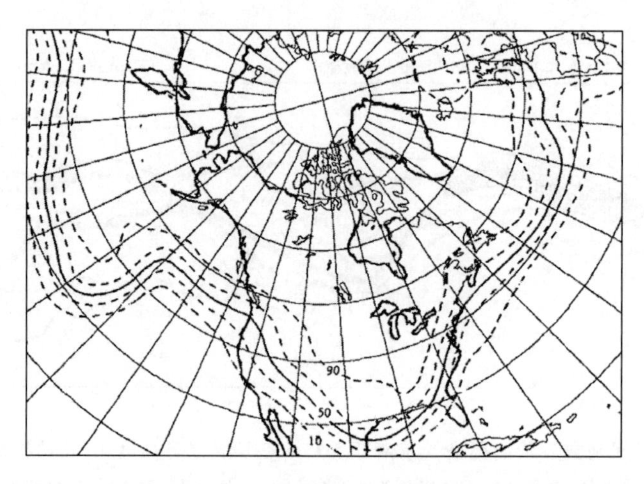

图 7.33　用 14 个集合成员估计的 1993 年 3 月 14 日北美上空 1 000～500 hPa 厚度小于 5 400 m 的集合相对频率。引自 Tracton 和 Kalnay(1993)。

7.6.7　模式误差的影响

给定一个完美的动力模式，从初始条件不确定性的PDF，在时间上向前积分一个随机样本，将产生来自描述预报不确定性的PDF的一个样本。当然，动力模式不是完美的，所以即使初始条件的PDF可以知道并且可以从中正确地抽样，一个预报集合的分布最多只可能是对真实PDF的一个近似(Hansen, 2002;Palmer, 2006;Smith,2001)。

Leith(1974)把模式误差分为两类。第一类，来自模式不可避免地以比真实大气更低的分辨率运算，或者等价地占用了一个维数低很多的位相空间(Judd *et al.*,2008)。但是通过逐渐增加模式分辨率，这个问题已经被逐渐解决了，并且在动力预报的历史进程中也部分地被改进了。第二类，模式误差来自如下事实：某些物理过程(主要是在比模式分辨率更小的尺度上起作用的那些)不能正确地被表示。特别是，这些物理过程一般使用显示可分辨变量的某些相对简单的函数表示，被称为参数化(parameterization)。图7.34显示在高度理想化的Lorenz '96 (Lorenz,2006)模型中，作为X自身的函数，对一个可分辨变量X的倾向(dX/dt)的不可分辨部分的参数化(Wilks,2005)。图7.34中的单个点是实际的不可分辨倾向的一个样本，该样本通过回归函数进行归纳。在一个实际的动力模式中，存在各种不可分辨的物理过程的大量的这样的参数化，而这些过程对可分辨变量的影响，是作为可分辨变量的函数通过这些参数化包括在模式中。根据图7.34，显然可以看到，参数化(平滑曲线)没有完全抓住实际上可能抓住的参数化过程行为的范围(曲线周围点的散布)。即使大尺度的动力系统已经被正确地模拟了，但大尺度的动力系统天生不支持由"这个"参数化曲线给出的不能分辨变量的值，而是提供了来自其周围点云的一个有效的随机现实。考虑这种模式误差的一种方式是参数化的物理过程不能完全由可分辨的变量确定，即，它们是不确定的。

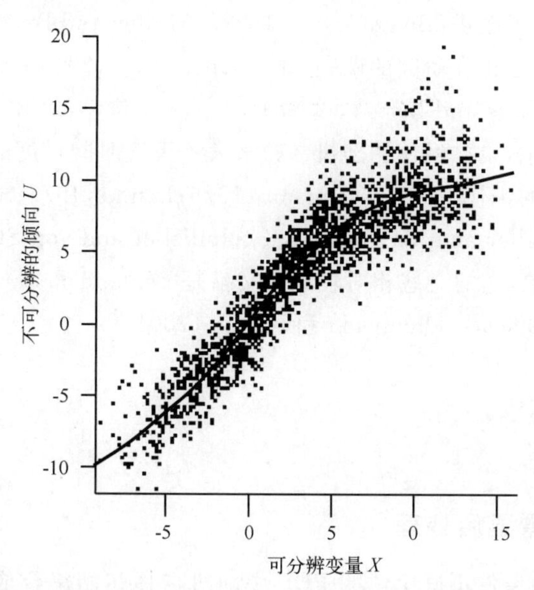

图7.34　作为可分辨变量的函数，一个可分辨的变量X与不可分辨时间倾向U的散点图；以及表示依赖于可分辨变量条件平均倾向的回归函数。引自Wilks(2005)。

在参数化模式的物理过程中，表示误差或不确定性的一种方式，是把集合预报的思想扩展到同时包括一批不同初始条件和多个动力模式(每一个有不同的参数化集合)的集合。Harrison

等(1999)发现,使用两个初始条件集和两个显著不同的公式表示的动力模式,其所有 4 种可能组合做预报,发现模式的影响更大。其他研究(如:Hansen, 2002;Houtekamer *et al*.,1996;Mullen *et al*.,1999;Mylne *et al*.,2002a;Stensrud *et al*.,2000)已经发现用这样的多模式集合改进了集合预报的结果。加拿大气象中心业务的多模式集合的组成模式,共享相同的大尺度动力方程,但是关于各种参数化的结构不同(Houtekamer *et al*.,2009),实际上对不同的集合成员,用与图 7.34 表示的不同但类似的参数化曲线。集合性能中得到改进的大部分,都来自多模式集合,它表示更大的集合离散度,所以,与对所有的积分使用相同的动力模式相比,多模式集合的集合成员相互之间更加不相似。预报集合的离散度通常太小(如:Buizza, 1997;Stensrud *et al*.,1999;Toth and Kalnay,1997),并且因此得到的预报结果显示了太小的不确定性(见第8.7 节)。

抓住动力模式结构中不确定性的另一种方法,是由图 7.34 中回归曲线周围的散布点表示。根据第 7.2 节的观点,模拟系统的实际(点)与参数化(回归曲线)行为之间差值的回归残差是随机变量。因此,如果随机数被加到确定的参数函数中,参数化过程的影响在一个动力模式中可以被完全表示,使动力模式显式地随机化(如:Palmer, 2001;Palmer *et al*.,2005;Teixeira and Reynolds, 2008)。即使正被真实模拟的系统不包含随机分量,动力模式中采用不可分辨的参数化过程的随机观点,也可以改进预报结果(Judd *et al*.,2007;Wilks, 2005)。

动力模式中随机参数化的思想并不是新提出的,早在 20 世纪 70 年代早期就已经提出来了(Lorenz, 1975;Moritz and Sutera, 1981;Pitcher, 1977)。然而,它在真实大气模式中的应用是相对较新的(Bowler *et al*.,2008;Buizza *et al*.,1999b;Garratt *et al*.,1990;Lin and Neelin, 2000, 2002;Williams *et al*.,2003)。特别值得注意的是预报模式中不可分辨过程的影响,其随机表示的首次业务应用是在 ECMWF,它被称为随机物理过程,相对于传统的确定性参数化,其预报结果得到了改进(Buizza *et al*.,1999b;Mullen and Buizza, 2001)。随机参数化还处在发展的初期阶段,是正在研究的课题(如:Berner *et al*.,2010; Neelin *et al*.,2010;Plant and Craig, 2007; Tompkins and Berner, 2008)。

在简化的气候模式中,也已经使用随机参数来表示天气时间尺度的大气变化。20 世纪 70 年代开始就有一些这样的工作(如:Hasselmann, 1976;Lemke,1977;Sutera, 1981),而后来又有一些继续的工作(Imkeller and Monahan, 2002;Imkeller and von Storch,2001)。应用这种思想来预报 El Niño 现象,它的一些相对较近的文献是 Penland 和 Sardeshmukh(1995)、Saravanan 和 McWilliams(1998)及 Thompson 和 Battisti(2001)。

7.7　集合 MOS

7.7.1　为什么集合需要后处理

原则上,从描述初始条件不确定性的 PDF 中随机选择初始集合成员,使用一个完美的动力模式在时间上向前积分,将产生未来大气状态的一个集合,该集合是取自描述预报不确定性的 PDF 的一个随机样本。因而,理论上,一个预报集合的离散度,可以描述预报中的不确定性,所以小的集合离散度(所有的集合成员相互类似)表示较低的不确定性,而大的集合离散度(集合成员之间大的差异)表示较大的预报不确定性。

实践中,初始集合成员,以非随机抽样的方式,从初始条件不确定性的 PDF 中挑选(第7.6.4节),而动力模式中的误差主要是来自集合预报中不能分辨的尺度和过程产生的误差,就像传统的单一积分预报那样。因此,预报集合的离散度,顶多只能近似地预报不确定性的 PDF(Hansen, 2002;Smith, 2001)。特别是,一个预报集合,可以反映统计位置(远离真实大气状态的大部分或全部集合成员,但是相互之间相对较近)和离散度(低估或高估预报的不确定性)中的误差。经常发现业务集合预报表现了太小的离散度(如:Buizza, 1997;Buizza *et al.*, 2005;Hamill, 2001;Toth *et al.*, 2001;Wang and Bishop, 2005),如果集合相对频率被直接解释为估计的概率,就容易导致概率评估中的过分自信。

在集合预报误差有一致特征的意义上,通过总结这些预报误差的历史资料库的集合 MOS 方法,可以订正集合预报误差,正如对单一积分的动力预报所做的那样。从集合预报的开始(Leith,1974),已经预计到有限集合的使用可能产生预报集合平均值的误差,这种误差可以使用以前误差的数据库进行统计订正。对集合预报的 MOS 后处理,是比对普通的单一积分的动力预报或对集合平均值处理更困难的一个问题,因为集合预报同样易受由动力模式公式中的误差和不精确所引入的普通偏差,以及它们通常的低离散度偏差的影响。集合预报中的这两个问题用 MOS 方法都可以进行订正。

集合 MOS 方法的最终目标是根据有限的 n_{ens} 个成员的集合估计一个预报的 PDF 或 CDF。如果初始条件和模式误差的影响不大,那么只通过对集合成员运算而不考虑过去预报误差的统计特征,这个任务就可以被完成。或许这样最简单的非 MOS 方法,是把预报集合看作为来自真实预报 CDF 的一个随机样本,并且使用绘图位置估计量估计来自那个 CDF 的累积概率(第3.3.7节)。尽管通常不是最优,但最常使用的这样的估计方法,是**民主投票法**(democratic voting method)。把被预报或检验的量表示为 V,而其累积概率的分布分位数估计为 q,该方法按下式计算

$$\Pr\{V \leqslant q\} = \frac{1}{n_{ens}} \sum_{i=1}^{n_{ens}} I(x_i \leqslant q) = \frac{\text{rank}(q) - 1}{n_{ens}} \tag{7.42}$$

其中,如果其参数为真,那么指标函数 $I(\cdot)=1$,否则为0,而 rank(q)表示由集合成员 x_i 和那个分位数组成的一个假设的 $n_{ens}+1$ 个集合成员对应的分位数的秩。式(7.42)的计算结果等于耿贝尔绘图位置估计量(表3.2),它有如下令人遗憾的性质:对小于最小集合成员 $x_{(1)}$ 的任何分位数,赋值0概率;对大于最大集合成员 $x_{(n_{ens})}$ 的任何分位数,赋值1概率。其他的绘图位置估计量没有这些缺陷;例如,使用 Tukey 绘图位置(Wilks,2006b),

$$\Pr\{V \leqslant q\} = \frac{\text{rank}(q) - 1/3}{(n_{ens} + 1) + 1/3} \tag{7.43}$$

Katz 和 Ehrendorfer(2006)对 q 的集合成员的二元预报,用一个均匀分布和一个二项分布似然,使用一个共轭贝叶斯分析(第6.3.2节),推导出了等于韦布尔绘图位置的一个累积概率估计量。然而,即使集合没有偏移误差,并且展示了与实际预报的不确定性一致的离散度,式(7.42)和式(7.43)中的累积概率估计量,依然还将导致不精确的过于自信的结果,除非集合容量很大,或者预报是相当有技巧的(Richardson,2001;见第8.7节)。

7.7.2　回归方法

使用比如式(7.43)的估计量,直接对一批集合预报进行变换通常是不精确的,因为偏移误

差(例如观测的平均温度比预报温度更暖或更冷)和/或散布误差(平均起来集合离散度小于或大于需要精确描述的预报不确定性)往往会发生,因为不完美的集合初始化和动力模式结构中的缺陷。通过回归方法,也通过在回归中使用一个集合离散度预报因子,单一积分动力预报的普通 MOS 后处理(第 7.5.2 节)可以被扩展来弥补集合离散度的误差。根据其历史误差统计量调整集合离散度,依赖于状态或气流的可预报性也被包括进集合 MOS 程序。

一种已经成功使用的基于回归的集合 MOS 方法,是用集合平均值作为一个预报因子,加上包括集合标准偏差的第二个预报因子的 logistic 回归(第 7.3.2 节)。Wilks 和 Hamill (2007)用下式表示

$$\Pr\{V \leqslant q\} = \frac{\exp(b_0 + b_1 \bar{x}_{ens} + b_2 \bar{x}_{ens} s_{ens})}{1 + \exp(b_0 + b_1 \bar{x}_{ens} + b_2 \bar{x}_{ens} s_{ens})} \tag{7.44}$$

式中:$\bar{x}_{ens}$ 为集合平均值;s_{ens} 为集合标准偏差。在一个人造资料的背景中(Wilks,2006b)产生了稍微更好的预报的另一个公式是简单地指定第二个预报因子为集合标准偏差,而不是集合平均值和集合标准偏差的乘积。然而,式(7.44)有吸引人的解释,即它等于使用集合平均值为单一预报因子的 logistic 回归,但是式中回归参数 b_1 本身是集合标准偏差的一个线性函数。因此,描述其特征的 S 形上升或下降的对数函数的斜率,随着集合离散度的减小而增加,当集合离散度小的时候产生了更尖锐的预报(即更常出现极值概率的更经常使用)。

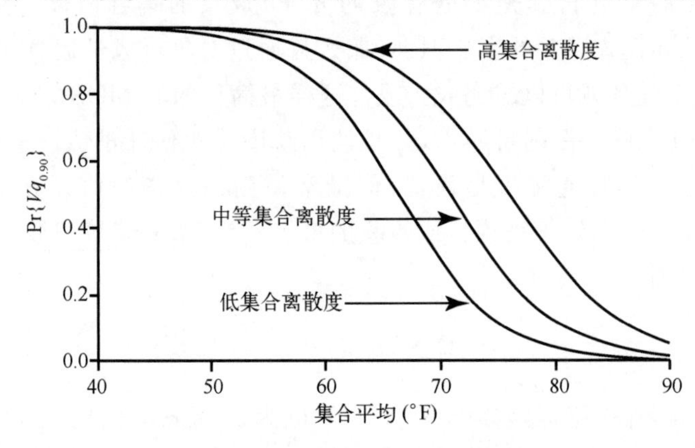

图 7.35 3 个选择的集合标准偏差水平下的式(7.44)形式的 logistic 回归。预报量是亚特兰大 1 月日最高温度低于其第 90 分位数(大约为65 ℉)的概率。

图 7.35 是佐治亚州亚特兰大 1 月日最高温度提前 1 d 预报的个例,可以用来说明上述思路。预报量是温度等于或小于其第 90 分位数(大约为 65 ℉)的概率。随着集合平均的最高温度预报的增加,预报概率下降,而随着集合标准偏差的减小预报概率的下降变得更陡。得到图 7.35 中曲线的式(7.44)的具体参数为 $b_0=15.2$,$b_1=-0.245$ 和 $b_2=0.733$,用一个固定的动力模式已经重新计算了 25 年的历史天气(Hamill *et al.*,2006),这被称为**回报**(reforecasts),基于特定的一批集合预报的性能拟合了这条曲线。图 7.35 只显示了 3 个挑选的集合标准偏差水平的对数曲线,但式(7.44)作为集合标准偏差的函数,定义了这些曲线的一个闭联集。

目前的经验表明,如果训练样本容量较小或者提前时间相对较长,包括集合标准偏差的式(7.44)中的第二个因子不可能由这些资料证明是正确的(Hamill *et al.*,2004;Wilks and Hamill, 2007)。因为式(7.44)中的参数,通常用最大似然进行拟合,所以资料是否能证明 $b_2 \neq 0$ 正确,可以用似然比检验(第 5.2.6 节),如果可以,使用的其他预报因子也将被评估,那么

也可以用BIC(式(7.32))或AIC(式(7.33))统计量进行检验。

对于连续量的集合MOS预报来说，使用比如式(7.44)的逻辑斯蒂回归的一个缺点是，如果仅包括一个集合离散度预报因子，对于有限数量的预报分位数的每一个，通常拟合为单独的方程。其结果是必须计算大量的回归参数，增加了某些方差被较差地估计的概率，特别是训练样本容量有限时。另一个潜在问题，是不同预报量分位数的不同逻辑斯蒂回归可能互相不一致，导致无意义的预报，比如某些范围的预报量为负概率。

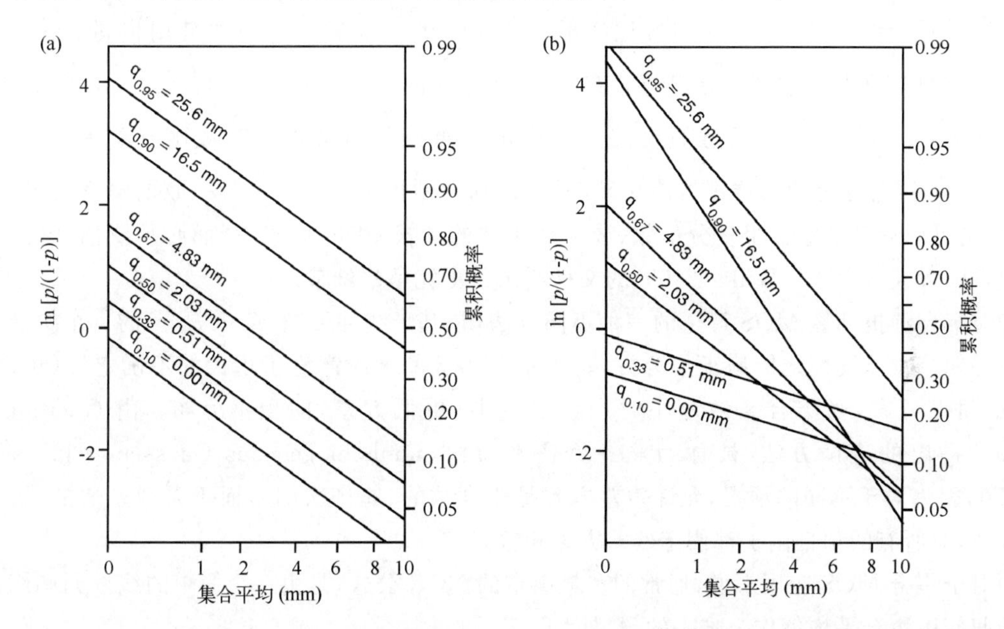

图7.36 提前6～10d对美国明尼阿波利斯11月28日—12月2日累积降水概率预报，根据对数比率尺度绘制的逻辑斯蒂回归。来自式(7.46)选择的分位数求得的预报，由子图(a)中的平行线表示，这些预报没有产生逻辑上不一致的预报集合。对相同的分位数，用式(7.45)分开拟合的回归，显示在子图(b)中。因为这些回归线没有被限制为相互平行，所以对于十分极端的预报因子值，逻辑上不一致的预报是必然的。引自Wilks(2009)。

图7.36b是明尼苏达州明尼阿波利斯市11月28日—12月2日5 d累积降水的概率预报(提前6～10 d)，用此例说明了后面的问题。形式为下式的7个分开的逻辑斯蒂回归已经被拟合了

$$\Pr\{V \leqslant q\} = \frac{\exp(b_0 + b_1\sqrt{\overline{x}_{ens}})}{1 + \exp(b_0 + b_1\sqrt{\overline{x}_{ens}})} \tag{7.45}$$

对于这个地点和这个时间，一个回归方程表示5 d累积降水气候分布分位数q的一个。集合平均值的平方根被用作为预报因子，因为对这个正偏的预报量来说，它产生了更好的预报。集合离散度没有被使用，因为在这个相对较长的提前时间，它没有显著地改进预报。图7.36b的主要病态特征是回归线在对数比率尺度上交叉，对大于大约3 mm的$\overline{x}_{ens}$(对$q_{0.33}$和$q_{0.50}$的回归函数在这个点交叉)，意味着得到的预报概率总体上可能不一致。例如，当$\overline{x}_{ens} > 3$ mm时，逻辑斯蒂回归对中位数(2.03 mm)的预测，比下三分之一分位数(0.51 mm)预测有更小概率，这显然是不可能发生的。

预报概率潜在不一致的这个问题，通过包括预报分位数自身(一般为非线性)函数$g(q)$的

附加预报因子，对所有的分位数同时拟合逻辑斯蒂回归可以避免，得到统一的逻辑斯蒂回归模型

$$\Pr\{V \leqslant q\} = \frac{\exp[g(q) + f(\overline{x}_{ens})]}{1 + \exp[g(q) + f(\overline{x}_{ens})]} \tag{7.46}$$

当通过资料证明时，预报因子函数 $f(\cdot)$ 将被扩展到包括集合离散度的一个度量，例如 $f(\overline{x}_{ens}, s_{ens}) = b_0 + b_1 \overline{x}_{ens} + b_2 s_{ens}$。式(7.45)是式(7.46)的一个特例，其中 $f(\overline{x}_{ens}) = b_0 + b_1\sqrt{\overline{x}_{ens}}$，$g(q)=0$。图 7.36a 中对数比率平行的回归线，是与图 7.36b 中使用相同资料，同时使用式(7.46)进行的拟合；使用与式(7.45)中相同的 $f(\overline{x}_{ens}) = b_0 + b_1\sqrt{\overline{x}_{ens}}$，但是也使用 $g(q) = b_2\sqrt{q}$。结果是，对任意的预报分位数 q，全部预报函数都有对数比值斜率 b_1 和截距 $b_0 + b_2\sqrt{q}$。因为这些回归线不可能交叉，所以得到的预报不可能产生不一致的概率。另外的好处，是可以计算任意预报量分位数（或一个完整的预报 CDF）的概率，而必须要估计的参数的数量则大大减少了。Wilks(2009)的文献给出了更完整的细节。

对集合预报计算 MOS 订正的一种不同方法，是基于线性回归（第 7.2 节）的一个扩展，但是允许残差方差线性地依赖于集合方差，当集合离散度大时产生了更大的不确定性（更高方差）的预报分布，当集合离散度小时产生了更尖（更低方差）的预报分布。由 Gneiting 等(2005)提出的这个方法，被称为非齐次高斯回归（nonhomogeneous Gaussian regression，NGR），因为对于不同的预报，允许残差方差是非常数的（非齐次的），而不是像普通的线性回归那样，对所有的预报因子都假定残差方差相等。

对于集合 MOS 应用来说，通常的和最简单的 NGR 公式，是由一个简单的线性回归组成，该回归使用集合平均值作为唯一的预报因子，

$$V = a + b\overline{x}_{ens} + \varepsilon \tag{7.47a}$$

其中被假设为服从高斯分布的残差 ε 的方差，被指定为集合方差的一个线性函数，

$$\sigma_\varepsilon^2 = c + ds_{ens}^2 \tag{7.47b}$$

式(7.47a)也可以扩展到包括更多的预报因子。

式(7.47)中有 4 个参数 a，b，c 和 d 需要估计，但是类似于第 7.2.1 节中的简单线性回归，无法得到其解析解。不同于用传统的方式估计这些参数，例如通过假定残差服从高斯分布求其联合似然的最大值（第 4.6 节），Gneiting 等(2005)提出了选择参数的新方法，通过对训练资料集中全部预报求平均，来最小化连续等级概率评分（CRPS，第 8.5.1 节）。假定预报分布是高斯的，由参数 $\mu = a + b\overline{x}_{ens}$ 和 $\sigma_\varepsilon^2 = c + ds_{ens}^2$ 描述的单个后处理预报的 CRPS，及其相应的检验观测(V)为

$$CRPS = \sigma_\varepsilon\left[z(2\Phi(z) - 1) + 2\phi(z) - \frac{1}{\sqrt{\pi}}\right] \tag{7.48a}$$

其中

$$z = \frac{V - \mu}{\sigma_\varepsilon} \tag{7.48b}$$

是用其预报值和预报的残差方差标准化的观测值，而 $\phi(\cdot)$ 和 $\Phi(\cdot)$ 分别表示标准高斯分布的 PDF 和 CDF。求关于 4 个回归参数的式(7.48)的最小值，需要使用迭代数值方法。

一旦已经估计了式(7.47)中的 4 个参数，概率预报就可以用下式生成

$$\Pr\{V \leqslant q\} = \Phi\left[\frac{q-(a+b\overline{x}_{ens})}{(c+d\sigma_{ens}^2)^{1/2}}\right] \tag{7.49}$$

这样，与式(7.46)中统一的逻辑斯蒂回归模型一样，式(7.47)不需要一个单独的参数集合来估计预报的每个分位数 q。然而，只有在回归残差的分布可以通过高斯 PDFs 较好表示的情形中，其使用才是适当的。

Wilks 和 Hamill(2007)、Hagedorn 等(2008)及 Kann 等(2009)报告了用 NGR 对地面温度(近似为高斯分布)的集合预报后处理，能够得到较好的结果，在预报技巧方面，它比直接使用未加工的集合输出结果有相当大的改进(例如式(7.42)或式(7.43))。Thorarinsdottir 和 Gneiting(2010)把 NGR 扩展到处理比如风速的预报量，对这些量的预报必须是非负的。

Bremnes(2004)描述了用选择的预报集合降水分布分位数作为预报因子，使用基于分位数(quantile)回归的两步(two—stage)集合 MOS 程序对降水概率分布的预报。首先，非零降水概率用概率回归预报，这类似于逻辑斯蒂回归(式(7.29))，但是用标准高斯分布的 CDF 限制预报因子的线性函数到单位区间。即，$p_i=\Phi(b_0+b_1x_1+b_2x_2+b_3x_3)$，其中三个预报因子是集合最小值、集合中位数和集合最大值。其次，非零降水发生的条件下，降水量分布的第 5、第 25、第 50、第 75 和第 95 分位数用单独的回归方程指定，其中每个回归方程用两个集合的四分位数作为预报因子。最终的后处理降水概率通过概率乘法定律(式(2.11))得到，其中 E_1 是非零降水发生的事件，E_2 是根据第二个回归步骤产生的预报分位数(例如，IQR)的一些组合定义的降水量事件。

7.7.3 核密度(集合"加工(Dressing)")方法

从一个有限的集合中，估计平滑的预报 PDFs 的一种完全不同的方法通过使用核密度方法(第 3.3.6 节)给出。在这种方法中，一个单独的 PDF(核)的中心在每个集合成员处，然后预报的 PDF 根据这 n_{ens} 个成员集的核的权重平均形成。实际上，每个点的集合预报用其周围暗含的不确定性的分布进行"加工"，然后全部预报的 PDF 再根据单独的核进行总计。这是一个集合 MOS 过程，因为被叠加的分布来自正被后处理的集合预报系统历史上错误的统计量。因为是单个集合成员而不是集合平均值被加工，所以即使增加的误差分布的离散度不以集合离散度为条件，这个过程也产生了依赖状态的不确定性信息。

当从一个有效的预报集合中，构建一个核密度估计的时候，两个关键问题必须被阐明。第一个是，正在被后处理的来自动力模式集合历史性能中的任何偏差必须在开始的时候被去掉。简单的常数偏差订正，经常被应用到所有的集合成员。例如，对于一个给定的位置和季节，如果来自特定动力模式的温度预报平均偏暖 1 ℃，在计算核密度估计之前，这个温度偏差可以从每个集合成员中减掉。Bishop 和 Shanley(2008)、Brocker 和 Smith(2008)、Glahn 等(2009b)及 Unger 等(2009)用线性回归去除偏差，例如，对低的温度预报得太暖，但高的温度预报得太冷的集合系统可以进行调整。如果在计算核密度估计之前不订正预报偏差，那么预报的 PDF 也将是有偏差的。集合加工中的第二个关键问题是，加工核的数学形式特别是其离散度或带宽(式(3.13)中参数 h)的选择。不同的集合加工方法的主要区别，是如何解决这两个问题，尽管在所有的例子中，这些特征都来自历史上的集合预报误差。这样集合加工实际上是一种 MOS 方法。

最经常的是把加工核选择为高斯分布。在这样的例子中，结果经常被称为高斯集合加工

(GED)。然而,即使加工核被指定为高斯,总体的预报分布通常仍不是高斯的;甚至,它可以取根据潜在集合成员的分布表示的任何形式。集合加工,最初由 Roulston 和 Smith(2003)提出,他们在一个给定的预报场合下,从单个最好的集合成员(这个成员最接近用作检验的观测)导出了加工核的特征(特别是估计高斯加工核的方差)。即,每个高斯加工核的方差,被定义为观测与最靠近观测的(去掉偏差)集合成员之间的均方差。这种"最优成员"方法在概念上是合适的,因为加工核应该只表示集合离散度中没有反映的不确定性。

Wang 和 Bishop(2005)提出定义高斯加工方差的一种可选方法,他们称这种方法为二阶矩约束加工。用去除偏差的集合计算,所以每个高斯加工核的平均值为 0,根据这种方法加工方差被计算为

$$\sigma_D^2 = \sigma^2_{\overline{X}_{ens}-V} - \left(1 + \frac{1}{n_{ens}}\right)\bar{\sigma}^2_{ens} \tag{7.50}$$

这里右边的第一项是(去除偏差的)集合平均预报误差的样本方差(即其均方误差),而第二项是一个稍微放大了的平均的集合方差,重新根据相似的集合预报的历史进行估计。当高斯加工核适合的时候,式(7.50)提供了对最优成员加工的另一种吸引人的方法,因为它不必确定训练样本中每个集合的最优成员,在动力模式维度非常大的真实预报背景中,确定训练样本中每个集合的最优成员可能是有问题的(Roulston and Smith, 2003)。然而,如果训练样本中的预报集合平均起来是充分过离散的,那么式(7.50)有时是可能失败的(即,产生了负的加工方差)。即使当式(7.50)产生一个正的方差,如果那个方差足够小,那么得到的预报分布可能显示虚假的多峰型态或与每个集合成员相关的"峰值"(Bishop and Shanley, 2008)。更一般地,集合加工方法很适合通常集合离散度低的情形,因为加工核把方差加到集合成员潜在的离散度中,但是这种方法不能减少过离散集合的方差。

不管高斯核方差 σ_D^2 是否被估计为最优成员误差的方差,或者使用式(7.50),GED 预报概率都可以用下式计算

$$\Pr\{V \leqslant q\} = \frac{1}{n_{ens}}\sum_{i=1}^{n_{ens}} \Phi\left[\frac{q - \tilde{x}_i}{\sigma_D}\right] \tag{7.51}$$

其中所有的 n_{ens} 个高斯核的权重相等。加在第 i 个集合成员上的波浪线,表示它已经去除了偏差,正如前面已经说明的。式(7.50)和式(7.51)适合标量预报,但也容易推广到高维预报(Wang and Bishop,2005)。

贝叶斯模型平均(BMA)方法(Raftery *et al.*,2005),是接近属于最优成员集合的加工方法,其差别是加工核不需要对所有的集合成员都相同,并且对核离散度的估计方法也是不同的。当使用高斯核的时候,每个核可能有一个不同的方差。在一个动力模式被用来积分所有集合成员的背景中,"控制"积分(根据初始条件的最优估计进行初始化)与其他集合成员将有稍微不同的统计特征,在统计上这是无法相互区别的。在这个例子中,控制成员的加工方差可以不同于集合成员的方差,并且控制成员与其他的集合成员之间可能有不同的权重。这些参数(两个核方差和两个权重),通过最大化下面的对数似然函数进行估计

$$\ln(\Lambda) = -\sum_{i=1}^{n} \ln\left[w_1 g(v_i \mid \tilde{x}_{1,i}, \sigma_1^2) + \sum_{j=2}^{n_{ens}} w_e g(v_i \mid \tilde{x}_{j,i}, \sigma_e^2)\right] \tag{7.52}$$

该似然函数依赖于权重 w 和 n 个预报训练资料上的方差 σ^2。这里 $g(\cdot)$ 表示中心在去除偏差的集合成员 $\tilde{x}$ 上的第 i 个检验 v_i 的高斯 PDF 核,σ_1^2 是控制成员的加工方差,而 σ_e^2 是剩余集合

成员的加工方差。满足 $w_1+(n_{ens}-1)w_e=1$ 的权重 w_1 和 w_e，允许对控制成员施加不相等的影响。已经估计了这些参数，类似于式(7.51)，基于概率预报的BMA被计算为

$$\Pr\{V \leqslant q\} = w_1 \Phi\left[\frac{q-\widetilde{x}_1}{\sigma_1}\right] + \sum_{j=2}^{n_{ens}} w_e \Phi\left[\frac{q-\widetilde{x}_j}{\sigma_e}\right] \tag{7.53}$$

贝叶斯模型平均特别适合离散度低的多模式集合(其中单个集合成员或集合成员组被拥有不同误差特征的不同动力模式积分)，式(7.52)和式(7.53)中的例子可以被扩展到允许集合成员的每个组有其自己的权重和加工方差(如：Fraley *et al.*，2010)。

Fortin 等(2006)提出不同的集合成员允许有不同的最优成员加工核，这些加工核依赖于集合内部的秩。Bishop 和 Shanley(2008)及 Fortin 等(2006)注意到，当集合平均值远离气候平均值时，集合加工方法可能过高估计极端事件的概率。Sloughter 等(2007)使用了一个混合的离散(表示零降水概率)和连续(表示非零降水量的伽马分布)核，描述了降水预报的BMA。Brocker 和 Smith(2008)以一种可以处理过高和过低离散度的集合的方式，扩展了集合加工方法。

7.8 主观概率预报

7.8.1 主观预报的性质

本章讲述客观预报或通过自动方式产生的预报。根据预报程序和用来驱动预报程序的变量值的特征，客观预报被明确地确定。然而，在其发展期间，客观预报程序必须基于大量的主观判断。一些人对客观预报的结果感到更可靠，因为不受人类反复无常判断的影响。显然，客观预报在某种程度上比主观预报有更小的不确定性。

预报过程中，人的一个非常重要或不可替代的作用是对客观预报信息的主观综合与解释。这些客观预报产品，经常被称为预报指导产品，包括来自动力积分的确定性预报信息，以及来自MOS系统的统计指导或其他的统计解释产品。可用的大气观测(地面图、雷达图像等)和范围从持续性或简单气候统计的先验信息到根据相似气象情形的其个人以前的经验，主观预报都可以使用。这个结果是(或应该是)预报员在最大实用程度的基础上，对未来大气演化理解程度在预报上的反映。

主观预报的预报员，如果有，也是很少完整地描述或量化其个人预报过程(Stuart *et al.*，2007)。这样，根据预报员完全不同的甚至有时冲突的信息提炼出的预报，被称为主观预报(subjective forecasting)。主观预报是基于一个或更多个个人判断形成的预报。因为未来的大气状态天生就是不确定的，所以做主观天气预报是一项充满挑战的工作。在不同的环境中不确定性或大或小(某些预报情形更困难)，但实际上主观预报从来没有缺少过。Doswell(2004)对于天气预报中主观判断的形成，给出了一些有见识的观点。

既然未来的大气状态天生是不确定的，那么一个好的和完整的主观天气预报，其关键要素是描述预报员对不确定性的度量。最熟悉大气情况的是预报员，因此预报员处在评估与具体的预报情况有关的不确定性的最好位置。尽管对非概率预报(即预报不包含非确定性的表达)来说，比如发布“明天的最高温度是27 ℉”是很寻常的，单独发布的这个预报可能并不严格期望温度正好是27 ℉。给出了27 ℉的一个预报，26或28 ℉的温度通常被看作为几乎同样可

能,而在这种情况中,预报员看到明天的最高温度为25～30 ℉之间的任何值,实际上都不感到惊讶。

尽管关于未来天气的不确定性,可以用比如"可能"或"或许"等词语报告,但这样的定性描述,不同的人有不同的解释(如:Murphy and Brown, 1983)。然而,更糟糕的是如下事实:这样的定性描述,没有精确地反映预报员关于未来天气不确定性的信心程度。如果内在的不确定性用概率术语量化,那么预报员的知识状态被最精确地报告,预报用户的需求被最大限度地满足。这样,概率的贝叶斯观点(作为个人的信心程度),在主观预报中占据中心位置。因为既然不同的预报员基于稍微不同的信息(例如,对过去相似的预报情形有不同的经验集合)做出他们的判断,所以认为他们的概率判断稍微不同,也是相当合理的。

7.8.2 主观分布

预报员报告作为预报的一部分不确定性的主观程度之前,他或她需要有那个不确定性的心中图像。关于个人不确定性的信息,可以被认为存在于正被讨论的事件的个人主观分布中。主观分布是与第4章中描述的参数分布有同样意义的概率分布。有时,事实上,第4章中明确描述的分布之一可以提供,对于个人主观分布的一个非常好的近似。根据贝叶斯的观点,主观分布被解释为对正在预报的变量可能结果的个人信心程度的量化。

预报员每次做一个预报,他或她,在内心都形成了一个主观分布。可能的天气结果被主观上给予了权重,形成了关于其相对可能性的一个内心判断。无论这个预报是否是概率预报,甚至无论预报员是否意识到了这一点,这个过程都会发生。然而,除非我们相信不确定性能够以某种方式从天气预报过程中被去掉,否则当预报员明确地考虑其主观分布并且描述这些分布的不确定性的时候,显然将得到更好的预报。

用一个熟悉但简单的例子,最容易理解主观分布的概念。自从1965年以来,美国已经常规发布主观概率降水(probability-of-precipitation,PoP)预报了。这些预报,给出在一个特定的时间段某个特定位置,出现可测量降水(即至少0.01 in)的概率。对于这个事件,预报员的主观分布是如此简单,以至于我们可能并没有注意到它是一个概率分布。然而,事件"有降水"和"无降水"把样本空间划分为两个MECE事件。这些事件的概率分布是离散的,由两个元素组成:一个是事件"有降水"的概率,另一个是事件"无降水"的概率。对不同的预报情况,以及或许对不同的预报员评估相同的情况,这个分布都是不同的。然而,从一个预报场合到另一个场合,关于PoP的预报员主观分布的唯一事情就是概率,而这将不同于预报员关于未来发生不同降水信心程度的范围。由预报员最终发布的PoP,应该是预报员对"有降水"事件的主观概率,或者是那个概率的一个适当的四舍五入版本。即,预报员的工作是评估与未来降水发生的可能性有关的不确定性,并且将这个不确定性报告预报给用户。

7.8.3 中心置信区间预报

这里已经指出,预报员的不确定性的度量应该包括在任何天气预报中。预报用户可以使用更多的不确定性信息做更好的经济上更有利的决策(如:Roulston *et al.*,2006)。历史上,对概率预报思想的抵制,部分原因是基于预报格式应该是简洁并且容易理解的实际考虑。在PoP预报的例子中,主观分布是十分简单的,它能用一个数字报告,它不比发布"有降水"或"无降水"的非概率预报更麻烦。然而,当主观分布为连续分布的时候,在公开发布的预报中,如果其概率信息可以简洁地传播,那么一些描绘其主要特征的方法实际上是必需的。根据一个或几个容易表达的量,离散化一个连续的主观分布是对其进行简化的一种方法。作为选择,如果在一个给定场合,预报员的主观分布,通过第4章中描述的一种参数分布,能够被相当好地近似,那么简化其信息的另一种方法,可能是报告近似分布的参数。然而,不能确保主观分布将总是(或者甚至曾经)对应到一个熟悉的参数形式。

对于连续气象变量,要引入概率分布到预报中,一种非常有吸引力和可操作的可选方法,是使用置信区间预报(credible interval forecasts)。在瑞典,业务上已经使用了这种预报形式(Ivarsson *et al.*,1986),但在美国,迄今为止只是试验性地使用(Murphy and Winkler, 1974; Peterson *et al.*,1972;Winkler and Murphy,1979)。在不受限制的形式中,一个置信区间预报,需要具体说明三个量:定义连续预报变量的一个区间的两个端点,以及预报量将落入该区间的概率(根据预报员的主观分布)。通常也要求置信区间位于主观分布的中间。这种情形中,其详细说明是概率相等地分布在主观中位数的两侧,这个预报被称为中心置信区间(central credible interval)预报。

中心置信区间预报有两个特例,每个特例要求只表达两个量。第一个特例,是固定宽度的中心置信区间预报。正如名字所暗示的,对于所有的预报情形,中心置信区间的宽度是相同的,对每个预报量预先指定。这样的预报包括了区间的一个位置,通常指定为其中点,以及结果发生在预报区间的概率。例如,瑞典对温度的中心区间预报是固定宽度类型的,区间的大小指定为中点温度周围±3 ℃。这样,这些预报包括一个预报的温度,以及随后观测的温度在预报温度的3 ℃范围之内的概率。15 ℃,90%和15 ℃,60%这两个预报都显示了预报员预期温度大约是15 ℃,但是在预报中引入概率,显示15 ℃的两个预报,前者相对于后者具有更多信心。因为预报区间是中心区间。所以这两个预报也意味着温度低于12 ℃和高于18 ℃的机会分别为5%和20%。

一些预报用户在固定宽度的中心置信区间的预报中,可能发现温度和概率的并列有些不和谐。另一种特例可能更巧妙的预报格式是固定概率的中心置信区间预报。在这种格式中,是概率而不是区间的宽度被包含在预报区间中,这个概率被预先指定,并且对不同的预报是不变的。这种格式使置信区间预报的概率分量是内含的,所以预报由与被预报的量有相同物理维度的两个数字组成。

图7.37显示了有相同平均值的两个主观分布的75%中心置信区间的关系。更矮更宽的分布,描述了一种相对不确定的预报情形,该分布中,离分布中心相当远的事件有相当大的概率。为了包含这个分布概率的75%,所以需要一个相对宽的区间。另一个高且窄的分布,描述了相当小的不确定性,而一个窄的预报区间包含了其概率密度的75%。如果预报的变量是温度,那么这两个例子75%的中心置信区间预报,可能分别是10~20 ℃和14~16 ℃。

对业务上的置信区间预报,可以构造一个论据充分的例子(Murphy and Winkler, 1974, 1979)。因为非概率温度预报经常是一个范围,所以固定概率的中心置信区间预报,可以完全不唐突地引入到预报业务。不希望利用暗含的概率信息的用户,可能很少注意到目前的预报格式的差别,而理解预报范围意义的那些用户,可能得到额外收益。即使没有意识到预报范围定义了一个固定概率的特定区间的预报用户,也可能注意到区间宽度与预报精度有密切关系。

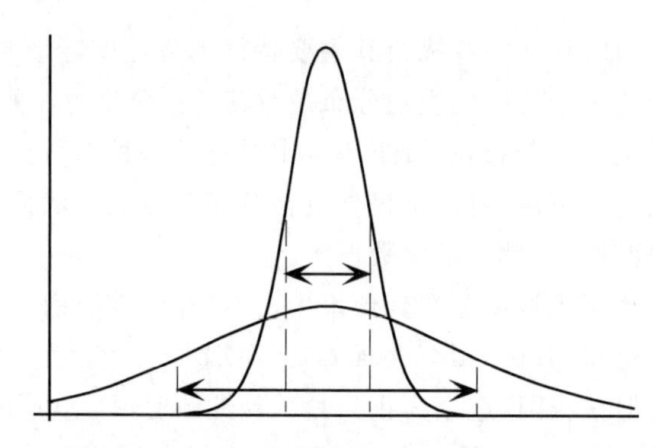

图 7.37 显示为概率密度函数的两个假设的主观分布。这两个分布有相同的平均值，但是表现了不同的不确定性程度。高而窄的分布，描述了一种更容易（更少不确定性）的预报情况，更宽的分布，描述了一个更困难的预报问题。每个例子中的箭头描绘了 75%的中心置信区间。

7.8.4 评估离散概率

有经验的天气预报员能够十分成功地做出可以量化预报不确定性的主观概率预报。这样的预报误差特征的诊断（见第 8 章）表明，很大程度上它们没有偏差和不一致（有时由缺乏经验的人所做的主观概率评估中展现的）。一般来说，缺乏经验的预报员，产生的概率预报表现的过于自信（Murphy，1985），或者由于过分依赖于最近得到的信息因素而产生偏差（Spetzler and Staël von Holstein，1975；Tversky，1974）。

评估其主观概率时，有经验的预报员可以用仿佛无意识的或自动的方式进行。对实际业务不熟悉的预报员经常发现使用物理或概念设备是有益的（Garthwaite *et al.*，2005）。例如，Spetzler 和 Staël von Holstein（1975）描述了一个被称为概率轮盘的物理设备，该设备在饼图形式的背景上，由在小孩的棋盘游戏中可以找到的那种可动箭头组成。这个背景有两种颜色（蓝色和橙色），而由每种颜色覆盖的背景的比例可以进行调整。通过调整两种颜色的相对覆盖比例，直到预报员感到预报事件的概率大约等于可动箭头停在橙色区域的概率，这时概率轮盘被用来评估二分类事件的概率（例如，PoP 预报）。然后主观概率被读为橙色区域的角度除以 360°。

概念设备也可以用来评估主观概率。对很多人来说，未来天气不确定性的比较，在彩票游戏或赌博游戏的背景中最容易进行评估。通过提出假设问题，比如“你更喜欢如果明天发生降水得到 2 美元，还是确定地得到 1 美元（不管是否发生降水）？”这种概念设备把将要预报的事件的概率转换为更具体的术语。在这个彩票情况中，更喜欢确定得到 1 美元的人，显然认为 PoP 小于 0.5，而认为 PoP 大于 0.5 的人，通常更喜欢在降水出现时得到 2 美元。预报员使用这个彩票设备，可以通过相对于资本回收保证量（certainty equivalent）（确定收到的总和）调整可变报酬，一直到不关心的点，在这个不关心的点上，任何一种选择都有相等的吸引力。即，可变，被调整到期望（即概率权重平均）报酬等于资本回收保证量为止。以 p 表示主观概率，这个过程可以在形式上写为

$$\text{期望报酬} = p(\text{可变报酬}) + (1-p)(\$0) = \text{资本回收保证量} \tag{7.54a}$$

由上式得到

$$p = \frac{\text{资本回收保证量}}{\text{可变报酬}} \tag{7.54b}$$

相同的逻辑,可以在一个想象的赌博情景中应用。在这种情景中,预报员问他们自己,如果预报的天气事件发生是否愿意接受一确定的报酬,或者如果事件不发生则遭受一些另外的金钱损失。在这种情形中,对于公平赌博的报酬与损失来说,通过找到金钱量来评估主观概率,意味着无论选择哪一边,预报员都是同样乐意的。因为来自一个公平赌博的期望报酬为0,所以赌博游戏的情况可以表示为

$$\text{期望报酬} = p(\$\ \text{报酬}) + (1-p)(-\$\ \text{损失}) = 0 \tag{7.55a}$$

得到

$$p = \frac{\$\ \text{损失}}{\$\ \text{损失} + \$\ \text{报酬}} \tag{7.55b}$$

很多赌博的人,在这个背景中根据概率进行思考。式(7.55a)可以用另一种方式表达为

$$\text{比值比} = \frac{p}{1-p} = \frac{\$\ \text{损失}}{\$\ \text{报酬}} \tag{7.56}$$

这样,不关心等额赌注赌博(1∶1的赔率)的预报员,持有内在的主观概率 $p=0.5$。在2∶1的可能性不关心选择哪一边意味着主观概率为2/3,而在1∶2的赔率不关心选择哪一边与内在概率1/3一致。

7.8.5 评估连续分布

使用*连续细分方法*(method of successive subdivision),刚才描述的相同种类的彩票或赌博游戏,也可以用来评估一个主观连续概率分布的分位数。这里,这种方法是用来自概念上的金钱游戏作为参考概率,通过比较它们包含的事件的概率,来确定主观分布的分位数。Krzysztofowicz等(1993)的文献中,描述了这种方法在业务中的使用。

最容易确定的分位数是中位数。假设被确定的分布是明天的最高温度。因为中位数把主观分布划分为两个相等的概率部分,比方说,在确定可以得到1美元和如果明天最高温度高于14 ℃可以得到2美元之间进行优先选择,通过评估一个优先选择,可以估计中位数的位置。这个情况与式(7.54)中的描述相同。他更愿意选确定的1美元,意味着事件{最高温度比14 ℃暖}的主观概率小于0.5。因为中位数的累积概率 p 固定为0.5,通过调整它到资本回收保证量与等于资本回收保证量两倍的可变报酬之间不关心的点,我们可以定位所定义事件{结果在中位数之上}的阈值。

除了可变报酬的资本回收保证量的比值必须对应于四分位数的累积概率,即1/4或3/4之外,四分位数可以用相同的方式确定。在哪个温度 T_{LQ},我们对选择确定得到1美元,或者明天的最高温度低于 T_{LQ} 收到4美元是无关紧要的?那么温度 T_{LQ} 就估计了预报员主观的下四分位数。温度 T_{UQ} 类似,在这个温度下,我们选择对确定得到1美元或者如果最高温度高于 T_{UQ} 得到4美元是无关紧要的,来估计上四分位数。

特别是,当某人在概率评估方面没有经验时,做一致性检查是一个好主意。在刚才描述的方法中,独立评估了四分位数,但是两个四分位数一起定义了一个范围,即50%的中心置信区间,该区间包含一半的概率。因此,关于其一致性的一个好的检查,是检验如果确定将得到1美元和如果 $T_{LQ} \leqslant T \leqslant T_{UQ}$ 将得到2美元,对我们来说是无关紧要的。在这个比较中,如果我们更喜欢资本回收保证量,那么四分位数估计 T_{LQ} 和 T_{UQ} 显然太靠近了。如果我们选择2美元的机会,它们显然对应了过多的概率。同样地,如果温度落在中位数与一个

四分位数之间，我们可以检验资本回收保证量与 4 倍的资本回收保证量之间无关紧要的温度。在检查这种类型中发现的任何不一致，都表明前面估计的分位数的一些或全部的结果需要重新评估。

7.9 习题

7.1 a. 使用表 A.3 中的资料，得到一个简单的回归方程，把 6 月的温度(作为预报量)关联到 6 月的气压(作为预报因子)。

b. 解释这两个参数的物理意义。

c. 形式检验拟合的斜率是否显著不同于 0。

d. 计算 R^2 统计量。

e. 使用式(7.22)，估计相应于 $x_0=1\ 013$ hPa 的预报值在回归线的 1 ℃内的概率。

f. 假设预报方差等于 MSE，重复(e)。

7.2 仔细看下面的 ANOVA 表，描述一个回归分析的结果：

来源	df	SS	MS	F
总	23	2 711.60		
回归	3	2 641.59	880.53	251.55
残差	20	70.01	3.50	

a. 方程中有几个预报因子变量?

b. 预报量的样本方差是多少?

c. R^2 的值是多少?

d. 估计根据这个回归所做的预报在实际值±2 个单位内的概率。

7.3 对其中 $b_1=b_2=\cdots=b_K=0$ 的常数模型，导出 logistic 回归(式(7.29))中截距 b_0 最大似然估计的表达式。

7.4 表 A.3 中 19 个没有缺测的降水值可以用来拟合回归方程：

$$\ln[(\text{降水量})+1\ \text{mm}]=499.4-0.512(\text{气压})+0.796(\text{温度})$$

这个回归的 MSE 是 0.701(为了确保对所有的资料值可以定义对数，已经加了常数1 mm)。

a. 使用这个方程估计 1956 年的缺测降水值。

b. 对估计的 1956 年的降水值，构建一个 95% 的预报置信区间。

7.5 针对习题 7.1 中的问题，解释如何使用交叉验证估计预报的平均平方误差和回归斜率的抽样分布。如果有可以利用的适合的计算资源，实现你的算法。

7.6 在频发飓风季节，飓风 Zeke 是一个非常晚的风暴。最近它已经在加勒比海形成了，在第 37 网格点(相对于风暴)的 500 hPa 高度是 5 400 m，在第 3 网格点的 500 hPa 高度是5 500 m，而在第 51 网格点的 1 000 hPa 高度是 200 m(即风暴附近的地面气压充分地在 1 000 hPa 之下)。

a. 如果在前面的 12 个小时，风暴已经直接向西移动了 80 nmi，那么使用 NHC 67 模型(见表 7.7)，预报在接下来 12 小时其移动的向西分量。

b. 如果在前面的 12 个小时，风暴已经向西移动了 80 nmi，向北移动了 30 nmi(即 $P_y=30$ nmi)，那么 NHC 67 预报的向西位移可能是多少?

7.7 使用一个以前使用现在废弃了的动力模式，提前60 h预报纽约Binghamton秋季(9,10,11月)最高温度(按照℉)的MOS方程为

$$\text{MAX } T = -363.2 + 1.541(850 \text{ hPa } T) - 0.1332(\text{SFC-490 hPa } RH) - 10.3(\text{COS DOY})$$

式中：

(850 hPa T)是850 hPa的温度的48 h动力预报(K)；

(SFC-490 hPa RH)是按照百分数%预报的48 h的下对流层的RH；

(COS DOY)是变换到弧度(rad)或度(°)的该年第几日的余弦；即为$\cos(2\pi t/365)$或为$\cos(360°t/365)$，t是有效时间的日数(1月1日的日数是1，而10月31日的日数是304)。

对下列值计算60 h的MOS最高温度预报：

	有效时间	48 h 850 hPa T 预报	48 h 平均 RH 预报
a.	9月4日	278 K	30%
b.	11月28日	278 K	30%
c.	11月28日	258 K	30%
d.	11月28日	278 K	90%

7.8 暖季12～24 h的PoP的一个MOS方程可能看起来像

$$\text{PoP} = 0.25 + 0.0063(\text{Mean } RH) - 0.163(0\sim 12 \text{ ppt}[\text{bin}@0.1 \text{ in}]) - 0.165(\text{Mean } RH\ [\text{bin}@70\%])$$

式中：

平均(Mean) RH(%)是对适当提前时间与式(7.7)中相同的变量；

0～12 ppt是在预报的最初12个小时模式预报的降水量；

[bin @ xxx]表示使用一个二元变量：如果预报因子≤xxx，取1；否则，取0。

计算下列条件下MOS的PoP预报值：

	12 h 平均 RH	0～12 ppt
a.	90%	0.00 in
b.	65%	0.15 in
c.	75%	0.15 in
d.	75%	0.09 in

7.9 解释从图7.20到图7.21a，再到图7.21b，实线的斜率为什么下降？对将来任意长的提前时间，可能对应什么样的MOS方程？

7.10 对确定得到1美元或者如果在接下来的夜间出现冰冻温度得到5美元，如果一个预报员是同样乐意的，这个预报员对霜冻的主观概率是什么？

7.11 对于确定得到1美元和下列任何情形：如果明天的降水量大于55 mm得到8美元；如果明天的降水量大于32 mm得到4美元；如果明天的降水量大于12 mm得到2美元；如果明天的降水量大于5 mm得到1.33美元；如果明天的降水量大于1 mm得到1.14美元，一个预报员是无关紧要的，那么

a. 个人主观分布的中位数是什么？

b. 一致的50%的中心置信区间预报是什么？75%的中心置信区间预报是什么？

c. 根据这个预报员的观点，遭受大于1 mm但不大于32 mm降水的概率是多少？

第8章 预报检验

8.1 背景

8.1.1 预报检验的目的

预报检验是评估预报质量的过程。在大气科学中，这个过程已经得到很充分的发展，尽管类似的发展在其他学科也已经发生了(如:Pepe, 2003;Stephenson and Jolliffe, 2003)，这个预报检验有时被称为验证或评估。至少在 1884 年，天气预报的检验就已经开始了(Muller, 1944;Murphy, 1996)。除本章内容以外，预报检验的其他综述，也能在 Jolliffe 和 Stephenson (2003)、Livezey(1995)、Murphy(1997)、Murphy 和 Daan(1985)及 Stanski 等(1989)的文献中找到。

可能并不令人感到意外，什么是好的预报存在不同的观点(Murphy,1993)。虽然存在多种预报检验程序，但是所有的程序，都包含预报或预报集合与相应的观测之间的关系度量。这样，任何预报检验方法，都必须包含预报和观测之间的比较。

在一个基础的层面上，预报检验包含预报和观测联合分布性质的研究(Murphy and Winkler, 1987)。即，任何给定的检验资料集，必须由预报/观测对的集合组成，其联合行为可以根据预报/观测对的可能组合的相对频率来描述。对特定的资料集来说，参数的联合分布，比如双变量正态分布(见第 4.4.2 节)有时可能是有用的，但是这些量的经验联合分布通常形成了预报检验度量的基础。理论上，预报与其关联的观测之间的联系将是相当强的，但是在任何例子中，这个关联的类型和强度，都会反映在它们的联合分布中。

由于存在多种需要，所以需要做预报量的客观评估。Brier 和 Allen(1951)把这些需求分类为管理的、科学的和经济的。在这种观点中，预报检验在管理中的使用，属于对正在进行的业务预报的监测。例如，经常关注的是诊断某个时段从头至尾预报性能的趋势。也可以对不同的位置或提前时间预报改进的速度进行比较。对相同事件不同来源的预报的检验，也可以进行比较。这里的预报检验技术，允许对存在竞争的预报员或预报系统的相对优点进行比较。这也是在学院和大学里，在学生预报竞赛中经常加入预报检验的目的。

对检验统计量及其分量的分析，也有助于评估预报员或预报系统特有的优缺点。尽管被 Brier 和 Allen 分类为科学目的，但预报检验的这种应用，更可以看作诊断检验(Murphy *et al.*,1989;Murphy and Winkler, 1992)。这里，研究的是预报和随后事件之间关系的特有性质，强调的是预报集合中的优点与缺点。预报员进行预报检验，可以得到在不同情况中预报性能的反馈，有望在未来得到更好的预报。同样，预报检验可以促进对预报方法的改进，以得到更好的预报。

最后，预报工作是否正确，要看其是否能够支持更好的决策。预报能否支持更好的决策明显依赖于其误差特征，通过预报检验这些误差特征被阐明了。预报检验的经济作用，是可以对用户提供从预报得到的全部经济价值的必要信息，并且可以估计预报的价值。然而，在不同的决策情形中，预报信息的经济价值必须在逐例处理的基础上进行评估（如：Katz and Murphy，1997a），预报价值不能单独从统计量中计算。同样，有时可以在详细的检验分析基础上，对所有的预报用户，确保一个预报对其他预报在经济上的优势，被称为*充分性*（sufficiency）条件（Ehrendorfer and Murphy，1988；Krzysztofowicz and Long，1990，1991；Murphy，1997；Murphy and Ye，1990），一种检验方法有优势不一定意味着对所有的用户都有好的预报价值。此外，实际上预报价值既依赖于心理因素，也依赖于纯经济因素（Millner，2008；Stewart，1997）。

8.1.2　预报和观测的联合分布

预报和观测的联合分布是预报检验的基础。在大部分实际背景中，预报和观测都是离散变量。更确切地说，即使预报和观测已经不是离散量，但业务上它们通常被四舍五入到有限数值。用 y_i 表示预报，可以取 I 个值 $y_1, y_2, \cdots, y_I$ 中的任何一个；相应的观测为 o_j，可以取 J 个值 $o_1, o_2, \cdots, o_J$ 中的任何一个。那么预报和观测的联合分布被表示为

$$p(y_i, o_j) = \Pr\{y_i, o_j\} = \Pr\{y_i \cap o_j\}; \quad i = 1, \cdots, I; j = 1, \cdots, J \tag{8.1}$$

这是一个离散的二元变量的概率分布函数，与预报和观测的 $I \times J$ 个可能组合的概率相关联。

即使在最简单的 $I=J=2$ 的例子中，这个联合分布也是难以直接使用的。根据条件概率的定义（式(2.10)），联合分布可以应用到检验问题的不同方面，提供两种方式的信息，并分解为因子。从预报的观点看，这两种方式中更熟悉和更直观的是

$$p(y_i, o_j) = p\{o_j | y_i\} p\{y_i\}; \quad i = 1, \cdots, I; j = 1, \cdots, J \tag{8.2}$$

它被称为*精细校准因式分解*（calibration-refinement factorization）（Murphy and Winkler，1987）。这个因式分解的一部分由 I 个条件分布 $p(o_j | y_i)$ 的集合组成，其中的每个元素由给定的预报 y_i 和所有的 J 个结果 o_j 的概率组成。即，这些条件分布指定了当预报 y_i 被发布时，每个可能的天气事件在这些场合有多大可能发生，或者每个预报被检验为多么好。这个因式分解的另一部分是无条件（边缘）分布 $p(y_i)$，它是每个预报值 y_i 的相对频率，或 I 个可能预报值的频率。这个边缘分布被称为预报的*精细分布*（refinement distribution）。预报集合的精细是指分布 $p(y_i)$ 的离散度。有一个大的离散的精细分布，意味着精确的预报，其中不同的预报以不同频率发布，能够辨别宽广的条件范围。相反，如果大部分预报 y_i 是相同的或非常类似的，$p(y_i)$ 比较狭窄，这表现为缺乏精细。就精细的预报被称为精确这个意义而言，预报精细的这个性质，常被称为*精确度*。

预报和观测联合分布的另一种因式分解方式，是*基于似然比率的因式分解*（likelihood-base rate factorization）（Murphy and Winkler，1987），

$$p(y_i, o_j) = p\{y_i | o_j\} p\{o_j\}; \quad i = 1, \cdots, I; j = 1, \cdots, J \tag{8.3}$$

这里条件分布 $p(y_i | o_j)$ 表达了在每个观测的天气事件 o_j 之前，每个允许的预报值 y_i 被发布的可能性。尽管这个概念在逻辑上好像是相反的，但它可以揭示出预报性能本质上的有用信息。特别是，这些条件分布刻画了预报集合可以在事件 o_j 中区别出来的程序，以与第 14 章中使用的词语相同的意义上，无条件分布 $p(o_j)$ 只是在检验资料集中，J 个天气事件 o_j 的相对频率，或者检验资料样本中，由事件 o_j 发生的潜在比率组成。这个分布通常被称为样本的气候分布，或简称为*样本气候*。

基于似然比率的因式分解(式(8.3))和精细校准因式分解(式(8.2)),可以从完全的联合分布 $p(y_i,o_j)$ 中计算。反过来,完全的联合分布也可以根据这两个因式分解的任何一个进行重构。相应地,联合分布 $p(y_i,o_j)$ 的全部信息内容,都包括在式(8.2)或式(8.3)的任一对分布中。基于这些分布的预报检验方法,有时被称为*面向分布的*(distributions-oriented)(Murphy,1997)方法,区别于被称为面向度量的(measures-oriented)方法。面向度量的方法是基于一个或几个标量检验度量的潜在的不完整性。

尽管预报和观测的联合分布的两个因式分解,在概念上有助于组织检验信息,但哪一个因式也没有减少检验问题的维度(Murphy,1991)或自由度。即,因为联合分布(式(8.1))中所有的概率加起来必须等于 1,这些概率的任何 $(I\times J)-1$ 个可以完全确定联合分布。式(8.2)和式(8.3)的因式分解,以不同的方式表达了这个信息,但是为了完整性,还是需要指定每个因式分解的 $(I\times J)-1$ 个概率。

8.1.3　预报性能的标量属性

即使在最简单的 $I=J=2$ 的例子中,预报性能的完全详述也需要 $(I\times J)-1=3$ 维的检验度量集。在 $I>2$ 和/或 $J>2$ 的很多检验情况中,困难混杂在一起,如果样本容量不能足够大到使所有需要的 $(I\times J)-1$ 个概率有好的估计,这样的高维检验情况可能会进一步复杂化。因而,传统上用一个或几个标量(即一维)总结预报性能。根据分析和经验,已经发现了很多标量统计量,它们提供了有关预报性能很有用的信息,但是当检验问题的维度减少的时候,在预报和观测的完全联合分布中,不可避免地会抛弃一些信息。

下面是预报质量属性的标量方面或属性的部分列表。这些属性不是唯一定义的,所以每个概念都可以用一个检验资料集的不同函数进行表达。

(1)*准确性*(accuracy)指单个预报和预报事件之间平均的一致性。准确性的标量度量是指用一个数字总结预报集合总的质量。准确性的几种更常见的度量将在随后的几节中给出。这个列表中其他的预报性质经常可以解释为准确性的分量。

(2)*偏差*(bias),或*无条件偏差*,或系统性偏差,它是度量平均预报和平均观测值之间的一致性。这个概念不同于准确性,准确性度量的是预报和观测之间的单个对之间平均的一致性。一致的太暖的温度预报或一致的太湿的降水预报都显示了偏差,而不管这个预报在其他方面相当的准确或完全不准确。

(3)*可靠性*(reliability),或*校准*(calibration),或*条件偏差*,对预报的(即以预报为条件的)特定值,描述预报和观测分布之间的关系。可靠性统计量根据预报变量的值,把预报/观测对分类为组,并且刻画给定预报后观测的条件分布的特征。这样,可靠性量度标准,总结了精细校准因式分解(式(8.2))的 I 个条件分布 $p(o_j\mid y_i)$。

(4)*分辨率*(resolution)指预报把观测事件分类为不同组的程度,它涉及可靠性,二者都反映给定预报后观测的条件分布的性质 $p(o_j\mid y_i)$。因此,分辨率也涉及预报和观测的联合分布的精细校准因式分解。然而,分辨率属于对不同预报值来说的观测的条件分布,而可靠性是比较观测与预报值本身的条件分布。如果后面预报的平均温度结果,比方说 10 和 20 ℃是很不相同的,预报能分辨这些不同的温度结果,被说成显示大分辨率。如果后面预报的 10 和 20 ℃的温度结果平均起来几乎相同,则这个预报几乎没有显示分辨率。

(5)*辨别力*(discrimination)是分辨率的逆,因为它属于对不同的观测值预报的条件分布之

间的差异。在基于似然比率的因式分解（式(8.3)）中，辨别力总结了给定观测下预报的 J 个条件分布 $p(y_i|o_j)$。对预报量有不同实现结果的场合，辨别力性质反映了预报系统产生不同预报的能力。当 o="下雪"和 o="下雨夹雪"时，如果一个预报系统等频率地预报 y="下雪"，那么"雪"预报的两个条件概率是相等的，这个预报就不能辨别雪和雨夹雪事件。

(6)清晰度(sharpness)，或精细性(refinement)只是预报的属性，不考虑其对应的观测。在精细校准因式分解（式(8.2)）中，清晰度描述了预报的无条件分布（使用相对频率）特征 $p(y_i)$。很少偏离气候值的预报显示了低的清晰度。在极端情况中，只由预报量的气候值组成的预报，显示出没有清晰度。相比之下，经常不同于预报量气候值的预报则是清晰的。清晰的预报显示了"出头"的倾向。清晰的预报只有当它们也显示了好的可靠性的时候才是准确的，一个重要的预报目标是不牺牲可靠性而最大化清晰度(Gneiting *et al.*，2007；Murphy and Winkler，1987)。任何人都可以做出清晰的预报，但困难的是确保这些预报很好地对应于随后的观测。

8.1.4 预报技巧

预报技巧指一个预报集合相对于标准参考预报的相对准确度。参考预报通常选择预报量的气候值，持续性预报（前面时间段中预报量的值），或随机预报（关于观测事件 o_j 的气候相对频率）。然而在一些个例中，参考预报的一些其他选择，可能是更适合的。例如，当评估一个新的预报系统的性能时，计算技巧相对于新系统可能替换的预报来说是适合的。

预报技巧通常作为技巧评分给出，这经常被解释为对参考预报改进的百分比。一般的形式中，预报的技巧评分由一个相对于参考预报集合 A_{ref} 的特定的准确性量度标准 A 进行描述，根据下式进行计算

$$SS_{ref} = \frac{A - A_{ref}}{A_{perf} - A_{ref}} \times 100\% \tag{8.4}$$

式中 A_{perf} 是由完美预报得到的精确测量值。注意这个通用的技巧评分形式，无论准确性测量为正（A 值越大越好）或负（A 值越小越好）倾向，都给出了一致的结果。如果 $A=A_{perf}$，那么技巧评分达到其最大值100%。如果 $A=A_{ref}$，那么 $SS_{ref}=0\%$，表示对参考预报没有改进。如果被评估的预报劣于参考预报，那么 $SS_{ref}<0\%$。

当比较预报员或预报系统的时候，使用技巧评分，往往是因为需要比较不同情况中的预报效果。例如，在一个十分干旱的气候中，预报降水通常是相对容易的，因为0或气候平均值（这将很接近0）的预报在大部分日子里将显示很好的准确性。当参考预报的准确性（式(8.4)中的 A_{ref}）比一个更困难的预报情况（其中 A_{ref} 可能显示更低的准确度）相对高时，那么为了取得有价值的技巧水平，需要一个更高的准确性 A。不同预报情况内在的容易或困难的一些影响，可以通过使用式(8.4)的技巧评分进行平衡，但遗憾的是，对于这个目的技巧评分不是完全有效的(Glahn and Jorgensen，1970；Winkler，1994，1996)。

当技巧评分应用在非均匀的预报/观测对上时（例如，穿越年循环的单个地点，或有不同气候态的多个地点），必须关注计算技巧评分的一致性，所以不能把信任给了仅是气候上不同的正确的"预报"(Hamill and Juras，2006；Juras，2000)。特别是，当计算平均技巧评分的时候，式(8.4)右手边三个量的每一个，都应该用计算的累加平均技巧作为结果分量技巧的权重平均对预报-观测对的每个均匀子集分别计算。

8.2 离散预报量的非概率预报

在离散预报量的非概率预报背景中,预报检验可能是最容易理解的。非概率预报不包含非确定性的表达,它区别于概率预报。一个离散的预报量是可能值的有限集合中取一个并且只能取一个的观测变量。这是与标量连续预报量的区别,连续预报量(至少在概念上)可以取实轴上有关部分的任何值。

自从 19 世纪,就已经开始对离散预报量的非概率预报进行检验了(Murphy,1996),在这个相当长的时期中,已经使用了有时冲突的多种术语。例如,在不承认其他结果的确定陈述意义上,非概率预报被称为绝对的。然而,最近以来,术语“绝对的”已经开始被理解为涉及属于 MECE 分类集合中的一个预报量,即一个离散的变量。为了尽量避免混淆,术语“绝对的”在这里将被避免,而是使用更清楚的非概率的和离散的。本章中也将讲述预报检验各种性质的其他例子。

8.2.1 2×2 的列联表

非概率预报值和相关的离散观测值之间,通常存在一个一一对应。根据预报和观测的联合分布(式(8.1)),$I=J$。最简单的情况是对 $I=J=2$ 或非概率的 yes/no 预报检验的例子。这里存在 $I=2$ 个可能的预报,事件将发生($i=1$,或 y_1)或者不发生($i=2$,或 y_2)。同样地,存在 $J=2$ 个可能结果:随后事件发生(o_1)或不发生(o_2)。尽管这个检验配置简单,但是可以展示 2×2 检验问题的绝大多数工作。

传统上,非概率检验资料显示在预报/事件对的 $I\times J$ 个可能组合的绝对频率或数目的 $I\times J$的列联表中。如果通过除以每个列在表中样本容量(预报/事件对的总数)的数目,这些数字被转换为相对频率,那么能够得到预报和观测的(样本)联合分布(式(8.1))。图 8.1 是简

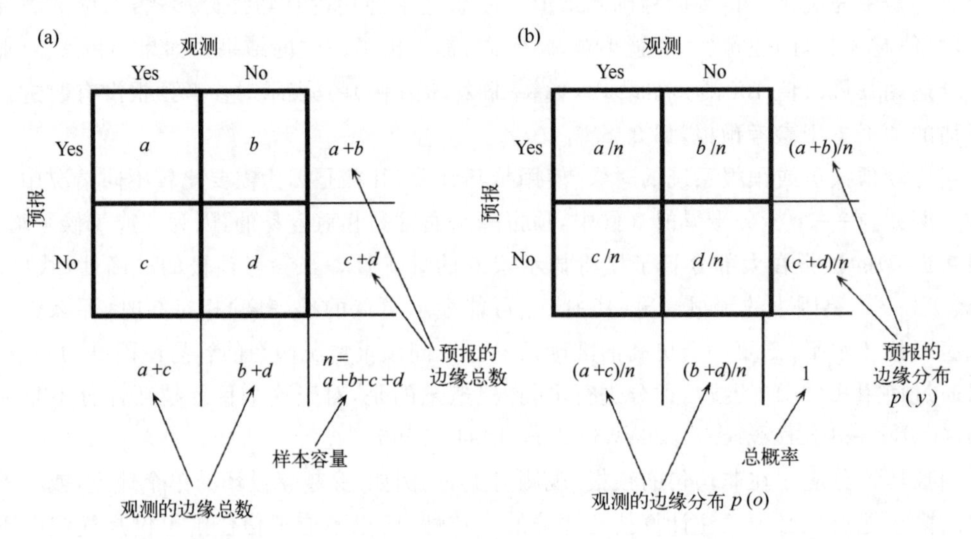

图 8.1 类似于显示在 2×2 列联表(粗体,子图 a)和预报和观测相应的联合分布[$p(y,o)$](粗体,子图 b),二分类的非概率检验预报/事件对计数之间的关系,也显示了边缘总数,并且显示了两个事件预报和观测的频率;观测[$p(o)$]和预报[$p(y)$]的边缘分布用相对频率表示。

单的 $I=J=2$ 的例子，示意了列联表与预报和观测的联合分布本质上的等价性。图 8.1a 中的粗体部分，作为一个方形列联表，显示了预报/事件对的 4 个可能组合的排列，图 8.1b 的对应部分，则显示了被转化为联合相对频率的这些计数。

根据图 8.1，被讨论的事件在 n 次总预报中被成功预报出发生 a 次。这些 a 个预报/观测对通常被称为命中，其相对频率 a/n 是式(8.1)中对应的联合概率 $p(y_1,o_1)$ 的样本估计。同样，b 被称为空报，预报事件发生但是实际没发生，相对频率 b/n 用来估计联合概率 $p(y_1,o_2)$。也存在 c 次发生了但没有预报出来的例子，称为漏报，其相对频率估计了联合概率 $p(y_2,o_1)$。预报了 d 个事件不发生后它确实没发生，被称为正确拒绝或正确否定，其相对频率对应于联合概率 $p(y_2,o_2)$。

边缘总数的使用也是常见的。它是用行和列的总数形成的，在这个例子中，是每个 yes 或 no 的预报或观测分别发生的次数。它们用正常字体显示在了图 8.1a 中，样本容量为 $n=a+b+c+d$。通过除以样本容量，用相对频率的术语表达边缘总数，得到预报的边缘分布 $p(y)$ 和观测的边缘分布 $p(o)$。在图 8.1b 中 2×2 联合分布的精细校准因式分解(式(8.2))中，边缘分布 $p(y_i)$ 是精细分布。因为有 $I=2$ 个可能的预报，有两个校准分布 $p(o_j|y_i)$，其中的每一个由 $J=2$ 个概率组成。因此，除了精细分布 $p(y_1)=(a+b)/n$ 和 $p(y_2)=(c+d)/n$ 之外，2×2 检验中精细校准因式分解由下面的条件概率组成

$$p(o_1|y_1)=a/(a+b) \tag{8.5a}$$

$$p(o_2|y_1)=b/(a+b) \tag{8.5b}$$

$$p(o_1|y_2)=c/(c+d) \tag{8.5c}$$

和

$$p(o_2|y_2)=d/(c+d) \tag{8.5d}$$

根据条件概率的定义(式(2.10))，式(8.5a)(例如)可以作为 $(a/n)/[(a+b)/n]=a/(a+b)$ 得到。

同样，基于似然比率的因式分解(式(8.3)中)的边缘分布 $p(o_j)$ 的组成部分为 $p(o_1)=(a+c)/n$ 和 $p(o_2)=(b+d)/n$，是基本比率(即样本气候)的分布。这个因式分解的剩余部分，由下面的 4 个条件概率组成

$$p(y_1|o_1)=a/(a+c) \tag{8.6a}$$

$$p(y_2|o_1)=c/(a+c) \tag{8.6b}$$

$$p(y_1|o_2)=b/(b+d) \tag{8.6c}$$

和

$$p(y_2|o_2)=d/(b+d) \tag{8.6d}$$

8.2.2　2×2 列联表的标量性质

即使 2×2 列联表只是最简单预报设置的检验资料，其维度也为 3。即，包含在列联表中预报性能的信息，用少于 3 个参数无法完全表达。在预报检验的长期历史中，已经设计了很多这样的标量，并且用来描述预报性能的特征。遗憾的是，多种不同的术语，也已经出现在了这些相关的性质中。本节列出了已经被广泛使用的 2×2 列联表的标量性质，以及与其有关的很多同义词。组织顺序按照第 8.1.3 节中性质的一般分类。

准确性

准确性，反映了预报和预报事件之间的对应性。在 2×2 非概率预报情形中，完全准确的预报 $b=c=0$，对接下来发生的事件全都为“yes”预报，对接下来不发生的事件全都为“no”预报。对于真实的不完美预报，准确性量度标准描述了这个对应程度的特征。有几个标量准确性量度标准是常用的，每一个反映了潜在联合分布的稍微不同的方面。

对离散事件非概率预报的准确性，最直接和直观的量度标准或许是由 Finley(1884)提出的*正确比例*(proportion correct)。这只是非概率预报正确地预报了随后发生或不发生的事件在 n 个预报事件中的比例。根据计数图 8.1a，正确比例由下式给出

$$PC=\frac{a+d}{n} \tag{8.7}$$

正确比例满足等价事件原理，因为它平等地相信正确的“yes”和“no”预报。然而，正如例 8.1 将要显示的，这不总是理想的性质，特别是当“yes”事件很少发生时，所以正确的“no”预报可以相对容易地做出来。正确比例也平等地惩罚两类错误（空报和漏报）。最糟糕的正确比例是 0；可能达到的最好的正确比例是 1。有时式(8.7)中的 PC 乘以 100%，被称为*正确百分数*或预报正确的百分数。因为正确比例不能区分发生的事件正确预报的次数 a 和不发生的事件正确预报的次数 d，所以这个正确预报的比例也被称为命中率。然而，在当前的使用中，术语“命中率”通常指式(8.12)中给出的辨别力的量度标准。

当预报的事件（作为“yes”事件）发生比不发生（“no”）的频率小很多的时候，计算正确比例的另一种方法是 TS *评分*(threat score，TS)或*临界成功指数*(CSI)。根据图 8.1a TS 评分被计算为

$$TS=CSI=\frac{a}{a+b+c} \tag{8.8}$$

TS 评分是正确的“yes”预报数量除以“yes”事件预报和/或观测的总数。它可以看作为去掉正确的“no”预报之后，预报正确的比例。TS 评分最低是 0，最高为 1。当最初被提出(Gilbert，1884)的时候，它被称为检验比值，表示为 V，所以式(8.8)有时被称为吉尔伯特评分（作为与式(8.18)吉尔伯特技巧评分的区分）。2×2 列联表中的每个计数，一般属于不同的预报事件（正如例 8.1 中示意的），但是 TS 评分（和基于它的技巧评分，式(8.18)），也经常被用来评估空间预报，例如强天气预警（如：Doswell *et al.*，1990；Ebert and McBride，2000；Schaefer，1990；Stensrud and Wandishin，2000）。评估空间预报时 a 表示事件被预报发生并且随后发生的区域的交集，b 表示事件被预报但是没有发生的区域，c 是事件发生但是预报不发生的区域。

在 2×2 的情形中，描述预报准确性特征的第三种方法，是概率或概率与其补集概率的比值 $p/(1-p)$。在预报检验的这个背景中，已知事件发生命中的条件概率，与已知事件不发生空报的条件概率的比值，被称为*概率比*，

$$\theta=\frac{p(y_1|o_1)/[1-p(y_1|o_1)]}{p(y_1|o_2)/[1-p(y_1|o_2)]}=\frac{p(y_1|o_1)/p(y_2|o_1)}{p(y_1|o_2)/p(y_2|o_2)}=\frac{ad}{bc} \tag{8.9}$$

组成概率比的条件分布都是来自式(8.6)的似然。根据 2×2 列联表，概率比是正确预报数目的积除以非正确预报数目的积。很明显，这个概率的值越大，显示了越准确的预报。无信息的预报，因为其预报和观测是统计上独立的（即 $p(y_i,o_j)=p(y_i)p(o_j)$，比较式(2.12)），得到 $\theta=1$。概率比由 Stephenson(2000)引入到气象预报检验，尽管它在医学统计中有一个更长的

历史。

偏差

偏差，或平均预报与平均观测的比较，通常被表示为检验列联表的比值。根据图 8.1a 中的列联表，偏差比值为

$$B = \frac{a+b}{a+c} \tag{8.10}$$

偏差只是“yes”预报数目对“yes”观测数目的比值。无偏预报表现为 $B=1$，表示事件被预报和被观测有相同的次数。注意偏差不提供关于特定场合中，事件的单个预报和观测之间对应性的信息，所以式(8.10)不是一个准确性的量度标准。大于 1 的偏差，表明事件被预报比被观测的更经常，这被称为过度预报(overforecasting)。相反，小于 1 的偏差，表明事件被预报比被观测的更不经常，或者被称为低度预报(underforecast)。

可靠性和分辨率

式(8.5)显示了 2×2 列联表的 4 个可靠性性质。即，给定一个“yes”或“no”预报，从式(8.2)校准分布 $p(o_j|y_i)$的意义上说，式(8.5)中的每个量是实际发生或不发生的条件相对频率。实际上，式(8.5)显示了两个校准分布，一个是以“yes”预报为条件(式(8.5a)和式(8.5b))，另一个是以“no”预报为条件(式(8.5c)和式(8.5d))。这 4 个条件概率的每一个都是 2×2 列联表的标量可靠性统计量，已经全都给出了名字(如：Doswell *et al.*，1990)。到目前为止，这些条件频率中最常用的是式(8.5b)，它被称为空报率(FAR)。根据图 8.1a，空报率被计算为

$$FAR = \frac{b}{a+b} \tag{8.11}$$

即，FAR 是结果为错误的“yes”预报的比例，或未能成真的“yes”预报事件的比例。FAR 的值越小越好。最好的 FAR 值为 0，最差的 FAR 值为 1。

辨别力

式(8.6)中的两个条件概率，经常被用来描述 2×2 列联表的特征，尽管它们中的 4 个全都已经被命名了(如：Doswell *et al.*，1990)。式(8.6a)常被称为命中率(H)，

$$H = \frac{a}{a+c} \tag{8.12}$$

关注的“那个”事件，只针对事件 o_1，命中率是正确的预报与这个事件发生总次数的比值。等价地，这个统计量，可以被看作为预报的“yes”事件发生与观测的“yes”事件发生的比值，所以也被称为发现概率(probability of detection，POD)。在医学统计中这个量，被称为真实的正比例或敏感度。

式(8.6c)被称为误报率(false alarm rate)，

$$F = \frac{b}{b+d} \tag{8.13}$$

这是错误的预报数与未发生的事件总数的比值，或特定的事件不发生时，错误预报的条件相对频率。误报率也被称为错误发现概率(probability of false detection，POFD)。对检验概率预报(第 8.4.7 节)，命中率和误报率一起给出了信号检测方法的概念和几何基础。在医学统计学中，这个量被称为虚假的正比例，或者/减法。

8.2.3 对 2×2 列联表的技巧评分

在一致性表中，预报检验资料经常用相对准确性量度标准或式(8.4)通用形式的技巧评分刻画其特征。对 2×2 的检验情况，已经发展了很多这样的技巧评分，其中的很多由 Muller(1944)、Mason(2003)、Murphy 和 Daan(1985)、Stanski 等(1989)及 Woodcock(1976)给出。来自预报检验最早文献的一些技巧度量标准(Murphy，1996)已经被重新制定，并且(遗憾的)在多个场合被重新命名。通常，不同的技巧评分完成不同的任务，并且有时相互间不一致。如果我们希望在这些技巧评分中做出选择，这个情况是令人不安的，但实际上不应该感到惊讶，因为所有的这些技巧评分本质上是更高维背景中预报性能的标量量度标准。使用标量技巧评分，是因为它们在概念上方便，但是它们必然是预报性能的不完整的表示。

对方形列联表，一种经常使用的技巧评分最初由 Doolittle(1888)提出，它是几乎所有人都知道的 Heidke *技巧评分*(Heidke，1926)。Heidke *技巧评分*(HSS)是一种服从式(8.4)形式的技巧评分，基于作为基本准确性量度标准的正确比例(式(8.7))。这样，完美预报得到 $HSS=1$，等于参考预报的预报得到 0 分，比参考预报更差的预报得到负分。

Heidke 评分中，参考准确性量度标准是通过统计上独立观测的随机预报得到的正确比例。在 2×2 的情形中，"yes"预报的边缘概率是 $p(y_1)=(a+b)/n$，"yes"观测的边缘概率是 $p(o_1)=(a+c)/n$。因此，偶然(by chance)正确的"yes"预报的概率是

$$p(y_1)p(o_1)=\frac{(a+b)}{n}\frac{(a+c)}{n}=\frac{(a+b)(a+c)}{n^2} \tag{8.14a}$$

同样偶然正确的"no"预报的概率是

$$p(y_2)p(o_2)=\frac{(b+d)}{n}\frac{(c+d)}{n}=\frac{(b+d)(c+d)}{n^2} \tag{8.14b}$$

这样，仿效式(8.4)，在 2×2 的检验背景中，Heidke 技巧评分是

$$\begin{aligned}HSS &= \frac{(a+d)/n-[(a+b)(a+c)+(b+d)(c+d)]/n^2}{1-[(a+b)(a+c)+(b+d)(c+d)]/n^2}\\ &= \frac{2(ad-bc)}{(a+c)(c+d)+(a+b)(b+d)}\end{aligned} \tag{8.15}$$

其中第二个等式是更容易计算的。

对列联表预报检验来说，另一种流行的技巧评分由 Peirce(1884)提出后又被重新提出了很多次。Peirce 技巧评分也常被称为 Hanssen-Kuipers *判别式*(Hanssen and Kuipers，1965)或 Kuipers *性能指数*(Murphy and Daan，1985)，有时也被称为*真正的技巧统计量*(TSS)(Flueck，1987)。Gringorten's(1967)的*技巧评分*包含等价的信息，它是 Peirce 技巧评分的一个线性变换。除了分母中参考的命中率被限制为无偏的随机预报之外，Peirce 技巧评分，类似于 Heidke 评分。即，分母中设想的随机预报有一个等于(样本)气候的边缘分布，所以 $p(y_1)=p(o_1)$，$p(y_2)=p(o_2)$。再次仿照针对图 8.1 中 2×2 情形的式(8.4)，Peirce 技巧评分被计算为

$$\begin{aligned}PSS &= \frac{(a+d)/n-[(a+b)(a+c)+(b+d)(c+d)]/n^2}{1-[(a+c)^2+(b+d)^2]/n^2}\\ &= \frac{ad-bc}{(a+c)(b+d)}\end{aligned} \tag{8.16}$$

其中第二个等式计算上更方便。PSS 也能被理解为联合分布(式(8.6))基于似然比率的因式

分解中的两个条件概率（即命中率（式（8.12））和误报率（式（8.13）））之间的差值；即，$PSS=H-F$。完美预报得到1分（因为$b=c=0$；或者从另一个角度，$H=1$和$F=0$），随机预报得到0分（因为$H=F$），比随机预报差的预报得到负分。常数预报（即，总是预报y_1或y_2中的一个）也得到0评分。而且，不像Heidke评分，不管事件增多还是减少，正确的“no”或“yes”预报，对Peirce技巧评分所做的贡献都是增加。这样，预报员不会对预报稀有事件感到沮丧。

Clayton（1927，1934）技巧评分可以用公式表示为式（8.5a）和式（8.5c）中条件概率的差值，这涉及联合分布的精细校准因式分解，即

$$CSS=\frac{a}{(a+b)}-\frac{c}{(c+d)}=\frac{ad-bc}{(a+b)(c+d)} \tag{8.17}$$

CSS为正技巧时给定“yes”预报的“yes”结果的条件相对频率，比给定“no”预报的条件相对频率更大。Clayton（1927）最初称条件相对频率的差值（乘以100%）为技巧百分率，他理解的技巧其实就是相对于气候平均的准确率。完美预报$b=c=0$，得到$CSS=1$；随机预报（式（8.14））得到$CSS=0$。

式（8.4）形式的技巧评分可以用TS评分（式（8.8））构建，使用随机预报（式（8.14））的TS作为参考预报。特别地，$TS_{ref}=a_{ref}/(a+b+c)$，其中式（8.14a）暗示了$a_{ref}=(a+b)(a+c)/n$。因为$TS_{perf}=1$，所以得到的技巧评分为

$$GSS=\frac{a/(a+b+c)-a_{ref}/(a+b+c)}{1-a_{ref}/(a+b+c)}=\frac{a-a_{ref}}{a-a_{ref}+b+c} \tag{8.18}$$

这个被称为Gilbert技巧评分（GSS），由Gilbert（1884）最早提出，他应用GSS作为成功比例。它也常被称为公平TS评分（Equitable Threat Score，ETS）。为了计算a_{ref}，需要样本容量n，所以不像TS，GSS也依赖于正确的“no”预报的数量。

TS和GSS（ETS），在“yes”事件相对稀少的个例中经常被采用，因为正确（假定容易）预报“no”预报的数目d，在式（8.8）或式（8.18）中不出现。然而，对于稀少的事件，因为其$p(o_1)\to 0$，GSS（与本节中描述的一些其他技巧评分一样好）也接近于0或一些其他常数，即使对有技巧的预报（Stephenson *et al.*，2008a）。没有这个缺陷的一种可选的技巧评分，是极值依赖评分（EDS）（Coles *et al.*，1999；Stephenson *et al.*，2008a），

$$EDS=\frac{2\ln[(a+c)/n]}{\ln[a/n]}-1 \tag{8.19}$$

EDS的一个突出的缺点，是它只基于命中率和正确的“yes”预报的比例，忽略了误报和正确拒绝的数量，所以它不处罚偏差（Stephenson *et al.*，2008a），或者试图人工操纵评分（Ghelli and Primo，2009）。特别是，总是预报“yes”得到$c=0$和$EDS=1$。Hogan等（2009）提出了对EDS的被称为对称极值依赖评分（symmetric extreme dependency score，SEDS）的修正，

$$SEDS=\frac{\ln[(a+b)/n]+\ln[(a+c)/n]}{\ln[a/n]}-1 \tag{8.20}$$

它保留了对稀少的“yes”事件EDS需要的特征，对处理方式敏感性不高。

概率比（式（8.9））也能被用作为技巧评分的基础，即

$$Q=\frac{\theta-1}{\theta+1}=\frac{(ad/bc)-1}{(ad/bc)+1}=\frac{ad-bc}{ad+bc} \tag{8.21}$$

这个技巧评分最初由Yule（1900）提出，被称为Yule's Q（Woodcock，1976），或概率比技巧评分（ORSS）（Stephenson，2000）。随机（式（8.14））预报$\theta=1$，得到$Q=0$；完美预报$b=c=0$，得

到 $Q=1$。然而，对不完美的预报来说，如果 b 或 c 中的一个为 0，一个显然完美的技巧 $Q=1$ 也可以得到。

本节中所有的技巧评分，只依赖于图 8.1 中的 4 个数 a,b,c 和 d，因此必定是有关系的。显然，HSS,PSS,CSS 和 Q 都与量 $ad-bc$ 成比例。各种技巧中一些特定的数学关系可以查阅 Mason(2003)、Murphy(1996)、Stephenson(2000)及 Wandishin 和 Brooks(2002)的文献。

例 8.1 Finley 龙卷风预报

Finley 龙卷风预报(Finley,1884)是历史上的 2×2 预报检验资料，经常被用来演示这种格式的预报评估。John Finley 是美国陆军中的一个军士，他使用电报的天气信息，简述了美国落基山东部 18 个区域 yes/no 的龙卷风预报。这个资料集及其分析，是受预报检验的很多早期工作的激发而器测的(Murphy,1996)。表 8.1a 中给出了 Finley 的 $n=2803$ 个预报的列联表。

表 8.1 检验 1884 年 Finley 龙卷风预报的列联表。预报事件是美国落基山东部 18 个地区分开预报龙卷风的出现。(a)最初发布的预报表；(b)如果总是预报“没有龙卷风”得到的数据。

(a)

		观测的龙卷风	
		Yes	No
预报的龙卷风	Yes	**28**	**72**
	No	**23**	**2680**
			$n=2803$

(b)

		观测的龙卷风	
		Yes	No
预报的龙卷风	Yes	**0**	**0**
	No	**51**	**2752**
			$n=2803$

Finley 选择用正确比例(式(8.7))评估他的预报，对他的资料来说正确比例 $PC=(28+2680)/2803=0.966$。基于这个正确比例，Finley 声称 96.6%的准确性。然而，对这个资料集，其正确比例是由正确的“no”预报控制，因为龙卷风是相对稀少的。Finley 的论文出现不久，Gilbert(1884)指出始终预报“no”可能产生一个甚至更高的正确比例。如果龙卷风从来没有被预报，这样得到的列联表被显示在表 8.1b 中。这些假设的预报产生的正确比例 $PC=(0+2752)/2803=0.982$，实际上这比实际预报的正确比例更高。

采用 TS 评分给了一个更合理的比较，因为大量容易的正确的“no”预报被忽略了。对 Finley 最初的预报，TS 评分是 $TS=28/(28+72+23)=0.228$，然而对表 8.1b 中明显无效的“no”预报 TS 评分是 $TS=0/(0+0+51)=0$。很明显，在这个例子中，相比于正确比例 TS 评分可能是更好的，但是它依然不是完全令人满意的。平等的无价值的预报是预报系统总是对龙卷风预报“yes”。对不变的“yes”预报，TS 评分为 $TS=51/(51+2752+0)=0.018$，这个数值很小但不为 0。对 Finley 预报概率比是 $\theta=(28)(2680)/(72)(23)=45.3>1$，表明表 8.1a 中的预报比随机预报更好。而表 8.1b 中的预报概率比则无法计算。

Finley 龙卷风预报偏差比是 $B=1.96$，表明实际发生的龙卷风数量近似为预报的两倍。空报率是 $FAR=0.720$，这说明了预报的龙卷风大部分没有出现。命中率是 $H=0.549$，误报率是 $F=0.0262$。表明多于一半的实际龙卷风被预报了要发生，而很小比例的没有龙卷风的例子错误地预报了龙卷风。

对 Finely 龙卷风预报，各种技巧评分得到了一个差别很大的结果：$HSS=0.355$，$PSS=0.523$，$CSS=0.271$，$GSS=0.216$，$EDS=0.740$，$SEDS=0.593$，$Q=0.957$。对表 8.1b 中不变的“no”预报，由 HSS，PSS 和 GSS 可以得到 0 技巧，但是对 $a=b=0$，CSS，EDS，$SEDS$ 和 Q 无法计算。

8.2.4　哪种评分

例 8.1 中的 Finley 龙卷风预报的预报技巧的宽广的范围可能是相当令人不安的，但是不应该令人吃惊。问题的根源是，所有可能的预报检验设置中，即使这个最简单的检验问题，问题的维度(Murphy，1991)只有 $I \times J-1=3$ 维，当把这个三维信息压缩为检验指标的数字时，必然存在信息的损失。换句话说，预报正常运转和发生故障的方式有多种，并且这些方式的混合被不同的标准性质和技巧评分以不同的方式组合在一起对本节开头提出的问题没有唯一答案。

因为 2×2 问题的维度是 3，在 2×2 列联表中，全部信息可以由 3 个精心选择的标量特征完全表示。用基于似然比率的因式分解(式(8.6))，全部的联合分布可以由命中率 H(式(8.12)和式(8.6a))、误报率 F(式(8.13)和式(8.6c))基本比率(或样本气候的相对频率) $p(o_1)=(a+c)/n$ 来概括(或恢复)。类似的，使用精细校准因式分解(式(8.5))，在 2×2 列联表中描述的预报性能可以用空报率 FAR(式(8.11)和式(8.5b))完全抓住，其中式(8.5d)的对应式和概率 $p(y_1)=(a+b)/n$ 定义了精细分布。为了说清楚 2×2 列联表中的资料，检验指标的其他 3 个也可以同时使用(尽管不是从一个 2×2 列联表中的任意 3 个标量统计量都可以完全表示其信息内容)。例如，Stephenson(2000)建议与偏差比率 B 一起使用 H 和 F，称这个为 BHF 表示。他也注意到，似然比率 θ 和 Peirce 技巧评分一起，与 H 和 F 表示相同的信息，所以这两个统计量加上 $p(o_1)=(a+c)/n$ 或 B，也将完全表示 2×2 列联表。H，F 和 $p(o_1)$ 的共同特征，有时也在医学文献中使用(Pepe，2003)。Stephenson 等(2008a)和 Brill(2009)根据 H，B 和 $p(o_1)$ 分析了各种 2×2 性能量度标准。Roebber(2009)建议用一个二维图表总结 2×2 检验表，其轴是 $1-FAR$ 和 H，为了参考，其中不变的 B 和 TS 的等值线也画出来。

有时必须选择预报性能的一个标量总结，并且接受这个总结必然是不完善的。选择哪种检验评分，需要研究和比较参加竞赛的候选检验统计量的相关性质，这个过程被称为*元检验*(Murphy，1996)。哪一个或哪几个性质可能最有关，依赖于具体情况，但是一个合理的标准是选择的检验统计量应该*公平*(Gandin and Murphy，1992)。一个公平的技巧评分平等地估价随机预报和所有的不变预报(比如例 8.1 中总是预报“没有龙卷风”)。通常无用的预报评分为 0，公平的评分需要进行尺度化，以使完美预报的技巧为 1。公平性也意味着更不经常发生的事件(比如例 8.1 中的龙卷风)的正确预报，比更普通的事件的正确预报给予更大的权重。

Gandin 和 Murphy(1992)最初对公平性的定义，强加了任何公平的检验指标必须可以表达为列联表元素线性权重加和的额外条件，这导致了对 2×2 的检验设置，PSS(式(8.16))是唯一的公平技巧评分。然而，Hogan 等(2010)主张，第二个条件不是强制的，并且如果这个条件不被要求，在对随机预报或不变预报也产生 0 技巧的意义上，HSS(式(8.15))也是等价的。然而，Hogan 等(2010)发现 GSS，SEDS(式(8.20))和 Q(式(8.21))是渐进等价的，意指当样本容量变得非常大时它们近似相等，也表明这 3 个技巧评分的线性变换是等价的(在更少限制性定义下)。

8.2.5　概率到非概率预报的转换

来自表 7.8 中非概率降水预报的 MOS 系统，对离散降水量分类实际产生了概率预报。表中的降水量预报，通过挑选可能种类的一个或唯一的一个，由潜在的概率转换到非概率格式而得到。这个令人遗憾的信息退化是令人烦恼的，但是非概率预报是更容易理解的。然而，信息内容的损失是对预报用户的损害。

对于二分类预报量，从概率到非概率格式的转换，需要选择一个阈值概率，阈值之上预报为“yes”，之下预报为“no”。这个过程似乎是足够简单的；然而，正确阈值的选择，依赖于预报的用户和用户应用预报的具体决策问题。很自然，不同的决策问题需要不同的阈值概率，这是信息损失问题的关键点。从概率到非概率格式的转换，实际上是预报员替预报用户做决策，但是不知道决策问题的细节，因而概率预报到非概率格式的转换必然是武断的。

例 8.2 不同阈值对非概率预报转换的影响

诊断概率到非概率预报转换的过程是有益的，表 8.2 包含对美国 1980 年 10 月到 1981 年 3 月期间发布的降水预报概率的检验资料集。这里 $I=12$ 个可能的预报和 $J=2$ 个可能的观测的联合分布以精细校准因式分解（式(8.2)）的形式给出。对每个允许的预报概率 y_i，条件概率 $p(o_1|y_i)$ 显示了对这 $n=12402$ 个预报事件 $j=1$（降水发生）的相对频率。边缘概率 $p(y_i)$ 显示了 $I=12$ 个可能预报值使用的相对频率。

表 8.2 美国 1980 年 10 月—1981 年 3 月期间提前 12～24h 主观降水概率预报的检验数据，采用预报与观测联合分布的精细校准因式分解（式(8.2)）的形式表示。预报概率 y_i 有 $I=12$ 个允许值，$J=2$ 个事件（$j=1$ 为有降水，$j=2$ 为无降水）。样本的气候相对频率为 0.162，样本容量为 12402。

y_i	0.00	0.05	0.10	0.20	0.30	0.40	0.50	0.60	0.70	0.80	0.90	1.00
$p(o_1\|y_i)$	0.006	0.019	0.059	0.150	0.277	0.377	0.511	0.587	0.723	0.799	0.934	0.933
$p(y_i)$	0.4112	0.0671	0.1833	0.0986	0.0616	0.0366	0.0303	0.0275	0.0245	0.0220	0.0170	0.0203

引自 Murphy 和 Pacin(1985)。

这些降水预报发布为概率。如果先转换它们为非概率的 rain/no rain 格式，阈值概率可能已经提前选择了。这个选择存在多种可能，每一种都给出了不同的结果。有两种在业务实践中很少使用的简单方法。第一种方法是预报更可能的事件，这对应于选择一个 0.50 的阈值概率。另一种方法是使用预报事件的气候相对频率作为阈值概率。对表 8.2 中的资料集来说，这个相对频率是 $\sum_i p(o_j|y_i)p(y_i)=0.162$（式(2.14)），尽管实践中，这个阈值概率需要使用历史气候资料预先估计。预报更可能事件的结果，是最大化正确比例（式(8.7)）和 Heidke 技巧评分（式(8.15)）的期望值，并且用气候相对频率作为阈值概率最大化期望的 Peirce 技巧评分（式(8.16)）(Mason，1979)。

对 2×2 的列联表来说，业务上最常用的两种选择阈值概率的方法基于 TS 评分（式(8.8)）和偏差比率 B（式(8.10)）。图 8.1a 形式的不同的 2×2 列联表，选择不同的阈值概率会得到不同的 TS 和 B 值。当使用 TS 评分选择阈值的时候，产生最大 TS 的阈值被选择。当使用偏差比率的时候，选择尽可能接近没有偏差（$B=1$）的阈值。

图 8.2 示意了表 8.2 中给出的资料偏差比率和 TS 评分对阈值概率的依赖性。也显示了可能得到的命中率 H 和空报率 FAR。气候相对频率（Clim）、最大 TS 评分（TS_{max}），无偏非概率预报（$B=1$）和最大概率（p_{max}），由图底部的箭头显示。例如，选择降水发生的总相对频率0.162 为阈值，结果是 PoP=0.00，0.05 和 0.10 的预报被转换为“no rain”，其他预报被转换为“rain”。这样得到结果为 $n[p(y_1)+p(y_2)+p(y_3)]=12402[0.4112+0.0671+0.1833]=8205$ 个“no”预报，12402－8205＝4197 个“yes”预报。8205 个“no”预报中，我们可以用概率乘法定律（式 2.11），计算“no”被预报但降水发生的比例，为 $p(o_1|y_1)p(y_1)+$

$p(o_1|y_2)p(y_2)+p(o_1|y_3)p(y_3)=(0.006)(0.4112)+(0.019)(0.0671)+(0.059)(0.1833)=0.0146$。相对频率是图 8.1 中的 c/n，所以 $c=(0.0146)(12402)=181$，$d=8205-181=8024$。类似地，对这个截断(cutoff)，我们可以计算 $a=12402[(0.150)(0.0986)+\cdots+(0.933)(0.203)]=1828$，$b=2369$。作为结果的 2×2 表，得到 $B=2.09$，$TS=0.417$。通过对比，最大化罚分的阈值接近 0.35，这可能已经得到了降水发生的过预报。

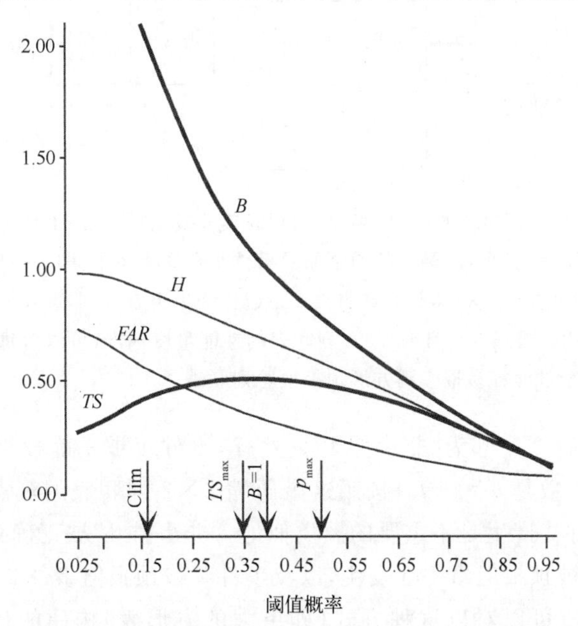

图 8.2 对转换表 8.2 中的降水概率预报到非概率的 rain/no rain 预报候选阈值概率的确定。如果预报概率高于降水的气候概率，那么气候阈值表示一个降水预报，TS_{max} 是最大化得到的非概率预报 TS 评分的阈值，$B=1$ 阈值产生无偏预报，p_{max} 阈值产生两个事件更有可能的非概率预报。也显示了作为 2×2 列联表结果的命中率 H 和误报率 FAR(更细的线)。

8.2.6 对多种类离散预报量的扩展

对离散预报量的非概率预报，不局限于 2×2 的格式，尽管这种简单的情况最常遇到，并且最容易理解。在某些背景中，自然需要考虑和预报多于两个离散值的 MECE 事件。图 8.3 的左边用黑体字型显示了一个 $I=J=3$ 的列联表。这里 9 个预报/事件对结果，对应到字母 r 到 z，这样总样本容量为 $n=r+s+t+u+v+w+x+y+z$。和前面一样，这个 3×3 的列联表中 9 个数的每一个除以样本容量，可以得到预报和观测联合分布的一个样本估计 $p(y_i,o_j)$。

式(8.7)至式(8.9)中列出的准确性量度标准，只是正确比例(式(8.7))直接推广到多于两个预报和事件种类的情况。不管 I 和 J 的大小，正确比例还是由正确预报的数目除以预报的总数 n 给出。这个正确预报的数目，由从列联表的左上到右下角沿对角线数目加和得到。在图 8.3 中，数目 r，v，和 z 分别表示当第一、第二和第三个事件被正确预报的事件的数量。因此，在这个图表示的 3×3 的表中，正确比例为 $PC=(r+v+z)/n$。

第 8.2.2 节中列出的其他统计量只适合二分类事件 yes/no 预报的情况。为了应用到不是二分类事件的非概率预报，必须压缩 $I=J>2$ 个列联表为一系列的 2×2 列联表。正如图 8.3 中显示的，通过考虑区别于补集的“那个”预报事件为“非预报事件”，这些 2×2 表的每一个被构建。这个补集事件，只是作为 $J-1$ 个剩余事件的并集。在图 8.3 中，对事件 1 的 2×2

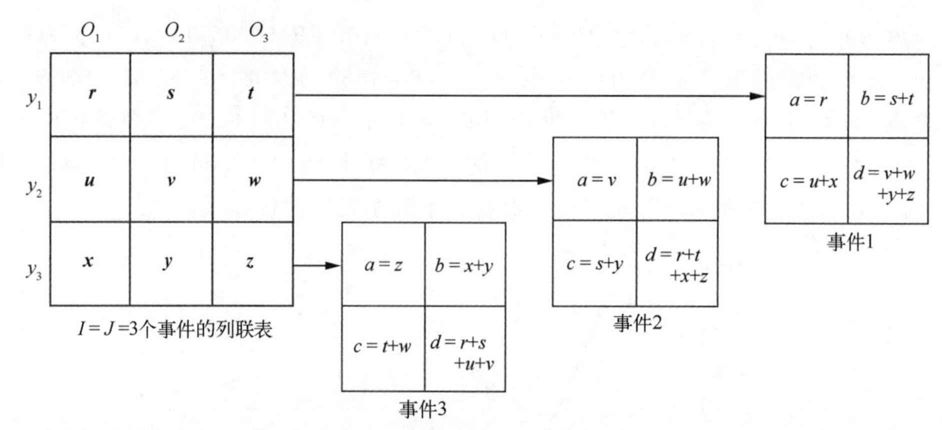

图 8.3 对 $I=J=3$ 的非概率预报检验情况(粗体)的列联表及其缩减到 2×2 的列联表。把 3 个原始事件的一个组合作为被预报的“那个”事件，剩余的两个原始事件组合作为余集(即不是预报事件)，这样构建 2×2 列联表。例如，对事件 1 的 2×2 表，事件 2 和事件 3 一起作为单个事件“非事件 1”。字母 a,b,c 和 d,以与图 8.1a 中相同的意义使用。根据专门针对 2×2 列联表的性能量度标准，可以对每个表分开计算。对任意多的预报和事件分类，这个过程容易推广到方形预报检验列联表。

列联表，使事件 2 和事件 3 一起为“非事件 1”。这样，事件 1 被正确预报的次数还是 $a=r$，但是它被不正确预报的次数是 $b=s+t$。按照这个压缩 2×2 列联表的观点，事件 1 的不正确预报是否由事件 2 或事件 3 产生是不重要的。类似地，“非事件 1”被正确预报的次数是 $d=v+w+y+z$，包括事件 2 被预报但事件 3 发生，以及事件 3 被预报但事件 2 发生的例子。

2×2 列联表的性质可以对以这种方式(即更大的方形表)构建的任意的或所有的 2×2 表进行计算。图 8.3 中 3×3 的列联表，对事件 1 的预报偏差(式(8.10))为 $B_1=(r+s+t)/(r+u+x)$，对事件 2 的预报偏差为 $B_2=(u+v+w)/(s+v+y)$，对事件 3 的预报偏差为 $B_3=(x+y+z)/(t+w+z)$。

例 8.3 多分类预报的一个集合

表 8.3 的左手边，显示了来自 Goldsmith(1990)对冻雨(y_1)、雪(y_2)和雨(y_3)的一个 3×3 的检验列联表。这些是对美国东部地区从 1983/1984 到 1988/1989 年的 10 月到 3 月，以某种降水形式的发生为条件的非概率 MOS 预报。对这些降水类型的每一种，2×2 列联表可以仿照图 8.3 进行构建，以总结区别于其他两种降水类型合起来的降水类型的预报性能。表 8.3 是 3×3 列联表的 2×2 分解表，也包括第 8.2.2 节的预报特征。具体的 2×2 表是彼此相当一致的，并且显示降雨预报略微优于降雪预报，但是关于这些量度标准的大部分冻雨预报，相当多地表现为更不成功。

表 8.3 美国东部地区从 1983/1984 到 1988/1989 年的 10 月到 3 月，以某种降水形式的发生为条件，对冻雨(y_1)、雪(y_2)和雨(y_3)的非概率 MOS 预报。检验数据在左侧的 3×3 列联表中给出，然后对三种降水类型的每一种，给出一个 2×2 的列联表。样本容量为 $n=6340$。数据取自 Goldsmith(1990)。

完整的 3×3 列联表				冻雨			雪			雨		
	o_1	o_2	o_3		o_1	not o_1		o_2	not o_2		o_3	not o_3
y_1	50	91	71	y_1	50	162	y_2	2364	217	y_3	3288	259
y_2	47	2364	170	not y_1	101	6027	not y_2	296	3463	not y_3	241	2552
y_3	54	205	3288									

续表

完整的 3×3 列联表	冻雨	雪	雨
	$TS=0.160$	$TS=0.822$	$TS=0.868$
	$\theta=18.4$	$\theta=127.5$	$\theta=134.4$
	$B=1.40$	$B=0.97$	$B=1.01$
	$FAR=0.764$	$FAR=0.084$	$FAR=0.073$
	$H=0.331$	$H=0.889$	$H=0.932$
	$F=0.026$	$F=0.059$	$F=0.092$

Heidke 和 Peirce 技巧评分，可以容易扩展到多于 $I=J=2$ 个预报和事件的检验问题。在更普通的例子中，这些评分的公式，根据预报和观测的联合分布 $p(y_i,o_j)$，预报的边缘分布 $p(y_i)$ 和观测的边缘分布 $p(o_j)$ 可以容易地写出。对 Heidke 技巧评分，更通用的形式为

$$HSS=\frac{\sum_{i=1}^{I}p(y_i,o_i)-\sum_{i=1}^{I}p(y_i)p(o_i)}{1-\sum_{i=1}^{I}p(y_i)p(o_i)} \tag{8.22}$$

Peirce 技巧评分的更高维推广是

$$PSS=\frac{\sum_{i=1}^{I}p(y_i,o_i)-\sum_{i=1}^{I}p(y_i)p(o_i)}{1-\sum_{j=1}^{J}[p(o_j)]^2} \tag{8.23}$$

对 $I=J=2$，式(8.22)变为式(8.15)，式(8.23)变为式(8.16)。

用式(8.22)和表 8.3 中的 3×3 列联表，Heidke 评分可以如下计算。正确比例 $PC=\sum_i p(y_i,o_i)=(50/6340)+(2364/6340)+(3288/6340)=0.8994$。对随机参考预报，正确比例为 $\sum_i p(y_i)p(o_i)=(0.0334)(0.0238)+(0.4071)(0.4196)+(0.5595)(0.5566)=0.4830$。这里，比如边缘概率 $p(y_1)=(50+91+71)/6340=0.0344$。对完美预报正确比例当然是 1，得到 $HSS=(0.8944-0.4830)/(1-0.4830)=0.8054$。对 Peirce 技巧评分的计算，除了只在分母中使用不同的参考正确比例之外，与式(8.21)是相同的。这是无偏随机比例 $\sum_i[p(o_i)^2]=0.0238^2+0.4196^2+0.5566^2=0.4864$。那么对这个 3×3 列联表，Peirce 技巧评分是 $PSS=(0.8944-0.4830)/(1-0.4864)=0.8108$。对这些资料 HSS 和 PSS 之间的差别是很小的，因为预报显示了很少的偏差。

普通的 $I\times J$ 列联表比简单的 2×2 问题有更多的自由度。特别是，为了完全确定列联表，必须知道 $I\times J-1$ 个元素，所以相比于 2×2 问题，在 3×3 的背景中，标量评分必须概括得更加公平。因此，候选的标量技巧评分的数量，随着检验表容量的增长而迅速增加。对技巧评分来说，描述离散预报量的非概率预报性能的公平性(equitability)概念，是由 Gandin 和 Murphy (1992)为了对随机或常数预报得到相等的(0)评分，对这些评分的一个严格集合进行定义而提出的。

当有自然排序的 3 个或更多个事件被预报时，通常要求多类漏报评分比单类漏报评分更低。式(8.22)和式(8.23)都不满足这个要求，因为它们只依赖于正确比例。Gerrity(1992)提

出了一系列对距离敏感的公平的(在 Gandin 和 Murphy(1992)的意义上)技巧评分,这些评分对奖赏正确预报和惩罚不正确预报,似乎提供了通常合理的结果(Livezey,2003)。Gandin-Murphy 技巧评分,包括首先定义一个评分权重集 $s_{i,j}, i=1,\cdots,I, j=1,\cdots,J$;其每一个被应用到一个联合概率 $p(y_i,o_j)$,所以通常 Gandin-Murphy 技巧评分,作为列联表元素的线性权重加和被计算

$$GMSS = \sum_{i=1}^{I}\sum_{j=1}^{J} p(y_i,o_j)s_{i,j} \tag{8.24}$$

正如第 8.2.4 节中谈到的 $I=J=2$ 的简单例子,在 2×2 的背景中,当线性评分权重被要求符合公平性准则的时候,得到 Peirce 技巧评分(式(8.16))。对更大的检验问题,有更多限制要求,Gerrity(1992)建议用下面的方法基于样本气候 $p(o_j)$ 的权重定义评分。首先,定义 $J-1$个比值比序列

$$D(j) = \frac{1-\sum_{r=1}^{j} p(o_r)}{\sum_{r=1}^{j} p(o_r)}, \quad j=1,\cdots,J-1 \tag{8.25}$$

式中 r 是假求和指标。那么正确预报的评分权重为

$$s_{j,j} = \frac{1}{J-1}\left[\sum_{r=1}^{j-1}\frac{1}{D(r)} + \sum_{r=j}^{J-1} D(r)\right], \quad j=1,\cdots,J \tag{8.26a}$$

不正确预报的权重为

$$s_{i,j} = \frac{1}{J-1}\left[\sum_{r=1}^{i-1}\frac{1}{D(r)} + \sum_{r=j}^{J-1} D(r) - (j-i)\right], \quad 1 \leqslant i < j \leqslant J \tag{8.26b}$$

如果下指标序(lower index)大于上指标序(upper index),式(8.26)中的加和取为 0。当系统误差被同等处罚的时候,这两个公式完全定义了 $I\times J$ 个评分权重,即当 $s_{i,j}=s_{j,i}$ 时,式(8.26a)对稀有事件的正确预报给出了更多的信心,对普通事件的错误预报给出了更少的信心。式(8.26b)也说明了 J 个事件内在的稀有性,对预报种类 i 和观测种类 j 之间越大的差异,通过惩罚项$(j-i)$增加了惩罚误差。式(8.26)中的每个评分权重与式(8.24)中联合分布 $p(y_j,o_j)$的相应成员一起使用来计算技巧评分。当根据式(8.25)和式(8.26)计算 Gandin-Murphy 技巧评分权重的时候,这个结果有时被称为 Gerrity 技巧评分。

例 8.4　3×3 检验表的 Gerrity 技巧评分

表 8.3 是以某类降水的发生为条件对冻雨、雪和雨非概率预报的 3×3 列联表。图 8.4a 显示了相应的联合概率分布 $p(y_i,o_j)$,由列联表中的数目除以样本容量 $n=6340$ 计算得到。图 8.4a 也显示了样本的气候分布 $p(o_j)$,由联合分布的列求和计算得到。

对 Gandin-Murphy 技巧评分(式(8.24)),Gerrity(1992)评分权重用式(8.25)和式(8.26),根据样本的气候相对频率进行计算。首先,由式(8.24)得到 $J-1=2$ 个似然比 $D(1)=(1-0.0238)/0.0238=41.02$,$D(2)=[1-(0.0238+0.4196)]/(0.0238+0.4196)=1.25$。对 $D(1)$来说,越大的值反映了冻雨被观测得越少,在考虑的这个时间段,只占降水天数的大约 2%。对 3 个可能的正确预报,评分权重用式(8.26a)计算,为

$$s_{1,1} = \frac{1}{2}(41.02+1.25) = 21.14 \tag{8.27a}$$

(a) 联合分布

观测

预报	冻雨	雪	雨
冻雨	$p(y_1,o_1)$ =0.0079	$p(y_1,o_2)$ =0.0144	$p(y_1,o_3)$ =0.0112
雪	$p(y_2,o_1)$ =0.0074	$p(y_2,o_2)$ =0.3729	$p(y_2,o_3)$ =0.0268
雨	$p(y_3,o_1)$ =0.0085	$p(y_3,o_2)$ =0.0323	$p(y_3,o_3)$ =0.5186
	$p(o_1)$ =0.0238	$p(o_2)$ =0.4196	$p(o_3)$ =0.5566

(b) 评分权重

$s_{1,1}$ =21.14	$s_{1,2}$ =0.13	$s_{1,3}$ =−1.00
$s_{2,1}$ =0.13	$s_{2,2}$ =0.64	$s_{2,3}$ =−0.49
$s_{3,1}$ =−1.00	$s_{3,2}$ =−0.49	$s_{3,4}$ =0.41

图 8.4　(a)表 8.3 中 3×3 列联表预报和观测的联合分布，对 3 个观测有边缘分布(样本的气候分布)，以及(b)由样本的气候概率计算的 Gerrity(1992)评分权重。

$$s_{2,2}=\frac{1}{2}\left(\frac{1}{41.02}+1.25\right)=0.64 \tag{8.27b}$$

和

$$s_{3,3}=\frac{1}{2}\left(\frac{1}{41.02}+\frac{1}{1.25}\right)=0.41 \tag{8.27c}$$

对不正确的预报，权重为

$$s_{1,2}=s_{2,1}=\frac{1}{2}(1.25-1)=0.13 \tag{8.28a}$$

$$s_{2,3}=s_{3,2}=\frac{1}{2}\left(\frac{1}{41.02}-1\right)=-0.49 \tag{8.28b}$$

和

$$s_{3,1}=s_{1,3}=\frac{1}{2}(-2)=-1.00 \tag{8.28c}$$

这些评分权重，按相应于图 8.4a 中联合概率的位置，排列在图 8.4b 中。

为了奖赏稀有的冻雨事件的正确预报，评分权重 $s_{1,1}=21.14$ 比其他的更大。雪和雨的正确预报给了小得多的正值，雨的 $s_{3,3}=0.41$ 是最小的，因为雨是最普通的事件。按照 Gerrity 算法，评分权重 $s_{2,3}=-1.00$ 是最小值，因为当在 3 个结果中，存在一个自然排序的时候，$(j-i)=2$ 类错误(比较式(8.26b))是最可能的，当雨发生时不正确的预报为雪或当雪发生时不正确的预报为雨时的惩罚(式(8.28b))是相当大的，因为这两个事件是相对普通的。当雪发生的时候，错误地预报为冻雨(或相反)，实际上得到一个小的正评分，因为频率 $p(o_1)$ 太小了。

最后，在式(8.24)中，Gandin-Murphy 技巧评分，通过对图 8.4 中相应位置联合概率和权重乘积的加和进行计算，即，$GMSS=(0.0079)(21.14)+(0.0144)(0.13)+(0.0112)(-1)+(0.0074)(0.13)+(0.3729)(0.64)+(0.0268)(-0.49)+(0.0085)(-1)+(0.0323)(-0.49)+(0.5186)(0.41)=0.57$。

8.3　连续预报量的非概率预报

通常应用不同检验指标的集合到连续大气变量的预报。原则上，连续变量可以取实数轴特定区间的任意值，而不是限于有限数量的离散点。温度是连续变量的一个例子。然而在实践中，对连续大气变量的预报和观测，是用有限数量的离散值来表现。例如，温度预报通常被四舍五入到整数值。以离散的形式处理这类预报检验资料是可能的，但通常存在太多的预报和观测值，结果是列联表可能变得很窄并且十分稀疏。正如第 4 章中连续大气变量离散报告的观测值被处理为连续量一样，在一个连续的框架中处理（业务上离散的）连续量的预报，也是方便和有用的。

概念上，预报和观测的联合分布是十分重要的。这个分布是式(8.1)离散联合分布的连续的形式。因为检验资料的有限性，在一个连续背景中明确地使用联合分布的概念，通常要求一个参数分布，比如双变量正态分布（式(4.33)）被假定和拟合。参数分布和其他的统计模型，有时候被假定为预报和观测的联合分布，或其因式分解（如：Bradley *et al.*，2003；Katz *et al.*，1982；Krzysztofowicz and Long，1991；Murphy and Wilks，1998），但是用单个预报/观测对计算的标量性能和技巧量度标准，被更普遍地用在连续的非概率预报的检验中。

8.3.1　条件分位数图

对连续变量来说，用图形表示非概率预报和观测的联合分布，是十分有用的。在一个精心设计的图形中，联合分布包含引起注意的大量信息。例如，图 8.5 显示了明尼苏达州明尼阿波利斯市 1980/1981 到 1985/1986 年冬季期间发布的日最高温度预报的一个样本的条件分位数图。图 8.5a 显示了客观（MOS）预报的性能，图 8.5b 显示了相应的主观预报的性能。这些图包含两部分：代表预报和观测的联合分布的精细订正因式分解的两个因子（式(8.2)）。给定每个预报，观测的条件分布按照选择的分位数与表示完美预报的 1∶1 对角线进行比较。这里可以看到 MOS 预报图 8.5a 显示了一个偏小的过预报度（观测温度的条件中位数比预报一致地更冷），但是主观预报本质上是无偏的。子图下面部分中的柱状图，代表预报使用的频率或 $p(y_i)$。这里可以看到主观预报是稍微更锐利或更精致的，更多的极值温度被预报得更频繁，特别是在左尾处。

图 8.5a 显示了与图 3.22 中 glygp 散点图和图 3.23 中的双变量柱状图中相同的资料。然而，后面的这两幅图，是根据联合分布显示资料，而图 8.5a 中所绘的精细校准因式分解，允许每个预报的频率与以每个预报为条件的温度结果的分布之间在视觉上更容易分离。条件分位数图是诊断检测技术的一个例子，因为它通过展示预报和观测的全部联合分布来诊断这个预报集的优点和缺点。特别是，图 8.5 显示主观预报通过订正偏冷的过预报，并且对最冷的预报显示出更好的清晰度，对 MOS 预报做出了主观改进。

8.3.2　标量精确性量度标准

对连续预报量来说，只有关于预报准确性的两个标量量度标准常用。第一个是平均绝对误差（MAE），

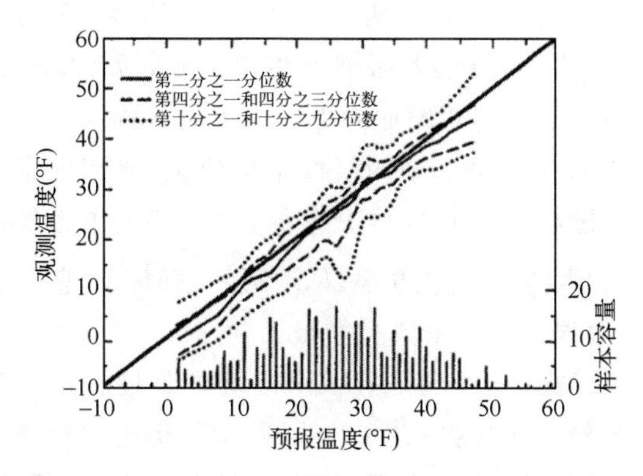

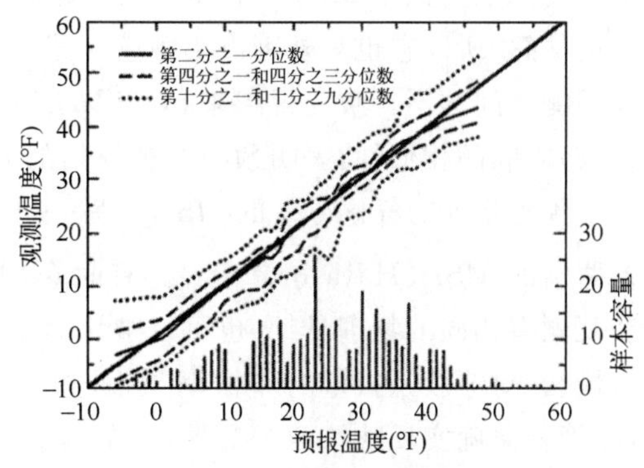

图 8.5 对明尼苏达州明尼阿波利斯市 1980—1986 年冬季(a)客观和(b)主观 24h 非概率最高温度预报的条件分位数图。图的主体由条件分布 $p(o_j \mid y_i)$(即校准分布)与 1∶1 线相比描绘了平滑的分位数,图的下部显示了预报的非条件分布 $p(y_i)$(精细分布)。引自 Murphy 等(1989)。

$$MAE = \frac{1}{n}\sum_{k=1}^{n} \mid y_k - o_k \mid \tag{8.29}$$

这里(y_k, o_k)是 n 对预报和观测的第 k 对。MAE 是每对成员之间差值绝对值的算术平均。很明显,如果预报是完美的(每个 $y_k = o_k$),MAE 为 0,随着预报和观测之间差异的变大而增加。在一个给定的检验资料集中,我们可以解释 MAE 为预报误差的一个典型量级。

美国温度预报的检验中经常使用 MAE。图 8.6 显示了 1970/1971 年到 1998/1999 年冷季(10 月到 3 月)期间美国大约 90 个站最高温度客观预报的 MAE。提前 24 h 的温度预报比提前 48 h 的更准确,表现为更小的平均绝对误差。预报随时间改进的趋势十分明显,比如 20 世纪 90 年代期间 48 h 预报的 MAE 与 20 世纪 70 年代早期 24 h 预报的 MAE 相差不大。1972/1973 年和 1973/1974 年之间误差大量地减少,与 PP 到 MOS 预报的改变相符。

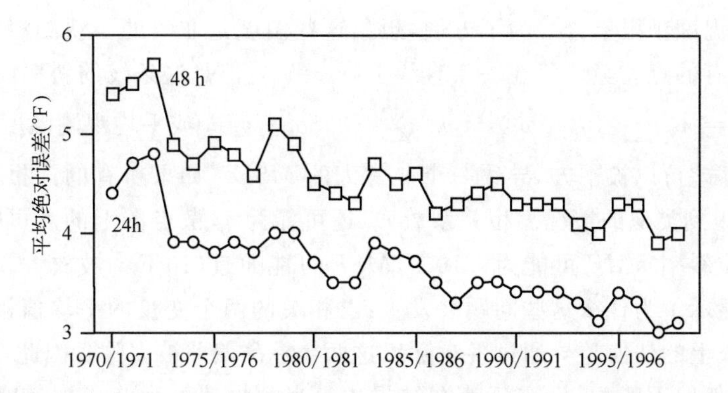

图 8.6 对美国大约 90 个站 10 月到 3 月提前 24 和 48h 最高温度客观预报逐年的 MAE。1970/1971 年到 1972/1973 年的预报由 PP 方程产生;1973—1974 年之后的预报由 MOS 方程产生。引自 www.nws.noaa.gov/tdl/synop。

对连续非概率预报来说,另一种常用的准确性量度标准是均方误差,

$$MSE = \frac{1}{n}\sum_{k=1}^{n} (y_k - o_k)^2 \tag{8.30}$$

MSE 是预报和观测之间差值平方的平均值。除了使用的是平方函数而不是绝对值函数之外,

这个量度标准类似于 MAE。因为 MSE 是通过对预报误差求平方计算得到，它比 MAE 对大误差更敏感，所以它也对外围点更敏感。式(8.30)中，平方误差必然产生出正项，所以随着预报和观测之间的不一致变得越来越大，MSE 从完美预报的 0 增加为更大的正值。式(8.30)和式(3.6)之间的相似性，表明预报在被评估的 n 个事件的每一个的气候平均值上，将产生本质上等于预报量 o 的气候方差的 MSE。另一方面，随机的取自气候分布的预报，产生了为气候方差两倍的 MSE(Hayashi，1986)。有时 MSE 被表达为其平方根，$RMSE=\sqrt{MSE}$，它与预报和观测有相同的物理量纲，也可以被认为是预报误差的一个典型量级。

最初，对连续预报量的非概率预报，相关系数(式(3.24))是另一个准确的量度标准。然而，尽管相关确实反映了两个变量(这个例子中的预报和观测)之间的线性关系，但是它对外围点敏感，对预报中可能出现的偏差不敏感。通过考虑 MSE 的代数处理，后面的这个问题可以被认识(Murphy，1988)：

$$MSE=(\bar{y}-\bar{o})^2+s_y^2+s_o^2-2s_ys_or_{yo} \tag{8.31}$$

这里 r_{yo} 是预报和观测之间的皮尔逊积矩相关系数；s_y 和 s_o 分别为预报和观测边缘分布的标准偏差，式(8.31)中的第一项是*平均误差*的平方，

$$ME=\frac{1}{n}\sum_{k=1}^{n}(y_k-o_k)=\bar{y}-\bar{o} \tag{8.32}$$

*平均误差*只是平均预报和平均观测之间的差值，因此表达了预报的偏差。式(8.32)不同于式(8.30)，因为单个预报误差在其被平均之前没有进行平方。平均起来太大的预报将表现为 $ME>0$，平均起来太小的预报将表现为 $ME<0$。需要注意的是，偏差没有给出关于单个预报误差的典型量级，因此其本身不是一个准确性的量度标准。

回到式(8.31)，可以看到如果其他因子相等，与观测更高相关的预报将表现为更低的 MSE。然而，因为 MSE 可以用分开的项根据相关系数 r_{yo} 和偏差(ME)写出，所以我们可以想象，与观测高相关但是有十分严重偏差的预报可能是无用的。例如，可能存在一个正好为随后观测温度一半的温度预报集合。为了方便，想象这些温度是非负的。观测温度与相应预报的散点图表现为所有的点完美地落在一条直线上($r_{yo}=1$)，但是这条线的斜率或许为 2。偏差或平均误差为 $ME=n^{-1}\sum_k(f_k-o_k)=n^{-1}\sum_k(0.5o_k-o_k)$，或平均观测温度一半的负值。式(8.31)中，这个偏差可以被平方，导致一个非常大的 MSE。如果所有的预报正好比观测温度低 10°F，也可以得到类似的情况。相关系数 r_{yo} 还可能为 1，散点图上的点可能落在一条直线上(这一次有单位斜率)，ME 可能为 −10°F，MSE 可能通过 $(10°\text{F})^2$ 被放大。相关的定义(式(3.25))清楚地显示了为什么这些问题会发生：求相关的两个变量的平均值被分别减掉，在计算相关之前，量级上的任何差异通过各自除以这两个标准偏差被去除。因此，预报和观测之间位置或量级上的任何不匹配，没有反映在结果中。当预报偏差为 0 或被忽略时，为了分离式(8.31)中相关系数和标准偏差对 $RMSE$ 的贡献，泰勒(Taylor)图(例如图 8.20)是一种值得关注的图形方法。

8.3.3　技巧评分

用 MAE，MSE 或 $RMSE$ 作为准确性统计量，容易构建式(8.4)形式的技巧评分或相对准确性量度标准。通常，参考或控制预报由预报量的气候值或持续性预报(即在一个观测序列中前面的值)给出。对 MSE，这两个参考预报的准确值分别由下式给出：

$$MSE_{\text{clim}} = \frac{1}{n}\sum_{k=1}^{n}(\bar{o} - o_k)^2 \tag{8.33a}$$

和

$$MSE_{\text{pers}} = \frac{1}{n-1}\sum_{k=2}^{n}(o_{k-1} - o_k)^2 \tag{8.33b}$$

对 MAE 可以写出完全类似的方程，其中平方函数可以由绝对值函数替换。

式(8.33a)中暗含着气候平均值不随预报场合的变化而改变(即作为指数 k 的函数)。如果这个含义为真，那么式(8.33a)中的 MSE_{clim} 是预报量样本方差的一个估计(比较式(3.6))。在有些应用中，不同预报量的气候值是不同的。例如，如果在一个地点，每天的温度预报在几个月中被检验，指数 k 可能表示时间。气候平均温度，通常可能作为日期的函数呈平滑的变化。这个例子中，式(8.33a)中被加和的量可能为 $(c_k - o_k)^2$，c_k 是第 k 天预报量的气候值。不能表示随时间变化的气候，可能产生不真实的大的 MSE_{clim}，因为对预报量来说，正确的季节性没有被反映(Hamill and Juras, 2006; Juras, 2000)。式(8.33b)中，对持续性的 MSE，暗含着指数 k 代表时间，所以在时刻 k 对观测 o_k 的参考预报，正好是前面时刻预报量的观测值 o_{k-1}。

式(8.33a)或式(8.33b)中准确性的参考量度标准或其对应的 MAE，在式(8.4)中可以被用来计算技巧评分。Murphy(1992)提倡使用更准确的参考预报对技巧进行标准化。对基于 MSE 的技巧评分来说，如果观测值时间序列滞后 1 的自相关(式(3.32))小于 0.5，那么式(8.33a)是更准确的(即更小的)，当观测值的自相关大于 0.5 时，式(8.33b)是更准确的。对 MSE 来说，使用气候值作为控制预报，技巧评分(按比例而不是百分比)变成

$$SS_{\text{clim}} = \frac{MSE - MSE_{\text{clim}}}{0 - MSE_{\text{clim}}} = 1 - \frac{MSE}{MSE_{\text{clim}}} \tag{8.34}$$

注意对完美预报，MSE 或 $MAE=0$，这允许重新整理式(8.34)中的技巧评分。凭借式(8.34)中的第二个等式，基于 MSE 的 SS_{clim} 有时被称为*方差缩减量*(reduction of variance, RV)，因为被减去的商数是平均的均方误差(或残差，用回归的术语)除以气候方差(比较式(7.16))。

例 8.5　图 8.6 中温度预报的技巧

对 MAE 来说，式(8.34)的对应式可以应用到图 8.6 中的温度预报。假定参考 MAE 为 $MAE_{\text{clim}}=8.5$ ℉。这个值将不依赖于预报的提前时间。然而，为了使得到的技巧评分不被人为地放大，不同位置和不同日期用来计算 MAE_{clim} 的气候值必须是不同的。否则技巧将被归功于正确的预报，例如，1 月将比 10 月更冷，或者高纬的站点比低纬更冷。

对 1986/1987 年，提前 24 h 的预报 MAE 为 3.5 ℉，得到技巧评分 $SS_{\text{clim}}=1-(3.5\ ℉)/(8.5\ ℉)=0.59$，或对气候预报 59% 的改进。对提前 48 h 的预报，MAE 是 4.3 ℉，得到 $SS_{\text{clim}}=1-(4.3\ ℉)/(8.5\ ℉)=0.49$，或对气候值 49% 的改进。24 h 的预报比 48 h 的预报更有技巧并不令人惊讶。

式(8.34)中对 MSE 的技巧评分，可以在某种程度上用代数方法来处理，这样便于深刻理解由 MSE 衡量的作为参考的气候值(式(8.33a))的预报技巧的决定因素，重新整理式(8.34)，将预报和观测之间的皮尔逊积矩相关系数 r_{yo}(式(3.25))代入式(8.34)，得到(Murphy, 1988)

$$SS_{\text{clim}} = r_{yo}^2 - \left[r_{yo} - \frac{s_y}{s_o}\right]^2 - \left[\frac{\bar{y} - \bar{o}}{s_o}\right]^2 \tag{8.35}$$

式(8.35)表明 MSE 的技巧可以看作为由预报和观测之间的相关，以及预报的可靠性和偏差

的惩罚组成。

式(8.35)中的第一项是积矩相关系数的平方，是观测中由预报(线性)解释的变率比例的量度标准。这里相关系数的平方，类似于回归中的 R^2(式(7.16))，尽管最小二乘回归由构造限制为无偏，而通常预报不是无偏的。

式(8.35)中的第二项是预报的可靠性或校准或条件偏差的量度标准。通过想象观测和预报之间的线性回归，这最容易被理解。线性回归方程的斜率 b，可以根据预报因子和预报量的相关系数和标准偏差表示为 $b=(s_o/s_y)r_{yo}$。这个关系可以通过把式(3.6)和式(3.25)代入到式(7.7a)中进行检验。如果这个斜率比 $b=1$ 更小，那么用这个回归方程做的预报，对更小的预报来说预报结果太大了(正偏差)，对更大的预报太小了(负偏差)。然而，如果 $b=1$，不存在条件偏差，把$b=(s_o/s_y)r_{yo}=1$ 代入式(8.35)中的第二项，得到对条件偏差的 0 惩罚。

式(8.35)中的第三项，分母为观测的标准偏差 s_o，是无条件偏差的平方。如果相比于由 s_o 量度的观测的变率，这个偏差是小的，那么技巧减少将是适中的，而任何符号增加的偏差逐渐恶化了技巧。

这样，如果预报是完全可靠的和无偏的，式(8.35)中后面的两项都为 0，技巧评分正好为 r_{yo}^2。在预报是有偏或不完全可靠(表现为条件偏差)的程度上，那么通过系数的平方将高估技巧。相关系数的平方相应的值，最好被看作为度量潜在的技巧。

8.4　离散预报量的概率预报

8.4.1　二分类事件的联合分布

天气事件概率预报的公式化和检验有悠久的历史，至少可以追溯到 Cooke(1906a)(Murphy and Winkler，1984)。概率预报的检验，比非概率预报的检验更精细。因为非概率预报不包含不确定性的表达，单个预报是否正确是明确的。然而，除非概率预报为 0.0 或 1.0，情况较少是明确的。对这两个(确定的)极端情况之间的概率值来说，单值预报或者正确或者错误，所以有意义的评估只能用预报和观测的集合来做。此外，包含预报检验的相关信息是预报和观测的联合分布。

对概率预报来说，最简单的情况，是关于二分类事件的预报，其被限制为 $J=2$ 个可能结果。对二分类事件来说，最熟悉的概率预报的例子，是降水概率(PoP)预报。这里的事件，是可测量的降水发生(o_1)或不发生(o_2)。然而，对二元分类预报来说，预报和降水的联合分布，比非概率预报的例子更复杂，因为多于 $I=2$ 个概率值可允许地被预报。原则上，0 和 1 之间的任何实数，是一个允许的概率预报，但实践中，预报通常被四舍五入到一个适度小的值。

表 8.4a 包含二分类预报量概率预报的假设的联合分布，其中通过四舍五入连续概率评估到最近的十分之一，$I=11$ 个可能的预报可以被得到。这样，预报和观测的这个联合分布，包含 $I\times J=22$ 个单独的概率。例如，在预报场合的 4.5%，有事件发生，0 预报概率仍然被跟随，由于事件 o_1 不发生，在 25.5%的预报场合，0 概率预报是正确的。

表 8.4b 按照精细校准因式分解(式(8.2))显示了相同的联合分布。即，对每个可能的预报概率 y_i，表 8.4b 显示了预报值被使用的相对频率 $p(y_i)$，特定的预报 y_i 下，事件 o_1 发生的条件概率 $p(o_1|y_i)$，$i=1,\cdots,I$。例如 $p(y_1)=p(y_1,o_1)+p(y_1,o_2)=0.045+0.255=0.300$，

(使用条件概率的定义式(2.10))$p(o_1|y_1)=p(y_1,o_1)/p(y_1)=0.045/0.300=0.150$。因为预报量是二元的,不是对特定的每一个预报必须指定补集事件 o_2 的条件概率。即因为由 o_1 和 o_2 表示的两个预报量值组成了样本空间的 MECE 分区,$p(o_2|y_i)=1-p(o_1|y_i)$。精细分布 $p(y_i)$ 中,不是所有的 $J=11$ 个概率可以规定为也是独立的,因为 $\sum_j p(y_j)=1$。这样联合分布,可以用表 8.4a 或表 8.4b 中给出的 22 个概率中的 $I\times J-1=21$ 个完全确定,21 是这个检验问题的维度。

同样,表 8.4c 显示了表 8.4a 中的联合分布基于似然比率的因式分解(式(8.3))。因为有 $J=2$ 个 MECE 事件,所以存在两个条件分布 $p(y_i|o_j)$,其每一个包括 $I=11$ 个概率。因为这 11 个概率必须加和为 1,所以每个条件分布由它们中的任意 10 个完全确定。精细(即样本气候)分布,由两个互为补集的概率 $p(o_1)$ 和 $p(o_2)$ 组成,所以可以由两个中的任何一个完全定义。因此基于似然比率的因式分解,也由 10+10+1=21 个概率完全确定。例如,$p(o_1)=\sum_i p(y_i,o_1)=0.297$,$p(y_1|o_1)=p(y_1,o_1)/p(o_1)=0.045/0.297=0.152$。

表 8.4 对一个不连续事件,假设的预报和观测的联合分布。(a)预报概率(四舍五入到十分之一),(b)精细校准因式分解,(c)基于似然比率的因式分解。

	(a)联合分布		(b)精细校准		(c)基于似然比率	
y_i	$p(y_i,o_1)$	$p(y_i,o_2)$	$p(y_i)$	$p(o_1\|y_i)$	$p(y_i\|o_1)$	$p(y_i\|o_2)$
0.0	0.045	0.255	0.300	0.150	0.152	0.363
0.1	0.032	0.128	0.160	0.200	0.108	0.182
0.2	0.025	0.075	0.100	0.250	0.084	0.107
0.3	0.024	0.056	0.080	0.300	0.081	0.080
0.4	0.024	0.046	0.070	0.350	0.081	0.065
0.5	0.024	0.036	0.060	0.400	0.081	0.051
0.6	0.027	0.033	0.060	0.450	0.091	0.047
0.7	0.025	0.025	0.050	0.500	0.084	0.036
0.8	0.028	0.022	0.050	0.550	0.094	0.031
0.9	0.030	0.020	0.050	0.600	0.101	0.028
1.0	0.013	0.007	0.020	0.650	0.044	0.010
					$p(o_1)=0.297$	$p(o_2)=0.703$

8.4.2 Brier 评分

考虑到即使对二分类预报概率预报,其通常检验问题的维度也是很高的(例如表 8.4 的 $I\times J-1=21$),所以这些预报经常用标量进行评估并不令人感到惊讶。尽管从实用的角度需要简化,但是这样的简化,必然只能给出预报性能的不完整描述。对二分类事件概率预报的检验来说,存在很多标量准确性量度标准(Murphy and Daan, 1985;Toth *et al.*,2003),但是到目前为止,最常用的是 Brier 评分(BS)。Brier 评分本质上是概率预报的平均平方误差,如果事件发生则观测为 $o_1=1$,如果事件不发生则观测为 $o_2=0$。这个评分平均了预报概率和随后的二元分类观测对之间差值的平方,

$$BS = \frac{1}{n}\sum_{k=1}^{n}(y_k - o_k)^2 \tag{8.36}$$

式中指标 k 再次表示 n 个预报事件对的编号。Brier 评分与均方误差的式(8.30)比较，可以看到这两个是完全类似的。作为准确性的一个平均平方误差量度标准，Brier 评分是负方向的，完美预报显示 $BS=0$。越不准确的预报得到越高的 Brier 评分，这个评分取值的范围只是 $0\leqslant BS\leqslant 1$。

式(8.36)中表达的 Brier 评分被普遍应用，但是它不同于最初由 Brier(1950)引入的评分，因为它只平均了与两个二元事件的一个有关的平方差。最初的 Brier 技巧评分中，也包括对互补(或非)事件的平方差的平均，Brier 最初的评分正好是由式(8.36)给出的评分的两倍。这个混淆是令人遗憾的，但是 Brier 评分的意义，目前通常的理解是式(8.36)。为了与最初的形式进行区分，式(8.36)中的 Brier 评分有时被称为半 Brier 评分。

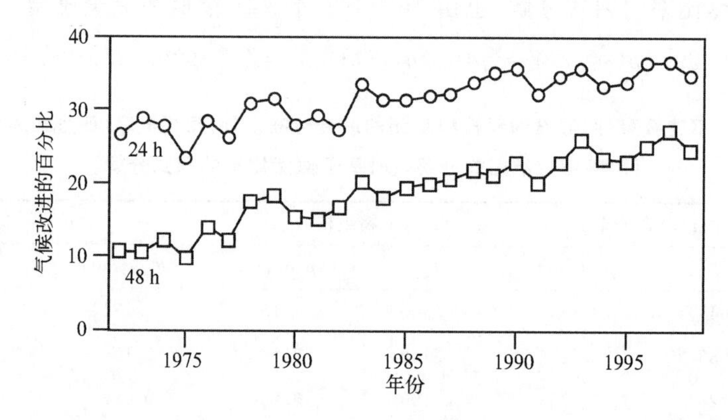

图 8.7　美国 1972—1998 年 4—9 月主观 PoP 预报技巧中的趋势，根据相对于气候概率的 Brier 评分得到。引自 www.nws.noaa.gov/tdl/synop。

对 Brier 评分来说，式(8.4)形式的技巧评分经常被计算，因为 $BS_{\text{perf}}=0$，得到 Brier 技巧评分

$$BSS = \frac{BS - BS_{\text{ref}}}{0 - BS_{\text{ref}}} = 1 - \frac{BS}{BS_{\text{ref}}} \tag{8.37}$$

BSS 是用 Brier 评分作为准确性量度标准的传统技巧评分。通常参考预报的是可能随位置和/或一年中的时间变化有关的气候相对频率(Hamill and Juras, 2006; Juras, 2000)。1972—1998 年暖季期间，主观 PoP 预报的气候概率的技巧评分被显示在图 8.7 中。垂直轴的标签是对气候改进的百分比，表示它是将式(8.37)中的技巧评分，用气候概率作为参考预报画在图中。按照这个评分，20 世纪 90 年代提前 48 h 所做的预报评分显示的技巧等于 20 世纪 70 年代提前 24 h 的预报。

8.4.3　Brier 评分的代数分解

Murphy(1973b)导出了 Brier 评分(式(8.36))的一个有用的代数分解。它涉及联合分布的精细校准因式分解(式(8.2))，因为它属于以预报的特定值为条件的量。

例如，在表 8.4 中的检验资料集中，存在 $I=11$ 个允许的预报值，范围从 $y_1=0.0$ 到 $y_{11}=1.0$。令 N_i 为被检验的预报集合中每个预报被使用的次数。预报事件对的总数是这些子样

本或条件样本的加和，大小为

$$n = \sum_{i=1}^{I} N_i \tag{8.38}$$

预报的边缘分布——精细校准因式分解中的精细——只由相对频率组成

$$p(y_i) = \frac{N_i}{n} \tag{8.39}$$

表 8.4b 的第一列显示的就是相对频率。

对由 I 个允许的预报值描绘的每个子样本，存在预报事件发生的相对频率。因为观测事件是二分类的，单个条件相对频率定义了给定每个预报 y_i 下观测的条件分布。认为这个相对频率为子样本的相对频率或条件平均观测是方便的，

$$\bar{o}_i = p(o_1 \mid y_i) = \frac{1}{N_i} \sum_{k \in N_i} o_k \tag{8.40}$$

式中：如果第 k 个预报事件发生，那么 $o_k = 1$；如果它不发生，则 $o_k = 0$。当预报 y_i 被发布的时候，加和只是对 k 个对应值进行。表 8.4b 中的第二列，显示了这些条件相对频率。类似地，观测的全部的(无条件的)相对频率或样本气候由下式给出

$$\bar{o} = \frac{1}{n} \sum_{k=1}^{n} o_k = \frac{1}{n} \sum_{i=1}^{I} N_i \bar{o}_i \tag{8.41}$$

进行代数运算以后，式(8.36)中的 Brier 评分可以根据刚才定义的量表达为 3 项的加和

$$BS = \underset{\text{(可靠性)}}{\frac{1}{n} \sum_{i=1}^{I} N_i (y_i - \bar{o}_i)^2} - \underset{\text{(分辨率)}}{\frac{1}{n} \sum_{i=1}^{I} N_i (\bar{o}_i - \bar{o})^2} + \underset{\text{(不确定性)}}{\bar{o}(1 - \bar{o})} \tag{8.42}$$

正如这个问题中显示的，这 3 项被称为可靠性、分辨率(辨析度)和不确定性。因为更准确的预报由更小的 BS 值描述，所以预报员想要可靠性项尽可能的小，分辨率项(绝对值)尽可能的大。式(8.41)显示不确定性项，只依赖样本气候的相对频率，所以不受预报的影响。式(8.42)中的可靠性和分辨率项，有时被单独使用作为预报量的这两个方面的标量量度标准，分别被称为 REL 和 RES。有时这两个量度标准，通过除以每个不确定性项进行标准化(Kharin and Zwiers，2003a；Toth *et al.*，2003)，所以它们的和等于 Brier 技巧评分 BSS(比较式(8.43))。

式(8.42)中的可靠性项，总结了预报的校准或条件偏差。它由预报概率 y_i 和每个子样本中观测事件的相对频率之间差的平方的权重平均组成。对完美可靠的预报，子样本的相对频率正好等于每个子样本的预报概率。当 $y_1 = 0.0$ 时，预报事件的相对频率应该是小的，当 $y_I = 1.0$ 时，这个相对频率应该是大的。当预报概率为 0.5 时，事件的相对频率应该接近 1/2。对可靠的或很好校正的预报来说，可靠性项中的所有差的平方将接近 0，其权重平均是小的。

式(8.42)中的分辨率项，总结了预报辨别互相不同的事件的相对频率的子样本预报周期的能力。预报概率 y_i 没有显式地出现在这个项中，然而它还是通过组成子样本相对频率(式(8.40))的事件的分类依赖于预报。数学上，分辨率项是这些子样本的相对频率与全部的样本气候相对频率之间差的平方的权重平均。这样，如果预报把观测分类为比全部的样本气候有充分不同的相对频率的子样本，那么分辨率项将是大的。这是令人想要的情况，因为式(8.42)中分辨率项是被减去的。相反，如果这个预报把事件分类为非常类似事件的相对频率的子样本，那么分辨率项加和中的差的平方将是小的。在这个例子中，预报只能很弱地分辨事件，分辨率项较小。

式(8.42)中的不确定性项只依赖于观测的变率,不受预报员的影响。这一项与伯努利(二项分布,$N=1$)分布(见表 4.3)的方差相同,当气候概率为 0 或 1 的时候,表现为最小值 0,当气候概率为 0.5 的时候为最大值。当被预报的事件几乎从不发生或几乎总是发生时,这种预报情况中的不确定性较小。在这些例子中,总是预报气候概率,通常将给出较好的结果。当气候概率接近 0.5 的时候,这种预报存在很多的内在不确定性,式(8.42)中的第 3 项相应更大。

当允许的预报值只是概率 y_i(I 个)的时候,式(8.42)是 Brier 评分的一个精确分解。当来自一个大的预报集合或逻辑斯谛(logistic)回归的相对频率的概率集合,已经被四舍五入进 I 个箱子(bins),如果左手边的 BS 已经用未四舍五入的值计算了,那么式(8.42)将不是严格相等的。然而,所发生的不一致,可以用两个附加项进行量化(Stephenson *et al.*,2008b)。

式(8.42)中 Brier 评分的代数分解,根据预报和观测联合分布的精细校准因式分解(式(8.2))是可以解释的,在第 8.4.4 节中将更加清楚。Murphy 和 Winkler(1987)基于似然比率因式分解(式(8.3))也提出了均方差的一种不同的 3 项代数分解(Brier 评分是其中的一个特例),这已经由 Bradley 等(2003)应用到表 8.2 中资料的 Brier 评分。

8.4.4 可靠性图

预报性能的数字总结,比如 Brier 评分可以提供一个方便快捷的印象,但是预报质量的全面评估,只能通过预报和观测的全部联合分布得到。因为这些分布通常具有很大的维度($I\times J-1$),其信息含量可能很难从数字表格,比如表 8.2 或表 8.4 中提取,但是,当在一个精心设计的图形格式中给出的时候,是更容易理解的。*可靠性图*是根据精细校准因式分解(式(8.2)),对二分类预报量的概率预报,显示预报和观测全部联合分布的一种图形。因此,它是连续预报量的非概率预报的条件分位数图(见第 8.3.1 节)的对应图。作为可以与标量总结相比较具有描绘预报性能的更完整的可靠性图,比如 BSS,允许在一个检验资料集中对优点和缺点进行诊断。

精细校准因式分解的两个元素是校准分布或给定预报的 I 个允许值的每一个时刻观测的条件分布 $p(o_j|y_i)$ 和精细分布 $p(y_i)$(表示每个可能的预报使用的频率)。每个精细分布是一个伯努利(二项,$N=1$)分布,因为在每个预报场合,存在单一的二元结果 o,对每个预报 y_i 来说,结果 o_1 的概率是条件分布 $p(o_1|y_i)$。这个概率完全定义了对应的伯努利分布,因为 $p(o_2|y_i)=1-p(o_1|y_i)$。这 I 个校准概率 $p(o_1|y_i)$ 一起使用定义了一个*校准函数*,其表示事件 o_1 作为预报 y_i 的函数的条件概率。在有些设置中,预报发布之前,被评估的预报已经四舍五入到一个预先指定的 I 个概率的集合。然而,当被评估的预报是连续的,并且可以取单位区间上任意值的时候,为了画可靠性图,必须选择箱体(bins)的数量 I。Brocker(2008)提出,通过最小化四舍五入到 I 个离散值的概率预报的 BS,能够优化这个选择。对应于每个箱体的预报 y_i,$i=1,\cdots,I$,作为每个箱体内的平均预报概率,其大部分一致性可以被计算(Brocker, 2008; Brocker and Smith, 2007b)。

可靠性图的第一个要素是校准函数,通常为了看得更清楚,表示为由线段连接的 I 个点。图 8.8a 显示了可靠性图的这部分的 5 种特征形式,这些形式允许对正在讨论的预报,显示出无条件和有条件偏差的直接视觉诊断。图 8.8a 中心的图显示了好的校准预报的典型特征,其中条件事件的相对频率必须等于预报概率,即 $p(o_1|y_i)\approx y_i$,所以除了与抽样变率一致的偏差

外,I 个点沿着 1∶1 的虚线落下。根据 Brier 评分的代数分解(式(8.42)),这样的预报显示了极好的可靠性,因为可靠性项中的差的平方对应于可靠性图中点和 1∶1 线之间垂直距离的平方。

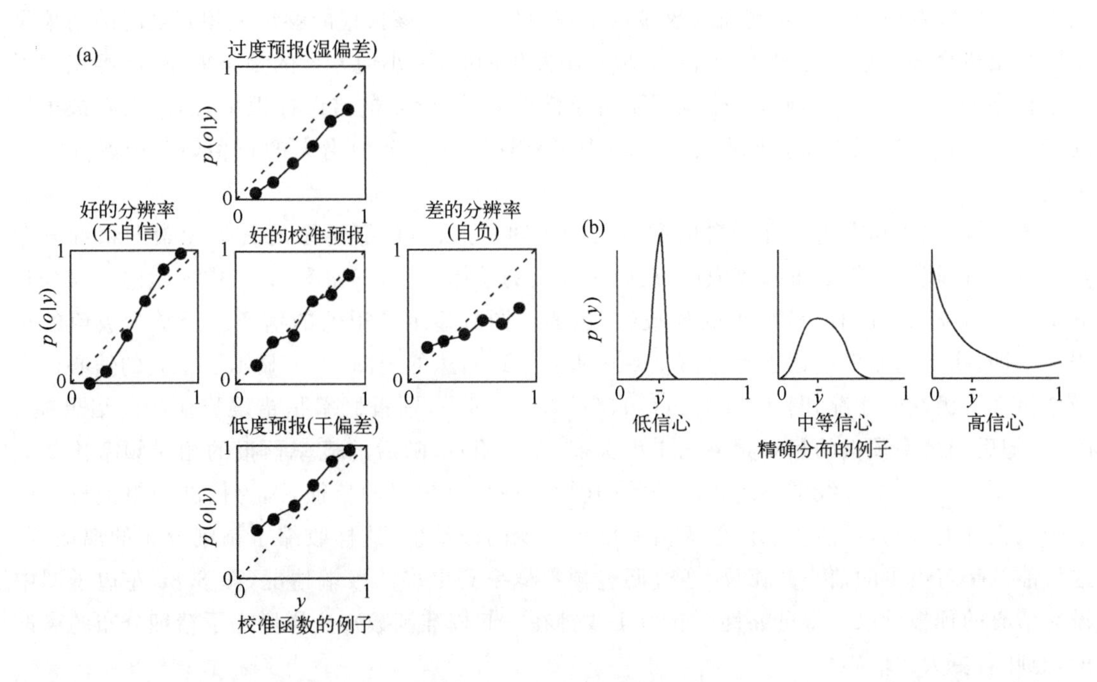

图 8.8　可靠性图两个要素的实例特征形式。(a)校准函数显示了作为预报 y 的函数的校准分布 $p(o\mid y)$(即条件伯努利概率);(b)精细分布 $p(y)$ 反映预报员的信心。

图 8.8a 中上面和下面的子图,显示了无条件偏差预报的校准函数的特征形式。在上面的子图中,校准函数完全在 1∶1 线的右边,表明预报相对于条件事件的相对频率一致太大,所以平均预报比平均观测(式(8.40))更大。这个模态是过度预报,如果预报量是降水则显示出现湿偏差的特征。类似地,图 8.8a 中下面的子图,显示了预报不足或干偏差的典型特征,因为校准函数完全在 1∶1 线的左边,表明相对于由 $p(o_1\mid y_i)$ 给出的对应条件事件的相对频率,预报概率一致太小,所以平均预报比平均观测更小。在条件事件概率 $p(o_1\mid y_i)$ 与宣称的概率 y_i 对应的不好的意义上,绝对有偏差的这两种预报都是错误的校准或不可靠的。点和 1∶1 虚线之间的垂直距离是不可忽略的,导致式(8.42)中第一个加和相当大,这样得到了一个大的可靠性项。

图 8.8a 左边和右边的子图中,由校准函数表示的预报性能的缺陷是更精细的,它显示了条件偏差。即,这类校准函数的预报显示的偏差的意义和/或量级依赖于预报本身。左边("好的分辨率")的子图中,对较小的预报概率,存在过预报的偏差,对较大的预报概率,存在预报不足的偏差;右边("差的分辨率")的子图则相反。

在相对频率的条件结果 $p(o_1\mid y_i)$ 只是微弱地依赖于预报,并且全部都在气候概率附近的意义上,图 8.8a 右边的子图中,校准函数表现了差分辨率的预报特征(气候相对频率是能用全概率定理(式(2.14))来理解的子图中点的垂直位置中心附近的某处,用这些条件相对频率的一个权重平均表达了非条件气候值)。因为这个子图中,校准概率 $p(o_1\mid y_i)$(式(8.40))与总的样本气候值之间的差异很小,所以式(8.42)中的分辨率项也很小,反映了这些预报分辨事件

o_1 很差的事实。因为式(8.42)中这一项的符号是负的,所以弱的分辨率导致更大的(更差的)Brier 评分。

相反,在式(8.42)分辨率项中点和样本气候值之间垂直距离的平方的权重平均较大的意义上,图 8.8a 左面子图中的精细函数显示了好的分辨率。该预报能够识别相互之间的结果是不同预报机会的子集。例如,当事件 o_1 根本不发生的时候,小但非零的预报概率,已经识别了预报机会的一个子集。然而,这个预报是有条件偏差的,所以被错误标识了,因此没有被很好地校准。对这个错误校准,通过式(8.42)中可靠性项的一个相当大的正值,Brier 评分将被惩罚。

图 8.8a 左边和右边标有不自信和自负的子图,可以与可靠性图的其他元素即精细分布 $p(y_i)$进行比较。精细分布的离散度,反映了预报的总体信心,正如图 8.8b 中显示的。很少与其平均值偏离,并且偏离量很小的预报(左边的子图),显示了很低的信心。经常为极值的预报——即,指定的概率接近于确定值 $y_1=0$ 和 $y_I=1$(右边的子图)——显示了很高的信心。在极值概率太极端的情况,图 8.8a 右边("自负")的子图中,预报概率是错误标注的。结果在 1 附近,随后的概率预报的相对频率比 1 小很多,在 0 附近,随后的概率预报的相对频率比 0 大很多。比 1∶1 的参考线更小的校准函数的斜率,是自负预报的特征,因为校准预报把校正函数带入正确的方向,可能要求调整极值概率到更少的极端值,这样收缩了精细分布的离散度,这可能意味着更少的信心。相反,通过调整预报概率到更多的极端情况,图 8.8a 左边子图中没有信心的预报可以获得可靠性(与 1∶1 线排在一起校准函数),这样增加了精细分布的离散度,意味着更大的信心。

可靠性图由校准函数和精细分布组成,所以是预报和观测的联合分布通过其精细校准因式分解的一个完整的图形表示。图 8.9 显示了季节(3 个月)预报的两张可靠性图,分别为气候百分位点(各自局地气候分布暖和湿 1/3 的结果)之上的(a)平均温度和(b)总降水,区域为30°至赤道的全球陆地(Mason *et al.*,1999)。图 8.9 中最突出的特征是温度预报明显存在大的冷(预报不足)偏差。1997—2000 年时期,明显地比定义了参考气候值的前面的几个十年暖得多,所以观测结果的相对频率大约是 0.7(而不是长期气候值的 1/3),但是图 8.9a 清晰地显示了这个偏暖没有被预报出来。温度预报也存在条件偏差,总的来说,校准斜率比45°稍微更小,反映了预报有些自负。降水预报(图 8.9b)被更好地校准,只显示了轻微的过预报(湿)偏差和校准函数的一个更正确的总斜率。精细分布(小图表,有对数垂直标度),对温度预报显示了更多的信心(更经常使用更极端的概率)。

图 8.9 中的可靠性图,包括不总是画在可靠性图中的一些额外的特征,这有助于解释结果。校准函数的浅色线显示了权重(使有更大的子样本容量 N_i 的点更有影响)最小二乘回归(Murphy and Wilks, 1998),有助于引导看出的由于抽样变率引起的不规则。为了强调校准函数更好估计的部分,基于更大样本容量连接点的线段,已经加粗显示了。最后,平均预报由水平轴上的三角形指示,平均观测由垂直轴上的三角形指示,强调了图 8.9a 中温度存在强的过低预报。

可靠性图的另一个细节,包括与 Brier 评分(式(8.42))和 Brier 技巧评分(式(8.37))的代数分解有关的参考线,另外还有校准函数和精细分布的图。可靠性图的这个版本,被称为特征图(Hsu and Murphy, 1986),其中的一个例子(对表 8.2 中的联合分布)显示在图 8.10 中。特征图中水平的"无分辨率"线涉及式(8.42)中的分辨率项。组成分辨率项的权重平均是点(子

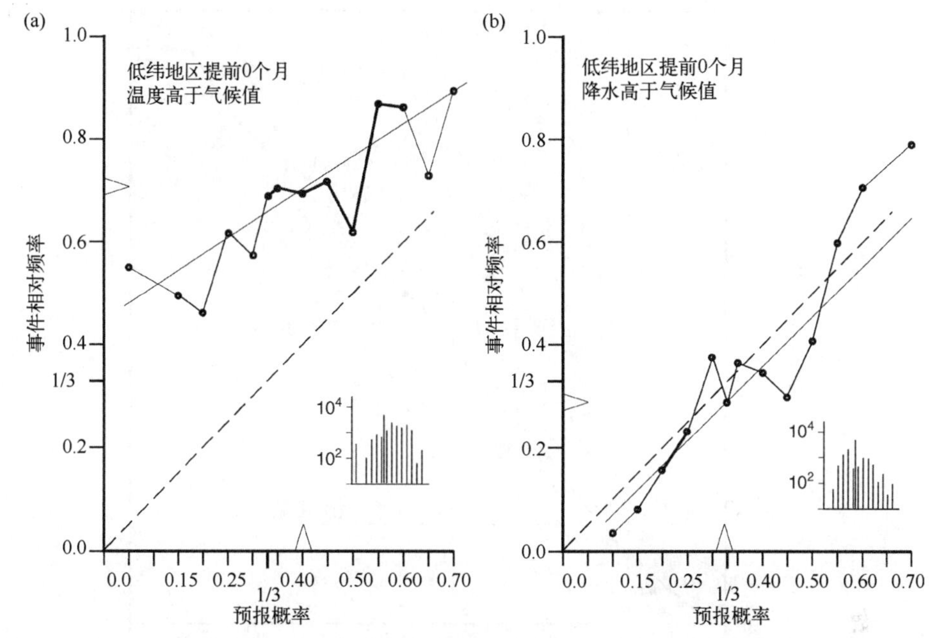

图 8.9　1997—2000 年期间 30°至赤道的全球陆地区域，(a)比气候的上百分位点更暖的平均温度和(b)比气候的上百分位点更湿的总降水量的季节(3 个月)预报的可靠性图。

样本的相对频率)和无分辨率线之间垂直距离的平方。对高分辨率的预报，这些距离将很大，这样的例子，分辨率项将贡献到一个小的(即好的)Brier 评分。图 8.10 中总结的预报显示了一个相当大的分辨度，最不同于样本气候概率 0.162 的预报对分辨率项做出了最大的贡献。

式(8.42)中不确定性的另一种解释来自对气候预报想象特征图——即，样本气候相对频率式(8.41)的常数预报。因为在这个例子中，只有单个预报永远被使用，所以图上只有 $I=1$ 个点。这个点的水平位置在常数预报值处，这个单一点的垂直位置在相同样本的气候相对频率处。这个单一点位于 1∶1(完美可靠性)和无技巧与无分辨率线的交叉点上。这样，气候预报有完美(式(8.42)中为 0)的可靠性，因为预报和条件相对频率(式(8.40))都等于气候概率(式(8.41))。然而，气候预报也有 0 分辨率，因为只有 $I=1$ 个预报种类，所以能够排除辨别不同相对频率结果预报场合的不同子集。因为式(8.42)中可靠性和分辨率项都是 0，很明确的是，对气候预报来说，Brier 评分正好是式(8.42)中的不确定性项。

不确定性项与其真实预报的 BS 相等时，这个观测对式(8.37)中的 Brier 技巧评分来说有引人注意的结果。把 BS 的式(8.42)代入式(8.37)中，BS_{ref}的不确定性可以得到

$$BSS = \frac{\text{"Resolution"} - \text{"Reliability"}}{\text{"Uncertainty"}} \tag{8.43}$$

因为不确定性项(“uncertainty”)总是正的，所以如果分辨率项(“resolution”)在绝对值上比可靠性项(“reliability”)更大时，那么概率预报在式(8.37)的意义上将表现为正技巧。这意味着当分辨率项比可靠性项大的时候，由预报 y_i 确定的子样本将对总技巧有正贡献。几何上，这相应于特征图上比水平分辨率线更靠近 1∶1 完美可靠性线的点。图 8.10 中，只有 $y_4=0.2$ 的子样本，这几乎等于气候概率，不能对总的 BSS 有正贡献。

注意，特征图中校准函数位于阴影区外的预报不一定是无用的。根据 BSS 或实际上任何其他标量度量标准，0 或负技巧对某些用户来说可能还是有正的经济价值，因为对某些用户来

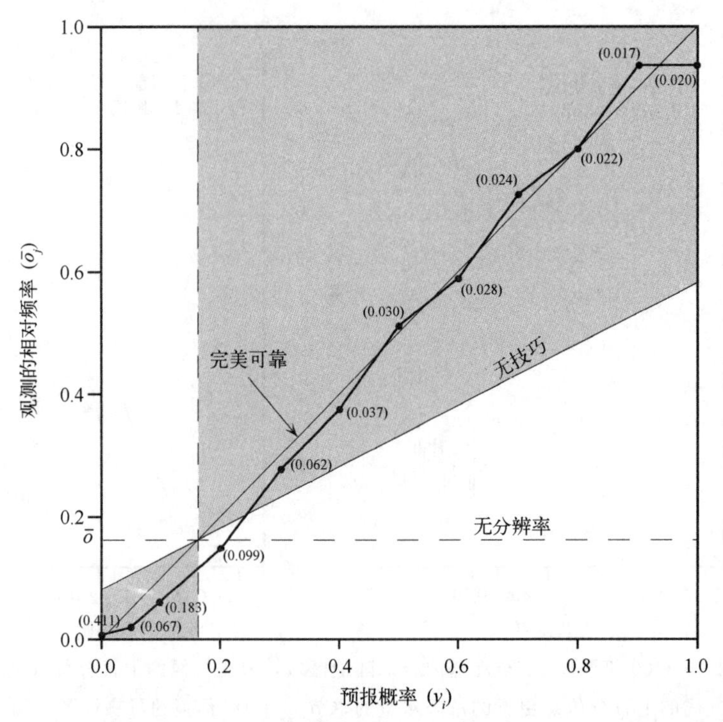

图 8.10 表 8.2 中总结的 $n=12402$ 个 PoP 预报的特征图。实点表示以 $I=12$ 个可能的概率预报为条件，观测降水发生的相对频率。没有使用预报事件的不同相对频率来定义事件子集的预报，显示为虚的无分辨率线上的所有点，无分辨率线以样本气候概率的水平绘制。根据式(8.37)，由标注为"无技巧"的线界定的阴影区中的点对预报技巧有正贡献。每个预报值使用的相对频率 $p(y_i)$ 被顺便显示，尽管它们也可能已经被图形化地显示了。

说更低的 *BSS* 的预报可能更有价值(如：Murphy and Ehrendorfer，1987)。在最小值处，表现为有不同于 1 的正斜率的校准函数的预报有重新校准的潜力，通过相应的定义，校准函数的条件相对频率 $\bar{o}_i$(式(8.40))重新标注每一个预报 f_i，这是最经常得到的。对自负的预报来说，重新校准过程以损失清晰度(sharpness)达到，尽管当没有信心的预报被重新校准的时候，清晰度增加。Brocker(2008)建议用校准函数的核平滑(第 3.3.6 节)重新校准，对连续变化的概率预报来说，这是一种有吸引力的方法。

8.4.5 判别图

通过基于似然的比率因式分解(式(8.3))，预报和观测的联合分布也能用图形显示。对二分类事件($J=2$)预报的概率预报，这个分解由两个条件似然分布 $p(y_i|o_j)$，$j=1,2$ 组成；基本比率(即样本气候)分布 $p(o_j)$由检验样本中两个二分类事件的相对频率组成。

判别图作为预报概率 y_i 的函数，与样本气候概率 $p(o_1)$和 $p(o_2)$一起，由两个似然分布图组成。合起来，这些量完全描述了全部联合分布的信息。因此，判别图表示与可靠性图有相同的信息，但是以不同的形式表现。

图 8.11 显示了降水概率预报判别图的一个例子，其精细校准因式分解显示在表 8.2 中，其特征图显示在图 8.10 中。由其联合分布计算的两个似然分布的概率显示在表 14.2 中。很明显，对较小的预报概率，给定"无降水"事件 o_2 的条件概率更大；对中等和较大的概率预报，给定"降水"事件 o_1 的条件概率更大。两个事件之间完美判别的预报在其似然中显示出没有

重叠。图 8.11 中的两个似然分布有些重叠,但是显示了相当大的分离,表明根据干和湿事件的预报,有相当大的区别。

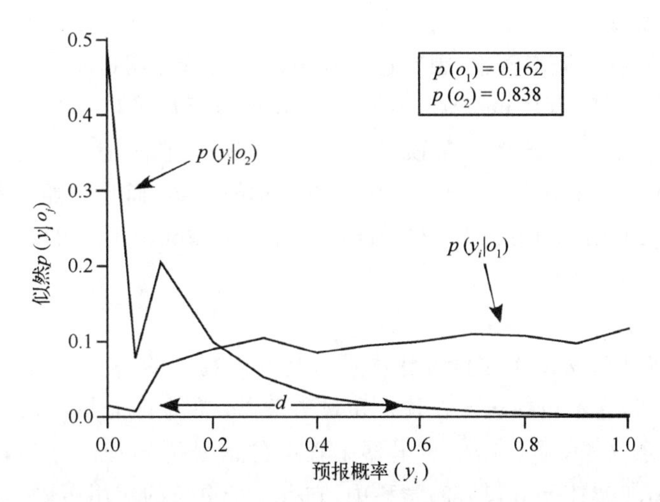

图 8.11　表 8.2 中资料的判别图,在表 14.2 中以基于似然比率的形式显示。判别距离 d(式 8.44)也被显示了。

在一个判别图中,两个似然分布的分离可以通过其平均值之间差值的绝对值来表示,被称为判别距离,

$$d = \left| \mu_{y|o_1} - \mu_{y|o_2} \right| \tag{8.44}$$

对于图 8.11 中的两个条件分布,这个差值是 $d = |0.567 - 0.101| = 0.466$,这也被画在了图中。如果这两个似然分布是相同的(即,如果预报根本不能判别事件)这个距离为 0,随着两个似然分布变得更加不同,这个距离进一步增加。对完美预报来说,极限为 $d=1$,其所有概率集中在 $p(1|o_1)=1$ 和 $p(0|o_2)=1$。

正如第 14 章中讨论的,判别图和统计判别的似然分布之间存在关系。特别是,图 8.11 中两个似然分布可以用样本气候概率一起使用,正如第 14.3.3 节中,对给定可能预报概率的两个事件来说,通过计算后验概率可以重新校准这些概率预报(比较习题 14.3)。

8.4.6　对数评分或无知评分

对数评分或无知评分(Good, 1952; Roulston and Smith, 2002; Winkler and Murphy, 1968),是二分类事件概率预报 Brier 评分(式(8.36))的另一种方法。在一个给定的预报情景 k,它是对应于随后发生的事件的预报概率的对数的负值:

$$I_k = \begin{cases} -\ln(y_k), & \text{如果 } o_k = 1 \\ -\ln(1-y_k), & \text{如果 } o_k = 0 \end{cases} \tag{8.45a}$$

对 n 个预报情景平均的无知评分为

$$\bar{I} = \frac{1}{n}\sum_{k=1}^{n} I_k \tag{8.45b}$$

无知评分变化范围是从完美预报的 0(如果二元事件发生 $y=1$,或者如果它不发生 $y=0$)到确定错误预报的无穷大(如果事件发生 $y=0$,或者如果它不发生 $y=1$)。这样,即使式(8.45a)中单个错误的确定预报,也意味着对预报的整个集合来说,平均无知评分也将是无穷大,而不管其他 $n-1$ 个预报的准确性。因此,在发布之前预报必须被四舍五入时,无知评分是不合适的。

当在有限样本基础上(例如在集合预报的背景中)用无知评分评估的预报概率估计时,用来自表 3.2 的一种绘图定位准则估计概率是自然的,例如,不能产生 $p=0$ 或 $p=1$ 的式(7.43)中 Tukey 绘图定位的实现。

除极端(接近确定的)概率预报(因为这时两个评分的行为明显不一致)之外,无知评分的表现通常类似于 Brier 评分(Benedetti,2010)。无知评分可以推广到非二元事件的概率预报(第 8.4.9 节)和完全的连续概率分布预报(第 8.5.1 节)。它不但与信息理论(如:Roulston and Smith, 2002;Winkler and Murphy, 1968)有有趣的联系,而且与赌博和保险中的概率评估有重要联系(Hagedorn and Smith, 2009;Roulston and Smith, 2002)。

8.4.7 ROC 图

ROC(相对作用特征或接收器作用特征)图,是基于判别的另一种图形预报检验显示,不像可靠性图和判别图,它不包括包含在预报和观测联合分布中的完整信息。ROC 图由 Mason (1982)最早引入气象文献,尽管产生于电器工程中的信号检测理论之后,在心理学(Swets, 1973)和医学(Pepe,2003;Swets,1979)学科中,它有一个更长的应用历史。

看 ROC 图的一种方式和它隐含的思想涉及第 8.8.1 节中概述的理想的决策问题的分类。这里假设的决策者,必须在二分类变量概率预报的基础上,对两个可选择的方法进行挑选,如果事件 o_1 不发生,决策之一(比方说行动 A)是首选,如果事件发生其他的决策(行动 B)则是首选。正如第 8.8.1 节中解释的,确定两个决策中哪一个为最优的概率阈值,依赖于决策问题,特别是依赖于当事件发生时已经采取了行动 A,与当事件不发生时采取行动 B 的相对需求。因此,行动 A 和 B 之间选择不同的概率阈值,对不同的决策问题将是恰当的。

如果预报概率 y_i 已经被四舍五入到 I 个离散值,那么存在 $I-1$ 个这样的阈值,排除总是采取行动 A 或总是采取行动 B 这样没有价值的个例。与这些概率阈值的每一个一致,在预报和观测的联合分布(例如表 8.4a)上的操作,产生了第 8.2 节中这类处理的 2×2 维度的 $I-1$ 个列联表:如果预报概率 y_i 高于正被讨论的阈值那么定为"yes"预报,如果预报概率低于阈值那么定为"no"预报。构建这些 2×2 列联表的技术细节,与例 8.2 相同。正如一个基于判别的技术,通过用命中率 H(式(8.12))和误报率 F(式(8.13))评估这 $I-1$ 个列联表。随着假设的决策阈值从低概率增加到高概率,存在越来越多的"no"预报和越来越少的"yes"预报,F 和 H 都产生了相应的下降。然后画出得到的 $I-1$ 个点对(F_i, H_i),并且用线段把这些点互相连接,还需连接到点(0,0)(对应于从不预报的事件(即总是选择行动 A))以及点(1,1)(对应于总是预报的事件(总是选择行动 B))。

区别二分类事件概率预报集合的能力,从 ROC 图可以很容易地认识到。首先对完美预报考虑 ROC 图,这里只使用了 $I=2$ 个概率,$y_1=0.00$ 和 $y_2=1.00$。这样的预报只存在计算 2×2 列联表的一个概率阈值。对完美预报来说,那个表显示 $F=0.0$ 和 $H=1.0$,所以 ROC 曲线由与 ROC 图的左边界和上边界一致的两个线段组成。预报性能的其他极值,不管不同概率 y_i 被使用得多或少,与样本的气候概率 $p(o_1)$ 和 $p(o_2)$ 一致的随机预报都将显示为 $F_i=H_i$,所以其 ROC 曲线将由连接点(0,0)和(1,1)的45°对角线组成。对真实预报来说,ROC 曲线通常落在这两个极值之间,位于45°对角线的左上部。有更好判别的预报显示 ROC 曲线更紧密地接近 ROC 图的左上角,而有很小判别能力的预报事件 o_1 显示 ROC 曲线很接近$H=F$的对角线。

用一个标量值来总结 ROC 图是方便的，为了实现这个目的，通常选择 ROC 曲线下的面积 A。因为对完美预报来说，ROC 曲线通过左上角，完美 ROC 曲线下的面积包括整个单位正方形，所以 $A_{perf}=1$。类似地，对随机预报来说，ROC 曲线位于沿单位平方的45°对角线处，得到面积 $A_{rand}=0.5$。因此 ROC 曲线下的面积 A 也能以标准技巧评分的形式(式(8.4))表达为

$$SS_{ROC}=\frac{A-A_{rand}}{A_{perf}-A_{rand}}=\frac{A-1/2}{1-1/2}=2A-1 \tag{8.46}$$

Marzban(2004)描述了基于一些简单的理想的判别图分析，可以从其 ROC 曲线的形状诊断出预报的一些特征。当两个似然分布 $p(y_i|o_1)$和 $p(y_i|o_2)$有相似的离散度或宽度，相对于两个结果的每一个的预报 y_i 的范围是可比较的。另一方面，分别在 $H\approx0.5$ 或 $F\approx0.5$ 的垂直或水平轴交叉的不对称的 ROC 曲线，是两个似然中的一个比另一个更集中的指示。Marzban(2004)也发现，在低质量的预报中，A(或等价地 SS_{ROC})是一个相当好的判别数，但是高质量的预报，倾向于由其 ROC 曲线下十分类似的(接近 1)面积刻画其特征。

例 8.6 ROC 曲线的两个例子

例 8.2 示意了使用 $y_3=0.1$ 和 $y_4=0.2$ 之间的一个概率阈值根据表 8.2 中的联合分布总结的概率预报向 yes/no 预报的变换。得到的 2×2 列联表由 $a=1828$，$b=2369$，$c=181$ 和 $d=8024$ 组成；得到 $F=2369/(2369+8024)=0.228$ 和 $H=1828/(1828+181)=0.910$。这个得分由图 8.12 中对表 8.2 资料的 ROC 曲线上的圆点显示。表 8.2 的资料的完整 ROC 曲线，由使用不同的概率阈值变换到 yes/no 预报的划分组成。例如，通过移动 $y_4=0.2$ 和 $y_5=0.3$ 之间的阈值，得到正好这个 ROC 曲线上左边的点(0.228，0.910)。这个划分产生了 $a=1644$，$b=1330$，$c=364$ 和 $d=9064$，定义了点$(F,H)=(0.128,0.819)$。

按照它们下面的面积，汇总 ROC 曲线通常通过由点对(F_i,H_i)，$i=1,\cdots,I-1$ 与两个端点(0,0)和(1,1)一起定义的 I 个梯形，使用每个梯形下面面积的加和实现(尽管这个过程看来有朝向更小面积的偏差；Casati *et al.*，2008；Wilson，2000)。例如，由图 8.12 中的点和正好在其左边的点定义的梯形，有面积 0.5(0.910+0.819)(0.228－0.128)＝0.08645。这个面积与由这

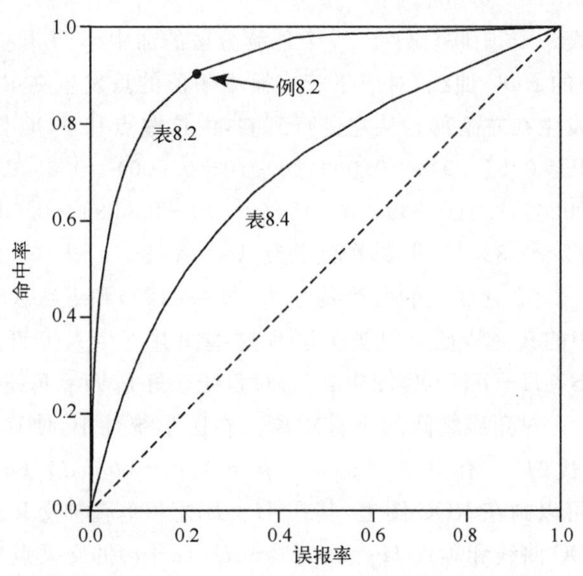

图 8.12 表 8.2 中(上部的实曲线)和表 8.4 中(下部的实曲线)PoP 预报的 ROC 图。实点是对应于例 8.2 中概率阈值的(F,H)对。

些资料的 ROC 曲线线段定义的其他 $I-1=11$ 个梯形的面积一起，得到总面积$A=0.922$。

表 8.5 表 8.4a 中联合分布的连续分区导出的 $I-1=10$ 个 2×2 表，以及 H 和 F 的相应值。

阈值	a/n	b/n	c/n	d/n	H	F
0.05	0.252	0.448	0.045	0.255	0.848	0.637
0.15	0.220	0.320	0.077	0.383	0.741	0.455
0.25	0.195	0.245	0.102	0.458	0.657	0.348
0.35	0.171	0.189	0.126	0.514	0.576	0.269
0.45	0.147	0.143	0.150	0.560	0.495	0.203
0.55	0.123	0.107	0.174	0.596	0.414	0.152
0.65	0.096	0.074	0.201	0.629	0.323	0.105
0.75	0.071	0.049	0.226	0.654	0.239	0.070
0.85	0.043	0.027	0.254	0.676	0.145	0.038
0.95	0.013	0.007	0.284	0.696	0.044	0.010

ROC 曲线及其下面的面积，也能直接从 $p(y_i,o_j)$ 中的联合概率计算——即，虽然不知道样本容量 n，但可以直接在联合概率上进行运算。通过直接对联合概率进行运算，表 8.5 总结了表 8.4a 中假设的联合分布到$I-1=10$ 个 2×2 表集合的转换。注意这些数据有比表 8.2 中的值更小的预报值 y_i，因为表 8.2 中允许预报 $y_2=0.05$。例如，对表 8.5 中的第一个概率阈值 0.05，只有预报$y_1=0.0$ 被转换为“no”预报，所以得到的 2×2 联合分布（比较图 8.1b）为 $a/n=0.032+0.025+\cdots+0.013=0.252$，$b/n=0.128+0.075+\cdots+0.007=0.448$，$c/n=p(y_2,o_1)=0.045$，$d/n=p(y_2,o_2)=0.255$。对第二个概率阈值 0.15，预报 $y_1=0.0$ 和 $y_2=0.1$ 都被转换为“no”预报，所以得到的 2×2 联合分布包含 4 个概率：$a/n=0.025+0.024+\cdots+0.013=0.220$，$b/n=0.075+0.056+\cdots+0.007=0.320$，$c/n=0.045+0.032=0.077$，$d/n=0.255+0.128=0.383$。

表 8.5 也显示了表 8.4a 中联合分布 10 个连续分区的命中率 H 和空报率 F。用这些点对定义了图 8.12 中下面的 ROC 曲线，对应于较小概率阈值的点发生在 ROC 图的右上部，对应于较大概率阈值的点发生在左下部。从左进行到右，由这些点和 ROC 图边角的点，一起定义的$I=11$ 个梯形的面积是 $0.5(0.044+0.000)(0.010-0.000)=0.00022$，$0.5(0.145+0.044)(0.038-0.010)=0.00265$，$0.5(0.239+0.145)(0.070-0.038)=0.00614$，…，$0.5(1.000+0.848)(1.000-0.637)=0.33541$；得到总面积为 $A=0.698$。

因为 ROC 显示了 2×2 列联表的两个特征 H（式(8.12)）和 F（式(8.13)）之间的关系，第 8.2.2 和第 8.2.3 节中的其他特征可以被关联到这些图并不令人惊讶。例如，因为 PSS（式(8.16)）可以写为 $PSS=H-F$，ROC 图中45°的对角线正好是 $H=F$ 线，对任意阈值 PSS，正好是 ROC 曲线和 $H=F$ 对角线之间的垂直距离。在医学统计中，使这个垂直距离最大的分区，有时被认为是“最优的”。有斜率 $-p(o_2)/p(o_1)=-(b+d)/(a+c)$ 的相等偏差（式(8.10)）的等值线，也可以画在 ROC 图上，其在 $H=B$ 处和垂直轴交叉。这样，产生无偏预报的连续分区出现在 ROC 曲线和等式 $H=1-F(b+d)/(a+c)$ 的交叉点上。

在最近几年，为了评估二元预报量的概率预报，ROC 图的使用日益增加。因此，重申（不像可靠性图和判别图）它们没有给出预报和观测的联合分布的一个完整描述是需要的。通过回忆其构建的机理,ROC图的这个缺陷可以被认识到,正如例8.6中所概述的。特别是,ROC图背后的计算,没有显示概率的具体值 $p(y_i)$。即,预报概率只用来把联合分布的元素分类为一系列的2×2表,另外其实际的数值是不相关的。例如,表8.4b显示在图8.12中,定义下部ROC曲线的预报被不足地校准,特别是它们显示了强的条件(自负)偏差。然而,其他的偏差没有反映在ROC图中,因为对概率预报来说,特定的数值 $p(y_i)$ 没有进入ROC计算,所以ROC图对这样的条件和非条件偏差不敏感(例如:Glahn, 2004;Jolliffe and Stephenson, 2005;Kharin and Zwiers, 2003b;Wilks, 2001)。事实上,如果预报概率 $p(y_i)$ 正好对应到相应的条件事件概率 $p(o_1 \mid y_i)$,或者即使在表8.2或表8.4中,预报的概率标签已经被分配了允许[0,1]区间之外的值(而保持相同的顺序,所以事件结果有相同的分组),作为结果的ROC曲线将是相同的!

Toth等(2003)注意到,基于ROC的统计量提供了类似于Brier评分分解(式(8.42))中"分辨率"项的信息,独立于或缺乏预报校准。在医学统计的应用中,对广泛使用的ROC图,校准的这个不敏感性不是一个典型问题(Pepe,2003),因为在那里"预报"(也许是一种特定蛋白质的血浓度)与"观测"(这个患者有病或者没有病)是不相对应的:不存在预报被"校准"到,或者甚至与观测相同的变量有关。在这样的例子中,疾病的确诊概率与诊疗仪器提高水平之间图像的评估是需要的,对于这个目的来说ROC图是一个很自然的工具。

不依赖于校准的ROC图和ROC面积对条件和非条件偏差的不敏感性,有时被看作优点。只有ROC图具备这个性质,在反映潜在技巧(只有当预报被正确地校准的时候,这可能被实际得到)的意义上是一个优势,相关系数以相同的方式反映了潜在的技巧(比较式(8.35))。然而,对于无法取得必需的历史预报资料来订正错误校准的预报用户来说,这个性质并不是一个优点,因此这些用户除了使用预报概率本身之外没有选择。另一方面,当ROC图下面的预报被正确校准的时候,一条ROC曲线对另一条(即一条曲线完全位于另一条的左上方)的优势意味着主要预报的统计充分性,所以对所有理性的预报用户来说,这些将具有更大的经济价值(Krzysztofowicz and Long, 1990)。

8.4.8 模棱两可的预报(hedging)和严格正确的评分规则

当预报被定量评估的时候,对预报员来说,自然希望能得到最好评分。依赖于评估指标,通过模棱两可的预报或"赌博(gaming)"提高评分是可能的,这意味着预报中为了取得更好的评分而不报告我们的真实认识(例如Jolliffe,2008)。例如,一个学院或大学举办的预报竞赛中,如果我们的成绩评价完全根据得分高低,那么这样做是完全合理的。相反,如果我们要确保预报为最高质量,那么需要惩罚模棱两可的预报。

判定一个预报员最好的预期评分的预报评估程序,只有当他或她真正相信预报时,才称为*严格正确*。即,严格正确的评分程序,不能是模棱两可的。Brier评分(式(8.36))和无知评分(式(8.45))一个非常受欢迎的性质是它们是严格正确的,这是使用这两种方法评估二分类预报概率预报准确性的一个重要原因。当然,预先知道一个具体预报的得分是不可能的,除非我们能做完美预报。然而,在每个预报场合用我们对预报事件的主观概率计算期望的或概率权重的评分是可能的。

假定一个预报员对某项预报的实际主观概率是 y^*,但这个预报员坚持发布预报概率 y。这时期望的Brier评分简单地为

$$E[BS] = y^* (y-1)^2 + (1-y^*)(y-0)^2 \tag{8.47}$$

其中第一项是事件将发生的主观概率乘以它发生时得到的评分，第二项是事件不发生时的主观概率乘以它不发生时的评分。考虑预报员已经有了一个主观概率 y^*，正在权衡公开发布什么预报的问题。把 y^* 看作为常数，通过用 y 微分式(8.47)，并且规定结果为 0，最小化期望的 Brier 评分的最小值是容易得到的。那么，

$$\frac{\partial E[BS]}{\partial y} = 2y^* (y-1) + 2(1-y^*)y = 0 \tag{8.48}$$

得到

$$2yy^* - 2y^* + 2y - 2yy^* = 0$$
$$2y = 2y^*$$
$$y = y^*$$

即，不管预报员的主观概率是多少，期望的 Brier 评分的最小值只有当公开表达的预报正好对应于主观概率的时候得到。无知评分严格正确的一个类似推导在 Winkler 和 Murphy(1968)的文献中可以找到。通过比较，期望的绝对误差(线性)评分，当 $y^* < 0.5(y^* > 0.5)$ 的时候通过预报 $y=0(y=1)LS=|y-o|$ 被最小化。

对比 Brier 评分的例子，严格正确的评分规则的概念是最容易理解的，因为预报的概率分布(伯努利)是如此简单。Gneiting 和 Raftery(2007)展示了严格正确的概念可以被应用到更普通的背景，其中预报分布的形式不是必须是伯努利分布。为了激发严格正确的概念，也不必恳求预报员要诚实。Brocker 和 Smith(2007a)及 Gneiting 和 Raftery(2007)注意到，当检验取自相同的概率分布时，在预报的概率分布产生了最优期望评分的意义上，严格正确的评分内在地是一致的。

式(8.48)证明了 Brier 评分是严格正确的。Brier 评分经常以式(8.37)技巧评分的形式表示。遗憾的是，即使 Brier 评分本身是严格正确的，基于它的标准技巧评分也是不正确的。然而，对中等大的样本容量(大概 $n>100$)来说，BSS 非常接近严格正确的评分准则(Murphy, 1973a)。

8.4.9 多分类事件的概率预报

对多于两个(“yes”和“no”)结果的离散事件来说，概率预报也可以用公式形成。这些事件可能是名义上的，因为其没有一个自然排序；或顺序的，其中哪个结果更大或更小是清楚的。对名义的和顺序的预报量来说，概率预报的检验方法可以不同，因为预报误差的振幅在名义事件的例子中，不是一个有意义的量，但对顺序事件来说是潜在的，相当重要的。对名义预报量来说，检验预报的通常方法，是使它们退化为二元预报量序列。做完了这个工作后，Brier 评分、可靠性图等都可以用来评估得到的二元预报。

多分类顺序预报量概率预报的检验遇到的问题更困难。首先，检验问题的维度随着预报概率分布结果的数目呈指数增长。例如，考虑预报概率被限制到 11 个值(0.0，0.1，0.2，…，1.0)中的一个的 $J=3$ 个事件的情况。这个问题的维度不只是 $33-1=32$，正如根据二分类预报问题的公式的扩展所预期的，因为现在预报是向量。例如，预报向量(0.2，0.3，0.5)与(0.3，0.2，0.5)是不同的并且有明显区别的预报。因为 3 个预报概率必须加和为 1，所以它们中只有两个可以自由变化。在这种情形中，存在 $I=66$ 个可能的 3 维预报向量，这个预报问题产生

了(66×3－1)＝197 的维度(Murphy,1991)。类似地,预报概率有相同限制的 4 分类顺序检验的维度为(286×4)－1＝1143。作为一个实际问题,由于其高维度,顺序预报量的概率预报主要用标量性能指标评估,虽然这样的方法必然是不完整的,因为压缩检验问题到一系列的 $I\times 2$ 表将导致与结构的排序有关的潜在重要信息的损失。

对距离敏感的检验指标至少可以反映预报误差量级的某些方面,因为这个原因,对顺序预报量的概率预报来说,它们经常是首选的。即,随着更多的概率被赋值到从实际结果中进一步移除的事件分类,这样的检验统计量愈加能处罚预报。另外,我们可能希望检验指标是严格正确的(见第 8.4.8 节),所以预报员被鼓励报告他们的真实想法。最经常使用的这样的指标是分级概率评分(RPS)(Epstein, 1969b;Murphy, 1971)。对距离敏感的几个严格正确的标量评分也存在(Murphy and Daan, 1985;Staël von Holstein and Murphy, 1978),但是这些分级概率评分通常是首选(Daan,1985)。

分级概率评分本质上是 Brier 评分(式(8.36))应用到多事件情形的扩展。即,如果预报事件发生(不发生),那么它关于观测的评分误差平方为 1(0)。然而,为了使评分对距离敏感,评分误差中关于预报和观测向量中的累积概率被计算。这些特征引起了使用符号上的一些复杂性。

与前面一样,令 J 为事件分类的数目,因此也是每个预报中包括的概率的数目。例如,季节预报(关于 3 个月的平均情况)常用的形式是在 3 个等可能的气候上分配(Mason *et al.*, 1999;O'Lenic *et al.*,2008)。如果一个降水预报 20%的机会是"dry",40%的机会是"near-normal",40%的机会是"wet",那么 $y_1=0.2, y_2=0.4, y_3=0.4$。这些分量 y_j 属于被预报的 J 个事件之一。即,y_1, y_2 和 y_3 是预报向量 $\mathbf{y}$ 的 3 个分量。如果所有的概率被四舍五入到十分之一,那么这个预报向量可能是 $I=66$ 个预报 $\mathbf{y}_i$ 之一,在这个背景中观测向量有 3 个分量。对应于发生的事件的这些分量中的一个分量等于 1,其他的 $J-1$ 个分量等于 0。如果观测的降水结果在"wet"种类中,那么 $o_1=0, o_2=0, o_3=1$。

表示为 Y_m 和 O_m 的累积预报和观测,根据下式分别被定义为预报向量和观测向量分量的函数

$$Y_m = \sum_{j=1}^{m} y_j, \quad m = 1,\cdots,J \tag{8.49a}$$

和

$$O_m = \sum_{j=1}^{m} o_j, \quad m = 1,\cdots,J \tag{8.49b}$$

根据前面假设的例子,$Y_1=y_1=0.2, Y_2=y_1+y_2=0.6, Y_3=y_1+y_2+y_3=1.0; O_1=o_1=0, O_2=o_1+o_2=0, O_3=o_1+o_2+o_3=1$。注意因为 Y_m 和 O_m 都是概率分量的累积函数,所以必须加起来等于 1,根据定义最后的加和 Y_J 和 O_J 永远都等于 1。

分类概率评分是式(8.49a)和式(8.49b)中累积预报和观测分量之间差值平方的加和,由下式给出

$$RPS = \sum_{m=1}^{J} (Y_m - O_m)^2 \tag{8.50a}$$

或者根据预报和观测向量的分量 y_j 和 o_j,

$$RPS = \sum_{m=1}^{J} \left[\left(\sum_{j=1}^{m} y_j \right) - \left(\sum_{j=1}^{m} o_j \right) \right]^2 \tag{8.50b}$$

完美预报将分配全部概率到相应于随后发生的事件 y_j,所以预报和观测向量是相同的。在这个例子中,$RPS=0$。低于完美的预报得到正数评分,所以 RPS 越大,预报越不准确。也要注意式(8.50)中最后($m=J$)的项总是等于0,因为式(8.49)中的累加确保了 $Y_J=O_J=1$。因此,可能最差的评分是 $J-1$。对 $J=2$ 来说,分类概率评分退化为式(8.36)的 Brier 评分。注意 $m=J$ 的最后的项总是等于0,实践中它其实不必计算。

式(8.50)产生了单个预报事件对的分类概率评分。用分类概率评分,联合地评估 n 个预报的集合,只是要求平均每个预报事件对的 RPS 值

$$\overline{RPS}=\frac{1}{n}\sum_{k=1}^{n}RPS_k \tag{8.51}$$

类似地,对 RPS 集合来说,相对于气候概率计算的 RPS 的技巧评分,可以被计算为

$$SS_{RPS}=\frac{\overline{RPS}-\overline{RPS}_{\text{clim}}}{0-\overline{RPS}_{\text{clim}}}=1-\frac{\overline{RPS}}{\overline{RPS}_{\text{clim}}} \tag{8.52}$$

例 8.7 分类概率评分技术细节的例子

表 8.6 用降水量的两个假设的概率预报,展示了计算 RPS 的技术细节,并且举例说明了 RPS 对距离敏感的性质。这里降水的连续集已经被分为 $J=3$ 类:<0.01 in,0.01～0.24 in 和≥0.25 in。预报员 1 已经分配概率(0.2,0.5,0.3)到这 3 个事件,预报员 2 已经分配概率(0.2,0.3,0.5)。这两个预报是类似的,除了预报员 2 在减少了中间种类概率的情况下,分配了更多的概率到≥0.25 in 的种类。如果没有降水落在≥0.25 in 的范围内,那么观测向量为表中显示的。很多预报员和预报用户可能直觉地认为预报员 1 应该得到一个更高的评分,因为这个预报员比预报员 2 已经分配了更靠近观测的种类更大的概率。预报员 1 的评分是 $RPS=(0.2-1)^2+(0.7-1)^2=0.73$,预报员 2 的评分是 $RPS=(0.2-1)^2+(0.5-1)^2=0.89$。对预报员 1 来说,按照 RPS,更低的 RPS 表示一个更准确的预报。

表 8.6 降水量的两种假设的概率预报的比较,降水量被分为 $J=3$ 类。观测向量的 3 个分量表明观测降水在最小的那一类中。

事件	预报员 1		预报员 2		观测	
	y_i	Y_m	y_i	Y_m	o_i	o_m
<0.01 in	0.2	0.2	0.2	0.2	1	1
0.01～0.24 in	0.5	0.7	0.3	0.5	0	1
≥0.25 in	0.3	1.0	0.5	1.0	0	1

另一方面,如果大于 0.25 in 的降水量已经降下了,那么预报员 2 的概率可能是更接近实况,并且可能得到更高的评分。预报员 1 的评分为 $RPS=(0.2-0)^2+(0.7-0)^2=0.53$,预报员 2 的评分为 $RPS=(0.2-0)^2+(0.5-0)^2=0.29$。注意在这两个例子中,式(8.50)中只有前 $J-1=2$ 项需要计算 RPS。

针对多分类事件概率预报评估的 RPS 的另一种计算方法由无知评分(式(8.45a))的扩展给出。对单一预报来说,无知评分只是相应于实际发生事件的预报向量元素的负对数,可以表示为

$$I=-\sum_{j=1}^{J}o_j\ln(y_j) \tag{8.53}$$

其中隐含着 $0\ln(0)=0$。也与二分类事件无知评分(式(8.45a))的例子一样,不正确的确定性预报,得到了极大的无知评分,所以无知评分通常不适合已经四舍五入到离散的允许概率的有限集合。对 n 个预报场合,平均无知评分将再次由式(8.45b)给出。与 RPS 一样,无知评分也是严格正确的。

无知评分对距离不敏感,能够展示被称为*局地性*的性质,意味着只有分配给发生的事件的概率在计算中是重要的。对表 8.6 中的预报,对预报员 1 和预报员 2 来说 $I=1.61$,因为在 $o_j=0$ 的结果种类中,预报概率的分布是不相关的。局地性与对距离的敏感性是相互不兼容的。其相对优点的一些讨论,被包括在 Brocker 和 Smith(2007a)及 Mason(2008)的文献中,尽管作为标量的分类概率评分和无知评分,都在预报质量不完整指标的例子中。作为一个令人期待的特征,即如果接受局地性,那么确定选择无知评分,因为它是满足局地性和严格正确性的唯一评分。当评估名义上分类的概率预报时,也需要使用无知评分,这类例子中排序和距离的概念是没有意义的。

8.5　连续预报量的概率预报

8.5.1　完全的连续预报概率分布

用一个完全连续的 PDF $f(y)$ 或 CDF $F(y)$ 来表达一个连续预报量 y 的概率预报,逻辑上常常是困难的,除非假定一个传统的参数形式。在这样的例子中,一个特定预报的 PDF 或 CDF 可以用分布参数的几个特定值进行归纳。

然而,不管预报的概率分布如何表达,给出完全的预报概率分布,是多分类概率预报,在概念上和数学上是对无穷小宽度的无穷大预报量种类预报的一个扩展(第 8.4.9 节)。评价这类预报的一种自然方法是扩展分类概率评分到连续的例子,用积分替换式(8.50)中的加和。这个结果是*连续分类概率评分*(Hersbach, 2000;Matheson and Winkler, 1976;Unger, 1985),

$$CRPS=\int_{-\infty}^{\infty}[F(y)-F_o(y)]^2\mathrm{d}y \tag{8.54a}$$

其中

$$F_o(y)=\begin{cases}0, & y<\text{观测值}\\ 1, & y\geqslant\text{观测值}\end{cases} \tag{8.54b}$$

它是在预报变量 y 等于观测值的点处从 0 跳到 1 的累积概率的阶梯函数。式(8.54a)中,连续 CDFs 之间差值的平方,类似于应用到式(8.50a)中的相同运算。类似于离散的 RPS,$CRPS$ 也是严格正确的(Matheson and Winkler, 1976)。式(8.54a)对单一预报定义了 $CRPS$,尽管在多个场合 $CRPS$ 经常被平均,类似于式(8.51)中定义的平均 RPS。

CRPS 有一个负方向(越小的值越好),它出现的概率集中区,定位在观测值的阶梯函数附近。图 8.13 用一个假设的例子示意了 $CRPS$。图 8.13a 显示了与连续预报量 y 的单个观测值有关的 3 个高斯预报的 PDFs $f(y)$。预报分布 1 的中心在最终的观测处,其概率强烈地集中在观测周围。分布 2 是与分布 1 有相等锐度的分布(即,分布概率中表达了相同的信心程度),但是其中心远离观测。分布 3 的中心在观测处,但是显示了低信心(分布概率比其他两个预报分布更分散)。图 8.13b,显示了表示为 CDFs $F(y)$ 的相同的 3 个预报分布,一起显示的还有在观测值处从 0 跳到 1 的阶梯函数的 CDF$F_0(y)$(粗线)(式(8.54b))。因为 *CRPS* 是 CDF 和阶梯函数之间差值平方的积分,近似于阶梯函数的 CDFs(分布 1)产生了相对小的积分平方差,所以得到了好的评分。分布 2 是与分布 1 有相等锐度的分布,但是其远离观测的位移产生了与阶梯函数相当大的不一致,特别是与观测相比的有更大的预报量的值,因此产生了很大的整体平方差。分布 3 的中心在观测处,但是其预报概率更分散,意味着它不过是阶梯函数的一个较差的近似,所以也产生了较大的整体平方差。

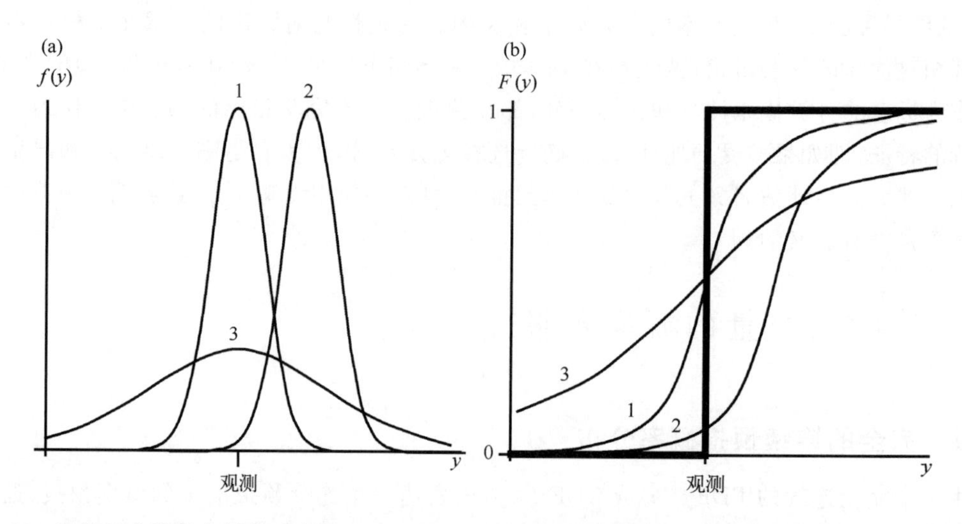

图 8.13 连续的分类概率评分示意图。(a)显示了与观测结果有关的 3 个高斯预报的 PDFs。相应的 CDFs 与观测 $F_0(y)$(粗线)一起,显示在(b)中。分布 1 可能产生一个小的(好的)*CRPS*,因为其 CDF 最接近阶梯函数,产生了差值平方的最小积分值;分布 2 集中的概率远离观测;分布 3 即使其中心在观测值处,但因为锐度不足被惩罚。

对一个任意预报的 CDF $F(y)$,式(8.54a)可能很难评估。然而,如果这个预报分布是平均值为 μ 方差为 σ^2 的高斯分布,那么当观测 o 发生时,*CRPS* 为(Gneiting *et al.*,2005)

$$CRPS(\mu,\sigma^2,o)=\sigma\left\{\frac{o-\mu}{\sigma}\left[2\Phi\left(\frac{o-\mu}{\sigma}\right)-1\right]+2\phi\left(\frac{o-\mu}{\sigma}\right)-\frac{1}{\sqrt{\pi}}\right\} \tag{8.55}$$

式中:$\Phi(\cdot)$和 $\phi(\cdot)$是标准高斯分布的 CDF 和 PDF(式(4.24))。图 8.13 中,$f_1(y)$有 $\mu=0$ 和 $\sigma^2=1$,$f_2(y)$有 $\mu=2$ 和 $\sigma^2=1$,$f_3(y)$有 $\mu=0$ 和 $\sigma^2=9$。用式(8.55),观测 $o=0$ 得到 $CRPS_1=0.234$,$CRPS_2=1.45$,$CRPS_3=0.701$。

Hersbach(2000)发现,对二分类事件来说,*CRPS* 也可以在连续变量 y 所有可能的分区点之上和之下,成为二分类变量的积分,作为 Brier 评分进行计算。因此,*CRPS* 有一个类似于式(8.42)的完整形式来表现其可靠性、分辨率和不确定性分量的代数分解。Hersbach(2000)也指出,对非概率预报(所有的概率集中在 y,$F(y)$也是式(8.54b)形式中的阶梯函数),*CRPS* 变为绝对误差,这种例子中,在 n 个预报上的平均 *CRPS* 变为 *MAE*(式(8.29))。

无知评分(式(8.45)和式(8.53))也可以推广到一个连续预报量的连续概率密度预报。当预报的 PDF 是 $f(y)$,并且观测是 o 的时候,单个预报的无知评分是

$$I=-\ln[f(o)] \tag{8.56}$$

无知评分是局地的,因为它只是在观测处估计的预报的 PDF 的负对数,而不管其参数的其他值的 $f(y)$的行为。如果 $f(y)$是平均值为 μ 方差为 σ^2 的高斯预报的 PDF,当观测为 o 的时候

无知评分为

$$I=\frac{\ln(2\pi\sigma^2)}{2}+\frac{(o-\mu)^2}{2\sigma^2} \tag{8.57}$$

其中，第一项是惩罚缺乏锐度，独立于观测；第二项是与预报分布的位置中标准误差的平方成比例的惩罚。

例 8.8　2 个高斯预报的 PDFs 的 CRPS 和无知评分的比较

图 8.14 比较了图 8.14a 中所显示的 2 个高斯预报 PDFs 的 CRPS 和无知评分。预报的 PDF $f_1(y)$（实曲线）是标准高斯分布（0 平均值，单位标准差），$f_2(y)$（虚线）是平均值为 1 和标准差为 3 的高斯分布。因为这两个预报的 PDFs 都是高斯的，所以其 CRPS 和无知评分作为观测 o 的函数可以用式(8.55)和式(8.57)计算。这些评分显示在图 8.14b 中。

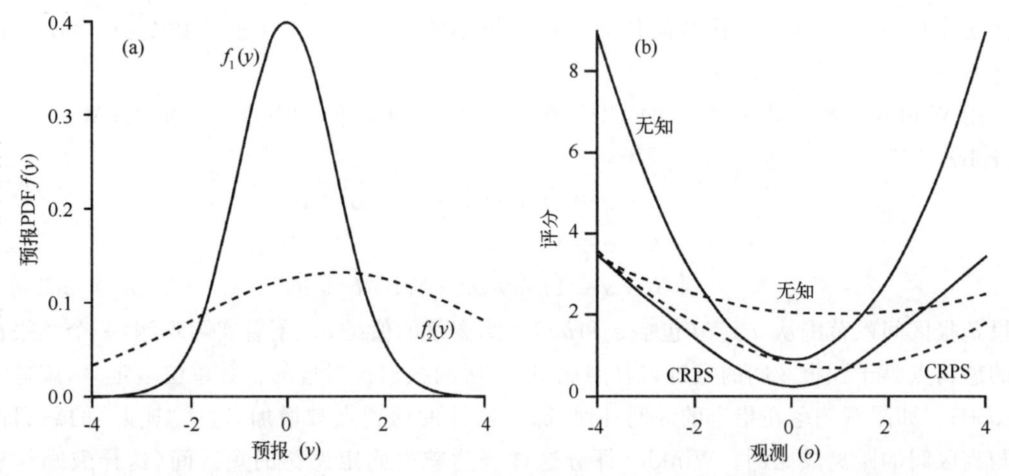

图 8.14　对(a)中显示的两个高斯 PDFs，作为(b)中观测值函数的连续分类概率评分和无知评分的比较。(a)中实线 PDF $f_1(y)$ 是标准高斯分布，虚线 $f_2(y)$ 是平均值为 1 和标准差为 3 的高斯分布。

因为对于 $y\approx-1.7$ 和 $y\approx1.5$，$f_1(y)=f_2(y)$，这两个预报的无知评分是相等的。另一方面，当 $o=-1.7$ 的时候，对 $f_1(y)$ 来说，CRPS 得到了一个更好的评分，但是当 $o=1.5$ 的时候，对 $f_1(y)$ 来说，得到了一个稍微更差的评分。这两个结果的哪一个更好，不是立即清楚的，实际上优先选择哪一个，通常依赖于预报员。

虽然无知评分只依赖于局地值 $f(o)$，而 CRPS 是一个积分量，但图 8.14b 中这两个评分定性的表现是相似的。行为上，这个相似性来自高斯预报 PDFs 的平滑性，这个例子中，这对无知评分暗中给予了对距离敏感的程度。如果预报 PDFs 是双模态或多模态的，可以预期这两个评分具有更显著的差异。对远离预报平均值 3 个或 4 个标准差的观测极值，这两个评分之间出现最大差异，这时无知评分比 CRPS 惩罚得相对更重。

8.5.2　中心置信区间预报

如果预报分布只是用中心置信区间（CCI）的格式（第 7.8.3 节）来描述，那么，显示一个完全的概率分布的计算是相当简化的。完整形式的 CCI 预报，由概率意义上集中的预报量的一个范围和被预报分布内预报范围覆盖的概率共同组成。通常，CCI 预报用下面的两种方式之一进行简化：在每个预报场合区间宽度是常数，但是区间的位置及概率可以变化（固定宽度的 CCI 预报）；或者概率固定，但是区间位置和宽度都可以变化（固定概率的 CCI 预报）。

对固定宽度的 CCI 预报来说,分类概率评分(式(8.50))是一个适合的标量准确性指标(Baker, 1981;Gordon, 1982)。这个例子中,预报概率有 3 类(预报区间之下、之内和之上)。预报区间的概率 p 被指定为预报的一部分,并且因为预报区间定位在分布的概率中心,对极值分类的概率是每个为$(1-p)/2$。如果观测落在区间内,结果是 $RPS=(p-1)^2/2$,或者如果观测在区间外 $RPS=(p^2+1)/2$。如果观测在区间内,选择较大的 p,但是如果它在区间外,选择较小的 p,这样 RPS 反映了选择 p 时的平衡,并且当预报员报告其真实判断的时候,这个平衡得到优化。

对固定概率的 CCI 预报来说,RPS 不是一个很精确的指标。对这种预报格式来说,通过总是预报非常宽的区间,可以得到小的(即更好的)RPS,因为 RPS 不惩罚包括宽的中心区间的含糊预报。特别是,如果$(p-1)^2/2<(p^2+1)/2$,预报一个足够宽的区间,以至于观测几乎必然落在其内,将产生一个比区间外面的检验更小的 RPS。一个小的代数变换,表明对任意的正概率 p,这个不等式都成立。

用 Winkler 评分固定概率的 CCI 预报被恰当地评价(Winkler, 1972a; Winkler and Murphy, 1979),

$$W=\begin{cases}(b-a+1)+k(a-o), & o<a \\ (b-a+1), & a\leqslant o\leqslant b \\ (b-a+1)+k(o-b), & b<o\end{cases} \tag{8.58}$$

这里预报区间的范围从 a 到 b(包括 a 和 b),观测变量的值是 o。不管实际观测,一个预报被评估的惩罚点等于预报区间的宽度,当(照例)这个区间根据预报量的整数单位指定时,该宽度为 $b-a+1$。如果观测落在指定的区间外面,那么额外的惩罚点被增加,这些“遗漏”的惩罚的量级与离区间的距离成比例。Winkler 评分这样表达减少固定惩罚的短区间(这样鼓励锐利的预报)与避免招致太频繁额外惩罚的足够宽的区间之间的交替换位(trade-off)。这个交替换位由依赖于与预报 CCI 相关的固定概率的常数 k 来平衡,随着区间隐含概率的增加而增长,因为对更大的区间来说,概率区间外的结果应该发生得更加稀少。特别是,对 50%的 CCI 预报$k=4$;对 75%的 CCI 预报 $k=8$。更普遍的,$k=1/F(a)$,其中 $F(a)=1-F(b)$是依照预报 CDF 与下区间边界有关的累积概率。

Winkler 评分可以等价地应用到固定宽度的 CCI 预报和未简化的 CCI 预报,因为在这种预报中,预报员可以自由选择区间宽度和对向概率。在这两个例子中,陈述的概率可能随不同的预报而改变,按照 $k=1/F(a)$,对于落在预报区间外面的观测惩罚函数也将变化。

固定概率 CCI 预报的校准(可靠性),可以通过列成表格的观测落在预报区间中 n 个预报的一个样本上的相对频率进行评价。小于规定的预报概率的相对频率表明平均而言通过加宽预报区间可以得到改进,对大于预报概率的观测相对频率则相反。当然,好的校准不保证是有技巧的预报,因为基于预报量气候分布中间部分的常数区间预报也有好的校准。

8.6 对场的非概率预报

8.6.1 对场预报的综合考虑

预报检验中的一个重要问题是大气场(即大气变量的空间数组)预报质量的检验。这样的场预报比如地面气压、位势高度、温度等等，由全球的天气预报中心常规产生。这些预报常常是非概率的，没有不确定性的表达式。这种预报的一个例子被显示在图 8.15a 中，这张图显示了美国国家气象中心 1993 年 5 月 4 日做的北美部分上空的海平面气压和 1 000～500 hPa 厚度的 24 h 预报。图 8.15b 显示了 24 h 以后的分析场。这两个场的主观视觉评估显示主要特征对应得很好，但是其位置和量级中存在某些不一致。

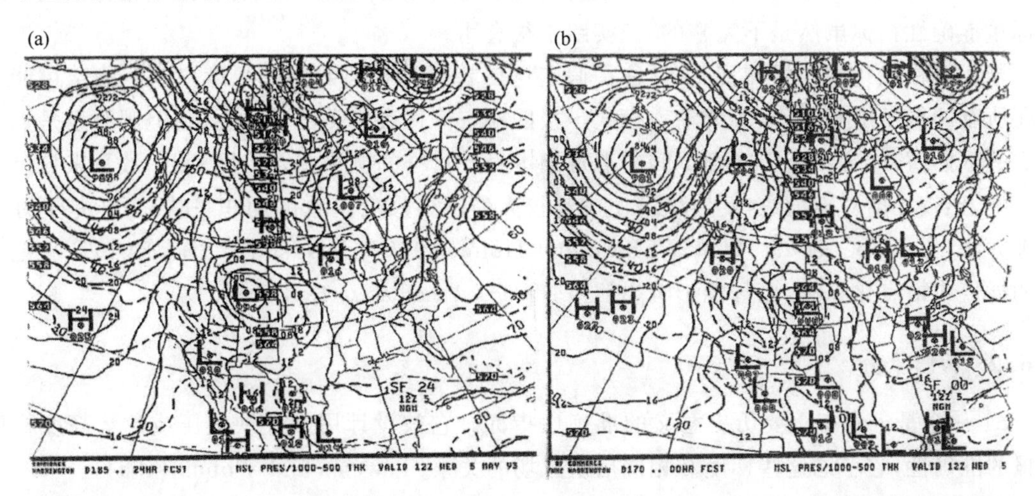

图 8.15　1993 年 5 月 4 日北美部分上空的海平面气压(实线)和 1 000～500 hPa 厚度(虚线)的预报(a)和随后的分析场(b)。

大气场预报检验的客观定量方法能够对预报质量进行更严格的评估。实践中，这样的方法在格点场或者在空间域中插值到或平均到格点上进行。通常这种地理网格由距离或经纬度上规则的空间点组成。

图 8.16 在一个小的空间域中用一对假设的预报和观测场示意了这个网格化过程。每个场作为对应的量的等高线或等值线以图的形式表示。加在每张图上的网格是点的规则数组，场在这些点上表示。这里网格在南北方向有 4 行，东西方向有 5 列。这样格点形式的预报场，由 $M=20$ 个离散值 y_m 组成，这些离散值表示平稳变化的连续预报场。格点的观测场由 $M=20$ 个离散值 o_m 组成，这些离散值表示在这些相同位置上平稳变化的观测场。

(a)　预报

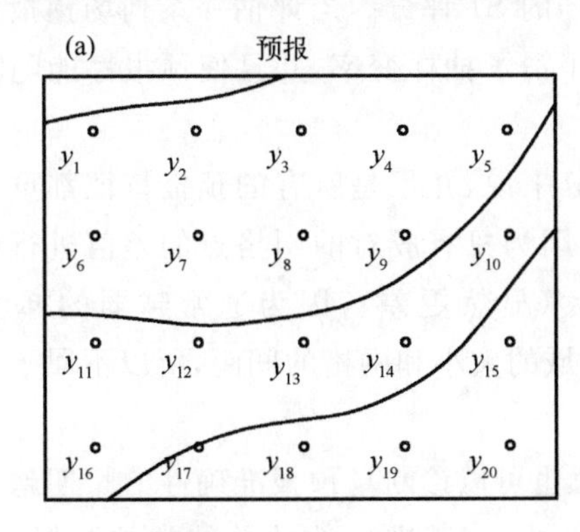

(b)　观测

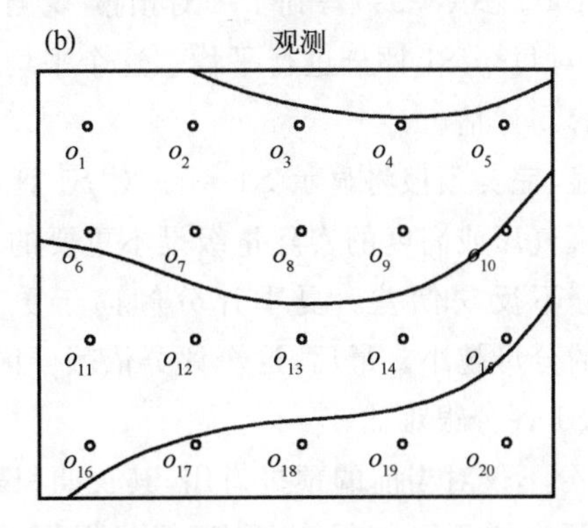

图 8.16　在一个小的矩形区域上作为等值线图表示的假设的预报(a)和观测(b)大气场。预报准确性的客观评价在预报和观测场的格点化版本上进行，即，在相同地理网格(小圆圈)上把它们表示为离散值。这里，网格在南北方向上有 4 行，东西方向上有 5 列，所以预报和观测场分别由 $M=20$ 个离散值 y_m 和 o_m 表示。

场预报的准确性一般通过计算 y_m 和 o_m 之间对应的指标进行评估。如果预报是完美的，那么 M 个网格点的每一个 $y_m = o_m$。当然，格点化的预报和观测场，可以在许多方面不同，即使当只有少量的网格点时。换句话说，场预报的检验是一个高维问题，即使对很少的格点。尽管预报和观测联合分布的诊断，在理论上是场预报检验的首选方法，但其巨大的维度导致这种方法在实践上往往不可实现。相反，预报和观测场之间的对应，通常用标量总结指标描述。这些标量准确性指标虽然是不完整的，但实践中很有用。

当比较格点化的预报和观测时，往往假定这二者具有相同的空间尺度。这个假定可能不是在所有的例子中都正确，例如动力模式预报的格点值代表格点面积平均值，但观测场是点观测的一个插值，或者只是不规则空间的点观测本身。这样的例子中，预计到不一致只来自尺度不匹配，比较之前对点值进行升尺度（生成与较大的网格尺度一致的面积平均）可能是更好的处理方法（如：Gober *et al.*，2008；Osborn and Hulme，1997；Tustison *et al.*，2001）。甚至不同的插值或格点化算法，也可能影响空间检验评分（Accadia *et al.*，2003）。

8.6.2 S1 评分

$S1$ 评分是一个有重要历史意义的准确性指标。它被设计用来反映气压或位势高度梯度预报的准确性，它考虑这些梯度和相同层次风场的关系（Teweles and Wobus，1954）。

$S1$ 评分不是在单个格点化值上计算，而是对邻近网格点格点化值之间的差值进行计算。预报场中邻近网格点之间的差值为 Δy，观测场中差值为 Δo。例如，根据图 8.16，Δy 的一个值是$y_3 - y_2$，观测场中相应的梯度为 $\Delta o = o_3 - o_2$。类似的，差值 $\Delta y = y_9 - y_4$ 将与观测差值 $\Delta o = o_9 - o_4$ 进行比较。如果预报正好复制了观测场中梯度的符号和量级，那么每个 Δy 将等于其相应的 Δo。

$S1$ 评分依照下式总结了$(\Delta y, \Delta o)$之间的差值

$$S1 = \frac{\sum_{\text{adjacent pairs}} |\Delta y - \Delta o|}{\sum_{\text{adjacent pairs}} \max\{|\Delta y|, |\Delta o|\}} \times 100 \tag{8.59}$$

其中的分子是所有邻近点对预测梯度与观测梯度差值绝对值的加和。分母由相同的邻近点对预报梯度的绝对值$|\Delta y|$和观测梯度的绝对值$|\Delta o|$中较大者的加和组成。为了方便，得到的比值乘以 100。式(8.59)得到了一对预报-观测场的 $S1$ 评分。当评估一系列场预报集合的性能时，需要对每个 $S1$ 评分进行平均。这个平均平滑了抽样变率，并且使预报性能随时间变化的趋势更容易评估。

很明显，完美预报将显示 $S1=0$。对 $S1$ 评分来说，并不是所有的预报特征都重要。最明显的是预报气压或高度的实际量级是不重要的，因为只有成对的网格点的差值进行评分。这样 $S1$ 评分不反映偏差。夏季评分倾向于更大（显然更差），因为通常越弱的梯度导致式(8.59)中的分母越小。最后，这个评分依赖于区域的大小和网格的间距，所以不属于相同区域和网格的 $S1$ 评分很难比较。

$S1$ 评分不仅对当前的预报有用，其长期积累也可以诊断场预报准确性的长期趋势。长达几十年的预报图不可能保存下来，但是根据 $S1$ 评分，其准确性的总结常常被保留。例如，图 8.17 显示了 1955—2006 年期间提前 36 h 和72 h半球 500 hPa 高度场预报平均的 $S1$ 评分，用 $S1_{\text{ref}} = 70$ 转换为技巧评分（式(8.4)）。

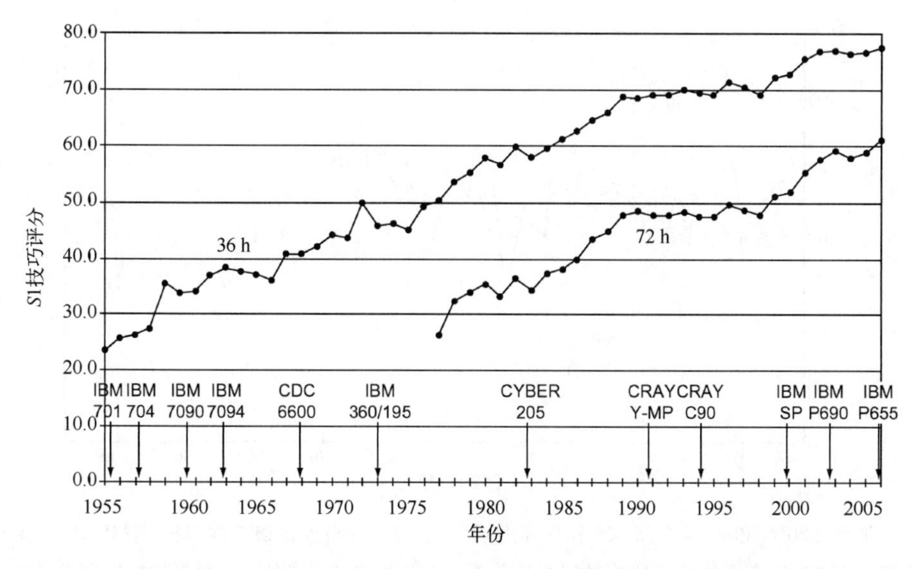

图 8.17　NCEP 1955—2006 年期间提前 36 h 和 72 h 半球 500 hPa 高度场预报平均的 *S*1 评分，用 *S*1＝70 作为参考转换为技巧评分。引自 Harper 等(2007)。

8.6.3　均方误差

均方误差(mean squared error)或 MSE，是场预报一种常用的准确性指标。*MSE* 通过对 *M* 个网格点每个点上预报和观测差值的平方求平均进行计算，即

$$MSE = \frac{1}{M}\sum_{m=1}^{M}(y_m - o_m)^2 \tag{8.60}$$

这个公式在数学上与式(8.30)相同。两个公式应用中的差异是式(8.60)中的 *MSE* 在一对预报/观测场的网格点上计算——即，对 $n=1$ 对图——而式(8.30)是 n 对标量预报和观测值的平均。很明显对一个完美预报场来说，*MSE* 为 0，越大的 *MSE* 显示预报准确性越低。

MSE 常常表示为其平方根，即*误差均方根*，$RMSE=\sqrt{MSE}$。*MSE* 的这个变换有如下好处，它保持了预报变量相同的单位，作为一个典型的误差量级这样更容易解释。为了举例说明，图 8.18 中的实线显示 1986—1987 年期间连续 108d 的 500 hPa 高度 30 d 预报的 RMSE (Tracton *et al.*，1989)。预报准确性中存在相当大的日际变化，最准确的预报场 *RMSE* 接近 45 m，最不准确的预报场 *RMSE* 大约为 90 m。图 8.18 中也显示了持续性预报 30 d 预报的 *RMSE*，这通过对最近 30 d 观测的 500 hPa 高度场求平均得到。通常持续性预报有比 30 d 动力预报稍微更高的 *RMSE*，从这幅图中显然可以看到，存在很多相反的例子，在这个延伸期范围中，这些持续性预报的准确性是可以和动力预报竞争的。

图 8.18 显示了单个场预报的准确性。对很多预报图的 *MSE* 值求平均，可以转化为如以前一样的一个平均 *MSE*，或者以与式(8.34)相同的形式，作为技巧评分表示。因为对完美场预报来说 *MSE* 为 0，遵从式(8.34)形式的技巧评分用下式计算：

$$SS = \frac{\sum_{k=1}^{n} MSE(k) - \sum_{k=1}^{n} MSE_{\mathrm{ref}}(k)}{0 - \sum_{k=1}^{n} MSE_{\mathrm{ref}}(k)} = 1 - \frac{\sum_{k=1}^{n} MSE(k)}{\sum_{k=1}^{n} MSE_{\mathrm{ref}}(k)} \tag{8.61}$$

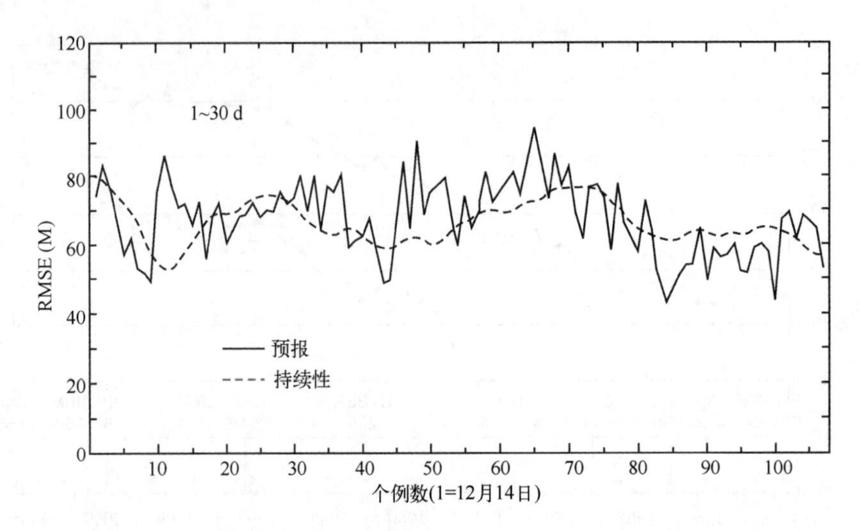

图 8.18　北半球20°N 和80°N 之间 500 hPa 高度场 30 d 动力预报预报误差均方根(RMSE)(实线)，以及用前面 30 d 500 hPa 高度场的平均值做持续性预报的时间变化曲线(虚线)，预报初始时间为 1986 年 12 月 14 日到 1987 年 3 月 31 日。引自 Tracton 等(1989)。

式中 n 个单个场预报的总技巧被总结。当计算这个技巧评分的时候，参考场预报是气候平均场或图 8.18 中显示的单个持续性预报。

式(8.61)中的 MSE 技巧评分，当用气候预报作为参考进行计算时，以与式(8.35)中相同的方式做代数分解时，可以对场预报做有意义的解释。当被应用到场预报时，按惯例，这个分解根据每个网格点的预报和观测，以与相应气候值的差值(距平)进行表达(Murphy and Epstein，1989)：

$$y'_m = y_m - c_m \tag{8.62a}$$

和

$$o'_m = o_m - c_m \tag{8.62b}$$

式中：c_m 为网格点 m 的气候值。得到的 MSE 与技巧评分是完全相同的，因为气候值 c_m 可以从式(8.60)中的平方项中被加上或减掉而不改变结果，即

$$\begin{aligned} MSE &= \frac{1}{M}\sum_{m=1}^{M}(y_m - o_m)^2 = \frac{1}{M}\sum_{m=1}^{M}([y_m - c_m] - [o_m - c_m])^2 \\ &= \frac{1}{M}\sum_{m=1}^{M}(y'_m - o'_m)^2 \end{aligned} \tag{8.63}$$

当用这种方式表示时，式(8.35)中 MSE 技巧评分的代数分解变为

$$SS_{\text{clim}} = \frac{r^2_{y'o'} - [r_{y'o'} - (s_{y'}/s_{o'})]^2 - [(\overline{y'} - \overline{o'})/s_{o'}]^2 + (\overline{o'}/s_{o'})^2}{1 + (\overline{o'}/s_{o'})^2} \tag{8.64a}$$

$$\approx r^2_{y'o'} - [r_{y'o'} - (s_{y'}/s_{o'})]^2 - [\overline{y'} - \overline{o'})/s_{o'}]^2 \tag{8.64b}$$

这个分解与式(8.35)的差别是式(8.64a)的分子和分母中包括观测的与气候的网格点值之间平均差值的标准化因子。这个因子只依赖于观测场，Murphy 和 Epstein(1989)注意到，如果这个技巧在一个充分大的空间域上进行评估时，它可能是很小的，网格点气候值正和负的差值将趋向平衡。忽略这一项导致式(8.64b)中技巧评分的近似代数分解，除了它包括来自网格点的气候值与 y' 和 o' 的差值外，是完全相同的。为了避免只用气候值做预报的虚假技

巧，当用这种方式研究场预报的技巧时，用这些气候距平计算是值得做的。

Livezey 等(1995)已经给出了式(8.64b)中 3 项的物理解释。他们把第一项称为位相关系，并且称其补 $1-r_{y'o'}^2$ 为位相误差。当然如果预报和观测距平正好相等，那么 $r_{y'o'}^2=1$，但是因为相关对偏差不敏感，所以如果预报和观测的距平场，按照某个正常数成比例，即，如果预报特征的位置、形状和相对振幅是正确的，那么位相关系将为 1。图 8.19a 用假设的沿一部分纬圈的位势高度距平预报示意了这个概念：预报(虚线)的高度特征与观测(实线)有较好的位置对应，这样显示了好的位相关系，因此位相误差小。类似地，图 8.19b 显示了有极好的位相关系，但是有不同的预报偏差的另一个假设的预报。这些虚线预报模态向左或向右偏移，使它们对实曲线呈反位相，可能使相关系数的平方减少并且使位相误差增大。

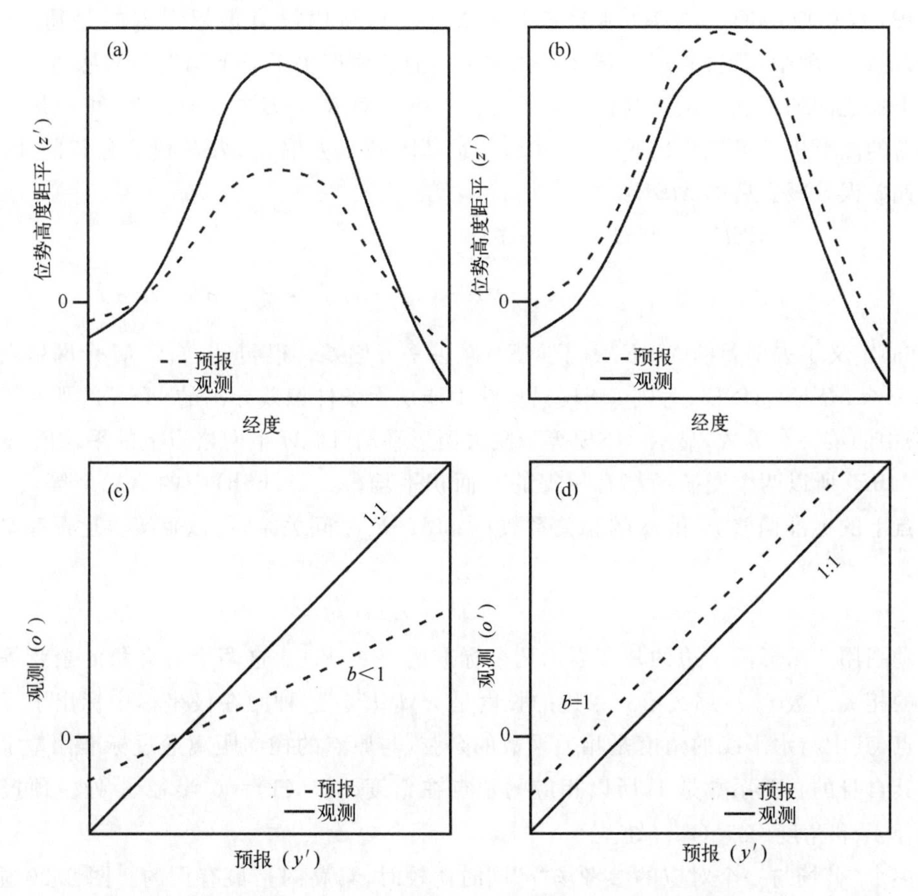

图 8.19 子图(a)和(b)展示了假设的沿一部分纬圈的位势高度距平预报(虚线)，显示了与相应的观测(实线)特征极好的位相关系。子图(c)和(d)展示了与预报距平函数相对应的观测高度距平。

式(8.64b)中的第二项，是对条件偏差或缺乏可靠性的惩罚。根据预报图中的误差，Livezey 等(1995)称这一项为振幅误差。理解这一项的结构的一种直接方式，是与一个预报因子为 y'、预报量为 o' 的回归方程相比较。对式(7.7a)稍微变换，可以得到回归斜率的另一种表达方式

$$b=\frac{\sum[(y'-\overline{y'})(o'-\overline{o'})]}{\sum(y'-\overline{y'})^2}=\frac{n\mathrm{cov}(y',o')}{n\mathrm{var}(y')}=\frac{s_{y'}s_{o'}r_{y'o'}}{s_{y'}^2}=\frac{s_{o'}}{s_{y'}}r_{y'o'} \tag{8.65}$$

如果预报是条件无偏的，那么这个回归斜率将为 1，而有过度振幅的预报特征的将得到$b>1$，有过小振幅的将得到 $b<1$。如果 $b=1$，那么 $r_{y'o'}^2=s_{y'}/s_{o'}$，式(8.64b)的第二项中，将得到 0 振幅误差。图 8.19a 中的虚线预报，展示了极好的位相关系，但是有不足的振幅，得到$b<1$(见图 8.19c)，因此式(8.64b)中的振幅误差项有非零的平方差。因为振幅误差项是平方的，对不足的和过多的预报振幅惩罚被减掉。

最后，式(8.64b)中的第三项是对无条件偏差或平均误差的一个惩罚。它是格点预报和观测的总体对应平均之间差值的平方，用观测的标准偏差单位进行尺度化。这个第三项减少了 MSE 技巧评分，反映预报平均起来一致太高或太低的程度。图 8.19b 显示了一个假设的预报(虚线)，这个预报展示了极好的位相关系和正确的振幅，但是有一个正偏差。因为预报振幅是正确的，相应的回归斜率(见图 8.19d)是 $b=1$，所以没有振幅误差的惩罚。然而，式(8.64b)的第三项中，预报和观测场之间总体平均的差值产生了对平均误差的惩罚。

两个场之间的相互关系及其标准偏差之间的差异对 $RMSE$ 的联合贡献，可以用一种被称为泰勒图的图形进行可视化(Taylor，2001)。泰勒图基于去偏差 MSE 代数分解的几何表示，是从总偏差误差减去后的 MSE：

$$MSE' = MSE - (\bar{y} - \bar{o})^2 \tag{8.66a}$$

$$= \frac{1}{M}\sum_{m=1}^{M}[(y_m - \bar{y}) - (o_m - \bar{o})]^2 = \sigma_y^2 + \sigma_o^2 - 2\sigma_y\sigma_o r_{yo} \tag{8.66b}$$

式(8.66a)定义了去偏差的 MSE，等于 MSE 减去平方偏差。很明显，如果 M 个网格点上 $\bar{y}$ 和 $\bar{o}$ 相等，那么 $MSE=MSE'$，否则 MSE' 只反映不能从无条件偏差导出的 MSE 的那些贡献。式(8.66b)中的第一个等式，显示 MSE' 等于减去图形平均(即 M 个网格点上的平均值)$\bar{y}$ 和 $\bar{o}$ 后计算的 MSE，所以两个变换场都有相等的 0 面积平均。式(8.66b)中的第二个等式，表明 M 个网格点上的标准偏差 σ_y 和 σ_o 的相关系数 r_{yo} 和 MSE' 之间关系，可以直接类比余弦定理的几何表示，

$$c^2 = a^2 + b^2 - 2ab\cos\theta \tag{8.67}$$

泰勒图用三角形两个边的长度表示两个标准偏差 σ_y 和 σ_o，这两个边夹角的余弦等于两个场之间的相关系数 r_{yo}。那么第三条边的长度是 $RMSE'$。这种图在极坐标中标出了三角形的所有顶点，其中与水平线的角度是相关系数的余弦，与原点的径向距离通过标准偏差定义。观测场与其自身的相关系数是 1，所以相应的顶点在角度$\cos^{-1}(1)=0°$半径 σ_o 处。预报场的顶点在半径 σ_y 和角度$\cos^{-1}(r_{yo})$处。

当多个“y”场与一个对应的参考场“o”同时比较时，泰勒图是最有用的。图 8.20 显示了 3 个这样的泰勒图的叠加，展示了全球降水、地面气温和海平面气压场的 16 个动力模式的性能。因为这三个比较中“o”场是不同的，所以所有的标准差被相应的 σ_o 除，结果每个三角形的“b”顶点(比较式(8.67))，位于水平轴上标为“观测”点的单位半径上。对模拟的温度场，表示“a”顶点的点在“观测”附近的紧密聚类，表示这些模态在这三个变量中是模拟得最好的，标准偏差几乎正确地被模拟了(所有的点在离原点的单位半径附近)，与观测场的相关系数都超过了 0.95。这些点的每一个到参考的“观测”顶点的距离都等于 $RMSE'$。相比之下，降水是这三个变量中模拟得最差的，模拟的标准偏差范围，从正确值的大约 75%到 125%，相关系数范围，从大约 0.5 到 0.7，所以 $RMSE'$(到“观测的”距离)在所有的例子中，比起温度模拟，是实质上更大的。

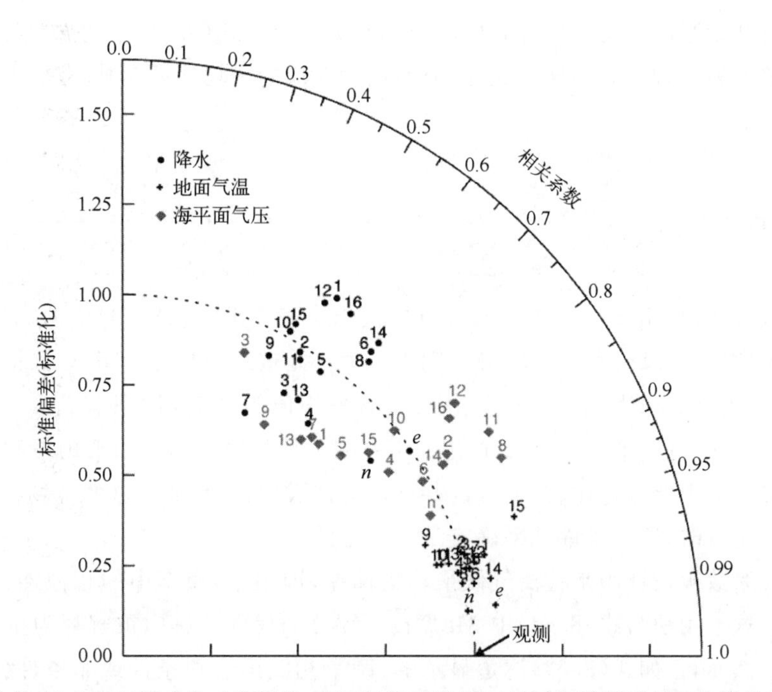

图 8.20　比较 16 个气候模式生成的降水、地面气温和海平面气压与器测("观测")值的泰勒图。标"n"和"e"的点是相应的再分析值,再分析是同化了实际观测资料的模式结果。为了使 3 个变量的泰勒图叠加,所有的标准偏差都除以相应的 σ_o。相关系数与水平线夹角的变化通过沿曲线边缘的余弦大小表示。引自 McAvaney 等(2001)。

为了强调到参考点的距离表示 $RMSE'$,泰勒图有时用同样的 $RMSE'$ 的半圆形画出,中心在水平轴上的半径 σ_o 处。通过逆时针方向扩展这个图到包括另一个象限,负相关可以被容纳。当泰勒图被最经常地用来说明 M 个网格点上空间场的位相关系(相关)和振幅(标准偏差)误差时,再次从平方偏差中去除对 MSE 的任何贡献后,数学分解及其几何表示相应地可以应用于 n 个预报场合的标量预报量的非概率预报的 $MSEs$(式(8.30))。

8.6.4　距平相关

距平相关(AC)是在预报和观测场的网格点值上运算的表示两个场关系的另一个常用指标。为了计算距平相关,预报和观测值首先被转换为式(8.62)意义上的距平值:M 个网格点的每个观测场的气候平均值从预报 y_m 和观测 o_m 中减掉。

使用中实际上存在两种形式的距平相关,但遗憾的是不清楚在一个具体的例子中采用哪一种形式。第一种形式被称为中心距平相关,好像是 Glenn Brier 在一本未出版的 1942 年美国天气局的油印本中首次提出(Namias,1952)。它根据通常的皮尔逊相关(式(3.24))计算,在每个网格点上对关于气候平均值 c_m 的预报和观测的 M 个格点进行运算,

$$AC_C = \frac{\sum_{m=1}^{M}(y'_m - \overline{y'})(o'_m - \overline{o'})}{\left[\sum_{m=1}^{M}(y'_m - \overline{y'})^2 \sum_{m=1}^{M}(o'_m - \overline{o'})^2\right]^{1/2}} \tag{8.68}$$

这里加一撇的量,是相对于气候平均值的距平(式(8.62)),上面有横杠的量是指在给定的 M

个格点图上这些距平的平均。这样式(8.68)的平方正好是式(8.64)中的 $r^2_{y'o'}$。

距平相关的另一种形式不同于式(8.68)，因为对应的平均值没有被减去，产生了未中心化的距平相关

$$AC_U = \frac{\sum_{m=1}^{M}(y_m - c_m)(o_m - c_m)}{\left[\sum_{m=1}^{M}(y_m - c_m)^2 \sum_{m=1}^{M}(o_m - c_m)^2\right]^{1/2}} = \frac{\sum_{m=1}^{M} y'_m o'_m}{\left[\sum_{m=1}^{M}(y'_m)^2 \sum_{m=1}^{M}(o'_m)^2\right]^{1/2}} \tag{8.69}$$

这个形式好像由 Miyakoda 等(1972)首次提出。表面上，式(8.69)中的 AC_U 类似于皮尔逊积矩相关系数(式(3.24)和式(8.68))，因为二者都是被±1 界定，二者对预报中的偏差都不敏感。然而，只有当两个距平的 M 个格点上的平均值为 0 时，即只有 $\sum_m(y_m - c_m) = 0$ 和 $\sum_m(o_m - c_m) = 0$ 时，中心化的和未中心化的距平相关才是等价的。如果预报和观测场在一个大的(例如半球)范围上进行比较，那么这些条件近似成立，但是如果这两个场在一个相对较小的区域上进行比较时，这些条件几乎确定是不满足的。

距平相关系数被设计用来检测气候平均场偏差(即距平)模态中的相似性，因此有时被称为模态相关。这个用法与式(8.64)中 MSE 技巧评分的代数分解中被解释为位相关系的 AC_C 的平方一致。然而，正如式(8.64)清楚显示的，距平相关不惩罚条件或非条件偏差。因此，把距平相关看作为反映潜在技巧(在没有条件和非条件偏差时可能得到的)是合理的，但是把距平相关(或者甚至任何相关)看作为测量的实际技巧是不正确的(例如 Murphy，1995)。

距平相关经常被用来评估延伸期(超过几天的)预报。图 8.21 显示了与图 8.18 中根据 RMSE 检验相同的 500 hPa 高度的 30 d 动力和持续性预报的距平相关系数。因为距平相关是一个正方向(越大的值表示更准确的预报)，为了比较这两张图，我们必须在心中"翻转"这两张图中的一个。当这样做了的时候，可以看到这两个指标通常对一张给定的预报图给出相似的估计，尽管一些差异是显然的。例如，这个资料集中图 8.21 中的距平相关值，比图 8.18 中的 RMSE 值，显示了动力预报和持续性预报性能之间更一致的差别。

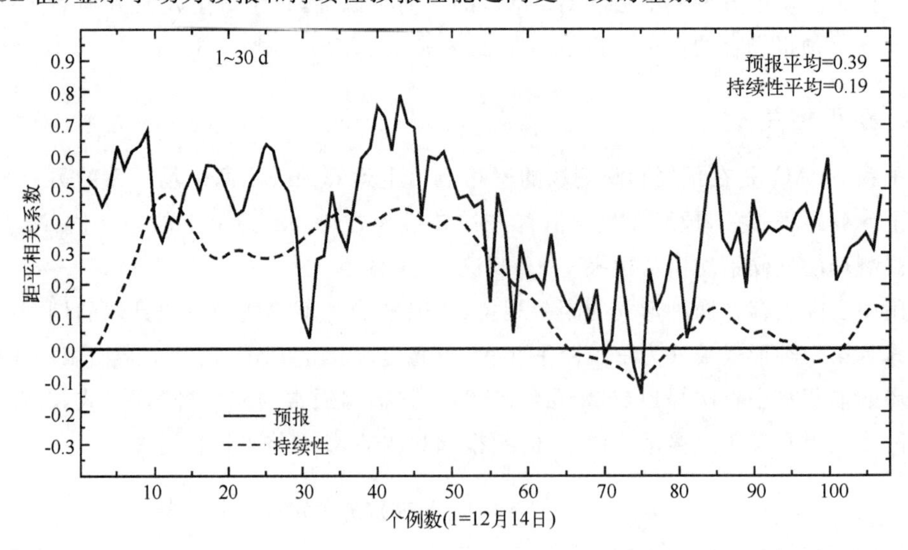

图 8.21　对北半球20°N 和80°N 之间 500 hPa 高度的 30 d 动力预报的距平相关系数(实线)和前面 30 d 平均的 500 hPa 高度场的持续性预报的距平相关系数(虚线)，预报从 1986 年 12 月 14 日开始到 1987 年 3 月 31 日结束。相同的预报在图 8.18 中用 RMSE 进行评估。引自 Tracton 等(1989)。

也正如 MSE 的例子，一批场预报的集合性能，可以通过对很多预报的距平相关求平均进行总结。然而，式(8.4)形式的技巧评分通常不计算距平相关。未中心化的距平相关对气候预报 AC_U 是没有定义的，因为式(8.69)的分母为 0。相反，AC 技巧通常相对于参考值$AC_{\mathrm{ref}}=0.6$ 或 $AC_{\mathrm{ref}}=0.5$ 进行评估。用距平相关做业务工作的人已经发现，主观上对于有用的场预报来说，$AC_{\mathrm{ref}}=0.6$ 好像表示一个合理的下界(Hollingsworth *et al.*，1980)。Murphy 和 Epstein(1989)已经展示了如果平均预报和观测距平为 0，并且如果预报场显示了一个真实的变率水平(即式(8.68)的分母中两个加和是可以比较量级的)，那么 $AC_C=0.5$ 对应到式(8.61)中的 MSE 技巧评分为 0。在这些相同的限制下，$AC_C=0.6$ 对应的 MSE 技巧评分为 0.20。

图 8.22 示意了主观的 $AC_{\mathrm{ref}}=0.6$ 参考水平的使用。图 8.22a 显示 1981/1982 年到 1989/1990 年冬季(12 月至次年 2 月)期间做的 500 hPa 高度预报的平均 AC 值。提前时间 0 d(即初始时刻)，$AC=1$，因为所有的网格点 $y_m=o_m$。对更长的提前时间，这个平均的 AC 逐渐下降，在 5 d 和 7 d 之间落在 $AC_{\mathrm{ref}}=0.6$ 之下。靠后年份的曲线倾向于在较早年份的曲线之上，反映了这 10 年中至少部分地对动力模式所做的改进。这个全面改进的一个指标是 AC 曲线相交于 0.6 线的平均提前时间的增加。这些事件被画在了图 8.22b 中，范围从 20 世纪 80 年代中期的 5 d 到 20 世纪 80 年代末期的 7 d。这个图也画出了连续性预报的距平相关落在 0.6 之下的平均提前时间。持续性预报与 $AC_{ref}=0.6$ 阈值交叉的时间，一致地在大约 2 d。

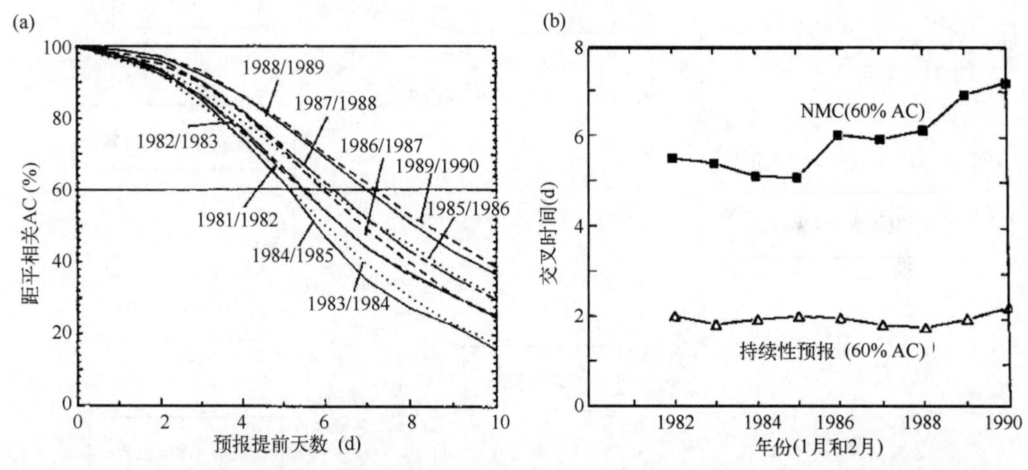

图 8.22 (a)作为预报提前天数的函数，1981/1982 年到 1989/1990 年冬季 20°N 和 80°N 之间，500 hPa 高度的平均距平相关。随着预报提前时间的增加准确性下降，不过在不同的冬季有较大的差异。(b)这 9 个冬季的 1 月和 2 月动力预报和持续性预报距平相关相交于 $AC_{\mathrm{ref}}=0.6$ 水平的平均提前时间。引自 Kalnay 等(1990)。

8.6.5 基于空间结构的场检验

因为通常用来表示气象场网格点数目的 M 是相对较大的，定义在这些网格上连续预报量的预报和观测值的数目也是相当大的，对场预报来说，检验问题的维度往往是十分巨大的。用标量评分(比如 GSS(式(8.18))或 MSE(式(8.60)))总结这些背景中的预报性能，可能是检验问题内在复杂性的一个缓解，但是它必然掩盖很多细节。例如，预报和观测的降水场，有时根据网格点值是否在一个阈值(比如 0.25 in)之上或之下转换为二元(yes/no)场，得到的场预报根据 2×2 列联表指标(比如 GSS)进行评分。但是，正如 Ahijevych 等(2009)展示的，所有的这些预报显示了与观测的“yes”区域没有空间重叠，但是有相同的“yes”网格点数目，不管预报和观测特征之间的距离或者预报和观测特征形状的相似或不相似，都产生了相等的评分。同样地，一个相对小尺度的预报特征，其平流速度中的一个相当小的误差，在式(8.64)中可以产生一个很大的位相误差，这样一来，得到的是很差的 MSE 技巧评分，即使已经很好地预报了这个特征本身的存在、形状和强度。

因此，预报员和预报评估者，对传统的单个数据的性能总结和他们关于空间场预报的良好的主观看法之间的一致性，经常是不满意的。这种不满意(主要还是试验性的)推动研究能够量化，并且能够更好地表现人类对图形特征视觉反应的场检验方法的发展。Casati 等(2008)和 Gilleland 等(2009)回顾了在这个领域中的进展，对于这些正在发展的方法，Gilleland 等(2009)提出的一种分类法被示意在图 8.23 中。目前为止，提出的空间结构检验，大致可以分类为滤波方法或位移方法。滤波方法，是在多个空间尺度上应用更传统的检验方法之前，对预报和/或观测场(或差值场)进行空间滤波。相反，位移方法通常根据描述空间处理的本质和程度，采用必须达到处理的预报场和相应的观测场之间一致的非传统方法，对预报和观测场中单个特征之间的差异进行运算。在这个背景中，“特征”通常被理解为预报或观测场中一批邻近的非零网格点或像素。

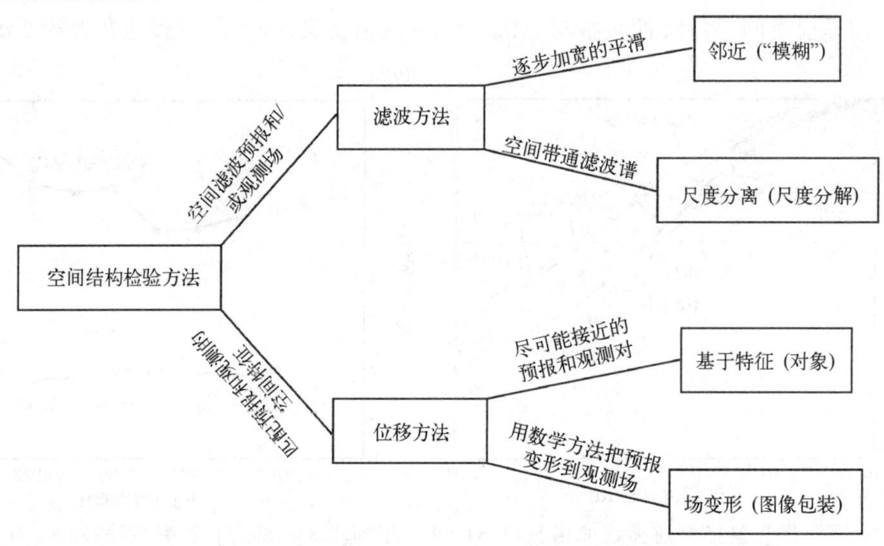

图 8.23　由 Gilleland 等(2009)提出的空间结构检验方法的分类法。

正如图 8.23 显示的，滤波方法可以进一步细分为邻近或“模糊”方法及尺度分离或尺度分解方法。邻近方法，通过扩展单个网格点到更大的空间和/或时间的邻近范围的比较，来解决小位移的过分惩罚问题，计算检验指标前，要对场进行有效的平滑，结果可能对这个平滑程度(邻近范围的大型)敏感，所以这些方法可以应用在一系列渐增的尺度上，可以给出预报性能可能尺度依赖信息。同样地，当应用邻近方法之前，预报和观测在不同的阈值上转换到二元场时，可以提取关于事件强度技巧变化的信息(例如，降水率)。Ebert(2008)对邻近方法进行了详细的综述。

与邻近方法的渐近模糊相比，尺度分离方法应用数学的空间滤波到预报和观测场，允许对不同大小特征的检验分离。不像邻近方法产生的渐进平滑结果，尺度分离方法在特定的空间尺度上生成的滤波场可能不是非常像原始场。Briggs 和 Levine(1997)提出用小波方法(小波是一种特定的数学基函数)预报位势高度场。Casati(2010)扩展这种方法到降水场预报的应用,其中也包括一个强度维。Denis 等(2002)和 de Elia 等(2002)提出基于更传统的谱基函数提出了一种类似的方法。这些方法允许对预报误差的尺度依赖性进行研究,包括对最小的空间尺度(在这个尺度下,预报不具有有用的技巧)的研究。

位移方法通过比较预报和观测场中的特定特征(共享一个相关性质的连续网格点或像素),比如位置、形状、大小和强度等进行运算。这类方法的一个早期例子,由 Ebert 和 McBride(2000)描述,最近已经提出了几种新的位移方法(如:Davis *et al.*,2009;Ebert and Gallus, 2009, Wernli *et al.*,2009)。位移方法中的差别,涉及比如特征如何出现在一个而不是另一个预报和观测场中,附近有两个或更多个截然不同特征的场,与其他场比较之前是否应该被合并,以及用什么总结和诊断刻画差异的特征。

最后,为了匹配观测场,用数学上的场变形技术处理整个预报场(而不只是场内的单个对象)。这种方法首先由 Hoffman 等(1995)提出,他用位移、振幅和残差分量的分解,来描述预报误差的特征。通过预报场的水平变换得到最优匹配位置误差,其中"最优"可以通过比如最小 MSE、最大面积重叠或预报和观测质心的排列等标准确定。作为选择,预报场必不可少的变形可以用一个变形向量场描述,正如引自 Gilleland 等(2010b)的图 8.24 中所示意的。图 8.24a 显示了理想的预报和观测降水区域,更深的阴影表示更高降水的区域。相对于观测区域,预报区域被移置到右边,并且有一个不正确的纵横比。图 8.24b 再次显示了预报区域,一起显示的还有与扭曲预报一致的观测区域的变形向量场。这个向量场,正确地指出预报形状误差是纵横比而不是旋转,在图 8.24a 中,从相对于外部椭圆更黑的内部椭圆的位置也可以看到。

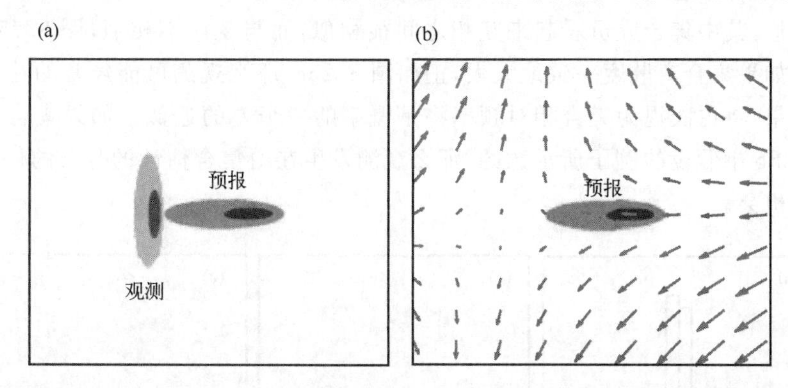

图 8.24　一个理想的降水特征与相应观测特征,变形(a)和可以由形变向量场刻画其特征(b)的示意图。这个向量场显示存在一个水平位移误差,并且形状误差是纵横比而不是旋转比。引自 Gilleland 等(2010b)。

尽管空间结构场检验方法已经开始被吸收进业务实践(Gilleland *et al.*,2010a),但是这还主要是一个试验性的领域。Ahijevych 等(2009)在人造的(比如图 8.24)和真实的空间降水场预报个例中比较了每一类方法中的各种方法。

8.7　集合预报的检验

8.7.1　好的集合预报的特征

第 7.6 节概述了集合预报方法,其中初始条件的不确定对动力预报的影响,通过一个非常类似的初始条件的有限的群或者集合来表示。理想地，这个初始集合代表取自量化初始条件不确定性(即PDF)的一个随机样本，这个PDF定义在动力模式的位相空间上。从这些初始条件的每一个单独地在时间上向前积分预报模式，这样的蒙特卡洛方法估计初始条件的不确定性对预报不确定性的影响。即，如果初始集合成员是取自初始条件不确定性PDF的一个随机样本，并且如果预报模式由正确和准确表示的物理动力学组成，那么在时间上向前积分后的集合可以代表取自预报不确定性PDF的一个随机样本。如果这种理想的情形可以实现，那么在初始时刻和积分时段内，真实大气状态可能只是集合的一个成员，并且在统计上不可从预报集合识别。这个条件(将来大气的真实状态表现像随机取自产生集合的相同分布)被称为集合的一致性或集合一致性(Anderson，1997)。

根据这个背景，作为完全预报PDF的一个离散近似的集合预报是概率预报，这点应该是清楚的。依照这个近似，集合相对频率可以用来估计实际概率。依赖于感兴趣的预报量是什么，这些概率预报的格式可以广泛地变化。对简单的预报量，比如连续标量(例如某地的温度或降水)；或离散标量(通过确定给定地点某个连续变量的阈值(例如0或微量降水)对非0降水进行构建)；或十分复杂的多变量预报量，比如整个场(例如，水平网格点的全球集合上500 hPa高度的联合分布)，能够得到概率预报。

在这些个例中，在满足一致性条件的范围内，来自集合的概率预报是很好的(即，将适当地表达预报的不确定性)，所以正被预报的观测，统计上正好像是预报集合的一个成员。集合一致性的一个必要条件是具有一个适当的集合离散程度。如果集合离散度一致地太小，那么观测将经常在集合成员分布的外围，意味着集合相对频率是对概率的一个差的近似。集合离散度低的这个情形，其中集合成员看起来互相之间很相似，而与观测不相似，图8.25a中进行了假设的示意。如果集合离散度一致地太大，正如图8.25c，那么观测可能经常的在集合分布的中间。这个结果，将再次视为集合相对频率将是概率的一个差的近似。如果集合分布是合适的，正如图8.25b中假设的例子所示意的，那么观测发生在由集合估计的分布的任何分位数都有一个相等的机会。

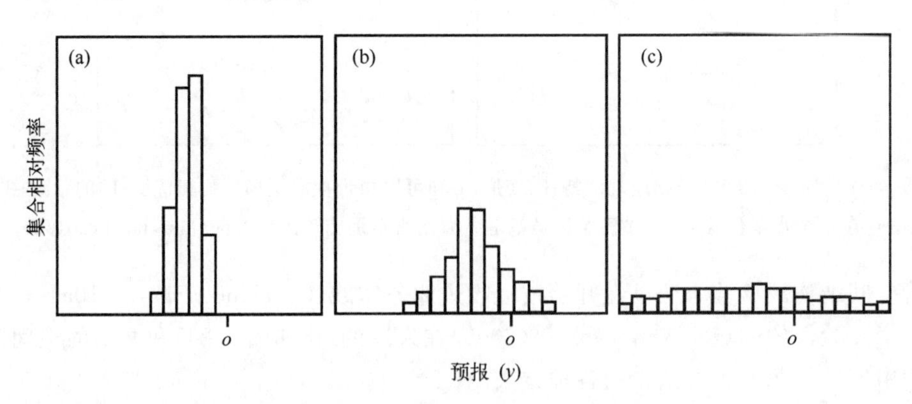

图8.25　假设的连续标量y预报集合的柱状图，显示了与典型观测o的预报的不确定性相比，相对太小的离散度(a)、适当的离散度(b)和过度的离散度(c)。

集合一致性条件的两个结果，是来自单个集合成员的预报(并且因此集合平均预报也是)是无偏的，并且对集合平均预报平均(对多个预报场合)的MSE，应该等于平均的集合方差。如果在任何给定的预报场合，观测o不能从任意集合成员y_i中区别开来，那么明显地偏差为

0,因为 $E[y_i]=E[o]$。任何集合成员和观测的统计等价性,进一步意味着

$$E[(o-\bar{y})^2]=E[(y_i-\bar{y})^2] \tag{8.70}$$

式中 $\bar{y}$ 表示集合平均。意识到 $(o-\bar{y})^2=(\bar{y}-o)^2$,容易看到,式(8.70)的左边是集合平均预报的MSE,而右边作为集合方差,表示集合成员 y_i 在集合平均值周围的离散度。认识到式(8.70)只对来自一致集合的预报有效,特别是假定了预报中的无偏性是重要的。预报偏差将放大集合平均的MSE,而不影响集合离散度(因为集合离散度相对于样本的集合平均进行计算),所以这个诊断不能从集合低估的离散度中区分预报偏差。因此,如果潜在的预报是有偏的,通过放大集合方差订正集合低估的离散度,来匹配集合平均的MSE,将产生过度离散的集合。

预报集合的经验频率分布,例如用与图8.25中一样的柱状图表示,给出了对标量的连续预报量预报的PDF的一个直接估计。这些原始的集合分布,也能用如第3.3.6节中(Roulston and Smith, 2003)的核密度估计进行平滑,或者通过拟合参数概率分布(Hannachi and O'Neill, 2001;Stephenson and Doblas-Reyes, 2000;Wilks, 2002b)进行平滑。对离散预报量的概率预报,通过相应的经验累积频率分布(见第3.3.7节)从集合分布中构建,这将在集合分布内的成员 $y_{(i)}$ 的秩 i 的基础上近似于 $\Pr\{Y\leqslant y\}$。那么,对在某个阈值或之下的预报量发生的概率预报 y,可以直接从这个函数得到。用所谓的民主投票和累积概率评估法(式(7.42)),概率可以直接估计为集合相对频率。即,$\Pr\{Y\leqslant y\}$ 可以由在水平 y 之下的集合成员的相对频率进行估计,并且这是预报概率常常等于集合相对频率的基础。实践中,用表3.2中(例如,在式(7.43)中实现)更精致的绘图位置来估计累积概率通常是更好的。

不管概率预报如何从一个预报集合中估计,这些概率分配的适当性可以通过对概率预报的预报检验技术(第8.4和第8.5节)进行研究。例如,当集合被用来产生二分类预报量的概率预报时,标准检验工具,比如Brier评分、可靠性图和ROC图经常被使用(如:Atger, 1999; Legg *et al.*, 2002)。然而,集合预报检验的其他工具也已经被开发了,其中的很多研究一致性条件的真实性,即,集合成员和相应的观测是来自相同的潜在总体的样本。

8.7.2 检验秩柱状图

检验秩柱状图,有时被简单地称为秩柱状图,是估计标量预报量的集合预报是否满足一致性条件的最常用方法。即,秩柱状图用来评估预报集合(作为等概率成员)是否显然地包括正被预报的观测。秩柱状图,是由Anderson(1996)、Hamill和Colucci(1998)及Talagrand等(1997)独立设计的一种图形方法,有时也被称为Talagrand图。

考虑 n 个集合预报的评估,其中的每一个由 n_{ens} 个集合成员组成,涉及预报量的 n 个相应观测值。这 n 批的每一批之内,如果 n_{ens} 个成员和单个的观测都取自相同的分布,那么这 $n_{ens}+1$ 个值之内观测的秩,等可能的为整数 $i=1,2,3,\cdots,n_{ens}+1$ 中的任何一个。例如,如果观测比所有的 n_{ens} 个集合成员更小,那么其秩是 $i=1$。如果它比所有的集合成员更大(正如图8.25a),那么其秩是 $i=n_{ens}+1$。对 n 个预报场合的每一个,在这 $n_{ens}+1$ 个成员分布之内的观测的秩被列表。共同地,这 n 个检验秩以产生检验秩的柱状图的形式被绘制(与一个或更多个集合成员的观测同等要求一个稍微更精细的程序;见Hamill and Colucci, 1998)。如果一致性条件已经满足,那么检验秩的这个柱状图将是均匀的,反映了除可归因于抽样变化的足够小的偏差之外,观测在其集合分布内的等概率性。

秩均匀的理想情况的偏差可以用来诊断集合的总缺陷(Hamill,2011)。图8.26显示了可

以从秩柱状图看出的 4 种问题。图 8.26 中的水平虚线,表示由秩的均匀分布得到的相对频率 $[=(n_{ens}+1)^{-1}]$,为了作为秩柱状图的一部分的参考这条线经常被画出。图 8.26 中假设的秩柱状图中,每一个有 $n_{ens}+1=9$ 个方柱,因此属于容量 $n_{ens}=8$ 的集合。

过度离散的集合,产生相对频率集中在中间的秩中的秩柱状图(图 8.26 中左边的子图)。这种情形中,对应于图 8.25c,如果集合展示了一致性,过度离散产生的集合范围比根据随机发生更频繁地超出观测。检验时极端成员往往很罕见,所以极端值的秩是稀少的;并且太经常地在集合中间附近,产生了中间秩的数量过多。相反,一批 n 个离散不足的集合,产生了一个 U 形的秩柱状图(图 8.26 中右边的子图),因为集合成员倾向于相互之间太相似而不同于检验,正如图 8.25a。结果是在 $n_{ens}+1$ 个值中,检验太频繁地出现在外围点,所以极值的秩数量过多;并且中间值出现得太稀少,所以中间的秩数量过少。

对集合预报的一致性来说,适当的集合离散度是一个必要条件,但不是充分条件。对一致性集合来说,展示无条件偏差也是必需的。即,平均而言,一致性集合将居中,而不在其相应检验之上或之下。无条件集合偏差,可以根据检验秩柱状图中最小秩或最大秩的数量过多进行诊断。平均而言,中心在检验之上的预报,展示了最小秩的数量过多(图 8.26 中上部的子图),因为高预报的倾向,使检验值太频繁地为 $n_{ens}+1$ 个成员集合的最小或最小值之一。类似地,低预报的偏差(图 8.26 中下部的子图)产生了更高秩的数量过多,因为在检验之下的集合一致性倾向使检验值太频繁地作为最大或最大成员之一。

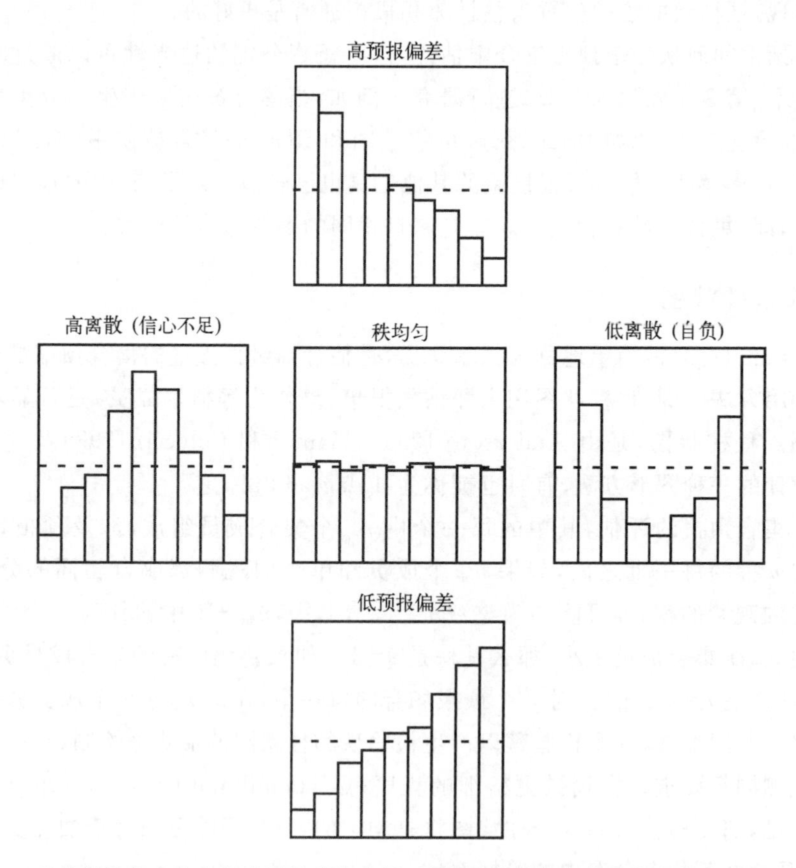

图 8.26 $n_{ens}=8$ 的假设集合的实例验证的秩柱状图,示意了典型集合离散度和偏差误差。均匀的完美秩由水平虚线显示。子图的排列对应于图 8.8a 中可靠性图的校准部分。

秩柱状图揭示了集合校准或可靠性的缺陷。即，条件或非条件偏差产生了与均匀秩的偏差。因此，存在与作为可靠性图(第8.4.4节)的一部分的校准函数 $p(o_j|y_i)$ 的联系，通过比较图8.26和图8.8a，这可以被认识到。对通过应用到一个连续预报量的一个固定阈值定义的二元变量，这两幅图中的5对子图与形成概率的预报集合一一对应。即，如果连续预报量 y 的值在阈值处或其上，那么二分类结果的"yes"分量发生。例如，事件"降水发生"对应于连续降水变量的值等于或大于可观测的极限值，比如0.01 in。在这个背景中，产生图8.8a中的5张可靠性图，每张图中的预报集合在图8.26中有相应形式的秩柱状图。

在这两幅图中，非条件偏差之间特征的对应最容易理解。集合的高预报(上部子图)，产生比图8.8a中平均结果的相对频率更大的平均概率，因为太频繁地集中于检验值之上的集合，将展示在一个给定阈值之上的大部分成员比检验值在阈值之上更频繁(或等价地，比在气候分布出现在阈值之上相应的概率更频繁)。相反，低预报(下部的子图)，同时，产生了比图8.8a中相对应的平均结果的相对频率更小的二分类事件的平均概率，并且图8.26中较高秩的数量过剩。

在低离散度的集合中，大部分或所有的集合成员，太频繁地落在定义二分类事件的一边或另一边。结果是来自低离散度集合的概率预报，其分布将是非常尖锐的，并且将比由分辨预报事件的高能力的预报更频繁地出现极值概率，概率预报因此是负向的；即，表达了太小的不确定性，所以条件事件的相对频率比预报概率有更少的极值。反映这些条件偏差的可靠性图，即图8.8a中右边子图的形式，是一个结果，相反，过度离散的集合，很少有多数成员在事件阈值的一边或另一边，所以从它们导出的概率预报，很少是极端的。这些概率预报将是信心不足的，并且产生图8.8a的左边子图中示意的那种条件偏差，即，条件事件的相对频率倾向于比预报概率更极端。

一个秩柱状图中均匀性的缺失，迅速揭示了一批集合预报中条件和/或非条件偏差的存在，但是不像可靠性图那样，从完整表达预报和观测联合分布的意义上说，它没有给出预报性能的一个完整图形。特别是，秩柱状图没有包括集合预报的精细或尖锐分布的完整表示。相反，它只显示了如果预报精细是适当的，相对于集合能分辨的预报量的精细程度。通过想象来自预报量的历史气候分布，作为容量 n_{ens} 的随机样本构建的集合预报的秩柱状图，可以认识这个不完整的本质。根据定义，这样的集合是一致的，因为在任何场合预报量的值都取自每个集合中生成有限样本的相同分布。因此，得到的秩柱状图可能是平的。

如果这些气候集合根据预报量的一个固定阈值被转换为离散事件的概率预报，那么在 $n_{ens}\to\infty$ 的极限情况下，其可靠性图由位于1∶1对角线上的单个点组成，大小是气候的相对频率。这个简化的可靠性图，可能表明这个事实，即其下面的预报没有展示尖锐度，因为相同的事件概率，可能已经在 n 个场合的每一个中被预报了。当然，真实的集合是有限容量，而且有限容量的气候集合可能展示不同预报的抽样变化，产生一个有非零方差的精细分布(式(7.2))，但是，可靠性图没有展示分辨率和水平校准函数(由图8.10中的"无分辨率"先显示)。即使当一批一致的集合预报中可以分解的事件比气候分布更好，作为结果，概率估计中抽样变化通常导致负向的可靠性图校准函数。当概率估计用集合相对频率(式(7.42))进行估计的时候，对这个显然的负向性，Richardson(2001)给出了解析表达式，显示随着集合大小的增加和由Brier评分度量的预报准确性的下降，这个影响将减少。对基于集合相对频率的概率预报，相同的影响在Brier和秩概率评分中产生了基于抽样误差的退化(Ferro *et al*.，2008)。

来自均匀性的真实偏差和只是通常的抽样变化的区分通过卡方拟合优度检验(见第5.2.5节)进行。这里原假设是一个均匀的秩柱状图,所以每个柱体中,期望的计算数目是$n/(n_{ens}+1)$,而且检验用自由度为$v=n_{ens}$的卡方分布评估(因为存在$n_{ens}+1$个柱体)。这个方法假定被评估的n个集合是独立的,所以在未订正的形式中,可能是不适合的,例如,如果集合属于连续日或附近的网格点。Wilks(2004)的文献中,给出了适合预报中序列相关的卡方检验统计量的订正。这个情况中,普通卡方检验的一个潜在缺点是它对秩均匀性的任何缺陷都有响应,而且不着眼于秩柱状图中的一致模态,比如图8.26中示意的那些。被设计为对这些特征模态敏感,而且展示了更大检测能力的另一种检验方法,在Elmore(2005)及Jolliffe和Primo(2008)的文献中有描述。

在无穷大样本容量的极限中,或者如果集合分布作为一个平滑的连续PDF表示,秩柱状图与概率积分变换的柱状图或PIT柱状图(如:Gneiting *et al.*,2005)相同。如果观测取自$F(x)$,那么概率积分变换$u=F(x)$产生对观测的均匀分布的累积概率,所以当集合一致性条件满足时,在其各自预报集合内的观测序列累积概率的柱状图将是均匀的。图8.26中示意的对秩柱状图的相同解释的诊断,同样地可以应用到PIT柱状图。

8.7.3 最小生成树(MST)柱状图

检验秩柱状图(第8.7.2节)可以用来研究单个标量预报量的集合一致性。使用多个维度中同时预报校准研究的最小生成树(MST)柱状图,秩柱状图背后的概念可以扩展到对多个预报量的同时预报。这个思想由Smith(2001)提出,由Smith和Hansen(2004)、Wilks(2004)及Gombos等(2007)进行了更全面的研究。MST柱状图针对K维向量预报$\mathbf{y}_i$,$i=1,\cdots,n_{ens}$的一个集合和相应向量的观测$\boldsymbol{o}$。这些向量的每一个定义为K维空间中的一个点,其坐标系对应于向量$\mathbf{y}$和$\boldsymbol{o}$中的K个变量。通常这些向量,没有与一批$n_{ens}+1$个标量相同方式的自然排序,所以传统的检验秩柱状图不适用于这些多维变量。对一个特定集合的n_{ens}个成员y_i,最小生成树是在没有闭合环的一个排列中连接所有点y_i的线段集合(这些向量在K维空间中),而且要求这些线段的长度最小化。图8.27是假设的标注为$A\sim J$的$n_{ens}=10$个成员预报集合的最小生成树。

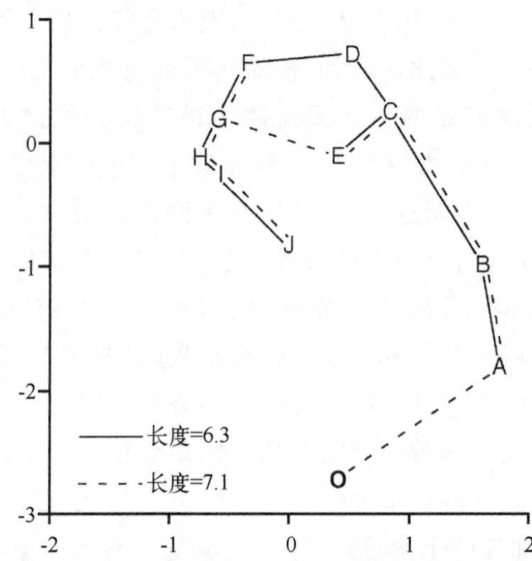

图8.27　假设的$K=2$维中最小生成树的例子。$n_{ens}=10$个集合成员被标注为$A\sim J$,相应的观测是O。实线表示作为预报集合的MST,而虚线表示当集合成员D用观测替换时得到的MST。引自Wilks(2004)。

如果每个(多维)集合成员,用观测向量 $\boldsymbol{o}$ 依次替换,那么对这些替换的每一个来说,最小生成树的长度组成了 n_{ens} 个参考的 MST 长度。图 8.27 中的虚线,显示了当集合成员 D 用观测 O 替换时得到的 MST。在集合一致性已经满足的意义上,观测向量是在统计上不能从任意预报向量 y_i 辨别的,意味着只连接 n_{ens} 个向量 y_i 的 MST 的长度,与取自与通过对每个集合成员,依次取代观测得到的那些 MST 长度具有相同的分布。MST 柱状图研究这个命题的真实性,而且对 n 个 K 维集合预报来说,集合一致的真实性,从 $n_{ens}+1$ 个 MST 长度的每一组内的预报变为集合列表 MST 长度的秩。这个概念类似于标量集合预报的秩柱状图,但是 MST 柱状图不是秩柱状图的一个多维扩展,并且 MST 柱状图的解释是不同的(Wilks,2004)。MST 柱状图不能区别集合离散度的不足和偏差(图 8.27 中的外围观测 O 可能是这些问题中任何一个的结果),它不再强调预报和观测向量中有小方差的变量。然而,根据去除偏差和重新尺度化的预报和观测向量的 MST 柱状图,可以得到有用的诊断量,如果 n 个集合是独立的,那么卡方检验(Wilks,2004)或其他方法(Gombos *et al.*,2007)也适合评估 MST 长度的秩均匀性。

8.7.4 遮蔽和包围盒

穿越时间(即,随着预报提前时间的增加)的集合一致性也能被研究。如果一个初始的集合被精细选择,那么其成员与初始观测或分析是一致的。进入将来多远,从正被预报的真实状态,它在统计上不可区分的预报集合内的时间轨迹,是集合阴影问题——即,多长时间集合“遮蔽”真实(Smith,2001)。Smith(2001)建议用包围盒的几何设备近似描述集合遮蔽。通过由集合 $\boldsymbol{y}_i, i=1,\cdots,n_{ens}$ 定义的包围盒包含向量观测 $\boldsymbol{o}$;如果对这些向量的 K 维的每一维观测向量的元素 o_k 至少不比集合中的一个对应量的更大,并且至少不比集合中其他的一个对应量更小。图 8.27 中的观测不在由集合定义的 $K=2$ 维界限框内:虽然其在水平维度上的值不是极值,但垂直维度比所有的集合成员更小。

Gneiting 等(2008)注意到,在一个给定的维度中包围盒的范围,也因此构成 K 维包围盒的(超)体积,是预报分布尖锐度的一个指标。意味着高信度得到的集合成员可能紧密聚集,也意味着对应一个尖锐的概率分布预报和一个小体积的包围盒。理想地,从正在进行的包围盒中,在时间越来越提前上的意义上,人们可能喜欢看到观测穿越时间的遮蔽,同时使用比从随机取自气候值期望的范围更窄的包围盒(Weisheimer *et al.*,2005)。

一批 n 个集合预报的遮蔽性质可以被评估(Judd *et al.*,2007)。Stephenson 和 Doblas-Reyes(2000)的文献中,利用多维排列提供了两维中可视化近似遮蔽的一种方式,而不管预报向量的维度 K。

8.8 基于经济价值的检验

8.8.1 最优决策和花费/损失比问题

努力开发预报系统和制作预报的实际理由,是在面对不确定时,这些预报能够指导用户更好地做决策。这样的决策常常有直接的经济效果。对于在不确定性下做决策来说,关于信息的使用和价值在经济学及统计学领域存在大量的文献(如:Clemen, 1996;Johnson and Holt,

1997)，而且其概念和方法已经扩展到天气预报的最优使用和经济价值分析中(如：Katz and Murphy，1997a；Winkler and Murphy，1985)。预报检验是这个扩展的一个必需部分，因为对一个特定的决策问题来说，确定预报的经济价值(平均起来)的是预报和观测的联合分布(式(8.1))。因此根据定义，针对特定决策问题的预报值联合分布的数学变换，自然要考虑描述预报优度的特征(即计算预报检验指标)。

对具体的决策问题来说，天气预报的经济价值，必须被计算的原因(即以具体问题具体分析为基础)是特定一批预报的价值对不同的决策问题是不一样的(如：Roebber and Bosart，1996；Wilks，1997a)。然而，一种被称为*花费/损失比问题*的有用并且方便的，决策模型是可以利用的(如：Katz and Murphy，1997b；Murphy，1977，Thompson，1962)。这个简化的决策模型，显然源自 Anders Angstrom 在 1922 年的一篇论文(Liljas and Murphy，1994)，并且自从那时以后被经常使用。尽管它是简单的，但花费/损失问题仍然能合理地近似一些简单的真实世界的决策问题(Roebber and Bosart，1996)。

花费/损失决策问题涉及一个假设的决策者，对这个决策者来说，某种不利天气可能发生也可能不发生，而这个决策者有对不利天气的经济影响保护或不保护的选择权。即，这个决策者在面对一种不确定的二分类天气结果时，必须在两种可选方案中挑选一种。因为只存在两种可能行动和两种可能结果，所以这是最简单的可能决策问题：如果只存在一种做法，那么没有决策的需要，而如果只有一种天气结果是可能的，那么也不包括不确定性。对决策者来说，保护行动被假定为是完全有效的，但需要支付成本 C，而不管后来不利天气是否发生。如果不利天气在没有采取保护行动时发生，那么决策者遭受损失 L。如果没有采取保护而不利天气事件没发生，那么经济影响为 0。图 8.28a 显示了这个问题中决策和结果的 4 种可能组合的损失函数。

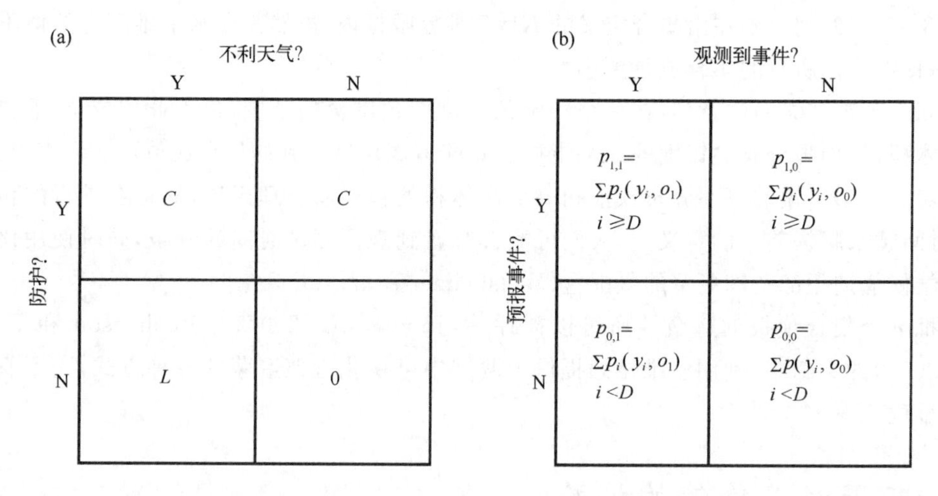

图 8.28 (a)2×2 花费/损失比情形的损失函数。(b)根据一个特定的决策者的花费/损失比被转换为非概率预报，作为由联合分布 $p(y_i, o_j)$ 描述的概率预报结果相应的 2×2 检验表。改编自 Wilks(2001)。

假设可以得到二分类天气事件的概率预报，而且，使用这些预报可以进行更好的决策(在平均而言改进经济结果的意义上)。取这些预报的表面值，在任何特定场合，最优决策将是产生最小期望(即概率权重平均)费用的那个。如果所做的决策是采取保护行动，那么花费为 C 的概率为 1，而如果不采取保护行动，那么期望的损失将为 $y_i L$ (因为不导致损失的概率为

$1-y_i$)。因此,预计的花费较小与保护行动有关系,只要

$$C < y_i L \tag{8.71a}$$

或

$$C/L < y_i \tag{8.71b}$$

当不利事件的概率大于花费 C 与损失 L 的比值时,保护是最优行动,这是名字“花费/损失比”的起源。不同的决策者面对的问题具有不同的花费和损失,因此其行动的最优阈值是不同的。很明显,这个分析只相关于 $C<L$,否则这个保护行为没有收益,所以有意义的花费/损失比被限制在单位区间 $0<C/L<1$。

这种数学上清楚的决策问题不仅确定了最优行为,而且提供了一种计算与预报有关的预期经济结果的方式。对简单的花费/损失比问题,这些期望的经济花费根据预报和观测的联合分布的概率 $p(y_i,o_j)$ 的概率权重平均的花费和损失进行计算。如果只有气候预报是可利用的(即,如果气候相对频率 $\bar{o}$ 是每个场合的预报),那么如果气候概率大于 C/L,最优行为是保护,否则是不保护。因此,与气候预报有关的期望花费,依赖于其相对于花费/损失比的大小:

$$EE_{\text{clim}} = \begin{cases} C, & \text{如果 } C/L < \bar{o} \\ \bar{o}L, & \text{其他} \end{cases} \tag{8.72}$$

类似地,如果可以获得完美预报,那么假设的决策者可能只有在不利天气将要发生时承担保护的花费,所以相应的期望花费可能为

$$EE_{\text{perf}} = \bar{o}C \tag{8.73}$$

式(8.72)和式(8.73)中期望花费的表达式是简单的,因为对气候预报和完美预报来说,预报和观测的联合分布也是非常简单的。更一般地,二分类事件的一批概率预报,可以通过表 8.4a 中显示的这种联合分布来描述。这时决策者有一个相应于花费/损失比 C/L 的最优决策阈值 D。即,决策阈值 D 是大于 C/L 的最小概率 y_i 的指标 i。实际上,假设的花费/损失决策者,转换由联合分布 $p(y_i,o_j)$ 总结的概率预报为二分类事件“不利天气”的非概率预报,转换方式与第 8.2.5 节和第 8.4.7 节中的描述相同:$i \geqslant D$ 的概率转换为“yes”预报,$i<D$ 的概率转换为“no”预报。根据概率预报的预报和观测的联合分布,图 8.28b 针对得到的二分类事件的非概率预报,示意了 2×2 的联合分布(对应于图 8.1b)。这里 $p_{1,1}$ 是概率预报 y_i 在决策阈值 D 之上并且事件随后发生的联合频率,$p_{1,0}$ 是概率预报在决策阈值之上并且事件不发生的联合频率,$p_{0,1}$ 是概率预报在决策阈值之下并且事件发生的联合频率,$p_{0,0}$ 是概率预报在决策阈值之下并且事件不发生的联合频率。

因为假定的决策者,已经用一个特定花费/损失比的决策阈值 D 构建了 yes/no 预报,图 8.28b 中联合概率和图 8.28a 中损失函数之间存在一一对应。组合这些结果,可以导出与通过联合分布 $p(y_i,o_j)$ 描述的预报有关的期望的花费,

$$EE_{\text{f}} = (p_{1,1} + p_{1,0})C + p_{0,1}L \tag{8.74a}$$

$$= C\sum_{j=0}^{1}\sum_{i \geqslant D} p(y_i,o_j) + L\sum_{i<D} p(y_i,o_1) \tag{8.74b}$$

这个期望花费依赖于决策者面对的定义阈值 D 的花费/损失比和决策者可以得到的概率预报的质量,正如预报和观测的联合分布 $p(y_i|o_j)$ 所总结的。

8.8.2　价值评分

对一个具体的花费/损失比,就像在这个简单的花费/损失比决策问题中计算的经济价值,

是对一个二分类事件概率预报质量的合理和有意义的数字总结。然而,对不同的决策者,预报质量的这个指标是不同的(即不同的 C/L 值)。Richardson(2000)提出把经济价值作为花费/损失比的函数绘制二分类事件概率预报的图形。这个思想类似于 ROC 图背后的思想(见第 8.4.7 节),因为该预报通过一个基于概率阈值 y_D 把概率预报简化为 yes/no 预报的函数进行评估,而且条件和非条件偏差不被惩罚。

通过原始的为校准预报计算的经济花费,这个分类过程可以扩展到反映预报的缺陷(Wilks,2001)。一个无法得到有用信息必须重新校准预报的预报用户,可能必须取其面值,根据它们可能被错误校准的程度(即概率标签 y_i 可能是不精确的)做次优决策。预报无论是否做去偏差的预处理,相对于气候和完美(式(8.73))预报计算的期望花费(式(8.74))可以用标准技巧评分(式(8.4))的形式表示,被称为价值评分:

$$VS = \frac{EE_{\mathrm{f}} - EE_{\mathrm{clim}}}{EE_{\mathrm{perf}} - EE_{\mathrm{clim}}} \tag{8.75a}$$

$$= \begin{cases} \dfrac{(C/L)(p_{1,1} + p_{1,0} - 1) + p_{0,1}}{(C/L)(\bar{o} - 1)}, & \text{如果 } C/L < \bar{o} \\[2ex] \dfrac{(C/L)(p_{1,1} + p_{1,0}) + p_{0,1} - \bar{o}}{\bar{o}[(C/L) - 1]}, & \text{如果 } C/L > \bar{o} \end{cases} \tag{8.75b}$$

EE_{f} 做这个变换的好处是去掉了 C 和 L 对特定值的敏感性,所以(不像式(8.72)到式(8.74))式(8.75)只依赖于比值 C/L。对所有的花费/损失比,完美预报显示 $VS=1$,而气候预报显示 $VS=0$。如果价值评分计算之前被重新校准,那么对所有的花费/损失比,它将是非负的。对重新校准预报,Richardson(2001)称这个评分为潜在价值 V。然而,在预报以原始值评分的更现实的例子中,如果一些或所有假设的决策者,通过采用气候决策规则进行决策,那么 $VS<0$ 是可能的。Mylne(2002)扩展了 2×2 决策问题的这个检验框架。

图 8.29 显示了在一个沙漠位置 1980—1987 年 MOS(虚线)和主观(实线)降水概率预报的 VS 曲线,(a)为 10 月—3 月,(b)为 4—9 月。较小的花费/损失比表明这两个预报集在决策中可能有更大的效用,因为潜在的损失相对保护它们的花费是巨大的。换句话说,这些图显示小概率阈值 y_D 的预报可能具有较大的经济价值。图 8.29a 显示冷季期间,具有较大相对保护花费的决策者,只基于 0.054 的气候概率可能做到更好的决策(即从不保护),特别是如果只有主观预报可用时。从这些预报的误校准得到的这些负值,特别是以更高的预报概率为条件的事件相对频率比预报充分地更小(即,预报对高概率显示了充分地自负)。计算 VS 前,重新校准可能去掉对这个自负的评分惩罚。

图 8.29 的两个子图中,与主观预报相比,MOS 的 Brier 技巧评分(式(8.37))是更高的,但是这个图揭示存在潜在的预报用户,对他们来说,预报的一个或另一个可能更有价值。这样 VS 曲线比标量 Brier 技巧评分或者实际上比任何单个数字指标的评分都给出了预报质量的更完整描述。暖季预报(图 8.29b)是特别令人感兴趣的,因为 MOS 系统从没有预报大于 0.5 的概率。预报员能够成功地预报一些更大的概率,但这显然是以对较小概率的预报质量的损失而做到的。

8.8.3 与其他检验方法的关系

正如 ROC 曲线根据其下面的面积可以刻画其特征,价值评分曲线可以简化为标量统计量。在 C/L 的整个单位区间上,这个简单的非权重积分就是一个这样的标量统计量。VS

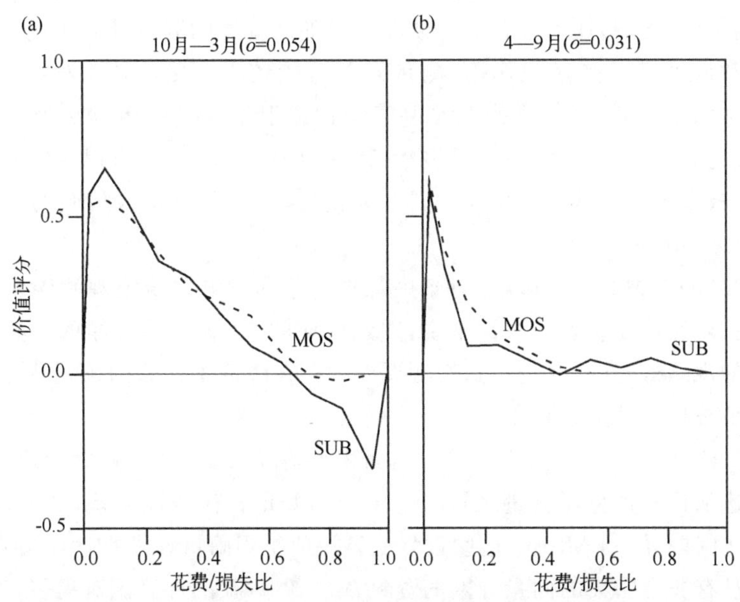

图 8.29　1980 年 4 月—1987 年 3 月内华达州拉斯维加斯,降水预报的客观(MOS)和主观(SUB)概率的 VS 曲线。引自 Wilks(2001)。

的这个简单函数结果等价于用 Brier 评分对整个预报集的评估,因为花费/损失比情形中(式(8.74)),期望花费是 BS 的线性函数(式(8.36))(Murphy,1966)。即,根据 Brier 评分或 Brier 技巧评分排列竞争的预报,得到与基于其 VS 曲线的非权重积分排列相同的结果。对期望的预报用户群,在花费/损失比为非均匀分布(例如,占优势的预报用户是保护选择是相对便宜的)的意义上,VS 的单一数字的权重平均,也可以被计算为 VS 关于 C/L 的概率密度函数的统计期望(Richardson,2001;Wilks,2001)。

VS 曲线通过一系列的 2×2 检验表进行构建,因此,用来评估二分类预报量的非概率预报和 ROC 曲线之间存在联系。对正确的校准预报来说,花费/损失决策问题中,最大的经济价值被 C/L 等于气候事件相对频率的决策者得到。Lev Gandin 称这些人为*理想用户*,公认这些人将从预报中受益最多。有趣的是,这个最大的(潜在的,因为校准预报被假定)经济价值,由 Peirce 技巧评分(式(8.16))给出,对适合这个"理想化的"花费/损失比,评估适合的 2×2 表(Richardson, 2000;Wandishin and Brooks,2002)。此外,对花费/损失比至少为 1 的决策问题来说,要想有经济价值,这个表的似然比(式(8.9))$\theta>1$ 是一个必要条件(Richardson,2003;Wandishin and Brooks,2002)。因为对一个具体的 2×2 检验表来说,其正的潜在经济价值可以实现的花费/损失比的范围由其 Clayton 技巧评分(式(8.17))给出(Wandishin 和 Brooks, 2002)。Semazzi 和 Mera(2006)显示 ROC 曲线和依赖于 C/L 及基本预报的经济价值的一条线之间的面积与没有条件和非条件偏差的预报的潜在经济价值 V 成比例。Mylne (2002)和 Richardson(2003)的文献中,给出了 VS 与 ROC 图性质之间的其他联系。

8.9　观测不确定时的检验

通常,做预报检验时,隐含了假设观测是预报量的一个真实没有误差的表示。当观测误差相对预报误差很小时,这个假设可能是合理的,但是预报量的真实状态从来都不是真正已知的，因为存在测量（或器测）误差和代表性误差。比如对普通的温度计和雨量计这样的仪器，正被测量的过程和值可以直接互相作用，测量误差可能较小。然而，当仪器的机理为间接时，测量误差可能是相当大的，例如当观测是基于雷达或卫星测量的数学后处理时。在仪器（例如，雨量计有大约 350 cm^2 的面积）与预报量（其可能为100 km^2 上面积平均的降水）之间存在尺度不匹配时，代表性误差常常发生。到目前为止，这些误差对预报检验的影响，受到的关注很少。

Bowler(2006b)考虑 2×2 列联表背景中观测误差的影响。给定观测误差特征的一个（外部得来的）描述，对假设无误差的观测来说，重建预期的 2×2 表是可能的。如果技巧为正，相对于用无误差的观测得到的预报技巧，观测误差的存在降低了计算的预报技巧，但是观测中的误差倾向于使负技巧的预报显得不太差。

Ciach 和 Krajewski(1999)把雷达导出的面积平均降水的 MSE 划分为两项：仪器误差（在计量器位置雷达估计和计量器测量之间的差异）的 MSE 和代表性误差（局地计量器测量和精确的面积平均之间差异）的 MSE。这些贡献的第一项是用雨量计处雷达导出降水的先前数据直接描述的。没有非常密集的雨量计网的资料，第二项贡献的计算困难得多，尽管通过假定降水场的空间相关结构特征可以得到基于模拟的估计。该研究的结果显示，在最短的时间尺度上，代表误差分量是最重要的。但是，即使对 4 d 的降水累积，它还是保留了对全部 MSE 的显著贡献。

目前，在集合预报的背景中，不确定性观测问题已经受到了极大关注。集合预报的概念基础，是从动力预报模式的初始条件中不确定性（即初始时刻的观测）的思想开始的。因此，预报集合一致（预报量的观测值在统计上无法从预报集合成员中区分开）的一个必要条件是检验资料必须受制于初始条件中的误差。当观测误差的大小与集合离散度相当时，忽略观测误差，产生了过多的秩柱状图的极值箱体，这导致集合离散度不足的错误（或者至少是言过其实的）诊断。这种例子中，最通常的补救措施是增加具有误差特征的随机数，模拟观测误差对每个集合成员的影响(Anderson, 1996; Candille and Talagrand, 2008; Hamill, 2001; Saetra *et al.*, 2004)。

最后，Candille 和 Talagrand(2008)提出处理检验观测为概率（对离散事件）或概率分布（对连续预报量）。当持续允许使用可靠性图、Brier 评分（包括其通常的代数分解）、Brier 技巧评分、秩概率评分、连续秩概率评分和 ROC 图时，这种方法在数学上是容易处理的。当然，还必须定义描述观测误差特征的分布，并且对被评估的检验资料在外形上进行估计。

8.10 对检验统计量的抽样和推断

实际的预报检验必然是成对的预报-观测的有限样本。从一个特定的资料集中计算的各种检验统计量的抽样变率，不比任何其他类型的统计量更少。如果假设可以得到相同种类的预报和观测的不同样本，那么用这些资料计算的检验统计量的值，至少是稍微不同的。一个检验统计量，在抽样分布已知或者可以被估计的意义上来说，可以得到其置信区间，而且可以构建形式检验（例如反对 0 技巧的原假设）。尽管迄今为止，关于预报检验统计量抽样特征的工作很少，但是对预报检验统计量抽样和推断的综述，可以在 Jolliffe(2007)和 Mason(2008)的文献中找到。除了很少数的例外，描述一个检验统计量抽样性质的最好或唯一方式可能是通过再抽样的方法(见第 8.10.5 节)。

8.10.1　列联表统计量的抽样特征

很多 2×2 列联表统计量的抽样特征是从二项分布抽样的应用中得到的(Agresti,1996)。例如,像空报比(式(8.11))、命中率(式(8.12))和空报率(式(8.13))都是估计(条件)概率的大小。如果列联表的计数(见图 8.1a),从平稳(即常数 p)预报和观测系统中独立产生,那么那些计数是(条件的)二项分布变量,而相应的大小(比如 FAR,H 和 F)是对应的二项概率的样本估计(Seaman *et al.*,1996)。

对估计二项分布参数 p 的样本比例 x/N 来说,决定置信区间的一种直接方法是使用二项概率分布函数(式(4.1))。与观测比例 x/N 一致的潜在概率的 $A(1-\alpha)\cdot 100\%$ 置信区间,可以通过包括它们之间(包含)至少 $1-\alpha$ 概率的尾部上 x 的极值进行定义。遗憾的是,这个被称为 Clopper-Pearson 精确区间的结果,因为二项分布的离散性,在某种程度上通常是不准确的(而且具体地说太宽)(Agresti and Coull, 1998)。计算样本比例置信区间的另一种简单方法是把高斯近似转化为二项分布(式(5.2))。因为式(5.2b)是二项分布,成功 X 次的标准差为 σ_X,估计比例 $\hat{p}=x/N$ 相应的方差是 $\sigma_{\hat{p}}^2=\sigma_X^2/N^2=\hat{p}(1-\hat{p})/N$(用式(4.16))。那么得到的 $(1-\alpha)\cdot 100\%$ 置信区间为

$$p = \hat{p} \pm z_{(1-\alpha/2)}\left[\hat{p}(1-\hat{p})/N\right]^{1/2} \tag{8.76}$$

式中 $z_{(1-\alpha/2)}$ 为标准高斯分布的 $(1-\alpha/2)$ 分位数(例如,对 $\alpha=0.05$,$z_{(1-\alpha/2)}=1.96$)。

在 p 的实际概率比 $1-\alpha$ 充分地更小的意义上,式(8.76)可能是很不准确的,除非 N 非常大。然而,用对式(8.76)的改进,这个偏差可以被订正(Agresti and Coull, 1998):

$$p = \frac{\hat{p} + \dfrac{z_{(1-\alpha/2)}^2}{2N} \pm z_{(1-\alpha/2)}\sqrt{\dfrac{\hat{p}(1-\hat{p})}{N} + \dfrac{z_{(1-\alpha/2)}^2}{4N^2}}}{1 + \dfrac{z_{(1-\alpha/2)}^2}{N}} \tag{8.77}$$

式(8.77)和式(8.76)之间的差别是对很大的 N,包括 $z_{(1-\alpha/2)}^2/N$ 的 3 项接近于 0。在 Thornes 和 Stephenson(2001)的文献中,根据式(8.76)标准误差用 $\hat{p}$ 和 N 给出。

Marzban 和 Sandgathe(2008)得到罚分(式(8.8))抽样分布标准偏差的近似:

$$\hat{\sigma}_{TS} \approx TS\sqrt{\frac{1}{a}\left(\frac{b}{a+b}+\frac{c}{a+c}\right)} \tag{8.78}$$

Stephenson 等(2008a)给出了极值依赖评分(式(8.19))抽样分布标准偏差的近似(式(8.19)):

$$\hat{\sigma}_{EDS} \approx 2\sqrt{\frac{c}{a(a+c)}}\,\frac{\ln\left(\dfrac{a+c}{n}\right)}{\ln^2\left(\dfrac{a}{n}\right)} \tag{8.79}$$

Hogan 等(2009)得到了(2×2)的 Heidke 技巧评分(式(8.15))相应统计量的一个相当复杂的表达式。对很大的 n,上面 3 个统计量的抽样分布被预计近似服从高斯分布。Radok(1988)指出,多分类 Heidke 技巧评分(式(8.22))的抽样分布与卡方变量抽样分布成比例。

来自列联表统计量的另一个结果(Agresti,1996)是,对充分大的 $n=a+b+c+d$,让步比(式(8.9))的对数的抽样分布近似服从高斯分布,估计的标准偏差为

$$\hat{\sigma}_{\ln(\theta)} = \left[\frac{1}{a} + \frac{1}{b} + \frac{1}{c} + \frac{1}{d}\right]^{1/2} \tag{8.80}$$

这样，似然比的抽样不确定性的范围由表 8.1a 中 4 个计数的最小值决定。当关注的是预报和观测之间独立（即 $\theta=1$）的原假设时，如果观测的 $\ln(\theta)$ 离 $\ln(1)=0$ 足够远，那么式(8.80)可能被拒绝。

例 8.9　对选择的列联表检验指标的推断

对表 8.1a 中芬利(Finley)龙卷风预报，其命中率和空报率分别为 $H=28/51=0.549$ 和 $F=72/2752=0.026$。给定龙卷风随后被报告或者不被报告情况下，这些比例是已经被预报的龙卷风的条件概率的样本估计。用式(8.77)，真实的潜在条件概率的 $(1-\alpha)\cdot 100\%=95\%$ 的置信区间可以估计为

$$H = \frac{0.549 + \dfrac{1.96^2}{(2)(51)} \pm 1.96\sqrt{\dfrac{0.549(1-0.549)}{51} + \dfrac{1.96^2}{(4)(51)^2}}}{1 + \dfrac{1.96^2}{51}}$$

$$= 0.546 \pm 0.132 = \{0.414, 0.678\} \tag{8.81a}$$

和

$$F = \frac{0.026 + \dfrac{1.96^2}{(2)(2752)} \pm 1.96\sqrt{\dfrac{0.026(1-0.026)}{2752} + \dfrac{1.96^2}{(4)(2752)^2}}}{1 + \dfrac{1.96^2}{2752}}$$

$$= 0.0267 \pm 0.00598 = \{0.0207, 0.0326\} \tag{8.81b}$$

估计的空报率的准确性是更好的(其标准误差更小)，部分地是因为占压倒多数的观测 $(b+d)$ 是"龙卷风"，但部分地也因为对极值来说 $p(1-p)$ 是很小的，而对 p 的中等值更大。假定预报和观测是独立的(在式(8.14)表示的意义上)，对命中率和空报率来说，似是而非的基准值可能是 $H_0=F_0=(a+b)/n=100/2803=0.0357$。式(8.81)中 95% 置信区间没有一个包括这个值，推得 Finley 预报的 H 和 F 比由随机得到的预报更好。

Stephenson(2000)指出，因为 Peirce 技巧评分(式(8.16))作为 H 和 F 之间的差可以进行计算，如果可以假定 H 和 F 是相互独立的，那么它的置信区间可以用简单的二项抽样描述计算。特别是因为，对充分大的样本容量，H 和 F 的抽样分布近似为高斯分布，在这些条件下 PSS 的抽样分布将为高斯分布，估计的标准偏差为

$$\hat{\sigma}_{PSS} = \sqrt{\hat{\sigma}_H^2 + \hat{\sigma}_F^2} \tag{8.82}$$

对 Finley 龙卷风预报，$PSS=0.523$，所以在这个值 95% 的置信区间可以构建为 $0.523 \pm 1.96\,\hat{\sigma}_{PSS}$。取来自式(8.81)的数值，或者从 Thornes 和 Stephenson(2001)文献的表中插值，这个区间可能为 $0.523 \pm (0.132^2 + 0.00598^2)^{1/2} = 0.523 \pm 0.132 = \{0.391, 0.655\}$。因为这个区间不包括 0，所以一个合理的推断是根据 Peirce 技巧评分，这些预报显示了显著的技巧。Hanssen 和 Kuipers(1965)及 Woodcock(1976)推导出了 PSS 抽样方差的另一种表达式，

$$\hat{\sigma}_{PSS}^2 = \frac{n^2 - 4(a+c)(b+d)PSS^2}{4n(a+c)(b+d)} \tag{8.83}$$

再次假定为一个高斯抽样分布，式(8.83)估计的 Finley 预报的 PSS 的 95% 置信区间为 $0.523 \pm$

$(1.96)(0.070)=\{0.386, 0.660\}$。

最后,Finley 预报的让步比是 $\theta=(28)(2680)/(23)(72)=45.31$,而其对数的(近似高斯的)抽样分布的标准偏差(式(8.80))是 $(1/28+1/72+1/23+1/2680)^{1/2}=0.306$。预报和观测独立的原假设(即 $\theta_0=1$)产生的 t 统计量 $[\ln(45.31)-\ln(1)]/0.306=12.5$,这将导致那个原假设断然被拒绝。

本节中的计算依赖于检验资料独立,以及比例的抽样分布的概率 p 稳定的(即穿越预报为常数)假设。独立的假定可能被违反,例如,如果资料集由日预报-观测对的一个序列组成。如果资料集包括一系列不同气候态的位置,那么平稳性假设可能被违反。在这些假设可能被违反的例子中,对列联表检验指标的推断,还可以通过适当构建的再抽样方法估计它们的抽样分布(见第 8.10.5 节)。

8.10.2 ROC 图的抽样特征

因为对命中率 H 和空报率 F 来说,样本估计的置信区间可以用式(8.77)计算,ROC 图中,单独的 (F,H) 点的置信区间,也可以被计算并且画出。一个复杂的问题是,为了在一个样本的 (F,H) 点周围定义一个共同的同时的 $(1-\alpha)\cdot 100\%$ 置信区域,这两个单独置信区间的每一个必须用稍微比 $(1-\alpha)$ 大的概率覆盖其相应的真实值。本质上,为了在一个多重检验的情况中同时进行正确的推断,这个调整是必须的(比较第 5.4.1 节)。如果 H 和 F 至少是近似独立的,那么决定这两个置信区间的大小的合理方法是使用庞费洛尼(Bonferroni)不等式(式(11.53))。在 ROC 图的目前例子中,联合置信区间是 $K=2$ 维,式(11.53)表示由 F 和 H 的两个 $(1-\alpha/2)\cdot 100\%$ 置信区间定义的矩形区域,用至少与 $1-\alpha$ 同样大的覆盖概率,共同围绕真实的 (F,H) 对。例如,通过用式(8.77)中 $z_{1-\alpha/4}=0.9875=2.24$ 计算的两个 97.5%置信区间,定义一个联合的 95%(至少)矩形置信区域。

Mason 和 Graham(2002)已经指出,与预报和观测独立(即 $A_0=1/2$)的原假设相对,对 ROC 曲线下面积 A 的统计显著性的检验是可以得到的。特别是,给定预报和观测之间没有关系的原假设,ROC 面积的抽样分布与 Mann-Whitney U 统计量(式(5.22)和式(5.23))成比例,而且对 ROC 面积,这个检验等价于被应用到两个似然分布 $p(y_i|o_1)$ 和 $p(y_i|o_2)$ 的 Wilcoxon-Mann-Whitney 检验(比较图 8.11)。为了计算这个检验,根据下式,ROC 面积 A 被转换为 Mann-Whitney U 统计量

$$U = n_1 n_2 (1-A) \tag{8.84}$$

这里 $n_1=a+c$ 是"yes"观测的数量,而 $n_2=b+d$ 是"no"观测的数量。注意,在原假设 $A_0=1/2$ 下,式(8.84)正好是式(5.23a)中对抽样分布的高斯近似。对足够小的 U,或者等价地对充分大的 ROC 面积 A,这个原假设被拒绝。

例 8.10　关于一个 ROC 图的信度和显著性陈述

图 8.30,显示了对 Finley 龙卷风预报(表 8.1a)的 ROC 图,一起显示的还有 F 和 H 的 97.5%的置信区间。这些是 $0.020\leqslant F\leqslant 0.034$ 和 $0.396\leqslant H\leqslant 0.649$,并且是用 $z_{1-\alpha/4}=z_{0.9875}=2.24$。$F$ 的置信区间大约只是和定位样本 (F,H) 对的点一样宽,因为"没有龙卷风"观测的数量是很大的,并且空报的比例是非常小的。根据庞费洛尼(Bonferroni)不等式(式(11.53)),

这两个 97.5%的置信区间,定义了以至少 95%的概率覆盖真实的(F,H)对的一个矩形区域。这个区域,不包括 1∶1 的虚线,表明对这些预报来说,由独立观测过程生成是不可能的。

图 8.30 中 ROC 曲线下的面积是 0.761。如果这些预报-观测对从中取样的过程的真实 ROC 曲线是虚线的 1∶1 对角线,那么给定 $n_1=51$ 个"yes"观测和 $n_2=2752$ 个"no"观测,这个大的或更大的 ROC 面积 A,可以随机得到的概率是多少? 由式(8.84)得到 $U=(51)(2752)(1-0.761)=33544$,其不寻常性在平均值 $\mu_U=(51)(2752)/2=70176$(式(5.23a))和标准差 $\sigma_U=[(51)(2752)(51+2752+1)/12]^{1/2}=5727$(式(5.23b))的高斯分布的背景中进行评估。得到的检验统计量是 $z=(33544-70176)/5727=-6.4$,所以预报和观测之间没有关系的原假设可以强烈地被拒绝。

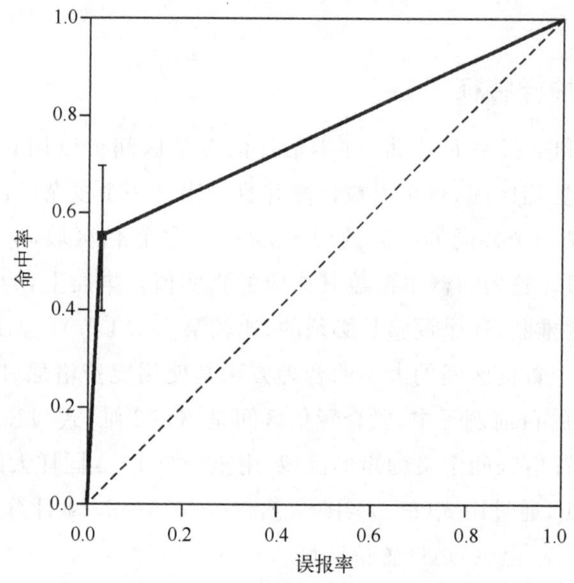

图 8.30 对 Finley 龙卷风预报的 ROC 图(表 8.1a),以及对用式(8.77)计算的单个(F,H)点的 95%的联合庞费洛尼(式(11.53))置信区间。

8.10.3 Brier 评分和 Brier 技巧评分推断

假定 n 个预报观测对(y_i,o_i),是来自预报和观测的均匀联合分布的独立随机样本,Bradley 等(2008)已经推导出了 Brier 评分(式(8.36))抽样分布方差的表达式。其结果可以表达为

$$\hat{\sigma}_{BS}^2=\frac{1}{n}\sum_{i=1}^{n}(y_i^4-4y_i^3o_i+6y_i^2o_i-4y_io_i+o_i)-\frac{BS^2}{n} \tag{8.85}$$

类似地,Bradley 等(2008)推导出了 Brier 技巧评分(式(8.37))近似的抽样方差:

$$\hat{\sigma}_{BSS}^2\approx\left(\frac{n}{n-1}\right)^2\frac{\hat{\sigma}_{BS}^2}{\bar{o}^2(1-\bar{o})^2}+\frac{n}{(n-1)^3}\frac{(1-BSS)^2}{\bar{o}(1-\bar{o})}[\bar{o}(1-\bar{o})(6-4n)+n-1]+$$

$$\left(\frac{n}{n-1}\right)^2\frac{(2-4\bar{o})(1-BSS)}{\bar{o}(1-\bar{o})}\left[1+\frac{\sum_{i=1}^{n}(y_i^2o_i-2y_io_i)}{n\,\bar{o}}+\frac{\sum_{i=1}^{n}(y_i^2o_i-y_i^2)}{n(1-\bar{o})}\right] \tag{8.86}$$

因为式(8.85)和式(8.86)需要顾及预报和观测联合分布的高阶(一直到 4 阶)矩,为了使这

些估计是有效的,精确样本容量 n 必须相当大。图 8.31 显示了式(8.85)和式(8.86)得到了近似正确的覆盖 95%和 99%的高斯置信区间必需的样本容量。对相对稀有事件,高技巧的预报要求非常大的样本容量($n>1\ 000$),相反,对普通事件的低技巧预报,只要求更加有限的样本容量。使用太少的样本得到估计的抽样方差以及因此得到的置信区间是太小的。Bradley 等(2008)也注意到,BSS 的样本估计显示出对小的样本容量和相对稀有的事件(小的 n 和 $\bar{o}$)有可感知的负偏差。当预报和二分类事件显示序列依赖性的时候,对式(8.85)和式(8.86),适当地扩大这些抽样方差的"有效样本容量"的调整是可应用的。这些调整依赖于样本气候 $\bar{o}$、预报序列滞后 1 的自相关、预报的校准程度和 Brier 评分(Wilks,2011)。

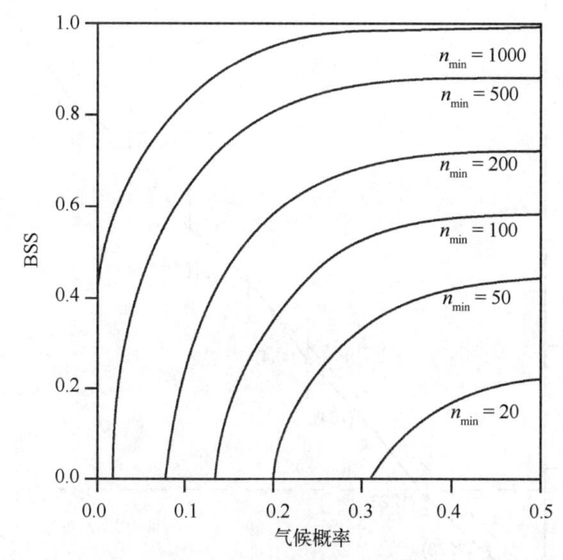

图 8.31 作为样本气候概率和样本 Brier 技巧评分的一个函数,式(8.85)和式(8.86)得到近似正确的方差估计必需的样本容量。引自 Wilks(2001)。

8.10.4 可靠性图的抽样特征

可靠性图的校准函数部分,是由 I 个估计条件概率 $p(o_1|y_i), i=1,\cdots,I$ 的条件结果的相对频率组成。如果较好地满足独立性和平稳性,那么这些点的置信区间,可以用式(8.76)或式(8.77)计算。在这些区间中,包括 1∶1 完美可靠性诊断的意义上,预报员或预报系统已经产生的校准预报的原假设不可能被拒绝。在这些区间不包括水平"无分辨率"线的意义上,预报不比根据气候值猜测更好的原假设将被拒绝。

图 8.32 显示了表 8.2 中总结的预报的可靠性图,$I=12$ 个条件相对频率的 95%的置信区间被画出。这些估计概率的平稳性假定是合理的,因为预报员已经根据他们对那些概率的判断对预报-观测对进行了分类。独立性假定的正确性没有被很好证明,因为这些资料,是对每个大约 100 个地方同时的预报-观测对,所以可以预计预报-观测对之间存在正的空间相关。因此,从图 8.32 得到的置信区间可能偏窄。

因为样本容量(图 8.32 中显示的)较大,所以式(8.76)被用来计算置信区间。每个点显示两个置信区间。靠内的、更窄的置信区间是普通的单个置信区间,式(8.76)中对 $\alpha=0.05$ 用

$z_{1-\alpha/2}=1.96$ 计算。如果关注的是这些点中一个点的信度描述，这种区间可能是适合的。靠外的更宽的置信区间是联合的$(1-\alpha)\cdot 100\%=95\%$的庞费洛尼（式(11.53)）区间，对 $\alpha=0.05$，用 $z_{1-[\alpha/12]/2}=2.87$ 计算。这些靠外的庞费洛尼区间的意义是，估计的全部 $I=12$ 个条件概率被其各自的单个置信区间同时覆盖的概率至少是 0.95。这样，如果它们中任何一个不能包括 1∶1 对角线（虚线），事实上，对 $y_1=0.0$，$y_2=0.05$，$y_3=0.1$，$y_4=0.2$ 和 $y_{12}=1.0$ 来说，这种情况不会发生，那么所有的预报概率被校准的（联合）原假设将被拒绝。另一方面，很显然这些预报总体上比用随机的气候值猜测更好，因为庞费洛尼置信区间只在 $y_4=0.2$ 与虚线的水平无分辨率线相交，而通常是远离它的。

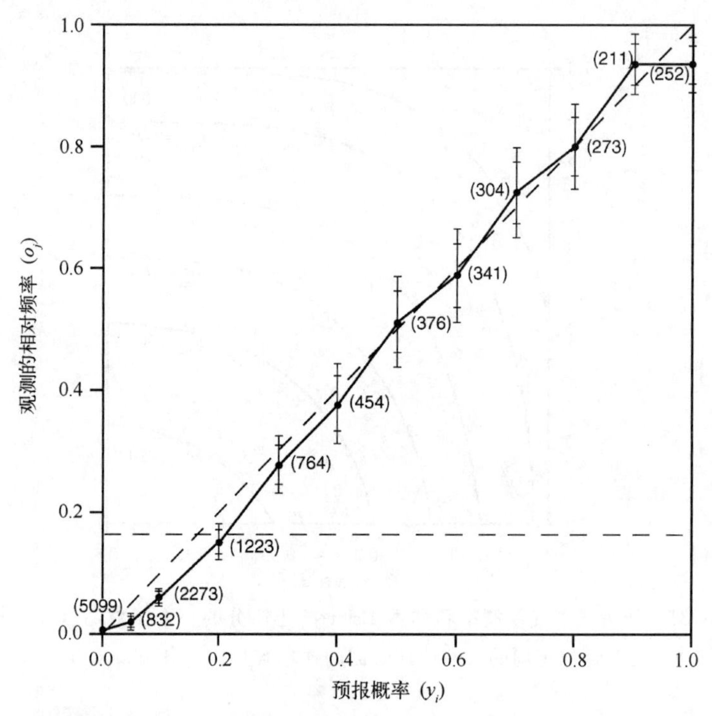

图 8.32　表 8.2 中降水概率资料的可靠性图，在每个条件概率估计上用式(8.76)计算的 95%的置信区间。更靠内的置信界限属于单独的点，而外部的界限是联合庞费洛尼（式(11.53)）置信界限。原始的子样本容量 N_i 在括号中显示。1∶1 的完美可靠性和水平的“无分辨率”线是虚线。

计算可靠性图上点置信区间的另一种方法，已经由 Brocker 和 Smith(2007b)提出来了。为了在完美可靠性的原假设下评估观测条件相对频率的似然性，使用说明 I 个箱体(bins)中预报数目随机性的自助法，它们在可靠性图的点在 1∶1 对角线上的垂直影射附近画了“一致性横线(bars)”。

8.10.5　再抽样检验统计量

抽样分布未知的检验统计量的抽样特征是经常引人关注的。或者，关注的是本节中前面讨论的检验统计量的抽样特征，但是不满足独立抽样的假设。这两种情况中，对预报检验统计量的统计推断都可以通过再抽样检验进行处理，正如第 5.3.3 节到第 5.3.5 节中描述的。这些步骤是非常灵活的，而具体例子中使用的再抽样算法将依赖于具体背景。

对检验统计量抽样分布的位置来说，如果独立性可以被合理假定，那么常规的置换（见

第5.3.4节)或自助法(见第5.3.4节)检验的实现是简单易懂的。预报检验中自助法说明性的例子,可以在Brocker和Smith(2007b)、Roulston和Smith(2003)及Wilmott等(1985)的文献中找到。Bradley等(2003)使用自助法评估式(8.4)中可靠性和分辨率项的抽样分布,使用的资料是表8.2中的降水概率资料。Déqué(2003)对多种检验统计量使用了置换检验。

当被再抽样的资料表现出空间和/或时间相关时,出现了特别的问题。空间相关的一个典型原因是资料(即预报和观测的图)在多个地点同时发生。Hamill(1999)描述了两个预报系统成对比较的置换检验,空间集中预报误差的非独立性问题已经通过空间汇集(poding)消除了。Livezey(2003)发现,如果再抽样对象是整张图,而不是相互独立再抽样的单个点,那么空间相关对再抽样检验统计量的影响可以自动解决。同样,通过使用滑动块自助法(见第5.3.5节),预报检验统计量中时间相关的影响也可以得到解决。滑动块自助法同样可以应用到标量资料(例如,在一个地点的单个的预报-观测对,它们可以是自相关的)或预报和观测的整个自相关图(Wilks,1997b)。Pinson等(2010)应用一种基于谱的(即,数学上基于来自第9章的概念)再抽样程序,来解决可靠性图上序列相关的影响。

8.11　习题

8.1　对表8.2中的预报检验资料:

a. 重建联合分布 $p(y_i, o_j)$,$i=1,\cdots,12$;$j=1,2$。

b. 计算非条件(样本气候的)概率 $p(o_1)$。

8.2　如果表8.2中的概率预报,用阈值概率0.25变换为非概率的降水/无降水(rain/no rain)预报,那么构建2×2的列联表。

8.3　使用来自习题8.2的列联表,计算:

a. 正确比例。

b. 罚分(TS)。

c. Heidke技巧评分。

d. Peirce技巧评分。

e. Gilbert技巧评分。

8.4　对表8.7中的事件 o_3(3～4 in的雪)计算:

a. 罚分(TS)。

b. 命中率。

c. 空报率。

d. 偏差率。

8.5　使用表8.7中的4×4列联表,计算:

a. 预报和观测的联合分布。

b. 正确比例。

c. Heidke技巧评分。

d. Peirce技巧评分。

表 8.7 1983/1984 到 1988/1989 年的冬季期间美国东部地区雪量预报的 4×4 列联表。事件 o_1 是 0～1 in，o_2 是 2～3 in，o_3 是 3～4 in，o_4 是≥6 in。

	o_1	o_2	o_3	o_4
y_1	35 915	477	80	28
y_2	280	162	51	17
y_3	50	48	34	10
y_4	28	23	185	34

引自 Goldsmith(1990)。

8.6 对表 A.1 中 1987 年 1 月伊萨卡(Ithaca)最高温度的持续性预报(即 1 月 2 日的预报为 1 月 1 日的观测，等等)计算：

a. MAE。

b. RMSE。

c. ME(偏差)。

d. 根据 RMSE，关于样本气候的技巧。

8.7 使用表 8.8 归纳的假设的 PoP 预报集合：

a. 计算 Brier 评分。

b. 计算(样本)气候预报的 Brier 评分。

c. 计算关于样本气候的预报技巧。

d. 绘制可靠性图。

8.8 对表 8.8 中假设的预报资料：

a. 计算联合分布 $p(y_i, o_j)$ 的基于似然比率的因式分解。

b. 绘制判别图。

c. 绘制 ROC 曲线。

d. 检验 ROC 曲线下的面积是否显著大于 1/2。

表 8.8 1 000 个降水概率预报的假设检验资料。

预报概率 y_i	0.00	0.10	0.20	0.30	0.40	0.50	0.60	0.70	0.80	0.90	1.00
预报次数	293	237	162	98	64	36	39	26	21	14	10
降水出现的次数	9	21	34	31	25	18	23	18	17	12	9

8.9 对表 8.9 中假设的 3 类降水量的概率预报：

a. 计算平均的 RPS。

b. 计算关于样本气候的预报的 RPS 技巧。

c. 计算平均的无知评分。

表 8.9 500 个降水量概率预报的假设检验。

下列区间的预报概率			预报时段检验的数目		
<0.01 in	0.01～0.24 in	≥0.25 in	<0.01 in	0.01～0.24 in	≥0.25 in
0.8	0.1	0.1	263	24	37
0.5	0.4	0.1	42	37	12

续表

下列区间的预报概率			预报时段检验的数目		
<0.01 in	0.01～0.24 in	≥0.25 in	<0.01 in	0.01～0.24 in	≥0.25 in
0.4	0.4	0.2	14	16	10
0.2	0.6	0.2	4	13	6
0.2	0.3	0.5	4	6	12

8.10　对图 8.33 中假设的预报和观测的 500 hPa 场：

a. 计算 S1 评分，比较南北向和东西向的 24 对梯度。

b. 计算 MSE。

c. 对 MSE 计算关于气候场的技巧评分。

d. 计算中心化的 AC。

e. 计算非中心化的 AC。

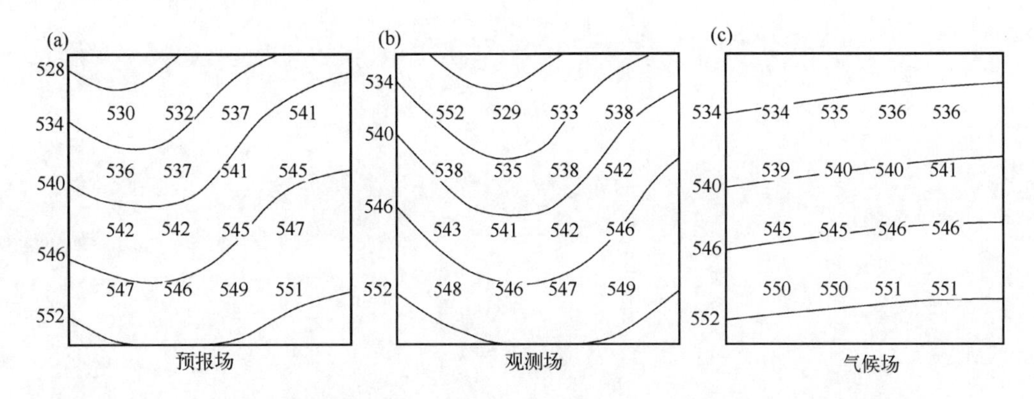

图 8.33　在一个小区域假设的预报(a)、观测(b)和气候平均的(c)500 hPa 高度场(dam)，并且插值到 16 个点的网格上。

8.11　表 8.10 显示了一批 20 个假设的集合预报和相应的观测，每个集合有 5 个成员。

a. 绘制检验的秩柱状图。

b. 定性地诊断预报集合的样本的性能。

8.12　使用习题 8.1 的结果，构建表 8.2 中检验资料的 VS 曲线。

表 8.10　一批(20 个)假设的集合预报(集合成员数为 5)和相应的观测。

例子	成员 1	成员 2	成员 3	成员 4	成员 5	观测
1	7.9	7.3	5.5	6.9	8.3	7.7
2	7.4	5.6	8.2	5.8	6.1	9.4
3	9.5	8.3	10.5	8.9	6.1	8.7
4	6.1	7.8	5.1	10.4	4.9	3.4
5	6.3	5.8	5.1	6.0	4.1	7.3
6	8.1	6.8	1.8	6.7	10.5	8.2
7	4.4	5.6	7.7	6.0	7.0	4.3
8	5.9	3.0	4.4	7.2	9.1	7.0
9	5.2	5.7	5.3	6.0	7.5	4.1

续表

例子	成员 1	成员 2	成员 3	成员 4	成员 5	观测
10	2.7	6.6	5.8	7.5	5.1	8.3
11	6.6	5.2	5.3	5.5	3.2	4.7
12	6.7	6.0	8.6	7.7	4.8	8.7
13	8.9	1.3	5.9	7.3	6.3	8.5
14	8.5	5.0	4.6	7.6	1.4	4.8
15	9.2	4.4	8.9	5.3	6.5	9.5
16	2.7	8.7	3.4	7.6	5.1	4.3
17	4.1	7.0	7.5	7.2	7.0	5.4
18	7.7	4.7	5.7	5.7	6.8	2.1
19	6.7	7.4	6.2	5.3	5.8	3.3
20	4.4	3.3	1.9	5.4	6.6	7.4

第9章 时间序列

9.1 背景

本章将介绍描述和分析资料序列时间变化的方法。我们经常遇到的资料集由大气变量连续的现实组成。当资料的时间顺序对该资料的信息内容很重要时,用时间序列方法总结和分析是适合的。

正如前面已经举例说明的,由相对较短的时段分隔开的大气观测资料的倾向趋势是相似或相关的。分析和描述这些时间上关系的性质,对理解大气过程及对预报将来的大气事件是有用的。如果可以对时间序列资料做出正确的统计推断(见第5章),那么必须要解释这些关系。

9.1.1 平稳性

当然,我们不认为资料序列未来的值与已经存在的观测资料的某个序列是完全相同的。然而,在很多场合中,假定它们的统计性质相同可能是非常合理的。时间序列过去和未来的值在统计上类似的概念,是被称为*平稳性*的一种非正式的表达。在这个意义上,平稳性意味着资料序列的平均值和自协方差函数(式(3.35))不随时间改变。平稳资料序列的不同时间段(例如,到目前为止观测的资料和未来观测的资料)具有相同的平均值、方差和协方差。而且,在一个平稳序列中,变量之间的相关性(即式(3.33)中的滞后 k)只由它们时间上的间隔而不是它们的绝对位置确定。性质上,一个平稳序列的不同部分统计上相似,即使个体资料值是完全不同的。协方差的平稳性是比严格平稳限制更少的假设,这意味着序列中变量的全部联合分布不随时间改变。关于平稳性概念的更多技术讲解可以在文献(比如 Fuller(1996)或 Kendall 和 Ord(1990))中找到。

分析时间序列的大部分方法,都假定资料是平稳的。然而,很多大气过程显然是不平稳的。非平稳大气资料序列明显的例子,是那些具有年或日循环的序列。例如,在中高纬气候中,温度通常展示了很强的年循环,1月温度分布的平均值与7月很不相同。同样,风速的时间序列常常具有日循环,物理上,这来自静力稳定中的日变化对向下的动量输送强加了一个日循环。

处理非平稳序列存在两种方法。这两种方法,都针对随后允许合理地假定平稳性的方式来处理资料。第一种方法,是在数学上变换非平稳资料为近似平稳。例如,在服从年循环的资料中,减掉一个周期平均函数,可能产生有常数(零)平均值的转换的资料序列。为了产生有常数平均值和方差的序列,进一步转换这些距平到标准化距平(式(3.23)),可能是必需的,即,在距平序列值中除以也随年循环变化的标准差。冬季温度不仅趋向于更冷,而且温度的变率也倾向于更高。这样(例如年)循环被去除后变平稳的资料被说成是具有*循环平稳性*。转换月循环温度序列为(至少近似)平稳序列的一种可能方法,是计算12个月的平均值和12个月的标准差值,然后对相应的月,把不同的平均值和标准差应用到式(3.23)。这是图3.14中用来构建 SOI 值时间序列的第一步。

资料变换的另一种方法是对资料分类。即,我们可以用那些足够短,可以看作为几乎平稳的资料记录的子集进行单独的分析。在一个给定的地点,我们可以对所有可用的 1 月记录,分析日观测,假定 31 d 资料记录的每一个来自相同的物理过程,而不必假定那个过程与 7 月或者甚至 2 月的资料相同。

9.1.2 时间序列模型

时间序列性质的描述经常通过调用资料变化的数学模型来实现。如果已经得到了观测资料集的一个时间序列模型,那么这个模型可以看作为生成这个资料的一个可能过程或算法。资料集时间变化的数学模型,允许根据几个参数简洁地表示资料的特征。这种方法完全类似于第 4 章中概率模型参数概率分布的拟合。区别是第 4 章中的分布不考虑资料的排序,而时间序列模型专门描述排序的性质。这样对一个具体的应用,当资料值的时间排序重要时,时间序列方法是合适的。

把一个观测的时间序列,看作为由一个理论的(模型)过程生成是方便的,因为它允许从现有的有限资料中推断将来还没观测到的时间序列值的特征。调用平稳性的假定,那么时间序列将来的值应该也能够显示由这个模型包含的统计性质,所以模型生成过程的性质可以用来推断序列尚未观测值的特征。

9.1.3 时域方法与频域方法

时间序列分析有两种基本方法:时域分析和频域分析。尽管这两种方法看起来似乎完全不同,但它们不是独立的。相反,在数学上它们是相互联系并且互补的。

时域方法是寻求与资料序列观测和报告相同的术语来描述资料序列。时域方法中,描述资料值之间关系特征的一个主要工具是自协方差函数。数学上,时域分析在与资料值相同的空间中进行。本章中有单独的几节描述使用离散和连续资料的不同时域方法。这里的离散和连续与第 4 章中相同:离散随机变量只允许取有限(或者可能可数无限的)数量的值,而连续随机变量可以取定义范围内无穷多的实数值。

频域分析是根据不同时间尺度或特征频率的贡献表示资料序列。最常见的是每个时间尺度通过一对正弦和余弦函数表示。在这类例子中,总的时间序列,被看作为由以不同速度振荡的一组正弦和余弦波的组合构成。这些波的加和再现了原始资料,但我们关心的经常是单个分量波的相对强度。频域分析发生在由正弦和余弦波的集合定义的数学空间中。即,这样的频域分析,包括 n 个原始资料值到乘以相等数量周期(正弦和余弦)函数系数的变换。第一次接触,这个过程可能显得很奇怪,并且很难理解。然而,频域方法被应用到大气时间序列分析中,并且从频域分析中可以获得很多重要的认识。

9.2 时域——I. 离散资料

9.2.1 马尔科夫链

回顾前面所讲,离散随机变量是从一个定义为有限的或可数无限的集合中,可以唯一取值的变量。用来表示离散变量的时间序列,最常用的模型或随机过程被称为马尔科夫链。马尔科夫链可以想象为基于一个模型系统的一批"状态"。每个状态对应于描述正被讨论的随机变量的样本空间的 MECE 分区的一个元素。

对每个时间周期,其长度等于时间序列中观测值之间在时间上的间隔,马尔科夫链或者保持相同的状态或者改变到其他状态之一。在相同状态中,保持着对应于时间序列中离散随机变量相同值的两个顺序观测,而状态的变化意味着不同时间序列的两个顺序值。

马尔科夫链的行为由这些转移的一组概率(被称为*转移概率*)控制。转移概率是指定系统在下一个时间周期内每个可能状态的条件概率。最简单的形式被称为一阶马尔科夫链,因为控制下一个状态的转移概率,只依赖于系统当前的状态。即,知道系统当前的状态和导致当前状态的一系列状态,关于下一个观测时间状态的概率分布,没有给出比只有当前状态的知识更多的信息。一阶马尔科夫链的这个特征被称为*马尔科夫性*(无后效性),可以用公式正式地表示为

$$\Pr\{X_{t+1} \mid X_t, X_{t-1}, X_{t-2}, \cdots, X_1\} = \Pr\{X_{t+1} \mid X_t\} \tag{9.1}$$

将来状态的概率依赖于目前的状态,但是不依赖于模型系统到达目前状态的特定方式。例如,根据观测资料的时间序列,马尔科夫性意味着明天资料值的预报可以基于今天的观测做,而知道昨天的资料值则不会给出更多的有用信息。

马尔科夫链的转移概率是条件概率,即,存在属于当前每个可能状态的一个条件概率分布,而这些分布指定了下一个时间周期中状态的概率。这些概率有条件地依赖于当前状态转移概率的不同可能性。这些分布经常不同的原因是马尔科夫链可以表示大气变量序列相关或持续性能力的本质。如果不管现在是什么状态,将来状态的概率都是相同的,那么时间序列由独立值组成。这类例子中在即将来临的时间段内,任何给定的状态发生的概率,不会受到当前时间段内一个特定状态发生或不发生的影响。如果被模拟的时间序列展示了持续性,那么系统保持在一个给定状态的概率比从其他状态到达那个状态的概率更高,并且比相应的非条件概率更高。

如果马尔科夫链的转换概率不随时间变化并且都不为 0,那么得到的时间序列将是平稳的。模拟非平稳的资料序列,例如展示了年循环的资料,可能要求转移概率也随年循环变化。描述这种非平稳性的一种方式,是按照一些平滑的周期曲线(比如余弦函数)指定概率变化。对循环的几乎平稳的部分,例如 4 个由 3 个月组成的季节,或 12 个日历月,可以使用不同的转移概率。

在下面的几节中,马尔科夫链的某几个种类,被更具体但相对非正式地描述。更正式和全面的介绍在 Feller(1970)、Karlin 和 Taylor(1975)或 Katz(1985)的文献中可以找到。

9.2.2 两状态的一阶马尔科夫链

最简单的离散随机变量是二分类(yes/no)事件。二分类离散随机变量独立(没有显示序列相关)值的平稳序列的行为由二项分布(式(4.1))描述。即,系列独立的事件,时间上的排序是不重要的,所以其行为的时间序列模型,没有给出比二项分布更多的信息。

两状态的马尔科夫链是二元事件持续性的统计模型。在给定的一天降水发生或不发生是二元随机事件一个简单的气象例子,而一个特定的地点,每天观测的"下雨"和"不下雨"序列,组成了一个时间序列。考虑一个序列,如果在第 t 天降水发生,随机变量取值 $x_t=1$;而如果降水不发生,则 $x_t=0$。对表 A.1 中 1987 年 1 月伊萨卡(Ithaca)的降水资料,这个时

间序列由表 9.1 中的值组成。即，$x_1=0$，$x_2=1$，$x_3=1$，$x_4=0$，…，$x_{31}=1$。这个序列的数字 1 和 0，很明显倾向于在时间上聚类。正如例 2.2 中举例说明的，这个聚类是时间序列中存在序列相关的一个表达。即，1 在 1 之后的概率，显然比 1 在 0 之后的概率更高，而 0 在 0 之后的概率，显然比 0 在 1 之后的概率更高。

表 9.1　从表 A.1 中 1987 年 1 月伊萨卡(Ithaca)降水资料导出的不连续随机变量的时间序列。报告非零降水的那些天 $x_t=1$，零降水的那些天 $x_t=0$。

日期，t	1	2	3	4	5	6	7	8	9	10	11	12	13	14	15	16	17	18	19	20	21	22	23	24	25	26	27	28	29	30	31
x_t	0	1	1	0	0	0	0	1	1	1	1	1	1	1	1	0	0	0	0	1	0	0	1	0	0	0	0	0	1	1	1

对这种资料，一个常见的并且很好用的随机模型是两状态一阶马尔科夫链。对二分类事件来说，两状态马尔科夫链是很自然的，因为这两个状态的每一个属于两个可能资料值中的一个。一阶马尔科夫链有下面的性质，即时间序列中控制每个观测值的转换概率，只依赖于时间序列前面成员的值。

图 9.1 示意性地举例说明了两状态一阶马尔科夫链的本质。为了帮助整理有关概念，以与表 9.1 中的资料一致的方式标注这两个状态。对时间序列的每个值，随机过程或者在状态 0(没有降水发生，$x_t=0$)，或者在状态 1(降水发生，$x_t=1$)。在每个时间步，这个过程或者停留在相同的状态，或者转变到其他状态。因此，相应于干天在干天之后(p_{00})、湿天在干天之后(p_{01})、干天在湿天之后(p_{10})和湿天在湿天之后(p_{11})的 4 种截然不同的转换。在图 9.1 中，这 4 种转换用适当的转移概率标注的箭头表示。这里符号是这样的，概率上的第一个下脚标是 t 时刻的状态，而第二个下脚标是$t+1$时刻的状态。

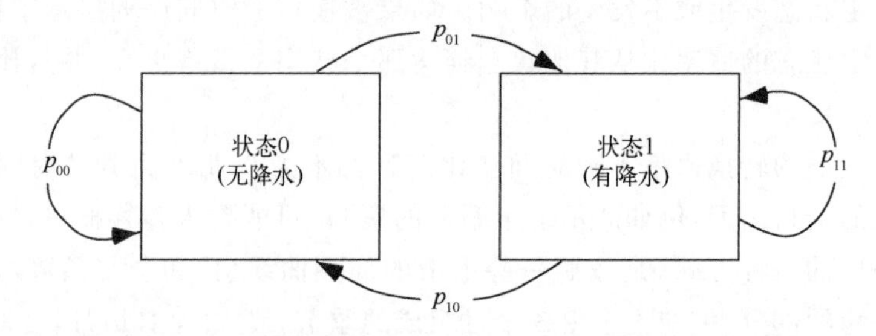

图 9.1　每天降水发生或不发生的两状态马尔科夫链的图示。

图中，两个状态中没有降水标注为“0”，而发生降水标注为“1”。对一阶马尔科夫链来说，有 4 个转移概率控制下一个时段中系统的状态。因为这 4 个概率是成对的条件概率，$p_{00}+p_{01}=1$ 和 $p_{10}+p_{11}=1$。展示了正序列相关的不同天降水发生的量，$p_{01}<p_{00}$ 和 $p_{01}<p_{11}$。

转移概率是给定 t 时刻的状态(例如，今天降水是否发生)在 $t+1$ 时刻状态(例如，明天降水是否发生)的条件概率。即：

$$p_{00}=\Pr\{X_{t+1}=0\mid X_t=0\} \tag{9.2a}$$

$$p_{01}=\Pr\{X_{t+1}=1\mid X_t=0\} \tag{9.2b}$$

$$p_{10}=\Pr\{X_{t+1}=0\mid X_t=1\} \tag{9.2c}$$

和

$$p_{11}=\Pr\{X_{t+1}=1\mid X_t=1\} \tag{9.2d}$$

式(9.2a)和式(9.2b)一起定义了给定 t 时刻的 $X_t=0$ 时 $t+1$ 时刻时间序列值的条件概率分布。

同样,式(9.2c)和式(9.2d)表达了给定当前值 $X_t=1$ 时时间序列下一个值的条件概率分布。

注意式(9.2)中的4个概率给出了一些冗余信息。假设马尔科夫链处于 t 时刻的一种状态或另一种状态中,X_{t+1} 的样本空间只由两个 MECE 事件组成。因此,$p_{00}+p_{01}=1$ 和 $p_{10}+p_{11}=1$,所以实际上,只需要关注每对转换概率中的一个,比方说 p_{01} 和 p_{11}。特别是,对两状态一阶马尔科夫链,只估计两个参数就足够了,因为两对条件概率必须加起来等于1。参数计算程序,通常简单地由计算条件相对频率组成,这得到了最大似然估计(MLEs)

$$\hat{p}_{01}=\frac{0\text{后面为}1\text{的数目}}{0\text{的总数}}=\frac{n_{01}}{n_{0\cdot}}=\frac{n_{01}}{n_{00}+n_{01}} \tag{9.3a}$$

和

$$\hat{p}_{11}=\frac{1\text{后面为}1\text{的数目}}{1\text{的总数}}=\frac{n_{11}}{n_{1\cdot}}=\frac{n_{11}}{n_{10}+n_{11}} \tag{9.3b}$$

式中 n_{01} 是从状态0转换到状态1的数目,n_{11} 是序列中存在两个连续1的数目,$n_{0\cdot}$ 是时间序列中0被另一个资料点跟随的数目,而 $n_{1\cdot}$ 是序列中1被另一个资料点跟随的数目。即,下脚标·表示由这个符号替换指标时的总数,所以 $n_{1\cdot}=n_{10}+n_{11}$ 和 $n_{0\cdot}=n_{00}+n_{01}$。式(9.3a)陈述了通过只考虑时间序列中 $X_t=0$ 资料值之后 $X_{t+1}=1$ 的条件相对频率估计参数 p_{01}。类似地,估计 $X_{t+1}=1$ 的点在 $X_t=1$ 的点之后的比例 p_{11}。$n_{0\cdot}$ 和 $n_{1\cdot}$ 这些有点费力的定义说明了有限样本中的边缘效应。时间序列中最后的点,不计算在式(9.3a)或式(9.3b)无论哪一个的分母中,因为在它之后没有可用的资料值被吸收进分子的计数中。这些定义也包含了遗漏值的例子,并且对样本进行了分类,例如30年的1月份资料。

式(9.3)暗含了两状态一阶马尔科夫链的参数估计,等价于拟合两个伯努利分布(即 $N=1$ 的伯努利分布)。这些二项分布的一个属于时间序列中前面为0的点,而另一个描述了时间序列中前面为1的点。知道这个过程当前在状态0(即今天没有降水),事件 $X_{t+1}=1$ 的概率分布(明天有降水),只是 $p=p_{01}$ 的二项分布(式(4.1))。二项分布的第二个参数是 $N=1$,因为每个时步只有一个资料点。同样地,如果 $X_t=1$,那么事件 $X_{t+1}=1$ 的概率分布是 $N=1$ 和 $p=p_{11}$ 的二项分布。平稳马尔科夫链的条件二分类事件满足第4章中列出的二项分布的要求。对平稳过程来说概率不随时间变化,并且由于马尔科夫链的性质,时间序列当前值的条件满足二项分布的独立性假设。允许被表示的资料序列存在时间依赖性的是两个伯努利分布的拟合。

对由马尔科夫链描述的时间序列来说,某些性质被暗含其中。这些性质由转移概率的值控制,并且可以用它们进行计算。首先,相对于两状态马尔科夫链事件的长程(long run)相对频率,被称为平稳概率。对描述降水每天发生或不发生的一阶马尔科夫链来说,降水的平稳概率是 π_1,对应于降水的(无条件)气候概率。根据转移概率 p_{01} 和 p_{11},

$$\pi_1=\frac{p_{01}}{1+p_{01}-p_{11}} \tag{9.4}$$

对状态0来说,平稳概率为 $\pi_0=1-\pi_1$。正序列相关或持续性的一般情况,产生了 $p_{01}<\pi_1<p_{11}$。应用到日降水的发生,这个关系意味着湿天在干天之后的条件概率小于总的气候相对频率,而总的气候相对频率小于湿天在湿天之后的概率。

转换概率也暗含了二元时间序列的序列相关或持续性的特定程度。根据转换概率,二元事件序列滞后1的自相关(式(3.32))简单地为

$$r_1=p_{11}-p_{01} \tag{9.5}$$

在马尔科夫链的背景中,r_1 有时被称为持续性参数。随着相关系数 r_1 的增加,p_{11} 和 p_{01} 之间

的差值扩大，所以状态 1 越来越可能在状态 1 之后，而越来越不可能在状态 0 之后。即，对 0 和 1 在时间上聚类或在运行中发生的情况有增加的倾向。不包含自相关的时间序列可以由 $r_1 = p_{11} - p_{01} = 0$ 或 $p_{11} = p_{01} = \pi_1$ 描述。在这个例子中，由式(9.2)指定的两个条件概率分布是相同的，而时间序列只是一串独立的伯努利分布的现实。伯努利分布可以看作为定义了一个两状态的 0 阶马尔科夫链。

一旦马尔科夫链的状态改变了，它在新状态保持的时间周期的数量是一个有概率分布函数的随机变量。因为条件独立性意味着是条件伯努利分布，对相同状态或"轮休长度"中连续时间周期来说，这个概率分布函数将是几何分布(式(4.5))，对 0(干期)的序列 $p = p_{01}$，而对 1(湿期)的序列 $p = p_{10} = 1 - p_{11}$。

对一阶马尔科夫链来说，完整的自相关函数容易从式(3.33)滞后 1 的自相关 r_1 中得到。因为马尔科夫属性，所以由 k 个时步分开的时间序列成员之间的自相关只是滞后 1 的自相关乘以它本身 k 次，

$$r_k = (r_1)^k \tag{9.6}$$

常见的错误概念是在被多于一个时间周期分隔开的一阶马尔科夫链中的马尔科夫性包含的数值的独立性。式(9.6)显示了相关性以及随着滞后的增加时间序列中元素之间的统计依赖性变得越来越小，但不会正好等于 0，除非 $r_1 = 0$。相反，马尔科夫性意味着由多于一个时间周期分隔开的资料值的条件独立性，正如式(9.1)所表达的。给定 x_t 的一个特定值，$x_{t-1}, x_{t-2}, x_{t-3}$ 等不同的可能取值不影响 x_{t+1} 的概率。然而，例如 $\Pr\{x_{t+1}=1 | x_{t-1}=1\} \neq \Pr\{x_{t+1}=1 | x_{t-1}=0\}$，表示由多于一个时间周期分隔开的一阶马尔科夫链的成员之间的统计依赖性。换句话说，不是马尔科夫链没有对过去的记忆，而是只有最近的过去才起作用。

9.2.3 独立性检验与一阶序列依赖性检验

即使一系列的二元资料由产生系列独立值的原理所生成，那么从一个有限样本中计算的样本滞后 1 的自相关(式(3.32))也不可能正好为 0。为了研究一个二元资料序列样本自相关的统计显著性，可以计算类似于 χ^2 的拟合优度检验(式(5.14))。这个检验的原假设为资料序列是独立的(即，资料是独立的伯努利变量)，备择假设是这个序列由一阶马尔科夫链生成。

检验基于与原假设下期望的转换数量有关的观测转换计数 n_{00}, n_{01}, n_{10} 和 n_{11} 的列联表。在期望计数的边缘总数与观测转换相同的约束下，相应的期望计数 e_{00}, e_{01}, e_{10} 和 e_{11} 从观测转换计数中计算。比较示意在图 9.2 中，该图显示了观测的转换计数(a)和独立的原假设下期望的那些计数(b)所有的列联表。例如，转换计数 n_{00} 是指定了时间序列中 0 的连续对的数量。这涉及联合概率 $\Pr\{X_t = 0 \cap X_{t+1} = 0\}$。在独立的原假设下，这个联合概率只是两个事件概率或相对频率项的积 $\Pr\{X_t = 0\}\Pr\{X_{t+1} = 0\} = (n_{0\cdot}/n)(n_{\cdot 0}/n)$。这样，相应的期望转换计数的数量简单地为这个积乘以样本大小，或者为 $e_{00} = (n_{0\cdot})(n_{\cdot 0})/n$。更一般地为

$$e_{ij} = \frac{n_{i\cdot} n_{\cdot j}}{n} \tag{9.7}$$

检验统计量用下式根据观测和期望的转换计数进行计算

$$\chi^2 = \sum_i \sum_j \frac{(n_{ij} - e_{ij})^2}{e_{ij}} \tag{9.8}$$

其中，对适合二分类资料的 2×2 列联表来说，这个加和是 $i=0$ 到 1 和 $j=0$ 到 1。即，对图 9.2 中 4 对列联表单元的每一个式(9.8)中存在一个单独的项。注意式(9.8)类似于式(5.14)，n_{ij}

是观测的计数，而 e_{ij} 是期望的计数。在原假设下，检验统计量服从自由度 $v=1$ 的 χ^2 分布。自由度参数的这个值是合适的，因为假设边缘总数是固定的，那么任意指定转换计数中的一个，则其他 3 个就完全确定了。

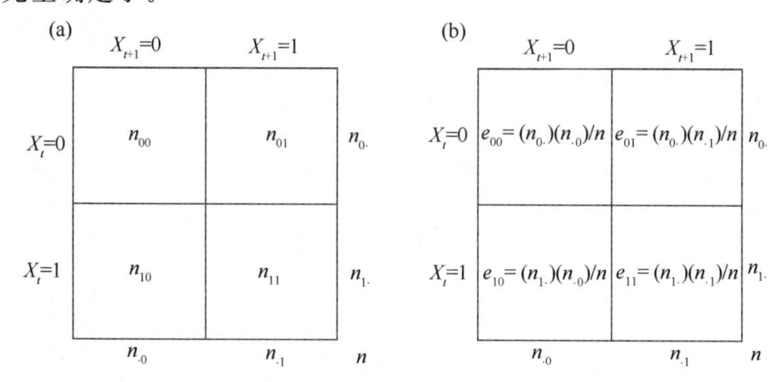

图 9.2 (a)一个二元事件序列观测的转换计数 n_{ij} 和(b)如果事件序列实际上由相同边缘总数的序列独立值组成，其期望的转换计数 e_{ij} 的列联表。转换计数用黑体字显示，而边缘总数用普通字体显示。

式(9.8)中的分子被平方的事实意味着在原假设分布的左尾检验统计量的值有利于 H_0，因为检验统计量的小值是由类似大小的成对的观测和期望的转换计数产生的。因此，检验是单侧的。与一个特定检验有关的 p 值，可以用表 B.3 中的 χ^2 分位数估计。

例 9.1 拟合一个两状态的一阶马尔科夫链

考虑用一阶马尔科夫链拟合表 A.1 中 1987 年 1 月伊萨卡(Ithaca)的降水序列，导出表 9.1 中的时间序列。式(9.3)中的参数估计，容易从转换计数中得到。例如，表 9.1 的时间序列中，在 0 之后为 1 的数量是 $n_{01}=5$。类似地，$n_{00}=11$，$n_{10}=4$，$n_{11}=10$。对转换概率(式(9.3))来说，得到的样本估计是 $p_{01}=5/16=0.312$ 和 $p_{11}=10/14=0.714$。注意，这些与例 2.2 中计算的条件概率相同。

使用表 9.1 中资料拟合一阶马尔科夫链时，是否正确可以用式(9.8)中的 χ^2 检验进行研究。这里原假设是这些资料来自一个独立的(即伯努利)过程，而必须被计算的期望的转换计数 e_{ij} 是与这个原假设一致的那些。可以从边缘总数 $n_{0\cdot}=11+5=16$，$n_{1\cdot}=4+10=14$，$n_{\cdot 0}=11+4=15$ 和 $n_{\cdot 1}=5+10=15$ 得到。期望的转换计数，容易计算得到 $e_{00}=(16)(15)/30=8$，$e_{01}=(16)(15)/30=8$，$e_{10}=(14)(15)/30=7$ 和 $e_{11}=(14)(15)/30=7$。注意，期望的转换计数，通常是相互不同的，而且不必是整数值。

计算式(9.8)中的检验统计量，我们得到 $\chi^2=(11-8)^2/8+(5-8)^2/8+(4-7)^2/7+(10-7)^2/7=4.82$。这个结果与参考的原假设不同的程度可以借助于表 B.3 进行评估。看 $v=1$ 的行，我们找到了位于适当的 χ^2 分布的第 95 和第 99 分位数之间的结果。这样，即使对这个相当小的样本大小，序列独立的原假设也将在 5%的水平上被拒绝，尽管没有达到 1%的水平。

由这个资料样本展示的持续性程度，可以用滞后 1 的自相关的持续性参数进行描述，$r_1=p_{11}-p_{01}=0.714-0.312=0.402$。这个值也可以通过式(3.32)对表 9.1 中的 0 和 1 的序列运算得到。假定一阶马尔科夫链不独立，那么这也意味着通过式(9.6)的完整的自相关函数不独立。图 9.3 显示了这个马尔科夫过程暗含的理论相关函数(由虚线表示)前几个滞后与由实线表示的样本自相关函数非常一致。这个一致性给出了一阶马尔科夫链适合作为资料序列模型的定性支持。

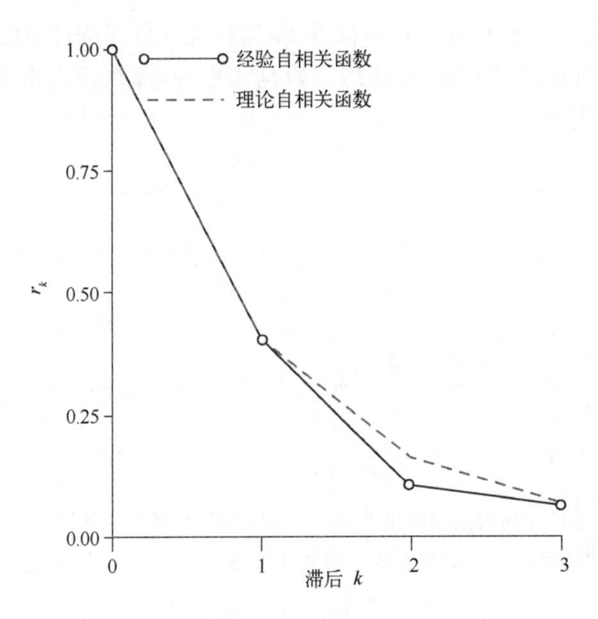

图 9.3 1987 年 1 月伊萨卡(Ithaca)二元降水发生序列的样本自相关函数,表 9.1(有圆圈的实线)和由拟合的一阶马尔科夫链模型(式(9.6))指定的理论上的自相关函数(虚线)。对 $k=0$ 来说,相关系数为 1,因为无滞后的资料与其自身是完美相关的。

最后,用式(9.4),按照马尔科夫链模型,这个资料暗含的降水的平稳(即气候的)概率是 $\pi_1=0.312/(1+0.312-0.714)=0.522$。这个值与通过计数表 9.1 中序列的最后 30 个值中 1 的数量得到的相对频率 $16/30=0.533$ 非常接近。

9.2.4 两状态马尔科夫链的一些应用

马尔科夫链的一个令人感兴趣的应用是用计算机生成人造降水序列。随机二元数字的时间序列,统计上类似于真实降水发生的资料,可以用马尔科夫链算法生成。为了生成统计上与表 9.1 中的资料类似的数字序列,例如,例 9.1 中估计的参数 $p_{01}=0.312$ 和 $p_{11}=0.714$,可以与一个均匀的[0,1]随机数生成器(见第 4.7.1 节)一起使用。人造序列可以从平稳概率 $\pi_1=0.522$ 开始。如果第一个被生成的均匀数字小于 π_1,那么 $x_1=1$,意味着第一个模拟日是有雨的。对序列中随后的值,每一个新的均匀随机数将与适当的转换概率进行比较,依赖于最近 t 天生成的数字是湿还是干。即,如果 $x_t=0$,那么转换概率 p_{01} 将被用来生成 x_{t+1},而如果 $x_t=1$,那么转换概率 p_{11} 将被用来生成 x_{t+1}。如果下一个均匀的随机数小于转换概率,那么湿日($x_{t+1}=1$)被模拟,否则干日($x_{t+1}=0$)被模拟。因为对日发生降水的资料来说,通常 $p_{11}>p_{01}$,所以相比于干日模拟的湿日更可能跟随湿日,正如真实资料序列中的例子。

模拟降水发生的马尔科夫链方法可以被扩展到包括日降水量的模拟。这可以通过采用对非零降水量的被称为不独立链过程的统计模型实现,得到在马尔科夫链上定义的一系列随机变量(Katz, 1977;Todorovic and Woolhiser, 1975)。通常伽马分布(见第 4 章)被拟合到资料记录中湿日的降水量(如:Katz, 1977;Richardson, 1981;Stern and Coe, 1984),尽管混合指数分布(式(4.69))对非零日降水资料经常给出更好的拟合(如:Foufoula-Georgiou and Lettenmaier, 1987;Wilks, 1999a;Woolhiser and Roldan, 1982)。计算机算法可以用来生成取自伽马分布的随机变量(如:Bratley *et al.*,1987;Johnson,1987),或者当马尔科夫链调用湿日的时候，例4.15和第4.7.5节一起可以用来从混合指数分布模拟产生人造的日降水量。连续湿日的降水量独立的默认假定，在已经研究的大部分例子中已经被证明是一个合理的近似(如：Katz，1977；Stern and Coe，1984)，但是可能不能充分地模拟可能出现的极端的多日降水事件，比如，来自一个缓慢移动的登陆飓风的降水(Wilks，2002a)。通常，马尔科夫链的转换概率和描述降水量的分布参数在年中变化。这些季节循环可以通过拟合12个日历月的每一个单独的参数集(如：Wilks，1989)，或者通过用平滑变化的正弦和余弦函数表示它们进行处理(Stern and Coe，1984)。

由模拟的日序列产生的长期降水量的性质(例如，一个月中湿日数量的月频率分布或每月总雨量)，可以根据控制每日降水序列的不独立链过程的参数进行计算。因为观测的月降水统计量是从日值计算得到的，所以月降水量的统计特征直接依赖于日降水发生数量的统计特征应该不令人感到惊讶。Katz(1977,1985)给出了指定这些关系的一些公式，这可以以多种方式使用(如：Katz and Parlange，1993；Wilks，1992，1999b；Wilks and Wilby，1999)。

最后，对日降水事件来说，马尔科夫链的另一种引人关注的观点与降水概率预报有关。预报技巧相对于一批基准或参考预报进行评估(式(8.4))。通常使用两种参考预报：一种是预报事件的气候概率，在这个例子中为π_1；或者如果是前期降水发生，那么指定概率为1，或者如果事件不发生，指定概率为0的持续预报。这些参考预报系统都不是特别精致的，并且都是容易改进的，至少对短期预报是这样。另一种更具挑战性，然而还是相当简单的可选方法是使用两状态马尔科夫链的转换概率作为参考预报。如果前期降水不发生，那么参考预报为p_{01}，而在降水的一天之后降水的条件预报概率为p_{11}。注意对表现为持续性的量来说，$0<p_{01}<\pi_1<p_{11}<1$，所以由马尔科夫链的转换概率组成的参考预报，构成了持续性(0或1)和气候(π_1)概率之间的折中。而且，这个折中的平衡，依赖于估计转换概率所基于的气候资料展示的持续性强度。一个弱持续的量，通过与π_1差别很小的转换概率来描述，而强的序列相关将产生更靠近0和1的转换概率。

9.2.5 多状态马尔科夫链

对于表示多于两个值的离散变量的时间相关，马尔科夫链也是很有用的。例如，图9.4示意了一个三状态的一阶马尔科夫链。这里三个状态被任意标为1,2和3。在每个时刻t，序列中的随机变量可以取三个值$x_t=1$，$x_t=2$或$x_t=3$中的一个，并且这些值中的每一个对应于一个不同的状态。一阶时间依赖性，意味着x_{t+1}的转换概率只依赖于状态x_t，所以存在$3^2=9$个转换概率p_{ij}。通常，对一阶s状态的马尔科夫链来说，存在s^2个转换概率。

正如两状态马尔科夫链的例子一样，多状态马尔科夫链的转换概率是条件概率。例如，图9.4中的转换概率p_{12}，是已知在时刻t状态1已经发生，在时刻$t+1$状态2将发生的条件概率。因此，在包含s个状态的马尔科夫链中，发源于每个状态的s个转换的概率，加起来必须等于1，或者对每个i值$\sum_j p_{ij}=1$。

多状态马尔科夫链转换概率的估计，是两状态链的式(9.3)公式的简单推广。这些转换概率的估计简单地从转换计数的条件相对频率得到：

$$\hat{p}_{ij}=\frac{n_{ij}}{n_{i\cdot}},\quad i,j=1,\cdots,s \tag{9.9}$$

如以前，圆点表示被替换后的下标的所有值的和，所以$n_{1\cdot}=\sum_j n_{1j}$。对图9.4中表示的$s=3$

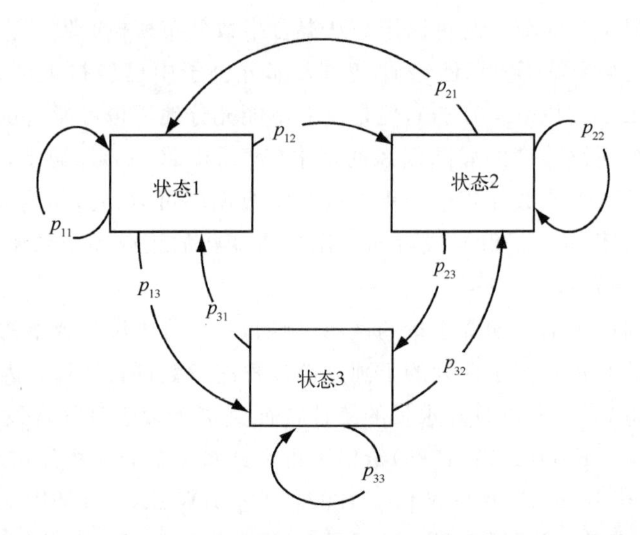

图 9.4　三状态一阶马尔科夫链的示意图。这 3 个状态之间存在 9 个可能的转换，包括时间序列中两个连续点有相同状态的可能性。一阶时间依赖性意味着转换概率只依赖于系统的当前状态或时间序列目前的值。

状态的马尔科夫链，例如，$\hat{p}_{12}=n_{12}/(n_{11}+n_{12}+n_{13})$。通常，相应于 $s=2$ 状态的例子，图 9.2a 转换计数的列联表包含 s^2 个条目。

检验在一个多状态情形中，观测的序列相关程度是否显著不同于 0，可以用式(9.8)中的 χ^2 检验来做。这里总和是对全部的 s 个可能状态的，并且包括 s^2 项。和以前一样，转换计数 e_{ij} 的期望数量用式(9.7)计算。在没有序列相关的原假设下，式(9.8)中检验统计量的分布是自由度 $v=(s-1)^2$ 的 χ^2 分布。

三状态马尔科夫链，已经被用来描述正常月之下、接近正常月和正常月之上这三者之间转换的可能性，正如由美国气候预测中心根据 Preisendorfer 和 Mobley(1984)及 Wilks(1989)的文献定义的(见例 4.9)。Mo 和 Ghil(1987)使用一个五状态的马尔科夫链描述持续的半球 500 hPa 气流类型之间的转换。

9.2.6　高阶马尔科夫链

一阶马尔科夫链经常很好地表示日降水的发生。更一般地，m 阶的马尔科夫链，其中的转换概率依赖于前面 m 个时间段中的状态。正式地，式(9.1)中表达的马尔科夫性质扩展到 m 阶马尔科夫链为

$$\Pr\{X_{t+1}|X_t,X_{t-1},X_{t-2},\cdots,X_1\}=\Pr\{X_{t+1}|X_t,X_{t-1},\cdots,X_{t-m}\} \tag{9.10}$$

例如考虑一个二阶马尔科夫链。二阶时间依赖性意味着转换概率依赖于滞后 1 和 2 两个时间段的状态(时间序列的值)。假设表示二阶马尔科夫链的转换概率需要三个下脚标：第一个表示 $t-1$ 时刻的状态，第二个表示 t 时刻的状态，第三个指定未来 $t+1$ 时刻的状态，二阶马尔科夫链的转换概率可以定义为

$$p_{hij}=\{X_{t+1}=j|X_t=i,X_{t-1}=h\} \tag{9.11}$$

通常，m 阶马尔科夫链的符号，需要关于转换数和转换概率的 $m+1$ 个下脚标。如果式(9.11)被应用到比如表 9.1 的二元时间序列，那么模型将是两状态的二阶马尔科夫链，而指标 h，i 和

j 可以取时间序列的 $s=2$ 个值，比方说 0 和 1 中的任何一个。然而，式(9.11)可以等价地应用到更大的状态数($s>2$)的离散时间序列。

正如一阶马尔科夫链的情形，转换概率估计从观测的转换数的相对频率中得到。然而，因为现在需要考虑时间上更靠后的资料值，可能的转换数随着马尔科夫链的阶数 m 成指数增加。特别是对 s 状态 m 阶的马尔科夫链，存在 $s^{(m+1)}$ 个明显不同的转换数和转换概率。特别是对 $s=2$ 状态、$m=2$ 阶的马尔科夫链，显示在表 9.2 中，作为结果的转换数的排列，以图 9.2a 的形式显示在表 9.2 中。通过诊断 $m+1$ 个资料点的连续组，转换数从观测的资料序列中被确定。例如，表 9.1 中前 3 个资料点是 $x_{t-1}=0, x_t=1, x_{t+1}=1$，这个三点组将贡献到一个转换数 n_{011}。表 9.1 中的全部资料序列，显示了 3 个这种转换，所以对这个资料集最后的转换数为 $n_{011}=3$。表 9.1 中资料集的第二个三点组，贡献到一个转换数 n_{110}。这个资料中，另外只有一个 $x_{t-1}=1, x_t=1, x_{t+1}=0$，所以最终的计数 $n_{110}=2$。

表 9.2　图 9.2a 形式的表中一个两状态二阶马尔科夫链的 $2^{(2+1)}=8$ 个转换数的排列。从一个观测时间序列中确定这些转换数，需要诊断资料值的连续三重态。

X_{t-1}	X_t	$X_{t+1}=0$	$X_{t+1}=1$	总边际数
0	0	n_{000}	n_{001}	$n_{00\cdot}=n_{000}+n_{001}$
0	1	n_{010}	n_{011}	$n_{01\cdot}=n_{010}+n_{011}$
1	0	n_{100}	n_{101}	$n_{10\cdot}=n_{100}+n_{101}$
1	1	n_{110}	n_{111}	$n_{11\cdot}=n_{110}+n_{111}$

二阶马尔科夫链的转换概率，根据转换数的条件相对频率得到：

$$\hat{p}_{hij}=\frac{n_{hij}}{n_{hi\cdot}} \tag{9.12}$$

即，指定时间序列中时刻 $t-1$ 的值是 $x_{t-1}=h$，时刻 t 的值是 $x_t=i$，时间序列的下一个值 $x_{t+1}=j$ 的概率是 p_{hij}，而这个概率的样本估计在式(9.12)中给出。正如两状态一阶马尔科夫链本质上由两个条件伯努利分布组成，两状态二阶马尔科夫链总计是 4 个条件伯努利分布，对指数 h 和 i 的 4 个不同组合的每一个，参数为 $p=p_{hi1}$。

注意表 9.1 中的小资料集，对拟合二阶马尔科夫链实际上太短了。因为这个序列中没有 $x_{t-1}=1$ 和 $x_t=0, x_{t+1}=1$(即，一个干日在一个湿日之后并且接下来还是一个湿日)的连续三点组，转换数为 $n_{101}=0$。这个 0 转换数，可能导致转换概率的样本估计 $\hat{p}_{101}=0$，虽然没有为什么湿日和干日的特定序列不可能或不应该发生的物理原因。

9.2.7　马尔科夫链阶数的选择

对表示一个特定资料序列的马尔科夫链来说，我们如何知道哪个阶 m 是合适的？一种方法是使用假设检验。例如，式(9.8)的卡方检验可以用来评估一阶马尔科夫链模型与原假设的 0 阶或二项模型相比较的合理性。这种检验的数学结构，可以被改进用来研究一阶相对二阶，或二阶相对三阶哪个更合适，但是一批这样的检验，其总体的统计显著性检验可能很难评估。这个困难的出现，部分地是因为检验的多样性问题。正如第 5.4 节中讨论的，一批同时的相关检验的最强水平，如果不是不可能也是很难评估的。

在马尔科夫链的可选阶数中，两个选择标准是常用的。这两个标准是 Akaike 信息准则

(AIC)(Akaike，1974;Tong，1975)和贝叶斯信息准则(BIC)(Katz，1981;Schwarz，1978)。在拟合的马尔科夫链转换概率的目前背景中，二者都基于对数似然函数。这些对数似然函数依赖于转换数和估计的转换概率。对0,1,2,3阶的s状态的马尔科夫链来说，对数似然函数为

$$L_0 = \sum_{j=0}^{s-1} n_j \ln(\hat{p}_j) \tag{9.13a}$$

$$L_1 = \sum_{i=0}^{s-1}\sum_{j=0}^{s-1} n_{ij} \ln(\hat{p}_{ij}) \tag{9.13b}$$

$$L_2 = \sum_{h=0}^{s-1}\sum_{i=0}^{s-1}\sum_{j=0}^{s-1} n_{hij} \ln(\hat{p}_{hij}) \tag{9.13c}$$

和

$$L_3 = \sum_{g=0}^{s-1}\sum_{h=0}^{s-1}\sum_{i=0}^{s-1}\sum_{j=0}^{s-1} n_{ghij} \ln(\hat{p}_{ghij}) \tag{9.13d}$$

对四阶和更高阶的马尔科夫链显然可以扩展。这里是对马尔科夫链的所有s个状态加和，所以对两状态的(二元)时间序列来说，只包括两项。式(9.13a)简单地为独立二项模型的对数似然函数。

例 9.2　一个马尔科夫链阶数的似然比率检验

为了举例说明式(9.13)的应用，考虑表9.1中二元时间序列的一阶依赖性的似然比率检验，相对的原假设是序列相关为0。这个检验包括式(9.13a)和式(9.13b)中对数似然的计算。得到的两个对数似然用式(5.19)给出的检验统计量进行比较。

表9.1中最后的30个数据，存在$n_1=5$，$n_0=5$，得到有雨和无雨的非条件相对频率分别为$\hat{p}_0=15/30=0.5$和$\hat{p}_1=15/30=0.5$。使用最后的30个点，是因为给定了前一天的值，一阶马尔科夫链相当于两个条件伯努利分布，而表A.1中1986年12月31日的值是不可用的。对这些资料式(9.13a)中对数似然是$L_0=15\ln(0.5)+15\ln(0.5)=-20.79$。前面$n_{ij}$和$\hat{p}_{ij}$的值被计算，并且可以代入式(9.13b)，得到$L_1=11\ln(0.688)+5\ln(0.312)+4\ln(0.286)+10\ln(0.714)=-18.31$。必然有$L_1\geqslant L_0$，因为在更精细的一阶马尔科夫链中，参数的数量越多，对更好的拟合手中的资料提供了更多的适应性。知道$\Lambda=2(L_1-L_0)=4.96$的原假设分布，对数似然中差值的显著性检验可以用自由度为$v=(s^{m(H_A)}-s^{m(H_0)})(s-1)$的卡方分布来评估。因为被检验的时间序列是二元的，$s=2$。原假设的时间相关是0阶的，所以$m(H_0)=0$，而备择假设为一阶序列相关，或$m(H_A)=1$。这样，自由度$v=(2^1-2^0)(2-1)=1$。通常，不同的模型适用的自由度是不同的。这个似然检验结果，与例9.1中卡方拟合优度检验一致，这并不令人惊讶，因为那里执行的卡方检验是似然比率检验的一个近似。

正如对数似然中所反映的，AIC和BIC准则都试图通过打破拟合优度之间的平衡找到最适合的模型，而随着拟合参数数量的增加有一个惩罚。这两种方法只是在惩罚函数的形式上不同。对每个试验阶m，AIC和BIC统计量分别用下式计算

$$AIC(m) = -2L_m + 2s^m(s-1) \tag{9.14}$$

和

$$BIC(m) = -2L_m + s^m\ln(n) \tag{9.15}$$

阶m被选择为适合使式(9.14)或式(9.15)取最小值。BIC准则倾向于更保守，当两种方法的结果不同时，通常选出更低的阶。对足够长的时间序列，使用BIC统计量通常是更好的，尽管“足够

长"可以涵盖 $n=100$ 左右到超过 $n=1000$ 的范围，但依赖于序列相关的本质(Katz,1981)。

9.3　时域——Ⅱ．连续资料

9.3.1　一阶自回归

在资料能够取实数轴上无限个值的意义上，前面一节中描述的马尔科夫链模型不适合描述连续资料的时间序列。正如第 4 章中讨论的，大气变量比如温度、风速和位势高度，在这个意义上都是连续变量。这样的时间序列的相关结构，可以用根据 Box 和 Jenkins(1976)经典的教科书命名的，被称为 Box-Jenkins 模型的一类时间序列模型来成功表示。

最简单的 Box-Jenkins 模型，是一阶自回归或 AR(1)模型。它是一阶马尔科夫链的连续变量的对应模型。正如其名字，AR(1)模型可以看作为一种最简单的线性回归(见第 7.2.1 节)，而预报量是时刻 $t+1$ 时的时间序列的值 x_{t+1}，预报因子是时间序列 x_t 的当前值。AR(1)模型可以写为

$$x_{t+1}-\mu=\phi(x_t-\mu)+\varepsilon_{t+1} \tag{9.16}$$

式中：μ 为时间序列的平均值；ϕ 为自回归参数；ε_{t+1} 为对应于普通回归中残差的随机量。式(9.16)的右端由第一项中的确定部分和第二项中的随机部分组成。即，时间序列的下一个值 x_{t+1}，由第一项中 x_t 的函数加随机振动或新产生的量 ε_{t+1} 给出。

x 的时间序列假设为平稳的，所以对每个时间间隔，其平均值 μ 是相同的。资料序列也展示了方差 σ_x^2，它只是通过对式(3.6)求平方，从时间序列的值计算的普通样本方差所对应的方差。ε 是平均值 $\mu_\varepsilon=0$ 和方差为 σ_ε^2 的相互独立的随机量。通常进一步假定 ε 服从高斯分布。

正如图 9.5 中示意的，式(9.16)中的自回归模型，可以表示时间序列的序列相关。这是来自表 A.1 的 1987 年 1 月期间纽约卡南戴挂(Canandaigua)最低温度的散点图。画在水平轴上的是前 30 天(1 月 1—30 日)的资料值。之后的天(1 月 2—31 日)被画在垂直轴上。序列相关或持续性，显然来自点云的外观和回归线的正斜率。式(9.16)可以看作用 x_t 作为预报因子对 x_{t+1} 的预报方程。为了更类似简单线性回归，重新整理式(9.16)，得到截距 $a=\mu(1-\phi)$ 和斜率 $b=\phi$。

考虑式(9.16)的另一种方式，是在与第 4.7 节中相同的意义上，看作为生成 x 值的合成时间序列的一种算法。从一个初始值 x_0 开始，我们减掉平均值(即，构造相应的距平)，乘以自回归参数 ϕ，然后加上一个取自高斯分布平均值为 0、方差为 σ_ε^2 的随机生成变量 ε_1(见第 4.7.4 节)。那么时间序列 x_1 的第一个值，可以通过加回平均值 μ 来产生。然后通过对 x_1 运算，并且加上一个新的随机高斯量，下一个时间序列值 x_2，可以用类似的方式产生。对参数 ϕ 的正值，用这种方式构造的合成时间序列将表现为正相关，因为每个新生成的资料值 x_{t+1}，包括从前面的值 x_t 向前携带的一些信息。因为 x_t 被部分地从 x_{t-1} 依次生成，等等，由多于一个时间单位分开的时间序列的成员将是相关的，尽管随着时间间隔的增加，这个相关变得越来越弱。

一阶自回归，有时被称为马尔科夫过程或马尔科夫方案。它与一阶马尔科夫链都有如下性质：即一旦 x_t 已知，x_t 之前的时间序列的全部历史没有给出关于 x_{t+1} 的更多额外信息。这个性质可以形式上表达为

$$\Pr\{X_{t+1}\leqslant x_{t+1}\mid X_t\leqslant x_t, X_{t-1}\leqslant x_{t-1},\cdots,X_1\leqslant x_1\}=\Pr\{X_{t+1}\leqslant X_{t+1}\leqslant X_{t+1}\mid X_t\leqslant x_t\} \tag{9.17}$$

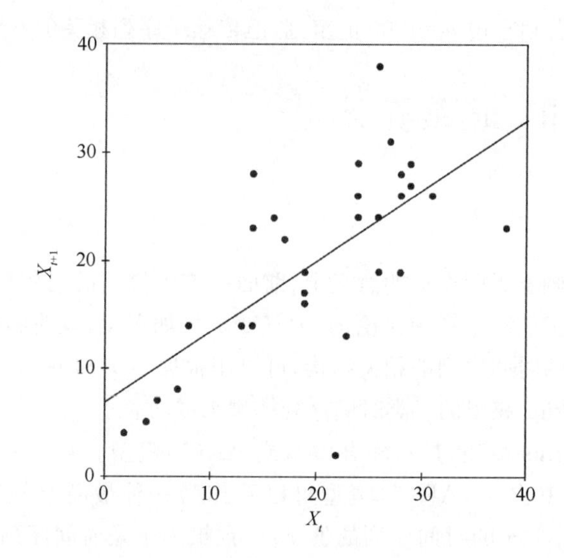

图 9.5　1987 年 1 月 1—30 日纽约卡南戴挂(Canandaigua)最低温度(X_t,水平轴)与之后的天(1 月 2—31 日)(X_{t+1},垂直轴)的最低温度成对的散点图。资料来自表 A.1。对应于 AR(1)时间序列模型(式(9.16))第一项的回归线也显示在图上。

这里联系随机变量的符号已经被用来表达与离散事件序列的式(9.1)本质上相同的概念。此外,式(9.17)不意味着由多于一个时间步分开的时间序列的值是独立的,而是时间序列前面的历史对将来值的影响完全包含在当前的值 x_t 中,而不管时间序列到达 x_t 的具体路线。

式(9.16)有时也被称为红噪声过程,因为参数 ϕ 平均的正值或平滑掉连续的独立新序列中的短期波动 ε,对更慢的随机变化的影响非常弱。类似于可见光在更短波长中被耗尽,其表现为略带红色,这样得到的时间序列被称为红噪声。这个主题将在第 9.5 节中进一步讨论,但是通过图 5.4 可以看到这个影响。图 5.4 对一连串不相关的高斯值 ε_t(图 5.4a),与用式(9.16)和 $\phi=0.6$,从这些不相关的高斯值中生成的自相关序列(与图 5.4b 进行了对比)。显然在这个不相关的序列中,最不稳定的点之间的变化已经被平滑掉了,但是更慢的随机变化本质上保持了。在时域中,这个平滑表达为正序列相关。从频率的观点,得到的序列"变红了"。

一阶自回归模型的参数估计是简单的。如果这个时间序列可以被看作为平稳的,那么估计的时间序列的平均值 μ,只是资料集通常的样本平均(式(3.2))。非平稳的序列必须先用第 9.1.1 节中概述的另一种方式处理。

估计的自回归参数,简单地等于式(3.32)中样本滞后 1 的自相关系数,

$$\hat{\phi} = r_1 \tag{9.18}$$

对得到的平稳概率模型,要求 $-1<\phi<1$。作为一个实际问题,对一阶自回归这没有问题,因为相关系数也被相同的界限界定。对大部分大气时间序列,参数 ϕ 反映了持续的正值。ϕ 出现负值是可能的,但是相应于有在平均值之上和之下交互的倾向,时间序列是非常参差不齐的(反相关)。因为马尔科夫性质,一个一阶自回归过程控制的时间序列,其完整的(理论上的,或总体的)自相关函数可以根据下面的自回归参数写出

$$\rho_k = \phi^k \tag{9.19}$$

式(9.18)和式(9.19)直接对应于离散一阶马尔科夫链的式(9.6)。这样,对 $\phi>0$ 的AR(1)过程来说,随着 $k\to\infty$,自回归函数从 $\rho_0=1$ 指数衰减到接近 0。对一批真正的独立资料,可能有

$\phi=0$。然而，独立资料的一个有限样本，通常展示出对自回归参数的非零样本估计。对一个足够长的资料序列来说，$\hat{\phi}$ 的抽样分布，近似于服从 $\mu_\phi=\hat{\phi}$ 和方差 $\sigma_\phi^2=(1-\phi^2)/n$ 的高斯分布。因此，相应于有 $\phi=0$ 原假设的式(5.3)，对自回归参数样本估计的检验可以用下面的检验统计量进行

$$z=\frac{\hat{\phi}-0}{[\mathrm{Var}(\hat{\phi})]^{1/2}}=\frac{\hat{\phi}}{[1/n]^{1/2}} \tag{9.20}$$

因为在原假设下 $\phi=0$。统计显著性可以用标准高斯概率近似地评估。这个检验实质上与对回归线斜率的 t 检验完全相同。

式(9.16)中统计模型最后的参数是残差方差或新息(innovation)方差 σ_ε^2。因为第9.5节中解释的原因，这个量有时也被称为*白噪声方差*。这个参数表达的时间序列中的变率或不确定性是序列相关不能解释的，或者换句话说，给定 x_t 时 x_{t+1} 中的不确定性是已知的。估计 σ_ε^2 的强力方法是用式(9.18)估计 ϕ，用式(9.16)的变形式从资料中计算时间序列 ε_{t+1}，然后计算这些 ε 值的普通样本方差。因为资料的方差经常作为一个过程问题被计算，估计白噪声方差的另一种方式是使用资料序列的方差和AR(1)模型中创新序列之间的关系：

$$\sigma_\varepsilon^2=(1-\phi^2)\sigma_x^2 \tag{9.21}$$

式(9.21)意味着 $\sigma_\varepsilon^2\leqslant\sigma_x^2$，只对 $\phi=0$ 的独立资料等号成立。式(9.21)也意味着，指定自相关时间序列当前的值，事件序列下一个值的不确定性下降。实际背景中，我们用自回归参数和资料序列方差的样本估计进行计算，所以白噪声方差相应的样本估计为

$$\hat{s}_\varepsilon^2=\frac{1-\hat{\phi}^2}{n-2}\sum_{t=1}^{n}(x_t-\bar{x})^2=\frac{n-1}{n-2}(1-\hat{\phi}^2)s_x^2 \tag{9.22}$$

只有资料序列相对较短时，式(9.22)和式(9.21)之间的差异才可以看出来。

例 9.3　一阶自回归

考虑拟合AR(1)过程到取自表A.1中卡南戴挂(Canandaigua)1987年1月的最低温度系列。正如表中显示的，这31个值的平均值是20.23 ℉，而假定为平稳序列，所以可以用作这个时间序列的估计平均值。来自式(3.25)样本滞后1的自相关系数是 $r_1=0.67$，而根据式(9.18)这个值可以用作估计的自回归参数。

图9.5中与其本身相对滞后1个时间单位的资料散点图，表明日温度资料典型的为正序列相关。与自回归参数为0的原假设相对，估计的自回归参数的形式检验可以用式(9.20)中的检验统计量 $z=0.67/[1/31]^{1/2}=3.73$。这个检验给出了观测的非零样本自相关，给出了不是从一个系列的31个独立值中偶然出现的很强的证据。

表A.1中31个卡南戴挂(Canandaigua)最低温度的样本标准差是8.81 ℉。用式(9.22)对拟合自回归来说，与一个标准差6.65 ℉相对应，估计的白噪声方差为 $s_\varepsilon^2=(30/29)(1-0.67^2)(8.81^2)=44.24$ ℉^{2}。通过比较，从式(9.16)的变换得到的 $e_{t+1}=(x_{t+1}-\mu)-\phi(x_t-\mu)$，计算每一个样本残差序列的强力(brute-force)样本标准差为6.55 ℉。

这个例子中，计算在分析的时间序列为平稳的假定下进行，这意味着平均值不随时间变化。正如图9.6中示意的，对这个资料，这个假设不是严格满足的。这里，1987年1月卡南戴挂(Canandaigua)最低温度资料的时间序列与1961—1990年期间气候平均的最低温度(虚线)

和对 1987 年的这 31 个资料点的线性拟合(实线)一起显示。

当然,图 9.6 中的虚线,是这个地方长期(总体)平均最小温度的更好表示,而且它表明平均来看,1 月初比 1 月末稍微更暖。严格地说,资料序列是不平稳的,因为时间序列潜在的平均值在这段时间的从头到尾不是不变的。然而,由这个虚线表示的这个月从头到尾的变化是十分小的(与平均值函数的变率相比),所以通常我们愿意从一批 1 月份中汇集资料,并且假定它们是平稳的。事实上,如果 1987 年 1 月的平均最低温度 20.23 ℉或由虚线表示的长期气候温度被假定,那么对 1987 年资料样本的前面的结果,不会有太多不同。在后者的个例中,我们得到 $\phi=0.64$ 和 $s_\varepsilon^2=6.49$ ℉。

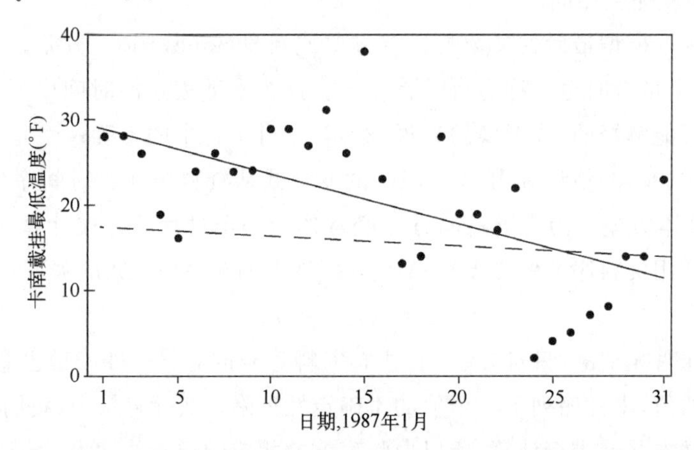

图 9.6 1987 年 1 月卡南戴挂(Canandaigua)最低温度资料时间序列。实线是资料中的最小二乘线性趋势,而虚线是表示 1961—1990 年期间气候平均的最低温度。

因为长期的气候最低温度下降得如此缓慢,所以图 9.6 中实线的这个相当陡的负斜率显然主要来自这个短样本资料记录中的抽样变化。这种分析通常用一个更长的资料序列进行。然而,如果没有关于这个地方 1 月最低温度气候值的其他信息可以利用,倘若估计的斜率显著不同于 0,进一步处理前,为了产生一个平稳的序列,从资料点中减去由实线表示的平均值(解决了资料中的序列相关)。这条线的回归方程是 $\mu(t)=29.6-0.584t$,其中 t 是日期,而斜率确实是显著的。然后假设式(9.16)中的自回归过程可以用距平时间序列 $x'_t=x_t-\mu(t)$ 拟合。例如,$x'_1=28$ ℉$-(29.6-0.584)$℉$=-1.02$ ℉。因为来自最小二乘回归线的平均残差是 0(见第 7.2.2 节),所以距平 x'_t 的这个序列的平均值为 0。拟合式(9.16)到这个距平序列得到 $\hat{\phi}=0.47$ 和 $s_\varepsilon^2=39.95$ ℉^{2}。

9.3.2 更高阶的自回归

式(9.16)中的一阶自回归容易推广到更高的阶。即,预测 x_{t+1} 的回归方程可以被扩展到包括时间上更往后的更多的资料值作为预报因子。K 阶的一般自回归模型或 AR(K)模型是

$$x_{t+1}-\mu=\sum_{k=1}^{K}[\phi_k(x_{t-k+1}-\mu)]+\varepsilon_{t+1} \tag{9.23}$$

这里下一个时间点的距平 $x_{t+1}-\mu$ 是前面 K 个距平加上随机分量 ε_{t+1} 的权重加和,其中权重是自回归系数 ϕ_K。与前面一样,ε 是相互独立的,平均值为 0,方差为 σ_ε^2。过程的平稳性意味着 μ 和 σ_ε^2 不随时间变化。对 $K=1$,式(9.23)与式(9.16)相同。

用被称为 Yule-Walker 公式与 K 个自回归参数有关的自回归函数的公式集，K 个自回归参数 ϕ_K 的估计很容易计算。这些回归参数是

$$
\begin{aligned}
r_1 &= \hat{\phi}_1 + \hat{\phi}_2 r_1 + \hat{\phi}_3 r_2 + \cdots + \hat{\phi}_K r_{K-1} \\
r_2 &= \hat{\phi}_1 r_1 + \hat{\phi}_2 + \hat{\phi}_3 r_1 + \cdots + \hat{\phi}_K r_{K-2} \\
r_3 &= \hat{\phi}_1 r_2 + \hat{\phi}_2 r_1 + \hat{\phi}_3 + \cdots + \hat{\phi}_K r_{K-3} \\
&\vdots \\
r_K &= \hat{\phi}_1 r_{K-1} + \hat{\phi}_2 r_{K-2} + \hat{\phi}_3 r_{K-3} + \cdots + \hat{\phi}_K
\end{aligned}
\tag{9.24}
$$

对 $k>K$ 这里 $\phi_K=0$。通过乘以 x_{t-k}，应用期望值算子，并且评估不同 k 值的结果，能够从式(9.23)得到 Yule-Walker 公式(如：Box and Jenkins，1976)。这些公式可以对 ϕ_K 同时求解。对参数估计来说，递归地使用这些公式的另一种方法——即，知道 AR(1)模型的 ϕ，为了拟合 AR(2)模型计算 ϕ_1 和 ϕ_2，然后知道 AR(2)模型的 ϕ_1 和 ϕ_2，计算 AR(3)模型的 ϕ_1，ϕ_2 和 ϕ_3 等等——在 Box 和 Jenkins(1976)及 Katz(1982)的文献中给出。为了描述平稳过程，对式(9.23)必需的自回归参数的限制在 Box 和 Jenkins(1976)的文献中给出。

相应于特定的一批 ϕ_k 的理论自相关函数，通过解前 K 个自相关函数的式(9.24)确定，然后应用

$$\rho_m = \sum_{k=1}^{K} \phi_k \rho_{m-k} \tag{9.25}$$

对滞后 $m \geqslant k$，式(9.25)有效，已知 $\rho_0 \equiv 1$。最后，对白噪声方差和资料值本身的方差之间关系式(9.21)的推广式为

$$\sigma_\varepsilon^2 = \left(1 - \sum_{k=1}^{K} \phi_k \rho_k\right) \sigma_x^2 \tag{9.26}$$

9.3.3 AR(2)模型

一种常见并且重要的高阶自回归模型是 AR(2)过程。它是相当简单的，除序列的样本平均值和方差之外，只需要拟合两个参数，然而它能描述时间序列的多种性质上完全不同的行为。AR(2)过程的定义公式为

$$x_{t+1} - \mu = \phi_1 (x_t - \mu) + \phi_2 (x_{t-1} - \mu) + \varepsilon_{t+1} \tag{9.27}$$

容易看到，它是式(9.23)的一个特例。用 Yule-Walker 式(9.24)的前 $K=2$ 个，

$$r_1 = \hat{\phi}_1 + \hat{\phi}_2 r_1 \tag{9.28a}$$

$$r_2 = \hat{\phi}_1 r_1 + \hat{\phi}_2 \tag{9.28b}$$

这两个自回归参数可以被估计为

$$\hat{\phi}_1 = \frac{r_1(1-r_2)}{1-r_1^2} \tag{9.29a}$$

和

$$\hat{\phi}_2 = \frac{r_2 - r_1^2}{1-r_1^2} \tag{9.29b}$$

这里通过对 $\hat{\phi}_1$ 和 $\hat{\phi}_2$ 求解式(9.28)，已经很简单地得到了式(9.29)的估计。

对拟合 AR(2)模型来说，白噪声方差可以用几种方式估计。对很大的样本，$K=2$ 的式

(9.26)可以被用来作为时间序列的样本方差 s_x^2。另一种方法是，一旦自回归参数已经用式(9.29)或一些其他的方法拟合了，相应的随机变量 ε 估计的时间序列可以从式(9.27)的变换中计算，而其样本方差就像拟合 AR(1)过程的例 9.3 中那样计算。另一种可能方法是使用 Katz(1982)给出的递归公式，

$$s_\varepsilon^2(m) = [1 - \hat{\phi}_m^2(m)] s_\varepsilon^2(m-1) \tag{9.30}$$

这里自回归模型 AR(1)，AR(2)，…被成功拟合，$s_\varepsilon^2(m)$是估计的第 m 阶(即当前的)自回归的白噪声方差，$s_\varepsilon^2(m-1)$是估计的前面拟合的(小 1 阶)模型的白噪声方差，而$\hat{\phi}_m(m)$是当前模型中估计的最高滞后的自回归参数。对 AR(2)模型，式(9.30)可以与式(9.22)中 $s_\varepsilon^2(1)$的表达式一起使用得到

$$s_\varepsilon^2(2) = \left(1 - \hat{\phi}_2^2\right) \frac{n-1}{n-2}(1 - r_1^2) s_x^2 \tag{9.31}$$

因为对 AR(1)模型来说，$\hat{\phi} = r_1$。

对平稳的 AR(2)过程，其两个参数必须满足下面的限制

$$\left.\begin{array}{l} \phi_1 + \phi_2 < 1 \\ \phi_2 - \phi_1 < 1 \\ -1 < \phi_2 < 1 \end{array}\right\} \tag{9.32}$$

这定义了图 9.7 中显示的(ϕ_1，ϕ_2)平面中的三角区域。注意，把 $\phi_2 = 0$ 代入式(9.32)，得到可以应用到 AR(1)模型的平稳性条件$-1 < \phi_1 < 1$。图 9.7 包括 AR(1)模型作为水平的$\phi_2 = 0$线上的特例，其中应用了平稳性条件。

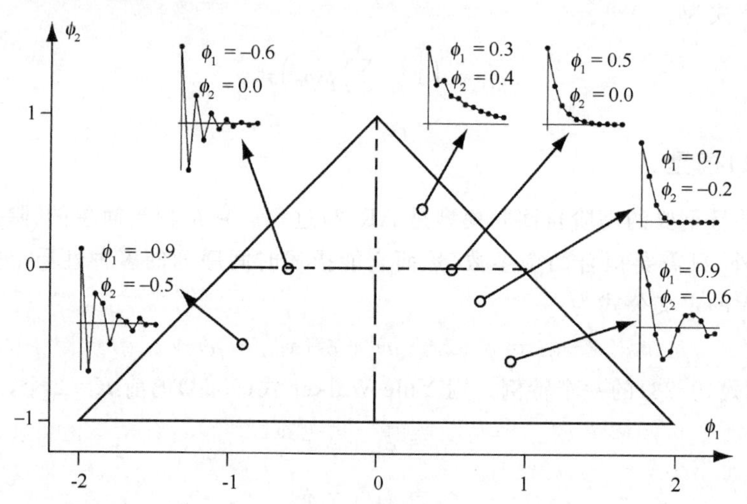

图 9.7 平稳的 AR(2)过程的允许参数空间，小图显示了选择的 AR(2)模型的自相关函数。水平的 $\phi_2 = 0$ 线定位了作为特例的 AR(1)模型，并且显示了其中的两个。适合大气时间序列的 AR(2)模型通常 $\phi_1 > 0$。

对特定的 AR(2)过程来说，理论自回归函数的前两个值可以通过解式(9.28)得到

$$\rho_1 = \frac{\phi_1}{1 - \phi_2} \tag{9.33a}$$

和

$$\rho_2 = \phi_2 + \frac{\phi_1^2}{1 - \phi_2}, \tag{9.33b}$$

而自相关函数随后的值,可以用式(9.25)计算。图9.7显示了更广泛类型的自相关函数和这样的更广泛类型的时间相关行为,可以由AR(2)过程表示。首先,AR(2)模型包括AR(1)模型作为特例。两个AR(1)自回归函数被显示在图9.7中。对$\phi_1=0.5$和$\phi_2=0.0$的模型,自相关函数跟随式(9.19)指数衰减到0。很多大气时间序列的自相关函数,至少近似地能够展示这种行为。其中自回归函数显示的另一个AR(1)模型$\phi_1=-0.6$和$\phi_2=0.0$。因为负的滞后1自相关,自相关函数表现出在0附近振荡,在更长的滞后时间越来越衰减(再次与式(9.19)相比)。即,对相邻的资料值的距平存在反号的倾向,所以由偶数个滞后分开的资料是正相关的。这种行为在大气资料序列中很少被看到,而大气资料的大部分AR(2)模型的$\phi_1>0$。

第二个自回归参数反映自回归函数中的很多其他行为。例如,$\phi_1=0.3$和$\phi_2=0.4$的AR(2)模型,其自相关函数在滞后2比滞后1展示了更大的相关。对$\phi_1=0.7$和$\phi_2=-0.2$来说,自相关函数非常迅速地下降,对滞后$k\geqslant4$几乎为0。$\phi_1=0.9$和$\phi_2=-0.6$的AR(2)模型,其自相关函数是非常令人关注的,因为它在0附近展示了缓慢的衰减振荡。这个特征反映了相应时间序列中所谓的*伪周期性*。即,由很少的滞后分开的时间序列值展示了相当强的正相关,由几个更多的滞后分开的时间序列值展示了负相关,而由几个更额外的滞后分开的时间序列又展示了正相关。性质上的影响是对表现为在平均值附近振荡的时间序列,类似于自相关函数中首次正隆起处近似等于滞后数的平均周期的不规则的余弦曲线。这样,AR(2)模型可以表示近似但非严格周期的资料,比如由中纬度天气系统移动产生的大气压力变化。

自回归模型的一些性质由图9.8中4个例子的人造时间序列图示说明。序列(a)简单地为$\mu=0$的50个独立高斯变量的一个系列。序列(b)是用式(9.16)或等价地用$\mu=0$,$\phi_1=0.5$和$\phi_2=0.0$的由式(9.27)生成的AR(1)过程的一个现实。序列(a)和(b)之间出现了外观上的类似,因为作为强迫,式(9.27)中自回归过程的ε_{t+1}序列(a)已经被使用了。参数$\phi=\phi_1>0$的影响在白噪声序列(a)中消除了一步一步的变化,并且给出了时间序列的一点记忆。这两个子图中序列的关系类似于图5.4,在那里$\phi=0.6$。

图9.8中的序列(c)是$\mu=0$,$\phi_1=0.9$和$\phi_2=-0.6$的AR(2)过程的一个现实。它性质上类似于一些大气序列(例如,中纬度的海平面气压),但是用序列(a)作为强迫白噪声的式(9.27)生成。这个序列展示了伪周期性。即,时间序列中的峰和谷接近6或7个时间间隔的周期趋向于重现,但是这些周期不是非常规则,以至于用一个余弦函数或几个余弦函数的和可以很好地表示它们。这个特征是图9.7的小图中显示的,自回归模型的自回归函数中正的隆起部分,这发生在滞后间隔6或7个时间周期。同样地,峰-谷对倾向于由可能的3或4个时间间隔分开,对应于图9.7中小图中所显示的这些滞后的自相关函数的最小值。

对图9.8中的序列(d)来说,自回归参数$\phi_1=0.9$和$\phi_2=0.11$落在定义平稳AR(2)过程界限的图9.7中三角形区域的外面。这个序列因此是非平稳的,而作为图9.8中显示的这个过程的现实,显示了平均值的漂移,这个非平稳性可以被看到。

最后,图9.8中的序列(a)～(c)图解了自回归过程时间序列的方差σ_x^2和白噪声方差σ_ε^2之间关系的本质。序列(a)只有独立高斯变量或白噪声组成。形式上,它可以被看作为所有的$\phi_k=0$的自回归过程的一个特例。用式(9.26),显然,对这个序列有$\sigma_x^2=\sigma_\varepsilon^2$。因为序列(b)和(c),是用序列(a)作为白噪声强迫ε_{t+1}生成,对所有的这3个序列σ_ε^2都是相等的。时间序列(c)给出了比序列(b)更多变化的视觉印象,序列(b)比序列(a)表现出了更多的变化。式

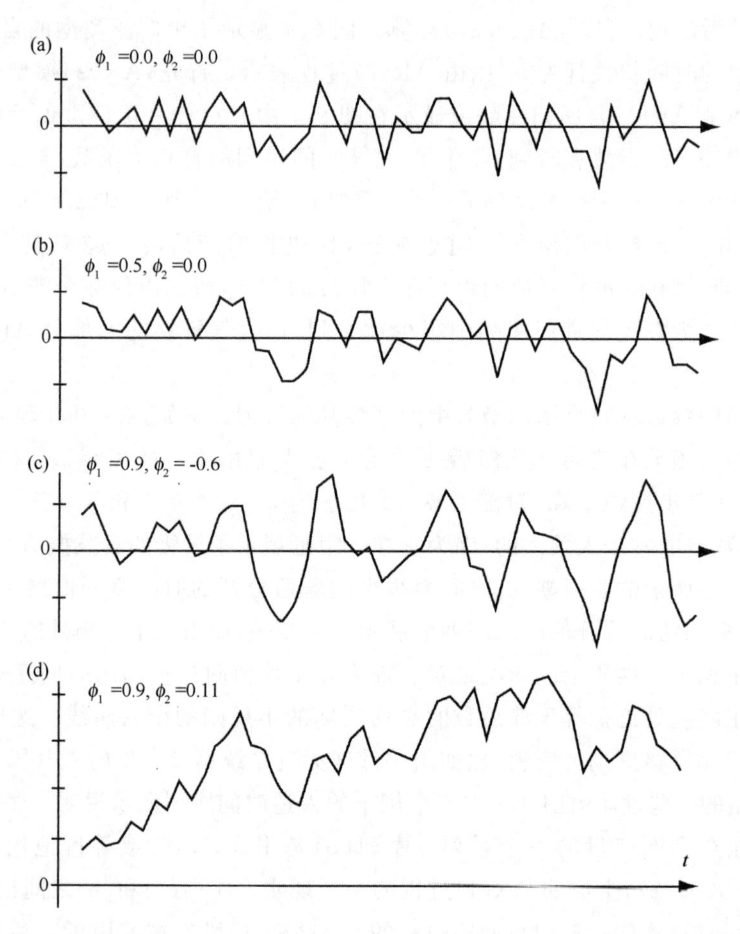

图 9.8　举例说明自回归模型性质的 4 个人造时间序列。序列(a)由独立高斯变量(白噪声)组成。序列(b)是 $\phi_1=0.5$ 的 AR(1)的一个现实,而序列(c)是 $\phi_1=0.9$ 和 $\phi_2=-0.6$ 的 AR(2)过程的一个现实,这二者的自相关函数都显示在图 9.7 中。序列(d)是非平稳的,因为其参数位于图 9.7 中三角形的外部,而作为平均值中的一个漂移,这个非平稳性可以被看到。序列(b)～(d)用 $\mu=0$ 和来自序列(a)的 ε 通过构造。

(9.33)与式(9.26)一起使用,容易计算出序列(b)的 σ_x^2 比通常的 σ_ε^2 大 1.33 倍,而序列(c)大 2.29 倍。这些计算所基于的公式只适合平稳自回归序列,所以不能应用到非平稳序列(d)。

9.3.4　阶数选择标准

Yule-Walker 公式(9.24)可以被用来拟合本质上任意高阶的自回归模型。然而,在某些点,扩展模型的复杂性并不能有效地改进资料的表示。式(9.23)中任意增加更多项,将最终导致模型的过拟合或过度地调整到参数估计所用的资料。

第 9.2 节中应用到马尔科夫链的 BIC(Schwarz, 1978)和 AIC(Akaike, 1974)统计量,也经常被用来确定自回归模型的阶数。两个统计量包括对数似然加上对参数数量的一个惩罚项,两个准则只是在惩罚函数的形式上不同。这里似然函数包括估计的(假定为高斯分布的)白噪声方差。

对每个候选阶 m,用来自式(9.30)的 $s_\varepsilon^2(m)$ 计算阶选择统计量

$$BIC(m)=n\ln\left[\frac{n}{n-m-1}s_\varepsilon^2(m)\right]+(m+1)\ln(n) \tag{9.34}$$

或

$$AIC(m)=n\ln\left[\frac{n}{n-m-1}s_{\varepsilon}^{2}(m)\right]+2(m+1) \tag{9.35}$$

更好地拟合模型将展示更小的白噪声方差,意味着更少的残差不确定性。任意增加更多的参数(拟合更高和更高阶的自回归模型)不增加从资料样本估计的白噪声方差,但是如果额外的参数是描述资料行为的无效估计,其白噪声方差将不会下降很多。这样,惩罚函数用来预防过拟合。阶 m 被选择为使式(9.34)或式(9.35)取得最小值的合适值。

例 9.4 自回归模型中的阶的选择

表 9.3 总结了使用 1987 年 1 月卡南戴挂(Canandaigua)最低温度资料成功地拟合高阶自回归模型的结果,假定该资料不去掉趋势是平稳的。第二列显示样本自相关函数一直到滞后 7。对 1～7 阶的自回归来说,用 Yule-Walker 公式和式(9.30)计算,估计的白噪声方差显示在第三列中。注意 $s_{\varepsilon}^{2}(0)$ 简单地为时间序列的样本方差本身,或 s_{x}^{2}。随着更多项被加到式(9.23)中,估计的白噪声方差逐渐下降,但是朝向表的底部(增加更多项)进一步的影响越来越小。

表 9.3 自回归模型显示 1987 年 1 月卡南戴挂(Canandaigua)最低温度序列的自回归模型的阶数选择,假设序列平稳。给出了前 7 个滞后 m 的自相关函数,每个 AR(m)的估计白噪声方差,每个试验阶数的 BIC 和 AIC 统计量。对 $m=0$,自相关函数为 1.00,白噪声方差等于序列的样本方差。AR(1)模型通过 BIC 和 AIC 准则进行选择。

滞后,m	r_m	$s_{\varepsilon}^{2}(m)$	BIC(m)	AIC(m)
0	1.000	77.58	138.32	136.89
1	0.672	42.55	125.20	122.34
2	0.507	42.11	129.41	125.11
3	0.397	42.04	133.91	128.18
4	0.432	39.72	136.76	129.59
5	0.198	34.39	136.94	128.34
6	0.183	33.03	140.39	130.35
7	0.161	33.02	145.14	133.66

对每个候选的自回归来说,BIC 和 AIC 统计量显示在最后的两列中。二者都指出对这些资料来说,AR(1)模型是最适合的,因为 $m=1$ 产生了两个阶选择统计量中的最小值。对表 A.1 中的其他 3 个温度也可以得到类似的结果。然而注意,如果有更大的样本容量,更高阶的自回归根据这两个规则可能都被选中。对表 9.3 中显示的估计的残差方差来说,对 n 大于大约 290 来说,用 AIC 统计量可能导致选择 AR(2)模型,而对 n 大于大约 430 来说,AR(2)可能最小化 BIC 统计量。

9.3.5 时间平均的方差

在大气资料分析中,时间序列模型的一个重要应用是相关时间序列平均值抽样分布的估计。抽样分布描述了来自有限资料样本计算的统计量不同批次的变率。如果构成一个样本平均值的资料值是独立的,那么这个平均值的抽样分布的方差由资料的方差 s_{x}^{2} 除以样本容量(式(5.4))得到。

因为大气资料经常是正相关的，所以用式(5.4)计算一个时间平均值(抽样分布)的方差会导致低估。这个差异是相关时间序列附近的值倾向于相似的结果，导致不同批次的样本平均值一致性更差。这个现象，被示意在图 5.4 中。正如第 5 章中讨论的，对统计推断来说，平均值抽样分布方差的低估可能导致严重的问题，例如，导致原假设无根据地被拒绝。

序列相关对充分大样本的时间平均值方差的影响可以通过方差放大因子 V 解决，修改式(5.4)得到

$$\mathrm{Var}[\bar{x}] = \frac{V\sigma_x^2}{n} \tag{9.36}$$

如果资料序列是不相关的，那么 $V=1$，式(9.36)对应于式(5.4)。如果资料显示了正序列相关，那么 $V>1$，时间平均值的方差通过由独立资料暗含的方差得到放大。然而注意，即使潜在的资料是相关的，时间平均的抽样分布的平均值与被平均资料的潜在平均值也相同，

$$E[\bar{x}] = \mu_{\bar{x}} = E[x_t] = \mu_x \tag{9.37}$$

对大样本容量来说，方差放大因子按照下式依赖于自相关函数

$$V = 1 + 2\sum_{k=1}^{\infty}\rho_k \tag{9.38}$$

然而，如果资料序列可以由自回归模型很好地表示，那么方差放大因子可以更方便和准确地被估计。根据 AR(K)模型的参数，式(9.38)中大样本的方差放大因子为

$$V = \frac{1 - \sum_{k=1}^{K}\phi_k\rho_k}{\left[1 - \sum_{k=1}^{K}\phi_k\right]^2} \tag{9.39}$$

注意式(9.39)中理论的自回归 ρ_k 可以通过解相关的 Yule-Walker 公式(9.24)根据自回归参数得到。适合研究的时间序列的 AR(1)模型的特例中，式(9.39)简化为

$$V = \frac{1+\phi}{1-\phi} \tag{9.40}$$

这被用来估计式(5.12)中有效的样本容量和式(5.13)中样本平均值抽样分布的方差。式(9.39)和式(9.40)是对下面的基于样本自相关估计的方差放大因子公式简化的大样本近似

$$V = 1 + 2\sum_{k=1}^{n}\left(1 - \frac{k}{n}\right)r_k \tag{9.41}$$

当自相关 r_k 根据自回归参数(式(9.24))表达时，对大样本容量 n 来说，式(9.41)接近式(9.39)和式(9.40)。通常视情况而定，式(9.39)或式(9.40)可以用来计算方差放大因子。

例 9.5 不同长度时间平均的方差

式(9.36)中时间平均值的方差与时间序列单个元素的方差之间的关系表达可能是十分有用的。例如，考虑分别显示在图 9.9a 和图 9.9b 中的北半球平均的冬季(12 月—1 月)位势高度和那些平均值的标准差。图 9.9a 显示了平均场(式(9.37))，而图 9.9b 显示了表示年际变率的冬季 500 hPa 高度 90 d 平均的标准差。即，图 9.9b 显示式(9.36)的平方根，s_x^2 是日的 500 hPa 高度测量值和 $n=90$ 的方差。图 9.9 中总结了对北半球区域大量格点计算的统计量。

然而，假如需要在不同时间长度上平均的 500 hPa 高度的抽样分布。我们可能对在选定的位置处 500 hPa 高度的 10 d 平均值的方差感兴趣，为了用式(8.34)计算这个量，10 d 平均

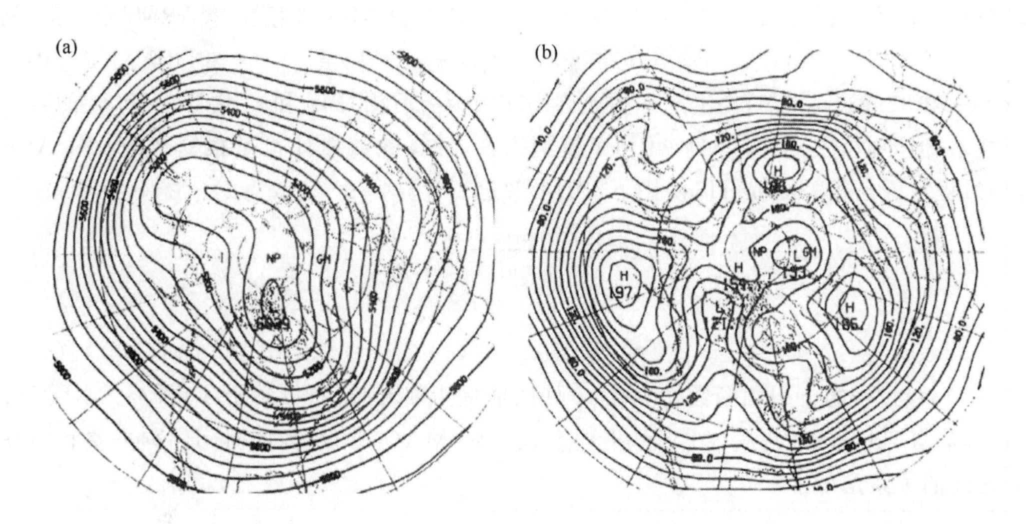

图 9.9 北半球冬季平均的 500 hPa 高度场(a)和平均的标准差场，反映冬季之间变率(b)。引自 Blackmon(1976)。

的预报技巧作为气候参考使用(注意气候分布的方差正好是气候参考预报的均方误差)。假定 500 hPa 高度的时间序列是平稳的，不能显式地表示，但是知道式(9.38)或式(9.39)中的方差放大因子时，在不同时间周期上的平均值的方差可以被近似，因此没有必要知道日资料。10 d 和 90 d 平均值的方差的比例可以用式(9.36)进行构建。由

$$\frac{\mathrm{Var}[\bar{x}_{10}]}{\mathrm{Var}[\bar{x}_{90}]} = \frac{Vs_x^2/10}{Vs_x^2/90} \tag{9.42a}$$

得到

$$\mathrm{Var}[\bar{x}_{10}] = \frac{90}{10}\mathrm{Var}[\bar{x}_{90}] \tag{9.42b}$$

不管平均周期多长，方差放大因子 V 和日观测的方差 s_x^2 是相同的，因为它们是潜在的日时间序列的特征。这样，10 d 平均的方差大约比 90 d 平均的方差大 9 倍，而半球 500 hPa 10 d 标准差的图可能性质上非常类似于图 9.9b，但是展示的振幅大约大$\sqrt{9}=3$ 倍。

9.3.6 自回归滑动平均模型

自回归模型实际上构成了更广泛的一类时域模型的一个子集，被称为自回归滑动平均或 ARMA 模型。一般的 ARMA(K,M)模型有 K 个自回归项，就像式(9.23)中的 AR(K)过程，并且另外还包含组成 ε 前面的 M 个值的权重平均的 M 个滑动平均项。ARMA(K,M)模型包含 K 个自回归参数 ϕ_k，以及根据下式影响时间序列的 M 个滑动平均参数 θ_m

$$x_{t+1} - \mu = \sum_{k=1}^{K} \phi_k (x_{t-k+1} - \mu) + \varepsilon_{t+1} - \sum_{m=1}^{M} \theta_m \varepsilon_{t-m+1} \tag{9.43}$$

式(9.23)中的 AR(K)过程是式(9.43)中的 ARMA(K,M)模型全部 $\theta_m=0$ 的一个特例。类似地，阶 M 的一个纯滑动平均过程或 MA(M)过程是式(9.43)中所有的 $\phi_k=0$ 的一个特例。

对一般的 ARMA(K,M)过程来说，自回归函数的参数估计和推导比更简单的 AR(K)模型困难得多。参数估计方法在 Box 和 Jenkins(1976)的文献中已经给出，而且很多时间序列的

计算机程序包可以拟合 ARMA 模型。一种重要且常见的 ARMA 模型是 ARMA(1,1)过程，

$$x_{t+1}-\mu=\phi_1(x_t-\mu)+\varepsilon_{t+1}-\theta_1\varepsilon_t \tag{9.44}$$

尽管 Box 和 Jenkins(1976)提出了一种允许用前两个滞后相关 r_1 和 r_2 估计 ϕ_1 和 θ_1 的容易的图形技术，但即使对这个简单的 ARMA 模型来说，计算参数估计也是很复杂的。对 ARMA(1,1)过程来说自相关函数可以使用下式的参数进行计算

$$\rho_1=\frac{(1-\phi_1\theta_1)(\phi_1-\theta_1)}{1+\theta_1^2-2\phi_1\theta_1} \tag{9.45a}$$

和

$$\rho_k=\phi_1\rho_{k-1},\quad k>1. \tag{9.45b}$$

ARMA(1,1)过程的自回归函数从其在 ρ_1 处的值呈指数衰减，它依赖于 ϕ_1 和 θ_1。不同于 AR(1)过程的自回归函数，它从 $\rho_0=1$ 呈指数衰减。ARMA(1,1)过程的时间序列方差和白噪声方差之间的关系是

$$\sigma_\varepsilon^2=\frac{1-\phi_1^2}{1+\theta_1^2+2\phi_1\theta_1}\sigma_x^2 \tag{9.46}$$

式(9.45)和式(9.46)也可以应用到更简单的 AR(1)和 MA(1)过程，其中分别为 $\theta_1=0$ 或 $\phi_1=0$。

9.3.7　用连续时域模型模拟和预报

时域模型的一个重要应用是人为的进行具有类似于观测资料统计特征(即像第 4.7 节中的随机数)的序列模拟。对研究大气变率的影响来说，在这种情况中，观测资料的记录长度已知，或被怀疑不足以包括相关变量有代表性的序列，这时蒙特卡罗模拟是有用的。这里必须精心选择时间序列模型的类型和阶数，以便模拟的时间序列能够很好地表示真实生成过程的变率。

一旦一个合适的时间序列模型被确定，并且其参数被估计，那么其定义的方程可以用来作为生成人造时间序列的一种算法。例如，如果 AR(2)模型可以代表资料，那么可以使用式(9.27)，而式(9.44)可以用作为 ARMA(1,1)模型的生成算法。这种模拟方法类似于更早描述的用马尔科夫链模型生成二元变量序列。然而，这里噪声或新增序列 ε_{t+1} 通常被假定为由 $\mu_\varepsilon=0$ 或方差为 σ_ε^2 的独立高斯变量组成，方差从前面描述的资料中估计。

在每一个时步，一个新的高斯 ε_{t+1} 被选择(见第 4.7.4 节)，并且被代入到定义的公式中。然后人造时间序列 x_{t+1} 的下一个值，用前面的 K 个 x 值(对 AR 模型)，ε 的前面 M 个值(对 MA 模型)，或二者都使用(对 ARMA 模型)进行计算。这个过程中唯一的真正困难是在每个人造序列的开始没有可以使用的 x 和/或 ε 的先验值。对这个问题一种简单的解决方法是将未知的前面的值代入相应的平均值(期望值)。即，对 $t\leqslant 0$ 可以假定 $(x_t-\mu)=0$ 和 $\varepsilon_t=0$。

一个更好的方法是以与时间序列模型的结构一致的方式生成第一个值。例如，关于 AR(1)模型我们可以从方差 $\sigma_x^2=\sigma_\varepsilon^2/(1-\phi^2)$ 的高斯分布中选择 x_0(比较式(9.21))。另一种非常可行的解决方法，是以 $(x_t-\mu)=0$ 和 $\varepsilon_t=0$ 开始，生成一个比需要的更长的时间序列。然后得到的时间序列中受初始值影响最大的开始的几个成员被丢弃。

例 9.6　用自回归模型做统计模拟

根据前文描述的过程，图 9.8b 至图 9.8d 中的时间序列，用图 9.8a 中的独立高斯序列作为 ε 序列产生。这个独立序列的最开始和最后几个值，以及画在图 9.8b 和图 9.8c 中的两个

序列在表 9.4 中给出。对所有的 3 个序列来说，$\mu=0$，$\sigma_\varepsilon^2=1$。式(9.16)用来生成 AR(1)序列的值，其中 $\phi_1=0.5$，而式(9.27)用来生成 AR(2)序列，其中 $\phi_1=0.9$，$\phi_2=-0.6$。

表 9.4　图 9.8a 至图 9.8c 中绘图的时间序列值。AR(1)和 AR(2)序列，是分别使用式(9.16)和式(9.27)作为算法的独立高斯序列中生成。

	独立高斯序列	AR(1)序列	AR(2)序列
t	ε_t(图 9.8a)	x_t(图 9.8b)	x_t(图 9.8c)
1	1.526	1.526	1.526
2	0.623	1.387	1.996
3	−0.272	0.421	0.609
4	0.092	0.302	−0.558
5	0.823	0.974	−0.045
⋮	⋮	⋮	⋮
49	−0.505	−1.073	−3.172
50	−0.927	−1.463	−2.648

考虑生成 AR(2)序列的更难的例子。因为 x_0 和 x_{-1}不存在，为了开始引入所研究问题的序列计算 x_1 和 x_2，通过假定期望值 $E[x_0]=E[x_{-1}]=\mu=0$ 模拟值被初始化。这样，因为 $\mu=0$，所以 $x_1=\phi_1 x_0+\phi_2 x_{-1}+\varepsilon_1=(0.9)(0)-(0.6)(0)+1.526=1.526$。已经用这种方式生成了 x_1，然后用来得到 $x_2=\phi_1 x_1+\phi_2 x_0+\varepsilon_2=(0.9)(1.526)-(0.6)(0)+0.623=1.996$。对 AR(2)序列的值来说，在时刻 $t\geqslant 3$，该计算是式(9.27)的一个直接应用。例如，$x_3=\phi_1 x_2+\phi_2 x_1+\varepsilon_3=(0.9)(1.96)-(0.6)(1.526)-0.272=0.609$。类似地，$x_4=\phi_1 x_3+\phi_2 x_2+\varepsilon_4=(0.9)(0.609)-(0.6)(1.996)+0.092=-0.558$。如果这个人造序列作为更大时刻的模拟的组成部分，那么开始的一部分通常被去掉，所以剩下的值对初始条件 $x_{-1}=x_0=0$ 的记忆可以忽略。

时间序列未来演化的纯统计预报，可以用时域模型产生。这些预测使用适合模型的定义公式，在从序列前面历史拟合得到的参数估计的基础上，通过简单地外推最近的观测值到未来时刻完成。因为 ε 的将来值是无法知道的，所以通常用其期望值做外推，即，$E[\varepsilon]=0$。基于这些外推也能计算概率范围。

对 AR(1)模型来说，这类预报的本质最容易被认识，其定义式为式(9.16)。假定平均值 μ 和自回归参数 ϕ 已经从一个资料的时间序列中被估计了，那么其最近的值是 x_t。通过设定将来未知的 ε_{t+1}为 0，可以做 x_{t+1}的非概率预报，而重新整理式(9.16)得到 $x_{t+1}=\mu+\phi(x_t-\mu)$。注意，与用马尔科夫链模型的二元时间序列的预报一样，这个预报是持续性预报($x_{t+1}=x_t$，如果 $\phi=1$ 可以得到)和气候值预报($x_{t+1}=\mu$，如果 $\phi=0$ 可以得到)之间的一个折中。对未来时刻进一步的预测可以通过外推前面的预报值得到，例如，$x_{t+2}=\mu+\phi(x_{t+1}-\mu)$，$x_{t+3}=\mu+\phi(x_{t+2}-\mu)$。对 AR(1)模型和 $\phi>0$ 来说，这个预报序列将以指数形式趋近于 $x_\infty=\mu$。

除了时间序列最近的 K 个值需要外推到 AR(K)过程(式(9.23))之外，更高阶的自回归可以使用相同的程序。例如，从 AR(2)模型导出的预报，可以用时间序列前面的两个观测来做，或者 $x_{t+1}=\mu+\phi_1(x_t-\mu)+\phi_2(x_{t-1}-\mu)$。用 ARMA 模型做预报只是稍微更难的，要求预测开始之前 ε 的最后 M 个值被反算。

用时间序列模型做的预报当然是不确定的，而预报的不确定性随提前时间的延长而增加。这个不确定性也依赖于适合的时间序列的性质(例如自回归的阶数及其参数值)和由白噪声方

差 σ_ε^2 量化的随机噪声序列中固有的不确定性。只做未来一个时步的预报的方差简单地等于白噪声方差。假定 ε 服从高斯分布，那么预报 x_{t+1} 的 95% 的概率区间近似为 $x_{t+1}\pm2\sigma_\varepsilon$。对很长期的外推来说，预报的方差接近时间序列本身的方差 σ_x^2，对 AR 模型来说，这可以用式(9.26)根据白噪声方差计算。

对中等的提前时间来说，预报不确定性的计算是更复杂的。对未来 j 个时间单位的预报来说，预报的方差由下式给出

$$\sigma^2(x_{t+j}) = \sigma_\varepsilon^2\left[1+\sum_{i=1}^{j-1}\psi_i^2\right] \tag{9.47}$$

这里权重 ψ_i 依赖于时间序列模型的参数，所以式(9.47)表明预报方差与白噪声，是和提前时间一起增加，而在增加提前时间时，不确定性的增加依赖于时间序列模型的特定性质。对 $j=1$ 的时步预报来说，式(9.47)中没有加和项，而预报方差等于白噪声方差，正如前面提到的。

对 AR(1)模型来说，权重 ψ 简单地为

$$\psi_i = \phi^i, \quad i>0 \tag{9.48}$$

所以，例如，$\psi_1=\phi$，$\psi_2=\phi^2$，等等。更一般地，对 AR(K)模型，权重 ψ 用下式递归地计算

$$\psi_i = \sum_{k=1}^{K}\phi_k\psi_{i-k} \tag{9.49}$$

其中对 $i<0$，认为 $\psi_0=1$ 和 $\psi_i=0$。例如，对 AR(2)模型，$\psi_1=\phi_1$，$\psi_2=\phi_1{}^2+\phi_2$，$\psi_3=\phi_1(\phi_1{}^2+\phi_2)+\phi_2\phi_1$，等等。对 MA 和 ARMA 模型来说，Box 和 Jenkins(1976)的文献中给出了可以用来计算权重 ψ 的公式。

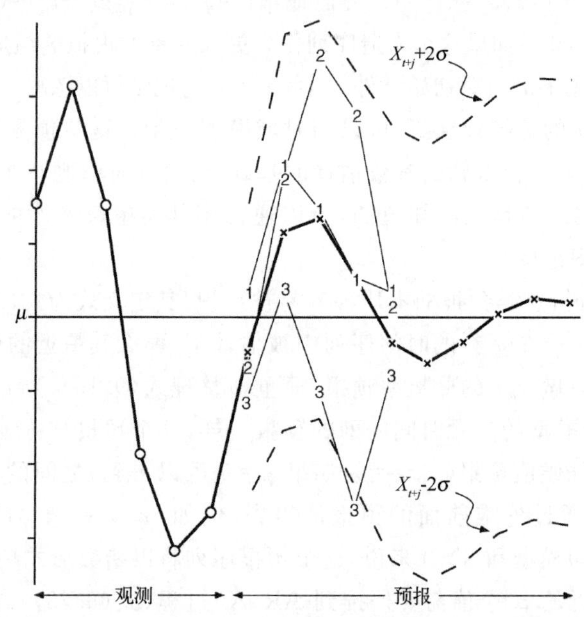

图 9.10 图 9.8c 中 AR(2)时间序列的最后 6 个点(有圆圈的粗线)，以及用式(9.27)(所有的 $\varepsilon=0$)外推的预报的演化(有×的粗线)。描述预报不确定性的 $\pm2\sigma$ 界限用虚线表示。这些标准差依赖于预报的超前时间。对提前一个时步的预报，置信区间的宽度只是白噪声方差的函数 $\pm2\sigma_\varepsilon$。对很长的提前时间，预报收敛到这个过程的平均值 μ，而置信区间的宽度增加到 $\pm2\sigma_x$。用式(9.27)和特定的随机 ε 值模拟的时间序列，未来演化的前 5 个点的 3 个例子的现实也被显示在图中(连接已编号点的细线)。

例 9.7 用自回归模型预报

图 9.10 举例说明了用 $\phi_1=0.9$ 和 $\phi_2=-0.6$ 的 AR(2)模型的预报。这个时间序列中，通过粗线连接圆圈显示的前 6 个点，与图 9.8c 中显示的时间序列中的最后 6 个点相同。用所有的 $\varepsilon_{t+1}=0$ 的式(9.27)对这个时间序列未来时刻的外推，通过连接×的粗线的延拓来显示。注意，只有最后的两个观测值被用来外推序列。预报序列继续显示这个 AR(2)模型的伪周期行为特征，但是其振荡在更长的提前时间逐渐减弱，因为预报序列接近平均值 μ。

从式(9.47)计算的由 $\pm 2\sigma(x_{t+j})$ 给出的预报时间序列值大约 95%的置信区间由图 9.10 中的虚线表示。对自回归参数的特定值 $\phi_1=0.9$ 和 $\phi_2=-0.6$ 来说，式(9.49)产生了 $\psi_1=0.90$，$\psi_2=0.21$，$\psi_3=-0.35$，$\psi_4=-0.44$，等等。注意置信带跟随预报序列一起振荡，并且从提前 1 个时间单位时的 $\pm 2\sigma_\varepsilon$ 变宽为更长提前时间达到几乎 $\pm 2\sigma_x$。

最后，图 9.10 显示了预报时间序列和由标为“1”“2”和“3”的点连接的细线表示AR(2)过程的 3 个现实的前 5 个点之间的关系。这 3 个序列的每一个用式(9.27)计算，从 $x_t=-2.648$ 和 $x_{t-1}=-3.172$ 开始，但是使用独立高斯分布的不同序列 ε。对前 2 个或 3 个预测来说，这 3 个现实保持相当地接近预报。随后，这 3 个序列开始变得不同，因为来自图 9.8c 的最后两个点的影响变小，而新的(和不同的)随机 ε 的累积影响增加。为了清楚地表示这些序列，该图没有画多于 5 个时间单位的未来时刻，尽管画出来的话可以显示每个序列的不规则振荡及其与预报序列越来越弱的关系。

9.4 频域——I. 谐波分析

频域分析，包括根据不同时间尺度所做的贡献来表示资料序列。例如，来自中纬度某个位置每小时一次的温度资料的时间序列，将在日时间尺度(相应于太阳加热的日循环)和年时间尺度(反映季节变化)上展示很强的变率。在时域中，这些循环在自相关函数中对日循环来说滞后正好是或接近 24 h，而对年循环来说滞后 24×365＝8760 h 显示大的正值。在频域中考虑相同的时间序列，我们谈到了在 24 h 和 8760 h 周期，或者在频率 $1/24=0.0417\ \mathrm{h}^{-1}$ 和 $1/8760=0.000114\ \mathrm{h}^{-1}$ 对时间序列总变率的巨大贡献。

谐波分析由表示时间序列中的波动或变率组成，通过一系列的正弦和余弦函数的叠加显示。在它们被挑选为展示由资料序列的样本大小(即长度)确定的基本频率的整数倍频率的意义上，这些三角函数是“谐函数”。一个常见的物理类似是由振动的弦产生的音乐声音，其中的音调由基本频率确定，但是声音的艺术质量也依赖于更高谐波的相对贡献。

9.4.1 余弦(Cosine)和正弦(Sine)函数

简要地回顾余弦函数 $\cos(\alpha)$ 和正弦函数 $\sin(\alpha)$ 的性质。两个函数中共有的自变量是用角度单位(度或弧度)度量的量 α。图 9.11 显示了余弦(实线)和正弦(虚线)函数，在角度区间 0 到 $5\pi/2$ 弧度(0°到450°)的一部分。

余弦和正弦函数扩展到无穷大的负和正角度。相同的波模态每隔 2π 弧度或360°重复一次，所以

$$\cos(2\pi k+\alpha)=\cos(\alpha) \tag{9.50}$$

式中：k 为任意整数。对正弦函数也有类似的公式，即余弦和正弦函数都是周期性的。两个函

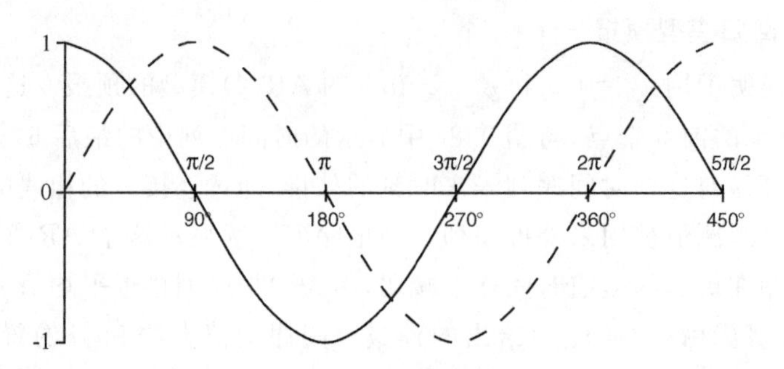

图 9.11 在 0°到450°或等价地在 0 到 5π/2 弧度区间余弦(实线)和正弦(虚线)函数的一部分。每隔360°或 2π 弧度每个函数完成一个完整的循环,并且向左扩展到$-\infty$,向右扩展到$+\infty$。

数都在其平均值 0 周围振荡,并且达到最大值+1 和最小值-1。余弦函数在 0°,360°等处最大,而正弦函数在90°,450°等处最大。

这两个函数有完全相同的形状,但相互之间偏移90°。向右移动余弦函数90°产生了正弦函数,而向左移动正弦函数90°产生了余弦函数。即,

$$\cos\left(\alpha - \frac{\pi}{2}\right) = \sin(\alpha) \tag{9.51a}$$

和

$$\sin\left(\alpha + \frac{\pi}{2}\right) = \cos(\alpha) \tag{9.51b}$$

9.4.2 用谐波函数表示一个简单的时间序列

即使在有正弦曲线特征,以及在 n 个观测过程上执行一个简单循环的时间序列的简单情况中,为了使用正弦或余弦函数表示它,必须克服 3 个困难。这 3 个困难是:

(1)三角函数的自变量是角度,而资料序列是时间的函数。

(2)余弦和正弦函数在+1 和-1 之间变动,但是资料通常在不同的界限之间变动。

(3)在 $\alpha=0$ 和 $\alpha=2\pi$ 处,余弦函数取最大值,而在 $\alpha=0$ 和 $\alpha=2\pi$ 处,正弦函数取平均值。这样正弦和余弦函数都可以被任意安置在关于资料的水平线上。

第一个问题的解决方案涉及资料记录的长度 n,作为组成一个完整的循环或基本周期解决。因为完整的循环对应于角测度中的360°或 2π 弧度,用下式按比例重新尺度化时间到角测度是容易的,

$$\alpha = \left(\frac{360^\circ}{\text{周期}}\right)\left(\frac{t\text{ 个时间单位}}{n\text{ 个时间单位 / 周期}}\right) = \frac{t}{n}360^\circ \tag{9.52a}$$

或

$$\alpha = \left(\frac{2\pi}{\text{周期}}\right)\left(\frac{t\text{ 个时间单位}}{n\text{ 个时间单位 / 周期}}\right) = 2\pi\frac{t}{n} \tag{9.52b}$$

这些公式可以看作指定与 0 和 2π 之间距离的相同部分按比例对应的角度,因为点 t 在时间上位于 0 和 n 之间。量

$$\omega_1 = \frac{2\pi}{n} \tag{9.53}$$

被称为基本频率。这个量是一个角频率,物理单位为每单位时间的弧度。基本频率指定了全

部周期的一小部分。下标“1”指示关于在整个资料序列上执行一个完整循环波的 ω_1。

第二个问题可以通过向上或向下移动余弦或正弦函数到资料的大致水平来解决，然后垂直地拉伸或压缩它，直到其范围符合所用的资料。因为纯的余弦或正弦波的平均值是0，所以只是增加资料序列的平均值到余弦函数，保证它将在平均值周围振荡。拉伸或压缩通过乘以被称为振幅的常数 C_1 到余弦函数来完成。再次，下角标指示这是基本谐波的振幅。因为余弦函数的最大和最小值是±1，所以函数 $C_1\cos(\alpha)$ 的最大和最小值将为 $\pm C_1$。对一个资料序列（称其为 y）来说，组合前两个问题的解决方法能够得到

$$y_t = \bar{y} + C_1\cos\left(\frac{2\pi t}{n}\right) \tag{9.54}$$

在图 9.12 中，这个函数作为更浅的曲线被画出。这个图中水平轴显示式(9.52)中角度和时间度量的等价性，而垂直移动和拉伸产生了在平均值周围 $\pm C_1$ 范围内振动的函数。

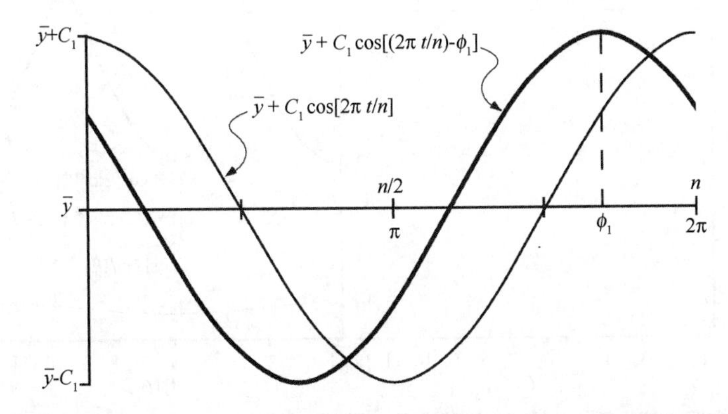

图 9.12 定义在0到 2π 弧度上的简单余弦函数到区间0到 n 的时间单位上的资料序列的变换。从时间到角度，单位变化后，余弦函数乘以振幅 C_1 进行伸展，所以它在 $2C_1$ 的范围振动。加上时间序列的平均值，然后移动它到正确的垂直水平，产生了更浅的曲线。然后这个函数可以通过减去相应于资料序列（更粗的曲线）中最大值时刻的位相角 ϕ_1 被横向移动。

最后，为了使谐波函数匹配资料序列的峰和谷，通常必须侧向移动它。当使用余弦函数的时候，这个时间移动可以很方便地完成，因为当对角度0运算时得到其最大值。cos 函数向右移动角度 ϕ_1 得到最大值在 ϕ_1 处的新函数，

$$y_t = \bar{y} + C_1\cos\left(\frac{2\pi t}{n} - \phi_1\right) \tag{9.55}$$

角 ϕ_1 被称为位相角或位相移位。把余弦函数向右移动这个数量需要减去 ϕ_1，以便当 $(2\pi t/n) = \phi_1$ 时，余弦函数的自变量为0。注意通过使用式(9.51)，用正弦函数改写式(9.55)是可能的。然而，如同式(9.55)中一样，通常使用余弦函数，因为使用位相角，那样就可以当作相应于谐波函数最大值的时刻得到容易的解释。即，式(9.55)中的函数在时刻 $t=\phi_1 n/2\pi$ 达到最大值。

例 9.8 变换余弦波来表示年循环

图 9.13 用 1943—1989 年纽约伊萨卡(Ithaca)月平均温度(℉)的12个平均值，举例说明了前述的步骤。图 9.13a 只是12个资料点的图，$t=1$ 表示1月，$t=2$ 表示2月，等等。年平均温度 46.1 ℉的位置由虚水平线确定。这些资料看来至少近似地为正弦曲线，在12个月的过程中，完成了一个完整的周期。最暖的平均温度是7月的68.8 ℉，而最冷的是1月的22.2 ℉。

图 9.13b 底部的浅曲线是变换的自变量的余弦函数，它在12个月中完成了一个完整的周

期。显然这条曲线是这个资料很差的表示。图 9.13b 中的虚曲线表示被提高到平均的年温度水平,并且被拉伸,以便其范围类似于资料序列的范围(式(9.54))。拉伸只是通过选择振幅 C_1 为 7 月和 1 月温度之间差值的一半近似地进行。

最后,为了与资料对应排列余弦曲线需要向右移。曲线中的最大值出现在 $t=7$ 个月(7 月),通过对式(9.52)引入位相移位 $\phi_1=(7)(2\pi)/12=7\pi/6$ 实现。结果是图 9.13b 中的粗曲线,这是式(9.55)的形式。这个函数与资料点排列基本一致,虽然有些粗糙。曲线和资料之间的对应,可以通过对余弦波的振幅和位相使用更好的估计进行改进。

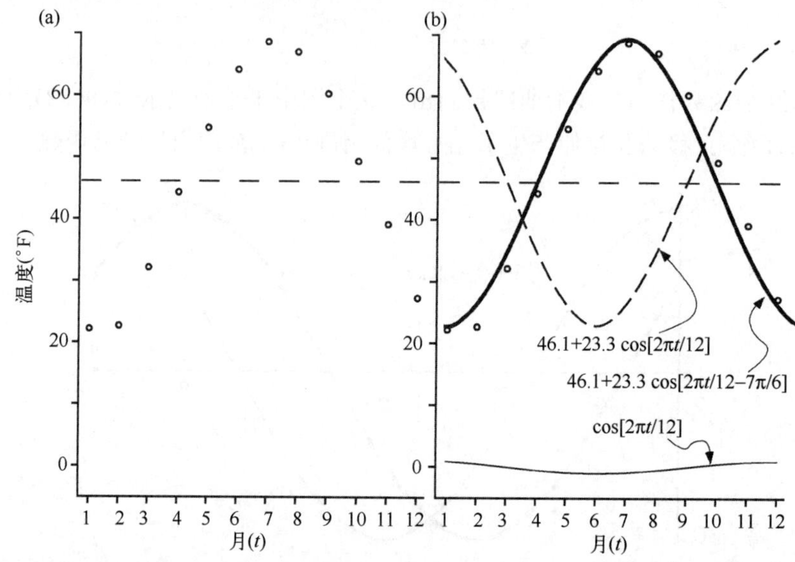

图 9.13 余弦函数近似匹配到一个资料序列的图示说明。(a)1943—1989 年纽约伊萨卡(Ithaca)平均的月温度(资料值在表 9.5 中给出)。平均温度的年循环显然近似为正弦曲线。(b)图解从时间到角度(下部的浅线)测量单位变化的 3 个余弦函数,垂直位置调整和拉伸(虚曲线),以及侧向移动(粗曲线)最后产生了近似匹配资料的函数。水平虚线表示 12 个资料点的平均值46.1 ℉。

9.4.3 单个谐波振幅和位相的估计

图 9.13 中的粗曲线相当好地表示出了有关的温度,但是如果能找到 C_1 和 ϕ_1 的更好的选择,可以改进一致性。这样做最容易的方式是使用三角恒等式

$$\cos(\alpha-\phi_1)=\cos(\phi_1)\cos(\alpha)+\sin(\phi_1)\sin(\alpha) \tag{9.56}$$

把来自式(9.52)的 $\alpha=2\pi t/n$ 代入并且两边都乘以振幅 C_1 得到

$$\begin{aligned}C_1\cos\left(\frac{2\pi t}{n}-\phi_1\right)&=C_1\cos(\phi_1)\cos\left(\frac{2\pi t}{n}\right)+C_1\sin(\phi_1)\sin\left(\frac{2\pi t}{n}\right)\\&=A_1\cos\left(\frac{2\pi t}{n}\right)+B_1\sin\left(\frac{2\pi t}{n}\right)\end{aligned} \tag{9.57}$$

其中

$$A_1=C_1\cos(\phi_1) \tag{9.58a}$$

和

$$B_1=C_1\sin(\phi_1) \tag{9.58b}$$

式(9.57)表明作为振幅为 C_1 和位相为 ϕ_1 的余弦函数,或作为振幅为 A_1 和 B_1 的未移动的余

弦和未移动的正弦的加和，这两种形式表示谐函数的波在数学上是相等的。

为了从一批资料中估计这些参数对的其中一个，使用式(9.57)的第二行比使用式(9.55)表示波的优势是，前者是参数的线性函数。注意，进行变量变换 $x_1=\cos(2\pi t/n)$ 和 $x_2=\sin(2\pi t/n)$，并且把这两个量代入式(9.57)的第二行，产生的式子看起来像 $A_1=b_1$ 和 $B_1=b_2$ 的两因子回归方程。事实上，给定资料序列 y_t，我们可以利用通常的回归软件，用 y_t 作为预报量，使用这个变换找到参数 A_1 和 B_1 的最小二乘估计。而且，回归包也能够产生作为截距 b_0 的预报量值的平均值。随后，式(9.55)更方便的形式，可以通过转化式(9.58)得到恢复，

$$C_1=[A_1^2+B_1^2]^{1/2} \tag{9.59a}$$

和

$$\phi_1=\begin{cases}\tan^{-1}(B_1/A_1), & A_1>0\\ \tan^{-1}(B_1/A_1)\pm\pi,\text{或}\pm180^\circ, & A_1<0\\ \pi/2,\text{或 }90^\circ & A_1=0\end{cases} \tag{9.59b}$$

注意因为三角函数是周期性的，如果 $A_1<0$，那么有效的同位相角通过加上或减掉角测度的半个循环产生。产生 $0<\phi_1<2\pi$ 的其他方法通常可以选择。

用最小二乘回归找到式(9.57)中的参数 A_1 和 B_1，在一般的例子中也起作用。对资料值在时间上等间隔且没有缺测值的特殊(尽管不是太不寻常的)情况，正弦和余弦函数的性质允许相同的最小二乘参数值，用下式更容易和高效地得到

$$A_1=\frac{2}{n}\sum_{t=1}^{n}y_t\cos\left(\frac{2\pi t}{n}\right) \tag{9.60a}$$

和

$$B_1=\frac{2}{n}\sum_{t=1}^{n}y_t\sin\left(\frac{2\pi t}{n}\right) \tag{9.60b}$$

例 9.9　平均月温度的谐波分析

表 9.5 显示表示在图 9.13a 中绘制的伊萨卡(Ithaca)平均月温度的年谐波参数的最小二乘估计所必需的计算，计算使用的公式为式(9.60)。温度资料显示在标为 y_t 的列中，其平均值容易计算为 552.9/12=46.1(℉)。式(9.60a)和式(9.60b)中加和的 $n=12$ 项显示在最后的两列中。应用式(9.60)到这些项，得到 $A_1=(2/12)(-110.329)=-18.39$，$B_1=(2/12)(-86.417)=-14.40$。

式(9.59)变换，这两个振幅为式(9.55)的振幅-位相形式的参数这个变换允许更容易地与图 9.13b 中的粗曲线比较。振幅为 $C_1=[-18.39^2-14.40^2]^{1/2}=23.36$(℉)，而位相角是 $\phi_1=\tan^{-1}(-14.40/-18.39)+180^\circ=218^\circ$。这里加上而不是减掉 180°，因为需要 $0^\circ<\phi_1<360^\circ$。最小二乘振幅 $C_1=23.36$ ℉非常接近图 9.13b 中的振幅，在 7 月的平均温度是 12 个月中最暖的基础上，而位相角比关注的(7)(360°)/12=210°角大 8°。值 $\phi_1=218^\circ$ 是一个更好的估计，并且意味着比该地气候上最暖时期(比 7 月中旬)稍微更晚的日期。事实上，因为在一个完整的循环中，存在一个与一年中的某些天同样多的温度，所以来自表 9.5 的结果表示在图

9.13b 中的粗曲线应该向右移动大约一周。显然这个结果与资料点改进的结果相对应。

表 9.5　使用式(9.60)估计基本谐波参数机理的举例说明。资料序列 y_t 是图 9.13a 中绘制的伊萨卡(Ithaca)第 t 月的月平均温度。式(9.60a)和式(9.60b)中的 12 项,分别显示在最后的两列中。

	y_t	$\cos(2\pi t/12)$	$\sin(2\pi t/12)$	$y_t\cos(2\pi t/12)$	$y_t\sin(2\pi t/12)$
1	22.2	0.866	0.500	19.225	11.100
2	22.7	0.500	0.866	11.350	19.658
3	32.2	0.000	1.000	0.000	32.200
4	44.4	−0.500	0.866	−22.200	38.450
5	54.8	−0.866	0.500	−47.457	27.400
6	64.3	−1.000	0.000	−64.300	0.000
7	68.8	−0.866	−0.500	−59.581	−34.400
8	67.1	−0.500	−0.866	−33.550	−58.109
9	60.2	0.000	−1.000	0.000	−60.200
10	49.5	0.500	−0.866	24.750	−42.867
11	39.3	0.866	−0.500	34.034	−19.650
12	27.4	1.000	0.000	27.400	0.000
总和	552.9	0.000	0.000	−110.329	−86.417

例 9.10　年循环到日平均值的插值

例 9.9 中的计算得到了基于月值的伊萨卡(Ithaca)平均温度年循环平稳变化的表示。特别地,如果在没有日资料的地方,能使用这样的函数来表示逐日的气候平均温度是很有价值的。为了和日时刻 t 一起使用式(9.55)中的余弦曲线,可能必须使用 $n=365$ 天而不是 $n=12$ 个月。振幅可以保持不变,尽管 Epstein(1991)提出了调整这个参数的一种方法。然而,无论如何,对位相角做调整都是必须的。

考虑时刻 $t=1$ 月,表示所有的 1 月,并且被合理地分配到月的中间,大概是第 15 天。这样,这个函数 $t=0$ 月的点,对应于 12 月的中间。因此,当使用 $n=365$ 而不是 $n=12$ 时,对时间变量来说,只代入日数(1 月 1 日=1,1 月 2 日=2,2 月 1 日=32,等等)将得到一条向左移动大约 2 周的曲线。需要的是一个与日的时间变量 t' 一致,正确地定位余弦函数的新位相角,比方说 ϕ'_1。

在 12 月 15 日,两个时间变量是 $t=0\text{mon}$ 和 $t'=-15\text{d}$。在 12 月 31 日,它们是 $t=0.5\text{mon}=15\text{d}$ 和 $t'=0\text{d}$。这样,用一致的单位,$t'=t-15\text{d}$,或 $t=t'+15\text{d}$。把 $n=365\text{d}$ 和 $t=t'+15$ 代入式(9.55)得到

$$\begin{aligned} y_t &= \bar{y}+C_1\cos\left[\frac{2\pi t}{12}-\phi_1\right]=\bar{y}+C_1\cos\left[\frac{2\pi(t'+15)}{365}-\phi_1\right] \\ &= \bar{y}+C_1\cos\left[\frac{2\pi t'}{365}+2\pi\frac{15}{365}-\phi_1\right] \\ &= \bar{y}+C_1\cos\left[\frac{2\pi t'}{365}-\left(\phi_1-2\pi\frac{15}{365}\right)\right] \\ &= \bar{y}+C_1\cos\left[\frac{2\pi t'}{365}-\phi'_1\right] \end{aligned} \tag{9.61}$$

即，需要的新位相角是 $\phi_1' = \phi_1 - (2\pi)(15)/365$。

9.4.4　更高的谐波

例 9.9 中的计算产生了十分接近 12 个月平均温度值的单个余弦函数。这个很好的拟合结果，是因为这个位置温度年循环的形状近似地为正弦曲线，在这个时间序列的 $n=12$ 个点上，完成一个完整的周期。我们不指望单个谐波表示每个时间序列都这么好。然而，正如增加更多的预报因子到一个多元回归，可以改进对一批非独立资料的拟合，增加更多的余弦波到谐波分析，可以改进任何时间序列的拟合。

由 n 个点组成的任何资料序列可以被精确地表示，是指通过同时增加一系列的 $n/2$ 个谐波函数，可以找到通过每个点的函数，

$$y_t = \bar{y} + \sum_{k=1}^{n/2} \left\{ C_k \cos\left[\frac{2\pi kt}{n} - \phi_k\right] \right\} \tag{9.62a}$$

$$= \bar{y} + \sum_{k=1}^{n/2} \left\{ A_k \cos\left[\frac{2\pi kt}{n}\right] + B_k \sin\left[\frac{2\pi kt}{n}\right] \right\} \tag{9.62b}$$

注意式(9.62b)强调式(9.57)拥有任何余弦波，而不管其频率。式(9.62a)中 $k=1$ 项的余弦波只是基本的或第一个谐波，这是前面一节的主题。式(9.62)的加和中，其他的 $n/2-1$ 项是频率为下式的更高的谐波或余弦波

$$\omega_k = \frac{2\pi k}{n} \tag{9.63}$$

它为基本频率 ω_1 的整数倍。

例如，第二个谐波是在资料序列的 n 个点上，正好完成两个完整周期的余弦函数。它有其自己的振幅 C_2 和位相角 ϕ_2。注意，式(9.62a)中余弦和正弦函数内的因子 k 是至关重要的。当 $k=1$ 时，角 $\alpha=2\pi kt/n$ 随着时间从 $t=0$ 增加到 $t=n$，指数在 0 到 2π 弧度的一个完整周期的自始至终变化，正如前面描述的。在 $k=2$ 的第二个谐波的例子中，$\alpha=2\pi kt/n$ 随着 t 从 0 增加到 $n/2$，完成了一个完整周期，然后进行 $t=n/2$ 和 $t=n$ 之间的第二个完整周期。类似地，第三个谐波由振幅 C_3 和位相角 ϕ_3 定义，随着 t 从 0 增加到 n 经由 3 个周期变化。

式(9.62b)隐含相应于特定资料序列 y_t 的系数 A_k 和 B_k，做了资料变换 $x_1=\cos(2\pi t/n)$，$x_2=\sin(2\pi t/n)$，$x_3=\cos(2\pi\times 2t/n)$，$x_4=\sin(2\pi\times 2t/n)$，$x_5=\cos(2\pi\times 3t/n)$等之后，可以用多元回归的方法得到。事实上，这是一般情况，但是如果资料序列在时间上是等间距的并且没有缺测值，那么式(9.60)可以推广为

$$A_k = \frac{2}{n}\sum_{t=1}^{n} y_t \cos\left(\frac{2\pi kt}{n}\right) \tag{9.64a}$$

和

$$B_k = \frac{2}{n}\sum_{t=1}^{n} y_t \sin\left(\frac{2\pi kt}{n}\right) \tag{9.64b}$$

例如，这些公式表明，为了计算一个特定的 A_k，计算公式由资料序列 y_t 与在 n 个时间单位期间 k 个完整周期的余弦函数值的乘积组成的 n 项的加和构成。对相对短的资料序列来说，这些公式可以很容易地编程，或者用电子制表软件求值。对更大的资料序列来说，A_k 和 B_k 系数通常用第 9.5.3 节中提到的更有效的方法计算。已经计算了这些系数后，式(9.62)的第一行的振幅-位相形式，可以通过对每个谐波分离计算得到，

$$C_k = [A_k^2 + B_k^2]^{1/2} \tag{9.65a}$$

和

$$\phi_k = \begin{cases} \tan^{-1}(B_k/A_k), & A_k > 0 \\ \tan^{-1}(B_k/A_k) \pm \pi, \text{或} \pm 180^\circ, & A_k < 0 \\ \pi/2, \text{或 } 90^\circ & A_k = 0 \end{cases} \tag{9.65b}$$

回想如果存在作为资料点的很多预报因子值,多元回归函数将通过所有的资料点,并且显示 $R^2=100\%$。式(9.62)中的余弦项序列是这个过拟合的一个例子,因为每个谐波项存在两个参数(振幅和位相)。这样式(9.62)中的 $n/2$ 个谐波由 n 个预报因子变量组成,而任何资料集,不管它看起来是多么的不像三角函数,但是全都可以用式(9.62)精确地表示。

因为式(9.62)中的样本平均值,实际上是估计的相应于回归截距 b_0 的一个参数,如果 n 是奇数,那么式(9.62)需要调整。这个例子中,为了完整地表示函数只需要$(n-1)/2$ 个谐波的加和。即,$(n-1)/2$ 个振幅加上$(n-1)/2$ 个位相角加上资料等于 n 的样本平均值。如果 n 是偶数,在加和中存在 $n/2$ 项,但是对最后的和最高的谐波来说,位相角 $\phi_{n/2}$ 为 0。

式(9.62)中我们是否用所有的 $n/2$ 个谐波表示依赖于背景。比方说,对定义气候量的年循环来说,从应用的观点来说,前面几个谐波可以给出非常令人满意的表示,并且在表示拟合中不使用的未来的资料值方面,通常比更简单的样本平均(例如 12 个离散的月平均值)更精确(Narapusetty *et al.*,2009)。如果目标是找到正好通过每个资料点的函数,那么所有的 $n/2$ 个谐波都被使用。回想第 7.4 节对发展预报方程背景中过拟合的警告,因为当方程被用来预报将来的独立资料时,在发展资料上展示的人造技巧无法向前传递。在后面的这个例子中,目标不是预报而是表示资料,所以过拟合确保式(9.62)精确地复制一个特定的资料序列。

例 9.11　一个更复杂的年循环

图 9.14 举例说明了用少数谐波可以平滑地表示气候量的年循环。这里的序列是德克萨斯埃尔帕索(El Paso)5 个连续日无可测降水的概率(表达为百分数),它是不规则曲线,是用 1948—1983 年资料计算的日相对频率图。这些谐波完成了一个规则但不对称的年循环,一年中最湿的时间是夏季,而干燥的秋季和春季之间,由一个稍微不太干燥的冬季分隔开。这个图也显示了主要来自抽样的变率,特别是分析的特定年的不规则的短期振荡。如果使用埃尔帕索(El Paso)降水资料的不同样本计算相对频率(比方说,1900—1935 年),那么出现相同的主要模态是明显的,但个别"摆动"的细节可能是不同的。

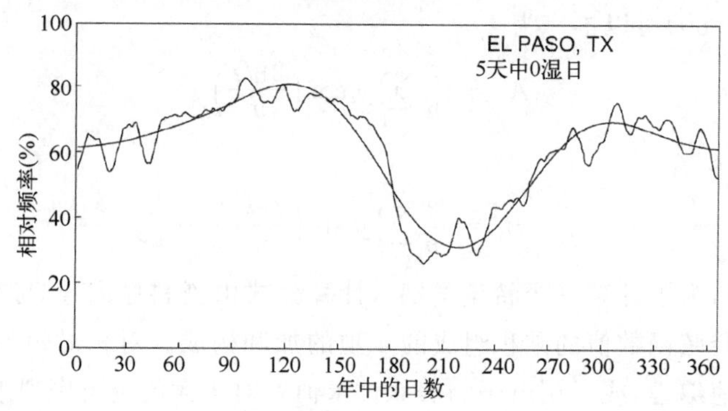

图 9.14　德克萨斯埃尔帕索(El Paso)以水平轴上的日期为中心的 5 天期间没有可测量降水的气候概率的年循环。不规则线是每日相对频率的图,而平滑曲线是对这个资料的 3 个谐波的拟合。引自Epstein和 Barnston(1988)。

图9.14中的年循环是十分明显的，但是它不像一个简单的余弦波。然而，这个循环通过前3个谐波加和的平滑曲线能够得到相当好的表示。即，平滑曲线是加和中有3项，而不是$n/2$项的式(9.62)的图。这个资料的平均值是61.4%，而这些谐波的前两个的参数是$C_1=13.6\%$，$\phi_1=72°=0.4\pi$，$C_2=13.8\%$，$\phi_2=272°=1.51\pi$。这些结果可以用式(9.64)和式(9.65)从潜在的资料中进行计算。计算并且绘制全部$(365-1)/2=182$个谐波的图，将得到与图9.14中不规则曲线相同的函数。

图9.15举例说明了图9.14中平滑曲线的构建。子图(a)显示了分开绘制的第一个(虚线)和第二个(实线)谐波，两个谐波都是时间(t)和相应角度的函数。垂直轴上也显示了振幅C_k的大小，还显示了两个函数最大值相对应的位相角ϕ_k。注意，因为第二个谐波在一年的365天中有两个循环，所以有两个最大值，分别位于$\phi_2/2$和$\pi+\phi_2/2$(第3个谐波的最大值出现在$\phi_3/3$，$2\pi/3+\phi_3/3$和$4\pi/3+\phi_3/3$，更高阶的谐波有类似的模态)。

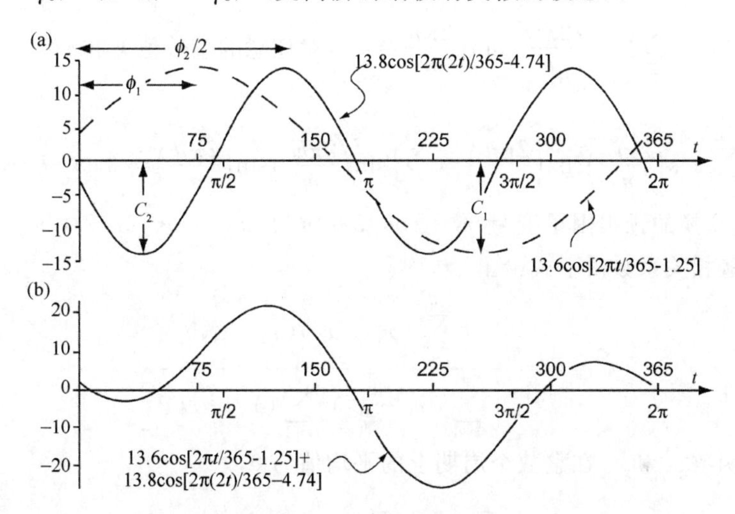

图9.15　图9.14中平滑曲线构建的图解。(a)分开绘制的年循环的第一个(虚线)和第二个(实线)谐波。这两个谐波有$C_1=13.6\%$，$\phi_1=72°=0.4\pi$，$C_2=13.8\%$，$\phi_2=272°=1.51\pi$。水平轴上标注了日和弧度。(b)通过对每个时间点增加子图(a)中两个函数的值产生了年循环的平滑表示。随后增加年平均值61.4%产生了一条非常类似于图9.14的曲线。小的差异由第三个谐波来解释。注意，这两个子图有不同的纵坐标尺度。

图9.15b中的曲线通过在每个点简单地加上图9.15a中两个函数的值构建。注意图9.15中的两个子图有不同的垂直尺度。当两个谐波在某一时刻符号相反，但大小差不多时，这时它们的加和接近为0。当两个谐波符号相同并且有相对较大的振幅时，图9.15b中的函数得到最大值和最小值。图9.15b中的曲线加上年平均值61.4%，则会得到一条与图9.14中的平滑曲线很接近的曲线。

9.5　频域——Ⅱ. 谱分析

9.5.1　作为不相关回归预报因子的谐函数

式(9.62b)使人想到对一个给定的资料序列y_t使用多元回归寻找最优拟合的谐波。但是对没有缺测值的等间距资料来说，式(9.64b)将产生系数A_k和B_k的相同的最小二乘估计，如同多元回归软件所做的那样。然而,注意式(9.64)中,除了被计算的系数之外不依赖于任何谐波。即,这些公式依赖于当前的 k 值,但不依赖于 $k-1$ 或 $k-2$,或任何的其他谐波指数。这个事实意味着,任意特定谐波的系数 A_k 和 B_k 可以独立于任何其他谐波的系数计算。

回想每次一个新的预报因子变量进入多元回归方程和每次一个预报因子变量被从回归方程移除的时候,回归参数通常需要重新计算。正如第 7 章中谈到的,在相互关联的预报因子变量集的常见例子中,这个重新计算是必需的,因为相关因子或多或少都带有冗余信息。谐波函数的一个显著性质(对等间距和完整的资料)为它们是不相关的,例如,对一阶或二阶谐波来说参数(振幅和位相)都是相同的,而不论它们在一个方程中是否与三阶、四阶或任何其他阶谐波一起使用。

谐波函数的这个显著性质,是正弦和余弦函数被称为正交性的一个结果。即,对整数谐波指数 k 和 j

$$\sum_{t=1}^{n}\cos\left(\frac{2\pi kt}{n}\right)\sin\left(\frac{2\pi jt}{n}\right)=0,\text{对任意的整数值 } k \text{ 和 } j \tag{9.66a}$$

和

$$\sum_{t=1}^{n}\cos\left(\frac{2\pi kt}{n}\right)\cos\left(\frac{2\pi jt}{n}\right)=\sum_{t=1}^{n}\sin\left(\frac{2\pi kt}{n}\right)\sin\left(\frac{2\pi jt}{n}\right)=0,\ \text{对 } k\neq j \tag{9.66b}$$

例如,考虑两个变换的预报因子变量 $x_1=\cos[2\pi t/n]$ 和 $x_3=\cos[2\pi(2t)/n]$。这两个衍生变量之间的皮尔逊相关系数由下式给出

$$r_{x_1x_3}=\frac{\sum_{t=1}^{n}(x_1-\bar{x}_1)(x_3-\bar{x}_3)}{\left[\sum_{t=1}^{n}(x_1-\bar{x}_1)^2\sum_{t=1}^{n}(x_3-\bar{x}_3)^2\right]} \tag{9.67a}$$

并且因为余弦函数 $\bar{x}_1$ 和 $\bar{x}_3$ 在整数个周期上的平均值为 0,

$$r_{x_1x_3}=\frac{\sum_{t=1}^{n}\cos\left(\frac{2\pi t}{n}\right)\cos\left(\frac{2\pi\times 2t}{n}\right)}{\left[\sum_{t=1}^{n}\cos^2\left(\frac{2\pi t}{n}\right)\cos^2\left(\frac{2\pi\times 2t}{n}\right)\right]^{1/2}}=0 \tag{9.67b}$$

因为根据式(9.66b),分子为 0。

既然谐波预报因子变量和资料序列 y_t 之间的关系不依赖于用来表示序列的其他谐波函数,那么由每个谐波解释的方差比例也是固定的。通常用回归中计算的 R^2 统计量表达这个比例,对第 k 个谐波来说 R^2 为

$$R_k^2=\frac{(n/2)C_k^2}{(n-1)s_y^2} \tag{9.68}$$

根据回归的 ANOVA 表,式(9.68)的分子是第 k 个谐波的回归平方和。因子 s_y^2 只是资料序列的样本方差,所以式(9.68)的分母是总平方和 SST。注意第 k 个谐波和资料序列之间关系的强度可以完全根据振幅 C_k 表达。位相角 ϕ_k 只是在确定余弦曲线的时间位置时是必需的。此外,因为每个谐波给出了关于资料序列的独立信息,所以根据只用谐波预报因子的回归方程展示的联合 R^2,只是每个谐波的 R_k^2 值的加和,

$$R^2=\sum_{k\text{ in the equation}}R_k^2 \tag{9.69}$$

如果所有的 $n/2$ 个可能的谐波被用来作为预报因子(式(9.62)),那么式(9.69)中总的 R^2 正好

为1。式(9.68)和式(9.69)的另一个观点是时间序列变量 y_t 的方差在 $n/2$ 个谐波函数之间进行分配，每一个代表变化的一个不同的时间尺度。

式(9.62)表示长度 n 的资料序列 y_t 可以根据 $n/2$ 个谐波的 n 个参数完全确定。即，我们可以认为资料 y_t 根据式(9.64)被转换为量 A_k 和 B_k 的一个新集合。因为这个原因，式(9.64)被称为离散傅里叶变换。等价地，资料序列可以被表示为用式(9.65)中的变换，从 A_k 和 B_k 得到的 n 个量 C_k 和 ϕ_k。根据式(9.68)和式(9.69)，这个资料变换解释了序列 y_t 中的所有变化。

9.5.2　周期图或傅里叶线谱

前面所述，使人想到看待一个时间序列的一种不同的方式是作为傅里叶系数 A_k 和 B_k(为频率 ω_k 的函数，式(9.63))的函数集合，而不是作为时间函数的一批资料点 y_t。这个新视角的好处是，通过在不同速度上处理变化，允许我们分开看一个时间序列的贡献；即通过在不同频率的谱上进行处理。Panofsky 和 Brier(1958, p.141)用一个比喻举例说明了这个特性："光学谱显示不同波长或频率对一个给定光源能量的贡献。一个时间序列的谱，显示各种频率的振动对时间序列方差的贡献。"对一个资料序列 y_t 来说，即使潜在的物理基础实际上不能由一系列余弦波很好地表示，但是通过这个视角看所用的资料常常还是能获知很多。

已经用傅里叶变换转化为频域的一个时间序列的特征，最常用的是用被称为周期图或傅里叶线谱的图进行图形诊断。这个图有时被称为资料序列的功率谱或简单谱。在最简单的形式中，谱图由作为频率 ω_k 的函数的振幅的平方 C_k^2 组成。注意，包含在位相角 ϕ_k 中的信息在谱中没有描述。因此，谱传达了原始资料序列中，由谐波频率的振荡解释的变化的比例，但是没有给出这些振荡在时间上被表示的信息。Fisher(2006)提出这个特征，类似于在有柱状图的一首音乐中，通过使用频率表示各种程度得到的图形。这样的柱状图，可以很好地识别音乐键，但不能识别这首音乐本身。这样的一个谱，没有给出用来计算的时间序列行为的一个完整图，并且不足以重构时间序列。

画出的谱的垂直轴，有时是数值上被重新尺度化的，这种例子中画出的点与振幅的平方成比例。这个按比例重新尺度化的一种选择是式(9.68)中的表达式。如果时间序列中的变化只由几个频率的谐波控制，那么用对数画垂直轴是特别有用的。这个例子中，线性图可能导致剩余的谱分量看不见地小。对数的垂直轴也可以调整谱估计置信区间的表示(第9.5.6节)。

如果 n 是偶数，线谱的水平轴由 $n/2$ 个频率 ω_k 组成；如果 n 是奇数，线谱的水平轴由 $(n-1)/2$ 个频率 ω_k 组成。这些频率中最小的是最低频率 $\omega_1=2\pi/n$(基频)，这对应于余弦波在 n 个时间点上执行了一个周期。最高的频率 $\omega_{n/2}=\pi$，被称为奈奎斯特频率。它是余弦波只在两个时间区间上执行一个完整的循环，并且在整个资料记录上执行 $n/2$ 个周期的频率。奈奎斯特频率依赖于原始资料序列 y_t 的时间分辨率，并且对来自谱分析的可用信息强加了一个重要的限制。

水平轴常常只是角频率 ω，单位为弧度/时间。一种通常的可选方法是使用频率

$$f_k=\frac{k}{n}=\frac{\omega_k}{2\pi} \tag{9.70}$$

其量纲为时间$^{-1}$。在各个可选的传统方法下，允许的频率范围从基频的 $f_1=1/n$ 到奈奎斯特频率的 $f_{n/2}=1/2$。谱的水平轴，根据频率的倒数或第 k 个谐波的周期也能尺度化

$$\tau_k=\frac{n}{k}=\frac{2\pi}{\omega_k}=\frac{1}{f_k} \tag{9.71}$$

周期 τ_k 确定了频率 ω_k 完成一个循环需要的时间长度。用周期图估计相关的周期，有助于在可视化资料中发现正在发生的重要变化的时间尺度。

例 9.12　一个小资料集的离散傅里叶变换

表 9.6 显示了一个简单的资料集及其离散傅里叶变换。最左边的列包含纽约伊萨卡(Ithaca)1987 和 1988 年两年观测的月平均温度。对于该资料来说，即使不做谱分析，我们预先也知道主要特征是寒冷的冬季和温暖的夏季的年循环。这个预期被图 9.16a 中的资料图所证实，这张图显示这些温度是时间的函数。总的印象是有 12 个月周期的近似为正弦曲线的资料序列，但是有这个周期的单个余弦波不能正好通过所有的点。

表 9.6　纽约伊萨卡(Ithaca)1987—1988 年的月平均温度(℉)及其离散傅里叶变换。

月份	1987 年	1988 年	k	τ_k，月	A_k	B_k	C_k
1	21.4	20.6	1	24.00	−0.14	0.44	0.46
2	17.9	22.5	2	12.00	−23.76	−2.20	23.86
3	35.9	32.9	3	8.00	−0.99	0.39	1.06
4	47.7	43.6	4	6.00	−0.46	−1.25	1.33
5	56.4	56.5	5	4.80	−0.02	−0.43	0.43
6	66.3	61.9	6	4.00	−1.49	−2.15	2.62
7	70.9	71.6	7	3.43	−0.53	−0.07	0.53
8	65.8	69.9	8	3.00	−0.34	−0.21	0.40
9	60.1	57.9	9	2.67	1.56	0.07	1.56
10	45.4	45.2	10	2.40	0.13	0.22	0.26
11	39.5	40.5	11	2.18	0.52	0.11	0.53
12	31.3	26.7	12	2.00	0.79	—	0.79

表 9.6 的 4 到 8 列显示了进行傅里叶变换的相同资料。因为 $n=24$ 是偶数，所以这个资料可以由 $n/2=12$ 个谐波完全表示。这些谐波由谐波指数 k 标注的行来表示。表 9.6 的第 5 列表示这个资料的 12 个谐波每一个的周期(式(9.71))。基频 $\tau_1=24$ 个月的周期等于资料记录的长度。因为在 $n=24$ 个月的记录中存在两个年循环，所以预期的最重要的是周期$\tau_2=24/2=12$ 个月第 $k=2$ 个谐波。奈奎斯特频率是 $\omega_{12}=\pi$ 弧度/mon 或 $f_{12}=0.5\ \mathrm{mon}^{-1}$，对应于 $\tau_{12}=2$ 个月的周期。

可以用式(9.62)中重建原始资料的系数 A_k 和 B_k，显示在表接下来的列中，组成了温度的这个资料序列的离散傅里叶变换。注意，只存在 23 个傅里叶系数，因为为了完全表示这$n=24$ 个资料点，包括样本平均值46.1 ℉的 24 个独立信息是必需的。为了使用式(9.62)重构这个资料，我们可以代入 $B_{12}=0$。

表 9.6 中的第 8 列，显示了根据式(9.65a)计算的振幅 C_k。位相角也可以用式(9.65a)计算，但是对绘制谱图这些不是必需的。图 9.16b 显示了以柱状图的形式绘制的这些温度资料的谱。垂直轴由振幅的平方 C_k^2 组成，为了显示 R^2 对每个谐波的贡献，根据式(9.68)进行标准化。水平轴在频率上是线性的，但是为了有助于解释，也显示了相应的周期。显然资料中的大部分变化由第二个谐波表示，因为其 R^2 是 97.5%。正如所预期的，年循环的变化支配着这个资料，但是其他谐波不为 0 的事实表明这个资料不是由频率为 $f_2=1\ \mathrm{a}^{-1}$的纯余弦波组成。然而，注意对数的垂直轴趋向于不强调其他谐波小的贡献。如果垂直轴被线性尺度化，那么这个图将由 $k=2$ 的尖峰和 $k=6$ 的小隆起峰组成，剩余的其他点本质上不能从水平轴上被辨别。

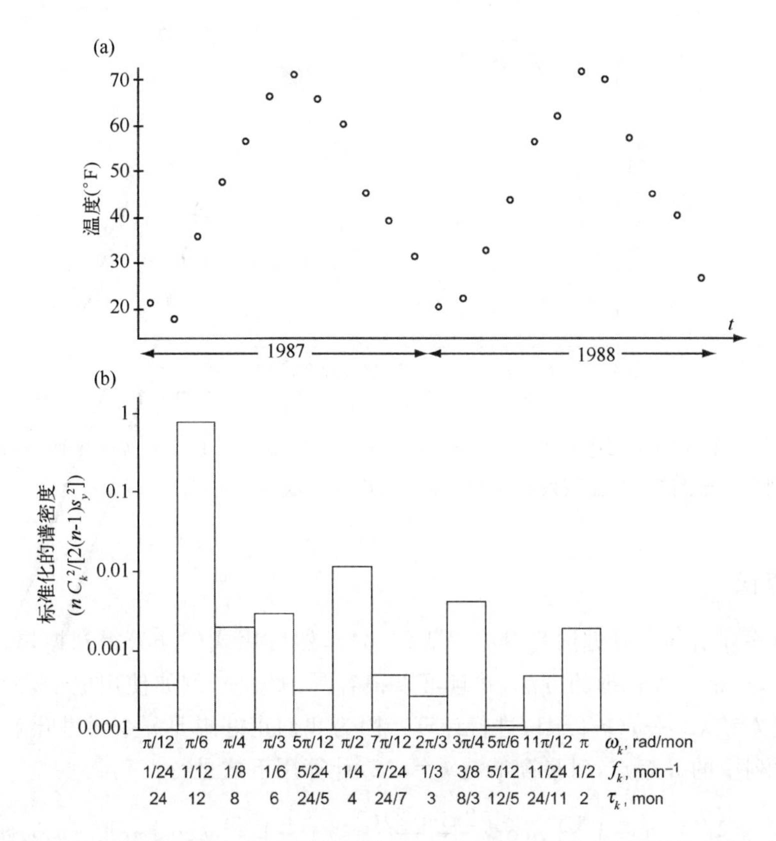

图 9.16 一个简单的时间序列与其谱之间关系的图解。(a)来自表 9.6 的 1987—1988 年纽约伊萨卡(Ithaca)月平均温度。这个资料近似为正弦曲线,有一个 12 个月的周期。(b)子图(a)中资料序列的谱,以柱状图的形式绘制,并且用式(9.68)的标准化形式表示。显然资料序列中最重要的变化由第二个谐波表示,周期 $\tau_2=12$ 个月,这是年循环。注意垂直尺度是对数值,所以下一个最重要的谐波,仅仅解释总变化的 1%多一点。水平尺度在频率上是线性的。

例 9.13 其他的实例谱

一个不平凡的实例谱显示在图 9.17 中。这是 1951—1979 年每月的塔希提(Tahiti)减去达尔文(Darwin)海平面气压时间序列谱的一部分。这个时间序列类似于图 3.14 中(标准化的)SOI 指数,包括一个准周期行为的倾向。从图 3.14 中的不规则的变化,以及从谱中宽广的(即遍布在很多频率上)最大值可以看出,时间序列中的变化显然不是严格周期性的。图 9.17 显示这些准周期之一的典型长度(相应于 El Niño 事件之间的典型时间)大约在 $\tau=[(1/36)\text{mon}^{-1}]^{-1}=3$ a 和 $\tau=[(1/84)\text{mon}^{-1}]^{-1}=7$ a 之间。

图 9.17 中的垂直轴是在线性尺度上绘制的,但是单位已经省略了,因为它们对这个图的定性解释没有贡献。水平轴在频率上是线性的,因此在周期上是非线性的。也要注意水平轴的这个标注,表示潜在资料序列的这个完整谱在图中没有给出。因为资料序列由月值给出,奈奎斯特频率必须是 0.5 mon^{-1},相应于两个月的周期。只有最左边的八分之一谱被显示,因为是这些更低的频率反映了关注的物理现象,即厄尔尼诺-南方涛动(ENSO)循环。对省略的更高的频率来说,估计的谱密度函数可能只显示一个长的不规则的通常是没有信息的右尾。

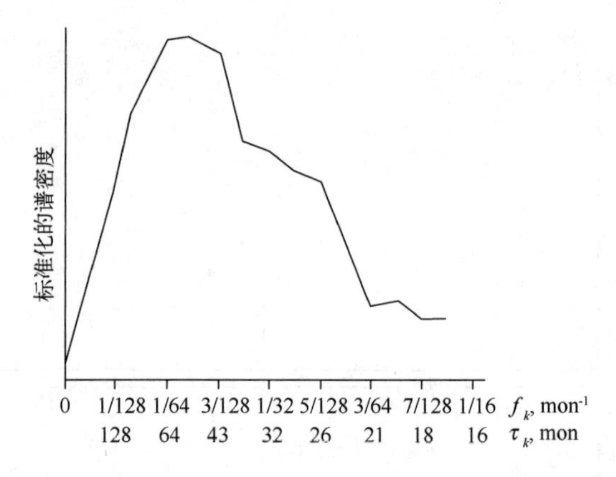

图 9.17 塔希提(Tahiti)减去达尔文(Darwin)海平面气压 1951—1979 年月实际序列平滑谱的低频部分。时间序列类似于图 3.14,振荡发生在大约 3～7a 周期。取自 Chen(1982a)。

9.5.3 计算谱

计算资料序列谱的一种方法是只应用式(9.64),然后用式(9.65)得到振幅。对相对短的资料序列来说,这是一种合理的方法,并且可以很容易地编程,例如使用电子表格软件。这些公式可以只对 $k=1,2,\cdots,(n/2-1)$ 进行计算。因为我们正好想要 n 个傅里叶系数(A_k 和 B_k)来表示资料序列中的 n 个点,对最高谐波 $k=n/2$,计算用下式进行

$$A_{n/2}=\begin{cases}\left(\frac{1}{2}\right)\left(\frac{2}{n}\right)\sum_{t=1}^{n}y_t\cos\left[\frac{2\pi(n/2)t}{n}\right]=\left(\frac{1}{n}\right)\sum_{t=1}^{n}y_t\cos[\pi t], & n\text{ 为偶数}\\ 0, & n\text{ 为奇数}\end{cases}\tag{9.72a}$$

和

$$B_{n/2}=0,\ n\text{ 为偶数或奇数}\tag{9.72b}$$

尽管是简单易懂的符号,但是计算离散傅里叶变换的这种方法,在计算上是相当低效的。特别是由式(9.64)调用的很多计算是多余的。例如,考虑表 9.6 中 1987 年 4 月的资料。式(9.64b)中的加和中 $t=4$ 的项是(47.7 ℉)$\sin[(2\pi)(1)(4)/24]$=(47.7 ℉)(0.866)=41.31 ℉。然而,对 $k=2$ 来说,包括这个相同资料点的项完全是相同的:(47.7 ℉)$\sin[(2\pi)(2)(4)/24]$=(47.7 ℉)(0.866)=41.31 ℉。在用式(9.64)离散傅里叶变换计算中,存在很多其他这样的冗余。通过使用被称为快速傅里叶变换(FFTs)的更聪明的算法,可以避免这些冗余。大部分科学计算软件包,包括一个或更多个 FFT 子程序,这给出了非常大的速度改进,特别是随着资料序列长度的增加,计算速度的改进更加明显。与用回归方法计算傅里叶系数相比较,FFT 大约快 $n/\log_2(n)$ 倍,或者对 $n=100$ 大约快 15 倍,而对 $n=10000$ 大约快 750 倍。

FFTs 通常根据欧拉复指数符号存档和执行,

$$e^{i\omega t}=\cos(\omega t)+i\sin(\omega t)\tag{9.73}$$

式中:i 为满足 $i=\sqrt{-1}$ 和 $i^2=-1$ 的单位虚数。使用复指数而不是纯粹地用正弦和余弦函数作为符号使一些处理更加简便。数学形式还是完全相同的。根据复指数,式(9.62)成为

$$y_t=\bar{y}+\sum_{k=1}^{n/2}H_k\mathrm{e}^{i[2\pi k/n]t}\tag{9.74}$$

式中 H_k 为复傅里叶系数

$$H_k = A_k + iB_k \tag{9.75}$$

即，H_k 的实部是系数 A_k，而 H_k 的虚部是系数 B_k。

9.5.4 混频

混频是离散资料谱分析中的固有危险。这种现象之所以出现，是因为由资料点的抽样区间或连续资料对之间的时间施加的限制。因为即使勾画一个余弦波也最少也需要两个点——一个点是峰值，而另一个点是谷值——可表示的最高频率是奈奎斯特频率，有 $\omega_{n/2}=\pi$ 或 $f_{n/2}=0.5$。这个频率的波每隔两个资料点完成一次循环，并且这样的一个离散资料集，可以显式地表示不快于这个速度的变化。

如果资料序列包括比奈奎斯特频率变化更快的过程，这个资料序列的谱将出现什么现象是值得研究的。如果这样，那么这个资料序列被说成是*采样不足*(undersample)，这意味着时间序列中的点间隔太远，不能正确地表示这些快速的变化。然而，比奈奎斯特频率更高的频率发生的变化并没有消失。而是它们的贡献被虚假地归因于一些更低但可表示的 ω_1 和 $\omega_{n/2}$ 之间的频率。这些高频变化被说成是被混淆的。

图 9.18 举例说明了混频的含意。想象物理的资料生成过程由虚的余弦曲线表示。资料序列 y_t 由时间指数的整数值 t 处这个过程的抽样产生，得到由圆圈表示的点。然而，虚曲线的频率($\omega=8\pi/5$ 或 $f=4/5$)比奈奎斯特频率($\omega=\pi$ 或 $f=1/2$)更高，意味着其振荡太快以至于这个时间分辨率上无法被抽样。相反，如果离散时间点中只有这个信息是可以利用的，那么这些资料看起来像粗线的余弦函数，其频率($\omega=2\pi/5$ 或 $f=1/5$)低于奈奎斯特频率，因此是可以表示的。注意因为余弦函数是正交的，所以无论不同频率的变化在资料中是否存在，这个相同的影响都将存在。

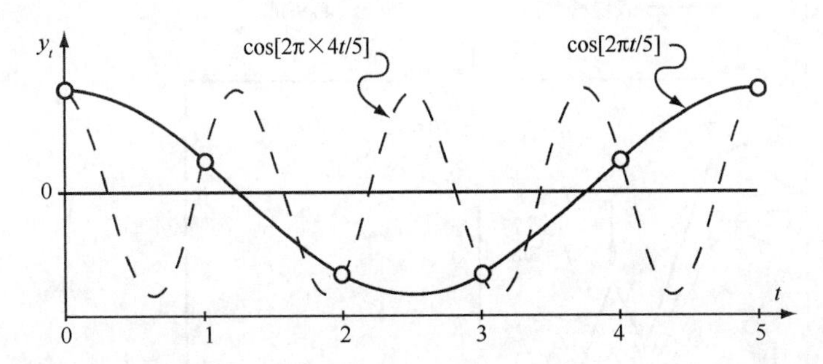

图 9.18　混频的图解。粗圆圈表示时间序列 y_t 中的资料点。拟合一个谐波函数到这些点得到粗曲线。然而，如果资料序列实际上是由细虚线表示的过程产生的，那么拟合的粗虚线可能表明原始资料有更低频率的波动，这会使人产生误解的印象。虚曲线没有被足够稠密地抽样，因为其频率 $\omega=8\pi/5$(或 $f=4/5$)高于奈奎斯特频率 $\omega=\pi$(或 $f=1/2$)。虚曲线频率的变化被说成是混淆到粗曲线的频率。

混频对谱分析的影响可以归因到比奈奎斯特频率更高频率变化的过程中，任何能量(振幅的平方)将被错误地加到由离散傅里叶谱表示的 $n/2$ 个频率中的一个。如果 f_A 不同于 1 time^{-1} 的整数倍，那么频率 $f_A>1/2$ 将被混淆到可表示的频率 $f(0<f\leqslant 1/2)$ 中的一个，即如果

$$f_A = j \pm f,\quad j \text{ 为任意正整数} \tag{9.76a}$$

根据角频率，在混淆频率 ω_A 处变化好像出现在可表示的频率 ω 处，如果

$$\omega_A = 2\pi j \pm \omega,\quad j \text{ 为任意正整数} \tag{9.76b}$$

这些公式意味着,比奈奎斯特频率高的振幅的平方,将以类似于手风琴的样式被加到可表示的频率上,手风琴的每个“折痕”,发生在奈奎斯特频率的整数倍处。因为这个原因,奈奎斯特频率有时被称为*折叠频率*。仅稍微比奈奎斯特频率 $f_{n/2}=1/2$ 高的混淆频率被混淆到稍微比 1/2 低的频率。仅稍微比两倍的奈奎斯特频率低的频率被混淆到只稍微比 0 高的频率。然后对 $2f_{n/2}<f_A<3f_{n/2}$ 这个关系反过来。即,仅比 $2f_{n/2}$ 高的频率被混淆到很低的频率,而几乎与 $3f_{n/2}$ 同样高的频率被混淆到接近 $f_{n/2}$ 的频率。

图 9.19 用一个假设的谱举例说明混频的影响。灰线表示真实的谱,其展示了在低频部分有功率的集中区,但是在 $f=5/8$ 处有一个尖峰,以及在 $f=19/16$ 处有一个更宽的峰。额外的这两个峰,发生在比奈奎斯特频率 $f=1/2$ 高的频率,这意味着生成资料的物理过程,经常因为抽样不足以至于无法显式地分辨它们。实际出现在频率 $f_A=5/8$ 处的变化被混淆到(即,看来好像出现在)频率 $f=3/8$ 处。即,根据式(9.76a),$f_A=1-f=1-3/8=5/8$。在这个谱中,$f_A=5/8$ 的振幅的平方,被加到真实谱中 $f=3/8$ 处的(真实的)振幅平方。类似地,真实谱中由在 $f_A=19/16$ 为中心的更宽的峰表示的变化,被混淆到 $f=3/16$($f_A=1+f=1+3/16=19/16$)处。图 9.19 中的虚线,表示由频率在 $f=1/2$ 和 $f=1$ 之间频率贡献的混淆谱能量(灰线和黑线之间的总面积)的一部分(虚线下的面积),并且通过 $f=1$ 和 $f=3/2$ 之间的频率(虚线上的面积),强调混淆谱密度的扇状褶皱性质。

当一个时间序列孤立的段被平均并且做谱分析的时候,混频可能是特别严重的,例如在 n 年中的每一年平均的 1 月值的时间序列。这个问题已经被 Madden 和 Jones(2001)研究过了,他们得出结论,除非平均时间至少与抽样区间一样大,否则可以预计会得到非常严重的混淆谱。例如,1 月平均的谱被认为是严重混淆的,因为 1 个月的平均周期比每年的抽样区间短得多。

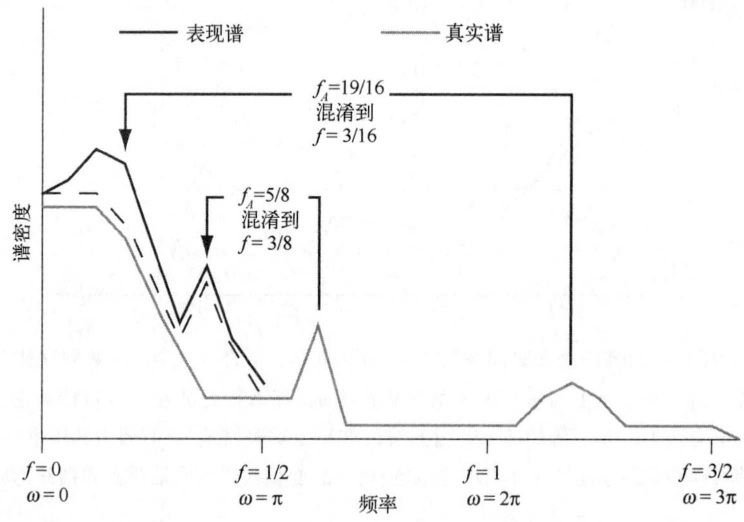

图 9.19 一个假设的谱中混频的图解。真实的谱(灰线)展示了在 $f=5/8$ 处一个尖峰以及在 $f=19/16$ 处一个更宽的峰。因为这两个频率都比奈奎斯特频率 $f=1/2$ 更高,所以它们被混淆到显示频率的谱中(错误地归结)。混频遵从一个类似于手风琴的样式,灰线和虚线之间的区域由频率从 $f=1$ 到 $f=1/2$ 的频率贡献,而虚线和实线之间的区域由 $f=1$ 和 $f=3/2$ 之间的频率贡献。得到的表观谱(粗线)包括 0 和 1/2 之间频率的真实的谱密度值,也包括来自混淆频率的贡献。

不幸的是,一旦一个资料序列被收集,没有办法对其谱去混淆化。即,只从资料值来区别

由比 $f_{n/2}$ 更高的频率所做的对谱可感知的贡献,或者这些贡献有多大是不可能的。实际上,对生成资料序列过程的物理基础的理解是值得做的,以便抽样率是足够地可以预先被看到。当然,在探索性的环境中,这个建议是没有帮助的,因为探索性分析的关注点,正好是对未知的或知道很少的生成过程获得一个更好的理解。在后面的这种情形中,我们可能希望看到频率接近 $f_{n/2}$ 的谱接近于 0,这可能给出了某种期待,即来自更高频率的贡献是小的。像图 9.19 中粗线这样的谱,可能导致我们认为混频是一个问题,因为在奈奎斯特频率处,它根本不为 0,可能充分地意味着在更高的频率真实谱也不为 0。

9.5.5 自回归模型的谱

第 9.3 节中描述的关于时域自回归模型的另一种观点由其谱给出。由不同的自回归模型产生的时间依赖的类型,产生了可以被联系到自回归参数的特征谱信号。

最简单的例子是式(9.16)的 AR(1)过程。这里单一自回归参数 ϕ 的正值,引起了 ε 序列中短期(高频)的变化上进行平滑,并且强调更慢(低频)的变化。根据谱,这些影响在更低的频率导致了更多的密度,而在更高的频率为更低的密度。而且,ϕ 越接近 1,这些影响也逐渐地越强。

这些概念通过 AR(1)过程的谱密度函数进行量化,

$$S(f)=\frac{4\sigma_\varepsilon^2/n}{1+\phi^2-2\phi\cos(2\pi f)},\quad 0\leqslant f\leqslant 1/2 \tag{9.77}$$

这是与频率在 $0\leqslant f\leqslant 1/2$ 范围内所有的谱密度有关的函数。函数的形状由分子确定,而分子包含着给出与振幅的平方 C_k^2 的经验谱可比较的函数数值的尺度化的常数。对自回归参数的负值,这个公式也适用,其产生的时间序列倾向于在平均值周围迅速振荡,并且对它来说,谱密度在高频率是最大的。

注意,对 0 频率,式(9.77)与时间平均的方差成比例。通过把 $f=0$,以及式(9.21)和式(9.39)代入式(9.77),并且与式(9.36)进行比较,可以认识到。这样,谱外推到 0 频率,已经被用来估计时间平均的方差(例如,Madden and Shea, 1978)。

图 9.20 显示了 $\phi=0.5, 0.3, 0.0$ 和 -0.6 的 AR(1)过程的谱。这些过程中第一个和最后一个的自相关函数在图 9.7 中作为子图显示。正如可能预期的,$\phi>0$ 的这两个过程,在更低的频率上显示了谱密度的增大,而在更高频率上消耗,并且对有更大自回归参数的过程,这些特征更明显。用类推可见光性质的方法,$\phi>0$ 的 AR(1)过程有时被称为*红噪声*过程。

$\phi=0$ 的 AR(1)过程,由时间上不相关的资料值序列 $x_{t+1}=\mu+\varepsilon_{t+1}$ 组成(比较式(9.16))。这些展示了不强调低频或高频变化的倾向,所以其谱为常数或者是平直的。再次类比可见光,这被称为*白噪声*,因为所有频率是均等混合的。这个类比被称为白噪声强迫,以及参数 σ_ε^2 被称为白噪声方差的独立序列 ε 的基础。

最后,$\phi=-0.6$ 的 AR(1)过程,趋向于产生时间序列中不稳定的短期变化,导致在奇数滞后的负相关和在偶数滞后的正相关(在大气时间序列中这种相关是很少发生的)。这样,这个过程的谱在高频增强,而在低频衰减,正如图 9.20 中显示的。这样的序列,因此被称为*蓝噪声*过程。

其他自回归过程和 ARMA 过程谱的公式,在 Box 和 Jenkins(1976)的文献中也给出了。特别重要的是 AR(2)过程的谱,

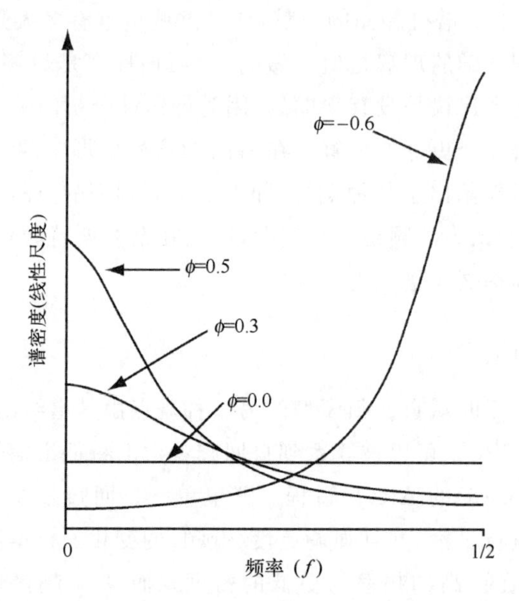

图 9.20 用式(9.77)计算的 4 个 AR(1)过程的谱密度函数。$\phi>0$ 的自回归是红噪声过程,因为其谱在更低的频率被增大,而在更高的频率被减少。$\phi=0$ 过程(即连续的独立资料)的谱是平直的,表示没有强调高或低频变化的倾向。这是一个白噪声过程。$\phi=-0.6$ 的自回归倾向,展示快速的变化,这种在高频增大的谱,被称为蓝噪声过程。$\phi=0.5$ 和 $\phi=-0.6$ 过程的自回归函数,作为图 9.7 中的小图被显示。

$$S(f)=\frac{4\sigma_{\varepsilon}^{2}/n}{1+\phi_1^2+\phi_2^2-2\phi_1(1-\phi_2)\cos(2\pi f)-2\phi_2\cos(4\pi f)},\quad 0\leqslant f\leqslant 1/2 \quad (9.78)$$

对 $\phi_2=0$ 这个公式退化为式(9.77),因为 $\phi_2=0$ 的 AR(2)过程(式(9.27))只是一个AR(1)过程。

AR(2)过程是特别令人感兴趣的,因为其展示了各种行为,包括伪周期的能力。这个多样性,被反映在式(9.78)中包括的各种形式的谱中。图 9.21 举例说明了这些中的几个,相应于图 9.7 中的 AR(2)过程 。$\phi_1=0.9,\phi_2=-0.6$ 和 $\phi_1=-0.9,\phi_2=-0.5$ 的过程,展示了伪周期性,正如在中频处其谱中宽广的峰所显示的。$\phi_1=0.3,\phi_2=0.4$的过程,显示了在低频处其变化的大部分,但是在高频处,也显示了一个较小的最大值。$\phi_1=0.7,\phi_2=-0.2$ 过程的谱,类似于图 9.20 中的谱,尽管有一个更宽的和更平的低频最大值。

例 9.14 用自回归模型平滑样本谱

自回归模型谱的公式,在解释来自资料序列的样本谱时可能是有用的。正如第 9.5.6 节中描述的,个别周期图无规律的抽样性质,可能使辨别位于一个特定样本谱之下的真实谱的特征变得困难。然而,如果一个拟合得很好的时域模型,可以从相同的资料序列中估计,那么它的谱可以用来指导认识。自回归模型有时被拟合到时间序列,而其唯一目的是得到平滑谱。Chu 和 Katz(1989)展示了相应于用 SOI 时间序列(见图 9.17)拟合的时域模型的谱,它与直接从资料中计算的谱对应得很好。

考虑图 9.8c 中的资料序列,这个序列根据 $\phi_1=0.9$ 和 $\phi_2=-0.6$ 的 AR(2)过程生成。这批特殊的 50 个点的样本谱,作为图 9.22 中的实曲线被显示。显然,频率范围在大约 $f=0.12$ 到 $f=0.16$ 展示了伪周期性,但是抽样变化使解释有些困难。尽管图 9.22 中的经验谱,有些像图 9.21 中显示的 AR(2)模型的理论谱,但是只看经验谱,其特征可能是不明显的。

当虚曲线被提供来指导认识的时候,可以得到关于图 9.22 中谱的更完整的认识。这是

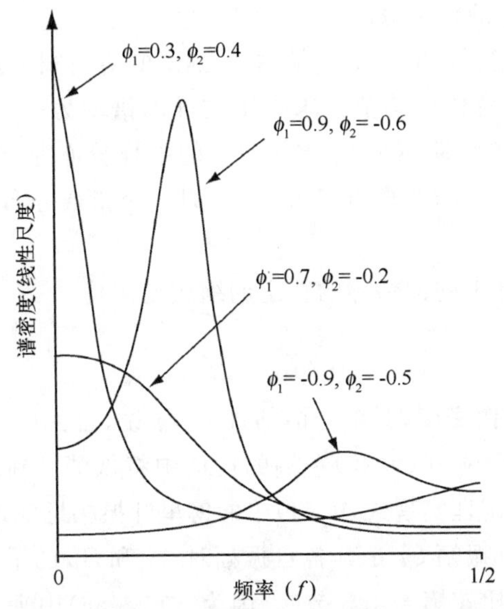

图 9.21　用式(9.78)计算的 4 个 AR(2)过程的谱密度函数。这幅图中谱形式的多样性，说明了 AR(2)模型的灵活性。对这些自回归来说，自回归函数显示在图 9.7 的小图中。

拟合到与计算经验谱相同的资料点的 AR(2)模型的谱。这些资料的前两个样本的自相关是 $r_1=0.624$ 和 $r_2=-0.019$，接近于从式(9.33)得到的总体的值。用式(9.29)估计的自回归参数是 $\phi_1=1.04$ 和 $\phi_2=-0.67$。$n=50$ 个资料点的样本方差是 1.69，通过式(9.30)得到估计的白噪声方差 $\sigma_\varepsilon^2=1.10$。根据式(9.78)得到的谱，作为虚曲线被画出。

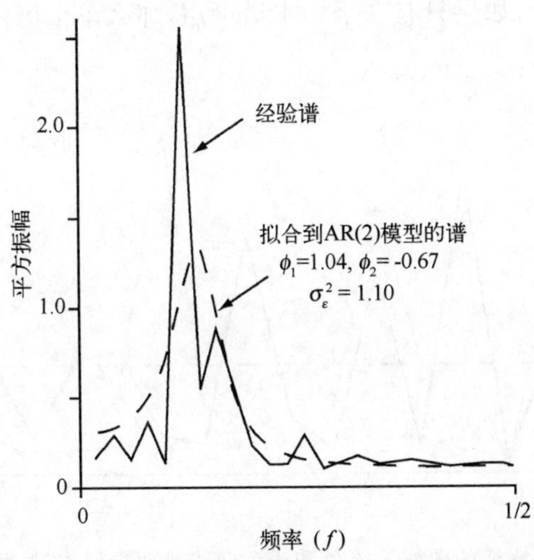

图 9.22　解释样本谱时，使用拟合的自回归模型的谱指导认识的图解。实曲线是图 9.8c 中显示的由 $\phi_1=0.9$，$\phi_2=-0.6$ 和 $\sigma_\varepsilon^2=1.0$ 生成的 $n=50$ 个资料点的样本谱。关于这个谱的更完整的透视图由虚线给出，这是拟合到相同序列的 50 个资料点的 AR(2)过程的谱。

9.5.6　谱估计的抽样性质

因为用来计算大气谱的资料，容易存在抽样波动，从这些资料计算的傅里叶系数，也将展示不同批次的随机变化。即，来自相同的原始资料容量为 n 的不同批次的资料，将变换为稍微

不同的 C_k^2 值，得到稍微不同的样本谱。

每个平方振幅是真实谱密度的一个无偏估计，这意味着对很多批次平均的很多个 C_k^2 值的平均值，非常接近其真实的总体平均值。未加工的样本谱的另一个良好性质，是不同频率的周期图估计相互之间不相关。遗憾的是，单个 C_k^2 的抽样分布是相当宽广的。特别是，适当地尺度化的平方振幅的抽样分布的自由度为 $v=2$，是一个指数分布或 $\alpha=1$ 的伽马分布（比较图 4.7）。

这个卡方抽样分布未加工的谱估计的特定的缩放比例是

$$\frac{v\,C_k^2}{S(f_k)} \sim \chi_v^2, \tag{9.79}$$

式中：$S(f_k)$ 是由 C_k^2 估计的谱密度，对单个谱估计 C_k^2 来说，自由度 $v=2$。注意对周期图估计的乘法缩放比例有多种选择，在式(9.79)左端的比值中将抵消。判定卡方抽样分布适当性的一种方法，是根据中心极限定理实现式(9.64)中的傅里叶振幅近似地为高斯分布，因为它们都从 n 项加和导出。每个平方振幅 C_k^2 是其各自振幅对 A_k^2 和 B_k^2 的平方和，而 χ^2 是 v 个独立标准高斯变量平方和的分布（比较第 4.4.3 节）。因为式(9.65a)中平方的傅里叶振幅的抽样分布不是标准高斯分布，所以式(9.79)中的缩放因子常量必然产生一个卡方分布。

因为单个周期图估计的抽样分布是指数分布，所以这些估计是强烈地正偏的，并且其标准差（抽样分布的标准差）等于其平均值。这些性质的一个不好的结果，是单个 C_k^2 的估计代表真实谱很差。未加工的原始谱估计非常不稳定的性质，由图 9.23 中显示的两个样本谱举例说明。深色和浅色线是用 $n=30$ 个独立高斯随机变量的不同批次计算的两个样本谱。这两个样本谱，在由水平虚线表示的真实谱周围，有相当剧烈的变化。在实际应用中，真实谱当然是预先不知道的。图 9.23 显示，如果只有一个样本谱可用，那么单个谱估计较弱的抽样性质，使辨别真实谱非常困难。

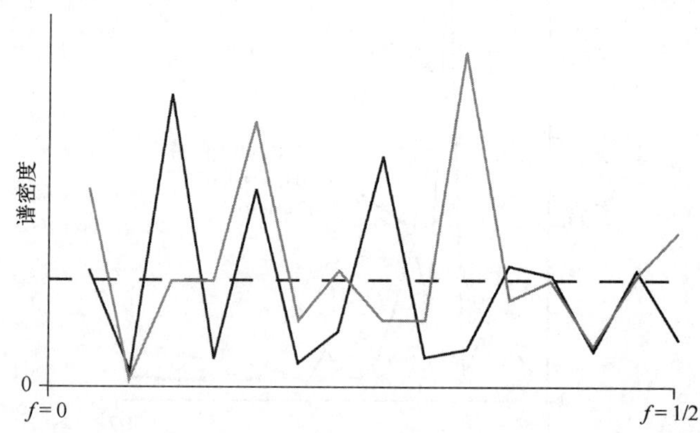

图 9.23 估计谱不稳定抽样特征的图解。深色和浅色曲线是两个样本谱，每一个用 $n=30$ 个独立高斯随机变量的不同批次计算。二者都是非常不稳定的，有相对一致的没有意义的偶然点。潜在序列独立资料的真实谱由水平虚线表示。垂直轴是线性的。

对应于未加工的原始谱估计潜在总体量的置信界限是相当宽广的。式(9.79)意味着置信区间的宽度与未加工的周期图估计本身成比例，所以

$$\Pr\left[\frac{v\,C_k^2}{\chi_v^2(1-\alpha/2)} < S(f_k) \leqslant \frac{v\,C_k^2}{\chi_v^2(\alpha/2)}\right] = 1-\alpha \tag{9.80}$$

其中对单个未加工的周期图估计来说，$v=2$，而 $\chi_k^2(\alpha)$ 是相应的卡方分布的 α 分位数。例如，对95%的置信区间来说，$\alpha=0.05$。式(9.80)的形式，暗示了在对数尺度上绘制谱图可能是方便的，因为在这个例子中，$(1-\alpha)\cdot 100\%$ 置信区间在不同的频率是常数，而不管估计的 C_k^2 的振幅。

对过于宽广的抽样分布来说，统计学上通常的补救措施是增加样本容量。然而，对谱来说，只增加样本大小，而不给出单个频率更准确的信息，则会导致关于更多频率的不准确信息。例如，图 9.23 中的谱用 $n=30$ 个资料点计算，而这样由 $n/2=15$ 个平方振幅组成。加倍样本大小到 $n=60$ 个资料值，将导致 $n/2=30$ 个频率的谱，其每一个点将展示与图 9.23 中单个 C_k^2 值同样大的抽样变化。

然而，用更大的资料样本得到潜在总体谱更具代表性的样本谱是可能的。一种方法是计算来自时间序列分开部分的重复谱，然后平均得到的平方振幅。例如在图 9.23 的背景中，$n=60$的时间序列可以被划分为长度为 $n=30$ 的两个序列。图 9.23 中的两个谱，可以看作为从这样的过程中得到的。这里对 C_k^2 值的$n/2=15$ 对的每一个求平均，可以得到一个稍微更忠实地表示真实谱的更稳定的谱。事实上，这些 $n/2$ 个平均谱值的每一个的抽样分布，可能与 $v=4$ 的卡方分布或 $\alpha=2$ 的伽马分布成比例，就像每一个与 4 个傅里叶振幅平方的和成比例。这个分布比指数分布有更少的变量和更弱的偏斜，有平均估计的 $1/\sqrt{2}$或者前面的单个($v=2$)估计的大约 70%的标准差。如果我们有 $n=300$ 个点的资料序列，那么可以计算 10 个样本谱，其平均值可以平滑掉图 9.23 中抽样变化的大部分。对这个例子中平均的平方振幅来说，抽样分布有 $v=20$。这些平均值的标准差，可能比乘以系数 $1/\sqrt{10}$更小，对单个平方振幅来说，或者为那些振幅的大约三分之一。因为置信区间的宽度还与估计的平方振幅成比例，对数垂直标度再次导致绘制的置信区间宽度不依赖于频率。

用更多资料获得一个更平滑和更有代表性的谱，一种本质上等价的方法是用更长资料序列的离散傅里叶变换开始。尽管这个结果最初在等价变量的更多谱估计中，但是通过增加邻近频率组(没有平均)的平方振幅，其抽样变率可以被平滑掉。图 9.17 中显示的谱，已经用这种方式做了平滑。例如，如果我们想估计图 9.23 中绘制的 15 个频率处的谱，可以通过对从 $n=60$ 个观测长度资料记录的谱得到的 30 个平方振幅的连续对求和得到。如果$n=300$个观测是可用的，那么在这 15 个相同频率处得到的谱，可以通过增加 $n/2=150$ 个原始频率的 10 组平方振幅进行估计。这里抽样分布再次是 v 等于汇聚的频率数目两倍的卡方分布，或者 α 等于汇聚的频率数目的伽马分布。

多种更复杂的平滑函数，常被应用到样本谱(如：Ghil *et al.*，2002；Jenkins and Watts，1968；von Storch and Zwiers，1999)。注意，不管平滑过程的特定形式，作为结果的谱增加的平滑度和代表性，以减少频率分辨率和引入偏差的代价得到。本质上，谱估计抽样分布的稳定性，通过从一系列频率中抹掉一个频率的谱信息得到。穿越更宽的谱带进行平滑，产生了更稳定的估计，但是隐藏了特定频率可能做出的明显贡献。实际上，在抽样的稳定性和频率的分辨率之间总是要做一个折中，这个问题通过主观判断解决。

有时关心的是研究在 K 个这样的平方振幅之间，最大的 C_k^2 是否显著地不同于假设的总体值。即，最大的周期图估计是由随机过程产生的资料的傅里叶变换中的抽样变化产生的吗？或者它反映了可能部分地由时间序列中随机噪声隐藏的真实的周期吗？由于下面的两个原因，阐明这个问题是复杂的：(1)选择适合资料序列的原谱；(2)如果对应最大 C_k^2 的频率 f_k 根据检验资料而不是外部的先验信息进行选择，这时检验存在多样性。

最初，我们可能采用白噪声谱（$\phi=0$ 的式(9.77)）定义原假设。如果有很少或没有关于资料序列特性的先验信息，或者如果我们提前预计可能的周期信号被内含在不相关的噪声中，那么这可能是合适的选择。然而，大部分大气时间序列存在正的自相关，并且通常反映这个倾向的原谱是一个更好的原（零）参考函数（Gilman *et al.*，1963）。一般来说，为了这个目的，拟合到所研究谱的 ϕ 和 σ_ε^2 的 AR(1)谱（式(9.77)）被挑选。用式(9.79)，如果下式成立，那么在频率 f_k 处的平方振幅 C_k^2 显著地大于在那个频率处的原（可能为红噪声）谱 $S_0(f_k)$ 可能在 α 水平上被拒绝

$$C_k^2 \geqslant \frac{S_0(f_k)}{v}\chi_v^2(1-\alpha) \tag{9.81}$$

式中 $\chi_v^2(1-\alpha)$ 表示表 B.3 中给出的适合的卡方分布的右尾分位数。如果已经采用了谱平滑参数 v，那么可能大于 2。

如果被检验的频率 f_k 在先验或外部信息的基础上选择，并且决不依赖于用来计算 C_k^2 的资料，那么式(9.81)中给出的拒绝规则是合适的。当这样的先验信息不足时，由于检验的多样性问题，检验最大平方振幅的统计显著性是复杂的。因为，实际上，K 个独立的假设检验，在搜索最显著的平方振幅中进行，式(9.81)的直接应用，导致了比名义上的水平 α 更不严格的检验。因为被检验的 K 个谱估计是不相关的，处理这个多重性问题是相当直接的，并且包括选择一个足够小的名义上的假设检验水平，以至于当应用到 K 个平方振幅中最大的那个时，式(9.81)指定了正确的拒绝准则。Walker(1914)推导出了计算正确值的适当水平，

$$\alpha = 1-(1-\alpha^*)^{1/K} \tag{9.82}$$

这个用法被称为 Walker 检验（Katz，2002，提供了更多的历史背景）。式(9.82)的推导基于 K 个独立 p 值中最小值的抽样分布（Wilks，2006a）。式(9.81)用来产生一个错误地拒绝原假设的真实的概率 α^*，原假设为 K 个周期图估计中最大的那个显著地大于在那个频率处的原谱密度，作为结果，单个检验水平 α 非常接近由 Bonferroni 方法（第 11.5.3 节）计算的那些值，

$$\alpha = \alpha^*/K \tag{9.83}$$

为了解决检验的多重性问题，式(9.83)选择了一个比实际检验水平 α^* 小的名义上的检验水平 α，并且缩减量与被考虑的频率数成比例（即独立检验）。作为选择，使用 FDR 方法（第 5.4.2 节）也可以实现这个目的。结果是为了拒绝适当的重新检验中的原假设，要求有一个相对大的 C_k^2。

例 9.15　相对于红噪声 H_0 的最大谱峰的统计显著性

想象一个假设的长度为 $n=200$ 的时间序列，其中滞后 1 个时次的自相关和白噪声方差的样本估计，分别为 $r_1=0.6$ 和 $s_\varepsilon^2=1$。作为一个纯随机序列，描述这些资料行为的一个合理的候选式是有这两个参数的 AR(1)过程。把这些值代入式(9.77)产生了这个过程的谱，在图 9.24 中作为粗曲线显示。样本谱 C_k^2，$k=1,\cdots,100$，也可以从这个序列中计算。这个谱包括 $K=100$ 个频率处的振幅平方，因为 $n=200$ 个资料点已经进行了傅里叶变换。无论这个序列是否也包含一个或更多的周期分量，样本谱都是相当不稳定的，并且为了推断样本谱显著地不同于那个频率的原红谱，计算最大的 C_k^2 必须为多大是重要的。式(9.81)提供了判别准则。

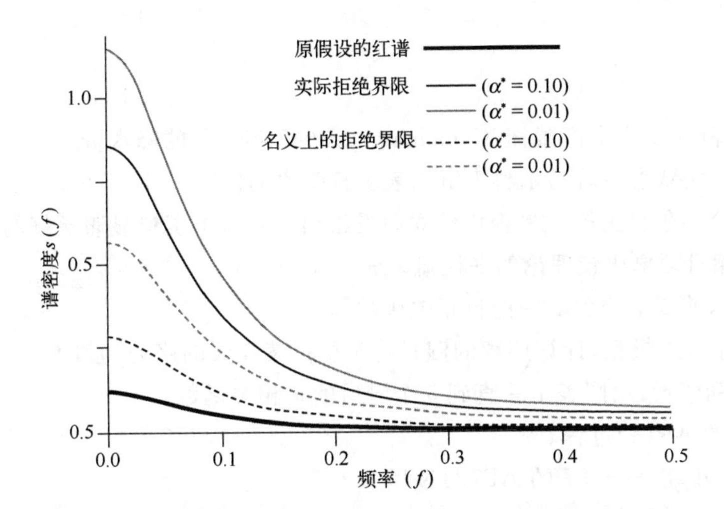

图 9.24　$\phi_1=0.6$，$\sigma_\varepsilon{}^2=1.0$，$n=200$ 最小值必须推断出 $K=100$ 个周期图估计的最大值在 0.10（黑色）和 0.01（灰色）水平显著地更大（更浅的实曲线）的红谱（粗曲线）。虚曲线显示了当多重性不被考虑时得到的错误的最小值。

因为对最大的振幅平方来说，$K=100$ 个频率被搜索，证据的标准必须比特定的单个频率被预先挑选做检验更严格。特别是，式(9.82)和式(9.83)都显示在 $\alpha^*=0.10$ 水平的检验，要求 100 个振幅平方中的最大值在名义上的 $\alpha=0.10/100=0.001$ 水平上触发检验拒绝，而在 $\alpha^*=0.01$ 水平上的检验要求名义检验水平 $\alpha=0.01/100=0.0001$。在未平滑的样本谱中，每个振幅的平方都服从自由度 $v=2$ 的卡方分布，来自表 B.3 的第二行，相应的右尾分位数 $\chi_2^2(1-\alpha)$ 分别为 $\chi_2^2(0.999)=13.816$ 和 $\chi_2^2(0.9999)=18.421$（因为 $v=2$，这些界限也可以用 $\beta=2$ 的指数分布式(4.83)的分位数函数计算）。把这些值代入式(9.81)，并且用 $\phi_1=0.6$ 和 σ_ε^2 的式(9.77)定义 $S_0(f_k)$，得到图 9.24 中的两条细实线。如果 $K=100$ 个 C_k^2 的最大值不出现在这些曲线之上，那么来自一个纯随机的 AR(1)过程序列的原假设在指定的 α^* 水平上不能被拒绝。

除了名义上的检验水平 α 已经取代了总的检验水平 α^* 之外，图 9.24 中的虚曲线是以与实曲线相同的方式计算的拒绝界限，所以 $\chi_2^2(0.90)=4.605$ 和 $\chi_2^2(0.99)=9.210$ 已经被用在式(9.81)中。在没有参考正被检验的资料已经预先选择的单个频率处，已经由原红噪声过程产生了抽样变化，这些虚曲线可能是拒绝估计谱原假设的适合的阈值。如果这些阈值被用来评估 $K=100$ 个振幅平方中的最大值，那么如果原假设为真，根据错误地拒绝原假设的式(9.82)，名义上 $\alpha=0.01$ 和 $\alpha=0.10$ 水平的概率分别为 $\alpha^*=0.634$ 和 $\alpha^*=0.99997$（即实际上是确定的）。

原谱的选择对检验结果也有很大的影响。如果代替白噪声谱 $\phi=0$ 的式(9.77)（暗含着 $\sigma_x^2=1.5625$，比较式(9.21)）被挑选作为与判断潜在显著的振幅平方相对的基线，那么对所有的频率来说，式(9.81)中的原谱将为 $S_0(f_k)=0.031$。在这个例子中，拒绝界限可能是图 9.24 中有可以与 $f=0.15$ 处的振幅可比较的量级平行的水平线。

9.6 习题

9.1 使用表 A.1 中卡南戴挂(Canandaigua)1987 年 1 月的降水资料:

a. 拟合一个两状态一阶马尔科夫链来表示日降水的发生。

b. 检验这个马尔科夫模型是否比独立假设给出了对这个资料显著更好的表示。

c. 用经验相对频率比较理论的平稳概率 π_1。

d. 用图表示前 3 个滞后的理论自相关函数。

e. 根据马尔科夫模型,计算连续的湿日将至少持续 3 天的序列的概率。

9.2 对下列情形,用图表示一直到 5 个滞后的自相关函数:

a. $\phi=0.4$ 的 AR(1)过程。

b. $\phi_1=0.7$ 和 $\phi_2=-0.7$ 的 AR(2)过程。

9.3 用 $n=100$ 个值的时间序列(方差为 100)计算样本滞后相关,得到 $r_1=0.80$,$r_2=0.60$ 和 $r_3=0.50$。

a. 使用 Yule-Walker 方程,拟合 AR(1),AR(2)和 AR(3)模型到这个资料。假设样本容量足够大,以至于式(9.26)可以对白噪声方差给出较好的估计。

b. 根据 BIC 统计量选择序列的最优自回归模型。

c. 根据 AIC 统计量选择序列的最优自回归模型。

9.4 已知系统 9.3 中时间序列的平均值为 50,使用拟合的 AR(2)模型,预报时间序列 x_1,x_2 和 x_3 的未来值;假设当前值为 $x_0=76$,先前的值为 $x_{-1}=65$。

9.5 由 $\phi=0.8$ 的 AR(1)模型控制的一个时间序列的方差为 25。计算这个时间序列相邻值的平均值抽样分布的方差,使用下列长度:

a. $n=5$。

b. $n=10$。

c. $n=50$。

9.6 对表 9.7 中的温度资料:

a. 计算前两个谐波。

b. 分开绘制每一个谐波。

c. 绘制根据前两个谐波定义的年循环表示的函数。该图中也包括原始资料点,并且在视觉上比较拟合优度。

表 9.7 印度新德里(New Delphi)月平均温度资料。

月份	1	2	3	4	5	6	7	8	9	10	11	12
平均温度(℉)	57	62	73	82	92	94	88	86	84	79	68	59

9.7 使用来自习题 9.6 的年循环的两个谐波的公式估计下列日期的日平均温度:

a. 4 月 10 日。

b. 10 月 27 日。

9.8 表 9.7 中资料的第 3、第 4、第 5 和第 6 个谐波的振幅分别为 1.4907,0.5773,0.6311 和 0.0001 ℉。

a. 绘制这些资料的周期图。解释该图说明了什么。

b. 由前两个谐波描述了月平均温度资料中多大的方差比例?

9.9　在图 9.17 的水平轴中缺少多少个频率的刻度线标记(tic-marks)?

9.10　假设图 9.17 中在 $f=13/256=0.0508\ \mathrm{mon}^{-1}$ 处的最小峰值部分地来自混淆现象。

a. 计算谱中可能产生这个虚假信号的频率。

b. 为了明确地分解这个频率,潜在的海平面气压资料需要多长时间被记录并且处理一次?

9.11　绘制习题 9.2 中两个自回归过程的谱,假设为单位白噪声方差,$n=100$。

9.12　图 9.23 中最大的振幅平方是 $C_{11}^2=0.413$(灰色谱中)。

a. 计算这个频率潜在谱密度值的 95%置信区间。

b. 检验这个最大值是否显著不同于这个频率的原白噪声谱密度,假设潜在资料的方差为 1,使用 $\alpha^*=0.015$ 的水平。

第Ⅲ部分

多变量统计

第 10 章　矩阵代数与随机矩阵

10.1　多元统计的背景

10.1.1　多元统计与一元统计之间的比较

本书前 9 章中的很多内容都属于一元或一维资料分析。即,介绍的分析方法主要是面向标量资料值及其分布。然而,在很多实际情况中,资料集由向量观测值组成。在这样的例子中,每个资料记录由同时观测的多个要素组成。这样的资料集称为*多元变量*。多元大气资料的例子包括在一个位置同时观测的多个变量,或者在一个特定时间由一组格点值表示的大气场。

一元方法可以应用到多元资料观测的单个标量元素。多元方法的独特性质是多个同时观测和单个资料元素变化的联合行为都被考虑。本书剩余章节介绍大气资料最常使用的一些多元方法。这些方法包括资料简化、多个依存量的描述和总结、从剩余变量构成预报变量的子集,以及多元变量观测的分组和分类。

多元方法比一元方法更难以理解和实现。符号上,它们需要使用矩阵代数使表达更易于处理,理解后面内容所必需的矩阵代数的基础知识将在第 10.3 节中简要地给出。多元资料内容及其处理方法的复杂性决定了除特别简单的多元分析之外,所有的多元分析都要用计算机才能实现。对能够实现这些分析的数值方法的读者来说,这里包括了足够的细节。然而,为了这个用途,很多读者将使用统计软件,并且后面的这些章中的内容可以帮助人们理解计算机程序正在做什么,以及为什么这么做。

10.1.2　资料和基本符号的组织

在常规的一元统计中,每个资料或观测是一个单一的数字或标量。在多元统计中,每个资料是一组同时观测的 $K \geqslant 2$ 个标量值。为了符号上和计算上的便捷,这些多元观测以被称为*向量*的有序序列排列,黑体的单个符号被用来表示整个集合,例如,

$$\mathbf{X}^T = [x_1, x_2, x_3, \cdots, x_K] \tag{10.1}$$

上式左端的上角标 T,在第 10.3 节中将被解释为一个特别的意义,但是对现在来说,我们可以忽略它。因为 K 个单个值被水平排列,所以式(10.1)被称为*行向量*,而其中的每个位置对应于其同时关联被考虑的 K 个标量之一。作为 K 维空间中的一个点或者看作为一个箭头(其箭端由列出的标量定义,而其箭尾在原点处)用几何学可视化(对 $K=2$ 或 3 来说)或想象(对更高维来说)可能是方便的。依赖于资料的性质,这个抽象的几何空间可能对应于一个位相或状态空间(见第 7.6.2 节),或者这样的空间维数的一些子集(*子空间*)。

一元资料集由 n 个标量观测 $x_i, i=1,\cdots,n$ 的集合组成。同样地,多元资料集由 n 个资料向量 $\mathbf{x}_i, i=1,\cdots,n$ 的集合组成。再次,为了符号上和计算上的方便,这个资料向量的集合被排列为一个 n 行的矩形数组,每一行对应于一个多元观测,K 列中的每一列包含其中一个变

量的所有 n 个观测。多元资料集中这个 $n\times K$ 数目的排列被称为资料矩阵，

$$[X]=\begin{bmatrix}\boldsymbol{x}_1^T\\ \boldsymbol{x}_2^T\\ \boldsymbol{x}_3^T\\ \vdots\\ \boldsymbol{x}_n^T\end{bmatrix}=\begin{bmatrix}x_{1,1} & x_{1,2} & \cdots & x_{1,K}\\ x_{2,1} & x_{2,2} & \cdots & x_{2,K}\\ x_{3,1} & x_{3,2} & \cdots & x_{3,K}\\ \vdots & \vdots & \cdots & \vdots\\ x_{n,1} & x_{n,2} & \cdots & x_{n,K}\end{bmatrix} \tag{10.2}$$

这里式(10.1)中显示形式的 n 行向量观测已经被垂直排列产生了一个被称为矩阵的 n 行 K 列的矩形数组。按照惯例，矩阵的标量元素的两个下角标的第一个表示行数，而第二个表示列数，例如，$x_{3,2}$是第三行第二列的元素。本书中矩阵将用方括号表示，比如[X]。

式(10.2)中的资料矩阵[X]，正好对应于一个传统的资料表或电子数据表显示，其中每一列属于被考虑的变量中的一个，而每一行表示 n 个观测中的一个。其内容也可以可视化，或在抽象的 K 维空间中用几何学想象 n 行中的每一行定义了一个点。最简单的例子是有 n 行和 $K=2$ 列的二元资料的资料矩阵。每一行中数字对定位了笛卡尔平面上的一个点。平面上这 n 个点的集合定义了二元资料的散点图。

10.1.3 普通一元统计的多元扩展

正如式(10.1)中的资料向量是标量资料的多元扩展，多元样本的统计量可以用向量和矩阵符号表示。这些统计量中最常用的是样本平均值，其正好是 K 个单独标量样本平均值(式(3.2))的一个向量，以与下面的资料向量元素相同的顺序排列

$$\begin{aligned}\bar{\boldsymbol{x}}^T &= \left[\frac{1}{n}\sum_{i=1}^{n}x_{i,1},\frac{1}{n}\sum_{i=1}^{n}x_{i,2},\cdots,\frac{1}{n}\sum_{i=1}^{n}x_{i,K}\right]\\ &=[\bar{x}_1,\bar{x}_2,\cdots,\bar{x}_K]\end{aligned} \tag{10.3}$$

与前面相同，式(10.3)左端的粗体符号表示向量，而第一个等式中双下标变量依照式(10.2)中相同的约定编号。

样本标准差(式(3.6))的多元扩展或(更常见的其平方)样本方差是更复杂的，因为需要考虑 K 个变量中所有成对的关系。特别是，样本方差的多元扩展是 K 个变量中所有可能的对之间协方差的集合，

$$\mathrm{Cov}(x_k,x_l)=s_{k,l}=\frac{1}{n-1}\sum_{i=1}^{n}(x_{i,k}-\bar{x}_k)(x_{i,l}-\bar{x}_l) \tag{10.4}$$

这相当于式(3.22)的分母。如果这两个变量是相同的，即，如果 $k=l$，那么式(10.4)定义了样本方差 $s_k^2=s_{k,k}$，或式(3.6)的平方。尽管第 k 个变量的样本方差符号 $s_{k,k}$ 乍一看有点奇怪，但这是多元统计学的惯例；排列用式(10.4)计算的协方差，成为一个样本*协方差矩阵*，从方阵列的角度看这样做也是方便的：

$$[S]=\begin{bmatrix}s_{1,1} & s_{1,2} & s_{1,3} & \cdots & s_{1,K}\\ s_{2,1} & s_{2,2} & s_{2,3} & \cdots & s_{2,K}\\ s_{3,1} & s_{3,2} & s_{3,3} & \cdots & s_{3,K}\\ \vdots & \vdots & \vdots & \ddots & \vdots\\ s_{K,1} & s_{K,2} & s_{K,3} & \cdots & s_{K,K}\end{bmatrix} \tag{10.5}$$

即，协方差 $s_{k,l}$被显示在协方差矩阵的第 k 行和第 l 列。样本*协方差矩阵*或样本*方差-协方差矩阵*完全类似于样本(皮尔逊)相关矩阵(见图 3.26)，两个矩阵对应元素之间的相关由式(3.24)

给出，即，$r_{k,l}=s_{k,l}/[(s_{k,k})(s_{l,l})]^{1/2}$。样本协方差矩阵的左上角和右下角之间的对角线位置上，其 K 个协方差 $s_{k,k}$ 完全是 K 个样本方差。剩余的非对角线上的元素是不同变量之间的协方差，并且对角线左下方的值重复了对角线右上方的值。

方差-协方差矩阵，也被称为*离散度矩阵*，因为它描述了观测在由 K 个变量定义的 K 维空间中其(向量)平均值周围散布的程度。对角线元素是各个变量的方差，它指出了资料在平行于这个空间的 K 个坐标轴方向上散布的程度，而非对角线位置上的协方差描述了资料点云与这些轴夹角的大小。矩阵$[S]$是总体离散度矩阵$[\Sigma]$的样本估计，它出现在多元正态分布的概率密度函数(式(11.1))中。

10.2　多元变量的距离

前面一节中指出，资料向量可以看作 K 维几何空间中的一个点，其坐标轴对应于同时表示的 K 个变量。很多多元统计方法基于这个 K 维空间内的距离进行解释。可以定义任意数量的距离测度(见第 15.1.2 节)，但是其中有两种是特别重要的。

10.2.1　欧氏距离

或许最容易和最直观的距离测度是传统的*欧氏距离*，因为它对应于 3 维世界中我们通常的经验。在两维空间中欧氏距离最容易可视化，在两维空间中它可以看作勾股定理的结果，正如图 10.1 中图解的。这里两个点 $\mathbf{x}$ 和 $\mathbf{y}$，根据点的位置定义了直角三角形的斜边，另外两条直角边平行于两个资料轴。欧式距离 $\|\mathbf{y}-\mathbf{x}\|=\|\mathbf{x}-\mathbf{y}\|$，通过取两条直角边长度平方和的平方根得到。

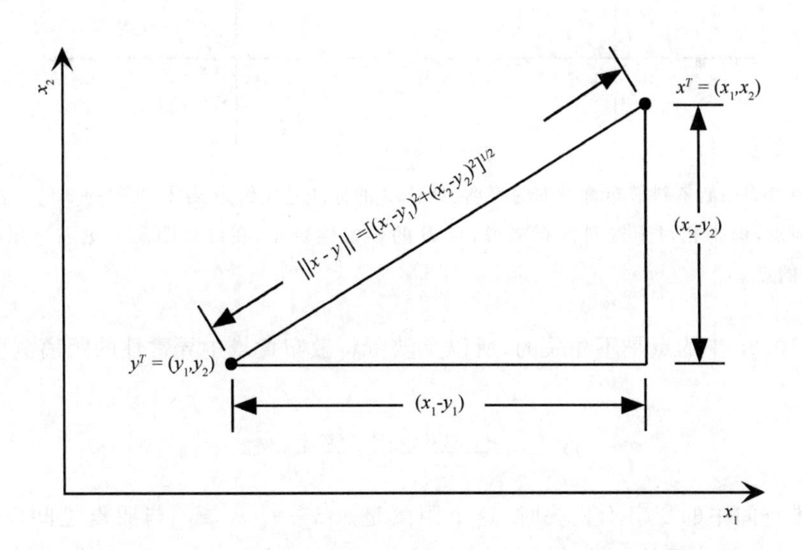

图 10.1　用勾股定理在 $K=2$ 维中点 x 和 y 之间欧式距离的图解。

欧式距离直接推广到 $K\geqslant3$ 维，即使相应的几何空间是很难或者不可能想象的，

$$\|\mathbf{x}-\mathbf{y}\|=\sqrt{\sum_{k=1}^{K}(x_k-y_k)^2} \tag{10.6}$$

点 x 和原点之间的距离，也可以通过对向量 y 代入 K 个 0(其定位了相应的 K 维空间中的原

点)的向量用式(10.6)计算。

根据平方差计算,可能在数学上是方便的。这样做没有信息丢失,因为通常的距离必须是非负的,所以平方距离是普通空间距离的单调和可逆变换(例如,式(10.6))。另外,避免了平方根运算。对 $K=2$ 维空间来说,常数平方距离 $C^2=\|\mathbf{x}-\mathbf{y}\|^2$ 定义了平面上半径为 C 的一个圆,对 $K=3$ 维空间来说,半径 C 在普通体积中定义了一个球面,而对 $K>3$ 维空间来说,在 K 维超体积中半径 C 定义了一个超球面。

10.2.2 马氏(统计)距离

欧式距离在 K 维空间中平等地看待点对的间距,而不管其相对方向。但是在统计上不同的方向存在相异性或奇异性,在这个意义上,某些方向上的点间距比其他方向更不寻常。通过资料点的(K 维联合)概率分布,建立这个不寻常性的背景,它可以用有限样本的散布或者用参数概率密度函数描述。

图 10.2 举例说明了 $K=2$ 维空间中的这个问题。图 10.2a 显示了由点 $\mathbf{x}^T=[x_1,x_2]$ 的散布确定的统计背景。分布以原点为中心,并且 x_1 的标准差大约为 x_2 标准差的 3 倍,即 $s_1\approx 3s_2$。沿着一个坐标轴的点云倾向性,反映了两个变量 x_1 和 x_2 本质上不相关的事实(事实上这些点取自一个二元高斯分布;见第 4.4.2 节)。因为离散度上的这个差异,所以相对于这个资料散布,水平方向上一对点之间给定的间隔比垂直方向上异常性更小。尽管根据欧式距离,点 A 更靠近分布中心,但是在由点云建立的背景中,它比点 B 有更多异常性,所以统计上离原点更远。

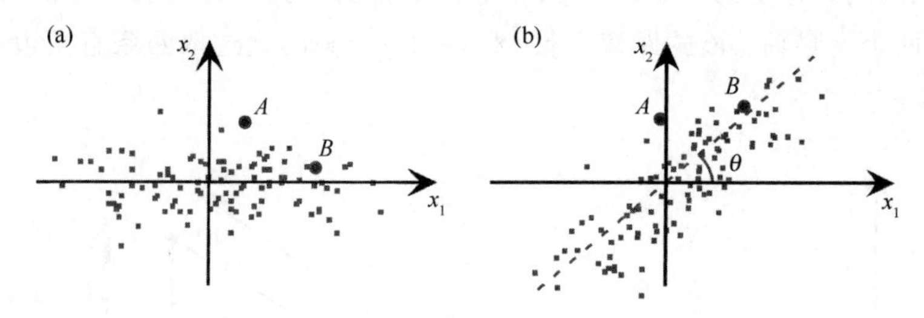

图 10.2　以原点为中心资料散布背景中的距离。(a)x_1 的标准差大约为 x_2 标准差的 3 倍。根据欧式距离点 A 更靠近原点,但是相对于资料散布来说,点 B 的异常性更小,在统计距离中更靠近原点。(b)通过 $\theta=40°$ 角旋转的点。

因为图 10.2a 中的点是不相关的,所以反映资料散布背景中异常性的距离测度,可以简单定义为

$$D^2=\frac{(x_1-\bar{x}_1)^2}{s_{1,1}}+\frac{(x_2-\bar{x}_2)^2}{s_{2,2}} \tag{10.7}$$

当在 $K=2$ 维空间中的变率不相关时,这个距离是点 $\mathbf{x}^T=[x_1,x_2]$ 与原点之间马氏距离的一个特例(因为两个样本平均值为 0)。为了方便,式(10.7)被表示为平方距离,资料向量的每个元素除以其各自标准差(例如,$s_{1,1}$ 是 x_1 的样本方差)的变换后,它等价于通常的平方欧氏距离。式(10.7)的另一种解释是两个标准化距平平方或 z 评分(式(3.23))的和。在任意一个例子中,沿着一个轴归因于距离的重要性,与那个方向的资料散度,或不确定性成反比。因此,当根据马氏距离测量的时候,图 10.2a 中点 A 比点 B 离原点更远。

对一个固定的马氏距离 D^2 来说,式(10.7)定义了平面上常数统计距离的一个椭圆,而且

如果 $s_{1,1}=s_{2,2}$，那么这个椭圆成为圆。通过增加第三项 x_3，式(10.7)推广到三维空间中，固定距离 D^2 的点集构成了一个椭球面，如果所有的 3 个方差都相等，那么这个椭球面为球面，如果两个方差几乎相等但是比第三个更小，那么会像一个胖子，如果两个方差几乎相等并且比第三个大，那么会像一个盘子。

通常，多元资料向量 x 内的变量是不相关的，但是当根据资料散布或概率密度定义距离时，这些关系必须被说明。图 10.2b 在两维空间中图解了这种情况，其中来自图 10.2a 的点，已经围绕原点旋转了一个 $\theta=40°$的角，这导致这两个变量具有很强的正相关。再一次，在统计意义上点 B 更靠近原点，为了根据变量 x_1 和 x_2 计算实际的马氏距离，必需使用下面形式的公式

$$D^2 = a_{1,1}(x_1 - \bar{x}_1)^2 + 2a_{1,2}(x_1 - \bar{x}_1)(x_2 - \bar{x}_2) + a_{2,2}(x_2 - \bar{x}_2)^2 \tag{10.8}$$

K 维空间中马氏距离的这类表达式可能包括 $K(K+1)/2$ 项。即使在只有两维的空间中，系数 $a_{1,1}$，$a_{1,2}$ 和 $a_{2,2}$ 是旋转角度 θ 和 3 个协方差 $s_{1,1}$，$s_{1,2}$ 和 $s_{2,2}$ 的相当复杂的函数。例如，

$$a_{1,1} = \frac{\cos^2(\theta)}{s_{1,1}\cos^2(\theta) - 2s_{1,2}\sin(\theta)\cos(\theta) + s_{2,2}\sin^2(\theta)} + \frac{\sin^2(\theta)}{s_{2,2}\cos^2(\theta) - 2s_{1,2}\sin(\theta)\cos(\theta) + s_{1,1}\sin^2(\theta)} \tag{10.9}$$

根本不需要严密地研究这个公式。这里是有助于使你确信，如果恰好需要，对表达多元统计的数学思想来说，传统的标量符号是绝对不切实际的。将在下一节中回顾的矩阵符号和矩阵代数，对进一步的学习来说，这些符号实际上是必需的。第 10.4 节将用矩阵代数符号，概述统计学的发展，包括第 10.4.4 节中马氏距离的再次讨论。

10.3　矩阵代数回顾

同时处理多个变量及其相互关系的数学原理，通过使用矩阵符号和被称为矩阵代数或线性代数的一套计算规则可以极大地简化。向量和矩阵的符号，在第 10.1.2 节已经做了简单的介绍。矩阵代数是数学上用来处理这些符号对象的工具。对后面几章中描述的多元技术够用的有关这个主题的简要回顾在本节中给出。更完整的介绍很容易在其他地方找到（如：Golub and van Loan，1996；Lipschutz，1968；Strang，1988）。

10.3.1　向量

向量是矩阵代数符号的基本成分。本质上，它只是被称为向量元素的标量变量或普通数字的一个有顺序的排列。元素的数量，也被称为向量的维数，依赖于所研究的具体问题。一个熟悉的气象学的例子，是两维的水平风向量，其两个元素是西风速度 u 和南风速度 v。

式(10.1)中已经介绍了向量，并且与前面一样用粗体表示。$K=1$ 个元素的向量只是一个数字或标量。除非特殊情况，向量常写为列向量，这意味着其元素被垂直排列。例如，列向量 $\mathbf{x}$ 由元素 $x_1, x_2, x_3, \cdots, x_K$ 组成，排列为

$$\mathbf{x} = \begin{bmatrix} x_1 \\ x_2 \\ x_3 \\ \vdots \\ x_K \end{bmatrix} \tag{10.10}$$

这些相同的元素也可以水平排列为行向量，正如式(10.1)中那样。通过向量转置的运算，列向量转换为行向量，反之亦然。转置运算由上角标 T 表示，所以我们可以把式(10.10)中的向量 $\mathbf{x}$，写为式(10.1)中的行向量 $\mathbf{x}^T$，$\mathbf{x}^T$ 读为"$\mathbf{x}$ 的转置"。对某些矩阵运算内部符号上的一致性来说，列向量的转置是有用的。为了印刷排版的方便，它也是有用的，因为它允许一个向量被写在水平的一行文本上。

有相同维数的两个或更多个向量的加法是直接的。向量加法通过对两个向量对应的元素加和实现，例如

$$\mathbf{x}+\mathbf{y}=\begin{bmatrix}x_1\\x_2\\x_3\\\vdots\\x_K\end{bmatrix}+\begin{bmatrix}y_1\\y_2\\y_3\\\vdots\\y_K\end{bmatrix}=\begin{bmatrix}x_1+y_1\\x_2+y_2\\x_3+y_3\\\vdots\\x_K+y_K\end{bmatrix} \tag{10.11}$$

减法被类似地实现。当这两个向量有 $K=1$ 维时，这个运算退化为普通的标量加法或减法。不定义不同维数向量的加法和减法。

一个向量乘以一个标量得到一个新向量，其元素只是原始向量的相应元素乘以那个标量。例如，式(10.10)中向量 $\mathbf{x}$ 乘以一个标量常数 c 得到

$$c\mathbf{x}=\begin{bmatrix}cx_1\\cx_2\\cx_3\\\vdots\\cx_K\end{bmatrix} \tag{10.12}$$

相同维数的两个向量，可以用*点积*或*内积*运算乘在一起。这个运算把 K 个向量元素对的每一对乘在一起，然后对这 K 个积加和。即

$$\mathbf{x}^T\mathbf{y}=[x_1,x_2,x_3,\cdots,x_K]\begin{bmatrix}y_1\\y_2\\y_3\\\vdots\\y_K\end{bmatrix}=x_1y_1+x_2y_2+x_3y_3+\cdots+x_Ky_K=\sum_{k=1}^{K}x_ky_k \tag{10.13}$$

为了与将在第 10.3.2 节中介绍的矩阵乘法运算一致，这个向量乘法已经写为左边的行向量和右边的列向量的乘积。正如将要看到的，点积事实上是矩阵乘法的一个特例，而(除非 $K=1$)向量的顺序和矩阵的乘积是重要的：一般而言，乘法运算 $\mathbf{x}^T\mathbf{y}$ 和 $\mathbf{y}^T\mathbf{x}$ 得到了完全不同的结果。式(10.13)也显示，向量乘法可以用加和符号以分量形式表达。如果计算需要对依赖于编程语言的计算机编程，那么以分量形式展开的向量和矩阵运算可能是有用的。

正如前面注意到的，一个向量可以作为 K 维空间中的一个点进行可视化。一个向量的欧氏长度是向量点和原点之间的普通距离。这个长度是可以用点积计算的一个标量，计算式为

$$\|\mathbf{x}\|=\sqrt{\mathbf{x}^T\mathbf{x}}=\left[\sum_{k=1}^{K}x_k^2\right]^{1/2} \tag{10.14}$$

式(10.14)有时被称为向量 $\mathbf{x}$ 的欧氏范数。图 10.1，用 $\mathbf{y}=\mathbf{0}$ 作为原点图解了这个长度只是勾

股定理的一个应用。欧式距离的一个常见应用来自水平速度向量 $v^T=[u,v]$的总水平风速，根据 $v_H=(u^2+v^2)^{1/2}$进行计算。然而，式(10.14)也可以推广到更高的 K。

两个向量之间的角度 θ 也可以用点积计算，

$$\theta=\cos^{-1}\left[\frac{\boldsymbol{x}^T\boldsymbol{y}}{\|\boldsymbol{x}\|\|\boldsymbol{y}\|}\right] \tag{10.15}$$

这个关系意味着，如果点积为 0，那么两个向量是正交的，因为$\cos^{-1}[0]=90°$。相互正交的向量，也被称为是*互相垂直*的。

向量 $\boldsymbol{x}$ 在向量 $\boldsymbol{y}$ 上投影的量值(或"阴影的长度")，也是点积的函数，由下式给出

$$\boldsymbol{L}_{x,y}=\frac{\boldsymbol{x}^T\boldsymbol{y}}{\|\boldsymbol{y}\|} \tag{10.16}$$

长度、角度和投影的这 3 个计算的几何解释，在图 10.3 中用 $\boldsymbol{x}^T=[1,1]$和 $\boldsymbol{y}^T=[2,0.8]$做了图解说明。$\boldsymbol{x}$ 的长度简单地为 $\|\boldsymbol{x}\|=(1^2+1^2)^{1/2}=\sqrt{2}$，而 $\boldsymbol{y}$ 的长度为 $\|\boldsymbol{y}\|=(2^2+0.8^2)^{1/2}=2.154$。因为两个向量的点积是 $\boldsymbol{x}^T\boldsymbol{y}=1\times2+1\times0.8=2.8$，所以二者之间的角度是 $\theta=\cos^{-1}\left[2.8/\sqrt{2}\times2.154\right]=23°$，而 $\boldsymbol{x}$ 在 $\boldsymbol{y}$ 上投影的长度是 $2.8/2.154=1.302$。

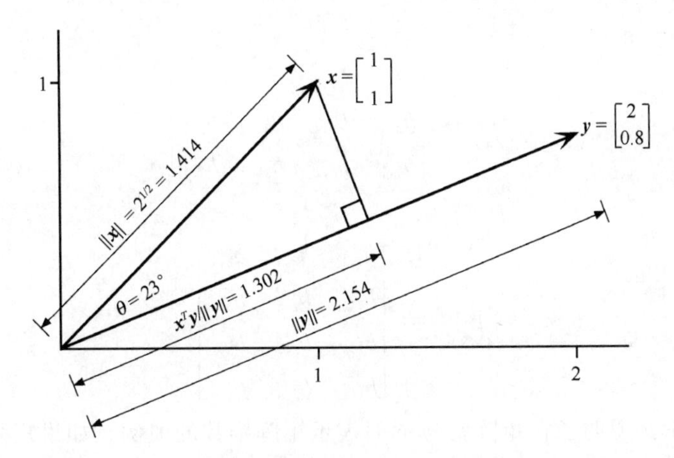

图 10.3　用两个向量 $x^T=[1,1]$和 $y^T=[2,0.8]$对向量长度(式(10.14))、两个向量之间的角度(式(10.15))和一个向量在另一个向量上的影射(式(10.16))的图解。

10.3.2　矩阵

矩阵是一个 I 行 J 列的二维矩形数组。矩阵的维数由这些行和列的数目确定。矩阵的维数写为$(I\times J)$，读为"I 乘以 J"。这里矩阵由方括号环绕的大写字母表示。有时，为了符号上更清楚，矩阵维数被直接写在矩阵下面。矩阵的元素是占据行和列的个体变量或数值。矩阵元素符号上通过两个下角标识别；其中第一个确定行数，第二个确定列数。式(10.2)显示了一个$(n\times K)$的资料矩阵，而式(10.5)显示了一个$(K\times K)$的协方差矩阵。

向量是矩阵的特例，所以矩阵运算也可以应用到向量。一个 K 维的行向量是一个$(1\times K)$的矩阵，而一个列向量是一个$(K\times1)$的矩阵。正如 $K=1$ 维的向量也是标量一样，所以也是一个(1×1)的矩阵。

有相同行和列数的矩阵，比如式(10.5)中的$[S]$被称为*方阵*。方阵 $i=j$ 的元素排列在左上角到右下角的对角线上，被称为*对角元素*。相关矩阵$[R]$(见图 3.26)是对角线上全部为 1

的方阵。对所有的 i 和 j 值来说 $a_{i,j}=a_{j,i}$ 的方阵被称为是对称的。相关和协方差矩阵是对称的,因为变量 i 和变量 j 之间的相关与变量 j 和变量 i 之间的相关完全相等。另一重要的正方形的对称矩阵是单位矩阵$[I]$,由对角线上为 1,其他地方为 0 构成,

$$[I]=\begin{bmatrix}1 & 0 & 0 & \cdots & 0\\ 0 & 1 & 0 & \cdots & 0\\ 0 & 0 & 1 & \cdots & 0\\ \vdots & \vdots & \vdots & \ddots & \vdots\\ 0 & 0 & 0 & \cdots & 1\end{bmatrix} \tag{10.17}$$

单位矩阵可以由任意的(正方形)维数构建。当单位矩阵出现在一个公式中时,它可以被假定为所定义的相应矩阵运算相当的维数。单位矩阵是对角矩阵的一个特例,其非对角线元素全部为 0。

转置运算可以对任何矩阵(包括向量)定义。矩阵的转置通常通过交换行和列指标而不是通过一个90°的旋转得到,正如从式(10.1)和式(10.10)的比较中可以看到的。几何上,转置运算像以矩阵对角线为对称轴的映像。例如,(3×4)的矩阵$[B]$及其转置(4×3)的矩阵$[B]^T$举例说明如下:

$$\underset{(3\times4)}{[B]}=\begin{bmatrix}b_{1,1} & b_{1,2} & b_{1,3} & b_{1,4}\\ b_{2,1} & b_{2,2} & b_{2,3} & b_{2,4}\\ b_{3,1} & b_{3,2} & b_{3,3} & b_{3,4}\end{bmatrix} \tag{10.18a}$$

和

$$\underset{(4\times3)}{[B]^T}=\begin{bmatrix}b_{1,1} & b_{2,1} & b_{3,1}\\ b_{1,2} & b_{2,2} & b_{3,2}\\ b_{1,3} & b_{2,3} & b_{3,3}\\ b_{1,4} & b_{2,4} & b_{3,4}\end{bmatrix} \tag{10.18b}$$

式(10.18)也顺带举例说明了在矩阵符号下面表示矩阵维数的惯例。如果矩阵$[A]$是对称的,那么$[A]^T=[A]$。

矩阵与标量的乘法与向量相同,通过对矩阵的每个元素乘以标量实现,

$$c[D]=c\begin{bmatrix}d_{1,1} & d_{1,2}\\ d_{2,1} & d_{2,2}\end{bmatrix}=\begin{bmatrix}cd_{1,1} & cd_{1,2}\\ cd_{2,1} & cd_{2,2}\end{bmatrix} \tag{10.19}$$

类似地,矩阵的加和减只对相同维数的矩阵定义,并且通过对相应行和列位置上的元素执行运算。例如,两个(2×2)矩阵的和可以计算为

$$[D]+[E]=\begin{bmatrix}d_{1,1} & d_{1,2}\\ d_{2,1} & d_{2,2}\end{bmatrix}+\begin{bmatrix}e_{1,1} & e_{1,2}\\ e_{2,1} & e_{2,2}\end{bmatrix}=\begin{bmatrix}d_{1,1}+e_{1,1} & d_{1,2}+e_{1,2}\\ d_{2,1}+e_{2,1} & d_{2,2}+e_{2,2}\end{bmatrix} \tag{10.20}$$

如果左边矩阵的列数等于右边矩阵的行数,那么可以在这两个矩阵之间定义矩阵乘法。这样,不仅矩阵乘法不可交换(即,$[A][B]\neq[B][A]$),而且交换后相乘甚至可能没有定义,除非这两个矩阵有互补的行和列维数。矩阵乘法的积是另一个矩阵后,其中行的维数与左边矩阵的行维数相同,而列维数与右边矩阵的列维数相同。即,$(I\times J)$的矩阵$[A]$(在左边)乘以$(J\times K)$的矩阵$[B]$(在右边)得到$(I\times K)$的矩阵$[C]$。实际上,中间的维数 J 被"乘没了"。

考虑 $I=2,J=3$ 和 $K=2$ 的例子。根据单个矩阵元素，矩阵乘法$[A][B]=[C]$展开为

$$\underset{(2\times3)}{\begin{bmatrix} a_{1,1} & a_{1,2} & a_{1,3} \\ a_{2,1} & a_{2,2} & a_{2,3} \end{bmatrix}} \underset{(3\times2)}{\begin{bmatrix} b_{1,1} & b_{1,2} \\ b_{2,1} & b_{2,2} \\ b_{3,1} & b_{3,2} \end{bmatrix}} = \underset{(2\times2)}{\begin{bmatrix} c_{1,1} & c_{1,2} \\ c_{2,1} & c_{2,2} \end{bmatrix}} \tag{10.21a}$$

其中

$$[C] = \begin{bmatrix} c_{1,1} & c_{1,2} \\ c_{2,1} & c_{2,2} \end{bmatrix} = \begin{bmatrix} a_{1,1}b_{1,1}+a_{1,2}b_{2,1}+a_{1,3}b_{3,1} & a_{1,1}b_{1,2}+a_{1,2}b_{2,2}+a_{1,3}b_{3,1} \\ a_{2,1}b_{1,1}+a_{2,2}b_{2,1}+a_{2,3}b_{3,1} & a_{2,1}b_{1,2}+a_{2,2}b_{2,2}+a_{2,3}b_{3,2} \end{bmatrix} \tag{10.21b}$$

式(10.21b)中写出的$[C]$的单个分量，第一次接触可能是令人困惑的。在理解矩阵的乘法时，认识到乘积矩阵$[C]$的每个元素完全如同式(10.13)中定义的左边矩阵的一行和右边矩阵的一列的点积是很有帮助的。特别是，矩阵$[C]$的第 i 行和第 k 列的数字，正好是组成$[A]$的第 i 行的行向量和组成$[B]$的第 k 列的列向量之间的点积。等价地，矩阵乘法可以用求和符号根据单个矩阵元素写出，

$$c_{i,k} = \sum_{j=1}^{J} a_{i,j}b_{j,k}; \quad i=1,\cdots,I; k=1,\cdots,K \tag{10.22}$$

对由乘法$[A][B]=[C]$产生的矩阵$[C]$的元素，图 10.4 举例说明了其中的过程。

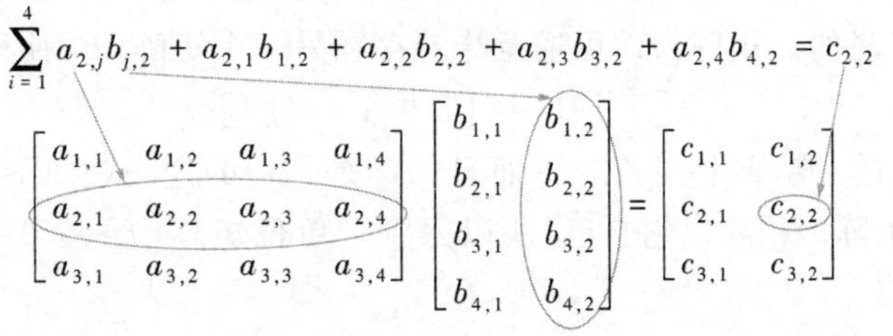

$$\sum_{i=1}^{4} a_{2,j}b_{j,2} + a_{2,1}b_{1,2} + a_{2,2}b_{2,2} + a_{2,3}b_{3,2} + a_{2,4}b_{4,2} = c_{2,2}$$

$$\begin{bmatrix} a_{1,1} & a_{1,2} & a_{1,3} & a_{1,4} \\ a_{2,1} & a_{2,2} & a_{2,3} & a_{2,4} \\ a_{3,1} & a_{3,2} & a_{3,3} & a_{3,4} \end{bmatrix} \begin{bmatrix} b_{1,1} & b_{1,2} \\ b_{2,1} & b_{2,2} \\ b_{3,1} & b_{3,2} \\ b_{4,1} & b_{4,2} \end{bmatrix} = \begin{bmatrix} c_{1,1} & c_{1,2} \\ c_{2,1} & c_{2,2} \\ c_{3,1} & c_{3,2} \end{bmatrix}$$

图 10.4　矩阵乘法的图解说明，作为左边矩阵的第 i 行和右边矩阵的第 j 列的点积，产生了矩阵乘积第 i 行和第 j 列处的元素。

单位矩阵(式(10.17))之所以这样命名，是因为不管$[A]$的维数$[A][I]=[A]$，$[I][A]=[A]$，在前面的例子中$[I]$是与$[A]$有相同列数的方阵，而在后面的例子中$[I]$是与$[A]$有相同行数的方阵。

点积或内积(式(10.13))是矩阵乘法对向量的一个应用。但是矩阵乘法的规则也允许两个向量进行外积运算。与$(1\times K)\times(K\times1)$的矩阵相乘得到一个$(1\times1)$标量的内积相对比，两个相同维数 K 的向量的外积，是$(K\times1)\times(1\times K)$的矩阵相乘，得到一个$(K\times K)$的方阵。例如，对 $K=3$，

$$\boldsymbol{xy}^T = \begin{bmatrix} x_1 \\ x_2 \\ x_3 \end{bmatrix} [y_1, \quad y_2, \quad y_3] = \begin{bmatrix} x_1y_1 & x_1y_2 & x_1y_3 \\ x_2y_1 & x_2y_2 & x_2y_3 \\ x_3y_1 & x_3y_2 & x_3y_3 \end{bmatrix} \tag{10.23}$$

对形成外积的两个向量来说，不一定要求这两个向量有相同的维数，因为作为向量，它们有共同的(“内部”)维数 1。外积有时被称为双积[并矢]乘积或张量积，这个运算有时用一个有圆环的“×”表示，即 $\boldsymbol{xy}^T=\boldsymbol{x}\otimes\boldsymbol{y}$。

方阵的迹简单地为其对角线元素的加和;即,对$(K\times K)$的矩阵$[A]$,

$$\mathrm{tr}[A]=\sum_{k=1}^{K}a_{k,k} \tag{10.24}$$

对$(K\times K)$的单位矩阵,$\mathrm{tr}[I]=K$。

方阵的行列式定义为下式的一个标量

$$\det[A]=|A|=\sum_{k=1}^{K}a_{1,k}|A_{1,k}|(-1)^{1+k} \tag{10.25}$$

式中$[A_{1,k}]$是通过删除$[A]$的第一行和第k列形成的$(K-1)\times(K-1)$矩阵。矩阵行列式的绝对值符号,隐含这个运算产生了某种意义上是矩阵量级测度的标量。式(10.25)的定义是递归的,例如,计算(K,K)矩阵的行列式,需要首先计算简化为$(K-1)\times(K-1)$矩阵的K个行列式,等等,一直到$K=1$的$|A|=a_{1,1}$。因此,这个过程是相当冗长的,通常留给计算机来做。然而,在(2×2)的例子中,

$$\underset{(2\times2)}{\det[A]}=\det\begin{bmatrix}a_{1,1} & a_{1,2}\\ a_{2,1} & a_{2,2}\end{bmatrix}=a_{1,1}a_{2,2}-a_{1,2}a_{2,1} \tag{10.26}$$

对于具有满秩或非奇异性性质的方阵来说,存在矩阵的算术除法。这个条件可以解释为,在没有一行可以被从其他行的线性组合构建的意义上,这个矩阵不包含冗余信息。把非奇异矩阵的每一行看作为一个向量,由其他的任意一行乘以标量常数加和来构建这些向量是不可能的。这些相同的条件应用到列,也意味着矩阵是非奇异的。非奇异矩阵有非零行列式。

非奇异方阵是可逆的。矩阵$[A]$可逆意味着存在另一个矩阵$[B]$使得

$$[A][B]=[B][A]=[I] \tag{10.27}$$

那么说$[B]$是$[A]$的逆,或$[B]=[A]^{-1}$;而且$[A]$是$[B]$的逆,或$[A]=[B]^{-1}$。不严格地讲,$[A][A]^{-1}$表示矩阵$[A]$除以它自己,所以得到了单位矩阵$[I]$。(2×2)矩阵的逆用下式很容易手工计算

$$[A]^{-1}=\frac{1}{\det[A]}\begin{bmatrix}a_{2,2} & -a_{1,2}\\ -a_{2,1} & a_{1,1}\end{bmatrix}=\frac{1}{a_{1,1}a_{2,2}-a_{2,1}a_{1,2}}\begin{bmatrix}a_{2,2} & -a_{1,2}\\ -a_{2,1} & a_{1,1}\end{bmatrix} \tag{10.28}$$

这个矩阵读为“A 逆”。更高维数矩阵求逆矩阵的公式也存在,但是随着维数变大很快变得十分烦琐。逆矩阵的计算机算法很容易得到,因而维数比 2 或 3 高的矩阵很少用手工求逆。一个重要的例外是对角矩阵的逆,这个逆矩阵简单地为另一个对角矩阵,其非零元素是原始矩阵对角线元素的倒数。如果$[A]$是对称的(在统计学中对称矩阵经常是可逆的),那么$[A]^{-1}$也是对称的。

表 10.1 列出了前面没有明确提到的矩阵算术运算的一些其他性质。

表 10.1 矩阵算数运算一些基本性质

数乘分配率	$c([A][B])=(c[A])[B]=[A](c[B])$
矩阵乘法分配率	$[A]([B]+[C])=[A][B]+[A][C]$
	$([A]+[B][C])=[A][C]+[B][C]$
矩阵乘法结合律	$[A]([B][C])=([A][B])[C]$
矩阵乘积的逆	$([A][B])^{-1}=[B]^{-1}[A]^{-1}$
矩阵乘积的转置	$([A][B])^T=[B]^T[A]^T$
矩阵转置和逆的组合	$([A]^{-1})^T=([A]^T)^{-1}$

例 10.1　协方差和相关矩阵的计算

协方差矩阵[S]在式(10.5)中作了介绍，而相关矩阵[R]在图 3.26 中作为简洁地表示 K 个变量之间相互关系的技术已经做了介绍。表 A.1 中 1987 年 1 月的相关矩阵(有单位对角元素和固有对称的)被显示在表 3.5 中。式(10.4)中协方差和式(3.25)中相关系数的计算也可以用矩阵代数符号表示。

开始这个计算的一种方式是用 $(n\times K)$ 的资料矩阵[X](式(10.2))。这个矩阵的每一行是一个向量，由 K 个变量中的一个观测组成。这些行的数量与样本大小 n 相同，所以[X]正好是一个普通的资料表，比如表 A.1。在表 A.1 中有 $K=6$ 个变量(不包括含有日期的列)，每个变量在 $n=31$ 个时刻被同时观测。单个资料元素 $x_{i,k}$ 是第 k 个变量的第 i 个观测。例如，表 A.1 中 $x_{4,6}$ 是 1 月 4 日观测的卡南戴挂(Canandaigua)最低温度(19 ℉)。

定义其元素都等于 1 的 $(n\times n)$ 矩阵为[1]。那么 $(n\times K)$ 的距平矩阵(在气象意义上减掉平均值的变量)或中心化资料[X′]为

$$[X'] = [X] - \frac{1}{n}[1][X] \tag{10.29}$$

(注意：有些作者用撇号表示矩阵的转置，但是为了避免混淆，本书自始至终都用上角标 T 表示转置)式(10.29)中的第二项，是一个包含样本平均数的 $(n\times K)$ 矩阵。其 n 行的每一行都是相同的，都由与[X]的每一行中出现的相应变量相同顺序的 K 个样本平均值组成。

[X′]的转置乘以其自身，除以 $n-1$，得到样本协方差矩阵

$$[S] = \frac{1}{n-1}[X']^T[X'] \tag{10.30}$$

这是与式(10.5)相同的对称 $(K\times K)$ 矩阵，其对角线元素是 K 个变量的样本方差，而其他元素是 K 个变量中所有可能的对之间的协方差。式(10.30)中的运算相应于式(3.24)分子中的加和。

现在定义 $(K\times K)$ 的对角矩阵[D]，其对角元素是 K 个变量的样本标准差。即，除对角元素外[D]全都由 0 组成，对角元素的值为[S]相应元素的平方根：$d_{k,k}=\sqrt{s_{k,k}}$，$k=1,\cdots,K$。然后相关矩阵可以从协方差矩阵计算

$$[R] = [D]^{-1}[S][D]^{-1} \tag{10.31}$$

因为[D]是对角阵，所以逆矩阵也是对角矩阵，其元素是[D]的对角线上样本标准差的倒数。式(10.31)中的矩阵乘法，相应于式(3.25)中除以标准差。

注意相关矩阵[R]等价于标准化变量(或标准化距平)z_k(式(3.23))的协方差矩阵。即，距平 x_k' 除以标准差 $\sqrt{s_{k,k}}$ 使变量无量纲化，导致它有单位方差([R]的对角线上为 1)和协方差等于其相关系数。其矩阵符号可以通过把式(10.30)代入式(10.31)得到的式子看到

$$[R] = \frac{1}{n-1}[D]^{-1}[X']^T[X'][D]^{-1} = \frac{1}{n-1}[Z]^T[Z] \tag{10.32}$$

其中[Z]是 $(n\times K)$ 矩阵，其行是标准化变量 z 的向量，类似于距平的矩阵[X′]。式(10.32)的第一行，通过对每个元素除以其标准差 $d_{k,k}$，转换矩阵[X′]为矩阵[Z]。比较式(10.32)和式(10.30)，表明[R]实际上是标准化变量 z 的协方差矩阵。

根据向量的外积，用公式表示协方差和相关矩阵的计算也是可能的。定义距平的 n 个(列)向量的第 i 个为

$$\boldsymbol{x}'_i = \boldsymbol{x}_i - \overline{\boldsymbol{x}}_i \tag{10.33}$$

其中向量的(样本)平均值,是减去式(10.29)右侧矩阵所有行的转置,或等价地为式(10.3)的转置。也使相应的标准化距平(式(3.23)的向量对应式)为

$$\boldsymbol{z}_i = [D]^{-1}\boldsymbol{x}'_i \tag{10.34}$$

其中$[D]$再次为标准化距平的对角矩阵。式(10.34)被称为缩放变换,只是表示资料向量中的所有值除以其各自的标准差。然后协方差矩阵以符号上类似于通常的标量方差计算(式(3.6)的平方)的方式进行计算:

$$[S] = \frac{1}{n-1}\sum_{i=1}^{n}\boldsymbol{x}'_i\boldsymbol{x}'^{T}_i \tag{10.35}$$

类似地,相关矩阵为

$$[R] = \frac{1}{n-1}\sum_{i=1}^{n}\boldsymbol{z}'_i\boldsymbol{z}'^{T}_i \tag{10.36}$$

例 10.2 多元线性回归的矩阵符号表示

第 7.2.8 节中表示的有关数学的多元线性回归的讨论用矩阵代数很容易表达和求解。这个符号中,作为预报因子变量 x_i 函数的预报量 y 的表达式成为

$$\boldsymbol{y} = [X]\boldsymbol{b} \tag{10.37a}$$

或

$$\begin{bmatrix} y_1 \\ y_2 \\ y_3 \\ \vdots \\ y_n \end{bmatrix} = \begin{bmatrix} 1 & x_{1,1} & x_{1,2} & \cdots & x_{1,K} \\ 1 & x_{2,1} & x_{2,2} & \cdots & x_{2,K} \\ 1 & x_{3,1} & x_{3,2} & \cdots & x_{3,K} \\ \vdots & \vdots & \vdots & \ddots & \vdots \\ 1 & x_{n,1} & x_{n,2} & \cdots & x_{n,K} \end{bmatrix} \begin{bmatrix} b_0 \\ b_1 \\ b_2 \\ \vdots \\ b_K \end{bmatrix} \tag{10.37b}$$

这里 $\boldsymbol{y}$ 是预报量的 n 个观测的$(n\times 1)$的矩阵(即一个向量),$[X]$是包含预报因子变量值的$(n\times K+1)$的资料矩阵,而 $\boldsymbol{b}^T=[b_0,b_1,b_2,\cdots,b_K]$是回归参数的$(K+1\times 1)$的向量。回归背景中的资料矩阵,除了有 $K+1$ 列而不是 K 列之外,类似于式(10.2)。多出的这一列在式(10.37)中是$[X]$的最左列,全部由 1 组成。这样,式(10.37)是一个向量式,每列的维数为$(n\times 1)$。实际上它是式(7.24)的 n 个重复,对 n 个资料记录来说每个资料记录一次。

通过对式(10.37)的两端左乘,得到标准方程(对 $K=1$ 的简单例子来说表示为式(7.6)):

$$[X]^T\boldsymbol{y} = [X^T][X]\boldsymbol{b} \tag{10.38a}$$

或

$$\begin{bmatrix} \sum y \\ \sum x_1 y \\ \sum x_2 y \\ \vdots \\ \sum x_k y \end{bmatrix} = \begin{bmatrix} n & \sum x_1 & \sum x_2 & \cdots & \sum x_K \\ \sum x_1 & \sum x_1^2 & \sum x_1 x_2 & \cdots & \sum x_1 x_K \\ \sum x_2 & \sum x_2 x_1 & \sum x_2^2 & \cdots & \sum x_2 x_K \\ \vdots & \vdots & \vdots & \cdots & \vdots \\ \sum x_K & \sum x_K x_1 & \sum x_K x_2 & \cdots & \sum x_K^2 \end{bmatrix} \begin{bmatrix} b_0 \\ b_1 \\ b_2 \\ \vdots \\ b_K \end{bmatrix} \tag{10.38b}$$

其中所有的求和都是在 n 个资料点上进行。$[X]^T[X]$有$(K+1)\times(K+1)$维。式(10.38)的每一侧有$(K+1)\times 1$ 维,并且这个方程实际上表示包括 $K+1$ 个未知回归系数的 $K+1$ 个联

立方程。矩阵代数常被用来解比如这样的联立线性方程组。得到解的一种方式是式(10.38)的两边左乘$[X]^T[X]$的逆矩阵。这个运算类似于两边除以这个量，得到

$$\begin{aligned}([X]^T[X])^{-1}[X]^T\boldsymbol{y} &= ([X]^T[X])^{-1}[X]^T[X]\boldsymbol{b} \\ &= [I]\boldsymbol{b} \\ &= \boldsymbol{b}\end{aligned} \tag{10.39}$$

这是回归参数的向量解。如果预报因子变量之间没有线性依赖性，那么矩阵$[X]^T[X]$是非奇异的，其逆存在。否则，回归软件不能计算式(10.39)，并且报告一条相应的错误信息。

相应于式(7.17b)和式(7.18b)的 $K+1$ 个回归参数 $\boldsymbol{b}^T$ 的联合抽样分布的方差和协方差，也可以用矩阵代数计算。$(K+1)\times(K+1)$个协方差矩阵、截距和 K 个回归系数联合的$(K+1)\times(K+1)$的协方差矩阵为

$$[S_b] = \begin{bmatrix} s_{b_0}^2 & s_{b_0,b_1} & \cdots & s_{b_0,b_K} \\ s_{b_1,b_0} & s_{b_1}^2 & \cdots & s_{b_1,b_K} \\ s_{b_2,b_0} & s_{b_2,b_1} & \cdots & s_{b_2,b_K} \\ \vdots & \vdots & \ddots & \vdots \\ s_{b_K,b_0} & s_{b_K,b_1} & \cdots & s_{b_K}^2 \end{bmatrix} = s_e^2([X]^T[X])^{-1} \tag{10.40}$$

和以前一样，$s_e{}^2$ 是估计的残差方差或 MSE(见表 7.3)。式(10.40)的对角元素，是参数向量 $\boldsymbol{b}$ 的每个元素的抽样分布估计的方差；非对角线元素是它们之间的协方差，对应于(对包括截距 b_0 的协方差来说)式(7.19)中的相关系数。对充分大的样本容量来说，联合抽样分布是多元正态分布(见第 11 章)，所以式(10.40)完全定义了其离散度。

类似地，多元线性回归函数抽样分布的条件方差为式(7.23)的多元扩展，可以用矩阵形式表达为

$$s_{\bar{y}|\boldsymbol{x}_0}^2 = s_e^2\boldsymbol{x}_0^T\left([X]^T[X]\right)^{-1}\boldsymbol{x}_0 \tag{10.41}$$

与以前一样，这个量依赖于用来评估回归函数的预报因子的值 $\boldsymbol{x}_0^T=[1,x_1,x_2,\cdots,x_K]$。

如果由方阵的列定义的向量有单位长度，并且相互正交(即，根据式(10.15)，$\theta=90°$)，并且由其行定义的向量有相同的条件，那么该矩阵被称为**正交矩阵**。在这种情况中

$$[A]^T = [A]^{-1} \tag{10.42a}$$

这意味着

$$[A][A]^T = [A]^T[A] = [I] \tag{10.42b}$$

正交矩阵也被称为**酉矩阵**，酉矩阵是正交矩阵往复数域上的推广。

正交变换通过把一个向量乘以一个正交矩阵完成。考虑 K 维空间中定义的点的向量，正交变换相应于坐标轴的刚性旋转(如果行列式为负，也是一个反射)，得到该空间的一个新基底(新的坐标轴集合)。例如，考虑 $K=2$ 维，正交矩阵为

$$[T] = \begin{bmatrix} \cos(\theta) & -\sin(\theta) \\ \sin(\theta) & \cos(\theta) \end{bmatrix} \tag{10.43}$$

这个矩阵行和列的长度都是$\sin^2(\theta)+\cos^2(\theta)=1$(式(10.14))，并且这两对向量之间的角度都是$90°$(式(10.15))，所以$[T]$是一个正交矩阵。

向量 $\boldsymbol{x}$ 与这个矩阵转置的乘积，相应于坐标轴刚性的 θ 角的反时针旋转。考虑图 10.5 中的点 $\boldsymbol{x}^T=(1,1)$，左乘以$[T]^T$，$\theta=72°$，得到新的(虚线)坐标系统中的点

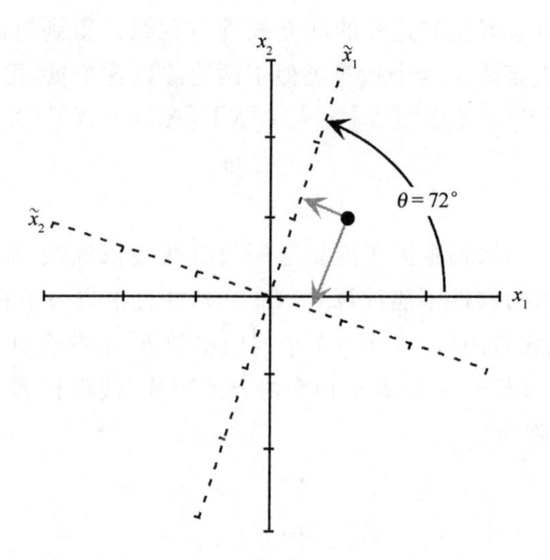

图 10.5　点 $\boldsymbol{x}^T=(1,1)$，当坐标轴通过角度 $\theta=72°$ 的正交旋转，变换到新基底（虚线坐标轴）中的点 $\tilde{\boldsymbol{x}}^T=(1.26,-0.64)$。

$$\tilde{\boldsymbol{x}} = \begin{bmatrix} \cos(72°) & \sin(72°) \\ -\sin(72°) & \cos(72°) \end{bmatrix} \boldsymbol{x} = \begin{bmatrix} 0.309 & 0.951 \\ -0.951 & 0.309 \end{bmatrix} \begin{bmatrix} 1 \\ 1 \end{bmatrix}$$

$$= \begin{bmatrix} 0.309+0.951 \\ -0.951 \end{bmatrix} = \begin{bmatrix} 1.26 \\ -0.64 \end{bmatrix} \tag{10.44}$$

因为正交矩阵的行和列有单位长度，所以正交变换保持长度不变。即，正交变换不压缩或扩张（旋转的）坐标轴。根据（平方）欧氏长度（式(10.14)），

$$\begin{aligned} \tilde{\boldsymbol{x}}^T\tilde{\boldsymbol{x}} &= ([T]^T\boldsymbol{x})([T]^T\boldsymbol{x}) \\ &= \boldsymbol{x}^T[T][T]^T\boldsymbol{x} \\ &= \boldsymbol{x}^T[I]\boldsymbol{x} \\ &= \boldsymbol{x}^T\boldsymbol{x} \end{aligned} \tag{10.45}$$

来自表 10.1 的矩阵乘积转置的结果，已经被用在了第二行中，而式(10.42)已经被用在了第三行中。

10.3.3　方阵的特征值和特征向量

方阵 $[\boldsymbol{A}]$ 的特征值 λ 和特征向量 $\boldsymbol{e}$ 分别为数和非零向量，满足等式

$$[A]\boldsymbol{e} = \lambda\boldsymbol{e} \tag{10.46a}$$

或等价地

$$([A]-\lambda[I])\boldsymbol{e} = \boldsymbol{0} \tag{10.46b}$$

式中 $\boldsymbol{0}$ 是全部由 0 组成的向量。对满足式(10.46)的每个特征值和特征向量对来说，特征向量的任意数乘 $c\boldsymbol{e}$ 也将与该特征值一起满足式(10.46)。为了有确定的解，通常要求特征向量有单位长度，

$$\|\boldsymbol{e}\| = 1 \tag{10.47}$$

这个限制去掉了只有符号变化的含糊，因为如果向量 $\boldsymbol{e}$ 满足式(10.46)，那么其负值 $-\boldsymbol{e}$

也将满足。

如果[A]是非奇异的，那么将存在非零特征值的 K 对特征值——特征向量对 λ_k 和 $\mathbf{e}_k$，其中 K 是[A]中行和列的数目。每个特征向量的大小为($K\times1$)。如果[A]是奇异的，那么其特征值中至少有一个为 0，相应的特征向量是任意的。对特征值(eigenvalues)和特征向量(eigenvectors)来说，有时也使用的同义词包括 characteristic values 和 characteristic vectors，latent values 和 latent vectors，以及 proper values 和 proper vectors。

因为每个特征向量被定义为有单位长度，所以任何特征向量与其自身的点积为 1。另外，如果矩阵[A]是对称的，那么其特征向量是相互正交的，
所以

$$\mathbf{e}_i^T\mathbf{e}_j = \begin{cases} 1, & i = j \\ 0, & i \neq j \end{cases} \tag{10.48}$$

单位长度的正交向量被称为是标准正交的(orthonormal)(这个术语与高斯或“正态”分布无关)。标准正交的性质类似于表达正弦和余弦函数正交的式(9.66)。

对很多统计应用来说，特征值和特征向量对实(不包含复或虚数)对称矩阵计算，比如协方差或相关矩阵。这种矩阵的特征值和特征向量有许多重要和值得注意的性质。这些性质的第一个是其特征值和特征向量是实数值。此外，正如刚才注意到的，对称矩阵的特征向量是正交的。即，其相互的点积为 0，所以在 K 维空间中它们互相垂直。

经常形成($K\times K$)的矩阵[E]，其 K 列是特征向量 $\mathbf{e}_k$。即，

$$[E] = [\mathbf{e}_1, \mathbf{e}_2, \mathbf{e}_3, \cdots, \mathbf{e}_K] \tag{10.49}$$

因为对称矩阵特征向量的正交性和单位长度，所以矩阵[E]是正交的，有式(10.42)中表示的性质。正交变换$[E]^T\mathbf{x}$ 定义了 $\mathbf{x}$ 的 K 维坐标轴的一个刚性旋转，被称为特征空间(eigenspace)。这个空间包含了与原始坐标相同的区域，但是使用了由式(10.46)的解定义的不同的轴集合。

K 个特征值-特征向量对，包含了矩阵[A]的相同信息，所以可以被看作为[A]的一个变换。再次，对对称的[A]，这个等价性可以被表示为谱分解或乔丹(Jordan)分解，

$$[A] = [E][\Lambda][E]^T \tag{10.50a}$$

$$= [E]\begin{bmatrix} \lambda_1 & 0 & 0 & \cdots & 0 \\ 0 & \lambda_2 & 0 & \cdots & 0 \\ 0 & 0 & \lambda_3 & \cdots & 0 \\ \vdots & \vdots & \vdots & \ddots & \vdots \\ 0 & 0 & 0 & \cdots & \lambda_K \end{bmatrix}[E]^T \tag{10.50b}$$

所以[Λ]表示非零元素为[A]的 K 个特征值的对角矩阵。此外考虑加和符号中式(10.50)的等价性是有启发的，

$$[A] = \sum_{k=1}^{K} \lambda_k \mathbf{e}_k \mathbf{e}_k^T \tag{10.51a}$$

$$= \sum_{k=1}^{K} \lambda_k [E_k] \tag{10.51b}$$

式(10.51a)中，每个特征向量与其自身的外积定义了一个矩阵[E_k]，式(10.51b)表明原始矩阵[A]可以作为这些[E_k]矩阵的权重加和被重构，其中权重是相应的特征值。因此矩阵的谱分解类似于函数或资料序列的傅里叶分解(式(9.62a))，特征值起了相应于余弦函数的傅里叶

振幅和$[E_k]$矩阵的作用。

关于式(10.50)的两边信息等价的其他与特征值有关的推论：第一个是

$$\mathrm{tr}[A] = \sum_{k=1}^{K} a_{k,k} = \sum_{k=1}^{K} \lambda_k = \mathrm{tr}[\Lambda] \tag{10.52}$$

当$[A]$是协方差矩阵时，这个关系是特别重要的，这个例子中对角元素$a_{k,k}$是K个方差。式(10.52)表示这些方差的和由协方差矩阵的特征值的和给出。

式(10.50)对特征值的第二个推论是

$$\det[A] = \prod_{k=1}^{K} \lambda_k = \det[\Lambda] \tag{10.53}$$

这与奇异值(有0行列式)至少有一个特征值为0的性质一致。所有特征值为正的实对称矩阵被称为是正定的。

特征向量矩阵$[E]$有使原始对称矩阵$[A]$对角线化的性质，特征向量和特征值从$[A]$中计算。式(10.50a)左乘$[E]^T$，右乘$[E]$，并且利用$[E]$的正交性得到

$$[E]^T[A][E] = [\Lambda] \tag{10.54}$$

非奇异对称阵的特征值λ_k和特征向量$\boldsymbol{e}_k$，与其逆矩阵的相应量λ_k^*和$\boldsymbol{e}_k^*$之间也存在一个很强的关系。矩阵－逆矩阵的特征向量对是相同的，即，对每个k，$\boldsymbol{e}_k^* = \boldsymbol{e}_k$——而相应的特征值互为倒数，$\lambda_k^* = \lambda_k^{-1}$。因此，$[A]$的最大特征值和对应的特征向量，与$[A]^{-1}$的最小特征值和对应的特征向量相同，反之亦然。

从矩阵中提取特征值－特征向量对是非常耗费计算量的任务，特别是随着问题维度的增加。如果$K=2,3$或4用下式手工做这个计算是可能的，但非常烦琐

$$\det\left([A] - \lambda[I]\right) = 0 \tag{10.55}$$

为了得到K个特征值，这个计算首先要求解一个K阶多项式，然后为了得到特征向量解K个联立方程的K个集合。然而，为了数值近似计算特征值和特征向量，通常使用广泛地可以得到的计算机算法。这些计算也可以在奇异值分解的框架内进行(见第10.3.5节)。

例10.3 (2×2)对称矩阵的特征值和特征向量

对称矩阵

$$[A] = \begin{bmatrix} 185.47 & 110.84 \\ 110.84 & 77.58 \end{bmatrix} \tag{10.56}$$

有特征值$\lambda_1 = 254.76$和$\lambda_2 = 8.29$，相应的特征向量为$\boldsymbol{e}_1^T = [0.848, 0.530]$和$\boldsymbol{e}_2^T = [-0.530, 0.848]$。容易验证两个特征向量都是单位长度。其点积为0，这表明这两个特征向量是正交的或垂直的。

特征向量矩阵因此为

$$[E] = \begin{bmatrix} 0.848 & -0.530 \\ 0.530 & 0.848 \end{bmatrix} \tag{10.57}$$

而原始矩阵可以用特征值和特征向量(式(10.50)和式(10.51))恢复为

$$\begin{aligned} [A] &= \begin{bmatrix} 185.47 & 110.84 \\ 110.84 & 77.58 \end{bmatrix} \\ &= \begin{bmatrix} 0.848 & -0.530 \\ 0.530 & 0.848 \end{bmatrix} \begin{bmatrix} 254.76 & 0 \\ 0 & 8.29 \end{bmatrix} \begin{bmatrix} 0.848 & 0.530 \\ -0.530 & 0.848 \end{bmatrix} \end{aligned} \tag{10.58a}$$

$$= 254.76\begin{bmatrix}0.848\\0.530\end{bmatrix}[0.848 \quad 0.530] + 8.29\begin{bmatrix}-0.530\\0.848\end{bmatrix}[-0.530 \quad 0.848] \tag{10.58b}$$

$$= 254.76\begin{bmatrix}0.719 & 0.449\\0.449 & 0.281\end{bmatrix} + 8.29\begin{bmatrix}0.281 & -0.449\\-0.449 & 0.719\end{bmatrix} \tag{10.58c}$$

式(10.58a)用式(10.50)的形式，表示了[A]的谱分解，而式(10.58b)和式(10.58c)显示了与式(10.51)中的形式相同的分解。

根据下式特征向量矩阵使原始矩阵[A]对角化

$$[E]^T[A][E] = \begin{bmatrix}0.848 & 0.530\\-0.530 & 0.848\end{bmatrix}\begin{bmatrix}185.47 & 110.84\\110.84 & 77.58\end{bmatrix}\begin{bmatrix}0.848 & -0.530\\0.530 & 0.848\end{bmatrix}$$

$$= \begin{bmatrix}254.0 & 0\\0 & 8.29\end{bmatrix} = [\Lambda] \tag{10.59}$$

最后，特征值的和 254.76＋8.29＝263.05，等于原始矩阵[A]的对角线元素的和 185.47＋77.58＝263.05。

10.3.4　对称矩阵的平方根

考虑相同阶数的两个方阵[A]和[B]，如果条件

$$[A] = [B][B]^T \tag{10.60}$$

成立，那么[B]乘以其自身得到[A]，所以[B]被称为是[A]的一个“平方根”，或[B]＝[A]$^{1/2}$。不像标量的平方根，对称矩阵的平方根不是唯一定义的。即，存在可以满足式(10.60)的任意数量的矩阵[B]，经常使用两种算法找到它的解。

如果[A]是满秩的，那么用[A]的 Cholesky 分解可以找到满足式(10.60)的下三角阵[B](下三角阵在主对角线的右上方为 0，即，对于 $i<j, b_{i,j}=0$)。作为[B]的第一行中唯一的非零元素，从下式开始

$$b_{1,1} = \sqrt{a_{1,1}} \tag{10.61}$$

Cholesky 分解迭代进行，根据下式依次计算[B]随后的每一行 i 的非零元素

$$b_{i,j} = \frac{a_{i,j} - \sum_{k=1}^{j-1} b_{i,k}b_{j,k}}{b_{j,j}}, \quad j = 1,\cdots,i-1 \tag{10.62a}$$

和

$$b_{i,i} = \left[a_{i,i} - \sum_{k=1}^{i-1} b_{i,k}^2\right]^{1/2} \tag{10.62b}$$

对很大的矩阵维数 K 来说，即使[A]是满秩的，为了使舍入误差最小，用双精度做这些计算也是一个好主意。

得到[A]的平方根的第二种常用方法，是用其特征值和特征向量，并且即使对称阵[A]不满秩也是可以计算的。对[B]用谱分解(式(10.50))，

$$[B] = [A]^{1/2} = [E][\Lambda]^{1/2}[E]^T \tag{10.63}$$

式中[E]是对[A]和[B]的特征向量矩阵(即它们有相同的向量)。矩阵[Λ]包含[A]的特征值，它们是[Λ]$^{1/2}$对角线上的[B]的特征值的平方。这些特征值中即使某些为 0，依然可以定义式(10.63)，所以这个方法可以用来寻找不满秩方阵的平方根。注意[Λ]$^{1/2}$也遵循平方根矩

阵的定义，因为$[\Lambda]^{1/2}\left([\Lambda]^{1/2}\right)^T=[\Lambda]^{1/2}[\Lambda]^{1/2}=[\Lambda]$。式(10.63)中平方根分解一个对称的平方根矩阵。当矩阵维数很大时，它比 Cholesky 分解对舍入误差更宽容，因为(计算上也是真实的)0 特征值不产生无定义的算术运算。

如果$[A]$是对称的和满秩的，那么式(10.63)可以被推广为寻找逆矩阵的平方根$[A]^{-1/2}$。因为矩阵与其逆矩阵有相同的特征向量，所以也与其逆矩阵的平方根有相同的特征向量。因此，

$$[A]^{-1/2}=[E][\Lambda]^{-1/2}[E]^T \tag{10.64}$$

式中$[\Lambda]^{-1/2}$是元素为$\lambda_k^{-1/2}$的对角阵$[A]$的特征值的平方根的倒数。式(10.64)暗示可以预期得到结论，即$[A]^{-1/2}\left([A]^{-1/2}\right)^T=[A]^{-1}$和$[A]^{-1/2}\left([A]^{1/2}\right)^T=[I]$。

例 10.4 矩阵与其逆矩阵的平方根

式(10.56)中的对称矩阵$[A]$是满秩的，因为其特征值都为正。因此，可以用 Cholesky 分解计算下三角平方根矩阵$[B]=[A]^{1/2}$。由式(10.61)得到$b_{1,1}=(a_{1,1})^{1/2}=185.47^{1/2}=13.619$，$b_{1,1}$是$[B]$的第一行($i=1$)中唯一的非零元素。因为$[B]$只有附加的一行，所以对每一行式(10.62)只需要被应用一次。由式(10.62a)得到$b_{2,1}=(a_{1,1}-0)/b_{1,1}=110.84/13.619=8.139$。对$b_{2,1}$来说，式(10.62a)的分子中减掉 0，因为加和中没有项(如果$[A]$是一个(3×3)的矩阵，那么对第三行($i=3$)，式(10.62a)可能被应用两次：第一次应用对$b_{3,1}$，在加和中可能再次没有项，但是当计算$b_{3,2}$时，可能有相应于$k=1$的一项)。最后，由式(10.62b)表示的计算，是$b_{2,2}=(a_{2,2}-b_{2,1}^2)^{1/2}=(77.58-8.139^2)^{1/2}=3.367$。这样$[A]$的 Cholesky 下三角平方根矩阵是

$$[B]=[A]^{1/2}=\begin{bmatrix}13.619 & 0\\ 8.139 & 3.367\end{bmatrix} \tag{10.65}$$

通过矩阵乘法$[B][B]^T$这可以用来验证$[A]$的平方根是否正确。

$[A]$的对称平方根矩阵，可以用来自例 10.3 的特征值和特征向量，以及式(10.63)进行计算：

$$\begin{aligned}[B]&=[A]^{1/2}=[E][\Lambda]^{1/2}[E]^T\\ &=\begin{bmatrix}0.848 & -0.530\\ 0.530 & 0.848\end{bmatrix}\begin{bmatrix}\sqrt{254.76} & 0\\ 0 & \sqrt{8.29}\end{bmatrix}\begin{bmatrix}0.848 & 0.530\\ -0.530 & 0.848\end{bmatrix}=\begin{bmatrix}12.286 & 5.879\\ 5.879 & 6.554\end{bmatrix}\end{aligned} \tag{10.66}$$

通过计算$[B][B]^T$，这个矩阵也可以用来验证$[A]$的平方根是否正确。

式(10.64)可以计算$[A]$的逆矩阵的平方根矩阵，

$$\begin{aligned}[A]^{-1/2}&=[E][\Lambda]^{-1/2}[E]^T\\ &=\begin{bmatrix}0.848 & -0.530\\ 0.530 & 0.848\end{bmatrix}\begin{bmatrix}1/\sqrt{254.76} & 0\\ 0 & 1/\sqrt{8.29}\end{bmatrix}\begin{bmatrix}0.848 & 0.530\\ -0.530 & 0.848\end{bmatrix}\\ &=\begin{bmatrix}0.1426 & -0.1279\\ -0.1279 & 0.2674\end{bmatrix}\end{aligned} \tag{10.67}$$

这也是一个对称矩阵。矩阵的乘积$[A]^{-1/2}([A]^{-1/2})^T=[A]^{-1/2}[A]^{-1/2}=[A]^{-1}$。式(10.67)的正确性，可以通过比较乘积$[A]^{-1/2}[A]^{-1/2}$与用式(10.28)计算的$[A]^{-1}$或者通过

验证 $[A][A]^{-1/2}[A]^{-1/2}=[A][A]^{-1}=[I]$ 进行检查。

10.3.5　奇异值分解(SVD)

式(10.50)表示对称方阵的谱分解。这个分解,可以用奇异值分解(SVD)扩展到行数大于等于列数($n\geqslant m$)的任意的($n\times m$)卡方阵 $[A]$,

$$\underset{n\times m}{[A]}=\underset{n\times m}{[L]}\underset{m\times m}{[\Omega]}\underset{m\times m}{[R]^T},\quad n\geqslant m \tag{10.68}$$

式中 $[L]$ 的 m 列被称为左奇异向量,而 $[R]$ 的 m 列被称为右奇异向量(注意,在 SVD 的上下文中,$[R]$ 不表示相关矩阵)。向量的两个集合是相互正交的,所以 $[L]^T[L]=[R]^T[R]=[R][R]^T=[I]$,维数是($m\times m$)。矩阵 $[\Omega]$ 是对角阵,有被称为 $[A]$ 的奇异值的非负对角元素。式(10.68)有时被称为"瘦(thin)"SVD,这是与一个等价的表达式相比较而言的,该表达式中 $[L]$ 的维数是($n\times n$),$[\Omega]$ 的维数是($n\times m$),但是至少 $n-m$ 行包含的元素全部为 0,所以 $[L]$ 的最后 $n-m$ 列是任意的。

如果 $[A]$ 是方阵并且是对称的,那么式(10.68)退化为式(10.50),$[L]=[R]=[E]$,并且 $[\Omega]=[\Lambda]$。因此,对于对称矩阵来说,使用来自矩阵-代数计算机程序包的 SVD 算法,来计算特征值和特征向量是可能的,这被广泛应用(例如,Press *et al.*,1986)。类似于对称方阵谱分解的式(10.51),式(10.68)可以表示为左和右奇异向量权重外积的和,

$$[A]=\sum_{i=1}^{m}\omega_i\boldsymbol{l}_i\boldsymbol{r}_i^T \tag{10.69}$$

即使 $[A]$ 是非对称的,SVD 与 $[A]^T[A]$ 和 $[A][A]^T$ 的特征值和特征向量之间也存在联系,矩阵的这两个乘积都是方阵(维数分别为($m\times m$)和($n\times n$))和对称阵。$[R]$ 的列是 $[A]^T[A]$ 的($m\times 1$)的特征向量,而 $[L]$ 的列是 $[A][A]^T$ 的($n\times 1$)的特征向量。各自的奇异值是相应特征值的平方根,即 $\omega_i^2=\lambda_i$。

例 10.5　用 SVD 计算协方差矩阵的特征值和特征向量

考虑(31×2)的矩阵 $30^{-1/2}[X']$,其中 $[X']$ 是表 A.1 中最低温度资料的距平矩阵(式(10.29))。SVD 可以用来得到这些资料样本协方差矩阵的特征值和特征向量,而不用先显式地计算 $[S]$(如果 $[S]$ 是已知的,那么通过式(10.68)与式(10.50)的等价性,SVD 也可以用来计算特征值和特征向量)。

$30^{-1/2}[X']$ 的 SVD,以式(10.68)的形式,为

$$\frac{1}{\sqrt{30}}[X']=\underset{(31\times 2)}{\begin{bmatrix}1.09 & 1.42\\ 2.19 & 1.42\\ 1.64 & 1.05\\ \vdots & \vdots\\ 1.83 & 0.51\end{bmatrix}}$$

$$=\underset{(31\times 2)}{\begin{bmatrix}0.105 & 0.216\\ 0.164 & 0.014\\ 0.122 & 0.008\\ \vdots & \vdots\\ 0.114 & -0.187\end{bmatrix}}\underset{(2\times 2)}{\begin{bmatrix}15.961 & 0\\ 0 & 2.879\end{bmatrix}}\underset{(2\times 2)}{\begin{bmatrix}0.848 & 0.530\\ -0.530 & 0.848\end{bmatrix}} \tag{10.70}$$

从式(10.30)看,距平矩阵$[X']$乘以$30^{-1/2}$的理由是显然的:乘积$(30^{-1/2}[X']^T)(30^{-1/2}[X'])=(n-1)^{-1}[X']^T[X']$产生了这些资料的协方差矩阵,这与式(10.56)中的矩阵$[A]$相同。因为右奇异向量矩阵$[R]$包含式(10.70)左边矩阵乘积的特征向量,所以在式(10.70)的最右边,左乘其转置矩阵$[R]^T$与式(10.57)中矩阵$[E]$(的转置)相同。同样地,式(10.70)中对角矩阵$[\Omega]$中奇异值的平方是相应的特征值;例如,$\omega_1^2=15.961^2=\lambda_1=254.7$。

$(n-1)^{1/2}[X']=[S]$的右奇异向量,是(2×2)的协方差矩阵$[S]=(n-1)^{-1}[X']^T[X']$的特征向量。矩阵$[L]$中的左奇异向量是(31×31)的矩阵$(n-1)^{-1}[X'][X']^T$的特征向量。这个矩阵实际上有31个特征向量,但是其中只有两个(式(10.70)中显示的两个)与非零特征值有关。从这个意义上讲,式(10.70)是瘦SVD截断零特征值及其关联的不相关的特征向量的一个例子。

SVD是一种有多种应用的多功能工具。其中的一种应用,是最大协方差分析(MCA),将在第13.4节中讲述。有时MCA被混淆地称为SVD分析,因为SVD只是用来计算MCA的计算工具。

10.4　随机向量与矩阵

10.4.1　一元变量概念的期望值及其他扩展

正如普通的随机变量是标量一样,随机向量(或随机矩阵)是由多个随机变量组成的向量(或矩阵)。本节的目的,是把第10.3节中介绍的矩阵代数的初步知识扩展到包括统计思想。

其K个元素是随机变量x_k的向量$\mathbf{x}$是随机向量。这个随机向量的期望值也是向量,被称为向量平均值,其K个元素是相应随机变量单独的期望值(即概率权重平均)。如果所有的x_k是连续变量,那么

$$\boldsymbol{\mu}=\begin{bmatrix}\int_{-\infty}^{\infty}x_1f_1(x_1)\mathrm{d}x_1\\ \int_{-\infty}^{\infty}x_2f_2(x_2)\mathrm{d}x_2\\ \vdots\\ \int_{-\infty}^{\infty}x_Kf_K(x_K)\mathrm{d}x_K\end{bmatrix}\tag{10.71}$$

如果$\mathbf{x}$中某些或全部K个变量是离散的,那么$\boldsymbol{\mu}$的相应元素将是式(4.12)形式的加和。

式(4.14)中列出的期望的性质,也可以用与矩阵代数规则一致的方式扩展到向量与矩阵。如果c是常数,$[X]$和$[Y]$是有相同维数的随机矩阵(如果矩阵的一个维数为1,那么可以是随机向量),并且$[A]$和$[B]$是常数(非随机)矩阵,那么

$$E\big(c[X]\big)=cE\big([X]\big)\tag{10.72a}$$

$$E\big([X]+[Y]\big)=E\big([X]\big)+E\big([Y]\big)\tag{10.72b}$$

$$E\Big([A][X][B]\Big) = [A]E\Big([X]\Big)[B] \tag{10.72c}$$

$$E\Big([A][X]+[B]\Big) = [A]E\Big([X]\Big)+[B] \tag{10.72d}$$

与式(10.5)中样本估计[S]相对应,(总体)协方差矩阵是矩阵期望值

$$\underset{(K\times K)}{[\sum]} = E\Big(\underset{(K\times 1)}{[\boldsymbol{x}-\mu]}\underset{(1\times K)}{[\boldsymbol{x}-\mu]^T}\Big) \tag{10.73a}$$

$$= E\left(\begin{bmatrix} (x_1-\mu_1)^2 & (x_1-\mu_1)(x_2-\mu_2) & \cdots & (x_1-\mu_1)(x_K-\mu_K) \\ (x_2-\mu_2)(x_1-\mu_1) & (x_2-\mu_2)^2 & \cdots & (x_2-\mu_2)(x_K-\mu_K) \\ \vdots & \vdots & \ddots & \vdots \\ (x_K-\mu_K)(x_1-\mu_1) & (x_K-\mu_K)(x_2-\mu_2) & \cdots & (x_K-\mu_K)^2 \end{bmatrix}\right) \tag{10.73b}$$

$$= \begin{bmatrix} \sigma_{1,1} & \sigma_{1,2} & \cdots & \sigma_{1,K} \\ \sigma_{2,1} & \sigma_{2,2} & \cdots & \sigma_{2,K} \\ \vdots & \vdots & \ddots & \vdots \\ \sigma_{K,1} & \sigma_{K,2} & \cdots & \sigma_{K,K} \end{bmatrix} \tag{10.73c}$$

式(10.73)的对角元素是标量(总体)方差,对连续变量,可以用有 $g(x_k)=(x_k-\mu_k)^2$ 的式(4.20)或等价的式(4.21)进行计算。非对角线元素是协方差,这可以用二重积分计算

$$\sigma_{k,l} = \int_{-\infty}^{\infty}\int_{-\infty}^{\infty}(x_k-\mu_k)(x_l-\mu_l)f_{k,l}(x_k,x_l)\mathrm{d}x_l\mathrm{d}x_k \tag{10.74}$$

对样本协方差来说,其中的每一个类似于式(10.4)中的加和。这里 $f_{k,l}(x_k,x_l)$ 是 x_k 和 x_l 的联合(双变量)PDF。类似于对标量方差的式(4.21b),(总体)协方差矩阵的一个等价的式子为

$$[\sum] = E(\boldsymbol{x}\boldsymbol{x}^T) - \boldsymbol{\mu}\boldsymbol{\mu}^T \tag{10.75}$$

10.4.2 分块向量和矩阵

在某些情况下,定义分离为 2 或更多组的变量集合是自然的。简单的例子是 L 个预报量和 $K-L$ 个预报因子的不同集合,或变量的两个或更多个集合,在某些位置或网格点同时观测。在这样的例子中,通过分割相应的向量和矩阵,符号上维持这些差别经常是方便实用的。

在向量和矩阵的扩展表示中,分块由细线表示。在它们应用到更大的向量或矩阵,对矩阵代数没有实质影响的意义上,分块的这些指标是虚构的线。例如,考虑由 L 个变量和 $K-L$ 个变量组成的 $(K\times 1)$ 的随机向量 $\boldsymbol{x}$,

$$\boldsymbol{x}^T = [x_1 \quad x_2 \quad \cdots \quad x_L \mid x_{L+1} \quad x_{L+2} \quad \cdots \quad x_K] \tag{10.76a}$$

期望为

$$E(\boldsymbol{x}^T) = \boldsymbol{\mu}^T = [\mu_1 \quad \mu_2 \quad \cdots \quad \mu_L \mid \mu_{L+1} \quad \mu_{L+2} \quad \cdots \quad \mu_K] \tag{10.76b}$$

除了 $\boldsymbol{x}$ 和 $\boldsymbol{\mu}$ 都被分块为(即,由串联的) $(L\times 1)$ 和 $((K-L)\times 1)$ 的向量(组成)之外,正好与式(10.71)一样。

式(10.76)中 $\boldsymbol{x}$ 的协方差矩阵,可以正好与式(10.73)表示的相同方式计算,用后面的分块:

$$[\sum] = E\Big([\boldsymbol{x}-\boldsymbol{\mu}][\boldsymbol{x}-\boldsymbol{\mu}]^T\Big) \tag{10.77a}$$

$$= \left[\begin{array}{cccc|cccc} \sigma_{1,1} & \sigma_{1,2} & \cdots & \sigma_{1,L} & \sigma_{1,L+1} & \sigma_{1,L+2} & \cdots & \sigma_{1,K} \\ \sigma_{2,1} & \sigma_{2,2} & \cdots & \sigma_{2,L} & \sigma_{2,L+1} & \sigma_{2,L+2} & \cdots & \sigma_{2,K} \\ \vdots & \vdots & \ddots & \vdots & \vdots & \vdots & \ddots & \vdots \\ \sigma_{L,1} & \sigma_{L,2} & \cdots & \sigma_{L,L} & \sigma_{L,L+1} & \sigma_{L,L+2} & \cdots & \sigma_{L,K} \\ \hline \sigma_{L+1,1} & \sigma_{L+1,2} & \cdots & \sigma_{L+1,L} & \sigma_{L+1,L+1} & \sigma_{L+1,L+2} & \cdots & \sigma_{L+1,K} \\ \sigma_{L+2,1} & \sigma_{L+2,2} & \cdots & \sigma_{L+2,L} & \sigma_{L+2,L+1} & \sigma_{L+2,L+2} & \cdots & \sigma_{L+2,K} \\ \vdots & \vdots & \ddots & \vdots & \vdots & \vdots & \ddots & \vdots \\ \sigma_{K,1} & \sigma_{K,2} & \cdots & \sigma_{K,L} & \sigma_{K,L+1} & \sigma_{K,L+2} & \cdots & \sigma_{K,K} \end{array}\right] \tag{10.77b}$$

$$= \left[\begin{array}{c|c} [\sum_{1,1}] & [\sum_{1,2}] \\ \hline [\sum_{2,1}] & [\sum_{2,2}] \end{array}\right] \tag{10.77c}$$

对资料向量 $\boldsymbol{x}$,像式(10.76)那样被分为两段的协方差矩阵$[\Sigma]$来说,其自身被分为 4 个子矩阵。$(L\times L)$矩阵$[\Sigma_{1,1}]$是前 L 个变量$[x_1,x_2,\cdots,x_L]^T$ 的协方差矩阵,而$(K-L)\times(K-L)$矩阵$[\Sigma_{2,2}]$是后 $K-L$ 个变量$[x_{L+1},x_{L+2},\cdots,x_K]^T$ 的协方差矩阵。这两个矩阵都在对角线上有方差,在其他位置其各自组中变量之间有协方差。

$((K-L)\times L)$矩阵$[\Sigma_{2,1}]$包含一个成员在第二组中,另一个成员在第一组中所有可能的变量对之间的协方差。因为它不是一个完整的协方差矩阵,所以即使它是方阵,它也不包含沿主对角线的方差,并且通常它是不对称的。$(L\times(K-L))$矩阵$[\Sigma_{1,2}]$,包含一个成员在第一组,另一个成员在第二组的所有可能的变量对之间相同的协方差。因为完整的协方差阵$[\Sigma]$是对称的,所以$[\Sigma_{1,2}]^T=\Sigma_{2,1}$。

10.4.3　线性组合

线性组合本质上是两个或更多个变量 $x_1,x_2,\cdots,x_K$ 的权重和。例如,式(7.24)中的多元线性回归是产生一个新变量的 K 个回归预报因子的线性组合,这个例子中它是回归预报。为了简化,考虑式(7.24)中的参数 $b_0=0$。那么式(7.24)可以用矩阵符号表示为

$$y = \boldsymbol{b}^T\boldsymbol{x} \tag{10.78}$$

式中 $\boldsymbol{b}^T=[b_1,b_2,\cdots,b_K]$是权重加和中权重的参数向量。

通常在回归中预报因子 $\boldsymbol{x}$ 被认为是固定的常数而非随机变量。但是现在考虑 $\boldsymbol{x}$ 是平均值为 $\boldsymbol{\mu}_x$ 和协方差为$[\Sigma_x]$的随机向量的情况。那么式(10.78)中的线性组合也是随机变量。对向量 $\boldsymbol{x}$ 用 $g_j(x)=b_jx_j$ 扩展式(4.14c),y 的平均值将为

$$\mu_y = \sum_{k=1}^{K} b_k\mu_k \tag{10.79}$$

其中 $\mu_k=E(x_k)$。符号上和计算上,线性组合的方差都是更复杂的,并且包括 x 的所有对之间的协方差。为了简化,假定 $k=2$。那么,

$$\sigma_y^2 = \mathrm{Var}(b_1x_1+b_2x_2) = E\Big\{[(b_1x_1+b_2x_2)-(b_1\mu_1+b_2\mu_2)]^2\Big\}$$

$$= E\Big\{[(b_1(x_1-\mu_1)+b_2(x_2-\mu_2)]^2\Big\}$$

$$= E\Big\{b_1^2(x_1-\mu_1)^2 + b_2^2(x_2-\mu_2)^2 + 2b_1b_2(x_1-\mu_1)(x_2-\mu_2)\Big\}$$

$$= b_1^2E\Big\{(x_1-\mu_1)^2\Big\} + b_2^2E\Big\{(x_2-\mu_2)^2\Big\} + 2b_1b_2E\Big\{(x_1-\mu_1)(x_2-\mu_2)\Big\}$$

$$= b_1^2\sigma_{1,1} + b_2^2\sigma_{2,2} + 2b_1b_2\sigma_{1,2} \tag{10.80}$$

即使线性组合只是 2 个随机变量的线性组合，这个标量结果也是相当麻烦的，而 K 个随机变量线性组合的一般扩展包括 $K(K+1)/2$ 项。更一般和更简洁地用矩阵符号式(10.79)和式(10.80)成为

$$\mu_y = \boldsymbol{b}^T\boldsymbol{\mu} \tag{10.81a}$$

和

$$\sigma_y^2 = \boldsymbol{b}^T[\textstyle\sum_x]\boldsymbol{b} \tag{10.81b}$$

式(10.81)左边的量是标量，因为式(10.78)中单个线性组合的结果是标量。但是考虑 K 个随机变量 x 同时形成的 L 个线性组合，

$$\begin{aligned}
y_1 &= b_{1,1}x_1 + b_{1,2}x_2 + \cdots + b_{1,K}x_K \\
y_2 &= b_{2,1}x_1 + b_{2,2}x_2 + \cdots + b_{2,K}x_K \\
&\ \ \vdots \qquad\quad \vdots \qquad\qquad\quad \vdots \qquad\qquad \vdots \\
y_L &= b_{L,1}x_1 + b_{L,2}x_2 + \cdots + b_{L,K}x_K
\end{aligned} \tag{10.82a}$$

或

$$\underset{(L\times1)}{\boldsymbol{y}} = \underset{(L\times K)}{[B]^T}\ \underset{(K\times1)}{\boldsymbol{x}} \tag{10.82b}$$

这里$[B]^T$ 的每一行定义了与式(10.78)中一样的单个线性组合，并且这 L 个线性组合共同地定义了随机向量 $\boldsymbol{y}$。把式(10.81)扩展到 $\boldsymbol{x}$ 的 L 个线性组合的这个集合的平均向量和协方差矩阵，

$$\underset{(L\times1)}{\boldsymbol{\mu}_y} = \underset{(L\times K)}{[B]^T}\ \underset{(K\times1)}{\boldsymbol{\mu}_x} \tag{10.83a}$$

和

$$\underset{(L\times L)}{[\textstyle\sum_y]} = \underset{(L\times K)}{[B]^T}\ \underset{(K\times K)}{[\textstyle\sum_x]}\ \underset{(K\times L)}{[B]} \tag{10.83b}$$

注意，通过使用式(10.83)，如果 x 的平均向量和协方差矩阵是已知的，那么为了找到其平均值和协方差，实际上不是必须要显式地计算式(10.82)中的转换变量。

例 10.6　一对线性组合的平均向量和协方差矩阵

例 10.5 显示式(10.56)中的矩阵是表 A.1 中伊萨卡(Ithaca)和卡南戴挂(Canandaigua)最低温度的协方差矩阵。这些资料的平均向量是 $\boldsymbol{\mu}^T=[\mu_{\text{Ith}},\mu_{\text{Can}}]=[13.0,20.2]$。现在考虑 $\theta=32°$的式(10.43)形式的这些最低温度的两个线性组合。即，$[T]^T$ 的两行的每一行定义一个线性组合(式(10.78))，它可以与式(10.82b)一起表示。共同地，这两个线性组合是相应于坐标轴反时针旋转角度 θ 的等价变换。即，每个向量 $\boldsymbol{y}=[T]^T\boldsymbol{x}$ 可能位于相同的点，但是在旋转坐标系统的框架中。

对变换的点来说，找到平均值 $\boldsymbol{\mu}_y$ 和协方差$[\sum_y]$的一种方式是对所有的 $n=31$ 个资料点对进行变换，然后对转换后的资料计算平均向量和协方差矩阵。然而，如果知道了 x 的平均值和协方差，那么用(10.83)计算是直截了当，并且更容易的

$$\boldsymbol{\mu}_y = \begin{bmatrix} \cos 32^\circ & \sin 32^\circ \\ -\sin^\circ 32 & \cos 32^\circ \end{bmatrix} \boldsymbol{\mu}_x = \begin{bmatrix} 0.848 & 0.530 \\ -0.530 & 0.848 \end{bmatrix} \begin{bmatrix} 13.0 \\ 20.2 \end{bmatrix} = \begin{bmatrix} 21.7 \\ 10.2 \end{bmatrix} \quad (10.84a)$$

和

$$\begin{aligned}[\textstyle\sum_y] &= [T]^T[\textstyle\sum_x][T] \\ &= \begin{bmatrix} 0.848 & 0.530 \\ -0.530 & 0.848 \end{bmatrix} \begin{bmatrix} 185.47 & 110.84 \\ 110.84 & 77.58 \end{bmatrix} \begin{bmatrix} 0.848 & -0.530 \\ 0.530 & 0.848 \end{bmatrix} \\ &= \begin{bmatrix} 254.76 & 0 \\ 0 & 8.29 \end{bmatrix} \end{aligned} \quad (10.84b)$$

对这些资料来说，旋转角度 $\theta=32^\circ$ 显然是很特殊的一个，因为它产生了不相关的一对变换变量 $\boldsymbol{y}$。事实上，这个变换，正好与根据 $[\sum_x]$ 的特征向量表示的式(10.59)相同。

正如线性组合的平均值和方差，可以实际上不计算线性组合而进行表示和计算，两个线性组合的协方差也可以用下式类似地计算

$$\mathrm{Cov}([A]^T\boldsymbol{x}_1,[B]^T\boldsymbol{x}_2) = [A]^T[\textstyle\sum_{1,2}][B] \quad (10.85)$$

这里 $[\sum_{1,2}]$ 是向量 x_1 和 x_2 之间的协方差矩阵，这是式(10.77)的右上象限。如果 $[A]^T$ 和 $[B]^T$ 是向量(所以维数分别为 $(1\times L)$ 和 $(1\times(K-L))$)，那么式(10.85)将得到一对线性组合之间的标量协方差。

10.4.4 再谈马氏距离

作为测量由经验资料的离散或潜在多元概率密度建立背景中的差异或不寻常性，第 10.2.2 节介绍了马氏距离或统计距离。如果资料向量 $\boldsymbol{x}$ 中的 K 个变量是相互无关的，那么(平方的)马氏距离取标准化距平 z_k 的平方和的简单形式，就像式(10.7)中对 $K=2$ 的变量所表示的。当某些或全部变量相关时，马氏距离也包含相关，尽管，正如第 10.2.2 节表明的，用标量形式这个符号是极为复杂的。用矩阵符号，K 维空间中点 $\boldsymbol{x}$ 和 $\boldsymbol{y}$ 之间的马氏距离为

$$D^2 = [\boldsymbol{x}-\boldsymbol{y}]^T[S]^{-1}[\boldsymbol{x}-\boldsymbol{y}] \quad (10.86)$$

式中 $[S]$ 是距离计算的含义上的协方差矩阵。

如果由 $[S]$ 定义的离散度包括 K 个变量之间的 0 相关，那么看出式(10.86)退化为式(10.7)(两维中明显的扩展到更高维)是不难的。在那种情况中，$[S]$ 是对角的，而其逆也是元素为 $(s_{k,k})^{-1}$ 的对角阵，所以式(10.86)将退化为 $D^2=\sum_k (x_k-y_k)^2/s_{k,k}$。这个观测强调了马氏距离的一个重要性质，即，资料向量中 K 个变量变化，其不同的内在尺度不会使 D^2 混淆，因为平方前，每一个除以其标准差。如果 $[S]$ 是对角的，那么每个变量除以其标准差后，马氏距离与欧氏距离相同。

马氏距离的第二个突出性质，是在统计距离的计算中，它说明相关变量之间信息内容中的冗余。这个概念也是在二维中最容易领会。两个强相关的变量给出了十分接近的相同信息，当计算统计距离时，忽略强相关(即，相关非 0 时用式(10.7))，则有效地两次计算了(几乎)多余的第二个变量。这种情况在图 10.6 中做了举例说明，其中显示了 3 种完全不同的点云背景中标准化的点 $z^T=(1,1)$。图 10.6a 中由圆形点云表现的相关为 0，所以对两个变量来说，通过除以各自的标准差解决变化的不同尺度后，它等价于用式(10.7)计算到原点的马氏距离(点云的向量平均值)。那个距离是 $D^2=2$(相应于普通的欧氏距离 $\sqrt{2}=1.414$)。图 10.6b 中两个

变量间的相关是 0.99，所以两个变量中的一个或另一个，提供了与二者一起几乎同样的信息：z_1 和 z_2 几乎是相同的变量。用式(10.86)，到原点的马氏距离是 $D^2=1.005$，这只是稍微大于如果只有两个几乎多余的变量中的一个单独考虑时的值，并且比适于图 10.6a 中散布背景的距离充分地更小。

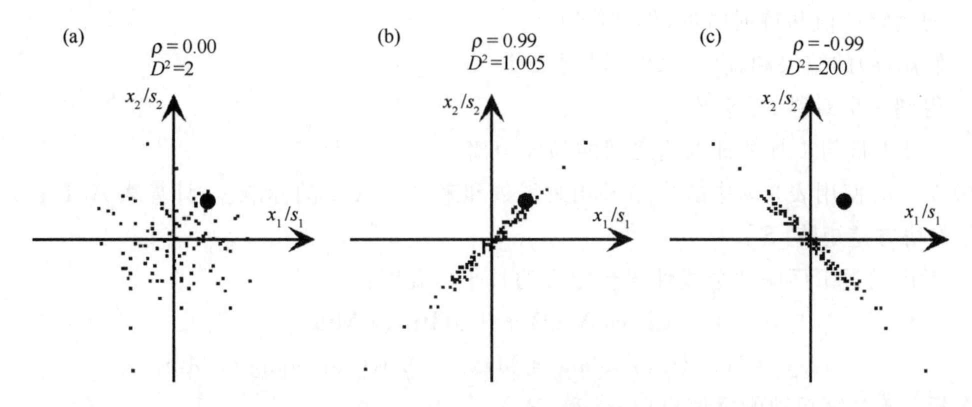

图 10.6　(a)0 相关，(b)0.99 相关和(c)－0.99 相关的资料散布的背景中的点 $z^T=(1,1)$(大点)。这三个例子中，到原点的马氏距离 D^2 是彻底不同的。

最后，图 10.6c 显示了一种完全不同的情况，其中相关为－0.99。这里点(1,1)在资料散布的背景中是极为异常的，用式(10.86)，我们得到 $D^2=200$。即，相对于点云的离散度，它离原点非常远，这个不寻常性通过非常大的马氏距离反映。图 10.6c 中的点(1,1)是一个多元外围点。

式(10.86)是被称为*二次型*的一个例子。在向量与对称矩阵中的缩放比例常数一起乘以其自身的意义上，向量 $\mathbf{x}-\mathbf{y}$ 是二次的。在 $K=2$ 维中，如果缩放比例常数的对称矩阵是对角阵，那么用标量符号写出的二次型为式(10.7)的形式，而如果它不是对角阵，那么就是式(10.80)的形式。式(10.86)强调二次型可以被解释为平方距离，并且同样地对它们来说，一般是非负的，而且如果平方向量是非零的那么肯定为正。如果缩放因子常数的对称矩阵是正定的，那么这个条件可以满足，所以其全部特征值都为正。

最后，注意到第 10.2.2 节中，式(10.7)描述了常数距离 D^2 的椭圆。这些椭圆对应于式(10.86)矩阵[S]中非对角线协方差为 0，其轴与坐标轴平行。式(10.86)也描述了常数马氏距离 D^2 的椭圆，其轴被旋转为远离坐标轴的方向到[S]中非对角线协方差的某些或全部为非零的程度。在这些例子中，常数 D^2 的椭圆轴与[S]的特征向量的方向平行，正如第 11.1 节中看到的。

10.5　习题

10.1　使用式(10.56)和式(10.57)，计算矩阵乘积[A][E]。

10.2　使用矩阵符号，推导例 7.1 中生成的回归方程。

10.3　计算式(10.56)中矩阵[A]的两个特征值之间的角度。

10.4　通过式(10.43)中的[T]和其转置的矩阵乘法运算，验证正交矩阵。

10.5　说明式(10.63)产生了一个正确的平方根。

10.6 表 A.1 中伊萨卡(Ithaca)和卡南戴挂(Canandaigua)最高温度协方差矩阵的特征值和特征向量为 $\lambda_1=118.8$ 和 $\lambda_2=2.60$，$\boldsymbol{e}_1{}^T=[0.700, 0.714]$ 和 $\boldsymbol{e}_2{}^T=[-0.714, 0.700]$，其中每个向量的第一个元素对应于伊萨卡(Ithaca)的温度。

a. 使用谱分解，得到协方差矩阵$[S]$。

b. 使用特征值和特征向量，得到$[S]^{-1}$。

c. 使用(a)的结果和式(10.28)，得到$[S]^{-1}$。

d. 得到一个对称的$[S]^{1/2}$。

e. 1 月 1 日与 1 月 2 日观测之间的马氏距离。

10.7 a. 使用表 3.5 中的皮尔逊相关系数和来自表 A.1 的标准差，计算表 A.1 中 4 个温度变量的协方差矩阵$[S]$。

b. 考虑通过下面的两个线性组合定义的日平均温度：

$$y_1 = 0.5(\text{Ithaca Max}) + 0.5(\text{Ithaca Min})$$

$$y_2 = 0.5(\text{Canandaigua Max}) + 0.5(\text{Canandaigua Min})$$

实际上不计算单独的 $\boldsymbol{y}$ 值求取 $\boldsymbol{\mu}_y$ 和$[S_y]$。

第 11 章　多元正态(MVN)分布

11.1　MVN 的定义

多元正态(multivariate normal,MVN)分布是由高斯分布或正态分布(见第 4.2.2 节)到多元或矢量数据的自然推广。MVN 绝不是已知唯一的连续参数的多元分布(例如,Johnson,1987;Johnson and Kotz,1972),但它是最常用的。MVN 的普及,一方面得益于它与多元中心极限定理的关系。另一方面得益于我们将要在这一章节里概述的一些便利的性质,使得 MVN 虽然没有强大的理论支持也可以在其他背景中使用。这些便利性质,经常足以强迫在用它们进行计算前,把非高斯分布的多元数据变换为近似多元正态分布,这也是发展第 3.4.1 节中描述的方法的重要动力。

单变量高斯 PDF(式(4.23))描述一个标量高斯变量的概率密度或边缘分布。MVN 描述向量 $\boldsymbol{x}$ 中 K 个变量共同的概率密度的联合分布。单变量高斯分布 PDF,可以作为实轴上定义的钟形曲线(即,在一维空间中)进行可视化。MVN 的 PDF,定义在其坐标轴相应于 $\boldsymbol{x}$ 的元素的 K 维空间中,其中多元距离已经在第 10.2 节和第 10.4.4 节中定义过。

MVN 的概率密度函数为

$$f(\boldsymbol{x}) = \frac{1}{(2\pi)^{K/2}\sqrt{\det[\sum]}}\exp\left[-\frac{1}{2}(\boldsymbol{x}-\boldsymbol{\mu})^T[\sum]^{-1}(\boldsymbol{x}-\boldsymbol{\mu})\right] \tag{11.1}$$

式中 $\boldsymbol{\mu}$ 是 K 维均值向量;$[\Sigma]$是向量 $\boldsymbol{x}$ 中 K 个变量的$(K\times K)$的协方差矩阵。在 $K=1$ 维中,式(11.1)退化为式(4.23),对 $K=2$,它退化为二元正态分布的 PDF(式(4.33))。MVN PDF 的关键部分是指数函数的参数,不管 $\boldsymbol{x}$ 的维度如何,这个参数都是一个标准化的平方距离(即,$\boldsymbol{x}$ 和它的平均值之间的差除以(协)方差进行标准化)。式(11.1)的普通的多元形式中,这个距离是马氏距离,当$[\Sigma]$为满秩时,为正定二次型,在其他情况下,因为$[\Sigma]^{-1}$不存在,所以没有定义。式(11.1)中指数外面的常数,其作用仅为保证整个 K 维空间的积分为 1,

$$\int_{-\infty}^{\infty}\int_{-\infty}^{\infty}\cdots\int_{-\infty}^{\infty} f(\boldsymbol{x})\mathrm{d}x_1\mathrm{d}x_2\cdots\mathrm{d}x_K = 1 \tag{11.2}$$

这是式(4.17)的多元扩展。

如果 $\boldsymbol{x}$ 中 K 个变量的每一个都分别按式(4.25)进行标准化,结果为标准化的 MVN 密度,

$$\phi(\boldsymbol{z}) = \frac{1}{(2\pi)^{K/2}\sqrt{\det[R]}}\exp\left[-\frac{\boldsymbol{z}^T[R]^{-1}\boldsymbol{z}}{2}\right] \tag{11.3}$$

式中$[R]$是 K 个变量的(皮尔逊)相关系数矩阵(例如,图 3.26)。式(11.3)为式(4.24)的多元推广。表示随机向量 $\boldsymbol{x}$ 服从协方差矩阵为$[\Sigma]$的 K 维 MVN 的通用符号为

$$\boldsymbol{x} \sim N_K(\boldsymbol{\mu},[\sum]) \tag{11.4a}$$

或者,对标准化的变量,

$$\boldsymbol{z} \sim N_K(\boldsymbol{0},[R]) \tag{11.4b}$$

式中 $\mathbf{0}$ 为其元素全为 0 的 K 维平均向量。

因为式(11.1)通过指数内的马氏距离，只依赖于随机变量 $\boldsymbol{x}$ 的等概率密度线是来自 $\boldsymbol{\mu}$ 的常数 D^2 的椭球面。这些以平均值为中心的椭球等值线，围住了 K 维空间中包含给定概率量的最小区域，这些椭球形的大小与包含的概率之间的联系是 χ^2 分布：

$$\Pr\{D^2 = (\boldsymbol{x}-\boldsymbol{\mu})^T[\sum]^{-1}(\boldsymbol{x}-\boldsymbol{\mu}) \leqslant \chi_K^2(\alpha)\} = \alpha \tag{11.5}$$

这里 $\chi_K^2(\alpha)$ 是自由度为 K 的 χ^2 分布的分位数，与累积概率 α(表 B.3)有关。即，x 在给定平均值的马氏距离 D^2 内的概率，是自由度为 $v=K$ 的 χ^2 分布下 D^2 左边的面积。正如第 10.4.4 节结束时提到的，这些椭球的方向由 $[\Sigma]$ 的特征向量(也是 $[\Sigma]^{-1}$ 的特征向量)给出。此外，这些椭球在每一个特征向量方向上的伸长率，都由 $[\Sigma]$ 各自的特征值与相关的 χ^2 分位数乘积的平方根给出。对一个给定的 D^2，被这些椭球中的一个所包围的(超)体积与 $[\Sigma]$ 行列式的平方根成比例，

$$V = \frac{2(\pi D^2)^{K/2}}{K\Gamma(K/2)}\sqrt{\det[\sum]} \tag{11.6}$$

式中 $\Gamma(\cdot)$ 表示伽马函数(式(4.7))。这里 $[\Sigma]$ 行列式，根据由它描述的概率离散度所占的体积，起了量度矩阵大小的作用。因此，$\det[\Sigma]$ 有时被称为*广义方差*。行列式以及由常数 D^2 的椭球包含的体积，随着 K 个方差 $\sigma_{k,k}$ 的增大而增大；但是这些体积，也随着 K 个变量间相关性的增加而减小，因为较大的相关性，会使椭球变得更细长。

例 11.1　二元正态分布的概率椭圆

在二维空间中可视化多元变量是最容易的。考虑 MVN 分布适合表 A.1 中伊萨卡(Ithaca)和卡南戴挂(Canandaigua)的最低温度资料。这里 $K=2$，所以这是一个像式(10.56)中所显示的样本平均向量为 $[13.0, 20.2]^T$ 和有 (2×2) 的协方差矩阵的二元正态分布。例 10.3 表明这个协方差矩阵有特征值 $\lambda_1=254.76$ 和 $\lambda_2=8.29$，对应的特征向量为 $\boldsymbol{e}_1{}^T=[0.848, 0.530]$ 和 $\boldsymbol{e}_2^T=[-0.530, 0.848]$。

图 11.1 显示了这个分布 90% 概率的椭圆。如同例 10.6 显示的，这个分布的所有概率椭圆

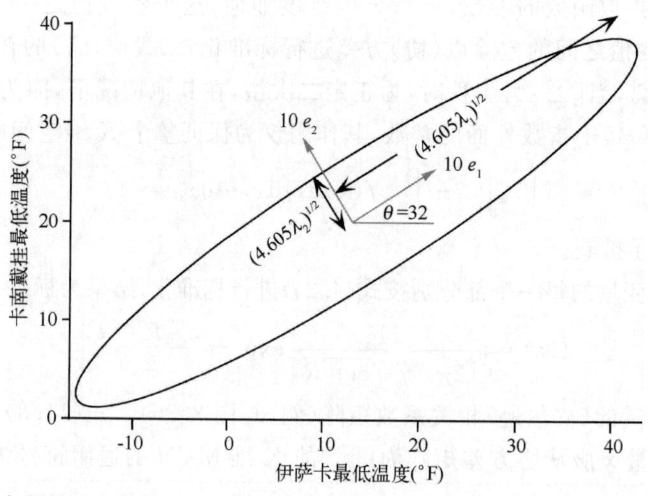

图 11.1　表示表 A.1 中最低温度资料的二元正态分布的 90% 概率椭圆，中心为向量样本的平均值。它的长轴和短轴指向式(10.56)中协方差矩阵特征向量的方向(灰色)，并在这些方向上与各自特征值的平方根成比例拉伸。比例常数是相应 χ^2 分位数的平方根。为使图像清晰，特征向量比单位长度放大了 10 倍。

都指向偏离资料值32°的方向($\boldsymbol{e}_1$ 和水平单位向量$[1,0]^T$ 之间的这个夹角,也可以用式(10.15)计算)。这个 90%概率椭圆,在其两个轴方向上的范围,由 $v=K=2$ 个自由度的 χ^2 分布的90%分位数确定,从表 B.3 得到这个分位数为 $\chi_2^2(0.90)=4.605$。因此在这两个特征向量 $\boldsymbol{e}_k$ 的每个方向上,椭圆都伸长到$(\chi_2^2(0.90)\lambda_k)^{1/2}$;或者在 $\boldsymbol{e}_1$ 方向上距离为$(4.605\times254.67)^{1/2}=34.2$,在 $\boldsymbol{e}_2$ 方向上距离为$(4.605\times8.29)^{1/2}=6.2$。

被这个椭圆包围的体积实际上是二维空间中的面积。通过式(11.6),这个面积为 $V=2(\pi\times4.605)^1\sqrt{2103.26}/(2\times1)=663.5$,因为 $\det[S]=2103.26$。

11.2　MVN 的四个便捷属性

(1)来自多元正态分布的变量的所有子集本身都是 MVN。考虑把$(K\times1)$维的 MVN 随机向量像式(10.76a)中那样划分为向量 $\boldsymbol{x}_1=(x_1,x_2,\cdots,x_L)$ 和 $\boldsymbol{x}_2=(x_{L+1},x_{L+2},\cdots,x_K)$。那么这两个子向量的每一个本身都遵从 MVN 分布,$\boldsymbol{x}_1\sim N_L(\boldsymbol{\mu}_1,[\Sigma_{1,1}])$,$\boldsymbol{x}_2\sim N_{K-L}(\boldsymbol{\mu}_2,[\Sigma_{2,2}])$。这里如同式(10.76b)那样,两个平均向量组成了原始平均向量相应的分块,而协方差矩阵是式(10.77b)和式(10.77c)中表示的子矩阵。注意,$\boldsymbol{x}$ 元素的原始排序是无关紧要的,MVN 的分块可以根据任何子集构建。如果 MVN 的 $\boldsymbol{x}$ 的一个子集,仅包含一个元素(例如,标量 x_1),那么其分布就是单变量高斯分布:$x_1\sim N_1(\mu_1,\sigma_{1,1})$。也就是说,第一个便捷属性,意味着 MVN 的 $\boldsymbol{x}$ 的 $\boldsymbol{K}$ 个元素的所有边缘分布都是单变量高斯分布。反过来说可能不正确:任意选择的 K 个高斯变量的联合分布不一定服从 MVN。

(2)MVN 的 $\boldsymbol{x}$ 的线性组合是高斯分布。如果 $\boldsymbol{x}$ 是 MVN 的随机向量,那么式(10.78)形式的线性组合是平均值和方差分别由式(10.81a)和式(10.81b)给出的单变量高斯分布。这是因为高斯变量的加和同样是高斯分布,就像第 4.4.2 节中与中心极限定理有关的描述所说明的那样。同样,如果协方差矩阵$[\Sigma_y]$是可逆的,那么类似式(10.82)中的 L 个同时线性变换的结果有 L 维的 MVN 分布,平均向量和协方差矩阵分别由式(10.83a)和式(10.83b)给出。如果 $L\leqslant K$,并且如果变换的变量 y_l 没有一个可以表示为其他变量精确的线性组合,那么这个条件将保持。此外,MVN 分布可以不改变协方差矩阵而平均值变化。如果 $\boldsymbol{c}$ 是$(K\times1)$的常数向量那么

$$\boldsymbol{x}\sim N_K(\boldsymbol{\mu}_x,[\sum\nolimits_x])\Rightarrow\boldsymbol{x}+\boldsymbol{c}\sim N_K(\boldsymbol{\mu}_x+\boldsymbol{c},[\sum\nolimits_x]) \tag{11.7}$$

(3)对高斯分布来说,独立性意味着 0 相关,反之亦然。再次,考虑如同式(10.76a)中 MVN 的 $\boldsymbol{x}$ 的分块。如果 $\boldsymbol{x}_1$ 和 $\boldsymbol{x}_2$ 是独立的,那么式(10.77)中,交叉协方差的非对角线矩阵只包含 0:$[\Sigma_{1,2}]=[\Sigma_{2,1}]^T=[0]$。反之,如果$[\Sigma_{1,2}]=[\Sigma_{2,1}]^T=[0]$,那么 MVN 的 PDF 可以分解为 $f(\boldsymbol{x})=f(\boldsymbol{x}_1)f(\boldsymbol{x}_2)$,意味着独立性(比较式(2.12)),因为式(11.1)中指数里面的参数可以明确分解为两个因子。

(4)在其他子集给固定值的情况下,MVN 的 $\boldsymbol{x}$ 子集的条件分布也是 MVN。这是式(4.37)的多元推广,这在例 4.7 中做了举例说明,表达了二元正态分布的这个思想。再次,考虑式(10.76b)中定义的分块 $\boldsymbol{x}=[\boldsymbol{x}_1,\boldsymbol{x}_2]^T$,并用来举例说明性质(1)和(3)。给定剩余变量的特定值 $\boldsymbol{X}_2=\boldsymbol{x}_2$,变量 $\boldsymbol{x}_1$ 的一个子集的条件平均值为

$$\boldsymbol{\mu}_1|\boldsymbol{x}_2=\boldsymbol{\mu}_1+[\sum\nolimits_{12}][\sum\nolimits_{22}]^{-1}(\boldsymbol{x}_2-\boldsymbol{\mu}_2) \tag{11.8a}$$

条件协方差矩阵为

$$[\sum_{11} \mid \boldsymbol{x}_2] = [\sum_{11}] - [\sum_{12}][\sum_{22}]^{-1}[\sum_{21}] \tag{11.8b}$$

其中$[\Sigma]$的子矩阵再次根据式(10.77)中的定义。正如二元正态分布的情形，式(11.8)中条件平均值的变化依赖于条件变量 $\boldsymbol{x}_2$ 的特定值，而式(11.8b)中条件协方差矩阵不依赖于 $\boldsymbol{x}_2$。数学上，如果$[\Sigma_{1,2}]=[\Sigma_{2,1}]^T=[0]$，那么式(11.8a)退化为 $\boldsymbol{\mu}_1 \mid \boldsymbol{x}_2 = \boldsymbol{\mu}_1$，式(11.8b)退化为$[\Sigma_1 \mid \boldsymbol{x}_2]=[\Sigma_1]$。

例 11.2　像黄瓜的三维 MVN 分布

将一个三维 MVN 密度函数想象为一根黄瓜，这个概率密度函数是实心的卵圆体。由于黄瓜有明显的边缘，把它想象为表示固定 D^2 的椭球体表面内围住的 MVN PDF 的部分，可能更正确。如果其密度由表皮到中心逐渐增加，那么这个黄瓜甚至是一个更好的比喻。

图 11.2a 举例说明了属性(1)，也就是 MVN 分布的所有子集自身也是 MVN。假设三根黄瓜以不同的方向漂浮在厨房的案板上，并且从上面照射下来。它们的阴影表示其轴与案板的棱边平行的两个变量的联合分布。不管黄瓜相对于案板的方向(即，不管三维分布的协方差结构)，对 x_1 和 x_2 来说，这些二维联合阴影的每一个都是二元正态的，在案板平面中椭圆形平均值在固定的马氏距离内有概率等值线。

图 11.2b 举例说明了属性(4)，对 MVN 分布中剩余变量给定为特定值的情况下，子集的条件分布本身为 MVN。这里两个黄瓜的部分平放在案板上，左边黄瓜的长轴(由箭头的方向或相应的特征向量表示)，平行于案板的 x_1 轴，而右边黄瓜的长轴，被对角地放在案板的边缘。这样，由左边黄瓜表示的 3 个变量是相互独立的，而右边黄瓜的两个水平(x_1 和 x_2)变量是正相关的。每一根黄瓜被与案板的 x_1 轴垂直地切片，暴露面代表剩余两个(x_2 和 x_3)变量的联合条件分布。两个面都是椭圆形，表明得到的两个条件分布都是二元正态的。因为左边的黄瓜平行地指向案板的棱边(坐标轴)，所以它表示独立变量露出的椭圆是一个圆。

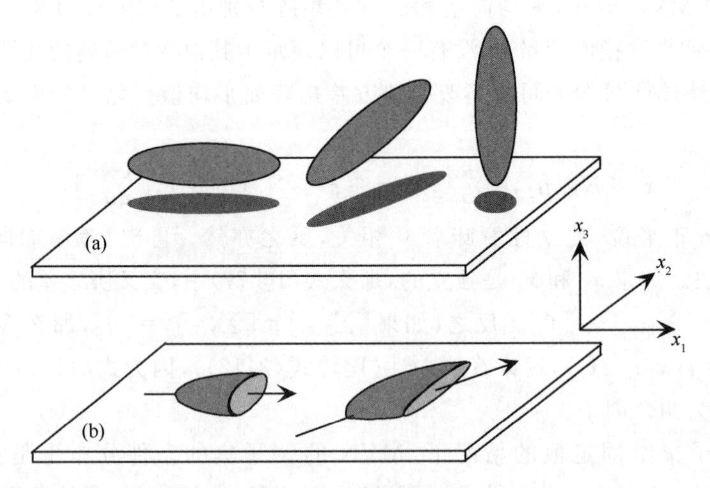

图 11.2　像厨房里案板上黄瓜的三维 MVN。(a)三根黄瓜在案板很近的上空漂浮着，并被由上到下照射，表明了不管黄瓜的方向(协方差结构)如何，它们的阴影(代表案板平面中原始的三维变量的二维子集的二元正态分布)都是椭圆形。(b)搁置在案板上的两个黄瓜，露出的是由与 x_1 坐标轴垂直进行的切面；显示了其他两个(x_2，x_3)维度中的二元正态分布。箭头表示黄瓜长轴特征向量的方向。

如果在其他地方同样地切断这些黄瓜,暴露面的形状仍然还是相同的,说明(如同式(11.8b))条件协方差(黄瓜断面的形状)不依赖于条件变量的值(沿 x_1 轴在左边或右边的位置进行切断)。另一方面,条件平均值(断面中心在 x_2-x_3 平面上的投影,式(11.8a))依赖于条件变量(x_1)的值,但只有当变量如同右边的黄瓜中存在相关时才存在这种依赖。切口进一步向右,使断面的中心位置移向案板的后面(条件二元向量平均值的 x_2 分量更大)。另一方面,因为左边黄瓜椭圆体的轴与坐标轴平行,所以不管在 x_1 轴的哪个位置切开,x_2-x_3 平面中断面中心的位置都是相同的。

11.3　评估多元正态性

在第 3.4.1 节中提到,把数据转换成近似正态分布的一个强烈的动机,是能够使用 MVN 描述多元数据集的共同变化。通常可以使用 Box-Cox 幂变换(式(3.19))或 Yeo 和 Johnson (2000)把非正态资料集变换为正态分布的推广方法。Hinkley 统计量(式(3.20))可以反映变换的单变量分布中的对称程度,是在幂变换中决定用哪一种的最简单方式。然而,当目标明确地近似为高斯分布时,就像当我们希望每一个变换分布可以形成 MVN 的一个边缘分布时,选择使用高斯似然函数(式(3.21))最大的变换指数可能是更好的。通过选择使 MVN 似然函数最大的指数 $\boldsymbol{\lambda}$ 的对应向量,对 $\boldsymbol{x}$ 的多个元素同时选择变换指数也是可能的(Andrews *et al.*, 1972),但这种方法比独立拟合单个分量需要大得多的计算量,在大部分情况中可能不值得这么做。

也可以选择与幂变换不同的方法,并且有时还是更合适的。例如,双峰和/或严格有界数据,比如可以由两个参数都小于 1 的 beta 分布(见第 4.4.4 节)很好描述的资料,就不能通过幂变换成为近似正态的。然而,如果这样的资料可以由参数的 CDF$F(x)$充分描述,那么它们可以通过匹配累积概率变换为近似正态的;即,

$$z_i = \Phi^{-1}[F(x_i)] \tag{11.9}$$

式中 $\Phi^{-1}[\cdot]$是标准高斯分布的分位数函数,所以式(11.9)把资料值 x_i 转换为与其 CDF 内相关的 x_i 有相同累积概率的标准高斯分布的 z_i。

评估正态性时,必须要评估变换的必要性和候选变换方法的有效性。对评估多元正态性来说,不存在一种最好的方法,实践中我们通常要寻找多个指标,这些指标包括定量的形式检验和定性的图形工具。

因为 MVN 的所有边缘分布都是单变量高斯分布,所以对相应于其多元正态性和被评估的 $\boldsymbol{x}$ 的每个元素的单变量分布来说,经常计算拟合优度检验。对检验是否为高斯分布的特定目的来说,一种好的选择是针对高斯 *Q-Q* 图相关的 Filliben 检验(见表 5.3)。高斯边缘分布是联合多元正态分布的必要条件,但不是充分条件。特别是,只看边缘分布,无法识别多元离群点的存在(见图 10.6c),这些点对于任何单个变量都不是极值点,但是在总协方差结构的背景中则是不寻常的。

与多元正态性(即 $\boldsymbol{x}$ 的所有 K 维共同的)有关的多元偏度和峰度的两种检验方法是可用的(Mardia, 1970;Mardia *et al.*,1979)。这两种检验方法,都依赖于由下式给出的点对 $\boldsymbol{x}_i$ 和 $\boldsymbol{x}_j$ 的函数

$$g_{i,j} = (\boldsymbol{x}_i - \bar{\boldsymbol{x}})^T[S]^{-1}(\boldsymbol{x}_j - \bar{\boldsymbol{x}}) \tag{11.10}$$

其中[S]为样本协方差矩阵。这个函数用来计算多元偏度的量度标准

$$b_{1,K} = \frac{1}{n^2}\sum_{i=1}^{n}\sum_{j=1}^{n} g_{i,j}^3 \tag{11.11}$$

此式反映了高维度的对称性,对 MVN 数据,它接近为零。这种检验统计量可以用下式评估

$$\frac{nb_{1,K}}{6} \sim \chi_v^2 \tag{11.12a}$$

式中的自由度参数为

$$v = \frac{K(K+1)(K+2)}{6} \tag{11.12b}$$

对 $b_{1,K}$ 的充分大的值来说,关于多元正态对称性的原假设被拒绝。

多元峰度(相对于概率密度分布的中心附近的适当的多元正态厚尾),可以用如下统计量来检验

$$b_{2,K} = \frac{1}{n}\sum_{i=1}^{n} g_{i,i}^2 \tag{11.13}$$

因为式(11.10)中 $i=j$ 时,这个统计量等于$(D^2)^2$ 的平均。在多元正态的原假设下,

$$\left[\frac{b_{2,K} - K(K+2)}{8K(K+2)/n}\right]^{1/2} \sim N[0,1] \tag{11.14}$$

变量对的散点图是多元正态性的很有价值的定性指标,因为来自 MVN 分布的变量的所有子集也是联合正态的,并且二维图很容易绘制和掌握。这样在评估多元正态性时,观察散点图矩阵(见第 3.6.5 节)是一种典型的评估多元正态性的方法。椭圆形或圆形的点云都指示了多元正态性,就像图 10.6c 那样。同样,观察 $\mathbf{x}$ 的各种三维子集的旋转散点图可能也很有价值。

对所有可能成对的散点图中的多元离群点来说,由于缺乏证据,所以并不能保证更高维的组合中不存在正态性。揭露是否存在高维多元离群点的一种方法是使用式(11.5)。该式意味着如果资料 $\mathbf{x}$ 是 MVN,那么 $D_i{}^2, i=1,\cdots,n$ 的(单变量)分布是 χ_K^2。即,对每个 $\mathbf{x}_i$ 来说,可以计算距其样本平均值的马氏距离 $D_i{}^2$,并且可以评估 $D_i{}^2$ 值的分布与 K 个自由度的 χ^2 分布的接近程度。最容易也是最常用的评估方法,是目视检查 Q-Q 图。用第 5.2.5 节中介绍的方法,根据这种图的相关系数,可以得到检验多元正态性原假设的临界值。

因为联合多元正态变量的任意线性组合都是高斯分布的单变量,所以观察和形式检验高斯分布的线性组合也有指示意义。仔细观察由[S]的特征向量给出的线性组合,经常是有用的,

$$y_i = \mathbf{e}_K^T \mathbf{x}_i \tag{11.15}$$

事实证明,根据与最小特征值相关的特征向量的元素定义的线性组合,在识别多元离群点中特别有用,也可以通过检查 Q-Q 图或广义 Q-Q 相关的形式检验进行识别(与最小特征值有关的线性组合,在揭示离群点中特别有效,其背后的原因与主分量分析有关,正如第 12.1.5 节中解释的)。在由[S]的特征向量定义的旋转二维空间中,线性组合的成对散点图的检查也可能有启迪作用。

例 11.3　评估卡南戴挂(Canandaigua)温度资料的二元正态性

表 A.1 中,1987 年卡南戴挂(Canandaigua)最高和最低温度资料,与它们取自二元正态分布的陈述一致吗?图 11.3 给出了 4 幅图,表明考虑相当小的样本容量这个假设是合理的。

图 11.3a 和图 11.3b 分别是最高和最低温度的高斯 Q-Q 图。温度被绘制为有相同累积概率的标准高斯变量的函数,累积概率用中值绘图位置(见表 3.2)估计。两幅图都接近线性,支持两批资料的每一批,取自单变量高斯分布的假设。稍微更定量的,这两幅图中最高温度点的相关是 0.984,最低温度是 0.978。如果这些资料是序列独立的,我们可以查阅表 5.3,发现二者都大于 $n=30$ 的 10%的临界值 0.970。因为这些资料是序列相关的,所以 Q-Q 相关提供较弱的证据反对这两个边缘分布为高斯分布的原假设(即,接受这两个边缘分布为高斯分布)。

图 11.3c 显示了这两个变量共同的散点图。这些点的分布是比较好的椭圆形,较大的密度靠近样本平均值$[31.77,20.23]^T$,较小的密度在极值附近。这个评估由图 11.3d 支持,图 11.3d 是每一个点到样本平均值的马氏距离的 Q-Q 图。如果资料是二元正态的,那么这些 D_i^2 的分布,将是自由度为 2 的 χ^2 分布,这是 $\beta=2$ 的指数分布(式(4.46)和式(4.47))。图 11.3d 的水平轴上的分位数函数的值,已经用式(4.83)做了计算。这个 Q-Q 图中的点也是相当笔直的,1 月 25 日得到最大的二元离群点($D^2=7.23$)。这是图 11.3c 中最左边的点,对应于最冷的最高温度。第二大的 $D^2=6.00$ 来自 1 月 15 日的资料,这在最高和最低温度资料中都是最暖的一天。

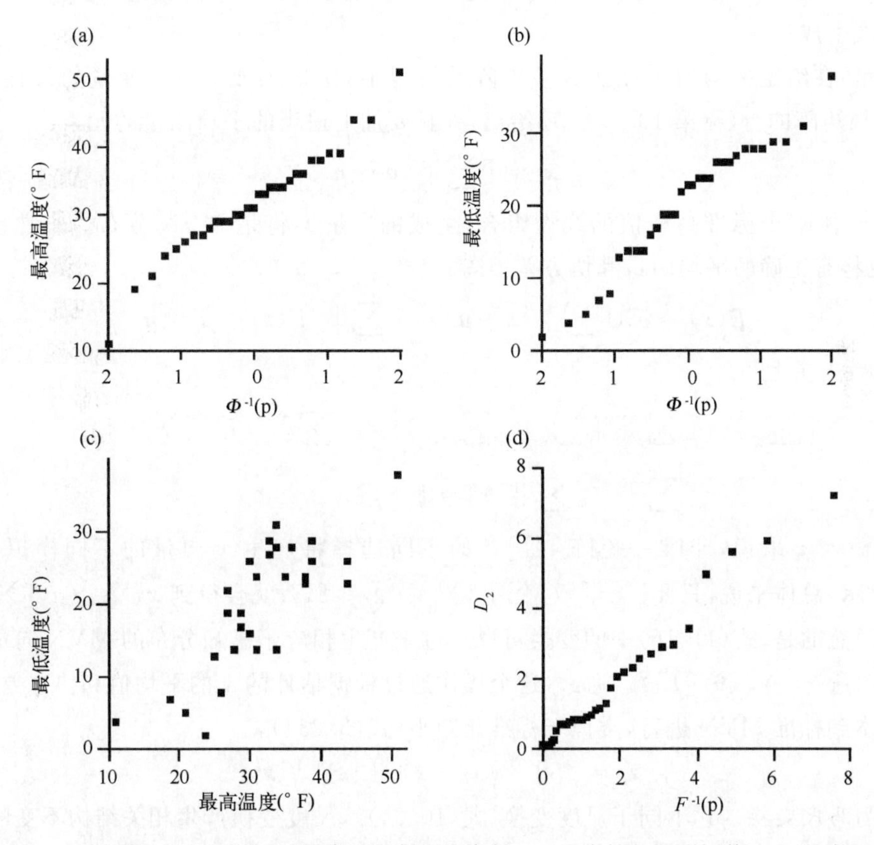

图 11.3　卡南戴挂(Canandaigua)最高和最低温度资料二元正态性的图形评估。(a)最高温度的高斯 Q-Q 图,(b)最低温度的高斯 Q-Q 图,(c)二元温度资料的散点图,(d)与 χ^2 分布有关的马氏距离的 Q-Q 图。

图 11.3d 中点的相关为 0.989,但是因为两个原因,使得用表 5.3 来判断其相对于资料来源于二元正态分布的原假设的不寻常性是不合适的。第一个原因是,表 5.3 来自高斯 Q-Q 相

关，而马氏距离的原假设(在 MVN 资料的原假设下)是 χ^2 Q-Q 相关。另外，这些资料是不独立的。然而，通过合成地生成来自二元正态分布(该分布可以模拟卡南戴挂(Canandaigua)温度中的二元时间相关)的样本，计算这些样本中每一个的 D^2 的 Q-Q，并且对得到的相关的分布列成表，可以导出类似于表 5.3 中的那些临界值。适合构建这样的模拟的方法，将在下一节中描述。

11.4 来自多元正态分布的模拟

11.4.1 模拟独立的 MVN 变量

MVN 变量的统计模拟，通过第 4.7 节中介绍的单变量思想的扩展来实现。人造的 MVN 值的生成，利用了第 11.2 节中的性质(2)，即 MVN 值的线性组合还是 MVN。特别是，K 维 MVN 向量 $\boldsymbol{x} \sim N_K(\boldsymbol{\mu},[\Sigma])$ 的现实，作为 K 维标准 MVN 向量 $z \sim N_K(\mathbf{0},[I])$ 的线性组合生成，K 维标准 MVN 向量的 K 个元素的每一个是独立的标准单变量高斯分布。这些标准 MVN 的现实，在根据比如第 4.7.4 节中描述的算法变换得到的均匀变量(见第 4.7.1 节)的基础上依次生成。

特别是，在给定平均向量和协方差矩阵的情况下，用来生成 MVN 变量的线性组合，由 $[\Sigma]$ 平方根矩阵的行(见第 10.3.4 节)给出，并且要加上适当的平均向量的元素：

$$\boldsymbol{x}_i = [\sum]^{1/2}\boldsymbol{z}_i + \boldsymbol{\mu} \tag{11.16}$$

作为向量 $\boldsymbol{z}$ 中 K 个标准高斯值的线性组合，生成的向量 $\boldsymbol{x}$ 将是 MVN 分布。非常容易地看出，它们也将有正确的平均向量和协方差矩阵：

$$E(\boldsymbol{x}) = E([\sum]^{1/2}\boldsymbol{z} + \boldsymbol{\mu}) = [\sum]^{1/2}E(\boldsymbol{z}) + \boldsymbol{\mu} = \boldsymbol{\mu} \tag{11.17a}$$

因为 $E(z)=\mathbf{0}$，并且

$$\begin{aligned}[\sum\nolimits_x] &= [\sum]^{1/2}[\sum\nolimits_z]([\sum]^{1/2})^T = [\sum]^{1/2}[I]\left([\sum]^{1/2}\right)^T \\ &= [\sum]^{1/2}([\sum]^{1/2})^T = [\sum]\end{aligned} \tag{11.17b}$$

对给定的输入 z 来说，非唯一矩阵 $[\Sigma]^{1/2}$ 的不同选择将产生 $\boldsymbol{x}$ 向量的不同模拟，但是式(11.17)显示，总体来说，只要 $[\Sigma]^{1/2}([\Sigma]^{1/2})^T=[\Sigma]$，那么就会得到 $\boldsymbol{x} \sim N_K(\boldsymbol{\mu},[\Sigma])$。

值得注意的是，式(11.16)中的变换可以反过来产生相应于已知分布的 MVN 向量 $\boldsymbol{x}$ 的标准 MVN 向量 $z \sim N_K(\mathbf{0},[I])$。通常，这个操作通过根据估计的 $\boldsymbol{x}$ 的平均值和协方差，变换向量 $\boldsymbol{x}$ 的样本到标准 MVN 进行，类似于标准化距平(式(3.23))，

$$\boldsymbol{z}_i = [S]^{-1/2}(\boldsymbol{x}_i - \bar{\boldsymbol{x}}) = [S]^{-1/2}\boldsymbol{x}'_i \tag{11.18}$$

该关系称为马氏变换。它不同于尺度变换(式(10.34))，尺度变换产生相关结构不变的标准高斯变量的向量。显然可以看出，式(11.18)产生了不相关的 z_k 值，每一个都有单位方差：

$$\begin{aligned}[S_z] &= [S_x]^{-1/2}[S_x]\left([S_x]^{-1/2}\right)^T \\ &= [S_x]^{-1/2}[S_x]^{1/2}\left([S_x]^{1/2}\right)^T\left([S_x]^{-1/2}\right)^T \\ &= [I][I] = [I]\end{aligned} \tag{11.19}$$

11.4.2　模拟多元时间序列

在第 9.3.1 节和第 9.3.2 节中描述的标量时间序列的自回归过程，可以推广到平稳的多元或向量时间序列。这种情形中，变量 $\mathbf{x}$ 是在离散的和有规律隔开的时间间隔观测的向量。式(9.23)中 $AR(p)$ 过程的多元推广为：

$$\mathbf{x}_{t+1} - \boldsymbol{\mu} = \sum_{i=1}^{p} [\Phi_i](\mathbf{x}_{t-i+1} - \boldsymbol{\mu}) + [B]\boldsymbol{\varepsilon}_{t+1} \tag{11.20}$$

这里，向量 $\mathbf{x}$ 的元素由 K 个相关的时间序列组成，$\boldsymbol{\mu}$ 包含相应的平均向量，向量 $\boldsymbol{\varepsilon}$ 的元素是相互独立的(通常是高斯的)、有零平均值和单位方差的随机向量。自回归参数$[\Phi_i]$的矩阵，相应于式(9.23)中的标量自回归参数 ϕ_k。矩阵$[B]$在向量 $\boldsymbol{\varepsilon}_{t+1}$ 上运算，允许式(11.20)中的随机分量有不同的方差，并且在每个时间步都是相互关联的(尽管在时间上它们是不相关的)。注意，自回归阶数 p 在第 9 章中被表示为 K，并且在那里不表示向量的维度。多元自回归滑动平均模型，将第 9.3.6 节中的标量模型延伸为向量资料，也可以进行定义。

式(11.20)最常见的特例为多元 $AR(1)$ 过程，

$$\mathbf{x}_{t+1} - \boldsymbol{\mu} = [\Phi](\mathbf{x}_t - \boldsymbol{\mu}) + [B]\boldsymbol{\varepsilon}_{t+1} \tag{11.21}$$

这是当自回归阶数 $p=1$ 时由式(11.20)得到的。它是式(9.16)的多元推广，并且如果$[\Phi]$的所有特征值都在 -1 和 1 之间，那么它将描述一个平稳过程。Matalas(1967)及 Bras 和 Rodríguez-Iturbe(1985)描述了式(11.21)在水文学中的应用，在那里，$\mathbf{x}$ 中的元素是有代表性的同时测量的(可能被变换过)不同位置的流速和流水量。该式作为常见的天气发生器公式的一部分，也被经常使用(Richardson, 1981)。在这个第二种应用中，$\mathbf{x}$ 通常有 3 个元素，对应于给定地点的日最高温度，最低温度和太阳辐射。

式(11.21)中的两参数矩阵，使用 $\mathbf{x}$ 元素的同时和滞后协方差很容易估计。同时的协方差包含在通常的协方差矩阵$[S]$中，而滞后协方差矩阵包含在下面的矩阵中

$$[S_1] = \frac{1}{n-1}\sum_{t=1}^{n-1} \mathbf{x}'_{t+1}\mathbf{x}'^{T}_{t} \tag{11.22a}$$

$$= \begin{bmatrix} s_1(1\to 1) & s_1(2\to 1) & \cdots & s_1(K\to 1) \\ s_1(1\to 2) & s_1(2\to 2) & \cdots & s_1(K\to 2) \\ \vdots & \vdots & \ddots & \vdots \\ s_1(1\to K) & s_1(2\to K) & \cdots & s_1(K\to K) \end{bmatrix} \tag{11.22b}$$

除了向量对(该向量对的外积被加和)是在连续时间点对的资料(距平)外，该式类似于$[S]$的式(10.35)。$[S_1]$的对角线元素是 $\mathbf{x}$ 的 K 个元素每一个滞后 1 的自协方差(如同式(3.35)，式(3.32)的滞后自相关乘以各自的方差)。$[S_1]$的非对角线元素是 $\mathbf{x}$ 的不同元素之间的滞后协方差。该式中的箭头符号，表示变量滞后的时间序列。例如，$s_1(1\to 2)$，表示在 t 时刻的 x_1 和 $t+1$ 时刻的 x_2 之间的相关，而 $s_1(2\to 1)$表示在 t 时刻的 x_2 和 $t+1$ 时刻的 x_1 之间的相关。注意矩阵$[S]$是对称的，但$[S_1]$一般是非对称的。

式(11.21)中自回归参数$[\Phi]$的矩阵，使用下式从滞后和非滞后的协方差矩阵得到

$$[\Phi] = [S_1][S]^{-1} \tag{11.23}$$

得到矩阵$[B]$需要找到下式的矩阵平方根(见第 10.3.4 节)

$$[B][B]^T = [S] - [\Phi][S_1]^T \tag{11.24}$$

已经定义了一个多元自回归模型后，与提供随机强迫向量 $\boldsymbol{\varepsilon}$ 现实的时间序列的随机数生成器一起，使用定义式(例如，式(11.21))从自回归模型中进行模拟是很直接的。通常这些 $\boldsymbol{\varepsilon}$ 被取为标准高斯的，这种情形中，它们可以用第 4.7.4 节中描述的算法生成。在 $\boldsymbol{\varepsilon}$ 的 K 个元素有零平均值和单位方差的任何例子中，在任何一个时刻 t，$\boldsymbol{\varepsilon}$ 的 K 个元素相互无关，并且在不同时刻 $t+i$ 与其他强迫向量无关：

$$E[\boldsymbol{\varepsilon}_t] = \mathbf{0} \tag{11.25a}$$

$$E[\boldsymbol{\varepsilon}_t \boldsymbol{\varepsilon}_t^T] = [I] \tag{11.25b}$$

$$E[\boldsymbol{\varepsilon}_t \boldsymbol{\varepsilon}_{t+i}^T] = [0], \quad i \neq [0] \tag{11.25c}$$

如果 $\boldsymbol{\varepsilon}$ 向量包含独立高斯变量的现实，那么得到的 $\boldsymbol{x}$ 向量将有 MVN 分布，因为它们是(标准) MVN 向量 $\boldsymbol{\varepsilon}$ 的线性组合。如果模拟序列要仿真的原始数据很明显不是高斯的，那么它们在用于时间序列模型前可以被转换。

例 11.4　用双变量自回归进行拟合和模拟

例 11.3 分析了表 A.1 中卡南戴挂(Canandaigua)最高和最低温度资料，并且推断出 MVN 分布是其联合变化的合理模型。一阶自回归(式(11.21))，是其时间依赖的合理模型，拟合参数矩阵[Φ]和[B]，得到统计上和这些资料一致的人造二元序列的模拟。这个过程可以看作为例 9.3 的扩展，例 9.3 只举例说明了卡南戴挂(Canandaigua)最低温度的时间序列的单变量 $AR(1)$模型。

拟合式(11.21)必需的样本统计量，容易从表 A.1 中卡南戴挂(Canandaigua)温度资料中计算出来

$$\bar{\boldsymbol{x}} = [31.77 \quad 20.23]^T \tag{11.26a}$$

$$[S] = \begin{bmatrix} 61.85 & 56.12 \\ 56.12 & 77.58 \end{bmatrix} \tag{11.26b}$$

和

$$[S_1] = \begin{bmatrix} S_{\max\to\max} & S_{\min\to\max} \\ S_{\max\to\min} & S_{\min\to\min} \end{bmatrix} = \begin{bmatrix} 37.32 & 44.51 \\ 42.11 & 51.33 \end{bmatrix} \tag{11.26c}$$

同时，协方差矩阵是常见的协方差矩阵[S]，当然是对称的。滞后协方差矩阵(式(11.26c))是不对称的。用式(11.23)估计的自回归参数矩阵为

$$[\Phi] = [S_1][S]^{-1} = \begin{bmatrix} 37.32 & 44.51 \\ 42.11 & 51.33 \end{bmatrix} \begin{bmatrix} 0.04705 & -0.03404 \\ -0.03404 & 0.03751 \end{bmatrix} = \begin{bmatrix} 0.241 & 0.399 \\ 0.234 & 0.492 \end{bmatrix} \tag{11.27}$$

矩阵[B]可以是满足下式的任何矩阵(比较式(11.24))

$$[B][B]^T = \begin{bmatrix} 61.85 & 56.12 \\ 56.12 & 77.58 \end{bmatrix} - \begin{bmatrix} 0.241 & 0.399 \\ 0.234 & 0.492 \end{bmatrix} \begin{bmatrix} 37.32 & 42.11 \\ 44.51 & 51.33 \end{bmatrix} = \begin{bmatrix} 35.10 & 25.49 \\ 25.49 & 42.47 \end{bmatrix} \tag{11.28}$$

根据 Cholesky 因数分解(式(10.61)和式(10.62))得到解

$$[B] = \begin{bmatrix} 5.92 & 0 \\ 4.31 & 4.89 \end{bmatrix} \tag{11.29}$$

运用式(11.27)和式(11.29)中估计的值，把来自式(11.26a)中的样本平均值替换平均向量，式(11.21)成为用与表 A.1 中卡南戴挂(Canandaigua)温度相同的(样本)一阶和二阶矩统计量模拟二元 $\boldsymbol{x}_t$ 序列的算法式子。这个例子中对生成向量 $\boldsymbol{\varepsilon}_t$ 来说，Box-Muller 算法特别便

捷，因为该算法成对地生成向量 $\boldsymbol{\varepsilon}_t$。图 11.4a 显示了以这种方式生成的二元时间序列的 100 个点的现实。这里，垂直线连接给定一天模拟的最高和最低温度，而颜色浅的水平线定位了最高和最低温度的平均值（式(11.26a)）。在式(11.21)中，能够抓住 1987 年 1 月卡南戴挂(Canandaigua)温度资料统计特征的意义上，这两个时间序列在统计上类似于 1987 年 1 月卡南戴挂(Canandaigua)的温度资料。在总体统计量在 100 个模拟日自始至终不改变的意义上，它们是脱离现实的，因为潜在的生成模型是协方差不变的。即，在 100 个时间点的自始至终，平均值、方差和协方差都是常数，但实际上，这些统计量在冬季的进程中可能变化。在统计上，某日模拟的最高温度可能比模拟的最低温度更冷的意义上，这个时间序列也是潜在地不真实的。从一个不同的随机数种子开始重新计算这个模拟，可能产生一个不同的序列，但是有相同的统计特征。

图 11.4b 显示了 100 个点对的散点图，对应于图 3.27 中右下方子图中实际数据的散点图。因为这些点，是通过用 $\boldsymbol{\varepsilon}$ 的元素的人造高斯变量强迫式(11.21)生成的，所以根据构造得到的 $\boldsymbol{x}$ 的分布是二元正态分布。然而，这些点是不独立的，展示出原始时间序列中发现时间相关性的模仿。结果是相继的点不是随机出现在散点图内，而是倾向于聚类。浅灰色线通过追踪从第一个点（圆圈）到第 10 个点（由箭头表示）的路径，示意了这个时间依赖性。

因为在整个模拟中，图 11.4a 中的统计量保持不变，所以它是平稳时间序列。通过允许基于式(11.26)中统计量的参数在年循环中周期变化，这种模拟可以做得更加真实。结果可能是循环平稳的自回归，对不同日期其统计量是不同的，但是在不同年中的相同日期是相同的。在 Richardson(1981)、von Storch 和 Zwiers(1999)及 Wilks 和 Wilby(1999)等的文献中描述了循环平稳的自回归。

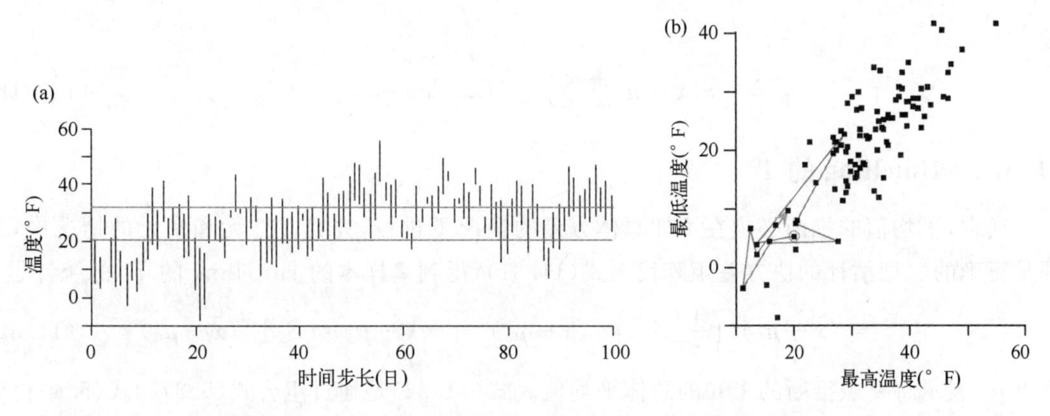

图 11.4　(a)来自拟合到 1987 年 1 月卡南戴挂(Canandaigua)日最高和最低温度的二元 $AR(1)$ 过程的 100 个点的现实。垂直线把每天模拟的最高和最低温度连接起来，颜色浅的水平线是二者的平均值。(b)100 个二元点的散点图。浅灰色线段连接了前 10 对值。

11.5　关于多元正态平均向量的推断

本节基于 MVN 分布描述关于平均向量参数的多元假设检验。存在多元非参数方法更适合的很多实例。作为第 5.3 节和第 5.4 节中单变量非参数检验的推广，这些多元非参数检验的一些已经被描述了。本节中描述的参数检验要求 $\boldsymbol{x}$ 的样本协方差矩阵可逆，所以如果 $n \leqslant K$

将无法实行。这种情况中需要非参数检验。即使$[S_x]$是可逆的，得到的参数检验也可能有令人失望的效果，除非$n \gg K$；这个局限性可能是选择非参数检验方法的另一个原因。

11.5.1 多元中心极限定理

第4.4.2节中简单描述了单变量资料的中心极限定理，在第5.2.1节中做了更定量的描述。中心极限定理指出，充分大量的随机变量平均的抽样分布将是高斯分布，并且如果被平均的变量相互独立，那么抽样分布的方差将是原始变量方差的$1/n$。中心极限定理的多元推广，指出平均值为$\boldsymbol{\mu}_x$协方差矩阵为$[\Sigma_x]$的n个独立随机的$(K\times1)$向量$\boldsymbol{x}$的平均值的抽样分布，将是协方差矩阵为$\frac{1}{n}[\Sigma_x]$的MVN。即，

$$\bar{\boldsymbol{x}} \sim N_K\left(\boldsymbol{\mu}_x, \frac{1}{n}\left[\sum\nolimits_x\right]\right) \tag{11.30a}$$

或等价地为

$$\sqrt{n}(\bar{\boldsymbol{x}} - \boldsymbol{\mu}_x) \sim N_K(\boldsymbol{0}, [\sum\nolimits_x]) \tag{11.30b}$$

如果被平均的随机向量$\boldsymbol{x}$自身是MVN，那么式(11.30)中表示的分布是精确的，因为样本平均向量是MVN向量$\boldsymbol{x}$的线性组合。否则，样本平均的多元正态性是近似的，近似性随着样本大小n的增大而改进。

样本平均向量抽样分布的多元正态性，意味着样本与总体平均值之间马氏距离的抽样分布为χ^2分布。也就是说，假设$[\Sigma_x]$已知，式(11.5)意味着

$$(\bar{\boldsymbol{x}} - \boldsymbol{\mu})^T\left(\frac{1}{n}[\sum\nolimits_x]\right)^{-1}(\bar{\boldsymbol{x}} - \boldsymbol{\mu}) \sim \chi_K^2 \tag{11.31a}$$

或

$$n(\bar{\boldsymbol{x}} - \boldsymbol{\mu})^T[\sum\nolimits_x]^{-1}(\bar{\boldsymbol{x}} - \boldsymbol{\mu}) \sim \chi_K^2 \tag{11.31b}$$

11.5.2 Hotelling 的 T^2

通常，平均值的推断必须在不知总体方差的情况下进行，并且在二元和多元的情况中，这都是正确的。把估计的协方差矩阵代入式(11.31)，得到单样本的Hotelling的T^2的统计量，

$$T^2 = (\bar{\boldsymbol{x}} - \boldsymbol{\mu}_0)^T\left(\frac{1}{n}[S_x]\right)^{-1}(\bar{\boldsymbol{x}} - \mu_0) = n(\bar{\boldsymbol{x}} - \boldsymbol{\mu}_0)^T[S_x]^{-1}(\bar{\boldsymbol{x}} - \boldsymbol{\mu}_0) \tag{11.32}$$

这里$\boldsymbol{\mu}_0$表示将要做推断的未知的总体平均值。式(11.32)是通过组合式(5.3)和式(5.4)得到的单变量单样本t统计量(平方)的多元推广。对标量(即$K=1$)资料来说，单变量t从式(11.32)的平方根得到。t和T^2都表达了H_0下被检验的平均值与其假设真值之间的差值“除以”原分布离差的适当特征。因为由单变量的t统计量表示的实轴上单变量大小的明确排序不能推广到更高维，所以T^2是一个二次(并且因而为非负的)量。即，标量大小的排序是明确的(例如，$5>3$是很清楚的)，而向量的排序却不是这样(例如，$[3,5]^T$大于或小于$[-5,3]^T$吗?)。

对平均向量的抽样分布来说，在由估计的协方差矩阵$(1/n)[S_x]$建立的背景中，单样本T^2只是向量$\boldsymbol{x}$和$\boldsymbol{\mu}_0$之间的马氏距离。因为$\bar{\boldsymbol{x}}$受制于抽样变化，T^2值的连续性是可能存在的，这些结果的概率由PDF描述。在原假设$H_0:E(\boldsymbol{x})=\boldsymbol{\mu}_0$下，被称为$F$分布的$T^2$适当尺度化

的形式为

$$\frac{(n-K)}{(n-1)K}T^2 \sim F_{K,n-K} \tag{11.33}$$

F 分布是一种双参数的分布，其分位数在大部分初级统计教科书中都有列表。两个参数都是自由度参数，在式(11.33)的背景中，它们是 $v_1=K$ 和 $v_2=n-K$，正如式(11.33)中的下脚标表示的。因此，如果下式成立，那么原假设 $\boldsymbol{E}(\boldsymbol{x})=\boldsymbol{\mu}_0$ 被拒绝

$$T^2 > \frac{(n-1)K}{(n-K)}F_{K,n-K}(1-\alpha) \tag{11.34}$$

式中 $F_{K,n-K}(1-\alpha)$是自由度为 K 和 $n-K$ 的 F 分布的 $1-\alpha$ 的分位数。

看待 F 分布的一种方式是看作为 t 分布，即，式(5.3)中 t 统计量原分布的多元推广。式(5.3)的抽样分布是 t，而不是标准单变量高斯分布，而 T^2 的分布是 F 而不是 χ^2(就像根据式(11.31)预期的一样)，因为相应的离差度量(分别为 s^2 和[S])是样本估计，而不是已知的总体值。正如单变量的 t 分布，随着其自由度参数的增加(方差 s^2 被估计的更准确)收敛到单变量标准高斯分布一样，随着样本容量(从而也是 v_2)变大，F 分布与自由度为 $v_1=K$ 的 χ^2 分布近似成比例，因为[S]被估计的更精确：

$$\chi_K^2(1-\alpha) = KF_{K,\infty}(1-\alpha) \tag{11.35}$$

即，自由度为 K 的 χ^2 分布的$(1-\alpha)$分位数正好是自由度为 $v_1=K$ 和 $v_2=\infty$的 F 分布的 K 倍。因为对充分大的 n 来说，$(n-1)\approx(n-K)$，所以式(11.33)和式(11.34)的大样本对应式为

$$T^2 \sim \chi_K^2 \tag{11.36a}$$

如果原假设是上式为真，那么如果下式成立，则在 α 水平拒绝原假设

$$T^2 > \chi_K^2(1-\alpha) \tag{11.36b}$$

对 $n-K=100$ 来说，χ^2 和(尺度化的)F 分布之间的差值大约为 5%，所以就像大样本近似于式(11.33)和式(11.34)一样，对于式(11.36)的适当性来说，这是一个合理的经验准则。

双样本的 t 检验统计量(式(5.5))，也以一种简单的方式被推广到关于两个独立样本平均向量差值的推断：

$$T^2 = [(\bar{\boldsymbol{x}}_1-\bar{\boldsymbol{x}}_2)-\boldsymbol{\delta}_0]^T[S_{\Delta\bar{x}}]^{-1}[(\bar{\boldsymbol{x}}_1-\bar{\boldsymbol{x}}_2)-\boldsymbol{\delta}_0] \tag{11.37}$$

这里

$$\boldsymbol{\delta}_0 = E[\bar{\boldsymbol{x}}_1-\bar{\boldsymbol{x}}_2] \tag{11.38}$$

是 H_0 下两个样本平均值的差值对应于式(5.5)分子中的第二项。如果像常见的情形，原假设是两个潜在的平均值相等，那么 $\boldsymbol{\delta}_0=\boldsymbol{0}$(相应于式(5.6))。式(11.37)中，双样本的 Hotelling 的 T^2，是正被检验的量样本平均向量的差值和相应的原假设下其期望值的差值之间的马氏距离。如果原假设是 $\boldsymbol{\delta}_0=\boldsymbol{0}$，那么式(11.37)退化为双样本平均向量之间的马氏距离。

两个平均向量差值的(MVN)抽样分布的协方差矩阵被不同地估计，这个估计依赖于两个样本的协方差矩阵[Σ_1]和[Σ_2]是否能似乎真实地假定为相等。如果可以假定为相等，那么该矩阵用那个普通协方差的池化估计量进行估计，

$$[S_{\Delta\bar{x}}] = \left(\frac{1}{n_1}+\frac{1}{n_2}\right)[S_{pool}] \tag{11.39a}$$

这里

$$[S_{pool}] = \frac{n_1 - 1}{n_1 + n_2 - 2}[S_1] + \frac{n_2 - 1}{n_1 + n_2 - 2}[S_2] \tag{11.39b}$$

是潜在资料的两个样本协方差矩阵的加权平均。如果这两个矩阵不能似乎真实地假定为相等，并且如果样本容量相对很大，那么样本平均向量差值抽样分布的离差矩阵可以被估计为

$$[S_{\Delta\bar{x}}] = \frac{1}{n_1}[S_1] + \frac{1}{n_2}[S_2] \tag{11.40}$$

对 $n_1 = n_2$ 来说上式在数值上等于式(11.39)。

如果样本容量不是很大，那么如果下式成立，则在 α 水平双样本的原假设被拒绝

$$T^2 > \frac{(n_1 + n_2 - 2)K}{(n_1 + n_2 - K - 1)} F_{K, n_1+n_2-K-1}(1-\alpha) \tag{11.41}$$

即，临界值与自由度为 $v_1 = K$ 和 $v_2 = n_1 + n_2 - K - 1$ 的 F 分布的分位数成比例。对充分大(可能>100)的 v_2，式(11.36b)可以和前面一样使用。

最后，如果 $n_1 = n_2$ 并且 $\boldsymbol{x}_1$ 和 $\boldsymbol{x}_2$ 相应的观测在物理上有联系——并因而相关——那么通过计算包括其差值的单样本检验，说明观测对之间的相关性是合适的。类似于式(5.10)，把 Δ_i 定义为向量 $\boldsymbol{x}_1$ 和 $\boldsymbol{x}_2$ 的第 i 个观测之间的差值，对应于式(5.11)，并且与式(11.32)有相同形式的单样本的 Hotelling 的 T^2 检验统计量为

$$T^2 = (\bar{\Delta} - \boldsymbol{\mu}_\Delta)^T \left(\frac{1}{n}[S_\Delta]\right)^{-1} (\bar{\Delta} - \boldsymbol{\mu}_\Delta) = n(\bar{\Delta} - \boldsymbol{\mu}_\Delta)^T [S_\Delta]^{-1} (\bar{\Delta} - \boldsymbol{\mu}_\Delta) \tag{11.42}$$

式中 $n = n_1 = n_2$ 是通常的样本容量；$[S_\Delta]$ 是差值 Δ_i 的 n 个向量的样本协方差矩阵。在平均值的真实差值为 $\boldsymbol{\mu}_\Delta$ 的原假设背景中，式(11.42)的与众不同之处在于对相对小的样本用 F 分布(式(11.34))求值，而对很大的样本用 χ^2 分布求值。

例 11.5　双样本和单样本配对的 T^2 检验

表 11.1 显示了纽约(NewYork)和波士顿(Boston)从 1971—2000 年的 30 年间 1 月平均日最高和最低温度。因为这些是年平均值，所以它们的序列相关性非常小。作为 31 个日值的平均，这些月值的每一个的单变量分布被预计非常接近高斯分布。图 11.5 显示了每个地点这些值的散点图。这两个点云的椭圆形散布，表明最高温度和最低温度对都是二元正态的。这两个散点图有些重叠，但视觉上是明显分离的，这足以猜测它们产生的分布是不同的。

表 11.1　纽约(NewYork)和波士顿(Boston)1971—2000 年 1 月最高和最低气温的平均值和相应的逐年变化。

年份	New York		Boston		差值	
	T_{max}	T_{min}	T_{max}	T_{min}	Δ_{max}	Δ_{min}
1971	33.1	20.8	30.9	16.6	2.2	4.2
1972	42.1	28.0	40.9	25.0	1.2	3.0
1973	42.1	28.8	39.1	23.7	3.0	5.1
1974	41.4	29.1	38.8	24.6	2.6	4.5
1975	43.3	31.3	41.4	28.4	1.9	2.9
1976	34.2	20.5	34.1	18.1	0.1	2.4
1977	27.7	16.4	29.8	16.7	−2.1	−0.3
1978	33.9	22.0	35.6	21.3	−1.7	0.7
1979	40.2	26.9	39.1	25.8	1.1	1.1
1980	39.4	28.0	35.6	23.2	3.8	4.8

续表

年份	New York		Boston		差值	
	T_{max}	T_{min}	T_{max}	T_{min}	Δ_{max}	Δ_{min}
1981	32.3	20.2	28.5	14.3	3.8	5.9
1982	32.5	19.6	30.5	15.2	2.0	4.4
1983	39.6	29.4	37.6	24.8	2.0	4.6
1984	35.1	24.6	32.4	20.9	2.7	3.7
1985	34.6	23.0	31.2	17.5	3.4	5.5
1986	40.8	27.4	39.6	23.1	1.2	4.3
1987	37.5	27.1	35.6	22.2	1.9	4.9
1988	35.8	23.2	35.1	20.5	0.7	2.7
1989	44.0	30.7	42.6	26.4	1.4	4.3
1990	47.5	35.2	43.3	29.5	4.2	5.7
1991	41.2	28.5	36.6	22.2	4.6	6.3
1992	42.5	28.9	38.2	23.8	4.3	5.1
1993	42.5	30.1	39.4	25.4	3.1	4.7
1994	33.2	17.9	31.0	13.4	2.2	4.5
1995	43.1	31.9	41.0	28.1	2.1	3.8
1996	37.0	24.0	37.5	22.7	−0.5	1.3
1997	39.2	25.1	36.7	21.7	2.5	3.4
1998	45.8	34.2	39.7	28.1	6.1	6.1
1999	40.8	27.0	37.5	21.5	3.3	5.5
2000	37.9	24.7	35.7	19.3	2.2	5.4

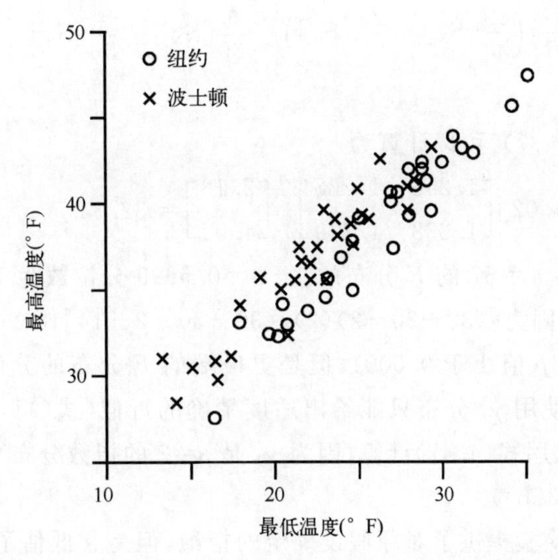

图 11.5　纽约(NewYork)(表示为 o)和波士顿(Boston)(表示为×)1971—2000 年 1 月平均最高和最低气温。

两个向量的平均值和差值向量是

$$\bar{\boldsymbol{x}}_N = \begin{bmatrix} 38.68 \\ 26.15 \end{bmatrix} \tag{11.43a}$$

$$\bar{\boldsymbol{x}}_B = \begin{bmatrix} 36.50 \\ 22.13 \end{bmatrix} \tag{11.43b}$$

和

$$\bar{\Delta} = \bar{\boldsymbol{x}}_N - \bar{\boldsymbol{x}}_B = \begin{bmatrix} 2.18 \\ 4.02 \end{bmatrix} \tag{11.43c}$$

正如根据其更低的维度预计的，纽约(New York)的平均温度更高。全部4个变量共同的样本协方差矩阵为

$$[S] = \left[\begin{array}{c|c} [S_N] & [S_{N-B}] \\ \hline [S_{B-N}] & [S_B] \end{array}\right] = \left[\begin{array}{cc|cc} 21.485 & 21.072 & 17.150 & 17.866 \\ 21.072 & 22.090 & 16.652 & 18.854 \\ \hline 17.150 & 16.652 & 15.948 & 16.070 \\ 17.866 & 18.854 & 16.070 & 18.386 \end{array}\right] \tag{11.44}$$

因为这两个地点相对离得比较近，并且数据是相同年份的，所以把它们作为配对值处理是合适的。这一论断由子矩阵$[S_{B-N}]=[S_{N-B}]^T$中大的交叉协方差矩阵所支持，该协方差矩阵对应的相关范围从0.89到0.94；这两个地点的资料明显相互不独立。然而，作为双样本检验，先进行对平均向量差值的T^2计算，暂时忽略这些大的交叉协方差是有启发意义的，如果把波士顿(Boston)和纽约(NewYork)的温度看作相互独立的，那么合适的检验统计量可能是式(11.37)。如果原假设是这些资料被提取的两个分布的潜在向量的平均值相等，$\boldsymbol{\delta}_0=\boldsymbol{0}$。图11.5中两个资料散布的视觉印象表明，假定协方差矩阵相等可能是合理的。那么合适的平均差值抽样分布的协方差矩阵，可以用式(11.39)计算，尽管因为样本容量相等，用式(11.40)得到相同的数值结果：

$$[S_{\Delta\bar{x}}] = \left(\frac{1}{30}+\frac{1}{30}\right)\left(\frac{29}{58}[S_N]+\frac{29}{58}[S_B]\right) = \frac{1}{30}[S_N]+\frac{1}{30}[S_B] = \begin{bmatrix} 1.248 & 1.238 \\ 1.238 & 1.349 \end{bmatrix} \tag{11.45}$$

现在检验统计量(式(11.37))可以计算为

$$T^2 = [2.18 \quad 4.02]\begin{bmatrix} 1.248 & 1.238 \\ 1.238 & 1.349 \end{bmatrix}^{-1}\begin{bmatrix} 2.18 \\ 4.02 \end{bmatrix} = 32.34 \tag{11.46}$$

自由度为$v_1=2$和$v_2=57$的F分布的$1-\alpha=0.9999$分位数为10.9，所以在$\alpha=0.0001$水平上，原假设被拒绝，因为$[(30+30-2)(2)/(30+30-2-1)]10.9=22.2 \ll T^2=32.34$(比较式(11.41))。实际的$p$值小于0.0001，但是更极端的$F$分布的分位数在表中一般不列出来。因为$v_2=57$，所以使用$\chi^2$分布只能给出适度精确的近似(式(11.35))，但是对应于$\chi_2^2=32.34$的累积概率，可以用式(4.47)计算(因为χ_2^2是$\beta=2$的指数分布)为0.99999991，对应于$\alpha=0.00000001$(式(11.36b))。

即使双样本的T^2检验提供了对原假设确定的拒绝，但是它低估了统计显著性，因为它没有解决纽约(New York)和波士顿(Boston)温度之间的正协方差问题，而在式(11.44)的子矩阵中，正协方差很明显。事实上，式(11.45)中的估计，已经假定了$[S_{N-B}]=[S_{B-N}]=[0]$。解决这些相关的一种方式是计算作为线性组合$\boldsymbol{b}_1^T=[1,0,-1,0]$的最高温度之间的差值；计

算作为线性组合 $\boldsymbol{b}_2^T=[0,1,0,-1]$ 的最低温度之间的差值；然后从式(11.44)完整的协方差矩阵$[S]$中，使用作为式(10.83b)中变换矩阵$[B]^T$ 的行的这两个向量，计算 $n=30$ 个向量差值的协方差$[S_\Delta]$。同样地，我们可以从表 11.1 的最后两列中 30 个资料对中，计算这个协方差矩阵。这两种情形中，结果都是

$$[S_\Delta]=\begin{bmatrix}3.133 & 2.623\\ 2.623 & 2.768\end{bmatrix} \tag{11.47}$$

式(11.42)中纽约(NewYork)和波士顿(Boston)相等平均向量的原假设意味着 $\boldsymbol{\mu}_\Delta=\mathbf{0}$，得到检验统计量

$$T^2=30[2.18\quad 4.02]\begin{bmatrix}3.133 & 2.623\\ 2.623 & 2.768\end{bmatrix}^{-1}\begin{bmatrix}2.18\\ 4.02\end{bmatrix}=298 \tag{11.48}$$

因为这些温度资料在空间上是相关的，所以双样本检验中被归因于平均向量个别抽样不确定性的大量变率，实际上被共享，对温度差值的抽样不确定性没有贡献。数值结果是矩阵(1/30)$[S_\Delta]$中的方差比双样本检验的式(11.45)中的方差小很多。因此，式(11.48)中对配对检验的 T^2 比式(11.46)中双样本检验的 T^2 大很多。事实上，它是巨大的，导致通过式(4.47)只得到粗糙的(因为样本容量只是中等)估计 $\alpha\approx 2\times 10^{-65}$。

(错误的)双样本检验和(适合的)配对检验，都产生了对纽约(New York)和波士顿(Boston)平均向量相等的原假设的强烈拒绝。但是用不同的方法可以得到哪些不同的推断呢？这个问题将在例 11.7 中解决。

目前为止描述的 T^2 检验都基于资料向量相互无关的假设。即，尽管 $\boldsymbol{x}$ 中的 K 个元素可能有非零相关，但是向量观测 $\boldsymbol{x}_i,i=1,\cdots,n$ 的每一个都已经假定为相互独立。正如第 5.2.4 节中提到的那样，在统计推断中，忽略序列相关可能导致巨大的错误，通常是因为检验统计量的抽样分布，比如果潜在的资料为独立的情况有更大的离差(不同批次的资料检验统计量更易变)。

如果资料中的序列相关与一阶自回归(式(9.16))一致，那么对标量 t 检验来说，可以使用一种简单的调整(式(5.13))。对多元 T^2 检验来说，情况是更复杂的，因为即使 $\boldsymbol{x}$ 的 K 个元素的每一个的时间独立性通过 $AR(1)$ 过程被合理表示，但它们的自回归参数 ϕ 可能是不相同的，而 $\boldsymbol{x}$ 的不同元素之间的滞后相关也必须被考虑。然而，如果多元 $AR(1)$ 过程(式(11.21))可以被假定为能合理地表示资料的序列关联，并且作为中心极限定理的结果，如果样本容量足够大到能产生多元正态性，那么样本平均向量的抽样分布为

$$\bar{\boldsymbol{x}}\sim N_K\left(\boldsymbol{\mu}_x,\frac{1}{n}\left[\sum\nolimits_\phi\right]\right) \tag{11.49a}$$

式中

$$\left[\sum\nolimits_\phi\right]=\left([I]-[\Phi]\right)^{-1}\left[\sum\nolimits_x\right]+\left[\sum\nolimits_x\right]\left([I]-[\Phi]^T\right)^{-1}-\left[\sum\nolimits_x\right] \tag{11.49b}$$

式(11.49)对应于独立资料的式(11.30a)，如果$[\Phi]=[0]$时(即，如果 x 是独立序列)，那么$[\Sigma_\Phi]$退化为$[\Sigma_x]$。对大的 n，可以代入式(11.49)中量的样本对应者，并且在 T^2 检验统计量的计算中用矩阵$[S_\Phi]$代替$[S_x]$。

11.5.3　同时的置信陈述

像第 5.1.7 节中提到的那样，置信区间是样本统计量周围的一个区域。事实上，置信区间

通过反过来计算假设检验进行构建。多元背景中的区别是，置信区间定义了资料向量 $\boldsymbol{x}$ 的 K 维空间中的一个区域，而不是标量 x 的一维空间（实数轴）上的一个区间。即，多元置信区间是 K 维的超体积，而不是一维的线段。

考虑单样本的 T^2 检验式(11.32)。一旦资料 $\boldsymbol{x}_i, i=1,\cdots,n$ 被观测到，并且其样本协方差矩阵 $[S_x]$ 被计算，那么真实向量平均值的 $(1-\alpha)\times100\%$ 的置信区间由满足下式的点集组成

$$n(\boldsymbol{x}-\bar{\boldsymbol{x}})^T[S_x]^{-1}(\boldsymbol{x}-\bar{\boldsymbol{x}}) \leqslant \frac{K(n-1)}{n-K}F_{K,n-K}(1-\alpha) \tag{11.50}$$

因为这些点是不引起拒绝原假设的 $\boldsymbol{x}$ 的点，原假设为真实的平均值是观测的样本平均值。对充分大的 $n-K$ 来说，式(11.50)的右边很好地近似于 $\chi_K^2(1-\alpha)$。类似地，对双样本的 T^2 检验（式(11.37)）来说，两个平均值差值的 $(1-\alpha)\times100\%$ 的置信区间由满足下式的点组成

$$[\boldsymbol{\delta}-(\bar{\boldsymbol{x}}_1-\bar{\boldsymbol{x}}_2)]^T[S_{\Delta\bar{x}}]^{-1}[\boldsymbol{\delta}-(\bar{x}_1-\bar{x}_2)] \leqslant \frac{K(n_1+n_2-2)}{n_1+n_2-K-1}F_{K,n_1+n_2-K-1}(1-\alpha) \tag{11.51}$$

对大样本来说，上式的右边再次近似等于 $\chi_K^2(1-\alpha)$。

满足式(11.50)的点 $\boldsymbol{x}$ 是离 $\bar{\boldsymbol{x}}$ 的马氏距离不大于右端 F（或近似为 χ^2）分布的尺度化的 $(1-\alpha)$ 分位数的点，对满足式(11.51)的点 $\boldsymbol{\delta}$ 来说是类似的。因此，由这些公式定义的置信区间，通过（超级）椭球体被界定，这些椭球体的特征通过各自检验统计量抽样分布的协方差矩阵，例如，通过式(11.50)的 $(1/n)[S_x]$ 进行定义。因为 $\bar{\boldsymbol{x}}$ 的抽样分布在中心极限定理的作用下接近 MVN 分布，由式(11.50)定义的置信区间，是平均值为 $\bar{\boldsymbol{x}}$ 协方差为 $(1/n)[S_x]$ 的 MVN 分布的置信椭球体（比较式(11.5)）。同样，式(11.51)定义的置信区间是中心在两个样本平均值之间差值的向量平均值的超级椭球体。

正如例 11.1 中举例说明的，这些置信椭圆的性质，除了其中心外，由正被讨论的抽样分布的协方差矩阵的特征值和特征向量进行定义。特别是，这些椭圆之一的每个轴，将与一个特征向量的方向平行，并且每个轴将与相应特征值的平方根成比例地拉长。例如，在单样本置信区间的例子中，在椭圆的每个轴的方向上满足式(11.50)的界限是

$$\boldsymbol{x}=\bar{\boldsymbol{x}}\pm\boldsymbol{e}_k\sqrt{\lambda_k\frac{K(n-1)}{n-K}F_{K,n-K}(1-\alpha)}\,,\quad k=1,\cdots,K \tag{11.52}$$

式中 λ_k 和 $\boldsymbol{e}_k$ 是矩阵 $(1/n)[S_x]$ 的第 k 个特征值-特征向量对。对充分大的 n，根号下的量的中心在观测的样本平均值 $\bar{\boldsymbol{x}}$ 处，在与最大特征值相关的方向进一步伸展。对更小的 α，它们也进一步伸展，因为对分位数 $F(1-\alpha)$ 和 $\chi_K^2(1-\alpha)$ 来说，这样产生了更大的累积概率。

对 $\boldsymbol{x}$ 的每个元素的平均值来说，分开进行 K 个单变量的 t 检验，以及计算 K 个单变量的置信区间，而不是分析向量平均 $\bar{\boldsymbol{x}}$ 的 T^2 检验，不仅是可能的，而且计算上更简单。刚才描述的这类椭球体的多元置信区域和 K 个单变量置信区间之间的关系是什么？共同地，这些单变量置信区间，定义了 $\boldsymbol{x}$ 的 K 维空间中的一个超级矩形区域；但是如果其 K 个面的每一个长度是相应的 $(1-\alpha)\times100\%$ 的标量置信区间，那么与由它包含的区域有关的概率（或信度）将充分小于 $1-\alpha$。该问题是检验的多重性问题之一：如果置信区间所基于的 K 个检验是独立的，那么向量 $\boldsymbol{x}$ 在其标量置信范围内的所有元素的联合概率将是 $(1-\alpha)^K$。标量置信区间的计算，在不独立的意义上，联合概率是不同的，但很难计算。

对这个多重性问题的一种权宜的解决方法，是计算 K 个一维的 Bonferroni 置信区间，并

且用这些区间作为联合置信陈述的基础：

$$\Pr\left\{\bigcap_{k=1}^{K}\left[\overline{x}_k + z\left(\frac{\alpha/K}{2}\right)\sqrt{\frac{s_{k,k}}{n}} \leqslant \mu_k \leqslant \overline{x}_k + z\left((1-\frac{\alpha/K}{2}\right)\sqrt{\frac{s_{k,k}}{n}}\right]\right\} \geqslant 1-\alpha \quad (11.53)$$

方括号内的表达式对 $\boldsymbol{x}$ 中的第 K 个变量，定义了一个单变量的 $(1-\alpha/K)\cdot 100\%$ 的置信区间。为了补偿同时 K 维中的多重性，这些置信区间的每一个已经相对于名义上的 $(1-\alpha)\cdot 100\%$ 置信区间进行了扩大。为方便起见，式(11.53)中已经假定，为了适合标准高斯分位数，样本容量是足够大的，尽管自由度为 $n-1$ 的 t 分布的分位数通常用于小于 30 的 n。

在该背景中使用 Bonferroni 置信区间存在两个问题。第一，式(11.53)是一个不等式，而并不是一个精确的定义。即，假设的真实平均向量 $\boldsymbol{\mu}$ 被同时包含在其各自的一维置信区间内的概率至少为 $1-\alpha$，而不是正好为 $1-\alpha$。即，通常 K 维 Bonferroni 置信区间太大了，但是由它包含的概率比 $1-\alpha$ 精确地大多少是未知的。

第二个问题更严重。作为单变量置信区间的集合，得到的 K 维超级矩形置信区域忽略了资料的协方差结构。如果相关结构很弱，Bonferroni 置信陈述可能是合理的，例如在第 9.5.6 节中描述的背景中。但是当 $\boldsymbol{x}$ 的元素之间的相关很强时，Bonferroni 置信区域是无效的，在这个意义上，它们包括很低可能性的区域。因而，在多元的意义中它们太大了，可能导致愚蠢的推断。

例 11.6　未调整的单变量 Bonferroni 和 MVN 置信区域的比较

假设伊萨卡(Ithaca)和卡南戴挂(Canandaigua)最低温度的协方差矩阵(式(10.56))已经从 $n=100$ 个独立的温度对中计算了出来。很多观测可能证明了抽样分布的大样本近似(标准高斯 z 和 χ^2，而不是 t 和 F 分位数)以及假定独立排除了式(11.49)中的非独立调整是正确的。

给出样本平均值 $[13.00, 20.23]^T$，并且假定了式(10.56)中资料的样本协方差矩阵，那么真实气候平均向量的最优二维置信区域是什么呢？依赖于由中心极限定理暗指的样本平均值抽样分布的多元正态性，当式(11.50)的右端是 χ^2 分位数 $\chi_2^2(0.95)=5.991$ 时，该式定义了一个椭圆形的 95%置信区域。结果是图 11.6 中显示的中心在样本平均值(+)处的椭圆区域。把这个椭圆与中心在相同平均值和基于相同协方差矩阵的图 11.1(尽管图中包含了稍微更小的概率)进行比较。图 11.6 正好有相同的形状和方向，但是它简洁的多，即使它包含了稍微更大的概率。两个椭圆有相同的特征向量，$e_1{}^T=[0.848, 0.530]$ 和 $e_2{}^T=[-0.530, 0.848]$，但是图 11.6 的特征值小 100 倍；即，$\lambda_1=2.5476$ 和 $\lambda_2=0.0829$。差别是，图 11.1 表示的是资料的 MVN 分布的一条等值线，协方差 $[S_x]$ 由式 10.56 给出，而图 11.6 显示了协方差为 $(1/n)[S_x]$ 的 MVN 的一条等值线，符合式(11.50)，相应于平均值的分布而不是资料的分布。这个椭圆是包含样本平均值抽样变化分布的 95%概率的最小区域。其延长线反映了这两个地方最低温度之间的强相关，所以由于抽样变化引起的样本平均值和真实平均值之间的差异，更多的可能是属于伊萨卡(Ithaca)和卡南戴挂(Canandaigua)平均值相同特征的差异。

图 11.6 中的灰色矩形画出了 95%的 Bonferroni 置信区间的轮廓。它是式(11.53)中用 $\alpha=0.05$进行的计算，所以是基于标准高斯分布 0.0125 和 0.9875 的分位数，或 $z=\pm 2.24$ 的。得到矩形区域至少包含了联合抽样分布概率的 $(1-\alpha)\cdot 100\%=95\%$。在平面中它比置信椭圆占有更大的面积，因为它在包含很小概率的左上和右下部包括了很大的区域。然而，从单变量推断的观点——即，一个位置的置信区间与另一个位置无关——Bonferroni 界限是更窄的。

虚线矩形区域，由两个标准 95%置信区间共同得到。每个边的长度用 0.025 和 0.975 分

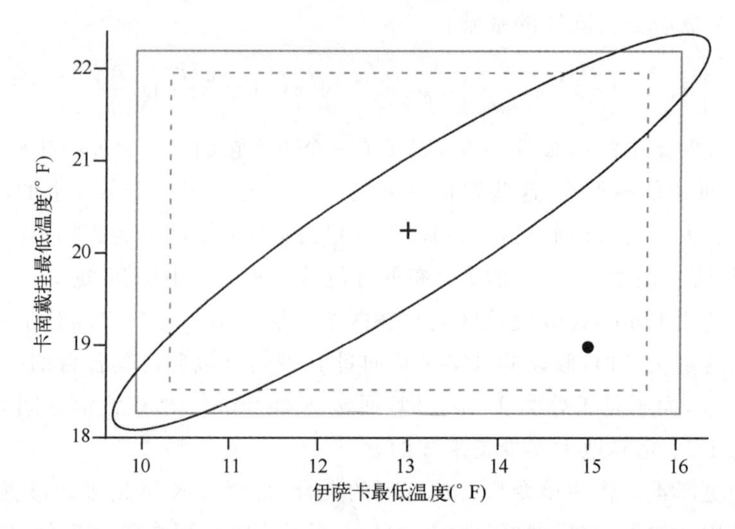

图 11.6　伊萨卡(Ithaca)和卡南戴挂(Canandaigua)平均最低温度假设的 95%联合置信区域,假定 $n=100$ 个独立二元观测被用来计算式(10.56)中的协方差矩阵。椭圆包含距样本平均值(由+表示)$[13.00,20.23]^T$ 在马氏距离 $\chi^2=5.991$ 内的点。虚线矩形的水平和垂直界限,由这两个变量用 $\pm z(0.025)=\pm 1.96$计算的两个独立置信区间定义。灰色矩形表示相应的 Bonferroni 置信区域,用 $\pm z(0.0125)=\pm 2.24$计算。点$[15,19]^T$(大圆点)在两个矩形置信区域内,但是这个距离,相对于距离两个变量联合协方差结构的平均值,为马氏距离 $\chi^2=1006$,因而是非常不可信的。

位数计算得到,这时 $z=\pm 1.96$。当然,它们比相应的 Bonferroni 区间更窄,而根据式(11.53)得到的矩形至少包括这个抽样分布概率的 90%。与 Bonferroni 置信区域一样,它描绘了有很低概率的似是而非的很大区域。

Bonferroni 置信区域的主要困难,由位于图 11.6 中大圆点的点$[15,19]^T$ 举例说明。在灰色矩形内描绘 Bonferroni 置信区域是充裕的,灰色矩形传递了这是真实平均向量的一个似是而非值的暗示。然而,Bonferroni 置信区域的定义没有考虑它企图表示的分布结构的多元协方差。图 11.6 的例子中,Bonferroni 置信区域忽略了如下事实,即这两个正相关变量的抽样变化,更可能产生同符号的两个样本和真实平均值之间的差异。根据协方差矩阵$(1/n)[S_x]$,点$[15,19]^T$ 和$[13.00,20.23]^T$ 之间的马氏距离是 1006,这意味着,对于这两个向量来说,分离这个巨大距离和这个方向,只有一个非常小的概率(比较式(11.31a))。所以向量$[15,19]^T$ 是真实平均 μ_x 的一个非常不可能的候选者。

11.5.4　多元统计显著性的解释

如果 T^2 检验的原假设被拒绝,即,如果式(11.34)或式(11.41)(或其大样本的对应式,式(11.36b))被满足,那么关于多元平均值的差值表示什么意义呢?由于以下事实,即存在多元平均值相互不同的很多种方式,包括但不仅限于由相应的单变量检验检测到的元素之间的一个或多个成对差异,所以这个问题是复杂的。

如果 T^2 检验导致拒绝其多元原假设,那么含意是分别针对单和双样本检验的线性组合 $\boldsymbol{a}^T\boldsymbol{x}$ 或 $\boldsymbol{a}^T(\boldsymbol{x}_1-\boldsymbol{x}_2)$,至少在统计上是显著的。无论如何,提供反对原假设的最令人信服的证据(不管在给定的检验水平它是否充分令人信服地拒绝)将满足

$$\boldsymbol{a} \propto [S]^{-1}(\overline{x}-\boldsymbol{\mu}_0) \tag{11.54a}$$

上式是针对单样本检验的,或

$$\boldsymbol{a} \propto [S]^{-1}[(\overline{x}_1 - \overline{x}_2) - \boldsymbol{\delta}_0] \tag{11.54b}$$

该式是针对双样本检验的。那么,在最小值,如果多元 T^2 计算导致了拒绝原假设,那么相应于由式(11.54)中向量 $\boldsymbol{a}$ 定义的 $\boldsymbol{K}$ 维向量的线性组合也将导致显著结果。在资料的前后关系中,解释由式(11.54)定义的方向 $\boldsymbol{a}$ 的意义是非常值得做的。当然,依赖于全部多元结果的特征,其他的线性组合也可能导致标量检验的拒绝,并且可能所有的线性组合都是显著的。方向 $\boldsymbol{a}$ 也表示从中提取 $\boldsymbol{x}_1$ 和 $\boldsymbol{x}_2$ 的总体之间最好判别的方向(见第 14.2.2 节)。

满足式(11.54)的任何线性组合 $\boldsymbol{a}$ 产生相同检验结果的原因,根据相应的置信区间最容易看出来。为了简单,考虑式(11.50)的单样本 T^2 检验的置信区间。使用式(10.81)中的结果,这个标量置信区间由下式定义

$$\boldsymbol{a}^T \overline{\boldsymbol{x}} - c\sqrt{\frac{\boldsymbol{a}^T[S_x]\boldsymbol{a}}{n}} \leqslant \boldsymbol{a}^T\boldsymbol{\mu} \leqslant \boldsymbol{a}^T \overline{\boldsymbol{x}} + c\sqrt{\frac{\boldsymbol{a}^T[S_x]\boldsymbol{a}}{n}} \tag{11.55}$$

视情况而定,式中 c^2 等于 $[K(n-1)/(n-K)]F_{K,n-K}(1-\alpha)$ 或 χ_K^2。因为向量 $\boldsymbol{a}$ 的长度是任意的,所以线性组合 $\boldsymbol{a}^T\boldsymbol{x}$ 的量级也是任意的,量 $\boldsymbol{a}^T\boldsymbol{\mu}$ 被同样地尺度化。

T^2 检验的另一个显著性质是可以做任意和全部线性组合的有效性推断,即使它们可能无法指定一个先验分布。这个灵活性的代价是,对预先指定的线性组合来说,使用传统的标量检验做推断是更精确的。在图 11.6 中显示的置信区域的上下文中,可以认识到这一点。如果关注的只是伊萨卡(Ithaca)最低温度的检验,相应于线性组合 $\boldsymbol{a}=[1,0]^T$,适合的置信区间可以由虚线矩形的水平长度定义。对来自 T^2 检验的线性组合来说,相应的置信区间是充分更宽的,由椭圆在水平轴上的投影或阴影定义。但是从多元检验得到的是关于感兴趣的同样多的线性组合做正确的同时概率陈述的能力。

例 11.7 纽约(New York)和波士顿(Boston)1 月平均温度差异的解释

现在回到例 11.5 中纽约(New York)和波士顿(Boston)1 月平均最高和最低温度向量之间所做的比较。样本平均之间的差值是 $[2.18,4.02]^T$,而原假设是二者真实的平均值相等,所以相应的差值是 $\boldsymbol{\delta}_0=\boldsymbol{0}$。即使错误地假定两个位置之间不存在空间相关(或,为了检验的目的等价地两个位置的资料取自不同的年份),式(11.46)中的 T^2 表明原假设应该被强烈拒绝。

这两个平均值都是纽约(New York)更暖,但是式(11.46)不一定意味着平均最高和平均最低温度之间存在显著的差异。图 11.5 显示了最高和最低温度之间大量的重叠,在另一个城市相应资料分布的中心附近,有每个标量的平均值。计算单独的单变量检验(式(5.8)),对最高温度来说,得到 $z=2.18/\sqrt{1.248}=1.95$,对最低温度来说,得到 $z=4.02/\sqrt{1.349}=3.46$。即使把正在做同时比较的两个问题放在一边,平均值最高温度差异的结果在 5% 的水平还是不十分显著,尽管最低温度的差异更大。

式(11.46)中显著的结果,确保至少一个线性组合 $\boldsymbol{a}^T(\boldsymbol{x}_1-\boldsymbol{x}_2)$(和其他可能的线性组合,尽管线性组合不一定由 $\boldsymbol{a}^T=[1,0]$ 或 $[0,1]$ 产生)有显著差异。根据式(11.54b),产生最显著线性组合的向量与下式成比例

$$\boldsymbol{a} \propto [S_{\Delta\overline{x}}]^{-1}\,\overline{\Delta} = \begin{bmatrix} 1.248 & 1.238 \\ 1.238 & 1.349 \end{bmatrix}^{-1} \begin{bmatrix} 2.18 \\ 4.02 \end{bmatrix} = \begin{bmatrix} -13.5 \\ 15.4 \end{bmatrix} \tag{11.56}$$

平均差值的这个线性组合和其抽样分布的估计方差为

$$a^T\overline{\Delta} = [-13.5 \quad 15.4]\begin{bmatrix}2.18\\4.02\end{bmatrix} = 32.5 \tag{11.57a}$$

和

$$a^T[S_{\Delta\bar{x}}]a = [-13.5 \quad 15.4]\begin{bmatrix}1.248 & 1.238\\1.238 & 1.349\end{bmatrix}\begin{bmatrix}-13.5\\15.4\end{bmatrix} = 32.6 \tag{11.57b}$$

得到差值的线性组合的单变量检验统计量为 $z=32.5/\sqrt{32.6}=5.69$。并非巧合，这是式(11.46)的平方根。在原假设的背景中，比较这个结果的不寻常性，适合的基准不是标准高斯或 t 分布（因为这个线性组合来自检验资料而不是先验信息），而是 χ_2^2 分位数或适当尺度化的 $F_{2,30}$ 分位数。这个结果依然有非常高的显著性，$p\approx10^{-7}$。

式(11.56)表明纽约(New York)和波士顿(Boston)之间差异最显著的方面，不是纽约(New York)的温度相对于波士顿(Boston)更暖（这可能相应于 $\boldsymbol{a}\propto[1,1]^T$）。相反，$\boldsymbol{a}$ 的元素是反号的，并且是几乎相等的量级，所以描述了一个对比。因为 $-\boldsymbol{a}\propto\boldsymbol{a}$，解释这个对比的一种方式，是作为平均的最高和最低之间的差异，对应于选择 $\boldsymbol{a}\approx[1,-1]^T$。即，这两个平均向量之间差异最显著的方面，由平均的日范围内差值进行近似，波士顿(Boston)有更大的范围。两个日平均范围相等的原假设可以被特别检验，用式(11.57)中的对比向量 $\boldsymbol{a}=[1,-1]^T$，而不是由(11.56)定义的线性组合。结果是 $z=-1.84/\sqrt{0.121}=-5.29$。这个检验统计量是负的，因为纽约(New York)的日平均范围小于波士顿(Boston)的日平均范围。绝对值比用 $\boldsymbol{a}=[-13.5,15.4]$得到的结果稍微更小，因为那个是最显著的线性组合，尽管结果几乎是相同的，因为这两个向量以几乎相同的方向排列。把这个结果与 χ_2^2 分布比较，得到非常高的显著性结果，$p\approx10^{-6}$。视觉上，图 11.5 中两个点云的分离与日平均范围中的这个差异一致：波士顿(Boston)的点倾向于更靠近左上方，而纽约(New York)的点更靠近右下方。另一方面，两个平均值的相对方向几乎正好相反，纽约(New York)的平均值更靠近右上角，而波士顿(Boston)的平均值更靠近左下角。

11.6 习题

11.1 假设表 A.1 中伊萨卡(Ithaca)和卡南戴挂(Canandaigua)的最高温度，构成了 MVN 分布中的一个样本，它们的协方差矩阵[S]有与习题 10.6 中一样的特征值和特征向量。画出这个分布的 50%和 95%概率椭圆。

11.2 假设表 A.1 中的四个温度变量服从 MVN 分布，$\boldsymbol{x}$ 中变量的排序为$[\mathrm{Max_{Ith}}, \mathrm{Min_{Ith}}, \mathrm{Max_{Can}}, \mathrm{Min_{Can}}]^T$。它们各自的平均值在表 A.1 中也给出了，协方差矩阵[S]在习题 10.7a 的答案中给出。假设真实平均值和协方差与样本值一样，

a. 指定$[\mathrm{Max_{Ith}}, \mathrm{Min_{Ith}}]^T$的条件分布，已知$[\mathrm{Max_{Can}}, \mathrm{Min_{Can}}]^T=[31.77, 20.23]^T$（即卡南戴挂(Canandaigua)的平均值）。

b. 考虑线性组合 $\boldsymbol{b}_1=[1,0,-1,0]$表示最高温度之间的差异，$\boldsymbol{b}_2=[1,-1,-1,1]$作为一个变换矩阵$[B]^T$ 的行，表示日平均范围间的差异。确定变换变量$[B]^T\boldsymbol{x}$ 的分布。

11.3 与习题 11.2 中提到的 1987 年 1 月气温数据的协方差矩阵[S]的最小特征值有关联的特征向量为$\boldsymbol{e}_4^T=[-0.665,0.014,0.738,-0.115]$。评估线性组合 $\boldsymbol{e}_4^T\boldsymbol{x}$ 的正态性。

a. 绘出 Q-Q 图。为了计算简便,用式(4.29)评估 $\Phi(z)$。

b. 用 Filliben 检验做形式检验(见表 5.3),假设没有自相关。

11.4　a. 关于 $H_0:\boldsymbol{\mu}_0=\mathbf{0}$,计算检验线性组合 $[B]^T\bar{\boldsymbol{x}}$ 的单样本 T^2,$\boldsymbol{x}$ 和 $[B]^T$ 与习题 11.2 中的定义相同。忽略序列相关,评估 H_0 的合理性,假设 χ^2 分布是检验统计量抽样分布的合理近似。

b. 计算这个检验最显著的线性组合。

11.5　重复习题 11.4,假设空间独立(即令伊萨卡(Ithaca)和卡南戴挂(Canandaigua)变量间所有的交叉协方差为零)。

第 12 章 主分量(EOF)分析

12.1 主分量分析基础

大气科学中最广泛使用的多元统计技术可能就是*主分量分析*(principal component analysis),经常被表示为 PCA。该技术由 Obukhov(1947)引入大气科学,对大气资料分析来说,在 Lorenz(1956)和 Davis(1976)的文章以后,它的应用变得普遍起来,Lorenz(1956)称该技术为*经验正交函数*(EOF)分析。PCA 和 EOF 分析的名称都是经常使用的,指的是相同的一套程序。有时该方法被错误地称为*因子分析*,因子分析是一种有关联但截然不同的多元统计方法。本章打算对已经成为一个非常大的主题的 PCA 给出基本介绍。论述 PCA 的书在 Preisendorfer(1988)和 Jolliffe(2002)的文献中给出,前者是特别面向地球物理资料的,而后者更普遍地描述了 PCA。Hannachi 等(2007)提供了最近的全面回顾。另外,关于多元统计分析的大部分教科书也都包含 PCA 的章节。

12.1.1 PCA 的定义

PCA 将一个包含很多变量的资料集简化为一个包含更少的(希望少得多的)新变量的资料集。这些新变量是原始变量的线性组合,并且这些线性组合被选择为表示原始序列中所包含变率最大可能的比例。即,给定一个$(K\times 1)$的资料向量 $\boldsymbol{x}$ 的多元观测,PCA 找到$(M\times 1)$的向量 $\boldsymbol{u}$,$\boldsymbol{u}$ 的元素为 $\boldsymbol{x}$ 的元素的线性组合,并且它包含 $\boldsymbol{x}$ 的原始集合中的大部分信息。当这个资料压缩可以用 $M\ll K$ 完成的时候,PCA 是最高效的。当 $\boldsymbol{x}$ 内的变量之间存在大量的相关时,会出现这种情况,这种情况中 $\boldsymbol{x}$ 包含冗余信息。这些新向量 $\boldsymbol{u}$ 的元素被称为*主分量*(PCs)。

大气和其他地球物理场的资料中,通常在变量 x_k 之间展示了很多大的相关,PCA 得到了其变化的更加紧凑的表示。然而,除了纯粹的资料压缩以外,对探索包括组成地球物理场的那些大的多元资料集来说,PCA 可能也是一个非常有用的工具。这里 PCA 可以对正被分析的场显示的空间和时间变化产生重要的认识,并且原始资料 $\boldsymbol{x}$ 的新解释可以根据压缩那些资料最有效的线性组合的性质提出。

通常作为距平 $\boldsymbol{x}'=\boldsymbol{x}-\bar{\boldsymbol{x}}$的线性组合来计算 PCs 是方便的。第一个 PC$u_1$ 是有最大方差的 $\boldsymbol{x}'$的线性组合。其后的主分量 u_m,$m=2,3,\cdots$,是与更低指数的主分量不相关,有最大方差的线性组合。结果是所有的 PCs 是相互无关的。

新变量或 PCs——即,成功地解释 $\boldsymbol{x}'$的联合变率的最大量的 $\boldsymbol{u}$ 的元素 u_m——通过 $\boldsymbol{x}$ 的协方差矩阵$[S]$的特征向量被唯一定义(除符号外)。特别是,第 m 个主分量 u_m 作为资料向量 $\boldsymbol{x}'$在第 m 个特征向量 $\boldsymbol{e}_m$ 上的投影得到

$$u_m = \boldsymbol{e}_m^T\boldsymbol{x}' = \sum_{k=1}^{K} e_{k,m}x'_k, \quad m = 1,\cdots,M \tag{12.1}$$

注意 M 个特征向量的每一个包含属于 K 个变量的每一个 x_k 的一个元素。同样地，式(12.1)中第 m 个主分量的每个现实，从 K 个变量 x_k 的观测的一个特定集合中计算。即，M 个主分量的每一个，是特定的资料向量 $\boldsymbol{x}$ 的元素 x_k 值的一种权重平均。权重($e_{k,m}$)加和不是 1，因为缩放尺度约定 $\| \boldsymbol{e}_m \| = 1$，所以其平方是 1。(注意对式(12.1)中线性组合的权重 $\boldsymbol{e}_m$ 来说，固定的缩放尺度约定允许限制定义的 PCs 是有意义的最大方差。)如果资料样本由 n 个观测组成(因此，资料矩阵[X]中有 n 个资料向量 $\boldsymbol{x}$ 或 n 行)，那么每个主分量或新变量 u_m 将有 n 个值。这些中的每一个构成了特征向量 $\boldsymbol{e}_m$ 与相应的单个资料向量 $\boldsymbol{x}$ 之间相似性的单个数字指数。

几何上，第一个特征向量 $\boldsymbol{e}_1$，指向资料向量共同地展示了最大变率的方向(在 $\boldsymbol{x}'$的 K 维空间中)。第一个特征向量与最大的特征值 λ_1 有关。与第二个最大的特征值 λ_2 有关的第二个特征向量 $\boldsymbol{e}_2$ 被限定为与 $\boldsymbol{e}_1$ 正交(式(10.48))，但是，受此约束它将指向 $\boldsymbol{x}'$向量展示其下一个最大变化的方向。其后，特征向量 $\boldsymbol{e}_m$，$m=3,4,\cdots,M$，按照其有关的特征值减少的量值，被类似地计算，并且将依次与前面所有的特征向量正交。受到这个正交性的约束，这些特征向量将继续位于原始资料共同展示最大变率的方向。

换句话说，特征向量定义了在其中审视资料的一个新坐标系统。特别是，其列为特征向量(式(10.49))的正交矩阵[E]定义了刚性旋转

$$\boldsymbol{u} = [E]^T \boldsymbol{x}' \tag{12.2}$$

这是式(12.1)形式的 $M=K$ 同时的线性组合矩阵符号的表示(即，这里矩阵[E]是有 K 个特征向量列的方阵)。这个新坐标系确定了每个连续计数的轴与沿资料的最大共同变率方向平行，并且与和前面的轴正交的轴一致。对不同的资料集，这些轴的结果是不同的，因为它们提取自给定资料集的特定样本协方差矩阵[S_x]。即，它们是正交函数，但需要根据手头特定的资料经验地被定义。这个观测是特征向量的基础，在这个背景中，特征向量被称为经验正交函数(EOFs)。暗含的区别是理论的正交函数，比如傅里叶谐波或切比雪夫多项式，它们也可以用来定义表示资料集的坐标系统。

主分量的一个显著性质是它们是不相关的。即，新变量 u_m 的相关矩阵简单地为[I]。这个性质意味着成对的 u_m 之间的协方差全都为 0，所以相应的协方差矩阵是对角阵。事实上，主分量的协方差矩阵，通过[S_x]的对角线化得到(式(10.54))，并且这样[S]的特征值的对角阵[Λ]简单地为：

$$[S_u] = \mathrm{Var}\Big([E]^T \boldsymbol{X}\Big) = [E]^T [S_x][E] = [E]^{-1}[S_x][E] = [\Lambda] \tag{12.3}$$

即，第 m 个主分量 u_m 的方差是第 m 个特征值 λ_m。那么式(10.52)意味着每个 PC 代表了与其特征值成比例的 $\boldsymbol{x}$ 中总变化的一部分，

$$R_m^2 = \frac{\lambda_m}{\sum_{k=1}^{K} \lambda_k} \times 100\% = \frac{\lambda_m}{\sum_{k=1}^{K} s_{k,k}} \times 100\% \tag{12.4}$$

这里 R^2 与熟悉的线性回归中的意义相同(见第 7.2 节)。由原始资料表示的总变化完全被 K 个 u_m 的全部集合所表示(或解释)，在中心化的资料 $\boldsymbol{x}'$(并且因此也是未中心化的变量 $\boldsymbol{x}$)的方差和的意义上，$\sum_k s_{k,k}$ 等于主分量变量 $\boldsymbol{u}$ 的方差和 $\sum_m \lambda_m$。

式(12.2)表示($K\times1$)的资料向量 $\boldsymbol{x}'$到 PCs 的向量 $\boldsymbol{u}$ 的变换。如果[E]按照其列包含[S_x]的全部 K 个特征向量(假定它是非奇异的)，那么得到的向量 $\boldsymbol{u}$ 也有($K\times1$)维。式

(12.2)有时也被称为 $\boldsymbol{x}'$ 的分解式，表示该资料可以根据主分量进行分解。式(12.2)进行逆变换，根据下式资料 $\boldsymbol{x}'$ 可以从主分量进行重建

$$\underset{(K\times 1)}{\boldsymbol{x}'} = \underset{(K\times K)}{[E]} \underset{(K\times 1)}{\boldsymbol{u}} \tag{12.5}$$

这可以从式(12.2)左乘以[E]并且应用该矩阵的正交性(式(10.42))得到。由式(12.5)表示的 $\boldsymbol{x}'$ 的重构，有时被称为合成式。如果在合成中使用全部的 $M=K$ 个 PCs，重构是完全精确的，因为 $\sum_m R_m^2=1$(比较式(12.4))。如果 $M<K$ 个 PCs(通常对应于 M 个最大的特征值的那些 PCs)被使用，那么重构是近似的，

$$\underset{(K\times 1)}{\boldsymbol{x}'} \approx \underset{(K\times M)}{[E]} \underset{(M\times 1)}{\boldsymbol{u}} \tag{12.6a}$$

或

$$x'_k \approx \sum_{m=1}^{M} e_{k,m} u_m, \quad k=1,\cdots,K \tag{12.6b}$$

但是随着 PCs 的个数 M(或者，更准确地因为式(12.4)，随着相应特征值的和)增加，近似值得到改进。因为式(12.6a)中[E]只有 M 列，并且在维数为($M\times 1$)的截断的 PC 向量 $\boldsymbol{u}$ 上运算，所以式(12.6)被称为截断的合成式。原始的(式(12.5)的例子中的)或近似的(式(12.6)的)未中心化的资料 $\boldsymbol{x}$，通过加回样本平均值向量(即，通过式(10.33)的逆运算)可以容易地得到。

因为每个主分量 u_m 是原始变量 x_k(式(12.1))的线性组合，并且反之亦然(式(12.5))，所以主分量和原始变量对是相关的，除非与它们关联的特征向量元素 $e_{k,m}$ 为 0。计算这些相关有时是有益的，这可以通过下式给出

$$r_{u,x} = \mathrm{Corr}(u_m, x_k) = e_{k,m}\sqrt{\frac{\lambda_m}{s_{k,k}}} \tag{12.7}$$

例 12.1　两维中的 PCA

在几何排列可以被可视化的一个简单的例子中最容易认识到 PCA 的本质。如果 $K=2$，那么资料空间是 2 维的，可以在一页上绘图。图 12.1 显示了中心化(在 0 点)的来自表 A.1 的 1987 年 1 月伊萨卡(Ithaca)最低温度(x_1')和卡南戴挂(Canandaigua)最低温度(x_2')的散点图。这是与图 3.27 底端行的中间相同的散点图。很显然伊萨卡(Ithaca)的温度比卡南戴挂(Canandaigua)的温度更多变，两个标准偏差分别是 $\sqrt{s_{1,1}}=13.62$℉和 $\sqrt{s_{2,2}}=8.81$℉。很明显，这两个变量是强烈相关的，皮尔逊相关系数为+0.924(见表 3.5)。对这两个变量来说，协方差矩阵[S]与式(10.56)中的[A]那样给出。这个矩阵的两个特征向量是 $\boldsymbol{e}_1^T=[0.848, 0.530]$和 $\boldsymbol{e}_2^T=[-0.530, 0.848]$，所以特征向量矩阵[$E$]是式(10.57)中显示的那个。相应的特征值是 $\lambda_1=254.76$ 和 $\lambda_2=8.29$。这里使用的是与用来拟合图 11.1 和图 11.6 中显示的二元正态概率椭圆相同的资料。

图 12.1 中显示了两个特征向量的方向，尽管为了清晰其长度已经被放大了。很显然第一个特征向量与资料共同显示的最大变化的方向平行。即，点云倾向于与 $\boldsymbol{e}_1$ 相同的角度，根据式(10.15)，为离水平轴(即，向量[1,0])32°。因为这个简单的例子中的资料只有在 $K=2$ 维中存在，所以第二个特征向量必须与第一个特征向量正交的约束，决定了其方向的符号(即，它可能很容易的为 $-\boldsymbol{e}_2^T=[0.530, -0.848]$)。最后的这个特征向量，位于资料展示其共同变化最小的方向。

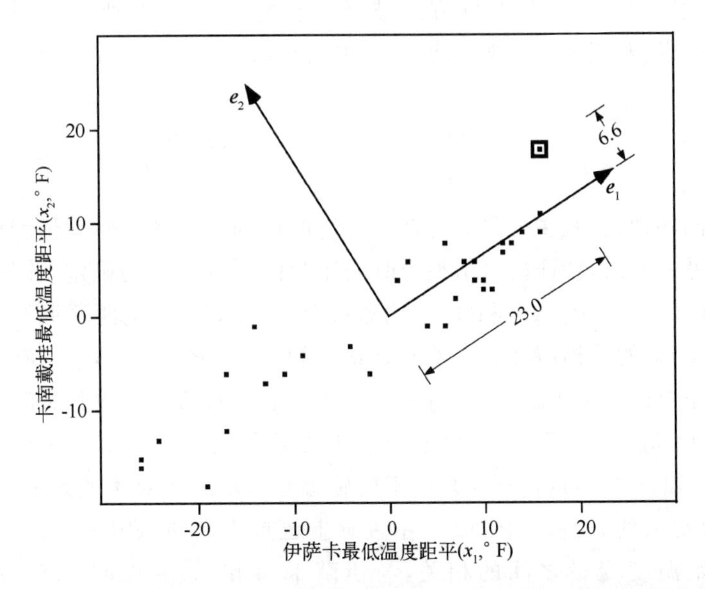

图 12.1 1987 年 1 月伊萨卡(Ithaca)和卡南戴挂(Canandaigua)最低温度(转变为距平或中心化)的散点图,图解了 2 维平面中 PCA 的几何排列。对这两个变量来说,协方差矩阵[S]的特征向量 $\boldsymbol{e}_1$ 和 $\boldsymbol{e}_2$(正如例 10.3 中计算的)为了清晰已经用放大的长度画出了。该资料在 $\boldsymbol{e}_1$ 方向占有这两个变量联合方差的 96.8%。坐标 u_1 和 u_2 相应于资料点 $\boldsymbol{x}'^T=[16.0,17.8]$,该资料点是 1 月 15 日记录的,由大的正方形符号表示,通过由特征向量定义的新坐标系统方向的长度显示。即,向量 $\boldsymbol{u}^T=[23.0,6.6]$定位了与 $\boldsymbol{x}'^T=[16.0,17.8]$相同的点。

这两个特征向量确定了可以表示资料的另一个坐标系。当看图 12.1 时,如果你顺时针旋转这本书32°,这个事实可能更清楚。在这个旋转的坐标系统内,每个点根据新变换变量的主分量 $\boldsymbol{u}^T=[u_1,u_2]$定义,其元素由原始资料在特征向量上的投影组成(根据式(12.1)中的点积)。图 12.1 用由大的正方形符号表示的 1 月 15 日的资料点 $\boldsymbol{x}'^T=[16.0,17.8]$举例说明了这个投影。对这个资料,$u_1=(0.848)(16.0)+(0.530)(17.8)=23.0$,$u_2=(-0.530)(16.0)+(0.848)(17.8)=6.6$。

新变量 u_1 的样本方差,是该变量沿着其轴(即,沿着方向 $\boldsymbol{e}_1$)散布程度的表达式。这个散布,显然比资料沿任一原始轴方向的散布大,并且实际上比这个平面中其他方向上的散布都大。u_1 的这个最大的样本方差,等于特征值 $\lambda_1=254.76℉^2$。资料集中的这些点倾向于显示完全不同的 u_1 值,而它们有更加相似的 u_2 值。即,在 $\boldsymbol{e}_2$ 方向它们有更少的变化,而 u_2 的样本方差只是 $\lambda_2=8.29℉^2$。

因为 $\lambda_1+\lambda_2=s_{1,1}+s_{2,2}=263.05℉^2$,所以新变量一起保持了原始变量展示的全部变化。然而,在由特征向量定义的新坐标系中,点云好像没显示倾斜的事实,表明 u_1 和 u_2 是不相关的。它们不相关可以通过变换表 A.1 中的 31 对最低温度的主分量,计算皮尔逊相关系数为 0 进行验证。因此主分量的方差一协方差矩阵是式(10.59)中显示的[Λ]。

这两个原始温度变量存在如此强的相关,以至于其联合方差中的一个非常大的部分 $\lambda_1/(\lambda_1+\lambda_2)=0.968$ 由第一个主分量表示。可以说第一个主分量描述了总方差的 96.8%。第一个主分量可以被解释为反映了这两个位置(它们大约相距 50 英里)范围的最低温度,第二个主分量描述了从总的范围值分离的局地变化。

因为两个温度序列这么多的共同方差被第一个主分量抓住，所以只用第一个主分量再合成，就能产生对原始资料的一个好的近似。用只有第一个($M=1$)主分量的合成式(12.6)得到

$$\boldsymbol{x}'(t)=\begin{bmatrix}x_1'(t)\\x_2'(t)\end{bmatrix}\approx \boldsymbol{e}_1u_1(t)=\begin{bmatrix}0.848\\0.530\end{bmatrix}u_1(t) \tag{12.8}$$

温度资料 $\boldsymbol{x}$ 是时间序列，并且主分量 $\boldsymbol{u}$ 因此也是时间序列。二者的时间依赖性被明确地显示在式(12.8)中。另一方面，特征向量由整个时间序列的协方差结构确定，并且不随时间改变。图 12.2 比较了(a)伊萨卡(Ithaca)和(b)卡南戴挂(Canandaigua)的距平原始序列(黑线)和只用第一个主分量 $u_1(t)$的重构(灰线)。差异是很小的，因为 $R_1^2=96.8\%$。剩余的差异通过 u_2 反映。这两个灰序列正好互相成比例，因为每一个是上述的第一个主分量时间序列的标量倍数。因为 $\mathrm{Var}(u_1)=\lambda_1=254.76$，所以重构序列的方差分别为$(0.848)^2 254.76=183.2\ ℉^2$ 和$(0.530)^2 254.76=71.6\ ℉^2$，这接近但是小于原始协方差矩阵的对角线元素(式(10.56))。伊萨卡(Ithaca)温度更大的方差，在图 12.2 中视觉上也是明显的。用式(12.7)，第一个主分量序列 $u_1(t)$ 和原始温度变量之间的相关，与伊萨卡(Ithaca)是$0.848(254.76/185.47)^{1/2}=0.994$，与卡南戴挂(Canandaigua)是$0.530(254.76/77.58)^{1/2}=0.960$。

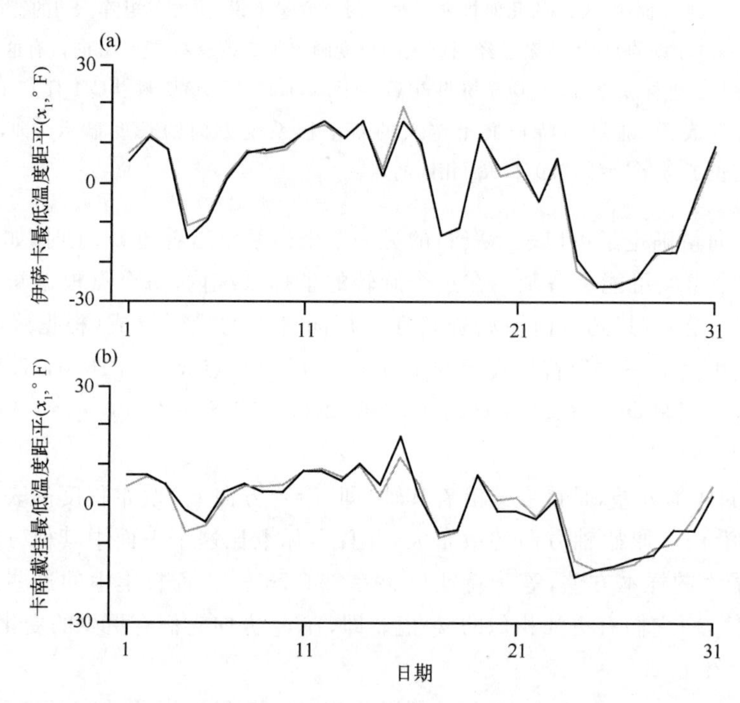

图 12.2 (a)伊萨卡(Ithaca)和(b)卡南戴挂(Canandaigua)1987 年 1 月最低温度距平(黑线)，及通过合成式(12.8)只用第一个主分量的重建(灰线)。

12.1.2 基于协方差矩阵的 PCA 与基于相关矩阵的 PCA

PCA 可以与在协方差矩阵[S]上一样，容易地在相关矩阵[R]上进行。相关矩阵是标准化变量 z 向量的方差-协方差矩阵(式(10.32))。根据尺度变换(式(10.34))，标准化变量 z 的向量与原始变量 x 及其中心化的对应量 x' 有关。因此，相关矩阵的 PCA 实际是与用式

(10.34)或(标量形式的)式(3.23)一样的标准化变量 z_k 的共同方差结构进行的分析。

方差-协方差矩阵和相关矩阵进行 PCA 之间的差异,这里是强调的重点。因为 PCA 寻求找到接连表示最大化总方差 $\sum_k s_{k,k}$ 比例的变量,分析协方差矩阵[S],得到强调有最大方差的 x_k'的主分量。在其他条件相同的情况下,前几个特征向量排列在有最大方差变量的方向附近。例 12.1 中,第一个特征向量更多地指向伊萨卡(Ithaca)的最低温度轴,因为伊萨卡(Ithaca)最低温度的方差比卡南戴挂(Canandaigua)最低温度的方差大。相反,应用于相关矩阵[R]的 PCA,相等地重视全部标准化变量 z_k,因为所有的 z_k 都有相等的(单位)方差。

如果用相关矩阵进行 PCA,那么分解式(12.1)和式(12.2)分别是关于标准化变量 z_k 和 z。同样地,对合成式,式(12.5)和式(12.6)将关于 z 和 z_k,而不是 x'和 x_k'。这个例子中,原始资料 x 可以通过由式(10.33)和式(10.34)给出的标准化的拟合,从合成式的结果中恢复;即

$$\mathbf{x} = [D]\mathbf{z} + \overline{\mathbf{x}} \tag{12.9}$$

尽管用式(10.34)$\mathbf{z}$ 和 $\mathbf{x}'$可以相互得到,但[R]和[S]的特征值一特征向量对,相互间不具有简单的关系。通常,只知道一个的主分量,不可能计算另一个的主分量。这个事实,意味着 PCA 的这两种可以选择的方法不产生等价的信息,对一个给定的应用来说,必须在一种和另一种间做出明智的选择。如果分析的目标是识别或分离一个资料集中的最强变化,那么更好的方法是用协方差矩阵的 PCA,尽管这个选择依赖于分析者的判断和研究的目的。例如,在分析格点化的热带外气旋的数量时,Overland 和 Preisendorfer(1982)发现,基于协方差矩阵的 PCA 可以更好地识别出有最大气旋变率的区域,而基于相关矩阵的 PCA 在定位主要的风暴路径方面更有效。

然而,如果分析的是不同的变量——没有用相同的单位测量的变量——用相关矩阵计算 PCA 总是更好的。不同物理单位的测量产生了变量任意的相对尺度,这导致了这些变量方差的任意的相对量级。举个简单的例子,用 ℉测量的温度集的方差是用℃表示的相同温度集方差的$(1.8)^2=3.24$ 倍。如果用相关矩阵做 PCA,那么分析式(12.2)对应于向量 $\mathbf{z}$ 而不是 $\mathbf{x}'$;而式(12.5)的合成将产生标准化变量 z_k(或者如果使用式(12.6)重构近似于它们)。式(12.4)分子中的加和等于标准化变量的数目,因为每个有单位方差。

例 12.2　对任意尺度的变量基于相关矩阵与基于协方差矩阵 PCA 的比较

当正被分析的变量不是在可比较的尺度上测量时,基于相关矩阵的 PCA 的重要性在表 12.1 中做了举例说明。这个表总结了表 A.1 中 1987 年 1 月资料的 PCAs,其中(a)是未标准化的(协方差矩阵)形式,(b)是标准化的(相关矩阵)形式。变量的样本方差与 6 个特征向量,6 个特征值,以及由主分量解释方差的累积百分比同样被显示。在这个表(a)部分和(b)部分的右上部中(6×6)的排列构成了其列为特征向量的矩阵[E]。

因为与测量单位有关的资料变化有量级不同,所以未标准化的降水资料的方差,与温度变量的方差相比是极小的。这完全是测量单位的一个人为结果,因为对降水(英寸)来说,与降水资料变化的范围(大约 1 英寸)相比是很大的,而对温度测量单位(℉)来说,与温度资料的变化范围(大约40 ℉)相比是很小的。如果测量单位分别为毫米和摄氏度,那么方差中的差异将小得多。如果降水用微米测量,那么降水变量的方差,将大大超过温度变量的方差。

表 12.1 使用表 A.1 中资料的协方差矩阵(a)和相关矩阵(b)计算的 PCA 的比较。显示了每个变量的样本方差，以及按照其特征值 λ_m 的降序排列的 6 个特征向量 e_m。代表方差的累积百分比根据式(12.4)计算。(a)中降水变量的方差小得多是度量单位的人为结果，根据协方差矩阵计算的前 4 个主分量，虽然解释了资料集总方差的 99.9%，但降水是不重要的。根据相关矩阵计算的主分量，确保了温度和降水变量的变化是等权重的。

(a)协方差矩阵结果：

变量	样本方差	e_1	e_2	e_3	e_4	e_5	e_6
Ithaca ppt.	0.059 in^2	0.003	0.017	0.002	−0.028	0.818	−0.575
Ithaca T_{max}	892.2 ℉^{2}	0.359	−0.628	0.182	−0.665	−0.014	−0.003
Ithaca T_{min}	185.5 ℉^{2}	0.717	0.527	0.456	0.015	−0.014	0.000
Canandaigua ppt.	0.028 in^2	0.002	0.010	0.005	−0.023	0.574	0.818
Canandaigue T_{max}	61.8 ℉^{2}	0.381	−0.557	0.020	0.737	0.037	0.000
Canandaigue T_{min}	77.6 ℉^{2}	0.459	0.131	−0.871	−0.115	−0.004	0.003
	特征值，λ_k	337.7	36.9	7.49	2.38	0.065	0.001
	累积方差百分比	87.8	97.4	99.3	99.9	100.0	100.0

(b)相关矩结果：

变量	样本方差	e_1	e_2	e_3	e_4	e_5	e_6
Ithaca ppt.	1.000	0.142	0.677	0.063	−0.149	−0.219	0.668
Ithaca T_{max}	1.000	0.475	−0.203	0.557	0.093	0.587	0.265
Ithaca T_{min}	1.000	0.495	0.041	−0.526	0.688	−0.020	0.050
Canandaigua ppt.	1.000	0.144	0.670	0.245	0.096	0.164	−0.658
Canandaigue T_{max}	1.000	0.486	−0.220	0.374	−0.060	−0.737	−0.171
Canandaigue T_{min}	1.000	0.502	−0.021	−0.458	−0.695	−0.192	−0.135
	特征值，λ_k	3.532	1.985	0.344	0.074	0.038	0.027
	累积方差百分比	58.9	92.0	97.7	98.9	99.5	100.0

因为温度变量的方差比降水变量的方差大这么多，所以从协方差矩阵中计算的 PCA 被温度所支配。对应于这两个降水变量的特征向量元素，在前 4 个特征向量中是很小的，所以这些变量对前 4 个主分量的贡献是微不足道的。然而，前面的这 4 个主分量一起描述了共同方差的 99.9%。因此把最主要的 $M=4$ 个特征向量应用到截断的合成式(式(12.6))，将导致重建的降水资料非常接近其平均值。即，本质上降水中的变化根本没有被表示。

因为对同等地尺度化的变量 z_k 来说，分析的是相关矩阵，所以每一个有相等的方差。不像对协方差矩阵的分析，当分析相关矩阵时，PCA 不忽略降水变量。这里第一个(也是最重要的)主分量，主要表示温度资料密切的相关，这可以从 4 个温度变量有相对更大的 e_1 的元素看到。然而，第二个主分量，在尺度化的资料集中，其解释总方差的 33.1%，主要表示降水的变化。在至少包括前 $M=2$ 个特征向量的截断资料表示中，降水变化不会被丢失，而是几乎完整地被重构。

12.1.3　PCA 的各种术语

PCA 有时是困难的并且容易使人混淆，但是这些混淆大都来自有关术语的传播，特别是在大气资料分析者的著述中。表 12.2 以可能有助于解读 PCA 文献的方式组织了这些术语中更常用的那些。

表 12.2　与 PCA 有关的部分同义术语

特征向量 (Eigenvenctors)，e_m	特征向量元素 (Eigenvenctor elements)，$e_{k,m}$	主分量 (Principal Components)，u_m	主分量元素 (Principal component elements)，$u_{i,m}$
EOFs	荷载 (Loadings)	经验正交变量 (Empirical orthogonal variables)	得分 (Scores)
变化模态 (Modes of variation)	系数 (Coefficients)		振幅 (Amplitudes)
模态向量 (Pattern vectors)	模态系数 (Pattern coefficients)		扩展系数 (Expansion coefficients)
主轴 (Principal axes)	经验正交权重(Empirical orthogonal weights)	系数 (Coefficients)	
主向量 (Principal vectors)			
固有函数 (Proper functions)			
主方向 (Principal directions)			

作为 PCA 特征向量的另一个名字，Lorenz(1956)引入了术语经验正交函数(EOF)。术语变化模态或模态向量，起初也被地球物理资料的分析者使用，特别是将在第 12.2 节中描述的关于场的分析。特征向量的其他术语来自特征向量在资料的 K 维空间中作为基向量或轴的几何解释。这些术语，在更广泛学科的文献中被使用。

在统计文献中，特征向量的单个元素最常用的名字是荷载，意味着通过单个元素 $e_{k,m}$ 由第 m 个特征向量 $\mathbf{e}_m$ 负担的第 k 个变量 x_k 的权重。在统计文献中，术语“系数”也是常用的一个。术语“模态系数”主要用在场资料的 PCA 中，表明了由特征向量元素表现的空间模态。经验正交权重有时被用来作为与 EOFs 的特征向量的命名一致的术语。

关于特征向量定义的新变量 u_m 几乎处处被称为主分量。然而，当特征向量被称为 EOFs 时，u_m 有时被称为经验正交变量。对相应于特定资料向量 $\mathbf{x}'_i$ 的主分量 $u_{i,m}$ 的单个值来说，术语有更多变化。在统计文献中，这些术语最经常的是被称为“得分(scores)”，这在心理测验学 PCA 的早期使用中是有历史基础的。在大气应用中，通过类推傅里叶序列的振幅主分量元素，经常被称为“振幅(amplitudes)”，它们是(理论上正交的)正弦和余弦函数的倍数。同样地，扩展系数(expansion coefficient)，也因为这个含意被使用。有时扩展系数只是被简称为“系数”，尽管这可能是某些混淆的来源，因为对术语系数来说表示特征向量的元素是更标准的用法。

12.1.4　PCA 中的尺度化规则

PCA 的文献中混淆的另一个原因是存在可选的特征向量的尺度化规则。本章的陈述中假定特征向量被尺度化到单位长度；即，$\| e_m \| \equiv 1$。如果向量指向合适的方向，那么任意长度的向量将满足式(10.46)，因而对特征向量的输出量来说，用这个尺度化表示是常见的。

然而，用特征向量其他的尺度化表示和处理 PCA 的结果有时是有用的。当这样做的时候，特征向量的每个元素乘以相同的常数，所以其相对量值和关系保持不变。因此，基于 PCA 的探索性分析，定性的结果不依赖于选择的尺度化，但是如果尺度化不同，那么相关的分析需要比较，认识每个分析中使用的尺度化规则是重要的。

通过相同的因子重新尺度化特征向量的长度，改变了主分量的量级。即，为了使定义主分量的分析式(式(12.1)和式(12.2))保持正确，特征向量 $\mathbf{e}_m$ 乘以一个常数，要求主分量得分(scores)u_m 也乘以相同的常数。对中心化的资料 $\mathbf{x}'$来说，主分量得分的期望值为 0，并且主分量乘以一个常数，将产生其平均值也为 0 的重新尺度化的主分量。然而，其方差将改变为尺度化常数的平方倍。

表 12.3　PCA 中使用的 3 种常用的特征向量尺度，其主分量 u_m 的属性结果及其与原始变量 X_K，标准化原始变量 Z_K 的关系。

特征向量尺度 (Eigenvector scaling)	$E[u_m]$	$\mathrm{Var}[u_m]$	$\mathrm{Corr}[u_m, x_k]$	$\mathrm{Corr}[u_m, z_k]$
$\| \mathbf{e}_m \| =1$	0	λ_m	$e_{k,m}(\lambda_m)^{1/2}/s_k$	$e_{k,m}(\lambda_m)^{1/2}$
$\| \mathbf{e}_m \| =(\lambda_m)^{1/2}$	0	$\lambda_m{}^2$	$e_{k,m}/s_k$	$e_{k,m}$
$\| \mathbf{e}_m \| =(\lambda_m)^{-1/2}$	0	1	$e_{k,m}\lambda_m/s_k$	$e_{k,m}\lambda_m$

表 12.3 总结了 3 种常用的特征向量尺度对主分量性质的影响。第一行表示这个介绍中所采用的缩放规则 $\| \mathbf{e}_m \| \equiv 1$ 下主分量的性质。在这个缩放比例下，每个主分量的期望值(平均值)为 0(因为被投影到特征向量的是资料的距平 x')，而每个主分量的方差等于各自的特征值 λ_m。这个结果只是通过采用特征向量定义的刚性旋转的几何坐标系，所产生的方差-协方差矩阵的对角线化(式(10.54))的一个表达式。当用这种尺度化时，主分量 u_m 和变量 x_k 之间的相关由式(12.7)给出。u_m 和标准化变量 z_k 之间的相关由特征向量的元素和特征值的平方根给出，因为标准化变量的标准偏差为 1。

特征向量有时通过对每个元素乘以相应特征值的平方根被重新尺度化。这个重新尺度化产生了不同长度的特征向量，$\| \mathbf{e}_m \| \equiv (\lambda_m)^{1/2}$，但是它正好指向了与最初的单位长度的特征向量相同的方向。分析公式中的一致性，意味着主分量也通过因子$(\lambda_m)^{1/2}$被改变，因此每个 u_m 的方差增加为 $\lambda_m{}^2$。然而，这个重新尺度化的一个主要优点，是特征向量元素根据主分量和原始资料之间的关系能够更直接地解释。在这个重新尺度化下，每个特征向量元素 $e_{k,m}$ 在数值上等于第 m 个主分量 u_m 和第 k 个标准化变量 z_k 之间的相关系数 $r_{u,z}$。

表 12.3 中显示的最后的尺度导致 $\| \mathbf{e}_m \| \equiv (\lambda_m)^{-1/2}$，该种尺度使用的更不经常。这个尺度化通过对原始单位长度的特征向量的每个元素除以相应特征值的平方根得到。得到的主分量和原始资料之间相关系数，这个表达式是更难使用的，但是这个尺度化有好处，即主分量有相等的方差 1。在检测外围点时这个性质是有用的。

12.1.5　与多元正态分布的联系

为了使 PCA 是正确的,用来计算 PCA 的样本协方差矩阵[S]的资料 $\boldsymbol{x}$ 的分布不必是多元正态分布。不管 $\boldsymbol{x}$ 的联合分布是什么,作为结果的主分量 u_m,都将唯一地是连续地最大化[S]的对角线上表示最大化方差百分比的那些不相关的线性组合。然而,如果还有 $\boldsymbol{x}\sim N_K(\boldsymbol{\mu}_x,[\sum_x])$,那么作为多元正态 $\boldsymbol{x}'$的线性组合,主分量的联合分布也将为多元正态分布,

$$\boldsymbol{u} \sim N_M\Big([E]^T\mu_x,[\Lambda]\Big) \tag{12.10}$$

当矩阵[E]包含与矩阵列的全部数目 $M=K$ 相同或者少几个(即,$1\leqslant M<K$ 个)的特征向量时,式(12.10)是正确的。如果主分量从中心化的资料 $\boldsymbol{x}'$中计算,那么 $\boldsymbol{\mu}_u=\boldsymbol{\mu}_{x'}=0$。

如果 $\boldsymbol{x}$ 的联合分布是多元正态分布,那么式(12.2)的变换是 $\boldsymbol{x}$ 分布的概率椭圆主轴的一个刚性旋转,得到不相关和相互独立的 u_m。说完这个背景,理解式(11.5)和式(11.31)是不困难的,这两个式子中,假定多元正态分布平均值的马氏距离服从 χ_K^2 分布。看待 χ_K^2 的一种方式,是作为 K 个独立高斯变量的平方 z_K^2 的分布(见第 4.4.3 节)。马氏距离的计算(或等价地,马氏变换式(11.18)),产生了有 0 平均值和单位方差的不相关的值,并且它们的(平方)距离只是平方值的和。

第 11.3 节中注意到当评估多元正态时,搜索多元外围点的一种有效方式,是诊断与[S]的最小特征值相联系的特征值形成的线性组合(式(11.15))的分布。当然,这些线性组合是最后的主分量。图 12.3 用容易可视化的 $K=2$ 的情形,举例说明了这个想法为什么起作用。点的散布显示了高斯变量强的相关对,有一个多元变量的外围点。在这两个单变量分布的任何一个中,这个外围点都不是特别地与众不同,但是在这两个特征向量的维中它凸显了出来,因为它与剩余点的强正相关不一致。第一个主分量 u_1 的分布,通过把这些点映射到第一个特征向量 $\boldsymbol{e}_1$ 上,在几何上得到了至少近似地为高斯分布,并且外围点的这个映射,是这个分

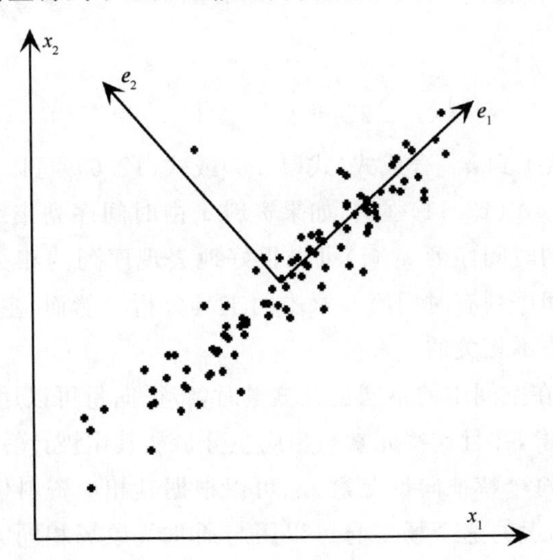

图 12.3　通过诊断最后主分量的分布辨识多元变量的外围点。对其第一个主分量 u_1 来说,单个外围点在第一个特征向量上的映射产生了一个十分普通的值,但是它在第二个特征向量上的映射产生了在 u_2 值的分布中的一个突出的外围点。

布的一个非常普通的成员。另一方面，通过映射这些点到第二个特征向量 $\boldsymbol{e}_2$ 上，得到的第二个主分量 u_2 的分布，除了单个的大的外围点之外，都集中在原点附近。除了这个外围点之外，这个分布也近似为高斯分布。这个方法在识别多元外围点中是有效的，因为外围点的存在只是稍微扭曲了 PCA，所以主要的特征向量连续地朝向主要资料散点的方向。因为少量的外围点只稍微地贡献到全部变率，它是表示全部变率的最后(最低方差)的主分量。

12.2 PCA 在地球物理领域的应用

12.2.1 单一场的 PCA

PCA 在大气资料中最主要的应用涉及场的分析(即，变量的空间数组)，比如位势高度，温度和降水。这些例子中，全部资料集由场或场的集合的多个观测组成。这些多元观测经常取时间序列的形式，例如，半球 500 hPa 高度的日序列。看这种资料的另一种方式，是作为在 K 个网格点或站点位置上，每一个抽样的 K 个相互关联的时间序列的一个集合。作为应用到这类资料的 PCA 的目标，通常是探索或简洁地表达资料集中很多变量的联合空间/时间变化。

即使场在其中抽样的位置在一个二维(或者三维)物理空间上散布，在一个给定的观测时间来自这些位置的资料被排列在 K 维向量 $\boldsymbol{x}$ 中。即，不管其地理排列，每个位置被分配从 1 到 K—个数字(例如，图 8.16 中)。在 PCA 对场的这个最常见的应用中，这样资料矩阵 $[X]$和$[X']$是形成$(n\times K)$或(时间×空间)维，因为在空间中 K 个位置处，资料在 n 个连续时刻被抽样。

为了强调由 K 个时间序列组成的原始资料，分解式(式(12.1)或式(12.2))有时用显式的时间指数写出：

$$\boldsymbol{u}(t) = [E]^T \boldsymbol{x}'_t \tag{12.11a}$$

或者以标量形式，

$$u_m(t) = \sum_{k=1}^{K} e_{k,m} x'_k(t), \quad m = 1,\cdots,M \tag{12.11b}$$

这里时间指数 t 取值为从 1 到 n。合成式(式(12.5)或式(12.6))可以用相同的符号写出，就像式(12.8)中所做的那样。式(12.11)强调，如果资料 $\boldsymbol{x}$ 由时间序列集组成，那么主分量 $\boldsymbol{u}$ 也是时间序列。一个主分量的时间序列 $u_m(t)$可以很好地表现序列的相关(经由时间与其自身的相关)，并且主分量的时间序列有时用第 9 章中的工具分析。然而，主分量的每个时间序列与其他主分量的时间序列是不相关的。

当 $\boldsymbol{x}$ 的 K 个元素是在空间中的不同位置测量时，特征向量可以用图形显示。注意每个特征向量正好包含 K 个元素，并且这些元素与相应主分量从其中被计算(式(12.11b))的点积中的 K 个位置一一对应。每个特征向量元素 $e_{k,m}$可以根据其相应资料值 x_k'的相同位置画在一幅图上，并且特征向量元素的这个场本身可以用与通常气象场相同方式的平滑等值线概括。这样的图清晰地刻画了哪个位置最强的贡献到各自的主分量。用另一种方式看，这样的图显示了由相应的主分量表示的同时的资料距平的地理分布。特征向量的这些地理展示，也被解释为表示从中提取 PCA 的场的变率的不相关模态。存在这种解释可能合理的例子(但是对作为警告提醒的反例见第 12.2.4 节)，特别是对第一个特征向量。然而，因为对特征向量相互正交的限制,对后来的EOFs这类生硬的解释经常被证明为是不正确的(North,1984)。

引自Wallace和Gutzler(1981)的图12.4,显示了北半球冬季月平均500 hPa高度相关矩阵PCA的前4个特征向量。子图右下方的百分率值显示了由相应的主分量占总方差的比例(式(12.4))。前4个主分量一起,解释了几乎一半的(标准化的)半球冬季高度场的方差。这些模态类似于图3.29中显示的相同资料的遥相关模态,显然反映了大气中潜在的相同物理过程。例如图12.4b,反映了从太平洋到西北美到北美东南部伸展的交替高度距平的PNA型。这个资料集的第二个主分量的正值,相应于东北太平洋和美国东南部负的500 hPa高度距平(槽),以及北美大陆西部和热带太平洋中部之上的正高度距平(脊)。第二个主分量的负值,产生了相反的距平模态,在北美上空有更加纬向的500 hPa气流。

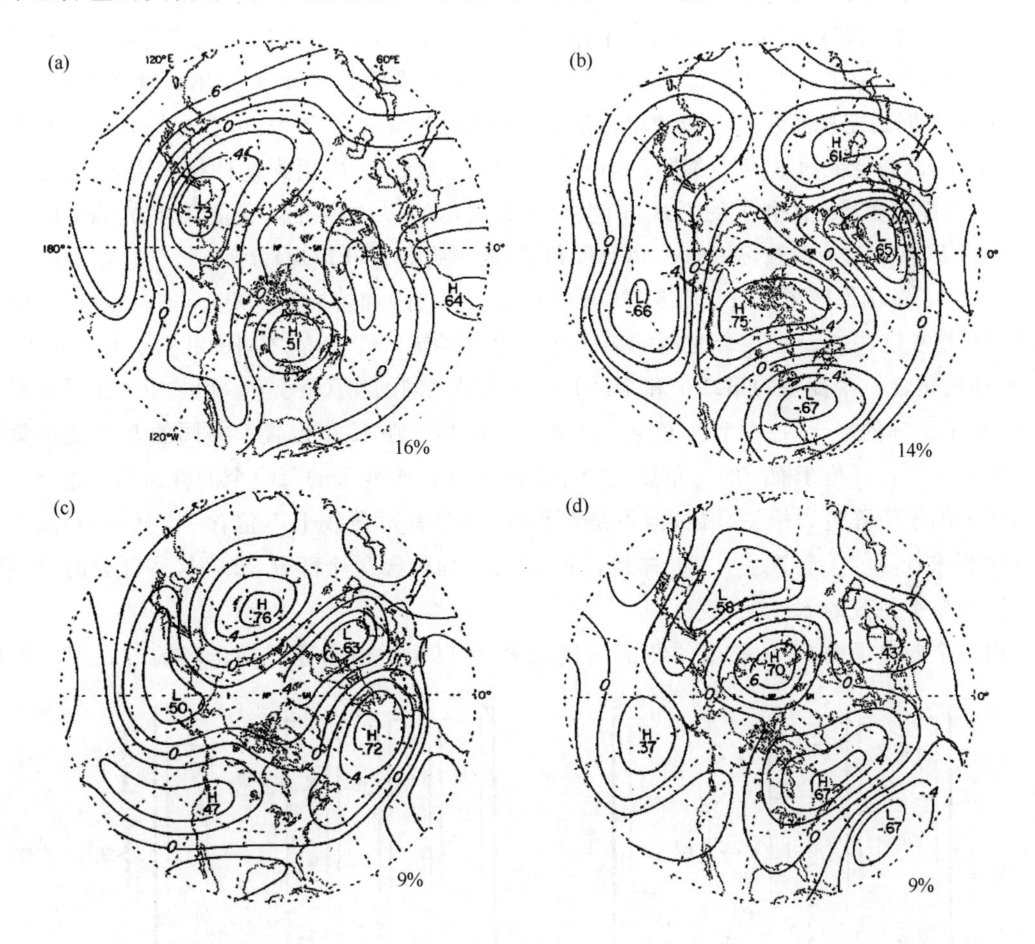

图12.4 北半球格点的1962—1977年冬季月平均的500 hPa高度的前4个特征向量的空间显示。这个PCA用高度资料的相关矩阵计算,并且进行了尺度化,因要$\| e_m \| = \lambda_m^{1/2}$。每张图右下方的百分比值是总方差的比例×100%(式(12.4))。这些模态类似于相同资料的遥相关模态(图3.29)。引自Wallace和Gutzler(1981)。

主分量分析就像刚才描述的那样,最常见的是通过计算来自$(n\times K)$资料矩阵$[X]$的$(K\times K)$协方差矩阵或相关矩阵构建。然而,这种被称为S型PCA的方法不是唯一的选择。另一种被称为T型PCA的方法,基于资料矩阵$[X]^T$的$(n\times n)$的协方差或相关矩阵。这样,在T型PCA中特征向量的元素相应于单个资料样本(这常常形成一个时间序列),而

主分量 $\boldsymbol{u}$ 涉及 K 个变量(这可能是空间点),所以这两种方法以互补的方式,描述了一个资料集的不同方面。Compagnucci 和 Richman(2008)用大气环流场比较了这两种方法。来自这两种方法的 PCA 的特征值和特征向量密切相关,如同将在第 12.6.1 节中要解释的。PCA 无论作为 S 型还是 T 型被计算,非零特征值的数量都小于 K 或 n,而对一个给定的资料集来说,无论对 S 型还是 T 型 PCA 这 $\min(K,n)$ 个特征值都是相同的。

12.2.2　多个场同时的 PCA

也可以应用 PCA 到向量值的场,这些场是在每个位置或格点有多于一个变量资料的场。这种分析相当于两个或更多个场同时的 PCA 分析。如果在 K 个格点的每一个处,存在 L 个这样的变量,那么资料向量 $\boldsymbol{x}$ 的维度,将由乘积 KL 给出。$\boldsymbol{x}$ 最初的 K 个元素是第一个变量的观测,接下来的 K 个元素是第二个变量的观测,而 $\boldsymbol{x}$ 的最后 K 个元素是第 L 个变量的观测。因为 L 个不同的变量通常用不同的单位度量,所以这些资料的 PCA 几乎总是只适合相关矩阵。那么[R]和特征向量[E]的维度为($KL \times KL$)。把 PCA 应用到这种相关矩阵,考虑这些在 K 个位置的变量之间相关的方式,产生相继最大化的 L 个标准化变量联合方差的主分量。这个联合 PCA 方法有时被称为组合 PCA(CPCA)或扩展 EOF(EEOF)分析。

图 12.5 举例说明了向量场资料 PCA 的相关矩阵(左)和特征向量矩阵(右)。[R]最前面的 K 行,是在这些位置处 L 个变量的第一个和全部的 KL 个变量之间的相关。$K+1$ 到 $2K$ 行,同样地包含 L 个变量的第二个和全部 KL 个变量之间的相关,等等。相关矩阵也可以看作为 L^2 个子矩阵的集合,每一个维度为($K \times K$),它包含了在 K 个位置上共同的 L 个变量集合之间的相关。这样位于[R]的对角线上的子矩阵包含 L 个变量的每一个的普通相关矩阵。非对角线上的子矩阵包含相关系数,但不是对称的,并且其对角线上不包含 1。然而,[R]总的对称性意味着$[R_{i,j}]=[R_{j,i}]^T$。同样地,[E]的每一列包含 L 个部分,并且这些部分的每一个包含属于单个位置的 K 个元素。

由一个向量场的 PCA 产生的特征向量元素,可以用类似于普通标量场的方式用图形显

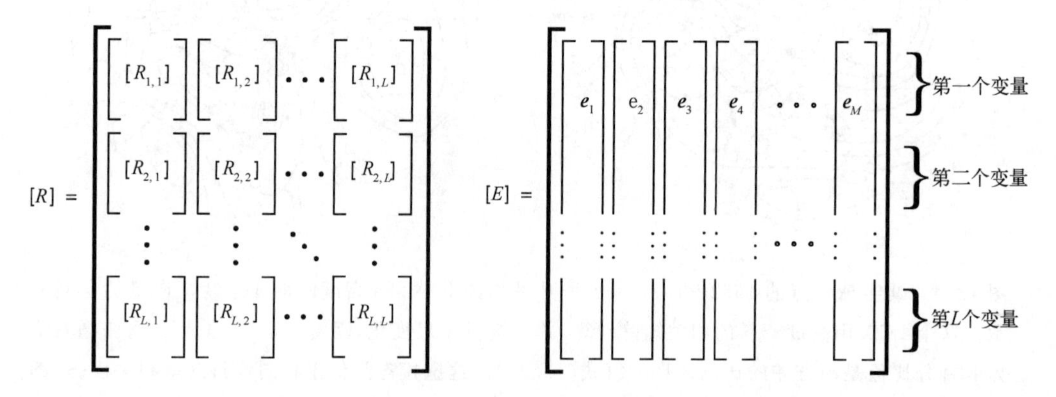

图 12.5　向量场资料 PCA 的相关矩阵和特征向量矩阵的结构示意图。原始数据由 K 个位置的每一个处的 L 个变量的多个观测组成,所以[R]和[E]的维度都是[$KL \times KL$]。相关矩阵由包含 K 个位置处 L 个变量集之间共同地相关的[$K \times K$]的子矩阵组成。位于[R]的对角线上的子矩阵是 L 个变量的每一个的普通相关矩阵。非对角线上的子矩阵包含相关系数,但不是对称的,并且对角线上不包含 1。[E]的每个特征向量列同样地由 L 个部分组成,其中的每个部分包含属于单个位置的 K 个元素。

示。这里 L 组 K 个特征向量元素的每一个在相同的基图上覆盖或画在单独的图上。引自 Kutzbach(1967)的图 12.6,对每个位置 $L=2$ 个资料值的情况举例说明了这个过程。这两个变量是北美 $K=23$ 个位置的 1 月平均海平面气压和 1 月平均温度。粗线是关于气压资料的第一个特征向量(前 23 个)元素的分析,而有阴影的虚线显示了相同特征向量的温度(后 23 个)元素的分析。相应的主分量解释 $KL=23\times2=46$ 个标准化变量联合方差的 28.6%。

除了高效地浓缩很多信息之外,图 12.6 中显示的模态也与潜在的大气物理过程一致。特别是,温度距平与由气压距平暗含的热力平流模态一致。对某个特定的 1 月来说,如果第一个主分量 u_1 是正的,那么实等值线意味着在北部和东北有正气压距平,而在西南部比平均气压低。在西海岸,这个气压模态可能导致比平均的地面西风更弱,而比平均的地面北风更强。因而发生的来自北方的冷空气平流可能产生更冷的温度,而这个冷平流由这个区域中的负温度距平反映。同样地,东南部的气压距平模态,反映可能增强来自墨西哥湾的暖空气的南方气流,导致正温度距平被显示。相反,如果 u_1 是负的,反转气压特征向量元素的符号,意味着提高东南部的西北风距平中的西风,这分别与正的和负的温度距平一致。当其符号也被反转时,这些温度距平由图 12.6 中的虚等值线和阴影表示。

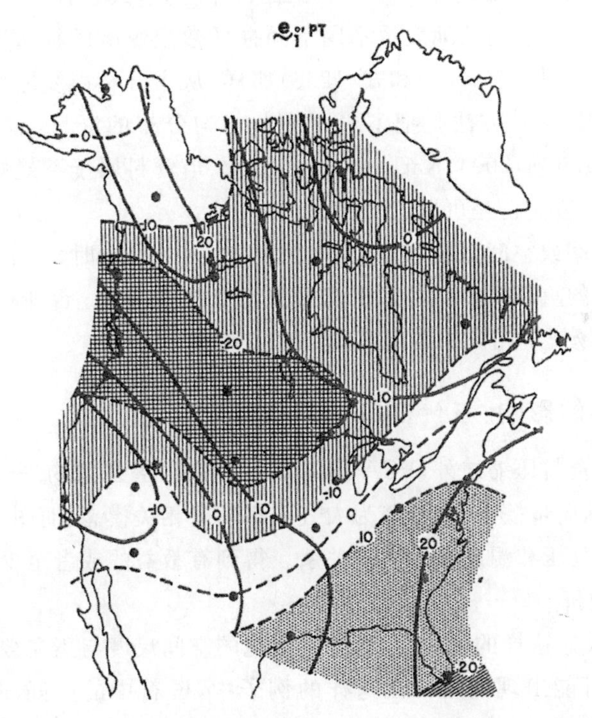

图 12.6　北美 23 个位置(圆点)1 月海平面气压和温度(46×46)相关矩阵的第一个特征向量元素的空间显示。这个相关矩阵的第一个主分量解释气压和温度的联合(标准化)方差的 28.6%。粗线是第一个特征向量的海平面气压的手工分析,而有阴影的虚线是相同特征向量的温度元素的手工分析。气压和温度描述的共同变化物理上与相应气压距平的温度平流一致。引自 Kutzbach(1967)。

图 12.6 是包括熟悉的变量的简单例子。如果我们熟悉冬季北美上空气压和温度模态的气候关系,其解释是很容易和明显的。然而,这个例子中展示的物理上的一致性(其中"正确的"答案提前已知),可以表示在探索的背景中,这种 PCA 可以揭示大气(和其他)场之间有意义的联合关系,其中关于未知的可能潜在物理机理的线索,可能隐藏在几个场之间的复杂关系中。

12.2.3 方差的尺度化考虑和均衡

复杂性出现在资料位置地理分布不均匀的场的 PCA 中(Baldwin *et al.*，2009；Karl *et al.*，1982；North *et al.*，1982)。问题是 PCA 没有关于位置空间分布的信息，或者即使知道资料向量 **x** 的元素可能属于不同的位置，但仍然得到最大化联合方差的线性组合。在资料位置集中在那个区域的意义上，**x** 中有过多代表的区域将倾向于支配分析，而资料稀疏的区域将权重不足。相反，在地球物理学场上 PCA 的目标通常是接近本质的 EOFs(Baldwin *et al.*，2009；North *et al.*，1982；Stephenson，1997)，这是实际上潜在连续场的性质，并且任何抽样模态都是独立的。

规则的经纬网格上的资料是出现这个问题的一个常见原因。这个例子中由于经线在极地汇聚，每单位面积网格点的数量，随纬度的升高而增加，所以这种格点资料的 PCA 强调高纬的特征而弱化低纬的特征。地理上平衡方差的一种方法，是把资料乘以 $\sqrt{\cos\phi}$，其中 ϕ 是纬度(North *et al.*，1982)。对正被分析的协方差或相关矩阵的每个元素，乘以 $\sqrt{\cos\phi_k}\sqrt{\cos\phi_l}$ 可以取得同样的效果，其中 k 和 l 是相应于矩阵元素的两个位置(或位置/变量组合)的指标。Baldwin 等(2009)通过定义可以简洁地表示不同空间抽样数组影响的权重矩阵，用公式更普遍地表示了这个过程。当然，像式(12.5)和式(12.6)那样，从主分量恢复原始资料的时候，这些比例缩放必须要补偿。另一种方法是把不规则或非均匀分布的资料，插值到等面积的网格上(Araneo and Compagnucci，2004；Karl *et al.*，1982)。当资料属于不规则间隔的网络，比如气候观测站，后面的这种方法也是可以应用的。

当不同空间分辨率或空间范围的多个场，用 PCA 同时分析时，一个稍微更复杂的问题出现了。这里一个额外的重新尺度化必须平衡每个场中方差的和。否则有更多网格点的场将支配 PCA，即使所有的场属于相同的地理区域。

12.2.4 区域大小的影响：布伊尔(Buell)模态

除了提供有效的资料压缩之外，PCA 的结果有时根据潜在的物理过程进行解释。例如，图 12.4 中的空间特征向量模态，被解释为大气变率的遥相关模态，而图 12.6 中的特征向量分布反映了热力平流的气压和温度场之间的关系。得到有教益的或者至少有启发的解释是计算 PCA 的一个强烈的动机。

对场资料的 PCA 做这样的解释时，当资料变化的空间尺度与正在被分析的空间域是可比较的或更大时，就有可能出现问题。在这样的例子中，资料中的空间/时间变化还可以通过 PCA 高效地表示，并且 PCA 还是资料压缩的一种有效方法。但是得到的空间特征向量模态，呈现出几乎独立于资料中根本的空间变化的特征形态。这些特征形态被称为布伊尔模态(Buell patterns)，以首先指出其存在的论文作者的名字命名(Buell，1979)。

作为一个人造的但很简单的例子，考虑表示一个正方形空间区域的 $K=25$ 个点的 5×5 的数组。假定这些点观测的资料值之间的空间相关为 $r(d)=\exp(-d/2)$，式中 d 为空间间隔。在水平和垂直方向邻近点的间隔是 $d=1$，所以显示相关 $r(1)=0.61$；对角相邻的点可能显示相关 $r(\sqrt{2}/2)=0.49$；等等。这个相关函数显示在图 12.7a 中。在整个区域相关函数是不变的，并且没有产生空间上独有的特征或变率的首选模态。其空间尺度与区域大小是可比较的，垂直方向和水平方向为 4×4 的距离单位，相应的 $r(4)=0.14$。

在这个 5×5 的区域内即使不存在变率的首选区域，但作为结果的(25×25)相关矩阵[R]的特征向量，似乎也显示存在变率的首选区域。这些特征向量的第一个解释总方差的 34.3%，显示在图 12.7b 中。它看来可能表示整个区域通常同位相的变化，但在中心有更大的振幅(变率的更大量级)。如果所有的相关是正的，那么这第一个布伊尔模态是特征向量，其计算背后在数学上是人造的，而它对除了资料变化尺度与空间区域的大小可比较或更大所含的解释之外没有更多意义。图 12.7c 和图 12.7d 中的偶极子模态，也是特有的布伊尔模态，并且由特征向量之间相互正交的限制所产生。它们不反映潜在资料中的偶极子振荡或跷跷板，其相关结构(依靠构造人工例子的方式)可能是均一的和等方向性的。这里模态为对角方向，因为这个正方形区域对面的角比对边分离的更远，但是在一个不同形状的区域中第二和第三特征向量中，典型偶极子对可能已经改为垂直和水平方向。注意第二和第三个特征向量解释方差的相等比例，所以实际上在其张开的二维空间中，可以是任何一个方向(见第 12.4 节)。其他的布伊尔模态有时在随后的特征向量中可以看到，其接下来典型地隐含－＋－或＋－＋形式的三极模态。

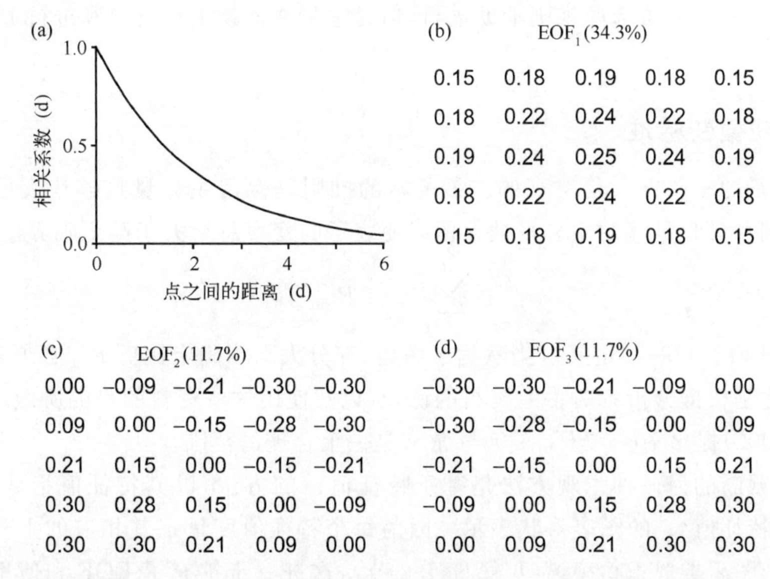

图 12.7　布伊尔模态的人造例子。资料在 5×5 的正方形网格上，水平空间间隔按照(a)中显示的空间间隔的函数展示相关系数。子图(b)－(d)显示得到的相关矩阵的前 3 个特征向量，以相同的 5×5 的空间排列显示。得到的单个中央峰(b)，和正交偶极模态对(c)和(d)，是与潜在资料的空间尺度相当或更小的人造特征。

12.3　主分量的截断

12.3.1　为什么截断主分量

数学上，存在与资料向量 $\mathbf{x}$ 的元素同样多的[S]或[R]的特征向量。然而，典型的大气资料在原始的 K 个变量之间存在大量的协方差(或相关)。这种情形意味着 $\mathbf{x}$ 中存在冗余信息，其散布矩阵的前几个特征向量位于资料的共同变率比 $\mathbf{x}$ 的任何单个元素的变率更大的方向。同样地，最后几个特征向量，将指向 $\mathbf{x}$ 的 K 维空间中资料共同展示很小变化的方向。例 12.1 使用在邻近位置测量的日温度值，举例说明了这个性质。

在原始资料 $\mathbf{x}$ 存在冗余的意义上，通过只考虑其共同变化的最重要方向，抓住其大部分方差是可能的。即，资料的大部分信息容量，可以用主分量 u_m 的某个更小的数量 $M<K$ 表示。实际上，包含 K 个变量 x_k 的原始资料集，由新变量 u_m 的更小的集合进行近似。如果 $M \ll K$，只保留前面的 M 个主分量，则会得到一个小得多的资料集。PCA 的这种资料压缩能力，经常是使用它的一个主要动机。

原始资料的截断，可以通过分解公式的截断版本，式(12.2)进行表示，式中截断的 $\mathbf{u}$ 的维度是($M\times1$)，而[E]是其列，只由[S]的前 M 个特征向量(即与最大的 M 个特征值相关的那些)组成的(非正方的 $K\times M$)矩阵。那么相应的合成式，式(12.6)，只是近似正确的，因为不使用全部 K 个特征向量，所以原始资料不可能被精确地重新合成。

资料压缩(选择尽可能小的 M)和避免过多的信息丢失(只截断主分量的一个小的数目 $K-M$)之间的平衡在哪里？不存在最优地保留主分量数目的明确准则。截断水平的选择可以通过很多可用的主分量选择规则辅助进行，但是它最终依赖手头资料和进行 PCA 目的的主观选择。

12.3.2 主观截断标准

截断主分量的一些方法是主观的。最基本的准则是保留主分量足够代表原始 $\mathbf{x}$ 方差的“充分大的比例”。即，足够的主分量被保留以使表示的变率总量大于某个临界值，

$$\sum_{m=1}^{M} R_m^2 \geqslant R_{\text{crit}}^2 \tag{12.12}$$

式中 R_m^2 如同式(12.4)一样定义。当然为了考虑“充分大”，当确定比例 R_{crit}^2 必须多大时存在困难。基本上，这是根据分析者对手上资料的认识，以及使用这些资料的目的所做的一个主观选择。Jolliffe(2002)提出 $70\% \leqslant R_{\text{crit}}^2 \leqslant 90\%$ 常常是一个合理的范围。

对主分量截断的另一种主观方法是基于特征值谱的方法，以其特征值指数 $m=1,\cdots,K$ 的函数降序的特征值 λ_m 的图表形状表示。因为每个特征值度量了其相应的主分量中代表的方差，所以这个图表类似于功率谱(见第 9.5.2 节)，这进一步扩充了 EOF 和傅里叶分析之间的共同点。

用线性纵坐标绘制的特征谱，产生了被称为*卵石图*(scree graph)的图表。当定性地使用卵石图时，目的是分开左边一个陡峭的斜坡部分和右边更平缓的斜坡部分。那么分离发生处的主分量个数取为单个的斜坡分离，或者它(或他们)十分陡峭，以至于不能明确地定位切断的 M。有时主分量截断的这种方法被称为卵石检验(scree test)，尽管这个名字意味着更客观和理论上更正确的检验，但卵石斜坡准则不包括定量的统计推断。图 12.8a 显示了表 12.1b 中总结的 PCA 的卵石图(圆环)。这是一个相对效果很好的例子，其中最后的 3 个特征向量是非常小的，在 $K=3$ 处，存在一个相当明显的弯曲，所以前 $M=3$ 个之后主分量被截断。

一种可选择但类似的方法，基于*对数特征值谱*(log-eigenvalue spectrum)或*对数特征值*(LEV)图。基于 LEV 图选择主分量截断，是根据下面的思想：即如果最后的 $K-M$ 个主分量表示无关联的噪音，那么其特征值的大小，应该随着主分量个数的增加呈指数衰减。作为其右

手边近似的直线部分,在 LEV 图中,这种行为应该是可识别的。那么这 M 个保留的主分量,可能是其对数特征值位于这条线左侧外推的那些。如以前,依赖于资料集,可能不存在或存在多于 1 个准线性的部分,而其界限不可能被清晰地定义。图 12.8b 显示了表 12.1b 中总结的 PCA 的 LEV 图。这个 LEV 图,大部分人很可能选择 $M=3$,尽管这个选择不是没有歧义的。

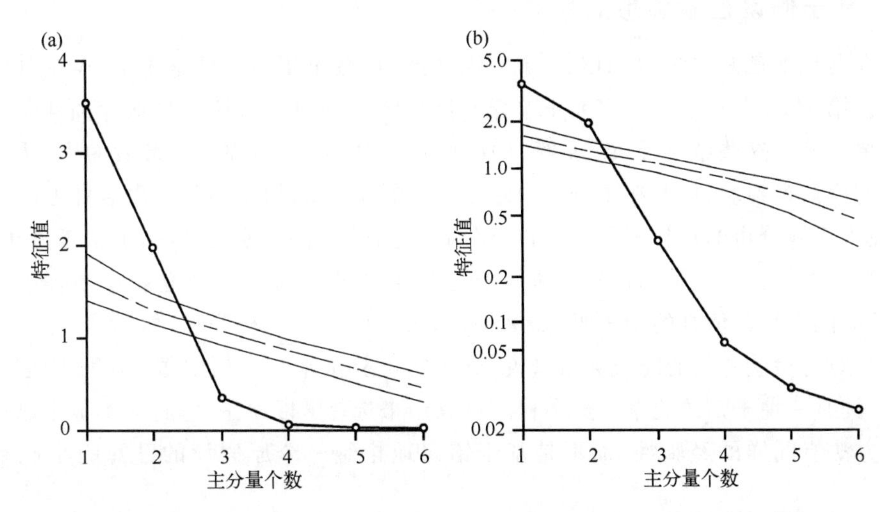

图 12.8　特征值谱的图形显示;即,特征值是主分量个数的函数(连接圆环点的更粗的线),对 $K=6$ 维分析(见表 12.1b):(a)线性尺度化或卵石图,(b)对数尺度化或 LEV 图。这个分析中卵石和 LEV 准则,都可能导致保留前 3 个主分量。两个子图中更细的线都表示必需应用 Preisendorfer 等(1981)的 Rule N 的再抽样检验结果。虚线是用与正被分析的资料相同样本大小构建的 1000 个(6×6)高斯变量的离差(距平)矩阵特征值的中位数。实线表示这些模拟的特征值分布的第 5 个和第 95 个百分位数。由于只有这两个主分量显著地比无相关结构资料得到的期望值大,所以 Rule N 指出只保留前两个主分量。

12.3.3　基于最后保留的特征值大小的标准

另一类主分量选择标准,包括聚焦于一个"重要的"特征值是多么小。这类选择规则,可以根据下面的准则进行总结:

$$\text{如果 } \lambda_m > \frac{T}{K}\sum_{k=1}^{K} s_{k,k}\text{,那么保留 } \lambda_m \tag{12.13}$$

式中 $s_{k,k}$ 是 $\boldsymbol{x}$ 的第 k 个元素的样本方差,而 T 是阈值参数。

这个思想的一个简单应用,被称为 Kaiser 准则,包括比较每个特征值(以及因此由其主分量描述的方差)与平均的特征值中反映的共同方差的数量。特征值在这个阈值之上的主分量被保留。Kaiser 准则使用了阈值参数 $T=1$ 的式(12.13)。Jolliffe(1972,2002)指出 Kaiser 准则太严格了(即,典型地是抛弃了太多的主分量)。他提出选择 $T=0.7$,常常给出一个大致正确的阈值,这个选择考虑到了抽样变化的影响。

这类截断规则中第三种可选方法是使用碎棒模型(broken stick model),之所以被称为这个名字,是因为它是基于随机破碎的单位线段的第 m 个最长段的期望长度。根据这个准则,式(12.13)中的阈值参数取为

$$T(m) = \sum_{j=m}^{K} \frac{1}{j} \tag{12.14}$$

对每个候选的截断水平，这个规则产生了一个不同的阈值——即，$T=T(m)$，所以根据式(12.14)中的阈值，在不满足式(12.13)的最小的 m 处做截断。

本小节中描述的3种标准，全都导致图12.8中的特征值谱选择 $M=2$。

12.3.4 基于假设检验思想的标准

有时在含糊的截断水平中，面对一个主观选择，自然希望有一种基于PCA统计学的更客观的方法。第12.4节描述了从多元正态样本计算的特征值和特征向量估计抽样分布的一些大样本结果。基于这些结果，Mardia等(1979)和Jolliffe(2002)描述了最后的 K-M 个特征值全都相等的原假设检验，以及在主分量截断中应该被抛弃的相应噪音。用这种方法的一个问题，出现在当正被分析的资料不是多元正态分布，并且/或者不独立时，基于正态分布的假定，可能产生严重的错误。但是用这种方法一个更困难的问题，是它通常包括诊断不独立的检验序列：最后的两个特征值真的相等吗，如果是，那么最后的3个相等吗，如果是，那么最后的四个相等吗？对与检验有关的随机数量来说，真实的检验水平与序列中每个检验所进行的名义上的水平，具有一种未知的关系。这个程序可以用来选择截断水平，它将与本节中已经给出的其他可能方法有同样的经验性，而不是基于错误地拒绝一个原假设的已知的小概率的定量选择。

基于截断准则检验的再抽样检验，经常用大气资料仿照Preisendorfer等(1981)进行。这些检验中最常用的被称为Rule N。Rule N是在包括随机生成的离差矩阵特征值分布的一系列再抽样检验的基础上，识别出被保留的最大 M 个主分量。步骤包括重复生成与正被分析的资料 $\mathbf{x}$ 有相同维度(K)和样本大小(n)的独立高斯随机数向量集合。这些随机生成的特征值，以使它们与被检验的特征值 λ_m 可比较的方式进行尺度化，例如，要求随机生成的特征值的每一个集合的和等于从资料中计算的特征值的和。然后来自真实资料的每一个 λ_m 与其人造的相对特征值的经验分布进行比较，如果它大于这些中的95%，那么该 λ_m 被保留。

图12.8子图中的细线，举例说明了为了选择主分量截断水平，Rule N的使用。虚线反映了来自用与正被分析的资料相同样本容量的独立高斯变量计算的1000个(6×6的)离差矩阵计算的特征值的1000个集合的中位数。实线表示6个特征值每个分布的第95和第5个百分位数。前两个特征值 λ_1 和 λ_2 大于其人造资料相应特征值的97.5%，因此对这些特征值来说，相应的主分量只表示噪音的原假设在2.5%的水平上被拒绝。因此，对这个资料来说，Rule N将选择 $M=2$。

对选择样本容量 n 和维数 K 来说，Rule N的95%临界值表在Overland和Preisendorfer(1982)的文献中给出。相应的大样本表，在Preisendorfer等(1981)和Preisendorfer(1988)的文献中给出。Preisendorfer(1988)注意到，如果在个别变量 x_k 中存在较大的相关，那么使用 x_k 中最小的样本容量(使用类似于式(5.12)，但适合于特征值的公式)，而不是使用高斯变量的 n 个独立向量，构建Rule N的再抽样分布可能是更合适的。关于Rule N的另一个可能的问题和其他类似的影响为资料 $\mathbf{x}$ 不是近似高斯分布。例如，$x_k{}'$的一个或多个为降水变量。在原始资料不是高斯分布的范围内，随机数生成程序，将不能精确地模拟潜在的物理过程，而检验的结果可能是易被误解的。对非高斯分布资料的一个可能的补救方法，是使用Rule N的自助(bootstrap)版本，尽管这种方法在目前为止的文献中还没有被尝试。

最后，Rule N和其他类似的截断过程遭受了与其对应参数相同的问题，即一系列的相关检验必须被诊断。例如，一个充分大的第一特征值是在其上拒绝 $\boldsymbol{x}$ 的全部 K 个元素不相关的原假设的合理背景，但是接下来以相同方式分析相应于不相关噪音的最后 $K-1$ 个特征值，对第二个原假设来说将是一个不适合的检验。已经拒绝了 λ_1 不是不同于其他特征值的原假设，对剩余的特征值来说，蒙特卡洛抽样分布不再有意义，因为它们以反映噪音的全部 K 个特征值为条件。即，如果 λ_1 多于一个随机份额，那么这些人造的抽样分布将包含太多的方差，而特征值的和被限制到等于总方差。Preisendorfer(1988)注意到 Rule N 倾向于保留非常少的主分量。

12.3.5 基于保留的主分量中结构的标准

目前为止给出的截断准则，全都涉及特征值的大小。物理上重要的主分量不一定有最大方差(即，特征值)的可能性，已经推动了一类基于物理上重要的主分量序列的期望特征的截断准则(Preisendorfer *et al*.，1981，Preisendorfer，1988)。因为进行 PCA 的大部分大气资料是时间序列(例如，在 K 个格点记录的空间场的时间序列)，一个似乎真实的假设是相应于物理上有意义的主分量应该展示时间依赖性，因为潜在的物理过程被预期展示时间依赖性。Preisendorfer 等(1981)和 Preisendorfer(1988)提出了几种这样的截断准则，检验的原假设为主分量时间序列是不相关的，使用其功率谱或其自相关函数进行检验。那么截断的主分量是这个原假设不被拒绝的那些。实践中这类截断准则好像很少使用。

12.4 特征值和特征向量的抽样性质

12.4.1 多元正态资料的渐进抽样结果

主分量分析从有限的资料样本中进行计算，具有与任何其他统计估计过程一样的抽样变化。我们对总体或潜在生成过程的真实协方差矩阵$[\Sigma]$知道很少，而是用样本协方差$[S]$对其进行估计。因此，从$[S]$计算的特征值和特征向量也是基于有限的样本进行估计，这样就存在抽样变化。对正确解释 PCA 的结果来说理解这些变化的性质是十分重要的。

本节中给出的公式必须看作为是近似的，因为它们是渐近(随 n 的增大)的结果，并且也是基于潜在的 $\boldsymbol{x}'$为多元正态分布的假定。也假定了没有成对的总体特征值是相等的，意味着(在第12.4.2节中解释的意义上)所有的总体特征向量被很好地定义。因此这些结果的正确性在大部分情况中是近似的，但是对于理解抽样性质对估计的特征值和特征向量影响的不确定性来说，它们仍然是十分有用的。

估计的特征值的抽样性质的基本结果是，在非常大样本容量的极限中，其抽样分布是无偏的，并且是多元正态的，

$$\sqrt{n}(\hat{\boldsymbol{\lambda}}-\boldsymbol{\lambda}) \sim N_K(\mathbf{0},2[\Lambda]^2) \tag{12.15a}$$

或

$$\hat{\boldsymbol{\lambda}} \sim N_K(\boldsymbol{\lambda},\frac{2}{n}[\Lambda]^2) \tag{12.15b}$$

式中 $\hat{\boldsymbol{\lambda}}$ 是估计的特征值的$(K\times1)$的向量，$\boldsymbol{\lambda}$ 是其真实值；而$(K\times K)$的矩阵$[\Lambda]^2$ 是总体的特征值矩阵对角线的平方，其元素为 $\lambda_k{}^2$。因为$[\Lambda]^2$ 是对角阵，所以 K 个估计的特征值的每一

个的抽样分布是(近似)独立的单变量高斯分布，

$$\sqrt{n}(\hat{\lambda}_k - \lambda_k) \sim N(0, 2\lambda_k^2) \tag{12.16a}$$

或

$$\hat{\lambda}_k \sim N(\lambda_k, \frac{2}{n}\lambda_k^2) \tag{12.16b}$$

然而，注意对有限的样本容量来说样本特征值中存在偏差：式(12.15)和式(12.16)是大样本近似。特别是，最大的特征值在降水中将被高估(将倾向于比其总体的最大特征值更大)，而最小的特征值将倾向于低估；随着样本容量的减少这些影响会增加(Quadrelli *et al.*，2005；von Storch and Hannoschock，1985)。

用式(12.16a)构建的标准高斯变量，提供了特征值估计相对误差分布的表达式，

$$z = \frac{\sqrt{n}(\hat{\lambda}_k - \lambda_k) - 0}{\sqrt{2}\lambda_k} = \sqrt{\frac{n}{2}}\left(\frac{\hat{\lambda}_k - \lambda_k}{\lambda_k}\right) \sim N(0,1) \tag{12.17}$$

式(12.17)意味着

$$\Pr\left\{\left|\sqrt{\frac{n}{2}}\left(\frac{\hat{\lambda}_k - \lambda_k}{\lambda_k}\right)\right| \leqslant z(1-\alpha/2)\right\} = 1-\alpha \tag{12.18}$$

这得到了第 k 个特征值 $(1-\alpha)\times 100\%$ 的置信区间

$$\frac{\hat{\lambda}_k}{1 + z(1-\alpha/2)\sqrt{2/n}} \leqslant \lambda_k \leqslant \frac{\hat{\lambda}_k}{1 - z(1-\alpha/2)\sqrt{2/n}} \tag{12.19}$$

每个样本特征向量的元素是近似无偏的，而其抽样分布是近似多元正态的。但是对特征向量的每一个来说，多元正态抽样分布的方差以相当复杂的方式依赖于所有的其他特征值和特征向量。第 k 个特征向量的抽样分布是

$$\hat{\boldsymbol{e}}_k \sim N_K\left(\boldsymbol{e}_k, [V_{\boldsymbol{e}_k}]\right), \tag{12.20}$$

其中这个分布的协方差矩阵是

$$[V_{\boldsymbol{e}_k}] = \frac{\lambda_k}{n}\sum_{\substack{i=1\\ i\neq k}}^{K}\frac{\lambda_i}{(\lambda_i - \lambda_k)^2}\boldsymbol{e}_i\boldsymbol{e}_i^T \tag{12.21}$$

式(12.21)中的加和，包括所有的 K 个特征值—特征向量对，这里通过除了第 k 对之外的 i 进行索引，协方差矩阵因此被计算。它是这些特征向量加权外积的和，所以它类似于真实的协方差矩阵(Σ)的谱分解(比较式(10.51))。但与其说只是通过相应的特征值加权，像式(10.51)一样，它们也通过那些特征值之间差值平方的倒数和，以及属于其协方差矩阵正被计算的特征向量的特征值进行加权。即，除了在量级上接近属于其抽样分布正被计算的特征向量的特征值 λ_k 与特征值 λ_i 成对的那些之外，式(12.21)的加和中矩阵的元素将是相当小的。

12.4.2　有效的多重态

对协方差矩阵特征向量的抽样误差来说，式(12.21)有两个重要的含意。第一，估计的特征向量中误差的模态类似于所有其他特征向量的一个线性组合或权重加和。第二，因为在这个权重加和中权重的大小与相应特征值之间差异的平方成反比，所以如果一个特征向量的特征值可以从其他的 $K-1$ 个特征值中很好的分开，那么这个特征向量将被相对精确地估计(抽样变化将相对较小)。相反，在量级上，类似于其他特征值的一个或多个特征向量将显示很大

的抽样变化，并且，对可比较特征值的特征向量中较大的特征向量元素来说，变化将更大。

这两个考虑因素的共同影响，是有相似特征值的一对(或更多对)特征向量的抽样分布将紧密地纠缠在一起。其抽样方差将是很大的，而其抽样误差的模态将类似于与其纠缠的特征向量的模态。净效应为相应样本特征向量的现实将是真实的总体特征向量的几乎任意的混合。它们将共同表示方差的相同量(在根据式(12.16)估计的抽样界限内)，但是这个共同方差将在它们之间被任意混合。这样的特征值－特征向量对的集合，被称为*有效退化多重态*或*有效多重态*。试图在物理上解释这样的样本特征向量，如果不是毫无希望，也将是令人沮丧的。

在其中一个特征向量相对较大，而另两个更小的几乎相等的三维多元正态分布的背景中，可以认识这个问题的根源。得到的分布类似于图 11.2 中类似于黄瓜的椭圆概率等值线。与这一个大的特征值有关的特征向量将与椭圆体的长轴排成一条线。但是这个多元正态分布在垂直于长轴的平面中(本质上)没有优势方向(在图 11.2b 中暴露面在左边的黄瓜上)。也垂直于长轴的任何垂直向量对，同样可以共同表示这个平面中的变化。根据来自这个分布的样本协方差矩阵计算，主要特征向量将与真实的特征向量(黄瓜的长轴)接近平行，因为其抽样变化是小的。根据式(12.21)，加和中的这两项都是可能是小的，因为 $\lambda_1 \gg \lambda_2 \approx \lambda_3$。另一方面，其他两个特征向量的每一个都可能遭受大的抽样变化：对应于它们的一个或另一个的式(12.21)中的项将是大的，因为$(\lambda_2-\lambda_3)^{-2}$将是大的。$\mathbf{e}_2$ 的抽样误差的模态将类似于 $\mathbf{e}_3$。因此由这两个样本特征向量表示的变化，将是由它们的两个总体的特征向量所表示变化的任意混合。

12.4.3　North 等的经验法则(大拇指标准)

特征值和特征向量的式(12.15)和式(12.20)依赖于其真实但未知的值。然而，样本估计接近真实值，所以对样本特征值接近其他样本特征值的那些特征值来说，预计有大的抽样误差。PCA 中用特征值解释可能发生的诊断中，抽样变化引起问题情况的想法，由 North 等(1982)表达为经验法则："法则简单地为，如果特征值的抽样误差$\lambda[\delta\lambda \sim \lambda(2/n)^{1/2}]$与 λ 和一个邻近的特征值之间的间距相当或者更大，那么与 λ 有关的 EOF 的抽样误差将与邻近的 EOF 的大小相当。这个解释是，如果一组真实的特征值位于互相的一个或两个 $\delta\lambda$ 之内，那么它们形成了一个'有效退化的多重态'，并且样本特征向量是真实特征向量的随机混合"。然而，根据 North 等的经验法则，定量地解释置信区间的重叠程度时，要保证谨慎(见第 5.2.2 节)。

North 等(1982)用一个有教育意义的例子，举例说明了其经验法则。它们来自一批已知的 EOF 模态，其前 4 个与其各自的特征值一起被显示在图 12.9a 中。使用完整的一批这样的模态，可以从中提取这些模态的协方差矩阵$[\Sigma]$，它们用谱分解(式(10.51))进行组合。使用$[\Sigma]^{1/2}$(见第 10.3.4 节)，来自协方差矩阵为$[\Sigma]$的一个分布的资料向量 $\mathbf{x}$ 的现实与第 11.4 节中一样被生成。图 12.9b，显示了来自 $n=300$ 个这样的人造资料向量的一个样本计算的前 4 个特征值－特征向量对，而图 12.9c，显示了 $n=1000$ 的样本计算的主要的特征值－特征向量对的一个现实。

图 12.9a 中前 4 个特征向量模态，在视觉上是截然不同的，但是其特征值是相对接近的。使用式(12.16b)和 $n=300$，4 个特征值 95％的抽样区间，是 14.02 ± 2.24，12.61 ± 2.02，10.67 ± 1.71和 10.43 ± 1.67(因为 $z(0.975)=1.96$)，其全部包括邻近的特征值。因此根据经验准则，预计样本特征向量将是这个样本容量总体特征向量的一个随机混合。图 12.9b 证实了这个预计：其中的 4 个子图的模态看来是图 12.9a 中 4 个子图的随机混合。即使真实的特

征向量未知，由于 North 等的经验法则，也可以预计到这个结论，因为图 12.9b 中邻近的样本特征值在相互的两个估计的标准误差或 $2\delta\lambda=2\hat{\lambda}\ (2/n)^{1/2}$ 之内。

对更大的样本容量来说情况稍微不同(图 12.9c)。再次使用式(12.16b)，但是 $n=1000$，4 个特征值的 95%的抽样区间是 14.02±1.22，12.61±1.10，10.67±0.93 和 10.43±0.91。这些区间显示前两个样本的 EOFs 应该相互间，以及与其他的 EOFs 的区别相当明显，但是第 3 个和第 4 个特征向量很可能还是被纠缠在一起。应用经验准则到图 12.9c 中的样本特征值表明，所有邻近的对之间的间隔近似于 $2\delta\lambda$。由更大的样本容量提供的额外的抽样精度，允许前两个真实的 EOF 模态出现，尽管样本特征向量很好地对应于其总体特征向量前可能需要一个更大的样本。

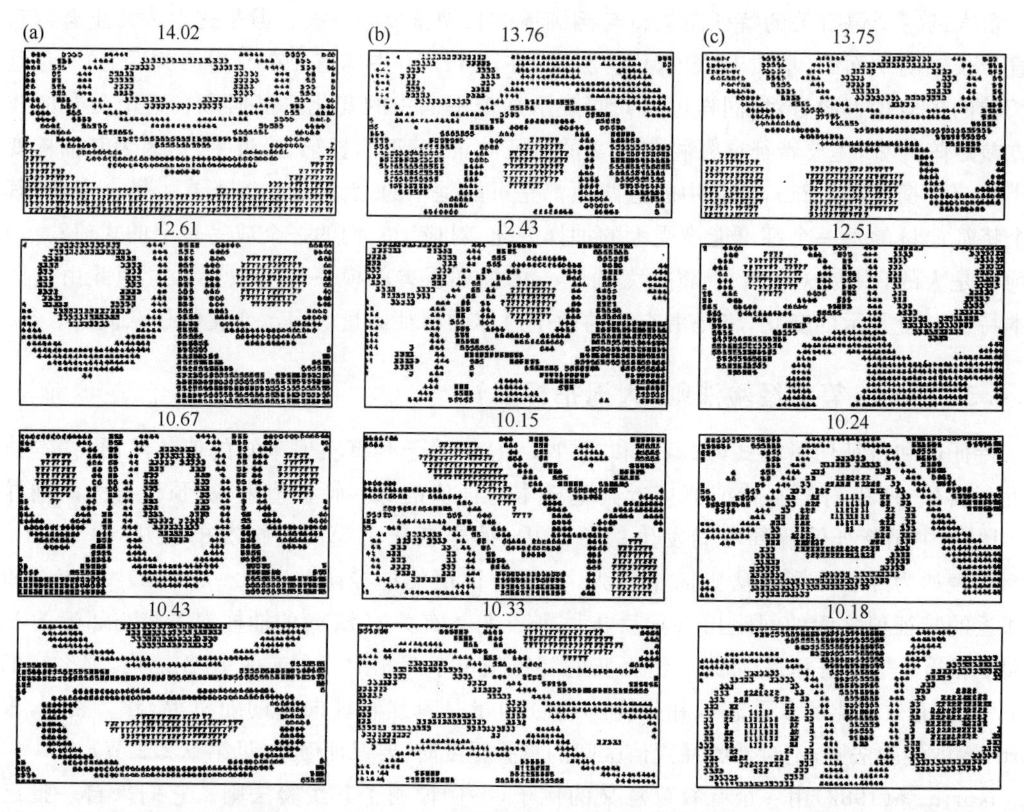

图 12.9　North 等(1982)有效退化的例子。(a)从中提取人造资料总体的前 4 个特征向量和相应特征值。(b)从 $n=300$ 的样本计算的前 4 个特征向量和相应的样本特征值。(c)从 $n=1000$ 的样本计算的前 4 个特征向量和相应的样本特征值。

在这个人造的例子中，人造的资料现实 $\mathbf{x}$ 被选择为相互独立。如果正被分析的资料是序列相关的，那么未调整的经验法则将意味着比实际例子更多的特征值被间隔，因为样本特征值抽样分布的方差将大于 $2\lambda_k{}^2/n$(如同式(12.16)给出的)。这个不一致的原因，是当从自相关的资料中计算时，不同批的样本特征值很少一致，所以定性的影响与第 5.2.4 节中对样本平均值抽样分布的描述相同。然而，式(5.12)中对抽样分布的有效样本大小的调整是不适合的，因为它们是方差。相反，与式(5.12)相对应的适合的有效样本大小(假设为 AR(1)的时间依赖性)为 $n'\approx n(1-r_1^2)/(1+r_1^2)$(Bretherton *et al.*，1999)，这意味着比式(5.12)对有效样本容量更小的极端影响。这里 r_1 对应于式(12.16)或式(12.19)相应主分量时间序列滞后 1 的自相关和式(12.21)的两个相应主分量序列自相关系数的几何平均。

12.4.4　抽样分布的自助(bootstrap)近似

第 12.4.1 节中指定的大样本容量和/或潜在的多元正态资料的条件,在某些情形中可能是非常不切实际的,以致不可实现。在这样的情形中,用自助法(见第 5.3.5 节)建立样本统计量抽样分布的较好近似是可能的。Beran 和 Srivastava(1985)及 Efron 和 Tibshirani(1993)为了产生其特征值和特征向量的抽样分布,特别描述了自助样本协方差矩阵。基本步骤,是有复位的重复再抽样潜在的资料向量 $\boldsymbol{x}$,并且产生若干大量的 n_B 个自助样本,每个样本容量为 n。n_B 个自助样本的每一个产生了[S]的一个自助现实,其特征值和特征向量可以被计算。共同地,反映了潜在的资料性质,来自各自抽样分布合理近似的特征值和特征向量的这些自助现实,可能不满足第 12.4.1 节中的那些假定。

解释这些自助分布时要小心。一个(真正的)困难来自于特征向量的符号无法唯一确定,因为在某些自助的例子中,$\boldsymbol{e}_k$ 的再抽样对应的特征向量可能为 $-\boldsymbol{e}_k$。不能纠正这样的任意符号转变,将导致特征向量元素的抽样分布巨大和无根据的扩大。当对有效的多重态再抽样时也可能出现困难,因为有多重态的方差的随机分布可能随再抽样的不同而不同,所以再抽样的特征向量与其原始的样本特征向量不可能一一对应。最后,自助过程破坏了潜在资料中存在的序列相关,这可能导致不真实的自助抽样分布。对序列相关的资料向量和标量来说,可以使用滑动块自助(Wilks,1997)。

12.5　特征向量的旋转

12.5.1　为什么旋转特征向量

需要对 PCA 的特征向量和相应主分量进行物理解释。图 12.4 和图 12.6 中显示的结果,表明这样做是有价值的。然而,对特征向量的正交性约束(式(10.48))可能导致解释时出现问题,特别是对第二个以及随后的主分量。尽管第一个特征向量的方向可以根据资料中最大变化的方向被单独确定,但是随后的向量必须与每个更高方差的特征向量正交,而不管资料物理过程的性质。在潜在物理过程不独立的意义上,相应的主分量解释为变率的独立模态将是不正确的(North,1984)。第一个主分量可能代表变率或物理过程的一个重要模态,但是它也可能适当地包括其他相关模态或过程。这样,对特征向量的正交性约束,可能导致几个截然不同的物理过程,被共同混在单个主分量中的结果。

当物理解释而非资料压缩是 PCA 的一个主要目的时,经常需要旋转初始特征向量的一个子集,变换到新坐标向量的另一个集合。通常被旋转的原始 PCA 的主要特征向量的数目 M(即,有最大的对应特征值的特征向量),用比如式(12.13)的截断准则选定 M。旋转的特征向量可能更少的倾向于来自未旋转特征向量正交限制的人造特征,比如布伊尔模态(Richman,1986)。它们也似乎比未旋转的特征向量展示了更好的抽样性质(Cheng *et al.*,1995;Richman, 1986)。Hannachi 等(2007)对 PCA 的综述文章很大章节专注于旋转。

旋转原始的特征向量存在许多步骤,但是所有步骤都是探寻在分析中产生的被称为简单结构的模态。大致说来,如果得到的旋转向量的大部分元素接近 0,那么通常理解为已经得到了简单结构,并且少数的剩余元素对应于(即,有相同指数 k)其他旋转向量中不接近 0 的元素。想得到的结果是每个旋转向量主要表示不接近 0 的元素相对应的那几个原始变量,并且原始变量的表示在与旋转主分量可能同样少的几个之间被分离。旋转特征向量的简单结构有助于旋转 PCA 的解释。

在特征向量旋转之后,定义了被称为*旋转主分量*的又一批新变量。旋转主分量作为资料向量和旋转特征向量的点积,从类似于式(12.1)和式(12.2)的原始资料中获得。它们可以解释为其相应旋转特征向量与资料向量 $\mathbf{x}$ 之间相似性的单个数字概要。依赖于用来旋转特征向量的方法,得到的旋转主分量相互之间可能不相关也可能相关。

为了改进旋转特征向量的解释和更好的抽样稳定性,要付出一定的代价。一个代价是失去了占优势的方差性质。第一个旋转主分量不再是有最大方差的原始资料的线性组合。由原始的未旋转特征向量表示的方差,被更均匀地散布在旋转的特征向量之间,所以相应的特征值谱更平直。特征向量的正交性或/和得到的主分量的不相关性或/和也丧失了。

12.5.2 旋转机理

旋转特征向量通过最初的 K 个特征向量的一个子集(M 个特征向量)的线性变换产生,

$$\underset{(K\times M)}{[\tilde{E}]} = \underset{(K\times M)}{[E]}\ \underset{(M\times M)}{[T]} \tag{12.22}$$

其中$[T]$是旋转矩阵,旋转的特征向量的矩阵通过波浪线 ~ 表示。如果$[T]$是正交的,即,如果$[T][T]^T=[I]$,那么变换式(12.22)被称为*正交旋转*,否则被称为*非正交旋转*。

为了得到简单结构,Richman(1986)列出了定义旋转矩阵的 19 种方法,但他的列表并没有穷尽所有方法。然而,到目前为止,最常使用的方法是被称为*最大方差法*(varimax)的正交旋转(Kaiser,1958)。最大方差旋转通过选择$[T]$的元素使下式最大化被确定

$$\sum_{m=1}^{M}\left[\sum_{k=1}^{K} e_{k,m}^{*4} - \frac{1}{K}\left(\sum_{k=1}^{K} e_{k,m}^{*2}\right)^2\right] \tag{12.23a}$$

其中

$$e_{k,m}^{*} = \frac{\tilde{e}_{k,m}}{\left(\sum_{m=1}^{M} \tilde{e}_{k,m}^{2}\right)^{1/2}} \tag{12.23b}$$

是旋转特征向量尺度化的版本。式(12.23a)和式(12.23b)共同定义了“标准的最大方差”,而使用未尺度化的特征向量元素$\tilde{e}_{k,m}$的式(12.23a)被称为“原始的最大方差”。在任何一种情况中,变换都是寻求最大化(尺度化的或原始的)旋转特征向量元素平方的方差和,使它们移向其最大或最小(绝对)值(为 0 和 1),并且这样趋向于简单结构。解法是迭代的,是很多统计软件包的标准要素。

特征向量旋转的结果,依赖于原始特征向量的多少个被选择用来旋转。即,旋转特征向量是不同的,比方说 $M+1$ 个而不是 M 个特征向量被旋转(例如,O'Lenic and Livezey,1988)。不幸的是,M 的最优选择问题往往不存在一个明确的答案,并且通常要做主观的选择。来自第 12.3 节中的各种截断准则是一些可用的指导,尽管这些指导产生的答案可能是不唯一的。有时使用试算法,这种方法中 M 逐渐增加,直到主要的旋转特征向量稳定——即,对 M 的进一步增加不再敏感。然而,无论如何构成一个有效多重态,包括全部特征向量或不包括任何特征向量都是有意义的,因为它们共同地携带了已经被任意混合的信息。Jolliffe(1987,1989)提

出，为了更容易地解释它们共同地表示的信息，在有效多重态内分开旋转特征向量组是有帮助的。

引自 Horel(1981)的图 12.10 展示了月平均半球冬季 500 hPa 高度的前两个旋转特征向量。使用 $T=1$ 的式(12.13)的截断准则，这些资料的相关矩阵的前 19 个特征向量被旋转。图 12.10 中的两个模态类似于从相同资料得出的前两个未旋转的特征向量(见图 12.4a 和图 12.4b)，尽管符号已经被(任意地)反转了。然而，旋转向量更符合简单结构的想法，因为图 12.10 中，半球场的较大部分是相当平坦的(接近 0)，并且每个子图更唯一地强调相应于图 3.29 中遥相关模态的 500 hPa 高度的一个特定特征。图 12.10a 中的旋转向量，主要强调西北部和西部热带太平洋的高度差异，被称为西北太平洋遥相关型。这样它代表了在这些经度 500 hPa急流的变化，对应的旋转主分量的正值，表示比平均西风更弱，而负值表示比平均西风更强。类似地，图 12.10b 中 PNA 模态异常清晰地凸显出来，旋转已经使其从图 12.4b 中明显的东半球模态中分离开了。

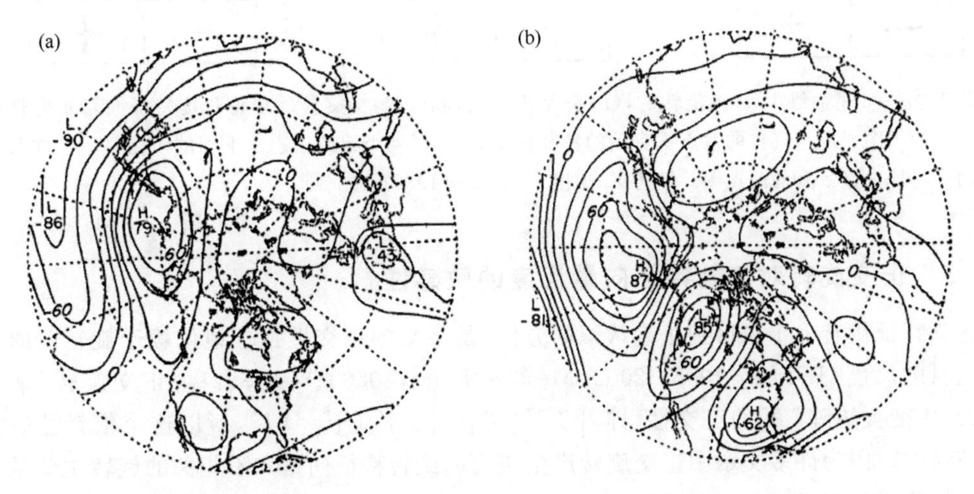

图 12.10　月平均的半球冬季 500 hPa 高度的前两个旋转特征向量的空间显示。所用资料与图 12.4 相同，但是旋转更好地隔离了变量模态，允许按照图 3.29 中的遥相关模态做更清晰的解释。引自 Horel(1981)。

图 12.11 显示了在 2 维平面中特征向量旋转的图示。每个部分上面的图，代表了由变量 x_1 和 x_2 定义的二维平面中的特征向量，而下面的图代表绘在两个“位置”x_1 和 x_2 处特征向量元素的“图”，(与图 12.4 和图 12.10 中显示的那些一样，对应于这样真实世界的图)。图 12.11a 图解了原始的未旋转特征向量的情况。第一特征向量 $\mathbf{e}_1$，被定义为资料点在其上的投影(即，主分量)有最大方差的方向，这位于两个点群(模态)之间的中间。即，它位于两组方差都大的地方，而不真正地刻画任何一个的特征。第一特征向量 $\mathbf{e}_1$ 指向 x_1 和 x_2 都为正的方向，但是更靠近 x_2，所以下面对应的 $\mathbf{e}_1$ 图对 x_2 显示了一个大的正“+”，而 x_1 显示了一个更小的正“+”。第二个特征向量被限制为与第一个正交，所以对应于大的负 x_1，和中等的正 x_2，就像下面相应的“图”所显示的。

图 12.11b 表示正交旋转的特征向量。在正交的限制内，它们近似地位于这两个点群处，尽管第一个旋转主分量的方差不再是最大的，因为 $x_1<0$ 的这三个点，在$\tilde{\mathbf{e}}_1$ 上的投影是相当小的。然而，表示大的正 x_1 的$\tilde{\mathbf{e}}_1$ 与适中但为正的 x_2 一起，在右边的两个特征向量的图中，这两

个特征的解释被提高了，而$\tilde{e}_2$ 显示了大的正 x_2 和适中的负的 x_1。图 12.11a 和图 12.11b 中所描绘的景象，分别被用来对应到图 12.4 和图 12.10 中真实世界的图。

最后，图 12.11c 图解了斜交旋转，其中作为结果的旋转特征向量，不再被限制为正交。因此，它们在方向上有更多的灵活性，并且可以更好地适应非正交资料的特征。

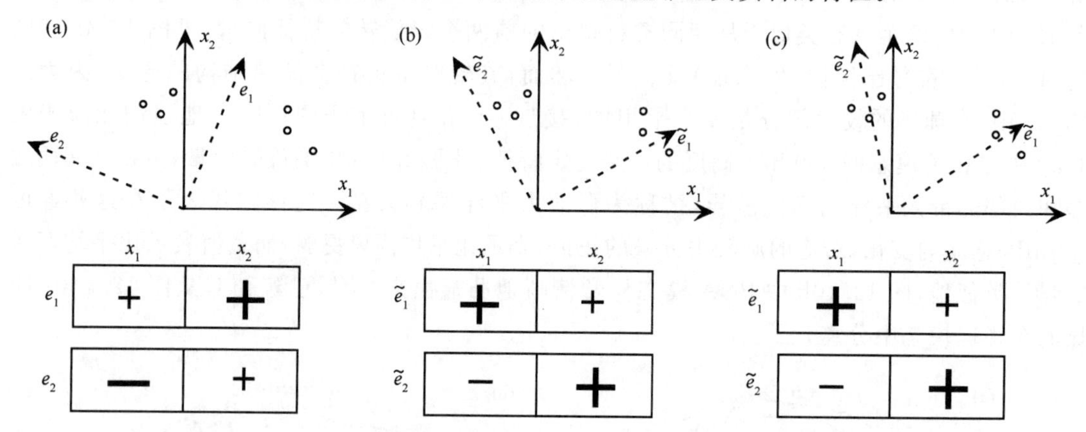

图 12.11 $K=2$ 平面维中(a)未旋转的，(b)正交旋转的，和(c)斜交旋转的单位长度特征向量示意性的比较。上面的子图显示与资料的散点图有关的特征向量，展示了两个组或模态。下面的子图显示了在每个情形中两个特征向量示意的两点图。模仿 Karl 和 Koscielny(1982)绘制。

12.5.3 正交旋转对初始特征向量尺度的敏感性

正交特征旋转一个未得到正确认识的方面，是结果的正交性强烈地依赖于旋转前的原始特征向量的尺度(Jolliffe，1995，2002；Mestas-Nuñez，2000)。因为名称“正交旋转”来自式(12.22)中变换矩阵$[T]$的正交性，即，$[T]^T[T]=[T][T]^T=[I]$，所以这个依赖性通常是令人惊讶的。因为许多文章中正交旋转产生正交的旋转特征向量和不相关的旋转主分量的不正确的结论增加了混淆。正交旋转最多得到这两个结果中的一个，但是除非旋转矩阵被应用前特征向量被正确地尺度化，否则没有一个会发生。因为对这个问题的混淆，所以对这个违反直觉的现象进行清楚的分析是值得做的。

$[S]$的特征向量可能截断的$(K\times M)$矩阵表示为$[E]$。因为这些特征向量是正交的(式(10.48))，并且最初被尺度化到单位长度，所以矩阵$[E]$是正交的，并且因此满足式(10.42b)。作为结果的主分量可以被排列为矩阵

$$\underset{(n\times M)}{[U]} = \underset{(n\times K)}{[X]}\ \underset{(K\times M)}{[E]} \tag{12.24}$$

其 n 行的每一行包含 M 个保留的主分量的值$\boldsymbol{u}_m^T$。同前，$[X]$是原始资料矩阵，其 K 列对应于原始 K 个变量的 n 个观测。未旋转的主分量的不相关性可以通过计算其协方差矩阵进行诊断，

$$\begin{aligned}(n-1)^{-1}\underset{(M\times M)}{[U]^T[U]} &= (n-1)^{-1}\Big([X][E]\Big)^T[X][E] \\ &= (n-1)^{-1}[E]^T[X]^T[X][E] \\ &= [E]^T\Big([E][\Lambda][E]^T\Big)[E] = [I][\Lambda][I] \\ &= [\Lambda]\end{aligned} \tag{12.25}$$

u_m 是不相关的,因为其协方差矩阵[Λ]是对角阵,并且每个 u_m 的方差是 λ_m。式(12.25)的第三行是从 $[S]=(n-1)^{-1}[X]^T[X]$ 的对角化(式(10.50a))和矩阵[E]的正交性得到的。

现在考虑表 12.3 中列出的 3 个特征向量的尺度化对正交旋转结果的影响。在第一个例子中,原始特征向量不用单位长度进行重新尺度化,所以旋转特征向量的矩阵简单地为

$$\underset{(K\times M)}{[\widetilde{E}]} = \underset{(K\times M)}{[E]}\ \underset{(M\times M)}{[T]} \tag{12.26}$$

正如预计的那样,这些旋转特征向量还是正交的,这可以通过计算下式进行诊断

$$\begin{aligned}[\widetilde{E}]^T[\widetilde{E}] &= \Big([E][T]\Big)^T[E][T] = [T]^T[E]^T[E][T] \\ &= [T]^T[I][T] = [T]^T[T] = [I]\end{aligned} \tag{12.27}$$

即,得到的旋转特征向量还是互相垂直的并且是单位长度。相应的旋转主分量为

$$[\widetilde{U}] = [X][\widetilde{E}] = [X][E][T] \tag{12.28}$$

其协方差矩阵为

$$\begin{aligned}(n-1)^{-1}\underset{(M\times M)}{[\widetilde{U}]^T[\widetilde{U}]} &= (n-1)^{-1}\Big([X][E][T]\Big)^T[X][E][T] \\ &= (n-1)^{-1}[T]^T[E]^T[X]^T[X][E][T] \\ &= [T]^T[E]^T\Big([E][\Lambda][E]^T\Big)[E][T] \\ &= [T]^T[I][\Lambda][I][T] \\ &= [T]^T[\Lambda][T]\end{aligned} \tag{12.29}$$

这个矩阵不再是对角阵,反映了旋转主分量不再不相关的事实。通过看图 12.1 或图 12.3 的散点图,这个结果在几何上容易识别。这些例子中,相对于原始的 (x_1,x_2) 轴,点云是倾斜的,而点云长轴倾斜的角度,根据第一个特征向量定位。在根据这两个特征向量定义的 $(\mathbf{e}_1,\mathbf{e}_2)$ 坐标系中,这个点云不再倾斜,反映了未旋转的主分量的不相关性(式(12.25))。但是相对于平面中其他任何相互正交的轴对,这些点显示出某些倾斜,因此资料在这些轴上的投影展示了某个非零的相关。

表 12.3 中第二个特征向量尺度 $\|\mathbf{e}_m\|=(\lambda_m)^{1/2}$ 经常被采用,实际上在旋转主分量的很多统计软件包中,这是默认的尺度。本节的符号中,采用这个尺度等价于旋转尺度化的特征向量矩阵 $[E][\Lambda]^{1/2}$,得到旋转的特征向量矩阵

$$[\widetilde{E}] = \Big([E][\Lambda]^{1/2}\Big)[T] \tag{12.30}$$

旋转特征向量的正交性可以通过计算下式进行检查

$$\begin{aligned}[\widetilde{E}]^T[\widetilde{E}] &= \Big([E][\Lambda]^{1/2}[T]\Big)^T[E][\Lambda]^{1/2}[T] \\ &= [T]^T[\Lambda]^{1/2}[E]^T[E][\Lambda]^{1/2}[T] \\ &= [T]^T[\Lambda]^{1/2}[I][\Lambda]^{1/2}[T] = [T]^T[\Lambda][T]\end{aligned} \tag{12.31}$$

这里第二行的等式是正确的,因为对角矩阵 $[\Lambda]^{1/2}$ 是对称的,所以 $[\Lambda]^{1/2}=\Big([\Lambda]^{1/2}\Big)^T$。相应于第二行的旋转特征向量经常被使用,表 12.3 中的尺度不是正交的,因为式(12.31)的结果不是对角矩阵。相应的旋转主分量也不是独立的。这可以通过计算也为非对角阵的方差矩阵看到;即,

$$(n-1)^{-1}\underset{(M\times M)}{[\widetilde{U}]^T[\widetilde{U}]}=(n-1)^{-1}\Big([X][E][\Lambda]^{1/2}[T]\Big)^T[X][E][\Lambda]^{1/2}[T]$$
$$=(n-1)^{-1}[T]^T[\Lambda]^{1/2}[E]^T[X]^T[X][E][\Lambda]^{1/2}[T]$$
$$=[T]^T[\Lambda]^{1/2}[E]^T\Big([E][\Lambda][E]^T\Big)[E][\Lambda]^{1/2}[T] \tag{12.32}$$
$$=[T]^T[\Lambda]^{1/2}[I][\Lambda][I][\Lambda]^{1/2}[T]$$
$$=[T]^T[\Lambda]^{1/2}[\Lambda][\Lambda]^{1/2}[T]$$
$$=[T]^T[\Lambda]^2[T]$$

表 12.3 中的第三个特征向量尺度 $\|\boldsymbol{e}_m\|=(\lambda_m)^{-1/2}$ 使用的相对较少，尽管它可能是方便的，因为对所有的主分量 u_m 它产生单位方差。得到的旋转特征向量是不正交的，因为矩阵乘积

$$[\widetilde{E}]^T[\widetilde{E}]=\Big([E][\Lambda]^{-1/2}[T]\Big)^T[E][\Lambda]^{-1/2}[T]$$
$$=[T]^T[\Lambda]^{-1/2}[E]^T[E][\Lambda]^{-1/2}[T] \tag{12.33}$$
$$=[T]^T[\Lambda]^{-1/2}[I][\Lambda]^{-1/2}[T]=[T]^T[\Lambda]^{-1}[T]$$

不是对角阵。然而，得到的旋转主分量是不相关的，因为其协方差矩阵，

$$(n-1)^{-1}\underset{(M\times M)}{[\widetilde{U}]^T[\widetilde{U}]}=(n-1)^{-1}\Big([X][E][\Lambda]^{-1/2}[T]\Big)^T[X][E][\Lambda]^{-1/2}[T]$$
$$=(n-1)^{-1}[T]^T[\Lambda]^{-1/2}[E]^T[X]^T[X][E][\Lambda]^{-1/2}[T]$$
$$=[T]^T[\Lambda]^{-1/2}[E]^T\Big([E][\Lambda][E]^T\Big)[E][\Lambda]^{-1/2}[T] \tag{12.34}$$
$$=[T]^T[\Lambda]^{-1/2}[I][\Lambda][I][\Lambda]^{-1/2}[T]$$
$$=[T]^T[\Lambda]^{-1/2}[\Lambda]^{1/2}[\Lambda]^{1/2}[\Lambda]^{-1/2}[T]$$
$$=[T]^T[I][I][T]=[T]^T[T]=[I]$$

是对角阵，并且对所有旋转主分量也表现为单位方差。

气象和气候中常见的是，PCA 的特征向量描述空间模态，而主分量反映原始资料中相应空间模态重要性的时间序列。当在这个背景中计算正交旋转主分量时，我们可以选择正交的旋转空间模态，这时旋转的主分量时间序列相关（通过使用 $\|\boldsymbol{e}_m\|=1$），或非正交的旋转空间模态，这时时间序列是相互无关的（通过使用 $\|\boldsymbol{e}_m\|=(\lambda_m)^{-1/2}$），但不能二者同时选择。并不清楚不具有这两种性质（用 $\|\boldsymbol{e}_m\|=(\lambda_m)^{1/2}$，因为被最经常地使用）的优势是什么。如果有效多重态的集合被分开旋转，不同尺度化结果的差异将很小，因为其特征值在量级上类似，导致尺度化的特征向量有类似的长度。

12.6 计算上的考虑

12.6.1 从[S]中直接提取特征值和特征向量

样本协方差矩阵[S]是实对称阵，所以总是有实的非负特征值。从实对称矩阵中，求特征值和特征向量的标准和稳定的算法，是可以得到的（如：Press *et al*.，1986），并且对计算 PCA 来说，这个方法是很好的。正如前面注解的，用相关矩阵[R]，这也是标准化变量的协方差矩

阵,计算 PCA 有时是更好的。本节中给出计算方法同样适合相关矩阵的 PCA。

可能出现的一个实际困难,是随着协方差矩阵维数的增加,需要的计算时间增加得很快。PCA 在气象或气候中的典型应用,包括在 K 个网格或空间点上,在 n 个时次的序列上观测的场,其中 $K \gg n$。典型的概念是根据 $(K \times K)$ 的协方差矩阵,这是非常大的——对 K 来说,包括数千个网格点是很常见的。使用当前(2010 年)可用的快速工作站,求解这么多特征值-特征向量需要的计算机时间可能是很多个小时。然而因为 $K > n$,样本协方差矩阵是奇异的,意味着其特征值的最后 $K-n$ 个为 0。对这些 0 特征值和其相关的任意特征向量,计算近似数值是没有意义的。

在这种情况中,幸运地是可以用一个计算技巧,集中计算精力在 n 个非零特征值及其相关的特征向量上(von Storch and Hannoschöck,1984)。回想 $(K \times K)$ 的协方差矩阵 $[S]$ 可以用式(10.30)从中心化的资料矩阵 $[X]$ 中计算。颠倒时间和空间点的角色,我们也可以计算 $(n \times n)$ 的协方差矩阵

$$\underset{(n\times n)}{[S^*]} = \frac{1}{n-1}\underset{(n\times K)}{[X']}\underset{(K\times n)}{[X']^T} \tag{12.35}$$

$[S]$ 和 $[S^*]$ 都有相同的 $\min(n,K)$ 个非零特征值,$\lambda_k = \lambda_k^*$,所以如果它们是从更小的矩阵 $[S^*]$ 中进行计算,需要的计算时间可能短得多。即,关于 $(K \times K)$ 样本协方差矩阵 $[S]$ 的 S 型 PCA 的特征值,可以通过关于 $(n \times n)$ 样本协方差矩阵 $[S^*]$ 的 T 型 PCA 计算,在通常的 $K \gg n$ 的情况中后面的这个计算快得多。

$[S]$ 和 $[S^*]$ 的特征向量是不同的,但是 $[S]$ 的主要的(即,有意义的)特征向量可以用下式从 $[S^*]$ 的特征向量 $\boldsymbol{e}_k^*$ 中计算

$$\boldsymbol{e}_k = \frac{[X']^T \boldsymbol{e}_k^*}{\| [X']^T \boldsymbol{e}_k^* \|}, \quad k = 1, \cdots, n \tag{12.36}$$

分子和分母中乘法的维数都是 $(K \times n)(n \times 1) = (K \times 1)$,而分母的作用是确保得到的 $\boldsymbol{e}_k$ 有单位长度。

12.6.2　通过 SVD 做 PCA

PCA 中特征值和特征向量,也可以用两种方式用 SVD(奇异值分解)算法(见第 10.3.5 节)计算。第一种,正如例 10.5 中举例说明的,协方差矩阵 $[S]$ 的特征值和特征向量,可以通过矩阵 $(n-1)^{-1/2}[X']$ 的 SVD 计算,其中中心化的 $(n \times K)$ 资料矩阵 $[X']$ 通过式(10.30)被关联到协方差矩阵 $[S]$。在这个例子中,$[S]$ 的特征值是 $(n-1)^{-1/2}[X']$ 的奇异值的平方——即,$\lambda_k = \omega_k{}^2$——并且 $[S]$ 的特征向量与 $(n-1)^{-1/2}[X']$ 的右奇异向量相同——即 $[E] = [R]$,或 $\boldsymbol{e}_k = \boldsymbol{r}_k$。

这样用 SVD 计算 PCA 的一个好处,是左奇异向量(式(10.68)中 $(n \times K)$ 矩阵 $[L]$ 的列)与主分量(即,中心化的资料向量 $\boldsymbol{x}_i'$ 在特征向量 $\boldsymbol{e}_k$ 上的投影)成比例。特别是,

$$u_{i,k} = \boldsymbol{e}_k^T \boldsymbol{x}'_i = \sqrt{n-1}\, l_{i,k} \sqrt{\lambda_k}, \quad i = 1, \cdots, n; k = 1, \cdots, K \tag{12.37a}$$

或

$$\underset{(n\times K)}{[U]} = \sqrt{n-1}\ \underset{(n\times K)}{[L]}\,[\Lambda]^{1/2}_{(K\times K)} \tag{12.37b}$$

这里矩阵 $[U]$ 在与第 12.5.3 节中相同的意义上使用;即,其 K 列的每一列包含对应于 n 个资

料值 $x_i, i=1,\cdots,n$ 序列的主分量序列 u_k。

通过直接在协方差矩阵上运算 SVD 算法,也可以用来计算 PCA。对正方对称阵的谱分解(式(10.50a))和其 SVD(式(10.68))进行比较,很明显这些分解完全相同。特别是,因为协方差矩阵[S]是正方的对称阵,其 SVD 的左和右矩阵相等,并且包含特征向量;即,$[E]=[L]=[R]$。另外,奇异值的对角阵正好是特征值的对角阵,$[\Lambda]=[\Omega]$。

12.7 PCA 另外的一些应用

12.7.1 奇异谱分析(SSA):时间序列的 PCA

主分量分析也可以应用到标量或多元时间序列。时间序列分析的这种方法被称为奇异谱分析(singular spectrum analysis)和奇异系统分析(singular systems analysis)(两种情况都简称 SSA)。比这里介绍的更完整的 SSA 的发展可以在 Broomhead 和 King(1986)、Elsner 和 Tsonis(1996)、Ghil 等(2002)、Golyandina 等(2001)、Vautard 等(1992)及 Vautard(1995)的文献中找到。

SSA 根据标量时间序列 $x_t, t=1,\cdots,n$ 最容易理解;尽管推广到向量 $\mathbf{x}_t$ 的多元时间序列是相当直接的。作为 PCA 的一个变种,SSA 包括从协方差矩阵中求解特征值和特征向量。这个协方差矩阵由在一个时间序列上通过长度为 M 的延迟窗,或强加一个嵌入维从一个标量时间序列中计算。图 12.12 图解了这个过程。对 $M=3$,前面的 M 维资料向量 $x_{(1)}$ 由标量时

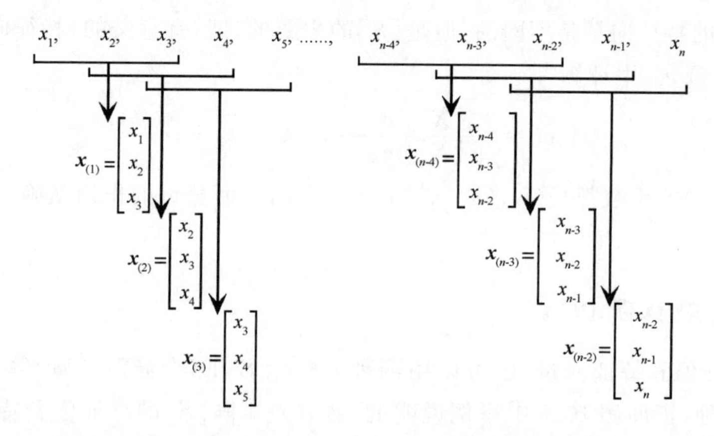

图 12.12 由在标量时间序列 x_t 的连续成员上通过一个嵌入维数 $M=3$ 的延迟窗,向量时间序列 $x_{(t)}, t=1,\cdots,n-M+1$ 的构建图解。

间序列的前 3 个成员组成,$x_{(2)}$ 由标量时间序列接下来的 3 个成员组成,等等,产生了总数为 $n-M+1$ 个重叠的滞后资料向量。

如果时间序列 x_t 是协方差平稳的,即,如果其平均值、方差和滞后相关不随时间变化,滞后时间序列向量 $x_{(t)}$ 的$(M\times M)$的总体协方差矩阵,呈现了一个被称为托普利兹(Toeplitz)的特别的带状结构,其中元素 $\sigma_{i,j}=\gamma_{|i-j|}=E[x'_t x'_{t+|i-j|}]$被排列在对角的平行带中。即,作为结果的协方差矩阵的元素,来自于自协方差函数(式(3.35))(的右上和左下部),以升序远离主对角线滞后排列。主对角线上全部元素是 $\sigma_{i,i}=\gamma_0$;即为方差。邻近主对角线的元素都等于 γ_1,反映了以下事实,例如,图 12.12 中向量 $x_{(t)}$ 的第一个和第二个元素之间的协方差与第二和

第三个元素之间的协方差相同。通过一个位置从主对角线分开的元素全都等于 γ_2，等等。因为样本时间序列在开始和结尾的边缘效应，所以样本协方差矩阵可能只近似于托普利兹矩阵，尽管计算 SSA 之前，有时强制要求为对角地带状的托普利兹结构(Allen and Smith, 1996; Elsner and Tsonis, 1996)。

因为 SSA 是一种 PCA，所以应用了相同的数学计算。特别是，主分量是依据特征向量资料的线性组合(式(12.1)和式(12.2))。分解运算与合成或来自主分量的所有(式(12.15))或某些(式(12.16))资料的近似合成相反。SSA 的不同来自于资料的不同性质，以及关于特征向量和主分量解释的不同性质的含意。特别是，资料向量是时间序列的片段，而不是更通常的在一个时刻值的空间分布，所以 SSA 中的特征向量代表由资料展示的特征时间模态，而不是特征空间模态。因此，SSA 中的特征向量，有时被称为 T-EOFs。因为重叠的时间序列段 x_t 自身发生在一个时间序列中，所以主分量与式(12.11)中一样也有一个时间排序。这些时间主分量 u_m 或 T-PCs 表示相应的时间序列片段 x_t 与相应的 T-EOF(e_m)的相似程度。因为资料是原始时间序列的连续片段，所以主分量是这些时间序列片段的线性组合，权重由 T-EOF 的元素给出。T-PCs 是相互无关的，但是通常单个 T-PC 将展示时间的自相关。

SSA 和时间序列的傅里叶分析之间的相似是特别强的，T-EOFs 相应于正弦和余弦函数，而 T-PCs 相应于振幅。然而，存在两个主要差异。第一，傅里叶分解中的正交基函数是固定的谐波函数，而 SSA 中的基函数是适应资料的 T-EOFs。因此，在需要更少的基函数表示时间序列方差比例的意义上，SSA 可能比傅里叶分析更有效。类似地，傅里叶振幅是独立于时间的常数，但是 SSA 的对应者 T-PCs 是时间的函数。因此 SSA 可以表示在时间上局部的时间变化，所以不必提及整个时间序列。

与傅里叶分析一样，SSA 可以检测和表示潜在资料序列中的振荡或准振荡特征。时间序列中周期或准周期的特征在 SSA 中由 T-PCs 对及其相应特征向量表示。这些对有相等或几乎相当的特征值。由这些特征向量对表示的特征时间模态有相同的(或非常类似的)形态，但是在时间上偏移四分之一周期(与一对正弦和余弦函数一样)。但是不像正弦和余弦函数，这些 T-EOFs 对呈现了由潜在资料中的时间模态确定的形态。使用 SSA 的动机是在探索的基础上搜寻时间序列中可能的周期，这些周期形式上可能是间断的和/或非正弦的。这类特征实际上通过 SSA 被辨识，但是分析中，只来自抽样变化的错误周期也容易出现(Allen and Robertson, 1996; Allen and Smith, 1996)。

SSA 中需要重点考虑的是窗距离或嵌套维数 M 的选择。很明显，这种分析不能表示比这个长度更长的变化，尽管选择太大的值会导致从其中估计协方差矩阵的样本容量 $n-M+1$ 较小。随着 M 的增加，计算的花费也迅速增加。通常的经验准则是适当的样本容量可以取为 $M<n/3$，而在解释 $M/5$ 和 M 之间周期的时间变化时，这种分析是成功的。

例 12.3　一个 AR(2)序列的 SSA

图 12.13 显示了来自参数 $\phi_1=0.9$，$\phi_2=-0.6$，$\mu=0$ 和 $\sigma_\varepsilon=1$ 的 AR(2)过程(式(9.27))的一个 $n=100$ 个点的现实。这是一个纯随机的序列，但是参数 ϕ_1 和 ϕ_2 以允许展示准周期过程的方式被选择。即，对这个序列来说存在振荡倾向，尽管这个振荡关于其频率和位相是不规则的。这个 AR(2)过程的谱密度函数包括在图 9.21 中，显示在接近 $f=0.15$ 的中心处有一个最大值，在 $\tau=1/f\approx6.7$ 时间步附近对应了一个典型周期。

使用 SSA 分析时间序列，需要选择延迟窗宽度 M，它应该是足够宽以至于能抓住感兴趣

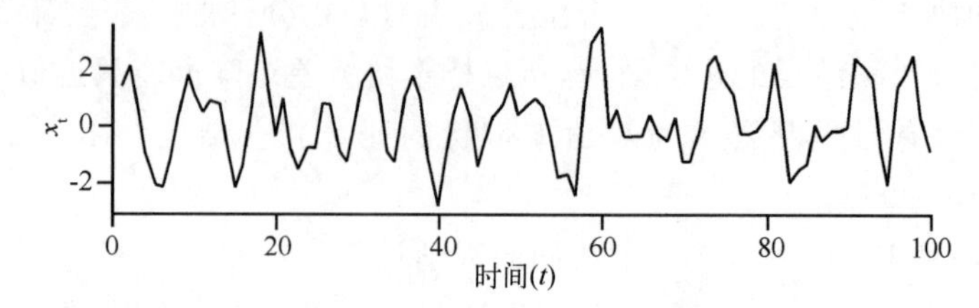

图 12.13　来自 $\phi_1=0.9,\phi_2=-0.6$ 的 AR(2)过程的 $n=100$ 个点的现实。

的特征，然而对适当稳定的协方差估计计算来说又足够短。对窗宽度 $M/5<\tau<M<n/3$ 来说，结合经验准则，可接受的选择是 $M=10$。这个选择产生了 $n-M+1=91$ 个长度 $M=10$ 的重叠的时间序列段 $\boldsymbol{x}_t$。

对 91 个资料向量 $\boldsymbol{x}_t$ 的这个样本以常规方式计算协方差得到(10×10)的矩阵

$$[S]=\begin{bmatrix} 1.792 & & & & & & & & & \\ 0.955 & 1.813 & & & & & & & & \\ -0.184 & 0.958 & 1.795 & & & & & & & \\ -0.819 & -0.207 & 0.935 & 1.800 & & & & & & \\ -0.716 & -0.851 & -0.222 & 0.959 & 1.843 & & & & & \\ -0.149 & -0.657 & -0.780 & -0.222 & 0.903 & 1.805 & & & & \\ 0.079 & -0.079 & -0.575 & -0.783 & -0.291 & 0.867 & 1.773 & & & \\ 0.008 & 0.146 & -0.011 & -0.588 & -0.854 & -0.293 & 0.873 & 1.809 & & \\ -0.199 & 0.010 & 0.146 & -0.013 & -0.590 & -0.850 & -0.289 & 0.877 & 1.809 & \\ -0.149 & -0.245 & -0.044 & 0.148 & 0.033 & -0.566 & -0.828 & -0.292 & 0.874 & 1.794 \end{bmatrix} \tag{12.38}$$

为了清楚，这个对称矩阵只有下三角的元素被显示。因为有限样本的边缘效应，这个协方差矩阵是近似的，而不是精确的托普利兹矩阵。主对角线上的 10 个元素只是近似相等，而每一个估计的真实的滞后 0 的自协方差 $\gamma_0=\sigma_x^2\approx2.29$。同样地，第二对角线上的 9 个元素是近似相等的，每一个估计的滞后 1 的自协方差 $\gamma_1\approx1.29$，第三对角线上的 8 个元素估计的滞后 2 的自协方差 $\gamma_2\approx-0.21$，等等。资料中的准周期性，反映在滞后 3 处大的负自协方差和随后的自协方差函数中的衰减振荡。

图 12.14 显示了式(12.38)中协方差矩阵的前 4 个特征向量及其相关的特征值。这些特征向量的前两个(见图 12.14a)可以关联到几乎相等的特征值，在形状上非常类似，并且通过相应于图 9.21 中谱峰中间周期 τ 的大约四分之一被隔离开。它们一起代表了图 12.13 中资料序列的显著特征，即，临近的峰和顶点由 6 或 7 个时间单位隔离开的准周期行为。

图 12.14b 中的第三和第四个 T-EOFs 表示图 12.13 中时间序列的其他非周期成分近似。不像图 12.14a 中的主 T-EOFs，它们不是互相偏移的图像，并且没有近似相等的特征值。图 12.14 中的 4 个模态一起代表了 10 个元素时间序列段内方差的 83.5%(但是不包括与更长时间尺度有关的方差)。

Ghil 等(2002)用南方涛动指数(见图 3.14)给出了 SSA 类似的扩展例子。

扩展 SSA 到被称为多通道 SSA，或 MSSA 的多个(即向量)时间序列的同时分析，在概念上是直接的(Ghil *et al.*，2002；Plaut and Vautard，1994；Vautard，1995)。SSA 和 MSSA 之间的关系，类似于单个场的普通 PCA 和多个场的同时 PCA，与第 12.2.2 节中描述的一样。

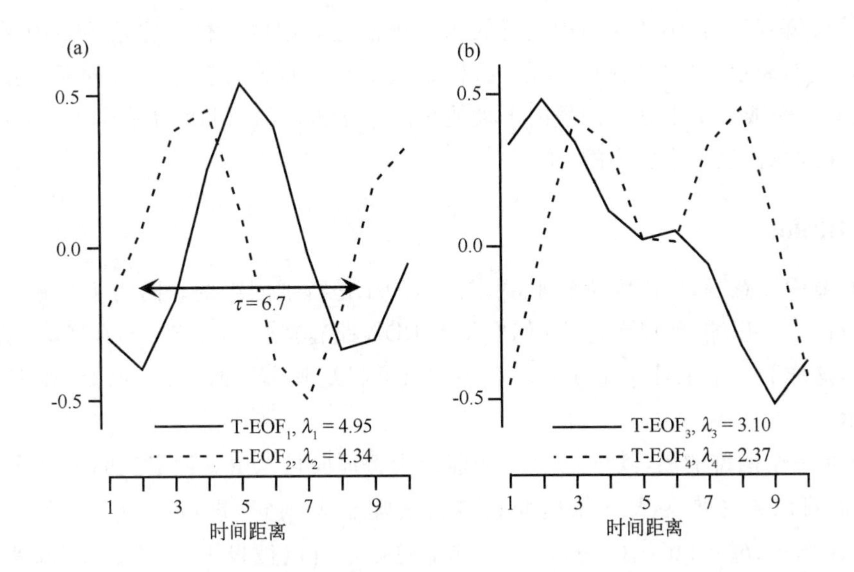

图 12.14 式 12.38 中协方差矩阵的前两个特征向量(a)和第三和第四个特征向量(b)。

MSSA 中的多通道可以是在时刻 t 表示空间场的 K 个网格点，这个例子中相应于延迟窗宽度 M 的时间序列段将被编入($KM\times 1$)的向量 x_t，得到从其中求解时空特征值和特征向量(ST-EOFs)的($KM\times KM$)的协方差矩阵。这样的矩阵的维数可能变得难以处理。一种解决方法(Plaut and Vautard，1994)是首先计算空间场的普通 PCA，然后提供前几个主分量到 MSSA。在这个例子中，每个通道对应于最初的资料压缩步骤中计算的一个空间主分量。Vautard (1995)和 Vautard 等(1996，1999)描述了通过预报时空主分量基于 MSSA 的场预报，然后通过截断合成重构预报场。

12.7.2 主分量回归

在多元线性回归中可能出现的病态(见第 7.2.8 节)是强相互关联的一批预报因子变量，可以导致不稳定回归关系的计算，从这个意义上，估计的回归参数的抽样分布可能有很高的方差。在估计回归参数联合抽样分布协方差矩阵的式(10.40)的背景中，可以认识这个问题。这个式子依赖于与预报因子的协方差矩阵$[S_x]$成比例的矩阵$[X]^T[X]$的逆。预报因子之间非常强的相互关系导致其协方差矩阵($[X]^T[X]$)接近是奇异的，或其行列式(近似为 0 的意义上)是很小的。那么其逆($[X]^T[X]$)$^{-1}$是巨大的，并且在式(10.40)中使协方差矩阵$[S_b]$膨胀。结果是作为抽样变化的结果估计的回归参数可能离正确值非常远，致使拟合的回归方程对独立资料执行得很差。预报区间(基于式(10.41))也被夸大。

补救这个问题的一种方法是，首先变换预报因子为主分量，因为主分量之间的相关为 0。因而*主分量回归*是方便实用的，因为不相关的预报因子可以被加入或剔除试验的回归方程，而不影响其他主分量预报因子的贡献。在主分量回归中，如果全部主分量被保留，那么相比于传统的最小二乘拟合到整个预报因子集没有任何优势。然而，Jolliffe(2002)指出如果存在复共线性，那么就会与最小特征值的主分量有关。因而，复共线性的影响，特别是对估计参数膨胀的协方差，原则上可以通过截断与非常小的特征值有关的最后的主分量被去掉。

与主分量回归有关的几个问题。作为预报因子被保留的主分量，在正被分析的问题的背景中除非是可解释的，否则从回归中获得的认识可能是有限的。根据原始预报因子用合成式(式(12.6))重新表示主分量回归是可能的，但是这个结果将通常包括所有的原始预报因子变量，即使只有一个或几个主分量预报因子被使用。这个再造的回归将是有偏差的，尽管方差常常小得多，导致总体上一个更小的 MSE。

12.7.3 Biplot

第 3.6 节中注意到，对高维资料来说，图形 EDA 是特别困难的。因为主分量分析擅长于用最小维数做资料压缩，所以考虑应用 PCA 到 EDA 是自然的。由 Gabriel(1971)最早提出的 biplot，就是这样的一个工具。在 biplot 中"bi-"指资料矩阵[X]的 n 行(观测)和 K 列(变量)的同时表示。

Biplot 是一个两维的图，其轴是[S_x]的前两个特征向量。由变量定义的 K 维资料空间的每个坐标轴，可以被考虑为表示相应变量方向的单位基向量；即，$\boldsymbol{b}_1^T=[1,0,0,\cdots,0]$，$\boldsymbol{b}_2^T=[0,1,0,\cdots,0]$，$\cdots$，$\boldsymbol{b}_K^T=[0,0,0,\cdots,1]$。这些基向量也可以被投影在定义 biplot 平面的两个主特征向量上；即

$$\boldsymbol{e}_1^T\boldsymbol{b}_k = \sum_{k=1}^{K} e_{1,k}b_k \tag{12.39a}$$

和

$$\boldsymbol{e}_2^T\boldsymbol{b}_k = \sum_{k=1}^{K} e_{2,k}b_k \tag{12.39b}$$

因为每个基向量 $\boldsymbol{b}_k$ 的每个元素，除了第 k 个外都为 0，这些点积只是两个特征向量的第 k 个元素。因此，K 个基向量 $\boldsymbol{b}_k$ 都通过相应特征向量元素给出的坐标被定位在 biplot 上。因为资料值及其原始坐标轴都以相同方式投影，所以 biplot 等于包括坐标轴的资料的全部 K 维散点图在由前两个特征向量定义的平面上的投影。

图 12.15 显示了表 A.1 中 1987 年 1 月标准化到 0 平均值和单位方差后，$K=6$ 维的 biplot，所以 PCA 适合它们的相关矩阵[R]。表 12.1b 中给出了这些资料的 PCA。6 个原始基向量的投影(为了清楚，不再画式(12.39)中的实际投影，但是有恰当的相对量级)，由从原点发散的线段表示。"P"，"N"和"X"分别表示降水，最低温度和最高温度，而下标"I"和"C"表示伊萨卡(Ithaca)和卡南戴挂(Canandaigua)。立刻变得很明显，在两个位置对应于相似变量的线对几乎朝向相同的方向，而温度变量的朝向几乎与降水变量垂直。近似地(因为描述的方差是 92%而不是 100%)，这 6 个变量之间的相关等于 biplot 中相应线之间角度的余弦(比较表 3.5)，所以朝向非常类似的变量形成了自然分组。

n 个资料点的散布，不仅以一种潜在可理解的方式描述了它们的 K 维行为，而且它们的解释，由变量方向间的关系被进一步展示。图 12.15 中大部分点几乎是水平朝向，有一个大约在最低和最高温度变量角度间的中间稍微地倾斜，并且与降水变量垂直。这些是相应于小的或 0 降水的天，其主要的变量特征涉及温度差异。它们大部分位于原点的下面，因为平均降水是 0 之上稍微一点，而降水变量几乎是垂直朝向的(即，它们相应于接近第二个主分量)。朝向图右方的点，其朝向类似于温度变量，代表相对暖的天(有很少的降水或没有降水)，而向左的点是冷天。集中最冷天的日期，我们可以看到这些最冷的天出现在一个过程中，将近月末。最后，资料点的散布表明 biplot 上部的几个值不同于剩余的观测，而是允许我们看到这些由大的

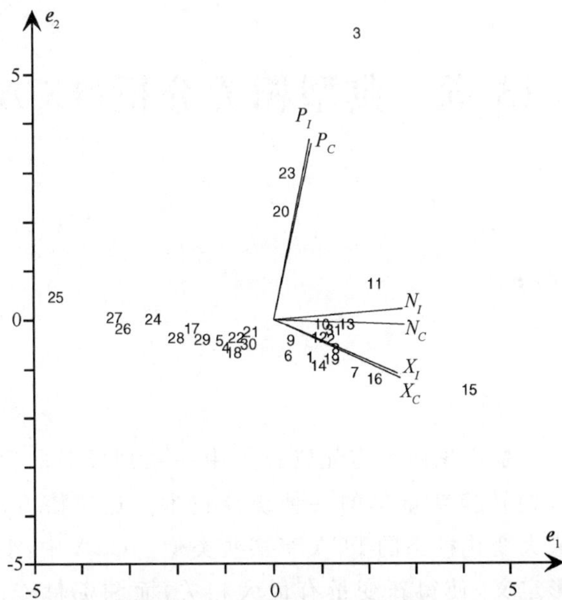

图 12.15　表 A.1 中 1987 年 1 月资料标准化后的 biplot。P=降水，X=最高温度，N=最低温度。标有数字的点指相应的日历日期。该图是全部 6 维散点图在由前两个主分量定义的平面上的投影。

降水正值产生的变量的同时显示。

12.8 习题

12.1　使用习题 10.6 中的信息：

a. 计算 1 月 1 日和 1 月 2 日第一主分量的值。

b. 估计第一主分量的全部 31 个值的方差。

c. 第一主分量可以解释最高温度总变率的多少比例？

12.2　表 A.3 中数据的主分量分析得到三个特征向量 $e_1^T=[0.593,0.552,-0.587]$，$e_2^T=[0.332,-0.831,-0.446]$，$e_3^T=[0.734,-0.069,-0.676]$，每个向量中的 3 个元素分别属于温度、降水和气压。相应的 3 个特征值为 $\lambda_1=2.476$，$\lambda_2=0.356$，$\lambda_3=0.169$。

a. 这个分析是使用协方差矩阵还是相关矩阵做的呢？你怎么判断出来的呢？

b. 根据 Kaiser 准则，Jolliffe 准则和碎棒模型，应该保留几个主分量？

c. 使用前两个主分量，重构 1951 年的数据。

12.3　使用习题 12.2 中的信息：

a. 计算特征值的 95%置信区间，假设为大样本并且是多元正态数据。

b. 使用 North 等的经验法则诊断特征值的分离情况。

12.4　使用习题 12.2 中的信息，计算特征向量矩阵为正交旋转，如果

a. 得到的旋转特征向量是正交的。

b. 得到的主分量是不相关的。

12.5　使用式 10.70 中的 SVD 找到表 A.1 中最低温度数据第一主分量的前 3 个值。

12.6　使用习题 12.2 中的信息，对表 A.3 中的数据构建 biplot 图。

第 13 章 典型相关分析(CCA)

13.1 CCA 基础

13.1.1 回顾

典型相关分析(CCA)是辨识两个多元资料集中一系列成对的模态,以及通过投影原始资料到这些模态上构建转换变量集的一种统计技术。这样该方法与在单个多元资料集内搜寻代表资料中最大变化模态的 PCA 有某些类似。CCA 中,变量被选择为,根据两个资料集在其上的投影定义,使得新变量有最大相关,而和资料辨识的任何其他模态上的投影不相关。即,CCA 辨识出使两个资料集之间关系最大化的新变量,这与 PCA 中辨识单个资料集内的内部变率描述的模态形成对比。在这个意义上,CCA 被称为"双管的"PCA。

CCA 也可以看作为向量值的预报变量 $\boldsymbol{y}$ 扩展到多元回归的例子(Glahn,1968)。普通的多元回归,找到使点积 $\boldsymbol{b}^T\boldsymbol{x}$ 和标量预报量 y 之间相关最大化的预报因子变量的向量 $\boldsymbol{x}$ 的权重平均或模态。普通的回归中,向量 $\boldsymbol{b}$ 的元素是用第 7.2 节中描述的方法计算的最小二乘回归系数,而 $\boldsymbol{b}^T\boldsymbol{x}$ 是被称为 y 的预报值或 $\hat{y}$ 的一个新变量。CCA 寻找类似于回归系数的成对的权重集,以使根据用 $\boldsymbol{x}$ 和(向量)$\boldsymbol{y}$ 由各自的点积定义的新变量之间的相关最大。

也与 PCA 的情况相同,CCA 已经被广泛应用到空间场形式的地球物理资料中。在这个背景中,向量 $\boldsymbol{x}$ 经常包括在一批网格点或位置上一个变量的观测,而向量 $\boldsymbol{y}$,包含与 $\boldsymbol{x}$ 中代表的那些位置相同或不同的一批位置上一个不同变量的观测。典型地,资料由两个场观测的时间序列组成。在诊断两个场的耦合变量方面 CCA 可能是有用的(如:Nicholls, 1987)。当 $\boldsymbol{x}$ 的观测在时间上领先于 $\boldsymbol{y}$ 的观测时,CCA 可以使用 $\boldsymbol{x}$ 场作为预报因子,对 $\boldsymbol{y}$ 场进行统计预报(如:Barnston and Ropelewski, 1992)。Bretherton 等(1992)的文献中,在大气资料分析的背景中对 CCA 和 PCA 之间做了更全面的比较。

13.1.2 典型变量、典型向量和典型相关

CCA 提取资料向量对 $\boldsymbol{x}$ 和 $\boldsymbol{y}$ 之间的关系,这种关系被总结在其联合协方差矩阵中。为了计算这个矩阵,两个中心化的资料向量,被连接为一个向量 $\boldsymbol{c}'^T=[\boldsymbol{x}'^T,\boldsymbol{y}'^T]$。这个分块向量包含 $I+J$ 个元素,前 I 个是 $\boldsymbol{x}'$ 的元素,后 J 个是 $\boldsymbol{y}'$ 的元素。然后 $\boldsymbol{c}'$ 的 $((I+J)\times(I+J))$ 的协方差矩阵,以与式(10.77)中的分块协方差矩阵或图 12.5 中的相关矩阵相同的方式,被分为 4 块。即

$$[S_C]=\frac{1}{n-1}[C']^T[C']=\begin{bmatrix}[S_{x,x}] & [S_{x,y}]\\ [S_{y,x}] & [S_{y,y}]\end{bmatrix} \tag{13.1}$$

$(n\times(I+J))$的矩阵$[C']$的 n 行的每一行，包含向量 $\boldsymbol{x}'$的一个观测，和向量 $\boldsymbol{y}'$的一个观测，用“$'$”表示通过对每一个减去各自样本平均值的中心化。$(I\times I)$的矩阵$[S_{x,x}]$是 $\boldsymbol{x}$ 中 I 个变量的方差一协方差矩阵。$(J\times J)$的矩阵$[S_{y,y}]$是 $\boldsymbol{y}$ 中 J 个变量的方差一协方差矩阵。矩阵$[S_{x,y}]$和$[S_{y,x}]$包含 $\boldsymbol{x}$ 的元素和 $\boldsymbol{y}$ 的元素的所有组合之间的协方差，并且根据$[S_{x,y}]=[S_{y,x}]^T$ 被关联。

CCA 把成对的初始中心化资料向量 $\boldsymbol{x}'$和 $\boldsymbol{y}'$转换为被称为典型变量 v_m 和 w_m 的新变量集，由下面的点积定义

$$v_m = \boldsymbol{a}_m^T\boldsymbol{x}' = \sum_{i=1}^{I} a_{m,i}x'_i, \quad m = 1,\cdots,\min(I,J) \tag{13.2a}$$

和

$$w_m = \boldsymbol{b}_m^T\boldsymbol{y}' = \sum_{j=1}^{J} b_{m,j}y'_j, \quad m = 1,\cdots,\min(I,J) \tag{13.2b}$$

典型变量的这个结构类似于主分量 u_m(式(12.1))，其中每个主分量是各自资料向量 $\boldsymbol{x}'$和 $\boldsymbol{y}'$元素的一个线性组合(一种权重平均)。权重 $\boldsymbol{a}_m$ 和 $\boldsymbol{b}_m$ 的向量被称为典型向量。一个资料和典型向量对和另一个资料和典型向量对不必有相同的维数。向量 $\boldsymbol{x}'$和 $\boldsymbol{a}_m$ 有 I 个元素，而向量 $\boldsymbol{y}'$和 $\boldsymbol{b}_m$ 有 J 个元素。从这两个资料集中得到的典型变量的对数 M 等于 $\boldsymbol{x}$ 和 $\boldsymbol{y}$ 维数的较小者；即，$M=\min(I,J)$。

典型向量 $\boldsymbol{a}_m$ 和 $\boldsymbol{b}_m$ 是导致有如下性质的典型变量的唯一选择

$$\mathrm{Corr}(v_1,w_1) \geqslant \mathrm{Corr}(v_2,w_2) \geqslant \cdots \geqslant \mathrm{Corr}(v_M,w_M) \geqslant 0 \tag{13.3a}$$

$$\mathrm{Corr}(v_k,w_m) = \begin{cases} r_{C_m}, & k = m \\ 0, & k \neq m \end{cases} \tag{13.3b}$$

$$\mathrm{Corr}(v_k,v_m) = \mathrm{Corr}(w_k,w_m) = 0, \quad k \neq m \tag{13.3c}$$

和

$$\mathrm{Var}(v_m) = \boldsymbol{a}_m^T[S_{x,x}]\boldsymbol{a}_m = \mathrm{Var}(w_m) = \boldsymbol{b}_m^T[S_{y,y}]\boldsymbol{b}_m = 1, \quad m = 1,\cdots,M \tag{13.3d}$$

式(13.3a)说明典型变量的 M 个连续对每一对的相关小于前面一对的相关。典型变量对之间的这些(皮尔逊矩)相关，被称为典型相关 r_C。典型相关总是被表示为正数，因为如果需要 $\boldsymbol{a}_m$ 和 $\boldsymbol{b}_m$ 可以乘以-1。式(13.3b)和式(13.3c)，说明每一个典型变量与除了其第 m 对中具体对应的典型变量相关外，与所有其他典型变量都不相关。最后，式(12.3d)说明典型变量的每一个都有方差 1。为了明确，$\boldsymbol{a}_m$ 和 $\boldsymbol{b}_m$ 长度的一些限制是必需的，并且为了得到方差为 1 的典型变量，选择这些长度结果对一些应用是很方便的。因此，得到的典型变量的联合$(2M\times 2M)$的协方差矩阵呈现了简单并且令人感兴趣的形式

$$\mathrm{Var}\left(\left[\frac{\boldsymbol{v}}{\boldsymbol{w}}\right]\right) = \begin{bmatrix} [S_{v,v}] & [S_{v,w}] \\ [S_{w,v}] & [S_{w,w}] \end{bmatrix} = \begin{bmatrix} [I] & [R_C] \\ [R_C] & [I] \end{bmatrix} \tag{13.4a}$$

式中$[R_C]$是典型相关的对角矩阵

$$[R_C] = \begin{bmatrix} r_{C_1} & 0 & 0 & \cdots & 0 \\ 0 & r_{C_2} & 0 & \cdots & 0 \\ 0 & 0 & r_{C_3} & \cdots & 0 \\ \vdots & \vdots & \vdots & \ddots & \vdots \\ 0 & 0 & 0 & \cdots & r_{C_M} \end{bmatrix} \tag{13.4b}$$

典型向量的定义与 PCA 相同,PCA 找到一个多元资料集的(其协方差矩阵的特征向量)新正交基,该正交基服从方差最大化的限制。在 CCA 中,两个新基通过典型向量 $\boldsymbol{a}_m$ 和 $\boldsymbol{b}_m$ 进行定义。然而,这些基向量既不正交也不是单位长度。典型变量是中心化的资料向量 $\boldsymbol{x}'$ 和 $\boldsymbol{y}'$ 在典型向量上的投影,可以通过分解式用矩阵的形式表达为

$$\underset{(M\times 1)}{\boldsymbol{v}} = \underset{(M\times I)}{[A]^T} \underset{(I\times 1)}{\boldsymbol{x}'} \tag{13.5a}$$

和

$$\underset{(M\times 1)}{\boldsymbol{w}} = \underset{(M\times J)}{[B]^T} \underset{(J\times 1)}{\boldsymbol{y}'} \tag{13.5b}$$

这里矩阵[A]和[B]的列,分别是 $M=\min(I,J)$ 个典型向量 $\boldsymbol{a}_m$ 和 $\boldsymbol{b}_m$。典型向量如何从联合协方差矩阵(式(13.1))中计算的讲解将推迟到第 13.3 节。

13.1.3 CCA 另外的一些性质

不像 PCA 的情况,在标准化(单位方差)变量的基上计算 CCA 产生了来自非标准化分析结果的简单函数。特别是,因为式(13.2)中的变量 x_i' 和 y_j' 可以除以其各自的标准差,所以相应典型向量的元素乘以那些标准差因子后是更大的。特别是,如果 $\boldsymbol{a}_m$ 是 $\boldsymbol{x}$ 变量的第 m 个典型的($I\times 1$)的向量,那么在标准化变量的 CCA 中其对应的 $\boldsymbol{a}_m^*$ 为

$$\boldsymbol{a}_m^* = \boldsymbol{a}_m[D_x] \tag{13.6}$$

其中($I\times I$)的对角阵[D_x](式(10.31))包含 $\boldsymbol{x}$ 变量的标准差,典型向量 $\boldsymbol{b}_m$ 具有一个类似的式子,($J\times J$)的对角阵[D_y]包含 $\boldsymbol{y}$ 变量的标准差。CCA 不管是用标准化或非标准化变量计算,得到的典型相关都是相同的。

原始变量和典型变量之间的相关的计算是容易的。相应的原始变量和典型变量之间的相关,有时被称为同类相关(homogeneous correlations),由下式给出

$$\underset{(1\times I)}{\mathrm{Corr}(v_m,\boldsymbol{x}^T)} = \underset{(1\times I)}{\boldsymbol{a}_m^T} \underset{(I\times I)}{[S_{x,x}]} \underset{(I\times I)}{[D_x]^{-1}} \tag{13.7a}$$

和

$$\underset{(1\times J)}{\mathrm{Corr}(w_m,\boldsymbol{y}^T)} = \underset{(1\times J)}{\boldsymbol{b}_m^T} \underset{(J\times J)}{[S_{y,y}]} \underset{(J\times J)}{[D_y]^{-1}} \tag{13.7b}$$

这两个公式确定了第 m 个典型变量 v_m 和 I 个原始变量 x_i 的每一个之间,以及 w_m 和 J 个原始变量 y_k 的每一个之间的相关向量。类似地,典型变量和"另一个"原始变量之间的异类相关(heterogeneous correlations)向量为

$$\underset{(1\times J)}{\mathrm{Corr}(v_m,\boldsymbol{y}^T)} = \underset{(1\times I)}{\boldsymbol{a}_m^T} \underset{(I\times J)}{[S_{x,y}]} \underset{(J\times J)}{[D_y]^{-1}} \tag{13.8a}$$

和

$$\underset{(1\times I)}{\mathrm{Corr}(w_m,\boldsymbol{x}^T)} = \underset{(1\times J)}{\boldsymbol{b}_m^T} \underset{(J\times I)}{[S_{y,x}]} \underset{(I\times I)}{[D_x]^{-1}} \tag{13.8b}$$

典型向量 $\boldsymbol{a}_m$ 和 $\boldsymbol{b}_m$ 被选择为使典型变量 v_m 和 w_m 之间的相关最大,但是(不像 PCA)在总结原始变量 $\boldsymbol{x}$ 和 $\boldsymbol{y}$ 的方差方面不一定特别有效。如果有高相关的典型变量对产生了很小比例的潜在变率,那么其物理上的意义可能是有限的。因此,计算由潜在原始变量主要典型变量的每一对抓住的方差比例 R_m^2 经常是值得做的。

典型变量多么好地代表潜在的变率,与潜在的变量能多么精确地从典型变量合成有关。求解分解式(式(13.5))得到 CCA 的合成式

$$\underset{(I\times 1)}{\mathbf{x}'} = \underset{(I\times I)}{[\widetilde{A}]^{-1}} \underset{(I\times 1)}{\mathbf{v}} \tag{13.9a}$$

和

$$\underset{(J\times 1)}{\mathbf{y}'} = \underset{(J\times J)}{[\widetilde{B}]^{-1}} \underset{(J\times 1)}{\mathbf{w}} \tag{13.9b}$$

如果 $I=J$(即,如果资料向量 $\mathbf{x}$ 和 $\mathbf{y}$ 的维数相等),那么列为相应的 M 个典型向量的矩阵$[A]$和$[B]$都是方阵。这种情形中式(13.6)中$[\widetilde{A}]=[A]^T$ 和$[\widetilde{B}]=[B]^T$,并且显示的矩阵逆可以被计算。如果 $I\neq J$,那么矩阵$[A]$或$[B]$之一不是方阵,所以不是可逆的。在这种情况,$[\widetilde{A}]$最后的 $M-J$ 列(如果 $I>J$)或最后的 $M-I$ 列(如果 $I<J$),用相应于 0 特征值的"虚构的"典型向量填写,与第 13.3 节中描述的一样。

式(13.9)描述了 $\mathbf{x}$ 和 $\mathbf{y}$ 的单个观测在其相应的典型变量基上的合成。用矩阵的形式(即对 n 个观测的全部集合),这两个式子成为

$$\underset{(I\times n)}{[X']^T} = \underset{(I\times I)}{[\widetilde{A}]^{-1}} \underset{(I\times n)}{[V]^T} \tag{13.10a}$$

和

$$\underset{(J\times n)}{[Y']^T} = \underset{(J\times J)}{[\widetilde{B}]^{-1}} \underset{(J\times n)}{[W]^T} \tag{13.10b}$$

因为典型变量的协方差矩阵是$(n-1)^{-1}[V]^T[V]=[I]$和$(n-1)^{-1}[W]^T[W]=[I]$(比较式(13.4a)),所以把式(13.10)代入式(10.30)得到

$$[S_{x,x}] = \frac{1}{n-1}[X']^T[X'] = [\widetilde{A}]^{-1}\left([\widetilde{A}]^{-1}\right)^T = \sum_{m=1}^{I}\widetilde{\mathbf{a}}_m\widetilde{\mathbf{a}}_m^T \tag{13.11a}$$

和

$$[S_{y,y}] = \frac{1}{n-1}[Y']^T[Y'] = [\widetilde{B}]^{-1}\left([\widetilde{B}]^{-1}\right)^T = \sum_{m=1}^{I}\widetilde{\mathbf{b}}_m\widetilde{\mathbf{b}}_m^T \tag{13.11b}$$

其中有～的典型向量表示相应矩阵逆的列。这些分解类似于两个协方差矩阵的谱分解(式(10.51a))。因此,由 $\mathbf{x}$ 和 $\mathbf{y}$ 的第 m 个典型变量表示的方差比例为

$$R_m^2(\mathbf{x}) = \frac{\mathrm{tr}(\widetilde{\mathbf{a}}_m\widetilde{\mathbf{a}}_m^T)}{\mathrm{tr}([S_{x,x}])} \tag{13.12a}$$

和

$$R_m^2(\mathbf{y}) = \frac{\mathrm{tr}(\widetilde{\mathbf{b}}_m\widetilde{\mathbf{b}}_m^T)}{\mathrm{tr}([S_{y,y}])} \tag{13.12b}$$

例 13.1　1987 年 1 月温度资料的 CCA

一个小的 CCA 原理的简单例子,可以通过再次分析表 A.1 中提供的纽约伊萨卡(Ithaca)和卡南戴挂(Canandaigua)1987 年 1 月的温度资料给出。令 $I=2$ 个伊萨卡(Ithaca)温度变量为 $\mathbf{x}=[T_{\max},T_{\min}]^T$,同样地令 $J=2$ 个温度变量为 $\mathbf{y}$。那么这些量的联合协方差矩阵$[S_C]$为(4×4)的矩阵

$$[S_C] = \begin{bmatrix} 59.516 & 75.433 & 58.070 & 51.697 \\ 75.433 & 185.467 & 81.633 & 110.800 \\ 58.070 & 81.633 & 61.847 & 56.119 \\ 51.697 & 110.800 & 56.119 & 77.581 \end{bmatrix} \tag{13.13}$$

这个对称矩阵包含另一个位置中变量之间对角线和协方差上 4 个变量的样本方差。它通过对角线上元素的平方根,关联到包括相同变量(见表 3.5)的相关矩阵对应的元素:在其行和列中

对每个元素除以对角线元素的平方根，产生了相应的相关矩阵。这个运算在式(10.31)中以矩阵形式显示。

表 13.1 $I=J=2$ 的式(13.13)中协方差矩阵分块矩阵的典型向量 a_m(对应于伊萨卡(Ithaca)的温度)和 b_m(对应于卡南戴挂(Canandaigua)的温度)。也显示了特征值 λ_m(比较例 13.3)和典型相关系数，典型相关系数是特征值的平方根。

	$\mathbf{a}_1$ (Ithaca)	$\mathbf{b}_1$ (Canandaigua)	$\mathbf{a}_2$ (Ithaca)	$\mathbf{b}_2$ (Canandaigua)
T_{max}	0.0923	0.0946	−0.1618	−0.1952
T_{min}	0.0263	0.0338	0.1022	0.1907
λ_m	0.938		0.593	
$r_{C_m}=\sqrt{\lambda_m}$	0.969		0.770	

因为 $I=J=2$，所以正被相关的两个资料集每个存在 $M=2$ 个典型向量。这些典型向量显示在表 13.1 中，其计算的细节将留到例 13.3 叙述。每个典型向量的第一个元素属于各自的最高温度变量，而第二个元素属于最低温度变量。资料在这些向量上的第一对投影 v_1 和 w_1 之间的相关为 $r_{C1}=0.969$；而 v_2 和 w_2 之间的第二个典型相关是 $r_{C2}=0.770$。

每个典型向量定义了 2 维(T_{max},T_{min})资料空间中的一个方向，但是其绝对量级，只是在它们产生了相应典型变量单位方差方面是有意义的。然而，典型向量元素的相对大小，可以根据一个潜在资料向量的线性组合与另一个资料向量线性组合的相关最大进行解释。$\mathbf{a}_1$ 和 $\mathbf{b}_1$ 的所有元素都是正的，反映了全部 4 个温度变量之间的正相关，尽管相应于最高温度的元素更大，反映了最高温度之间比最低温度之间更大的相关(比较表 3.5)。$\mathbf{a}_2$ 和 $\mathbf{b}_2$ 中的元素对在量级上相等，但是在符号上相反，涉及这两个位置日温度变化的范围(回想典型向量的符号是任意的，被选择为产生正的典型相关；改变第二个典型向量的符号将对最高温度给正权重，而最低温度给相等量级的负权重)，表明关于相关性的下一个最重要的线性组合对。

第一对典型相关的时间序列分别是来自表 A.1 的伊萨卡(Ithaca)和卡南戴挂(Canandaigua)中心化的温度值，由 $\mathbf{a}_1$ 和 $\mathbf{b}_1$ 的点积给出。1 月 1 日 v_1 的值被构建为(33−29.87)(0.0963)+(19−13.00)(0.0263)=0.447。v_1 的时间序列(属于伊萨卡(Ithaca)的温度)由 31 个值(每天一个)组成：0.447，0.512，0.249，−0.449，−0.686，…，−0.041，0.644。同样地，w_1(属于卡南戴挂(Canandaigua)的温度)的时间序列是 0.474，0.663，0.028，−0.304，−0.310，…，−0.283，0.683。第一对典型变量的每一个代表在其各自位置冷暖的标量指数，更强调最高温度。两个序列都有单位样本方差。第一个典型相关系数 $r_{C1}=0.969$，是第一对典型变量 v_1 和 w_1 之间的相关，并且是这两个资料集的线性组合对之间可能存在的相关的最大者。

类似地，v_2 的时间序列是 0.107，0.882，0.899，−1.290，−0.132，…，−0.225，0.354，而 w_2 时间序列是 1.046，0.656，1.446，0.306，−0.461，…，−1.038，−0.688。这两个序列也都有单位样本方差，其相关为 $r_{C2}=0.767$。在 $n=31$ 天的每一天，第二个典型变量给出了相应位置日温度范围的一个近似指标。

第一典型变量 v_1 和 w_1 的同类相关(式(13.7))为

$$\mathrm{Corr}(v_1,\mathbf{x}^T)=[0.0923 \quad 0.0263]\begin{bmatrix}59.516 & 75.433\\ 75.433 & 185.467\end{bmatrix}\begin{bmatrix}0.1296 & 0\\ 0 & 0.0734\end{bmatrix}=[0.969 \quad 0.869] \tag{13.14a}$$

和

$$\mathrm{Corr}(w_1, \boldsymbol{y}^T) = [0.0946 \quad 0.0338]\begin{bmatrix}61.847 & 56.119\\56.119 & 77.581\end{bmatrix}\begin{bmatrix}0.1272 & 0\\0 & 0.1135\end{bmatrix} = [0.985 \quad 0.900] \tag{13.14b}$$

4 个同类相关全部为大的正值,反映了全部 4 个变量之间强的正相关(见表 3.5)和两个第一典型变量在所有的 4 个变量上用正权重构建的事实。除了在式(13.14a)和(13.14b)中分别使用第二个典型向量 $\boldsymbol{a}_2^T$ 和 $\boldsymbol{b}_2^T$ 之外,第二个典型变量 v_2 和 w_2 的同类相关以同样的方式计算,得到 $\mathrm{Corr}(v_2, \boldsymbol{x}^T) = [-0.249, 0.495]$ 和 $\mathrm{Corr}(w_2, \boldsymbol{y}^T) = [-0.171, 0.436]$。第二个典型变量与潜在的温度变量有更弱的相关,因为日温度范围的大小与总温度只是弱相关:宽或窄的日温度变化范围在相对暖和冷的天都可能发生。然而,日温度变化明显与最低温度有更强的相关,更冷的最低温度倾向于与大的日温度变化有关。

类似地,第一典型变量的异类相关(式(13.8))为

$$\mathrm{Corr}(v_1, \boldsymbol{y}^T) = [0.0923 \quad 0.0263]\begin{bmatrix}58.070 & 51.697\\81.633 & 110.800\end{bmatrix}\begin{bmatrix}0.1272 & 0\\0 & 0.1135\end{bmatrix} = [0.955 \quad 0.872] \tag{13.15a}$$

和

$$\mathrm{Corr}(w_1, \boldsymbol{x}^T) = [0.0946 \quad 0.0338]\begin{bmatrix}58.070 & 81.633\\51.697 & 110.800\end{bmatrix}\begin{bmatrix}0.1296 & 0\\0 & 0.0734\end{bmatrix} = [0.938 \quad 0.842] \tag{13.15b}$$

因为这些资料的相似性(在类似位置相似的变量),这些相关非常接近式(13.14)中的同类相关。同样地,第二典型变量的异类相关也接近于其同类相关:$\mathrm{Corr}(v_2, \boldsymbol{y}^T) = [-0.132, 0.333]$ 和 $\mathrm{Corr}(w_2, \boldsymbol{x}^T) = [-0.191, 0.381]$。

最后,由典型变量通过合成式(式(13.9))描述的这两个位置温度资料的方差比例,依赖于其列为典型向量的矩阵$[A]$和$[B]$。因为 $I=J$,

$$[\tilde{A}] = [A]^T = \begin{bmatrix}0.0923 & 0.0263\\-0.1618 & 0.1022\end{bmatrix}, [\tilde{B}] = [B]^T = \begin{bmatrix}0.0946 & 0.0338\\-0.1952 & 0.1907\end{bmatrix} \tag{13.16a}$$

所以

$$[\tilde{A}]^{-1} = \begin{bmatrix}7.466 & -1.921\\11.820 & 6.743\end{bmatrix}, [\tilde{B}]^{-1} = \begin{bmatrix}7.740 & -1.372\\7.923 & 3.840\end{bmatrix} \tag{13.16b}$$

典型变量对潜在资料的各自协方差矩阵所做的贡献依赖于这些逆矩阵(inverse matrices)列的外积(式(13.11)的加和中的项);即,

$$\tilde{\boldsymbol{a}}_1\tilde{\boldsymbol{a}}_1^T = \begin{bmatrix}7.466\\11.820\end{bmatrix}[7.466 \quad 11.820] = \begin{bmatrix}55.74 & 88.25\\88.25 & 139.71\end{bmatrix} \tag{13.17a}$$

$$\tilde{\boldsymbol{a}}_2\tilde{\boldsymbol{a}}_2^T = \begin{bmatrix}-1.921\\6.743\end{bmatrix}[-1.921 \quad 6.743] = \begin{bmatrix}3.690 & -12.95\\-12.95 & 45.47\end{bmatrix} \tag{13.17b}$$

$$\tilde{\boldsymbol{b}}_1\tilde{\boldsymbol{b}}_1^T = \begin{bmatrix}7.740\\7.923\end{bmatrix}[7.740 \quad 7.923] = \begin{bmatrix}59.91 & 61.36\\61.36 & 62.77\end{bmatrix} \tag{13.17c}$$

$$\tilde{\boldsymbol{b}}_2\tilde{\boldsymbol{b}}_2^T = \begin{bmatrix} -1.372 \\ 3.840 \end{bmatrix} [-1.372 \quad 3.840] = \begin{bmatrix} 1.882 & 5.279 \\ 5.279 & 14.75 \end{bmatrix} \tag{13.17d}$$

因此,由其两个典型变量描述的伊萨卡(Ithaca)温度方差的比例(式(13.12a))为

$$R_1^2(\boldsymbol{x}) = \frac{55.74 + 139.71}{59.52 + 185.47} = 0.798 \tag{13.18a}$$

和

$$R_2^2(\boldsymbol{x}) = \frac{3.690 + 45.47}{59.52 + 185.47} = 0.202 \tag{13.18b}$$

而卡南戴挂(Canandaigua)相应的方差比例为

$$R_1^2(\boldsymbol{y}) = \frac{59.91 + 62.77}{61.85 + 77.58} = 0.880 \tag{13.19a}$$

和

$$R_2^2(\boldsymbol{y}) = \frac{1.882 + 14.75}{61.85 + 77.58} = 0.120 \tag{13.19b}$$

13.2 CCA 应用到场

13.2.1 转换典型向量为图

对大气资料来说当应用到场时,CCA 是最令人感兴趣的。这里空间分布的观测(在网格点或观测位置),以与 PCA 相同的方式排列为向量 $\boldsymbol{x}$ 或 $\boldsymbol{y}$。即,即使资料属于 2 维或 3 维场,每个位置被顺序编号,并且属于相应资料向量的一个元素。对空间域来说,不必排列为相同的 $\boldsymbol{x}$ 或 $\boldsymbol{y}$。实际上在很多文献中出现的 CCA 应用中,它们通常是不同的。

与空间资料 PCA 使用的情形相同,通过对其元素的大小与地理位置的结合,画出典型向量的图,通常能够提供丰富的信息。在这个背景中,典型向量有时被称为*典型模态*,因为这种图以原始变量贡献到典型变量的形式显示了空间模态。诊断由相应向量 $\boldsymbol{a}_m$ 和 $\boldsymbol{b}_m$ 形成的成对的图,可以得到在 $\boldsymbol{x}$ 或 $\boldsymbol{y}$ 空间域上资料变化之间关系的性质。图 13.2 和图 13.3 显示了典型向量的例子。

绘制成对的同类相关(式(13.7))或异类相关(式(13.8))图,也含有丰富的信息。这些向量的每一个,都包含资料场和一个典型变量之间的相关,并且这些相关也被绘制在相应的位置。引自 Wallace 等(1992)的图 13.1,显示了这样的一对同类相关模态。图 13.1a 显示了一个典型变量 v 和包含北太平洋 12 月—2 月平均海表温度(SSTs)值的相应资料 $\boldsymbol{x}$ 的值之间相关的分布。这个典型变量解释所分析的资料集总方差的 18%(式(13.12))。图 13.1b 显示了与 $\boldsymbol{x}$ 中 SST 资料相同冬季期间平均的北半球 500 hPa 高度场 y 与相应典型变量 w 之间相关性的空间分布。这个典型变量解释冬季北半球高度变化总方差的 23%。图 13.1a 中的相关模态,对应着太平洋中北部的冷水和沿北美西海岸的暖水,或太平洋中北部的暖水和沿北美西海岸的冷水。图 13.1b 中 500 hPa 高度场相关的模态,显然类似于 PNA 模态(比较图 12.10b 和图 3.29)。

两个事件序列 v 和 w 之间的相关为典型相关 $r_C = 0.79$。因为 v and w 具有很好的相关,所以这些图表明东北太平洋暖 SSTs(相对大的正 v)与同时中太平洋的冷 SSTs 倾向,与北美西北部上空 500 hPa 的脊和北美东南部上空 500 hPa 的槽(相对大的正 w)对应。同样地,太平洋中北部的暖水和太平洋东北部的冷水(相对大的负 v)与更纬向的 PNA 气流(相对大的负 w)相关。

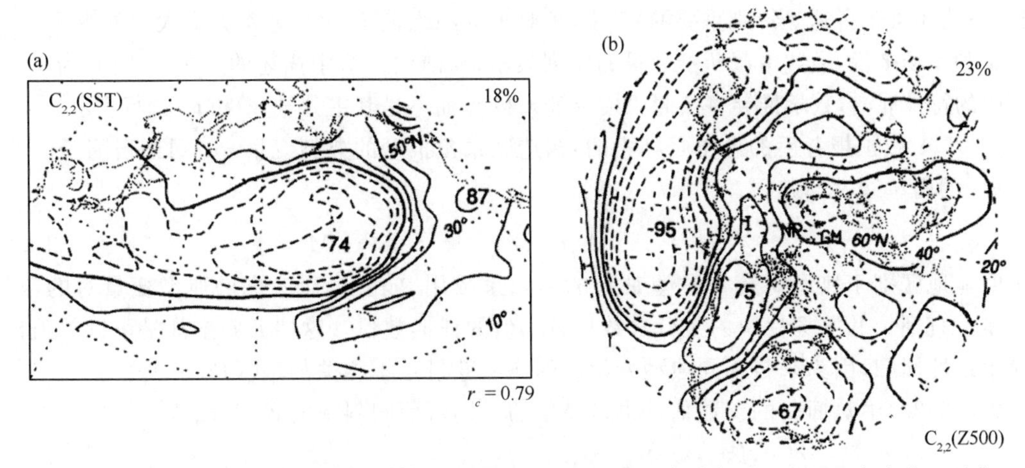

图 13.1　关于(a)北太平洋平均冬季海表温度(SSTs)和(b)北半球冬季 500 hPa 高度的一对典型变量的同类相关图。图(a)中 SST 相关的模态与图(b)中显示的 500 hPa 高度相关的 PNA 模态是有关联的。这对典型变量的典型相关是 0.79。引自 Wallace 等(1992)。

13.2.2　CCA 与 PCA 组合

当现有资料与资料向量的维度相比很小时,CCA 的抽样性质可能是很差的。结果是对小样本来说,CCA 参数的样本估计可能是不稳定(即来自不同批次的资料表现出很大的变化)(如:Bretherton *et al*.,1992;Cherry,1996;Friederichs and Hense, 2003)。Friederichs 和 Hense(2003)在大气资料的背景中,描述了传统的参数检验和再抽样检验,有助于评估样本典型相关是否可能是虚假的人为抽样。这些检验诊断了潜在的总体典型相关全部为 0 的原假设。

当分析大气场的时间序列时,通常只有较小的样本容量。在 CCA 中,观测 n 比资料向量的维度 I 和 J 更小是很常见的,在这种情形中,必需的逆矩阵无法被计算(见第 13.3 节)。然而,即使样本容量足够大,能进行计算,样本 CCA 统计还是不稳定的,除非 $n \gg M$。Barnett 和 Preisendorfer(1987)提出,对这个问题的补救方法是,在对它们进行 CCA 前,用分别的 PCAs 预先过滤原始资料的这两个场,而且这已经成为一个常规步骤。不是直接相关场 $\mathbf{x}'$ 和 $\mathbf{y}'$ 的线性组合,而是 CCA 对由 $\mathbf{x}$ 和 $\mathbf{y}$ 的主要主成分组成的向量 $\mathbf{u}_x$ 和 $\mathbf{u}_y$ 进行运算。这两个 PCAs 的截断(即,向量 $\mathbf{u}_x$ 和 $\mathbf{u}_y$ 的维数)不是必须相同,但是对于比样本容量 n 小很多的情况,这两个向量中更大的那个应该足够严格。Livezey 和 Smith(1999)对这种方法中需要做的主观选择给出了一些指导。

这种组合的 PCA/CCA 方法不总是最好的,并且当截断 PCA 时,如果重要信息被丢弃,还可能是很差的。特别是,不能保证 $\mathbf{x}$ 和 $\mathbf{y}$ 最强相关的线性组合被很好地关联到一个场或另一个场的主要主分量。

13.2.3　用 CCA 做预报

当一个场,比方说 $\mathbf{x}$,先于 $\mathbf{y}$ 被观测,如果这两个场之间的某些典型相关较大,那么作为一种纯统计预报方法,使用 CCA 是很自然的。在这种情况下,整个$(I\times1)$场 $\mathbf{x}(t)$ 被用来预报$(J\times1)$的场$\mathbf{y}(t+\tau)$,而 τ 是训练资料中两个场之间的时间滞后,这是预报的提前时间。在关于大气资料的应用中,即使 $n>\max(I,J)$ 的计算能够进行,对被计算的稳定的样本估计

(对样本为预报来说这是特别重要的)来说,相对于场的维数 I 和 J,通常只有太少的观测 n。因此对 $\mathbf{x}$ 和 $\mathbf{y}$ 场来说,通常由截断主分量的序列表示,与前面一节中描述的一样。然而,为了不使本节中的符号混淆,数学推导将按照原始变量 $\mathbf{x}$ 和 $\mathbf{y}$,而不是其主分量 $\mathbf{u}_x$ 和 $\mathbf{u}_y$ 进行表示。

用 CCA 做预报背后的思想是朴素的:构造联系预报量的典型变量 w_m 到预报因子的典型变量 v_m 的简单线性回归,

$$w_m = \hat{\beta}_{0,m} + \hat{\beta}_{1,m} v_m, \quad m = 1, \cdots, M \tag{13.20}$$

为了明显地区别于典型向量 $\mathbf{b}$,这里估计的回归系数用 β 表示,而考虑的典型变量对的数目,可以是一直到 $\mathbf{x}$ 和 $\mathbf{y}$ 场保留的主分量数目较小值的任何数目。这些回归全都是可以单独计算的简单线性回归,因为来自不同典型变量对的典型变量是不相关的(式(13.3b))。

式(13.20)中对回归的参数估计也是简单的。用对回归斜率的式(7.7a),

$$\hat{\beta}_{1,m} = \frac{n\mathrm{Cov}(v_m, w_m)}{n\mathrm{Var}(v_m)} = \frac{ns_v s_m r_{v,w}}{ns_v^2} = r_{v,w} = r_{C_m}, \quad m = 1, \cdots, M \tag{13.21}$$

即,因为典型变量被尺度化到有单位方差(式(13.3c)),回归斜率简单地等于相应的典型相关。同样地,式(7.7b)得到回归截距

$$\hat{\beta}_{0,m} = \hat{w}_m - \hat{\beta}_{1,m}\hat{v}_m = \mathbf{b}_m^T E(\mathbf{y}') + \hat{\beta}_{1,m}\mathbf{a}_m^T E(\mathbf{x}') = 0, \quad m = 1, \cdots, M \tag{13.22}$$

即,因为根据平均向量都为 $\mathbf{0}$ 的中心化的资料 $\mathbf{x}'$ 和 $\mathbf{y}'$ 计算的 CCA,典型变量 v_m 和 w_m 的平均值都为 0,所以式(13.20)中所有的截距也都为 0。当 CCA 从原始的(未中心化)变量计算时式(13.22)也成立,因为 $E(\mathbf{u}_x) = E(\mathbf{u}_y) = \mathbf{0}$。

一旦 CCA 被拟合,那么基本的预报步骤如下。第一,预报因子场 $\mathbf{x}$ 中心化的值(或其前面的几个主分量 $\mathbf{u}_x$),在式(13.5a)中被用来计算作为回归预报因子的 M 个典型变量。把式(13.20)到式(13.22)进行组合,预报因子典型变量的($M\times1$)向量被预报为

$$\hat{\mathbf{w}} = [R_C]\mathbf{v} \tag{13.23}$$

式中$[R_C]$是线性相关对角化的($M\times M$)矩阵。通常,为了使预报有物理意义,预报图 $\hat{\mathbf{y}}$ 需要根据式(13.9b)从其预报的典型变量中合成。然而,为了使其列为典型向量 $\mathbf{b}_m$ 的矩阵$[B]$可逆,必须为方阵。这个条件意味着式(13.20)中回归的数目 M 需要等于 $\mathbf{y}$ 的维度(或,更通俗地,等于已经被保留的预报量主分量的数目),尽管 $\mathbf{x}$ 的维度(或者保留的预报因子主分量的数目)不以这种方式限制。如果 CCA 已经用预报量的主分量 $\mathbf{u}_y$,那么中心化的预报值 $\hat{\mathbf{y}}'$ 接下来用 PCA 合成的式(12.6)重构。最后,完整的预报场,通过加回其平均向量产生。如果 CCA 用标准化变量计算,式(13.1)是一个相关矩阵,那么预报变量的空间值在加合适的平均值之前,需要通过乘以适当的标准偏差重建(即,通过式(3.23)或式(4.26)的逆推导,得到式(4.28))。

例 13.2　一个业务化的 CCA 预报系统

在美国气候预测中心(CPC),CCA 被用作为业务上产生季节预报的一种方法(Barnston *et al.*,1999)。预报量是美国季节(3 个月)平均的温度和总降水量,提前 0.5～12.5 个月做预报。

这个 CCA 预报已经从 Barnston(1994)所描述的步骤中进行了改进,这个例子中概述温度预报过程。(59×1)的预报向量 $\mathbf{y}$ 代表美国本土 59 个位置的温度。预报因子 $\mathbf{x}$ 包括离散化到 235 个格点的全球海表温度(SSTs),离散化到 358 个网格点的北半球 700 hPa 高度,以及这 59 个预报位置以前观测的温度。预报因子也是 3 个月的平均,但是在 4 个不重叠的 3 个月的季节中,其资料是在预报之前的那个季节可以得到的。例如,在 12 月中旬做的 1 月—2 月—3 月(JFM)预报,其预报因子是前面的 9 月—10 月—11 月(SON),6 月—7 月—8 月(JJA),3

月—4 月—5 月(MAM)和 9 月—10 月—11 月(DJF)季节期间季节平均的 SSTs，700 hPa 高度和地面温度，所以预报因子向量有 4×(235＋358＋59)＝2608 个元素。使用 4 个连续季节预报因子的序列，可以使预报过程加入关于预报因子场时间演化的信息。

因为开发这个系统的时候，只有 $n=37$ 年的训练资料可用，所以必须减少预报因子和预报量的维数。对预报因子和预报量向量来说，计算各自的 PCAs，保留前面的 6 个预报因子的主分量 $\boldsymbol{u}_x$，(依赖于预报季节)5 个或 6 个预报量的主分量 $\boldsymbol{u}_y$。这些主分量向量对的 CCAs 产生了 $M=5$ 或 $M=6$ 个典型变量对。图 13.2 显示了与随后的 JFM 预报有关的 3 个季节

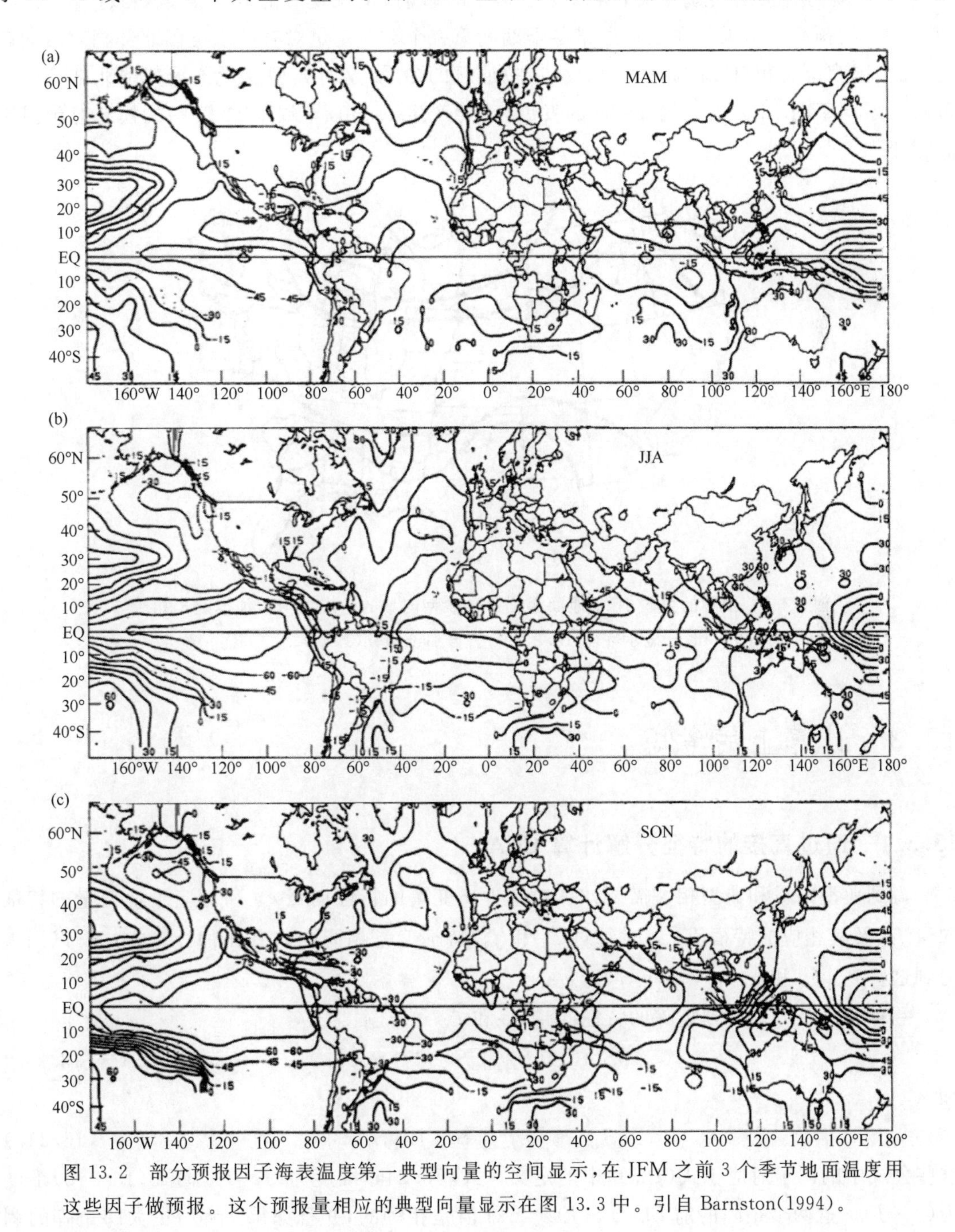

图 13.2　部分预报因子海表温度第一典型向量的空间显示，在 JFM 之前 3 个季节地面温度用这些因子做预报。这个预报量相应的典型向量显示在图 13.3 中。引自 Barnston(1994)。

(MAM,JJA 和 SON)期间,关于 SSTs 的预报因子的第一个典型向量 $\boldsymbol{a}_1$ 部分。即,这 3 张图的每一张,通过预报因子 PCA 的特征向量矩阵[E]的相应元素,表示在原始的 235 个空间位置 SST 的 $\boldsymbol{a}_1$ 的 6 个元素。图 13.2 中最显著的特征是,在热带东太平洋日益增加的负值的前进性演变,当 $v_1<0$ 时,清晰地表现了将要预报的 JFM 季之前的春、夏和秋季加强的厄尔尼诺(暖)事件,而当 $v_1>0$ 时,为拉尼娜(冷)事件的发展。

图 13.3 显示了再次被投影到 59 个预报位置的预报 JFM 第一典型预报量向量 $\boldsymbol{b}_1$。因为 CCA 被构建为有正的典型相关,所以受 $v_1<0$ 的影响,正在发展的厄尔尼诺导致 $\hat{w}_1<0$(式(13.23))的预测。结果是在厄尔尼诺冬季期间第一个典型变量对有助于美国北部相对暖的趋势,而美国南部有相对冷的趋势。相反,在拉尼娜的冬季,这对典型变量预报美国北部冷而南部暖。不同于图 13.2 模态的 SSTs 的发展,可能产生 $v_1\approx 0$,导致图 12.3 中的模态对预报贡献很小。

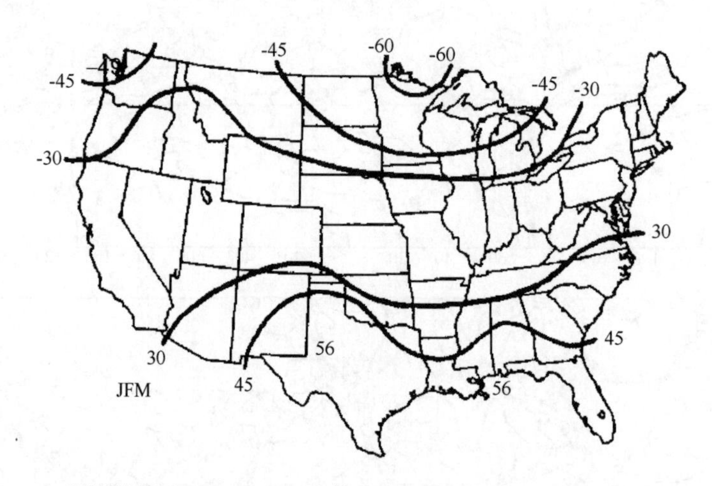

图 13.3　预测的美国 JFM 地面温度第一典型向量的空间显示。预报因子相应典型向量的一部分显示在图 13.2 中。引自 Barnston(1994)。

13.3　计算上的考虑

13.3.1　通过直接的特征分解计算 CCA

得到典型向量和典型相关需要计算对应于 $\boldsymbol{x}$ 变量的特征向量 $\boldsymbol{e}_m$ 和对应于 $\boldsymbol{y}$ 变量的特征向量 $\boldsymbol{f}_m$ 及其相应的特征值 λ_m,对每对 $\boldsymbol{e}_m$ 和 $\boldsymbol{f}_m$ 特征值是相同的。有几种计算方法可以用来得到这些 $\boldsymbol{e}_m$,$\boldsymbol{f}_m$ 和 λ_m,$m=1,\cdots,M$。

一种方法是分别得到矩阵的特征向量 $\boldsymbol{e}_m$ 和 $\boldsymbol{f}_m$

$$[S_{x,x}]^{-1}[S_{x,y}][S_{y,y}]^{-1}[S_{y,x}] \tag{13.24a}$$

和

$$[S_{y,y}]^{-1}[S_{y,x}][S_{x,x}]^{-1}[S_{x,y}] \tag{13.24b}$$

这些公式中的因子对应于式(13.1)中的定义。式(13.24a)维度为$(I\times I)$,而式(13.24b)维度为$(J\times J)$。这两个矩阵的前 $M=(I,J)$ 个特征值是相等的,并且如果 $I\neq J$,更大的矩阵的剩余特征值为 0。相应“虚构的”特征向量将填充式(13.9)中一个矩阵额外的行。式(13.24)计算上可能是困难的,因为通常这些矩阵是不对称的,并且对一般的矩阵来说,得到特征值和特征向量比针对实对称矩阵设计的程序在数值上更不稳定。

如果特征向量 $\boldsymbol{e}_m$ 和 $\boldsymbol{f}_m$ 分别从下面的对称矩阵中计算,那么特征值-特征向量的计算是更容易和更稳定的,并且可以得到相同的结果

$$[S_{x,x}]^{-1/2}[S_{x,y}][S_{y,y}]^{-1}[S_{y,x}][S_{x,x}]^{-1/2} \tag{13.25a}$$

和

$$[S_{y,y}]^{-1/2}[S_{y,x}][S_{x,x}]^{-1}[S_{x,y}][S_{y,y}]^{-1/2} \tag{13.25b}$$

式(13.25a)维度为$(I\times I)$,而式(13.24b)维度为$(J\times J)$。这里平方根矩阵的倒数必须是对称的(式(10.64)),并且不能从相应逆矩阵的 Cholesky 分解或由其他方式得到。式(13.25)中对称矩阵的特征值-特征向量对可以用专门针对这个任务的算法,或通过对这些矩阵实行奇异值分解(式(10.68))进行计算。后者的例子中,结果分别是$[E][\Lambda][E]^T$ 和$[F][\Lambda][F]^T$(比较式(10.68)和式(10.50a)),其中$[E]$的列是 $\boldsymbol{e}_m$,而$[F]$的列是 $\boldsymbol{f}_m$。

不管特征向量 $\boldsymbol{e}_m$ 和 $\boldsymbol{f}_m$ 及其共同的特征值λ_m 怎么得到,典型相关和典型向量都要用它们进行计算。典型相关简单地是 M 个非零特征值的正平方根,

$$r_{C_m} = \sqrt{\lambda_m}, \quad m = 1,\cdots,M \tag{13.26}$$

典型向量对用下式从相应的特征向量对进行计算

$$\left.\begin{aligned} \boldsymbol{a}_m &= [S_{x,x}]^{-1/2}\boldsymbol{e}_m \\ \boldsymbol{b}_m &= [S_{y,y}]^{-1/2}\boldsymbol{f}_m \end{aligned}\right\} \quad m = 1,\cdots,M \tag{13.27}$$

因为$\|\boldsymbol{e}_m\| = \|\boldsymbol{f}_m\| =1$,所以这个变换保证了典型变量为单位方差;即

$$\mathrm{Var}(v_m) = \boldsymbol{a}_m^T[S_{x,x}]\boldsymbol{a}_m = \boldsymbol{e}_m^T[S_{x,x}]^{-1/2}[S_{x,x}][S_{x,x}]^{-1/2}\boldsymbol{e}_m = \boldsymbol{e}_m^T\boldsymbol{e}_m = 1 \tag{13.28}$$

因为$[S_{x,x}]^{-1/2}$是对称的,并且特征向量 $\boldsymbol{e}_m$ 是互相正交的。对方差 $\mathrm{Var}(w_m)$来说,显然可以写成一个类似的公式。

从大的矩阵中求解特征值一特征向量对,需要大量的计算。然而,特征向量对 $\boldsymbol{e}_m$ 和 $\boldsymbol{f}_m$ 在某种程度上是相关的,这使得不必全都计算式(13.25a)和式(13.25b)(或式(13.24a)和式(13.24b))的特征分解。例如,每个 $\boldsymbol{f}_m$ 可以用下式根据相应的 $\boldsymbol{e}_m$ 计算

$$\boldsymbol{f}_m = \frac{[S_{y,y}]^{-1/2}[S_{y,x}][S_{x,x}]^{-1/2}\boldsymbol{e}_m}{\|[S_{y,y}]^{-1/2}[S_{y,x}][S_{x,x}]^{-1/2}\boldsymbol{e}_m\|}, \quad m = 1,\cdots,M \tag{13.29}$$

这里分母中的欧几里得范数确保了$\|\boldsymbol{f}_m\| =1$。这个公式中通过颠倒矩阵的下脚标,特征向量 $\boldsymbol{e}_m$ 可以根据相应的 $\boldsymbol{f}_m$ 进行计算。

13.3.2　通过 SVD 做 CCA

奇异值分解的特殊性质(式(10.68))可以用来得到成对的 $\boldsymbol{e}_m$ 和 $\boldsymbol{f}_m$ 以及相应的典型相关。这可以通过计算 SVD 得到

$$\underset{(I\times I)}{[S_{x,x}]^{-1/2}}\ \underset{(I\times J)}{[S_{x,y}]}\ \underset{(J\times J)}{[S_{y,y}]^{-1/2}} = \underset{(I\times J)}{[E]}\ \underset{(J\times J)}{[R_C]}\ \underset{(J\times J)}{[F]^T} \tag{13.30}$$

同前,$[E]$的列是 $\boldsymbol{e}_m$,$[F]$的列是 $\boldsymbol{f}_m$,对角阵$[R_C]$包含典型相关。这里已经假定 $I\geqslant J$,但是如果 $I<J$,式(13.30)中 $\boldsymbol{x}$ 和 $\boldsymbol{y}$ 的角色可以颠倒。典型向量同以前一样用式(13.27)计算。

例 13.3　例 13.1 后面的计算

例 13.1 中典型相关和典型向量用它们遵从的公式计算得到。因为在这个例子中 $I=J$,

所以这些计算需要的矩阵，通过四等分$[S_C]$(式(13.13))，由下式得到

$$[S_{x,x}]=\begin{bmatrix}59.516 & 75.433\\75.433 & 185.467\end{bmatrix} \tag{13.31a}$$

$$[S_{y,y}]=\begin{bmatrix}61.847 & 56.119\\56.119 & 77.581\end{bmatrix} \tag{13.31b}$$

和

$$[S_{y,x}]=[S_{x,y}]^T=\begin{bmatrix}58.070 & 81.633\\51.697 & 110.800\end{bmatrix} \tag{13.31c}$$

特征向量 $\boldsymbol{e}_m$ 和 $\boldsymbol{f}_m$ 可以分别从非对称矩阵对(式(13.24))的任何一个计算

$$[S_{x,x}]^{-1}[S_{x,y}][S_{y,y}]^{-1}[S_{y,x}]=\begin{bmatrix}0.830 & 0.377\\0.068 & 0.700\end{bmatrix} \tag{13.32a}$$

和

$$[S_{y,y}]^{-1}[S_{y,x}][S_{x,x}]^{-1}[S_{x,y}]=\begin{bmatrix}0.845 & 0.259\\0.091 & 0.686\end{bmatrix} \tag{13.32b}$$

或对称矩阵(式(13.25))

$$[S_{x,x}]^{-1/2}[S_{x,y}][S_{y,y}]^{-1}[S_{y,x}][S_{x,x}]^{-1/2}=\begin{bmatrix}0.768 & 0.172\\0.172 & 0.757\end{bmatrix} \tag{13.33a}$$

和

$$[S_{y,y}]^{-1/2}[S_{y,x}][S_{x,x}]^{-1}[S_{x,y}][S_{y,y}]^{-1/2}=\begin{bmatrix}0.800 & 0.168\\0.168 & 0.726\end{bmatrix} \tag{13.33b}$$

如果使用式(13.33a)和式(13.33b)，计算的数值稳定性更好，但是在任何情形中式(13.32a)和式(13.33a)的特征向量为

$$\boldsymbol{e}_1=\begin{bmatrix}0.719\\0.695\end{bmatrix}\text{和 }\boldsymbol{e}_2=\begin{bmatrix}-0.695\\0.719\end{bmatrix} \tag{13.34}$$

相应的特征值为$\lambda_1=0.938$ 和 $\lambda_2=0.593$。式(13.32b)和式(13.33b)的特征向量为

$$\boldsymbol{f}_1=\begin{bmatrix}0.780\\0.626\end{bmatrix}\text{ 和 }\boldsymbol{f}_2=\begin{bmatrix}-0.626\\0.780\end{bmatrix} \tag{13.35}$$

特征值 $\lambda_1=0.938$ 和 $\lambda_2=0.593$。然而，一旦特征向量 $\boldsymbol{e}_1$ 和 $\boldsymbol{e}_2$ 被计算，那么不必计算式(13.32b)或式(13.33b)，因为它们的特征向量也可以通过式(13.29)得到：

$$\boldsymbol{f}_1=\begin{bmatrix}0.8781 & 0.1788\\0.0185 & 0.8531\end{bmatrix}\begin{bmatrix}0.719\\0.695\end{bmatrix}\bigg/\left\|\begin{bmatrix}0.8781 & 0.1788\\0.0185 & 0.8531\end{bmatrix}\begin{bmatrix}0.719\\0.695\end{bmatrix}\right\|=\begin{bmatrix}0.780\\0.626\end{bmatrix} \tag{13.36a}$$

和

$$\boldsymbol{f}_2=\begin{bmatrix}0.8781 & 0.1788\\0.0185 & 0.8531\end{bmatrix}\begin{bmatrix}-0.695\\0.719\end{bmatrix}\bigg/\left\|\begin{bmatrix}0.8781 & 0.1788\\0.0185 & 0.8531\end{bmatrix}\begin{bmatrix}-0.695\\0.719\end{bmatrix}\right\|=\begin{bmatrix}-0.626\\0.780\end{bmatrix} \tag{13.36b}$$

因为

$$[S_{y,y}]^{-1/2}[S_{x,y}][S_{x,x}]^{-1/2}=\begin{bmatrix}0.1959 & -0.0930\\-0930 & 0.0917\end{bmatrix}\begin{bmatrix}58.070 & 81.633\\51.697 & 110.800\end{bmatrix}\begin{bmatrix}0.788 & -0.0522\\-0.0522 & 0.0917\end{bmatrix}$$

$$=\begin{bmatrix}0.8781 & 0.1788\\ 0.0185 & 0.08531\end{bmatrix} \tag{13.36c}$$

这两个典型相关是 $r_{C1}=\sqrt{\lambda_1}=0.969$ 和 $r_{C2}=\sqrt{\lambda_2}=0.770$。这 4 个典型向量是

$$\boldsymbol{a}_1=[S_{x,x}]^{-1/2}\boldsymbol{e}_1=\begin{bmatrix}0.1788 & -0.0522\\ -0.0522 & 0.0917\end{bmatrix}\begin{bmatrix}0.719\\ 0.695\end{bmatrix}=\begin{bmatrix}0.0923\\ 0.0263\end{bmatrix} \tag{13.37a}$$

$$\boldsymbol{a}_2=[S_{x,x}]^{-1/2}\boldsymbol{e}_2=\begin{bmatrix}0.1788 & -0.0522\\ -0.0522 & 0.0917\end{bmatrix}\begin{bmatrix}-0.695\\ 0.719\end{bmatrix}=\begin{bmatrix}-0.1618\\ 0.1022\end{bmatrix} \tag{13.37b}$$

$$\boldsymbol{b}_1=[S_{y,y}]^{-1/2}\boldsymbol{f}_1=\begin{bmatrix}0.1960 & -0.0930\\ -0.0930 & 0.1699\end{bmatrix}\begin{bmatrix}0.780\\ 0.626\end{bmatrix}=\begin{bmatrix}0.0946\\ 0.0338\end{bmatrix} \tag{13.37c}$$

和

$$\boldsymbol{b}_2=[S_{y,y}]^{-1/2}\boldsymbol{f}_2=\begin{bmatrix}0.1960 & -0.0930\\ -0.0930 & 0.1699\end{bmatrix}\begin{bmatrix}-0.626\\ 0.780\end{bmatrix}=\begin{bmatrix}-0.1952\\ 0.1907\end{bmatrix} \tag{13.37d}$$

作为选择，特征向量 $\boldsymbol{e}_m$ 和 $\boldsymbol{f}_m$ 可以通过式(13.36c)中矩阵的 SVD(式(13.30))得到(比较这两个公式的左端)。结果是

$$\begin{bmatrix}0.8781 & 0.0185\\ 0.1788 & 0.8531\end{bmatrix}=\begin{bmatrix}0.719 & -0.695\\ 0.695 & 0.719\end{bmatrix}\begin{bmatrix}0.969 & 0\\ 0 & 0.770\end{bmatrix}\begin{bmatrix}0.780 & 0.626\\ -0.626 & 0.780\end{bmatrix} \tag{13.38}$$

典型相关在式(13.38)中间的对角矩阵 $[R_C]$ 中。特征向量是其两边的 $[E]$ 和 $[F]^T$，并且与式(13.37)中一样可以用来计算相应的典型向量。

13.4　最大协方差分析(MCA)

最大协方差分析(Maximum covariance analysis, MCA)是一种类似 CCA 的技术，因为它找到向量资料 $\boldsymbol{x}$ 和 $\boldsymbol{y}$ 的两个集合的线性组合对，

$$\left.\begin{aligned}v_m &= \boldsymbol{l}_m^T\boldsymbol{x}\\ w_m &= \boldsymbol{r}_m^T\boldsymbol{y}\end{aligned}\right\},\quad m=1,\cdots,M \tag{13.39}$$

这样其协方差为

$$\mathrm{Cov}(v_m, w_m)=\boldsymbol{l}_m^T[S_{x,y}]\boldsymbol{r}_m \tag{13.40}$$

(而非像 CCA 中为它们的相关)被最大化，服从向量 $\boldsymbol{l}_m$ 和 $\boldsymbol{r}_m$ 标准正交的约束。与 CCA 中一样，这样的 $M=\min(I,J)$ 等于资料向量 $\boldsymbol{x}$ 和 $\boldsymbol{y}$ 维度的较小值，并且投影向量每一个随后的对被选择为使协方差最大化，服从标准正交的约束。在大气资料的典型应用中，$\boldsymbol{x}(t)$ 和 $\boldsymbol{y}(t)$ 都是空间场的时间序列，所以式(13.39)中它们的投影，也形成了时间序列。

计算上，向量 $\boldsymbol{l}_m$ 和 $\boldsymbol{r}_m$ 通过包含 $\boldsymbol{x}$ 和 $\boldsymbol{y}$ 的元素之间的交叉协方差矩阵的式(13.1)中矩阵 $[S_{x,y}]$ 的奇异值分解(式(10.68))得到，

$$\underset{(I\times J)}{[S_{x,y}]}=\underset{(I\times J)}{[L]}\ \underset{(J\times J)}{[\Omega]}\ \underset{(J\times J)}{[R]}^T \tag{13.41}$$

左奇异向量 $\boldsymbol{l}_m$ 是矩阵[L]的列，而右奇异向量 $\boldsymbol{r}_m$ 是矩阵 $[R]$ 的列(即，$[R]^T$ 的行)。奇异值的对角矩阵 $[\Omega]$ 的元素 ω_m 是式(13.39)中线性组合对之间最大的协方差(式(13.40))。因为奇异值分解的手段被用来得到 $\boldsymbol{l}_m$ 和 $\boldsymbol{r}_m$ 以及有关的协方差 ω_m，所以最大协方差分析有时不适

当地被称为 SVD 分析；尽管本章前面和本书其他地方已经阐明，奇异值分解有一个更宽的使用范围。认识到类似于 CCA 后，这个技术有时也被称为*典型协方差分析*(canonical covariance analysis)，并且 ω_m 有时被称为典型协方差。

CCA 和 MCA 之间存在两个主要区别。第一个是 CCA 最大化相关，而 MCA 最大化协方差。主要的 CCA 模态可能只抓住相对很少的对应方差(这样即使典型相关高也产生了小的协方差)。另一方面，最大协方差分析，将找到有最大协方差的线性组合，这可能由大的方差而不是大的相关产生。第二个差别是最大协方差分析中的向量 $\boldsymbol{l}_m$ 和 $\boldsymbol{r}_m$ 是正交的，资料在它们上面的投影 v_m 和 w_m 通常是相关的，然而 CCA 中除了相应的典型向量通常不正交外，典型变量也是不相关的。然而，对应用到相同资料集的 CCA 和 MCA 来说，经常得到类似的结果(如：Feddersen *et al.*，1999；Wilks，2008)。Bretherton 等(1992)、Cherry(1996)、Tippett 等(2008)、van den Dool(2007)和 Wallace 等(1992)更详细地比较了这两种方法。

例 13.4 1987 年 1 月温度资料的最大协方差分析

式(13.31c)中交叉协方差子矩阵$[S_{x,y}]$的奇异值分解得到

$$\begin{bmatrix} 58.07 & 51.70 \\ 81.63 & 110.8 \end{bmatrix} = \begin{bmatrix} 0.4876 & 0.8731 \\ 0.8731 & -0.4876 \end{bmatrix} \begin{bmatrix} 157.4 & 0 \\ 0 & 14.06 \end{bmatrix} \begin{bmatrix} 0.6325 & 0.7745 \\ 0.7745 & -0.6325 \end{bmatrix} \tag{13.42}$$

结果性质上类似于例 13.1 中相同资料的 CCA。第一左和右向量分别为 $\boldsymbol{l}_1=[0.4876, 0.8731]^T$ 和 $\boldsymbol{r}_1=[0.6325, 0.7745]^T$，二者在两个资料集中的两个变量都赋予正权重，这类似与例13.1 中的第一对典型向量 $\boldsymbol{a}_1$ 和 $\boldsymbol{b}_1$。但是这里权重在量级上更接近，并且强调最低温度而不是最高温度。由这些向量定义的线性组合之间的协方差是 157.4，它比那些资料服从 $\|\boldsymbol{l}_1\|=\|\boldsymbol{r}_1\|=1$ 的其他任何线性组合对之间的协方差都大。对应的相关系数是

$$\begin{aligned} \mathrm{Corr}(v_1, w_1) &= \frac{\omega_1}{(\mathrm{Var}(v_1)\mathrm{Var}(w_1))^{1/2}} = \frac{\omega_1}{(\boldsymbol{l}_1^T[S_{x,x}]\boldsymbol{l}_1)^{1/2}(\boldsymbol{r}_1^T[S_{y,y}]\boldsymbol{r}_1)^{1/2}} \\ &= \frac{157.44}{(219.8)^{1/2}(126.3)^{1/2}} = 0.945 \end{aligned} \tag{13.43}$$

这个相关系数虽然很大，但是必然小于相同资料 CCA 的 $r_{C1}=0.969$。

第二对向量 $\boldsymbol{l}_2=[0.8731, -0.4876]^T$ 和 $\boldsymbol{r}_2=[0.7745, -0.6325]^T$ 也类似于例 13.1 中 CCA 的第二对典型向量，因为它们也描述了可以被解释为与日温度范围有关的最高和最低温度之间的对比。第二对线性组合的协方差是 ω_2，对应于 0.772 的相关。这个相关稍微大于例 13.1 中的第二个典型相关，但是不具有 CCA 的 v_1 和 v_2，以及 w_1 和 w_2 之间相关必须为 0 的限制。

MCA 的结果可以用来预报一个场，比方说用 $\boldsymbol{x}$ 作为预报因子预报 $\boldsymbol{y}$，类似于第 13.2.3 节中描述的 CCA 预报。如果式(13.39)中的投影变量，从距平向量 $\boldsymbol{x}'$ 和 $\boldsymbol{y}'$ 中计算，那么单个回归将有 0 截距，形式为

$$\hat{w}_m = \hat{\beta}_m v_m, \quad m = 1, \cdots, M \tag{13.44}$$

其中单个回归斜率的最小二乘估计为

$$\hat{\beta}_m = \frac{\omega_m}{\boldsymbol{l}_m^T[S_{x,x}]\boldsymbol{l}_m} \tag{13.45}$$

估计的回归误差方差是

$$s_e^2 = \boldsymbol{r}_m^T[S_{y,y}]\boldsymbol{r}_m - \hat{\beta}_m^2\boldsymbol{l}_m^T[S_{x,x}]\boldsymbol{l}_m \tag{13.46}$$

然而,因为对不同的 m 来说,式(13.39)中的投影不是无关的,同时应用多个 m 的式(13.44)的版本,通常不产生最优的预测。相反,$\mathbf{l}_m$ 个投影的多个或全部,可以用作为 $\mathbf{r}_m$ 预报量的预报因子,构成多元线性回归的框架(见第 7.2.8 节)可能是更适合的(Garcia-Morales and Dubus,2007;Tippett *et al*.,2008)。

Bretherton 等(1992)和 Wallace 等(1992)的文章,对使用最大协方差分析的产生了有影响力的推动。MCA 相比于 CCA 的一个优势,是不需要矩阵的逆,所以,即使 $n<\max(I,J)$ 最大协方差分析也可以被计算。然而,在有限资料的情况中,两种技术都存在类似的抽样问题,所以这个优势实践上的重要性是不清楚的。Cherry(1997)和 Hu(1997)给出了关于最大协方差分析的一些警告;Newman 和 Sardeshmukh(1995)强调 $\mathbf{l}_m$ 和 $\mathbf{r}_m$ 可能不代表其各自场物理上的模态,正如 PCA 中的场不一定代表物理上有意义的模态。

13.5　习题

13.1　使用表 13.1 中的信息和表 A.1 中的数据,计算 1 月 6 日和 1 月 7 日典型变量 v_1 和 w_1 的值。

13.2　1988 年 1 月 1 日,伊萨卡最高和最低温度是 $\mathbf{x}=[38\ ^\circ\mathrm{F},16\ ^\circ\mathrm{F}]^T$。使用例 13.1 中的 CCA“预报”卡南戴挂该日的温度。

13.3　分离表 A.1 中伊萨卡和卡南戴挂相关矩阵的 PCAs(降水资料做了平方根变化之后)得到

$$[E_{\mathrm{Ith}}]=\begin{bmatrix}0.599 & 0.524 & 0.606\\ 0.691 & 0.044 & -0.721\\ 0.404 & -0.851 & 0.336\end{bmatrix} \text{和} [E_{\mathrm{Can}}]=\begin{bmatrix}0.657 & 0.327 & 0.679\\ 0.688 & 0.107 & -0.718\\ 0.308 & -0.939 & 0.155\end{bmatrix}$$

相应的特征值为 $\boldsymbol{\lambda}_{\mathrm{Ith}}=[1.833,0.927,0.190]^T$ 和 $\boldsymbol{\lambda}_{\mathrm{Can}}=[1.904,0.925,0.171]^T$。这些数据的交叉相关为

$$[R_{I,C}]=\begin{bmatrix}0.957 & 0.761 & 0.166\\ 0.762 & 0.924 & 0.431\\ 0.076 & 0.358 & 0.904\end{bmatrix} \tag{13.48}$$

对每个站点截断为前两个主分量后计算 CCA(注意计算简化为使用主分量),

a. 计算 $[S_C]$,其中 $\mathbf{c}$ 为 (4×1) 的向量 $[\mathbf{u}_{\mathrm{Ith}},\mathbf{u}_{\mathrm{Can}}]^T$。

b. 找到典型向量和典型相关。

第 14 章 判别与分类

14.1 判别与分类的比较

本章论述基于每组的每个成员观测的 K 维向量 $\boldsymbol{x}$ 的属性，辨识组中成员的问题。本章的判别与分类具有以下假设：组 G 的成员预先知道；这个组集构成了样本空间的 MECE 分区；每个资料向量属于一个，并且只属于一个组；并且一批训练资料是可以用的，其中组向量 $\boldsymbol{x}_i, i=1,\cdots,n$ 的每一个的组成员是确定已知的。我们既不知道资料的组成员，也不知道总组数的有关问题，将在第 15 章中讲述。

术语判别是指估计训练资料 $\boldsymbol{x}_i$ 的函数的过程，该过程最优地描述分类每个 $\boldsymbol{x}_i$ 的已知组成员的特征。在这个过程可以用 3 个或更少函数完成的例子中，用图形表示判别是可能的。判别的统计基础是 G 个组的每一组对应于资料的一个不同的多元 PDF $f_g(\boldsymbol{x}), g=1,\cdots,G$。对这些分布来说，不必假定多元正态性，但是当这个假定被资料支持时，用第 11 章中讲述的内容可以产生有益的关系。

分类是指使用判别规则，分配不属于原始训练样本的资料到 G 个组中的一组；或者估计观测 $\boldsymbol{x}$ 属于第 g 组的概率 $p_g(\boldsymbol{x}), g=1,\cdots,G$。如果 $\boldsymbol{x}$ 的分组适合 $\boldsymbol{x}$ 本身已经观测后的时刻，那么分类是用来预报离散事件的一种很自然的工具。即，通过分类当前的观测 x 属于预报将发生的组，或通过计算 G 个事件每个发生的概率 $p_g(\boldsymbol{x})$，可以做预报。

本章讲述已经非常成熟的主要是线性的判别和分类方法。更新颖和更灵活，但在计算上有更复杂的方法，Hastie 等(2009)的文献进行了介绍。

14.2 将两个总体分开

14.2.1 等协方差结构：Fisher 的线性判别

判别分析的最简单方法，包括在观测 $\boldsymbol{x}$ 的 K 维向量的基础上区分 $G=2$ 个组。必须存在训练样本，该训练样本由已知来自第 1 组的 $\boldsymbol{x}$ 的 n_1 个观测和已知来自第 2 组的 $\boldsymbol{x}$ 的 n_2 个观测组成。即，基本资料是两个矩阵，维数为 $(n_1\times K)$ 的 $[X_1]$ 和维数为 $(n_2\times K)$ 的 $[X_2]$。目标是得到观测向量的 K 个元素的线性函数，即，线性组合 $\boldsymbol{a}^T\boldsymbol{x}$，该函数被称为判别函数，将最优地分配将来观测的一个 K 维向量属于第 1 组或第 2 组。

假定相应组的两个总体有相同的协方差结构，由 R. A. Fisher 提出的解决这个问题的方法是，作为最大化两个平均值分离的资料，在 K 维空间中的那个方向找到向量 $\boldsymbol{a}$，当资料在 $\boldsymbol{a}$ 上投影时，以标准差为单位。这个标准等价于通过最大化下式选择 $\boldsymbol{a}$。

$$\frac{(\boldsymbol{a}^T\bar{\boldsymbol{x}}_1-\boldsymbol{a}^T\bar{\boldsymbol{x}}_2)^2}{\boldsymbol{a}^T[S_{pool}]\boldsymbol{a}} \tag{14.1}$$

这里两个平均向量对每个组分开计算，平均向量根据下式计算

$$\bar{\boldsymbol{x}}_g = \frac{1}{n_g}[X_g]^T\boldsymbol{1} = \begin{bmatrix} \frac{1}{n_g}\sum_{i=1}^{n_g} x_{i,1} \\ \frac{1}{n_g}\sum_{i=1}^{n_g} x_{i,2} \\ \vdots \\ \frac{1}{n_g}\sum_{i=1}^{n_g} x_{i,K} \end{bmatrix}, \quad g = 1,2 \tag{14.2}$$

式中 $\boldsymbol{1}$ 是只包含 1 的 $(n\times1)$ 向量，n_g 是每个组中训练资料向量 $\boldsymbol{x}$ 的数量。估计的这两个组共同的协方差矩阵 $[S_{pool}]$ 用式(11.39b)计算。如果 $n_1=n_2$，那么结果是 $[S_{pool}]$ 的每个元素是 $[S_1]$ 和 $[S_2]$ 相应元素的简单平均。注意对任意一个组都没有假定符合多元正态分布。而是不管它们的分布如何，以及是否那些分布有相同的形式，已经假定的全部内容是它们潜在的总体协方差矩阵 $[\Sigma_1]$ 和 $[\Sigma_2]$ 相等。

通过筛选和比较资料向量的 K 个元素之间的关系，找到使式(14.1)最大化的方向 $\boldsymbol{a}$ 可以简化判别问题。即，资料向量 $\boldsymbol{x}$ 变换到被称为 Fisher 线性判别函数的新标量变量 $\delta_1=\boldsymbol{a}^T\boldsymbol{x}$。$K$ 维多元资料的组，本质上被减少到沿着 $\boldsymbol{a}$ 轴分布的有不同平均值(但相等方差)的单变量资料组。位于最大分离的这个方向的判别向量由下式给出

$$\boldsymbol{a} = [S_{pool}]^{-1}(\bar{\boldsymbol{x}}_1 - \bar{\boldsymbol{x}}_2) \tag{14.3}$$

所以 Fisher 线性判别函数是

$$\delta_1 = \boldsymbol{a}^T\boldsymbol{x} = (\bar{\boldsymbol{x}}_1 - \bar{\boldsymbol{x}}_2)^T[S_{pool}]^{-1}\boldsymbol{x} \tag{14.4}$$

就像式(14.1)中表示的，到 Fisher 线性判别函数的这个变换使训练样本中两个样本平均值之间尺度化的距离最大，为

$$\boldsymbol{a}^T(\bar{\boldsymbol{x}}_1 - \bar{\boldsymbol{x}}_2) = (\bar{\boldsymbol{x}}_1 - \bar{\boldsymbol{x}}_2)^T[S_{pool}]^{-1}(\bar{\boldsymbol{x}}_1 - \bar{\boldsymbol{x}}_2) = D^2 \tag{14.5}$$

即，两个样本平均值的投影之间的这个最大距离正好是它们之间根据 $[S_{pool}]$ 的马氏距离。

把将来的观测 $\boldsymbol{x}$ 分类为第 1 组还是第 2 组，现在可以根据标量 $\delta_1=\boldsymbol{a}^T\boldsymbol{x}$ 的值进行。点积是向量 $\boldsymbol{x}$ 在最大分离方向 $\boldsymbol{a}$ 上的一维(即标量)投影。判别函数 δ_1 本质上是一个新变量，类似于作为资料向量 $\boldsymbol{x}$ 元素的线性组合产生的 PCA 中的新变量 u，CCA 中的新变量 v 和 w。如果投影 $\boldsymbol{a}^T\boldsymbol{x}$ 更接近第 1 组平均值在方向 $\boldsymbol{a}$ 上的投影，那么分类观测 $\boldsymbol{x}$ 的最简单方式是把它分配到第 1 组，如果 $\boldsymbol{a}^T\boldsymbol{x}$ 更接近第 2 组平均值的投影，则把它分配到第 2 组。沿着 $\boldsymbol{a}$ 轴，两个组平均值之间的中点，由这两个平均向量的平均值在向量 $\boldsymbol{a}$ 上的投影给出，

$$\hat{m} = \frac{1}{2}(\boldsymbol{a}^T\bar{\boldsymbol{x}}_1 + \boldsymbol{a}^T\bar{\boldsymbol{x}}_2) = \frac{1}{2}\boldsymbol{a}^T(\bar{\boldsymbol{x}}_1 + \bar{\boldsymbol{x}}_2) = \frac{1}{2}(\bar{\boldsymbol{x}}_1 + \bar{\boldsymbol{x}}_2)^T[S_{pool}]^{-1}(\bar{\boldsymbol{x}}_1 + \bar{\boldsymbol{x}}_2) \tag{14.6}$$

给定组成员未知的观测，这个简单的中点准则根据下面的标准进行分类

$$\text{如果 } \boldsymbol{a}^T\boldsymbol{x}_0 \geqslant \hat{m}\text{，则分配 } \boldsymbol{x}_0 \text{ 到第 1 组} \tag{14.7a}$$

或

$$\text{如果 } \boldsymbol{a}^T\boldsymbol{x}_0 < \hat{m}\text{，则分配 } \boldsymbol{x}_0 \text{ 到第 2 组} \tag{14.7b}$$

这个分类准则，根据式(14.6)中给出的中点处与 $\boldsymbol{a}$ 垂直的(超)平面把 $\boldsymbol{x}$ 的 K 维空间分为两个区域。在二维中，根据在这个点垂直于 $\boldsymbol{a}$ 的线，把平面分为两个区域。三维中的体积，根

据在这个点垂直于 $\boldsymbol{a}$ 的平面分为两个区域，并且对更高维来说也是这样。

例 14.1 $K=2$ 维中的线性判别

表 14.1 显示了美国三个区域中城市的 7 月平均温度和降水。资料向量包括 $K=2$ 个元素：一个温度元素和一个降水元素。考虑第 1 组和第 2 组中成员之间的区分问题。如果表 14.1 中的位置代表了各自气候区的核心部分，并且在这些资料的基础上，我们想对这个表中没有列出的站进行属于这两个组中哪一组的分类，那么可能出现这个问题。

第 1 组和第 2 组中 $n_1=10$ 和 $n_2=9$ 的资料向量的平均向量分别为

$$\bar{\boldsymbol{x}}_1=\begin{bmatrix}80.6°\text{F}\\5.67\ \text{in.}\end{bmatrix} \text{和} \bar{\boldsymbol{x}}_2=\begin{bmatrix}78.7°\text{F}\\3.57\ \text{in.}\end{bmatrix} \tag{14.8a}$$

样本的协方差矩阵为

$$[S_1]=\begin{bmatrix}1.47 & 0.65\\0.65 & 1.45\end{bmatrix} \text{和} [S_2]=\begin{bmatrix}2.01 & 0.06\\0.06 & 0.17\end{bmatrix} \tag{14.8b}$$

表 14.1 美国三个区域 7 月平均温度(°F)和降水量(in.)。时间为 1951—1980 年。

第一组：美国东南部			第二组：美国中部			第三组：美国东北部		
站点 (Station)	温度 (Temp.)	降水 (Ppt.)	站点 (Station)	温度 (Temp.)	降水 (Ppt.)	站点 (Station)	温度 (Temp.)	降水 (Ppt.)
Althens, GA	79.2	5.18	Concordia, KS	79.0	3.37	Albany, NY	71.4	3.00
Atlanta, GA	78.6	4.73	Des Moines, IA	76.3	3.22	Binghamton, NY	68.9	3.48
Augusta, GA	80.6	4.40	Dodge City, KS	80.0	3.08	Boston, MA	73.5	2.68
Gaineville, FL	80.8	6.99	Kansas City, MO	78.5	4.35	Bridgeport, CT	74.0	3.46
Huntsville, AL	79.3	5.05	Lincoln, NE	77.6	3.2	Burlington, VT	69.6	3.43
Jacksonville, FL	81.3	6.54	Springfield, MO	78.8	3.58	Hartford, CT	73.4	3.09
Macon, GA	81.4	4.46	St. Louis, MO	78.9	3.63	Portland, ME	68.1	2.83
Montgomery, AL	81.4	4.78	Topeka, KS	78.6	4.04	Providence, RI	72.5	3.01
Pensacola, FL	82.3	7.18	Wichita, KS	81.4	3.62	Worcester, MA	69.9	3.58
Savannah, GA	81.2	7.37						
平均	80.6	5.67		78.7	3.57		71.3	3.17

引自 Quayle 和 Presnell(1991)。

因为 $n_1\neq n_2$，所以常见的方差-协方差矩阵的合并(pooled)估计，通过式(11.39b)表示的加权平均得到。那么指向两个样本平均向量最大分离方向的向量 $\boldsymbol{a}$ 用式(14.3)计算为

$$\begin{aligned}\boldsymbol{a}&=\begin{bmatrix}1.73 & 0.37\\0.37 & 0.84\end{bmatrix}^{-1}\left(\begin{bmatrix}80.6\\5.67\end{bmatrix}-\begin{bmatrix}78.7\\3.57\end{bmatrix}\right)\\&=\begin{bmatrix}0.640 & -0.283\\-0.283 & 1.309\end{bmatrix}\begin{bmatrix}1.9\\2.10\end{bmatrix}=\begin{bmatrix}0.62\\2.21\end{bmatrix}\end{aligned} \tag{14.9}$$

图 14.1 显示了这个问题的几何图形。其中第 1 组的更暖湿的东南部站点的资料以圆圈形式画出，而第 2 组的美国中部的站点用 X 表示。两组的向量平均值以较粗的符号显示。方

向 $\boldsymbol{a}$ 不平行于，一般来说将来也不会平行于连接两个组平均值的线段。这两个平均值在 $\boldsymbol{a}$ 上的投影由细虚线表示。这两个投影之间的中点，定位了由 $\boldsymbol{a}$ 定义的一维判别空间中两个组之间的分割点。在这个点垂直于判别函数 δ_1 的粗虚线，划分这个(温度，降水)平面为两个区域。未知组成员的将来点落在这条粗虚线右上方的，被分类为属于第 1 组，而落在左下方的被分类为属于第 2 组。

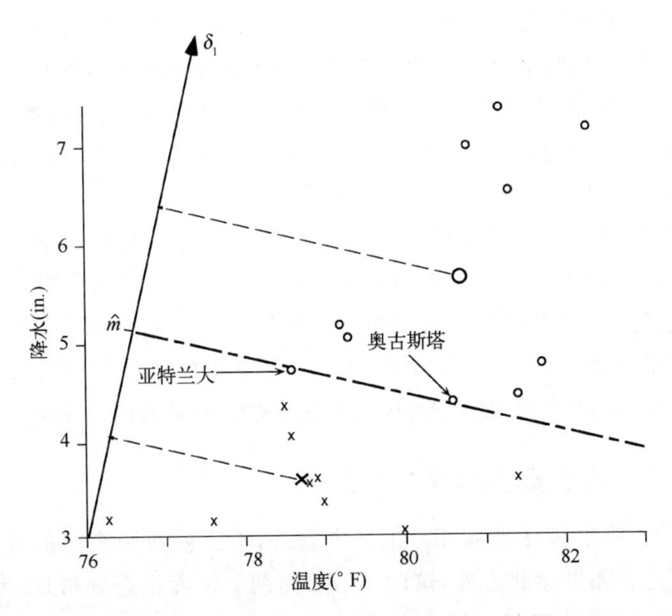

图 14.1　应用到表 14.1 中美国东南部(圆圈)和中部(×)资料的线性判别分析的几何示意图。两组资料的(向量)平均值由加粗的符号表示，而它们在判别函数上的投影由细虚线表示。这两个投影之间的中间点 $\hat{m}$，定义了将未来的(温度、降水)对，分配到相应组的分隔线(更粗的虚线)。在这些训练资料中，只有亚特兰大(Atlanta)的资料点的分类错误。注意为了提高图的清晰度，判别函数已经向右移动了(即不通过原点，但与式(14.9)中的向量 $\boldsymbol{a}$ 平行)，但是这并不影响资料点在它上面投影的相对位置。

因为第 1 组和第 2 组平均向量的平均值为 $[79.65, 4.62]^T$，分割点的值是 $\hat{m}=(0.62)(79.65)+(2.21)(4.62)=59.59$。这些训练资料中的 19 个点，只有亚特兰大(Atlanta)被错误分类。对于这个站，$\delta_1=\boldsymbol{a}^T\boldsymbol{x}=(0.62)(78.6)+(2.20)(4.73)=59.18$。因为 δ_1 的这个值稍微小于中点值，所以亚特兰大(Atlanta)被错误地划分到属于第 2 组(式(14.7))。相比之下，奥古斯塔(Augusta)的点正好位于粗虚线的第 1 组的那边。对于奥古斯塔(Augusta)，$\delta_1=\boldsymbol{a}^T\boldsymbol{x}=(0.62)(80.6)+(2.20)(4.40)=59.70$，这稍微大于分界值。

现在考虑把没有列在表 14.1 中的两个站分配到第 1 组或第 2 组中。路易斯安那州的新奥尔良(New Orleans)，7 月平均温度是 82.1 ℉，7 月平均降水量为 6.73 in.。应用式(14.7)，我们发现，$\boldsymbol{a}^T\boldsymbol{x}=(0.62)(82.1)+(2.20)(6.73)=65.78>59.59$。因此，新奥尔良(New Orleans)被分类为属于第 1 组。类似地，俄亥俄州的哥伦布(Columbus)，7 月平均温度和降水量分别为 74.7 ℉和 3.37 in.。对于这个站，$\boldsymbol{a}^T\boldsymbol{x}=(0.62)(74.7)+(2.20)(3.37)=53.76<59.59$，结果哥伦布(Columbus)被分类到属于第 2 组中。

为了使问题的几何图形在两维中容易表示，例 14.1 用每个资料向量中的 $K=2$ 个观测构建。然而，判别分析的使用并不只局限于二元观测的情形。事实上，当允许在更高维的资料中运算时,判别分析更有威力。例如,根据全部 12 个月的平均温度和降水,扩展例 14.1 到站点分类是可能的。如果按照这样来做,每个资料向量 $\mathbf{x}$ 都由 $K=24$ 个值组成。判别向量 $\mathbf{a}$ 也由 $K=24$ 个元素组成,但是点积 $\delta_1=\mathbf{a}^T\mathbf{x}$ 仍然是可以用来对 $\mathbf{x}$ 的组成员进行分类的一个标量。

通常,大气资料的高维向量在 K 个元素间展示了大量的相关,这样就携带了一些冗余信息。例如,12 个月的平均温度和 12 个月的平均降水值不是相互独立的。如果只是为了节省计算,进行判别分析前减少这种资料的维度可能是一个好主意。这个维度减少最常用的是主分量分析(见第 12 章)。当判别分析中的组被假定为有相同的协方差矩阵时,对它们的普通方差一协方差矩阵$[S_{pool}]$的估计,进行 PCA 分析显然是很自然的。然而,如果组平均值的离差(根据式(14.18)度量)充分地不同于$[S_{pool}]$,那么其主要的主分量可能不是一个好的判别因子,基于总的协方差$[S]$得到的判别分析可能获得更好的结果(Jolliffe, 2002)。如果资料向量不是一致的单位(例如温度和降水),那么对相应的(即,联合)相关矩阵,进行 PCA 分析将更有意义。那么判别分析可以使用组成要素为前 M 个主分量的 M 维的资料向量,而不是最初的 K 维原始资料向量进行。那么得到的判别函数将是关于$(M\times1)$的向量 $\mathbf{u}$ 中的主分量,而不是关于最初的$(K\times1)$的资料 $\mathbf{x}$。另外,如果前两个主分量能解释总方差的大部分,那么用类似于图 14.1 的图,可以有效地进行可视化,其中水平和垂直轴是前两个主分量。

14.2.2 Fisher 多元正态资料的线性判别

使用 Fisher 线性判别,除了要有相等的协方差外,不需要对两个组的分布 $f_1(\mathbf{x})$和$f_2(\mathbf{x})$的特定性质进行假定。如果除此之外,这两个分布是两个多元正态分布,或者是其平均值的抽样分布,那么根据中心极限定理它们充分地接近多元正态,所以与两个平均值之间差值的 HotellingT^2 检验存在联系。

特别是,Fisher 的线性判别向量(式(14.3))确定了一个方向,该方向在两个总体平均向量相等的原假设下与显著性最强的资料的线性组合(式(11.54b))相同。即,向量 $\mathbf{a}$ 对最大化判别分析和 T^2 检验都定义了两个平均值分离的方向。而且,这个方向中两个平均值之间的距离(式(14.5))是它们关于普通协方差$[\Sigma_1]=[\Sigma_2]$的合并(pooled)估计$[S_{pool}]$的马氏距离,该估计(通过式(11.39a)中的因子 $n_1{}^{-1}+n_2{}^{-1}$)与双样本的 T^2 统计量本身(式(11.37))成比例。

根据这些关系,当应用到多元正态资料的时候,Fisher 线性判别可以看作与原假设 $\boldsymbol{\mu}_1=\boldsymbol{\mu}_2$ 有关的一个隐含的检验。即使这个原假设为真,相应的样本平均值一般也是不同的,T^2 检验的结果是关于进行判别分析合理性的有指示意义的必要条件。多元正态分布通过其平均向量和协方差矩阵被完整地定义。因为已经假定了$[\Sigma_1]=[\Sigma_2]$,所以如果另外的两个多元正态资料组与 $\boldsymbol{\mu}_1=\boldsymbol{\mu}_2$ 一致,那么不存在基于这个假设之上对这两个多元正态资料组之间的判别。然而注意,拒绝相应 T^2 检验中平均值相等的原假设,不是令人满意的判别的充分条件:只要增加样本容量,通过这个检验,可以检测到任意小的平均值差异,即使两个资料组的散布可以重叠到判别完全没有意义的程度。

14.2.3 最小化误分类的期望花费

两个样本平均值投影中间 Fisher 判别函数上的点 $\hat{m}$ 并不一定总是进行组间分隔最好的点。人们可能拥有第 1 组中成员的概率高于第 2 组的先验信息,可能因为第 2 组的成员总的来说是相当稀少的。如果是这样的话,向第 2 组的平均值移动分类边界通常是可取的,结果是

更多的将来观测 $\boldsymbol{x}$ 可能被分类为属于第 1 组。同样地，如果把第 1 组的资料值误分类为属于第 2 组是比把第 2 组的资料值误分类为属于第 1 组更严重的错误，那么我们就会往第 2 组的平均值移动边界。

解决上述这些考虑的一种合理方式是基于将来资料向量误分类的期望花费(ECM)定义分类边界。令 p_1 为将来的观测 $\boldsymbol{x}_0$ 属于第 1 组的先验概率(依照先前信息的无条件概率)，令 p_2 为观测 $\boldsymbol{x}_0$ 属于第 2 组的先验概率。定义 $P(2|1)$为第 1 组的对象被误分类为属于第 2 组的条件概率，$P(1|2)$为第 2 组的对象被误分类为属于第 1 组的条件概率。这两个条件概率将分别依赖于两个 PDFs$f_1(\boldsymbol{x})$和 $f_2(\boldsymbol{x})$，以及分类准则的配置，因为这些条件概率将由其各自的 PDFs 在分类可以被安排到另一个组的区域上积分给出。即，

$$P(2|1) = \int_{R_2} f_1(\boldsymbol{x})\mathrm{d}\boldsymbol{x} \tag{14.10a}$$

和

$$P(1|2) = \int_{R_1} f_2(\boldsymbol{x})\mathrm{d}\boldsymbol{x} \tag{14.10b}$$

式中 R_1 和 R_2 表示可以进行分别进入第 1 组和第 2 组分类的 $\boldsymbol{x}$ 的 K 维空间区域。误分类的无条件概率由这些条件概率与相应先验概率的乘积，即，$P(2|1)p_1$ 和 $P(1|2)p_2$ 给出。

如果 $C(1|2)$是当第 2 组的成员被不正确地分类为第 1 组时的花费或罚款，而 $C(2|1)$是当第 1 组的成员被不正确地分类为第 2 组时的花费或罚款，那么误分类的期望花费为

$$ECM = C(2|1)P(2|1)p_1 + C(1|2)P(1|2)p_2 \tag{14.11}$$

通过边界对误分类概率(式(14.10))的影响，分类边界可以被调整为最小化错误分类的期望花费。得到的分类规则为

$$\text{如果}\frac{f_1(\boldsymbol{x}_0)}{f_2(\boldsymbol{x}_0)} \geqslant \frac{C(1|2)p_2}{C(2|1)p_1}\text{，则分配 } \boldsymbol{x}_0 \text{ 到第 1 组} \tag{14.12a}$$

或者

$$\text{如果}\frac{f_1(\boldsymbol{x}_0)}{f_2(\boldsymbol{x}_0)} < \frac{C(1|2)p_2}{C(2|1)p_1}\text{，则分配 } \boldsymbol{x}_0 \text{ 到第 2 组} \tag{14.12b}$$

即，$\boldsymbol{x}_0$ 的分类依赖于依照两个组 PDFs 的似然比与错误分类的花费和先验概率乘积的比率。因此，实际上不必知道两个误分类明确的花费，而只是它们的比率，并且同样地只必须知道先验概率的比率。如果 $C(1|2) \gg C(2|1)$——即，如果误分类第 2 组的成员到第 1 组是特别不受欢迎的——那么为了分配 $\boldsymbol{x}_0$ 到第 1 组，式(14.12)左侧似然比率必须相当大(依照 $f_1(\boldsymbol{x})$，$\boldsymbol{x}_0$ 必须充分地更可能)。同样，如果第 1 组的成员本质上是很少发生的(所以 $p_1 \ll p_2$)，那么为了把 $\boldsymbol{x}_0$ 分类为第 1 组的成员，更高水平的证据必须被满足。如果误分类的花费和先验概率相等，那么根据 $f_1(\boldsymbol{x}_0)$或 $f_2(\boldsymbol{x}_0)$中较大的进行分类。

最小化 ECM(式(14.11))，不要求假定分布 $f_1(\boldsymbol{x})$或 $f_2(\boldsymbol{x})$有详细而精确的形式，甚至也不要求假定它们属于相同的参数类。但为了求式(14.12)左侧的值必须知道或假定它们中每一个的函数形式。经常假定 $f_1(\boldsymbol{x})$和 $f_2(\boldsymbol{x})$都是多元正态的(对 $\boldsymbol{x}$ 的某些元素来说可能是资料变换后)，有用$[S_{pool}]$估计的相等协方差。这种情形中，$\boldsymbol{x}_0$ 被分配到第 1 组的条件式(14.12a)成为

$$\frac{2\pi^{-K/2}\ |[S_{pool}]|^{-1/2}\exp\left(-\frac{1}{2}(\boldsymbol{x}_0-\bar{\boldsymbol{x}}_1)^T[S_{pool}]^{-1}(\boldsymbol{x}_0-\bar{\boldsymbol{x}}_1)\right)}{2\pi^{-K/2}\ |[S_{pool}]|^{-1/2}\exp\left(-\frac{1}{2}(\boldsymbol{x}_0-\bar{\boldsymbol{x}}_2)^T[S_{pool}]^{-1}(\boldsymbol{x}_0-\bar{\boldsymbol{x}}_2)\right)} \geqslant \frac{C(1|2)p_2}{C(2|1)p_1} \tag{14.13a}$$

重新整理后，上式等价于

$$(\bar{\boldsymbol{x}}_1-\bar{\boldsymbol{x}}_2)^T[S_{pool}]^{-1}\bar{\boldsymbol{x}}_0-\frac{1}{2}(\bar{\boldsymbol{x}}_1-\bar{\boldsymbol{x}}_2)^T[S_{pool}]^{-1}(\bar{\boldsymbol{x}}_1+\bar{\boldsymbol{x}}_2)\geqslant \ln\left(\frac{C(1|2)p_2}{C(2|1)p_1}\right) \quad (14.13b)$$

式(14.13b)的左侧看起来很复杂，但其元素是熟悉的。特别是，其第一项正好是式(14.7)中的线性组合 $\boldsymbol{a}^T\boldsymbol{x}_0$。第二项是式(14.6)中定义的当投影到 $\boldsymbol{a}$ 上时两个平均值之间的中点 $\hat{m}$。因此，如果 $C(1|2)=C(2|1)$，并且 $p_1=p_2$（或者如果这些量的其他组合产生了式(14.13b)右端的 ln[1]），那么，对协方差相等的两个多元正态总体来说，最小化 ECM 的分类准则正好与 Fisher 线性判别相同。在花费和/或先验概率不相等的意义上，式(14.13)导致分类边界远离式(14.6)定义的中点移向两个平均值之一在 $\boldsymbol{a}$ 上的投影。

14.2.4　不相等的协方差:二次判别

如果可以假设 G 个总体的协方差相等，那么，无论在概念上还是在数学上，判别和分类都是更简单的。例如，对两个多元正态总体来说，如果假设协方差相等，那么式(14.13a)可以简化为式(14.13b)。如果不能假设 $[\Sigma_1]=[\Sigma_2]$，而是改为这两个协方差矩阵分别由 $[S_1]$ 和 $[S_2]$ 分别估计，如果下式成立，那么对两个多元总体的最小 ECM 分类将导致 $\boldsymbol{x}_0$ 的分类属于第 1 组

$$\frac{1}{2}\boldsymbol{x}_0^T([S_1]^{-1}-[S_2]^{-1})\boldsymbol{x}_0+(\bar{\boldsymbol{x}}_1^T[S_1]^{-1}-\bar{\boldsymbol{x}}_2^T[S_2]^{-1})\boldsymbol{x}_0-const\geqslant \ln\left(\frac{C(1|2)p_2}{C(2|1)p_1}\right) \quad (14.14a)$$

其中

$$const=\frac{1}{2}\left(\ln\frac{|[S_1]|}{|[S_2]|}+\bar{\boldsymbol{x}}_1^T[S_1]^{-1}\bar{\boldsymbol{x}}_1-\bar{\boldsymbol{x}}_2^T[S_2]^{-1}\bar{\boldsymbol{x}}_2\right) \quad (14.14b)$$

包含不包括 $\boldsymbol{x}_0$ 的尺度常数。

因为当协方差矩阵相等时，式(14.13)中可能存在抵消和重新组合，所以式(14.13b)和式(14.14)之间数学上的差异导致了式(14.14)中的追加项。用式(14.14)分类和判别概念上是更困难的，因为区域 R_1 和 R_2 不再必须连续。当协方差结构的相等可以被合理假定时，式(14.14)针对的是协方差不相等的分类，对非高斯的资料也比用式(14.13)的分类更不具鲁棒性。

图 14.2 用一个简单的一维资料举例说明了二次判别和分类。为了简单起见，已经假定式(14.14a)的右侧为 ln[1]=0，所以，分类标准，简化为分配 $\boldsymbol{x}_0$ 到产生更大似然 $f_g(\boldsymbol{x}_0)$ 的任何一组。因为第 1 组的方差太小了，所以很大和很小的 $\boldsymbol{x}_0$ 都将被分配到第 2 组。数学上，区域 R_2 的这个不连续性，由式(14.14a)中的第一(即，二次)项产生，在 $K=1$ 维中式(14.14a)等于 $x_0{}^2(1/s_1^2-1/s_2^2)/2$。

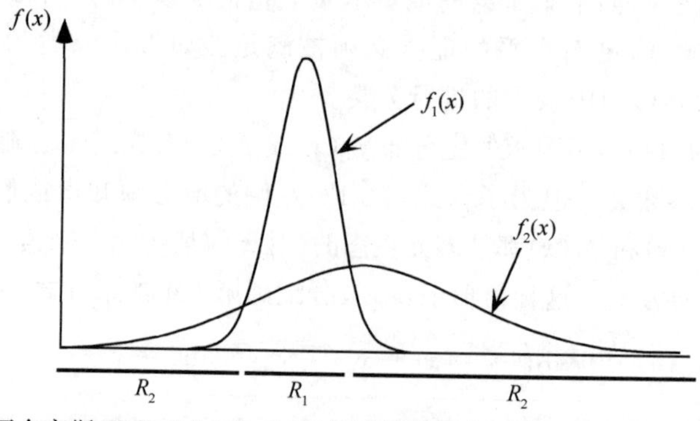

图 14.2　由通过两个高斯 PDFs $f_1(x)$ 和 $f_2(x)$ 描述的不等方差总体产生的不连续分类区域。

在更高的维度中，二次分类区域的形状，通常是弯曲的并且更加复杂。

在线性判别分析的简单框架内，处理非线性判别的另一种方法，是扩展原始资料向量 $\mathbf{x}$ 到包括基于原始资料向量元素的非线性导出变量。例如，如果原始资料向量 $\mathbf{x}=[x_1,x_2]^T$ 是 $K=2$ 维的，那么二次判别分析可以在扩展的资料向量 $\widetilde{x}=[x_1,x_2,x_1{}^2,x_2{}^2,x_1x_2]^T$ 的 $\widetilde{K}=5$ 维中进行。得到的分类边界可以随后被变换回通常为非线性的 $\mathbf{x}$ 的原始 $\widetilde{K}$ 维空间。

14.3 多重判别分析(MDA)

14.3.1 超过两组时 Fisher 的步骤

在第 14.2.1 节中描述的 Fisher 线性判别，可以推广到 $G=3$ 或更多个组的情形中。这个推广被称为多重判别分析(MDA)。这里，基本问题是基于 $J=\min(G-1,K)$ 个判别向量 $\mathbf{a}_j$，$j=1,\cdots,J$，分配一个 K 维资料向量 $\mathbf{x}$ 到 $G>2$ 个组的其中一组。资料在这些向量上的投影产生了 J 个判别函数

$$\delta_j = \mathbf{a}_j^T\mathbf{x}, \quad j=1,\cdots,J \tag{14.15}$$

判别函数基于维数分别为 $(n_g\times K)$ 的 G 个资料矩阵 $[X_1]$，$[X_2]$，$[X_3]$，…，$[X_G]$ 进行计算。样本方差—协方差矩阵 $[S_1]$，$[S_2]$，$[S_3]$，…，$[S_G]$，可以根据式(10.30)从 G 个资料集的每一个中进行计算。假定 G 个组代表了有相同协方差矩阵的总体，这个通常协方差矩阵的合并(pooled)估计值，由下面的权重平均估计

$$[S_{pool}] = \frac{1}{n-G}\sum_{g=1}^{G}(n_g-1)[S_g] \tag{14.16}$$

上式每组中存在 n_g 个观测，总样本容量为

$$n = \sum_{g=1}^{G} n_g \tag{14.17}$$

式(14.16)中估计的合并(pooled)协方差矩阵，有时被称为组内协方差矩阵。式(11.39b)是 $G=2$ 时式(14.16)的一个特例。

多重判别函数也需要组间协方差矩阵的计算

$$[S_B] = \frac{1}{G-1}\sum_{g=1}^{G}(\bar{\mathbf{x}}_g-\bar{\mathbf{x}}.)(\bar{\mathbf{x}}_g-\bar{\mathbf{x}}.)^T \tag{14.18}$$

式中单个组的平均值如同式(14.2)计算，而

$$\bar{\mathbf{x}}. = \frac{1}{n}\sum_{g=1}^{G} n_g\,\bar{\mathbf{x}}_g \tag{14.19}$$

是全部 n 个观测重要的或总的向量平均。组间协方差矩阵 $[S_B]$，本质上是描述 G 个样本平均在总体平均周围离差的协方差矩阵(比较式(10.35))。

可以计算的判别函数的数量 J 小于 $G-1$ 和 K。这样对第 14.2 节中讨论的两个组的例子来说，不管资料向量的维度 K 是多少，都只存在 $G-1=1$ 个判别函数。在更一般的例子中，判别函数来源于矩阵的前面 J 个特征向量(相应于非零特征值)

$$[S_{pool}]^{-1}[S_B] \tag{14.20}$$

这个 $(K\times K)$ 的矩阵通常是不对称的。判别向量 $\mathbf{a}_j$ 与这些特征向量排成一行，但对于投影到

它们上面的资料来说，经常被尺度化为产生单位方差；即

$$a_j^T[S_{pool}]a_j = 1, \quad j = 1, \cdots, J \tag{14.21}$$

通常计算特征向量的计算机程序将尺度化特征向量为单位长度，即，$\| e_j \| = 1$，但是式(14.21)中的条件可以通过计算下式得到

$$a_j = \frac{e_j}{(e_j^T[S_{pool}]e_j)^{1/2}}, \quad j = 1, \cdots, J \tag{14.22}$$

与式(14.20)中矩阵的最大特征值有关的第一个判别向量 a_1，总体来说对分离 G 个组的平均做出了最大贡献；而与最小的非零特征值有关的 a_J 总的说来做出了最小贡献。

J 个判别向量 a_j 定义了一个 J 维的判别空间，在该空间中 G 个组显示了最大的分离。资料在这些向量上的投影 δ_j(式(14.15))有时被称为判别坐标或典型变量。因为容易混淆的原因，第二个名字效果不好，因为它们不属于典型相关分析。也正如当在 $G=2$ 个组之间区分时的例子，观测 x 可以根据在判别空间中，离 G 个组的哪一个最近被分配到相应的组。对$G=2$ 的例子，判别空间是一维的，只有一条线组成。那么组分配准则(式(14.7))是特别简单的。更普遍地，为了找到哪一个最近，必须求出候选向量 x_0 和 G 个组平均的每一个之间在判别空间中的欧氏距离。实际上根据平方距离计算这些值更容易，得到的分类准则为：

对所有的 $h \neq j$，

对所有的 $h \neq g$，如果 $\sum_{j=1}^{J}[a_j(x_0 - \bar{x}_g)]^2 \leqslant \sum_{j=1}^{J}[a_j(x_0 - \bar{x}_h)]^2$，则分配 x_0 到第 g 组

(14.23)

即，为了找到最近的组平均值，x_0 和每一个组平均之间距离的平方和，沿着由向量 a_j 定义的方向进行比较。

例 14.2　$G=3$ 组的多重判别分析

考虑表 14.1 中全部三组资料之间进行判别。用式(14.16)，共同协方差矩阵的合并(pooled)估计为

$$[S_{pool}] = \frac{1}{28-3}\left((9\begin{bmatrix}1.47 & 0.65\\0.65 & 1.45\end{bmatrix} + 8\begin{bmatrix}2.08 & 0.06\\0.06 & 0.17\end{bmatrix} + 8\begin{bmatrix}4.85 & -0.17\\-0.17 & 0.10\end{bmatrix}\right)$$

$$= \begin{bmatrix}2.75 & 0.20\\0.20 & 0.61\end{bmatrix} \tag{14.24}$$

并且用式(14.18)，组间协方差矩阵为

$$[S_B] = \frac{1}{2}\left(\begin{bmatrix}12.96 & 5.33\\5.33 & 2.19\end{bmatrix} + \begin{bmatrix}2.89 & -1.05\\-1.05 & 0.38\end{bmatrix} + \begin{bmatrix}32.49 & 5.81\\5.81 & 1.04\end{bmatrix}\right)$$

$$= \begin{bmatrix}24.17 & 5.04\\5.04 & 1.81\end{bmatrix} \tag{14.25}$$

两个判别函数的方向由矩阵的特征向量确定

$$[S_{pool}]^{-1}[S_B] = \begin{bmatrix}0.373 & -0.122\\-0.122 & 1.685\end{bmatrix}\begin{bmatrix}24.17 & 5.04\\5.04 & 1.81\end{bmatrix} = \begin{bmatrix}8.40 & 1.65\\5.54 & 2.43\end{bmatrix} \tag{14.26a}$$

当通过式(14.22)尺度化时，为

$$a_1 = \begin{bmatrix}0.542\\0.415\end{bmatrix} 和\ a_2 = \begin{bmatrix}-0.282\\1.230\end{bmatrix} \tag{14.26b}$$

判别向量 a_1 和 a_2 定义了第一个判别函数 $\delta_1 = a_1^T x$ 和第二个判别函数 $\delta_2 = a_2^T x$ 的方向。图

14.3 显示了在这两个函数定义的判别空间中绘制的表 14.1 中的全部三组资料。就像图 14.1 中一样，第 1 组和第 2 组的站点分别由圆圈和 x 表示，第 3 组的点由＋表示。粗线符号定位了三组各自的向量平均。注意，相对于图 14.1 中的排列，第 1 组和第 2 组的点云被拉伸和扭曲了。这是因为式(14.26a)中的矩阵是非对称的，所以式(14.26b)中的两个判别向量不是正交的。

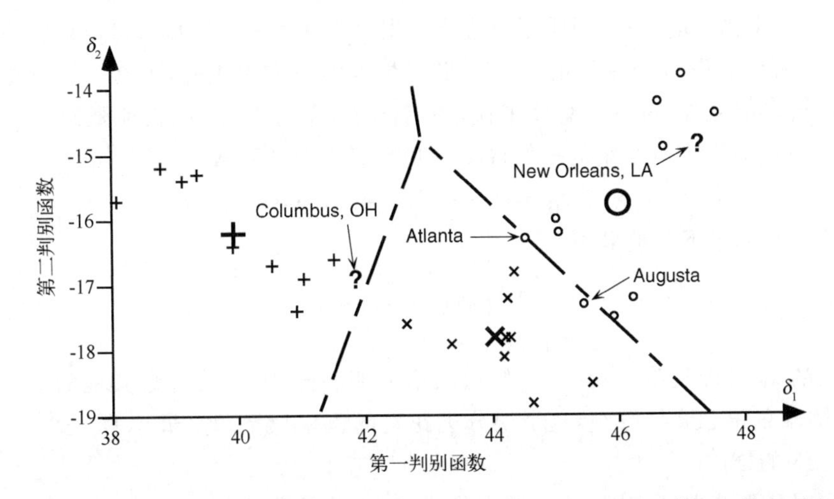

图 14.3 应用到表 14.1 中的 $G=3$ 组数据的多元判别分析的几何示意图。第 1 组站点画为圆圈，第 2 组画为 x，第 3 组画为＋。三个向量平均值由相应的粗符号表示。两个轴是第一个和第二个判别函数，粗虚线把判别空间的区域分到每个组。亚特兰大(Atlanta)和奥古斯塔(Augusta)的数据被误分类为属于第 2 组。哥伦布(Columbus)和新奥尔良(New Orleans)两个站不是表 14.1 中的练习数据，用问号表示，分别被分到第 3 和第 1 组。

根据式(14.23)中的分类规则，图 14.3 中的粗虚线对分配这三组资料的判别空间进行了划分。这些判别空间是最靠近每个组平均值的区域。这里亚特兰大(Atlanta)和奥古斯塔(Augusta)的资料都已经被错误地分类为属于第 2 组而不是第 1 组。例如，对亚特兰大(Atlanta)来说，到第 1 组平均值的平方距离为$[0.542(78.6-80.6)+0.415(4.73-5.67)]^2+[-0.282(78.6-80.6)+1.230(4.73-5.67)]^2=2.52$，而到第 2 组平均值的平方距离为$[0.542(78.6-78.7)+0.415(4.73-3.57)]^2+[-0.282(78.6-78.7)+1.230(4.73-3.57)]^2=2.31$。这个判别空间中可以通过目视画出一条线，包括第 1 组区域中的这两个站。判别分析没有指出可能由于等协方差矩阵的假设不能很好地满足导致的这条线。特别是，这个判别空间中第 1 组中的点似乎比其他两个组的成员更加正相关。

对不属于表 14.1 中训练资料的哥伦布(Columbus)和新奥尔良(New Orleans)这两个站来说，新奥尔良(New Orleans)站点在判别空间中的位置是 $\delta_1=(0.542)(82.1)+(0.415)(6.73)=47.3$，$\delta_2=(-0.282)(82.1)+(1.230)(6.73)=-14.9$，这在分配到第 1 组的区域内。哥伦布(Columbus)的资料在判别空间中的坐标为 $\delta_1=(0.542)(74.7)+(0.415)(3.37)=41.9$ 和 $\delta_2=(-0.282)(74.7)+(1.230)(3.37)=-16.9$，在第 3 组的区域内。

图 14.3 中这样的判别空间的图形显示，对可视化资料组的分离十分有用。如果 $J=\min(G-1,K)>2$，我们无法只在二维中画出完整的判别空间，但还是可以计算和绘制前两个分量 δ_1 和 δ_2。如果式(14.20)的相应特征值相对于省略维度的特征值是很大的，那么在这个简化的判别空间中表现的资料组间的关系，是完整的 J 维判别空间中的一个很好的近似。类

似于对 PCA 的式(12.4)中表示的原则,在$(\lambda_1+\lambda_2)/\sum_j\lambda_j\approx 1$的范围内,简化的判别空间将是完整判别空间的很好的近似。

14.3.2 最小化误分类的期望花费

第 14.2.3 节中描述的步骤,说明了组成员的误分类花费和先验概率可以很容易地推广到 MDA 上。如果可以假设 G 个总体的每一个都有相等的协方差矩阵,那么除了这些 PDFs 可以被明确地进行求值之外,对每一总体来说,没有关于 PDFs$f_g(\boldsymbol{x})$的其他限制。主要问题是对第 g 组的成员误分类为第 h 组的全部 $G(G-1)$个确定花费函数,

$$C(h|g);\quad g=1,\cdots,G;h=1,\cdots,G;g\neq h \tag{14.27}$$

得到的分类规则是如果下式被最小化

$$\sum_{\substack{h=1\\h\neq g}}^{G}C(g|h)p_hf_h(\boldsymbol{x}_0) \tag{14.28}$$

那么把观测到的 $\boldsymbol{x}_0$ 分配到第 g 组。即,候选的第 g 组被选中,因为考虑其他的 $G-1$ 个组的每一个 h 作为 $\boldsymbol{x}_0$ 的潜在真实分组,这个误分类花费的概率权重和是最小的。式(14.28)是式(14.12)对 $G\geqslant 3$ 的推广。

如果所有误分类花费都相同,那么最小化式(14.28)简化为把 $\boldsymbol{x}_0$ 分类到满足下式的第 g 组中

$$\text{对所有的 } h\neq g,p_gf_g(\boldsymbol{x}_0)\geqslant p_hf_h(\boldsymbol{x}_0) \tag{14.29}$$

除此之外,如果 PDFs$f_g(\boldsymbol{x})$全都是多元正态分布,并且有不同协方差矩阵$[\Sigma_g]$,那么式(14.29)中的项(的对数)具有下面的形式

$$\ln(p_g)-\frac{1}{2}\ln|[S_g]|-\frac{1}{2}(\boldsymbol{x}_0-\overline{\boldsymbol{x}}_g)^T[S_g]^{-1}(\boldsymbol{x}_0-\overline{\boldsymbol{x}}_g) \tag{14.30}$$

观测的 $\boldsymbol{x}_0$ 将会被分配到使式(14.30)最大化的多元 PDFs$f_g(\boldsymbol{x})$的组中。不相等的协方差$[S_g]$导致这个分类规则是二次的。如果所有协方差矩阵$[\Sigma_g]$都被假设为相等,并且是由$[S_{pool}]$估计的,那么式(14.30)的分类规则,简化为选择最大化下面的线性判别评分的第 g 组

$$\ln(p_g)+\overline{\boldsymbol{x}}_g^T[S_{pool}]^{-1}\boldsymbol{x}_0-\frac{1}{2}\overline{\boldsymbol{x}}_g^T[S_{pool}]^{-1}\overline{\boldsymbol{x}}_g \tag{14.31}$$

这个规则使误分类的总概率最小。

14.3.3 概率分类

目前为止给出的分类规则只选择了 G 个组中的一组,在其中放置一个新观测 $\boldsymbol{x}_0$。除了非常容易的例子之外,这些例子中相对于资料散布,组平均值被很好地分离开,这些规则很少能得到完美的结果。因此,描述分类不确定性的概率信息往往很有用。

概率分类,即 $\boldsymbol{x}_0$ 属于 G 个组中的每一组的概率可以通过应用贝叶斯定理得到:

$$\Pr\{\text{第 g 组}|\boldsymbol{x}_0\}=\frac{p_gf_g(\boldsymbol{x}_0)}{\sum_{h=1}^{G}p_hf_h(\boldsymbol{x}_0)} \tag{14.32}$$

这里 p_g 是组成员的先验概率,通常是训练资料中每一组代表的相对频率。每一组 PDFs $f_g(\boldsymbol{x})$可以是任何形式,只要它们对特定的 $\boldsymbol{x}_0$ 值可以明确地求值即可。

经常假设所有的 $f_g(\boldsymbol{x})$都是多元正态分布。在这种情形中,式(14.32)成为

$$\Pr\{\text{第 g 组} \mid \boldsymbol{x}_0\} = \frac{p_g\left(|[S_g]|^{-1/2}\exp\left(-\frac{1}{2}(\boldsymbol{x}_0-\overline{\boldsymbol{x}}_g)^T[S_g]^{-1}(\boldsymbol{x}_0-\overline{\boldsymbol{x}}_g)\right)\right)}{\sum_{h=1}^{G} p_h\left(|[S_h]|^{-1/2}\exp\left(-\frac{1}{2}(\boldsymbol{x}_0-\overline{\boldsymbol{x}}_h)^T[S_h]^{-1}(\boldsymbol{x}_0-\overline{\boldsymbol{x}}_h)\right)\right)} \tag{14.33}$$

如果所有 G 个协方差矩阵都被假设为相等，那么式(14.33)就简单了，因为在这种情况中，因子包括行列式的约分。如果所有的先验概率都相等(即，$p_g=1/G, g=1,\cdots,G$)，那么该式也可以简化，因为这些概率会抵消掉。

例 14.3 $G=3$ 组的概率分类

考虑对俄亥俄州哥伦布(Columbus)的概率分类，分为例 14.2 中 3 个气候区域组。哥伦布(Columbus)的 7 月平均向量为 $\boldsymbol{x}_0=[74.7°\mathrm{F}, 3.37\ \mathrm{in.}]^T$。图 14.3 显示这个点在二维判别空间中的第 2 组(美国中部)和第 3 组(美国东北部)的(非概率)分类区域之间的边界附近，但是例 14.2 中的计算没有量化有多大的确定性，把哥伦布(Columbus)放在第 3 组中。

为了简化，假设 3 个先验概率相等，并且这 3 组全都来自有共同协方差矩阵的多元正态分布的样本。共同协方差的合并估计值在式(14.24)中给出，它的倒数在式(14.26a)的中间给出。这些组然后通过表 14.1 中显示的它们的平均向量区分开来。

$\boldsymbol{x}_0$ 与三个组的平均值之间的差值为

$$\boldsymbol{x}_0-\overline{\boldsymbol{x}}_1=\begin{bmatrix}-5.90\\-2.30\end{bmatrix},\ \boldsymbol{x}_0-\overline{\boldsymbol{x}}_2=\begin{bmatrix}-4.00\\-0.20\end{bmatrix},\ \text{和}\ \boldsymbol{x}_0-\overline{\boldsymbol{x}}_3=\begin{bmatrix}3.40\\0.20\end{bmatrix} \tag{14.34a}$$

得到似然(比较式(14.33))

$$f_1(\boldsymbol{x}_0)\propto\exp\left(-\frac{1}{2}[-5.90\quad -2.30]\begin{bmatrix}0.373 & -0.122\\-0.122 & 1.679\end{bmatrix}\begin{bmatrix}-5.90\\-2.30\end{bmatrix}\right)=0.000094 \tag{14.34b}$$

$$f_2(\boldsymbol{x}_0)\propto\exp\left(-\frac{1}{2}[-4.00\quad -0.20]\begin{bmatrix}0.373 & -0.122\\-0.122 & 1.679\end{bmatrix}\begin{bmatrix}-4.00\\-0.20\end{bmatrix}\right)=0.054 \tag{14.34c}$$

和

$$f_3(\boldsymbol{x}_0)\propto\exp\left(-\frac{1}{2}[3.40\quad 0.20]\begin{bmatrix}0.373 & -0.122\\-0.122 & 1.679\end{bmatrix}\begin{bmatrix}3.40\\0.20\end{bmatrix}\right)=0.122 \tag{14.34d}$$

把这些似然代入式(14.33)得到三个分类概率

$$\Pr(\text{第 1 组} \mid \boldsymbol{x}_0)=0.000094/(0.000094+0.054+0.122)=0.0005 \tag{14.35a}$$

$$\Pr(\text{第 2 组} \mid \boldsymbol{x}_0)=0.054/(0.000094+0.054+0.122)=0.31 \tag{14.35b}$$

和

$$\Pr(\text{第 3 组} \mid \boldsymbol{x}_0)=0.122/(0.000094+0.054+0.122)=0.69 \tag{14.35c}$$

虽然例 14.2 中哥伦布(Columbus)被分类到第 3 组是最可能的，但也还存在着相当大的概率属于第 2 组。哥伦布(Columbus)是第 1 组的可能性看来极其微小。

14.4 用判别分析做预报

当预报量由一组有限的离散种类(组)组成，并且预报因子向量 $\boldsymbol{x}$ 在将要被预测的离散观测前的足够长的提前时间是已知的，那么判别分析是做预报的一种很自然的工具。Miller(1962)在气象领域中第一次使用判别分析做预测，他提前 0～2 小时预报了 5 个 MECE 中的飞机场云顶高度，也做了降水类型(没有降水，雨/冻雨，雪/雨夹雪)的 5 组预报，以及降水量(如果非零，≤0.05 in 和>0.05 in)的预报。今天的这些应用，可以被称为临近预报，因为提前时间非常短。对预报来说，使用判别分析的其他一些例子可以在 Drosdowsky 和 Chambers(2001)、Lawson 和 Cerveny(1985)及 Ward 和 Folland(1991)的文献中找到。

Lehmiller 等(1997)提供了使用判别分析做预报的一个有价值的例子。他们考虑预报夏季和秋季期间西北大西洋的子区域内飓风发生的问题(即，是否至少发生一个飓风)，所以 $G=2$。他们用一个相当大的预报因子集开始，所以需要在其 $n=43$ 年(1950—1992 年)的训练样本中避免过度拟合。他们选择预报因子的方法计算上很烦琐，但在统计上很合理：对预报因子的所有可能的子集计算不同的判别分析，为了进行留一交叉验证，对这些子集的每一个重复 43 次计算。选择的预报因子集是有最少的预报因子数目并且使交叉验证错误分类的数量最小的那些。

图 14.4 显示了使用前一年的 12 月 1 日已知的标准化的非洲降雨预报因子，用判别分析预测几内亚湾飓风发生或不发生的一个结果。因为这是一个二元预测(两组)，所以只有一个线性判别函数，该函数垂直于图 14.4 中标注的判别划分线的分割线。把这条线与图 14.1 中的长—短虚分割线做比较。(判别向量 $\boldsymbol{a}$ 将垂直于这条线并且通过原点)。$n=43$ 年的训练样本由空心圆和加号表示。18 个飓风年中，有 7 个被误分类为“no”年，25 个没有飓风的年中，只有 2 个被误分类为“yes”年。因为“yes”年更多，所以导致不相等的先验概率可能已经朝着“no”的组平均值(实心圆)向左下方移动了分割线。同样地，在很多情况中，假设不正确的“no”预报的花费大于错误的“yes”预报的花费可能是合理的，结合这个非对称，分割线也会往左下方移动，产生更多的“yes”预报。

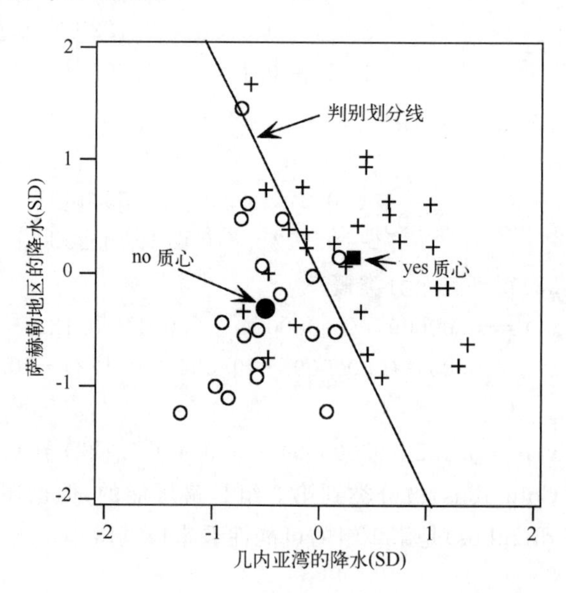

图 14.4 用前一年 12 月 1 日观测的两个标准化预报因子定义一个单一的线性判别函数，对几内亚湾夏季和秋季至少发生一次飓风的二元(yes/no)预报。圆圈和加号表示训练样本，两个实心符号定位了两个组的平均值(质心)。引自 Lehmiller 等(1997)。

14.5　经典判别分析的替代方法

传统的判别分析，正如该章第一部分中描述的那样，继续被广泛使用，并且非常有效。但也存在替代判别和分类的新方法。与在先前章节中讲述的主题有关的这些方法中的两种，将在本节中进行讲述。Hand(1997)和 Hastie 等(2009)的文献中也给出了其他的可选方法。

14.5.1　使用 logistic 回归的判别与分类

第 7.3.2 节描述了 logistic 回归，其中非线性 logistic 函数(式(7.29))，被用来把一个预测因子 $\mathbf{x}$ 的线性组合与二分结果的一个元素的概率相关联。图 7.12，显示了 logistic 回归的一个简单例子，其中伊萨卡(Ithaca)的降水出现的概率被指定为同一天最低温度的 logistic 函数。

图 7.12 也可以被解释为描述 $G=2$ 个组的分类，$g=1$ 表示雨日，$g=2$ 表示干日。沿着图的顶部和底部的点，分别隐含作为最低温度 x 的函数的两个潜在 PDFs$f_1(x)$和 $f_2(x)$的大小。对最低温度来说，这两个条件分布的中位数分别接近23 ℉和 3 ℉。然而，这个例子中的分类函数是 logistic 曲线(实线)，图中也给出了该曲线的公式。用特定一天的最低温度简单计算函数的值，给出了该天属于第 1 组(非零降水)的概率估计。通过设置分类概率(图 7.12 中的 y)为 1/2，在两个组等概率的点可以构建一个非概率的分类线。当指数的参数为 0 时得到该概率，意味着一个15 ℉的一个非概率的分类边界：如果最低温度更暖，则该日分类为属于第 1 组(湿)，而如果最低温度更冷，则分类为属于第 2 组(干)。根据这个规则，训练资料中的 7 天(5 个最暖的干日，和两个最冷的湿日)被错误分类。这个例子中两个组的相对频率几乎相等，但 logistic 回归自动说明了拟合过程中训练样本(估计先验概率)中组成员的相对频率。

图 14.5 显示了用 logistic 回归的两组判别的例子，预报因子向量 $\mathbf{x}$ 为 2 维。两个组是 8 月之前美国东南部海岸有(实心点)和没有(空心点)登陆飓风的年，x 的两个元素是哈特拉斯

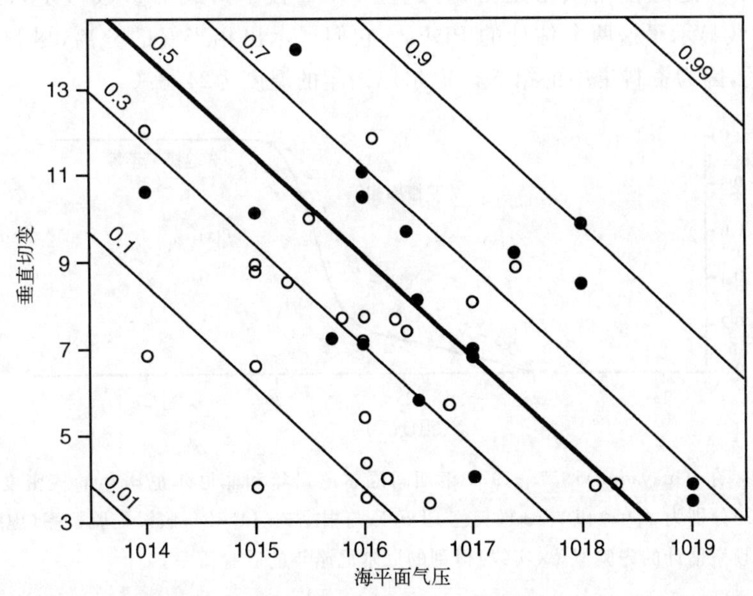

图 14.5　二维 logistic 回归面，基于哈特拉斯角(Cape Hatteras)的平均 7 月海平面气压与南佛罗里达(south Florida)上空 200～700 hPa 的风切变，估计美国东南海岸线 8 月之前至少有一个飓风登陆的概率。训练资料中，实心点表示飓风年，空心点表示非飓风年。根据 Lehmiller 等(1997)文献改绘。

角(Cape Hatteras)的海平面气压和南佛罗里达(south Florida)上空 200～700 hPa 风切变的 7 月平均值。等值线表示 logistic 函数的形状,该例子中为变形为 S 形的一个表面,类似于图 7.12 中 logistic 函数以相同方式变形的一条线。高地面气压和风切变同时导致飓风登陆的大概率,而两个预报因子的低值产生了小概率。除了向量为(3×1)维和第二个导数的矩阵为(3×3)维之外,这个表面可以如同式(7.34)中表示的那样进行计算。

Hastie 等(2009,见第 4.4.5 节)比较了 logistic 回归和线性判别分析,得到的结论是 logistic回归可能更具鲁棒性,但是这两种方法通常给出非常相似的结果。

14.5.2 使用核密度估计的判别与分类

在第 14.2 节和第 14.3 节中已经指出,为了执行式(14.12)、式(14.29)和式(14.32),G 个 PDFs$f_g(\boldsymbol{x})$不必是特殊的参数形式,但需要的只是他们可以被明确地求值。经常假定为高斯或多元正态分布,但是这些分布与其他的参数分布相比较,在某些情况中可能是很差的近似。可行的替换方法由核密度估计(见第 3.3.6 节)给出,核密度估计是非参数的 PDF 估计。实际上,非参数判别和分类推动了核密度估计的早期工作(Silverman, 1986)。

非参数判别和分类在概率上很直接,但是在计算上可能很麻烦。基本思想是使用第 3.3.6 节中描述的方法,分别估计 G 组中每一组的 PDFs$f_g(\boldsymbol{x})$。对内核形式和(特别是)带宽来说,主观的选择是必需的。一旦评估过这些 PDFs,对任何的候选 x_0,它们都可以求值,并由此得到明确的分类结果。

使用与图 3.6 和图 3.8 中使用的瓜亚基尔(Guayaquil)6 月温度资料(见表 A.3)相同的资料,图 14.6 举例说明了判别过程。这些资料的分布是双峰的,因而 5 个厄尔尼诺年的 4 年比 26 ℃更暖,而 15 个非厄尔尼诺年最暖的是25.2 ℃。基于瓜亚基尔(Guayaquil)6 月温度,通过指定两个 PDFs(厄尔尼诺年为 $f_1(x)$,非厄尔尼诺年为 $f_2(x)$),判别分析可以用来诊断厄尔尼诺是否出现。通过使用核密度估计,这些 PDFs 数学形式的参数假定可以被避免。图 14.6 中的灰曲线显示了这两个估计的 PDFs。它们展示出相当好的分离,尽管厄尔尼诺年的 $f_1(x)$是双峰的,因为资料集中的第 5 个厄尔尼诺年的温度为24.8 ℃。

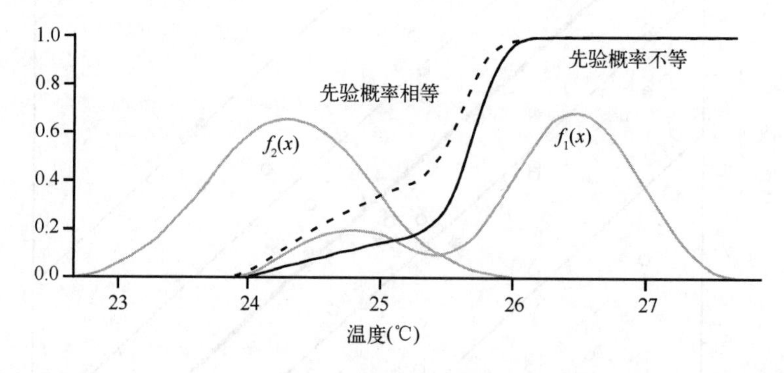

图 14.6 瓜亚基尔(Guayaquil)1951—1970 年期间厄尔尼诺年和非厄尔尼诺年的核密度估计(四次内核,带宽=0.92)分别为 $f_1(x)$和 $f_2(x)$(灰色 PDFs);与根据式(14.32),假设先验概率(虚线)相等,由训练样本的相对频率估计的先验概率(实线)得到的厄尔尼诺年的后验概率。

作为 6 月温度函数的厄尔尼诺年的后验概率,用式(14.32)来计算。虚曲线是当假定先验概率相等,即 $p_1=p_2=1/2$ 时的结果。当然,厄尔尼诺在全部年份中,有少于一半的年份发生,所以估计两个先验概率为 $p_1=1/4$ 和 $p_2=3/4$ 是更合理的，这是训练样本中的相对频率。得到的后验概率，由图 14.6 中的实黑曲线表示。

使用式(14.12)或式(14.29)，可以构建非概率分类区域，如果式(14.12)中的两个误分类花费相等，那么二者等价。如果两个先验概率也相等，那么两个分类区域之间的边界将出现在 $f_1(x)=f_2(x)$ 或 $x\approx 25.45$℃处。根据虚曲线，这个温度相应于 1/2 的后验概率。对不相等的先验概率，分类边界将向更不可能的组移动(即，作为厄尔尼诺年，需要一个更暖的温度进行分类)，出现在 $f_1(x)=(p_2/p_1)f_2(x)=3f_2(x)$ 或 $x\approx 25.65$ 的点处。并非巧合，根据实黑曲线这个温度对应于 1/2 的后验概率。

14.6　习题

14.1　考虑两个单变量 PDFs，当 $|x|\leqslant 1$ 时，$f_1(x)=1-|x|$；当 $-0.5\leqslant x\leqslant 1.5$ 时，$f_2(x)=1-|x-0.5|$。

a. 画出这两个 PDFs。

b. 确定当 $p_1=p_2$ 且 $C(1|2)=C(2|1)$ 时的分类区域。

c. 确定当 $p_1=0.2$ 且 $C(1|2)=C(2|1)$ 时的分类区域。

14.2　基于相应的温度和气压资料，使用 Fisher 的线性判别将表 A.3 中的年份分类为厄尔尼诺或非厄尔尼诺年。

a. 判别向量是什么？尺度化为单位长度。

b. 如果有，那么是哪个厄尔尼诺年被错误分类？

c. 假设为双变量正态分布，对不相等的先验概率，重复(b)。

14.3　纽约伊萨卡(Ithaca)7 月平均温度和降水量分别为66.8 ℉和 3.54 in.。

a. 将伊萨卡(Ithaca)分类为例 14.2 中的三组之一。

b. 计算伊萨卡(Ithaca)为这三组中成员的概率，假设为有共同协方差矩阵的双变量正态分布。

14.4　使用表 8.2 中的预报检验资料，我们可以计算表 14.2 中的似然(即，12 个可能的预报之一的条件概率，给定有降水或无降水)。降水的非条件概率为 $p(o_1)=0.162$。把两个降水结果考虑为需要被判别的两个组，计算降水的后验概率，如果预报概率 y_i 为下列值

a. 0.00。

b. 0.10。

c. 1.00。

表 14.2　根据表 8.2 中美国 1980 年 10 月—1981 年 3 月的 12～24 小时降水量预测投影。进行预测的验证数据计算出的似然值

y_i	0.00	0.05	0.10	0.20	0.30	0.40	0.50	0.60	0.70	0.80	0.90	1.00
$p(y_i\|o_1)$	0.0152	0.0079	0.0668	0.0913	0.1054	0.0852	0.0956	0.0997	0.1094	0.1086	0.0980	0.1169
$p(y_i\|o_2)$	0.4877	0.0786	0.2058	0.1000	0.0531	0.0272	0.0177	0.0136	0.0081	0.0053	0.0013	0.0016

第15章 聚类分析

15.1 背景

15.1.1 聚类分析与判别分析

聚类分析处理其特征预先未知的资料的分组。这个更受限的认识状态和判别分析的情况形成了对比，判别分析需要一个训练资料集，其中组成员是已知的。通常，聚类分析中甚至连资料应该被分成多少组，事前也不知道。相反，用来定义组和分配组成员的，是观测 $\mathbf{x}$ 之间的相似和差异程度。气象和气候文献中使用聚类分析的例子，包括把日常的天气观测分组为天气类型(Kalkstein *et al*.，1987)，分组相似的飓风路径(Elsner，2003)，从高空气流模态中定义天气系统(regimes)(Mo and Ghil，1988；Molteni *et al*.，1990)，对预报集合的成员进行分组(Legg *et al*.，2002；Molteni *et al*.，1996；Tracton and Kalnay，1993)，进行预报评估(Kü cken and Gerstengarbe，2009；Marzban and Sandgathe，2008)，在船舶观测的基础上分组热带海洋的区域(Wolter，1987)，以及基于地面气候变量定义气候区(DeGaetano and Shulman，1990；Fovell and Fovell，1993；Galliani and Filippini，1985；Guttman，1993)。Gong 和 Richman (1995)在气候背景中比较了各种聚类方法，并且把聚类在一直到 1993 年大气领域的应用列入了文献。Romesburg(1984)撰写了一篇概性的综述。

从根本上说聚类分析是一种探索性的资料分析工具，而不是一个推断工具。给定定义 $(n\times K)$ 的资料矩阵 $[X]$ 的行资料向量 $\mathbf{x}$ 的一个样本，这个过程将在不同的聚合水平上定义组以及分配组成员。不像判别分析，该过程不包含分配成员到将来观测的规则。然而，聚类分析可以生成资料中的分组，可能导致经验上有用的资料分类或帮助提出资料中观测结构的物理基础。例如，为了试图识别出不同的大气环流系统，聚类分析已经被应用到位势高度资料(如：Cheng and Wallace，1993；Mo and Ghil，1988)。

15.1.2 距离度量和距离矩阵

对资料点进行聚类的主要思想来自距离的概念。由相对于类之间距离的较小距离隔离开的点组成类。然而，在这个背景中存在很多种可选的距离定义，而且聚类分析的结果相当强的依赖于选择的距离度量。

聚类分析中最直观和常用的距离是资料向量 K 维空间中的欧氏距离(式(10.6))。对度量点或类之间的距离来说，欧式距离不是唯一选择，而且在某些场合它可能是很差的选择。特别是，如果资料向量的元素是度量单位不一致的不同变量，有最大值的变量倾向于支配欧式距离。更通常的选择是两个向量 $\mathbf{x}_i$ 和 $\mathbf{x}_j$ 之间的权重欧式距离，

$$d_{i,j} = \left[\sum_{k=1}^{K} w_k (x_{i,k} - x_{j,k})^2 \right]^{1/2} \tag{15.1}$$

对每个 $k=1,\cdots,K$ 的 $w_k=1$ 来说，式(15.1)退化为普通的欧式距离。如果权重是相应方差的

倒数，即，$w_k=1/s_{k,k}$，得到的标准化变量函数被称为卡尔皮尔逊距离(Karl Pearson distance)。权重的其他选择也是可以的。例如，如果 $\mathbf{x}$ 中 K 个变量的一个或多个包含大的外围点，使用每个变量范围的倒数作为权重可能是更好的。

在聚类分析中欧氏距离和卡尔皮尔逊距离是最常用的选择，但是也存在其他的可选方法。一种可选方法是用马氏距离(式(10.86))，尽管对合适的离差矩阵[S]做出决定可能是困难的，因为组成员预先是不知道的。然而式(15.1)的一个更通常的形式是明科夫斯基距离(Minkowski metric)，

$$d_{i,j}=\left[\sum_{k=1}^{K}w_k\,|x_{i,k}-x_{j,k}|^{\lambda}\right]^{1/\lambda},\quad \lambda\geqslant 1 \tag{15.2}$$

再一次，权重 w_k 可以使无法比较的单位的影响一致。对 $\lambda=2$ 来说，式(15.2)退化为权重欧式距离。对 $\lambda=1$ 来说，式(15.2)被称为城市街区距离(city-block distance)。

与 Mardia 等(1979)或 Romesburg(1984)的文献中给出的很多可选方法一样，向量对之间的角(式(10.15))或其余弦是距离度量的另一种可能的选择。Tracton 和 Kalnay(1993)使用距平相关(式(8.68))对集合预报成员进行分组，而通常的皮尔逊相关有时也被用作为聚类的标准。后面的这两个标准与距离度量相反，应该在组内最大而组间最小。

已经选择了一种距离来量化向量对 $\mathbf{x}_i$ 和 $\mathbf{x}_j$ 之间的不同点或相同点，聚类分析中的下一步是计算 n 个观测中全部 $n(n-1)/2$ 个可能的对之间的距离。有组织地或概念上排列这些距离到一个($n\times n$)的距离矩阵[Δ]可能是方便的，[Δ]被称为距离矩阵。这个对称矩阵的主对角线上为 0，表示每个 $\mathbf{x}$ 与其自身之间的距离为 0。

15.2　逐级聚类

15.2.1　使用距离矩阵的归并方法

最常见的聚类分析过程是逐级聚类或归并聚类。即，它们构建一个分层的组集，每个组通过合并前面定义的组集中的一对形成。这些过程，通过考虑 $\mathbf{x}$ 的 n 个观测没有组结构，或等价地，由每一个包含一个观测的 n 个组，组成的资料集开始。第一步是找到 K 维空间中最近的两个组(即，资料向量)，并且把它们组合为一个新组。那么存在 $n-1$ 个组，其中一个有两个成员。接下来的每一步中，最接近的两个组合并形成一个更大的组。一旦一个资料向量 $\mathbf{x}$ 被分配到一个组，那么它就不会被移除。只有当该成员被分配到的组与另一个组合并时，其组成员才改变。这个过程一直持续到所有的 n 个观测已经被归并到一个组中的最后的第($n-1$)步。

在这个过程开始时的 n 组聚类和结束时的一组聚类，既没有用处，也没有启发意义。然而，资料自然地聚类为可用数目的信息丰富的组，很可能出现在中间某个阶段。即，我们希望在 K 维空间中 n 个资料向量组或簇一起进入若干数目 $G(1<G<n)$个反映了相似的资料生成过程的组。理想的结果是资料的划分，使得组内成员之间的差异最小，而组间成员之间的差异最大。

点对之间的距离可以被明确地定义，并且被存储在距离矩阵中。然而，如果这些组包含多于一个成员，那么即使计算了距离矩阵以后，也存在其他可选的定义。对距离量度和用来定义组到组距离的标准所做的选择，本质上定义了聚类方法。基于距离矩阵的组间距离几种最常用的定义如下：

• 单一连接或最小距离聚类。这里类 G_1 和 G_2 之间的距离是 G_1 的成员和 G_2 的成员之间的最小距离。即，

$$d_{G_1,G_2} = \min_{i \in G_1, j \in G_2} (d_{i,j}) \tag{15.3}$$

• 完全连接，或基于两个组 G_1 和 G_2 中点之间的最大距离聚类组资料点，

$$d_{G_1,G_2} = \max_{i \in G_1, j \in G_2} (d_{i,j}) \tag{15.4}$$

• 平均连接聚类定义组到组的距离为正被比较的两个组中所有可能的点对之间的平均距离。如果 G_1 包含 n_1 个点，G_2 包含 n_2 个点，那么两个组之间距离的这个度量为

$$d_{G_1,G_2} = \frac{1}{n_1 n_2} \sum_{i=1}^{n_1} \sum_{j=1}^{n_2} d_{i,j} \tag{15.5}$$

• 质心聚类比较组对的质心或向量平均之间的距离。根据这个度量，G_1 和 G_2 之间的距离为

$$d_{G_1,G_2} = \| \bar{\mathbf{x}}_{G_1} - \bar{\mathbf{x}}_{G_2} \| \tag{15.6}$$

其中向量平均对独立的每个组的所有成员进行，而符号 $\| \cdot \|$ 表示根据已经采用的任何一个点到点的距离度量的距离。

图 15.1 举例说明了 $K=2$ 维空间中两个假设的组 G_1 和 G_2 的单一连接、完全连接和质心聚类。空心圆表示资料点，G_1 中 $n_1=2$，G_2 中 $n_2=3$。两个组的质心由实心圆表示。G_1 和 G_2 之间的单一连接距离，是两个组中最近的点对之间的距离 $d_{2,3}$。完全连接距离，是最大的距离对之间的距离 $d_{1,5}$。质心距离，是两个向量的平均值之间的距离 $\| \bar{\mathbf{x}}_{G1} - \bar{\mathbf{x}}_{G2} \|$。平均连接距离，作为 G_1 和 G_2 的单个成员之间可能的 6 个距离的平均，在图 15.1 中也被显示了；即，$(d_{1,5}+d_{1,4}+d_{1,3}+d_{2,5}+d_{2,4}+d_{2,3})/6$。

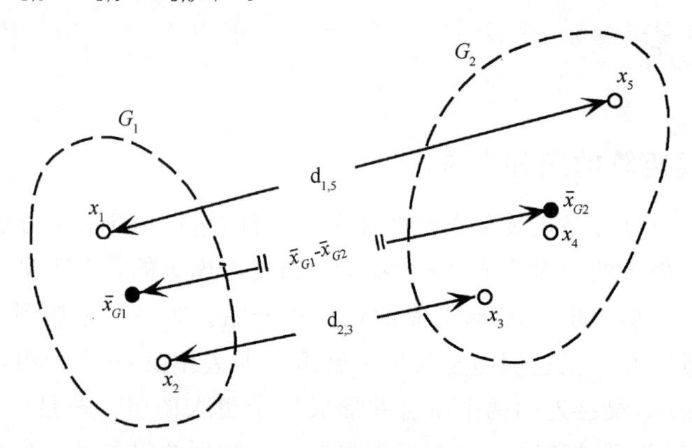

图 15.1 $K=2$ 维空间中，包含 2 个元素 x_1 和 x_2 的组 G_1 和包含 3 个元素 x_3，x_4 和 x_5 的组 G_2 之间的 3 种距离度量的图解。资料点由空心圆表示，而两个组的质心用实心圆表示。根据最大距离或完全连接准则，两个组之间的距离是 $d_{1,5}$ 或两个组中所有可能的 6 个点对之间的最大距离。用最小距离或单一连接准则计算最近的资料对之间的距离或 $d_{2,3}$。根据质心法，两个组之间的距离是包含在每个组中点的样本平均之间的距离。

聚类分析的结果，强烈地依赖于类之间距离定义的选择。单一连接聚类很少被使用，因为它易受链锁或几个较大组的影响，这是由于靠近的点在组的相反边缘由不同步骤合并形成。在另一种极端情况，完全连接聚类倾向于是数量更多的，因为合并类的规则更严格。平均距离聚类，通常在这两种极端情况之间，并且看来是基于距离矩阵的分级矩阵最常用的方法。Hastie 等(2009)指出，平均距离聚类是三种方法中唯一在统计上一致的，意指当样本趋向于无穷大时，不同的组平均趋近于真实的总体值。

15.2.2　Ward 的最小方差法

Ward 的最小方差法，或简称为 Ward 法，是一种不在距离矩阵上运算的流行的分级聚类方法。作为一种分级方法，它以 n 个单一成员的组开始，每一步合并两个组，直到 $n-1$ 步以后所有的资料都在一个组中。然而，在每一步选择合并哪两个组的标准是，在所有可能的合并方式中，合并的那两个组被选择为使点与其各自组的质心之间距离的平方和最小。即，在 G 个组合并 $G+1$ 个组的所有可能的方式中，合并通过使下式最小化产生

$$W = \sum_{g=1}^{G} \sum_{i=1}^{n_g} \| \boldsymbol{x}_i - \overline{\boldsymbol{x}}_g \|^2 = \sum_{g=1}^{G} \sum_{i=1}^{n_g} \sum_{k=1}^{K} (x_{i,k} - \overline{x}_{g,k})^2 \tag{15.7}$$

为了执行 Ward 法，从 $G+1$ 个组中选择最好的对合并，式(15.7)必须对存在组的全部 $G(G+1)/2$ 个可能的对进行计算。对每个试验对，平方差被计算之前，试验合并组的质心或组平均值，用前面两个单独组的资料重新计算。实际上，Ward 法在 K 维的 $\boldsymbol{x}$ 上最小化组内方差的和。在第一($n-$组数)阶段，这个方差为 0，而在最后(1－组数)阶段，这个方差为 $\mathrm{tr}[S_x]$，所以 $W=n\ \mathrm{tr}[S_x]$。对其元素有无法比较的单位的资料向量来说，用无量纲的值(除以标准差)，可以防止由 K 个变量的一个或几个所导致过程的人为控制。

15.2.3　树状图或树图

分层聚类分析的进展和中间结果，通常用树状图或树图说明。在分析的开始用“小枝”开始，当 n 个观测 $\boldsymbol{x}$ 的每一个组成其自身类时，因为最近的两个类被合并，在每一步一对“树枝”被连接。从最初的小枝的 n 组阶段合并点的距离，到这些组被合并之前，它们之间的距离都被显示在图中。

图 15.2 举例说明了一个简单的树状图，反映了图 15.1 中作为空心圆绘制的 5 个点的聚类。分析在图 15.2 的左边开始，开始时全部 5 个点组成了单独的组。在第一步，最近的两个点 $\boldsymbol{x}_3$ 和 $\boldsymbol{x}_4$ 被合并为一个新类。它们的距离 $d_{3,4}$ 与连接这两个点的垂直线(bar)和图的左边缘之间的距离成比例。在下一步，点 $\boldsymbol{x}_1$ 和 $\boldsymbol{x}_2$ 被合并为一类，因为它们之间的距离，是前面步骤存在的 4 类之间的 6 个距离中最小的。距离 $d_{1,2}$ 必须大于距离 $d_{3,4}$，因为对第一步合并来说 $\boldsymbol{x}_1$ 和 $\boldsymbol{x}_2$ 没有被选择，图 15.2 中表示它们之间距离的垂直线，比 $\boldsymbol{x}_3$ 和 $\boldsymbol{x}_4$ 之间的距离被画到了更右边。第三步合并 $\boldsymbol{x}_5$ 与对($\boldsymbol{x}_3$，$\boldsymbol{x}_4$)，产生了由图 15.1 中虚线表示的两组的阶段。

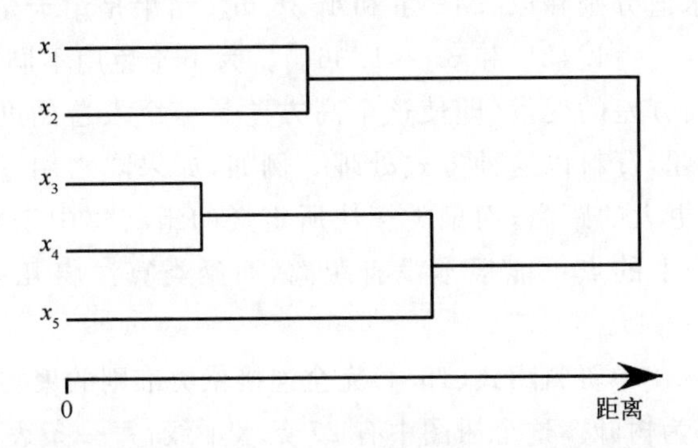

图 15.2　图 15.1 中作为空心圆绘制的 5 个点聚类的树状图或树图的图解。当最初的 5 条线从左到右被逐渐并入时，4 个聚类步骤的结果用由垂直线的位置表示的合并聚类之间的距离表示。

15.2.4 分为多少类

分级聚类分析在 $n-1$ 步的每一步将产生 n 个观测的一个不同分组。第一步，每个观测在一个单独的组中，而最后的一步之后，所有观测在一个组中。聚类分析中一个重要的实际问题是，哪个中间步骤将被挑选为最终选择。即，我们需要在 3 种树图中，选择在哪里停止进一步合并类的聚合水平。指导这个选择的原则，是找到最大化类内相似和最小化类间相似的聚类水平，但实际上，对一个给定的问题来说，最优的聚类数目通常是不明确的。通常，停止点将需要依赖于分析目标做主观选择。

选择最优聚类数目的一种方法，是通过总结与第 14 章中介绍的判别分析概念有关的总结统计量。这样的准则，是基于组内协方差矩阵(式(14.16))，或有关的"组间"协方差矩阵(式(14.18))。客观停止准则，已经在 Jolliffe 等(1986)及 Fovell 和 Fovell(1993)的文献中做了讨论，它们也提供了关于这些方法的更广泛的参考文献。

确定停止水平的常用方法是检查作为分析步骤函数的合并类之间距离的图。当相似的类在这个过程的前期被合并时，这些距离是小的，并且它们每步间增加相对很小。在这个过程的晚期，可能只存在由大的距离分开的几个类。如果合并的类之间的距离，其明显跳跃的点可以被识别，那么这个过程可以正好在这些距离变大之前被停止。

Wolter(1987)提出了一种蒙特卡洛方法，通过模拟真实资料的随机数字集进行聚类分析。随机数字聚类距离的分布可以与所用资料的实际聚类距离做比较。这里的思想是，实际资料中真正的类应该比随机资料中的类更靠近，聚类算法应该在聚类距离大于随机资料分析的点处停止。类似地，Tibshirani 等(2001)提出了停止点的定义，即当距离的对数与由平均 K 维均匀随机数的很多聚类分析结果得到的那些数值之间展示最大差异的时候停止。

例 15.1 二维中的聚类分析

当资料向量只有 $K=2$ 维时，聚类分析的原理最容易理解。考虑表 14.1 中的资料，这些两维的资料是平均的 7 月温度和降水。在例 14.2 设计的判别分析中，这些资料被收集为 3 组使用。然而，聚类分析的点在资料集内辨别组结构，而没有关于该结构性质的先验知识或信息。因此，对于聚类分析的目的，表 14.1 中的资料应该被看作为由二维向量 x 的$n=28$个观测组成，我们可能喜欢辨识它们的自然分组。

因为温度和降水值有不同的物理单位，把它们代入聚类算法之前除以各自的标准差是很好的。即，温度和降水值分别除以4.42 ℉和 1.36 in。结果是用卡尔皮尔逊距离做分析，而式(15.1)中的权重是 $w_1=4.42^{-2}$ 和 $w_2=1.36^{-2}$。为了避免用不同的资料进行主分量分析时，比其他变量有更高方差的变量(即使这个高方差是一个人造的度量单位)将支配该分析时可能出现的同类问题，资料以这种方式处理。例如，如果降水用毫米表示，在降水轴方向上的点之间显然存在更大的距离，而聚类算法所定义的组将集中于降水差异。如果降水用米表示，在降水轴方向上的点可能根本没有距离，而聚类算法将几乎完全在温度基上对点进行分类。

图 15.3 显示了表 14.1 中资料用式(15.4)完全连接聚类准则的聚类结果。左面是过程的树图，列在底部的单个站为树叶。这个树图中有 27 条水平线，每一条表示它连接的两个类的归并。在分析的第一步，两个最近的点(Springfield 和 St. Louis)被合并为同一类，因为它们的卡尔皮尔逊距离 $d=[4.42^{-2}(78.8-78.9)^2+1.36^{-2}(3.58-3.63)^2]^{1/2}=0.043$ 是可能的

对之间的(28)(28－1)/2＝378 个距离中最小的。这个间隔距离可以在图 15.4 中的图形中看到：距离 $d=0.043$ 是图 15.3b 中第一个点的高度。在第二步，Huntsville 和 Athens 被合并，因为它们的卡尔皮尔逊距离 $d=[4.42^{-2}(79.3-79.2)^2+1.36^{-2}(5.05-5.18)^2]^{1/2}=0.098$ 是点的第二个最小间隔(比较图 15.4)，这个聚类相应于图 15.3b 中第二个点的高度。在第三步，Worcester 和 Binghamton($d=0.130$)被合并，而在第四步，Macon 和 Augusta($d=0.186$)被合并。在第五步，Concordia 与由 Springfield 和 St. Louis 组成的类合并。因为 Concordia 和 St. Louis 之间的距离大于 Concordia 和 Springfield 之间的距离(但小于 Concordia 和其他 25 个点之间的距离)，完全连接准则在更大的距离 $d=[4.42^{-2}(79.0-78.9)^2+1.36^{-2}(3.37-3.63)^2]^{1/2}=0.193$(图 15.3b 中第五个点的高度)合并这三个点。

图 15.3a 中水平线的高度，表示组的合并，也对应于合并的类之间的距离。因为在每一步合并是在两个最近的类之间，在更后的步中，这些距离变得更大。图 15.3b 显示了分析中步数函数的合并类之间的距离。主观地，这些距离逐渐上升，直到合并的类之间的距离开始变得显著更大的第 22 步或第 23 步。斜坡中这个变换的一个合理解释是，分析中在这个点自然的类已经被定义了，所以停止组合并的这个点的选择不可能总是如此清晰。例如，在距离与步数的图中，可能存在由更大的斜坡段分隔开的两个或更多个相对平坦的区域。不同的聚类准则也可能产生不同的间断点。这样的例子中，在哪个点停止，分析中的选择是更不明确的。

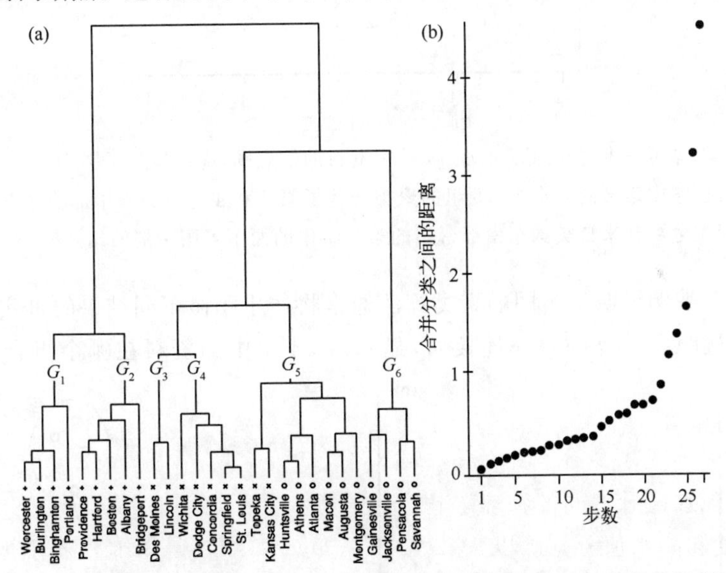

图 15.3　表 14.1 中资料的树状图(a)和作为聚类分析步数函数的合并类之间距离的对应图。标准资料(即，卡尔皮尔逊距离)已经根据完全连接准则进行了计算。合并的组之间的距离在 22 或 23 步显著增大，表明该分析应该在 21 或 22 步后停止，这样，这些资料分别产生 7 或 6 个类。这 6 个编号的类相应于图 15.4 中显示的资料的分组。7 类的解法将把 Topeka 和 Kansas City 从 G_5 中的 Alabama 和 Georgia stations 中分离开。5 类的解法将合并 G_3 和 G_4。

图 15.3b 显示在第 22 和 23 步之间存在第一个主要斜坡，所以停止分析的一个可能的点在第 22 步之后。这个停止点将导致图 15.3a 中树图上标注为 G_1-G_6 的 6 个类的定义。这个聚类水平分配 9 个东北的站(＋)为两组，分配 9 个中部的站(×)中的 7 个为两组，分配中部的站 Topeka 和 Kansas City 到有 6 个东南部站(o)的第 5 组，分配剩余的 4 个东南部站到一个单独的组。

图 15.4 显示了 $K=2$ 维中标准化资料的 6 个组，每一类用虚线分开。如果根据分析者的

先验知识和可用信息，这个解，感觉好像过于高度的聚集了，那么我们可以选择第 21 步后产生的 7 类解，从第 5 组中 6 个东南部的城市中，分离美国中部的城市 Topeka 和 Kansas City (×)。如果 6 类解，似乎分得太细了，那么第 23 步后产生的 5 类解，将合并组 3 和 4 中美国中部的站。图 15.3a 中表示的分组，没有一个正好相应于表 14.1 中的组标签，我们不应期望它们必须这样。原因可能是基于卡尔皮尔逊距离计算的完全连接距离算法产生了一些错误分类，或表 14.1 中的组定并不完美，或二者皆有。

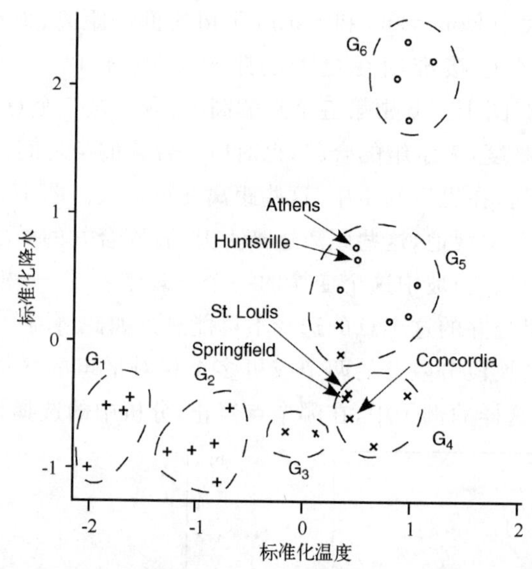

图 15.4 表示为标准化距平的表 14.1 中资料的散点图，虚线显示了图 15.3a 中聚类分析树图中定义的 6 个组。5 组的聚类合并了第 3 和 4 组中美国中部的站点。7 组的聚类分离开来自美国东南部台站的第 5 组中的两个美国中部的站。

最后，图 15.5 举例说明了不同的聚类算法通常将产生稍微不同结果的事实。图 15.5a 根据基于卡尔皮尔逊距离计算的单一连接对，显示表 14.1 中的资料在哪个组合并的距离。第

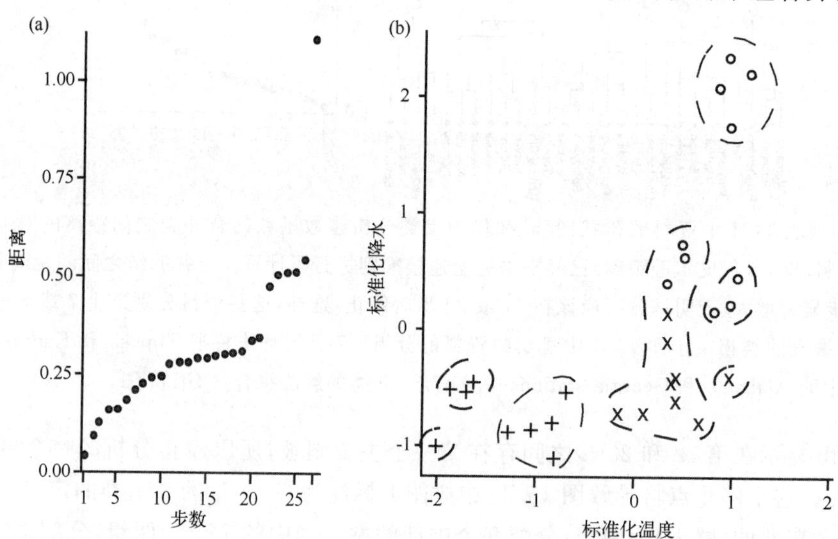

图 15.5 用单一连接聚类对表 14.1 中资料的聚类。(a)作为步数的函数的合并距离，显示 22 步后有一个大的跳跃。(b)第 22 步后存在的 7 个类，图解了链锁现象。

21 步后有一个大的跳跃，表明 7 组是一个可能的自然停止点。图 15.5b 中显示了这 7 个组，可以与图 15.4 中完全连接的结果做比较。图 15.4 中表示为 G_2 和 G_6 的类，也出现在图 15.5b 中。然而，图 15.5b 中发展了一个长且瘦的组，由来自 G_3G_4 和 G_5 的站组成。这个结果，举例说明了单一连接倾向于链锁现象，因为附加的站被累积到靠近一个组的一边或另一边处的点，使增加的点离同一组中的其他点相当远。

第 7.6 节描述了集合预报，其中大气初始状态的不确定性对预报的影响，通过用相似的初始条件的集合计算多个预报来解决。这种方法已经证明是预报技术中非常有用的进步，但是需要额外的努力处理产生的大量附加信息。从来自一个预报集合的大的图集中归纳信息的一种方式，是根据聚类分析对它们进行分组。如果每张图上平滑的等值线已经从 K 个网格点值做了插值，那么包括在聚类分析中的每个 $(K\times1)$ 的向量 $\boldsymbol{x}$ 对应于一张预报图。图 15.6 显示

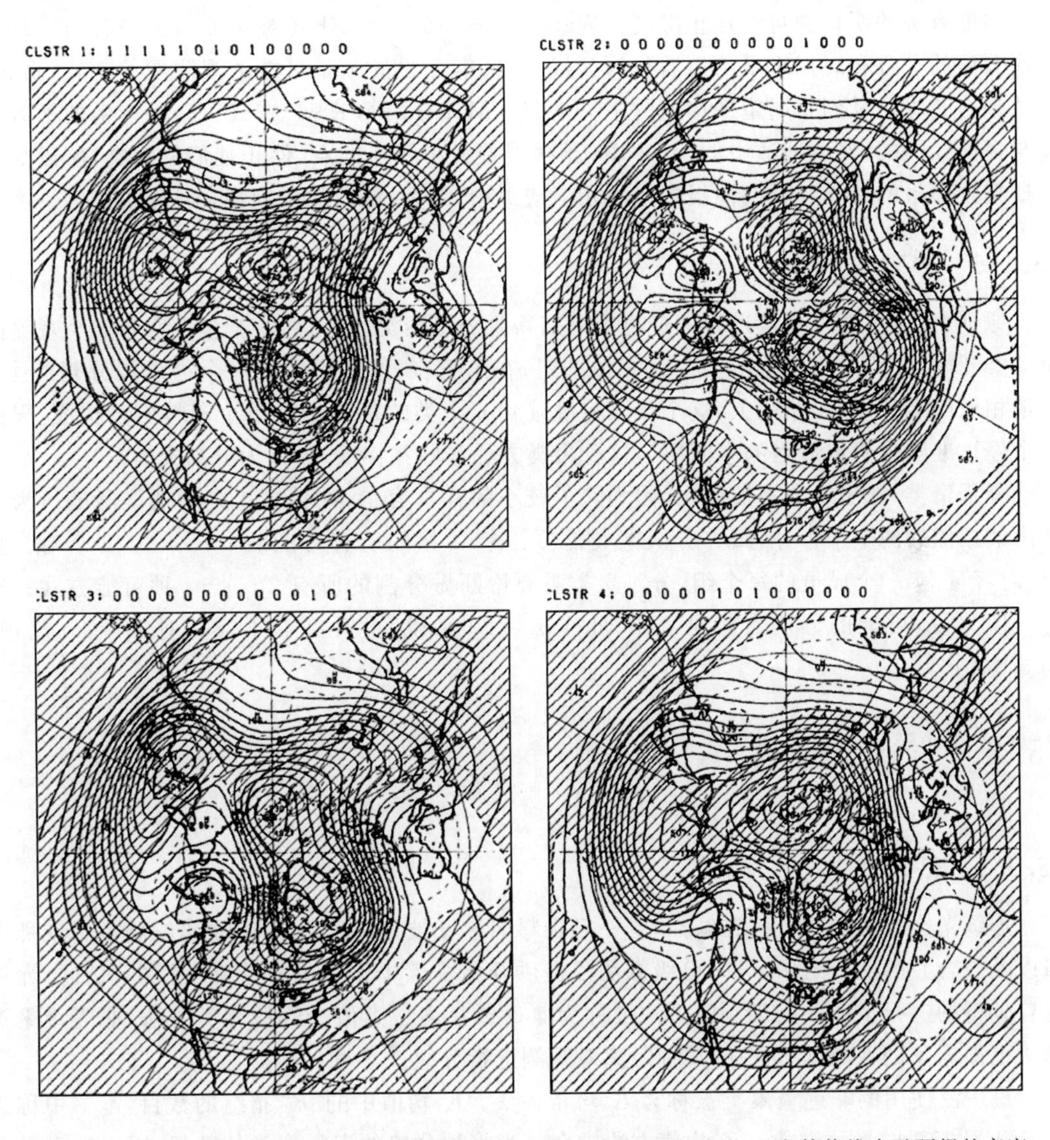

图 15.6　提前 8 天半球 500 hPa 高度集合预报 4 个类的质心(集合平均)。实等值线表示预报的高度场，虚等值线和阴影表示相应的距平场。引自 Tracton 和 Kalnay(1993)。

了提前 8 天 $n=14$ 个集合成员预报 500 hPa 高度场的聚类分析结果。这里，聚类在距平相关的基础上计算，而不是更传统的距离。

Molteni 等(1996)举例说明了用 Ward 方法对提前 5 到 7 天预报的欧洲上空 500 hPa 高度的 $n=33$ 个集合成员的聚类。他们分析中的一个创新是，通过同时聚类 5 天、6 天和 7 天的预报图，以显示预报的时间轨迹的方式进行。即，如果每张预报图由 K 个网格点组成，那么正被聚类的 $\mathbf{x}$ 向量的维度为($3K\times1$)，最初的 K 个元素属于 5 天的，接下来的 K 个元素属于 6 天的，而最后的 K 个元素属于 7 天的。因为位于每张图都有很多网格点，所以分析实际上用的高度场的前 $K=10$ 个主分量(可以抓住超过 80%的方差)进行，所以聚类的向量有维度(30×1)。

Molteni 等(1996)中的例子，另一个令人感兴趣的方面是用 Ward 法给出了聚类的一个与预报精度有关的明显的自然停止准则。Ward 法(式(15.7))基于正被聚类的 $\mathbf{x}$ 与各组平均值之间差值的平方和。把组平均值看作为预报，如果集合成员 $\mathbf{x}$ 是可能的观测图的现实，那么，这些平方差将贡献到总期望平均值的平方误差。Molteni 等(1996)在式(15.7)产生的平方误差与提前 3 天的(典型地适中的)500 hPa 预报误差大小相当的点，停止他们的聚类，所以如果中期集合预报的差异与短期预报的误差相当或更小，那么，他们的中期集合预报被归为一类。

15.2.5 分割法

原则上，通过聚合聚类过程的逆过程可以得到分级聚类。即，用一个包含所有 n 个观测向量的类开始，我们可以分这个类为最相似的组；在第三步，这些组中的一个可以被分割产生 3 个最相似的组；等等。原则上，这个步骤将继续到 n 个类的每一个由单个资料向量构成，根据一个停止准则来确定适当的中间解。这种聚类方法与归并相反，被称为分割聚类。

分割聚类，几乎从来不被使用，因为除了较小的样本容量，在计算上是不切实际的。为了选出最相似的两个来合并，归并分级聚类需要诊断 G 组的所有可能的 $G(G-1)/2$ 个对。相反，对容量为 n_g 个成员的每个组，分割聚类需要诊断做分割的所有 $2^{n_g-1}-1$ 种可能方式。对 $n_g=10$ 来说，可能的分割数量是 511，而对 $n_g=20$ 来说，上升到 524 287，对 $n_g=30$ 来说，为 5.4×10^8。

15.3 非逐级聚类

15.3.1 *K*-均值法

逐级聚类方法的一个潜在缺点，是一旦资料向量 $\mathbf{x}$ 被分配到一个组，那么它将保持在那个组以及被合并的那个组中。即，分级方法不提供开始步骤中误分的点重新分配的机会。允许随着分析的进行重新分配观测的方法被称为*非逐级聚类*。类似于逐级聚类方法，非逐级聚类算法也根据 $\mathbf{x}$ 的 K 维空间中的某种距离对观测进行分组。

最广泛使用的非逐级聚类被称为 *K-均值方法*。K-均值中的“K”指组的数目，本书中称为 G，而不是资料向量的维数。K-均值方法被命名为将被分组的资料聚类的数目，因为这个数目和每个 $\mathbf{x}_i(i=1,\cdots,n)$ 的组成员的初次猜测一起，必须在分析前被指定。

K-均值方法，也可以从 n 个资料向量随机划分为指定的 G 组，或从初始选择的 G 个种子点开始。种子点可以由 n 个资料向量的 G 的随机选择定义；或由其他的一些不可能有偏差结果的方法定义。那么初始组成员根据到种子点的最小距离确定。另一种可能的方法是定义初始组为已经在 G 组被停止的分级聚类的结果，允许通过分级聚类从它们的最初布置中对 $\mathbf{x}$ 重新分类。

已经以某种方式定义了 G 组的初始成员，K－均值方法按以下步骤进行：

(1)对每一类，计算质心(即，向量平均值)$\overline{\mathbf{X}}_g$，$g=1,\cdots,G$。

(2)计算当前的资料向量 $\overline{\mathbf{x}}_i$ 和 G 个$\overline{\mathbf{X}}_g$ 之间的距离。通常，使用欧氏或卡尔皮尔逊距离，但是距离可以通过适合特定问题的任何度量进行定义。

(3)如果 $\mathbf{x}_i$ 已经是平均值最接近的组的一个成员，那么对 $\mathbf{x}_{i+1}$(或对 $\mathbf{x}_1$，如果 $i=n$)重复步骤(2)。否则，重新分配 $\mathbf{x}_i$ 到平均值最接近的组，并且返回步骤 1。

该算法一直迭代到每个 $\mathbf{x}_i$ 最接近其组平均值，即，到穿过所有 n 个资料向量的一个完整循环不产生重新分配为止。

需要预先指定组数及其初始成员是 K-均值方法的一个缺点。除非存在正确组数的先验知识，或者已知聚类的组数，否则对 G 的每个试验值来说，重复观测的一系列初始组数和不同初始分配的 K－均值聚类可能是明智的。这个例子中 Hastie 等(2009)建议选择最小化总体相异点的度量，比如式(15.7)中每个 $\mathbf{x}$ 和其组平均值之间距离的平方和的那个 G。

15.3.2　有核的归并聚类

归并聚类和 K-均值聚类的原理可以被组合在一个被称为*有核归并聚类*(nucleated agglomerative clustering)的迭代过程中。这种方法，在某种程度上，减少了 K-均值方法中初始种子主观选择的影响，并且自动产生了一系列组大小为 G 的 K-均值聚类的一个序列。

有核的归并法，通过指定比在过程结束时组 G_{final} 的数目大的许多组 G_{init} 开始。进入 G_{init} 组的 K-均值聚类与第 15.3.1 节中描述的一样进行计算。然后下面的步骤被重复：

(1)根据 Ward 方法最近的组被合并。即，使式(15.7)增大最小的两个组被合并。

(2)为了减少组数，用步骤 1 的结果作为初始点，进行 K-均值聚类。如果结果是 G_{final} 组，那么算法停止。否则重复步骤一。

当在分层的每一步，允许重新分配观测到不同的组时，这个算法对组大小为 $G_{init}\geqslant G\geqslant G_{final}$ 的范围产生了一个分层聚类解。

15.3.3　用混合分布聚类

非分层聚类的另一种方法是拟合混合分布(见第 4.4.6 节)(如：Everitt and Hand, 1981; McLachlan and Basford, 1988；Titterington *et al.*，1985)。统计学的文献中，这种聚类方法被称为“基于模型的”，指包含混合分布的统计模型(Banfield and Raftery, 1993)。对多元资料来说，最常用的方法是拟合多元正态分布的混合分布，对这种分布来说，使用 EM 算法的最大似然估计(见第 4.6.3 节)是直截了当的，Hannachi 和 O'Neill (2001)和 Smyth 等(1999)的文献中对这种算法进行了概述。这种聚类方法已经由 Haines 和 Hannachi(1995)、Hannachi (1997)及 Smyth 等(1999)应用到大气资料来辨识大尺度的气流系统。

这种聚类方法的基本思想，是每个分量 PDFs$f_g(\mathbf{x})$($g=1,\cdots,G$)代表从中提取资料的 G 组中的一组。正如例 4.14 中举例说明的，对每个观测资料值 $\mathbf{x}_i$，给出的每个分量 PDFs 中的成员，用 EM 算法估计混合分布产生(除分布参数之外的)后验概率(式(4.77))。使用这些后验概率，通过分配每个资料向量 $\boldsymbol{x}_i$ 到有最大概率的那个 PDF$f_g(\boldsymbol{x})$，可以得到一种“硬”(即，非概率的)分类。然而，在很多应用中，保留这些关于组成员的概率估计，能够提供更多的信息。

与其他非分级聚类方法的例子一样，组数 G(这个例子中，分量 PDFs$f_g(\boldsymbol{x})$的数目)典型地被预先指定。然而，Banfield 和 Raftery(1993)及 Smyth 等(1999)描述了用交叉验证方法选择组数的非主观算法。

15.4 习题

15.1 用卡尔皮尔逊距离，计算表 A.3 中 1965—1970 年这 6 年瓜亚基尔(Guayaquil)温度和气压资料的距离矩阵[Δ]。

15.2 根据习题 15.1 中计算的距离矩阵，用下列方法对这 6 年进行聚类：

a. 单一连接。

b. 完全连接。

c. 平均连接。

15.3 使用下面的方法对瓜亚基尔(Guayaquil)1965—1970 年这 6 年的气压数据(表 A.3)做聚类：

a. 质心法和欧氏距离法。

b. 在原始数据上计算的 Ward 法。

15.4 从 $G_1\{1965,1966,1967\}$和 $G_2\{1968,1969,1970\}$开始，使用 K-均值法把瓜亚基尔(Guayaquil)1965—1970 年这 6 年的温度数据(见表 A.3)聚类为两组。

附　　录

附录A　书中例子的资料集

在气象资料分析的实际应用中，我们希望使用更多的资料（例如，可以得到的全部1月的日资料，而不是只用1年的资料）。这个小资料集在本书中大量的例子中使用，可以用手工计算，并且能够对计算过程理解得更清楚。

表 A.1　1987 年 1 月纽约伊萨卡(Ithaca)和卡南戴挂 (Canandaigua)日降水(in)和温度(°F)。

日期	Ithaca			Canandaigua		
	降水	最高温度	最低温度	降水	最高温度	最低温度
1	0.00	33	19	0.00	34	28
2	0.07	32	25	0.04	36	28
3	1.11	30	22	0.84	30	26
4	0.00	29	−1	0.00	29	19
5	0.00	25	4	0.00	30	16
6	0.00	30	14	0.00	35	24
7	0.00	37	21	0.02	44	26
8	0.04	37	22	0.05	38	24
9	0.02	29	23	0.01	31	24
10	0.05	30	27	0.09	33	29
11	0.34	36	29	0.18	39	29
12	0.06	32	25	0.04	33	27
13	0.18	33	29	0.04	34	31
14	0.02	34	15	0.00	39	26
15	0.02	53	29	0.06	51	38
16	0.00	45	24	0.03	44	23
17	0.00	25	0	0.04	25	13
18	0.00	28	2	0.00	34	14
19	0.00	32	26	0.00	36	28
20	0.45	27	17	0.35	29	19
21	0.00	26	19	0.02	27	19
22	0.00	28	9	0.01	29	17
23	0.70	24	20	0.35	27	22
24	0.00	26	−6	0.08	24	2
25	0.00	9	−13	0.00	11	4

续表

日期	Ithaca			Canandaigua		
	降水	最高温度	最低温度	降水	最高温度	最低温度
26	0.00	22	−13	0.00	21	5
27	0.00	17	−11	0.00	19	7
28	0.00	26	−4	0.00	26	8
29	0.01	27	−4	0.01	28	14
30	0.03	30	11	0.01	31	14
31	0.05	34	23	0.13	38	23
总和/平均	3.15	29.87	13.00	2.40	31.77	20.23
标准差	0.243	7.71	13.62	0.168	7.86	8.81

表 A.2 1933—1982 年纽约伊萨卡(Ithaca)1 月降水(in)。

1933	0.44	1945	2.74	1958	4.90	1970	1.03
1934	1.18	1946	1.13	1959	2.94	1971	1.11
1935	2.69	1947	2.50	1960	1.75	1972	1.35
1936	2.08	1948	1.72	1961	1.69	1973	1.44
1937	3.66	1949	2.27	1962	1.88	1974	1.84
1938	1.72	1950	2.82	1963	1.31	1975	1.69
1939	2.82	1951	1.98	1964	1.76	1976	3.00
1940	0.72	1952	2.44	1965	2.17	1977	1.36
1941	1.46	1953	2.53	1966	2.38	1978	6.37
1942	1.30	1954	2.00	1967	1.16	1979	4.55
1943	1.35	1955	1.12	1968	1.39	1980	0.52
1944	0.54	1956	2.13	1969	1.36	1981	0.87
		1957	1.36			1982	1.51

表 A.3 1951—1970 年厄瓜多尔瓜亚基尔(Guayaquil)6 月气候资料。标星号的为厄尔尼诺年。

年份	温度(℃)	降水(mm)	气压(hPa)
1951*	26.1	43	1009.5
1952	24.5	10	1010.9
1953*	24.8	4	1010.7
1954	24.5	0	1011.2
1955	24.1	2	1011.9
1956	24.3	缺测	1011.2
1957*	26.4	31	1009.3
1958	24.9	0	1011.1
1959	23.7	0	1012.0

续表

年份	温度(℃)	降水(mm)	气压(hPa)
1960	23.5	0	1011.4
1961	24.0	2	1010.9
1962	24.1	3	1011.5
1963	23.7	0	1011.0
1964	24.3	4	1011.2
1965*	26.6	15	1009.9
1966	24.6	2	1012.5
1967	24.8	0	1011.1
1968	24.4	1	1011.8
1969*	26.8	127	1009.3
1970	25.2	2	1010.6

附录 B 概率表

该附录包含所挑选的概率分布函数，其累积分布函数不存在闭合表达式。

表 B.1 标准高斯分布的左尾累积概率，$\Phi(z)=\Pr\{Z\leqslant z\}$。在最左边和最右边列，标准高斯变量 z 的值列到十分之一，剩余的列头部表示 z 的百分之一位。右尾概率用 $\Pr\{Z>z\}=1-\Pr\{Z\leqslant z\}$ 得到。$Z>0$ 的概率用高斯分布的对称性 $\Pr\{Z\leqslant z\}=1-\Pr\{Z\leqslant -z\}$ 得到。

Z	0.09	0.08	0.07	0.06	0.05	0.04	0.03	0.02	0.01	0.00	Z
−4.0	0.00002	0.00002	0.00002	0.00002	0.00003	0.00003	0.00003	0.00003	0.00003	0.00003	−4.0
−3.9	0.00003	0.00003	0.00004	0.00004	0.00004	0.00004	0.00004	0.00004	0.00005	0.00005	−3.9
−3.8	0.00005	0.00005	0.00005	0.00006	0.00006	0.00006	0.00006	0.00007	0.00007	0.00007	−3.8
−3.7	0.00008	0.00008	0.00008	0.00008	0.00009	0.00009	0.00010	0.00010	0.00010	0.00011	−3.7
−3.6	0.00011	0.00012	0.00012	0.00013	0.00013	0.00014	0.00014	0.00015	0.00015	0.00016	−3.6
−3.5	0.00017	0.00017	0.00018	0.00019	0.00019	0.00020	0.00021	0.00022	0.00022	0.00023	−3.5
−3.4	0.00024	0.00025	0.00026	0.00027	0.00028	0.00029	0.00030	0.00031	0.00032	0.00034	−3.4
−3.3	0.00035	0.00036	0.00038	0.00039	0.00040	0.00042	0.00043	0.00045	0.00047	0.00048	−3.3
−3.2	0.00050	0.00052	0.00054	0.00056	0.00058	0.00060	0.00062	0.00064	0.00066	0.00069	−3.2
−3.1	0.00071	0.00074	0.00076	0.00079	0.00082	0.00084	0.00087	0.00090	0.00094	0.00097	−3.1
−3.0	0.00100	0.00104	0.00107	0.00111	0.00114	0.00118	0.00122	0.00126	0.00131	0.00135	−3.0
−2.9	0.00139	0.00144	0.00149	0.00154	0.00159	0.00164	0.00169	0.00175	0.00181	0.00187	−2.9
−2.8	0.00193	0.00199	0.00205	0.00212	0.00219	0.00226	0.00233	0.00240	0.00248	0.00256	−2.8
−2.7	0.00264	0.00272	0.00280	0.00289	0.00298	0.00307	0.00317	0.00326	0.00336	0.00347	−2.7
−2.6	0.00357	0.00368	0.00379	0.00391	0.00402	0.00415	0.00427	0.00440	0.00453	0.00466	−2.6
−2.5	0.00480	0.00494	0.00508	0.00523	0.00539	0.00554	0.00570	0.00587	0.00604	0.00621	−2.5

续表

Z	0.09	0.08	0.07	0.06	0.05	0.04	0.03	0.02	0.01	0.00	Z
−2.4	0.00639	0.00657	0.00676	0.00695	0.00714	0.00734	0.00755	0.00776	0.00798	0.00820	−2.4
−2.3	0.00842	0.00866	0.00889	0.00914	0.00939	0.00964	0.00990	0.01017	0.01044	0.01072	−2.3
−2.2	0.01101	0.01130	0.01160	0.01191	0.01222	0.01255	0.01287	0.01321	0.01355	0.01390	−2.2
−2.1	0.01426	0.01463	0.01500	0.01539	0.01578	0.01618	0.01659	0.01700	0.01743	0.01786	−2.1
−2.0	0.01831	0.01876	0.01923	0.01970	0.02018	0.02068	0.02118	0.02169	0.02222	0.02275	−2.0
−1.9	0.02330	0.02385	0.02442	0.02500	0.02559	0.02619	0.02680	0.02743	0.02807	0.02872	−1.9
−1.8	0.02938	0.03005	0.03074	0.03144	0.03216	0.03288	0.03362	0.03438	0.03515	0.03593	−1.8
−1.7	0.03673	0.03754	0.03836	0.03920	0.04006	0.04093	0.04182	0.04272	0.04363	0.04457	−1.7
−1.6	0.04551	0.04648	0.04746	0.04846	0.04947	0.05050	0.05155	0.05262	0.05370	0.05480	−1.6
−1.5	0.05592	0.05705	0.05821	0.05938	0.06057	0.06178	0.06301	0.06426	0.06552	0.06681	−1.5
−1.4	0.06811	0.06944	0.07078	0.07215	0.07353	0.07493	0.07636	0.07780	0.07927	0.08076	−1.4
−1.3	0.08226	0.08379	0.08534	0.08692	0.08851	0.09012	0.09176	0.09342	0.09510	0.09680	−1.3
−1.2	0.09853	0.10027	0.10204	0.10383	0.10565	0.10749	0.10935	0.11123	0.11314	0.11507	−1.2
−1.1	0.11702	0.11900	0.12100	0.12302	0.12507	0.12714	0.12924	0.13136	0.13350	0.13567	−1.1
−1.0	0.13786	0.14007	0.14231	0.14457	0.14686	0.14917	0.15151	0.15386	0.15625	0.15866	−1.0
−0.9	0.16109	0.16354	0.16602	0.16853	0.17106	0.17361	0.17619	0.17879	0.18141	0.18406	−0.9
−0.8	0.18673	0.18943	0.19215	0.19489	0.19766	0.20045	0.20327	0.20611	0.20897	0.21186	−0.8
−0.7	0.21476	0.21770	0.22065	0.22363	0.22663	0.22965	0.23270	0.23576	0.23885	0.24196	−0.7
−0.6	0.24510	0.24825	0.25143	0.25463	0.25785	0.26109	0.26435	0.26763	0.27093	0.27425	−0.6
−0.5	0.27760	0.28096	0.28434	0.28774	0.29116	0.29460	0.29806	0.30153	0.30503	0.30854	−0.5
−0.4	0.31207	0.31561	0.31918	0.32276	0.32636	0.32997	0.33360	0.33724	0.34090	0.34458	−0.4
−0.3	0.34827	0.35197	0.35569	0.35942	0.36317	0.36693	0.37070	0.37448	0.37828	0.38209	−0.3
−0.2	0.38591	0.38974	0.39358	0.39743	0.40129	0.40517	0.40905	0.41294	0.41683	0.42074	−0.2
−0.1	0.42465	0.42858	0.43251	0.43644	0.44038	0.44433	0.44828	0.45224	0.45620	0.46017	−0.1
−0.0	0.46414	0.46812	0.47210	0.47608	0.48006	0.48405	0.48803	0.49202	0.49601	0.50000	0.0

表 B.2 标准($\beta=1$)伽马(Gamma)分布的分位数。表中列出的内容是给定列的表头相应于累积概率 $F(\zeta)$ 的标准化随机变量 ζ 的值。为了得到其他尺度参数分布的分位数，在适当的行进入该表，读适当列的标准值，并且表中的值乘以尺度参数。为了得到相应于随机变量的一个给定值的累积概率，把该值除以尺度参数，在适合形状参数的行进入表，根据列的表头解释结果。

	累积概率													
α	0.001	0.01	0.05	0.10	0.20	0.30	0.40	0.50	0.60	0.70	0.80	0.90	0.95	0.99	0.999
0.05	0.0000	0.0000	0.0000	0.000	0.000	0.000	0.000	0.000	0.000	0.000	0.007	0.077	0.262	1.057	2.423
0.10	0.0000	0.0000	0.0000	0.000	0.000	0.000	0.000	0.001	0.004	0.018	0.070	0.264	0.575	1.554	3.035
0.15	0.0000	0.0000	0.0000	0.000	0.000	0.000	0.001	0.006	0.021	0.062	0.164	0.442	0.820	1.894	3.439
0.20	0.0000	0.0000	0.0000	0.000	0.000	0.002	0.007	0.021	0.053	0.122	0.265	0.602	1.024	2.164	3.756

续表

	累积概率													
α	0.001	0.01	0.05	0.10	0.20	0.30	0.40	0.50	0.60	0.70	0.80	0.90	0.95	0.99	0.999
0.25	0.0000	0.0000	0.0000	0.000	0.001	0.006	0.018	0.044	0.095	0.188	0.364	0.747	1.203	2.395	4.024
0.30	0.0000	0.0000	0.0000	0.000	0.003	0.013	0.034	0.073	0.142	0.257	0.461	0.882	1.365	2.599	4.262
0.35	0.0000	0.0000	0.0001	0.001	0.007	0.024	0.055	0.108	0.192	0.328	0.556	1.007	1.515	2.785	4.477
0.40	0.0000	0.0000	0.0004	0.002	0.013	0.038	0.080	0.145	0.245	0.398	0.644	1.126	1.654	2.958	4.677
0.45	0.0000	0.0000	0.0010	0.005	0.022	0.055	0.107	0.186	0.300	0.468	0.733	1.240	1.786	3.121	4.863
0.50	0.0000	0.0001	0.0020	0.008	0.032	0.074	0.138	0.228	0.355	0.538	0.819	1.349	1.913	3.274	5.040
0.55	0.0000	0.0002	0.0035	0.012	0.045	0.096	0.170	0.272	0.411	0.607	0.904	1.454	2.034	3.421	5.208
0.60	0.0000	0.0004	0.0057	0.018	0.059	0.120	0.204	0.316	0.467	0.676	0.987	1.556	2.150	3.562	5.370
0.65	0.0000	0.0008	0.0086	0.025	0.075	0.146	0.240	0.362	0.523	0.744	1.068	1.656	2.264	3.698	5.526
0.70	0.0001	0.0013	0.0123	0.033	0.093	0.173	0.276	0.408	0.579	0.811	1.149	1.753	2.374	3.830	5.676
0.75	0.0001	0.0020	0.0168	0.043	0.112	0.201	0.314	0.455	0.636	0.878	1.227	1.848	2.481	3.958	5.822
0.80	0.0003	0.0030	0.0221	0.053	0.132	0.231	0.352	0.502	0.692	0.945	1.305	1.941	2.586	4.083	5.964
0.85	0.0004	0.0044	0.0283	0.065	0.153	0.261	0.391	0.550	0.749	1.010	1.382	2.032	2.689	4.205	6.103
0.90	0.0007	0.0060	0.0353	0.078	0.176	0.292	0.431	0.598	0.805	1.076	1.458	2.122	2.790	4.325	6.239
0.95	0.0010	0.0080	0.0432	0.091	0.199	0.324	0.471	0.646	0.861	1.141	1.533	2.211	2.888	4.441	6.373
1.00	0.0014	0.0105	0.0517	0.106	0.224	0.357	0.512	0.694	0.918	1.206	1.607	2.298	2.986	4.556	6.503
1.05	0.0019	0.0133	0.0612	0.121	0.249	0.391	0.553	0.742	0.974	1.270	1.681	2.384	3.082	4.669	6.631
1.10	0.0022	0.0166	0.0713	0.138	0.275	0.425	0.594	0.791	1.030	1.334	1.759	2.469	3.177	4.781	6.757
1.15	0.0023	0.0202	0.0823	0.155	0.301	0.459	0.636	0.840	1.086	1.397	1.831	2.553	3.270	4.890	6.881
1.20	0.0024	0.0240	0.0938	0.173	0.329	0.494	0.678	0.889	1.141	1.460	1.903	2.636	3.362	4.998	7.003
1.25	0.0031	0.0271	0.1062	0.191	0.357	0.530	0.720	0.938	1.197	1.523	1.974	2.719	3.453	5.105	7.124
1.30	0.0037	0.0321	0.1192	0.210	0.385	0.566	0.763	0.987	1.253	1.586	2.045	2.800	3.544	5.211	7.242
1.35	0.0044	0.0371	0.1328	0.230	0.414	0.602	0.806	1.036	1.308	1.649	2.115	2.881	3.633	5.314	7.360
1.40	0.0054	0.0432	0.1451	0.250	0.443	0.639	0.849	1.085	1.364	1.711	2.185	2.961	3.722	5.418	7.476
1.45	0.0066	0.0493	0.1598	0.272	0.473	0.676	0.892	1.135	1.419	1.773	2.255	3.041	3.809	5.519	7.590
1.50	0.0083	0.0560	0.1747	0.293	0.504	0.713	0.935	1.184	1.474	1.834	2.324	3.120	3.897	5.620	7.704
1.55	0.0106	0.0632	0.1908	0.313	0.534	0.750	0.979	1.234	1.530	1.896	2.392	3.199	3.983	5.720	7.816
1.60	0.0136	0.0708	0.2070	0.336	0.565	0.788	1.023	1.283	1.585	1.957	2.461	3.276	4.068	5.818	7.928
1.65	0.0177	0.0780	0.2238	0.359	0.597	0.826	1.067	1.333	1.640	2.018	2.529	3.354	4.153	5.917	8.038
1.70	0.0232	0.0867	0.2411	0.382	0.628	0.865	1.111	1.382	1.695	2.079	2.597	3.431	4.237	6.014	8.147
1.75	0.0306	0.0958	0.2588	0.406	0.661	0.903	1.155	1.432	1.750	2.140	2.664	3.507	4.321	6.110	8.255
1.80	0.0360	0.1041	0.2771	0.430	0.693	0.942	1.199	1.481	1.805	2.200	2.731	3.584	4.405	6.207	8.362
1.85	0.0406	0.1145	0.2958	0.454	0.726	0.980	1.244	1.531	1.860	2.261	2.798	3.659	4.487	6.301	8.469
1.90	0.0447	0.1243	0.3142	0.479	0.759	1.020	1.288	1.580	1.915	2.321	2.865	3.735	4.569	6.396	8.575
1.95	0.0486	0.1361	0.3338	0.505	0.790	1.059	1.333	1.630	1.969	2.381	2.931	3.809	4.651	6.490	8.679
2.00	0.0525	0.1514	0.3537	0.530	0.823	1.099	1.378	1.680	2.024	2.442	2.997	3.883	4.732	6.582	8.783

续表

α	累积概率														
	0.001	0.01	0.05	0.10	0.20	0.30	0.40	0.50	0.60	0.70	0.80	0.90	0.95	0.99	0.999
2.05	0.0565	0.1637	0.3741	0.556	0.857	1.138	1.422	1.729	2.079	2.501	3.063	3.958	4.813	6.675	8.887
2.10	0.0657	0.1751	0.3949	0.583	0.891	1.178	1.467	1.779	2.133	2.561	3.129	4.032	4.894	6.767	8.989
2.15	0.0697	0.1864	0.4149	0.610	0.925	1.218	1.512	1.829	2.188	2.620	3.195	4.105	4.973	6.858	9.091
2.20	0.0740	0.2002	0.4365	0.637	0.959	1.258	1.557	1.879	2.242	2.680	3.260	4.179	5.053	6.949	9.193
2.25	0.0854	0.2116	0.4584	0.664	0.994	1.298	1.603	1.928	2.297	2.739	3.325	4.252	5.132	7.039	9.294
2.30	0.0898	0.2259	0.4807	0.691	1.029	1.338	1.648	1.978	2.351	2.799	3.390	4.324	5.211	7.129	9.394
2.35	0.0945	0.2378	0.5023	0.718	1.064	1.379	1.693	2.028	2.405	2.858	3.455	4.396	5.289	7.219	9.493
2.40	0.0996	0.2526	0.5244	0.747	1.099	1.420	1.738	2.078	2.459	2.917	3.519	4.468	5.367	7.308	9.592
2.45	0.1134	0.2680	0.5481	0.775	1.134	1.460	1.784	2.127	2.514	2.976	3.584	4.540	5.445	7.397	9.691
2.50	0.1184	0.2803	0.5754	0.804	1.170	1.500	1.829	2.178	2.568	3.035	3.648	4.612	5.522	7.484	9.789
2.55	0.1239	0.2962	0.5978	0.833	1.205	1.539	1.875	2.227	2.622	3.093	3.712	4.683	5.600	7.572	9.886
2.60	0.1297	0.3129	0.6211	0.862	1.241	1.581	1.920	2.277	2.676	3.152	3.776	4.754	5.677	7.660	9.983
2.65	0.1468	0.3255	0.6456	0.890	1.277	1.622	1.966	2.327	2.730	3.210	3.840	4.825	5.753	7.746	10.079
2.70	0.1523	0.3426	0.6705	0.920	1.314	1.663	2.011	2.376	2.784	3.269	3.903	4.896	5.830	7.833	10.176
2.75	0.1583	0.3561	0.6938	0.950	1.350	1.704	2.058	2.427	2.838	3.328	3.967	4.966	5.906	7.919	10.272
2.80	0.1647	0.3735	0.7188	0.980	1.386	1.746	2.103	2.476	2.892	3.386	4.030	5.040	5.982	8.004	10.367
2.85	0.1861	0.3919	0.7441	1.009	1.423	1.787	2.149	2.526	2.946	3.444	4.093	5.120	6.058	8.090	10.461
2.90	0.1919	0.4056	0.7697	1.040	1.460	1.829	2.195	2.576	2.999	3.502	4.156	5.190	6.133	8.175	10.556
2.95	0.1982	0.4242	0.7936	1.070	1.497	1.871	2.241	2.626	3.054	3.560	4.220	5.260	6.208	8.260	10.649
3.00	0.2050	0.4388	0.8193	1.101	1.534	1.913	2.287	2.676	3.108	3.618	4.283	5.329	6.283	8.345	10.743
3.05	0.2123	0.4577	0.8454	1.134	1.571	1.954	2.333	2.726	3.161	3.676	4.346	5.398	6.357	8.429	10.837
3.10	0.2385	0.4778	0.8717	1.165	1.607	1.996	2.378	2.776	3.215	3.734	4.408	5.468	6.432	8.513	10.930
3.15	0.2447	0.4922	0.8982	1.197	1.645	2.038	2.425	2.825	3.268	3.792	4.471	5.537	6.506	8.596	11.023
3.20	0.2514	0.5125	0.9251	1.227	1.682	2.080	2.471	2.875	3.322	3.850	4.533	5.605	6.580	8.680	11.113
3.25	0.2588	0.5278	0.9498	1.259	1.720	2.123	2.517	2.925	3.376	3.907	4.595	5.675	6.654	8.763	11.205
3.30	0.2667	0.5483	0.9767	1.291	1.758	2.165	2.563	2.975	3.430	3.965	4.658	5.743	6.727	8.845	11.298
3.35	0.2995	0.5704	1.0039	1.323	1.796	2.207	2.610	3.025	3.483	4.022	4.720	5.811	6.801	8.928	11.389
3.40	0.3057	0.5850	1.0313	1.354	1.834	2.250	2.656	3.075	3.537	4.079	4.782	5.879	6.874	9.010	11.480
3.45	0.3126	0.6072	1.0590	1.386	1.872	2.292	2.702	3.125	3.590	4.137	4.843	5.948	6.947	9.093	11.570
3.50	0.3201	0.6228	1.0870	1.418	1.910	2.334	2.748	3.175	3.644	4.194	4.905	6.015	7.020	9.174	11.660
3.55	0.3282	0.6450	1.1152	1.451	1.948	2.377	2.795	3.225	3.697	4.252	4.967	6.084	7.092	9.255	11.749
3.60	0.3370	0.6614	1.1405	1.483	1.985	2.420	2.841	3.274	3.750	4.309	5.028	6.152	7.165	9.337	11.840
3.65	0.3767	0.6837	1.1687	1.516	2.024	2.462	2.887	3.324	3.804	4.366	5.091	6.219	7.237	9.418	11.929
3.70	0.3830	0.7084	1.1972	1.549	2.062	2.505	2.934	3.374	3.858	4.423	5.152	6.286	7.310	9.499	12.017
3.75	0.3900	0.7233	1.2259	1.582	2.101	2.547	2.980	3.425	3.911	4.480	5.214	6.354	7.381	9.579	12.107
3.80	0.3978	0.7480	1.2549	1.613	2.140	2.590	3.027	3.474	3.964	4.537	5.275	6.420	7.454	9.659	12.195

续表

α	累积概率													
	0.001	0.01	0.05	0.10	0.20	0.30	0.40	0.50	0.60	0.70	0.80	0.90	0.95	0.99	0.999
3.85	0.4064	0.7637	1.2843	1.646	2.179	2.633	3.073	3.524	4.018	4.594	5.336	6.488	7.525	9.740	12.284
3.90	0.4157	0.7883	1.3101	1.680	2.218	2.676	3.120	3.574	4.071	4.651	5.397	6.555	7.596	9.820	12.371
3.95	0.4259	0.8049	1.3393	1.713	2.257	2.719	3.163	3.624	4.124	4.708	5.458	6.622	7.668	9.900	12.459
4.00	0.4712	0.8294	1.3687	1.746	2.295	2.762	3.209	3.674	4.177	4.765	5.519	6.689	7.739	9.980	12.546
4.05	0.4779	0.8469	1.3984	1.780	2.334	2.805	3.256	3.724	4.231	4.822	5.580	6.755	7.811	10.059	12.634
4.10	0.4853	0.8714	1.4285	1.814	2.373	2.848	3.302	3.774	4.284	4.879	5.641	6.821	7.882	10.137	12.721
4.15	0.4937	0.8999	1.4551	1.848	2.413	2.891	3.350	3.823	4.337	4.936	5.701	6.888	7.952	10.216	12.807
4.20	0.5030	0.9141	1.4850	1.882	2.451	2.935	3.396	3.874	4.390	4.992	5.762	6.954	8.023	10.295	12.894
4.25	0.5133	0.9424	1.5150	1.916	2.491	2.978	3.443	3.924	4.444	5.049	5.823	7.020	8.093	10.374	12.981
4.30	0.5244	0.9575	1.5454	1.950	2.531	3.021	3.489	3.974	4.497	5.105	5.883	7.086	8.170	10.453	13.066
4.35	0.5779	0.9856	1.5762	1.985	2.572	3.065	3.537	4.024	4.550	5.162	5.944	7.153	8.264	10.531	13.152
4.40	0.5842	1.0016	1.6034	2.017	2.612	3.108	3.584	4.074	4.603	5.218	6.005	7.219	8.334	10.609	13.238
4.45	0.5916	1.0294	1.6339	2.051	2.653	3.152	3.630	4.123	4.656	5.274	6.065	7.284	8.405	10.687	13.324
4.50	0.6001	1.0463	1.6646	2.085	2.691	3.195	3.677	4.173	4.709	5.331	6.126	7.350	8.475	10.765	13.410
4.55	0.6096	1.0739	1.6956	2.120	2.731	3.239	3.724	4.223	4.762	5.387	6.186	7.415	8.544	10.843	13.495
4.60	0.6202	1.0917	1.7271	2.155	2.771	3.283	3.771	4.273	4.815	5.443	6.246	7.480	8.615	10.920	13.578
4.65	0.6319	1.1191	1.7547	2.190	2.812	3.326	3.817	4.323	4.868	5.501	6.306	7.546	8.684	10.998	13.663
4.70	0.6978	1.1378	1.7857	2.225	2.852	3.369	3.864	4.373	4.921	5.557	6.366	7.611	8.754	11.075	13.748
4.75	0.7031	1.1649	1.8170	2.260	2.890	3.412	3.911	4.423	4.974	5.613	6.426	7.676	8.823	11.152	13.832
4.80	0.7095	1.1844	1.8487	2.295	2.930	3.456	3.958	4.474	5.027	5.669	6.486	7.742	8.892	11.229	13.916
4.85	0.7172	1.2113	1.8809	2.330	2.970	3.500	4.005	4.524	5.081	5.725	6.546	7.807	8.962	11.306	14.000
4.90	0.7262	1.2465	1.9088	2.366	3.011	3.544	4.052	4.573	5.134	5.781	6.606	7.872	9.031	11.382	14.084
4.95	0.7365	1.2582	1.9403	2.398	3.051	3.588	4.099	4.623	5.186	5.837	6.665	7.937	9.100	11.457	14.168
5.00	0.7482	1.2931	1.9722	2.434	3.091	3.632	4.146	4.673	5.239	5.893	6.725	8.002	9.169	11.534	14.251

表 B.3　卡方 χ^2 分布的右尾分位数。对于很多的 v，卡方 χ^2 分布近似于平均值为 v、方差为 $2v$ 的高斯分布。

v	累积概率					
	0.50	0.90	0.95	0.99	0.999	0.9999
1	0.455	2.706	3.841	6.635	10.828	15.137
2	1.386	4.605	5.991	9.210	13.816	18.421
3	2.366	6.251	7.815	11.345	16.266	21.108
4	3.357	7.779	9.488	13.277	18.467	23.512
5	4.351	9.236	11.070	15.086	20.515	25.745
6	5.348	10.645	12.592	16.812	22.458	27.855
7	6.346	12.017	14.067	18.475	24.322	29.878
8	7.344	13.362	15.507	20.090	26.124	31.827

续表

v	累积概率					
	0.50	0.90	0.95	0.99	0.999	0.9999
9	8.343	14.684	16.919	21.666	27.877	33.719
10	9.342	15.987	18.307	23.209	29.588	35.563
11	10.341	17.275	19.675	24.725	31.264	37.366
12	11.340	18.549	21.026	26.217	32.910	39.134
13	12.340	19.812	22.362	27.688	34.528	40.871
14	13.339	21.064	23.685	29.141	36.123	42.578
15	14.339	22.307	24.996	30.578	37.697	44.262
16	15.338	23.542	26.296	32.000	39.252	45.925
17	16.338	24.769	27.587	33.409	40.790	47.566
18	17.338	25.989	28.869	34.805	42.312	49.190
19	18.338	27.204	30.144	36.191	43.820	50.794
20	19.337	28.412	31.410	37.566	45.315	52.385
21	20.337	29.615	32.671	38.932	46.797	53.961
22	21.337	30.813	33.924	40.289	48.268	55.523
23	22.337	32.007	35.172	41.638	49.728	57.074
24	23.337	33.196	36.415	42.980	51.179	58.613
25	24.337	34.382	37.652	44.314	52.620	60.140
26	25.336	35.563	38.885	45.642	54.052	61.656
27	26.336	36.741	40.113	46.963	55.476	63.164
28	27.336	37.916	41.337	48.278	56.892	64.661
29	28.336	39.087	42.557	49.588	58.301	66.152
30	29.336	40.256	43.773	50.892	59.703	67.632
31	30.336	41.422	44.985	52.191	61.098	69.104
32	31.336	42.585	46.194	53.486	62.487	70.570
33	32.336	43.745	47.400	54.776	63.870	72.030
34	33.336	44.903	48.602	56.061	65.247	73.481
35	34.336	46.059	49.802	57.342	66.619	74.926
36	35.336	47.212	50.998	58.619	67.985	76.365
37	36.336	48.363	52.192	59.892	69.347	77.798
38	37.335	49.513	53.384	61.162	70.703	79.224
39	38.335	50.660	54.572	62.428	72.055	80.645
40	39.335	51.805	55.758	63.691	73.402	82.061
41	40.335	52.949	56.942	64.950	74.745	83.474
42	41.335	54.090	58.124	66.206	76.084	84.880
43	42.335	55.230	59.304	67.459	77.419	86.280
44	43.335	56.369	60.481	68.710	78.750	87.678

续表

v	累积概率					
	0.50	0.90	0.95	0.99	0.999	0.9999
45	44.335	57.505	61.656	69.957	80.077	89.070
46	45.335	58.641	62.830	71.201	81.400	90.456
47	46.335	59.774	64.001	72.443	82.721	91.842
48	47.335	60.907	65.171	73.683	84.037	93.221
49	48.335	62.038	66.339	74.919	85.351	94.597
50	49.335	63.167	67.505	76.154	86.661	95.968
55	54.335	68.796	73.311	82.292	93.168	102.776
60	59.335	74.397	79.082	88.379	99.607	109.501
65	64.335	79.973	84.821	94.422	105.988	116.160
70	69.334	85.527	90.531	100.425	112.317	122.754
75	74.334	91.061	96.217	106.393	118.599	129.294
80	79.334	96.578	101.879	112.329	124.839	135.783
85	84.334	102.079	107.522	118.236	131.041	142.226
90	89.334	107.565	113.145	124.116	137.208	148.626
95	94.334	113.038	118.752	129.973	143.344	154.989
100	99.334	118.498	124.342	135.807	149.449	161.318

附录C 习题答案

第2章

2.1 b. $\Pr\{A \cup B\} = 0.7$

c. $\Pr\{A \cap \approx B^C\} = 0.1$

d. $\Pr\{A^C \cap B^C\} = 0.3$

2.2 b. $\Pr\{A\} = 9/31$, $\Pr\{B\} = 15/31$, $\Pr\{A, B\} = 9/31$

c. $\Pr\{A|B\} = 9/15$

d. 不独立,因为 $\Pr\{A\} \neq \Pr\{A|B\}$

2.3 a. 18/22

b. 22/31

2.4 b. $\Pr\{E_1, E_2, E_3\} = 0.000125$

c. $\Pr\{E_1^C, E_2^C, E_3^C\} = 0.857$

2.5 0.20

第3章

3.1 中位数(median)=2 mm,截尾均值(trimean)=2.75 mm,平均值(mean)=12.95 mm

3.2 MAD = 0.4 hPa, IQR = 0.8 hPa, s = 0.88 hPa

3.4　$\gamma_{YK}=0.158$，$\gamma=0.877$

3.7　$\lambda=0$

3.9　$z=1.36$

3.10　$r_0=1.000$，$r_1=0.652$，$r_2=0.388$，$r_3=0.281$

3.12　皮尔逊(Pearson)相关：$\begin{bmatrix}1.000 & 0.703 & -0.830\\ 0.703 & 1.000 & -0.678\\ -0.830 & -0.678 & 1.000\end{bmatrix}$

Spearman 秩相关：$\begin{bmatrix}1.000 & 0.606 & -0.688\\ 0.606 & 1.000 & -0.632\\ -0.688 & -0.632 & 1.000\end{bmatrix}$

第 4 章

4.1　0.163

4.2　a. 0.0364

b. 0.344

4.3　a. $\mu_{drought}=0.056$，$\mu_{wet}=0.565$

b. 0.054

c. 0.432

4.4　2.8 亿美元，28.25 亿美元

4.5　a. $\mu=24.8$ ℃，$\sigma=0.98$ ℃

b. $\mu=76.6$ ℉，$\sigma=1.76$ ℉

4.6　a. 0.00939

b. 22.9 ℃

4.7　a. $\alpha=3.785$，$\beta=0.934''$

b. $\alpha=3.785$，$\beta=23.7$ mm

4.8　a. $q_{30}=2.41''=61.2$ mm；$q_{70}=4.22''=107.2$ mm

b. 0.30″，或 7.7 mm

c. ≅0.05

4.9　a. $q_{30}=2.30''=58.3$ mm；$q_{70}=4.13''=104.9$ mm

b. 0.46″，或 11.6 mm

c. ≅0.07

4.10　a. $\beta=35.1$ cm，$\zeta=59.7$ cm

b. $x=\zeta-\beta\ln[-\ln(F)]$；$\Pr\{X\leqslant 221\text{ cm}\}=0.99$

4.11　a. $\mu_{max}=31.8$ ℉，$\sigma_{max}=7.86$ ℉，$\mu_{min}=20.2$ ℉，$\sigma_{min}=8.81$ ℉，$\rho=0.810$

b. 0.728

4.13　a. $\beta=\sum x/n$

b. $-I^{-1}(\hat{\beta})=\hat{\beta}^2/n$

4.14　$x(u)=\beta[-\ln(1-u)]^{1/\alpha}$

第 5 章

5.1　a. $z=4.88$，拒绝 H_0

b. [1.10 ℃, 2.56 ℃]

5.2 653 天(伊萨卡), 6.08 天(卡南戴挂)

5.3 $z = -4.00$

a. $p = 0.000063$

b. $p = 0.000032$

5.4 $|r| \geqslant 0.366$

5.5 a. $D_n = 0.152$(在 5% 的水平不拒绝,在 10%的水平拒绝)

b. 对于分类: [<2, 2~3, 3~4, 4~5, ≥5], $\chi^2 = 0.33$(不拒绝)

c. $r = 0.971$(不拒绝)

5.6 $\Lambda = 21.86$, 拒绝($p < 0.001$)

5.7 a. $U_1 = 1$, 拒绝($p < 0.005$)

b. $z = -3.18$, 拒绝($p = 0.0007$)

5.8 ≈[1.02, 3.59]

5.9 a. 观测($s^2_{\text{E-N}}/s^2_{\text{non-E-N}}$) = 329.5;置换分布的临界值(双尾,1%)≈141, 拒绝 H_0($p < 0.01$)

b. 对于 $s^2_{\text{E-N}}/s^2_{\text{non-E-N}} \leqslant 1$,自助抽样分布的 15/10000 成员,双尾 $p = 0.003$

5.10 a. "计数"检验方法, 不支持(局地显著的需要大于等于 3);FDR, 支持

b. $p = 0.007$ 和 $p = 0.009$,根据 FDR 显著

第 6 章

6.1 a. $\alpha = 14.8$, $\beta = 7.41$

b. 贝塔分布, $\alpha' = 29.8$, $\beta' = 17.4$

c. $\Pr\{X^+ = 0\} = 0.0094$, $\Pr\{X^+ = 1\} = 0.0656$, $\Pr\{X^+ = 2\} = 0.1982$,

$\Pr\{X^+ = 3\} = 0.3248$, $\Pr\{X^+ = 4\} = 0.2895$, $\Pr\{X^+ = 5\} = 0.1125$

6.2 a. $\beta = 190.8$, $\zeta = 162.3$

b. $\beta = 155.9$, $\zeta = 180.0$

c. 1040.0, 897.2

6.3 a. $\alpha = 1.5$, $\beta = 0.1$

b. 0.157

6.4 a. $\mu'_h = 455.6$, $\sigma'_h = 33.3$

b. $\mu_+ = 455.6$, $\sigma_+ = 60.1$

6.5 a. $\mu'_h = 427.4$, $\sigma'_h = 28.6$

b. $\mu_+ = 427.4$, $\sigma_+ = 57.6$

6.6 a. 462.3

b. 400

c. 450

第 7 章

7.1 a. $a = 959.8$ ℃, $b = -0.925$ ℃/hPa

c. $z = -6.33$

d. 0.690

e. 0.876

f. 0.925

7.2 a. 3

b. 117.9

c. 0.974

d. 0.715

7.3 $\ln[\bar{y}/(1-\bar{y})]$

7.4 a. 1.74 mm

b. [0 mm, 13.1 mm]

7.5 斜率范围：−0.850 ～−1.095；MSE = 0.369

7.6 a. −59 nm

b. −66 nm

7.7 a. 65.8 ℉

b. 52.5 ℉

c. 21.7 ℉

d. 44.5 ℉

7.8 a. 0.65

b. 0.49

c. 0.72

d. 0.56

7.9 f_{MOS} = 30.8 ℉ +(0)(Th)

7.10 0.20

7.11 a. 12 mm

b. [5 mm, 32 mm], [1 mm, 55 mm]

c. 0.625

第8章

8.1 a. 0.0025 0.0013 0.0108 0.0148 0.0171 0.0138 0.0155 0.0161 0.0177 0.0176 0.0159 0.0189 0.4087 0.0658 0.1725 0.0838 0.0445 0.0228 0.0148 0.0114 0.0068 0.0044 0.0011 0.0014

b. 0.162

8.2 1644 1330

364 9064

8.3 a. 0.863

b. 0.493

c. 0.578

d. 0.691

e. 0.407

8.4 a. 0.074

b. 0.097

c. 0.761

d. 0.406

8.5 a. 0.9597 0.0127 0.0021 0.0007

0.0075 0.0043 0.0014 0.0005

0.0013 0.0013 0.0009 0.0003

0.0007 0.0006 0.0049 0.0009

b. 0.966

c. 0.369

d. 0.334

8.6 a. 5.37 ℉

b. 7.54 ℉

c. −0.03 ℉

d. 1.95%

8.7 a. 0.1215

b. 0.1699

c. 28.5%

8.8 a. 0.0415 0.0968 0.1567 0.1428 0.1152 0.0829 0.1060 0.0829 0.0783 0.0553 0.0415

b. 0.3627 0.2759 0.1635 0.0856 0.0498 0.0230 0.0204 0.0102 0.0051 0.0026 0.0013

c. H=0.958, 0.862, 0.705, 0.562, 0.447, 0.364, 0.258, 0.175, 0.097, 0.042

F=0.637, 0.361, 0.198, 0.112, 0.062, 0.039, 0.019, 0.009, 0.004, 0.001

d. $A=0.831, z=-14.9$

8.9 a. 0.298

b. 16.4%

c. 0.755

8.10 a. 30.3

b. 5.31 dam^2

c. 46.9%

d. 0.726

e. 0.714

8.11 a. 秩 1 为 5，秩 2 为 2，秩 3 为 3，秩 4 为 2，秩 5 为 2，秩 6 为 6

b. 低离散度(underdispersed)

8.12 0.352, 0.509, 0.673, 0.598, 0.504, 0.426, 0.343, 0.275, 0.195, 0.128, −0.048

第 9 章

9.1 a. $p_{01}=0.45$, $p_{11}=0.79$

b. $\chi^2=3.51$, $p\approx 0.064$

c. $\pi_1=0.682$, $n_{.1}/n=0.667$

d. $r_0=1.00$, $r_1=0.34$, $r_2=0.12$, $r_3=0.04$

e. 0.624

9.2 a. $r_0=1.00$, $r_1=0.40$, $r_2=0.16$, $r_3=0.06$, $r_4=0.03$, $r_5=0.01$

a. $r_0=1.00$, $r_1=0.41$, $r_2=-0.41$, $r_3=-0.58$, $r_4=-0.12$, $r_5=0.32$

9.3 a. AR(1)：$\phi = 0.80$；$s_\varepsilon^2 = 36.0$

AR(2)：$\phi_1 = 0.89$，$\phi_2 = -0.11$；$s_\varepsilon^2 = 35.5$

AR(3)：$\phi_1 = 0.91$，$\phi_2 = -0.25$，$\phi_3 = 0.16$；$s_\varepsilon^2 = 34.7$

b. AR(1)：BIC = 369.6

c. AR(1)：AIC = 364.4

9.4 $x_1 = 71.5$，$x_2 = 66.3$，$x_3 = 62.1$

9.5 a. 28.6

b. 19.8

c. 4.5

9.6 a. $C_1 = 16.92$ ℉，$\phi_1 = 199°$；$C_2 = 4.16$ ℉，$\phi_2 = 256°$

9.7 a. 82.0 ℉

b. 74.8 ℉

9.8 b. 0.990

9.9 56

9.10 a. 例如，$f_A = 1 - 0.0508\ \text{mon}^{-1} = 0.9492\ \text{mon}^{-1}$

b. ≈每月两次(twice monthly)

9.12 a. [0.11，16.3]

b. $C_{11}{}^2 < 0.921$，不拒绝

第10章

10.1 $\begin{bmatrix} 216.0 & -4.32 \\ 135.1 & 7.04 \end{bmatrix}$

10.2 $([X]^T y)^T = [627,\ 11475]$，$[X^T X]^{-1} = \begin{bmatrix} 0.06263 & -0.002336 \\ -0.00236 & 0.0001797 \end{bmatrix}$

$b^T = [12.46,\ 0.60]$

10.3 90°

10.6 a. $\begin{bmatrix} 59.5 & 58.1 \\ 58.1 & 61.8 \end{bmatrix}$

b. $\begin{bmatrix} 0.205 & -0.193 \\ -0.193 & 0.197 \end{bmatrix}$

c. $\begin{bmatrix} 0.205 & -0.193 \\ -0.193 & 0.197 \end{bmatrix}$

d. $\begin{bmatrix} 6.16 & 4.64 \\ 4.64 & 6.35 \end{bmatrix}$

e. 1.765

10.7 a. $\begin{bmatrix} 59.52 & 75.43 & 58.07 & 51.70 \\ 75.43 & 185.47 & 81.63 & 110.80 \\ 58.07 & 81.63 & 61.85 & 56.12 \\ 51.70 & 110.80 & 56.12 & 77.58 \end{bmatrix}$

b. $\boldsymbol{\mu}_y^T = [21.4,\ 26.0]$

$$[S_y] = \begin{bmatrix} 98.96 & 75.55 \\ 75.55 & 62.92 \end{bmatrix}$$

第 11 章

11.2 a. $\boldsymbol{\mu} = [29.87, 13.00]^T$，$[S] = \begin{bmatrix} 4.96 & 0.15 \\ 0.15 & 27.12 \end{bmatrix}$

b. $N_2(\boldsymbol{\mu}[\Sigma])$；$\boldsymbol{\mu} = [-1.90, 5.33]^T$　　$[\Sigma] = \begin{bmatrix} 5.23 & 7.01 \\ 7.01 & 50.24 \end{bmatrix}$

11.3 $r = 0.974 > r_{crit}(10\%) = 0.970$；不拒绝

11.4 a. $T^2 = 68.5 \gg 18.421 = \chi_2^2(0.9999)$；拒绝

b. $\boldsymbol{a} \propto [-0.6217, 0.1929]^T$

11.5 a. $T^2 = 7.80$，在 5%的水平拒绝

b. $\boldsymbol{a} \propto [-0.0120, 0.0429]^T$

第 12 章

12.1 a. 3.78，4.51

b. 118.8

c. 0.979

12.2 a. 相关矩阵：$\sum \lambda_k = 3$

b. 1，1，1

c. $\boldsymbol{x}_1{}^T \approx [26.2, 42.6, 1009.6]$

12.3 a. [1.51，6.80]，[0.22，0.98]，[0.10，0.46]

b. λ_2 和 λ_3 可能混在一起

12.4 a. $\begin{bmatrix} 0.593 & 0.332 & 0.734 \\ 0.552 & -0.831 & -0.069 \\ -0.587 & -0.446 & 0.676 \end{bmatrix}$

b. $\begin{bmatrix} 0.377 & 0.556 & 1.785 \\ 0.351 & -1.39 & -0.168 \\ -0.373 & -0.747 & 1.644 \end{bmatrix}$

12.5 9.18，14.34，10.67

第 13 章

13.1 1 月 6 日(6 Jan)：$v_1 = 0.038$，$w_1 = 0.433$；1 月 7 日(7 Jan)：$v_1 = 0.868$，$w_1 = 1.35$

13.2 39.0 °F，23.6 °F

13.3 a. $\begin{bmatrix} 1.883 & 0 & 1.838 & -0.212 \\ 0 & 0.927 & 0.197 & 0.791 \\ 1.838 & 0.197 & 1.904 & 0 \\ -0.212 & 0.791 & 0 & 0.925 \end{bmatrix}$

b. $\boldsymbol{a}_1 = [0.728, 0.032]^T$，$\boldsymbol{b}_1 = [0.718, -0.142]^T$，$r_{C1} = 0.984$

$\boldsymbol{a}_2 = [-0.023, 1.038]^T$，$\boldsymbol{b}_2 = [0.099, 1.030]^T$，$r_{C2} = 0.867$

第 14 章

14.1 b. $R_1: -1 \leqslant x \leqslant 0.25$

$R_2: 0.25 < x \leqslant 1.5$

c. $R_1: -1 \leqslant x \leqslant -0.33$

$R_2: -0.33 < x \leqslant 1.5$

14.2 a. $\boldsymbol{a}_1^T = [0.83, -0.56]$

b. 1953

c. 1953

14.3 a. $\delta_1 = 38.65$, $\delta_2 = -14.99$;第 3 组

b. 5.2×10^{-12}, 2.8×10^{-9}, 0.99999997

14.4 a. 0.006

b. 0.059

c. 0.934

第 15 章

15.1
$$\begin{bmatrix} 0 & & & & & \\ 3.59 & 0 & & & & \\ 2.29 & 1.59 & 0 & & & \\ 3.12 & 0.82 & 0.89 & 0 & & \\ 0.71 & 4.27 & 2.89 & 3.75 & 0 & \\ 1.64 & 2.24 & 0.71 & 1.59 & 2.20 & 0 \end{bmatrix}$$

15.2 a. 1967+1970, $d = 0.72$;1965+1969, $d = 0.73$;1966+1968, $d = 0.82$;(1967+1970)+(1966+1968), $d = 1.61$;all[①], $d = 1.64$.

b. 1967+1970, $d = 0.72$;1965+1969, $d = 0.73$;1966+1968, $d = 0.82$;(1967+1970)+(1966+1968), $d = 2.28$;all, $d = 4.33$.

c. 1967+1970, $d = 0.72$;1965+1969, $d = 0.73$;1966+1968, $d = 0.82$;(1967+1970)+(1966+1968), $d = 1.60$;all, $d = 3.00$.

15.3 a. 1967+1970, $d = 0.50$;1965+1969, $d = 0.60$;1966+1968, $d = 0.70$;(1967+1970)+(1965+1969), $d = 1.25$;all, $d = 1.925$.

b. 1967+1970, $d = 0.125$;1965+1969, $d = 0.180$;1966+1968, $d = 0.245$;(1967+1970)+(1965+1969), $d = 1.868$;all, $d = 7.053$.

15.4 {1966, 1967}, {1965, 1968, 1969, 1970};{1966, 1967, 1968}, {1965, 1969, 1970};{1966, 1967, 1968, 1970}, {1965, 1969}.

① all 代表 1965—1970 年这全部 6 年

参 考 文 献

Abramowitz, M., and I. A. Stegun, 1984. Pocketbook of Mathematical Functions. Frankfurt, Verlag Harri Deutsch, 468 pp.

Accadia, C., S. Mariani, M. Casaioli, A. Lavagnini, 2003. Sensitivity of precipitation forecast skill scores to bilinear interpolation and a simple nearest-neighbor average method on high－resolution verification grids. Weather and Forecasting, **18**, 918-932.

Agresti, A., 1996. An Introduction to Categorical Data Analysis. Wiley, 290pp.

Agresti, A., and B. A. Coull, 1998. Approximate is better than "exact" for interval estimation of binomial proportions. American Statistician, **52**, 119-126.

Ahijevych, D., E. Gilleland, B. G. Brown, E. E. Ebert, 2009. Application of spatial verification methods to idealized and NWPgridded precipitation forecasts. Weather and Forecasting, **24**, 1485-1497.

Akaike, H., 1974. A new look at the statistical model identification. IEEE Transactions on Automatic Control, **19**, 716-723.

Allen, M., D. Frame, J. Kettleborough, D. Stainforth, 2006. Model error in weather and climate forecasting. In: T. Palmer and R. Hagedorn, eds., Predictability of Weather and Climate. Cambridge University Press, 391-427.

Allen, M. R., and A. W. Robertson, 1996. Distinguishing modulated oscillations from coloured noise in multivariate datasets. Climate Dynamics, **12**, 775-784.

Allen, M. R., and L. A. Smith, 1996. Monte Carlo SSA: Detecting irregular oscillations in the presence of colored noise. Journal of Climate, **9**, 3373-3404.

Anderson, J. L., 1996. A method for producing and evaluating probabilistic forecasts from ensemble model integrations. Journal of Climate, **9**, 1518-1530.

Anderson, J. L., 1997. The impact of dynamical constraints on the selection of initial conditions for ensemble predictions: low-order perfect model results. Monthly Weather Review, **125**, 2969-2983.

Anderson, J., H. van den Dool, A. Barnston, W. Chen, W. Stern, J. Ploshay, 1999. Present-day capabilities of numerical and statistical models for atmospheric extratropical seasonal simulation and prediction. Bulletin of the American Meteorological Society, 80, 1349-1361.

Andrews, D. F., P. J. Bickel, F. R. Hampel, P. J. Huber, W. N. Rogers, J. W. Tukey, 1972. Robust Estimates of Location-Survey and Advances. Princeton University Press.

Andrews, D. F., R. Gnanadesikan, J. L. Warner, 1971. Transformations of multivariate data. Biometrics, **27**, 825-840.

Anscombe, F. J., 1973. Graphs in statistical analysis. American Statistician, **27**, 17-21.

Applequist, S., G. E. Gahrs, R. L. Pfeffer, 2002. Comparison of methodologies for probabilistic quantitative precipitation forecasting. Weather and Forecasting, **17**, 783-799.

Araneo, D. C., and R. H. Compagnucci, 2004. Removal of systematic biases in S-mode principal components arising from unequal grid spacing. Journal of Climate, **17**, 394-400.

Arkin, P. A., 1989. The global climate for December 1988-February 1989: Cold episode in the tropical pacific continues. Journal of Climate, **2**, 737-757.

Atger, F. , 1999. The skill of ensemble prediction systems. Monthly Weather Review, **127**, 1941-1953.

Azcarraga, R. , and A. J. Ballester G, 1991. Statistical system for forecasting in Spain. In: H. R. Glahn, A. H. Murphy, L. J. Wilson and J. S. Jensenius, Jr. , eds. , Programme on Short- and Medium-Range Weather Prediction Research. World Meteorological Organization WM/TD No. 421, XX23-25.

Baker, D. G. , 1981. Verification of fixed-width, credible interval temperature forecasts. Bulletin of the American Meteorological Society, **62**, 616-619.

Baker, S. G. , and B. S. Kramer, 2007. Peirce, Youden, and receiver operating characteristic curves. American Statistician, **61**, 343-346.

Baldwin, M. P. , D. B. Stephenson, I. T. Jolliffe, 2009. Spatial weighting and iterative projection methods for EOFs. Journal of Climate, **22**, 234-243.

Banfield, J. D. , and A. E. Raftery, 1993. Model-based Gaussian and non-Gaussian clustering. Biometrics, **49**, 803-821.

Barnes, L. R. , D. M. Schultz, E. C. Gruntfest, M. H. Hayden, C. C. Benight, 2009. False alarm rate or false alarm ratio? Weather and Forecasting, **24**, 1452-1454.

Barnett, T. P. , and R. W. Preisendorfer, 1987. Origins and levels of monthly and seasonal forecast skill for United States surface air temperatures determined by canonical correlation analysis. Monthly Weather Review, **115**, 1825-1850.

Barnston, A. G. , 1994. Linear statistical short-term climate predictive skill in the Northern hemisphere. Journal of Climate, **7**, 1513-1564.

Barnston, A. G. , M. H. Glantz, Y. He, 1999. Predictive skill of statistical and dynamical climate models in SST forecasts during the 1997—1998 El Niño episode and the 1998 La Niña onset. Bulletin of the American Meteorological Society, **80**, 217-243.

Barnston, A. G. , S. J. Mason, L. Goddard, D. G. DeWitt, S. E. Zebiak, 2003. Multimodel in seasonal climate forecasting at IRI. Bulletin of the American Meteorological Society, **84**, 1783-1796.

Barnston, A. G. , and C. F. Ropelewski, 1992. Prediction of ENSO episodes using canonical correlation analysis. Journal of Climate, **5**, 1316-1345.

Barnston, A. G. , and H. M. van den Dool, 1993. A degeneracy in cross-validated skill in regression-based forecasts. Journal of Climate, **6**, 963-977.

Baughman, R. G. , D. M. Fuquay, P. W. Mielke, Jr. , 1976. Statistical analysis of a randomized lightning modification experiment. Journal of Applied Meteorology, **15**, 790-794.

Benedetti, R. , 2010. Scoring rules for forecast verification. Monthly Weather Review, **138**, 203-211.

Benjamini, Y. , and Y. Hochberg, 1995. Controlling the false discovery rate: A practical and powerful approach to multiple testing. Journal of the Royal Statistical Society, B57, 289-300.

Beran, R. , and M. S. Srivastava, 1985. Bootstrap tests and confidence regions for functions of a covariance matrix. Annals of Statistics, **13**, 95-115.

Berner, J. , F. J. Doblas-Reyes, T. N. Palmer, G. J. Shutts, A. Weisheimer, 2010. Impact of a quasi-stochastic cellular automaton backscatter scheme on the systematic error and seasonal prediction skill of a global climate model. In: T. Palmer and P. Williams, eds. , Stochastic Physics and Climate Modeling. Cambridge University Press, 375-395.

Beyth-Marom, R. , 1982. How probable is probable? A numerical translation of verbal probability expressions. Journal of Forecasting, **1**, 257-269.

Bishop, C. H. , and K. T. Shanley, 2008. Bayesian model averaging's problematic treatment of extreme weather and a paradigm shift that fixes it. Monthly Weather Review, **136**, 4641-4652.

Bjerknes, J. , 1969. Atmospheric teleconnections from the equatorial Pacific. Monthly Weather Review, **97**, 163-172.

Blackmon, M. L. , 1976. A climatological spectral study of the 500 mb geopotential height of the Northern Hemisphere. Journal of the Atmospheric Sciences, **33**, 1607-1623.

Bloomfield, P. , and D. Nychka, 1992. Climate spectra and detecting climate change. Climatic Change, **21**, 275-287.

Boswell, M. T. , S. D. Gore, G. P. Patil, C. Taillie, 1993. The art of computer generation of random variables. In: C. R. Rao(Ed.), Handbook of Statistics, Vol. 9, Elsevier, 661-721.

Bowler, N. E. , 2006a. Comparison of error breeding, singular vectors, random perturbations, and ensemble Kalman filter perturbation strategies on a simple model. Tellus, 58A, 538-548.

Bowler, N. E. , 2006b. Explicitly accounting for observation error in categorical verification of forecasts. Monthly Weather Review, **134**, 1600-1606.

Bowler, N. E. , A. Arribas, K. R. Mylne, K. B. Robertson, S. E. Beare, 2008. The MOGREPS short-range ensemble prediction system. Quarterly Journal of the Royal Meteorological Society, **134**, 703-722.

Box, G. E. P. , and D. R. Cox, 1964. An analysis of transformations. Journal of the Royal Statistical Society, B26, 211-243.

Box, G. E. P. , and G. M. Jenkins, 1976. Time Series Analysis: Forecasting and Control. Holden-Day, 575pp.

Bradley, A. A. , T. Hashino, S. S. Schwartz, 2003. Distributions-oriented verification of probability forecasts for small data samples. Weather and Forecasting, **18**, 903-917.

Bradley, A. A. , S. S. Schwartz, T. Hashino, 2008. Sampling uncertainty and confidence intervals for the Brier score and Brier Skill score. Weather and Forecasting, **23**, 992-1006.

Bras, R. L. , and I. Rodriguez-Iturbe, 1985. Random Functions and Hydrology. Addison-Wesley, 559pp.

Bratley, P. , B. L. Fox, L. E. Schrage, 1987. A Guide to Simulation. Springer, 397pp.

Bremnes, J. B. , 2004. Probabilistic forecasts of precipitation in terms of quantiles using NWP model output. Monthly Weather Review, **132**, 338-347.

Bretherton, C. S. , C. Smith, J. M. Wallace, 1992. An intercomparison of methods for finding coupled patterns in climate data. Journal of Climate, **5**, 541-560.

Bretherton, C. S. , M. Widmann, V. P. Dymnikov, J. M. Wallace, I. Blade′, 1999. The effective number of spatial degrees of freedom of a time-varying field. Journal of Climate, **12**, 1990-2009.

Brier, G. W. , 1950. Verification of forecasts expressed in terms of probabilities. Monthly Weather Review, **78**, 1-3.

Brier, G. W. , and R. A. Allen, 1951. Verification of weather forecasts. In: T. F. Malone(Ed.),Compendium of Meteorology. American Meteorological Society, 841-848.

Briggs, W. M. , and R. A. Levine, 1997. Wavelets and field forecast verification. Monthly Weather Review, **125**, 1329-1341.

Brill, K. F. , 2009. A general analytic method for assessing sensitivity to bias of performance measures for dichotomous forecasts. Weather and Forecasting, **24**, 307-318.

Brocker, J. , 2008. Some remarks on the reliability of categorical probability forecasts. Monthly Weather Review, **136**, 4488-4502.

Brocker, J. , and L. A. Smith, 2007a. Scoring probabilistic forecasts: the importance of being proper. Weather and Forecasting, **22**, 382-388.

Brocker, J. , and L. A. Smith, 2007b. Increasing the reliability of reliability diagrams. Weather and Forecasting, **22**, 651-661.

Brocker, J., and L. A. Smith, 2008. From ensemble forecasts to predictive distribution functions. Tellus, 60A, 663-678.

Brooks, C. E. P., and N. Carruthers, 1953. Handbook of Statistical Methods in Meteorology. London, Her Majesty's Stationery Office, 412 pp.

Brooks, H. E., C. A. Doswell, III, M. P. Kay, 2003. Climatological estimates of local daily tornado probability for the United States. Weather and Forecasting, **18**, 626-640.

Broomhead, D. S., and G. King, 1986. Extracting qualitative dynamics from experimental data. Physica D, **20**, 217-236.

Brown, B. G., and R. W. Katz, 1991. Use of statistical methods in the search for teleconnections: past, present, and future. In: M. Glantz, R. W. Katz and N. Nicholls, eds., Teleconnections Linking Worldwide Climate Anomalies. Cambridge University Press.

Brunet, N., R. Verret, N. Yacowar, 1988. An objective comparison of model output statistics and "perfect prog" systems in producing numerical weather element forecasts. Weather and Forecasting, **3**, 273-283.

Buell, C. E., 1979. On the physical interpretation of empirical orthogonal functions. Preprints, 6th Conference on Probability and Statistics in the Atmospheric Sciences, American Meteorological Society, 112-117.

Buishand, T. A., M. V. Shabalova, T. Brandsma, 2004. On the choice of the temporal aggregation level for statistical downscaling of precipitation. Journal of Climate, **17**, 1816-1827.

Buizza, R., 1997. Potential forecast skill of ensemble prediction and ensemble spread and skill distributions of the ECMWF Ensemble Prediction System. Monthly Weather Review, **125**, 99-119.

Buizza, R., A. Hollingsworth, F. Lalaurette, A. Ghelli, 1999a. Probabilistic predictions of precipitation using the ECMWF ensemble prediction system. Weather and Forecasting, **14**, 168-189.

Buizza, R., P. L. Houtekamer, Z. Toth, G. Pellerin, M. Wei, Y. Zhu, 2005. A comparison of the ECMWF, MSC, and NCEP global ensemble prediction systems. Monthly Weather Review, **133**, 1076-1097.

Buizza, R., M. Miller, T. N. Palmer, 1999b. Stochastic representation of model uncertainties in the ECMWF Ensemble Prediction System. Quarterly Journal of the Royal Meteorological Society, **125**, 2887-2908.

Burman, P., E. Chow, D. Nolan, 1994. A cross-validatory method for dependent data. Biometrika, **81**, 351-358.

Candille, G., and O. Talagrand, 2008. Impact of observational error on the validation of ensemble prediction systems. Quarterly Journal of the Royal Meteorological Society, **134**, 959-971.

Carter, G. M., J. P. Dallavalle, H. R. Glahn, 1989. Statistical forecasts based on the National Meteorological Center's numerical weather prediction system. Weather and Forecasting, **4**, 401-412.

Casati, B., 2010. New developments of the intensity-scale technique within the spatial verification methods intercomparison project. Weather and Forecasting, **25**, 113-143.

Casati, B., L. J. Wilson, D. B. Stephenson, P. Nurmi, A. Ghelli, M. Pocernich, U. Damrath, E. E. Ebert, B. G. Brown, S. Mason, 2008. Forecast verification: current status and future directions. Meteorological Applications, **15**, 3-18.

Casella, G., and E. I. George, 1992. Explaining the Gibbs sampler. American Statistician, **46**, 167-174.

Chen, W. Y., 1982a. Assessment of southern oscillation sea-level pressure indices. Monthly Weather Review, **110**, 800-807.

Chen, W. Y., 1982b. Fluctuations in Northern hemisphere 700 mb height field associated with the southern oscillation. Monthly Weather Review, **110**, 808-823.

Cheng, W. Y. Y., and W. J. Steenburgh, 2007. Strengths and weaknesses of MOS, running-mean bias removal, and Kalman filter techniques for improving model forecasts over the western United States. Weather and Forecasting, **22**, 1304-1318.

Cheng, X., G. Nitsche, J. M. Wallace, 1995. Robustness of low-frequency circulation patterns derived from EOF and rotated EOF analyses. Journal of Climate, **8**, 1709-1713.

Cheng, X., and J. M. Wallace, 1993. Cluster analysis of the Northern Hemisphere wintertime 500-hPa height field: spatial patterns. Journal of the Atmospheric Sciences, **50**, 2674-2696.

Cherry, S., 1996. Singular value decomposition and canonical correlation analysis. Journal of Climate, **9**, 2003-2009.

Cherry, S., 1997. Some comments on singular value decomposition. Journal of Climate, **10**, 1759-1761.

Cheung, K. K. W., 2001. A review of ensemble forecasting techniques with a focus on tropical cyclone forecasting. Meteorological Applications, **8**, 315-332.

Chowdhury, J. U., J. R. Stedinger, L.-H. Lu, 1991. Goodness-of-fit tests for regional GEV flood distributions. Water Resources Research, **27**, 1765-1776.

Chu, P.-S., and R. W. Katz, 1989. Spectral estimation from time series models with relevance to the southern oscillation. Journal of Climate, **2**, 86-90.

Ciach, G. J., and W. F. Krajewski, 1999. On the estimation of radar rainfall error variance. Advances in Water Resources, **22**, 585-595.

Clayton, H. H., 1927. A method of verifying weather forecasts. Bulletin of the American Meteorological Society, **8**, 144-146.

Clayton, H. H., 1934. Rating weather forecasts. Bulletin of the American Meteorological Society, **15**, 279-283.

Clemen, R. T., 1996. Making Hard Decisions: an Introduction to Decision Analysis. Duxbury, 664pp.

Coles, S., 2001. An Introduction to Statistical Modeling of Extreme Values. Springer, 208pp.

Coles, S., J. Heffernan, J. Tawn, 1999. Dependence measures for extreme value analyses. Extremes, **2**, 339-365.

Coles, S., and L. Pericchi, 2003. Anticipating catastrophes through extreme value modelling. Applied Statistics, **52**, 405-416.

Compagnucci, R. H., and M. B. Richman, 2008. Can principal component analysis provide atmospheric circulation or teleconnection patterns? International Journal of Climatology, **28**, 703-726.

Conover, W. J., 1999. Practical Nonparametric Statistics. Wiley, 584pp.

Conover, W. J., and R. L. Iman, 1981. Rank transformations as a bridge between parametric and nonparametric statistics. American Statistician, **35**, 124-129.

Conte, M., C. DeSimone, C. Finizio, 1980. Post-processing of numerical models: forecasting the maximum temperature at Milano Linate. Rev. Meteor. Aeronautica, **40**, 247-265.

Cooke, W. E., 1906a. Forecasts and verifications in western Australia. Monthly Weather Review, **34**, 23-24.

Cooke, W. E., 1906b. Weighting forecasts. Monthly Weather Review, **34**, 274-275.

Cooley, D., 2009. Extreme value analysis and the study of climate change. Climatic Change, **97**, 77-83.

Crochet, P., 2004. Adaptive Kalman filtering of 2-metre temperature and 10-metre wind-speed forecasts in Iceland. Meteorological Applications, **11**, 173-187.

Crutcher, H. L., 1975. A note on the possible misuse of the Kolmogorov-Smirnov test. Journal of Applied Meteorology, **14**, 1600-1603.

Cunnane, C., 1978. Unbiased plotting positions-a review. Journal of Hydrology, **37**, 205-222.

Daan, H., 1985. Sensitivity of verification scores to the classification of the predictand. Monthly Weather Review, **113**, 1384-1392.

D'Agostino, R. B. , 1986. Tests for the normal distribution. In: D'Agostino, R. B. , and M. A. Stephens, eds. ,Goodness-of-fit Techniques. Marcel Dekker, 367-419.

D'Agostino, R. B. , and M. A. Stephens, 1986. Goodness-of-Fit Techniques. Marcel Dekker, 560pp.

Dagpunar, J. , 1988. Principles of Random Variate Generation. Oxford, 228pp.

Daniel, W. W. , 1990. Applied Nonparametric Statistics. Kent, 635pp.

Davis, C. A. , B. G. Brown, R. Bullock, J. Halley-Gotway, 2009. The method for object-based diagnostic evaluation(MODE)applied to numerical forecasts from the 2005 NSSL/SPC spring program. Weather and Forecasting, **24**, 1252-1267.

Davis, R. E. , 1976. Predictability of sea level pressure anomalies over the north Pacific Ocean. Journal of Physical Oceanography,**6**, 249-266.

de Elia, R. , and R. Laprise, 2005. Diversity in interpretations of probability: implications for weather forecasting. Monthly Weather Review, **133**, 1129-1143.

de Elia, R. , R. Laprise, B. Denis, 2002. Forecasting skill limits of nested, limited-area models: A perfect-model approach. Monthly Weather Review, **130**, 2006-2023.

DeGaetano, A. T. , and M. D. Shulman, 1990. A climatic classification of plant hardiness in the United States and Canada. Agricultural and Forest Meteorology, **51**, 333-351.

DelSole, T. , and J. Shukla, 2009. Artificial skill due to predictor selection. Journal of Climate, **22**, 331-345.

Dempster, A. P. , N. M. Laird, D. B. Rubin, 1977. Maximum likelihood from incomplete data via the EM algorithm. Journal of the Royal Statistical Society, B39, 1-38.

Denis, B. , J. Côte′, R. Laprise, 2002. Spectral decomposition of two-dimensional atmospheric fields on limited-area domains using the discrete cosine transform(DCT). Monthly Weather Review, **130**, 1812-1829.

De′que′, M. , 2003. Continuous variables. In: I. T. Jolliffe and D. B. Stephenson, eds. ,Forecast Verification. Wiley, 97-119.

Descamps, L. , and O. Talagrand, 2007. On some aspects of the definition of initial conditions for ensemble prediction. Monthly Weather Review, **135**, 3260-3272.

Devroye, L. , 1986. Non-Uniform Random Variate Generation. Springer, 843pp.

Dixon, W. J. , and F. J. Massey, Jr. , 1983. Introduction to Statistical Analysis, 4th Ed. McGraw-Hill, 678 pp.

Doolittle, M. H. , 1888. Association ratios. Bulletin of the Philosophical Society, Washington, **7**, 122-127.

Doswell, C. A. , 2004. Weather forecasting by humans-heuristics and decision making. Weather and Forecasting, 19, 1115-1126.

Doswell, C. A. , R. Davies-Jones, D. L. Keller, 1990. On summary measures of skill in rare event forecasting based on contingency tables. Weather and Forecasting, **5**, 576-585.

Downton, M. W. , and R. W. Katz, 1993. A test for inhomogeneous variance in time-averaged temperature data. Journal of Climate, **6**, 2448-2464.

Draper, N. R. , and H. Smith, 1998. Applied Regression Analysis. Wiley, 706pp.

Drosdowsky, W. , and L. E. Chambers, 2001. Near-global sea surface temperature anomalies as predictors of Australian seasonal rainfall. Journal of Climate, **14**, 1677-1687.

Drosdowsky, W. , and H. Zhang, 2003. Verification of spatial fields. In: I. T. Jolliffe and D. B. Stephenson, eds. ,Forecast Verification. Wiley, 121-136.

Durbin, J. , and G. S. Watson, 1971. Testing for serial correlation in least squares regression. III. Biometrika, **58**, 1-19.

Eady, E., 1951. The quantitative theory of cyclone development. In: T. Malone(Ed.), Compendium of Meteorology. American Meteorological Society, 464-469.

Ebert, E. E., 2008. Fuzzy verification of high-resolution gridded forecasts: a review and proposed framework. Meteorological Applications, **15**, 51-64.

Ebert, E. E., and W. A. Gallus, Jr., 2009. Toward better understanding of the contiguous rain area(CRA) method for spatial forecast verification. Weather and Forecasting, **24**, 1401-1415.

Ebert, E. E., and J. L. McBride, 2000. Verification of precipitation in weather systems: determination of systematic errors. Journal of Hydrology, **239**, 179-202.

Ebisuzaki, W., 1997. A method to estimate the statistical significance of a correlation when the data are serially correlated. Journal of Climate, **10**, 2147-2153.

Efron, B., 1979. Bootstrap methods: another look at the jackknife. Annals of Statistics, 7, 1-26.

Efron, B., 1982. The Jackknife, the Bootstrap and Other Resampling Plans. Society for Industrial and Applied Mathematics, 92pp.

Efron, B., 1987. Better bootstrap confidence intervals. Journal of the American Statistical Association, **82**, 171-185.

Efron, B., and G. Gong, 1983. A leisurely look at the bootstrap, the jackknife, and cross-validation. The American Statistician, **37**, 36-48.

Efron, B., and R. J. Tibshirani, 1993. An Introduction to the Bootstrap. Chapman and Hall, 436pp.

Ehrendorfer, M., 1994. The Liouville equation and its potential usefulness for the prediction of forecast skill. Part I: Theory. Monthly Weather Review, **122**, 703-713.

Ehrendorfer, M., 1997. Predicting the uncertainty of numerical weather forecasts: a review. Meteorol. Zeitschrift, **6**, 147-183.

Ehrendorfer, M., 2006. The Liouville equation and atmospheric predictability. In: T. Palmer and R. Hagedorn, eds., Predictability of Weather and Climate. Cambridge University Press, 59-98.

Ehrendorfer, M., and A. H. Murphy, 1988. Comparative evaluation of weather forecasting systems: sufficiency, quality, and accuracy. Monthly Weather Review, **116**, 1757-1770.

Ehrendorfer, M., and J. J. Tribbia, 1997. Optimal prediction of forecast error covariances through singular vectors. Journal of the Atmospheric Sciences, **54**, 286-313.

Elmore, K. L., 2005. Alternatives to the chi-square test for evaluating rank histograms from ensemble forecasts. Weather and Forecasting, **20**, 789-795.

Elsner, J. B., 2003. Tracking hurricanes. Bulletin of the American Meteorological Society, **84**, 353-356.

Elsner, J. B., and B. H. Bossak, 2001. Bayesian analysis of U. S. hurricane climate. Journal of Climate, **14**, 4341-4350.

Elsner, J. B., B. H. Bossak, X.-F. Niu, 2001. Secular changes to the ENSO-U. S. hurricane relationship. Geophysical Research Letters, **28**, 4123-4126.

Elsner, J. B., and T. H. Jagger, 2004. A hierarchical Bayesian approach to seasonal hurricane modeling. Journal of Climate, **17**, 2813-2827.

Elsner, J. B., and C. P. Schmertmann, 1993. Improving extended-range seasonal predictions of intense Atlantic hurricane activity. Weather and Forecasting, **8**, 345-351.

Elsner, J. B., and C. P. Schmertmann, 1994. Assessing forecast skill through cross validation. Journal of Climate, **9**, 619-624.

Elsner, J. B., and A. A. Tsonis, 1996. Singular Spectrum Analysis. A New Tool in Time Series Analysis, Plenum, 164 pp.

Epstein，E. S.，1969a. The role of initial uncertainties in prediction. Journal of Applied Meteorology，**8**，190-198.

Epstein，E. S.，1969b. A scoring system for probability forecasts of ranked categories. Journal of Applied Meteorology，**8**，985-987.

Epstein，E. S.，1969c. Stochastic dynamic prediction. Tellus，**21**，739-759.

Epstein，E. S.，1985. Statistical Inference and Prediction in Climatology：A Bayesian Approach. Meteorological Monograph，20(42)，American Meteorological Society，199 pp.

Epstein，E. S.，1991. On obtaining daily climatological values from monthly means. Journal of Climate，**4**，365-368.

Epstein，E. S.，and A. G. Barnston，1988. A Precipitation Climatology of Five-Day Periods. NOAA Tech. Report NWS 41，Climate Analysis Center，National Weather Service，Camp Springs MD，162pp.

Epstein，E. S.，and R. J. Fleming，1971. Depicting stochastic dynamic forecasts. Journal of the Atmospheric Sciences，**28**，500-511.

Erickson，M. C.，J. B. Bower，V. J. Dagostaro，J. P. Dallavalle，E. Jacks，J. S. Jensenius，Jr.，J. C. Su，1991. Evaluating the impact of RAFS changes on the NGM-based MOS guidance. Weather and Forecasting，**6**，142-147.

Evensen，G.，2003. The ensemble Kalman filter：theoretical formulation and practical implementation. Ocean Dyamics，**53**，343-367.

Everitt，B. S.，and D. J. Hand，1981. Finite Mixture Distributions. Chapman and Hall，143pp.

Faes，C.，G. Molenberghs，M. Aerts，G. Verbeke，M. G. Kenward，2009. The effective sample size and an alternative small-sample degrees-of-freedom method. American Statistician，**63**，389-399.

Feddersen，H.，A. Navarra，M. N. Ward，1999. Reduction of model systematic error by statistical correction for dynamical seasonal predictions. Journal of Climate，**12**，1974-1989.

Feller，W.，1970. An Introduction to Probability Theory and Its Applications. Wiley，509pp.

Ferro，C. A. T.，D. S. Richardson，A. P. Weigel，2008. On the effect of ensemble size on the discrete and continuous ranked probability scores. Meteorological Applications，**15**，19-24.

Filliben，J. J.，1975. The probability plot correlation coefficient test for normality. Technometrics，**17**，111-117.

Finley，J. P.，1884. Tornado prediction. American Meteorological Journal，**1**，85-88.

Fisher，M.，2006. "Wavelet"Jb-A new way to model the statistics of background errors. ECMWF Newsletter，**106**，23-28.

Flueck，J. A.，1987. A study of some measures of forecast verification. Preprints，Tenth Conference on Probability and Statistics in Atmospheric Sciences，American Meteorological Society，69-73.

Folland，C.，and C. Anderson，2002. Estimating changing extremes using empirical ranking methods. Journal of Climate，**15**，2954-2960.

Fortin，V.，A.-C. Favre，Meriem Said，2006. Probabilistic forecasting from ensemble prediction systems：improving upon the best-member method by using a different weight and dressing kernel for each member. Quarterly Journal of the Royal Meteorological Society，**132**，1349-1369.

Foufoula-Georgiou，E.，and D. P. Lettenmaier，1987. A Markov renewal model for rainfall occurrences. Water Resources Research，**23**，875-884.

Fovell，R. G.，and M.-Y. Fovell，1993. Climate zones of the conterminous United States defined using cluster analysis. Journal of Climate，**6**，2103-2135.

Fraley，C.，A. E. Raftery，T. Gneiting，2010. Calibrating multimodel forecast ensembles with exchangeable and missing members using Bayesian model averaging. Monthly Weather Review, **138**, 190-202.

Francis, P. E. , A. P. Day, G. P. Davis, 1982. Automated temperature forecasting, an application of Model Output Statistics to the Meteorological Office numerical weather prediction model. Meteorological Magazine, **111**, 73-87.

Friederichs, P. , and A. Hense, 2003. Statistical inference in canonical correlation analyses exemplified by the influence of North Atlantic SST on European climate. Journal of Climate, **16**, 522-534.

Friedman, R. M. , 1989. Appropriating the Weather: Vilhelm Bjerknes and the Construction of a Modern Meteorology. Cornell University Press, 251pp.

Fuller, W. A. , 1996. Introduction to Statistical Time Series. Wiley, 698pp.

Gabriel, R. K. , 1971. The biplot-graphic display of matrices with application to principal component analysis. Biometrika, **58**, 453-467.

Galanis, G. , and M. Anadranistakis, 2002. A one-dimensional Kalman filter for the correction of near surface temperature forecasts. Meteorological Applications, **9**, 437-441.

Galliani, G. , and F. Filippini, 1985. Climatic clusters in a small area. Journal of Climatology, **5**, 487-501.

Gandin, L. S. , and A. H. Murphy, 1992. Equitable skill scores for categorical forecasts. Monthly Weather Review, **120**, 361-370.

Garcia-Morales, M. B. , and L. Dubus, 2007. Forecasting precipitation for hydroelectric power management: how to exploit GCM's seasonal ensemble forecasts. International Journal of Climatology, **27**, 1691-1705.

Garratt, J. R. , R. A. Pielke, Sr. , W. F. Miller, T. J. Lee, 1990. Mesoscale model response to random, surface-based perturbations-a sea-breeze experiment. Boundary-Layer Meteorology, **52**, 313-334.

Garthwaite, P. H. , J. B. Kadane, A. O'Hagan, 2005. Statistical methods for eliciting probability distributions. Journal of the American Statistical Association, **100**, 680-700.

Gerrity, Jr. , J. P. , 1992. A note on Gandin and Murphy's equitable skill score. Monthly Weather Review, **120**, 2709-2712.

Ghelli, A. , and C. Primo, 2009. On the use of the extreme dependency score to investigate the performance of an NWP model for rare events. Meteorological Applications, **16**, 537-544.

Ghil, M. , M. R. Allen, M. D. Dettinger, K. Ide, D. Kondrashov, M. E. Mann, A. W. Robertson, A. Saunders, Y. Tian, F. Varadi, P. Yiou, 2002. Advanced specral methods for climatic time series. Reviews of Geophysics, 40, 1003-1044. doi:10.1029/2000RG000092.

Gilbert, G. K. , 1884. Finley's tornado predictions. American Meteorological Journal, **1**, 166-172.

Gilleland, E. , D. Ahijevych, B. G. Brown, B. Casati, E. E. Ebert, 2009. Intercomparison of spatial forecast verification methods. Weather and Forecasting, **24**, 1416-1430.

Gilleland, E. , D. A. Ahijevych, B. G. Brown, E. E. Ebert, 2010a. Verifying forecasts spatially. Bulletin of the American Meteorological Society, **91**, 1365-1373.

Gilleland, E. , J. Lindstrom, F. Lindgren, 2010b. Analyzing the image warp forecast verification method on precipitation fields from the ICP. Weather and Forecasting, **25**, 1249-1262.

Gillies, D. , 2000. Philosophical Theories of Probability. Routledge, 223pp.

Gilman, D. L. , F. J. Fuglister, J. M. Mitchell, Jr. , 1963. On the power spectrum of "red noise". Journal of the Atmospheric Sciences, **20**, 182-184.

Glahn, H. R. , 1968. Canonical correlation analysis and its relationship to discriminant analysis and multiple regression. Journal of the Atmospheric Sciences, **25**, 23-31.

Glahn, H. R. , 1985. Statistical weather forecasting. In: A. H. Murphy and R. W. Katz, eds. ,Probability, Statistics, and Decision Making in the Atmospheric Sciences. Boulder CO, Westview, 289-335.

Glahn，H. R.，2004. Discussion of "verification concepts in forecast verification: a practitioner's guide in atmospheric science". Weather and Forecasting，**19**，769-775.

Glahn，B.，K. Gilbert，R. Cosgrove，D. P. Ruth，K. Sheets，2009a. The gridding of MOS. Weather and Forecasting，**24**，520-529.

Glahn，H. R.，and D. L. Jorgensen，1970. Climatological aspects of the Brier p-score. Monthly Weather Review，**98**，136-141.

Glahn，H. R.，and D. A. Lowry，1972. The use of Model Output Statistics(MOS) in objective weather forecasting. Journal of Applied Meteorology，**11**，1203-1211.

Glahn，B.，M. Peroutka，J. Wiedenfeld，J. Wagner，G. Zylstra，B. Schuknecht，2009b. MOS uncertainty estimates in an ensemble framework. Monthly Weather Review，**137**，246-268.

Gleeson，T. A.，1961. A statistical theory of meteorological measurements and predictions. Journal of Meteorology，**18**，192-198.

Gleeson，T. A.，1967. Probability predictions of geostrophic winds. Journal of Applied Meteorology，**6**，355-359.

Gleeson，T. A.，1970. Statistical-dynamical predictions. Journal of Applied Meteorology，**9**，333-344.

Gneiting，T.，F. Balabdaoui，A. E. Raftery，2007. Probabilistic forecasts，calibration and sharpness. Journal of the Royal Statistical Society，B69，243-268.

Gneiting，T.，and A. E. Raftery，2007. Strictly proper scoring rules，prediction，and estimation. Journal of the American Statistical Association，**102**，359-378.

Gneiting，T.，A. E. Raftery，A. H. Westveld，III，T. Goldman，2005. Calibrated probabilistic forecasting using ensemble model output statistics and minimum CRPS estimation. Monthly Weather Review，**133**，1098-1118.

Gneiting，T.，L. I. Stanberry，E. P. Grimit，L. Held，N. A. Johnson，2008. Assessing probabilistic forecasts of multivariate quantities，with an application to ensemble predictions of surface winds. Test，**17**，211-235.

Gober，M.，E. Zsoter，D. S. Richardson，2008. Could a perfect model ever satisfy a naive forecaster? On grid box mean versus point verification. Meteorological Applications，**15**，359-365.

Goldsmith，B. S.，1990. NWS verification of precipitation type and snow amount forecasts during the AFOS era. NOAA Technical Memorandum NWS FCST 33，National Weather Service，28pp.

Golub，G. H.，and C. F. van Loan，1996. Matrix Computations. Johns Hopkins University Press，694pp.

Golyandina，N.，V. Nekrutkin，A. Zhigljavsky，2001. Analysis of Time Series Structure. SSA and Related Techniques，Chapman & Hall，305 pp.

Gombos，D.，J. A. Hansen，J. Du，J. McQueen，2007. Theory and applications of the minimum spanning tree rank histogram. Monthly Weather Review，**135**，1490-1505.

Gong，X.，and M. B. Richman，1995. On the application of cluster analysis to growing season precipitation data in North America east of the Rockies. Journal of Climate，**8**，897-931.

Good，I. J.，1952. Rational decisions. Journal of the Royal Statistical Society，14A，107-114.

Good，P.，2000. Permutation Tests. Springer，270pp.

Goodall，C.，1983. M-Estimators of location: an outline of the theory. In: D. C. Hoaglin，F. Mosteller and J. W. Tukey，eds.，Understanding Robust and Exploratory Data Analysis. Wiley，339-403.

Gordon，N. D.，1982. Comments on "verification of fixed-width credible interval temperature forecasts." Bulletin of the American Meteorological Society，63，325.

Graedel，T. E.，and B. Kleiner，1985. Exploratory analysis of atmospheric data. In: A. H. Murphy and R.

W. Katz, eds. , Probability, Statistics, and Decision Making in the Atmospheric Sciences. Boulder, CO, Westview, 1-43.

Gray, W. M. , 1990. Strong association between West African rainfall and U. S. landfall of intense hurricanes. Science, **249**, 1251-1256.

Gray, W. M. , C. W. Landsea, P. W. Mielke, Jr. , K. J. Berry, 1992. Predicting seasonal hurricane activity 6-11 months in advance. Weather and Forecasting, **7**, 440-455.

Greenwood, J. A. , and D. Durand, 1960. Aids for fitting the gamma distribution by maximum likelihood. Technometrics, **2**, 55-65.

Grimit, E. P. , and C. F. Mass, 2002. Initial results of a mesoscale short-range ensemble forecasting system over the Pacific Northwest. Weather and Forecasting, **17**, 192-205.

Gringorten, I. I. , 1967. Verification to determine and measure forecasting skill. Journal of Applied Meteorology, **6**, 742-747.

Gumbel, E. J. , 1958. Statistics of Extremes. Columbia University Press, 375pp.

Guttman, N. B. , 1993. The use of L-moments in the determination of regional precipitation climates. Journal of Climate, **6**, 2309-2325.

Guttman, N. B. , 1999. Accepting the standardized precipitation index: a calculation algorithm. Journal of the American Water Resources Association, **35**, 311-322.

Hagedorn, R. , T. M. Hamill, J. S. Whitaker, 2008. Probabilistic forecast calibration using ECMWF and GFS ensemble reforecasts. Part I: Two-meter temperatures. Monthly Weather Review, **136**, 2608-2619.

Hagedorn, R. , and L. A. Smith, 2009. Communicating the value of probabilistic forecasts with weather roulette. Meteorological Applications, **16**, 143-155.

Haines, K. , and A. Hannachi, 1995. Weather regimes in the Pacific from a GCM. Journal of the Atmospheric Sciences, **52**, 2444-2462.

Hall, P. , and S. R. Wilson, 1991. Two guidelines for bootstrap hypothesis testing. Biometrics, **47**, 757-762.

Hall, T. M. , and S. Jewson, 2008. Comparison of local and basinwide methods for risk assessment of tropical cyclone landfall. Journal of Applied Meteorology and Climatology, **47**, 361-367.

Hamed, K. H. , 2009. Exact distribution of the Mann-Kendall trend test statistic for persistent data. Journal of Hydrology, **365**, 86-94.

Hamed, K. H. , and A. R. Rao, 1998. A modified Mann-Kendall trend test for autocorrelated data. Journal of Hydrology, **204**, 182-196.

Hamill, T. M. , 1999. Hypothesis tests for evaluating numerical precipitation forecasts. Weather and Forecasting, **14**, 155-167.

Hamill, T. M. , 2001. Interpretation of rank histograms for verifying ensemble forecasts. Monthly Weather Review, **129**, 550-560.

Hamill, T. M. , 2006. Ensemble-based atmospheric data assimilation: a tutorial. In: T. N. Palmer and R. Hagedorn, eds. , Predictability of Weather and Climate. Cambridge University Press, 124-156.

Hamill, T. M. , and S. J. Colucci, 1998. Evaluation of Eta-RSM ensemble probabilistic precipitation forecasts. Monthly Weather Review, **126**, 711-724.

Hamill, T. M. , and J. Juras, 2006. Measuring forecast skill: is it real skill or is it the varying climatology? Quarterly Journal of the Royal Meteorological Society, **132**, 2905-2923.

Hamill, T. M. , J. S. Whitaker, S. L. Mullen, 2006. Reforecasts: an important new dataset for improving weather predictions. Bulletin of the American Meteorological Society, **87**, 33-46.

Hamill, T. M. , J. S. Whitaker, X. Wei, 2004. Ensemble re-forecasting: improving medium- range forecast skill using retrospective forecasts. Monthly Weather Review, **132**, 1434-1447.

Hand, D. J., 1997. Construction and Assessment of Classification Rules. Wiley, 214pp.

Hannachi, A., 1997. Low-frequency variability in a GCM: three dimensional flow regimes and their dynamics. Journal of Climate, **10**, 1357-1379.

Hannachi, A., I. T. Jolliffe, D. B. Stephenson, 2007. Empirical orthogonal functions and related techniques in atmospheric science: a review. International Journal of Climatology, **27**, 1119-1152.

Hannachi, A., and A. O'Neill, 2001. Atmospheric multiple equilibria and non-Gaussian behavior in model simulations. Quarterly Journal of the Royal Meteorological Society, **127**, 939-958.

Hansen, J. A., 2002. Accounting for model error in ensemble-based state estimation and forecasting. Monthly Weather Review, **130**, 2373-2391.

Hanssen, A. W., and W. J. A. Kuipers, 1965. On the relationship between the frequency of rain and various meteorological parameters. Mededeelingen en Verhandelingen, **81**, 2-15.

Harper, K., L. W. Uccellini, E. Kalnay, K. Carey, L. Morone, 2007. 50th anniversary of operational numerical weather prediction. Bulletin of the American Meteorological Society, **88**, 639-650.

Harrison, M. S. J., T. N. Palmer, D. S. Richardson, R. Buizza, 1999. Analysis and model dependencies in medium-range ensembles: two transplant case-studies. Quarterly Journal of the Royal Meteorological Society, **125**, 2487-2515.

Harter, H. L., 1984. Another look at plotting positions. Communications in Statistics. Theory and Methods, **13**, 1613-1633.

Hasselmann, K., 1976. Stochastic climate models. Part I: Theory. Tellus, **28**, 474-485.

Hastenrath, S., L. Sun, A. D. Moura, 2009. Climate prediction for Brazil's Nordeste by empirical and numerical modeling methods. International Journal of Climatology, **29**, 921-926.

Hastie, T., R. Tibshirani, J. Friedman, 2009. The Elements of Statistical Learning. Springer, 745pp.

Hayashi, Y., 1986. Statistical interpretations of ensemble-time mean predictability. Journal of the Meteorological Society of Japan, **64**, 167-181.

Healy, M. J. R., 1988. Glim: An Introduction. Oxford University Press, 130pp.

Heidke, P., 1926. Berechnung des Erfolges und der Gu¨te der Windsta¨rkevorhersagen im Sturmwarnungsdienst. Geografika Annaler, **8**, 301-349.

Heo, J.-H., Y. W. Kho, H. Shin, S. Kim, T. Kim, 2008. Regression equations of probability plot correlation coefficient test statistics from several probability distributions. Journal of Hydrology, **355**, 1-15.

Hersbach, H., 2000. Decomposition of the continuous ranked probability score for ensemble prediction systems. Weather and Forecasting, **15**, 559-570.

Hilliker, J. L., and J. M. Fritsch, 1999. An observations-based statistical system for warm-season hourly probabilistic precipitation forecasts of low ceiling at the San Francisco international airport. Journal of Applied Meteorology, **38**, 1692-1705.

Hinkley, D., 1977. On quick choice of power transformation. Applied Statistics, **26**, 67-69.

Hoffman, M. S. (Ed.), 1988. The World Almanac Book of Facts. Pharos Books, 928pp.

Hoffman, R. N., Z. Liu, J.-F. Louis, C. Grassotti, 1995. Distortion representation of forecast errors. Monthly Weather Review, **123**, 2758-2770.

Hogan, R. J., C. A. T. Ferro, I. T. Jolliffe, D. B. Stephenson, 2010. Equitability revisited: why the "equitable threat score" is not equitable. Weather and Forecasting, **25**, 710-726.

Hogan, R. J., E. J. O'Connor, A. J. Illingworth, 2009. Verification of cloud-fraction forecasts. Quarterly Journal of the Royal Meteorological Society, **135**, 1494-1511.

Hollingsworth, A. , K. Arpe, M. Tiedtke, M. Capaldo, H. Savijärvi, 1980. The performance of a medium range forecast model in winter-impact of physical parameterizations. Monthly Weather Review, **108**, 1736-1773.

Homleid, M. , 1995. Diurnal corrections of short-term surface temperature forecasts using the Kalman filter. Weather and Forecasting, **10**, 689-707.

Horel, J. D. , 1981. A rotated principal component analysis of the interannual variability of the Northern Hemisphere 500 mb height field. Monthly Weather Review, **109**, 2080-2902.

Hosking, J. R. M. , 1990. L-moments: analysis and estimation of distributions using linear combinations of order statistics. Journal of the Royal Statistical Society, B52, 105-124.

Hosking, J. R. M. , and J. R. Wallis, 1987. Parameter and quantile estimation for the generalized Pareto distribution. Technometrics, **29**, 339-349.

Houtekamer, P. L. , L. Lefaivre, J. Derome, H. Ritchie, H. L. Mitchell, 1996. A system simulation approach to ensemble prediction. Monthly Weather Review, **124**, 1225-1242.

Houtekamer, P. L. , and H. L. Mitchell, 2005. Ensemble Kalman filtering. Quarterly Journal of the Royal Meteorological Society, **131**, 3269-3289.

Houtekamer, P. L. , H. L. Mitchell, X. Deng, 2009. Model error representation in an operational ensemble Kalman filter. Monthly Weather Review, **137**, 2126-2143.

Hsu, W. -R. , and A. H. Murphy, 1986. The attributes diagram: a geometrical framework for assessing the quality of probability forecasts. International Journal of Forecasting, **2**, 285-293.

Hu, Q. , 1997. On the uniqueness of the singular value decomposition in meteorological applications. Journal of Climate, **10**, 1762-1766.

Iglewicz, B. , 1983. Robust scale estimators and confidence intervals for location. In: D. C. Hoaglin, F. Mosteller and J. W. Tukey, eds. , Understanding Robust and Exploratory Data Analysis. Wiley, 404-431.

Imkeller, P. , and A. Monahan, 2002. Conceptual stochastic climate models. Stochastic Dynamics, **2**, 311-326.

Imkeller, P. , and J. -S. von Storch(eds.), 2001. Stochastic Climate Models. Birkhauser, 398 pp.

Ivarsson, K. -I. , R. Joelsson, E. Liljas, A. H. Murphy, 1986. Probability forecasting in Sweden: some results of experimental and operational programs at the Swedish Meteorological and Hydrological Institute. Weather and Forecasting, **1**, 136-154.

Jacks, E. , J. B. Bower, V. J. Dagostaro, J. P. Dallavalle, M. C. Erickson, J. Su, 1990. New NGM-based MOS guidance for maximum/minimum temperature, probability of precipitation, cloud amount, and surface wind. Weather and Forecasting, **5**,128-138.

Jenkins, G. M. , and D. G. Watts, 1968. Spectral Analysis and its Applications. Holden-Day, 523pp.

Johnson, M. E. , 1987. Multivariate Statistical Simulation. Wiley, 230pp.

Johnson, N. L. , and S. Kotz, 1972. Distributions in Statistics-4. Continuous Multivariate Distributions, Wiley, 333 pp.

Johnson, N. L. , S. Kotz, N. Balakrishnan, 1994. Continuous Univariate Distributions, Volume 1. Wiley, 756pp.

Johnson, N. L. , S. Kotz, N. Balakrishnan, 1995. Continuous Univariate Distributions, Volume 2. Wiley, 719pp.

Johnson, N. L. , S. Kotz, A. W. Kemp, 1992. Univariate Discrete Distributions. Wiley, 565pp.

Johnson, S. R. , and M. T. Holt, 1997. The value of weather information. In: R. W. Katz and A. H. Murphy, eds. ,Economic Value of Weather and Climate Forecasts. Cambridge University Press, 75-107.

Jolliffe, I. T., 1972. Discarding variables in a principal component analysis, I: Artificial data. Applied Statistics, **21**, 160-173.

Jolliffe, I. T., 1987. Rotation of principal components: some comments. Journal of Climatology, **7**, 507-510.

Jolliffe, I. T., 1989. Rotation of ill-defined principal components. Applied Statistics, **38**, 139-147.

Jolliffe, I. T., 1995. Rotation of principal components: choice of normalization constraints. Journal of Applied Statistics, **22**, 29-35.

Jolliffe, I. T., 2002. Principal Component Analysis. (2nd Ed). Springer, 487pp.

Jolliffe, I. T., 2007. Uncertainty and inference for verification measures. Weather and Forecasting, **22**, 637-650.

Jolliffe, I. T., 2008. The impenetrable hedge: a note on propriety, equitability, and consistency. Meteorological Applications, **15**, 25-29.

Jolliffe, I. T., B. Jones, B. J. T. Morgan, 1986. Comparison of cluster analyses of the English personal social services authorities. Journal of the Royal Statistical Society, A149, 254-270.

Jolliffe, I. T., and C. Primo, 2008. Evaluating rank histograms using decompositions of the chi- square test statistic. Monthly Weather Review, **136**, 2133-2139.

Jolliffe, I. T., and D. B. Stephenson, 2003. Forecast Verification. Wiley, 240pp.

Jolliffe, I. T., and D. B. Stephenson, 2005. Comments on discussion of verification concepts in forecast verification: a practitioner's guide in atmospheric science. Weather and Forecasting, **20**, 796-800.

Jones, R. H., 1975. Estimating the variance of time averages. Journal of Applied Meteorology, **14**, 159-163.

Judd, K., C. A. Reynolds, T. E. Rosmond, L. A. Smith, 2008. The geometry of model error. Journal of the Atmospheric Sciences, **65**, 1749-1772.

Judd, K., L. A. Smith, A. Weisheimer, 2007. How good is an ensemble at capturing truth? Using bounding boxes for forecast evaluation. Quarterly Journal of the Royal Meteorological Society, **133**, 1309-1325.

Juras, J., 2000. Comments on "Probabilistic predictions of precipitation using the ECMWF ensemble prediction system. Weather and Forecasting, **15**, 365-366.

Kaiser, H. F., 1958. The varimax criterion for analytic rotation in factor analysis. Psychometrika, **23**, 187-200.

Kalkstein, L. S., G. Tan, J. A. Skindlov, 1987. An evaluation of three clustering procedures for use in synoptic climatological classification. Journal of Climate and Applied Meteorology, **26**, 717-730.

Kalnay, E., 2003. Atmospheric Modeling. Data Assimilation and Predictability, Cambridge University Press, 341 pp.

Kalnay, E., and A. Dalcher, 1987. Forecasting the forecast skill. Monthly Weather Review, **115**, 349-356.

Kalnay, E., M. Kanamitsu, W. E. Baker, 1990. Global numerical weather prediction at the National Meteorological Center. Bulletin of the American Meteorological Society, **71**, 1410-1428.

Kann, A., C. Wittmann, Y. Wang, X. Ma, 2009. Calibrating 2-m temperature of limited-area ensemble forecasts usinghigh-resolution analysis. Monthly Weather Review, **137**, 3373-3387.

Karl, T. R., and A. J. Koscielny, 1982. Drought in the United States, 1895-1981. Journal of Climatology, **2**, 313-329.

Karl, T. R., A. J. Koscielny, H. F. Diaz, 1982. Potential errors in the application of principal component (eigenvector) analysis to geophysical data. Journal of Applied Meteorology, **21**, 1183-1186.

Karl, T. R., M. E. Schlesinger, W. C. Wang, 1989. A method of relating general circulation model simulated climate to the observed local climate. Part I: Central tendencies and dispersion. Preprints, Sixth Conference on Applied Climatology, American Meteorological Society, 188-196.

Karlin, S., and H. M. Taylor, 1975. A First Course in Stochastic Processes. Academic Press, 557pp.

Katz, R. W., 1977. Precipitation as a chain-dependent process. Journal of Applied Meteorology, **16**, 671-676.

Katz, R. W., 1981. On some criteria for estimating the order of a Markov chain. Technometrics, **23**, 243-249.

Katz, R. W., 1982. Statistical evaluation of climate experiments with general circulation models: a parametric time series modeling approach. Journal of the Atmospheric Sciences, **39**, 1446-1455.

Katz, R. W., 1985. Probabilistic models. In: A. H. Murphy and R. W. Katz, eds., Probability, Statistics, and Decision Making in the Atmospheric Sciences. Boulder, CO, Westview, 261-288.

Katz, R. W., 2002. Sir Gilbert Walker and a connection between El Niño and statistics. Statistical Science, **17**, 97-112.

Katz, R. W., and M. Ehrendorfer, 2006. Bayesian approach to decision making using ensemble weather forecasts. Weather and Forecasting, **21**, 220-231.

Katz, R. W., and A. H. Murphy, 1997a. Economic Value of Weather and Climate Forecasts. Cambridge University Press, 222pp.

Katz, R. W., and A. H. Murphy, 1997b. Forecast value: prototype decision-making models. In: R. W. Katz and A. H. Murphy, eds., Economic Value of Weather and Climate Forecasts. Cambridge University Press, 183-217.

Katz, R. W., A. H. Murphy, R. L. Winkler, 1982. Assessing the value of frost forecasts to orchardists: a dynamic decision-making approach. Journal of Applied Meteorology, **21**, 518-531.

Katz, R. W., and M. B. Parlange, 1993. Effects of an index of atmospheric circulation on stochastic properties of precipitation. Water Resources Research, **29**, 2335-2344.

Katz, R. W., M. B. Parlange, P. Naveau, 2002. Statistics of extremes in hydrology. Advances in Water Resources, **25**, 1287-1304.

Katz, R. W., and X. Zheng, 1999. Mixture model for overdispersion of precipitation. Journal of Climate, **12**, 2528-2537.

Kendall, M., and J. K. Ord, 1990. Time Series. Edward Arnold, 296pp.

Kharin, V. V., and F. W. Zwiers, 2003a. Improved seasonal probability forecasts. Journal of Climate, **16**, 1684-1701.

Kharin, V. V., and F. W. Zwiers, 2003b. On the ROC score of probability forecasts. Journal of Climate, **16**, 4145-4150.

Kharin, V. V., and F. W. Zwiers, 2005. Estimating extremes in transient climate change simulations. Journal of Climate, **18**, 1156-1173.

Klein, W. H., B. M. Lewis, I. Enger, 1959. Objective prediction of five-day mean temperature during winter. Journal of Meteorology, **16**, 672-682.

Knaff, J. A., and C. W. Landsea, 1997. An El Niño-southern oscillation climatology and persistence(CLIPER)forecasting scheme. Weather and Forecasting, **12**, 633-647.

Krzysztofowicz, R., 1983. Why should a forecaster and a decision maker use Bayes' theorem? Water Resources Research, **19**, 327-336.

Krzysztofowicz, R., W. J. Drzal, T. R. Drake, J. C. Weyman, L. A. Giordano, 1993. Probabilistic quantitative precipitation forecasts for river basins. Weather and Forecasting, **8**, 424-439.

Krzysztofowicz, R., and D. Long, 1990. Fusion of detection probabilities and comparison of multisensor systems. IEEE Transactions on Systems, Man, and Cybernetics, **20**, 665-677.

Krzysztofowicz, R., and D. Long, 1991. Beta probability models of probabilistic forecasts. International Journal of Forecasting, **7**, 47-55.

Kücken, M., and F.-W. Gerstengarbe, 2009. A combination of cluster analysis and kappa statistic for the evaluation of climate model results. Journal of Applied Meteorology and Climatology, **48**, 1757-1765.

Kutzbach, J. E., 1967. Empirical eigenvectors of sea-level pressure, surface temperature and precipitation complexes over North America. Journal of Applied Meteorology, **6**, 791-802.

Kysely, J., 2008. A cautionary note on the use of nonparametric bootstrap for estimating uncertainties in extreme-value models. Journal of Applied Meteorology and Climatology, **47**, 3226-3251.

Lahiri, S. N., 2003. Resampling Methods for Dependent Data. Springer, 374pp.

Lall, U., and A. Sharma, 1996. A nearest neighbor bootstrap for resampling hydrologic time series. Water Resources Research, **32**, 679-693.

Landsea, C. W., and J. A. Knaff, 2000. How much skill was there in forecasting the very strong 1997—1998 El Niño? Bulletin of the American Meteorological Society, **81**, 2107-2119.

Lanzante, J. R., 2005. A cautionary note on the use of error bars. Journal of Climate, **18**, 3699-3703.

Lawson, M. P., and R. S. Cerveny, 1985. Seasonal temperature forecasts as products of antecedent linear and spatial temperature arrays. Journal of Climate and Applied Meteorology, **24**, 848-859.

Leadbetter, M. R., G. Lindgren, H. Rootzen, 1983. Extremes and Related Properties of Random Sequences and Processes. Springer, 336pp.

Lee, P. M., 1997. Bayesian Statistics, an Introduction. (2nd ed). Wiley, 344pp.

Leger, C., D. N. Politis, J. P. Romano, 1992. Bootstrap technology and applications. Technometrics, **34**, 378-398.

Legg, T. P., K. R. Mylne, C. Woodcock, 2002. Use of medium-range ensembles at the Met Office I: PREVIN-a system for the production of probabilistic forecast information from the ECMWF EPS. Meteorological Applications, **9**, 255-271.

Lehmiller, G. S., T. B. Kimberlain, J. B. Elsner, 1997. Seasonal prediction models for North Atlantic basin hurricane location. Monthly Weather Review, **125**, 1780-1791.

Leith, C. E., 1973. The standard error of time-average estimates of climatic means. Journal of Applied Meteorology, **12**, 1066-1069.

Leith, C. E., 1974. Theoretical skill of Monte-Carlo forecasts. Monthly Weather Review, **102**, 409-418.

Lemcke, C., and S. Kruizinga, 1988. Model output statistics forecasts: three years of operational experience in the Netherlands. Monthly Weather Review, **116**, 1077-1090.

Lemke, P., 1977. Stochastic climate models. Part 3. Application to zonally averaged energy models, Tellus, **29**, 385-392.

Lettenmaier, D. P., 1976. Detection of trends in water quality data from records with dependent observations. Water Resources Research, **12**, 1037-1046.

Lewis, J. M., 2005. Roots of ensemble forecasting. Monthly Weather Review, **133**, 1865-1885.

Liljas, E., and A. H. Murphy, 1994. Anders Angstrom and his early papers on probability forecasting and the use/value of weather forecasts. Bulletin of the American Meteorological Society, **75**, 1227-1236.

Lilliefors, H. W., 1967. On the Kolmogorov-Smirnov test for normality with mean and variance unknown. Journal of the American Statistical Association, **62**, 399-402.

Lin, J. W.-B., and J. D. Neelin, 2000. Influence of a stochastic moist convective parameterization on tropical climate variability. Geophysical Research Letters, **27**, 3691-3694.

Lin, J. W.-B., and J. D. Neelin, 2002. Considerations for stochastic convective parameterization. Journal of the Atmospheric Sciences, **59**, 959-975.

Lindgren, B. W., 1976. Statistical Theory. Macmillan, 614pp.

Lindsay, B. G. , J. Kettenring, D. O. Siegmund, 2004. A report on the future of Statistics. Statistical Science, **19**, 387-413.

Lipschutz, S. , 1968. Schaum's Outline of Theory and Problems of Linear Algebra. McGraw- Hill, 334pp.

Little, R. J. , 2006. Calibrated Bayes: A Bayes/Frequentist Roadmap. American Statistician, **60**, 213-223.

Livezey, R. E. , 1995. The evaluation of forecasts. In: H. von Storch and A. Navarra, eds. ,Analysis of Climate Variability. Springer, 177-196.

Livezey, R. E. , 2003. Categorical events. In: I. T. Jolliffe and D. B. Stephenson, Forecast Verification. Wiley, 77-96.

Livezey, R. E. , and W. Y. Chen, 1983. Statistical field significance and its determination by Monte Carlo techniques. Monthly Weather Review, **111**, 46-59.

Livezey, R. E. , J. D. Hoopingarner, J. Huang, 1995. Verification of official monthly mean 700-hPa height forecasts: an update. Weather and Forecasting, **10**, 512-527.

Livezey, R. E. , and T. M. Smith, 1999. Considerations for use of the Barnett and Preisendorfer(1987)algorithm for canonical correlation analysis of climate variations. Journal of Climate, **12**, 303-305.

Lorenz, E. N. , 1956. Empirical orthogonal functions and statistical weather prediction, Science Report 1, Statistical Forecasting Project, Department of Meteorology, MIT(NTIS AD 110268), 49pp.

Lorenz, E. N. , 1963. Deterministic nonperiodic flow. Journal of the Atmospheric Sciences, **20**, 130-141.

Lorenz, E. N. , 1975. Climate predictability. In: The Physical Basis of Climate and Climate Modelling, vol. 16 GARP Publication Series 132-136.

Lorenz, E. N. , 2006. Predictability-a problem partly solved. In: T. Palmer and R. Hagedorn, eds. ,Predictability of Weather and Climate. Cambridge University Press, 40-58.

Loucks, D. P. , J. R. Stedinger, D. A. Haith, 1981. Water Resource Systems Planning and Analysis. Prentice-Hall, 559pp.

Lu, R. , 1991. The application of NWP products and progress of interpretation techniques in China. In: H. R. Glahn, A. H. Murphy, L. J. Wilson and J. S. Jensenius, Jr. , eds. ,Programme on Short- and Medium-Range Weather Prediction Research. World Meteorological Organization WM/TD No. 421, XX, 19-22.

Madden, R. A. , 1979. A simple approximation for the variance of meteorological time averages. Journal of Applied Meteorology, **18**, 703-706.

Madden, R. A. , and R. H. Jones, 2001. A quantitative estimate of the effect of aliasing in climatological time series. Journal of Climate, **14**, 3987-3993.

Madden, R. A. , and D. J. Shea, 1978. Estimates of the natural variability of time-averaged temperatures over the United States. Monthly Weather Review, **106**, 1695-1703.

Madsen, H. , P. F. Rasmussen, D. Rosbjerg, 1997. Comparison of annual maximum series and partial duration series methods for modeling extreme hydrologic events. 1. At-site modeling. Water Resources Research, **33**, 747-757.

Mao, Q. , R. T. McNider, S. F. Mueller, H. -M. H. Juang, 1999. An optimal model output calibration algorithm suitable for objective temperature forecasting. Weather and Forecasting, **14**, 190-202.

Mardia, K. V. , 1970. Measures of multivariate skewness and kurtosis with applications. Biometrika, **57**, 519-530.

Mardia, K. V. , J. T. Kent, J. M. Bibby, 1979. Multivariate Analysis. Academic, 518pp.

Marzban, C. , 2004. The ROC curve and the area under it as performance measures. Weather and Forecasting, **19**, 1106-1114.

Marzban, C. , S. Leyton, B. Colman, 2007. Ceiling and visibility forecasts via neural networks. Weather and

Forecasting, **22**, 466-479.

Marzban, C. , and S. Sandgathe, 2008. Cluster analysis for object-oriented verification fields: a variation. Monthly Weather Review, **136**, 1013-1025.

Mason, I. B. , 1979. On reducing probability forecasts to yes/no forecasts. Monthly Weather Review, **107**, 207-211.

Mason, I. B. , 1982. A model for assessment of weather forecasts. Australian Meteorological Magazine, **30**, 291-303.

Mason, I. B. , 2003. Binary events. In: I. T. Jolliffe and D. B. Stephenson, eds. ,Forecast Verification. Wiley, 37-76.

Mason, S. J. , 2008. Understanding forecast verification statistics. Meteorological Applications, **15**, 31-40.

Mason, S. J. , L. Goddard, N. E. Graham, E. Yulaleva, L. Sun, P. A. Arkin, 1999. The IRI seasonal climate prediction system and the 1997/98 El Niño event. Bulletin of the American Meteorological Society, **80**, 1853-1873.

Mason, S. J. , and N. E. Graham, 2002. Areas beneath the relative operating characteristics(ROC)and relative operating levels(ROL)curves: statistical significance and interpretation. Quarterly Journal of the Royal Meteorological Society, **128**, 2145-2166.

Mason, S. J. , and G. M. Mimmack, 1992. The use of bootstrap confidence intervals for the correlation coefficient in climatology. Theoretical and Applied Climatology, **45**, 229-233.

Mason, S. J. , and G. M. Mimmack, 2002. Comparison of some statistical methods of probabilistic forecasting of ENSO. Journal of Climate, 15, 8-29.

Matalas, N. C. , 1967. Mathematical assessment of synthetic hydrology. Water Resources Research, **3**, 937-945.

Matalas, N. C. , and W. B. Langbein, 1962. Information content of the mean. Journal of Geophysical Research, **67**, 3441-3448.

Matalas, N. C. , and A. Sankarasubramanian, 2003. Effect of persistence on trend detection via regression. Water Resources Research, **39**, 1342-1348.

Matheson, J. E. , and R. L. Winkler, 1976. Scoring rules for continuous probability distributions. Management Science, **22**, 1087-1096.

Matsumoto, M. , and T. Nishimura, 1998. Mersenne twister: a 623-dimensionally equidistributed uniform pseudorandom number generator. ACM(Association for Computing Machinery) Transactions on Modeling and Computer Simulation, **8**, 3-30.

Mazany, R. A. , S. Businger, S. I. Gutman, W. Roeder, 2002. A lightning prediction index that utilizes GPS integrated precipitable water vapor. Weather and Forecasting, **17**, 1034-1047.

McAvaney, B. J. , and 72 co-authors, 2001. Model Evaluation. In: J. T. Houghton, *et al*. (Ed.),Climate Change 2001: The Scientific Basis. Cambridge University Press, 471-523.

McCullagh, P. , and J. A. Nelder, 1989. Generalized Linear Models. Chapman and Hall, 511pp.

McDonnell, K. A. , and N. J. Holbrook, 2004. A Poisson regression model of tropical cyclogenesis for the Australian-southwest Pacific Ocean region. Weather and Forecasting, **19**, 440-455.

McGill, R. , J. W. Tukey, W. A. Larsen, 1978. Variations of boxplots. The American Statistician, **32**, 12-16.

McKee, T. B. , N. J. Doeskin, J. Kleist, 1993. The relationship of drought frequency and duration to time scales. Proceedings, 8th Conference on Applied Climatology, American Meteorological Society, 179-184.

McLachlan, G. J. , and K. E. Basford, 1988. Mixture Models: Inference and Application to Clustering. Dekker, 253pp.

McLachlan, G. J. , and T. Krishnan, 1997. The EM Algorithm and Extensions. Wiley, 274pp.

McLachlan, G. J. , and D. Peel, 2000. Finite Mixture Models. Wiley, 419pp.

Mearns, L. O. , R. W. Katz, S. H. Schneider, 1984. Extreme high-temperature events: changes in their probabilities and changes with mean temperature. Journal of Climate and Applied Meteorology, **23**, 1601-1613.

Mestas-Nuñez, A. M. , 2000. Orthogonality properties of rotated empirical modes. International Journal of Climatology, **20**, 1509-1516.

Michaelson, J. , 1987. Cross-validation in statistical climate forecast models. Journal of Climate and Applied Meteorology, **26**, 1589-1600.

Mielke, Jr. , P. W. , K. J. Berry, G. W. Brier, 1981. Application of multi-response permutation procedures for examining seasonal changes in monthly mean sea-level pressure patterns. Monthly Weather Review, **109**, 120-126.

Mielke, Jr. , P. W. , K. J. Berry, C. W. Landsea, W. M. Gray, 1996. Artificial skill and validation in meteorological forecasting. Weather and Forecasting, **11**, 153-169.

Miller, B. I. , E. C. Hill, P. P. Chase, 1968. A revised technique for forecasting hurricane movement by statistical methods. Monthly Weather Review, **96**, 540-548.

Miller, R. G. , 1962. Statistical prediction by discriminant analysis. Meteorological Monographs, 4. No. 25. American Meteorological Society, 53pp.

Millner, A. , 2008. Getting the most out of ensemble forecasts: a valuation model based on user- forecast interactions. Journal of Applied Meteorology and Climatology, **47**, 2561-2571.

Miyakoda, K. , G. D. Hembree, R. F. Strikler, I. Shulman, 1972. Cumulative results of extended forecast experiments. I: Model performance for winter cases. Monthly Weather Review, **100**, 836-855.

Mo, K. C. , and M. Ghil, 1987. Statistics and dynamics of persistent anomalies. Journal of the Atmospheric Sciences, **44**, 877-901.

Mo, K. C. , and M. Ghil, 1988. Cluster analysis of multiple planetary flow regimes. Journal of Geophysical Research, D93, 10927-10952.

Molteni, F. , R. Buizza, T. N. Palmer, T. Petroliagis, 1996. The new ECMWF Ensemble Prediction System: methodology and validation. Quarterly Journal of the Royal Meteorological Society, **122**, 73-119.

Molteni, F. , S. Tibaldi, T. N. Palmer, 1990. Regimes in wintertime circulation over northern extratropics. I: Observational evidence. Quarterly Journal of the Royal Meteorological Society, **116**, 31-67.

Moore, A. M. , and R. Kleeman, 1998. Skill assessment for ENSO using ensemble prediction. Quarterly Journal of the Royal Meteorological Society, **124**, 557-584.

Moritz, R. E. , and A. Sutera, 1981. The predictability problem: effects of stochastic perturbations in multiequilibrium systems. Reviews of Geophysics, **23**, 345-383.

Moura, A. D. , and S. Hastenrath, 2004. Climate prediction for Brazil's Nordeste: performance of empirical and numerical modeling methods. Journal of Climate, **17**, 2667-2672.

Mullen, S. L. , and R. Buizza, 2001. Quantitative precipitation forecasts over the United States by the ECMWF Ensemble Prediction System. Monthly Weather Review, **129**, 638-663.

Mullen, S. L. , J. Du, F. Sanders, 1999. The dependence of ensemble dispersion on analysis- forecast systems: implications to short-range ensemble forecasting of precipitation. Monthly Weather Review, **127**, 1674-1686.

Muller, R. H. , 1944. Verification of short-range weather forecasts(a survey of the literature). Bulletin of the

American Meteorological Society, **25**, 18-27, 47-53, 88-95.

Murphy, A. H. , 1966. A note on the utility of probabilistic predictions and the probability score in the cost-loss ratio situation. Journal of Applied Meteorology, **5**, 534-537.

Murphy, A. H. , 1971. A note on the ranked probability score. Journal of Applied Meteorology, **10**, 155-156.

Murphy, A. H. , 1973a. Hedging and skill scores for probability forecasts. Journal of Applied Meteorology, **12**, 215-223.

Murphy, A. H. , 1973b. A new vector partition of the probability score. Journal of Applied Meteorology, **12**, 595-600.

Murphy, A. H. , 1977. The value of climatological, categorical, and probabilistic forecasts in the cost-loss ratio situation. Monthly Weather Review, **105**, 803-816.

Murphy, A. H. , 1985. Probabilistic weather forecasting. In: A. H. Murphy and R. W. Katz, eds. ,Probability, Statistics, and Decision Making in the Atmospheric Sciences. Boulder, CO, Westview, 337-377.

Murphy, A. H. , 1988. Skill scores based on the mean square error and their relationships to the correlation coefficient. Monthly Weather Review, **116**, 2417-2424.

Murphy, A. H. , 1991. Forecast verification: its complexity and dimensionality. Monthly Weather Review, **119**, 1590-1601.

Murphy, A. H. , 1992. Climatology, persistence, and their linear combination as standards of reference in skill scores. Weather and Forecasting, **7**, 692-698.

Murphy, A. H. , 1993. What is a good forecast? An essay on the nature of goodness in weather forecasting. Weather and Forecasting,**8**, 281-293.

Murphy, A. H. , 1995. The coefficients of correlation and determination as measures of performance in forecast verification. Weather and Forecasting, **10**, 681-688.

Murphy, A. H. , 1996. The Finley affair: a signal event in the history of forecast verification. Weather and Forecasting, **11**, 3-20.

Murphy, A. H. , 1997. Forecast verification. In: R. W. Katz and A. H. Murphy, eds. ,Economic Value of Weather and Climate Forecasts. Cambridge University Press, 19-74.

Murphy, A. H. , 1998. The early history of probability forecasts: some extensions and clarifications. Weather and Forecasting, **13**,5-15.

Murphy, A. H. , and B. G. Brown, 1983. Forecast terminology: composition and interpretation of public weather forecasts. Bulletin of the American Meteorological Society, **64**, 13-22.

Murphy, A. H. , B. G. Brown, Y.-S. Chen, 1989. Diagnostic verification of temperature forecasts. Weather and Forecasting, **4**, 485-501.

Murphy, A. H. , and H. Daan, 1985. Forecast evaluation. In: A. H. Murphy and R. W. Katz, eds. ,Probability, Statistics, and Decision Making in the Atmospheric Sciences. Boulder, CO, Westview, 379-437.

Murphy, A. H. , and M. Ehrendorfer, 1987. On the relationship between the accuracy and value of forecasts in the cost-loss ratio situation. Weather and Forecasting, **2**, 243-251.

Murphy, A. H. , and E. S. Epstein, 1989. Skill scores and correlation coefficients in model verification. Monthly Weather Review,**117**, 572-581.

Murphy, A. H. , and D. S. Wilks, 1998. A case study in the use of statistical models in forecast verification: precipitation probability forecasts. Weather and Forecasting, **13**, 795-810.

Murphy, A. H. , and R. L. Winkler, 1974. Credible interval temperature forecasting: some experimental results. Monthly Weather Review, **102**, 784-794.

Murphy, A. H. , and R. L. Winkler, 1984. Probability forecasting in meteorology. Journal of the American

Statistical Association, **79**, 489-500.

Murphy, A. H., and R. L. Winkler, 1979. Probabilistic temperature forecasts: the case for an operational program. Bulletin of the American Meteorological Society, **60**, 12-19.

Murphy, A. H., and R. L. Winkler, 1987. A general framework for forecast verification. Monthly Weather Review, **115**, 1330-1338.

Murphy, A. H., and R. L. Winkler, 1992. Diagnostic verification of probability forecasts. International Journal of Forecasting, **7**, 435-455.

Murphy, A. H., and Q. Ye, 1990. Comparison of objective and subjective precipitation probability forecasts: the sufficiency relation. Monthly Weather Review, **118**, 1783-1792.

Mylne, K. R., 2002. Decision-making from probability forecasts based on forecast value. Meteorological Applications, **9**, 307-315.

Mylne, K. R., R. E. Evans, R. T. Clark, 2002a. Multi-model multi-analysis ensembles in quasi-operational medium-range forecasting. Quarterly Journal of the Royal Meteorological Society, **128**, 361-384.

Mylne, K. R., C. Woolcock, J. C. W. Denholm-Price, R. J. Darvell, 2002b. Operational calibrated probability forecasts from the ECMWF ensemble prediction system: implementation and verification. Preprints, Symposium on Observations, Data Analysis, and Probabilistic Prediction. (Orlando, Florida), American Meteorological Society, 113-118.

Namias, J., 1952. The annual course of month-to-month persistence in climatic anomalies. Bulletin of the American Meteorological Society, **33**, 279-285.

Narapusetty, B., T. DelSole, M. K. Tippett, 2009. Optimal estimation of the climatological mean. Journal of Climate, **22**, 4845-4859.

National Bureau of Standards 1959. Tables of the Bivariate Normal Distribution Function and Related Functions. Applied Mathematics Series, 50. U. S. Government Printing Office, 258pp.

Neelin, J. D., O. Peters, J. W.-B. Lin, K. Hales, C. E. Holloway, 2010. Rethinking convective quasi-equilibrium: observational constraints for stochastic convective schemes in climate models. In: T. Palmer and P. Williams, eds., Stochastic Physics and Climate Modeling. Cambridge University Press, 396-423.

Neilley, P. P., W. Myers, G. Young, 2002. Ensemble dynamic MOS. Preprints, 16th Conference on Probability and Statistics in the Atmospheric Sciences, (Orlando, Florida), American Meteorological Society, 102-106.

Neter, J., W. Wasserman, M. H. Kutner, 1996. Applied Linear Statistical Models. McGraw- Hill, 1408pp.

Neumann, C. J., B. R. Jarvinen, C. J. McAdie, G. R. Hammer, 1999. Tropical Cyclones of the North Atlantic Ocean, 1871—1998. 5th Revision. National Climatic Data Center, Asheville, NC, 206pp.

Neumann, C. J., M. B. Lawrence, E. L. Caso, 1977. Monte Carlo significance testing as applied to statistical tropical cyclone prediction models. Journal of Applied Meteorology, **16**, 1165-1174.

Newman, M., and P. Sardeshmukh, 1995. A caveat concerning singular value decomposition. Journal of Climate, **8**, 352-360.

Nicholls, N., 1987. The use of canonical correlation to study teleconnections. Monthly Weather Review, **115**, 393-399.

Nicholls, N., 2001. The insignificance of significance testing. Bulletin of the American Meteorological Society, **82**, 981-986.

North, G. R., 1984. Empirical orthogonal functions and normal modes. Journal of the Atmospheric Sciences, **41**, 879-887.

North, G. R., T. L. Bell, R. F. Cahalan, F. J. Moeng, 1982. Sampling errors in the estimation of empirical orthogonal functions. Monthly Weather Review, **110**, 699-706.

Obukhov, A. M. , 1947. Statistically homogeneous fields on a sphere. Uspethi Mathematicheskikh Nauk, **2**, 196-198.

O'Lenic, E. A. , and R. E. Livezey, 1988. Practical considerations in the use of rotated principal component analysis(RPCA)in diagnostic studies of upper-air height fields. Monthly Weather Review, **116**, 1682-1689.

O'Lenic, E. A. , D. A. Unger, M. S. Halpert, K. S. Pelman, 2008. Developments in operational long-range climate prediction at CPC. Weather and Forecasting, **23**, 496-515.

Osborn, T. J. , and M. Hulme, 1997. Development of a relationship between station and grid-box rainday frequencies for climate model evaluation. Journal of Climate, **10**, 1885-1908.

Overland, J. E. , and R. W. Preisendorfer, 1982. A significance test for principal components applied to a cyclone climatology. Monthly Weather Review, **110**, 1-4.

Paciorek, C. J. , J. S. Risbey, V. Ventura, R. D. Rosen, 2002. Multiple indices of Northern Hemisphere cyclone activity, winters 1949-99. Journal of Climate, **15**, 1573-1590.

Palmer, T. N. , 1993. Extended-range atmospheric prediction and the Lorenz model. Bulletin of the American Meteorological Society, **74**, 49-65.

Palmer, T. N. , 2001. A nonlinear dynamical perspective on model error: A proposal for non-local stochastic-dynamic parameterization in weather and climate prediction models. Quarterly Journal of the Royal Meteorological Society, **127**, 279-304.

Palmer, T. N. , 2006. Predictability of weather and climate: from theory to practice. In: T. Palmer and R. Hagedorn, eds. , Predictability of weather and climate. Cambridge University Press, 1-29.

Palmer, T. , F. Lalaurette, J. Barkmeijer, A. Beljaars, R. Buizza, C. Jakob, T. Paccagnella, D. Richardson, S. Tibaldi, E. Zsoter, 2001. Report on the operational use of EPS, to forecast severe weather and extreme events. World Meteorological Organization CBS/ET/EPS/Doc. 3, 59pp.

Palmer, T. N. , R. Mureau, F. Molteni, 1990. The Monte Carlo forecast. Weather, **45**, 198-207.

Palmer, T. N. , G. J. Shutts, R. Hagedorn, F. J. Doblas-Reyes, T. Jung, M. Leutbecher, 2005. Representing model uncertainty in weather and climate prediction. Annual Review of Earth and Planetary Sciences, **33**, 163-193.

Palmer, T. N. , and S. Tibaldi, 1988. On the prediction of forecast skill. Monthly Weather Review, **116**, 2453-2480.

Panofsky, H. A. , and G. W. Brier, 1958. Some Applications of Statistics to Meteorology. Pennsylvania State University, 224pp.

Parisi, F. , and R. Lund, 2008. Return periods of continental U. S. hurricanes. Journal of Climate, **21**, 403-410.

Peirce, C. S. , 1884. The numerical measure of the success of predictions. Science, **4**, 453-454.

Penland, C. , and P. D. Sardeshmukh, 1995. The optimal growth of tropical sea surface temperatures anomalies. Journal of Climate, **8**, 1999-2024.

Pepe, M. S. , 2003. The Statistical Evaluation of Medical Tests for Classification and Prediction. Oxford University Press, 302pp.

Peterson, C. R. , K. J. Snapper, A. H. Murphy, 1972. Credible interval temperature forecasts. Bulletin of the American Meteorological Society, **53**, 966-970.

Pinson, P. , P. McSharry, H. Madsen, 2010. Reliability diagrams for non-parametric density forecasts of continuous variables: accounting for serial correlation. Quarterly Journal of the Royal Meteorological Society, **136**, 77-90.

Pitcher, E. J. , 1977. Application of stochastic dynamic prediction to real data. Journal of the Atmospheric Sciences, **34**, 3-21.

Pitman, E. J. G. , 1937. Significance tests which may be applied to samples from any populations. Journal of the Royal Statistical Society, B4, 119-130.

Plant, R. S. , and G. C. Craig, 2007. A stochastic parameterization for deep convection based on equilibrium statistics. Journal of the Atmospheric Sciences, **65**, 87-105.

Plaut, G. , and R. Vautard, 1994. Spells of low-frequency oscillations and weather regimes in the Northern Hemisphere. Journal of the Atmospheric Sciences, **51**, 210-236.

Politis, D. N. , J. P. Romano, M. Wolf, 1999. Subsampling. Springer, 347pp.

Preisendorfer, R. W. , 1988. Principal Component Analysis in Meteorology and Oceanography. C. D. Mobley, (Ed.), Elsevier, 425pp.

Preisendorfer, R. W. , and T. P. Barnett, 1983. Numerical-reality intercomparison tests using small-sample statistics. Journal of the Atmospheric Sciences, **40**, 1884-1896.

Preisendorfer, R. W. , and C. D. Mobley, 1984. Climate forecast verifications, United States Mainland, 1974-83. Monthly Weather Review, **112**, 809-825.

Preisendorfer, R. W. , F. W. Zwiers, T. P. Barnett, 1981. Foundations of Principal Component Selection Rules. SIO Reference Series 81-4, Scripps Institution of Oceanography, 192pp.

Press, W. H. , B. P. Flannery, S. A. Teukolsky, W. T. Vetterling, 1986. Numerical Recipes: The Art of Scientific Computing. Cambridge University Press, 818pp.

Quadrelli, R. , C. S. Bretherton, J. M. Wallace, 2005. On sampling errors in empirical orthogonal functions. Journal of Climate, **18**, 3704-3710.

Quan, X. , M. Hoerling, J. Whitaker, G. Bates, T. Xu, 2006. Diagnosing sources of U. S. seasonal forecast skill. Journal of Climate, **19**, 3279-3293.

Quayle, R. , and W. Presnell, 1991. Climatic Averages and Extremes for U. S. Cities. Historical Climatology Series 6-3. National Climatic Data Center, Asheville, NC, 270pp.

Radok, U. , 1988. Chance behavior of skill scores. Monthly Weather Review, **116**, 489-494.

Raftery, A. E. , T. Gneiting, F. Balabdaoui, M. Polakowski, 2005. Using Bayesian model averaging to calibrate forecast ensembles. Monthly Weather Review, **133**, 1155-1174.

Rajagopalan, B. , U. Lall, D. G. Tarboton, 1997. Evaluation of kernel density estimation methods for daily precipitation resampling. Stochastic Hydrology and Hydraulics, **11**, 523-547.

Richardson, C. W. , 1981. Stochastic simulation of daily precipitation, temperature, and solar radiation. Water Resources Research, **17**, 182-190.

Richardson, D. S. , 2000. Skill and economic value of the ECMWF ensemble prediction system. Quarterly Journal of the Royal Meteorological Society, **126**, 649-667.

Richardson, D. S. , 2001. Measures of skill and value of ensemble predictions systems, their interrelationship and the effect of ensemble size. Quarterly Journal of the Royal Meteorological Society, **127**, 2473-2489.

Richardson, D. S. , 2003. Economic value and skill. In: I. T. Jolliffe and D. B. Stephenson, eds. , Forecast Verification. Wiley, 165-187.

Richman, M. B. , 1986. Rotation of principal components. Journal of Climatology, **6**, 293-335.

Roebber, P. J. , 2009. Visualizing multiple measures of forecast quality. Weather and Forecasting, **24**, 601-608.

Roebber, P. J. , and L. F. Bosart, 1996. The complex relationship between forecast skill and forecast value: a real-world analysis. Weather and Forecasting, **11**, 544-559.

Romesburg, H. C., 1984. Cluster Analysis for Researchers. Wadsworth/ Lifetime Learning Publications, 334pp.

Ropelewski, C. F., and P. D. Jones, 1987. An extension of the Tahiti-Darwin Southern Oscillation index. Monthly Weather Review, **115**, 2161-2165.

Rosenberger, J. L., and M. Gasko, 1983. Comparing location estimators: trimmed means, medians, and trimean. In: D. C. Hoaglin, F. Mosteller, and J. W. Tukey, eds., Understanding Robust and Exploratory Data Analysis. Wiley, 297-338.

Roulston, M. S., G. E. Bolton, A. N. Kleit, A. L. Sears-Collins, 2006. A laboratory study of the benefits of including uncertainty information in weather forecasts. Weather and Forecasting, **21**, 116-122.

Roulston, M. S., and L. A. Smith, 2002. Evaluating probabilistic forecasts using information theory. Monthly Weather Review, **130**, 1653-1660.

Roulston, M. S., and L. A. Smith, 2003. Combining dynamical and statistical ensembles. Tellus, 55A, 16-30.

Saetra, O., H. Hersbach, J.-R. Bidlot, D. S. Richardson, 2004. Effects of observation errors on the statistics for ensemble spread and reliability. Monthly Weather Review, **132**, 1487-1501.

Sansom, J., and P. J. Thomson, 1992. Rainfall classification using breakpoint pluviograph data. Journal of Climate, **5**, 755-764.

Santer, B. D., T. M. L. Wigley, J. S. Boyle, D. J. Gaffen, J. J. Hnilo, D. Nychka, D. E. Parker, K. E. Taylor, 2000. Statistical significance of trends and trend differences in layer- average atmospheric temperature series. Journal of Geophysical Research, **105**, 7337-7356.

Saravanan, R., and J. C. McWilliams, 1998. Advective ocean-atmosphere interaction: an analytical stochastic model with implications for decadal variability. Journal of Climate, **11**, 165-188.

Sauvageot, H., 1994. Rainfall measurement by radar: a review. Atmospheric Research, **35**, 27-54.

Schaefer, J. T., 1990. The critical success index as an indicator of warning skill. Weather and Forecasting, **5**, 570-575.

Schenker, N., and J. F. Gentleman, 2001. On judging the significance of differences by examining the overlap between confidence intervals. American Statistician, **55**, 182-186.

Scherrer, S. C., C. Appenzeller, P. Eckert, D. Cattani, 2004. Analysis of the spread-skill relations using the ECMWF ensemble prediciton system over Europe. Weather and Forecasting, **19**, 552-565.

Schwarz, G., 1978. Estimating the dimension of a model. Annals of Statistics, **6**, 461-464.

Scott, D. W., 1992. Multivariate Density Estimation. Wiley, 317pp.

Seaman, R., I. Mason, F. Woodcock, 1996. Confidence intervals for some performance measures of yes-no forecasts. Australian Meteorological Magazine, **45**, 49-53.

Semazzi, F. H. M., and R. J. Mera, 2006. An extended procedure for implementing the relative operating characteristic graphical method. Journal of Applied Meteorology and Climatology, **45**, 1215-1223.

Shapiro, S. S., and M. B. Wilk, 1965. An analysis of variance test for normality(complete samples). Biometrika, **52**, 591-610.

Sharma, A., U. Lall, D. G. Tarboton, 1998. Kernel bandwidth selection for a first order nonparametric streamflow simulation model. Stochastic Hydrology and Hydraulics, **12**, 33-52.

Sheets, R. C., 1990. The National Hurricane Center-past, present and future. Weather and Forecasting, **5**, 185-232.

Shongwe, M. E., W. A. Landman, S. J. Mason, 2006. Performance of recalibration systems for GCM forecasts for southern Africa. International Journal of Climatology, **26**, 1567-1585.

Silverman, B. W., 1986. Density Estimation for Statistics and Data Analysis. Chapman and Hall, 175pp.

Sloughter, J. M. , A. E. Raftery, T. Gneiting, C. Fraley, 2007. Probabilistic quantitative precipitation forecasting using Bayesian model averaging. Monthly Weather Review, **135**, 3209-3220.

Smith, L. A. , 2001. Disentangling uncertainty and error: on the predictability of nonlinear systems. In: A. I. Mees(Ed.),Nonlinear Dynamics and Statistics. Birkhauser, 31-64.

Smith, L. A. , 2007. Chaos. A Very Short Introduction. Oxford University Press, 180 pp.

Smith, L. A. , and J. A. Hansen, 2004. Extending the limits of ensemble forecast verification with the minimum spanning tree. Monthly Weather Review, **132**, 1522-1528.

Smith, R. E. , and H. A. Schreiber, 1974. Point process of seasonal thunderstorm rainfall: 2. Rainfall depth probabilities. Water Resources Research, **10**, 418-423.

Smith, R. L. , 1989. Extreme value analysis of environmental time series: An application to trend detection in ground-level ozone. Statistical Science, **4**, 367-393.

Smyth, P. , K. Ide, M. Ghil, 1999. Multiple regimes in Northern Hemisphere height fields via mixture model clustering. Journal of the Atmospheric Sciences, **56**, 3704-3723.

Solow, A. R. , 1985. Bootstrapping correlated data. Mathematical Geology, **17**, 769-775.

Solow, A. R. , and L. Moore, 2000. Testing for a trend in a partially incomplete hurricane record. Journal of Climate, **13**, 3696-3710.

Spetzler, C. S. , and C. -A. S. Stae¨l von Holstein, 1975. Probability encoding in decision analysis. Management Science, **22**, 340-358.

Sprent, P. , and N. C. Smeeton, 2001. Applied Nonparametric Statistical Methods. Chapman and Hall, 461pp.

Staël von Holstein, C. -. A. S. , and A. H. Murphy, 1978. The family of quadratic scoring rules. Monthly Weather Review, **106**, 917-924.

Stanski, H. R. , L. J. Wilson, William R. Burrows, 1989. Survey of Common Verification Methods in Meteorology. World Weather Watch Technical Report No. 8, World Meteorological Organization TD No. 358, 114pp.

Stedinger, J. R. , R. M. Vogel, E. Foufoula-Georgiou, 1993. Frequency analysis of extreme events. In: D. R. Maidment(Ed.), Handbook of Hydrology. McGraw-Hill, 66pp.

Steinskog, D. J. , D. B. Tjostheim, N. G. Kvamsto, 2007. A cautionary note on the use of the Kolmogorov-Smirnov test for normality. Monthly Weather Review, **135**, 1151-1157.

Stensrud, D. J. , J. -W. Bao, T. T. Warner, 2000. Using initial conditions and model physics perturbations in short-range ensemble simulations of mesoscale convective systems. Monthly Weather Review, 128, 2077-2107.

Stensrud, D. J. , H. E. Brooks, J. Du, M. S. Tracton, E. Rogers, 1999. Using ensembles for short-range forecasting. Monthly Weather Review, **127**, 433-446.

Stensrud, D. J. , and M. S. Wandishin, 2000. The correspondence ratio in forecast evaluation. Weather and Forecasting, **15**, 593-602.

Stensrud, D. J. , and N. Yussouf, 2003. Short-range ensemble predictions of 2-m temperature and dewpoint temperature over New England. Monthly Weather Review, **131**, 2510-2524.

Stephens, M. , 1974. E. D. F. statistics for goodness of fit. Journal of the American Statistical Association, **69**, 730-737.

Stephenson, D. B. , 1997. Correlation of spatial climate/weather maps and the advantages of using the Mahalanobis metric in predictions. Tellus, 49A, 513-527.

Stephenson, D. B. , 2000. Use of the "odds ratio" for diagnosing forecast skill. Weather and Forecasting, **15**,

221-232.

Stephenson, D. B. , and F. J. Doblas-Reyes, 2000. Statistical methods for interpreting Monte- Carlo ensemble forecasts. Tellus, 52A, 300-322.

Stephenson, D. B. , and I. T. Jolliffe, 2003. Forecast verification: past, present, and future. In: I. T. Jolliffe and D. B. Stephenson, eds. , Forecast verification. Wiley, 189-201.

Stephenson, D. B. , B. Casati, C. A. T. Ferro, C. A. Wilson, 2008a. The extreme dependency score: a non-vanishing measure for forecasts of rare events. Meteorological Applications, **15**, 41-50.

Stephenson, D. B. , C. A. S. Coelho, I. T. Jolliffe, 2008b. Two extra components in the Brier score decomposition. Weather and Forecasting, **23**, 752-757.

Stern, R. D. , and R. Coe, 1984. A model fitting analysis of daily rainfall data. Journal of the Royal Statistical Society, A147, 1-34.

Stewart, T. R. , 1997. Forecast value: descriptive decision studies. In: R. W. Katz and A. H. Murphy, eds. , Economic Value of Weather and Climate Forecasts. Cambridge University Press, 147-181.

Strang, G. , 1988. Linear Algebra and Its Applications. Harcourt, 505pp.

Stuart, N. A. , D. M. Schultz, G. Klein, 2007. Maintaining the role of humans in the forecast process. Bulletin of the American Meteorological Society, **88**, 1893-1898.

Stull, R. B. , 1988. An Introduction to Boundary Layer Meteorology. Kluwer, 666pp.

Sutera, A. , 1981. On stochastic perturbation and long-term climate behaviour. Quarterly Journal of the Royal Meteorological Society, **107**, 137-151.

Swets, J. A. , 1973. The relative operating characteristic in psychology. Science, **182**, 990-1000.

Swets, J. A. , 1979. ROC analysis applied to the evaluation of medical imaging techniques. Investigative Radiology, **14**, 109-121.

Talagrand, O. , R. Vautard, B. Strauss, 1997. Evaluation of probabilistic prediction systems. Proceedings, ECMWF Workshop on Predictability. ECMWF, 1-25.

Taleb, N. N. , 2001. Fooled by Randomness. Texere, New York, 203pp.

Tang, Y. , R. Kleeman, A. M. Moore, 2008. Comparison of information-based measures of forecast uncertainty in ensemble ENSO prediction. Journal of Climate, **21**, 230-247.

Taylor, K. E. , 2001. Summarizing multiple aspects of model performance in a single diagram. Journal of Geophysical Research, D106, 7183-7192.

Teixeira, J. , and C. A. Reynolds, 2008. Stochastic nature of physical parameterizations in ensemble prediction: a stochastic convection approach. Monthly Weather Review, **136**, 483-496.

Teweles, S. , and H. B. Wobus, 1954. Verification of prognostic charts. Bulletin of the American Meteorological Society, **35**, 455-463 pp.

Tezuka, S. , 1995. Uniform Random Numbers: Theory and Practice. Kluwer, 209pp.

Thiébaux, H. J. , and M. A. Pedder, 1987. Spatial Objective Analysis: with Applications in Atmospheric Science. London, Academic Press, 299 pp.

Thiébaux, H. J. , and F. W. Zwiers, 1984. The interpretation and estimation of effective sample size. Journal of Climate and Applied Meteorology, **23**, 800-811.

Thom, H. C. S. , 1958. A note on the gamma distribution. Monthly Weather Review, **86**, 117-122.

Thompson, C. J. , and D. S. Battisti, 2001. A linear stochastic dynamical model of ENSO. Part II: Analysis. Journal of Climate, **14**, 445-466.

Thompson, J. C. , 1962. Economic gains from scientific advances and operational improvements in meteorological prediction. Journal of Applied Meteorology, **1**, 13-17.

Thorarinsdottir, T. L. , and T. Gneiting, 2010. Probabilistic forecasts of wind speed: ensemble model output statistics by using heteroscedastic censored regression. Journal of the Royal Statistical Society, A173, 371-388.

Thornes, J. E. , and D. B. Stephenson, 2001. How to judge the quality and value of weather forecast products. Meteorological Applications, **8**, 307-314.

Tibshirani, R. , G. Walther, T. Hastie, 2001. Estimating the number of clusters in a dataset via the gap statistic. Journal of the Royal Statistical Society, B32, 411-423.

Tippett, M. K. , T. DelSole, S. J. Mason, A. G. Barnston, 2008. Regression-based methods for finding coupled patterns. Journal of Climate, **21**, 4384-4398.

Titterington, D. M. , A. F. M. Smith, U. E. Makov, 1985. Statistical Analysis of Finite Mixture Distributions. Wiley, 243pp.

Todorovic, P. , and D. A. Woolhiser, 1975. A stochastic model ofn-day precipitation. Journal of Applied Meteorology, **14**, 17-24.

Tompkins, A. M. , and J. Berner, 2008. A stochastic convective approach to account for model uncertainty due to unresolved humidity variability. Journal of Geophysical Research, **113**, D18101.

Tong, H. , 1975. Determination of the order of a Markov chain by Akaike's Information Criterion. Journal of Applied Probability, **12**, 488-497.

Toth, Z. , and E. Kalnay, 1993. Ensemble forecasting at NMC: the generation of perturbations. Bulletin of the American Meteorological Society, **74**, 2317-2330.

Toth, Z. , and E. Kalnay, 1997. Ensemble forecasting at NCEP and the breeding method. Monthly Weather Review, **125**, 3297-3318.

Toth, Z. , E. Kalnay, S. M. Tracton, R. Wobus, J. Irwin, 1997. A synoptic evaluation of the NCEP ensemble. Weather and Forecasting, **12**, 140-153.

Toth, Z. , O. Talagrand, G. Candille, Y. Zhu, 2003. Probability and Ensemble Forecasts. In: I. T. Jolliffe and D. B. Stephenson, eds. , Forecast Verification. Wiley, 137-163.

Toth, Z. , Y. Zhu, T. Marchok, 2001. The use of ensembles to identify forecasts with small and large uncertainty. Weather and Forecasting, **16**, 463-477.

Tracton, M. S. , and E. Kalnay, 1993. Operational ensemble prediction at the National Meteorological Center: practical aspects. Weather and Forecasting, **8**, 379-398.

Tracton, M. S. , K. Mo, W. Chen, E. Kalnay, R. Kistler, G. White, 1989. Dynamical extended range forecasting(DERF)at the National Meteorological Center. Monthly Weather Review, **117**, 1604-1635.

Trenberth, K. E. , 1984. Some effects of finite sample size and persistence on meteorological statistics. Part I. Autocorrelations. Monthly Weather Review, **112**, 2359-2368.

Tukey, J. W. , 1977. Exploratory Data Analysis. Reading, Mass, Addison-Wesley, 688pp.

Tustison, B. , D. Harris, E. Foufoula-Georgiou, 2001. Scale issues in verification of precipitation forecasts. Journal of Geophysical Research, D106, 11775-11784.

Tversky, A. , 1974. Judgement under uncertainty: heuristics and biases. Science, **185**, 1124-1131.

Unger, D. A. , 1985. A method to estimate the continuous ranked probability score. Preprints, 9th Conference on Probability and Statistics in the Atmospheric Sciences. American Meteorological Society, 206-213.

Unger, D. A. , H. van den Dool, E. O'Lenic, D. Collins, 2009. Ensemble regression. Monthly Weather Review, **137**, 2365-2379.

Valée, M. , L. J. Wilson, P. Bourgouin, 1996. New statistical methods for the interpretation of NWP output and the Canadian meteorological center. Preprints, 13th Conference on Probability and Statistics in the Atmospheric Sciences,(San Francisco, California), American Meteorological Society, 37-44.

van den Dool, H., 2007. Empirical Methods in Short-Term Climate Prediction. Oxford University Press, 215pp.

Vautard, R., 1995. Patterns in Time: SSA and MSSA. In: H. von Storch and A. Navarra, eds., Analysis of Climate Variability. Springer, 259-279.

Vautard, R., C. Pires, G. Plaut, 1996. Long-range atmospheric predictability using space- time principal components. Monthly Weather Review, **124**, 288-307.

Vautard, R., G. Plaut, R. Wang, G. Brunet, 1999. Seasonal prediction of North American surface air temperatures using space-time principal components. Journal of Climate, **12**, 380-394.

Vautard, R., P. Yiou, M. Ghil, 1992. Singular spectrum analysis: a toolkit for short, noisy and chaotic series. Physica D, **58**, 95-126.

Velleman, P. F., 1988. Data Desk. NY, Data Description, Inc, Ithaca.

Velleman, P. F., and D. C. Hoaglin, 1981. Applications, Basics, and Computing of Exploratory Data Analysis. Boston, Duxbury Press, 354 pp.

Ventura, V., C. J. Paciorek, J. S. Risbey, 2004. Controlling the proportion of falsely rejected hypotheses when conducting multiple tests with climatological data. Journal of Climate, **17**, 4343-4356.

Vislocky, R. L., and M. Fritsch, 1995. Generalized additive models versus linear regression in generating probabilistic MOS forecasts of aviation weather parameters. Weather and Forecasting, **10**, 669-680.

Vislocky, R. L., and J. M. Fritsch, 1997. An automated, observations-based system for short-term prediction of ceiling and visibility. Weather and Forecasting, **12**, 31-43.

Vogel, R. M., 1986. The probability plot correlation coefficient test for normal, lognormal, and Gumbel distributional hypotheses. Water Resources Research, **22**, 587-590.

Vogel, R. M., and C. N. Kroll, 1989. Low-flow frequency analysis using probability-plot correlation coefficients. Journal of Water Resource Planning and Management, **115**, 338-357.

Vogel, R. M., and D. E. McMartin, 1991. Probability-plot goodness-of-fit and skewness estimation procedures for the Pearson type III distribution. Water Resources Research, **27**, 3149-3158.

von Storch, H., 1982. A remark on Chervin-Schneider's algorithm to test significance of climate experiments with GCMs. Journal of the Atmospheric Sciences, **39**, 187-189.

von Storch, H., 1995. Misuses of statistical analysis in climate research. In: H. von Storch and A. Navarra, eds., Analysis of Climate Variability. Springer, 11-26.

von Storch, H., and G. Hannoschöck, 1984. Comments on "empirical orthogonal function- analysis of wind vectors over the tropical Pacific region." Bulletin of the American Meteorological Society, **65**, 162.

von Storch, H., and G. Hannoschock, 1985. Statistical aspects of estimated principal vectors(EOFs) based on small samples sizes. Journal of Climate and Applied Meteorology, **24**, 716-724.

von Storch, H., and F. W. Zwiers, 1999. Statistical Analysis in Climate Research. Cambridge University Press, 484pp.

Walker, G. T., 1914. Correlation in seasonal variations of weather. III. On the criterion for the reality of relationships or periodicities. Memoirs of the Indian Meteorological Department, 21(9), 13-15.

Wallace, J. M., and M. L. Blackmon, 1983. Observations of low-frequency atmospheric variability. In: B. J. Hoskins and R. P. Pearce, eds., Large-Scale Dynamical Processes in the Atmosphere. Academic Press, 55-94.

Wallace, J. M., and D. S. Gutzler, 1981. Teleconnections in the geopotential height field during the Northern Hemisphere winter. Monthly Weather Review, **109**, 784-812.

Wallace, J. M. , C. Smith, C. S. Bretherton, 1992. Singular value decomposition of wintertime sea surface temperature and 500-mb height anomalies. Journal of Climate, **5**, 561-576.

Walshaw, D. , 2000. Modeling extreme wind speeds in regions prone to hurricanes. Applied Statistics, **49**, 51-62.

Wandishin, M. S. , and H. E. Brooks, 2002. On the relationship between Clayton's skill score and expected value for forecasts of binary events. Meteorological Applications, **9**, 455-459.

Wang, X. , and C. H. Bishop, 2005. Improvement of ensemble reliability with a new dressing kernel. Quarterly Journal of the Royal Meteorological Society, **131**, 965-986.

Ward, M. N. , and C. K. Folland, 1991. Prediction of seasonal rainfall in the north Nordeste of Brazil using eigenvectors of sea-surface temperature. International Journal of Climatology, **11**, 711-743.

Watson, J. S. , and S. J. Colucci, 2002. Evaluation of ensemble predictions of blocking in the NCEP global spectral model. Monthly Weather Review, **130**, 3008-3021.

Waymire, E. , and V. K. Gupta, 1981. The mathematical structure of rainfall representations. 1. A review of stochastic rainfall models. Water Resources Research, **17**, 1261-1272.

Weisheimer, A. , L. A. Smith, K. Judd, 2005. A new view of seasonal forecast skill: bounding boxes from the DEMETER ensemble forecasts. Tellus, 57A, 265-279.

Wernli, H. , C. Hofmann, M. Zimmer, 2009. Spatial forecast verification methods intercomparison project: application of the SAL technique. Weather and Forecasting, **24**, 1472-1484.

Whitaker, J. S. , and A. F. Loughe, 1998. The relationship between ensemble spread and ensemble mean skill. Monthly Weather Review, **126**, 3292-3302.

Wigley, T. M. L. , 2009. The effect of changing climate on the frequency of absolute extreme events. Climatic Change, **97**, 67-76.

Wilks, D. S. , 1989. Conditioning stochastic daily precipitation models on total monthly precipitation. Water Resources Research, **25**, 1429-1439.

Wilks, D. S. , 1990. Maximum likelihood estimation for the gamma distribution using data containing zeros. Journal of Climate, **3**, 1495-1501.

Wilks, D. S. , 1992. Adapting stochastic weather generation algorithms for climate change studies. Climatic Change, **22**, 67-84.

Wilks, D. S. , 1993. Comparison of three-parameter probability distributions for representing annual extreme and partial duration precipitation series. Water Resources Research, **29**, 3543-3549.

Wilks, D. S. , 1997a. Forecast value: prescriptive decision studies. In: R. W. Katz and A. H. Murphy, eds. , Economic Value of Weather and Climate Forecasts. Cambridge University Press, 109-145.

Wilks, D. S. , 1997b. Resampling hypothesis tests for autocorrelated fields. Journal of Climate, **10**, 65-82.

Wilks, D. S. , 1998. Multisite generalization of a daily stochastic precipitation generalization model. Journal of Hydrology, **210**, 178-191.

Wilks, D. S. , 1999a. Interannual variability and extreme-value characteristics of several stochastic daily precipitation models. Agricultural and Forest Meteorology, **93**, 153-169.

Wilks, D. S. , 1999b. Multisite downscaling of daily precipitation with a stochastic weather generator. Climate Research, **11**, 125-136.

Wilks, D. S. , 2001. A skill score based on economic value for probability forecasts. Meteorological Applications, **8**, 209-219.

Wilks, D. S. , 2002a. Realizations of daily weather in forecast seasonal climate. Journal of Hydrometeorology, **3**, 195-207.

Wilks, D. S. , 2002b. Smoothing forecast ensembles with fitted probability distributions. Quarterly Journal of the Royal Meteorological Society, **128**, 2821-2836.

Wilks, D. S. , 2004. The minimum spanning tree histogram as a verification tool for multidimensional ensemble forecasts. Monthly Weather Review, **132**, 1329-1340.

Wilks, D. S. , 2005. Effects of stochastic parametrizations in the Lorenz '96 system. Quarterly Journal of the Royal Meteorological Society, **131**, 389-407.

Wilks, D. S. , 2006a. On "field significance" and the false discovery rate. Journal of Applied Meteorology and Climatology, 45, 1181-1189.

Wilks, D. S. , 2006b. Comparison of ensemble-MOS methods in the Lorenz '96 setting. Meteorological Applications, **13**, 243-256.

Wilks, D. S. , 2008. Improved statistical seasonal forecasts using extended training data. International Journal of Climatology, **28**, 1589-1598.

Wilks, D. S. , 2009. Extending logistic regression to provide full-probability-distribution MOS forecasts. Meteorological Applications, **16**, 361-368.

Wilks, D. S. , 2011. Sampling distributions of the Brier score and Brier skill score under serial dependence. Quarterly Journal of the Royal Meteorological Society, **136**, 2109-2118.

Wilks, D. S. , and K. L. Eggleson, 1992. Estimating monthly and seasonal precipitation distributions using the 30- and 90-day outlooks. Journal of Climate, **5**, 252-259.

Wilks, D. S. , and C. M. Godfrey, 2002. Diagnostic verification of the IRI new assessment forecasts, 1997—2000. Journal of Climate, **15**, 1369-1377.

Wilks, D. S. , and T. M. Hamill, 2007. Comparison of ensemble-MOS methods using GFS reforecasts. Monthly Weather Review, **135**, 2379-2390.

Wilks, D. S. , and R. L. Wilby, 1999. The weather generation game: a review of stochastic weather models. Progress in Physical Geography, **23**, 329-357.

Williams, P. D. , P. L. Read, T. W. N. Haine, 2003. Spontaneous generation and impact of intertia-gravity waves in a stratified, two-layer shear flow. Geophysical Research Letters, **30**, 2255-2258.

Wilmott, C. J. , S. G. Ackleson, R. E. Davis, J. J. Feddema, K. M. Klink, D. R. Legates, J. O'Donnell, C. M. Rowe, 1985. Statistics for the evaluation and comparison of models. Journal of Geophysical Research, **90**, 8995-9005.

Wilson, L. J. , 2000. Comments on "probabilistic predictions of precipitation using the ECMWF ensemble prediction system." Weather and Forecasting, **15**, 361-364.

Wilson, L. J. , W. R. Burrows, A. Lanzinger, 1999. A strategy for verification of weather element forecasts from an ensemble prediction system. Monthly Weather Review, **127**, 956-970.

Wilson, L. J. , and M. Valle'e, 2002. The Canadian updateable model output statistics(UMOS) system: design and development tests. Weather and Forecasting, **17**, 206-222.

Wilson, L. J. , and M. Valle'e, 2003. The Canadian updateable model output statistics(UMOS) system: validation against perfect prog. Weather and Forecasting, **18**, 288-302.

Winkler, R. L. , 1972a. A decision-theoretic approach to interval estimation. Journal of the American Statistical Association, **67**, 187-191.

Winkler, R. L. , 1972b. Introduction to Bayesian Inference and Decision. Rinehart and Winston, Holt, 563 pp.

Winkler, R. L. , 1994. Evaluating probabilities: asymmetric scoring rules. Management Science, **40**, 1395-1405.

Winkler, R. L. , 1996. Scoring rules and the evaluation of probabilities. Test, **5**, 1-60.

Winkler, R. L., and A. H. Murphy, 1968. "Good" probability assessors. Journal of Applied Meteorology, **7**, 751-758.

Winkler, R. L., and A. H. Murphy, 1979. The use of probabilities in forecasts of maximum and minimum temperatures. Meteorological Magazine, **108**, 317-329.

Winkler, R. L., and A. H. Murphy, 1985. Decision analysis. In: A. H. Murphy and R. W. Katz, eds., Probability, Statistics and Decision Making in the Atmospheric Sciences. Westview, 493-524.

Wolter, K., 1987. The southern oscillation in surface circulation and climate over the tropical Atlantic, eastern Pacific, and Indian Oceans as captured by cluster analysis. Journal of Climate and Applied Meteorology, **26**, 540-558.

Woodcock, F., 1976. The evaluation of yes/no forecasts for scientific and administrative purposes. Monthly Weather Review, **104**, 1209-1214.

Woolhiser, D. A., and J. Roldan, 1982. Stochastic daily precipitation models, 2. A comparison of distributions of amounts. Water Resources Research, **18**, 1461-1468.

Yeo, I.-K., and R. A. Johnson, 2000. A new family of power transformations to improve normality or symmetry. Biometrika, **87**, 954-959.

Young, M. V., and E. B. Carroll, 2002. Use of medium-range ensembles at the Met Office 2: applications for medium-range forecasting. Meteorological Applications, **9**, 273-288.

Yue, S., and C.-Y. Wang, 2002. The influence of serial correlation in the Mann-Whitney test for detecting a shift in median. Advances in Water Research, **25**, 325-333.

Yue, S., and C. Wang, 2004. The Mann-Kendall test modified by effective sample size to detect trend in serially correlated hydrological series. Water Resources Management, **18**, 201-218.

Yule, G. U., 1900. On the association of attributes in statistics. Philosophical Transactions of the Royal Society, London, 194A, 257-319.

Yuval, and W. W. Hsieh, 2003. An adaptive nonlinear MOS scheme for precipitation forecasts using neural networks. Weather and Forecasting, **18**, 303-310.

Zhang, P., 1993. Model selection via multifold cross validation. Annals of Statistics, **21**, 299-313.

Zhang, X., F. W. Zwiers, G. Li, 2004. Monte Carlo experiments on the detection of trends in extreme values. Journal of Climate, **17**, 1945-1952.

Zheng, X., R. E. Basher, C. S. Thomson, 1997. Trend detection in regional-mean temperature series: maximum, minimum, mean, diurnal range, and SST. Journal of Climate, **10**, 317-326.

Zheng, X., D. M. Straus, C. S. Frederiksen, 2008. Variance decomposition approach to the prediction of the seasonal mean circulation: comparison with dynamical ensemble prediction using NCEP's CFS. Quarterly Journal of the Royal Meteorological Society, **134**, 1997-2009.

Ziehmann, C., 2001. Skill prediction of local weather forecasts based on the ECMWF ensemble. Nonlinear Processes in Geophysics, **8**, 419-428.

Zwiers, F. W., 1987. Statistical considerations for climate experiments. Part II: Multivariate tests. Journal of Climate and Applied Meteorology, **26**, 477-487.

Zwiers, F. W., 1990. The effect of serial correlation on statistical inferences made with resampling procedures. Journal of Climate, **3**, 1452-1461.

Zwiers, F. W., and H. J. Thie'baux, 1987. Statistical considerations for climate experiments. Part I: scalar tests. Journal of Climate and Applied Meteorology, **26**, 465-476.

Zwiers, F. W., and H. von Storch, 1995. Taking serial correlation into account in tests of the mean. Journal of Climate, **8**, 336-351.